Gerd Möller

Geotechnik
Bodenmechanik

3. Auflage

3. Auflage

# Geotechnik
## Bodenmechanik

Gerd Möller

Professor Dr.-Ing. Gerd Möller
Fregestr. 37
12161 Berlin

Titelbilder:
Verschiedene Bohrkerne, Geopartner, Dr. Volker Eitner
Grafische Darstellung eines Geländebruchs der Fa. GGU, Prof. Dr.-Ing. Johann Buß
      Effektive Vertikalspannungen infolge Fundamentbelastung,
Ergebnis der FEM-Software Plaxis 2D, M. Eng. Dipl. -Ing. Dennis Morauf
Zwei Triaxialprüfstände der Fa. Stenzel, Prof. Dr.-Ing. Möller

Bibliografische Information der Deutschen Nationalbibliothek
Die Deutsche Nationalbibliothek verzeichnet diese Publikation in der Deutschen Nationalbibliografie;
detaillierte bibliografische Daten sind im Internet über http://dnb.d-nb.de abrufbar.

© 2016 Wilhelm Ernst & Sohn, Verlag für Architektur und technische Wissenschaften GmbH & Co. KG,
Rotherstraße 21, 10245 Berlin, Germany

Alle Rechte, insbesondere die der Übersetzung in andere Sprachen, vorbehalten. Kein Teil dieses Buches darf ohne schriftliche Genehmigung des Verlages in irgendeiner Form – durch Fotokopie, Mikrofilm oder irgendein anderes Verfahren – reproduziert oder in eine von Maschinen, insbesondere von Datenverarbeitungsmaschinen, verwendbare Sprache übertragen oder übersetzt werden.

All rights reserved (including those of translation into other languages). No part of this book may be reproduced in any form – by photoprinting, microfilm, or any other means – nor transmitted or translated into a machine language without written permission from the publisher.

Die Wiedergabe von Warenbezeichnungen, Handelsnamen oder sonstigen Kennzeichen in diesem Buch berechtigt nicht zu der Annahme, daß diese von jedermann frei benutzt werden dürfen. Vielmehr kann es sich auch dann um eingetragene Warenzeichen oder sonstige gesetzlich geschützte Kennzeichen handeln, wenn sie als solche nicht eigens markiert sind.

Umschlaggestaltung: stilvoll, Waldulm
Herstellung: pp030 – Produktionsbüro Heike Praetor, Berlin
Druck und Verarbeitung: Strauss GmbH, Mörlenbach

Printed in the Federal Republic of Germany.
Gedruckt auf säurefreiem Papier.

3. Auflage

Print ISBN:   978-3-433-03155-1
ePDF ISBN:  978-3-433-60800-5
oBook ISBN: 978-3-433-60797-8

Printed and bound by CPI Group (UK) Ltd, Croydon, CR0 4YY

C9783433031551_101225

Bevollmächtigter Vertreter des Herstellers gemäß EU-Produktsicherheitsverordnung ist die Wiley-VCH GmbH, Boschstr. 12, 69469 Weinheim, Deutschland, E-Mail: Product_Safety@wiley.com.

*In Erinnerung an*
*Professor Helmut Neumeuer*

# Vorwort

Seit dem Jahr 2007 gilt in den Bauordnungen der Bundesländer der Bundesrepublik Deutschland ausschließlich das Konzept der globalen Sicherheiten, mit dem das der Teilsicherheiten abgelöst wurde. Bezüglich der „Muster-Liste der Technischen Baubestimmungen" ging dieser Schritt einher mit der Ablösung rein Deutscher Normen durch Europäische Normen. Die derzeit (2016) aktuelle Liste enthält für den Grundbau elf Normen, von denen fünf Europäische Normen sind. Fünf Deutsche Normen ergänzen diese Europäischen Normen, und nur eine Norm (DIN 4123) ist eine rein Deutsche Norm.

Für die in der Praxis tätigen Ingenieurinnen und Ingenieure ist dies verbunden mit dem Umstand, dass zur gleichen Thematik oftmals mehrere Normen gleichzeitig zu berücksichtigen sind. Da das als wenig anwenderfreundlich zu bewerten ist, wurden 2011 auf dem Gebiet der Geotechnik zwei Normen-Handbücher veröffentlicht, mit denen das Arbeiten mit den wichtigsten Normen erleichtert werden soll. Beide Bände beinhalten jeweils drei Normen. In Band 1 (Allgemeine Regeln) sind das DIN EN 1997-1, DIN EN 1997-1/NA sowie DIN 1054 als ergänzende Norm und in Band 2 (Erkundung und Untersuchung) DIN EN 1997-2, DIN EN 1997-2/NA sowie DIN 4020 als ergänzende Norm. Insgesamt ist festzustellen, dass der Seitenumfang der im jeweiligen Anwendungsfall zu berücksichtigenden Normen enorm zugenommen hat und dass die bestehenden Normen immer wieder erneuert bzw. ergänzt werden. Ein Beispiel hierfür ist die Neuauflage von Band 1 im Dezember 2015. Sie wurde erforderlich, da DIN 1054 inzwischen ergänzt wurde. Die seit März 2014 in überarbeiteter Form vorliegende DIN EN 1997-1 wurde in der Neuauflage allerdings nicht berücksichtigt.

Wie mit dem in diesem Jahr ebenfalls erscheinenden Teil „Geotechnik Grundbau" wird mit dem vorliegenden Buch nicht zuletzt das Ziel verfolgt, den Umgang mit dem aktuellen Regelwerk zu erleichtern. Neben einer Vielzahl von Formeln, Tabellen, Grafiken, Bildern und Verweisen auf zu beachtende Textstellen in Normen findet sich zusätzlich eine Reihe von Anwendungsbeispielen, da auch im Berufsleben stehende Ingenieure Neues gern anhand von Fallbeispielen erarbeiten.

Trotz des nicht unerheblichen Umfangs des Buches waren, auch aus Kostengründen, Einschränkungen bezüglich der Auswahl und der Behandlung der einzelnen Themengebiete erforderlich. Wegen des damit verbundenen teilweisen Verzichts auf Vollständigkeit bzw. Ausführlichkeit wird an vielen Stellen auf weitergehende Literatur verwiesen.

Anregungen und kritische Stellungnahmen meiner Leser begrüße ich sehr, denn erst durch das Infragestellen und neue Überdenken eröffnen sich Wege zur Verbesserung des Erreichten.

Berlin im Februar 2016

Gerd Möller

# Inhaltsverzeichnis

| | | |
|---|---|---|
| **1** | **Einteilung und Benennung von Böden** | **1** |
| 1.1 | Bodenmechanische und geologische Begriffe | 1 |
| 1.1.1 | Bezeichnungen | 1 |
| 1.1.2 | Erdaufbau, Erdzeitalter und Gesteinsbildungen | 2 |
| 1.1.3 | Nutzung von Boden oder Fels | 4 |
| 1.2 | Normen und Kriterien zur Einteilung | 4 |
| 1.3 | Einteilung nach Korngrößen und organischen Bestandteilen | 7 |
| 1.3.1 | Kornstrukturen grob- und feinkörniger Böden | 7 |
| 1.3.2 | Einteilung reiner Bodenarten | 10 |
| 1.3.3 | Einteilung zusammengesetzter Böden | 11 |
| 1.3.4 | Einteilung von Böden mit organischen Bestandteilen | 15 |
| 1.4 | Einstufung in Boden- und Felsklassen | 16 |
| 1.5 | Kennzeichnungen nach DIN 4023 | 17 |
| 1.6 | Erkennung von Bodenarten mit Hilfe einfacher Verfahren | 20 |
| 1.6.1 | Reibeversuch | 21 |
| 1.6.2 | Schneideversuch | 21 |
| 1.6.3 | Trockenfestigkeitsversuch | 21 |
| 1.6.4 | Konsistenzbestimmung bindiger Böden | 22 |
| 1.6.5 | Plastizität bindiger Böden (Knetversuch) | 22 |
| 1.6.6 | Ausquetschversuch | 22 |
| 1.6.7 | Schüttelversuch | 23 |
| **2** | **Wasser im Baugrund** | **25** |
| 2.1 | Allgemeines | 25 |
| 2.2 | Regelwerke | 26 |
| 2.3 | Begriffe | 26 |
| 2.4 | Kapillarwasser | 28 |
| 2.5 | Porenwinkelwasser | 30 |
| 2.6 | Hygroskopisches Wasser | 31 |
| 2.7 | Betonangreifende Grundwässer und Böden | 31 |
| 2.8 | Untersuchungen der Grundwasserverhältnisse | 33 |
| 2.9 | Grundwassermessstellen | 35 |
| 2.10 | Wasserdurchlässigkeit von Böden | 39 |
| **3** | **Geotechnische Untersuchungen** | **41** |
| 3.1 | Untersuchungsziel | 41 |
| 3.2 | Regelwerke | 42 |
| 3.3 | Verantwortung für die Untersuchungen | 42 |
| 3.4 | Planung der Untersuchungen | 42 |
| 3.5 | Untersuchungsverfahren | 43 |
| 3.6 | Untersuchungen von Baugrund und Grundwasser | 45 |
| 3.6.1 | Voruntersuchungen | 46 |
| 3.6.2 | Hauptuntersuchungen | 47 |
| 3.6.3 | Baubegleitende Untersuchungen | 48 |

| | | |
|---|---|---|
| 3.6.4 | Baugrund- und Bauwerksüberwachung nach der Bauausführung | 49 |
| 3.7 | Untersuchungen von Boden und Fels als Baustoff | 49 |
| 3.7.1 | Voruntersuchungen | 50 |
| 3.7.2 | Hauptuntersuchungen | 50 |
| 3.7.3 | Baubegleitende Untersuchungen | 51 |
| 3.8 | Geotechnische Kategorien (GK) | 51 |
| 3.8.1 | Geotechnische Kategorie GK 1 | 51 |
| 3.8.2 | Geotechnische Kategorie GK 2 | 52 |
| 3.8.3 | Geotechnische Kategorie GK 3 | 54 |
| 3.9 | Erforderliche Maßnahmen | 57 |
| 3.9.1 | Geotechnische Kategorie GK 1 | 57 |
| 3.9.2 | Geotechnische Kategorie GK 2 | 57 |
| 3.9.3 | Geotechnische Kategorie GK 3 | 58 |
| 3.10 | Geotechnischer Bericht | 58 |
| 3.10.1 | Geotechnischer Untersuchungsbericht | 59 |
| 3.10.2 | Aus- und Bewertung der geotechnischen Untersuchungsergebnisse | 59 |
| 3.10.3 | Folgerungen, Empfehlungen und Hinweise | 60 |
| 3.11 | Geotechnischer Entwurfsbericht | 60 |
| **4** | **Bodenuntersuchungen im Feld** | **61** |
| 4.1 | Allgemeines | 61 |
| 4.2 | Direkte Aufschlüsse | 61 |
| 4.2.1 | Untersuchungszweck | 61 |
| 4.2.2 | Untersuchungsverfahren | 61 |
| 4.2.3 | Regelwerke | 63 |
| 4.2.4 | Richtwerte für Aufschlussabstände | 63 |
| 4.2.5 | Mindestwerte für Aufschlusstiefen | 65 |
| 4.2.6 | Schurf | 70 |
| 4.2.7 | Untersuchungsschacht | 71 |
| 4.2.8 | Untersuchungsstollen | 71 |
| 4.2.9 | Bohrung | 72 |
| 4.2.10 | Verfahren zur Probenentnahme im Boden | 74 |
| 4.2.11 | Probenentnahme mit Entnahmegeräten aus Schürfen und Bohrlöchern | 78 |
| 4.2.12 | Darstellung von Aufschlussergebnissen | 81 |
| 4.3 | Sondierungen (indirekte Aufschlussverfahren) | 83 |
| 4.3.1 | Allgemeines | 83 |
| 4.3.2 | DIN-Normen | 84 |
| 4.3.3 | Rammsondierungen nach DIN EN ISO 22476-2 | 84 |
| 4.3.4 | Drucksondierungen nach DIN EN ISO 22476-1 und -12 | 86 |
| 4.3.5 | Bohrlochrammsondierungen nach DIN 4094-2 und DIN EN ISO 22476-3 | 89 |
| 4.3.6 | Korrelationen zwischen Sondierergebnissen und Bodenkenngrößen | 91 |
| 4.3.7 | Wahl des Sondiergeräts | 96 |
| 4.3.8 | Flügelscherversuch (Felduntersuchung) | 98 |
| 4.4 | Plattendruckversuch | 100 |
| 4.4.1 | Untersuchungszweck und Versuchsbedingungen | 100 |
| 4.4.2 | DIN-Norm | 101 |
| 4.4.3 | Begriffe | 101 |
| 4.4.4 | Geräte für den Plattendruckversuch | 101 |
| 4.4.5 | Verformungsmodul $E_V$ | 102 |
| 4.4.6 | Bettungsmodul $k_s$ | 104 |
| 4.5 | Aussagekraft von Bodenuntersuchungen | 105 |
| 4.6 | Beobachtungsmethode | 106 |

| 5 | **Untersuchungen im Labor** | 109 |
|---|---|---|
| 5.1 | Mehrphasensysteme des Bodens | 109 |
| 5.2 | Korngrößenverteilung | 112 |
| 5.2.1 | DIN-Normen | 113 |
| 5.2.2 | Siebanalyse | 113 |
| 5.2.3 | Schlämmanalyse (Sedimentationsanalyse) | 116 |
| 5.2.4 | Siebung und Sedimentation | 118 |
| 5.2.5 | Kenngrößen der Körnungslinie | 119 |
| 5.2.6 | Filterregel von *Terzaghi* | 120 |
| 5.2.7 | Bodenklassifikation nach DIN 18196 und DIN EN ISO 14688-2 | 121 |
| 5.3 | Wassergehalt | 128 |
| 5.3.1 | DIN-Normen | 128 |
| 5.3.2 | Definition des Wassergehalts | 128 |
| 5.3.3 | Mit $w$ in Beziehung stehende Kenngrößen feuchter Böden | 129 |
| 5.3.4 | Mit $w$ in Beziehung stehende Kenngrößen gesättigter Böden | 130 |
| 5.3.5 | Bestimmung des Wassergehalts durch Ofentrocknung | 130 |
| 5.3.6 | Bestimmung des Wassergehalts durch Schnellverfahren | 131 |
| 5.4 | Dichte | 132 |
| 5.4.1 | DIN-Normen | 132 |
| 5.4.2 | Definitionen | 132 |
| 5.4.3 | Mit $\rho$ und $\rho_d$ in Beziehung stehende Kenngrößen | 132 |
| 5.4.4 | Feldversuche nach DIN 18125-2 | 133 |
| 5.4.5 | Laborversuche nach DIN EN ISO 17892-2 | 137 |
| 5.5 | Korndichte | 137 |
| 5.5.1 | DIN-Normen | 137 |
| 5.5.2 | Definition der Korndichte | 137 |
| 5.5.3 | Bestimmung mit dem Kapillarpyknometer | 138 |
| 5.6 | Organische Bestandteile | 140 |
| 5.6.1 | DIN-Norm | 140 |
| 5.6.2 | Definition des Glühverlustes | 140 |
| 5.6.3 | Versuchsdurchführung und -auswertung | 140 |
| 5.6.4 | Bodenklassifikation nach DIN 18196 | 141 |
| 5.7 | Kalkgehalt | 142 |
| 5.7.1 | DIN-Normen | 142 |
| 5.7.2 | Qualitative Bestimmung des Kalkgehalts | 143 |
| 5.7.3 | Bestimmung des Kalkgehalts nach DIN 18129 | 143 |
| 5.8 | Zustandsgrenzen (Konsistenzgrenzen) | 144 |
| 5.8.1 | DIN-Normen | 144 |
| 5.8.2 | Qualitative Bestimmung der Konsistenzgrenzen | 145 |
| 5.8.3 | Definitionen | 145 |
| 5.8.4 | Bestimmung der Fließgrenze | 146 |
| 5.8.5 | Bestimmung der Ausrollgrenze | 148 |
| 5.8.6 | Bestimmung der Schrumpfgrenze | 149 |
| 5.8.7 | Bodenklassifikation nach DIN 18196 | 150 |
| 5.8.8 | Plastische Bereiche und ansetzbarer Sohlwiderstand nach DIN 1054 | 152 |
| 5.9 | Proctordichte (Proctorversuch) | 153 |
| 5.9.1 | DIN-Norm | 153 |
| 5.9.2 | Definitionen | 154 |
| 5.9.3 | Geräte für den Proctorversuch | 154 |
| 5.9.4 | Durchführung und Auswertung des Proctorversuchs | 155 |
| 5.9.5 | Anforderungen aus Regelwerken an den Verdichtungsgrad $D_{Pr}$ | 159 |
| 5.10 | Dichte nichtbindiger Böden (lockerste u. dichteste Lagerung) | 162 |

| | | |
|---|---|---|
| 5.10.1 | Regelwerke | 162 |
| 5.10.2 | Definitionen und Einstufungen von Lagerungsdichten | 162 |
| 5.10.3 | Dichte bei dichtester Lagerung (Rütteltischversuch) | 166 |
| 5.10.4 | Dichte bei lockerster Lagerung (Einfüllung mit Trichter) | 166 |
| 5.11 | Wasserdurchlässigkeit | 169 |
| 5.11.1 | Allgemeines | 169 |
| 5.11.2 | DIN-Normen | 169 |
| 5.11.3 | Definitionen | 169 |
| 5.11.4 | Beziehungen der Filtergeschwindigkeit zum hydraulischen Gefälle | 171 |
| 5.11.5 | Temperatureinfluss | 172 |
| 5.11.6 | Versuch im Versuchszylinder mit Standrohren | 173 |
| 5.11.7 | Untersuchung in der Triaxialzelle (isotrope statische Belastung) | 175 |
| 5.12 | Einaxiale Zusammendrückbarkeit | 176 |
| 5.12.1 | Allgemeines | 176 |
| 5.12.2 | DIN-Normen | 178 |
| 5.12.3 | Begriffe (nach DIN 18135) | 178 |
| 5.12.4 | Kompressionsversuch (Oedometerversuch) | 179 |
| 5.12.5 | Steifemodul | 184 |
| 5.12.6 | Modellgesetz für Setzungszeiten | 188 |
| 5.12.7 | Kompressionsbeiwert | 189 |
| 5.13 | Scherfestigkeit | 190 |
| 5.13.1 | Allgemeines | 190 |
| 5.13.2 | DIN-Normen | 191 |
| 5.13.3 | Begriffe nach DIN 18137-1 | 191 |
| 5.13.4 | Rahmenscherversuch | 195 |
| 5.13.5 | Triaxialversuch nach DIN 18137-2 | 198 |
| 5.13.6 | Auswertung des Triaxialversuchs | 201 |
| 5.14 | Einaxiale Druckfestigkeit | 206 |
| 5.14.1 | DIN-Norm | 206 |
| 5.14.2 | Definitionen | 206 |
| 5.14.3 | Druck-Stauchungs-Diagramm | 207 |
| 5.15 | Charakteristische Werte von Bodenkenngrößen | 208 |
| 5.15.1 | Forderungen von DIN EN 1997-1 und DIN 1054 | 208 |
| 5.15.2 | Werte gemäß DIN 1055-2 | 209 |

# 6 Spannungen und Verzerrungen .................................................. 215

| | | |
|---|---|---|
| 6.1 | Darstellungen | 215 |
| 6.1.1 | Koordinatensysteme | 215 |
| 6.1.2 | Spannungs- und Deformationszustände | 217 |
| 6.1.3 | Spannungstransformation in kartesischen Koordinatensystemen | 218 |
| 6.2 | Sonderfälle | 219 |
| 6.2.1 | Hauptspannungen | 220 |
| 6.2.2 | Ebene Spannungs- und Deformationszustände | 221 |
| 6.2.3 | Symmetrie- und Antimetrieebenen | 222 |
| 6.3 | Spannungs-Verzerrungs-Beziehungen | 223 |
| 6.3.1 | Stoffgesetze bei *Hooke*'schem Material | 223 |
| 6.3.2 | Steifemodul, Elastizitätsmodul und Schubmodul | 225 |
| 6.3.3 | Bilinear-elastische und nichtlineare Stoffgesetze | 226 |
| 6.4 | Rechnerische Druckspannungen im Baugrund | 226 |
| 6.4.1 | Eigenlast aus trockenem oder erdfeuchtem Boden | 226 |
| 6.4.2 | Totale und effektive Druckspannungen | 227 |
| 6.5 | Vereinfachungen zur Lastausbreitung | 229 |

| | | |
|---|---|---|
| 6.6 | Halbraum unter vertikaler Punktlast $F$ | 230 |
| 6.6.1 | Spannungen und Deformationen nach *Boussinesq* | 231 |
| 6.6.2 | Spannungen nach *Fröhlich* | 233 |
| 6.7 | Halbraum unter horizontaler Punktlast $F$ | 235 |
| 6.8 | Halbraumspannungen infolge vertikaler Linienlast $f$ | 237 |
| 6.8.1 | Spannungen nach *Boussinesq* | 237 |
| 6.8.2 | Spannungen nach *Fröhlich* | 238 |
| 6.9 | Halbraumspannungen infolge horizontaler Linienlast $f$ | 238 |
| 6.10 | Halbraumspannungen infolge vertikaler Streifenlast $q$ | 239 |
| 6.11 | Halbraumspannungen unter schlaffen Rechtecklasten | 240 |
| 6.12 | Spannungen $\sigma_z$ unter Eckpunkten schlaffer Rechtecklasten | 241 |
| 6.13 | Beiwerte für vertikale Normalspannungen des Halbraums | 246 |
| 6.14 | Spannungen $\sigma_z$ infolge beliebiger Lasten | 249 |

## 7 Berechnungsgrundlagen der aktuellen Normen ... 253

| | | |
|---|---|---|
| 7.1 | Allgemeines | 253 |
| 7.2 | Einwirkungen, geotechnische Kenngrößen, Widerstände | 254 |
| 7.2.1 | Begriffe | 254 |
| 7.2.2 | Einwirkungen | 255 |
| 7.2.3 | Geotechnische Kenngrößen | 256 |
| 7.2.4 | Widerstände | 256 |
| 7.3 | Charakteristische und repräsentative Werte | 256 |
| 7.3.1 | Charakteristische Werte | 256 |
| 7.3.2 | Repräsentative Werte | 257 |
| 7.4 | Grenzzustände | 258 |
| 7.5 | Bemessungssituationen und Teilsicherheitsbeiwerte | 260 |
| 7.5.1 | Allgemeines | 260 |
| 7.5.2 | Bemessungssituationen | 260 |
| 7.5.3 | Teilsicherheitsbeiwerte | 261 |
| 7.6 | Bemessungswerte | 264 |
| 7.6.1 | Allgemeines | 264 |
| 7.6.2 | Bemessungswerte von Einwirkungen | 265 |
| 7.6.3 | Bemessungswerte von geotechnischen Kenngrößen | 266 |
| 7.6.4 | Bemessungswerte von Bauwerkseigenschaften | 266 |
| 7.7 | Rechnerische Nachweisführung der Tragsicherheit | 266 |
| 7.7.1 | Verlust der Lagesicherheit (EQU) | 267 |
| 7.7.2 | Versagen im Tragwerk und im Baugrund (STR und GEO) | 267 |
| 7.7.3 | Versagen durch Aufschwimmen (UPL) | 269 |
| 7.7.4 | Versagen durch hydraulischen Grundbruch (HYD) | 269 |
| 7.8 | Beobachtungsmethode | 270 |

## 8 Sohldruckverteilung ... 273

| | | |
|---|---|---|
| 8.1 | Allgemeines | 273 |
| 8.2 | Kennzeichnende Punkte und Linien | 275 |
| 8.3 | Bodenpressungen in der Sohlfuge nach DIN-Normen | 275 |
| 8.3.1 | Regelwerke | 275 |
| 8.3.2 | Gleichmäßige Verteilung und ansetzbare Sohlwiderstände nach DIN 1054 | 276 |
| 8.3.3 | Geradlinige Verteilung | 281 |

| | | |
|---|---|---|
| 8.4 | Sohldruckverteilung unter Flächengründungen | 289 |

## 9 Setzungen ............................................................................................................. 291

| | | |
|---|---|---|
| 9.1 | Allgemeines | 291 |
| 9.2 | Regelwerke | 291 |
| 9.3 | Begriffe | 292 |
| 9.4 | Kennzeichnende Punkte und Linien | 294 |
| 9.5 | Elastisch-isotroper Halbraum mit Einzellast | 294 |
| 9.6 | Elastisch-isotroper Halbraum mit konstanter Rechtecklast $\sigma_0$ | 296 |
| 9.7 | Grenztiefe für Setzungsberechnungen | 296 |
| 9.8 | Halbraum mit konstanter Kreislast $\sigma_0$ | 299 |
| 9.9 | Grundlagen für Setzungsberechnungen nach DIN 4019 | 299 |
| 9.9.1 | Erforderliche Berechnungsunterlagen | 299 |
| 9.9.2 | Sohl- und Baugrundspannungen | 300 |
| 9.10 | Zusammendrückungsmodul (Rechenmodul) $E^*$ | 300 |
| 9.10.1 | Module des linear-elastischen Halbraums | 300 |
| 9.10.2 | Ermittlung von $E^*$ aus Labor- und Feldversuchen | 301 |
| 9.10.3 | Ermittlung von $E^*$ aus Setzungsbeobachtungen | 302 |
| 9.10.4 | Wahl von $E^*$ für Setzungsberechnungen | 302 |
| 9.11 | Setzungsgleichungen nach DIN 4019 | 303 |
| 9.11.1 | Allgemeines | 303 |
| 9.11.2 | Setzung der Eckpunkte schlaffer, konstanter Rechtecklasten | 304 |
| 9.11.3 | Setzung starrer Rechteckfundamente bei zentrischer Belastung | 305 |
| 9.11.4 | Setzungen unter konstanter kreisförmiger Last | 311 |
| 9.12 | Gleichungen für Verdrehungen nach DIN 4019 | 312 |
| 9.12.1 | Allgemeines | 312 |
| 9.12.2 | Setzungen bzw. Verdrehungen rechteckiger Fundamente | 314 |
| 9.12.3 | Verdrehung starrer Streifenfundamente | 317 |
| 9.13 | Indirekte Setzungsberechnung nach DIN 4019 | 318 |
| 9.13.1 | Ablauf der Setzungsermittlung | 318 |
| 9.13.2 | Anwendungsbeispiel mit schlaffer, konstanter Rechtecklast (nach [33]) | 319 |
| 9.13.3 | Setzungen und Verdrehungen infolge lotrechter Baugrundspannungen | 321 |
| 9.14 | Setzungen infolge horizontaler Belastungskomponenten | 322 |
| 9.14.1 | Ansatz waagerechter Lasten und Sohlspannungen | 322 |
| 9.14.2 | Anwendungsbeispiel | 323 |
| 9.15 | Setzungen infolge von Grundwasserabsenkung | 324 |
| 9.16 | Berechnung des Zeitverlaufs von Setzungen | 326 |
| 9.16.1 | Konsolidationssetzung | 326 |
| 9.16.2 | Kriechsetzung | 327 |
| 9.17 | Setzungsproblematik bei Hochbauten | 327 |
| 9.17.1 | Gegenseitige Beeinflussung | 328 |
| 9.17.2 | Mulden- und Sattellage | 330 |
| 9.17.3 | Setzungen bei inhomogenem Baugrund | 330 |
| 9.18 | Beanspruchungsveränderungen infolge von Setzungen | 330 |
| 9.19 | Zulässige Setzungsgrößen | 331 |

## 10 Erddruck ............................................................................................................... 337

| | | |
|---|---|---|
| 10.1 | Allgemeines | 337 |

| | | |
|---|---|---|
| 10.2 | Regelwerke | 337 |
| 10.3 | Angaben nach DIN 4085 | 337 |
| 10.3.1 | Begriffe | 337 |
| 10.3.2 | Erforderliche Unterlagen | 340 |
| 10.3.3 | Allgemeines zur Erddruckermittlung | 340 |
| 10.4 | Erdruhedruck | 342 |
| 10.4.1 | Unbelastetes horizontales Gelände | 342 |
| 10.4.2 | Unbelastetes geneigtes Gelände | 343 |
| 10.4.3 | Erdruhedruck nach DIN 4085 | 344 |
| 10.5 | Wirkungen der Stützwandbewegung | 347 |
| 10.5.1 | Erddruckkräfte | 348 |
| 10.5.2 | Bruchfiguren | 349 |
| 10.6 | Zonenbruch nach *Rankine* | 350 |
| 10.7 | Linienbruch nach *Coulomb* | 355 |
| 10.7.1 | Aktiver Erddruck | 355 |
| 10.7.2 | Passiver Erddruck | 356 |
| 10.8 | Verallgemeinerung der Erddrucktheorie von *Coulomb* | 357 |
| 10.8.1 | Aktiver Erddruck nach *Müller-Breslau* | 358 |
| 10.8.2 | Passiver Erddruck nach *Müller-Breslau* | 359 |
| 10.8.3 | Aktiver Erddruck bei Böden mit Kohäsion | 360 |
| 10.8.4 | Passiver Erddruck bei Böden mit Kohäsion | 360 |
| 10.9 | Aktiver Erddruck gemäß DIN 4085 | 361 |
| 10.9.1 | Voraussetzungen der Berechnungsformeln | 364 |
| 10.9.2 | Formeln für Erddrücke und Erddruckkräfte aus Bodeneigenlast | 366 |
| 10.9.3 | Verteilung des Erddrucks aus Bodeneigenlast | 369 |
| 10.9.4 | Gleichmäßig verteilte vertikale Last auf ebener Geländeoberfläche | 372 |
| 10.9.5 | Vertikale Linien- und Streifenlasten auf ebener Geländeoberfläche | 378 |
| 10.9.6 | Horizontale Linien- oder schmale Streifenlasten | 380 |
| 10.9.7 | Erddruckanteil aus Kohäsion | 381 |
| 10.9.8 | Mindesterddruck | 383 |
| 10.10 | Passiver Erddruck gemäß DIN 4085 | 384 |
| 10.10.1 | Formeln für Erddrücke und Erddruckkräfte infolge Bodeneigenlast | 387 |
| 10.10.2 | Vertikale Flächenlasten auf ebener Geländeoberfläche | 392 |
| 10.10.3 | Erddruckanteil aus Kohäsion | 395 |
| 10.10.4 | Mobilisierbare Erddruckkraft | 398 |
| 10.11 | Grafische Bestimmung des Erddrucks nach *Culmann* | 399 |
| 10.12 | Sonderfälle gemäß DIN 4085 | 401 |
| 10.12.1 | Verdichtungserddruck | 401 |
| 10.12.2 | Silodruck | 402 |
| 10.12.3 | Erddruck bei dynamischen Anregungen des Bodens | 403 |
| 10.12.4 | Erddruck bei vertikaler Durchströmung des Bodens | 403 |
| 10.13 | Zwischenwerte des Erddrucks | 404 |
| 10.13.1 | Erddruck zwischen aktivem Erddruck und Erdruhedruck | 404 |
| 10.13.2 | Erddruck zwischen Erdruhedruck und passivem Erddruck | 404 |
| **11** | **Grundbruch** | **405** |
| 11.1 | Allgemeines | 405 |
| 11.2 | DIN-Normen | 405 |
| 11.3 | Begriffe | 406 |
| 11.4 | Einflussgrößen und Modelle des Versagenszustands | 406 |

| | | |
|---|---|---|
| 11.5 | Theorie von *Prandtl* | 406 |
| 11.5.1 | Voraussetzungen | 406 |
| 11.5.2 | Spannungs- und Winkelbeziehungen in den *Rankine*-Zonen | 407 |
| 11.5.3 | Bedingungen in der Übergangszone, *Prandtl*-Zone | 408 |
| 11.5.4 | Grundbruchformel nach *Prandtl*, Lösung für die Übergangszone | 408 |
| 11.6 | Verfahren von *Buisman* | 410 |
| 11.7 | Grundbruchsicherheit nach DIN 1054 und DIN 4017 | 411 |
| 11.7.1 | Allgemeines | 411 |
| 11.7.2 | Anwendungserfordernisse | 413 |
| 11.7.3 | Kenngrößen des Baugrunds | 413 |
| 11.7.4 | Nachweis der Grundbruchsicherheit gemäß DIN 1054 und DIN EN 1997-1 | 414 |
| 11.7.5 | Einwirkungen | 414 |
| 11.7.6 | Grundbruchwiderstände | 416 |
| 11.7.7 | Grundwerte der Tragfähigkeitsbeiwerte und Formbeiwerte | 417 |
| 11.7.8 | Lastneigungsbeiwerte | 421 |
| 11.7.9 | Geländeneigungsbeiwerte | 425 |
| 11.7.10 | Sohlneigungsbeiwerte | 426 |
| 11.7.11 | Berücksichtigung von Bermenbreiten | 427 |
| 11.7.12 | Durchstanzen | 428 |
| 11.7.13 | Abmessungen von Gleitkörpern unter Streifenfundamenten | 429 |

## 12 Gleiten und Kippen — 433

| | | |
|---|---|---|
| 12.1 | Gleiten | 433 |
| 12.1.1 | Allgemeines | 433 |
| 12.1.2 | DIN-Normen | 433 |
| 12.1.3 | Gleitsicherheit von Flach- und Flächengründungen nach DIN 1054 | 434 |
| 12.1.4 | Gebrauchstauglichkeit nach DIN 1054 | 437 |
| 12.1.5 | Maßnahmen bei nicht erfüllter Gleitsicherheit | 438 |
| 12.2 | Kippen | 438 |
| 12.2.1 | Allgemeines | 438 |
| 12.2.2 | DIN-Normen | 440 |
| 12.2.3 | Kippsicherheit von Flach- und Flächengründungen nach DIN 1054 | 440 |
| 12.2.4 | Gebrauchstauglichkeit nach DIN 1054 | 441 |
| 12.2.5 | Ungleichmäßige Setzungen bei hohen Bauwerken | 444 |

## 13 Geländebruch — 445

| | | |
|---|---|---|
| 13.1 | Allgemeines | 445 |
| 13.2 | DIN-Normen | 445 |
| 13.3 | Begriffe nach DIN 4084 | 445 |
| 13.4 | Erforderliche Unterlagen für Berechnungen gemäß DIN 4084 | 446 |
| 13.5 | Sonderfall der ebenen Gleitfläche | 447 |
| 13.6 | Lamellenverfahren (schwedische Methode) | 449 |
| 13.7 | Berechnungen nach Normen | 451 |
| 13.7.1 | Anwendungsbereich | 451 |
| 13.7.2 | Grenzzustand, Einwirkungen und Widerstände | 452 |
| 13.7.3 | Grenzzustandsbedingung | 454 |
| 13.7.4 | Arten der Bruchmechanismen und besondere Bedingungen | 455 |
| 13.7.5 | Bruchmechanismen mit einem Gleitkörper oder zusammengesetzt | 456 |
| 13.7.6 | Lamellenverfahren mit kreisförmig gekrümmten Gleitlinien | 457 |
| 13.7.7 | Lamellenfreie Verfahren mit kreisförmigen und geraden Gleitlinien | 459 |
| 13.7.8 | Zusammengesetzte Bruchmechanismen mit geraden Gleitlinien | 461 |
| 13.7.9 | Anwendungsbeispiele (mit Programm berechnet) | 463 |

| | | |
|---|---|---|
| 13.7.10 | Gebrauchstauglichkeit nach DIN 1054 und DIN 4084 | 466 |

## 14 Aufschwimmen ... 467

| | | |
|---|---|---|
| 14.1 | Maßnahmen bei zu geringer Sicherheit gegen Aufschwimmen | 468 |
| 14.2 | Regelwerke | 469 |
| 14.3 | Grenzzustand des Aufschwimmens nach DIN 1054 | 469 |
| 14.3.1 | Allgemeines | 469 |
| 14.3.2 | Nichtverankerte Konstruktionen | 469 |
| 14.3.3 | Verankerte Konstruktionen | 471 |
| 14.3.4 | Nachweis der Sicherheit gegen Aufschwimmen nach EAB | 474 |

## 15 Methode der Finiten Elemente (FEM) ... 483

| | | |
|---|---|---|
| 15.1 | Allgemeines | 483 |
| 15.2 | Weggrößenverfahren | 484 |
| 15.2.1 | Vektoren des Gesamtmodells | 485 |
| 15.2.2 | Einheitsknotenbewegungen am Gesamtsystem | 486 |
| 15.2.3 | Biegestabelement | 487 |
| 15.2.4 | Steifigkeitsmatrix des Gesamtsystems | 495 |
| 15.3 | Stoffgesetze | 499 |
| 15.3.1 | Ebener Deformationszustand | 501 |
| 15.3.2 | Ebener Spannungszustand | 502 |
| 15.4 | Scheibenelemente | 503 |
| 15.4.1 | Einheitsbewegungen der Elementknoten | 503 |
| 15.4.2 | Ansatzfunktionen für Elementverschiebungen | 504 |
| 15.4.3 | Verzerrungs- und Spannungsvektor des Elements | 506 |
| 15.5 | Symmetrische und antimetrische Systeme | 507 |
| 15.6 | Anwendungsbeispiel | 508 |
| 15.6.1 | Aufgabenstellung und Modellierung | 508 |
| 15.6.2 | Berechnungsergebnisse am Gesamtmodell | 509 |
| 15.6.3 | Berechnungsergebnisse am halben Modell | 513 |
| 15.6.4 | Antimetrie und Superposition | 515 |

## 16 Europäische Normung in der Geotechnik ... 517

| | | |
|---|---|---|
| 16.1 | Allgemeines | 517 |
| 16.2 | Deutsche und europäische Normung | 517 |
| 16.3 | Eurocode 7 | 519 |
| 16.3.1 | Nationaler Anhang (NA) | 520 |
| 16.3.2 | Deutsche Normen und Empfehlungen, die DIN EN 1997-1 ergänzen | 520 |
| 16.4 | Europäische geotechnische Ausführungsnormen | 521 |
| 16.5 | Weitere europäische geotechnische Normen | 521 |
| 16.6 | Bauaufsichtliche Einführung | 522 |

**Literaturverzeichnis** ... **525**

**Firmenverzeichnis** ... **541**

**Stichwortverzeichnis** ... **543**

# 1 Einteilung und Benennung von Böden

## 1.1 Bodenmechanische und geologische Begriffe

### 1.1.1 Bezeichnungen

Die nachstehenden Bezeichnungen sind zum Teil DIN EN ISO 14688-1 [119] und DIN EN ISO 14689-1 [121] entnommen.

*Magma* glutflüssige, gashaltige Gesteinsschmelze unterhalb der festen Erdkruste (Erstarrungskruste); magmatische Strömungen können tektonische Bewegungen der Erstarrungskruste (Faltungen, Überschiebungen, Horizontalverschiebungen, Klüfte, Spalten usw.) auslösen.

*Sedimentation (Ablagerung)* Absetzung von Gesteinsmaterial in „sekundären Lagerstätten", das durch Verwitterung zerstört (Frostsprengung, Temperaturschwankungen, chemische Einflüsse wie die von Salzen, Säuren, Laugen usw., biologische Einflüsse wie die von Kleinstlebewesen oder Pflanzenwurzeln) und durch Abtragungskräfte (Schwerkraft, Wasser, Wind, Eis und Schnee) aus seiner „primären Lagerstätte" (ursprünglichen Lagerstätte) fortbewegt wurde.

*Metamorphose* Gesteinsumwandlung infolge gebirgsbildender Vorgänge (Änderung hoher Drücke und hoher Temperaturen, aber keine Einschmelzung).

*Fels (Festgestein)* natürlich entstandene Ansammlung konsolidierter, verkitteter oder in anderer Form verbundener Mineralien, die ein Gestein von größerer Druckfestigkeit oder Steifigkeit bilden als Boden.

*Trennflächen* Schicht-, Kluft-, Schieferungs-, Störungs-, Scherflächen.

*Gebirge* Fels einschließlich Trennflächen und Verwitterungsprofilen.

*Gestein* vom Trennflächengefüge begrenzter Fels. Zu unterscheiden sind als Gesteinsarten
- *magmatische Gesteine*
  - *Plutonite (Tiefengesteine)* innerhalb der Erdkruste erstarrtes und kristallisiertes Magma (z. B. Granit, Diorit, Gabbro),
  - *Vulkanite (Ergussgesteine)* z. B. durch Vulkanausbrüche an die Erdoberfläche gelangtes und dort erstarrtes Magma (z. B. Basalt (Bild 1-1), Diabas, Porphyrit, vulkanisches Glas),
- *Sedimentgesteine* Trümmergesteine, Ausscheidungssedimente, organische oder organogene Ablagerungen wie z. B. Braunkohle, Dolomitstein, Kalkstein, Kreidestein, Mergelstein, Salzgestein, Sandstein, Steinkohle usw.,
- *metamorphe Gesteine* mechanisch und thermisch umgewandelte Gesteine wie Glimmerschiefer, Gneis, Granulit, Marmor usw.

*Boden (Lockergestein)* Gemisch mineralischer Bestandteile in Form einer natürlich entstandenen Ablagerung, aber fallweise organischen Ursprungs, das sich mit geringem Aufwand separieren lässt und unterschiedliche Anteile von Wasser und Luft (fallweise anderen Gasen) enthält. Der Begriff wird auch für Auffüllungen, umgelagerten Boden oder anthropogenes Material verwendet, die ähnliches Verhalten aufweisen (z. B. zerkleinertes Gestein, Hochofenschlacken und Flugaschen). Zu Ursprung und Bildung von Lockergesteinen vgl. auch [156].

Anmerkung: Böden weisen teilweise auch felsartiges Gefüge auf, besitzen aber normalerweise eine geringere Festigkeit als Fels.

**Bild 1-1**  Basaltsäulen in Island
(Foto: Silke Burkhardt)

### 1.1.2 Erdaufbau, Erdzeitalter und Gesteinsbildungen

In der Geotechnik zu behandelnde Problemstellungen betreffen durchweg Maßnahmen im oberflächennahen Bereich der Erdkruste (Bild 1-2). Neben der Einbindung der Baukonstruktionen in den Baugrund (vgl. Abschnitt 1.1.3) ist dabei auch die Tiefe zu berücksichtigen, bis zu der der Boden durch das Bauwerk bzw. die Baumaßnahme noch nennenswert beeinflusst wird. Im Regelfall liegt die entsprechende Gesamttiefe deutlich unter 100 m. Aus Bild 1-2 geht hervor, in welchem Verhältnis solche Tiefen zur Mächtigkeit der verschiedenen Erdzonen stehen.

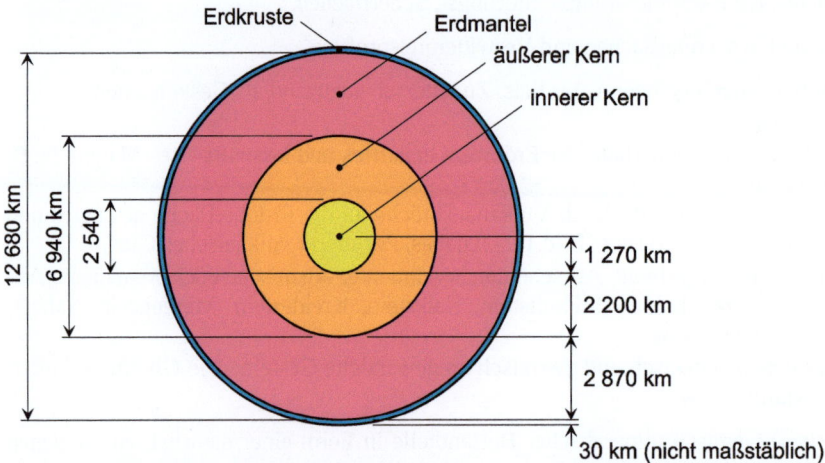

**Bild 1-2**  Erdaufbau in stark vereinfachter Form; in der Literatur zu findende Abmessungen weisen geringfügige Abweichungen zu den angegebenen Zahlenwerten auf

Im Laufe der Erdgeschichte haben sich die Bedingungen für die Bildung von Gesteinen immer wieder verändert. Tabelle 1-1 gibt entsprechende zeitliche Zuordnungen für den süddeutschen Raum an (die in Mill. Jahren angegebenen Zahlen sind leicht gerundet). Für andere Räume geltende Gegebenheiten lassen sich z. B. bei den jeweiligen Geologischen Landesämtern abfragen.

**Tabelle 1-1** Erdzeitalter und hauptsächliche Gesteinsbildungen im süddeutschen Raum (stark generalisiert); nach [153]

| System (Formation) | Beginn (Mill. Jahre) | Serie (Abteilung) | Stufe | Hauptsächliche Gesteinsbildungen |
|---|---|---|---|---|
| Quartär | 2,6 | Holozän | | Lockerböden, Faulschlamm, Moore, Torf |
| | | Pleistozän | | Löss, Moränen, Schotter, Bändertone, Torf |
| Tertiär | 65,5 | Miozän Oligozän | | Mergel, Sande, Tone, Konglomerate, Basalte, Quarzite, Flysch |
| Kreide | 145,5 | Oberkreide | | Mergelstein, Sandstein |
| Jura | 199,6 | Malm (Weißer Jura) | | Kalksteine, Mergelsteine |
| | | Dogger (Brauner Jura) | | Tonsteine, Eisenoolithe, Kalksteine, Sandsteine |
| | | Lias (Schwarzer Jura) | | Wechselfolge aus Ton-, Mergel- und Sandsteinen, Kalksteinen und Schiefertonen |
| Trias | 251 | Keuper | Oberer Keuper (Rhät) | Tonstein, Sandstein |
| | | | Mittlerer Keuper (Gipskeuper) | Tonstein, Gips, Anhydrit, Sandstein, Steinmergel, Dolomitstein |
| | | | Unterer Keuper (Lettenkeuper) | Sandstein, Mergelstein, Dolomitstein |
| | | Muschelkalk | Oberer Muschelkalk | Kalk- und Mergelsteine, Dolomitstein |
| | | | Mittlerer Muschelkalk | Dolomitstein, Tonstein, Salzgesteine, Gips |
| | | | Unterer Muschelkalk (Wellengebirge) | Kalkstein, Dolomitstein, Mergelstein |
| | | Buntsandstein | Oberer Buntsandstein (Röt) | Tonsteine, Gips |
| | | | Mittlerer Buntsandstein (Hauptbuntsandstein) | Sandsteine, Tonsteine |
| | | | Unterer Buntsandstein (Bröckelschiefer) | Sandsteine, Tonsteine |
| Perm | 299 | Zechstein Rotliegendes | | Schiefertone, Arkosesandsteine, Konglomerate, Tonsteine, Mergelsteine, Dolomitsteine, Porphyre (Süddeutschland ohne Salzlager) |
| Karbon | 359 | | | Grauwacken, Arkosesandsteine, Porphyre, Konglomerate, Schiefertone |
| Devon | 416 | | | Schiefer |
| Altpaläozoikum | 542 | | | Granite, Gneise |

### 1.1.3 Nutzung von Boden oder Fels

*Baugrund* Boden oder Fels (einschließlich aller Inhaltsstoffe wie z. B. Grundwasser, Luft und Kontaminationen), in dem Bauwerke gegründet oder eingebettet werden sollen bzw. gegründet oder eingebettet sind oder der durch Baumaßnahmen beeinflusst wird (Bild 1-3).

*Baustoff* Boden oder Fels, der bei der Errichtung von Bauwerken oder Bauteilen Verwendung findet (Bild 1-3).

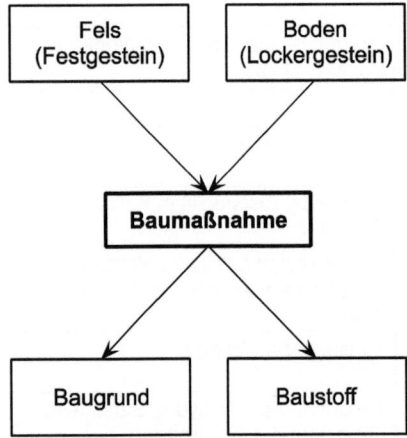

**Bild 1-3** Bezeichnungsveränderungen infolge von Baumaßnahmen

**Hinweis:** Zur Unterscheidung zwischen Boden (Lockergestein) und Fels (Festgestein) vgl. auch Tabelle 5-32.

Ergänzend ist darauf hinzuweisen, dass in DIN EN 1997-1, 1.5.2.3 [100] „Baugrund" definiert wird als Boden, Fels und Auffüllung, die vor Beginn der Baumaßnahme vor Ort vorhanden sind.

## 1.2 Normen und Kriterien zur Einteilung

Die Klassifikation und Benennung von Böden erfolgt nach sehr unterschiedlichen Gesichtspunkten. Dies lässt sich u. a. schon daran erkennen, dass zu diesem Thema entsprechende Ausführungen in so verschiedenen DIN-Normen wie
– DIN 1054 [20], DIN 4023 [42], DIN 18196 [83], DIN 18300 [84], DIN 19682-1 [87], DIN 19682-2 [88], DIN 19682-12 [91], DIN EN 1997-1 [100], DIN EN ISO 14688-1 [119], DIN EN ISO 14688-2 [120], DIN EN ISO 14689-1 [121] und DIN EN ISO 22475-1 [128]

zu finden sind. Als Einteilungskriterien für die Böden dienen dabei z. B.
– ihre Entstehung
  - Verwitterung (Zerstörung der Gesteine durch physikalische, chemische und biologische Vorgänge; vgl. Abschnitt 1.1.1),
  - Erosion (Abtragung),
  - Frachtung (Transport) durch Wind (äolische Böden), Eis (glaziale Böden) oder Wasser (Geröll- und Schwebfrachtung),
  - Sedimentation (vgl. Abschnitt 1.1.1),
– die Menge und der Zustand ihrer organischen Bestandteile (brennbar, schwelbar),
– die Größe und der Anteil ihrer Körner
  - Siebkorn        (Korngröße > 0,063 mm),

- Schlämmkorn (Korngröße $\leq 0,063$ mm),
- Korngrößenverteilung;
– ihre bodenmechanischen Eigenschaften, wie
  - Dichte,
  - Lagerungsdichte,
  - Korngrößenverteilung,
  - Wasserdurchlässigkeit,
  - Kohäsion,
  - Scherfestigkeit,
  - Zusammendrückbarkeit,
– ihre Bearbeitbarkeit
  - Lösen und Laden,
  - Fördern,
  - Einbauen und Verdichten,
– ihr unterschiedliches Verhalten bei Belastung
  - Fels,
  - gewachsener Boden (Lockergestein),
  - geschütteter (aufgeschütteter oder aufgespülter) Boden,
– ihre Verwendbarkeit für bautechnische Zwecke (Aufteilung in Gruppen mit annähernd gleichem stofflichem Aufbau und ähnlichen bautechnischen Eigenschaften, wie z. B. Scherfestigkeit, Verdichtungsfähigkeit, Frostempfindlichkeit),
– ihre Erkennbarkeit bei Feldversuchen (auf der Baustelle), wie z. B.
  - Bodenfarbe (Farbansprache mit oder ohne Farbtafeln; Näheres siehe auch DIN 19682-1),
  - Plastizität (Trockenfestigkeitsversuch, Knetversuch; siehe Abschnitte 1.6.3 und 1.6.5),
  - Kalkgehalt (Auftropfen von verdünnter Salzsäure; siehe Abschnitt 5.7.2),
  - Konsistenz (Verformbarkeit des Bodens mit der Hand; siehe Abschnitt 1.6.4).

Mit dem Bild 1-4 wird gezeigt, wie eiszeitliche Frachtungsvorgänge die Landschaft formen können und dabei die Beschaffenheit des Bodens verändern (glaziale Böden). Mit den nachstehenden Definitionen werden in Bild 1-4 verwendete Begriffe erläutert.

*Drumlin* (Plural: *Drumlins*) zur Grundmoränenlandschaft gehörender länglicher Hügel mit tropfenförmigem Grundriss und einer Längsachse, die in Richtung der Eisbewegungslinie verläuft.

*Wallberg* wallförmig sedimentiertes Material, das vom Eis bewegt wurde.

*Kame* (Plural: *Kames*) Erhebung in einer glazialen Aufschüttungslandschaft, die am Eisrand durch Ablagerung des vom Eis bewegten Materials gegen ein Widerlager (z. B. Toteisblock) entstanden ist.

*Soll* (Plural: *Sölle*) kleines „Wasserloch", dessen Entstehung auf das Abschmelzen eines verbliebenen Toteisblocks zurückzuführen ist (von Moränenmaterial überdeckt, war dieser für lange Zeit thermisch isoliert) und das vor allem in den Bundesländern Mecklenburg-Vorpommern und Brandenburg zu finden ist (Bild 1-5).

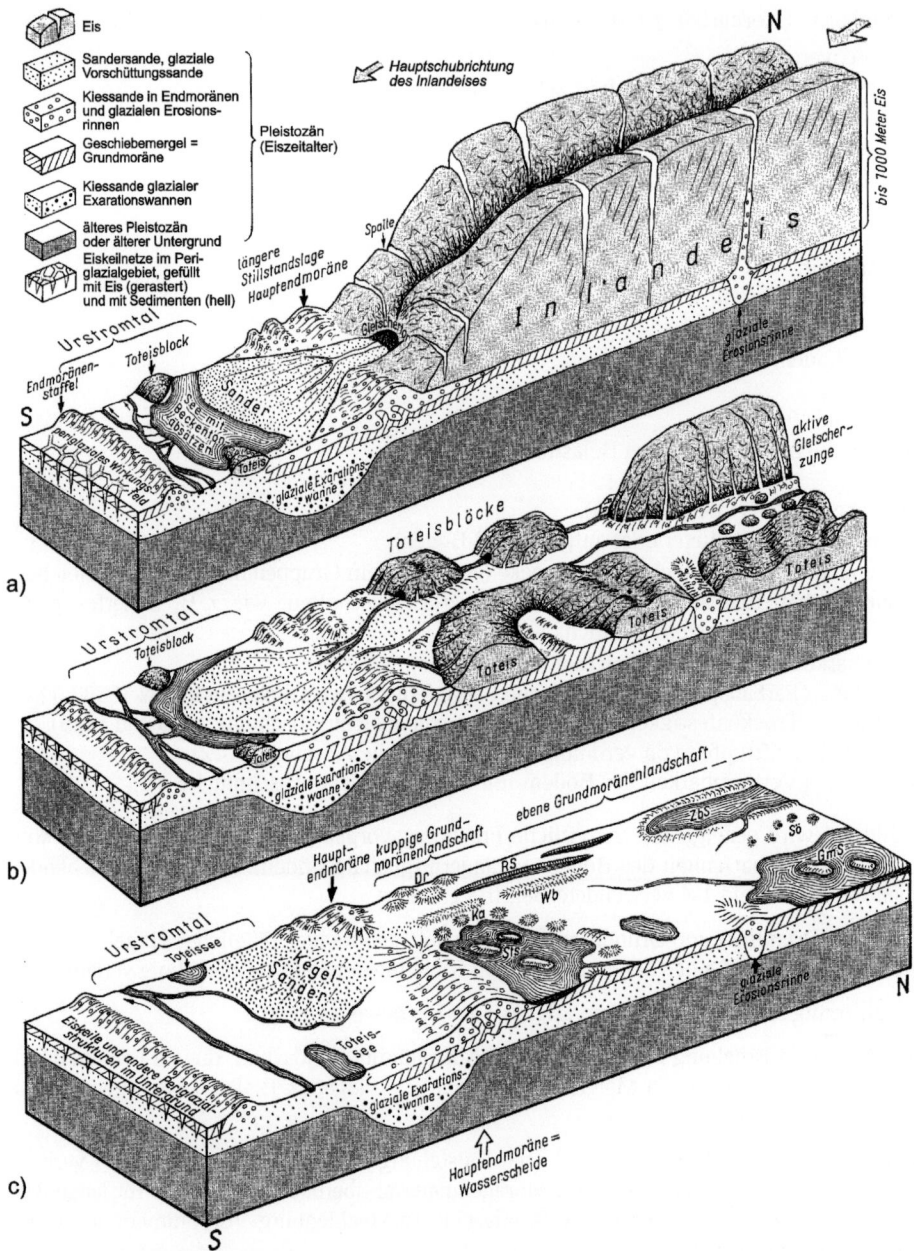

**Bild 1-4** Formung der Landschaft des Norddeutschen Tieflands durch das eiszeitliche Inlandeis (aus [262])
a) geschlossene Eisdecke und ihr Vorland
b) Zerfall der Eisdecke in der Abschmelzphase
c) gegenwärtige Landschaft (*GmS* = Grundmoränensee, *ZbS* = Zungenbeckensee, *RS* = Rinnensee, *StS* = Endmoränenstausee, *Dr* = Drumlin, *Wb* = Wallberg, *Ka* = Kames, *Sö* = Sölle)

In Tabelle 1-2 sind die drei letzten großen Eiszeiten (geologisch: „Kaltzeiten") im norddeutschen Raum hinsichtlich ihrer zeitlichen Abfolge zusammengestellt.

**Tabelle 1-2** Die drei letzten großen Eiszeiten im norddeutschen Raum (nach Angaben des Landesamtes für Bergbau, Geologie und Rohstoffe des Bundeslandes Brandenburg; Stand 2005)

|  | Zeiten (in $10^3$ Jahren vor der Gegenwart) | | |
| --- | --- | --- | --- |
|  | Beginn | Ende | Dauer |
| Weichsel-Kaltzeit | 115 | 10,2 | 104,8 |
| Saale-Kaltzeit | 347 | 128 | 219 |
| Elster-Kaltzeit | 475 | 370 | 105 |

**Bild 1-5** Soll in Mecklenburg-Vorpommern (durch Abschmelzen eines Toteisblocks entstanden)

## 1.3 Einteilung nach Korngrößen und organischen Bestandteilen

### 1.3.1 Kornstrukturen grob- und feinkörniger Böden

Die mineralischen Partikel von Böden, und insbesondere von natürlich entstandenen (gewachsenen) Böden, sind „Körner" mit unterschiedlichen Größen, Formen und Materialbeschaffenheiten.

Böden, deren einzelne Körner mit bloßem Auge erkennbar sind (Sande, Kiese, Schotter usw.), werden „grobkörnig" und vereinfachend „nichtbindig" oder „rollig" genannt (Bild 1-6). Neben unterschiedlichen Formen, mit Bezeichnungen wie z. B. „kugelig", „plattig" und „stäbchenförmig" (Bild 1-7), weisen diese Körner auch sehr verschiedene Oberflächenstrukturen auf (Bild 1-7).

Böden, die dadurch gekennzeichnet sind, dass sich ihre einzelnen Körner nicht mehr mit bloßem Auge erkennen lassen (Tone, Schluffe usw.), werden als „feinkörnig" und, bei Korngrößen der Böden von unter $\approx 0{,}02$ mm, vereinfachend als „bindig" oder „kohäsiv" bezeichnet.

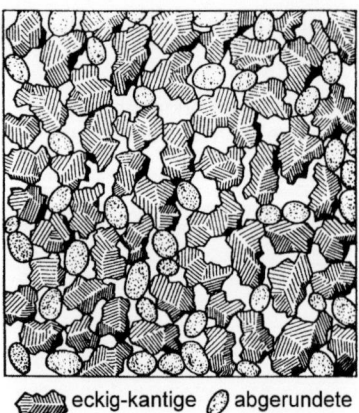

eckig-kantige Körnung / abgerundete Körnung

**Bild 1-6** Einzelkornstruktur eines grobkörnigen Bodens (nach [244])

Im Gegensatz zu den grobkörnigen (nichtbindigen) Böden weisen Tone, Schluffe (Fein- und Mittelschluffe) und bindige Mischböden (z. B. Mergel, Lehm) plastische Eigenschaften auf.

**Bild 1-7** Bezeichnungen für Kornform (oben) und Kornrauigkeit (unten) (nach [172], Kapitel 1.3)

Nach DIN EN ISO 14688-1 sind zur Bezeichnung der Kornform die in Tabelle 1-3 zusammengestellten Begriffe zu verwenden, die in der Regel nur für Kies oder gröberes Material benutzt werden.

**Tabelle 1-3** Begriffe für die Bezeichnung der Kornform (nach DIN EN ISO 14688-1, Tabelle 4)

|  | Kornform | |
| --- | --- | --- |
| Rundung | Form | Oberflächenstruktur |
| scharfkantig<br>kantig<br>kantengerundet<br>angerundet<br>gerundet<br>gut gerundet | kubisch<br>flach (plattig)<br>länglich (stängelig) | rau<br>glatt |

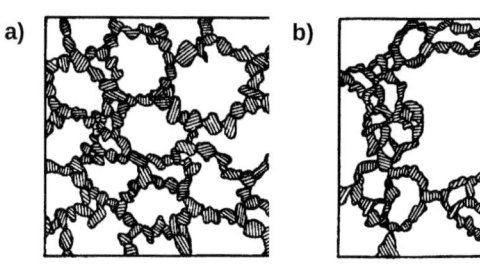

**Bild 1-8** Waben- (a) und Flockenstruktur (b) von Tonen, nach *Terzaghi* (aus [261])

Nach [172], Kapitel 1.3 neigen insbesondere in Wasser aufgeschlämmte Tone beim Absinken dazu, sich mit ihren Einzelelementen im Süßwasser in kartenhausartigen (wabenförmigen) und im Salzwasser in bandartigen (flockenförmigen) Strukturen abzulagern (Bild 1-8). Das durch weitere Materialauflagerungen entstehende Sediment weist im Bereich solcher Aggregationsformen sehr viel Hohlraum auf. Insgesamt entstehen bei der Sedimentation mehr oder weniger dichte Gefügestrukturen, wie sie in Bild 1-9 anhand einiger Beispiele gezeigt sind. Hinsichtlich der Vorgänge, die die chemische Zusammensetzung des Wassers beeinflussen, sowie der an den Teilchenoberflächen auftretenden elektrischen Ladungskräfte und der auf die Teilchen wirkenden elektrostatischen und molekularen Anziehungskräfte sei z. B. auf [17] und besonders auf [192] verwiesen.

a) Kaolin   b) Halloysit   c) Montmorillonit

d) tafeliger Gibbsit bedeckt mit Hämatit

**Bild 1-9** Rasterelektronische Aufnahmen von Tonmineralien (Bilder a, b und c aus [170], Kapitel 1.5 und Bild d aus [192])

## 1.3.2 Einteilung reiner Bodenarten

In Tabelle 1-4 wird die Einteilung und Benennung gemäß DIN EN ISO 14688-1, 4.2 von Böden mit Korngrößen bis zu 630 mm und mehr gezeigt. Die Einteilung definiert „reine" Bodenarten, die aus nur einem der aufgeführten Korngrößenbereiche bestehen und nach diesem benannt werden (z. B. Kies (Gr), Grobsand (CSa), Feinschluff (FSi), Ton (Cl)).

**Tabelle 1-4** Einteilung und Benennung von Böden nach Korngrößen (nach DIN EN ISO 14688-1, Tabelle 1; Bemerkungen nach [41])

| Bereich | Benennung (Kurzzeichen) | Korngröße (in mm) | Bemerkungen |
|---|---|---|---|
| sehr grobkörniger Boden | großer Block (LBo) | > 630 | – |
| | Block (Bo) | > 200 bis 630 | > Kopfgröße |
| | Stein (Co) | > 63 bis 200 | < Kopfgröße<br>> Hühnereier |
| grobkörniger Boden | Kies (Gr) | > 2 bis 63 | < Hühnereier<br>> Streichholzköpfe |
| | Grobkies (CGr) | > 20 bis 63 | < Hühnereier<br>> Haselnüsse |
| | Mittelkies (MGr) | > 6,3 bis 20 | < Haselnüsse<br>> Erbsen |
| | Feinkies (FGr) | > 2 bis 6,3 | < Erbsen<br>> Streichholzköpfe |
| | Sand (Sa) | > 0,063 bis 2 | < Streichholzköpfe, aber Einzelkorn noch erkennbar |
| | Grobsand (CSa) | > 0,63 bis 2 | < Streichholzköpfe<br>> Grieß |
| | Mittelsand (MSa) | > 0,2 bis 0,63 | etwa Grieß |
| | Feinsand (FSa) * | > 0,063 bis 0,2 | < Grieß, aber Einzelkorn noch erkennbar |
| feinkörniger Boden | Schluff (Si) | > 0,002 bis 0,063 | Einzelkörner mit bloßem Auge nicht mehr erkennbar |
| | Grobschluff (CSi) * | > 0,02 bis 0,063 | |
| | Mittelschluff (MSi) | > 0,0063 bis 0,02 | |
| | Feinschluff (FSi) | > 0,002 bis 0,0063 | |
| | Ton (Cl) | ≤ 0,002 | |

*) Sand mit Korngrößen ≤ 0,1 mm und Grobschluff werden auch als „Mehlsand" bezeichnet.

In Ergänzung zu den Einteilungen in Tabelle 1-4 ist zu bemerken, dass zwar alle Bodenteilchen mit Korngrößen < 0,002 mm (< 2 µm) in die Kategorie „Ton" eingeordnet werden, Tone aber erhebliche Unterschiede hinsichtlich ihrer Teilchengröße aufweisen können. Nach [192] liegen mittlere „Korngrößen" von
- Kaoliniten zwischen 0,5 und 4 µm,
- Illiten, Glaukoniten und Seladoniten < 0,6 µm und
- Montmorilloniten < 0,2 µm.

Weiterhin ist darauf hinzuweisen, dass die nach DIN EN ISO 14688-1 zu verwendenden Kurzzeichen zur Benennung der Böden nicht mit den Kurzformen übereinstimmen, die in DIN 4023 für die zeichnerische Darstellung angegeben werden (bezüglich der entsprechenden Begründung siehe DIN 4023, Anhang B). Gemäß dem Nationalen Anhang von DIN EN ISO 14688-1 ist sowohl die Verwendung der Kurzzeichen nach DIN EN ISO 14688-1 als auch die der Kurzformen nach

DIN 4023 zulässig. Tabelle 1-5 zeigt eine entsprechende Gegenüberstellung dieser Kurzbezeichnungen.

**Tabelle 1-5** Gegenüberstellung der zur Benennung von Böden zu verwendenden Kurzformen nach DIN 4023 und Kurzzeichen nach DIN EN ISO 14688-1 (nach DIN 4023, Tabelle B.1)

| Benennung des Bodens | Kurzform, DIN 4023 | Kurzzeichen, DIN EN ISO 14688-1 |
|---|---|---|
| große Blöcke | – | LBo |
| Blöcke | Y | Bo |
| Steine | X | Co |
| Kies (Gr) | G | Gr |
| Grobkies | gG | CGr |
| Mittelkies | mG | MGr |
| Feinkies | fG | FGr |
| Sand | S | Sa |
| Grobsand | gS | CSa |
| Mittelsand | mS | MSa |
| Feinsand | fS | FSa |
| Schluff | U | Si |
| Grobschluff | – | CSi |
| Mittelschluff | – | MSi |
| Feinschluff | – | FSi |
| Ton | T | Cl |

## 1.3.3 Einteilung zusammengesetzter Böden

Zusammengesetzte Böden sind Gemische aus reinen Bodenarten. Da die zum jeweiligen Gemisch gehörenden Bodenarten unterschiedlich große Anteile an der Mischung aufweisen können, wird in DIN EN ISO 14688-1, 4.3.1 unterschieden zwischen
– Haupt- und Nebenanteilen.

Eine Bodenart stellt den Hauptanteil des zusammengesetzten Bodens dar, wenn sie nach den Massenanteilen am stärksten vertreten ist bzw. die bestimmenden Eigenschaften des Bodens prägt (vgl. auch Tabelle 1-6).

Bei grobkörnigen (Sand und Kies) und sehr grobkörnigen Böden (Steine und Blöcke) entspricht der Hauptanteil der Kornfraktion, die den Massenanteil am stärksten bestimmt. Dies gilt auch für gemischtkörnige Böden, wenn deren Verhalten durch ihren Feinkorn-Massenanteil nicht bestimmt wird. Bei feinkörnigen Böden ist die Kornfraktion der Hauptanteil, die das Verhalten des Bodens bestimmt. Zur Unterscheidung in „sehr grobkörnig", „grobkörnig" und „feinkörnig" können die Definitionen von Tabelle 1-4 und Tabelle 1-7 verwendet werden.

Nach den Erläuterungen (zu 4.2) des Nationalen Anhangs (NA) von DIN EN ISO 14688-2 definieren sich die Hauptanteile von zusammengesetzten Bodenarten in zweierlei Form. Im ersten Fall ist der Hauptanteil die nach Massenanteilen am stärksten vertretene Bodenart bei
– grobkörnigen Böden mit einem Massenanteil an Feinkorn (Schluff und/oder Ton) von < 5 %,

- gemischtkörnigen Böden mit einem zwischen 5 % und 40 % liegenden Massenanteil an Feinkorn (Schluff und/oder Ton), welche das Verhalten des gemischtkörnigen Bodens nicht bestimmt.

Im zweiten Fall ist der Hauptanteil die Bodenart, welche die bestimmenden Eigenschaften des Bodens prägt. Dies gilt bei

- feinkörnigen Böden (Böden mit einem Massenanteil an Feinkorn von > 40 %; vgl. Tabelle 1-6),
- gemischtkörnigen Böden, deren Feinkorn-Massenanteil das Verhalten des Bodens bestimmt.

Gemäß DIN EN ISO 14688-1, 4.3.2 bestimmt das Feinkorn dann nicht das Verhalten eines gemischtkörnigen Bodens, wenn der Boden im Trockenfestigkeitsversuch (vgl. Abschnitt 1.6.3) keine oder nur eine niedrige Trockenfestigkeit aufweist bzw. wenn er beim Knetversuch (vgl. Abschnitt 1.6.5) keine Knetfähigkeit zeigt. Hingegen ist von dem Bestimmen des Verhaltens eines gemischtkörnigen Bodens durch das Feinkorn auszugehen, wenn dieser mindestens eine mittlere Trockenfestigkeit aufweist und/oder knetbar ist).

Eine Bodenart repräsentiert nach DIN EN ISO 14688-1, 4.3.3 einen Nebenanteil, wenn sie die bestimmenden Eigenschaften des Bodens nicht prägt (siehe vorigen Absatz), ggf. aber beeinflusst.

Richtwerte zur Unterscheidung nach Haupt- und Nebenanteilen gemäß DIN EN ISO 14688-2 lassen sich Tabelle 1-6 entnehmen.

**Tabelle 1-6** Richtwerte für die Einteilung mineralischer Böden anhand von Korngrößenbereichen (nach DIN EN ISO 14688-2, Tabelle B.1)

| Korngrößen-bereich | Anteil der Korngrößenbereiche ≤ 63 mm Massen-% | Anteil der Korngrößenbereiche ≤ 0,063 mm Massen-% | Bodenart Nebenbestandteil | Bodenart Hauptbestandteil |
|---|---|---|---|---|
| Kies | 20 bis 40 | | kiesig | |
| | > 40 | | | Kies |
| Sand | 20 bis 40 | | sandig | |
| | > 40 | | | Sand |
| Schluff + Ton (feinkörnige Böden) | 5 bis 15 | < 20 | schwach schluffig | |
| | | ≥ 20 | schwach tonig | |
| | 15 bis 40 | < 20 | schluffig | |
| | | ≥ 20 | tonig | |
| | > 40 | < 10 | | Schluff |
| | | 10 bis 20 | | Schluff |
| | | 20 bis 40 | tonig | Ton |
| | | > 40 | schluffig | Ton |

Zur Bezeichnung zusammengesetzter Böden und vor allem zur Hervorhebung ihrer Anteile an reinen Bodenarten sind nach DIN EN ISO 14688-1 und DIN EN ISO 14688-2 die nachstehenden Kennzeichnungen zu verwenden (zu beachten sind die Erläuterungen der Nationalen Anhänge dieser Normen). Zusätzlich werden hier auch die entsprechenden Angaben von DIN 4023 aufgeführt, da deren Verwendung gemäß dem Nationalen Anhang von DIN EN ISO 14688-1 ebenfalls zulässig ist.

- Bezeichnung von Hauptanteilen mit
  - Substantiven (z. B. Kies, Sand, Grobsand, Feinsand, Schluff, Feinschluff, Ton) bzw.

- Großbuchstaben am Anfang des Kurzzeichens der Korngruppe und zur Erfassung der Stufungen „grob", „mittel" und „fein" (z. B. Gr, Sa, CSa, FSa, Si, Cl oder gemäß DIN 4023: G, S, gS, fS, U, T),
- Bezeichnung von Nebenanteilen mit
  - Adjektiven (z. B. kiesig, sandig, grobsandig, feinsandig, schluffig, tonig), die in der Reihenfolge ihres Massenanteils den Substantiven der Hauptanteile beigefügt werden (z. B. Kies, sandig oder Feinkies, grobsandig oder Schluff, mittelsandig) bzw.
  - Kleinbuchstaben (z. B. gr, sa, csa, fsa, si, cl oder gemäß DIN 4023: g, s, gs, fs, u, t), die in der Reihenfolge ihres Massenanteils den Kurzzeichen der Hauptanteile beigefügt werden (z. B. saGr für Kies, sandig oder csaFGr für Feinkies, grobsandig oder msaSi für Schluff, mittelsandig; gemäß DIN 4023 ist die Schreibweise G, s für Kies, sandig oder fG, gs für Feinkies, grobsandig oder U, ms für Schluff, mittelsandig) bzw.
  - den Adjektiven vorgesetztem „schwach", wenn z. B. grobkörnige Nebenanteile mit < 15 % Massenanteil in dem Gemisch vertreten sind oder feinkörnige Nebenanteile in grobkörnigem Boden gemäß Tabelle 1-7 das Verhalten des Bodens in besonders geringem Maße beeinflussen (z. B.: schwach kiesig, schwach sandig, schwach grobsandig, schwach feinsandig, schwach schluffig, schwach tonig),
  - den Kleinbuchstaben folgendem Apostroph bei schwachen Nebenanteilen (z. B. g', s', gs', fs', u', t'),
  - den Adjektiven vorgesetztem „stark", wenn z. B. grobkörnige Nebenanteile mit > 30 % Massenanteil in dem Gemisch vertreten sind oder feinkörnige Nebenanteile in grobkörnigem Boden gemäß Tabelle 1-7 das Verhalten des Bodens in besonders starkem Maße beeinflussen (z. B.: stark kiesig, stark feinkiesig, stark sandig, stark schluffig, stark tonig),
  - einem Strich über dem Kleinbuchstaben bei starken Nebenanteilen (z. B. $\bar{g}$, $\bar{s}$, $\overline{gs}$, $\overline{fs}$, $\bar{u}$, $\bar{t}$) bzw. einem dem Kleinbuchstaben nachgestellten *-Symbol (z. B. g*, s*, gs*, fs*, u*, t*).

**Tabelle 1-7** Einteilung zusammengesetzter Böden (ohne sehr grobkörnige Anteile)

| Gemischtkörnige Böden | | | |
|---|---|---|---|
| grobkörnige Böden | | feinkörnige Böden | |
| Sande und Kiese mit Beimengungen aus Ton und Schluff | Gemische aus Grob- und Feinkorn (Kies + Sand + Schluff + Ton) | | Tone und Schluffe mit Beimengungen aus Sand und Kies |
| Massenanteil des Feinkorns (Schluff und/oder Ton) < 5 % | Massenanteil des das Bodenverhalten nicht bestimmenden Feinkorns ≥ 5 % bis ≤ 40 % | Massenanteil des das Bodenverhalten bestimmenden Feinkorns ≥ 5 % bis ≤ 40 % | Massenanteil des Feinkorns (Schluff und/oder Ton) > 40 % |

Mit den genannten Kennzeichen ergeben sich Bodenbezeichnungen wie z. B. (Hinweis: in DIN EN ISO 14688-1 werden starke und schwache Nebenanteile nicht näher definiert)

Grobsand, mittelsandig, feinkiesig      bzw.      msafgrCSa (nach DIN 4023: gS, ms, fg)
Grobsand, mittelsandig, schwach kiesig      bzw.      gS, ms, g'
Grobsand, stark kiesig, mittelsandig      bzw.      gS, $\bar{g}$, ms bzw. gS, g*, ms
Sand, stark kiesig, schwach schluffig      bzw.      S, $\bar{g}$, u' bzw. S, g*, u'

Enthält ein grobkörniger Boden zwei reine Bodenarten (z. B. Mittelsand und Kies) mit etwa gleichen Massenanteilen zwischen > 40 % und < 60 %, ist er nach DIN 4023 mit

Mittelsand und Kies      bzw.      mS/G

und nach DIN EN ISO 14688-1 mit
  Mittelsand/Kies   bzw.   MSa/Gr
zu bezeichnen.

Etwas andere Bezeichnungen als die bisherigen ergeben sich, wenn das in Bild 1-10 gezeigte Dreiecknetz auf zusammengesetzte Böden ohne Kiesanteile angewendet wird. Dies ist u. a. auf die Verwendung des Begriffs „Lehm" zurückzuführen.

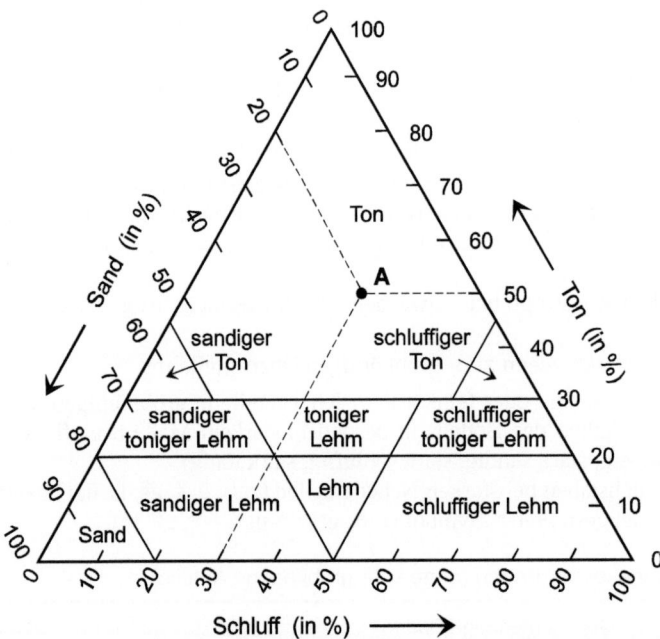

**Bild 1-10** Dreiecknetz der Public Roads Administration zur Bodenklassifizierung (nach *Terzaghi* [261])

**Anwendungsbeispiel**

Mit Hilfe des Dreiecknetzes aus Bild 1-10 ist ein Boden zu klassifizieren, dessen Kornmasse zu 20 % aus Sand, zu 30 % aus Schluff und zu 50 % aus Ton besteht.

**Lösung**

Die Benutzung des Dreiecknetzes zeigt, dass es sich bei dem zu klassifizierenden Boden um Ton handelt (Punkt A in Bild 1-10).

Neben den bisher angegebenen Begriffen zur Benennung von Böden sind in der Literatur und in der Praxis noch eine große Anzahl weiterer Bezeichnungen zu finden. Zu diesen gehören z. B.

*Geschiebemergel* (Mg) in Eiszeiten durch Ablagerung entstandener kalkhaltiger bindiger Boden, aus Geröll, Kies, Sand, Schluff und Ton bestehende Mischung mit regelloser Struktur.

*Geschiebelehm* (Lg) entspricht Geschiebemergel, bei dem der Kalk durch Sicker- und Grundwasser ausgewaschen wurde.

*Lehm* (L) bindiger Boden als Mischung aus Kies, Sand, Schluff und Ton (z. B. *Verwitterungslehm, Auelehm* und *Hanglehm*).

*Löss* (Lö) vom Wind angewehtes, gleichkörniges, zumeist hellbraunes Sediment mit hohem Anteil der Teilchengrößen von 0,01 bis 0,05 mm und mit ≈ 10 bis 20 % Kalkanteil.

*Letten* (Lö) Ton mit ≈ 10 bis 40 % Kalkanteil, etwas lockerer als Ton, praktisch undurchlässig.

*Bänderton* (Bt) in regelmäßiger Folge abgelagertes Sediment im Schmelzwasserbecken des Gletschervorlandes. Bänderton weist, in mm- bis cm-Dicke, Jahresablagerungen auf, die aus hellen Feinsand-/Schlufflagen (Ablagerung im Sommer) und dunklen Ton-/Schlufflagen (Ablagerung im Winter) bestehen.

## 1.3.4 Einteilung von Böden mit organischen Bestandteilen

Böden können vollkommen aus organischen Substanzen bestehen oder organische Stoffe als Beimengungen besitzen. Organische Substanzen sind Überreste pflanzlichen und/oder tierischen Lebens, die im Boden verblieben sind und im Laufe der Zeit physikalischen und chemischen Umwandlungsprozessen unterworfen wurden. Humus, Torf und Faulschlamm sind Beispiele für das Ergebnis dieser Prozesse.

DIN 18196 unterscheidet anhand des Massenanteils an organischen Bestandteilen zwischen (siehe Tabelle 5-9)
– organischen Böden (im getrockneten Zustand an der Luft brenn- oder schwelbar) und
– organogenen Böden (im getrockneten Zustand an der Luft weder brenn- noch schwelbar).
Zu weiteren Unterscheidungen siehe Abschnitt 5.6.4 und DIN 18196.

Wie bei den zusammengesetzten Bodenarten findet sich in der Praxis auch für Böden mit organischen Bestandteilen eine Vielzahl weiterer Bodenartnamen. In diese Gruppe gehören Begriffe wie (siehe auch Tabelle 1-8)

*Mutterboden* oder auch *Oberboden* (Mu) aus Kies-, Sand-, Schluff- und Tongemischen bestehende oberste Bodenschicht, die auch Humus und Lebewesen enthält.

*Mudde* oder auch *Faulschlamm* (F) in Verlandungsgebieten von Gewässern vorkommender organischer Boden mit mineralischen Beimengungen.

*Schlick* (Kl) am küstennahen Meeresboden abgelagerter Tonschlamm (gemischt mit organischen Stoffen, Schluff und Feinsand).

*Klei* (Kl) ältere, verfestigte Schlickablagerung und typischer Boden für die Marsch (Schwemmland an Küsten und Flüssen).

**Tabelle 1-8** Benennung und Beschreibung organischer Böden (nach DIN EN ISO 14688-1, Tabelle 2)

| Benennung | Beschreibung |
|---|---|
| faseriger Torf | faserige Struktur, leicht erkennbare Pflanzenstruktur; besitzt gewisse Festigkeit |
| schwach faseriger Torf | erkennbare Pflanzenstruktur; keine Festigkeit des erkennbaren Pflanzenmaterials |
| amorpher Torf | keine erkennbare Pflanzenstruktur; breiige Konsistenz |
| Mudde (Gyttja) | pflanzliche und tierische Reste; mit anorganischen Bestandteilen durchsetzt |
| Humus | pflanzliche Reste, lebende Organismen und deren Ausscheidungen; bilden mit anorganischen Bestandteilen den Oberboden (Mutterboden) |

## 1.4 Einstufung in Boden- und Felsklassen

Gemäß ihrem Zustand beim Lösen werden Boden und Fels nach [85] in die nachstehenden Klassen eingeteilt (in der aktuellen DIN 18300 wird auf diese Einteilung verzichtet). Die Einteilung gilt für die Klassen 2 bis 7, Klasse 1 wird als eigene Klasse geführt. Zusätzlich angegebene Gruppenbezeichnungen (z. B. OH) sind DIN 18196 entnommen.

Klasse 1: *Oberboden*
Oberste Bodenschicht, die nicht nur Kies-, Sand-, Schluff- und Tongemische, sondern auch Humus und Bodenlebewesen enthält (OH).

Klasse 2: *Fließende Bodenarten*
Bodenarten von flüssiger bis breiiger Beschaffenheit (Konsistenzzahl $I_C < 0{,}5$, nach DIN 18122-1 [65]), die das Wasser schwer abgeben (Hinweis: nach DIN EN ISO 14688-2 wäre dieser Boden von breiiger bis sehr weicher Beschaffenheit).
Nach den ZTV E-StB 09, 3.1.2 [270] gehören hierzu
– organische Böden der Gruppen HN, HZ und F
sowie beim Lösen ausfließende und eine Konsistenzzahl von $I_C < 0{,}5$ aufweisende
– feinkörnige Böden der Gruppen UL, UM, UA, TL, TM, TA sowie organogene Böden und Böden mit organischen Beimengungen der Gruppen OU, OT, OH und OK, sofern diese Böden beim Lösen ausfließen,
– gemischtkörnige Böden der Gruppen SU*, ST*, GU* und GT* mit breiiger oder flüssiger Konsistenz, sofern diese Böden beim Lösen ausfließen.

Klasse 3: *Leicht lösbare Bodenarten*
Nicht- bis schwachbindige Sande, Kiese und Sand-Kies-Gemische mit $\leq 15\,\%$ Masseanteil an Schluff und Ton (Korngrößen $< 0{,}063$ mm) und mit einem Masseanteil von $\leq 30\,\%$ an Steinen der Korngröße $> 63$ mm und $\leq 200$ mm.
Organische Bodenarten, die nicht von flüssiger bis breiiger Konsistenz sind, und Torfe.
Gemäß den ZTV E-StB 09, 3.1.2 [270] gehören in diese Klasse
– grobkörnige Böden der Gruppen SW, SI, SE, GW, GI und GE,
– gemischtkörnige Böden der Gruppen SU, ST, GU und GT,
– beim Ausheben standfest bleibende Torfe der Gruppe HN mit geringem Wassergehalt.

Klasse 4: *Mittelschwer lösbare Bodenarten*
Gemische aus Sand, Kies, Schluff und Ton mit einem Masseanteil von > 15 % an Korn mit Korngrößen < 0,063 mm.

Weiche bis halbfeste bindige Bodenarten mit leichter bis mittlerer Plastizität und einem Masseanteil von ≤ 30 % an Steinen.

Die ZTV E-StB 09, 3.1.2 [270] zählen hierzu
- feinkörnige Böden der Gruppen UL, UM, UA, TL und TM,
- gemischtkörnige Böden der Gruppen SU*, ST*, GU* und GT*,
- organogene Böden sowie Böden mit organischen Beimengungen der Gruppen OU, OH und OK.

Klasse 5: *Schwer lösbare Bodenarten*
Bodenarten gemäß der Klassen 3 und 4, die jedoch einen Masseanteil von > 30 % Steinen enthalten sowie Bodenarten mit einem Masseanteil von ≤ 30 % an Blöcken mit Korngrößen > 200 mm und ≤ 630 mm.

Ausgeprägt plastische Tone mit weicher bis halbfester Konsistenz (nach den ZTV E-StB 09, 3.1.2 [270] gehören in diese Klasse weiche bis halbfeste feinkörnige Böden der Gruppen TA und OT).

Klasse 6: *Leicht lösbarer Fels und vergleichbare Bodenarten*
Felsarten, die einen mineralisch gebundenen Zusammenhalt aufweisen, gleichzeitig aber stark klüftig, brüchig, bröckelig, schiefrig oder verwittert sind, sowie vergleichbare feste oder verfestigte Bodenarten, deren Zustand z. B. auf Austrocknung, Gefrieren oder chemische Bindungen zurückzuführen ist.

Bodenarten mit einem Masseanteil von > 30 % an Blöcken.

In diese Klasse gehören nach den ZTV E-StB 09, 3.1.2 [270]
- Fels, der nicht in die Klasse 7 gehört,
- Bodenarten der Klassen 4 und 5 mit fester Konsistenz.

Klasse 7: *Schwer lösbarer Fels*
Felsarten mit einem mineralisch gebundenen Zusammenhalt und hoher Festigkeit, die nur wenig klüftig oder verwittert sind, sowie unverwitterter Tonschiefer, Nagelfluhschichten, verfestigte Schlacken und dergleichen. Weiterhin gehören hierzu Haufwerke aus großen Blöcken mit Korngrößen > 630 mm.

Hierzu gehören nach den ZTV E-StB 09, 3.1.2 [270]
- angewitterter und unverwitterter Fels mit Gesteinskörpern, die durch Trennflächen begrenzt sind und Rauminhalte > 0,1 m³ besitzen,
- Halden mit verfestigter Schlacke.

**Hinweis:** In E DIN EN 16907-2 [118] wird für Erdarbeiten eine Basis zur Beschreibung und Klassifizierung von Boden und Fels als Erdbaumaterialien definiert, die für die Bemessung, Planung und Ausführung verwendet werden kann.

## 1.5 Kennzeichnungen nach DIN 4023

Die nachstehenden Tabellen sind DIN 4023 entnommen. Als zwei von insgesamt vier Tabellen zeigen sie Vereinbarungen für die einheitliche Kennzeichnung wichtiger Boden- und Felsarten (auch zusammengesetzte, Tabelle 1-10), wie sie in zeichnerischen Darstellungen (z. B. von Bohrergebnissen) und im Schrifttum verwendet werden können.

**Tabelle 1-9** Beispiele für Kurzformen, Zeichen und Farbkennzeichnungen für Boden- bzw. Felsarten nach DIN EN ISO 14688-1 bzw. DIN EN ISO 14689-1 (nach DIN 4023)

| Benennung | | Kurzformen | | Zeichen | Farbkennzeichnung [a] | |
|---|---|---|---|---|---|---|
| Hauptanteil | Nebenanteil | Hauptanteil | Nebenanteil | | Farbname | Farbmaßzahlen nach DIN 6164-1 |
| Blöcke | mit Blöcken | Y | y | | gelb | 2 : 6 : 1 |
| Steine | steinig | X | x | | gelb | 2 : 6 : 1 |
| Kies | kiesig | G | g | | | |
| Grobkies | grobkiesig | gG | gg | | gelb | 2 : 6 : 1 |
| Mittelkies | mittelkiesig | mG | mg | | | |
| Feinkies | feinkiesig | fG | fg | | | |
| Sand | sandig | S | s | | | |
| Grobsand | grobsandig | gS | gs | | orange | 6 : 6 : 2 |
| Mittelsand | mittelsandig | mS | ms | | | |
| Feinsand | feinsandig | fS | fs | | | |
| Schluff | schluffig | U | u | | oliv | 1 : 4 : 5 |
| Ton | tonig | T | t | | violett | 14 : 5 : 4 |
| Torf, Humus | torfig, humos | H | h | | dunkelbraun | 5 : 2 : 6 |
| Braunkohle | – | Bk | – | | dunkelbraun | 5 : 2 : 6 |
| Sandstein | – | Sst | – | | orange | 6 : 6 : 2 |
| Kalkstein | – | Kst | – | | dunkelblau | 17 : 5 : 4 |
| Mergelstein | – | Mst | – | | violettblau | 15 : 6 : 4 |

[a] Handelsbezeichnungen nach DIN 4023, Anhang A.

**Tabelle 1-10** Beispiele von Kurzformen, Zeichen und Farbkennzeichnungen für zusammengesetzte Bodenarten und Sedimentgesteine sowie für nicht-petrographische Bezeichnungen von Boden (nach DIN 4023)

| Benennung | Kurzformen | Zeichen | Farbkennzeichnung [a] Farbname | Farbmaßzahlen nach DIN 6164-1 |
|---|---|---|---|---|
| Grobkies, steinig | gG, x | | gelb | 2 : 6 : 1 |
| Feinkies und Sand | fG/S | | orange | 6 : 6 : 2 |
| Grobsand, mittelkiesig | gS, mg | | orange | 6 : 6 : 2 |
| Mittelsand, schluffig, humos | mS, u, h | | orange | 6 : 6 : 2 |
| Schluff, stark feinsandig | U, fs* | | oliv | 1 : 4 : 5 |
| Auffüllung | A | A | – | – |
| Mutterboden | Mu | Mu | gelblichbraun | 4 : 5 : 3 |
| Verwitterungslehm, Hanglehm | L | | grau | N : 0 : 5,5 |
| Lößlehm | Löl | | oliv | 1 : 4 : 5 |
| Geschiebelehm | Lg | | grau | 15 : 6 : 4 |
| Geschiebemergel | Mg | | violettblau | N : 0 : 5,5 |
| Klei, Schlick | Kl | | lila | 11 : 4 : 4 |
| Klei, feinsandig | Kl, fs | | lila | 11 : 4 : 4 |
| Torf, feinsandig, schwach schluffig | H, fs, u' | | dunkelbraun | 5 : 2 : 6 |
| Mudde (Faulschlamm) | F | | lila | 11 : 4 : 4 |
| Seekreide mit organischen Beimengungen | Wk, o | | hellblau | 17 : 5 : 2 |
| Sandstein, schluffig | Sst, u | | orange | 6 : 6 : 2 |
| Kalkstein, schwach sandig | Kst, s* | | dunkelblau | 17 : 5 : 4 |
| Salzgestein, tonig | Sast, t | | gelbgrün | 23 : 6 : 3 |

[a] Handelsbezeichnungen nach DIN 4023, Anhang A.

Ein Anwendungsbeispiel für die Vereinbarungen aus Tabelle 1-9 und Tabelle 1-10 ist in Bild 1-11 gezeigt.

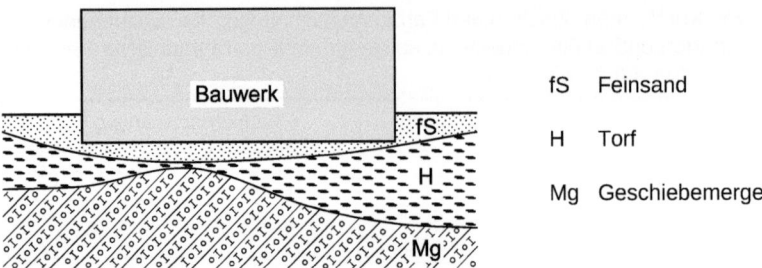

**Bild 1-11** Baugrund unter einem geplanten Bauwerk

## 1.6 Erkennung von Bodenarten mit Hilfe einfacher Verfahren

In DIN EN ISO 14688-1, 5 werden mehrere Verfahren angegeben, die auch im Feld durchführbar sind und mit denen in einfacher Form sowie mit geringem Zeit- und Kostenaufwand Erkenntnisse zur Bestimmung der jeweils untersuchten Bodenart gewonnen werden können. Die angegebenen Verfahren dienen zur Bestimmung des Bodens bezüglich

- seiner Korngröße,
- seiner Kornform,
- seiner mineralischen Zusammensetzung,
- seines Feinanteils (Auswaschversuch),
- seiner Farbe,
- seiner Trockenfestigkeit (Trockenfestigkeitsversuch),
- seiner Art als bindiger Boden (Schüttelversuch),
- seiner Plastizität (Knetversuch),
- seines Sand-, Schluff- und Tongehalts (Reibe- und Schneideversuch),
- seines Kalkgehalts,
- seiner Konsistenz.

Darüber hinaus werden Verfahren zur

- Benennung und Beschreibung von organischen Böden (Riechversuch; anorganische oder organische Natur eines Bodens),
- Bestimmung des Zersetzungsgrads von Torf (Ausquetschversuch),
- Benennung und Beschreibung vulkanischer Böden

angegeben.

Zusätzlich erwähnt sei noch die Bestimmung der Bodenart mit der „Fingerprobe nach dem Feldverfahren" gemäß der vom Normenausschuss Wasserwesen erarbeiteten DIN 19682-2.

Ergänzend ist darauf hinzuweisen, dass in DIN EN ISO 14689-1 und dem zugehörigen Nationalen Anhang Verfahren zum Beschreiben von Gesteinsarten zu finden sind. Sie dienen z. B. zur

- Erfassung der Veränderlichkeit von Gestein infolge von geänderten Wasserverhältnissen oder atmosphärischen Verhältnissen,
- Unterscheidung von Gesteinsgruppen anhand der Korngröße (durchschnittliche Größe der vorherrschenden Mineral- oder Gesteinsbruchstücke),
- Bestimmung des Kalkgehalts (Betropfen der Felsprobe mit verdünnter Salzsäure),
- Abschätzung der einaxialen Druckfestigkeit in MPa (durch Anritzen mit Fingernagel oder Messer bzw. durch Anschlagen mit Geologenhammer; beachte DIN EN ISO 14689-1, Tabelle 5),

- Bestimmung der Körnigkeit (Unterscheidung von „vollkörnig", „teilkörnig" und „nichtkörnig"),
- Bestimmung der Mineralkornhärte (zur Ermittlung der Härtegrade 1 bis > 6 werden möglichst große Einzelkörner mit Fingernagel, Messer oder Feile angeritzt bzw. mit Stahl angeschlagen).

Bituminöse und tonige Gesteine, Faulschlammkalke und manche vulkanischen Gesteine können mit Hilfe des Riechversuchs durch den für sie typischen Geruch erkannt werden.

### 1.6.1 Reibeversuch

Zur Abschätzung der Sand-, Schluff- und Tonanteile eines Bodens wird eine kleine Probemenge zwischen den Fingern zerrieben (evtl. unter Wasser). Um dabei die interessierenden Bodenanteile erkennen zu können, ist von den nachstehenden Kriterien auszugehen.

*Toniger* Boden   fühlt sich seifig an, bleibt an den Fingern kleben und lässt sich auch im trockenen Zustand nicht ohne Abwaschen entfernen.

*Schluffiger* Boden   fühlt sich weich und mehlig an. An den Fingern haftende Bodenteile sind in trockenem Zustand durch Fortblasen oder in die Hände Klatschen problemlos entfernbar.

*Sandkornanteil*   ist erfassbar über das Rauigkeitsgefühl bzw. das Knirschen und Kratzen (im Zweifelsfall: Versuchsdurchführung zwischen den Zähnen) sowie über die mit bloßem Auge erkennbaren Einzelkörner.

### 1.6.2 Schneideversuch

Der Schneideversuch dient zur schnellen und einfachen Erkennung eines Bodens als Schluff oder Ton. Dazu wird eine erdfeuchte Probe des Bodens mit einem Messer durchgeschnitten und anhand des Aussehens der frischen Schnittfläche seine Einordnung vorgenommen. Eine
- glänzende Schnittfläche ist charakteristisch für Ton,
- stumpfe Schnittfläche entsteht bei Schluff bzw. tonig, sandigem Schluff mit geringer Plastizität.

Zur noch rascheren Feststellung darf die Probenoberfläche nach DIN EN ISO 14689-1, 5.9 auch mit dem Fingernagel eingeritzt oder geglättet werden.

### 1.6.3 Trockenfestigkeitsversuch

Mit diesem Versuch lässt sich die Zusammensetzung des Bodens nach Art und Menge des Feinkornanteils am Widerstand erkennen, den eine getrocknete Bodenprobe gegen ihre Zerstörung zwischen den Fingern entwickelt. Dabei lassen sich relativ problemlos die in der folgenden Tabelle 1-11 aufgeführten Fälle unterscheiden.

**Tabelle 1-11**   Ergebnisse von Trockenfestigkeitsversuchen (Bodenbeispiele nach [41])

| Verhalten der Bodenprobe beim Versuch | untersuchte Böden (Beispiele) |
|---|---|
| zerfällt ohne oder bei geringster Berührung (keine Trockenfestigkeit) | G, S, Gs |
| zerfällt bei leichtem bis mäßigem Fingerdruck (geringe Trockenfestigkeit) | U, Ufs, fSū, Gū |
| zerbricht erst bei erheblichem Fingerdruck, und es verbleiben noch zusammenhängende Bruchstücke (mittlere Trockenfestigkeit) | Gt̄, St̄, Ut̄ |
| ist durch Fingerdruck nicht zerstörbar (hohe Trockenfestigkeit) | T, Tu, Ts, Gt̄s |

### 1.6.4 Konsistenzbestimmung bindiger Böden

Als „bindige Böden" werden nach DIN EN ISO 14688-1, 4.4 Böden bezeichnet, die plastische Eigenschaften aufweisen. Da solche Böden in sehr unterschiedlichen Zustandsformen vorzufinden sind, ist eine entsprechende Unterscheidung erforderlich. Der hierfür geeignete Versuch sieht die Bearbeitung einer Probe bindigen Bodens mit der Hand vor. Das jeweilige Versuchsergebnis ermöglicht die Unterscheidung der Zustandsformen

*breiig*     beim Pressen des Bodens in der Faust quillt dieser durch die Finger,
*weich*     Boden lässt sich leicht kneten,
*steif*     Boden ist schwer knetbar, aber in der Hand in 3 mm dicke Walzen ausrollbar, ohne dabei zu reißen oder zu zerbröckeln,
*halbfest*  Boden bröckelt und reißt beim Ausrollen in 3 mm dicke Walzen, lässt sich aber erneut zum Klumpen formen,
*fest (hart)* ausgetrockneter Boden, der meist hell aussieht und sich nicht mehr kneten, sondern nur noch zerbrechen lässt.

Bei gering plastischen Böden lässt sich die Unterteilung nur annähernd verwenden (vgl. DIN EN ISO 14688-1, 5.14).

Ergänzend sei auf die vom Normenausschuss Wasserwesen erarbeitete DIN 19682-5, 4.1 [89] hingewiesen, wonach bindige Böden, die nachweislich im Grundwasserbereich liegen und einen trockeneren Zustand als breiig aufweisen, verdichtet und wenig wasserdurchlässig sind.

### 1.6.5 Plastizität bindiger Böden (Knetversuch)

Die Plastizität bindiger Böden ist ein Maß für die Bearbeitbarkeit des Bodens. Sie lässt sich mit dem Knetversuch bestimmen.

Hierzu wird eine feuchte Bodenprobe auf einer glatten Oberfläche zu Walzen von $\approx 3$ mm Durchmesser ausgerollt. Aus diesen werden Klumpen geformt, die erneut ausgerollt werden. Diese Vorgehensweise ist so lange zu wiederholen, bis sich die Probe, wegen des Wasserverlustes, nicht mehr ausrollen, sondern höchstens kneten lässt. Mit diesem Zustand ist die Ausrollgrenze erreicht (siehe auch Abschnitt 5.8.5).

Nach DIN EN ISO 14688-1, 5.8 sind bei diesem Versuch unterscheidbar:

*geringe Plastizität*     die Bodenprobe kann nicht zu Walzen von $\approx 3$ mm Durchmesser ausgerollt werden,
*ausgeprägte Plastizität* die Bodenprobe lässt sich zu dünnen Walzen ausrollen.

### 1.6.6 Ausquetschversuch

Zur Feststellung des Zersetzungsgrads von Torf wird ein nasses Torfstück in der Faust kräftig gequetscht. In DIN EN ISO 14688-1, 5.12 wird der Zersetzungsgrad des Torfs gemäß Tabelle 1-12 unterschieden.

Bei zu trockenem Torf ist der Ausquetschversuch nicht mehr durchführbar; der Torf muss dann nach dem Aussehen beurteilt werden. Bei nicht bis mäßig zersetztem Torf zeigt die Probe erhebliche Anteile von gut erhaltenen und erkennbaren Pflanzenresten. Proben mit stark bis völlig zersetztem Torf bestehen überwiegend aus nicht mehr erkennbaren Pflanzenresten.

Hinsichtlich der Unterscheidung von Torfen nach Zersetzungsgraden bzw. Zersetzungsstufen sei auch auf die vom Normenausschuss Wasserwesen erarbeitete DIN 19682-12 hingewiesen.

**Tabelle 1-12** Bestimmung des Zersetzungsgrads von nassem Torf durch Ausquetschen (nach DIN EN ISO 14688-1, Tabelle 5)

| Begriff | Zersetzungsgrad | Quetsch-Rückstände | Abgepresstes |
|---|---|---|---|
| faserig | kein | deutlich erkennbar | nur Wasser<br>keine Feststoffe |
| leicht faserig | mäßig | erkennbar | trübes Wasser<br>< 50 % Feststoffe |
| nicht faserig | völlig | nicht erkennbar | wässriger Brei<br>> 50 % Feststoffe |

### 1.6.7 Schüttelversuch

Für schluffige Böden ist ihre Empfindlichkeit gegen Schütteln charakteristisch.

Bei einem diesbezüglichen Versuch wird eine feuchte, nussgroße Probe (zu trockene Proben sind vorher mit Wasser durchzukneten) auf der flachen Hand hin- und hergeschüttelt. Tritt dabei an der Probenoberfläche Wasser aus, nimmt diese ein glänzendes Aussehen an. Durch Fingerdruck lässt sich das Wasser wieder zum Verschwinden bringen. Bei zunehmendem Fingerdruck zerkrümelt die Probe zwar, die einzelnen Krümel fließen bei erneutem Schütteln aber wieder zusammen, sodass der Versuch wiederholt werden kann.

Anhand der Reaktionsgeschwindigkeit, mit der das Wasser beim Schütteln bzw. beim Drücken erscheint bzw. verschwindet, kann unterschieden werden in

*schnelle Reaktion*   rasches Ablaufen der beschriebenen Vorgänge (Beispiele: fS, fSu, Ufs, Gu),
*langsame Reaktion*   Wasserhaut bildet bzw. verändert sich nur langsam (Beispiele: Ut, U, St),
*keine Reaktion*   kein Ansprechen des Schüttelversuchs (Beispiele: Tu, T).

#### Anwendungsbeispiel

Mit einer Bodenprobe wird gemäß DIN EN ISO 14688-1 sowohl der Reibeversuch als auch der Schneide- und der Schüttelversuch durchgeführt.

Beim Reibeversuch fühlt sich das Material der Probe seifig, aber auch etwas rau an, bleibt an den Fingern kleben und muss auch im trockenen Zustand von den Händen abgewaschen werden.

Beim Schneideversuch zeigt das Bodenmaterial eine glänzende Schnittfläche und beim Schüttelversuch keine Reaktion.

Welcher Bodenart kann dieses Probenmaterial z. B. zugeordnet werden?

#### Lösung

Der Reibeversuch weist auf tonigen Boden mit eher geringen Sandanteilen und die glänzende Schnittfläche beim Schneideversuch auf einen hohen Tonanteil hin. Durch den Schüttelversuch wird diese Einschätzung bestätigt.

Bei dem untersuchten Bodenmaterial kann es sich z. B. um sandigen Ton (Ts) handeln.

# 2 Wasser im Baugrund

## 2.1 Allgemeines

Das während des Jahres in unterschiedlicher Menge anfallende Niederschlagswasser dringt nur zum Teil in den Boden ein. Der Rest verdunstet bzw. fließt als Oberflächenwasser ab.

Den Boden infiltrierendes Wasser sickert entweder bis zu einem Grundwasserreservoir, oder es verbleibt in den Bodenporen der über dem Grundwasser liegenden Zone (Bild 2-1).

Generell kann zwischen zwei Zonen unterschieden werden. In der unteren Zone sind alle Bodenporen vollständig gefüllt durch Grundwasser, das einem hydrostatischen Druck unterliegt. In der darüber liegenden Zone (Kapillarzone) sind die Poren vollständig (geschlossene Kapillarzone) oder teilweise (offene Kapillarzone) mit Kapillarwasser gefüllt (Bild 2-1). Während oberhalb der geschlossenen Kapillarzone einzelne Bodenteilchen von Haftwasser (gegen die Schwerkraft adhäsiv gehaltenes Wasser) umgeben sind, werden die Bodenteilchen im gesamten Bodenbereich von hygroskopischem Wasser umhüllt, sofern ihre Oberflächen elektrisch geladen sind (vgl. Abschnitt 2.6).

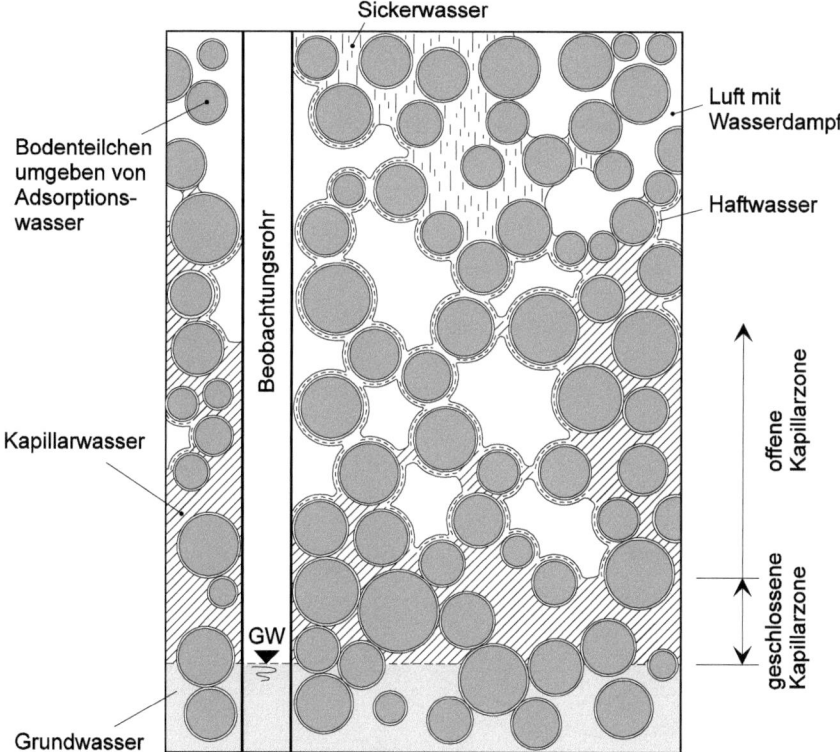

**Bild 2-1** Erscheinungsformen des Wassers im Boden (nach [229])

## 2.2 Regelwerke

Bestimmungen zu Untersuchungen der Grundwassergegebenheiten und seiner Eigenschaften sowie zu den Auswirkungen von stehendem oder fließendem Grundwasser auf Baumaterial und Baukonstruktionen finden sich z. B. in
- DIN 1054 [20], DIN 4020 [38], DIN 4030-1 [43], DIN 4030-2 [44], DIN 18130-2 [76], DIN 19682-8 [90], DIN EN 1992-1-1 [98], DIN EN 1992-1-1/NA [99], DIN EN 1997-2 [103], DIN EN 1997-2/NA [104] und DIN EN ISO 22475-1 [128],
- den EAB [145],
- den EAU 2012 [149],
- den GDA-Empfehlungen [163],
- dem Merkblatt über geotechnische Untersuchungen und Berechnungen im Straßenbau [210].

## 2.3 Begriffe

Aus DIN EN ISO 22475-1 und [40] wurden die nachstehenden Begriffe entnommen.

*Sickerwasser* Wasser, das sich durch Überwiegen der Schwerkraft abwärts bewegt, soweit es kein Grundwasser ist.

*Grundwasser* unterirdisches Wasser, das die Hohlräume des Baugrunds zusammenhängend ausfüllt.

*Grundwasserspiegel* ausgeglichene Grenzfläche des Grundwassers gegen die Atmosphäre (z. B. in Brunnen, Grundwassermessstellen, Höhlen oder Gewässern).

*Grundwasserkörper* Grundwasservorkommen oder Teil eines solchen, das eindeutig abgegrenzt oder abgrenzbar ist.

*Grundwasseroberfläche* obere Grenzfläche eines Grundwassers.

*Grundwasserdruckfläche* geometrischer Ort der Endpunkte aller Standrohrspiegelhöhen an einer Grundwasseroberfläche.

*Freie Grundwasseroberfläche* (*freies Grundwasser*) Grundwasserdruckfläche, die mit der Grundwasseroberfläche identisch ist (Bild 2-2).

*Gespanntes Grundwasser* bei diesem Grundwassertyp liegt die Grundwasserdruckfläche über der Grundwasseroberfläche (Bild 2-2).

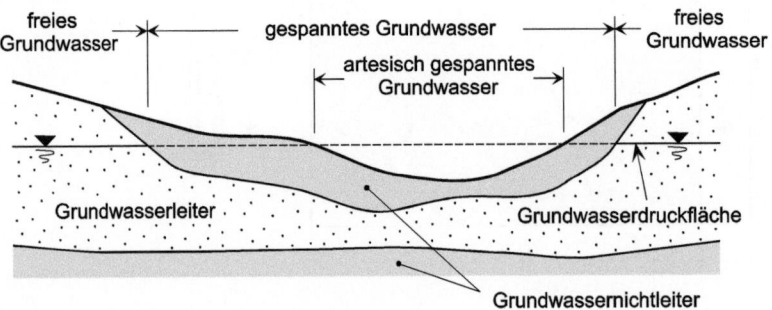

**Bild 2-2** Freies und gespanntes Grundwasser

*Artesisch gespanntes Grundwasser* bei ihm liegt die Grundwasserdruckfläche über der Grundwasseroberfläche und über der Erdoberfläche (Bild 2-2).

*Porendruck* Druck der Flüssigkeit, mit der die Poren im Boden oder Fels gefüllt sind.

*Grundwasserschwankungen* Schwankungen der Grundwasseroberfläche und/oder des Porendrucks.

*Grundwasserleiter* wasserdurchlässiger Boden oder Fels, der geeignet ist, Grundwasser aufzunehmen oder zu leiten.

*Grundwasserhemmer* Grenzschicht aus Fels oder Boden, die die Strömung von Wasser in einen benachbarten Grundwasserleiter bzw. daraus behindert, jedoch nicht verhindert.

*Grundwassernichtleiter* Fels oder Boden mit sehr geringer Transmissivität (auch Profildurchlässigkeit genannt; Integral der Wasserdurchlässigkeit über die Mächtigkeit des Nichtleiters), wodurch die Wasserströmung durch den Boden oder Fels praktisch verhindert wird.

*Grundwassersohle* untere Grenzfläche eines Grundwasserleiters.

*Grundwasserstockwerk* Grundwasserleiter einschließlich seiner oberen und unteren Begrenzung als Betrachtungseinheit innerhalb der senkrechten Gliederung der Erdrinde. Die Grundwasserstockwerke werden von oben nach unten gezählt (Bild 2-3).

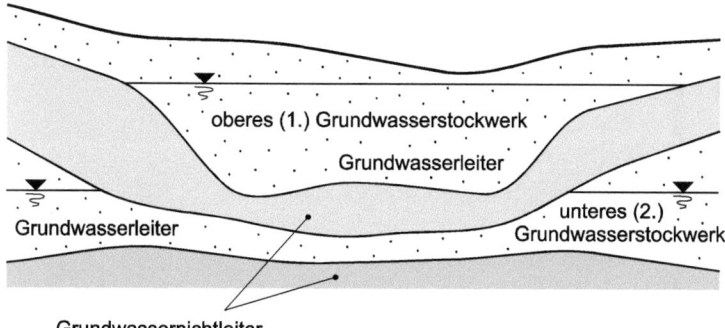

**Bild 2-3** Grundwasserstockwerke

*Grundwassermessung* Messung der Grundwasseroberfläche oder des Porendrucks.

*Grundwasserdruck* Druck, der an einem bestimmten Ort im Baugrund (in Poren, Hohlräumen oder Klüften) und zu einer bestimmten Zeit herrscht.

*Grundwassermessstelle* Ort, an dem die Geräte für Grundwassermessungen installiert sind oder Grundwassermessungen durchgeführt werden.

*Piezometer* Einrichtung für die messtechnische Bestimmung der Grundwasseroberfläche oder der Grundwasserdruckhöhe in offenen und geschlossenen Systemen (Weiteres siehe DIN EN ISO 22 475-1).

## 2.4 Kapillarwasser

In Bodenporen, die nicht vollständig mit Grundwasser gefüllt sind, treten Oberflächenspannungen zwischen dem Boden und dem Wasser auf. Sie bewirken Kapillarkräfte, die mit abnehmender Porengröße zunehmen. Die Kapillarkräfte heben das Grundwasser in Form von Kapillarwasser um

$$h_k = \frac{4 \cdot \sigma_0 \cdot \cos\alpha}{d \cdot \gamma_w} \qquad \text{Gl. 2-1}$$

über den Grundwasserspiegel (Bild 2-4). Mit der Wasserwichte $\gamma_w \approx 0{,}01 \text{ N/cm}^3$, der für feuchte und 10 °C warme Luft geltenden Oberflächenspannung $\sigma_0 \approx 0{,}00075 \text{ N/cm}$ (vgl. [17]) und dem für Böden verwendbaren Benetzungswinkel $\alpha \approx 0°$ (vgl. [172], Kapitel 1.3) ergibt sich für die kapillare Steighöhe die nicht dimensionsreine Beziehung

$$h_k (\text{in cm}) \approx \frac{0{,}3}{d(\text{in cm})} \qquad \text{Gl. 2-2}$$

(z. B. bei der Kapillarbrechung in Dränschichten unter Bodenplatten zu berücksichtigen).

In Abhängigkeit vom Bodenmaterial und seiner Lagerungsdichte $D$ (bei nichtbindigen Böden) differieren die passiven kapillaren Steighöhen in den Porenkanälen erheblich. Während sie z. B. bei Kies Werte im cm-Bereich annehmen, können sie in Feinschluff bis $\approx 50$ m (vgl. [180]) erreichen.

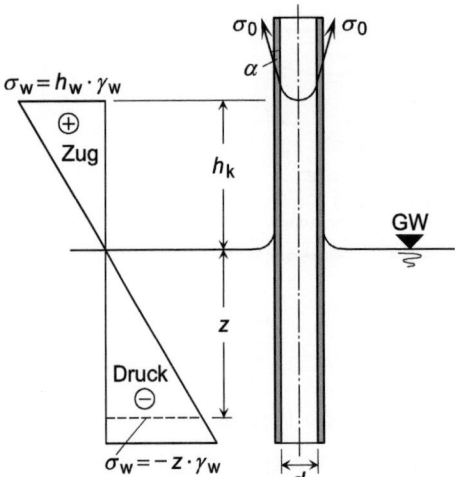

**Bild 2-4** Zug- und Druckspannungsverlauf in einem Kapillarrohr

Da die Porenkanäle veränderliche Dicken aufweisen, entsprechen sie eher einem *Jamin*-Rohr als einem Kapillarrohr mit konstantem Durchmesser. Wird ein *Jamin*-Rohr in Wasser getaucht, steigt dieses im Rohr bis zur „aktiven" kapillaren Steighöhe $h_{ka}$. Wird der Wasserspiegel danach abgesenkt, stellt sich eine größere und als „passiv" bezeichnete kapillare Steighöhe $h_{kp}$ (auch „kapillare Rückhaltehöhe" genannt) ein (Bild 2-5).

Die unregelmäßigen Querschnittsformen der im Bodengefüge vorhandenen Porenkanäle sowie die Schwankungen des Grundwasserspiegels, die z. B. durch Niederschläge und durch Wasserabfluss bewirkt werden, führen zu einer sich unterschiedlich einstellenden kapillaren Steighöhe im Bodenmaterial. Das kapillar angehobene Grundwasser im Baugrund ist deshalb zu finden in der

- geschlossenen Kapillarzone (alle Poren dieses Bereichs sind mit Kapillarwasser gefüllt, vgl. Bild 2-1) und
- der offenen Kapillarzone (nur ein Teil der Poren dieses Bereichs ist mit Kapillarwasser gefüllt, vgl. Bild 2-1).

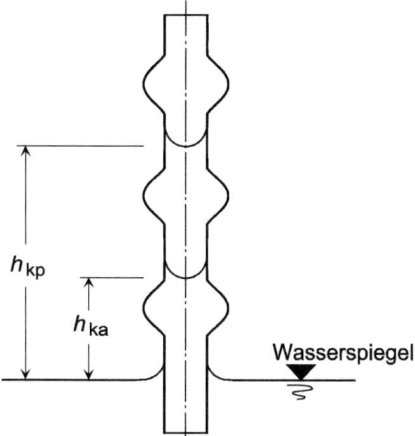

Bild 2-5  Jamin-Rohr mit aktiver ($h_{ka}$) und passiver ($h_{kp}$) kapillarer Steighöhe

Nach [172], Kapitel 1.3 kann die Höhe der geschlossenen Kapillarzone durch die Größe der kapillaren Rückhaltehöhe $h_{kp}$ (auch „passive kapillare Steighöhe" genannt) erfasst werden. Entsprechende Erfahrungswerte lassen sich Tabelle 2-1 entnehmen.

Tabelle 2-1  Erfahrungswerte für die kapillare Rückhaltehöhe einiger Bodenarten (nach [170], Kapitel 1.5 und [172], Kapitel 1.3)

| Bodenart | Kapillare Rückhaltehöhe $h_{kp}$ (in m) |
|---|---|
| Mittel- bis Grobkies | 0,05 |
| sandiger Kies | 0,08 |
| Mittel- und Grobsand | 0,20 |
| Fein- und Mittelsand | 0,50 |
| schluffiger Feinsand | 1,0 |
| Schluff | 5,0 |
| Ton | 50,0 |

### Anwendungsbeispiel

Nachdem ein nach unten offener, mit trockenem nichtbindigem Boden gefüllter Behälter in 10 °C warmes Wasser gestellt wurde, stellte sich in dem Boden als größte aktive kapillare Steighöhe max $h_{ka} = 36$ cm (Grenze der offenen Kapillarzone) und als kleinste Steighöhe min $h_{ka} = 17$ cm (Grenze der geschlossenen Kapillarzone) ein.

Näherungsweise zu ermitteln sind die Durchmessergrößen (Angabe in mm) von Kapillarrohren, in denen sich kapillare Steighöhen einstellen, die den oben angegebenen Werten der geschlossenen und der offenen Kapillarzone entsprechen.

## Lösung

Für 10 °C warmes Wasser kann die aktive kapillare Steighöhe näherungsweise durch die Gleichung Gl. 2-2

$$h_k (\text{in cm}) \approx \frac{0,3}{d(\text{in cm})}$$

ermittelt werden. Durch Auflösung nach $d$ ergeben sich somit die beiden Werte

$$d_{\text{offen}} \approx \frac{0,3}{36} = 0,0083 \, \text{cm} = 0,083 \, \text{mm} \quad \text{und} \quad d_{\text{geschlossen}} \approx \frac{0,3}{17} = 0,0176 \, \text{cm} = 0,176 \, \text{mm}$$

für die Durchmesser von Kapillarrohren, in denen sich kapillare Steighöhen einstellen, welche denen der offenen ($d_{\text{offen}}$) und der geschlossenen ($d_{\text{geschlossen}}$) Kapillarzone entsprechen.

## 2.5 Porenwinkelwasser

Als Porenwinkelwasser wird das Wasser im Bereich der Kontaktflächen (Porenwinkel) von Körnern feuchter nichtbindiger Böden bezeichnet (Bild 2-6).

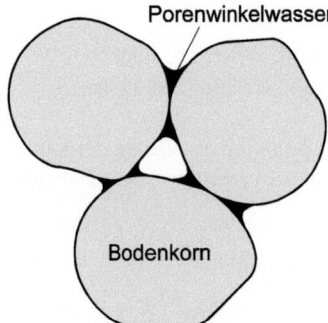

**Bild 2-6** Bodenkörner mit Porenwinkelwasser

Durch die Kapillarkräfte des Porenwinkelwassers werden die Bodenkörner aneinandergezogen. Dies führt zu einem „Aneinanderhaften" der Körner, das als „Kapillarkohäsion" (oder auch „scheinbare Kohäsion") bezeichnet wird und sich insbesondere bei feinkörnigeren nichtbindigen Böden auswirkt. Wird der Wassergehalt eines nichtbindigen Bodens, zu dem die maximale Wirkung der Kapillarkohäsion gehört, verändert, reduziert sich die Kohäsion mit zunehmender Veränderung immer weiter. So verringern sich die Kapillarkräfte mit fortschreitender Austrocknung des Bodens bis hin zu ihrem endgültigen Wegfall bei vollständig trockenem Boden. Analog dazu reduziert sich die Kapillarkohäsion bei Wasserzugabe, da dadurch die Bodenporen mit Wasser aufgefüllt werden; endgültig verschwunden ist sie, wenn alle Bodenporen mit Wasser gefüllt sind. Tabelle 2-2 gibt Anhaltswerte für durch Kapillarkohäsion bewirkte Scherfestigkeiten von Böden.

**Tabelle 2-2** Erfahrungswerte der Scherfestigkeit nichtbindiger Böden infolge Kapillarkohäsion (nach EAB, Tabelle 3.2)

| Bodenart | Bezeichnungen nach DIN 4022-1 [41] | Kapillarkohäsion $c_{c,k}$ (in kN/m²) |
|---|---|---|
| sandiger Kies | G, s | 0–2 |
| Grobsand | gS | 1–4 |
| Mittelsand | mS | 3–6 |
| Feinsand | fS | 5–8 |

## 2.6 Hygroskopisches Wasser

Hygroskopisches Wasser (Adsorptionswasser) wird wegen der Dipoleigenschaften von Wassermolekülen (auf den sich gegenüberliegenden Molekülseiten liegen die Schwerpunkte der positiven und der negativen Ladung) von elektrisch negativ geladenen mineralischen Oberflächen der Bodenteilchen angezogen und an den Teilchenoberflächen angelagert (adsorbiert). Die Größe und der Verlauf (Bild 2-7) der Anziehungskraft ergeben sich nach *Busch/Luckner* [17] aus der Kombination von elektrostatischen und molekularen (*van der Waals'*sche Kräfte) Wirkungen.

Hygroskopisches Wasser umgibt die Bodenteilchen mit einer Schicht verdichteten Wassers, die als „diffuse Hülle" oder auch „diffuse Schicht" bezeichnet wird. In Abhängigkeit vom Elektrolytgehalt des Wassers nimmt ihre Dicke sehr unterschiedliche Größen an, womit entsprechende Reichweitenunterschiede der elektrostatischen Kraftwirkung verbunden sind (vgl. hierzu [192]). Das angelagerte Wasser hat die Konsistenz einer hochviskosen Flüssigkeit, wird zur Teilchenoberfläche hin zäh wie Eis und unmittelbar an der Oberfläche praktisch zum Bestandteil des Bodenteilchens.

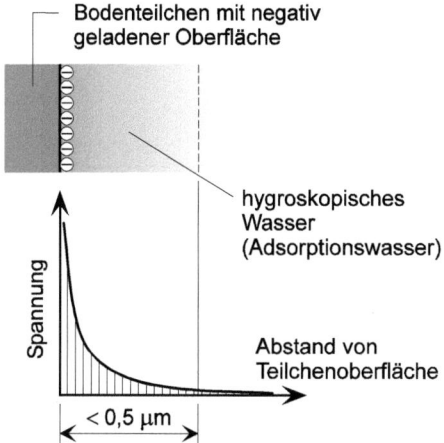

**Bild 2-7** Verlauf der Anziehungsspannungen in der diffusen Hülle

## 2.7 Betonangreifende Grundwässer und Böden

Hinsichtlich der Beurteilung des Angriffsvermögens von Wässern und Böden auf erhärteten Beton können DIN 4030-1 und DIN 4030-2 herangezogen werden. Danach
– soll junger Beton im Allgemeinen mit betonangreifendem Wasser nicht in Berührung kommen (bei Bauteilen wie z. B. Ortbetonpfählen lässt sich der Kontakt allerdings nicht vermeiden),
– können Wässer und Böden betonangreifend sein, wenn sie z. B.
  • freie Säuren (erkennbar an pH-Werten < 7; betonangreifend ab pH-Werten < 6,5; wirken lösend auf Zementstein und carbonhaltige Gesteinskörnungen),
  • Sulfide (bei Zutritt von Sauerstoff und Feuchte ist u. a. ihre Oxidation zu Sulfaten und Schwefelsäure möglich),
  • Sulfate (Umsetzung mit einigen Calcium- und Aluminiumverbindungen des Zementsteins zu Calciumaluminatsulfathydraten oder Gips, wirkt ggf. treibend),
  • Magnesiumsalze (lösen Calciumhydroxid aus dem Zementstein),
  • Ammoniumsalze (lösen vorwiegend Calciumhydroxid aus dem Zementstein; davon ausgenommen sind Ammoniumcarbonat, -oxalat und -fluorid),

- pflanzliche und tierische Fette und Öle (mit dem Calciumhydroxid des Zementsteins bilden sie als Ester der Fettsäuren fettsaure Calciumsalze (Kalkseifen)) enthalten,
- können weiche Wässer (mit Härten < 30 mg Calciumoxid (CaO) je Liter) betonangreifend sein,
- enthält Grundwasser oft kalklösende Kohlensäure, Sulfate und Magnesiumverbindungen (Abwässer oder entsprechende Ablagerungen können höhere Konzentrationen von Schwefelwasserstoffen, Ammonium und betonangreifenden organischen Verbindungen bewirken).

Allgemeine Merkmale, die auf betonangreifende Bestandteile des Grundwassers hinweisen können, sind z. B. dunkle Färbung des Wassers, Salzausscheidungen, fauliger Geruch, Aufsteigen von Gasblasen oder saure Reaktionen. Die sichere Feststellung vorhandener betonangreifender Bestandteile des Grundwassers verlangt allerdings eine chemische Analyse gemäß DIN 4030-2. Bezüglich der Entnahme entsprechender Grundwasserproben mittels Pumpe, Wasserproben-Entnahmegerät oder Vakuumflaschen sind die Ausführungen von DIN EN ISO 22475-1 zu beachten.

**Tabelle 2-3** Grenzwerte zur Beurteilung des Angriffsgrades von natürlichen Wässern und Böden (nach DIN 4030-1, Tabelle 4 und DIN EN 1992-1-1, Tabelle 4.1)

| | Chemisches Merkmal | Expositionsklasse | | |
|---|---|---|---|---|
| | | XA1 (schwach angreifend) | XA2 (mäßig angreifend) | XA3 (stark angreifend) |
| Grundwasser | | | | |
| 1 | Sulfat ($SO_4^{2-}$), in mg/Liter | $\geq 200$ und $\leq 600$ | $> 200$ und $\leq 3\,000$ | $> 3\,000$ und $\leq 6\,000$ |
| 2 | pH-Wert | $\leq 6{,}5$ und $\geq 5{,}5$ | $< 5{,}5$ und $\geq 4{,}5$ | $< 4{,}5$ und $\geq 4{,}0$ |
| 3 | kalklösende Kohlensäure ($CO_2$), in mg/Liter | $\geq 15$ und $\leq 40$ | $> 40$ und $\leq 100$ | $> 100$ bis Sättigung |
| 4 | Ammonium ($NH_4^+$), in mg/Liter | $\geq 15$ und $\leq 30$ | $> 30$ und $\leq 60$ | $> 60$ und $\leq 100$ |
| 5 | Magnesium ($Mg^{2+}$), in mg/Liter | $\geq 300$ und $\leq 1\,000$ | $> 1\,000$ und $\leq 3\,000$ | $> 3\,000$ bis Sättigung |
| Boden | | | | |
| 6 | Sulfat [a] ($SO_4^{2-}$), in mg/kg | $\geq 200$ und $\leq 600$ | $> 200$ und $\leq 3\,000$ [b] | $> 3\,000$ [b] und $\leq 6\,000$ |
| 7 | Säuregrad (nach *Bauman-Gully*) | $> 200$ | In der Praxis nicht anzutreffen | |

[a] Tonböden mit einer Durchlässigkeit von $< 10^{-5}$ m/s dürfen in eine niedrigere Klasse eingeteilt werden.

[b] Besteht die Gefahr der Anhäufung von Sulfationen im Beton (zurückzuführen auf wechselndes Trocknen und Durchfeuchten oder kapillares Saugen), ist der Grenzwert von 3 000 mg/kg auf 2 000 mg/kg zu vermindern.

Zur Beurteilung des Angriffsgrades von natürlichen Wässern und Böden kann Tabelle 2-3 herangezogen werden. Die darin angegebenen Grenzwerte gelten für stehendes oder schwach fließendes, in großen Mengen vorhandenes Wasser, das unmittelbar auf den Beton einwirkt und bei dem die angreifende Reaktion mit dem Boden nicht vermindert wird. Temperatur- und Druckerhöhungen sowie starkes Fließen des Grundwassers oder zusätzlicher mechanischer Abrieb des Betons durch schnell fließendes Wasser führen zur Verstärkung des Angriffsgrads. Der Angriffsgrad reduziert sich mit abnehmender Durchlässigkeit des Bodens sowie bei Temperaturabnahme bzw. bei nur in geringen Mengen anstehendem Wasser. Dies gilt auch für sich nahezu nicht bewegendes Wasser, das nur eine langsame Erneuerung der betonangreifenden Bestandteile zulässt (z. B. wenig durchlässige Böden mit Durchlässigkeitsbeiwerten $k < 10^{-5}$ m/s).

Zur Beurteilung des Angriffsgrads des Wassers oder Bodens ist der höchste Angriffsgrad gemäß Tabelle 2-3 maßgebend. Der Angriffsgrad erhöht sich um eine Stufe, wenn zwei oder mehr Werte im oberen Viertel eines Bereichs liegen (bei pH-Werten im unteren Viertel).

Nach [220] sollten für Beton, der chemischen Angriffen unterliegt, im Allgemeinen Gesteinskörnungen (Betonzuschlag) verwendet werden, die gegenüber den angreifenden Stoffen beständig sind. Schwachen Angriffen widersteht ein Beton bei einer Expositionsklasse XA1 (Tabelle 2-3), wenn er einen Wasserzementwert $w/z \leq 0{,}6$ aufweist. Bei der Expositionsklasse XA2 ist ein Wasserzementwert von $w/z \leq 0{,}55$ und bei der Expositionsklasse XA3 ein dauerhafter Schutz (dichte Kunststoffbeschichtungen, Dichtungsbahnen, Plattenverkleidungen oder auch eine Vergrößerung des Betonquerschnitts) erforderlich. Bei Stahlbeton ist auch die Betondeckung auf den jeweiligen Angriffsgrad abzustimmen. Bei Sulfatgehalten ab 600 mg $SO_4$ je Liter Grundwasser bzw. ab 3000 mg $SO_4$ je kg Boden ist, unabhängig vom jeweils vorliegenden Angriffsgrad, außer einem entsprechend dichten Beton ein Zement mit hohem Sulfatwiderstand zu verwenden.

## 2.8 Untersuchungen der Grundwasserverhältnisse

Im Zuge von Baugrunduntersuchungen sind in der Regel auch die Grundwasserverhältnisse zu erfassen, da von ihnen ggf. erforderliche Maßnahmen wie Grundwasserhaltungen, Abdichtungen, Dränungen usw. abhängig sind.

Nach Abschnitt 2.1.4 von DIN EN 1997-2 und DIN 4020 sowie nach [210] müssen Grundwasseruntersuchungen all die Informationen liefern, die für die geotechnische Bemessung und das Bauen erforderlich sind. Abhängig von der Aufgabenstellung sind mit Untersuchungen der Grundwasserverhältnisse ggf. Informationen zu gewinnen über
– die Tiefenlage, Mächtigkeit, Ausdehnung und Durchlässigkeit wasserführender Schichten im Baugrund und der Kluftsysteme in Fels,
– die Fließrichtung und die Fließgeschwindigkeit des Grundwassers,
– die Tiefenlage und Ausdehnung wasserstauender Bodenschichten,
– die Höhenlage der Grundwasseroberfläche oder -druckfläche der Grundwasserstockwerke (frei oder gespannt) und deren zeitabhängige Veränderungen (aktuelle Grundwasserstände mit den möglichen Extremwerten und ihren jährlichen Überschreitungswahrscheinlichkeiten),
– die chemische Beschaffenheit und ggf. die Temperatur des Wassers,
– Porenwasserdruckverteilungen.

Der Untersuchungsumfang sollte, in Verbindung mit Vorinformationen (z. B. aus vorhandenen Unterlagen) und in Hinblick auf die geplanten Baumaßnahmen, die Bewertung von Aspekten ermöglichen, wie etwa
– der Möglichkeit einer Grundwasserhaltungsmaßnahme (Art, Umfang, Ausführung und ihre Auswirkungen auf die Umgebung),
– der Möglichkeit, das Grundwasser als Brauchwasser für bautechnische Zwecke zu nutzen,
– der Beurteilung der gefährdenden Wirkung des Grundwassers bei Abgrabungen oder Böschungen (z. B. Gefahr eines hydraulischen Grundbruchs, Größe des Strömungsdrucks, Gefahr der Erosion),

- der Beurteilung von Maßnahmen zum Schutz des Bauwerks (Abdichtung gegen Grundwasser, Entwässerung, Maßnahmen gegen aggressives Wasser sowie hydrostatischen Druck usw.),
- der Ermittlung der Fähigkeit des Untergrunds, während der Bauarbeiten zugeführtes Wasser aufzunehmen,
- der Beurteilung der chemischen Zusammensetzung des örtlich anstehenden Grundwassers bezüglich seiner Verwendbarkeit für bautechnische Zwecke,
- der Beurteilung der Auswirkungen von Grundwasserabsenkungen, Trockenlegungen, Wasseraufstau usw. auf die Umgebung.

Der Untersuchungsumfang ist in Abhängigkeit von den jeweiligen Fragestellungen des Einzelfalls gesondert festzulegen (ggf. unter Hinzuziehung eines Sachverständigen für Geotechnik, siehe auch Abschnitt 3.3).

In [39], Tabelle 1 sind Angaben zur Eignung von Bohrungen, Feldversuchen und Laborversuchen bezüglich der Ermittlung einzelner Parameter der Grundwasserverhältnisse in Boden bzw. Fels zu finden. Aus Tabelle 2 geht u. a. hervor, wo ggf. Informationen zu langjährigen Grundwasserverhältnissen eingeholt werden können.

**Tabelle 2-4** Informationsstellen für vorhandene Unterlagen (nach [39], Tabelle 2)

| Unterlagen | Übliche Informationsstellen |
|---|---|
| geologische Verhältnisse | Geologische Landesämter |
| Bohrprofile | Geologische Landesämter, Bauämter bzw. Dienste, Umweltämter |
| langjährige Grundwasserverhältnisse | Wasserwirtschaftsverwaltungen, Bauverwaltungen bzw. Dienste, Geologische Landesämter, Versorgungsunternehmen |
| Veränderungen durch Flussbau und Landesbaukultur | Vermessungsämter, Wasserwirtschaftsverwaltungen, Flurbereinigungsämter |
| Bergbau, Bergsenkung | Bergämter, Geologische Landesämter, Bergwerksgesellschaften |
| Erdbeben | Erdbebenwarten, Geophysikalische Institute, Bundesanstalt für Geowissenschaften und Rohstoffe, Hannover |
| örtliche Besonderheiten von Boden und Fels | Geotechnische Institute bzw. Dienste, Geologische Landesämter, Geologische Karten, Baugrundkarten 1 : 25 000 mit Erklärungen |
| Setzungsbeobachtungen | Bauverwaltungen, Bauherren, Geotechnische Institute |
| jüngere Bauvorgänge in der Nachbarschaft | örtliche Bauämter |
| Baumaßnahmen in historischer Zeit | Landesdenkmalämter, örtliche und regionale Archive |
| Altlasten | Umweltämter, Bauämter, Wasserwirtschaft, Geologische Landesämter, Verwaltungsämter |
| Kampfmittel | Kampfmitteldienste |

Bezüglich der Auswahl und des Einsatzes von Messgeräten, die bei der Ermittlung physikalischer und physikochemischer Parameter von Grundwasser zum Einsatz kommen können, sei z. B. auf [144] verwiesen. Es sind dort u. a. Ausführungen zu Temperatur-, Leitfähigkeits- und pH-Messgeräten sowie zu Datensammlern für die Grundwassermessungen und zu Messverfahren zur Wasserstandsmessung zu finden. Hinsichtlich der Entnahme von Grundwasserproben mittels

Pumpe, Wasserproben-Entnahmegerät oder Vakuumflaschen sind die entsprechenden Ausführungen von DIN EN ISO 22475-1 zu beachten.

## 2.9 Grundwassermessstellen

Bei der Festlegung der Abmessungen und der konstruktiven Ausgestaltung von Bauwerken, die im Grundwasser stehen oder durch Grundwasserbereiche führen, ist es, sowohl in technischer Hinsicht als auch in Hinblick auf die Baukosten, von großer Bedeutung, die Höhenlage des Grundwasserspiegels bzw. der Grundwasserdruckfläche zu kennen. Da Niederschläge, Wasserentnahmen usw. diese Höhenlage beeinflussen, stellen sowohl die zeitliche Entwicklung dieser Lage als auch deren Höchst-, Mittel- und Tiefstwerte wichtige Informationen dar. Insbesondere bei der Wasserentnahme zum Zwecke der Trockenlegung von Baugruben gilt dies nicht nur für die zu errichtenden Bauwerke selbst, sondern auch für Gebäude und Vegetation (z. B. Bäume in Parkanlagen), die durch diese Entnahme betroffen sind (siehe z. B. [12]).

Die Ermittlung der zeitveränderlichen Grundwasserstände erfolgt durch Messungen, für die in der Regel spezielle Messstellen eingerichtet werden. Gegebenenfalls können auch Bohrungen, die im Rahmen von Baugrundaufschlüssen niedergebracht wurden, zu Grundwassermessstellen ausgebaut werden. In Bild 2-8 ist eine Möglichkeit für den Ausbau einer Grundwassermessstelle gezeigt.

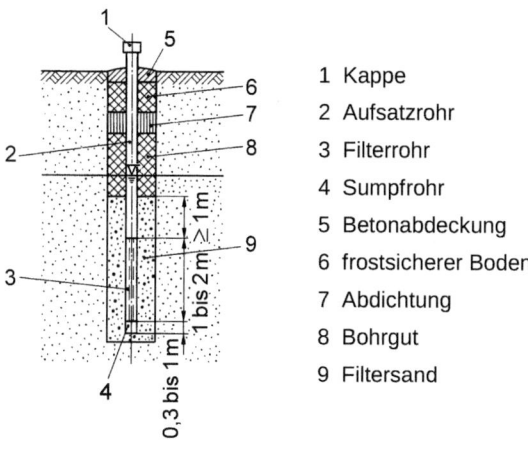

1 Kappe
2 Aufsatzrohr
3 Filterrohr
4 Sumpfrohr
5 Betonabdeckung
6 frostsicherer Boden
7 Abdichtung
8 Bohrgut
9 Filtersand

**Bild 2-8** Ausbauplan für eine Grundwassermessstelle bei freiem Grundwasser im obersten Grundwasserstockwerk (nach [40])

Zur Wasserstandsermittlung mit Hilfe von Einzelmessungen stehen Kabellichtlote (Bild 2-9 a) zur Verfügung, bei denen ein an einem Messkabel hängendes Lot in die Messstelle abgesenkt wird. Sobald eine in das Lot eingebaute Elektrode mit dem Wasser in Berührung kommt, wird ein optisches und ggf. akustisches Signal ausgelöst; die Messtiefe kann dann an der Skala des Messkabels abgelesen werden. Sind Wasserstände kontinuierlich und über längere Zeit zu ermitteln, lassen sich die entsprechenden Messungen unter Verwendung von dauerhaft installierbaren
– Schwimmern und Drucksonden

durchführen (Bild 2-9). Der einfachere und billigere Schwimmer ist bei nicht gespanntem Wasserspiegel einsetzbar. Das gilt auch für die mit größerer Genauigkeit arbeitende Drucksonde, die außerdem auch bei artesisch gespanntem Wasser bzw. in Messstellen mit besonders starken Schwankungen des Wasserpegels eingesetzt werden kann. Die Sonde wird dabei unter den zu erwartenden minimalen Wasserstand in die Messstelle eingehängt, um so sicherzustellen, dass die Wasserstandsänderungen ausschließlich Änderungen des Wasserdrucks hervorrufen, der von der Sonde gemessen und durch die Messeinrichtung auf den jeweiligen Wasserstand zurückgerechnet wird. Temperatur- und Luftdruckschwankungen werden dabei über die Messeinrichtung kompensiert.

Die Messwerte können z. B. kontinuierlich auf Papiertrommeln aufgezeichnet (preisgünstige Version bei Langzeitbeobachtungen in weiter abgelegenen Messstellen, bei denen keine Grenzwertüberwachung erfolgt) oder in beliebigen Zeitabständen als digitalisierte Werte von unterbrechungslos anfallenden analogen Messsignalen festgehalten werden. Digitalgrößen lassen sich vor Ort speichern, mittels entsprechender Handgeräte „auslesen" und so einer Auswertestelle zur Verfügung stellen; sie können aber auch per geeigneter Datenfernübertragung (Telefonleitung, Standleitung, Funkverbindung, direkt über Satellit usw.) an einen Auswerterechner übergeben werden (vgl. z. B. [194]).

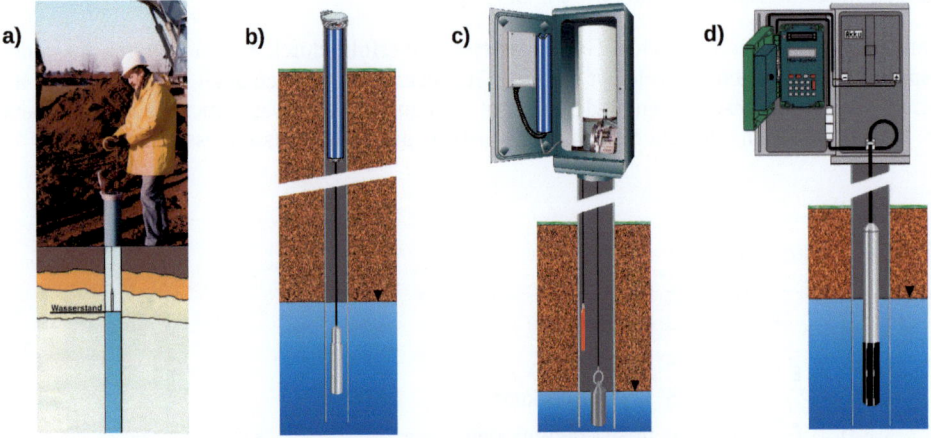

**Bild 2-9**  Geräte und Einrichtungen zur diskreten (a) und kontinuierlichen (b, c und d) Messung von Wasserständen (aus Prospekt der Fa. SEBA [F 9])
a) Kabellichtlot zur Einzelmessung von Wasserständen
b) Drucksonde, kombiniert mit auslesbarem digitalem Datensammler
c) Schwimmer und Gegengewicht mit Potentiometer und Vertikal-Registrierpegel
d) Station zur Messung von Wasserstand und Wasserqualität (Temperatur, pH-Wert, Redoxpotenzial, Leitfähigkeit, gelöster Sauerstoff)

Von dem Auswerterechner können digitalisierte Messergebnisse sowohl in Form von Zahlenwerten als auch grafisch aufbereitet zur Verfügung gestellt werden. Der Vorteil der Ergebnisgrafik liegt in der schnellen Erkennbarkeit der Messergebnisse und davon abgeleiteter Beziehungen, wie sich das anhand von Bild 2-10 und von Bild 2-11 zeigen lässt. Bild 2-10 zeigt vier Gangliniendiagramme eines Messnetzes mit bis zu 120 Messstellen und Bild 2-11 einen aus der Gesamtheit der Ganglinien ermittelten Grundwassergleichenplan. Dieser Grundwassergleichenplan basiert auf den gemessenen Grundwasserständen aller Messstellen zu einem festgelegten Zeitpunkt, wobei die in den Plan eingezeichneten Isohypsen die Punkte mit gleichen Grundwasserspiegelhöhen verbinden (Isohypsen sind mit Höhenlinien von Wanderkarten vergleichbar, ihre Genauigkeit hängt im Wesentlichen von der Zahl (Dichte) der Messstellen ab). Die Bilder wurden dem Beweissicherungsbericht [177] für die Baumaßnahmen zu den Verkehrsanlagen im zentralen Bereich Berlin (VZB) und den Neubauten im Parlaments- und Regierungsviertel entnommen, der bei der „Senatsverwaltung für Stadtentwicklung, Umweltschutz und Technologie" von Berlin öffentlich zugänglich bereitgehalten wird. Auswertungen dieser Art sind unverzichtbar, wenn es z. B. um die Kontrolle, Beweissicherung und Beeinflussung (z. B. durch Reinfiltrierung) stark zeitveränderlicher Grundwasserverhältnisse geht (siehe auch [194] und [209]).

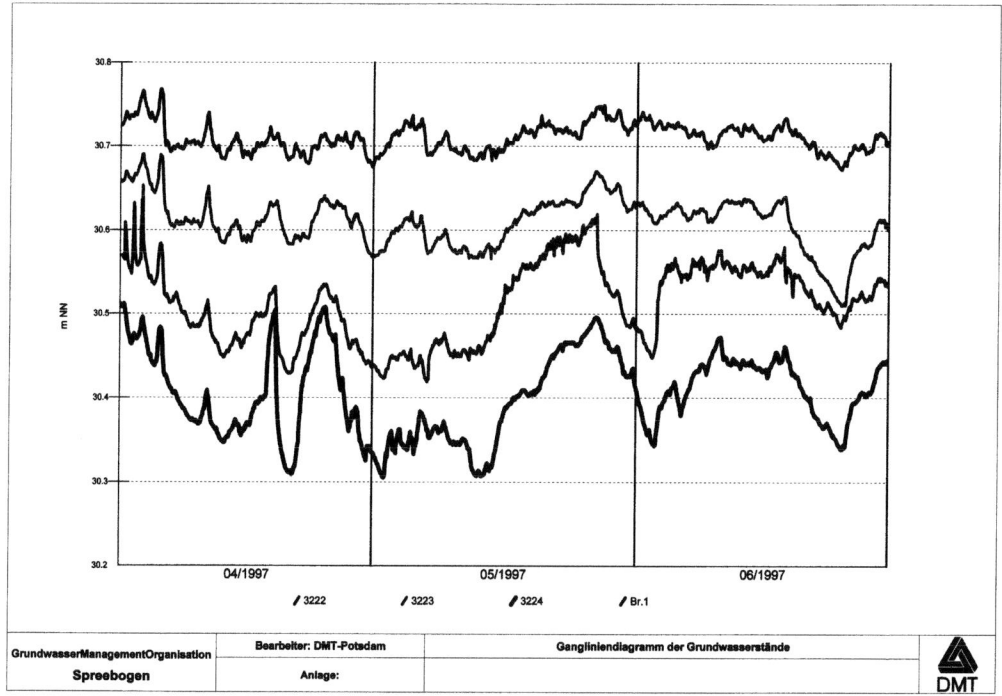

**Bild 2-10**  Gangliniendiagramme der Grundwasserstände von 4 Messstellen (aus [177], zur Verfügung gestellt von der Firma *DMT-Potsdam* [F 3])

Zu erwähnen ist, dass Betreiber von Grundwassermessnetzen seit einigen Jahren die von ihnen ermittelten Daten im Internet zur Verfügung stellen. So können z. B. vom Bayerischen Landesamt für Umwelt bzw. vom Niedrigwasser-Informationsdienst, vom Gewässerkundlichen Dienst und vom Hochwassernachrichtendienst zur Verfügung gestellte Daten von Grundwassermessstellen in Bayern derzeit über die Internetadresse

http://www.lfu.bayern.de/wasser/grundwasserstand/messdaten/index.htm

eingesehen werden. Durch entsprechende Mouseclicks lassen sich Karten mit Messstellen öffnen, die von den Diensten betrieben werden. Das Anklicken einer entsprechenden Markierung führt zur Seite der ausgewählten Messstelle, auf der u. a. Angaben zur Messstelle und Messwerte des vergangenen Jahres bzw. des gesamten Zeitraums, in dem die Messstelle betrieben wurde zu finden sind. Bezüglich der Messstellenangaben sei als Beispiel die im Landkreis Freising belegene Grundwassermessstelle „Freising 275C" herangezogen, deren Geländehöhe bzw. Ausbautiefe unter Gelände mit 448,48 m über NN bzw. 9,30 m angegeben wird. An ihr werden seit dem Jahr 1938 Messungen durchgeführt. Neben Ganglinien und tabellarisch zusammengestellten Messwerten finden sich z. B. auch Angaben zu Extremalwerten, wie den in der Zeit seit 1938 aufgetretenen höchsten bzw. niedrigsten Wasserstand von 444,25 bzw. 441,51 m ü. NN.

## 38  2 Wasser im Baugrund

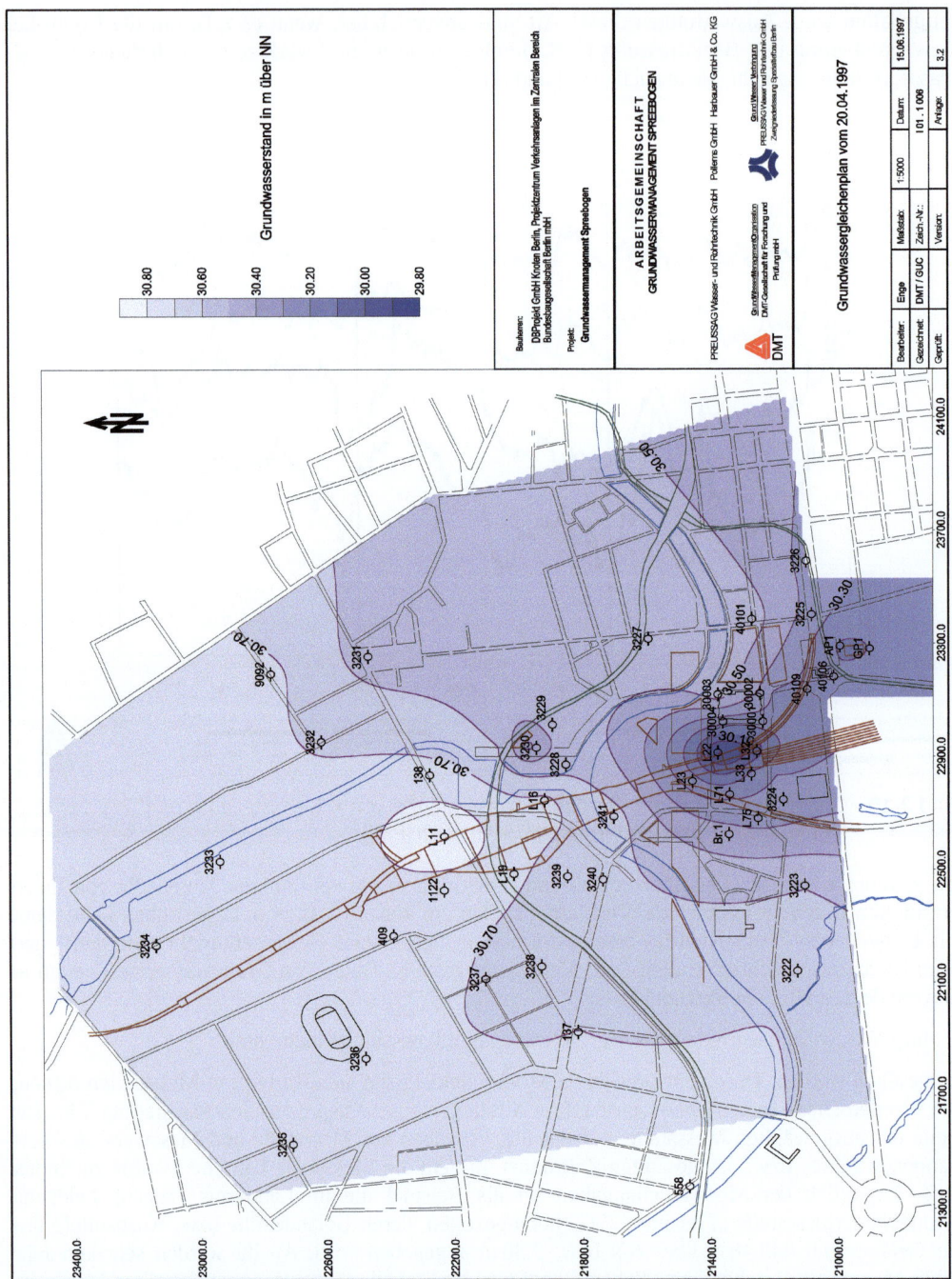

**Bild 2-11** Grundwassergleichenplan (aus [177], zur Verfügung gestellt von der Firma *DMT-Potsdam* [F 3])

Sind in einem Untersuchungsbereich mehrere Grundwasserstockwerke vorhanden, ist für alle interessierenden Stockwerke eine voneinander unabhängige Erfassung ihrer Grundwasserstände sicherzustellen. Das bedeutet, dass einzelne Grundwasserstockwerke nicht über Bohrlöcher miteinander verbunden werden dürfen. So ist z. B. bei zwei Grundwasserstockwerken die erste Rohrtour durch das obere Stockwerk zu führen und dicht in den Grundwasserhemmer einzubringen, um danach eine zweite Rohrtour mit kleinerem Durchmesser in das untere Stockwerk niederzubringen (Bild 2-12 a). In einem Ausführungsfall gemäß Bild 2-12 b bzw. Bild 2-12 c besteht die Gefahr der gegenseitigen Beeinflussung der Wasserstände in den benachbarten Stockwerken. Weiteres hierzu ist z. B. in [40] zu finden.

Bei Langzeitmessungen können Alterungsvorgänge der Beobachtungsbrunnen infolge
– Versandung,
– Korrosion,
– Inkrustation (Ausscheidung von im Wasser gelösten Stoffen am Filterrohr oder im Filterkies) in Form von
  • Verockerung (vor allem Ausfällung von Eisen),
  • Versinterung (Ausfällung von Kalk)
auftreten, was zur Beeinträchtigung der Messungen führen kann (siehe hierzu auch [199]).

Werden Grundwassermessstellen abgebaut, sind alle durchfahrenen Grundwasserhemmer und Grundwassernichtleiter, die Grundwasserstockwerke trennen, wiederherzustellen. Hierzu kann z. B. Ton oder Bentonit-Granulat verwendet werden (siehe [40]).

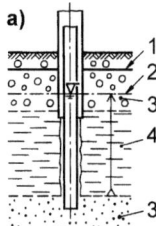 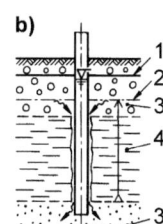 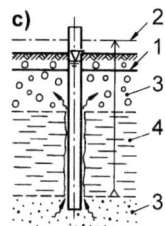

1 Grundwasseroberfläche
2 Grundwasserdruckfläche des unteren Grundwasserstockwerks
3 Grundwasserleiter
4 Grundwasserhemmer, gemessener Wasserstand, Fließrichtung

**Bild 2-12** Mögliche Beeinflussung der Wasserstandsmessung im Bohrloch beim Durchfahren eines Grundwasserhemmers (nach [40])
a) richtige Messung der Grundwasserdruckfläche des unteren Grundwasserstockwerks
b) und c) fehlerhafte Messung der Grundwasserdruckflächen des unteren Grundwasserstockwerks

## 2.10 Wasserdurchlässigkeit von Böden

Für die Herstellung und Nutzung von Bauwerken, die im Grundwasser stehen oder durch Grundwasserbereiche führen, ist auch die Kenntnis der Wasserdurchlässigkeit (vgl. Abschnitt 5.11) des sie umgebenden Baugrunds von großer Bedeutung. Dies gilt in gleichem Maße für den Bau von Kanälen (Wasserverlust durch Versickerung), Dichtungen (z. B. von Deponien), Dränageanlagen usw. Wasserdurchlässigkeiten werden quantitativ durch Wasserdurchlässigkeitsbeiwerte $k_f$ (vgl. Abschnitt 5.11) erfasst, deren Kenntnis zu den Grundlagen für die Berechnung von Grundwasserströmungen (vgl. z. B. [218], Abschnitt 8) sowie zur Beurteilung der Durchlässigkeiten von Bauwerken wie z. B. Dichtungs- und Injektionswänden gehört.

Grundsätzlich kann die Bestimmung der Wasserdurchlässigkeit von Böden sowohl durch Labor- und Feldversuche als auch durch Probeabsenkungen erfolgen. Die Wahl der Vorgehensweise ist u. a. abhängig von den örtlichen Bodengegebenheiten. Die Durchlässigkeit annähernd homogener Böden wird üblicherweise mit Laborversuchen (vgl. Abschnitt 5.11) oder auch Feldversuchen wie etwa dem Absenkversuch, dem Auffüllversuch und dem Einschwingversuch (siehe hierzu DIN 18130-2 sowie die vom Normenausschuss Wasserwesen erarbeitete DIN 19682-8) ermittelt. Bei inhomogenen Böden (z. B. geschichteten Böden) sind die deutlich aufwändigeren Probewasserabsenkungen durchzuführen (siehe z. B. [218], Abschnitt 8.10.13).

# 3 Geotechnische Untersuchungen

## 3.1 Untersuchungsziel

Geotechnische Untersuchungen umfassen im Allgemeinen sowohl Feld- als auch Laboruntersuchungen. Sie werden eingesetzt, wenn im Zuge von Baumaßnahmen der räumliche Aufbau, die Beschaffenheit und die Eigenschaften des Bodens und/oder Felses sowie die Grundwasserverhältnisse zu ermitteln sind. Unter Verwendung der dabei anfallenden Informationen wird ein Modell erstellt, mit dem die Nutzung als Baugrund bzw. Baustoff zu beurteilen ist. Das Modell muss so genau sein, dass

– die technisch und wirtschaftlich einwandfreie Planung und Ausführung des Bauwerks sichergestellt werden können,
– die Menge des zu gewinnenden Materials sowie seine Eignung und Bearbeitbarkeit klar erkannt werden können.

Zum Erreichen dieser Ziele sind im Rahmen der geotechnischen Untersuchungen nach DIN EN 1997-2, 2.1.1 (5) [103] außer den Baugrunduntersuchungen ggf. weitere Untersuchungen des Planungsbereichs erforderlich, wie etwa die

– Bewertung bestehender benachbarter Baukonstruktionen (z. B. Hochbauten, Brücken, Tunnel, Dämme, Böschungen und Kanalisationsleitungen),
– Ermittlung der Entwicklungsgeschichte des Planungsbereichs und seiner Umgebung.

Unpräzise oder fehlende Angaben können z. B. zur unwirtschaftlichen Wahl der Gründungskonstruktion und ggf. sogar zum teilweisen oder vollständigen Verlust der Gebrauchstauglichkeit bzw. der Standsicherheit der Gesamtkonstruktion führen.

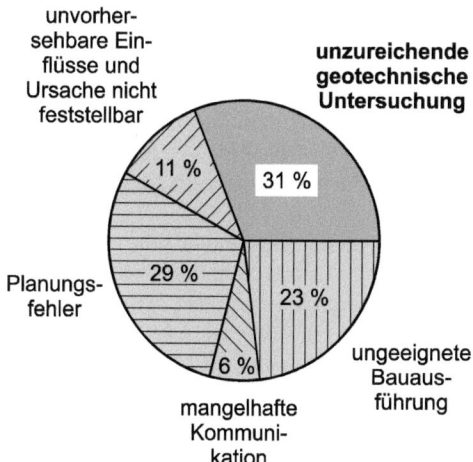

Bild 3-1  Häufig auftretende Fehler bei geböschten bzw. verbauten Baugruben und Gräben (nach [239])

Der letztgenannte Gesichtspunkt sei verdeutlicht am Beispiel der Bauschadensquellen bei geböschten bzw. verbauten Baugruben und Gräben. Nach [239] sind 31 % der vom „Institut für Bauschadensforschung e. V.", Hannover untersuchten Bauschadensfälle auf unzureichende geotechnische Untersuchungen zurückzuführen (Bild 3-1). Dabei wurde die Bauschadensquelle „geotechnische Untersuchungen" (in [239] „Voruntersuchungen" genannt) gegliedert in

– Art der geotechnischen Untersuchung
  • Erkundung der geologischen und hydrologischen Verhältnisse,
  • Wahl der Verfahren zum Bodenaufschluss und zur Baugrunduntersuchung,

- Erkundung vorhandener Bauwerke,
- Erkundung vorhandener Leitungen und Kabel,
- nicht in Grundwasser einschneidende Gräben für Leitungen oder Rohre bis 2 m Tiefe,
– Umfang der geotechnischen Untersuchung
  - Anzahl und Anordnung von Bodenaufschlüssen,
  - Ermittlung von Bodenkennwerten.

## 3.2 Regelwerke

Bestimmungen zu geotechnischen Untersuchungen finden sich z. B. in
– den Normen DIN 1054 [20], DIN 4020 [38], DIN EN 1997-1 [100], DIN EN 1997-1/NA [102], DIN EN 1997-2 [103] und DIN EN 1997-2/NA [104],
– den EAU 2012 [149],
– dem Merkblatt über geotechnische Untersuchungen und Berechnungen im Straßenbau [210].

## 3.3 Verantwortung für die Untersuchungen

Nach § 55 der Musterbauordnung [221] ist für die Vollständigkeit und Brauchbarkeit des Entwurfs dessen Verfasserin bzw. dessen Verfasser verantwortlich. Entwurfsverfasserin bzw. Entwurfsverfasser haben dafür zu sorgen, dass alle für die Ausführung notwendigen Zeichnungen, Berechnungen und Anweisungen den öffentlich-rechtlichen Vorschriften entsprechen. Verfügen diese Personen auf einzelnen Fachgebieten nicht über die erforderliche Sachkunde und Erfahrung, sind geeignete Fachplanerinnen und/oder Fachplaner heranzuziehen, die für die von ihnen gefertigten und unterzeichneten Unterlagen die Verantwortung tragen. Sind mehrere Fachplanerinnen und/oder Fachplaner tätig, bleibt die Entwurfsverfasserin/der Entwurfsverfasser für das ordnungsgemäße Ineinandergreifen aller Fachplanungen verantwortlich.

Im Fachgebiet Geotechnik wird der Fachplaner „Sachverständiger für Geotechnik" genannt (vgl. auch Abschnitt 1.3 von DIN EN 1997-1 und DIN 1054). Er ist, gemäß den obigen Ausführungen, u. a. für die geotechnischen Untersuchungen verantwortlich, da diese die Grundlage für die Ermittlung der charakteristischen Werte der Baugrundeigenschaften bilden, die wiederum für die Bemessung geotechnischer Bauvorhaben benötigt werden (vgl. hierzu auch DIN 4020, A 2.2.2). Der Sachverständige muss grundsätzlich auf dem Gebiet der Geotechnik fachkundig sein und Erfahrungen auf dem jeweils angesprochenen Teilgebiet besitzen; seiner Bestellung durch eine Körperschaft des öffentlichen Rechts bedarf es aber nicht. Für die Prüfung geotechnischer Nachweise und deren bodenmechanischen Grundlagen in Baugenehmigungsverfahren sowie zur Überwachung der Grundbaumaßnahmen ist allerdings ein nach dem Bauordnungsrecht „staatlich anerkannter Sachverständiger für Erd- und Grundbau" einzuschalten.

Es sei hier erwähnt, dass das deutsche Bauordnungsrecht über die Bauordnungen der einzelnen Bundesländer geregelt wird. Mit diesen Bauordnungen wird u. a. sichergestellt, dass durch die Errichtung und Nutzung baulicher Anlagen keine Gefährdung für die Öffentlichkeit ausgeht.

## 3.4 Planung der Untersuchungen

Mit der Planung der geotechnischen Untersuchungen ist nach DIN EN 1997-2, 2.1.1 (1)P sicherzustellen, dass die wesentlichen geotechnischen Informationen und Kennwerte in den einzelnen Projektphasen zur Verfügung stehen. Diese Informationen müssen es ermöglichen, bekannte und voraussichtliche Gefahren für das Bauvorhaben abzuwenden. Sowohl für die einzelnen Bauzustände als auch für den Endzustand sind Informationen und Daten bereitzustellen, mit deren Hilfe sich Unfälle, Bauverzögerungen und Schäden so weit als möglich vermeiden lassen.

Zur Erhöhung der Planungssicherheit ist es zu empfehlen, vor der Planung des Untersuchungsprogramms verfügbare Informationen und Unterlagen in einer Vorstudie zu bewerten, wie z. B. (vgl. DIN EN 1997-2, 2.1.1)
– topografische, geologische, ingenieurgeologische, hydrogeologische und geotechnische Karten,
– Luftbilder und frühere Bildauswertungen,
– frühere Untersuchungen im Planungsbereich und in seiner Umgebung,
– örtliche Klimagegebenheiten.

Darüber hinaus ist die Örtlichkeit der geplanten Baumaßnahme vor Beginn der Planung zu besichtigen, das diesbezügliche Ergebnis zu dokumentieren und mit den Informationen der Vorstudie abzugleichen.

## 3.5 Untersuchungsverfahren

Zum Erreichen des in Abschnitt 3.1 beschriebenen Untersuchungsziels steht eine Vielzahl von Verfahren zur Verfügung. Über ihren Einsatz, ob einzeln oder in geeigneten Kombinationen, entscheidet ein Sachverständiger für Geotechnik (siehe auch Abschnitt 3.3).

Im Folgenden werden einsetzbare Untersuchungsverfahren dargestellt (vgl. hierzu auch [39]). Bei der Festlegung der zeitlichen Aufeinanderfolge dieser Verfahren sind u. a. auch die mit ihnen verbundenen Kosten zu beachten (z. B. mit der kostengünstigen Einsichtnahme in vorhandene Unterlagen beginnen).

*Ermittlung der geologischen und bautechnischen Vorgeschichte* bei Bauämtern, Geologischen Landesämtern, Umweltämtern, Bergämtern, Wasserwirtschaftsverwaltungen, Landesdenkmalämtern, Kampfmitteldiensten usw. vorhandene Unterlagen zu Bohrprofilen, Grundwassermessungen, Setzungsbeobachtungen, Altlasten, Kampfmittel usw. einsehen (vgl. hierzu Tabelle 2-4).

*Ortsbegehung* unmittelbare Inaugenscheinnahme des Baugeländes bezüglich Bodenbeschaffenheit, Geländeform (ehemalige Flussläufe, Terrassen, Einsenkungen im Gelände (Dolinen)), Vegetation, Wasserläufe (ständig oder zeitweilig), Feuchtstellen, Nachbarbebauungen, Leitungen, Bauarbeiten in der Umgebung, Auffüllungen, Halden usw. (vgl. hierzu auch [39], Tabelle 3).

*Luftaufnahmen* liefern Informationen zur Oberflächenbeschaffenheit, zu Kampfmitteleinwirkungen und zu grundsätzlichen geologischen Strukturen großräumiger Untersuchungsbereiche und schlecht zugänglicher Gebiete.

*Direkte Aufschlüsse* sind (bezüglich ihrer Eignung vgl. auch [39], Tabelle 4)
– vorgegebene und einsehbare Aufschlüsse (Steilufer von Bächen und Flüssen, Kiesgruben, Steinbrüche usw.),
– Schürfe, Untersuchungsschächte und -stollen,
– Bohrungen.

*Indirekte Aufschlüsse* Verfahren, die mittels bekannter Beziehungen zwischen Messgrößen und boden- bzw. felsmechanischen Kenngrößen Rückschlüsse auf den Baugrund gestatten. Hierzu gehören z. B. Sondierungen und geophysikalische Verfahren.

*Sondierungen* (*indirekte Aufschlüsse*) in Form von z. B. Ramm- und Drucksondierungen können sie zur Ermittlung von Größen wie Lagerungsdichten, Festigkeitseigenschaften und Schichtgrenzentiefen des Baugrunds verwendet werden. Als indirekte Aufschlussverfahren liefern Sondierungen grundsätzlich nur in Verbindung mit ergänzenden direkten Aufschlüssen (Schlüsselbohrungen) aussagefähige Ergebnisse.

*Geophysikalische Verfahren* (*indirekte Aufschlüsse*) hierzu zählen geophysikalische Oberflächen- und Bohrlochverfahren wie Seismik, Radar, Radiometrie usw. (vgl. hierzu auch [39], Tabellen 5 und 6).

*Laborversuche* Versuche an Boden-, Gesteins- und Wasserproben zur Ermittlung von Kenngrößen, wie z. B. Körnungslinien, Plastizitätsgrenzen, Wassergehalt usw. (vgl. hierzu auch [39], Tabellen 7 und 8 und [210]).

*Feldversuche* Versuche, wie z. B. Plattendruck-, Flügelscher-, Versickerungs- und Wasserabpressversuch in Böden und im Fels, die durch die Erfassung von größeren Messvolumina meist praxisrelevante Daten liefern (vgl. hierzu auch [39], Tabellen 9 und 10).

*Messtechnische Verfahren* Maßnahmen zur Messung von Verschiebungen, Dehnungen, Kräften, Spannungen im Boden, Grundwasserverhältnissen, Erschütterungen usw. unter Einsatz von Messgeräten wie etwa Schlauchwaagen, Theodoliten, Extensometern, Inklinometern, Erddruckaufnehmern, Porenwasserdruckaufnehmern (vgl. hierzu auch [39], Tabelle 11).

*Probebelastungen* Geotechnische Untersuchungen an Gründungselementen im natürlichen Maßstab zur Erfassung des Last-Verformungsverhaltens, der äußeren und inneren Tragfähigkeit sowie des Einflusses der Herstellung auf die Tragfähigkeit des Gründungselements (Beispiel: Untersuchungs-, Eignungs-, Abnahmeprüfungen an Ankern gemäß DIN EN 1537 [94] und E DIN EN ISO 22477-5 [137]).

*Probeschüttungen* Maßnahmen zur Erfassung von Verdichtungsmöglichkeiten, Setzungsverhalten usw.

*Modellversuche* Maßnahmen, die zur qualitativen Untersuchung von Phänomenen wie etwa Bruchmechanismen sowie zur quantitativen Untersuchung des Baugrundverhaltens bzw. des Wechselwirkungsverhalten Boden–Bauwerk usw. durchgeführt werden.

Vor der Aufnahme von Aufschlussarbeiten müssen die Ansatzpunkte der Aufschlüsse auf Kampfmittel- und Leitungsfreiheit überprüft werden. Ist zu erwarten, dass archäologisch wertvolle Relikte vorkommen, sind bei den zuständigen Behörden diesbezügliche Informationen einzuholen.

**Anwendungsbeispiel**

Für einen in Planung befindlichen Wohnhausneubau innerhalb eines Bebauungsgebiets mit schon vorhandenem Baubestand sind geotechnische Untersuchungen durchzuführen.

Zu benennen sind drei Untersuchungsverfahren, die hierfür geeignet sind. Außerdem ist anzugeben, welches dieser Verfahren aus Kostengründen zuerst angewendet werden sollte.

**Lösung**

Als Untersuchungsverfahren sind
1) die Ermittlung der geologischen und bautechnischen Vorgeschichte (vorhandene Unterlagen bei Bauämtern usw. einsehen),
2) Bohrungen (direkte Aufschlüsse),
3) Sondierungen (indirekte Aufschlüsse)

geeignet.

Da zu erwarten ist, dass das erste der drei genannten Verfahren die geringsten Kosten verursacht, ist es zuerst anzuwenden.

## 3.6 Untersuchungen von Baugrund und Grundwasser

Steht Boden bzw. Fels als Baugrund an, müssen für die Baumaßnahme die Sicherheits- und Gebrauchstauglichkeitsnachweise von DIN EN 1997-1 bzw. DIN 1054 auf der Basis der Ergebnisse der geotechnischen Untersuchungen geführt werden können. Deshalb müssen Baugrunduntersuchungen, nach DIN EN 1997-2, 2.2, hinsichtlich ihres Umfangs und der Auswahl der einzusetzenden Verfahren auf den Entwurf des Bauwerks abgestimmt sein (z. B. bezüglich der Gründungsart, der Art der Untergrundverbesserung oder der Stützkonstruktion sowie der Lage und Einbindetiefe des Bauwerks). Anhand der Untersuchungsergebnisse muss darüber hinaus die Feststellung bzw. Beurteilung (vgl. auch DIN EN 1997-2, 2.1.2)
– der Eignung des Planungsbereichs unter Berücksichtigung des Bauvorhabens und des erforderlichen Sicherheitsniveaus,
– der Eignung von Bauverfahren sowie von Gründungs- und Stützkonstruktionsarten (Bodenverbesserung, Aushubmöglichkeit, Rammbarkeit von Pfählen, Entwässerung usw.),
– der durch die Baumaßnahme, das Bauwerk oder geologische Ursachen hervorgerufenen Verformungen bezüglich ihrer räumlichen Verteilung und ihres zeitlichen Verlaufs sowie der Möglichkeiten, durch konstruktive Maßnahmen ein akzeptables Zusammenwirken von Bauwerk und Baugrund zu erreichen (statisches System, Gründungsart usw.),
– der Sicherheit gegen Grenzzustände der Tragfähigkeit (Grundbruch, Geländebruch, Auftrieb, Gleiten, Kippen, Instabilität von Hängen, Knicken von Pfählen usw.),
– der aus dem Baugrund kommenden Lasteinwirkungen auf das Bauwerk und deren Abhängigkeit von der konstruktiven Bauwerksgestaltung und der Bauausführung (Erddruck, Seitendruck auf Pfähle usw.),
– der dynamischen Einwirkungen und Erdbeben,
– der Vorgänge, die, außer den schon erwähnten Lasteinwirkungen, auf das Bauwerk und den Baugrund einwirken können (Bergbau, Erdfälle, Auslaugungen, Hangkriechen usw.),
– der Auswirkungen von Bauausführung und von Bauwerk und dessen Betrieb auf die Umgebung,
– der durch die Bauausführung erforderlichen Maßnahmen wie Baugrubenverbau (einschließlich ggf. erforderlicher Rückverankerungen und Grundwasserhaltung), Hülsen bei Ortbetonpfählen, Beseitigung von Rammhindernissen usw.,
– der Art und Ausdehnung von Bodenverunreinigungen im Planungsbereich und dessen Nachbarschaft, einschließlich der möglichen Maßnahmen zur Einkapselung bzw. Beseitigung,
– der Reihenfolge der Gründungsarbeiten
möglich sein.

Hinsichtlich zu berücksichtigender Gesichtspunkte bei der Planung von durchzuführenden Grundwasseruntersuchungen sei auf Abschnitt 2.8 hingewiesen.

Art und Umfang geotechnischer Untersuchungen sind von einer Vielzahl möglicher Einflussmerkmale abhängig. Hierzu gehören u. a.
– Art, Größe und Konstruktion der baulichen Anlage,
– Geländeform und geologische Verhältnisse,
– Grundwassergegebenheiten,
– eine eventuelle Erdbebengefährdung,

- Einflüsse aus der oder auf die Umgebung (Oberflächenwasser, offene Gewässer, Anschneiden eines Hangs, Maßnahmen Dritter usw.),
- Aspekte der Baudurchführung (Baugrubenumschließung, Wasserhaltung, Zwischenlagerung von Aushub, Befahrung von Bau- und Zufahrtsstraßen usw.),
- mögliche Konstruktionsänderungen während der Ausführung der Baumaßnahmen.

Einen wesentlichen Einfluss hat auch die Frage, ob es sich bei den Untersuchungen um Vor- oder Hauptuntersuchungen oder um baubegleitende Untersuchungen und Messungen oder um Baugrund- und Bauwerksüberwachungen nach der Bauausführung handelt (vgl. hierzu auch DIN EN 1997-1, 3.2 und DIN EN 1997-2, 2.2).

Die zu den geotechnischen Untersuchungen gehörenden Ingenieurleistungen sind von Sachverständigen für Geotechnik zu erbringen (siehe auch Abschnitt 3.3). Ausgenommen davon sind Verhältnisse, die zur Geotechnischen Kategorie 1 gehören (vgl. Abschnitt 3.8.1). Für den Straßenbau gilt, dass die Qualifikation des Sachverständigen der Straßenbauverwaltung obliegt (vgl. [210]).

Nach DIN EN 1997-2, 2.2 sollten Baugrunduntersuchungen in der Regel abhängig von den Fragen durchgeführt werden, die sich während der Planung, des Entwurfs und der Baudurchführung des jeweiligen Projekts ergeben. Dabei ist zu unterscheiden zwischen
- Voruntersuchungen (für Lage und Vorentwurf des Bauwerks, vgl. Abschnitt 3.6.1),
- Hauptuntersuchungen (vgl. Abschnitt 3.6.2),
- Kontrolluntersuchungen und baubegleitenden Messungen (vgl. Abschnitt 3.6.3).

### 3.6.1 Voruntersuchungen

Voruntersuchungen des Baugrunds sind hinsichtlich der Standortwahl und der Vorplanung des zu errichtenden Bauobjekts erforderlich. Nach DIN EN 1997-1, 3.2.2 (1)P und DIN EN 1997-2, 2.3 müssen diese Untersuchungen ausgeführt werden, um
- die generelle Eignung des Baugrundstücks zu prüfen (kann das geplante Bauwerk aufgrund der vorgefundenen Baugrundverhältnisse im vorgesehenen Bereich überhaupt oder ggf. in modifizierter Form errichtet werden?),
- die Gesamtstandsicherheit bewerten zu können,
- ggf. alternative Standorte vergleichen und bewerten zu können,
- mögliche Auswirkungen der geplanten Arbeiten beurteilen zu können (auch auf die Umgebung, wie benachbarte Gebäude, Bauwerke und Gelände),
- die möglichen Gründungsarten und jede Art von Bodenverbesserung bewerten zu können,
- die Maßnahmen für die Haupt- und baubegleitenden Untersuchungen zu planen, einschließlich der Festlegung des Baugrundbereichs, der auf das Tragwerk einen nennenswerten Einfluss hat,
- ggf. Entnahmestellen auszuweisen und zu beschreiben.

Anhand der Untersuchungsergebnisse muss geprüft werden, ob spezielle Forderungen (technisch und wirtschaftlich) an die Gestaltung und Ausführung des Bauwerks und insbesondere der Gründungskonstruktion zu stellen sind.

Zu Voruntersuchungen gehören u. a.
- die Sichtung und Bewertung vorhandener Unterlagen,
- die geologische Beurteilung,
- ein weitmaschiges Untersuchungsnetz (entweder in systematischer Anordnung, wie z. B. bei der Ausweisung neuer Baugebiete, oder an durch ihre Zugänglichkeit bestimmten ausgewählten Stellen),

– die stichprobenhafte Ermittlung der maßgebenden Eigenschaften und Kennwerte des Baugrunds.

Im Straßenbau ist die Maschenweite des Untersuchungsnetzes nach [210] so zu wählen, dass für den Vorentwurf geotechnische Zwangspunkte noch in ausreichendem Maße erkennbar sind und sich die geotechnisch beeinflussten Kosten der Baumaßnahme hinreichend genau veranschlagen lassen.

Grundsätzlich ist es zu empfehlen, am Anfang der geotechnischen Untersuchungen eine Ortsbegehung durchzuführen.

### 3.6.2 Hauptuntersuchungen

Hauptuntersuchungen des Baugrunds sind durchzuführen, wenn es um die Ausführbarkeit von Entwürfen und die damit verbundenen Ausschreibungen und Durchführungen von geplanten Baumaßnahmen geht. Darüber hinaus können sie auch im Rahmen der Klärung von Schadensfällen erforderlich sein. Die Untersuchungen gliedern sich nach DIN EN 1997-2, 2.4 in
– Felduntersuchungen und
– Laborversuche.

Art, Umfang und Anordnung von Aufschlüssen und Felduntersuchungen müssen ausreichende Informationen über die Lage der homogenen Bodenbereiche und die Orientierung der entsprechenden Trennflächen im Baugrund ermöglichen. Laboruntersuchungen sind bezüglich Art und Umfang so zu wählen, dass die Beantwortung der geotechnischen Fragestellungen und die Gewinnung der diesbezüglichen charakteristischen Kenngrößen zufriedenstellend möglich sind.

Nach DIN EN 1997-1, 3.2.3 müssen Hauptuntersuchungen ausgeführt werden, um
– die zur sachgerechten Planung temporärer oder dauerhafter Baumaßnahmen erforderlichen Kenntnisse bereitzustellen,
– die für das Bauverfahren erforderlichen Kenntnisse bereitzustellen,
– etwaige Schwierigkeiten zu erkennen, die während der Bauausführung auftreten könnten.

Dabei müssen mit der Baugrunderkundung die Lage und die Eigenschaften aller Bereiche des Baugrunds zuverlässig ermittelt werden, die für das geplante Bauvorhaben von Bedeutung sind bzw. es beeinflussen. Die Bodenkenngrößen, die maßgebend dafür sind, dass das Tragwerk die an sein Verhalten gestellten Anforderungen erfüllt, müssen vor Beginn der endgültigen Planung festgelegt werden.

Um mit der Baugrunduntersuchung alle maßgebenden Bodenschichten zu erfassen, sind als geologische Merkmale besonders zu beachten:
– das Baugrundprofil,
– natürliche und künstliche Hohlräume,
– Verwitterung von Gestein, Böden und Schüttmaterial,
– hydrogeologische Einflüsse,
– Verwerfungen, Klüfte und andere Diskontinuitäten,
– Kriecherscheinungen an Boden- und Gesteinsmassen,
– schwellfähige und strukturempfindliche Böden und Festgesteine,
– vorhandene Abfallstoffe oder künstlich hergestellte Stoffe.

Darüber hinaus
– muss die historische Entwicklung des Baugrundstücks und seiner Umgebung berücksichtigt werden,

– muss die Erkundung mindestens durch all die Schichten geführt werden, die für das Bauvorhaben von Bedeutung sind,
– müssen die Pegelstände der vorhandenen Grundwasserspiegel während der Baugrunderkundung ermittelt werden,
– müssen die Pegelstände offener und bei der Baugrunderkundung beobachteter Gewässer gemessen werden,
– sollten die extremen Pegelstände der Grundwasserspiegel, die sich auf die Grundwasserdrücke auswirken könnten, messtechnisch erfasst werden,
– sollten die Lage und das Fassungsvermögen von Dränagen oder Entnahmebrunnen in der Nachbarschaft der Baustelle ermittelt werden.

Bei zur Geotechnischen Kategorie 1 (siehe Abschnitt 3.8.1) gehörenden Baumaßnahmen wird gemäß DIN 4020, A 2.2.3 nicht zwischen Vor- und Hauptuntersuchungen unterschieden.

### 3.6.3 Baubegleitende Untersuchungen

Baubegleitende Untersuchungen sind Prüfungen, Messungen und Versuche, die während der Bauausführung und in Ergänzung der Hauptuntersuchungen ausgeführt werden müssen. Sie dienen zur
– Überprüfung der Ergebnisse der Hauptuntersuchungen,
– Beobachtung des Verhaltens von Baugrund, Grundwasser und Bauwerk,
– Überprüfung der Tragfähigkeit von Gründungselementen (z. B. Verpressanker und Pfähle),
– Erfolgskontrolle bei Baugrundverbesserungen.

Der erforderliche Umfang der durchzuführenden Arbeiten richtet sich nach der Geotechnischen Kategorie des jeweiligen Bauvorhabens. Er ist bei der Geotechnischen Kategorie 1 (siehe Abschnitt 3.8.1) am geringsten und bei der Geotechnischen Kategorie 3 (siehe Abschnitt 3.8.3) am höchsten. So sollten nach DIN EN 1997-1, 4.3.1 (2) bei Bauvorhaben der Geotechnischen Kategorie 1 die Beschreibungen des Baugrunds kontrolliert werden durch
– eine Baustellenbesichtigung,
– eine Baugrundansprache in dem vom Bauwerk beeinflussten Bereich und
– Aufzeichnungen zu dem in Baugruben angetroffenen Baugrund.

Bei Bauvorhaben der Geotechnischen Kategorie 2 (siehe Abschnitt 3.8.2) sollten auch die geotechnischen Eigenschaften des Baugrunds kontrolliert werden, in dem oder auf dem das Bauwerk gegründet wird. Ggf. können ergänzende Baustellenuntersuchungen erforderlich werden. Repräsentative Bodenproben sollten zur Bestimmung der Klassifikationseigenschaften, der Festigkeit und der Verformbarkeit erneut herangezogen und untersucht werden.

Ist das Bauwerk der Geotechnischen Kategorie 3 zuzuordnen, sollten sich die zusätzlichen Anforderungen auf weitergehende Untersuchungen und die Prüfung einzelner Aspekte der Baugrund- oder Auffüllungsverhältnisse beziehen, die wichtige Konsequenzen für die Bemessung haben können. Nach DIN 4020, A 2.6 ist bei solchen Bauvorhaben stets zu prüfen, ob baubegleitende Messungen in Ergänzung zu vorausgegangenen Untersuchungen durchzuführen sind.

Hinsichtlich der Grundwassergegebenheiten (Grundwasserstandshöhen, Porenwasserdrücke, Grundwasserströmungen und der Chemismus des Grundwassers), die während der Bauausführung angetroffen werden, wird in DIN EN 1997-1, 4.3.2 verlangt, dass diese in geeigneter Weise mit den in der Planung vorausgesetzten verglichen werden. In Fällen der
– Geotechnischen Kategorie 1 sollten die Kontrollen im Regelfall von der regional vorhandenen und dokumentierten Erfahrung oder von indirekten Befunden ausgehen,

– Geotechnischen Kategorien 2 und 3 sollten in der Regel direkte Grundwassermessungen vorgenommen werden, sofern diese das geplante Bauverfahren oder das Bauwerksverhalten sehr stark beeinflussen.

### 3.6.4 Baugrund- und Bauwerksüberwachung nach der Bauausführung

Nach DIN 4020, A 2.6 gehört zu den baubegleitenden Messungen auch die Überwachung von Baugrund und Bauwerk nach Fertigstellung des Bauwerks. Danach ist bei zur Geotechnischen Kategorie 2 oder 3 gehörenden Fällen zu prüfen, ob durch ein Bauwerk Veränderungen im Baugrund hervorgerufen werden, die vorwiegend oder ausschließlich erst nach der Fertigstellung eintreten (z. B. Setzung, Sickerströmung) und eine längere oder dauernde Überwachung zur
– Kontrolle der Voraussetzungen des Entwurfs,
– Sicherheit des Bauwerks und ggf. vorhandener baulicher Anlagen in seiner Umgebung
erfordern.

Mit solchen Maßnahmen können u. a.
– das Setzungsverhalten von Hoch- und Ingenieurbauten (vor allem bei statisch unbestimmten Konstruktionen) und von Dämmen (Ebenflächigkeit von Straßen oder Gleislagen bei Schienenverkehrswegen),
– Verkantungen turmartiger Bauwerke,
– Sickerströmungen in und unter Dämmen,
– Oberflächenerosion,
– Änderungen der Größe und Verteilung von Sohlspannungen infolge Lastumlagerungen, Teilbelastungen, Sohlwasserdruck bei Stauanlagen usw.,
– das Langzeitverhalten von Ankern, Pfählen und zyklisch beanspruchten Gründungskonstruktionen,
– Entwicklungen des Gebirgsdrucks beim Tunnelbau,
– Veränderungen von Porenwasserdrücken in bindigen Böden unter hohen Bauwerkslasten (vor allem in und unter Dämmen),
– Veränderungen des Grundwassers durch das Bauwerk,
– Entfestigungs- und Kriechvorgänge bei Hängen
erfasst werden.

## 3.7 Untersuchungen von Boden und Fels als Baustoff

Sollen Boden oder Fels als Baustoff genutzt werden, müssen die geotechnischen Untersuchungen nach DIN EN 1997-2, 2.1.3 (1)P so geplant werden, dass sie eine Beschreibung des Materials liefern und die Feststellung von dessen maßgebenden Kennwerten gestatten.

Im Einzelnen sollten die Untersuchungsergebnisse eine Beurteilung ermöglichen hinsichtlich der
– Tauglichkeit des anstehenden Materials für die vorgesehene Verwendung,
– Ausdehnung des Vorkommens,
– Möglichkeit, das Material zu gewinnen und aufzubereiten,
– Möglichkeit (Vorgehensweise), unbrauchbares Material abzutrennen und abzusetzen (deponieren),
– Prospektionsverfahren zur Erschließung des Materials,
– Bearbeitbarkeit des Materials während des Bauens und der möglichen Veränderungen der Eigenschaften während des Transportes, der Lagerung und der weiteren Behandlung,

– Auswirkungen von Baustellenverkehr und großen Lasten auf den Untergrund,
– künftigen Maßnahmen zur Entwässerung und/oder Abgrabung, der Auswirkungen von Niederschlägen, der Widerstandsfähigkeit gegen Verwitterung sowie der Anfälligkeit gegen Schrumpfen, Schwellen und Entfestigung.

In Ergänzung hierzu sollten auch die Möglichkeiten zur Verbesserung des Materials für den späteren Verwendungszweck untersucht werden (vgl. [37], Anhang D).

Im Gegensatz zu den aktuellen Normen waren für die Untersuchungen als Baustoff in der Vergangenheit in DIN 4020 auch Empfehlungen für Vor- und Hauptuntersuchungen sowie für baubegleitende Untersuchungen zu finden. Da diese „alten" Empfehlungen dennoch als sinnvoll anzusehen sind, wird im Folgenden auf sie eingegangen (vgl. [37], Anhang D).

Hinsichtlich des Auswertens und Beurteilens der Ergebnisse der geotechnischen Untersuchung für Zwecke der Baustoffgewinnung und -verarbeitung (Ergebnisdarstellung, Festlegung von Kennwerten und zusammenfassende Beurteilung) siehe [37], Anhang D.

### 3.7.1 Voruntersuchungen

Voruntersuchungen dienen zur Auffindung geeigneter Lagerstätten und zur Ermittlung von deren Umfang. Dabei ist durch Stichproben eine grobe Einschätzung der boden- bzw. felsmechanischen Beschaffenheit des Lagerstättenmaterials zu gewinnen. Nach [37], Anhang D.3.1 müssen die Untersuchungen

– die Sichtung und Bewertung vorhandener Unterlagen,
– eine geologische Beurteilung,
– u. U. direkte Aufschlüsse,
– u. U. geophysikalische Untersuchungen,
– stichprobenhafte Ermittlungen maßgebender Werte der Bodenkenngrößen

umfassen.

### 3.7.2 Hauptuntersuchungen

Mit Hilfe von Hauptuntersuchungen sind die Begrenzungen der gefundenen Vorkommen zu ermitteln und das abzubauende Material hinsichtlich seiner mechanischen Eigenschaften und der damit verbundenen Gewinnungsform zu beurteilen. Art und Umfang der Untersuchungen sind unter Beachtung

– des Verwendungszwecks und der benötigten Menge des abzubauenden Baustoffs,
– der Geländeverhältnisse (geologische Gegebenheiten, Geländeform, Abraummächtigkeit usw.),
– der Grundwasserverhältnisse,
– möglicher Beeinträchtigungen von Nachbargrundstücken und -bebauungen sowohl während als auch nach dem Abbau

festzulegen (vgl. [37], Anhang D.3.2.1).

Gemäß [37], Anhang D.3.2 umfassen Hauptuntersuchungen
– die Bewertung der Voruntersuchungsergebnisse,
– direkte Aufschlüsse durch Schürfe und Bohrungen (Rasteranordnung oder charakteristische Schnittanordnung),
– im Bedarfsfall zusätzliche indirekte Aufschlüsse,
– Feldversuche (insbesondere Probeschüttungen),
– Laboruntersuchungen zur Klassifizierung von Boden und Fels und zur Feststellung der maßgebenden Baugrundkenngrößenwerte.

### 3.7.3 Baubegleitende Untersuchungen

Mit der Durchführung baubegleitender Untersuchungen ist die Beschaffenheit des Lagerstättenmaterials an den Entnahmestellen durch Feldbeurteilungen laufend zu prüfen. Darüber hinaus sind mit entnommenen Proben Laboruntersuchungen durchzuführen. Beide Maßnahmen dienen dem Nachweis, dass das abgebaute Material die Forderungen der Ausführungsplanung an den Baustoff erfüllt.

Welche und wie häufig Prüfungen durchgeführt werden, ist abhängig von dem Verwendungszweck des Baustoffs und den an ihn gestellten Güteanforderungen.

## 3.8 Geotechnische Kategorien (GK)

Die Mindestanforderungen an den Umfang und die Güte geotechnischer Untersuchungen, Berechnungen und Überwachungsmaßnahmen ergeben sich nach DIN EN 1997-1, DIN 1054, DIN 4020, [210] und EAU 2012 anhand der drei „Geotechnischen Kategorien" GK 1, GK 2 und GK 3, in die Baumaßnahmen zu Beginn der Planung einzuordnen sind.

Die Einordnung erfolgt nach dem Schwierigkeitsgrad der Bauwerkskonstruktion, der Baugrundverhältnisse und der zwischen ihnen und der Umgebung bestehenden Wechselwirkungen. Für die Einordnung ist jenes Zuordnungskriterium maßgebend, das die höchste Geotechnische Kategorie ergibt; einzelne Bauphasen oder Bauabschnitte können unterschiedlichen Kategorien zugeordnet werden. Die Einstufungen nebst den mit ihr verbundenen Anforderungen sind im Zuge der Projektbearbeitung und aufgrund der Ergebnisse geotechnischer Untersuchungen und Berechnungen sowie der Bauausführung zu überprüfen und ggf. zu ändern. Mit wachsendem Schwierigkeitsgrad der Konstruktion, der Baugrundverhältnisse und der Wechselwirkungen zwischen Bauwerk und Umgebung geht die Forderung nach umfangreicheren und genaueren Maßnahmen sowie dem Einsatz höher qualifizierten Personals einher. Zu unterscheiden sind

– geringer Schwierigkeitsgrad (Geotechnische Kategorie GK 1),
– mittlerer (üblicher) Schwierigkeitsgrad (Geotechnische Kategorie GK 2),
– hoher Schwierigkeitsgrad (Geotechnische Kategorie GK 3).

### 3.8.1 Geotechnische Kategorie GK 1

Die Geotechnische Kategorie GK 1 umfasst nur kleine und relativ einfache Bauobjekte mit geringem Schwierigkeitsgrad hinsichtlich Bauwerk, Baugrund und deren Zusammenwirken. Für diese muss nach DIN EN 1997-1, 2.1 (14) sichergestellt sein, dass

– die grundsätzlichen Anforderungen an die Baumaßnahmen sich auf der Basis von Erfahrung und qualitativen geotechnischen Untersuchungen erfüllen lassen,
– ein vernachlässigbares Risiko besteht.

In diese Kategorie sind nach DIN EN 1997-1 2.1, DIN 1054, A 2.1.2.2 und vor allem nach A Anhang AA von DIN 1054 und DIN 4020 u. a. einzuordnen
– einfache Bauobjekte wie z. B.
  • setzungsunempfindliche, flach gegründete Bauwerke, bei denen Streifenlasten $\leq 100$ kN/m und Stützenlasten $\leq 250$ kN auftreten (z. B. Einfamilienhäuser, eingeschossige Hallen und Garagen),
  • Einzel- und Streifenfundamente, für die ein vereinfachter Tragfähigkeitsnachweis geführt werden darf (Nachweis der Einhaltung des zulässigen Sohlwiderstands),
  • Gründungsplatten für maximal zweigeschossige und gut ausgesteifte Bauwerke,

- Stützbauwerke bei Geländesprunghöhen von ≤ 2 m, hinter denen keine hohen Auflasten wirken,
- geböschte Baugruben und nicht verbaute Gräben gemäß DIN 4124 [61] ohne Einwirkung aus Grundwasser,
- auf tragfähigem Baugrund gegründete Erddämme mit Höhen von ≤ 3 m (ggf. mit Verkehrsflächen auf der Dammkrone),
- auf tragfähigem Baugrund gegründete Erddämme mit ständiger oder zeitweiser Wasserbelastung und einer Höhe des maßgebenden Stauwasserspiegels über dem luftseitig anschließenden Gelände von ≤ 2 m,
- Normverbau nach DIN 4124 [61],
- nicht in Grundwasser einschneidende Gräben für Leitungen oder Rohre bis 2 m Tiefe,

– Bauwerke in waagerechtem oder schwach geneigtem Gelände mit einem Baugrund, der nach gesicherter örtlicher Erfahrung als tragfähig und setzungsarm bekannt ist (z. B. Baugrund mit horizontaler Schichtung, großer Schichtmächtigkeit und einheitlicher Beschaffenheit),

– Bauwerke, bei denen das Grundwasser unterhalb der Baugrubensohle bzw. der Gründungssohle liegt oder wo eine vergleichbare örtliche Erfahrung vorliegt, nach der ein Aushub im Grundwasser unbedenklich ist,

– Bauwerke, für die nach DIN EN 1998-5/NA [105] kein Nachweis der Standsicherheit gegen Erdbebenbelastung geführt werden muss,

– Bauwerke, durch die bzw. durch deren Errichtung Nachbargebäude, Verkehrswege, Leitungen usw. in ihrer Standsicherheit nicht gefährdet oder in ihrer Gebrauchstauglichkeit beeinträchtigt werden können.

Angaben zur Einordnung in die Geotechnische Kategorie GK 1 sind auch in [210] zu finden. Dort werden in Anhang 1 entsprechende Beispiele für

– Erdbauwerke (Dämme, Einschnitte, geländegleiche Trassen),
– konstruktive Böschungs- und Hangsicherungen, Stützbauwerke, im Boden eingebettete Bauwerke und Ingenieurbauten,
– Querungen und Entwässerungseinrichtungen,
– Sonderbauwerke

aufgeführt.

### 3.8.2 Geotechnische Kategorie GK 2

In diese Kategorie gehören Bauwerke und geotechnische Maßnahmen mit mittlerem Schwierigkeitsgrad hinsichtlich Bauwerk, Baugrund und deren Zusammenwirken. Bei ihnen müssen durch ingenieurmäßige Bearbeitung und rechnerische Methoden die Standsicherheit und die Gebrauchstauglichkeit nachgewiesen werden. Nach [210] ist im Regelfall, nach DIN 4020, A 2.2.2 stets ein Sachverständiger für Geotechnik einzuschalten (siehe auch Abschnitt 3.3); in DIN 4020 wird außerdem verlangt, dass die Mitarbeit des Sachverständigen schon bei der Grundlagenermittlung bzw. der Vorplanung beginnt.

Die Kategorie GK 2 gilt nach DIN 1054, A 2.1.2.3 für durchschnittliche Baugrundverhältnisse, die weder in die Kategorie GK 1 noch in die Kategorie GK 3 fallen. Voraussetzung für die Zuordnung in GK 2 sind außerdem durchschnittliche Grundwasserverhältnisse, wie z. B.

– eine höher als die Bauwerkssohle liegende freie Grundwasseroberfläche,
– mit üblichen Maßnahmen beherrschbare Grundwasserzutritte bzw. Wasserhaltungen,

sowie die Bedingung, dass durch damit verbundene Maßnahmen keine ungünstigen Einflüsse auf die Umgebung befürchtet werden müssen.

In die Geotechnische Kategorie GK 2 sind nach DIN EN 1997-1, 2.1, DIN 1054, A 2.1.2.3 und insbesondere nach A Anhang AA von DIN 1054 und DIN 4020 u. a. einzuordnen
− übliche Hoch- und Ingenieurbauten auf
  • Einzelfundamenten, Streifenfundamenten, Gründungsplatten auf Baugrund mit durchschnittlichen Baugrundverhältnissen,
  • Pfahlgründungen,
− Brückenpfeiler und -widerlager,
− Leitungsgräben mit Tiefen von ≤ 5 m,
− Bauwerke der Bedeutungskategorien I und II nach DIN EN 1998-5/NA [105], für die bei Erdbebenbelastung ein Nachweis der Standsicherheit erforderlich ist,
− Bauvorhaben, bei denen ein schädlicher Einfluss der Baumaßnahme auf Nachbarschaft und Umgebung durch konstruktive Maßnahmen (z. B. dichte und steife Baugrubenumschließungen) verhindert werden kann,
− Boden- und Felsdeponien ohne Kontamination,
− übliche Horizontalbohrungen für den Leitungsbau,
− Kurzzeitanker,
− Stützbauwerke und Baugruben mit Geländesprunghöhen von ≤ 10 m,
− Bauvorhaben, für die ein Nachweis der Sicherheit gegen
  • Aufschwimmen nicht verankerter Konstruktionen,
  • hydraulischen Grundbruch
  zu führen ist,
− Böschungen mit Höhen von ≤ 10 m bei nichtbindigen Böden, bindigen Böden mit mindestens steifer Konsistenz oder Fels mit bekannten geotechnischen Eigenschaften,
− Erddämme mit Höhen von ≤ 20 m in ebenem oder flach geneigtem Gelände auf tragfähigem Untergrund (mit Höhen des maßgebenden Stauwasserspiegels über dem luftseitig anschließenden Gelände von ≤ 4 m),
− Tunnel in hartem, ungeklüftetem Gestein und ohne besondere Wasserdichtigkeit oder andere Anforderungen.

Zur Einordnung in die Geotechnische Kategorie GK 2 führen in der Regel auch Merkmale wie
− die Ermittlung von Druckpfahlwiderständen auf der Basis von Erfahrungswerten gemäß DIN EN 1997-1, 7.6.2.3,
− übliche zyklische, dynamische oder stoßartige Einwirkungen bei Pfahlgründungen gemäß DIN 1054, 2.4.2.1 A (8a),
− am Pfahlkopf angreifende und quer zur Pfahlachse gerichtete Einwirkungen,
− Einwirkungen auf Pfähle, die am Pfahlkopf angreifen und quer zur Pfahlachse gerichtet sind,
− negative Mantelreibung bei Pfählen,
− Schwellbeanspruchungen und dynamische Beanspruchungen bei Ankern, sofern ausreichende Erfahrungen vorliegen.

Nach DIN 1054, A 2.1.2.3 dürfen in der Regel auch besondere Bauwerke wie unterirdisch aufgefahrene Hohlraumbauten, Tunnel, Stollen oder Schächte in festem, wenig geklüftetem Fels der Kategorie GK 2 zugeordnet werden.

Weitere Hinweise zur Einordnung in die Geotechnische Kategorie GK 2 können auch [210] entnommen werden. Gemäß den EAU 2012, Abschnitt 0.2.5 sind Ufereinfassungen grundsätzlich mindestens in diese Kategorie einzuordnen.

### 3.8.3 Geotechnische Kategorie GK 3

Erfasst werden von dieser Kategorie bauliche Anlagen und Baumaßnahmen mit hohem Schwierigkeitsgrad hinsichtlich Bauwerk, Baugrund und deren Zusammenwirken. Diese erfordern zusätzliche Untersuchungen sowie vertiefte geotechnische Kenntnisse und Erfahrungen in dem Spezialgebiet des jeweiligen Projekts, die über eine gemäß der Kategorie GK 2 erforderliche ingenieurmäßige Bearbeitung und einen entsprechenden rechnerischen Nachweis der Standsicherheit und Gebrauchstauglichkeit hinausgehen. In solchen Fällen ist immer ein entsprechender Sachverständiger für Geotechnik einzuschalten (siehe auch Abschnitt 3.3).

Nach DIN 1054, A 2.1.2.4 und A Anhang AA von DIN 1054 und DIN 4020 wird die Einordnung in die Geotechnische Kategorie GK 3 für ungewöhnliche und besonders schwierige Baugrundverhältnisse erforderlich, wie z. B.
– geologisch junge Ablagerungen mit regellosen Schichtungen bzw. geologisch wechselhaften Formationen,
– zum Kriechen, Fließen, Quellen oder Schrumpfen neigende Böden,
– quell- und schrumpffähige Felsarten,
– bindige Böden, deren Restscherfestigkeit maßgebend sein kann,
– bindige Böden ohne ausreichende Duktilität (z. B. strukturempfindliche Seetone),
– weiche organische und organogene Böden mit größerer Mächtigkeit,
– zur Auflösung oder zum Zerfall neigende Felsarten (Salz, Gips usw.),
– Fels mit Störzonen oder Trennflächen, die bezüglich des Bauvorhabens ungünstig verlaufen,
– an Standorten in Bergsenkungsgebieten und in Gebieten mit Erdfällen sowie an Standorten mit ungesicherten Hohlräumen,
– in Bereichen unkontrolliert geschütteter Auffüllungen.

Die Kategorie gilt auch für Fälle mit gespanntem Grundwasser, das durch Bodenaushub zu artesischem Grundwasser werden kann.

Im Grundsatz umfasst die Geotechnische Kategorie GK 3 nach DIN EN 1997-1, 2.1 und DIN 1054, A 2.1.2.4 u. a.
– sehr große und ungewöhnliche Bauwerke,
– Bauwerke mit
  • außergewöhnlichen Risiken,
  • ungewöhnlichen oder ungewöhnlich schwierigen Baugrund- und/oder Belastungsverhältnissen,
  • hohem Sicherheitsanspruch und/oder hoher Verformungsempfindlichkeit,
  • für die Gründung maßgebenden ungewöhnlichen Lastkombinationen,
– Bauwerke in seismisch stark betroffenen Gebieten,
– Bauwerke in Gebieten, in denen mit instabilen Baugrundverhältnissen und/oder mit andauernden Bewegungen im Untergrund zu rechnen ist, sodass ergänzende Untersuchungen oder Sondermaßnahmen erforderlich sind.

Hierzu gehören nach A Anhang AA von DIN 1054 und DIN 4020 u. a.
– Bauwerke, die durch Wasser mit Druckhöhen von > 5 m belastet sind,

- Einrichtungen und Baumaßnahmen, die den Grundwasserspiegel vorübergehend oder bleibend verändern und damit ein Risiko für benachbarte Bebauungen hervorrufen,
- Bauwerke der Bedeutungsklassen III und IV nach DIN EN 1998-5/NA [105], für die bei Erdbebenbelastung ein Nachweis der Standsicherheit erforderlich ist,
- Bauwerke oder Baumaßnahmen, bei denen die Beobachtungsmethode (siehe Abschnitt 4.6) für den Nachweis der Standsicherheit und Gebrauchstauglichkeit zur Anwendung kommt,
- Flächengründungen
  - mit besonders hohen Lasten,
  - für weitgespannte Brücken (Spannweiten > 40 m),
  - für hohe Türme (Sendemasten, Industrieschornsteine, große Windkraftanlagen usw.),
  - für Maschinen mit hohen dynamischen Lasten,
  - als ausgedehnte Plattengründungen auf Baugrund mit unterschiedlichen Steifigkeiten im Grundriss,
  - für Bauwerke bei teils hoch und tief liegenden Gründungsebenen oder mit unterschiedlichen Gründungselementen,
  - neben bestehenden Gebäuden und bei Nichterfüllung der in DIN 4123:2000-09, 7.1, 8.1 und 9.1 [60] angegebenen Voraussetzungen,
  - als Kombinierte Pfahl-Plattengründungen (KPP),
- Daueranker,
- Verankerungen mit Schwellbeanspruchungen und dynamischen Beanspruchungen, wenn keine ausreichenden Erfahrungen vorliegen,
- Stützbauwerke und Baugrubenwände
  - mit Geländesprunghöhen von > 10 m (z. B. bei Tiefgaragen),
  - neben dicht angrenzenden, verschiebungs- und setzungsempfindlichen Bauwerken,
  - bei Baugruben in weichen.

Zur Einordnung in die Geotechnische Kategorie GK 3 führen in der Regel auch Merkmale wie
- erhebliche zyklische, dynamische oder stoßartige Einwirkungen auf Pfahlgründungen gemäß DIN 1054, 2.4.2.1 A (8b) und A (8c),
- Neigungen von Zugpfählen mit < 45°,
- die Ermittlung von Zugpfahlwiderständen aus Erfahrungswerten nach DIN EN 1997-1, 7.6.3.3,
- die Beanspruchung von Pfählen quer zur Pfahlachse aus Seitendruck oder Setzungsbiegung,
- hohe Auslastung von Pfählen in Verbindung mit sehr geringen zulässigen Setzungen,
- Mantel- und/oder Fußverpressungen bei Pfählen,
- die erforderliche Nachweisführung der Sicherheit gegen Aufschwimmen verankerter Konstruktionen,
- die erforderliche Berücksichtigung der räumlichen Zuströmung beim Nachweis der Sicherheit gegen hydraulischen Grundbruch,
- die Nachweisführung der Gesamtstandsicherheit von Hängen, Böschungen, Dämmen, nicht verankerten Stützbauwerken und Baugrubenwänden sowie konstruktiven Böschungssicherungen
  - mit Höhen von > 10 m,
  - mit ausgeprägter Kriechfähigkeit des Bodens,
  - bei der Gefahr des Setzungsfließens,
  - bei denen die Verwendung ebener Bruchkörper im Boden nicht ausreicht,
  - bei maßgeblichem Einfluss von Erdbeben,

- an einfach oder mehrfach verankerte Stützbauwerke und Baugrubenwände dicht angrenzende, verschiebungs- oder setzungsempfindliche Bauwerke, wenn für die Stützbauwerke und Baugrubenwände der Nachweis der Gesamtstandsicherheit erforderlich ist,
- stark geneigtes Gelände unter Erddämmen,
- wenig tragfähiger Baugrund unter Erddämmen, der eine Prognose der zeitlichen Entwicklung der Verformungen erfordert,
- von Erddämmen ausgelöste Setzungen an verformungsempfindlichen Bauwerken,
- zu erwartende Setzungen an verformungsempfindlichen Bauwerken, die von Erddämmen ausgelöst werden,
- die Verbesserung des Baugrunds unter Erddämmen mit dem Ziel der Erhöhung der Tragfähigkeit und/oder der Reduzierung der Setzungen,
- die Gefahr des Auftretens von Tagesbrüchen oder Erdfällen im Bereich von Erddämmen,
- Erddämme in Bergsenkungsgebieten,
- ständige oder zeitweise Wasserbelastung von Erddämmen mit einer Höhe des maßgebenden Stauwasserspiegels von > 4 m über dem luftseitig anschließenden Gelände und/oder ein hohes Schadenspotenzial (z. B. bei Stauvolumen von > 100 000 $m^3$),
- Erddämme, die maßgeblich durch Erdbeben beeinflusst werden können.

Besondere Bauwerke, die zur Geotechnischen Kategorie GK 3 gehören, sind z. B.
- Senkkastengründungen mit Druckluft,
- unterirdisch aufgefahrene Hohlraumbauten, Tunnel, Stollen und Schächte in Lockergestein oder geklüftetem Fels,
- Kerntechnische Anlagen,
- Offshore-Bauwerke,
- Chemiewerke und Anlagen, in denen gefährliche chemische Stoffe erzeugt, gelagert oder umgeschlagen werden.

Auch sonstige Baumaßnahmen und Bauverfahren wie
- Deponien aller Art (ausgenommen: nicht kontaminierte Böden und Felsaushübe),
- Horizontalbohrungen mit hohen Spülungsdrücken (z. B. im HDD-Verfahren (Horizontal Direction Drilling), Microtunneling),
- Verfahren des Spezialtiefbaus wie Schlitzwände, Einpressarbeiten und Düsenstrahlarbeiten

zählen in der Regel zur Kategorie GK 3.

Für die Angaben zur Einordnung in die Geotechnische Kategorie GK 3 sind auch in Anhang 1 von [210] entsprechende Beispiele für
- Erdbauwerke (Dämme, Einschnitte, geländegleiche Trassen),
- konstruktive Böschungs- und Hangsicherungen, Stützbauwerke, im Boden eingebettete Bauwerke und Ingenieurbauten,
- Querungen und Entwässerungseinrichtungen,
- Sonderbauwerke

aufgeführt. Darüber hinaus gilt im Straßenbau, dass alle bautechnischen Maßnahmen in Heilquellen- und engeren Wasserschutzgebieten grundsätzlich in die Kategorie GK 3 einzuordnen sind. Nach den EAU 2012, Abschnitt 0.2.5 sind Ufereinfassungen dieser Kategorie zuzuordnen, wenn schwierige Baugrundverhältnisse vorliegen.

## 3.9 Erforderliche Maßnahmen

Nach DIN 4020, A 2.2.3 und [210] müssen, abhängig von der jeweiligen Geotechnischen Kategorie, die im Folgenden aufgeführten Maßnahmen getroffen werden.

### 3.9.1 Geotechnische Kategorie GK 1

Liegen Verhältnisse vor, die denen der Geotechnischen Kategorie GK 1 entsprechen, sind in allen Fällen
- Informationen über die allgemeinen Baugrundverhältnisse und die örtlichen Bauerfahrungen der Nachbarschaft einzuholen,
- die Boden- bzw. Gesteinsarten und ihre Schichtung zu erkunden (z. B. durch Schürfe, Kleinbohrungen und Sondierungen),
- die Grundwasserverhältnisse vor, während und nach der Bauausführung abzuschätzen,
- die ausgehobene Baugrube zu besichtigen.

Die Art und der Umfang dieser Untersuchungen müssen es ermöglichen, die vorausgesetzten Kriterien der Geotechnischen Kategorie GK 1 zu überprüfen, um sie ggf. berichtigen zu können. Zwischen Vor- und Hauptuntersuchungen wird gemäß DIN 4020, A 2.2.3 A (1) bei der Geotechnischen Kategorie GK 1 kein Unterschied gemacht.

### 3.9.2 Geotechnische Kategorie GK 2

Bei Verhältnissen, die dieser Kategorie entsprechen, müssen nach DIN 4020, A 2.2.3 A (2) immer direkte Aufschlüsse durchgeführt werden. Die Bodenkenngrößen, die für den Entwurf und die Berechnung des Bauobjekts benötigt werden, sind versuchstechnisch zu bestimmen; dabei dürfen auch Korrelationen herangezogen werden.

Hinsichtlich der Art und des Umfangs der Baugrunduntersuchungen ist zwischen Vor- und Hauptuntersuchungen zu unterscheiden. Dabei ist im Rahmen der Voruntersuchungen eine allgemeingültige Festlegung zwar nicht möglich, immer ist aber
- die Sichtung und Bewertung vorhandener Unterlagen sowie eine geologische Beurteilung vorzunehmen,
- ein weitmaschiges Untersuchungsnetz anzulegen, und zwar entweder in systematischer Anordnung (z. B. bei Ausweisung neuer Baugebiete) oder, abhängig von der Zugänglichkeit, an ausgewählten Stellen,
- eine stichprobenhafte Feststellung von maßgebenden Kenngrößen und Eigenschaften des Baugrunds durchzuführen.

Bei Hauptuntersuchungen sind die in Abschnitt 3.6.2 aufgeführten Maßnahmen zu treffen. Zu den Feldversuchen im weiteren Sinne sind dabei auch Maßnahmen zu zählen wie z. B. Probebelastungen von Gründungselementen (Einzelfundamente, Flachfundamente, Pfähle, Anker), Porenwasserdruck- und Setzungsmessungen an entstehenden und fertigen Bauwerken sowie dynamische Bodenuntersuchungen (vgl. z. B. [171], Kapitel 1.3).

Hinsichtlich der Erkundung und Untersuchung des Baugrunds ist darauf hinzuweisen, dass die Regeln von DIN EN 1997-2 vor allem für Projekte der Geotechnischen Kategorie GK 2 gelten (vgl. DIN EN 1997-2, 1.1.2(4)).

### 3.9.3 Geotechnische Kategorie GK 3

Entspricht eine Baumaßnahme der Geotechnischen Kategorie GK 3, sind generell Untersuchungen gemäß dem Fall der Geotechnischen Kategorie 2 durchzuführen (vgl. Abschnitt 3.9.2). Außerdem ist zu prüfen, ob darüber hinausgehende Untersuchungen erforderlich sind, die sich aus den Besonderheiten des Bauwerks (Abmessungen, Eigenschaften und Beanspruchungen) oder des Baugrunds (inkl. Grundwasser) bzw. der Umgebung ergeben.

## 3.10  Geotechnischer Bericht

Aus Bild 3-2 geht hervor, dass der Geotechnische Bericht Teil des Geotechnischen Entwurfsberichts nach DIN EN 1997-1, 2.8 ist. Der Geotechnische Bericht enthält außer dem Geotechnischen Untersuchungsbericht noch die Bewertung der Ergebnisse des Untersuchungsberichtes (bei den geotechnischen Kategorien GK 2 und GK 3), eine Gründungsempfehlung sowie die Folgerungen für das Bauwerk und die Ausführung. Nach DIN EN 1997-1, 2.8 (2) ist die Ausführlichkeit des Geotechnischen Entwurfsberichts abhängig vom Schwierigkeitsgrad des zu errichtenden Bauwerks und kann in einfachen Fällen ein einzelnes Blatt umfassen.

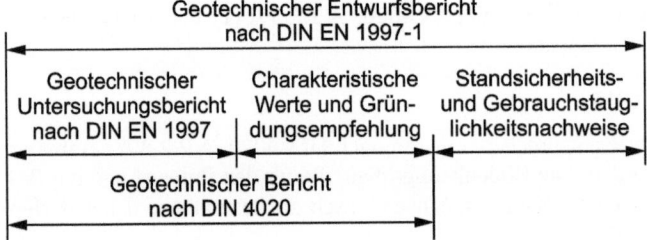

**Bild 3-2**  Einordnung des Geotechnischen Berichts (nach DIN 4020, A 7.1)

In DIN 4020, A 7.1 und in [210] wird die Erstellung Geotechnischer Berichte in schriftlicher Form für alle Geotechnischen Kategorien verlangt.

In Fällen der Geotechnischen Kategorie GK 1 darf sich der Inhalt des Geotechnischen Berichts auf den Nachweis beschränken, dass die Geotechnische Kategorie GK 1 vorliegt (Bedingungen siehe DIN 1054, A 2.1.2.2 bzw. Abschnitt 3.8.1). Die Ergebnisse der Erkundungen und Untersuchungen nach DIN 4020, A 2.2.3 A (1) sind in dem Bericht zu beschreiben, darzustellen und zu kommentieren.

Bei den Geotechnischen Kategorien GK 2 und GK 3 enthält der Geotechnische Bericht über den Inhalt des Geotechnischen Untersuchungsberichts nach DIN EN 1997-2, 6 hinaus die Bewertung der Ergebnisse dieses Untersuchungsberichts, Gründungsempfehlungen sowie die Folgerungen für das Bauwerk und die Ausführung. Die charakteristischen Werte der Baugrundkenngrößen und Grundwasserstände sind in Abhängigkeit vom Bauwerk anzugeben.

Nach DIN 4020, A 7.2 gliedert sich ein Geotechnischer Bericht in die Abschnitte
– Geotechnischer Untersuchungsbericht,
– Aus- und Bewertung der geotechnischen Untersuchungsergebnisse,
– Folgerungen, Empfehlungen und Hinweise,
auf die in den nachstehenden Abschnitten eingegangen wird.

## 3.10.1 Geotechnischer Untersuchungsbericht

Nach DIN EN 1997-2, 6 muss ein Geotechnischer Untersuchungsbericht eine
- Darstellung aller verfügbaren geotechnischen Informationen,
- Bewertung der geotechnischen Informationen

enthalten.

Die Darstellung der geotechnischen Informationen muss, soweit es im Einzelfall erforderlich ist (nach DIN 1054, 3.4.1 A (1a) ist z. B. bei Vorhaben der Geotechnischen Kategorie GK 1 ein Geotechnischer Untersuchungsbericht nicht erforderlich), Informationen beinhalten wie die
- Ziele und Anwendungsbereiche der geotechnischen Untersuchung einschließlich einer Beschreibung des Baugeländes und seiner Topographie, des geplanten Bauwerkes und des Planungsstadiums, auf das sich der Bericht bezieht,
- Einstufung des Bauwerks in eine Geotechnische Kategorie,
- Namen aller Gutachter und Subunternehmer,
- Ergebnisse der Ortsbesichtigung des Baugeländes und seiner Umgebung (bzgl. Grundwasser, Verhalten benachbarter Bauwerke, Aufschlüsse in Steinbrüchen und Entnahmestellen, instabile Bereiche, Aufschlüsse durch Bergbau am Baugelände und in der Nachbarschaft, Schwierigkeiten beim Aushub, Geschichte des Baugeländes, Geologie des Baugeländes einschließlich Störungen, Vermessungsdaten und Lage der Untersuchungspunkte, Luftbilder, örtliche Erfahrung, Seismizität),
- Dokumentation der Untersuchungsverfahren, Vorgehensweisen und Ergebnisse (einschließlich Berichte über Vorstudien, Felduntersuchungen und Laborversuche).

Hinsichtlich weiterer Details hierzu sei auf DIN EN 1997-1, 3.4.2 sowie Abschnitt 6.2 von DIN EN 1997-2 und DIN 4020 hingewiesen.

Der zweite Berichtsabschnitt enthält
- die Dokumentation aller bewerteten Felduntersuchungen und Laborversuche,
- die kritische Beurteilung der im ersten Berichtsabschnitt (Abschnitt 3.10.2) aufgeführten Feld- und Laboruntersuchungen,
- die ausführliche Beschreibung aller Schichten, ihrer physikalischen Eigenschaften und ihres Deformations- und Festigkeitsverhaltens, mit Bezug auf die Ergebnisse der Untersuchungen,
- Hinweise auf Unregelmäßigkeiten (z. B. Hohlräume und Bereiche mit gestörten Lagerungsverhältnissen).

Zu den Ausführungen gehören u. a. auch
- auszuweisende und zu kommentierende Unvollständigkeiten bzw. Mangelhaftigkeiten bei den Angaben über die Erkundungsarbeiten,
- begründete Vorschläge für ergänzende Untersuchungen, denen ein detailliertes Programm über Art und Umfang der Untersuchungen beizufügen ist.

Hinsichtlich weiterer Details hierzu sei auf DIN EN 1997-1, 3.4.3 sowie Abschnitt 6.3 von DIN EN 1997-2 und DIN 4020 hingewiesen.

## 3.10.2 Aus- und Bewertung der geotechnischen Untersuchungsergebnisse

Dieser Abschnitt des Geotechnischen Berichts stellt eine kritische Beurteilung der Untersuchungsergebnisse des Geotechnischen Untersuchungsberichts dar. So ist z. B. (siehe DIN 4020, A 7.2)
- auf in beschränktem bzw. unvollständigem Umfang vorliegende Untersuchungsergebnisse hinzuweisen,

- zu begründen, warum der Untersuchungsaufwand reduziert wurde,
- auf unzureichende oder nicht aussagefähige Untersuchungsergebnisse hinzuweisen und dieses Ergebnis nachvollziehbar zu begründen.

### 3.10.3 Folgerungen, Empfehlungen und Hinweise

Gemäß DIN 4020, A 7.2 muss dieser Berichtsabschnitt
- eine Stellungnahme zur Geotechnischen Kategorie des Bauwerks,
- erarbeitete Folgerungen, Empfehlungen und Hinweise für die geotechnische Entwurfsbearbeitung der baulichen Anlage,
- die charakteristischen Werte der Baugrundkenngrößen und Grundwasserstände für maßgebliche Berechnungsmodelle (einschließlich der Begründung für ihre Festlegung)

enthalten. Ggf. sind überschlägige Sicherheitsnachweise und Abschätzungen von Setzungen und Setzungsunterschieden, bei Eingriffen in das Grundwasser auch grundwasserhydraulische Nachweise durchzuführen.

## 3.11 Geotechnischer Entwurfsbericht

In DIN EN 1997-1, 2.8 wird zur Ergänzung des Geotechnischen Berichts die Erstellung eines Geotechnischen Entwurfsberichts verlangt (vgl. Bild 3-2). In ihm sind die Voraussetzungen und Vorgaben für den Entwurf sowie die für die Bemessung angewendeten Rechenverfahren und die Ergebnisse der Standsicherheits- und Gebrauchstauglichkeitsnachweise zu dokumentieren. Der Umfang solcher Berichte ist abhängig von der Art des Entwurfs.

Der Geotechnische Entwurfsbericht sollte auch auf den Geotechnischen Untersuchungsbericht (siehe Abschnitt 3.10.1) Bezug nehmen. Für den Regelfall sind zu fordern
- eine Beschreibung des Baugrundstücks und seiner Umgebung sowie der Baugrundverhältnisse,
- eine Beschreibung der vorgesehenen Baumaßnahme und der dabei zu berücksichtigenden Einwirkungen,
- Bemessungswerte für die Boden- und Felseigenschaften (ggf. mit Begründung),
- Feststellungen zu den herangezogenen Normen und Richtlinien,
- Feststellungen zur Eignung des Baugrundstücks für die geplante Baumaßnahme und der Höhe akzeptierbarer Risiken,
- geotechnische Berechnungen und Zeichnungen,
- Empfehlungen zur Gründung,
- Hinweise auf Dinge, die während der Bauausführung zu kontrollieren sind oder die eine Instandhaltung oder Kontrollmessungen erfordern.

Weitere Angaben zum Geotechnischen Entwurfsbericht sind in Abschnitt 2.8 von DIN EN 1997-1 und DIN 1054 zu finden.

# 4 Bodenuntersuchungen im Feld

## 4.1 Allgemeines

Der unter Bauwerken anstehende Baugrund kann sehr unterschiedlich aufgebaut sein. Dies gilt sowohl für die Lage und die Geometrie seiner Schichtungen als auch für die Eigenschaften seines Materials sowie für die Grundwassergegebenheiten. Ein Beispiel für mögliche Baugrundgegebenheiten zeigt Bild 4-1. Es ist eines der Bodenprofile, die sich als Erkundungsergebnis für eine größere Baumaßnahme in Wismar (Mecklenburg-Vorpommern) ergaben. Anhand des Bildes wird deutlich, dass der Baugrund über die Tiefe Schichten mit sehr unterschiedlichem Material und sehr stark veränderlicher Geometrie aufweisen kann.

Zur Ermittlung des räumlichen Aufbaus und der Eigenschaften des Baugrunds dienen die in Abschnitt 3.5 aufgeführten geotechnischen Untersuchungsverfahren und dabei insbesondere die im Weiteren beschriebenen direkten und indirekten Aufschlüsse.

## 4.2 Direkte Aufschlüsse

### 4.2.1 Untersuchungszweck

Wird Baugrund erkundet, dienen direkte Aufschlüsse zur Gewinnung von Informationen über alle Schichten, die das Wechselwirkungsverhalten zwischen Baugrund und Bauwerk in nennenswerter Weise beeinflussen. Diese Informationen betreffen u. a.
– die Geometrie der Baugrundschichten hinsichtlich ihrer
  • Ausdehnung,
  • Tiefenlage,
  • Mächtigkeit,
  • Neigung,
– Eigenschaften des Materials der Baugrundschichten, wie z. B.
  • Festigkeit,
  • Wasserdurchlässigkeit,
  • Zusammendrückbarkeit,
– Grundwasserverhältnisse, wie z. B.
  • Grundwasseroberfläche,
  • Grundwasserstandsschwankungen,
  • Grundwassergefälle.

Die aufgeführten Informationen sind auch dann von Interesse, wenn die Untersuchungen dem Zweck der Baustoffgewinnung dienen.

### 4.2.2 Untersuchungsverfahren

Direkte Aufschlüsse sind sowohl in der Natur vorhandene (z. B. Uferböschungen von Fließgewässern und Steilhänge) als auch künstlich geschaffene Möglichkeiten zur Besichtigung von Baugrund in situ (in natürlicher Lage), zur Entnahme von Boden- oder Felsproben sowie zur Durchführung von Feldversuchen. Zu den künstlichen Aufschlüssen zählen
– Schürfe,
– Untersuchungsschächte und -stollen,
– Bohrungen.

## 4 Bodenuntersuchungen im Feld

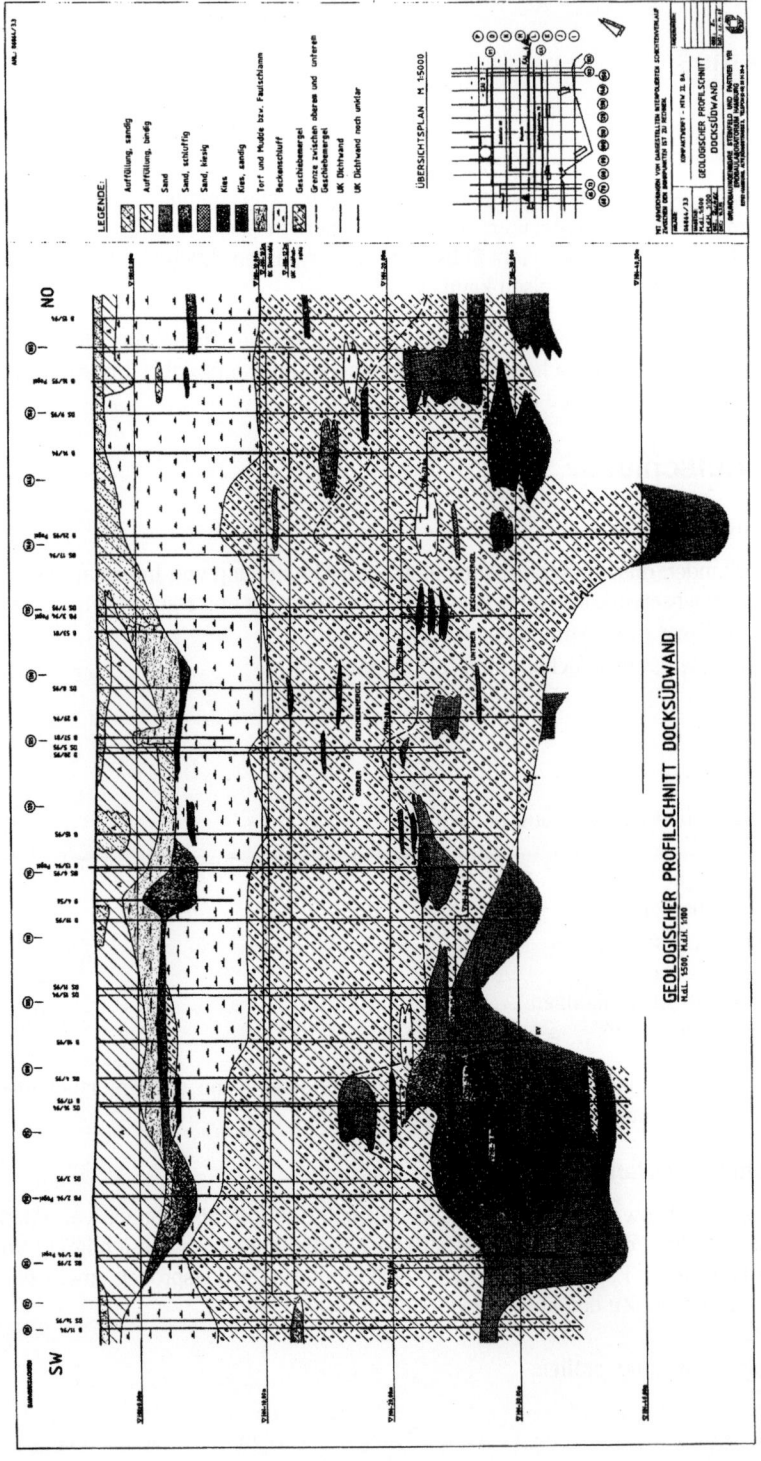

**Bild 4-1** Beispiel für Schichtungen des Baugrunds (zur Verfügung gestellt von *Steinfeld und Partner* [F 5])

Vor Beginn der direkten Aufschlussarbeiten sind u. a. Informationen zu
- den vor Ort zu erwartenden geologischen und hydrogeologischen Bedingungen,
- möglichen Umweltgefährdungen und Sicherheitsrisiken (z. B. durch vorgesehene Spülungen beim Bohren),
- mögliche Gefährdungen der Arbeiten (z. B. durch erdverlegte Leitungen, Verkehr, Kampfmittel und Altlasten)

einzuholen (zu weiteren erforderlichen Informationen siehe DIN EN ISO 22475-1, 5.4 [128]).

Nach Abschluss der Aufschlussmaßnahmen ist die Aufschlussstelle so zu hinterlassen, dass keine Gefahren für Menschen, Tiere oder die Umwelt verbleiben. Bei der Verfüllung der Aufschlüsse sind auch die Schichtenfolge und die Tragfähigkeit zu berücksichtigen. Um z. B. Kontaminierungen oder hydraulische Verbindungen von Grundwasserstockwerken zu verhindern, sind Bohrlöcher mit Material zu verfüllen, dessen Wasserdurchlässigkeit gleich oder geringer ist als die des umgebenden Bodens. Weitere Forderungen sind in DIN EN ISO 22475-1, 5.5 [128] aufgeführt.

### 4.2.3 Regelwerke

Bestimmungen zu direkten Aufschlüssen sind z. B. zu finden in
- den Normen DIN 1054 [20], DIN 4020 [38], DIN 4023 [42], DIN 4030-2 [44], DIN 18301 [86], DIN EN 1997-2 [103], DIN EN 1997-2/NA [104], DIN EN ISO 14688-1 [119], DIN EN ISO 22475-1 [128] und DIN EN ISO 22476-3 [131],
- den EAU 2012 [149],
- dem Merkblatt über geotechnische Untersuchungen und Berechnungen im Straßenbau [210].

### 4.2.4 Richtwerte für Aufschlussabstände

Für Voruntersuchungen ist keine allgemeingültige Festlegung des Umfangs der Baugrunduntersuchungen und damit auch der Abstände von direkten Aufschlüssen möglich. Es ist deshalb nur das Anlegen weitmaschiger Untersuchungsnetze in systematischer Anordnung (etwa bei der Ausweisung neuer Bebauungsgebiete) oder an durch ihre Zugänglichkeit bestimmten ausgewählten Stellen zu empfehlen (siehe auch DIN EN 1997-2, 2.3).

Zu Hauptuntersuchungen hingegen lassen sich DIN 4020, 2.4.1.3 sowie DIN EN 1997-2, 2.4.1.3 und B.3 sehr konkrete Angaben bezüglich Untersuchungsabständen und -tiefen entnehmen. Danach sind die Abstände direkter Aufschlüsse auf der Basis der Voruntersuchungen und in Abhängigkeit von den jeweils vorliegenden geologischen Gegebenheiten, den Bauwerksabmessungen und den bautechnischen Fragestellungen zu wählen. Entsprechende Richtwerte sind in Tabelle 4-1 aufgeführt.

Liegen schwierige Baugrundverhältnisse vor oder sollen Unregelmäßigkeiten eingegrenzt werden, sind geringere Abstände bzw. eine größere Zahl von Aufschlüssen erforderlich. Bei gleichförmigen Baugrundverhältnissen bzw. einem Baugrund mit ausreichender Festigkeit und Steifigkeit hingegen darf ein größerer Abstand oder eine geringere Zahl der Aufschlüsse gewählt werden, sofern diesbezügliche örtliche Erfahrungen vorliegen.

Generell ist darauf hinzuweisen, dass Aufschlüsse Stichprobencharakter haben und dass für die Baugrund- und Grundwassergegebenheiten in den zwischen den Aufschlussorten liegenden Bereichen nur Wahrscheinlichkeitsaussagen möglich sind. Dies führt zum Verbleib eines Baugrundrisikos (unvermeidbares Restrisiko), d. h., es kann nicht ausgeschlossen werden, dass die Inanspruchnahme des Baugrunds u. a. zu Bauschäden und Bauverzögerungen führt, obwohl zuvor alle nach den Regeln der Technik erforderlichen Untersuchungsmaßnahmen durchgeführt und deren Ergebnisse bei der Planung beachtet wurden (vgl. hierzu DIN 4020, A 1.5.3.17).

Weitere Angaben zu Aufschlussabständen sind z. B. in den EAU 2012 (vgl. auch Bild 4-2) und in [210] (vgl. auch Tabelle 4-2) zu finden.

**Tabelle 4-1** Richtwerte für Untersuchungsabstände bei Hauptuntersuchungen (nach DIN EN 1997-2, B.3)

| Bauwerkstyp | Untersuchungsrichtwerte |
|---|---|
| Hoch- und Industriebauten | Rasterabstände von 15 bis 40 m |
| großflächige Bauwerke (z. B. Deponien) | Rasterabstände von $\leq 60$ m |
| Linienbauwerke (Straßen, Eisenbahnen, Kanäle, Rohrleitungen, Tunnel, Deiche, Rückhaltedämme) | Abstände von 20 bis 200 m |
| Sonderbauwerke (Brücken, Schornsteine, Maschinenfundamente usw.) | 2 bis 6 Aufschlüsse pro Fundament |
| Staudämme und Wehre | Abstände von 25 bis 75 m in maßgebenden Schnitten |

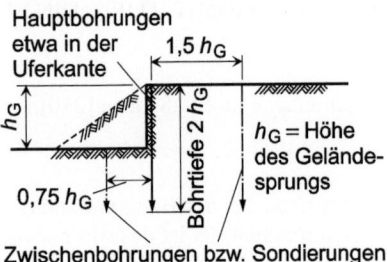

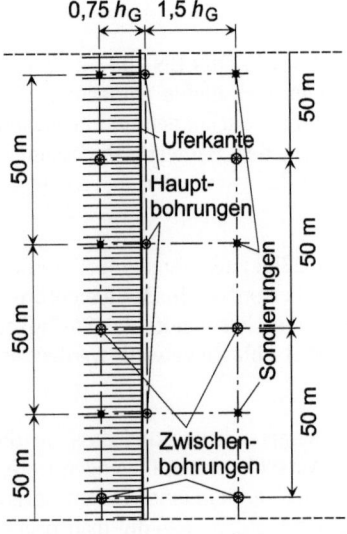

**Bild 4-2** Beispiel für die Anordnung der Bohrungen und Sondierungen für Ufereinfassungen (nach EAU 2012, Bild E 1-1)

**Tabelle 4-2** Richtwerte für den Umfang direkter Aufschlüsse bei Hauptuntersuchungen (nach [210], Tabelle 2)

| Baumaßnahmen | Umfang der direkten Aufschlüsse |
|---|---|
| konstruktive Böschungs- und Hangsicherungen, Stützbauwerke, im Boden eingebettete Bauwerke | $\geq 2$ Aufschlüsse und Aufschlussabstände $\leq 25$ m |
| Brückenbauwerke (einbahnig) | $\geq 1$ Aufschluss je Widerlager und Stütze |
| Brückenbauwerke (zweibahnig) | $\geq 2$ Aufschlüsse je Widerlager und Stütze |
| flächenhafte Gründungen (z. B. Wannen) | $\geq 3$ Aufschlüsse und Aufschlussabstände $\leq 25$ m |
| Regenrückhaltebecken (Erdbecken) | $\geq 3$ Aufschlüsse |

### 4.2.5 Mindestwerte für Aufschlusstiefen

Wie bei den Abständen von Aufschlüssen gilt auch bei deren Tiefen, dass für Voruntersuchungen keine allgemeingültigen Festlegungen möglich sind (vgl. Abschnitt 4.2.4). Hingegen sind für die Aufschlusstiefen bei Hauptuntersuchungen in DIN 4020, 2.4.1.3 A (1) sowie DIN EN 1997-2, 2.4.1.3 und B.3 sehr präzise Angaben zu finden. So muss z. B. die Aufschlusstiefe alle Schichten erfassen, die das Bauwerk beeinflussen bzw. durch das Bauwerk beeinflusst werden. Bei Dämmen, Wehren, in das Grundwasser reichenden Baugruben und Fällen mit erforderlicher Wasserhaltung ist die Aufschlusstiefe außerdem auf die hydrogeologischen Verhältnisse abzustimmen. Bei Hängen und Geländesprüngen muss die Aufschlusstiefe bis unterhalb möglicher Gleitflächenlagen reichen.

Mit der Bauwerks- oder Bauteilunterkante bzw. der Aushub- oder Ausbruchsohle als Bezugsebene für $z_a$ werden die im Folgenden aufgeführten Werte vorgeschlagen (vgl. auch EAU 2012), die gemäß DIN EN 1997-2/NA, NDP zu Anhang B.3 keine Richtwerte, sondern Mindestwerte darstellen. In DIN EN 1997-2, B.3 (2) und (3) wird darauf hingewiesen, dass
- bei sehr großen und besonders schwierigen Bauvorhaben einige der Aufschlüsse in größere Tiefen geführt werden sollten, als dies nach den nachstehenden Ausführungen erforderlich wäre,
- größere Untersuchungstiefen immer dort gewählt werden sollten, wo ungünstige geologische Bedingungen (z. B. weiche oder stark zusammendrückbare Schichten) unter Schichten mit höherer Tragfähigkeit zu vermuten sind.

### Hoch- und Ingenieurbauten

Für Fundamente (Bild 4-3 a) gelten die Ungleichungen

$$z_a \geq 3{,}0 \cdot b_F$$
$$z_a \geq 6 \text{ m} \qquad \text{Gl. 4-1}$$

mit $b_F$ als der kleineren Fundamentseitenlänge bei Rechteckfundamenten (anzusetzen ist der größte sich aus Gl. 4-1 ergebende $z_a$-Wert).

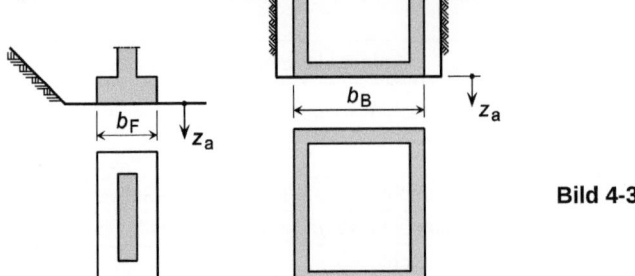

**Bild 4-3** Hochbauten, Ingenieurbauten
(nach DIN EN 1997-2, B.3)
a) Fundament
b) Bauwerk

Bei Plattengründungen und bei Bauwerken mit mehreren Gründungskörpern (Bild 4-3 b), deren Einfluss sich in tieferen Schichten überlagert, ist, mit $b_B$ als der kleineren Bauwerksseitenlänge, die Ungleichung

$$z_a \geq 1{,}5 \cdot b_B \qquad \text{Gl. 4-2}$$

anzuwenden.

### Dämme und Einschnitte (Erdbauwerke)

Anzusetzen ist der jeweils größere $z_a$-Wert (Bild 4-4), der sich aus Gl. 4-3 bzw. Gl. 4-4 ergibt.

a) Dämme ($h$ = Dammhöhe)

$$0{,}8 \cdot h < z_a < 1{,}2 \cdot h$$
$$z_a \geq 6\,\text{m} \qquad \text{Gl. 4-3}$$

b) Einschnitte ($h$ = Einschnitttiefe)

$$z_a \geq 0{,}4 \cdot h$$
$$z_a \geq 2\,\text{m} \qquad \text{Gl. 4-4}$$

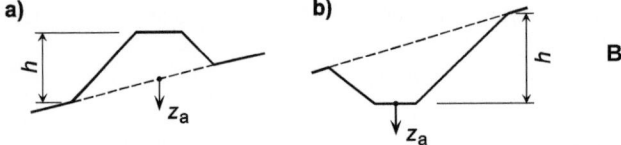

**Bild 4-4** Dämme und Einschnitte
(nach DIN EN 1997-2, B.3)
a) Damm
b) Einschnitt

### Linienbauwerke

Bei Straßen und Flugplätzen (Bild 4-5 a) gilt als $z_a$-Wert ab der Aushubsohle abwärts

$$z_a \geq 2\,\text{m} \qquad \text{Gl. 4-5}$$

Bei Gräben (z. B. für Rohrleitungen, Bild 4-5 b) ist ab der Aushubsohle abwärts der größere der $z_a$-Werte anzusetzen, die sich aus Gl. 4-6 ergeben.

$$z_a \geq 2\,\text{m}$$
$$z_a \geq 1{,}5 \cdot b_{Ah} \qquad \text{Gl. 4-6}$$

$b_{Ah}$ = Aushubbreite des Grabens

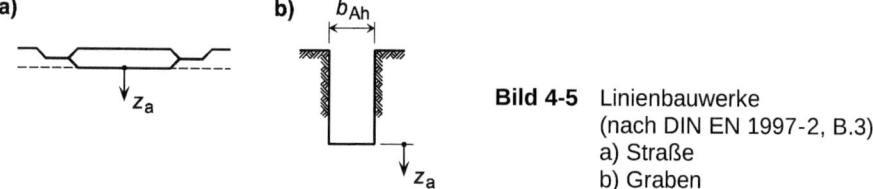

**Bild 4-5** Linienbauwerke
(nach DIN EN 1997-2, B.3)
a) Straße
b) Graben

Gemäß DIN EN 1997-2, B.3 (8) ist in Einzelfällen zu prüfen, ob ggf. die zu Dämmen und Einschnitten gehörenden $z_a$-Werte zu berücksichtigen sind.

## Baugruben

Anzusetzen ist der jeweils größte $z_a$-Wert, der sich aus Gl. 4-7 bzw. Gl. 4-8 ergibt.

a) Grundwasserdruckfläche und -oberfläche liegen unter der Baugrubensohle (Bild 4-6 a)

$$z_a \geq 0{,}4 \cdot h$$
$$z_a \geq (t+2)\,\text{m}$$ 
Gl. 4-7

$h$ = Baugrubentiefe,

$t$ = Einbindetiefe der Umschließung.

b) Grundwasserdruckfläche und -oberfläche liegen über der Baugrubensohle (Bild 4-6 b)

$$z_a \geq (H+2)\,\text{m}$$
$$z_a \geq (t+2)\,\text{m}$$ 
Gl. 4-8

$H$ = Abstand der Grundwasseroberfläche zur Baugrubensohle,

$t$ = Einbindetiefe der Umschließung.

Steht bis zur Tiefe des größeren $z_a$-Werts aus Gl. 4-8 kein Grundwasserhemmer an, gilt

$$z_a \geq (t+5)\,\text{m}$$ 
Gl. 4-9

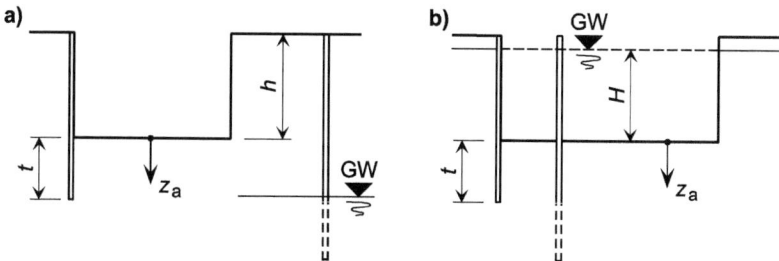

**Bild 4-6** Baugruben (nach DIN EN 1997-2, B.3)
a) Grundwasseroberfläche unterhalb der Baugrubensohle
b) Grundwasseroberfläche oberhalb der Baugrubensohle

## Pfähle

$z_a$-Werte zählen bei Pfählen ab deren unterster Begrenzung. Die nachfolgenden Bestimmungsgleichungen gelten für Einzelpfähle mit dem Pfahlfußdurchmesser $D_F$ (Bild 4-7) sowie für Pfahlgruppen. Bei gruppenweise angeordneten Pfählen ist das Maß $b_g$ zu berücksichtigen; es ist das kleinere Seitenmaß eines Rechtecks, das die Pfahlgruppe in der Fußebene umschließt (Bild 4-7).

Bei Pfahlgruppen gilt

$z_a \geq b_g$  Gl. 4-10

und in allen Fällen (Einzelpfähle wie auch Pfahlgruppen)

$z_a \geq 5\,\mathrm{m}$
$z_a \geq 3{,}0 \cdot D_F$  Gl. 4-11

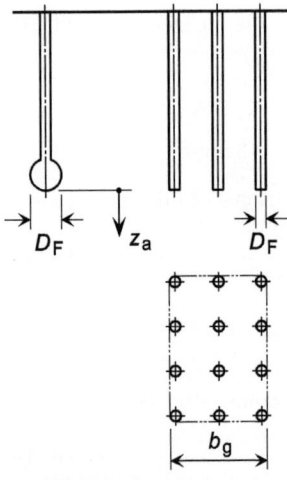

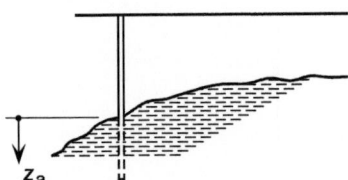

**Bild 4-7**  Pfähle (nach DIN EN 1997-2, B.3)

### Dichtungswände

Ab der Oberfläche des Grundwassernichtleiters, in den die jeweilige Dichtungswand einbindet (Bild 4-8), ist

$z_a \geq 2\,\mathrm{m}$  Gl. 4-12

zu berücksichtigen.

**Bild 4-8**  Dichtungswände (nach DIN EN 1997-2, B.3)

### Tunnel und Kavernen

Bei Tunneln und Kavernen (Bild 4-9) muss der $z_a$-Wert der Bedingung

$b_{Ab} < z_a < 2 \cdot b_{Ab}$  Gl. 4-13

genügen. $b_{Ab}$ steht dabei für die Ausbruchbreite des Hohlraums. Bezüglich des Grundwassereinflusses verlangt DIN EN 1997-2 die Beachtung der Ausführungen zu Baugruben mit über der Baugrubensohle liegendem Grundwasserspiegel.

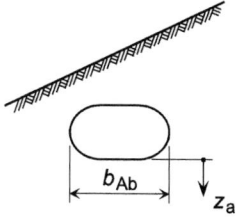

**Bild 4-9** Hohlraumbauten (nach DIN EN 1997-2, B.3)

### Anwendungsbeispiel 1

Aufgrund durchgeführter Baugrundaufschlüsse ist für ein geplantes Gebäude eine Pfahlgründung vorzusehen. Nach ersten Planungen soll eine 0,4 m dicke Sohlplatte, die mit ihrer Oberkante 2,2 m unter der ursprünglichen Geländeoberkante anzuordnen ist, die Bauwerkslasten auf 16 m lange Ortbetonpfähle (gemessen ab Sohlplattenunterkante) übertragen, die im Fußbereich auf einen Durchmesser von $D_F = 1{,}60$ m auszustampfen sind.

Es ist zu prüfen, ob die Aufschlusstiefe von 21,5 m, die bei den Aufschlussarbeiten von der ursprünglichen Geländeoberfläche aus erreicht wurde, nach DIN EN 1997-2, B.3 für die geplante Gründung ausreicht.

### Lösung

Für den beschriebenen Fall wird in DIN EN 1997-2, B.3 verlangt, dass der Baugrund mindestens bis zu einer Tiefe von (Gl. 4-10 und Gl. 4-11)

$$z_a \geq 4\,\mathrm{m} \quad \text{bzw.} \quad z_a \geq 3{,}0 \cdot D_F = 3{,}0 \cdot 1{,}6 = 4{,}8\,\mathrm{m}$$

unterhalb der Pfahlfußenden aufgeschlossen wird. Für die ab der ursprünglichen Geländeoberfläche durchzuführenden Aufschlussarbeiten ergibt sich damit eine Gesamttiefe der Aufschlüsse von mindestens

$$z_A \geq z_a + 16{,}0\,\mathrm{m} + 0{,}4\,\mathrm{m} + 2{,}2\,\mathrm{m} = 4{,}8 + 18{,}6\,\mathrm{m} = 23{,}4\,\mathrm{m} > 21{,}5\,\mathrm{m}$$

Damit ist gezeigt, dass die Arbeiten über eine zu geringe Aufschlusstiefe durchgeführt wurden!

### Anwendungsbeispiel 2

Geplant ist ein Einschnitt, der gemäß Bild 4-10 im Bereich eines unter dem Winkel $\beta = 5°$ geneigten Hangs herzustellen ist. Die Einschnitttiefe in der Mitte der $b = 9{,}0$ m breiten Einschnittsohle beträgt $d = 5$ m.

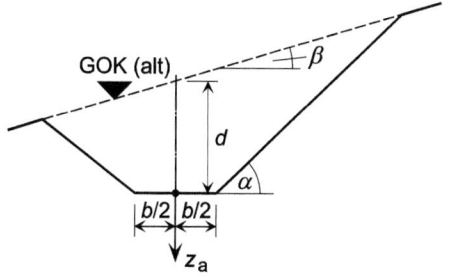

**Bild 4-10** Geplanter Einschnitt im Querschnitt

Zu ermitteln ist die nach DIN EN 1997-2, B.3 mindestens erforderliche Aufschlusstiefe in der

Sohlenmitte des dargestellten Falls (der Neigungswinkel der Einschnittsböschung beträgt α = 30°), wenn die Aufschlussarbeiten noch vor Aushubbeginn durchgeführt werden sollen!

**Lösung**

Nach DIN 4020, 7.4.4 gilt für die Aufschlusstiefe (Gl. 4-4)

$$z_a \geq 0,4 \cdot h \quad \text{bzw.} \quad z_a \geq 2,0 \text{ m}$$

(zur Größe $h$ siehe Bild 4-11).

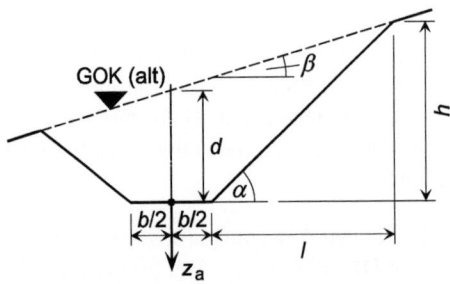

**Bild 4-11** Querschnitt des Einschnitts mit geometrischen Größen $h$ und $l$

Mit den trigonometrischen Beziehungen

$$h = l \cdot \tan\alpha = d + \frac{b}{2} \cdot \tan\beta + l \cdot \tan\beta$$

und

$$l = \frac{h}{\tan\alpha}$$

ergibt sich

$$h \cdot \left(1 - \frac{\tan\beta}{\tan\alpha}\right) = d + \frac{b}{2} \cdot \tan\beta$$

bzw.

$$h \cdot (\tan\alpha - \tan\beta) = \left(d + \frac{b}{2} \cdot \tan\beta\right) \cdot \tan\alpha$$

und daraus der Ausdruck

$$h = \frac{\left(d + \frac{b}{2} \cdot \tan\beta\right) \cdot \tan\alpha}{\tan\alpha - \tan\beta} = \frac{\left(5,0 + \frac{9,0}{2} \cdot \tan 5°\right) \cdot \tan 30°}{\tan 30° - \tan 5°} = 6,36 \text{ m}$$

Die Mindesttiefe $t_a$ der in der Sohlenmitte des vorliegenden Falls durchzuführenden Aufschlüsse ergibt sich ab der alten Geländeoberkante somit zu

$$t_a \geq z_a + d = 0,4 \cdot h + d = 0,4 \cdot 6,36 + 5,0 = 7,54 \text{ m}$$

bzw.

$$t_a \geq z_a + d = 2,0 + d = 2,0 + 5,0 = 7,00 \text{ m}$$

wovon der größere Wert, also 7,54 m, maßgebend ist.

### 4.2.6 Schurf

Der Schurf (Grube oder Graben) ist ein maschinell oder von Hand hergestellter direkter Aufschluss, bei dem der anstehende Boden bzw. Fels unmittelbar betrachtet werden kann (Bild 4-12).

Schürfe ermöglichen es, neben der Bodenzusammensetzung und der Schichtenabfolge z. B. auch die geologische Struktur, die Schichtenausrichtung und ggf. die Felsoberkante zu ermitteln. Die Gegebenheiten können, falls gewünscht, auch fotografisch dokumentiert werden. Die Entnahme von Bodenproben sowie die Durchführung von Feldversuchen sind in der Regel leicht möglich. Bei seiner Herstellung sind die Bestimmungen von DIN 4124 [61] einschließlich zugehöriger Ergänzungen (z. B. aus [238]) zu beachten.

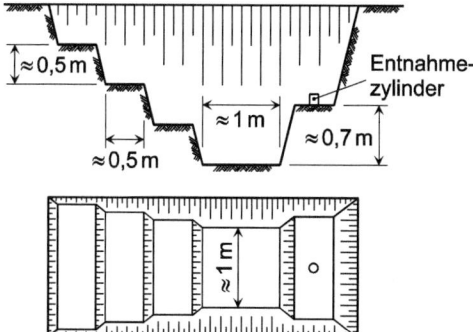

**Bild 4-12**  Beispiel für eine Schürfgrube bei geringer Aufschlusstiefe

Schürfe sind besonders für mäßige Untersuchungstiefen und oberhalb des Grundwassers geeignet (wirtschaftliche Grenztiefen bei 2 bis 3 m, vgl. [199]). Bei größeren Aufschlusstiefen bzw. unterhalb des Grundwassers werden Sicherungsmaßnahmen gegen den Einsturz der Schurfwände bzw. Wasserhaltungen erforderlich. Wegen der damit verbundenen erheblichen Kosten ist das Anlegen von Schürfen in solchen Fällen meistens nicht mehr sinnvoll. Nach Abschluss der Untersuchungen sind die Schürfe wieder ordnungsgemäß zu verfüllen (besonders wichtig bei Schürfen, die unter das geplante Bauwerk reichen). Weitere Ausführungen zu Schürfen sind z. B. in [199] zu finden.

### 4.2.7 Untersuchungsschacht

Der Untersuchungsschacht ist für die Baugrunduntersuchung bei Tiefgründungen (z. B. Kraftwerke, U-Bahn) geeignet. Bei ihm handelt es sich um einen direkten Aufschluss, der lotrecht oder stark geneigt und in der Regel mit einer Tiefe von mehr als 5 m hergestellt wird. Die im Regelfall begehbaren Untersuchungsschächte dienen zur unmittelbaren Einsichtnahme in den Baugrund, zur Entnahme von Proben sowie zur Durchführung von Feldversuchen. Wie bei Schürfen ist es auch bei Untersuchungsschächten möglich, neben der Bodenzusammensetzung und der Schichtenabfolge z. B. auch die geologische Struktur, die Schichtenausrichtung und ggf. die Felsoberkante zu ermitteln. Die Gegebenheiten können, falls gewünscht, auch fotografisch dokumentiert werden.

### 4.2.8 Untersuchungsstollen

Untersuchungsstollen (auch „Untersuchungstunnel") sind zur Untersuchung des Baugrunds für Kavernen, große Tunnel und Staumauern geeignet. Bei den Stollen handelt es sich um direkte Aufschlüsse, die waagerecht oder wenig geneigt hergestellt werden und in der Regel begehbar sind. Sie ermöglichen es, den Baugrund direkt zu betrachten, Materialproben zu entnehmen und Feldversuche durchzuführen. Auch für Untersuchungsstollen gilt, dass sich neben der Bodenzusammensetzung und der Schichtenabfolge z. B. auch die geologische Struktur, die Schichtenausrichtung und ggf. die Felsoberkante ermitteln lässt. Die Gegebenheiten können, falls gewünscht, auch fotografisch dokumentiert werden.

### 4.2.9 Bohrung

Bohrungen sind direkte Aufschlüsse, die mit drehenden, drückenden, rammenden, schlagenden oder kombinierten Bohrwerkzeugen durchgeführt werden können und die Anwendung finden
- zur Entnahme von Boden-, Fels- oder Wasserproben aus erreichbaren Tiefen,
- zur Durchführung von Untersuchungen im Bohrloch,
- als Grundwassermessstellen (im entsprechend ausgebauten Zustand).

Die für die Ausführung von Bohrungen erforderlichen Geräte gehören in die Kategorien
- Bohrgerüst,
- Bohrrohre,
- Bohrgestänge,
- Bohrwerkzeuge,
- Fanggeräte.

Eine mit dem Bohrfortschritt einhergehende fortlaufende Verrohrung (Rohrinnendurchmesser > Bohrwerkzeugdurchmesser!) verhindert das vollständige bzw. teilweise Zusammenfallen des Bohrlochs bzw. das Nachfallen von Bodenmaterial aus der Bohrlochwandung. Dies gilt insbesondere beim Bohren im Grundwasser.

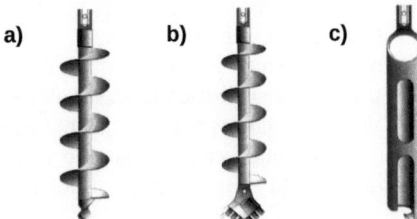

**Bild 4-13** Bohrwerkzeuge (aus Prospekt der Fa. *Nordmeyer* [F 7])
a) Schnecke
b) Schnecke mit Fingerbohrkrone
c) Schappe

In Bild 4-13 sind als Beispiele für Bohrwerkzeuge zwei Schneckenbohrer und eine Bohrschappe zu sehen. Bild 4-14 zeigt als Fanggeräte eine Federfangbüchse und eine Zahngabel, mit denen, wie in Bild angedeutet, verlorenes Bohrgerät wieder geborgen werden kann.

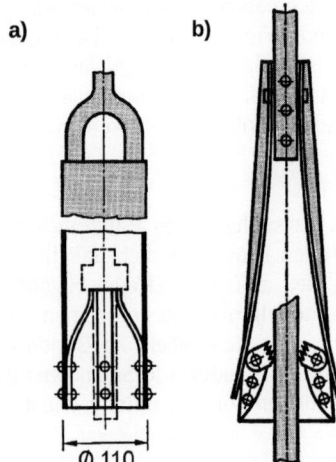

**Bild 4-14** Fanggeräte (nach [250])
a) Federfangbüchse
b) Zahngabel

## Einteilung von Bohrverfahren in Böden

In [40] werden Bohrverfahren, auf die auch DIN EN ISO 22475-1 eingeht, eingeteilt in
- Bohrverfahren mit durchgehender Gewinnung gekernter Bodenproben (z. B. Rotationskernbohrung, Rammkernbohrung, Rammrotationskernbohrung),
- Bohrverfahren mit durchgehender Gewinnung nicht gekernter Bodenproben (z. B. Schlagbohrung mit Schlagschappe an Seil, Greiferbohrung),
- Bohrverfahren mit Gewinnung unvollständiger Bodenproben (z. B. Schlagbohrung mit Ventilbohrer an Seil, Rotationsspülbohrung).

## Einteilung von Bohrverfahren nach der Art des Lösens des Bodenmaterials

In Abhängigkeit von dem gewählten Bohrverfahren erfolgt das Lösen des Bodenmaterials
- rammend (Eintreiben des Bohrwerkzeugs mit besonderer Schlagvorrichtung),
- drehend (mit Hand oder Maschine, ggf. mit Spülhilfe),
- drehend und rammend,
- vibrierend (bei möglicher langsamer Drehung),
- schlagend (Bohrlochherstellung durch wiederholtes Anheben und Fallenlassen des an einem Seil aufgehängten Bohrwerkzeugs),
- greifend (Bodenentnahme mit einem an einem Seil aufgehängten Bohrlochgreifer),
- drückend (eingedrückt werden Entnahmerohre mit Außendurchmessern zwischen 30 und 80 mm; Kleindruckbohrung, die früher auch „Sondierbohrung" genannt wurde).

Beschreibungen dieser Bohrverfahren sind in DIN EN ISO 22475-1, 6.3 zu finden.

Bild 4-15 verdeutlicht die Art des Lösens des Bodenmaterials bei einer Schlagbohrung unter Wasser (Bohrungen im Grundwasser sind in der Regel im Schutz einer Verrohrung durchzuführen). Geschlagen wird mit einem an einem Seil hängenden Ventilbohrer, der hauptsächlich in Sanden und Kiesen zum Einsatz kommt. Zu sehen ist das „Pumpen", bei dem das Anheben des Bohrwerkzeugs eine Sogwirkung erzeugt, die den Boden in das Bohrrohr eintreibt. Beim folgenden Fallenlassen des Ventilbohrers dringt das gelöste Bodenmaterial durch die Ventilklappe in den nach oben offenen Zylinder, der sich durch die Wiederholung dieses Vorgangs zunehmend füllt.

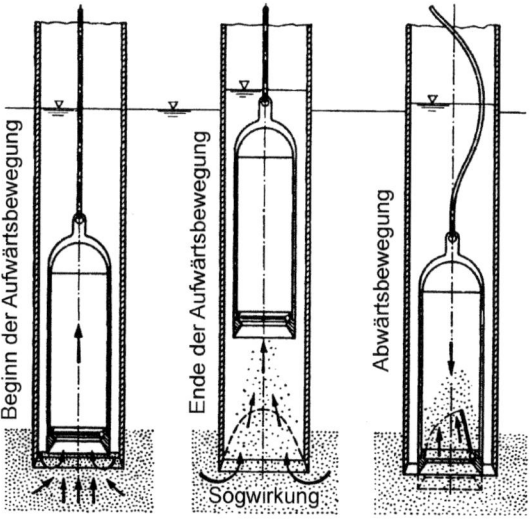

**Bild 4-15** Das „Pumpen" bei der Schlagbohrung mit dem Ventilbohrer (nach [244])

Weitere Beispiele für Bohrverfahren sind in Tabelle 4-5 zusammengestellt. Zu darüber hinausgehenden Ausführungen sei z. B. auf [3] und [205] verwiesen.

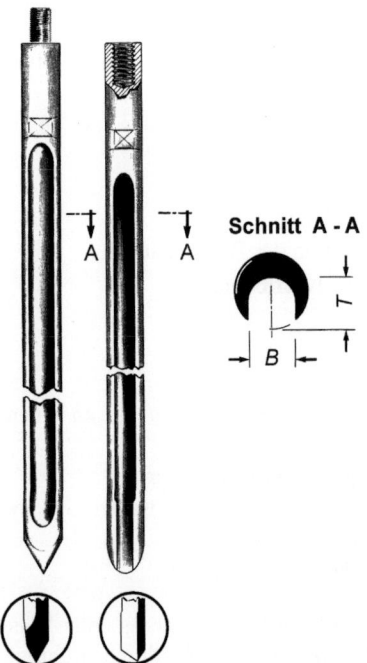

| Ø mm | Nut $B \times T$ mm | Baulänge m | Masse kg |
|---|---|---|---|
| 22 | 15 × 11 | 1,00 2,00 | 2,0 4,0 |
| 25 | 15 × 14 | 1,00 2,00 | 3,0 6,5 |
| 32 | 20 × 18 | 1,00 2,00 | 5,0 10,0 |
| 36 | 20 × 18 | 1,00 2,00 | 6,5 13,5 |

**Bild 4-16**  Nutstangen für Kleinstdruckbohrungen (nach Prospekt der Fa. *Nordmeyer* [F 7])

Nutstangen (auch „Schlitzsonden" genannt), wie sie bei „Kleinstbohrungen" verwendet werden können, zeigt Bild 4-16. Wegen der geringen Querschnittsfläche der Nut eignen sich diese Geräte nur zum Einsatz in feinkörnigen Böden und in Feinsand. Die dabei entnehmbaren Probemengen sind gering und mehr oder weniger gestört (siehe Tabelle 4-5 und Tabelle 4-3).

### 4.2.10 Verfahren zur Probenentnahme im Boden

Die Verfahren zur Gewinnung von Bodenproben lassen sich nach DIN EN ISO 22475-1 gliedern in Verfahren zur

– durchgehenden Gewinnung von Proben mit Bohrverfahren,
– Probenentnahme mit Hilfe von Entnahmegeräten,
– Entnahme von Blockproben (zu Einzelheiten siehe DIN EN ISO 22475-1, 6.5).

Alle beim Aufschließen entnommenen Bodenproben dienen der Ermittlung von Eigenschaften bzw. Kenngrößen des Bodenmaterials, wie sie z. B. in Tabelle 4-3 aufgeführt sind. Bei der Probenentnahme sind die Ziele der vorgesehenen Bodenuntersuchungen im Zusammenhang mit der damit verbundenen erforderlichen Güteklasse der Probe zu beachten. Die Mindestmenge des zu entnehmenden Probenmaterials ist abhängig vom Verwendungszweck der Proben und der Beschaffenheit des Bodenmaterials (bei gröberem Material sind größere Probemengen erforderlich).

DIN EN ISO 22475-1 gibt Kategorien A, B und C von Probenentnahmeverfahren an, die sich auf die höchste erreichbare Güteklasse von Bodenproben für Laborversuche beziehen (Tabelle 4-3).

**Tabelle 4-3** Güteklassen von Bodenproben für Laborversuche und zu verwendende Kategorien der Probenentnahme (nach DIN EN 1997-2, Tabelle 3.1 und DIN EN ISO 22475-1)

| Bodeneigenschaften/Güteklasse | 1 | 2 | 3 | 4 | 5 |
|---|---|---|---|---|---|
| Eigenschaften, die unverändert sind: | | | | | |
| Korngrößenverteilung | • | • | • | • | |
| Wassergehalt | • | • | • | | |
| Dichte, Lagerungsdichte, Durchlässigkeit | • | • | | | |
| Zusammendrückbarkeit, Scherfestigkeit | • | | | | |
| Eigenschaften, die bestimmt werden können: | | | | | |
| Schichtenfolge | • | • | • | • | • |
| Schichtgrenzen (grobe Unterteilung) | • | • | • | • | |
| Schichtgrenzen (feine Unterteilung) | • | • | | | |
| Konsistenzgrenzen, Korndichte, organische Bestandteile | • | • | • | • | |
| Wassergehalt | • | • | • | | |
| Dichte, Lagerungsdichte, Porosität, Durchlässigkeit | • | • | | | |
| Zusammendrückbarkeit, Scherfestigkeit | • | | | | |
| Kategorien der Probenentnahmeverfahren | A | A | B | B | C |

Generell ist die Güteklassentabelle so konzipiert, dass sie z. B. als Hilfe zur Einstufung der Leistungsfähigkeit von Bohrverfahren und Entnahmegeräten herangezogen werden kann. Eine Überprüfung der Güteklassen selbst ist kaum möglich (vgl. hierzu [199]).

Aus Tabelle 4-3 geht u. a. hervor, dass Proben der Güteklassen 1 und 2 nur mit Probenentnahmegeräten der Kategorie A gewonnen werden können. Die Probenstruktur darf dabei durch den Entnahmevorgang und die weitere Behandlung nicht oder allenfalls leicht gestört werden; u. a. entsprechen Wassergehalt und Porenvolumen des Probenmaterials dem Zustand des Bodens in situ. Beim Einsatz von Entnahmeverfahren der Kategorie C wird die Bodenstruktur völlig verändert. Die mit Entnahmeverfahren dieser Kategorie gewonnenen Bodenproben gehören zur Güteklasse 5, bei der auch die Kornzusammensetzung verändert ist.

**Tabelle 4-4** Entnahme von Bodenproben mittels Entnahmegeräten (nach DIN EN ISO 22475-1, Tabelle 3)

| Art des Entnahmegeräts [a,b] | Bevorzugte Probenmaße | | Art des Einbringens | Eignung des Entnahmeverfahrens | | Entnahmekategorie [a] | Erreichbare Güteklasse [a] |
|---|---|---|---|---|---|---|---|
| | Durchmesser in mm | Länge in mm | | ungeeignet für | einsetzbar für | | |
| dünnwandig (OS-T/W) | 70 bis 120 | 250 bis 1 000 | rammend oder drückend | Kies, Sand im GW, feste bindige Böden, Böden mit groben Einschlüssen | bindige und organische Böden mit weicher und steifer Konsistenz | A | 1 |
| dickwandig (OS-TK/W) | > 100 | 250 bis 1 000 | rammend | Kies, Sand unter GW, breiige und feste bindige und organische Böden, Böden mit groben Einschlüssen | (mittel)dichter Sand im GW | B (A) | 3 (2) |
| | | | | | bindige oder organische Böden mit halbfester Konsistenz | A | 2 (1) |
| dünnwandig (PS-T/W) | 50 bis 100 | 600 bis 800 | drückend | Kies, sehr lockere und dichte Sande, halbfeste und feste bindige und organische Böden, Böden mit Grobkorn | bindige und organische Böden mit halbfester bis fester Konsistenz, auch mit Grobkorn | B (A) | 3 (2) |
| | | | | | bindige und organische Böden mit breiiger oder steifer Konsistenz; auch sensitive Böden | A | 1 |
| | | | | | Sand über GW | B | 3 |
| dickwandig (PS-TK/W) | 50 bis 100 | 600 bis 1 000 | drückend | Kies, Sand im GW, breiige und feste bindige und organische Böden, Böden mit groben Einschlüssen | bindige und organische Böden mit weicher bis steifer Konsistenz; auch sensitive Böden | B (A) | 2 (1) |
| Zylinder (LS) | 250 | 350 | drückend, drehend | Sand | Schluff, Ton | A | 1 |
| Zylinder (S-TSPT) | 35 | 450 | rammend | Grobkies, Blöcke | Sand, Schluff, Ton | B | 4 |
| Fenster | 44 bis 98 | 1500 oder 3 000 | rammend oder drückend | Sand, Kies | Schluff, Ton | C | 5 |

[a] Die in Klammern gesetzten Angaben bedeuten, dass die jeweiligen Entnahmekategorien und Güteklassen nur bei besonders günstigen Bodenbedingungen, die in solchen Fällen erläutert werden müssen, erreicht werden können

[b] OS-T/W   offenes Entnahmegerät, dünnwandig       PS-TK/W   Kolbenentnahmegerät, dünnwandig
  OS-TK/W  offenes Entnahmegerät, dickwandig        LS        Großproben-Entnahmegerät
  PS-T/W   Kolbenentnahmegerät, dünnwandig          S-SPT     SPT-Entnahmegerät (für den Standard Penetration Test)

**Tabelle 4-5** Beispiele für Bohrverfahren zur durchgehenden Gewinnung von Bodenproben (nach DIN EN ISO 22475-1, Tabelle 2)

| Bohrverfahren | | | Gerät | | Eignung des Bohrverfahrens[a] | | | |
|---|---|---|---|---|---|---|---|---|
| Lösen des Bodens[a] | Bezeichnung des Verfahrens | | Werkzeug | Bohraußen-durchmesser in mm | ungeeignet für[d] | bevorzugt einsetzbar für[d] | erreichbare Entnahme-kategorien | erreichbare Güteklasse |
| drehend | Rotations-trockenkern-bohrung[b] | | Einfachkernrohr | 100 bis 200 | Grobkies, Steine, Blöcke | Ton, Schluff, Feinsand | B (A) | 4 (2 – 3) |
| | | | Hohlbohrschnecke | 100 bis 300 | | Ton, Schluff, Sand, organische Böden | B (A) | 3 (1 – 2) |
| | Rotations-kernbohrung | | Einfachkernrohr | 100 bis 200 | nichtbindige Böden | Ton, tonige, auch verkittete gemischtkörnige Böden, Blöcke | B (A) | 4 (2 – 3) |
| | | | Doppelkernrohr[c] | | | | B (A) | 3 (1 – 2) |
| | | | Dreifachkernrohr[c] | | | | A | 1 |
| | Rotations-spülbohrung | | Gestänge mit Hohlmeißel | 150 bis 1 300 | — | alle Böden | C (B) | 5 (4) |
| | Handdreh-bohrung | | Schappe, Spirale, Schnecke | 40 bis 80 | Grobkies mit Korn-Ø > $D_e$/3, dicht gelagerte Böden und im GW nichtbindige Böden | über GW Ton bis Mittelkies, im GW bindige Böden | C[f] | 5 |
| rammend | Rammkern-bohrung | | Rammkernrohr mit Schnittkante innen; auch mit Hülse oder Schnecke | 80 bis 200 | Böden mit Korn-Ø > $D_e$/3, feingeschichtete Böden, z. B. Warven | Ton, Schluff und Böden mit Korn-Ø ≤ $D_e$/3 | bindige Böden: A | 2 (1) |
| | | | | | | | nichtbindige Böden: B (A) | 3 (2) |
| | Rammbohrung | | Rammkernrohr mit Schnittkante außen | 150 bis 300 | Böden mit Korn-Ø > $D_e$/3 | Kies und Böden mit Korn-Ø ≤ $D_e$/3 | B | 4 |
| | Kleinramm-bohrung | | Rammgestänge mit Entnahmerohr | 30 bis 80 | Böden mit Korn-Ø > $D_e$/2 | Böden mit Korn-Ø ≤ $D_e$/5 | C[f] | 5 |
| schlagend | Schlagbohrung | | Seil mit Schlagschappe | 150 bis 500 | über GW Kies, im GW Schluff, Sand und Kies | über GW Ton und Schluff, im GW Ton | C (B) | 4 (3) |
| | Schlagbohrung | | Seil mit Ventilbohrer | 100 bis 1 000 | über GW | Kies und Sand im GW | C (B) | 5 (4) |
| drückend | Kleindruck-bohrung | | Druckgestänge mit Entnahmerohr | 30 bis 80 | feste und grobkörnige Böden | Ton, Schluff, Feinsand | C[f] | 5 |
| greifend | Greiferbohrung | | Seil mit Bohrlochgreifer | 400 bis 1 500 | feste, bindige Böden, Blöcke > $D_e$/2 | Kies, Blöcke < $D_e$/2, Steine | über GW: B | 4 |
| | | | | | | | im GW: C | 5 |

[a] Beim „Rammen" wird das Bohrwerkzeug mit einer besonderen Schlagvorrichtung eingetrieben. Beim „Schlagen" wird das Bohrwerkzeug selbst durch wiederholtes Anheben und Fallenlassen zum Eintreiben benutzt.
[b] Rotationstrockenkernbohrungen werden in der Regel eingesetzt, wenn die Beobachtung des GW-Spiegels das wichtigste Erkundungsziel ist.
[c] Übliches Kernrohr oder Seilkernrohr.
[d] $D_e$ ist der Innendurchmesser des Bohrwerkzeugs.
[e] Die in Klammern gesetzten Angaben bedeuten, dass die jeweiligen Entnahmekategorien und Güteklassen nur bei besonderen Bodenbedingungen, die in solchen Fällen zu erläutern sind, erreicht werden können (vgl. auch Tabelle 4-3).
[f] Kategorie B ist in manchen leicht bindigen Böden möglich.

Welche Verfahren und Geräte bei der Probenentnahme zum Einsatz kommen (Tabelle 4-5 und Tabelle 4-4), ist von der Art des direkten Aufschlusses (Schurf, Stollen, Schacht, Bohrloch), den geologischen und hydrogeologischen Gegebenheiten des vor Ort anstehenden Bodens sowie der zu fordernden Entnahmekategorie und Probengüteklasse (Tabelle 4-3) abhängig.

Noch darauf hinzuweisen ist, dass von allen direkten Aufschlussverfahren in der Regel die durchgehende Gewinnung von Proben mit Bohrverfahren, die zur Kategorie A (Tabelle 4-5) zählen, die besten Erkenntnisse über die Bodengegebenheiten liefert. Deshalb stellt diese Probengewinnung das direkte Aufschlussverfahren dar, das in heterogenen Böden bevorzugt eingesetzt wird.

### 4.2.11 Probenentnahme mit Entnahmegeräten aus Schürfen und Bohrlöchern

Bei allen direkten Aufschlussverfahren ist die Entnahme von Bodenproben mit entsprechenden Entnahmegeräten möglich.

**Entnahme von Proben aus Schürfen gemäß DIN EN ISO 22475-1**

Nach DIN EN ISO 22475-1, 6.5.1.4 dürfen Proben aus der Sohle, der Abtreppung oder der Wand eines Schurfs entnommen werden (siehe Bild 4-12). Für Böden mit einem Größtkorn bis 5 mm (größter Korndurchmesser von Feinkies ist 6,3 mm) darf als Entnahmegerät der in Bild 4-17 gezeigte Entnahmezylinder verwendet werden. In dem Bild sind auch die Versuchsanordnung und der Vorgang bei der Probenentnahme dargestellt. In [40] werden solche Proben als „Sonderproben" bezeichnet.

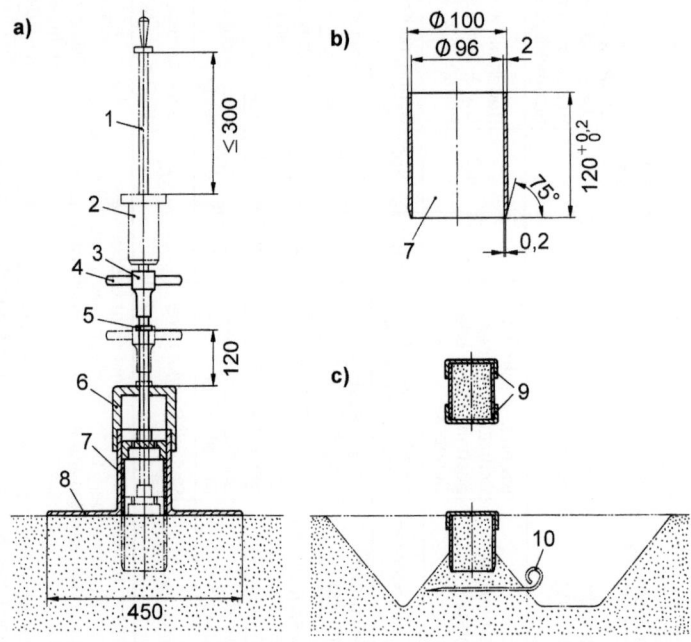

**Bild 4-17** Entnahme von Proben aus Schürfen, Beispiel (nach DIN EN ISO 22475-1, C.14)
a) Versuchsanordnung, b) Entnahmezylinder, c) Probenentnahmevorgang

**Entnahme von Proben aus Bohrlöchern**

Die rechtzeitige Festlegung der bei Bohrungen zu entnehmenden Proben hinsichtlich Schichten und Art des Entnahmegeräts obliegt gemäß DIN 4020, 5 dem vom Bauherrn einzuschaltenden Sachverständigen für Geotechnik. Im Regelfall ist insbesondere die Entnahme aus jeder bindigen oder organischen Schicht zu empfehlen.

In Abhängigkeit von der jeweils angetroffenen Bodenart kommen für die Probenentnahme vorwiegend das offene Entnahmegerät mit Ventil und das Kolbenentnahmegerät zum Einsatz; beide Gerätetypen gibt es sowohl in dünnwandiger als auch in dickwandiger Ausführung. Nach Säuberung der Bohrlochsohle ist die Probe unterhalb der Verrohrung zu entnehmen. Hierzu wird das Entnahmegerät mindestens 20 cm in den ungestörten Boden eingebracht, wobei Kolbenentnahmegeräte in den Boden eingedrückt werden während das Einbringen offener Entnahmegeräte mit Ventil in der Regel durch Rammung erfolgt. Danach wird das Probenmaterial durch Drehen des Geräts vom übrigen Boden abgeschert bzw. durch Ziehen des Geräts abgerissen. Die Qualität der so gewonnenen Bodenproben schwankt gemäß Tabelle 4-4 zwischen den Güteklassen 1 und 3. Neben den offenen Entnahmegeräten und den Kolbenentnahmegeräten stehen nach DIN EN ISO 22475-1 zur Probenentnahme noch das SPT-Entnahmegerät (für den Standard Penetration Test), das Großprobenentnahmegerät und das Schlitzentnahmegerät zur Verfügung (Näheres vgl. DIN EN ISO 22475-1, 6.4, DIN EN ISO 22476-3, 4.2 und Tabelle 4-4).

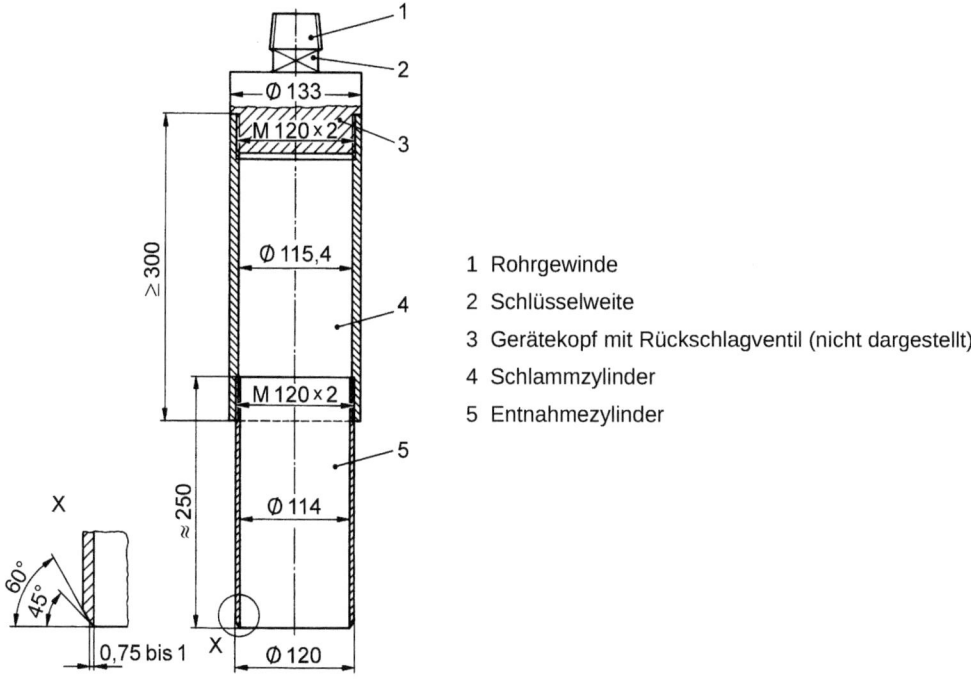

1  Rohrgewinde
2  Schlüsselweite
3  Gerätekopf mit Rückschlagventil (nicht dargestellt)
4  Schlammzylinder
5  Entnahmezylinder

**Bild 4-18**  Dünnwandiges offenes Entnahmegerät für Proben aus Bohrlöchern; Maße in mm (nach DIN EN ISO 22475-1, C.14)

Das in Bild 4-18 gezeigte dünnwandige offene Entnahmegerät mit Ventil ist für den Einsatz in weichen bis halbfesten bindigen und organischen Böden geeignet. Das im Gerätekopf befindliche Ventil ermöglicht einerseits das Ausströmen von Luft und/oder Grundwasser beim Einrammen (offenes Ventil) und verhindert andererseits das Herausgleiten der Probe aus dem Stutzen durch den beim Ziehen des Entnahmegeräts entstehenden Unterdruck (geschlossenes Ventil).

Ungeeignet sind die Geräte insbesondere für die Probenentnahme in Kies- und Sandschichten unter Wasser und in Böden mit groben Einschlüssen, da die Proben aus solchen Böden im Regelfall so starke Störungen aufweisen, dass der erhebliche Aufwand der Probenentnahme nicht mehr gerechtfertigt ist.

**Abdichtung und Sicherung von Proben der Kategorie A gemäß DIN EN ISO 22475-1**

Grundsätzlich gilt, dass die nach der Probenentnahme aus dem Entnahmewerkzeug vorhandenen Eigenschaften der Bodenproben bei ihrem Transport und ihrer Lagerung erhalten bleiben müssen. Bodenproben der Entnahmekategorie A sind in den Linern oder Probenbehältern zu konservieren.

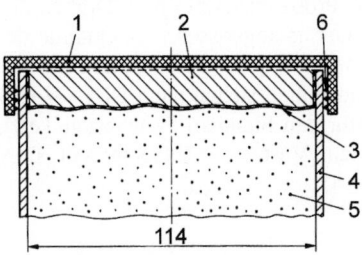

1 Kunststoff- oder Gummikappe
2 Auffüllung mit Boden
3 Kunststofffolie
4 Entnahmezylinder
5 Probe
6 Dreifaches Dichtungsprofil

a) Kunststoff- oder Gummikappe

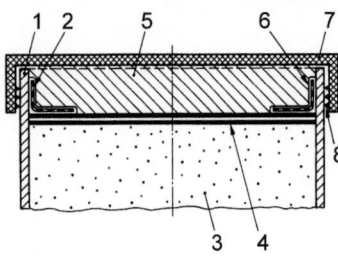

1 Entnahmezylinder
2 Klebeband
3 Probe
4 Zwei Lagen flüssiges Wachs
5 Auffüllung mit Boden
6 Randverguss mit Wachs
7 Kunststoff- oder Gummikappe
8 Dreifaches Dichtungsprofil

b) Randverguss mit Wachs

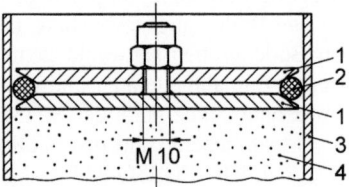

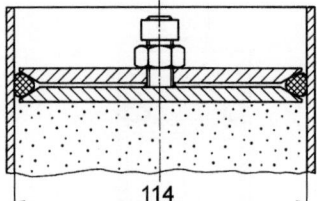

1 Metallplatte
2 Gummiring
3 Entnahmezylinder
4 Probe

c) mechanischer Packer
   oben: vor dem Schließen
   unten: nach dem Schließen

**Bild 4-19** Abdichtung und Sicherung von Bodenproben (nach DIN EN ISO 22475-1, 11.5)

Einer mit einem Entnahmezylinder entnommenen Probe sind unmittelbar nach der Probenentnahme der Kategorie A an ihren Endflächen vorhandene Teile, die gestört oder aufgeweicht sind, zu entfernen. Danach ist die Probe sofort gegen Austrocknen und ein Auflockern oder Rutschen im Entnahmezylinder zu schützen; Bild 4-19 zeigt eine Auswahl entsprechender Maßnahmen.

Für den Transport sind die versiegelten Proben so zu verpacken, dass sie gegen Erschütterungen und Stöße sowie vor extremen Temperaturen hinreichend geschützt sind.

### 4.2.12 Darstellung von Aufschlussergebnissen

Zur Gewährleistung einer einheitlichen Darstellung der Ergebnisse von direkten Aufschlüssen werden in DIN 4023 Kennzeichnungen für die wichtigsten Boden- und Felsarten angegeben (siehe Abschnitt 1.5, Tabelle 1-9 und Tabelle 1-10). Hinzu kommen weitere Zeichen, mit denen sich u. a. auch der vorgefundene Grundwasserstand darstellen lässt (Tabelle 4-6). Mit Hilfe dieser Darstellungselemente lassen sich die bei natürlichen oder künstlichen Aufschlüssen gewonnenen Boden- und Wasserverhältnisse zeichnerisch wiedergeben.

In Bild 4-20 sind zwei Darstellungsbeispiele von Bohrprofilen gezeigt. Das Aufschlussergebnis des links zu sehenden Beispiels gehört zu Lockergestein und das des rechts dargestellten Beispiels zu Fels. Zur Erläuterung weiterer Einzelheiten können Tabelle 1-9, Tabelle 1-10 und Tabelle 4-6 herangezogen werden.

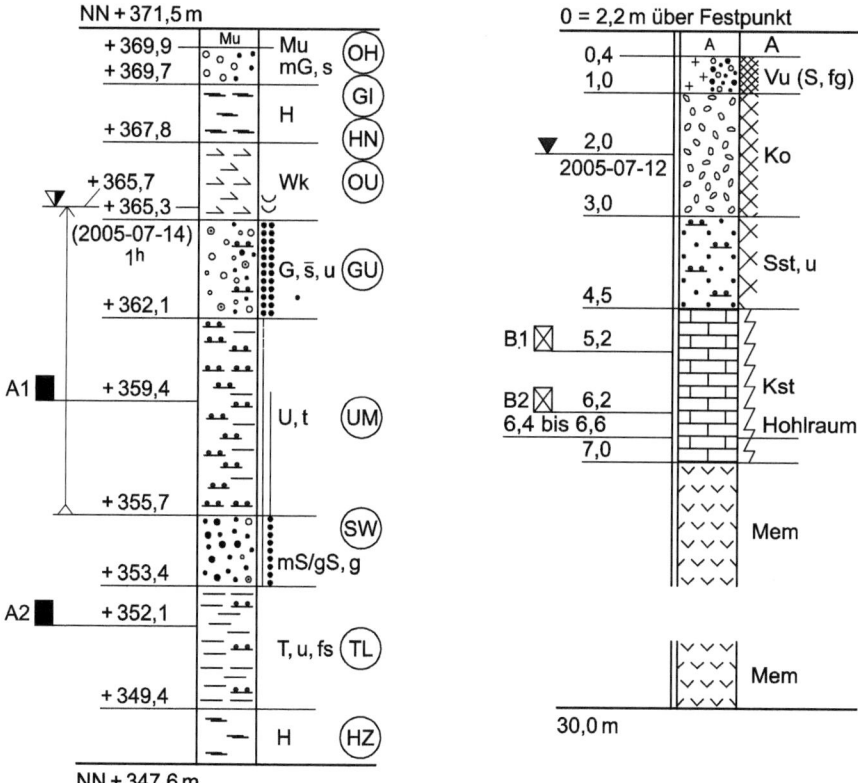

**Bild 4-20** Beispiele für die Darstellung von Bohrprofilen (nach DIN 4023)
 links: Bohrung mit durchgehender Gewinnung nichtgekernter Proben
 rechts: Bohrung mit durchgehender Gewinnung gekernter Proben

**Tabelle 4-6** Zeichen zur Ergänzung der Säulendarstellung von Ergebnissen direkter Aufschlüsse (nach DIN 4023)

| | links der Säule | | rechts der Säule |
|---|---|---|---|
| Zeichen | Bedeutung | Zeichen | Bedeutung |
| A2 ■ NN+352,1 | **Proben** Probe Nr. 2, entnommen mit einem Verfahren der Entnahmekategorie A z. B. aus 19 m Tiefe = NN + 352,1 m | ⌣ | nass (Vernässungszone oberhalb des Grundwassers) |
| B1 ⊠ NN+114,8 | Probe Nr. 1, entnommen mit einem Verfahren der Entnahmekategorie B z. B. aus 5,2 m Tiefe = NN + 114,8 m | ⌇ | klüftig |
| C1 ☐ NN+475,7 | Probe Nr. 1, entnommen mit einem Verfahren der Entnahmekategorie C z. B. aus 15,5 m Tiefe = NN + 475,7 m | ⋛ | **feinkörnige Böden** breiige Konsistenz |
| W8 △ NN+56,9 | Wasserprobe Nr. 8 z. B. aus 11,9 m Tiefe = NN + 56,9 m entnommen | ⌇ | weiche Konsistenz |
| ‖ ‖ | gekernte Strecke | │ | steife Konsistenz |
| ▽ 8,9 (2005-09-20) | **Grundwasser** Grundwasseroberfläche, die beim Aufschluss angetroffen wurde, z. B. am 20.9.2005 in 8,9 m Tiefe unter Gelände angebohrt | │ | halbfeste Konsistenz |
| ▼ 8,9 (2005-09-20) 3ʰ | Grundwasserstand nach Beendigung der Bohrung oder bei Änderung des Wasserspiegels nach seinem Antreffen jeweils in Angaben der Zeitdifferenz in Stunden (z. B. 3 h) nach Einstellen oder Ruhen, z. B. am 20.9.2005 in 8,9 m Tiefe unter Gelände angebohrt | ‖‖ | feste Konsistenz |
| ▼ NN+118,0 2005-05-10 | Ruhewasserstand, z. B. am 10.5.2005 in der Tiefe NN + 118,0 m unter Gelände | ⋮ | **grobkörnige Böden** locker bis sehr locker gelagert |
| ▽ NN+365,7 ↑ (2005-05-10) 10ʰ △ NN+355,7 | Grundwasseranstieg während oder nach den Aufschlussarbeiten, z. B. am 10.5.2005 Grundwasser in 15,8 m Tiefe unter Gelände = NN + 355,7 m angebohrt, Anstieg des Wassers bis 5,8 m Tiefe unter Gelände = NN + 365,7 m nach 10 Stunden | ⋮⋮ | mitteldicht gelagert |
| | | ▮ | dicht gelagert |
| ▽ NN+11,7 ↓ (2003-05-10) | Wasser versickert, z. B. am 10.5.2005 in der Tiefe NN + 11,7 m unter Gelände | ▮▮ | sehr dicht gelagert |
| 135/25 ↘ | **Trennflächengefüge** Fallrichtung und Fallen von Trennflächen, z. B. 25° nach SE: 135/25 | ☐ ⊠ ⊠ ⊠ | **Verwitterungsstufen nach DIN EN ISO 14689-1** frisch (Stufe 0) schwach verwittert (Stufe 1) mäßig bis stark verwittert (Stufen 2 bis 3) vollständig verwittert (Stufe 4) |

**Hinweis:** zu den Kategorien A, B und C der Entnahme vergleiche auch Tabelle 4-4

Bild 4-21 zeigt das Ergebnis einer Schurfaufnahme mit Eintragung der Schichtgrenzenverläufe und der Haupt- und Nebenanteile der in den einzelnen Schichten anstehenden Bodenarten.

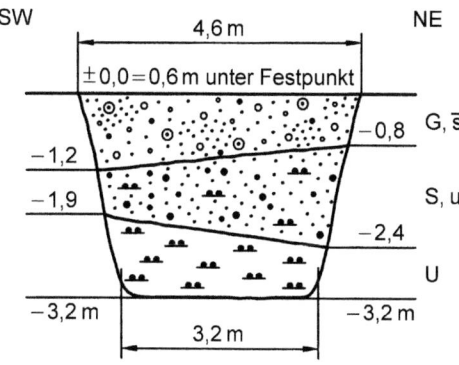

**Bild 4-21** Beispiel einer flächenmäßigen Darstellung, Schurfaufnahme mit Angabe der Schnittrichtung Südwest-Nordost (nach DIN 4023)

Bezüglich der Zeichendarstellung bei zusammengesetzten Böden ist darauf hinzuweisen, dass die Zeichen der Hauptanteile über die gesamte Säulenbreite gleichmäßig zu verteilen sind, die Zeichen des ersten Nebenanteils nur in der rechten Säulenhälfte darzustellen sind und die Zeichen eines zweiten Nebenanteils nur dann einzutragen sind, wenn er ein hervorzuhebendes Merkmal bietet. Bei grobkörnigen Böden mit zwei Korngrößenbereichen von etwa gleichem Massenanteil sind beide Zeichen gleichmäßig über die Säulenbreite verteilt darzustellen. In Fällen von Schichten mit geringer Mächtigkeit sind Hauptanteilszeichen im linken Säulenteil und Nebenanteilszeichen im rechten Säulenteil einzutragen. Weitere Einzelheiten zur zeichnerischen Darstellung von Aufschlussergebnissen können DIN 4023, 4 und 5 sowie den Tabellen 1 bis 4 dieser DIN entnommen werden.

## 4.3 Sondierungen (indirekte Aufschlussverfahren)

### 4.3.1 Allgemeines

Bei Sondierungen werden Sonden in der Regel lotrecht in den Boden eingerammt bzw. eingedrückt oder, nach Eintrieb in den Boden, um ihre Längsachse gedreht. Ermittelt werden ausschließlich Kenngrößen der dabei auftretenden Widerstände, die der Boden gegen das Eindringen bzw. die Drehung der Sonden entwickelt; eine Entnahme von Bodenproben oder eine Besichtigung des Bodens findet nicht statt. Die gemessenen Widerstände (auch „Sondierwiderstände" genannt) dienen, z. B. in Verbindung mit Bohrergebnissen, zur besseren Bestimmung der Bodeneigenschaften. Dies gilt insbesondere für nichtbindige Böden, da diese in aller Regel nur Probenentnahmen geringerer Qualität erlauben. Darüber hinaus ist es vor allem mit Rammsondierungen möglich, die Lage der Grenzen von Schichten mit stark unterschiedlichen Eindringwiderständen schnell und preisgünstig zu erfassen. Das gilt auch für die Überprüfung des Erfolgs von Verdichtungsmaßnahmen, wenn vor und nach der Maßnahme gemessene Eindringwiderstände verglichen werden.

Als indirekte Aufschlussverfahren des Baugrunds sind Sondierungen grundsätzlich nur in Verbindung mit direkten Aufschlüssen (z. B. Bohrungen) durchzuführen, da die alleinige Kenntnis der Sondierwiderstände keine eindeutigen Angaben zur Bodenart und zu Kenngrößen wie z. B. der Lagerungsdichte erlaubt.

Zu unterscheiden ist zwischen
- Rammsondierungen (mit leichter, mittlerer, schwerer und superschwerer Rammsonde),
- Drucksondierungen (nach [24] ausführbar bei Böden mit Größtkorn bis 4 mm),
- Bohrlochrammsondierungen,
- Flügelscherversuchen und
- Bohrlochaufweitungsversuchen (werden im Folgenden nicht behandelt).

### 4.3.2 DIN-Normen

Bestimmungen zu Sondierungen sind z. B. enthalten in den Normen
- DIN 1054 [20], DIN 4020 [38], DIN 4094-2 [52], DIN 4094-4 [54], DIN EN 1997-1 [100], DIN EN 1997-2 [103], DIN EN 1997-2/NA [104], DIN EN ISO 22476-1 [129], DIN EN ISO 22476-2 [130], DIN EN ISO 22476-3 [131], DIN EN ISO 22476-4 [132], DIN EN ISO 22476-5 [133], DIN EN ISO 22476-7 [134], E DIN EN ISO 22476-9 [135] und DIN EN ISO 22476-12 [136].

### 4.3.3 Rammsondierungen nach DIN EN ISO 22476-2

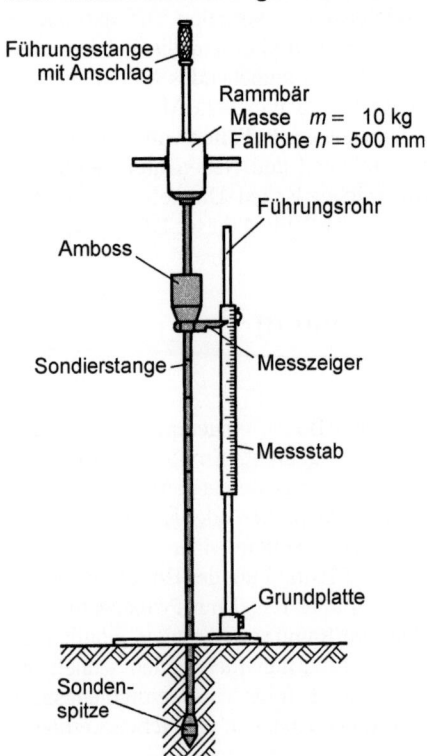

**Bild 4-22**  Leichtes Rammsondiergerät (nach [250])

Bei einer Rammsondierung wird eine Sonde mittels eines Rammbären bei gleich bleibender Fallhöhe in den zu untersuchenden Boden gerammt (Bild 4-22). Gemessen wird die Anzahl der Schläge $N_{10}$ (bei DPL, DPM und DPH) bzw. $N_{10}$ oder $N_{20}$ (bei DPSH-A und DPSH-B), die für eine Eindringtiefe von jeweils 10 bzw. 20 cm erforderlich sind. Die Masse des Rammbären sowie dessen Fallhöhe beim Rammen sind abhängig vom gewählten Rammsondentyp und können, neben

Größen wie z. B. den Spitzenquerschnitten der verschiedenen Sondiergeräte, Tabelle 4-11 und DIN EN ISO 22476-2, Tabelle 1 entnommen werden. Die unterschiedlichen Massen und Fallhöhen der Rammbären führen zu verschieden großen Rammenergien, die mit dem jeweils eingesetzten Sondiergerät erzielt werden.

Die Sondenspitzendurchmesser $D$ der in Tabelle 4-11 aufgeführten Rammsonden DPL, DPM, DPH, DPSH-A und DPSH-B sind durchweg größer als die Durchmesser der anschließenden Gestänge (Bild 4-23). Mit dieser Konstruktionsmaßnahme soll die Entstehung von Mantelreibung im Bereich des Gestänges verhindert werden, die zu Verfälschungen (Erhöhungen) der zu messenden Eindringwiderstände führt. Um u. a. den Einfluss der trotz der Sondierspitzenform auftretenden Mantelreibung auf den Sondierwiderstand wenigstens qualitativ zu erfassen, ist das Sondiergestänge pro Meter Sondiertiefe um mindestens 1½ Umdrehungen bzw. bis zum Erreichen des maximalen Drehmoments zu drehen. Das dabei auftretende maximale Drehmoment ist zu messen (mit einem Drehmomentschlüssel oder einem vergleichbaren Messgerät) und zu protokollieren.

Zur Verminderung der Mantelreibung darf Bohrspülung (z. B. Mischung aus Bentonit und Wasser) oder Wasser durch Löcher gepresst werden, die waagerecht oder aufwärts gerichtet in dem Gestänge (Hohlgestänge) nahe der Sondenspitze angebracht sind (Bild 4-23).

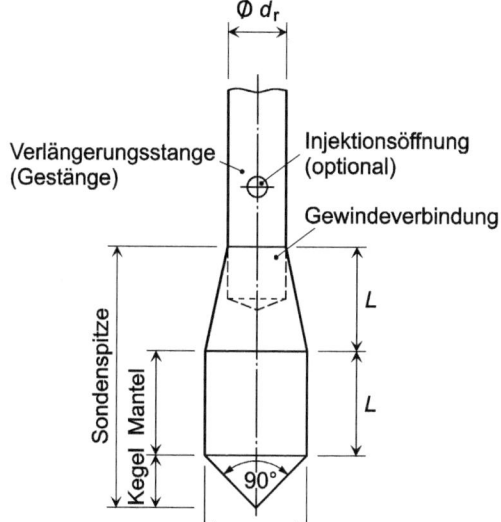

**Bild 4-23** Sondenspitze Typ 1 nach DIN EN ISO 22476-2, Bild 1 (fest mit dem Gestänge verbundene Spitze)

Bei der Aufstellung des Rammsondiergeräts und der Durchführung der Sondierung ist das Sondiergerät in lotrechter Stellung zu halten (max. zulässige Abweichung im Regelfall 2 %). Die Anzahl der Schläge pro Minute sollte zwischen 15 und 30 liegen.

Bezüglich der Auswahlkriterien des geeigneten Sondiergeräts für die Rammsondierungen sei auf Tabelle 4-11 hingewiesen. Ergänzend ist zu bemerken, dass (siehe z. B. [159])
– leichtere Rammsonden empfindlicher auf Festigkeitsänderungen des untersuchten Bodens reagieren als schwerere,
– bei zu untersuchenden grobkörnigen Böden deren Korndurchmesser nicht größer sein sollte als das 0,1-fache des gewählten Sondenspitzendurchmessers; andernfalls kann der Boden, wegen

des dann zu ungünstigen Verhältnisses von Sonden- zu Kornabmessungen, nicht mehr als Kontinuum betrachtet werden.

Vor allem für Untersuchungen in bindigen Böden ist, wegen des Problems der Mantelreibung, u. U. die Drucksondierung (siehe Abschnitt 4.3.4) der Rammsondierung vorzuziehen.

Bei der Durchführung einer Rammsondierung sind die gemessenen $N_{10}$- bzw. $N_{20}$-Werte in ein Messprotokoll einzutragen, dessen grafische Auswertung, in Verbindung mit den zugehörigen Bohrprofilen, an den in Bild 4-24 gezeigten Beispielen veranschaulicht wird.

Bild 4-24 a ist zu entnehmen, dass sich die Eindringwiderstände nicht nur von Schicht zu Schicht ändern, sondern dass sie auch innerhalb der einzelnen Schichten schwanken. Das Sondierergebnis gibt somit auch Auskunft über die mehr oder weniger starke Ungleichmäßigkeit des Bodengefüges in der jeweiligen Schicht.

Bild 4-24 b macht deutlich, dass die alleinige Kenntnis der erforderlichen Schlagzahlen $N_{10}$ nicht ausreicht, um die Tragfähigkeit von Böden zu beurteilen. Der faserige Torf verhält sich beim Eindringen der Sonde „rückfedernd", was in dem Untersuchungsfall zu sehr hohen Schlagzahlen führt, die weit höher liegen als die in Kies und Sand. Der Rückschluss auf sehr tragfähigen Baugrund könnte in einem solchen Fall katastrophale Folgen haben. Erst in Verbindung mit dem Bohrprofil ist eine richtige Einschätzung der Schlagzahl möglich.

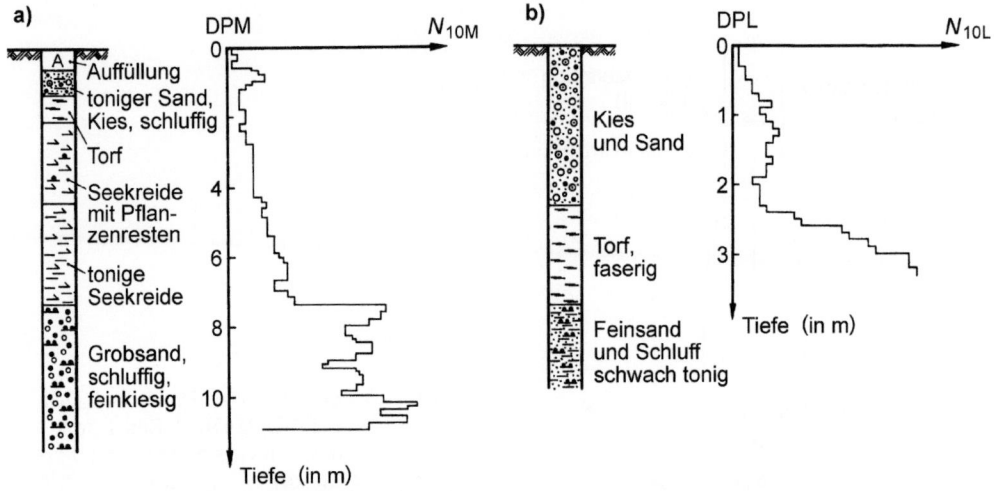

**Bild 4-24** Eindringwiderstände von Rammsonden (nach [53], Bilder D.9 und D.10)
         a) Schwankungen in verschiedenen Böden (mittlere Rammsonde)
         b) Sondierung in faserigem, wenig zersetztem Torf (leichte Rammsonde)

### 4.3.4 Drucksondierungen nach DIN EN ISO 22476-1 und -12

Bei Drucksondierungen (CPT) werden über ein Druckgestänge Sonden mit konstanter Geschwindigkeit (20 mm/s ± 5 mm/s) in den Boden gedrückt. Die dabei aufzubringende statische Kraft ist den über die Sondiertiefe anstehenden Bodengegebenheiten durch entprechende Veränderung ständig anzupassen. Während der Sondierung lassen sich der Gesamtwiderstand, der Spitzendruck und die Mantelreibung getrennt messen. Darüber hinaus kann während dem Eindrücken der Drucksonde bzw. bei deren Stillstand auch der Porenwasserdruck $u$ im Bereich der Sonde (z. B. im unteren Teil der Sondierspitze, vgl. DIN EN ISO 22476-1, Bild 2) gemessen werden (Drucksondierung CPTU).

Drucksondierungen lassen sich in Form
– mechanischer Drucksondierungen (vgl. DIN EN ISO 22476-12),
– elektrischer Drucksondierungen (vgl. DIN EN ISO 22476-1)
durchführen.

Bei mechanischen Drucksondierungen (CPTM) werden die Eindrückkräfte an der Geländeoberfläche entweder mechanisch oder elektrisch gemessen. Das Messprinzip zeigt Bild 4-25; beim Eindrücken der Sondenspitze wird die aufgebrachte Kraft nur in Spitzendruck umgesetzt.

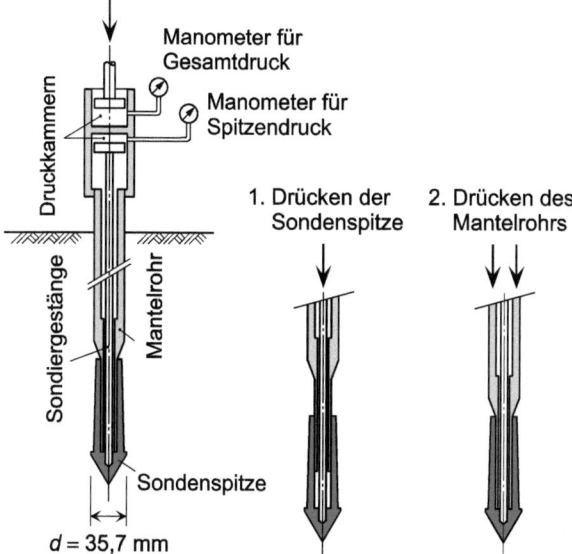

**Bild 4-25** Funktionsprinzip einer Drucksonde mit mechanischer Spitze

Bei elektrischen Drucksondierungen werden die Eindrückkräfte nicht an der Geländeoberfläche, sondern im Drucksondiergerät selbst gemessen und über ein Signalkabel an die Geländeoberfläche übertragen (siehe Bild 4-26). Dabei ist zu unterscheiden zwischen
– Sondierungen (CPT), bei denen Spitzenwiderstand und Mantelreibung gemessen werden,
– Sondierungen (CPTU) mit zusätzlicher Messung des Porenwasserdrucks an einer oder mehreren Stellen an der Sondierspitzenoberfläche.

Die Messungen im Drucksondiergerät können z. B. mittels Druckdosen erfolgen, wie in Bild 4-27 gezeigt. Zu weiteren Möglichkeiten der Messungen siehe DIN EN ISO 22476-1, Bild 1.

Die getrennte Erfassung von Mantelreibung und Spitzenwiderstand ist ein erheblicher Vorteil, den die Drucksonden gegenüber den Rammsonden aufweisen. Dieser Vorteil wird durch Drucksonden gemäß Bild 4-26 und Bild 4-27 noch vergrößert, da ihre Reibungshülse die Messung der Mantelreibung erlaubt, die nur in diesem, nahe der Sondierspitze liegenden Bereich auftritt (lokale Mantelreibung). Ergebnisse, die mit Drucksonden (insbesondere mit Reibungshülsen ausgerüstete Sonden) ermittelt wurden, sind deshalb in der Regel eindeutiger und präziser als die mit Rammsonden gewonnenen. Bild 4-28 zeigt ein Beispiel für eine Drucksondierung mit Messung der örtlichen Mantelreibung.

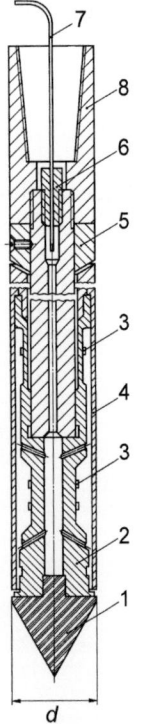

1  Sondierspitze, Querschnitt $A_c = 10$ cm$^2$, Spitzenöffnungswinkel $= 60°$
2  Messkörper
3  Dehnungsmessstreifen
4  Reibungshülse, Mantelfläche $A_s = 150$ cm$^2$
5  Justierring
6  wasserdichte Kabeldurchführung
7  Signalkabel
8  Gestängeverbindung

**Bild 4-26**  Sondenspitze mit elektrischem Messelement CPT-E (nach [55])

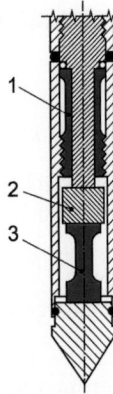

1  Druckdose zur Messung der Mantelreibung
2  Vorrichtung zum Schutz der Druckdose vor Überlastung
3  Druckdose im Kegel

**Bild 4-27**  Druckdosen zur Messung des Spitzenwiderstands und der Mantelreibung unter Druckbeanspruchung (aus DIN EN ISO 22476-1, Bild 1)

Dem genannten Vorteil steht als Nachteil gegenüber, dass bei Drucksonden ggf. erhebliche statische Kräfte auf die Sonde aufgebracht werden müssen. Das bedeutet, dass in aller Regel eine Verankerung, das Aufbringen von Totlasten oder der Einbau in ein hinreichend schweres Fahrzeug erforderlich ist. Dadurch verringert sich, relativ zu den Rammsonden, die Flexibilität des Einsatzes der Drucksonden bzw. erhöhen sich ihre Einsatzkosten.

Bei der Durchführung einer Drucksondierung werden der Spitzenwiderstand $q_c$ und die lokale Mantelreibung $f_s$ in MPa gemessen (1 MPa = 1 MN/m² = 1 N/mm²) und in ein Messprotokoll eingetragen. Ein Beispiel für die grafische Auswertung des Spitzenwiderstands, in Verbindung mit dem zugehörigen Bohrprofil, zeigt Bild 4-29. Anhand des Spitzenwiderstands, der vor und nach einer über 7 m durchgeführten Tiefenverdichtung gemessen wurde, ist die Zunahme der Lagerungsdichte gut zu erkennen. Da das Diagramm die Ergebnisse mehrerer Sondierungen erfasst, ergab sich ein Streubereich, der in der Abbildung schraffiert dargestellt wurde.

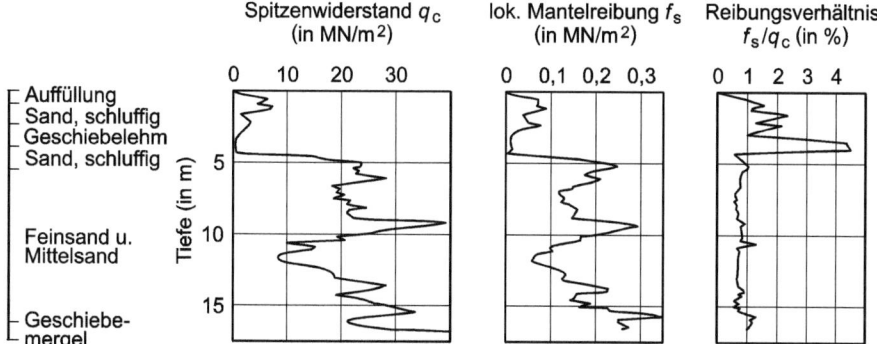

**Bild 4-28** Ergebnisse einer Drucksondierung mit Messung der örtlichen Mantelreibung bei bekanntem Untergrund (nach *Weiß* [170], Kapitel 1.4)

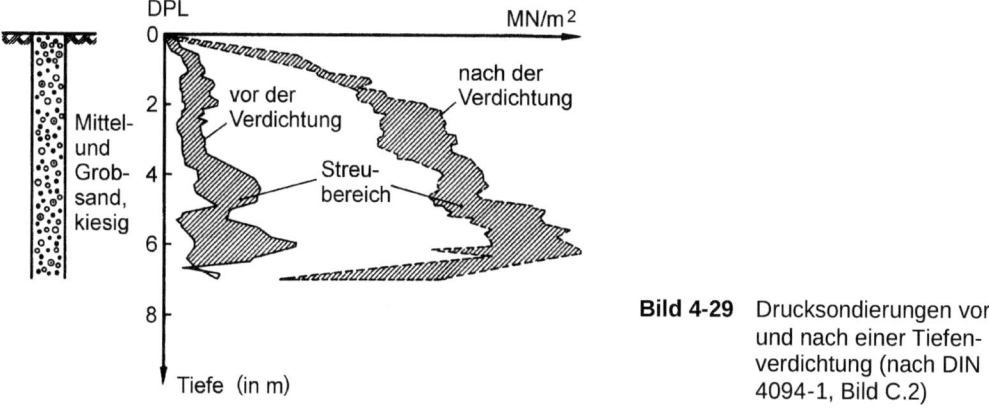

**Bild 4-29** Drucksondierungen vor und nach einer Tiefenverdichtung (nach DIN 4094-1, Bild C.2)

### 4.3.5 Bohrlochrammsondierungen nach DIN 4094-2 und DIN EN ISO 22476-3

Die Durchführung der Bohrlochrammsondierung (BDP) (DIN EN ISO 22476-3: „Standard Penetration Test") erfolgt von der Bohrlochsohle aus, wobei der Bohrlochdurchmesser ≤ 250 mm sein muss. Sind in einem Bohrloch mehrere Sondierungen durchzuführen, wird abwechselnd gebohrt und sondiert. Das Gerät (Bild 4-31) eignet sich, gemessen vom Ansatzpunkt Bohrlochsohle, für Untersuchungstiefen bis zu $e + 0{,}45$ m (Bild 4-30), mit $e$ als Eindringmaß der Sonde unter Eigenlast. Gezählt wird die Anzahl der Schläge, die zum Einrammen der Sonde um jeweils 15 cm erforderlich sind. Die Summe der zum zweiten und dritten 15 cm-Stück gehörenden Schlagzahlen wird mit $N_{30}$ bezeichnet.

Beim Rammen arbeitet der Rammbär (Masse 63,5 kg) mit einer Fallhöhe von 0,76 m, der Querschnitt der dabei in den Boden eingetriebenen Spitze beträgt 20 cm² (vgl. Tabelle 4-11).

Zu den Vorteilen der Bohrlochrammsondierung zählt, dass die Ergebnisse nicht durch Mantelreibung am Sondiergestänge verfälscht werden. Andererseits führt der Einsatz von der Bohrlochsohle aus zu Ungenauigkeiten der Sondierergebnisse, da der Boden in diesem Bereich durch die Bohrarbeiten mehr oder weniger gestört ist. Dies gilt insbesondere dann, wenn Sondierungen in Sand unterhalb des Grundwasserspiegels durchgeführt werden.

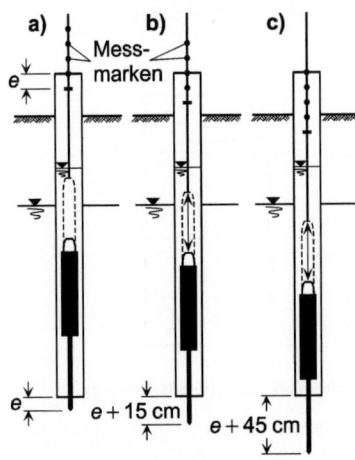

**Bild 4-30** Bohrlochrammsondierung (Durchführung)

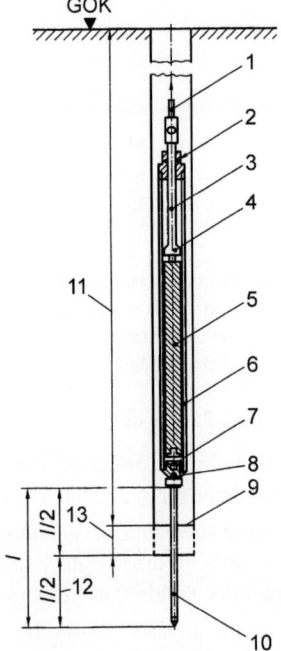

1 Seil
2 Stopfbuchse
3 Hubstange
4 automatische Ausklinkvorrichtung
5 Rammbär
6 Hohlzylinder
7 Amboss
8 Wasserablassschraube
9 Bohrlochsohle
10 Sonde
11 Bohrlochtiefe
12 Untersuchungsbereich
13 Eindringmaß unter Eigengewicht
$l$ Sondenlänge

**Bild 4-31** Bohrlochrammsonde (nach DIN 4094-2, Bild 1)

### 4.3.6 Korrelationen zwischen Sondierergebnissen und Bodenkenngrößen

Neben dem aus Sondierdiagrammen unmittelbar erkennbaren Grad der Gleichmäßigkeit des Baugrunds ist es auch möglich, von Sondierergebnissen auf geotechnische Kenngrößen wie z. B. Lagerungsdichte $D$ (siehe z. B. Abschnitt 5.10.2), Reibungswinkel $\varphi$ (siehe z. B. Abschnitt 5.12.5) und Steifebeiwert $v$ zu schließen. Der letztgenannte Wert ermöglicht, in Verbindung mit dem Steifeexponenten $w$, die Ermittlung des Steifemoduls $E_s$ (siehe z. B. Abschnitt 5.12.5); Näheres hierzu ist z. B. in DIN 4094-1, Anhang D zu finden. Voraussetzung für die Angabe geotechnischer Kenngrößen ist das Vorliegen entsprechender Korrelationen, die, z. B. im Rahmen von Forschungsarbeiten, durch statistisch ausgewertete Vergleichsuntersuchungen gewonnen wurden. Bei vergleichbaren Bodenverhältnissen geben sie dem Anwender die Möglichkeit, die zu „seinen" Sondierergebnissen gehörenden Bodenkenngrößen zu bestimmen.

Aufbauend auf der großen Zahl vorliegender Untersuchungsergebnisse (siehe z. B. [10], [159], [190], [257] und [258]) wurden die Diagramme und Formeln von DIN 4094-1 (Drucksondierungen) sowie DIN EN ISO 22476-2 und [53] (Rammsondierungen) erstellt. Ihre Anwendung
- gilt für Sondiertiefen über 1,0 m (Grenztiefe) und
- setzt voraus, dass die Eigenschaften des sondierten Bodens mit den Eigenschaften der Böden übereinstimmen, mit denen die jeweiligen Untersuchungsergebnisse gewonnen wurden.

Dies verlangt u. a., dass sondierte Bodenarten z. B. durch Bohrungen hinreichend bekannt sind.

In Bezug auf Bohrlochrammsondierergebnisse finden sich entsprechende Diagramme und Formeln in DIN 4094-2. Sie stellen z. B. Beziehungen zwischen den Ergebnissen von Bohrlochrammsondierungen und denen anderer Sonden her und ermöglichen die Ermittlung von Lagerungsdichten und Steifebeiwerten in Abhängigkeit von Bohrlochrammsondierergebnissen.

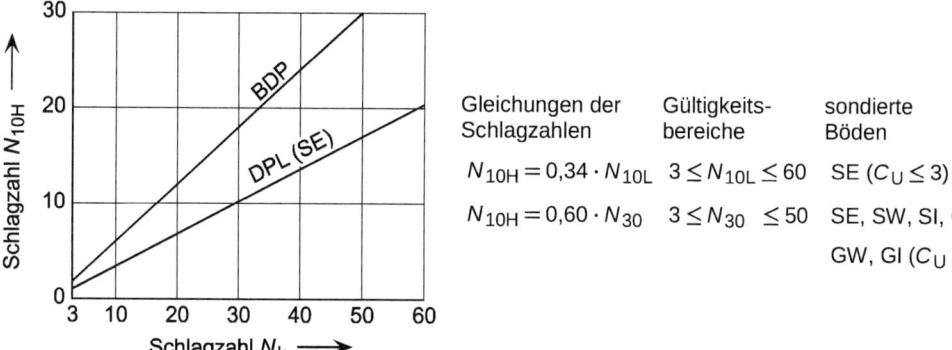

**Bild 4-32** Beziehungen zwischen den Schlagzahlen $N_k = N_{10L}$ der leichten Rammsonden (DPL) bzw. $N_k = N_{30}$ der Bohrlochrammsonde (BDP) und den Schlagzahlen $N_{10H}$ der schweren Rammsonde (DPH) bei unterschiedlichen grobkörnigen Böden über dem Grundwasser (nach DIN 4094-2 und [53])

Neben der Kenntnis der Bodenbeschaffenheit sind entsprechende Korrelationen zwischen den einsetzbaren Sondiergeräten erforderlich, um so eine Verallgemeinerung der Auswertung zu gewährleisten. Bild 4-32 zeigt z. B., wie von den Schlagzahlen $N_{10L}$ der leichten Rammsonde (DPL) bzw. den Schlagzahlen $N_{30}$ der Bohrlochrammsonde auf die der schweren Rammsonde (DPH) umgerechnet werden kann, wenn es sich bei den über dem Grundwasser liegenden Böden im Fall der leichten Rammsonde um enggestufte Sande (SE) mit Ungleichförmigkeitszahlen $C_U \leq 3$ (vgl. Abschnitt 5.2.5) bzw. im Fall der Bohrlochrammsonde um Böden der Gruppen SE, SW, SI, GE, GW und GI mit Ungleichförmigkeitszahlen $C_U \geq 2$ handelt (zu den Gruppen siehe Abschnitt 5.2.7).

Dass auch die Grundwassersituation einen Einfluss auf die Schlagzahlen grobkörniger Böden haben kann, wird anhand von Bild 4-33 deutlich. Es gilt wieder für enggestufte Sande (SE) mit Ungleichförmigkeitszahlen $C_U \leq 3$ und zeigt, wie von den im Grundwasser sich ergebenden Schlagzahlen $N_{k,u}$ verschiedener Sondentypen auf die entsprechenden Schlagzahlen $N_{k,ü}$ umgerechnet werden kann, die sich über Grundwasser ergeben würden.

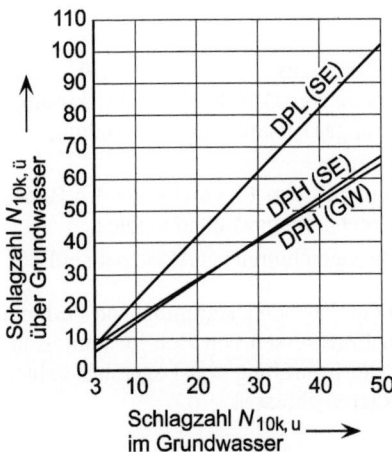

Gleichungen der Schlagzahlen

DPL:   $N_{10L,ü} = 2{,}0 \cdot N_{10L,u} + 2{,}0$   (SE)

DPH:   $N_{10H,ü} = 1{,}3 \cdot N_{10H,u} + 2{,}0$   (SE)

$N_{10H,ü} = 1{,}2 \cdot N_{10H,u} + 4{,}5$   (GW)

Gültigkeitsbereiche

$3 \leq N_{10k,u} \leq 50$

**Bild 4-33** Beziehungen zwischen den Schlagzahlen $N_{10,k}$ (k = L oder H) über und im Grundwasser der Rammsonden DPL (leicht) und DPH (schwer) bei enggestuften Sanden (SE) mit Ungleichförmigkeitszahlen $C_U \leq 3$ und weitgestuften Kies-Sand-Gemischen (GW) mit Ungleichförmigkeitszahlen $C_U \geq 6$ (nach DIN EN ISO 22476-2, Bild D.14)

Das Bild 4-33 zeigt auch, dass unterhalb des Grundwasserspiegels sich ergebende Schlagzahlen kleiner sind als die, die bei nicht vorhandenem Grundwasser erforderlich sind. Außerdem ist zu erkennen, dass der Einfluss des Grundwassers auf die Schlagzahl auch von der Sondenart abhängt. Nach DIN EN ISO 22476-2, D.1.2.2 gilt, dass unter sonst gleichen Bodenverhältnissen die Schlagzahlen im Grundwasserbereich gegenüber den Schlagzahlen oberhalb des Grundwasserspiegels

– niedriger sind, wenn in grobkörnigen Böden sondiert wird (gilt besonders für geringe Eindringwiderstände),
– gleich oder höher sind, wenn die Sondierungen in schluffigen Böden erfolgen.

Nach *Stenzel/Melzer* [256] ist der Grundwassereinfluss auf die Schlagzahlen auch von der Lagerungsdichte abhängig. Mit ihrer zunehmenden Größe nimmt er ab und ist bei sehr hoher Dichte kaum noch bemerkbar.

4.3 Sondierungen (indirekte Aufschlussverfahren)    93

**Tabelle 4-7** Zusammenhänge zwischen Drucksondenspitzenwiderstand $q_c$ und Lagerungsdichte $D$ erdfeuchter, gleichförmiger Sande (nach *Weiß* [170], Kapitel 1.4)

| Spitzenwiderstand $q_c$ in MN/m² | Lagerungsdichte $D$ | Bezeichnung |
|---|---|---|
| $q_c < 2{,}5$ | $D < 0{,}15$ | sehr locker |
| $2{,}5 \leq q_c \leq 7{,}5$ | $0{,}15 \leq D < 0{,}30$ | locker |
| $7{,}5 < q_c \leq 15{,}0$ | $0{,}30 \leq D < 0{,}50$ | mitteldicht |
| $15{,}0 < q_c \leq 25{,}0$ | $0{,}50 \leq D \leq 0{,}65$ | dicht |
| $25{,}0 < q_c$ | $0{,}65 < D$ | sehr dicht |

Als Kenngröße zur Beurteilung nichtbindiger Böden als Baugrund dient u. a. die oben erwähnte Lagerungsdichte $D$ bzw. die bezogene Lagerungsdichte $I_D$ (vgl. z. B. Abschnitt 5.10.2 und Tabelle 5-19 sowie Tabelle 5-22 bis Tabelle 5-24). Da die Entnahme von Bodenproben der Güteklasse 1 oder 2 aus solchen Böden nur begrenzt möglich ist, sind $D$ bzw. $I_D$ durch Versuche in situ zu ermitteln. Für die Ergebnisse von Drucksondierungen in gleichförmigen, erdfeuchten Sanden gibt Tabelle 4-7 Beziehungen zwischen dem Spitzenwiderstand $q_c$ und der Lagerungsdichte der Sande an, die für Sondenspitzen mit 10 cm² Querschnittsfläche und Sondiertiefen von mehr als 1,5 bis 2,5 m gelten. Analoge Angaben finden sich in Tabelle 4-8 für die Beziehungen zwischen Lagerungsdichten und Eindringwiderständen verschiedener Sonden bei aufgespülten Sanden. Die Tabelle zeigt die Beziehungen zwischen den erforderlichen Lagerungsdichten verschiedener Nutzungsarten von Hafenflächen und dem Spitzendruck $q_c$ der Drucksonde bzw. den Eindringwiderständen $N_{10}$ unterschiedlicher Rammsonden.

**Tabelle 4-8** Korrelationen zwischen Lagerungsdichten $D$ und Eindringwiderständen von Sonden bei aufgespülten Sanden (Erfahrungswerte für ungleichförmigen Fein- und gleichförmigen Mittelsand; nach EAU 2012, Tabelle E 175-2)

| Nutzungsart | | Lagerflächen | Verkehrsflächen | Bauwerksflächen |
|---|---|---|---|---|
| Lagerungsdichte $D$ | Feinsand | 0,35 – 0,45 | 0,45 – 0,55 | 0,55 – 0,75 |
| | Mittelsand | 0,20 – 0,35 | 0,25 – 0,45 | 0,45 – 0,65 |
| Drucksonde CPT 15 $q_c$ (in MN/m²) | Feinsand | 2 – 5 | 5 – 10 | 10 – 15 |
| | Mittelsand | 3 – 6 | 6 – 10 | > 15 |
| Schwere Rammsonde DPH $N_{10}$ | Feinsand | 2 – 5 | 5 – 10 | 10 – 15 |
| | Mittelsand | 3 – 6 | 6 – 15 | > 15 |
| Leichte Rammsonde DPL $N_{10}$ | Feinsand | 6 – 15 | 15 – 30 | 30 – 45 |
| | Mittelsand | 9 – 18 | 18 – 45 | > 45 |
| Leichte Rammsonde DPL-5 $N_{10}$ | Feinsand | 4 – 10 | 10 – 20 | 20 – 30 |
| | Mittelsand | 6 – 12 | 12 – 30 | > 30 |

Für die Berechnung von Pfahlgründungen werden in EA-Pfähle [147] u. a. Orientierungswerte für Korrelationen zwischen der Lagerungsdichte und den Sondierwiderständen von Drucksonden (CPT), Bohrlochrammsonden (BDP) und schweren Rammsonden (DPH) angegeben (Tabelle 4-9).

**Tabelle 4-9** Orientierungswerte für Korrelationen zwischen Lagerungsdichte und Sondierwiderständen bei nichtbindigen Böden über dem Grundwasser für die Anwendung bei Pfahlgründungen (nach EA-Pfähle, Tabelle 3.1)

| Lagerungsdichte $D$ | Bezogene Lagerungsdichte $I_D$ | Lagerung | Sondierwiderstand | | |
|---|---|---|---|---|---|
| | | | $q_c$ (in MN/m²) CPT | $N_{30}$ BDP | $N_{10}$ DPH |
| < 0,15 | < 0,15 | sehr locker | < 5,0 | < 7 | < 4 |
| 0,15 bis 0,30 | 0,15 bis 0,35 | locker | 5,0 bis 7,5 | 7 bis 15 | 4 bis 9 |
| 0,30 bis 0,50 | 0,35 bis 0,65 | mitteldicht | 7,5 bis 15,0 | 14 bis 30 | 8 bis 18 |
| 0,50 bis 0,70 | 0,65 bis 0,85 | dicht | 15,0 bis 25,0 | 23 bis 50 | 14 bis 30 |
| > 0,70 | > 0,85 | sehr dicht | > 25,0 | > 50 | > 25 |

Bild 4-34 zeigt Korrelationen, mit deren Hilfe von den vor Ort gewonnenen Schlagzahlen $N_k$ verschiedener Rammsonden auf die Lagerungsdichte $D$ bzw. die bezogene Lagerungsdichte $I_D$ geschlossen werden kann. Die Abbildung gilt für enggestufte Sande (SE) mit Ungleichförmigkeitszahlen $C_U \leq 3$ (1 MPa = 1 MN/m² = 1 N/mm²).

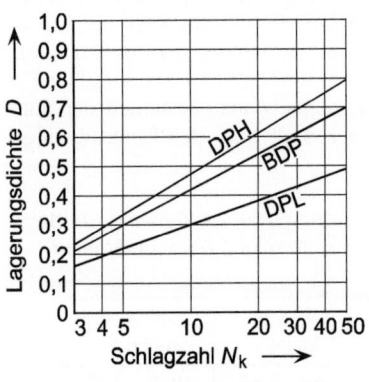
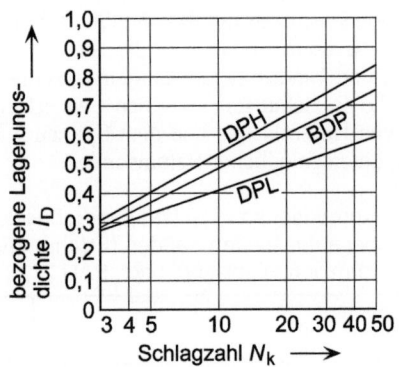

Gleichungen (Gültigkeitsbereiche $3 \leq N_k \leq 50$)

DPL: $D = 0,03 + 0,270 \cdot \lg N_{10L}$
DPL: $I_D = 0,15 + 0,260 \cdot \lg N_{10L}$
DPH: $D = 0,02 + 0,455 \cdot \lg N_{10H}$
DPH: $I_D = 0,10 + 0,435 \cdot \lg N_{10H}$

BDP: $D = 0,02 + 0,400 \cdot \lg N_{30}$
BDP: $I_D = 0,10 + 0,385 \cdot \lg N_{30}$

**Bild 4-34** Zusammenhänge zwischen den Schlagzahlen verschiedener Rammsonden und der Lagerungsdichte $D$ bzw. der bezogenen Lagerungsdichte $I_D$ bei enggestuften Sanden (SE) mit Ungleichförmigkeitszahlen $C_U \leq 3$ über Grundwasser (nach [53], Bild E.6)

Dem Bild 4-34 entsprechende Größen lassen sich Bild 4-35 entnehmen. Sie gelten für die Korrelationen zwischen Spitzendruckwiderständen $q_c$ aus Drucksondierungen und Lagerungsdichten $D$ bzw. bezogenen Lagerungsdichten $I_D$. Die dargestellten Funktionen gelten für enggestufte Sande (SE) mit Ungleichförmigkeitszahlen $C_U \leq 3$.

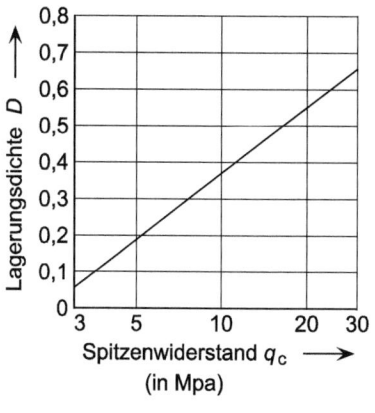 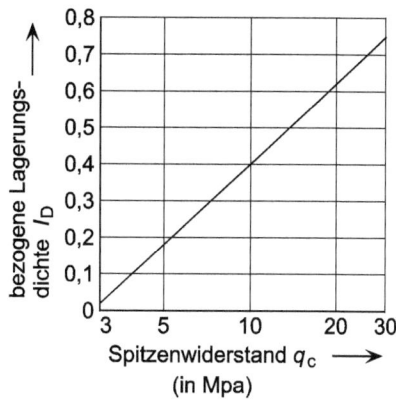

Gleichungen (Gültigkeitsbereiche $3 \leq q_c \leq 30$)

$D = -0{,}23 + 0{,}60 \cdot \lg q_c$
$\qquad\qquad I_D = -0{,}33 + 0{,}73 \cdot \lg q_c$

**Bild 4-35** Zusammenhang zwischen dem Spitzenwiderstand $q_c$ von Drucksonden und der Lagerungsdichte $D$ bzw. der bezogenen Lagerungsdichte $I_D$ bei enggestuften Sanden (SE) mit Ungleichförmigkeitszahlen $C_U \leq 3$ (nach DIN 4094-1)

Eine andere wichtige Kenngröße ist der effektive Reibungswinkel $\varphi'$ des Bodens (siehe Abschnitt 5.13.3). Bild 4-36 zeigt eine Funktion, mit deren Hilfe von den Spitzendruckwiderständen $q_c$ aus Drucksondierungen (1 MPa = 1 MN/m² = 1 N/mm²) auf die Reibungswinkel geschlossen werden kann. Die Darstellung gilt für enggestufte Sande (SE) mit Ungleichförmigkeitszahlen $C_U \leq 3$ über Grundwasser.

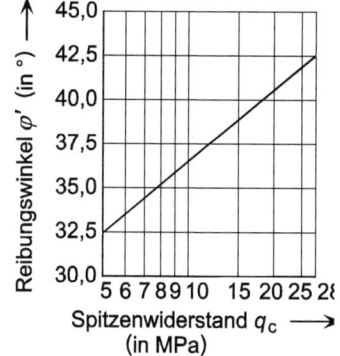

**Gleichung für den effektiven Reibungswinkel $\varphi'$**

$\varphi' = 13{,}5 \lg q_c + 23$

**Gültigkeitsbereich**

5 MPa $\leq q_c \leq$ 28 MPa

**Bild 4-36** Zusammenhang zwischen dem Spitzenwiderstand $q_c$ von Drucksonden und dem effektiven Reibungswinkel $\varphi'$ für enggestufte Sande (SE) mit Ungleichförmigkeitszahlen $C_U \leq 3$ (nach DIN 4094-1)

Ergänzend hierzu werden in Tabelle 4-10 für grobkörnige Böden auch Beziehungen zwischen dem effektiven Reibungswinkel $\varphi'$, der Ungleichförmigkeitszahl $C_U$ und der bezogenen Lagerungsdichte $I_D$ angegeben.

**Tabelle 4-10** Effektiver Reibungswinkel $\varphi'$ grobkörniger Böden als Funktion der bezogenen Lagerungsdichte $I_D$ und der Ungleichförmigkeitszahl $C_U$ (siehe DIN EN 1997-2, Tabelle G.1)

| Bodenart | Körnungslinie | Bereich von $I_D$ (in %) | Reibungswinkel $\varphi'$ (in °) |
|---|---|---|---|
| schwach feinkörniger Sand Sand, Sand und Kies | enggestuft ($C_U < 6$) | 15 bis 35 (locker) 35 bis 65 (mitteldicht) > 65 (dicht) | 30 32,5 35 |
| Sand, Sand und Kies, Kies | weitgestuft ($6 \leq C_U \leq 15$) | 15 bis 35 (locker) 35 bis 65 (mitteldicht) > 65 (dicht) | 30 34 38 |

Weitere Zusammenhänge zwischen Sondierergebnissen und Bodenkenngrößen sind z. B. in DIN 4094-1, DIN 4094-2, DIN EN 1997-2, [53] und [56] zu finden. Bei der Anwendung dieser Beziehungen ist immer darauf zu achten, dass sie nur dann verwendet werden dürfen, wenn die Eigenschaften des sondierten Bodens und ggf. die Grundwassergegebenheiten mit den für das jeweilige Diagramm geltenden Angaben übereinstimmen.

**Anwendungsbeispiel**

Bei Erkundungsarbeiten wurden u. a. Drucksondierungen in Sandschichten durchgeführt, für deren Ungleichförmigkeitszahlen ausnahmslos $C_U < 3$ gilt. Die gemessenen Spitzenwiderstände der Sondierungen schwankten zwischen $q_c = 11\ MN/m^2$ und $q_c = 18\ MN/m^2$.

Es ist anzugeben, ob es sich, nach den EAB, bei den Sanden um „sehr locker", „locker", „mitteldicht" oder „dicht" gelagerte Böden handelt!

**Lösung**

Da die interessierenden Drucksondierungsergebnisse durchweg zu enggestuften Sanden mit $C_U \leq 3$ gehören, kann auf die Ergebnisse von Referenzmessungen zurückgegriffen werden, wie sie z. B. in Bild 4-35 dokumentiert sind.

Danach ergeben sich mit der Gleichung
$$D = -0{,}23 + 0{,}60 \cdot \lg q_c$$
die Grenzwerte
$$\min D = -0{,}23 + 0{,}60 \cdot \lg 11 = 0{,}39$$
$$\max D = -0{,}23 + 0{,}60 \cdot \lg 18 = 0{,}52$$
des Bereichs, in dem die Lagerungsdichten der sondierten Sande liegen.

Damit sind die Sande teilweise mitteldicht ($0{,}30 < D \leq 0{,}50$) und teilweise dicht ($D > 0{,}50$) gelagert (vgl. Tabelle 5-23).

### 4.3.7 Wahl des Sondiergeräts

Gemäß den bisherigen Ausführungen stehen für die Bestimmung der Eindringwiderstände von Böden unterschiedliche Sondiergeräte zur Verfügung. Sie unterscheiden sich nicht nur hinsichtlich der Art ihres Einsatzes (z. B. Rammsonden), sondern auch bezüglich der konstruktiven Ausgestaltung. Dies gilt besonders für Rammsonden, bei denen gemäß Tabelle 4-11 sechs verschiedene Typen zu unterscheiden sind, die sich aufgrund ihrer unterschiedlichen Konstruktionsmerkmale für mehr oder weniger schwere Einsätze eignen, die von der Bodenoberfläche ausgehen.

**Tabelle 4-11** Arten und Einsatzmöglichkeiten der Sondiergeräte (nach DIN 4094-1, DIN 4094-2, DIN EN ISO 22476-2 und [130])

| Benennung | Kurzzeichen | Sondiergerät Spitzenquerschnitt $A_c$ in cm² | Sondiergerät Rammbärmasse [1] m in kg | Messgrößen [2] | Untersuchungstiefe ab Ansatzpunkt [3] $t$ in m | Einsatz eingeschränkt in |
|---|---|---|---|---|---|---|
| Leichte Rammsonde (**D**ynamic **P**robing **L**ight) | DPL | 10 | 10 ± 0,1 | $N_{10}$ | 10 | mittelditen und dicht gelagerten Kiesen, festen tonigen und schluffigen Böden |
| Mittlere Rammsonde (**D**ynamic **P**robing **M**edium) | DPM | 15 | 30 ± 0,3 | $N_{10}$ | 20 | dicht gelagerten Kiesen |
| Schwere Rammsonde (**D**ynamic **P**robing **H**eavy) | DPH | 15 | 50 ± 0,5 | $N_{10}$ | 25 | – |
| Superschwere Rammsonde | DPSH-A | 16 | 63,5 ± 0,5 | $N_{10}$ oder $N_{20}$ | – | – |
|  | DPSH-B | 20 |  |  | – | – |
| Bohrlochrammsondierung (**B**orehole **D**ynamic **P**robing) | BDP | 20 | 63,5 ± 0,5 | $N_{30}$ | 0,45 [4] | – |
| Drucksonde mit Messung von Spitzenwiderstand und lokaler Mantelreibung (**C**one **P**enetration **T**est) | CPT 10 CPT 15 | 10 15 | – | $q_c, f_s$ | 60 | Böden mit Steineinlagerungen, dicht gelagerten Kiesen, festen tonigen und schluffigen Böden |
| Drucksonde mit Messung von Spitzenwiderstand, lokaler Mantelreibung und Porenwasserdruck | CPTU 10 CPTU 15 | 10 15 | – | $q_c, f_s, u$ | 60 | Böden mit Steineinlagerungen, dicht gelagerten Kiesen, festen tonigen und schluffigen Böden |

[1]) Fertigungstoleranzen.
[2]) Bedeutungen: $N_{10}$ Anzahl der Schläge je 10 cm Eindringtiefe, $N_{20}$ Anzahl der Schläge je 20 cm Eindringtiefe, $N_{30}$ Anzahl der Schläge je 30 cm Eindringtiefe, $q_c$ Spitzenwiderstand in MPa, $f_s$ lokale Mantelreibung in MPa, $u$ Porenwasserdruck in MPa.
[3]) Richtwerte, bei Baugrundverhältnissen mittlerer Festigkeit gemessen.
[4]) Ansatzpunkt ist die jeweilige Baugrundsohle.

Als Kriterien zur Auswahl des Sondiergeräts dienen z. B. die Untersuchungstiefe und die Gegebenheiten der Böden, in der die Sondierung erfolgen soll. So gilt etwa für die leichte Rammsonde (DPL), dass sie sich gemäß Tabelle 4-11 für Untersuchungstiefen bis zu 10 m (gemessen vom Ansatzpunkt) eignet, wenn es sich um leicht rammbare Böden handelt. Ihr Einsatz in mitteldichten und dicht gelagerten Kiesen sowie festen tonigen und schluffigen Böden ist nur eingeschränkt zu empfehlen.

Für Rammsondierungen im Bohrloch ist die Bohrlochrammsonde zu wählen. Im Gegensatz zu den übrigen Rammsonden liefert sie jedoch keine fortlaufenden Messwerte, da ihr Einsatz immer wieder durch die zur Vergrößerung der Bohrtiefe erforderlichen Bohrarbeiten unterbrochen wird.

Hinsichtlich weiterer Auswahlkriterien sei auf Tabelle 4-11 und die Abschnitte 4.3.3, 4.3.4 und 4.3.5 hingewiesen.

### 4.3.8 Flügelscherversuch (Felduntersuchung)

Im Gelände gemäß DIN 4094-4 durchgeführte Flügelscherversuche („Flügelsondierungen") dienen zur Messung des Scherwiderstands der untersuchten Böden. Die Untersuchungen liefern die Gesamtscherfestigkeiten beim schnellen Abscheren undränierter Böden im ungestörten und gestörten Zustand.

Die Untersuchung beginnt mit dem Eindrücken des Flügelschergeräts in ungestörten Boden (siehe Bild 4-37). Danach wird das Gerät mit konstanter Geschwindigkeit bis zum Bruch des Bodens gedreht. Messtechnisch erfasst werden das hierzu erforderliche maximale Drehmoment $M_{max}$ (ggf. auch der zugehörige Drehwinkel). Soll auch der Scherwiderstand von gestörtem Boden ermittelt werden, wird das Flügelschergerät zuerst mindestens zehnmal im Boden gedreht und danach die Messung wie im Falle des ungestörten Bodens durchgeführt; gemessen wird das Rest-Drehmoment $M_R$, zu dem der Rest-Scherwiderstand $c_{Rv}$ gehört.

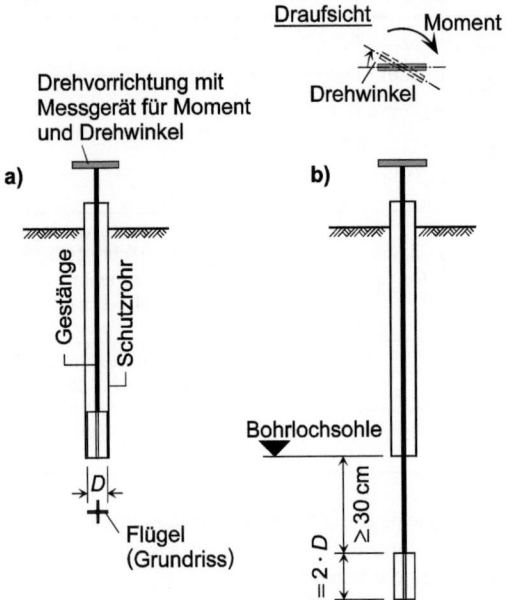

**Bild 4-37** Arbeitsweise eines Flügelschergeräts
a) Flügelposition vor Versuch
b) Flügelposition bei Versuch

Der bei dem Flügelscherversuch wirksam werdende maximale Scherwiderstand $c_{fv}$ (in kN/m²) errechnet sich bei dem Verhältnis $H/D = 2$ und unter der Annahme, dass die Scherspannungen im Bereich der Mantelfläche und den Stirnflächen des herausgedrehten Zylinders ($H$ = Höhe, $D$ = Durchmesser) gleich groß sind, zu

$$c_{\mathrm{fv}} = \frac{6 \cdot M_{\max}}{7 \cdot \pi \cdot D^3} \quad \text{aus} \quad M_{\max} = c_{\mathrm{fv}} \cdot D \cdot \pi \cdot H \cdot \frac{D}{2} + 2 \cdot \int_{r=0}^{r=\frac{D}{2}} c_{\mathrm{fv}} \cdot r \cdot 2 \cdot r \cdot \pi \cdot dr \qquad \text{Gl. 4-14}$$

Die Gleichung für $c_{\mathrm{fv}}$ basiert auf dem Gleichgewicht von maximalem Drehmoment $M_{\max}$ beim erstmaligen Abscheren (einzusetzen in kN·m) und der integrierten Momentenwirkung des auf der Oberfläche des ausgedrehten Zylinders wirkenden Scherwiderstands $c_{\mathrm{fv}}$ (Bild 4-38 und zweiter Teil von Gl. 4-14). Die in der Gleichung verwendete Flügelbreite $D$ der Sonde ist in Meter einzusetzen. Bei Ersatz von $M_{\max}$ durch das Rest-Drehmoment $M_R$ liefert Gl. 4-14 statt $c_{\mathrm{fv}}$ den Rest-Scherwiderstand $c_{\mathrm{Rv}}$.

Weitere Angaben zu Flügelscherversuchen hinsichtlich der Arbeitsweise, der Untersuchungsauswertung und der Abmessungen der einzusetzenden Geräte können DIN 4094-4 und E DIN EN ISO 22476-9 entnommen werden.

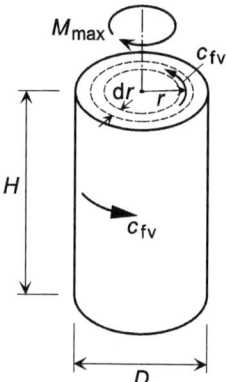

**Bild 4-38** Bei $M_{\max}$ ausdrehender Zylinder mit über die Scherfläche gleichmäßig verteilt angenommenem Scherwiderstand $c_{\mathrm{fv}}$

Gemäß DIN 4094-4 hergestellte Flügelschergeräte sind für die Untersuchung wassergesättigter bindiger oder organischer Böden bei breiiger bis steifer Konsistenz verwendbar. Für den Einsatz in Böden mit Scherfestigkeiten > 100 kN/m² sind diese Geräte somit nicht geeignet.

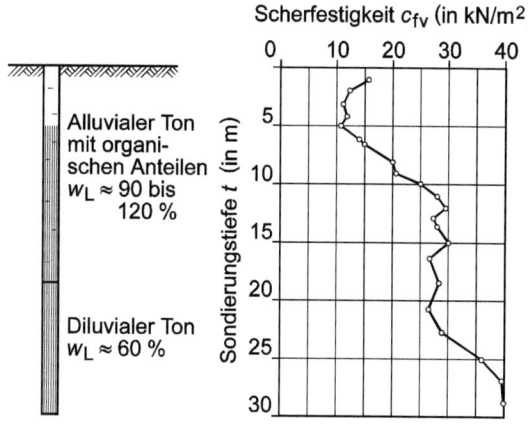

**Bild 4-39** Ergebnis eines Flügelscherversuchs in Ton zur Bestimmung der Scherfestigkeit $c_{\mathrm{fv}}$ bei schneller Belastung (nach *Muhs* [169], Kapitel 1.3)

In Bild 4-39 ist das Ergebnis eines Flügelscherversuchs in Ton dargestellt. Mit dem angegebenen Scherwiderstand $c_{fv}$ ergibt sich gemäß DIN 4094-4 die undränierte Flügelscherfestigkeit mit Hilfe von

$$c_{fu} = \mu \cdot c_{fv} \qquad \text{Gl. 4-15}$$

Die Größe des in der Gleichung verwendeten Korrekturfaktors $\mu$ ist abhängig von der plastischen Eigenschaft des Bodens und/oder der vertikalen Spannung im Boden. Tabelle 4-12 gibt ein Beispiel für mögliche Größen von $\mu$ (weitere Beispiele für Korrekturfaktoren sind z. B. in DIN EN 1997-2 und DIN 4094-4 zu finden).

Tabelle 4-12  Von der Plastizitätszahl $I_P$ abhängige Korrekturfaktoren $\mu$ für weiche, erstbelastete Böden (nach [149], E 88)

| $I_P$ | 0 | 30 | 60 | 90 | 120 |
|---|---|---|---|---|---|
| $\mu$ | 1,0 | 0,8 | 0,65 | 0,58 | 0,50 |

Korrelationsbeziehungen zwischen Flügelscherfestigkeit $c_{fu}$ und Spitzenwiderstand $q_c$ von Drucksonden werden in [149], E 88 für Ton angegeben. Die Beziehungen haben die Form

$$c_{fv} \approx \frac{1}{14} \cdot q_c \quad \text{(Ton)}$$

$$c_{fv} \approx \frac{1}{20} \cdot q_c \quad \text{(überkonsolidierter Ton)} \qquad \text{Gl. 4-16}$$

$$c_{fv} \approx \frac{1}{12} \cdot q_c \quad \text{(weicher Ton)}$$

In EA-Pfähle [147] werden für die Berechnung von Pfahlgründungen Beziehungen zwischen der Konsistenzzahl $I_c$ und der Scherfestigkeit $c_u$ des undränierten Bodens angegeben (Tabelle 4-13).

Tabelle 4-13  Orientierungswerte für Korrelationen zwischen Konsistenz und Scherfestigkeit des undränierten Bodens bei bindigen Böden (nach EA-Pfähle, Tabelle 3.3)

| Konsistenzzahl $I_c$ | Konsistenz | Scherfestigkeit des undränierten Bodens $c_u$ (in kN/m²) |
|---|---|---|
| 0,50 bis 0,75 | weich | 15 bis 50 |
| 0,75 bis 1,00 | steif | 50 bis 100 |
| > 1,00 | halbfest, fest | > 100 |

## 4.4 Plattendruckversuch

### 4.4.1 Untersuchungszweck und Versuchsbedingungen

Mit Plattendruckversuchen werden Drucksetzungslinien von Böden ermittelt, anhand derer die Verformbarkeit und die Tragfähigkeit des Baugrunds beurteilt werden. Die Versuche dienen zur Überprüfung durchgeführter Bodenverdichtungen im Erd- und Grundbau sowie zur Ermittlung von Bemessungsgrundlagen für Befestigungen von Straßen und Flugplätzen. Bei entsprechenden Untersuchungen im Bereich von Fundamenten ist zu beachten, dass der Plattendruckversuch einen Modellversuch darstellt. Die Güte der aus dem Versuch resultierenden Bemessungsgrundlagen für das Fundament ist somit abhängig von der Übertragbarkeit der geometrischen Abmessungen und der Belastungen des Versuchs auf die entsprechenden Größen des realen Fundaments, was die Anwendung des Versuchs vor allem bei inhomogenen Böden mit nichtlinearen Materialeigenschaften fragwürdig macht.

Nach DIN 18134 [77] dürfen Plattendruckversuche auf grobkörnigen, gemischtkörnigen und steifen bis festen feinkörnigen Böden ausgeführt werden. Körner > ¼ des Lastplattendurchmessers dürfen nicht unmittelbar unter der Lastplatte vorhanden sein. Versuche auf feinkörnigen Böden (Schluffe, Tone) lassen sich nur dann einwandfrei ausführen und auswerten, wenn die Böden eine steife bis feste Konsistenz aufweisen (im Zweifelsfall ist die Konsistenz in verschiedenen Tiefen bis zur Tiefe des Lastplattendurchmessers $d$ unter der Oberfläche der Messstelle zu überprüfen).

### 4.4.2 DIN-Norm

Ausführungen zum Plattendruckversuch sind in
– DIN 18134 [77]

zu finden. Sie betreffen u. a. die Versuche hinsichtlich Durchführung, Auswertung und Darstellung der Messergebnisse sowie die für die Versuche erforderlichen Geräte.

### 4.4.3 Begriffe

*Plattendruckversuch* Versuch, bei dem der Boden durch eine kreisförmige Lastplatte mit Hilfe einer Druckvorrichtung wiederholt stufenweise be- und entlastet wird. Als Versuchsgrößen ergeben sich die mittleren Normalspannungen $\sigma_0$ unter der Lastplatte (Verhältnis von aufgebrachter Last $F$ zur Lastplattengrundfläche) und die zugehörigen Setzungen $s$ der einzelnen Laststufen. Im Zuge der Versuchsauswertung werden diese Größen in einem entsprechenden Diagramm als Drucksetzungslinie dargestellt, aus der sich der Verformungsmodul $E_V$ und der Bettungsmodul $k_s$ ermitteln lassen.

*Verformungsmodul* $E_V$ (in MN/m³) Kenngröße für die Verformbarkeit des Bodens. Mit ihm wird die Sekantenneigung der Drucksetzungslinie der Erst- und Wiederbelastung zwischen den Punkten $0{,}3 \cdot \sigma_{1\max}$ und $0{,}7 \cdot \sigma_{1\max}$ zahlenmäßig angegeben.

*Bettungsmodul* $k_s$ (in MN/m³) aus der Drucksetzungslinie der Erstbelastung des Bodens bestimmte Kenngröße, mit der die Nachgiebigkeit der Bodenoberfläche unter einer Flächenlast beschrieben wird (Verhältnis der mittleren Normalspannung $\sigma_0$ unter einer Flächenlast und der zugehörigen Setzung $s$).

### 4.4.4 Geräte für den Plattendruckversuch

Nach DIN 1834 sind zur Versuchsdurchführung als Geräte u. a. erforderlich:
– Belastungswiderlager als Gegengewicht, dessen nutzbare Last mindestens 10 kN größer sein muss als die für den Versuch notwendige höchste Prüflast (in der Regel ein beladener LKW oder Anhänger, eine Walze oder ein entsprechendes festes Widerlager),
– Plattendruckgerät, bestehend aus
  • Lastplatte mit ebener Unterseite (∅ 300, 600 oder 762 mm; vgl. Bild 4-40),
  • einstellbarer Dosenlibelle,
  • Belastungseinrichtung mit Hydraulikpumpe, Hydraulikzylinder und Hochdruckschlauch, der Hydraulikpumpe und Hydraulikzylinder verbindet,
– mechanischer oder elektrischer Kraftaufnehmer zwischen Lastplatte und Hydraulikzylinder,

- Einrichtung zur Messung der Setzung des Lastplattenzentrums senkrecht zur belasteten Oberfläche,
- Rechner für die Berechnung der Verformungsmodule mit entsprechendem Programm (Versuchsauswertung).

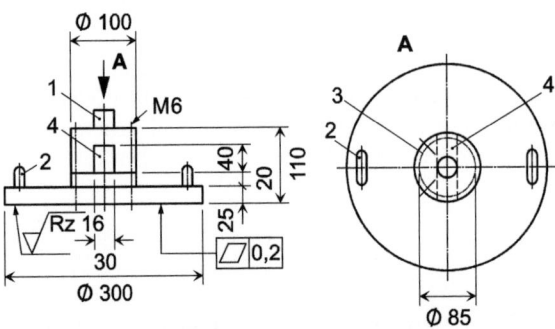

1 Zentrierzapfen für Kraftaufnehmer mit Gelenkkopf
2 Tragegriff
3 Lochkreisdurchmesser
4 Messtunnel

**Bild 4-40**  Lastplatte 300 mm mit Messtunnel (nach DIN 8134, Bild 1)

Die Setzungsmessungen können mit den von DIN 18134 empfohlenen Setzungsmesseinrichtungen mit „Tast-Vorrichtung" durchgeführt werden. Die entsprechenden Geräte arbeiten entweder mit einem drehbaren Tastarm, der nach dem Prinzip des Wägebalkens funktioniert (Bild 4-41), oder mit einem in einem Linearlager verschiebbaren Tastarm.

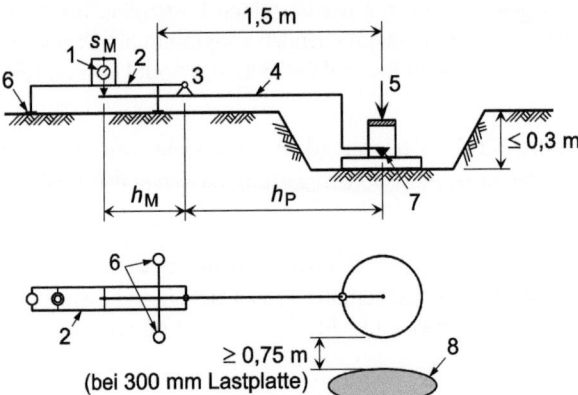

1 Messuhr bzw. Wegaufnehmer
2 Traggestell
3 Drehpunkt
4 Tastarm
5 Last
6 Auflager
7 Tastvorrichtung
8 Aufstandsfläche des Belastungswiderlagers
$s_M$ Setzung an der Messuhr bzw. am Wegaufnehmer

**Bild 4-41**  Setzungsmesseinrichtung für Messungen mit nach dem Prinzip des Wägebalkens drehbarem Tastarm (nach DIN 18134, Bild 3); Messung der Setzung $s$ unter Berücksichtigung des Hebelverhältnisses $h_P:h_M$ ($s = s_M \cdot h_P/h_M$)

### 4.4.5 Verformungsmodul $E_V$

Zur Ermittlung des Verformungsmoduls $E_V$ wird die Belastung in mindestens 6 Laststufen und etwa gleich großen Lastintervallen bis zur vorher gewählten Maximalspannung gesteigert. Danach wird die Platte in drei Stufen entlastet (auf 50 %, 25 % und ≈ 2 % der Höchstlast) und ein weiterer Belastungszyklus bis zur vorletzten Laststufe des Erstbelastungszyklus aufgebracht (im Verkehrswegebau erfolgt die Steigerung der Erstbelastung, bei Verwendung einer Lastplatte von 300 mm Durchmesser, bis entweder eine Setzung von 5 mm oder eine mittlere Normalspannung unter der

Platte von ≈ 0,5 MN/m² erreicht ist). Hinsichtlich der dabei zu beachtenden Zeiten und weiterer Details sei auf DIN 18134, 7.5.2 verwiesen.

Da die Messungen nur für die diskreten Laststufen Wertepaare der mittleren Normalspannung $\sigma_0$ (in MN/m²) unter der Platte und der Setzung $s$ (in mm) im Plattenzentrum liefern, werden diese Stützstellen der drei Drucksetzungslinienäste (Erstbelastung, Entlastung, Zweitbelastung) mit Hilfe von Polynomen zweiten Grades

$$s = a_0 + a_1 \cdot \sigma_0 + a_2 \cdot \sigma_0^2 \qquad \text{Gl. 4-17}$$

ausgeglichen. Die Konstanten $a_0$ (in mm), $a_1$ (in mm/(MN/m²)) und $a_2$ (in mm/(MN²/m⁴)) in Gl. 4-17 werden dabei durch Anpassung an die Versuchsergebnisse (Bild 4-42) nach der Methode der kleinsten Fehlerquadrate ermittelt. Zu weiteren Einzelheiten siehe DIN 18134, 8.2 und Anhang B.

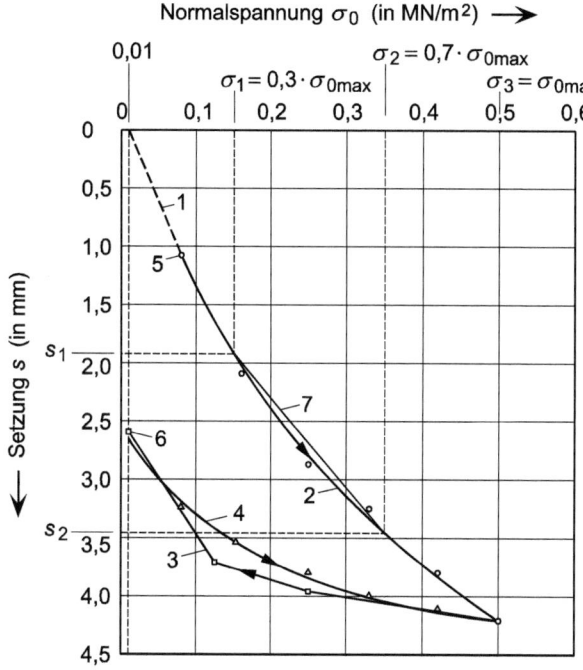

**Bild 4-42** Beispiel für Drucksetzungslinie zur Bestimmung der Verformungsmodule $E_{V1}$ und $E_{V2}$ (nach DIN 18134)

Für die so gewonnene Drucksetzungslinie (Bild 4-42) können die Verformungsmodule $E_{V1}$ der Erstbelastung und $E_{V2}$ der Zweitbelastung bestimmt werden (in MN/m²). Sie errechnen sich aus der Neigung der Sekanten zwischen den Koordinatenpunkten $0{,}3 \cdot \sigma_{0max}$ und $0{,}7 \cdot \sigma_{0max}$ der mittleren Normalspannung (Punkte in Bild 4-42 gelten für Erst- und Zweitbelastung) und den Koordinatenpunkten $s_1$ und $s_2$ der Setzung (Punkte in Bild 4-42 gelten für Erstbelastung) mittels

$$E_{Vi} = 1{,}5 \cdot r \cdot \frac{\Delta \sigma_i}{\Delta s_i} = 1{,}5 \cdot r \cdot \frac{\sigma_{2i} - \sigma_{1i}}{s_{2i} - s_{1i}} = \frac{1{,}5 \cdot r}{a_{1i} + a_{2i} \cdot \sigma_{0max\,i}} \qquad i = 1{,}2 \qquad \text{Gl. 4-18}$$

In Gl. 4-18 sind $r$ (in mm) der Radius der Lastplatte und $\sigma_{0\mathrm{max}i}$ (in MN/m²) die maximale mittlere Normalspannung der Erst- bzw. Zweitbelastung.

Nach den ZTV E-StB 09, 14.3.5 [270] ist es bei grobkörnigen und gemischtkörnigen Böden mit Feinkornanteilen von < 15 Massen-% zulässig, den Plattendruckversuch auch als indirektes Prüfverfahren für die Bestimmung des Verdichtungsgrades $D_{\mathrm{Pr}}$ (siehe Abschnitt 5.9.2) zu verwenden. Für grobkörnige Böden können die Zuordnungen aus Tabelle 4-14 und Tabelle 4-15 genutzt werden. Aus Tabelle 4-14 lassen sich für bekannte statische Verformungsmodulgrößen $E_{\mathrm{V2}}$ zugehörige $D_{\mathrm{Pr}}$-Werte ablesen. Zur Beurteilung des so ermittelten Verdichtungszustands sind zusätzlich Verhältniswerte $E_{\mathrm{V1}}/E_{\mathrm{V2}}$ heranzuziehen, die in Tabelle 4-15 aufgeführt sind, wobei die Zahlenwerte dieser Tabelle in erster Linie als Richtwerte für Böden der Gruppen GW und GI verwendet werden sollten (vgl. [155], Seite 474). Dabei sind die $E_{\mathrm{V2}}$-Größen aus Tabelle 4-14 anzusetzen, wenn die Verhältniswerte der Tabelle 4-15 zutreffen. Eine Erhöhung dieser Verhältniswerte ist zulässig, wenn der betreffende $E_{\mathrm{V1}}$-Wert bereits 60 % des zugehörigen $E_{\mathrm{V2}}$-Werts der Tabelle 4-14 erreicht hat.

**Tabelle 4-14** Richtwerte der ZTV E-StB 09, 14.3.5 [270] für die Zuordnung von Verdichtungsgrad $D_{\mathrm{Pr}}$ und statischem Verformungsmodul $E_{\mathrm{V2}}$ grobkörniger Bodengruppen

| Bodengruppen | Statischer Verformungsmodul $E_{\mathrm{V2}}$ in MN/m² | Verdichtungsgrad $D_{\mathrm{Pr}}$ in % |
|---|---|---|
| GW, GI | ≥ 100 <br> ≥ 80 | ≥ 100 <br> ≥ 98 |
| GE, SE, SW, SI | ≥ 80 <br> ≥ 70 | ≥ 100 <br> ≥ 98 |

**Tabelle 4-15** Richtwerte der ZTV E-StB 09, 14.3.5 [270] für die Beziehung zwischen dem Verhältniswert $E_{\mathrm{V2}}/E_{\mathrm{V1}}$ und dem Verdichtungsgrad $D_{\mathrm{Pr}}$

| Verhältniswert $E_{\mathrm{V2}}/E_{\mathrm{V1}}$ | Verdichtungsgrad $D_{\mathrm{Pr}}$ in % |
|---|---|
| ≤ 2,3 | ≥ 100 |
| ≤ 2,5 | ≥ 98 |

### 4.4.6 Bettungsmodul $k_s$

Der Bettungsmodul gibt das Verhältnis zwischen der mittleren Normalspannung $\sigma_0$ unter einer Lastfläche und der zugehörigen Setzung $s^*$ an

$$k_s = \frac{\sigma_0}{s^*} \qquad \text{Gl. 4-19}$$

Er ist damit eine Kenngröße, mit der sich die Nachgiebigkeit der Bodenoberfläche unter einer Flächenlast beschreiben lässt.

Wird der Bettungsmodul $k_s$ für die Bemessung von Deckenkonstruktionen im Straßen- und Flugplatzbau bestimmt, wird der Versuch in der Regel mit einer kreisförmigen Lastplatte des Durchmessers 762 mm durchgeführt. Dabei wird die mittlere Druckspannung $\sigma_0$ ermittelt, die zu einer

Setzung von $s^* = 1{,}25$ mm gehört (vgl. Bild 4-43). Der Bettungsmodul ergibt sich dann mit der Formel

$$k_s = \frac{\sigma_0}{s^*} = \frac{\sigma_0}{0{,}00125} \quad (\text{in MN/m}^3) \qquad \text{Gl. 4-20}$$

Im Einzelnen wird bei dem Versuch zunächst eine Vorbelastung von $\sigma_0 = 0{,}005$ MN/m² als mittlere Normalspannung unter der Platte aufgebracht und danach die Belastung auf Laststufen mit den mittleren Normalspannungen $\sigma_0$ von 0,04 MN/m², 0,08 MN/m², 0,14 MN/m² und 0,20 MN/m² gesteigert. Die anschließende Entlastung erfolgt in zwei Stufen mit der Zwischenstufe bei $\sigma_0 = 0{,}08$ MN/m². Weitere Einzelheiten hinsichtlich der Lastaufbringung sind DIN 18134, 7.5.3 zu entnehmen.

Aus Bild 4-43 geht hervor, dass über die Tangente an dem Wendepunkt der Drucksetzungslinie eine Nullkorrektur vorzunehmen ist, um so die Setzung $s^* = 1{,}25$ mm als korrigierte Setzung auf den korrigierten Nullpunkt 0* zu beziehen (Bild 4-43).

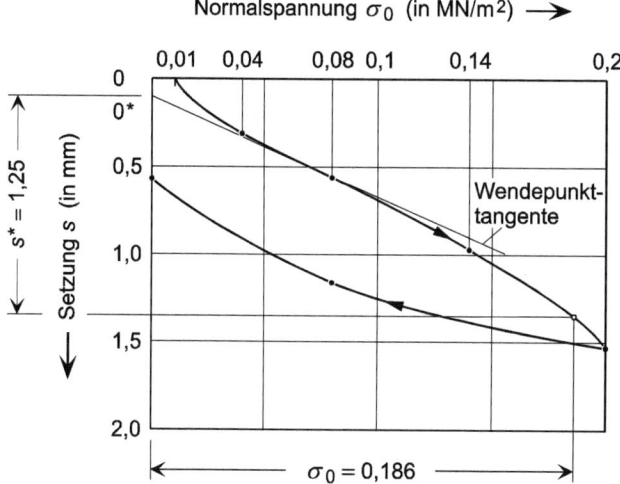

**Bild 4-43** Beispiel für Drucksetzungslinie zur Bestimmung des Bettungsmoduls, mit korrigiertem Nullpunkt 0* und korrigierter Setzung s* (nach DIN 18134, Bild 5)

## 4.5 Aussagekraft von Bodenuntersuchungen

Alle Arten von Aufschlüssen in Boden und Fels sowie Plattendruckversuche sind letztendlich Stichproben an diskreten Stellen. Zu allen Bereichen, die durch die Untersuchungen nicht direkt erfasst werden, können Aussagen, unter Berücksichtigung weiterer ergänzender Informationen, nur auf der Basis von Wahrscheinlichkeitsgesichtspunkten gemacht werden.

Bei der Festlegung des Umfangs der Untersuchungen (Lage, Anzahl und Art von Aufschlüssen und Versuchen, Aufschlusstiefen usw.) sind deshalb möglichst viele Informationen zu berücksichtigen, insbesondere aber solche zur Bodengenese und zu örtlichen Erfahrungen.

## 4.6 Beobachtungsmethode

Erweist sich die Vorhersage von geotechnischem Verhalten anhand von üblichen geotechnischen Untersuchungen und Berechnungen (Prognosen) als schwierig, kann ggf. die Beobachtungsmethode angewendet werden. Bei ihr werden die Prognosen mit der laufenden messtechnischen Kontrolle von Bauwerk und Baugrund kombiniert, was sowohl während der Herstellung als auch der Nutzung des Bauwerks erfolgen kann. Auf dieser Basis lässt sich der ursprüngliche Entwurf ggf. durch die Berücksichtigung der Messergebnisse während der Bauausführung modifizieren und so den tatsächlichen Verhältnissen anpassen. Die Anwendung der Beobachtungsmethode ist somit immer mit baubegleitenden Untersuchungen und Messungen verbunden. Zur Problematik von Prognoseberechnungen und zu entsprechenden Möglichkeiten auf der Basis der Hypoplastizität sei auf [182] verwiesen.

Vor Beginn der Bauausführung sind (vgl. hierzu auch DIN EN 1997-1, 2.7 (2)P [100])
– Grenzen des Baugrund- und Bauwerksverhaltens festzulegen, die während der Bauausführung einzuhalten sind,
– zusätzlich entsprechende Kriterien zu vereinbaren, um die wesentlichen Gebrauchstauglichkeitsanforderungen einhalten zu können,
– für die Fälle, in denen Grenzwertüberschreitungen nicht ausgeschlossen werden können, messtechnische Grenzwertüberwachungen zu installieren (die entsprechenden Messungen müssen in ausreichend kurzen Zeitabständen erfolgen und ausgewertet werden, um das mögliche Eintreten eines kritischen Zustands hinreichend früh zu erkennen und Gegenmaßnahmen vornehmen zu können),
– in der Ausführungsplanung mögliche Gegenmaßnahmen zu berücksichtigen, mit denen solche kritischen Zustände beherrschbar sind.

Das zu erwartende Baugrund- und Bauwerksverhalten ist durch entsprechende Berechnungen zu prognostizieren, um (vgl. DIN 1054, 2.7 A (2) [20])
– das Baugrund- und Bauwerksverhalten in den Hauptmerkmalen zu verstehen,
– zu prüfen, ob die vorab festgelegten Anforderungen an die Gebrauchstauglichkeit in den maßgebenden Bauzuständen eingehalten werden können,
– das Messprogramm angemessen planen zu können,
– die Wirkungsweise von bautechnischen Maßnahmen, die im Falle einer Überschreitung von Gebrauchstauglichkeitskriterien vorgesehen sind, beurteilen zu können.

Während der Bauausführung sind die vorgesehenen Messungen durchzuführen und so schnell auszuwerten, dass sich für den Bedarfsfall geplante Gegenmaßnahmen rechtzeitig ausführen lassen. Zeigen die Messergebnisse nennenswerte Abweichungen zum prognostizierten Bauwerks- und Baugrundverhalten, sind die Prognoseberechnungen entsprechend zu modifizieren und deren Ergebnisse für die weitere Beurteilung der Baumaßnahme zu verwenden.

Die Beobachtungsmethode sollte zum Einsatz kommen, wenn davon auszugehen ist, dass das Baugrund- und Bauwerksverhalten auf der Basis von vorab durchgeführten Baugrunduntersuchungen und entsprechenden Prognoseberechnungen nicht hinreichend zuverlässig erfasst werden kann. Dies gilt vor allem für Baumaßnahmen mit hohem Schwierigkeitsgrad im Sinne der Geotechnischen Kategorie GK 3 und insbesondere für (vgl. DIN 1054, 2.7 A (6) [20])
– Baumaßnahmen mit starker Bauwerk–Baugrund–Wechselwirkung (Mischgründungen, Gründungsplatten, nachgiebig verankerte Stützwände usw.),

- Baumaßnahmen mit erheblicher und veränderlicher Wasserdruckeinwirkung (etwa Trogbauwerke oder Ufereinfassungen im Tidegebiet),
- komplexe Wechselwirkungssysteme, bestehend aus Baugrund, Baugrubenkonstruktion und angrenzender Bebauung,
- Baumaßnahmen, bei denen Standsicherheiten durch Porenwasserdrücke verringert werden können,
- Baumaßnahmen an Hängen.

Als Sicherheitsnachweis ist die Beobachtungsmethode nicht ausreichend, wenn der Eintritt von Versagenszuständen vorab nicht erkennbar ist bzw. so rasch erfolgen kann, dass keine Gegenmaßnahmen mehr möglich sind (Systeme mit mangelnder Duktilität können sich vor dem Versagen nicht nennenswert verformen, weshalb bei ihnen „Versagen ohne Vorankündigung" eintreten kann).

Zur Optimierung der Bemessung und des weiteren Bauablaufs lässt sich die Methode einsetzen, wenn die Auswertung der Messergebnisse Verhältnisse erkennen lässt, die günstiger sind als die ursprünglich erwarteten.

Weitere Angaben und Hinweise zur Beobachtungsmethode können den Abschnitten 2.7 von DIN 1054 [20] und DIN EN 1997-1 [100] entnommen werden. Eine Sammlung von Aufsätzen zur Beobachtungsmethode ist z. B. in [237] zu finden.

# 5 Untersuchungen im Labor

Laborversuche gehören zu den geotechnischen Untersuchungsverfahren. Mit ihrer Hilfe werden Korngrößenverteilungen, Konsistenzen, Scherparameter und Größen wie Wassergehalt, Trocken-, Feucht-, Korn- und Proctordichte von Böden ermittelt.

Um sicherzustellen, dass wiederholte Versuchsdurchführungen, trotz der unvermeidbaren Streuungen, zu praktisch vergleichbaren Ergebnissen führen, sind die Verwendung gleicher Versuchseinrichtungen und die gleiche Vorgehensweise bei der Versuchsdurchführung unbedingte Voraussetzung. In den folgenden Abschnitten werden deshalb nur Geräte und Methoden angegeben, die zu den deutschen Baugrundversuchsnormen gehören.

## 5.1 Mehrphasensysteme des Bodens

Der Boden besteht aus Festmasse und Poren (Hohlräumen), die im allgemeinen Fall mit Wasser und Luft gefüllt sind (Dreiphasensystem, Bild 5-1). Sonderfälle sind die Zweiphasensysteme, bei denen der jeweilige Porenraum entweder nur mit Wasser (wassergesättigter oder auch gesättigter Boden) oder nur mit Luft (trockener Boden) gefüllt ist.

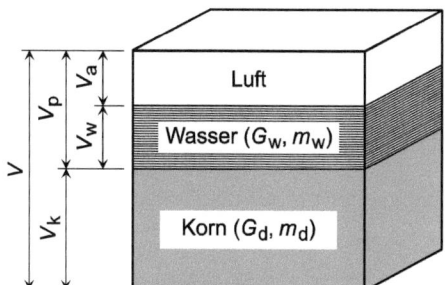

$V$ = Gesamtvolumen der Bodenprobe
$V_p$ = Porenvolumen der Bodenprobe
$G$ = Eigenlast der Bodenprobe
  = $G_w + G_d$
$m$ = Masse der Bodenprobe
  = $m_w + m_d$

**Bild 5-1** Bestandteile Festmasse (auch Trocken- oder Kornmasse), Wasser und Luft des Bodens im allgemeinen Fall (Dreiphasensystem)

Mit den nachstehenden Definitionen (inkl. der Gleichungen) physikalischer Kenngrößen des Dreiphasensystems lassen sich die entsprechenden Gegebenheiten von Bodenmaterialproben auch zahlenmäßig erfassen.

*Porenanteil* (Anteil des Porenvolumens am Gesamtvolumen des Bodens)

$$n = \frac{V_p}{V} = \frac{V - V_k}{V} = 1 - \frac{V_k}{V} = \frac{e}{1+e} \qquad \text{Gl. 5-1}$$

*Porenzahl* (Verhältnis des Porenvolumens zum Volumen der Festmasse des Bodens)

$$e = \frac{V_p}{V_k} = \frac{V - V_k}{V_k} = \frac{V}{V_k} - 1 = \frac{n}{1-n} \qquad \text{Gl. 5-2}$$

*Porenluftanteil* (Anteil des mit Luft gefüllten Porenvolumens am Gesamtvolumen des Bodens)

$$n_a = \frac{V_a}{V} = \frac{V - V_k - V_w}{V} = 1 - \frac{V_k + V_w}{V} \qquad \text{Gl. 5-3}$$

*Porenluftzahl* (Verhältnis des mit Luft gefüllten Porenvolumens zum Volumen der Festmasse des Bodens)

$$e_a = \frac{V_a}{V_k} = \frac{V-V_k-V_w}{V_k} = \frac{V-V_w}{V_k} - 1 = \frac{n_a}{1-n} \qquad \text{Gl. 5-4}$$

*Porenwasseranteil* (Anteil des mit Wasser gefüllten Porenvolumens am Gesamtvolumen des Bodens)

$$n_w = \frac{V_w}{V} = \frac{V_p - V_a}{V} = \frac{V-V_k-V_a}{V} = 1 - \frac{V_k+V_a}{V} = n - n_a \qquad \text{Gl. 5-5}$$

*Porenwasserzahl* (Verhältnis des mit Wasser gefüllten Porenvolumens zum Volumen der Festmasse des Bodens)

$$e_w = \frac{V_w}{V_k} = \frac{V-V_k-V_a}{V_k} = \frac{V-V_a}{V_k} - 1 = \frac{n_w}{1-n} \qquad \text{Gl. 5-6}$$

*Wassergehalt* (Verhältnis der Masse des Porenwassers zur Festmasse der Bodenprobe)

$$w = \frac{m_w}{m_d} = \frac{m-m_d}{m_d} = \frac{m}{m_d} - 1 = \frac{G_w}{G_d} = \frac{G-G_d}{G_d} = \frac{G}{G_d} - 1 \qquad \text{Gl. 5-7}$$

*Wassergehalt des wassergesättigten Bodens*

$$w_r = \frac{m_w}{m_d} = \frac{G_w}{G_d} \qquad \text{Gl. 5-8}$$

*Sättigungszahl* (Verhältnis des mit Wasser gefüllten Porenvolumens zum gesamten Porenvolumen des Bodens)

$$S_r = \frac{V_w}{V_p} = 1 - \frac{V_a}{V_p} = \frac{n_w}{n} = \frac{n-n_a}{n} = 1 - \frac{n_a}{n} = \frac{e_w}{e} = \frac{e-e_a}{e} = 1 - \frac{e_a}{e} = \frac{w}{w_r} \quad 0 \leq S_r \leq 1 \qquad \text{Gl. 5-9}$$

*Wasserdichte* (in t/m³)

$$\rho_w = \frac{m_w}{V_w} \qquad \text{Gl. 5-10}$$

*Wasserwichte* (in kN/m³)

$$\gamma_w = \frac{G_w}{V_w} \qquad \text{Gl. 5-11}$$

*Korndichte* (in t/m³)

$$\rho_s = \frac{m_d}{V_k} = \frac{e_w \cdot \rho_w}{w} = \frac{n_w \cdot \rho_w}{w \cdot (1-n)} \qquad \text{Gl. 5-12}$$

*Kornwichte* (in kN/m³)

$$\gamma_s = \frac{G_d}{V_k} = \frac{e_w \cdot \gamma_w}{w} = \frac{n_w \cdot \gamma_w}{w \cdot (1-n)} \qquad \text{Gl. 5-13}$$

*Trockendichte des Bodens* (in t/m³)

$$\rho_d = \frac{m_d}{V} = \rho_s \cdot (1-n) = \frac{\rho_s}{1+e} = \frac{n_w \cdot \rho_w}{w} = \frac{(1-n_a) \cdot \rho_s \cdot \rho_w}{w \cdot \rho_s + \rho_w} = \frac{S_r \cdot \rho_s \cdot \rho_w}{w \cdot \rho_s + S_r \cdot \rho_w} \qquad \text{Gl. 5-14}$$

*Trockenwichte des Bodens* (in kN/m³)

$$\gamma_d = \frac{G_d}{V} = \gamma_s \cdot (1-n) = \frac{\gamma_s}{1+e} = \frac{n_w \cdot \gamma_w}{w} = \frac{(1-n_a) \cdot \gamma_s \cdot \gamma_w}{w \cdot \gamma_s + \gamma_w} = \frac{S_r \cdot \gamma_s \cdot \gamma_w}{w \cdot \gamma_s + S_r \cdot \gamma_w} \qquad \text{Gl. 5-15}$$

*Dichte des feuchten (teilgesättigten) Bodens* (in t/m³)

$$\rho = \frac{m}{V} = \frac{m_d + m_w}{V} = \rho_s \cdot \frac{1+w}{1+e} = \frac{\rho_s \cdot \rho_w \cdot S_r \cdot (1+w)}{w \cdot \rho_s + S_r \cdot \rho_w} = \frac{\rho_s \cdot \rho_w \cdot (1+w) \cdot (1-n_a)}{w \cdot \rho_s + \rho_w}$$

$$= \rho_s \cdot (1-n) \cdot (1+w) = \rho_s \cdot (1-n) + n_w \cdot \rho_w$$

$$= \rho_d + n_w \cdot \rho_w = \rho_d \cdot (1+w) = \rho_d + S_r \cdot n \cdot \rho_w \qquad \text{Gl. 5-16}$$

*Wichte des feuchten (teilgesättigten) Bodens* (in kN/m³)

$$\gamma = \frac{G}{V} = \frac{G_d + G_w}{V} = \gamma_s \cdot \frac{1+w}{1+e} = \frac{\gamma_s \cdot \gamma_w \cdot S_r \cdot (1+w)}{w \cdot \gamma_s + S_r \cdot \gamma_w} = \frac{\gamma_s \cdot \gamma_w \cdot (1+w) \cdot (1-n_a)}{w \cdot \gamma_s + \gamma_w}$$

$$= \gamma_s \cdot (1-n) \cdot (1+w) = \gamma_s \cdot (1-n) + n_w \cdot \gamma_w$$

$$= \gamma_d + n_w \cdot \gamma_w = \gamma_d \cdot (1+w) = \gamma_d + S_r \cdot n \cdot \gamma_w \qquad \text{Gl. 5-17}$$

*Dichte des wassergesättigten Bodens* ($V_w = V_p$) (in t/m³)

$$\rho_r = \frac{m}{V} = \frac{m_d + m_w}{V} = \frac{\rho_s \cdot \rho_w \cdot (1+w_r)}{w_r \cdot \rho_s + \rho_w} = \rho_d \cdot (1+w_r)$$

$$= \rho_w + \rho_d \cdot \left(1 - \frac{\rho_w}{\rho_s}\right) = \rho_w + \frac{\rho}{1+w} \cdot \left(1 - \frac{\rho_w}{\rho_s}\right) = \rho_d + \rho_w \cdot \left(1 - \frac{\rho_d}{\rho_s}\right)$$

$$= \rho_s \cdot (1+w) \cdot (1-n) = \rho_s \cdot (1-n) + n \cdot \rho_w = \rho_d + n \cdot \rho_w$$

$$= \frac{1+w}{1+e} \cdot \rho_s = \frac{\rho_s + e \cdot \rho_w}{1+e} \qquad \text{Gl. 5-18}$$

*Wichte des wassergesättigten Bodens* ($V_w = V_p$) (in kN/m³)

$$\gamma_r = \frac{G}{V} = \frac{G_d + G_w}{V} = \frac{\gamma_s \cdot \gamma_w \cdot (1+w_r)}{w_r \cdot \gamma_s + \gamma_w} = \gamma_d \cdot (1+w_r)$$

$$= \gamma_w + \gamma_d \cdot \left(1 - \frac{\gamma_w}{\gamma_s}\right) = \gamma_w + \frac{\gamma}{1+w} \cdot \left(1 - \frac{\gamma_w}{\gamma_s}\right) = \gamma_d + \gamma_w \cdot \left(1 - \frac{\gamma_d}{\gamma_s}\right)$$

$$= \gamma_s \cdot (1+w) \cdot (1-n) = \gamma_s \cdot (1-n) + n \cdot \gamma_w = \gamma_d + n \cdot \gamma_w$$

$$= \frac{1+w}{1+e} \cdot \gamma_s = \frac{\gamma_s + e \cdot \gamma_w}{1+e} \qquad \text{Gl. 5-19}$$

*Dichte des Bodens unter Auftrieb* (in t/m³)

$$\rho' = \rho_r - \rho_w = \frac{\rho_w \cdot (\rho_s - \rho_w)}{w \cdot \rho_s + \rho_w} = (\rho_s - \rho_w) \cdot (1-n) = \rho_d + (n-1) \cdot \rho_w = \frac{\rho_s - \rho_w}{1+e} \qquad \text{Gl. 5-20}$$

*Wichte des Bodens unter Auftrieb* (in kN/m³)

$$\gamma' = \gamma_r - \gamma_w = \frac{\gamma_w \cdot (\gamma_s - \gamma_w)}{w \cdot \gamma_s + \gamma_w} = (\gamma_s - \gamma_w) \cdot (1-n) = \gamma_d + (n-1) \cdot \gamma_w = \frac{\gamma_s - \gamma_w}{1+e} \qquad \text{Gl. 5-21}$$

Weitere rechnerische Beziehungen zwischen physikalischen Bodenkenngrößen wurden in [172], Kapitel 1.3 tabellarisch zusammengestellt.

**Anwendungsbeispiel**

Von einem feuchten nichtbindigen Boden wurde der Porenanteil mit dem Wert $n = 0{,}3$ und die Wichte mit dem Wert $\gamma = 19{,}61$ kN/m³ ermittelt.

Wie hoch ist der Wassergehalt dieses Bodens, wenn zum Erreichen des gesättigten Zustands die Zugabe von 189 Liter Wasser pro m³ erforderlich ist?

**Lösung**

Da mit den zugegebenen 189 Litern Wasser pro m³ nur das mit Luft gefüllte Volumen des feuchten Bodens aufgefüllt wird, ist zunächst das Porenvolumen und danach das vom Wasser des feuchten Bodens eingenommene Volumen pro m³ des Bodens zu ermitteln.

Porenvolumen pro m³ Boden (Gl. 5-1)

$$V_p = V \cdot n = 1{,}0 \cdot 0{,}3 = 0{,}3 \text{ m}^3$$

Wasservolumen $V_w$ pro m³ Boden (Gl. 5-5); Luftvolumen $V_a = 189$ Liter $= 0{,}189$ m³

$$V_w = V_p - V_a = 0{,}3 - 0{,}189 = 0{,}111 \text{ m}^3$$

Mit der Eigenlast des vorhandenen Wassers pro m³ Boden (mit $\gamma_w = 10$ kN/m³ und (Gl. 5-11))

$$G_w = \gamma_w \cdot V_w = 10{,}0 \cdot 0{,}111 = 1{,}11 \text{ kN}$$

und der Eigenlast des Kornmaterials pro m³ Boden (Gl. 5-17)

$$G_d = \gamma \cdot V - G_w = 19{,}61 \cdot 1 - 1{,}11 = 18{,}5 \text{ kN}$$

ergibt sich als gesuchter Wassergehalt des feuchten Bodens (Gl. 5-7)

$$w = \frac{G_w}{G_d} = \frac{1{,}11}{18{,}5} = 0{,}06 = 6\,\%$$

## 5.2 Korngrößenverteilung

Die Korngrößenverteilung gibt Aufschluss über den Massenanteil der einzelnen Korngrößengruppen, die in einem Boden vorhanden sind. Ihre Kenntnis lässt u. a. Rückschlüsse zu auf bautechnische Eigenschaften des untersuchten Bodens, wie z. B.
- Scherfestigkeit,
- Verdichtungsfähigkeit,
- Zusammendrückbarkeit,

- Wasserdurchlässigkeit,
- Frostempfindlichkeit.

Aus diesen wiederum ergeben sich Beurteilungskriterien für seine Eignung als z. B.
- Baugrund,
- Baustoff für Dämme,
- Baustoff im Straßenbau,
- Baustoff für Stützkörper,
- Baustoff für Dränagen.

Bestimmt wird die Korngrößenverteilung eines Bodens mittels Siebung und/oder Sedimentation.

## 5.2.1 DIN-Normen

In den Normen
- DIN 18123 [67] und E DIN EN ISO 17892-4 [125]

sind Empfehlungen bezüglich der Durchführung und der Auswertung von Sieb- und Schlämmanalysen sowie der dabei zu verwendenden Geräte zu finden. Ausführungen zu technischen Anforderungen und Prüfungen von Analysesieben finden sich in
- DIN ISO 3310-1 [138] und DIN ISO 3310-2 [139].

## 5.2.2 Siebanalyse

Mit der Siebanalyse werden ausschließlich grobkörnige Böden untersucht (Böden mit Korngrößen $d > 0{,}063$ mm). Dabei werden die einzelnen Körnungsgruppen des zu untersuchenden Bodens mittels genormter Siebe (Tabelle 5-1) voneinander getrennt. Die Benennung der einzelnen Körnungsgruppe erfolgt jeweils über die Öffnungsweite des Siebes, durch das sie zuletzt gefallen ist (Bild 5-2). Diese Weite wird als „Korngröße" oder „Korndurchmesser" bezeichnet (Bild 5-3).

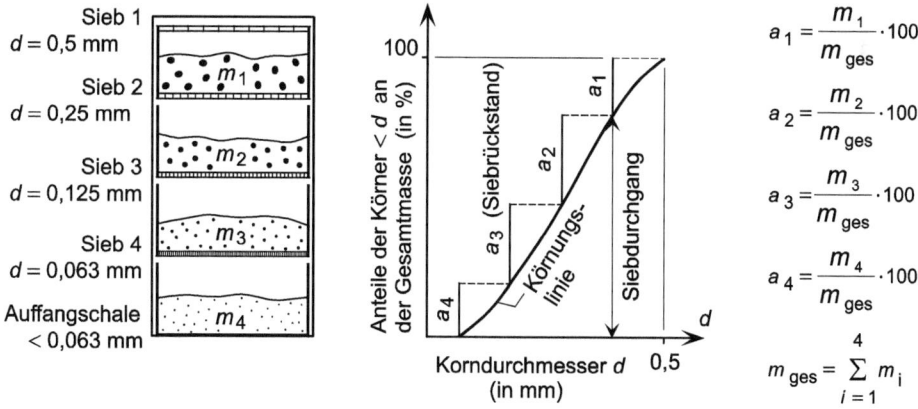

**Bild 5-2** Versuchsvorgang bei der Bestimmung der Kornverteilung durch Siebanalyse

Siebanalysen sind nach DIN 18123, 5 mit getrocknetem Bodenmaterial durchzuführen. Besitzt das Material auch Körner mit Korngrößen $< 0{,}063$ mm, sind diese vor der Siebung nass abzutrennen.

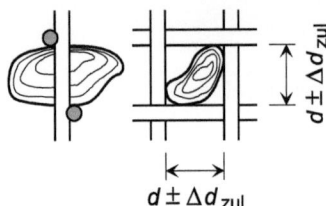

$d \pm \Delta d_{zul}$

**Bild 5-3** Definition des Korndurchmessers bzw. der Korngröße $d$ (nach [172], Kapitel 1.3)

Für die Siebanalyse werden in DIN 18123, 5.2 Siebe mit mindestens 200 mm Durchmesser und Böden aus Metalldrahtgewebe oder Blechen mit quadratischen Löchern empfohlen (Tabelle 5-1).

**Tabelle 5-1** Siebsatz nach DIN 18123, 5.2 für die Bestimmung der Korngrößenverteilung durch Siebung

| Analysensiebe mit Metalldrahtgewebe nach DIN ISO 3310-1 (Maschenweite in mm) | Analysensiebe mit Quadratlochblechen nach DIN ISO 3310-2 (Lochweite in mm) |
|---|---|
| 0,063 | 4 |
| 0,125 | 8 |
| 0,250 | 16 |
| 0,400 [1] | 31,5 |
| 0,500 | 63 |
| 1,000 | |
| 2,000 | |

[1] Dieses Sieb wird nur zur Korntrennung für die Bestimmung der Fließ- und Ausrollgrenze nach DIN 18122-1 benötigt.

Da die für die Siebanalyse verwendete Probemenge einen kennzeichnenden Durchschnitt des zu untersuchenden Materials darstellen soll, muss sie mit der Größe seines geschätzten Größtkorns zunehmen (Tabelle 5-2).

**Tabelle 5-2** Probemengen nach DIN 18123, 5.3 für die Bestimmung der Korngrößenverteilung durch Siebung

| Geschätztes Größtkorn der Bodenprobe in mm | Mindestmenge der Bodenprobe in g |
|---|---|
| 2 | 150 |
| 5 | 300 |
| 10 | 700 |
| 20 | 2 000 |
| 30 | 4 000 |
| 40 | 7 000 |
| 50 | 12 000 |
| 60 | 18 000 |

Die Siebung darf grundsätzlich von Hand oder mit einer Siebmaschine vorgenommen werden, im Regelfall erfolgt sie in der Praxis mit Siebmaschinen (übliche Siebdauer nach DIN 18123, 5.4.1.3: 10 Minuten). Einzelheiten zur Durchführung der Siebung, wie Trockensiebung, Siebung nach nassem Abtrennen der Feinanteile und Auswertung, können DIN 18123 entnommen werden.

Die Siebung liefert als Ergebnis zunächst die Rückstandsmassen auf den Sieben und in der Auffangschale. Gemäß Bild 5-2 werden mit Hilfe dieser Werte die Siebrückstände und die Summe der Siebdurchgänge als Massenanteile ermittelt. Danach kann die grafische Darstellung des Siebungsergebnisses in Form der sogenannten „Körnungslinie" in halblogarithmischem Maßstab erfolgen (vgl. z. B. Bild 5-4).

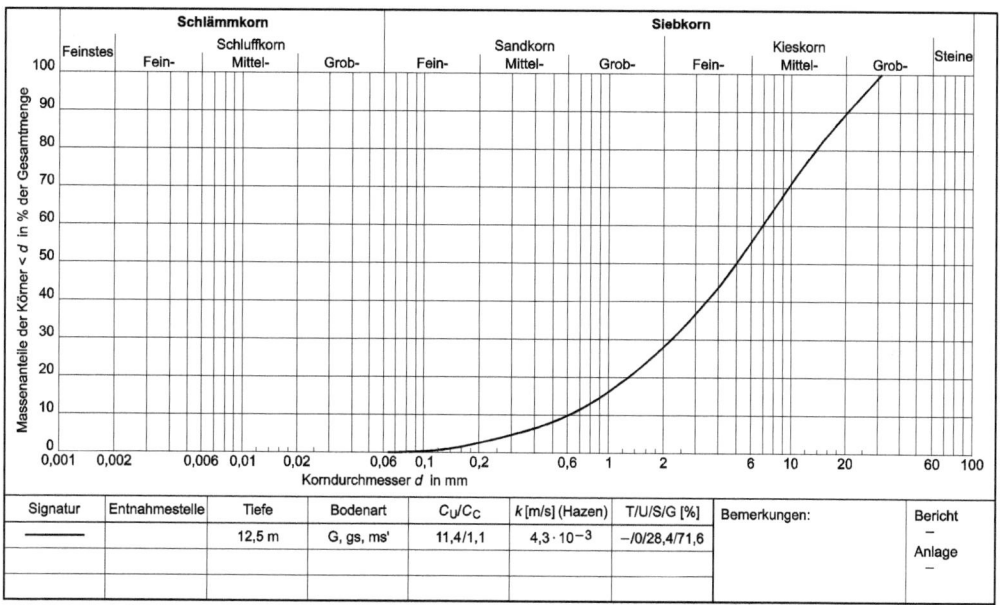

**Bild 5-4** Körnungslinie einer Trockensiebung, die mit dem Programm „Sieve" [F 1] ausgewertet wurde (gehört zum Versuchsprotokoll von Bild 5-5)

| Korngröße [mm] | Rückstand [g] | Rückstand [%] | Siebdurchgänge [%] |
|---|---|---|---|
| 31,5 | 0,00 | 0,00 | 100,00 |
| 16,0 | 884,50 | 15,47 | 84,53 |
| 8,0 | 1112,70 | 19,46 | 65,06 |
| 4,0 | 1283,80 | 22,46 | 42,60 |
| 2,0 | 827,00 | 14,47 | 28,14 |
| 1,0 | 742,30 | 12,99 | 15,15 |
| 0,5 | 428,00 | 7,49 | 7,67 |
| 0,25 | 220,40 | 3,86 | 3,81 |
| 0,125 | 205,40 | 3,59 | 0,22 |
| 0,063 | 11,30 | 0,20 | 0,02 |
| Schale | 1,10 | 0,02 | – |
| Summe | 5716,50 | | |
| Siebverlust | 0,50 | | |

**Bild 5-5** Teil des Berechnungsprotokolls einer mit dem Programm „Sieve" [F 1] ausgewerteten Trockensiebung (gehört zur Körnungslinie von Bild 5-4)

Für die Auswertung und Darstellung von Siebanalyseergebnissen steht inzwischen eine größere Zahl von EDV-Programmen zur Verfügung, die in zuverlässiger Weise eine schnelle Bearbeitung ermöglichen. In Bild 5-4 und in Bild 5-5 sind als entsprechendes Beispiel Ausschnitte von Siebanalyseergebnissen gezeigt, wie sie mit dem Programm „Sieve" [F 1] gewonnen wurden. Hierzu gehört auch die Benennung des Bodens, den das Programm im vorliegenden Fall als Kies, grobsandig, schwach mittelsandig identifiziert. Die Gestaltung der Bilder wurde mit dem Programm „CorelDRAW" [F 2] modifiziert.

### 5.2.3 Schlämmanalyse (Sedimentationsanalyse)

Die Sedimentationsanalyse kommt gemäß DIN 18123, 6.1 bei Böden bzw. Bodenanteilen mit Korngrößen $d < 0{,}125$ mm zum Einsatz. Die Einzelkörner solcher Böden lassen sich in der Regel durch Siebung nicht mehr trennen. Mit dem in Wasser aufgeschlämmten Bodenmaterial kann dessen Korngrößenverteilung im Korngrößenbereich $0{,}001$ mm $< d < 0{,}125$ mm ermittelt werden. Die Schlämmanalyse basiert auf
– der unterschiedlichen Geschwindigkeit, mit der verschieden große Körner gleicher Dichte in stehendem Wasser absinken,
– der sich mit der Absinkzeit reduzierenden Dichte von der aus Wasser und Körnern bestehenden Suspension.

Diese Zusammenhänge werden in der Bodenmechanik meist durch die Aräometer-Methode nach *Bouyoucos-Casagrande* genutzt (Bild 5-6). Dabei wird die Temperatur der durch gutes Durchschütteln hergestellten Suspension und die von ihr und der Suspensionsdichte abhängige Eintauchtiefe des frei schwimmenden Aräometers gemessen. Wegen der Zeitabhängigkeit der Suspensionsdichte sind die Messungen wiederholt durchzuführen. Da die großen und schweren Körner schneller absinken als die kleinen und leichten, reduziert sich die Suspensionsdichte unmittelbar nach dem Durchschütteln besonders schnell. Diese Veränderung schwächt sich mit zunehmender Absinkzeit ab, weshalb die Aräometerablesungen im Anschluss an das Durchschütteln gemäß DIN 18123, 6.8 nach 30 Sekunden, nach 1, 2, 5, 15 und 45 Minuten sowie nach 2, 6 und 24 Stunden durchzuführen sind.

Die Ermittlung des Korndurchmessers $d$ (in mm), der dem Korndurchmesser $d$ der Siebanalyse entspricht (vgl. Abschnitt 5.2.2), basiert auf dem Gesetz von *Stokes*

$$d = \sqrt{\frac{18{,}35 \cdot \eta}{\rho_s - \rho_w} \cdot \frac{h_\rho}{t}} \qquad \text{Gl. 5-22}$$

Da es für kugelförmige Elemente gilt, liefert es einen gleichwertigen Kugeldurchmesser für ein Korn mit der Korndichte $\rho_s$ (in g/cm³), das in der Suspension nach Ablauf der Versuchszeit $t$ (in s) um die Höhe $h\rho$ (in cm) abgesunken ist. Die weiteren in Gl. 5-22 verwendeten Größen sind die von der Temperatur $T$ abhängige dynamische Viskosität $\eta$ (in N·s/m²; z. B. 0,0010019 bei $T = 20$ °C) und die Dichte $\rho_w$ der Suspensionsflüssigkeit (in g/cm³).

Bei der Versuchsdurchführung wird nach Ablauf der Versuchszeit $t$ am oberen Rand des Meniskus, den die Suspension um die Aräometerskala bildet, die Größe $\rho'$ abgelesen. Mit ihr wird der Hilfswert $R' = (\rho' - 1) \cdot 1\,000$ berechnet, der in Verbindung mit der Meniskuskorrektur $C_m$ zu dem verbesserten Hilfswert $R = (R' + C_m)$ führt. Aus $\rho = 1 + 0{,}001 \cdot R$ ergibt sich die Größe der Suspensionsdichte $\rho$ und damit der eigentliche Skalenwert der Aräometerskala, von dem auf die Eintauchtiefe $h\rho$ geschlossen werden kann (siehe hierzu DIN 18123 und [185]). In Verbindung mit der gemessenen Temperatur $T$ (in °C) lässt sich somit der Korndurchmesser $d$ nach Gl. 5-22 bestimmen.

Dies kann zwar mittels des dafür vorgesehenen Nomogramms von DIN 18123 erfolgen, schneller und zuverlässiger aber ist der Einsatz entsprechender EDV-Programme.

Der Einsatz solcher Programme erweist sich auch als zweckmäßig bei der Ermittlung des Massenanteils $a$ der Körner $< d$ an der Probenmasse. Dieser Anteil entspricht dem Siebdurchgang der Siebanalyse und wird in Prozent angegeben. Seine Berechnung erfolgt mit der Gleichung

$$a = \frac{100}{m_d} \cdot \frac{\rho_s}{\rho_s - 1} \cdot (R + C_T) \qquad \text{Gl. 5-23}$$

in der $m_d$ die Trockenmasse des Probenmaterials (in g), $\rho_s$ die Korndichte des Bodens (in g/cm³) und $C_T$ einen Temperaturkorrekturwert (siehe DIN 18123, Tabelle 3) darstellen.

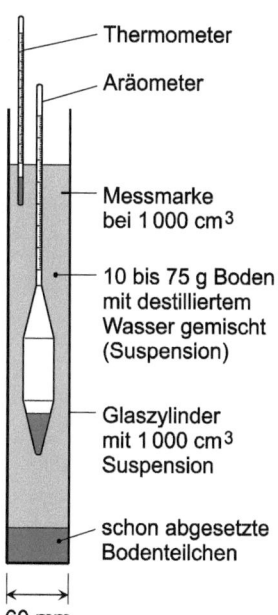

**Bild 5-6** Versuchsvorgang bei der Aräometer-Methode

In Bild 5-7 und Bild 5-8 ist das Ergebnis der Schlämmanalyse einer Bodenprobe dargestellt, die mit dem Programm „Sieve" [F 1] ausgewertet wurde. Die Gestaltung der Bilder wurde mit dem Programm „CorelDRAW" [F 2] modifiziert. Einzugeben sind die Abmessungen des verwendeten Aräometers, die Meniskuskorrektur $C_m$, die Trockenmasse $m_d$ und die Korndichte $\rho_s$ des Probenmaterials sowie die Versuchszeiten und die zugehörigen $R'$-Werte. Alle übrigen Werte ermittelt das Programm, so z. B. die Bodenbezeichnung T, U (Ton, Schluff) und die Massenanteile T/U/S von 49,4/50,5/0,1 (in %).

Weitere Einzelheiten zur Sedimentationsanalyse, wie z. B. Geräte, geometrische Beziehungen, Probemengen usw., können DIN 18123 entnommen werden.

# 5 Untersuchungen im Labor

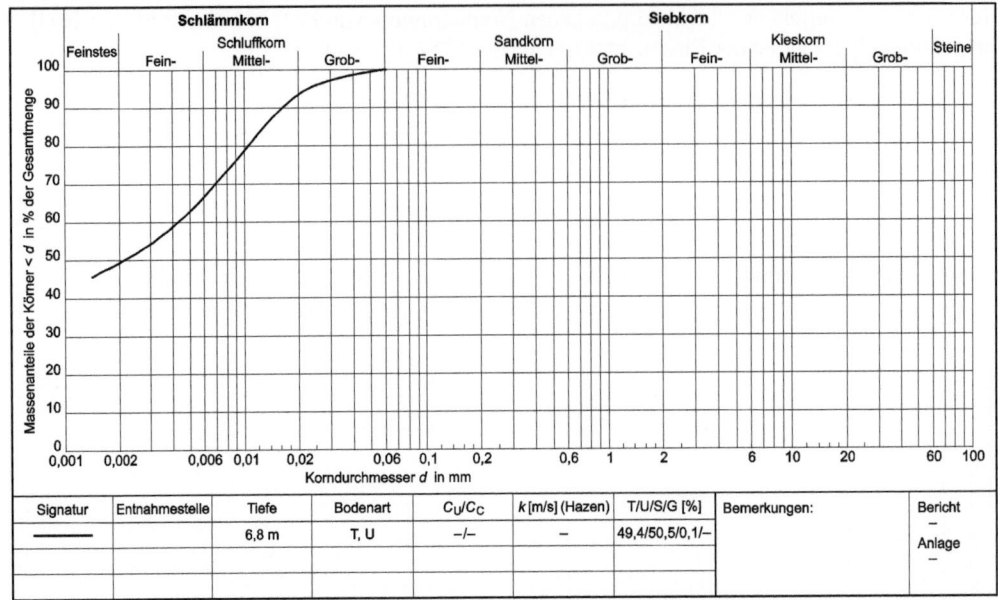

**Bild 5-7** Körnungslinie einer Sedimentation, die mit dem Programm „Sieve" [F 1] ausgewertet wurde (gehört zum Versuchsprotokoll von Bild 5-8)

| Zeit [h] | [min] | $R'$ [g] | $R = R' + C_m$ [g] | Korngröße [mm] | $T$ [°C] | $C_T$ [g] | $R + C_T$ [g] | Durchgang [%] |
|---|---|---|---|---|---|---|---|---|
| 0 | 0,5 | 23,50 | 24,00 | 0,0615 | 21,2 | 0,22 | 24,22 | 100,00 |
| 0 | 1 | 22,50 | 23,00 | 0,0443 | 21,2 | 0,22 | 23,22 | 99,10 |
| 0 | 2 | 22,10 | 22,60 | 0,0316 | 21,2 | 0,22 | 22,82 | 97,39 |
| 0 | 5 | 21,50 | 22,00 | 0,0202 | 21,2 | 0,22 | 22,22 | 94,83 |
| 0 | 15 | 18,90 | 19,40 | 0,0122 | 21,3 | 0,24 | 19,64 | 83,82 |
| 0 | 45 | 15,90 | 16,40 | 0,0074 | 21,4 | 0,26 | 16,66 | 71,10 |
| 2 | 0 | 13,50 | 14,00 | 0,0047 | 21,4 | 0,26 | 14,26 | 60,86 |
| 6 | 0 | 11,50 | 12,00 | 0,0028 | 21,8 | 0,34 | 12,34 | 52,66 |
| 24 | 0 | 10,10 | 10,60 | 0,0014 | 20,7 | 0,13 | 10,73 | 45,78 |

**Bild 5-8** Teil des Berechnungsprotokolls einer mit dem Programm „Sieve" [F 1] ausgewerteten Sedimentation (gehört zur Körnungslinie von Bild 5-7)

## 5.2.4 Siebung und Sedimentation

Eine Kombination von Sieb- und Sedimentationsanalyse ist erforderlich, wenn der zu untersuchende Boden nennenswerte Kornanteile > 0,063 mm und < 0,063 mm enthält (0,063 mm ist die kleinste Maschenweite der Analysesiebe gemäß DIN 18123, vgl. Tabelle 5-1).

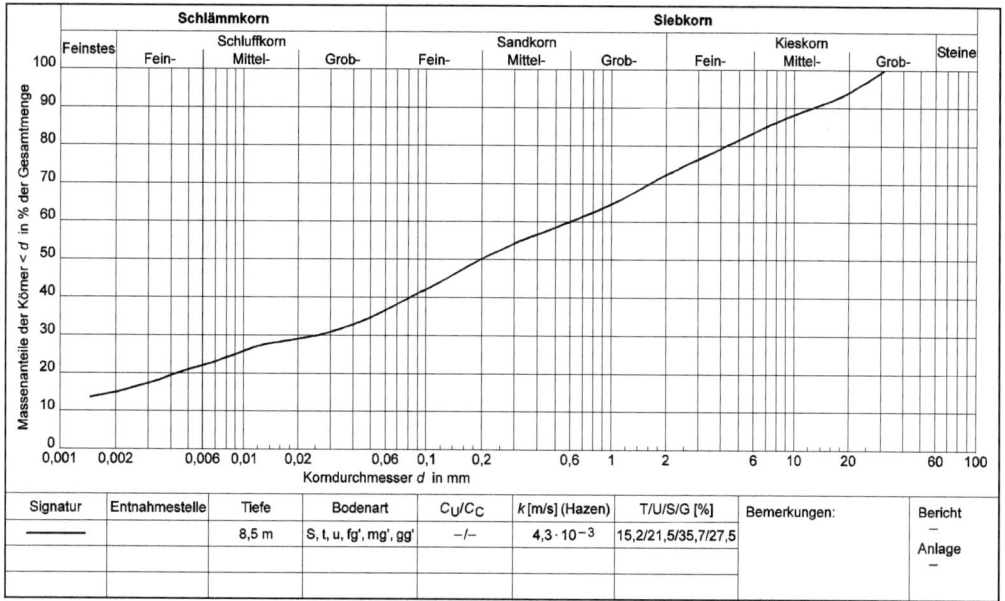

**Bild 5-9** Körnungslinie einer kombinierten Sieb- und Sedimentationsanalyse, die mit dem Programm „Sieve" [F 1] ausgewertet wurde

Hinsichtlich der bei dieser Korngrößenbestimmung zu wählenden Verfahren und deren Durchführung sei auf DIN 18123, 7 verwiesen.

Bild 5-9 zeigt das Ergebnis einer Untersuchung von Geschiebemergel. Die Untersuchungswerte wurden mit dem Programm „Sieve" [F 1] ausgewertet und hinsichtlich der Grafik mit dem Programm „CorelDRAW" [F 2] modifiziert. Mit den Massenanteilen T/U/S/G von 15,2/21,5/35,7/27,5 (in %) ergab sich als genaue Bezeichnung des Bodens S, t, u, fg', mg', gg' (Sand, tonig, schluffig, schwach feinkiesig, schwach mittelkiesig, schwach grobkiesig).

### 5.2.5 Kenngrößen der Körnungslinie

Mit den Korndurchmessern $d_{10}$, $d_{30}$ und $d_{60}$, die sich bei 10, 30 und 60 % Siebdurchgang ergeben (vgl. Bild 5-11), sowie dem „mittleren Korndurchmesser" $d_{50}$ (Korndurchmesser bei 50 % Siebdurchgang) werden die Größen

*Ungleichförmigkeitszahl* (Maß für die Steilheit der Körnungslinie)

$$C_U = \frac{d_{60}}{d_{10}} \qquad \text{Gl. 5-24}$$

*Krümmungszahl* (charakterisiert den Körnungslinienverlauf zwischen $d_{10}$ und $d_{60}$)

$$C_C = \frac{d_{30}^2}{d_{10} \cdot d_{60}} \qquad \text{Gl. 5-25}$$

definiert, mit denen die Körnungslinie charakterisiert werden kann. Bezüglich der Bezeichnungen ist darauf hinzuweisen, dass für diese Größen früher $U$ statt $C_U$ und $C_c$ statt $C_C$ verwendet wurden. Tabelle 5-3 beschreibt die Form der Körnungslinie, die in Abhängigkeit der Zahlenwerte von $C_U$ und $C_C$ zu erwarten ist.

**Tabelle 5-3** Form der Körnungslinie (nach DIN EN ISO 14688-2, Tabelle 2 [120])

| Beschreibung | Ungleichförmigkeitszahl $C_U$ | Krümmungszahl $C_C$ |
|---|---|---|
| flach verlaufend | > 15 | $1 < C_C < 3$ |
| mäßig steil verlaufend | 6 bis 15 | < 1 |
| steil verlaufend | < 6 | < 1 |
| wellenförmig verlaufend | üblicherweise hoch | beliebig (üblicherweise < 0,5) |

Die Größen $C_U$ und $C_C$ sind in verschiedensten Beziehungen zu finden, wie z. B. die Ungleichförmigkeitszahl $C_U$ in der empirischen Formel aus [172], Kapitel 1.3 (nach *Beyer* [9])

$$k = \left( \frac{A}{C_U + B} + C \right) \cdot d_{10}^2 \qquad \text{Gl. 5-26}$$

für die Ermittlung des Wasserdurchlässigkeitsbeiwerts $k$ (in m/s) ($d_{10}$ in cm einsetzen). Die Gleichung gilt für grobkörnige Böden mit $0,063 < d_{10} < 0,6$ mm und $1 < C_U < 20$. Die Größen $A$, $B$ und $C$ sind von der Lagerungsdichte des Bodens abhängig und lassen sich Tabelle 5-4 entnehmen. Weitere Gleichungen und Ausführungen zu Wasserdurchlässigkeitsbeiwerten $k$, die durch Auswertung von Korngrößenverteilungen gewonnen werden, sind z. B. in [185] und [206] zu finden.

**Tabelle 5-4** Beiwerte $A$, $B$ und $C$ für die Berechnung des Wasserdurchlässigkeitsbeiwerts $k$ mit Hilfe von Gl. 5-26 (nach [172], Kapitel 1.3)

| Lagerungsdichte | locker | mitteldicht | dicht |
|---|---|---|---|
| A | 3,49 | 2,68 | 2,34 |
| B | 4,40 | 3,40 | 3,40 |
| C | 0,80 | 0,55 | 0,39 |

### 5.2.6 Filterregel von *Terzaghi*

Bei der Festlegung des Aufbaus eines Filters ist dafür zu sorgen, dass
- kein Bodenmaterial aus dem zu entwässernden Boden in den Filter eingespült wird,
- das Filtermaterial das abzuführende Wasser nicht staut, sondern einen drucklosen Wasserabfluss zum Dränagerohr hin ermöglicht.

Bei zwei aufeinander folgenden Filterstufen eines mehrstufigen Filters entspricht der „zu entwässernde Boden" dem Bodenmaterial der Filterstufe, aus der das Wasser kommt, und das „Filtermaterial" dem Bodenmaterial der Filterstufe, in die das Wasser fließt.

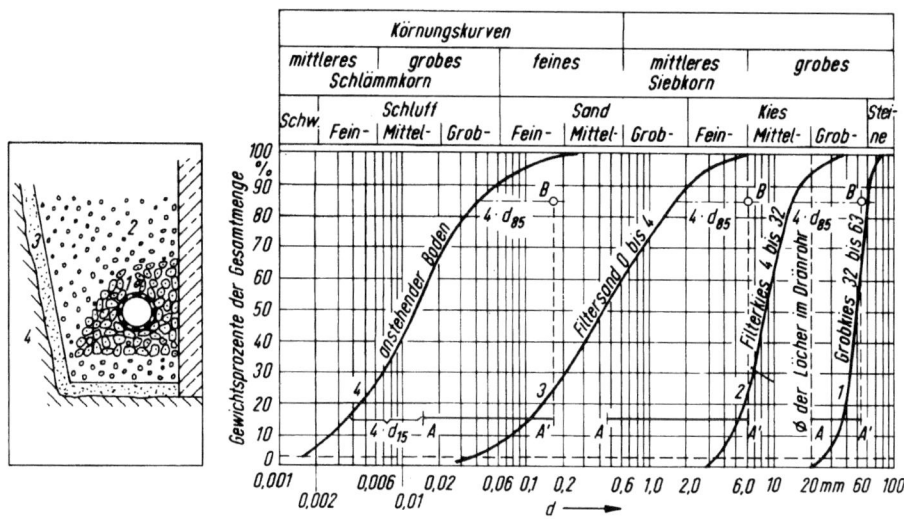

**Bild 5-10** Filterregel von *Terzaghi* bei dreistufigem Kiesfilter (aus [173], Kapitel 2.10)

Bei der Dimensionierung von Filtern nach der Filterregel von *Terzaghi* sind die folgenden drei Regeln einzuhalten:

1. $D_{15} < 4 \cdot d_{85}$ (Bodenrückhaltevermögen, „mechanische Filterfestigkeit", Zurückhaltung transportierbaren Bodens in der zu entwässernden Bodenschicht).
2. $D_{15} > 4 \cdot d_{15}$ (Sicherung drucklosen Wasserabflusses, „hydraulische Wirksamkeit").
3. Die Körnungslinien der zu entwässernden Schicht und des Filtermaterials müssen ähnlich verlaufen.

Die Zusammenfassung der ersten und zweiten Regel führt zu der üblichen Schreibweise

$$4 \cdot d_{15} < D_{15} < 4 \cdot d_{85} \qquad \text{Gl. 5-27}$$

der von *Terzaghi* aufgestellten Filterregel (vgl. auch [261]). Die verwendeten Größen in Gl. 5-27 sind:

$D_{15}$ Korndurchmesser des Filtermaterials bei 15 % Siebdurchgang,
$d_{15}$ Korndurchmesser des zu entwässernden Bodens bei 15 % Siebdurchgang,
$d_{85}$ Korndurchmesser des zu entwässernden Bodens bei 85 % Siebdurchgang.

Die angegebenen Bedingungen zeigen, dass die Filterregel von *Terzaghi* die Kenntnis der Körnungsverteilung des Bodenmaterials der einzelnen Filterstufen voraussetzt. Dies gilt auch für weitere Filterregeln, wie sie z. B. in [155] und [263] angegeben sind. Bezüglich der Sicherheit gegen Kontakterosion von Abdichtungsmaterialien unter Berücksichtigung der Bindungskräfte von Tonteilchen sei auf [163] verwiesen.

### 5.2.7 Bodenklassifikation nach DIN 18196 und DIN EN ISO 14688-2

In DIN 18196 [83] werden, auf der Basis von DIN EN ISO 14688-2 [120], Klassifizierungen von Böden in Hinblick auf bautechnische Zwecke vorgenommen. Die Einteilungen gelten nicht für Fels und auch nicht für Böden mit einem Massenanteil an Steinen und Blöcken von mehr als 40 %.

Klassifiziert werden Bodengruppen mit annähernd gleichem stofflichem Aufbau anhand der
- Korngrößenbereiche,
- Korngrößenverteilung,
- plastischen Eigenschaften (siehe auch Abschnitt 5.8.7),
- organischen Bestandteile (siehe auch Abschnitt 5.6.4),
- Entstehung.

Für diese Gruppen erfolgt eine Bewertung bezüglich ihrer bautechnischen Eigenschaften
- Scherfestigkeit,
- Verdichtungsfähigkeit,
- Zusammendrückbarkeit,
- Durchlässigkeit,
- Erosionsempfindlichkeit,
- Frostempfindlichkeit

und ihrer bautechnischen Eignung als
- Baugrund für Gründungen,
- Baustoff für Erd- und Baustraßen,
- Baustoff für Straßen- und Bahndämme,
- Baustoff für Dichtungen,
- Baustoff für Stützkörper,
- Baustoff für Dränagen.

Die Einteilung der Lockergesteine nach Korngrößenbereichen erfolgt in DIN 18196 gemäß Tabelle 5-5.

**Tabelle 5-5** Einteilung nach Korngrößenbereichen gemäß DIN 18196 für Lockergesteine mit Massenanteilen ≤ 40 % an Steinen und Blöcken

| | | Bodenartanteile mit Korngrößen $d < 63$ mm | | |
|---|---|---|---|---|
| Massenanteile (in %) | Korngröße $d$ (in mm) | Kornbereich | Bodenklassifikation nach DIN 18196 | Benennung nach DIN 18196 |
| > 95 | > 0,063 | Grobkorn (Sand + Kies) | nach Korngrößenverteilung (Körnungslinie) | grobkörnige Böden |
| ≥ 40 | ≤ 0,063 | Feinkorn (Schluff + Ton) | nach plastischen Eigenschaften | feinkörnige Böden |
| 5 bis 40 | ≤ 0,063 | Feinkorn (Schluff + Ton) | nach Korngrößenverteilung + plastischen Eigenschaften | gemischtkörnige Böden |

Bei grob- und gemischtkörnigen Böden gemäß Tabelle 5-5 werden anhand von Hauptbestandteilen zwei Hauptgruppen unterschieden (Tabelle 5-6), wobei sich die Hauptbestandteile aus den Körnungslinien der Böden ergeben. Die Ungleichförmigkeits- und Krümmungszahlen der grobkörnigen Böden dienen zur weiteren Unterteilung ihrer Hauptgruppen (Tabelle 5-7).

**Tabelle 5-6** Nach Hauptbestandteilen unterschiedene Hauptgruppen
(nach DIN 18196, Tabelle 1)

| Hauptbestandteile | Kurzzeichen | Massenanteil des Korns $\leq 2$ mm |
|---|---|---|
| Kieskorn (Grant) | G | $\leq 60\,\%$ |
| Sandkorn | S | $> 60\,\%$ |

**Tabelle 5-7** Unterteilung grobkörniger Böden in Abhängigkeit von Ungleichförmigkeitszahl $C_U$ und Krümmungszahl $C_C$ (nach DIN 18196, Tabelle 2)

| Benennung | Kurzzeichen | Ungleichförmigkeitszahl $C_U$ | Krümmungszahl $C_C$ |
|---|---|---|---|
| eng gestuft | E | $< 6$ | beliebig |
| weit gestuft | W | $\geq 6$ | 1 bis 3 |
| intermittierend gestuft | I | $\geq 6$ | $< 1$ oder $> 3$ |

Die weitere Unterteilung gemischtkörniger Böden nach den Massenanteilen des Feinkorns ist in Tabelle 5-8 dargestellt.

**Tabelle 5-8** Unterteilung gemischtkörniger Böden nach dem Massenanteil des Feinkorns
(nach DIN 18196, Tabelle 3)

| Benennung | Kurzzeichen | Massenanteil des Feinkorns $\leq 0{,}063$ mm |
|---|---|---|
| gering | U oder T | $\geq 5\,\%$ und $\leq 15\,\%$ |
| hoch | $\bar{U}$ oder $\bar{T}$ bzw. U* oder T* | $> 15\,\%$ und $\leq 40\,\%$ |

Zu den Klassifizierungen bezüglich der plastischen Eigenschaften sei auf Abschnitt 5.8.7 und hinsichtlich der organischen Bestandteile und der Entstehung sowie des Zersetzungsgrades von Torfen auf Abschnitt 5.6.4 verwiesen.

Tabelle 5-9 zeigt die Bodenklassifikation für bautechnische Zwecke gemäß DIN 18196. Sie gibt einen guten Überblick über die bautechnischen Eigenschaften und die bautechnische Eignung von Böden.

**Tabelle 5-9** Bodenklassifikation für bautechnische Zwecke (nach DIN 18196 [83], Tabelle 4)

| Sp | 1 | 2 | 3 | 4 | 5 | 6 | 7 | 8 | | | 9 | 10 | 11 | 12 | 13 | 14 | 15 | 16 | 17 | 18 | 19 | 20 | 21 | Sp |
|---|---|---|---|---|---|---|---|---|---|---|---|---|---|---|---|---|---|---|---|---|---|---|---|---|
| Zeile | Hauptgruppen | Korngrößen-Massenanteil | | Lage zur A-Linie (siehe Bild 5-21) | | Definition und Benennung | Kurzzeichen Gruppensymbol [b] | Erkennungsmerkmale (u. a. für Zeilen 15 bis 22) | | | Beispiele | Bautechnische Eigenschaften | | | | Anmerkungen [a] | | Bautechnische Eignung als Baustoff für | | | | | Zeile |
| | | Korndurchmesser ≤ 0,06 mm | Korndurchmesser 3 ≤ 2 mm | | Gruppen | | | Trockenfestigkeit | Reaktion beim Schüttelversuch | Plastizität beim Knetversuch | | Scherfestigkeit | Verdichtungsfähigkeit | Zusammendrückbarkeit | Durchlässigkeit | Erosionsempfindlichkeit | Frostempfindlichkeit | Baugrund für Gründungen | Erd- und Baustraßen | Straßen- und Bahndämme | Dichtungen | Stützkörper | Dränagen | |
| 1 | grobkörnige Böden | bis 60 % | kleiner 5 % | — | Kies (Grant) | eng gestufte Kiese | GE | steile Körnungslinie infolge Vorherrschens eines Korngrößenbereichs | | | Fluss- und Strandkies | + | +○ | ++ | – – | ++ | ++ | ++ | – | + | – – | + | ++ | 1 |
| 2 | | | | | | weit gestufte Kies-Sand-Gemische | GW | über mehrere Korngrößenbereiche kontinuierlich verlaufende Körnungslinie | | | Terrassenschotter | ++ | ++ | ++ | –○ | + | ++ | ++ | ++ | ++ | – – | ++ | +○ | 2 |
| 3 | | | | | | intermittierend gestufte Kies-Sand-Gemische | GI | meist treppenartig verlaufende Körnungslinie infolge Fehlens eines oder mehrerer Korngrößenbereiche | | | vulkanische Schlacken | ++ | + | ++ | – | ○ | ++ | ++ | ++ | ++ | – – | ++ | +○ | 3 |
| 4 | | über 60 % | | — | Sand | eng gestufte Sande | SE | steile Körnungslinie infolge Vorherrschens eines Korngrößenbereichs | | | Dünen- und Flugsand Fließsand Berliner Sand Beckensand Tertiärsand | + | +○ | ++ | – | – | ++ | + | – | +○ | – – | ○ | + | 4 |
| 5 | | | | | | weit gestufte Sand-Kies-Gemische | SW | über mehrere Korngrößenbereiche kontinuierlich verlaufende Körnungslinie | | | Moränensand Terrassensand | ++ | ++ | ++ | –○ | +○ | ++ | ++ | + | + | – – | + | +○ | 5 |
| 6 | | | | | | intermittierend gestufte Sand-Kies-Gemische | SI | meist treppenartig verlaufende Körnungslinie infolge Fehlens eines oder mehrerer Korngrößenbereiche | | | Granitgrus | + | + | ++ | –○ | +○ | ++ | ++ | ○ | + | – – | + | +○ | 6 |

Fortsetzung der Tabelle 5-9

| Sp | 1 | 2 | 3 | 4 | 5 | 6 | 7 | 8 | | | 9 | 10 | 11 | 12 | 13 | 14 | 15 | 16 | 17 | 18 | 19 | 20 | 21 | Sp |
|---|---|---|---|---|---|---|---|---|---|---|---|---|---|---|---|---|---|---|---|---|---|---|---|---|
| 7 | gemischtkörnige Böden | 5 bis 40 % | bis 60 % | – | Kies-Schluff-Gemische | 5 bis 15 % | ≤ 0,063 mm | GU | weit oder intermittierend gestufte Körnungslinie | | | Moränenkies | ++ | + | ++ | o | +o | -o | ++ | ++ | + | - | - | - | 7 |
| 8 | | | | | | über 15 bis 40 % | ≤ 0,063 mm | GU* | weit oder intermittierend gestufte Körnungslinie Feinkornanteil ist schluffig | | | Verwitterungskies | + | +o | + | + | -o | - - | + | +o | +o | -o | +o | - - | 8 |
| 9 | | | | | Kies-Ton-Gemische | 5 bis 15 % | ≤ 0,063 mm | GT | weit oder intermittierend gestufte Körnungslinie | | | Hangschutt | + | + | + | + | -o | - - | ++ | +o | +o | -o | -o | - | 9 |
| 10 | | | | | | über 15 bis 40 % | ≤ 0,063 mm | GT* | weit oder intermittierend gestufte Körnungslinie Feinkornanteil ist tonig | | | Geschiebelehm | +o | o | + | +o | +o | +o | +o | +o | +o | +o | -o | - - | 10 |
| 11 | | | | | Sand-Schluff-Gemische | 5 bis 15 % | ≤ 0,063 mm | SU | weit oder intermittierend gestufte Körnungslinie | | | Tertiärsand | ++ | + | + | o | - | | ++ | ++ | o | +o | + | - | 11 |
| 12 | | | | | | über 15 bis 40 % | ≤ 0,063 mm | SU* | weit oder intermittierend gestufte Körnungslinie Feinkornanteil ist schluffig | | | Auelehm Sandloss | + | o | +o | +o | + | - - | o | o | -o | +o | o | - - | 12 |
| 13 | | | | | Sand-Ton-Gemische | 5 bis 15 % | ≤ 0,063 mm | ST | weit oder intermittierend gestufte Körnungslinie | | | Terrassensand Schleichsand | +o | +o | +o | +o | +o | -o | + | + | +o | -o | +o | - - | 13 |
| 14 | | | über 60 % | – | | über 15 bis 40 % | ≤ 0,063 mm | ST* | weit oder intermittierend gestufte Körnungslinie Feinkornanteil ist tonig | | | Geschiebelehm und -mergel | +o | -o | +o | ++ | -o | - | + | o | o | o | + | - - | 14 |
| 15 | feinkörnige Böden | über 40 % | | $I_P \leq 4\%$ oder unterhalb der A-Linie | Schluff | leicht plastische Schluffe | $w_L < 35\%$ | UL | niedrige | keine bis leichte | | Löss Hochflutlehm | -o | -o | -o | +o | +o | - - | - - | +o | - - | - - | - - | - - | 15 |
| 16 | | | | | | mittelplastische Schluffe | $35\% \leq w_L \leq 50\%$ | UM | niedrige bis mittlere | leichte bis mittlere | | Seeton Beckenschluff | -o | - | -o | - | + | - | - - | o | -o | -o | o | - - | 16 |
| 17 | | | | | | ausgeprägt plastische Schluffe | $w_L > 50\%$ | UA | hohe | mittlere bis ausgeprägte | | vulkanische Böden Bimsboden | - | - | - | - | ++ | - | - | -o | - | -o | +o | - - | 17 |
| 18 | | | | $I_P \geq 7\%$ und oberhalb der A-Linie | Ton | leicht plastische Tone | $w_L < 35\%$ | TL | mittlere bis hohe | leichte | | Geschiebemergel Bänderton | -o | -o | o | o | +o | - | o | o | - | - | ++ | - - | 18 |
| 19 | | | | | | mittelplastische Tone | $35\% \leq w_L \leq 50\%$ | TM | hohe | mittlere | | Lösslehm Seeton Beckenton Keuperton | - | - | - | -o | ++ | o | o | o | - | -o | + | - - | 19 |
| 20 | | | | | | ausgeprägt plastische Tone | $w_L > 50\%$ | TA | sehr hohe | ausgeprägte | | Tarras, Lauenburger Ton, Beckenton | - - | - - | - - | - - | ++ | +o | -o | o | - - | - - | - - | - - | 20 |

# 5 Untersuchungen im Labor

Fortsetzung der Tabelle 5-9

| Sp | 2 | 3 | 4 | 5 | 6 | 7 | 8 | | | 9 | 10 | 11 | 12 | 13 | 14 | 15 | 16 | 17 | 18 | 19 | 20 | 21 | Sp |
|---|---|---|---|---|---|---|---|---|---|---|---|---|---|---|---|---|---|---|---|---|---|---|---|
| | | | | | | | langsame bis sehr schnelle | mittlere | ausgeprägte | | | | | | | | | | | | | | |
| 21 | über 40 % | | $I_P \geq 7\%$ und unterhalb der A-Linie | nicht brenn- oder nicht schwelbar | Schluffe mit organischen Beimengungen und organogene$^c$ Schluffe 35 % ≤ $w_L$ ≤ 50 % | OU | mittlere | hohe | keine | Seekreide Kieselgur Mutterboden | −O | − | −O | +O | − | − | − | − | − | − | − | 21 |
| 22 | bis 40 % | | | | Tone mit organischen Beimengungen und organogene$^c$ Tone $w_L > 50\%$ | OT | | | | Schlick Klei, tertiäre Kohletone | − | −O | − | ++ | −O | −O | − | O | − | − | − | 22 |
| 23 | | | | | grob- bis gemischtkörnige Böden mit Beimengungen humoser Art | OH | Beimengungen pflanzlicher Art, meist dunkle Färbung, Modergeruch, Glühverlust bis etwa 20 % Massenanteil | | | Mutterboden Paläoboden | O | −O | −O | O | +O | −O | − | O | − | − | − | 23 |
| 24 | | | | | grob- bis gemischtkörnige Böden mit kalkigen, kieseligen Bildungen | OK | Beimengungen nicht pflanzlicher Art, meist helle Färbung, leichtes Gewicht, große Porosität | | | Kalk- Tuffsand Wiesenkalk | + | O | −O | −O | O | +O | −O | O | −O | − | − | 24 |
| 25 | | | | brenn- oder schwelbar | nicht bis mäßig zersetzte Torfe (Humus) | HN | an Ort und Stelle aufgewachsene Humusbildungen | Zersetzungsgrad 1 bis 5 nach DIN 19682-12, faserig, holzreich, hellbraun bis braun | | Niedermoor-, Hochmoor- Bruchwaldtorf | − | O | − | O | O | − | −O | − | − | − | − | 25 |
| 26 | | | | | zersetzte Torfe | HZ | | Zersetzungsgrad 6 bis 10, schwarz-braun bis schwarz | | | − | − | − | +O | +O | − | − | − | − | − | − | 26 |
| 27 | | | | | Schlamme als Sammelbegriff für Faulschlamm, Mudde, Gyttja, Dy und Sapropel | F | unter Wasser abgesetzte (sedimentäre) Schlamme aus Pflanzenresten, Kot und Mikroorganismen, oft von Sand, Ton und Kalk durchsetzt, blauschwarz oder grünlich bis gelbbraun, gelegentlich dunkelgraubraun bis blauschwarz, federnd, weichschwammig | | | Mudde Faulschlamm | − | − | − | +O | − | − | − | − | − | − | − | 27 |
| 28 | | | | | Auffüllung aus natürlichen Böden; (jeweiliges Gruppensymbol in Klammern) | [ ] | | | | − | | | | | | | | | | | | | 28 |
| 29 | | | | | Auffüllung aus Fremdstoffen (die Klassifizierung ist kein Ersatz für die abfalltechnische Bewertung) | A | | | | Müll, Schlacke Bauschutt Industrieabfall | | | | | | | | | | | | | 29 |

$^a$ Die Spalten 10 bis 21 enthalten als grobe Leitlinie Hinweise auf bautechnische Eigenschaften und auf die bautechnische Eignung nebst Beispielen in Spalte 9. Diese Angaben sind keine normativen Festlegungen.
$^b$ An den Kurzzeichen U und T darf anstelle des Sterns auch der Querbalken für verwendet werden, siehe Tabelle 3 der DIN 18196 bzw. Tabelle 5-8.
$^c$ Unter Mitwirkung von Organismen gebildete Böden.

Legende: Bedeutung der qualitativen und wertenden Angaben

| Spalte 10 | | Spalte 11 | | Spalten 12 bis 15 | | Spalten 16 bis 21 | |
|---|---|---|---|---|---|---|---|
| −− | sehr gering | −− | sehr schlecht | −− | sehr groß | −− | ungeeignet |
| − | gering | − | schlecht | − | groß | − | weniger geeignet |
| −O | mäßig | −O | mäßig | −O | groß bis mittel | −O | mäßig brauchbar |
| O | mittel | O | mittel | O | mittel | O | brauchbar |
| +O | groß bis mittel | +O | gut bis mittel | +O | gering bis mittel | +O | geeignet |
| + | groß | + | gut | + | sehr gering | + | gut geeignet |
| ++ | sehr groß | ++ | sehr gut | ++ | vernachlässigbar klein | ++ | sehr gut geeignet |

## Anwendungsbeispiel

Das bei einer Baumaßnahme einzubauende Bodenmaterial ist anhand seiner Sieblinie (Bild 5-11) gemäß DIN 18196 zu klassifizieren und hinsichtlich seiner bautechnischen Eigenschaften und auch seiner bautechnischen Eignungen einzustufen.

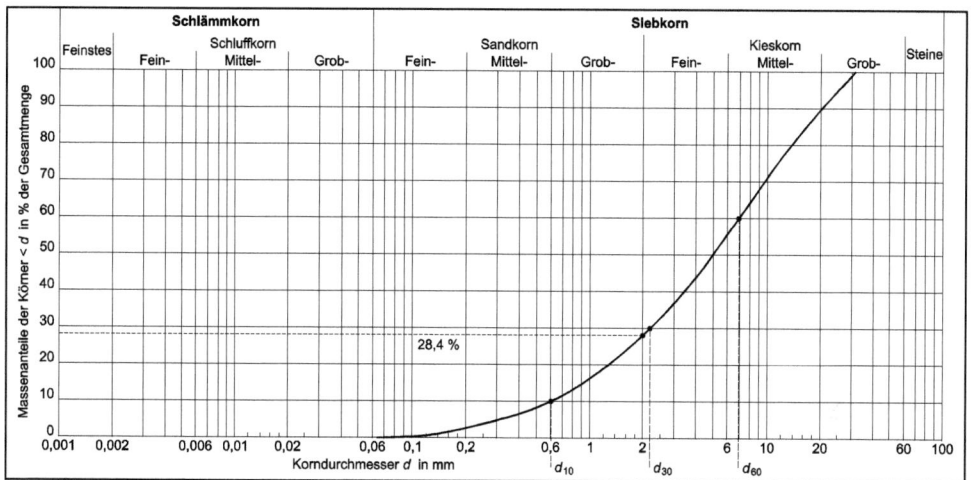

**Bild 5-11** Körnungslinie eines einzubauenden Bodens (Auswertung der Sieblinie mit dem Programm „Sieve" [F 1])

## Lösung

Mit dem Programm „Sieve" [F 1] wurden die Größen der Korndurchmesser bei 10 %, 30 % und 60 % Siebdurchgang (Bild 5-11)

$d_{10} = 0{,}607$ mm

$d_{30} = 2{,}169$ mm

$d_{60} = 6{,}896$ mm

berechnet.

Mit Hilfe dieser Größen berechnet sich die Ungleichförmigkeitszahl zu

$$C_U = \frac{d_{60}}{d_{10}} = \frac{6{,}896}{0{,}607} = 11{,}36$$

und die Krümmungszahl zu

$$C_C = \frac{d_{30}^2}{d_{10} \cdot d_{60}} = \frac{2{,}169^2}{0{,}607 \cdot 6{,}896} = 1{,}12$$

Da der untersuchte grobkörnige Boden mit ≈ 28,4 % weniger als 60 % Massenanteil mit $d \leq 2$ mm aufweist, ist der Hauptbestandteil dieses Bodens nach Tabelle 5-6 Kieskorn (G). Wird berücksichtigt, dass außerdem $C_U = 11{,}36 \geq 6$ und $C_C = 1{,}12 > 1$ und $< 3$ gelten, ergibt sich nach Tabelle 4 von DIN 18196 (entspricht Tabelle 5-9) eine weite Stufung. Somit handelt es sich um einen weit gestuften Kies (GW). Für die Einstufung von dessen bautechnischen Eigenschaften gilt (Tabelle 5-9):

- sehr große Scherfestigkeit,
- sehr gute Verdichtungsfähigkeit,
- vernachlässigbar kleine Zusammendrückbarkeit,
- große bis mittlere Durchlässigkeit,
- sehr geringe Erosionsempfindlichkeit,
- vernachlässigbar kleine Frostempfindlichkeit.

Bezüglich der bautechnischen Eignung des Bodens ergibt sich aus Tabelle 5-9, dass er als Baugrund für Gründungen sehr gut geeignet ist. Für die Einstufung seiner Eignung als Baustoff gilt:
- sehr gut geeignet für
  • Erd- und Baustraßen,
  • Straßen- und Bahndämme,
  • Stützkörper,
- geeignet für Dränagen,
- ungeeignet für Dichtungen.

## 5.3 Wassergehalt

Von der Größe des Wassergehalts werden bautechnisch bedeutsame Eigenschaften des Bodens wie z. B. die
- Zusammendrückbarkeit und Festigkeit bindiger Böden,
- Verdichtbarkeit von Böden (vgl. Abschnitt 5.9, Proctorversuch)

maßgeblich beeinflusst. So gilt z. B. für bindigen Boden, dass
- sein Steifemodul $E_s$ bei größer werdendem Wassergehalt immer kleiner wird,
- seine Scherfestigkeit mit größer werdendem Wassergehalt abnimmt (in Matsch einsinken).

Der Wassergehalt wird darüber hinaus als Hilfsgröße bei der Auswertung anderer Versuche (z. B. Fließ-, Ausroll- und Schrumpfgrenzenermittlung) benötigt.

### 5.3.1 DIN-Normen

Empfehlungen bezüglich der Vorgehensweise bei der Wassergehaltsbestimmung und der dabei zu verwendenden Geräte bei der Bestimmung durch Ofentrocknung (mit Wärmeschrank) bzw. der Bestimmung durch Schnellverfahren können den DIN-Normen
- DIN 18121-2 [64] und DIN ISO 17892-1 [122]

entnommen werden. In DIN 18121-2 sind auch Anwendungsbeispiele zu finden.

### 5.3.2 Definition des Wassergehalts

Mit der Masse $m_w$ des Porenwassers und der Masse $m_d$ des trockenen Bodens definiert sich der *Wassergehalt* durch

$$w = \frac{m_w}{m_d} \qquad \text{Gl. 5-28}$$

### 5.3.3 Mit *w* in Beziehung stehende Kenngrößen feuchter Böden

Wichte des teilgesättigten Bodens (in kN/m³)

$$\gamma = (1+w) \cdot \gamma_d = (1+w) \cdot (1-n) \cdot \gamma_s = \frac{1+w}{1+e} \cdot \gamma_s \qquad \text{Gl. 5-29}$$

Dichte des teilgesättigten Bodens (in t/m³)

$$\rho = (1+w) \cdot \rho_d = (1+w) \cdot (1-n) \cdot \rho_s = \frac{1+w}{1+e} \cdot \rho_s \qquad \text{Gl. 5-30}$$

Trockenwichte des Bodens (in kN/m³)

$$\gamma_d = \frac{\gamma}{1+w} = \frac{n_w \cdot \gamma_w}{w} = \frac{(1-n_a) \cdot \gamma_s \cdot \gamma_w}{w \cdot \gamma_s + \gamma_w} = \frac{S_r \cdot \gamma_s \cdot \gamma_w}{w \cdot \gamma_s + S_r \cdot \gamma_w} \qquad \text{Gl. 5-31}$$

Trockendichte des Bodens (in t/m³)

$$\rho_d = \frac{\rho}{1+w} = \frac{n_w \cdot \rho_w}{w} = \frac{(1-n_a) \cdot \rho_s \cdot \rho_w}{w \cdot \rho_s + \rho_w} = \frac{S_r \cdot \rho_s \cdot \rho_w}{w \cdot \rho_s + S_r \cdot \rho_w} \qquad \text{Gl. 5-32}$$

Porenanteil des Bodens

$$n = \frac{w \cdot \rho_s + n_a \cdot \rho_w}{w \cdot \rho_s + \rho_w} = \frac{w \cdot \rho_s}{w \cdot \rho_s + S_r \cdot \rho_w} = \frac{w \cdot \rho_d}{S_r \cdot \rho_w} = 1 - \frac{\rho}{(1+w) \cdot \rho_s}$$

$$= \frac{w \cdot \gamma_s + n_a \cdot \gamma_w}{w \cdot \gamma_s + \gamma_w} = \frac{w \cdot \gamma_s}{w \cdot \gamma_s + S_r \cdot \gamma_w} = \frac{w \cdot \gamma_d}{S_r \cdot \gamma_w} = 1 - \frac{\gamma}{(1+w) \cdot \gamma_s} \qquad \text{Gl. 5-33}$$

Porenzahl des Bodens

$$e = \frac{w \cdot \rho_s + n_a \cdot \rho_w}{\rho_w \cdot (1-n_a)} = \frac{w \cdot \rho_s}{S_r \cdot \rho_w} = \frac{w \cdot \rho_d}{S_r \cdot \rho_w - w \cdot \rho_d} = (1+w) \cdot \frac{\rho_s}{\rho} - 1$$

$$= \frac{w \cdot \gamma_s + n_a \cdot \gamma_w}{\gamma_w \cdot (1-n_a)} = \frac{w \cdot \gamma_s}{S_r \cdot \gamma_w} = \frac{w \cdot \gamma_d}{S_r \cdot \gamma_w - w \cdot \gamma_d} = (1+w) \cdot \frac{\gamma_s}{\gamma} - 1 \qquad \text{Gl. 5-34}$$

Sättigungszahl des Bodens

$$S_r = \frac{w \cdot \rho_d \cdot \rho_s}{\rho_w \cdot (\rho_s - \rho_d)} = \frac{w \cdot \rho \cdot \rho_s}{\rho_w \cdot [(1+w) \cdot \rho_s - \rho]} = \frac{w \cdot \rho_d}{n \cdot \rho_w} = \frac{(1-n) \cdot w \cdot \rho_s}{n \cdot \rho_w}$$

$$= \frac{(1-n_a) \cdot w \cdot \rho_s}{w \cdot \rho_s + n_a \cdot \rho_w}$$

$$= \frac{w \cdot \gamma_d \cdot \gamma_s}{\gamma_w \cdot (\gamma_s - \gamma_d)} = \frac{w \cdot \gamma \cdot \gamma_s}{\gamma_w \cdot [(1+w) \cdot \gamma_s - \gamma]} = \frac{w \cdot \gamma_d}{n \cdot \gamma_w} = \frac{(1-n) \cdot w \cdot \gamma_s}{n \cdot \gamma_w} \qquad \text{Gl. 5-35}$$

$$= \frac{(1-n_a) \cdot w \cdot \gamma_s}{w \cdot \gamma_s + n_a \cdot \gamma_w}$$

### Anwendungsbeispiel

Unter Verwendung von Formeln ist zu erläutern, warum sich der mittlere Wassergehalt feuchter Böden bei Verdichtung (Sättigung des Bodens tritt nicht ein) oder Auflockerung nicht ändert!

### Lösung

Durch die Verdichtung bzw. Auflockerung ändert sich das mit Luft gefüllte Porenvolumen um $\Delta V_a$. Deshalb ergibt sich aus dem ursprünglichen Volumen (vgl. Bild 5-1)

$$V_{alt} = V_k + V_w + V_a$$

das Volumen

$$V_{neu} = V_k + V_w + V_a - \Delta V_a \quad \text{bzw.} \quad V_{neu} = V_k + V_w + V_a + \Delta V_a$$

Da sich das Volumen $V_w$ des Wassers und das Kornvolumen $V_k$ und damit die Masse des Wassers $m_w$ und die Kornmasse $m_d$ nicht ändern, ändert sich auch der Wassergehalt (Gl. 5-28)

$$w = \frac{m_w}{m_d}$$

bei Verdichtung bzw. Auflockerung des feuchten Bodens nicht.

### 5.3.4 Mit *w* in Beziehung stehende Kenngrößen gesättigter Böden

Wichte des gesättigten Bodens (in kN/m³)

$$\gamma_r = \frac{\gamma_s \cdot \gamma_w \cdot (1+w_r)}{w_r \cdot \gamma_s + \gamma_w} = \gamma_d \cdot (1+w_r) = (1+w)\cdot(1-n)\cdot\gamma_s = \frac{1+w}{1+e}\cdot\gamma_s \qquad \text{Gl. 5-36}$$

Dichte des gesättigten Bodens (in t/m³)

$$\rho_r = \frac{\rho_s \cdot \rho_w \cdot (1+w_r)}{w_r \cdot \rho_s + \rho_w} = \rho_d \cdot (1+w_r) = (1+w)\cdot(1-n)\cdot\rho_s = \frac{1+w}{1+e}\cdot\rho_s \qquad \text{Gl. 5-37}$$

Trockenwichte des Bodens im gesättigten Zustand (in kN/m³)

$$\gamma_d = \frac{\gamma_r}{1+w_r} = \frac{n\cdot\gamma_w}{w} = \frac{\gamma_s \cdot \gamma_w}{w\cdot\gamma_s + \gamma_w} \qquad \text{Gl. 5-38}$$

Trockendichte des Bodens im gesättigten Zustand (in t/m³)

$$\rho_d = \frac{\rho_r}{1+w_r} = \frac{n\cdot\rho_w}{w} = \frac{\rho_s \cdot \rho_w}{w\cdot\rho_s + \rho_w} \qquad \text{Gl. 5-39}$$

Porenanteil des gesättigten Bodens

$$n = \frac{w_r \cdot \rho_s}{w_r \cdot \rho_s + \rho_w} = 1 - \frac{\rho_r}{(1+w_r)\cdot\rho_s} = \frac{w_r \cdot \gamma_s}{w_r \cdot \gamma_s + \gamma_w} = 1 - \frac{\gamma_r}{(1+w_r)\cdot\gamma_s} \qquad \text{Gl. 5-40}$$

Porenzahl des gesättigten Bodens

$$e = \frac{w_r \cdot \rho_s}{\rho_w} = (1+w_r)\cdot\frac{\rho_s}{\rho_r} - 1 = \frac{w_r \cdot \gamma_s}{\gamma_w} = (1+w_r)\cdot\frac{\gamma_s}{\gamma_r} - 1 \qquad \text{Gl. 5-41}$$

### 5.3.5 Bestimmung des Wassergehalts durch Ofentrocknung

Zur Wassergehaltsbestimmung sind drei Wägungen durchzuführen. Die erste Wägung dient der Ermittlung der Masse $m_B$ des Probenbehälters. Danach wird dieser Behälter mit der feuchten Bodenprobe (Masse $m$) gewogen (Wägeergebnis: $(m + m_B)$). Die dritte Wägung erfolgt, wenn sich bei der Trocknung des Probenmaterials im Wärmeschrank (auch „Trocknungsofen" oder „Trockenschrank" genannt) bei 105 °C Massenkonstanz eingestellt hat (Probenmasse ändert sich nicht mehr); das Wägeergebnis $(m_d + m_B)$ erfasst auch die Masse $m_d$ der trockenen Probenmasse. Massenkonstanz wird bei Proben für Sand nach ca. 6 Stunden und für tonige Proben nach ungefähr 12 Stunden Trocknung erreicht; größere Probenmengen benötigen längere Trocknungszeiten.

Diese Wägeergebnisse ermöglichen die Bestimmung des Wassergehalts $w$ gemäß Gl. 5-28 mit dem Ergebnis der Gleichungen

$$m_d = (m_d + m_B) - m_B$$
$$m_w = (m + m_B) - (m_d + m_B) = m - m_d$$

Gl. 5-42

Die für den beschriebenen Versuch zu verwendende Mindestprobenmasse gemäß DIN EN ISO 17892-1 ist abhängig von der Bodenart und in Tabelle 5-10 zusammengestellt. Bezüglich weiterer Aspekte im Umgang mit dem Probenmaterial sei auf DIN EN ISO 17892-1, 5.1 verwiesen.

Tabelle 5-10  Mindestprobenmasse bei der Wassergehaltsbestimmung (nach DIN EN ISO 17892-1, Tabelle 1)

| Korndurchmesser $d_{max}$[a] in mm | Empfohlene Mindestmasse der feuchten Probe[b] in g |
|---|---|
| 0,063 | 30 |
| 2 | 100 |
| 10 | 500 |
| 31,5 | 3 000 |
| 63 | 21 000 |

a Maximaler Durchmesser der Bodenbestandteile unter Ausschluss jeglicher einzelner, vorhandener, gröberer Bestandteile.
b Bei der Verwendung von Proben, deren Masse geringer ist als die angegebene Mindestmasse, ist mit Vorsicht vorzugehen, auch wenn die Masse für den Prüfzweck ausreichend wäre. Proben, deren Masse geringer als der angegebene Wert ist, sind im Prüfbericht zu vermerken. In Fällen, in denen mit einer kleinen Probe, die verhältnismäßig große Bestandteile enthält, gearbeitet wird, ist es sinnvoll, diese Bestandteile nicht in die Probe aufzunehmen. Dies sollte im Prüfbericht vermerkt werden.

Weitere Einzelheiten zur Wassergehaltsbestimmung durch Ofentrocknung können DIN EN ISO 17892-1 entnommen werden.

### 5.3.6 Bestimmung des Wassergehalts durch Schnellverfahren

Die Wassergehaltsbestimmung mit Schnellverfahren gemäß DIN 18121-2 kann mittels
– Schnelltrocknungsverfahren oder dem
– Luftpyknometerverfahren

erfolgen. Bei den Schnelltrocknungsverfahren sind als Trocknungsgeräte wahlweise Mikrowellenherde, Infrarotstrahler, Elektroplatten oder Gasbrenner einsetzbar. Für die Durchführung des Luftpyknometerverfahrens ist ein Luftpyknometer mit Überdruckmessgerät erforderlich.

Einzelheiten zu der jeweiligen Versuchsdurchführung sind in DIN 18121-2 zu finden.

## 5.4 Dichte

Die Kenntnis der Dichte des Bodens dient zur Beurteilung bautechnischer Eigenschaften des Bodens und ist für die Berechnung des Porenanteils bzw. der Porenzahl und der Sättigungszahl erforderlich. Die aus der Dichte berechenbare Wichte des Bodens wird als Grundwert für die Ermittlung von Bauwerksbelastungen im Rahmen erdstatischer Berechnungen benötigt (z. B. bei Stützwänden oder Tunneln) und beeinflusst somit direkt die Dimensionierung der davon betroffenen Konstruktionen bzw. Konstruktionsteile. Mit dem aus Bodendichte und zugehöriger Proctordichte (siehe Abschnitt 5.9) ermittelbaren Verdichtungsgrad kann die Qualität erreichter Bodenverdichtung beurteilt werden (wie z. B. im Straßenbau, vgl. Tabelle 5-20).

### 5.4.1 DIN-Normen

Die Normen
– DIN 18125-2 [70] und DIN EN ISO 17892-2 [123]

enthalten Empfehlungen für die Dichtebestimmung des Bodens hinsichtlich der methodischen Vorgehensweise und der dabei zu verwendenden Geräte. Die Ausführungen betreffen sowohl Versuche im Labor (DIN EN ISO 17892-2) als auch im Feld (DIN 18125-2). Anwendungsbeispiele für Feldversuche finden sich in DIN 18125-2 und für Laborversuche z. B. in [69].

Da bei vielen Böden die Entnahme von Proben zu nennenswerten Auflockerungen des Probenmaterials führt, ist die Bestimmung der Dichte des Bodens mit Hilfe von Feldversuchen besonders bedeutsam. Im Folgenden wird deshalb auf Laborversuche nicht explizit eingegangen.

### 5.4.2 Definitionen

*Dichte des feuchten Bodens* (in g/cm$^3$) Verhältnis der Masse $m$ zum Volumen $V$ (inkl. Luft) der feuchten Bodenprobe gemäß

$$\rho = \frac{m}{V} \qquad \text{Gl. 5-43}$$

*Dichte des trockenen Bodens* (in g/cm$^3$) Verhältnis der Masse $m_d$ zum Volumen $V$ (inkl. Luft) der trockenen Bodenprobe gemäß

$$\rho_d = \frac{m_d}{V} \qquad \text{Gl. 5-44}$$

### 5.4.3 Mit $\rho$ und $\rho_d$ in Beziehung stehende Kenngrößen

Wichte des feuchten Bodens (in N/cm$^3$)

$$\gamma = \rho \cdot g \qquad \text{mit der Erdbeschleunigung } g \approx 10 \text{ m/s}^2 \qquad \text{Gl. 5-45}$$

**Hinweise:** für $\gamma$ (in kN/m$^3$) und $\rho$ (in t/m$^3$) gilt die nicht dimensionsreine Form $\gamma = 10 \cdot \rho$

für $\gamma$ (in N/cm$^3$) und $\rho$ (in g/cm$^3$) gilt die nicht dimensionsreine Form $\gamma = 0{,}01 \cdot \rho$

Wassergehalt des Bodens (vgl. Abschnitt 5.3)

$$w = \frac{\rho}{\rho_d} - 1 \qquad \text{Gl. 5-46}$$

Porenanteil des Bodens ($\rho_s$ = Korndichte gemäß Abschnitt 5.5)

$$n = 1 - \frac{\rho_d}{\rho_s} \qquad \text{Gl. 5-47}$$

Porenzahl des Bodens

$$e = \frac{\rho_s}{\rho_d} - 1 \qquad \text{Gl. 5-48}$$

Anteil der wassergefüllten Poren des Bodens ($\rho_w$ = Dichte des Wassers)

$$n_w = w \cdot \frac{\rho_d}{\rho_w} \qquad \text{Gl. 5-49}$$

Anteil der mit Luft gefüllten Poren des Bodens

$$n_a = n - n_w = 1 - \frac{\rho_d \cdot (w \cdot \rho_s + \rho_w)}{\rho_w \cdot \rho_s} \qquad \text{Gl. 5-50}$$

Sättigungszahl des Bodens

$$S_r = \frac{w \cdot \rho \cdot \rho_s}{\rho_w \cdot [(1+w) \cdot \rho_s - \rho]} = \frac{w \cdot \rho_d \cdot \rho_s}{\rho_w \cdot (\rho_s - \rho_d)} = \frac{w \cdot \rho_d}{n \cdot \rho_w} \qquad \text{Gl. 5-51}$$

**Anwendungsbeispiel**

Die gleichmäßige Verdichtung einer 5,00 m mächtigen Schicht aus wassergesättigtem Boden führte zu einer Verminderung der Schichtdicke auf 4,80 m.

Zu ermitteln ist die mittlere Dichte des verdichteten Bodens unter der Voraussetzung, dass für den unverdichteten Boden eine mittlere Dichte von $\rho_{r,u} = 2,056 \, t/m^3$ galt.

**Lösung**

Die unverdichtete Schicht des gesättigten Bodens besitzt pro m² die Masse (Gl. 5-18)
$$m_u = V_u \cdot \rho_{r,u} = 1,0 \cdot 5,00 \cdot 2,056 = 10,28 \, t$$

Durch die Verdichtung werden pro m² der Schicht
$$\Delta V_w = 1,0 \cdot (5,00 - 4,80) = 0,2 \, m^3$$

Wasser ausgepresst, sodass sich die Masse pro m² verdichteter Schicht auf
$$m_v = m_u - \Delta V_w \cdot \rho_w = 10,28 - 0,2 \cdot 1,00 = 10,08 \, t$$

reduziert. Mit dem Volumen pro m² verdichteter Bodenschicht
$$V_v = 1,0 \cdot 4,80 = 4,80 \, m^3$$

ergibt sich die gesuchte mittlere Dichte des verdichteten Bodens zu
$$\rho_{r,v} = \frac{m_v}{V_v} = \frac{10,08}{4,80} = 2,10 \, t/m^3$$

### 5.4.4 Feldversuche nach DIN 18125-2

Da vor Ort anstehende Böden sehr unterschiedliche Eigenschaften haben können, werden in DIN 18125-2 mehrere Versuche zur Bestimmung der Dichte des Bodens in situ angegeben.

Für welche Böden das jeweilige Verfahren gut geeignet ist, geht aus Tabelle 3 von DIN 18125-2 hervor. So eignet sich z. B. das sehr einfach funktionierende Ausstechzylinder-Verfahren nur für bindige Böden ohne Grobkorn bzw. für nichtbindige Böden aus Fein- bis Mittelsanden (vgl. auch DIN 18125-2, 7.2.2).

Neben den im Folgenden dargestellten Verfahren werden in DIN 18125-2 noch das Flüssigkeitsersatz- und das Gipsersatz-Verfahren (gut geeignet für bindige Böden, für Fein- bis Mittelsande, für Kies-Sand-Gemische und für sandarmen Kies) sowie das Schürfgruben-Verfahren (bei aus Steinen und Blöcken mit geringen Beimengungen bestehenden Böden wird nur dieses Verfahren empfohlen) beschrieben.

### Ausstechzylinder-Verfahren

Bei diesem Verfahren wird ein zylindrisches Entnahmegerät (Bild 5-12) eingesetzt. Die Abmessungen dieses Ausstechzylinders müssen nach DIN 18125-2 die folgenden Bedingungen erfüllen:

- Innendurchmesser $\quad d_i \geq 96$ mm
- Höhe $\quad h \approx 1{,}2 \cdot d_i$
- Flächenverhältnis $\quad C_a = \dfrac{d_a^2 - d_i^2}{d_i^2} \leq 0{,}1$

Zur Probenentnahme wird der Ausstechzylinder mittels einer Schlaghaube senkrecht in den Boden eingedrückt oder ggf. eingetrieben (z. B. mit einem Hammer). Das Volumen $V$ der so gewonnenen Bodenprobe ergibt sich aus dem Innendurchmesser $d_i$ und der Höhe $h$ des Ausstechzylinders (die beiden Größen sind an drei gleichmäßig verteilten Stellen mit einer Genauigkeit von 0,1 mm zu messen). Die Massen $m$ bzw. $m_d$ werden durch Wägung des naturfeuchten bzw. des im Ofen getrockneten (vgl. Abschnitt 5.3.5) Materials ermittelt. Sind die Größen Volumen und Masse bekannt, ist die Dichte $\rho$ des feuchten gemäß Gl. 5-43 bzw. $\rho_d$ des trockenen Bodens mit Gl. 5-44 ermittelbar.

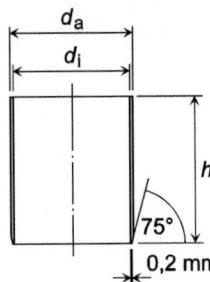

**Bild 5-12** Gerät (Ausstechzylinder) zur Entnahme von Bodenproben beim Ausstechzylinder-Verfahren (nach DIN 18125-2)

Weitere Ausführungen zu den Geräten, den untersuchbaren Bodenarten und der Versuchsdurchführung können in DIN 18125-2 nachgelesen werden.

### Sandersatz-Verfahren

Eine weitere der in DIN 18125-2 angegebenen Methoden ist das Sandersatz-Verfahren (Bild 5-13). Sein Einsatz ist zweckmäßig bei ungleichkörnigen und grobkörnigen bindigen und nichtbindigen Böden, bei denen der Eintrieb eines Ausstechzylinders zu Störungen des Bodengefüges führen würde. Die maximale Korngröße von geeignetem Bodenmaterial liegt bei etwa 63 mm (obere Grenze für Grobkies, vgl. Tabelle 1-4). Ungeeignet ist das Verfahren bei Böden, deren Poren so groß sind, dass der Prüfsand in sie einfließen kann.

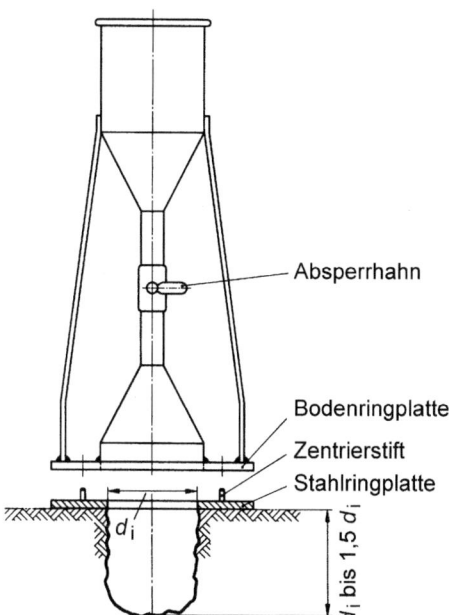

**Bild 5-13** Gerät zur Entnahme von Bodenproben beim Sandersatz-Verfahren (nach DIN 18125-2, Bild 2)

Bei diesem Verfahren wird das Probenmaterial durch die Öffnung der auf der vorbereiteten Bodenoberfläche aufliegenden Stahlringplatte ausgehoben. Das gesamte Material aus der dabei entstehenden Prüfgrube ist so aufzubewahren, dass eine problemlose Ermittlung seiner Feuchtmasse $m$ und der Trockenmasse $m_d$ durch Wägung erfolgen kann. Danach wird der mit Prüfsand gefüllte und gewogene Doppeltrichter auf die Stahlringplatte gestellt. Der Absperrhahn wird geöffnet und erst wieder geschlossen, wenn kein Sand mehr hindurchrieselt. Anschließend wird der Doppeltrichter mit dem verbliebenen Prüfsand erneut gewogen und durch Differenzbildung die Masse $m_c$ des Prüfsandes ermittelt (in g), die zur Füllung von Prüfgrube + Ringraum + unterem Trichter erforderlich war.

Die Ermittlung des Prüfgrubenvolumens $V$, das für die Berechnung der Dichten $\rho$ und $\rho_d$ erforderlich ist, erfolgt mit der Gleichung

$$V = \frac{m_c - m_b}{\rho_E} \qquad \text{Gl. 5-52}$$

$m_b$ ist die Sandmasse (in g) aus Ringraum + unterem Trichter und $\rho_E$ die Schüttdichte des Sandes (in g/cm³). Beide Größen werden vor der Versuchsdurchführung bestimmt (siehe DIN 18125-2).

Mit der durch Wägung bestimmten Masse $m$ (in g) des Bodens aus der Prüfgrube und dem Volumen $V$ der Prüfgrube (in cm³) aus Gl. 5-52 kann die Dichte, die das Bodenmaterial vor der Entnahme aus der Prüfgrube hatte, mit Hilfe von Gl. 5-43 berechnet werden. Nach Ofentrocknung gilt dies auch für die Dichte $\rho_d$ (mit Gl. 5-44).

Weitere Einzelheiten zum Sandersatz-Verfahren (einschließlich eines Anwendungsbeispiels) können DIN 18125-2 entnommen werden.

**Ballon-Verfahren**

Ein drittes, in DIN 18125-2, 7.4 angegebenes Verfahren ist das Ballon-Verfahren (Bild 5-14). Es ist geeignet für Böden, in denen standfeste Gruben ausgehoben werden können und ungeeignet für die Untersuchung von Steinen und Blöcken mit geringen Beimengungen. Beim Einsatz in Böden mit scharfkantigen Steinen kann die Ballonhaut beschädigt werden.

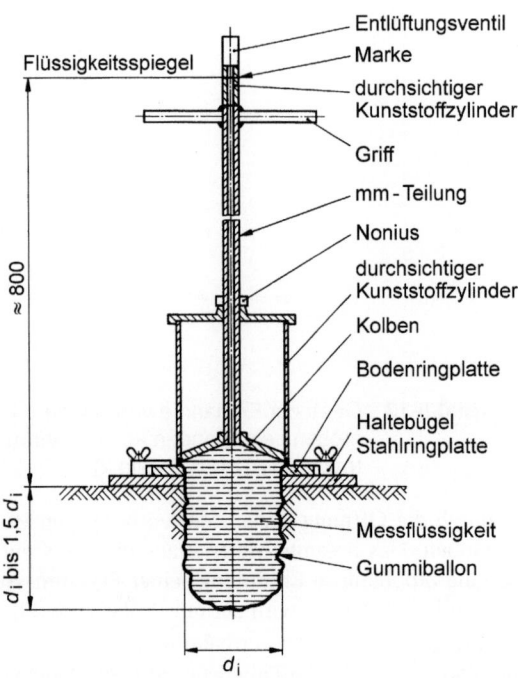

**Bild 5-14** Ballongerät und Stahlringplatte (nach DIN 18125-2)

Auch beim Ballon-Verfahren wird das Probenmaterial durch die Öffnung der auf der vorbereiteten Bodenoberfläche aufliegenden Stahlringplatte ausgehoben. Das gesamte Material, das zwischen einem ersten und einem zweiten Aushub der Prüfgrube entnommen wurde, ist so aufzubewahren, dass eine problemlose Ermittlung seiner Feuchtmasse $m$ und der Trockenmasse $m_d$ durch Wägung erfolgen kann. Sowohl nach der ersten als auch nach der zweiten Entnahme wird das mit Wasser als Messflüssigkeit gefüllte Ballongerät auf der Stahlringplatte befestigt und so betätigt, dass sich der Gummiballon satt an die Bodenoberfläche anlegt und der Kolben so weit nach unten gedrückt ist, dass das Wasser im Standrohr bis zur Marke ansteigt. Durch Ablesung der Noniusposition an der Kolbenstange werden die beiden in cm anzugebenden Lagen $L_0$ (Nullablesung, nach erstem Aushub) und $L_1$ (nach zweitem Aushub) des Kolbens gemessen, die dieser gegenüber dem Kunststoffbehälter einnimmt. Die Ermittlung des Prüfgrubenvolumens $V$, das für die Berechnung der Dichten $\rho$ und $\rho_d$ erforderlich ist, erfolgt mit Hilfe der Gleichung

$$V = (L_1 - L_0) \cdot A \qquad \text{Gl. 5-53}$$

und der in cm² anzugebenden Kolbenfläche $A$ (lichte Querschnittsfläche des Kunststoffzylinders). In DIN 18125-2, 7.4.4 wird zur Steigerung der Genauigkeit und der Zuverlässigkeit des Verfahrens empfohlen, die durch Einmalmessung gewonnene Größe $L_1$ durch den Mittelwert der Ergebnisse von drei Messungen zu ersetzen.

Mit der durch Wägung bestimmten Masse $m$ (in g) des Bodens aus der Prüfgrube und dem zugehörigen Volumen $V$ der Prüfgrube (in cm³) aus Gl. 5-53 kann die Dichte, die das Bodenmaterial vor der Entnahme aus der Prüfgrube hatte, mit Hilfe von Gl. 5-43 berechnet werden. Nach Ofentrocknung gilt dies auch für die Dichte $\rho_d$ (mit Gl. 5-44).

Weitere Einzelheiten zum Ballon-Verfahren (einschließlich eines Anwendungsbeispiels) lassen sich DIN 18125-2 entnehmen.

### 5.4.5 Laborversuche nach DIN EN ISO 17892-2

Im Labor ist die Dichte von Boden dann ermittelbar, wenn er einen festen Zusammenhang aufweist bzw. wenn sich aus ihm geometrisch regelmäßige Körper herstellen lassen, ohne dass sich dabei deren Dichte ändert.

Zur Ermittlung der Dichte sind, wie auch bei den Feldversuchen gemäß DIN 18125-2, die Masse der feuchten und der trockenen Probe durch Wägung zu ermitteln. Die Bestimmung des Volumens $V$ von Probekörpern kann nach DIN EN ISO 17892-2, 5 mit Hilfe des
– Ausmessverfahrens,
– Tauchwägeverfahrens,
– Flüssigkeitsverdrängungsverfahrens

erfolgen. Bezüglich versuchstechnischer Einzelheiten sei auf DIN EN ISO 17892-2 verwiesen.

## 5.5 Korndichte

Als Dichte der Feststoffe des Bodens dient die Korndichte $\rho_s$ bei der Auswertung vieler bodenmechanischer Versuche als Hilfsgröße. So wird sie z. B. benötigt bei der Ermittlung der Körnungslinien bindiger Böden oder zur Bestimmung von Bodenkenngrößen wie Wassergehalt, Porenanteil und Schrumpfgrenze.

### 5.5.1 DIN-Normen

Zur Bestimmung der Korndichte sind in
– DIN 18124 [68], DIN 66137-2 [92] und E DIN EN ISO 17892-3 [124]

Empfehlungen enthalten. Diese betreffen u. a. das für die Versuche einsetzbare Kapillarpyknometer, das Weithalspyknometer und das Gaspyknometer sowie die Versuchsdurchführung und -auswertung. Die Ausführungen werden durch Anwendungsbeispiele ergänzt.

### 5.5.2 Definition der Korndichte

Die Korndichte des Bodens ist das Verhältnis der Trockenmasse $m_d$ zum Volumen $V_k$ der Bodenkörner der Bodenprobe

$$\rho_s = \frac{m_d}{V_k} \text{ (in g/cm}^3\text{)} \qquad \text{Gl. 5-54}$$

Hinsichtlich der Korndichteermittlung wird im Folgenden ausschließlich auf die Bestimmung mit Hilfe des Kapillarpyknometers eingegangen.

### 5.5.3 Bestimmung mit dem Kapillarpyknometer

Zur Ermittlung der Korndichte mit dem Kapillarpyknometer (Bild 5-15) sind gemäß Gl. 5-54 die Trockenmasse $m_d$ der Bodenprobe und das zugehörige Volumen $V_k$ der Bodenkörner zu ermitteln. Untersuchbar sind Böden mit Korngrößen bis $\approx 5$ mm.

Zur Erreichung repräsentativer Versuchsergebnisse muss $m_d$ mindestens 20 g und mindestens das 100-fache der Masse des Größtkorns des zu untersuchenden Bodens betragen.

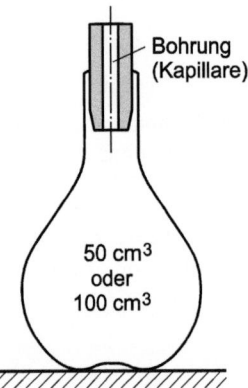

**Bild 5-15**  Kapillarpyknometer

Ermittlung von $m_d$ durch zweifaches Wiegen und anschließende Differenzbildung

1. leeres Pyknometer (inkl. Stopfen) $\Rightarrow m_p$
2. Pyknometer inkl. getrockneter Probe $\Rightarrow m_1 = m_p + m_d$
3. Trockenmasse: $m_d = m_1 - m_p$

Ermittlung von $V_k$ durch zweifaches Wiegen (mit begleitender Temperaturbestimmung) und anschließender Differenzbildung

1. mit Wasser der Temperatur $T$ gefülltes Pyknometer $\Rightarrow$
$m_2 = m_p + m_{w1T} \Rightarrow m_{w1T} = m_2 - m_p$
Mit der Masse $m_{wT}$ der Wasserfüllung und der zur Temperatur $T$ gehörenden Wasserdichte $\rho_{w1T}$ (aus DIN 18124, Tabelle 2) errechnet sich das Volumen der Wasserfüllung und damit das Volumen des Kapillarpyknometers zu

$$V_{pT} = \frac{m_{w1T}}{\rho_{wT}}$$

2. mit getrocknetem Kornmaterial und Wasser der Temperatur $T$ gefülltes Pyknometer $\Rightarrow$
$m_3 = m_p + m_d + m_{w2T} \Rightarrow m_{w2T} = m_3 - (m_p + m_d)$
3. Volumen der Masse $m_{w2T}$ des Wasseranteils von dem mit Wasser und Kornmaterial gefüllten Pyknometer

$$V_{wT} = \frac{m_{w2T}}{\rho_{wT}} = \frac{m_3-(m_p+m_d)}{\rho_{wT}}$$

4. Volumen der Bodenkörner

$$V_k = V_{pT} - V_{wT}$$

In Tabelle 5-11 sind die Korndichten einiger Mineralien und Böden zusammengestellt.

**Tabelle 5-11** Korndichte $\rho_s$ einiger Mineralien und Böden

| Mineralien | Korndichte $\rho_s$ (in g/cm³) | Böden | |
|---|---|---|---|
| Gips | 2,32 | Bimsstein | 1,40 – 1,60 |
| Feldspat | 2,55 | Torf | 1,50 – 1,80 |
| Kaolinit | 2,64 | Sand | 2,65 |
| Quarz | 2,65 | Kies | 2,60 – 2,70 |
| Na-Feldspat | 2,62 – 2,76 | Schluff | 2,68 – 2,70 |
| Kalzit | 2,72 | Ton | 2,70 – 2,80 |
| Illite | 2,60 – 2,86 | | |
| Montmorillonit | 2,75 – 2,78 | | |
| Glimmer | 2,80 – 2,90 | | |
| Dolomit | 2,85 – 2,95 | | |
| Biotit | 2,80 – 3,20 | | |
| Hornblende | 3,10 – 3,40 | | |
| Baryt (Schwerspat) | 4,48 | | |
| Magnesit | 5,17 | | |

### Anwendungsbeispiel

Bei einer Baumaßnahme sind 15 m³ Quarzsand mit einem Wassergehalt von $w = 0{,}15$ und einem maximalen Porenanteil von $n = 0{,}39$ einzubauen.

Zu ermitteln ist die minimale Gewichtskraft des einzubauenden Bodens in kN.

### Lösung

Mit dem maximalen Porenvolumen von 1 m³ des Quarzsands (Gl. 5-1)

$$\max V_p = V \cdot \max n = 1 \cdot 0{,}39 = 0{,}39 \text{ m}^3$$

dem zugehörigen minimalen Kornvolumen

$$\min V_k = V - \max V_p = 1{,}0 - 0{,}39 = 0{,}61 \text{ m}^3$$

der Korndichte (Tabelle 5-11)

$$\rho_s = 2{,}65 \text{ g/cm}^3$$

sowie der entsprechenden Kornwichte

$$\gamma_s = 26{,}5 \text{ kN/m}^3$$

ergibt sich als minimale Gewichtskraft von 1 m³ reinem Quarzsand

$$\min G_k = \gamma_s \cdot \min V_k = 26{,}5 \cdot 0{,}61 = 16{,}165 \text{ kN}$$

Die Verwendung der Porenwassergewichtskraft pro m³ des erdfeuchten Quarzsands (Gl. 5-7)

$$\min G_w = w \cdot \min G_k = 0{,}15 \cdot 16{,}165 = 2{,}425 \text{ kN}$$

führt zu der minimalen Gewichtskraft von 1 m³ erdfeuchtem Quarzsand

$\min G = \min G_k + \min G_w = 16{,}165 + 2{,}425 = 18{,}59 \text{ kN}$

und damit zu dem gesuchten Mindestwert für die Gewichtskraft der 15 m³ einzubauenden Quarzsands

$\min G_{15} = 18{,}59 \cdot 15 = 278{,}8 \text{ kN}$

## 5.6 Organische Bestandteile

Organische Bestandteile eines Bodens können, in Abhängigkeit von der Größe ihres Massenanteils, u. a. die Korndichte und Wichte des Bodens erheblich beeinflussen, da ihre Dichte wesentlich geringer ist als die der mineralischen Bestandteile. Da organische Bestandteile viel Wasser binden können, erhöhen schon geringe Anteile im Boden seinen Porenanteil und seine Wasseraufnahmefähigkeit, was zur Verminderung seiner Festigkeit und zur Erhöhung seiner Zusammendrückbarkeit (beeinflusst z. B. die Größe von Setzungen) führt.

Die Größe des Anteils organischer Bestandteile des Bodens kann mit Hilfe des Glühverlustes abgeschätzt werden. Wegen der oben genannten Kriterien ist die Bestimmung dieses Verlustes für die bodenmechanische Beurteilung und Klassifizierung von Böden für bautechnische Zwecke erforderlich (vgl. DIN 18196 [83]).

### 5.6.1 DIN-Norm

Empfehlungen zur Ermittlung des Glühverlustes enthält
– DIN 18128 [73].

Hierzu gehören u. a. die zu verwendenden Versuchsgeräte, die Durchführung und Auswertung der Versuche sowie Anwendungsbeispiele.

### 5.6.2 Definition des Glühverlustes

Mit der Trockenmasse $m_d$ der Bodenprobe vor dem Glühen und der Masse $m_{gl}$ der Bodenprobe nach dem Glühen (Massenermittlung in g) ergibt sich der Glühverlust aus

$$V_{gl} = \frac{\Delta m_{gl}}{m_d} = \frac{m_d - m_{gl}}{m_d} \qquad \text{Gl. 5-55}$$

### 5.6.3 Versuchsdurchführung und -auswertung

Abhängig von der Bodenart wird eine repräsentative Mindestmenge (Tabelle 5-12) des zu untersuchenden Bodens
1. bei 105 °C im Trocknungsofen bis zur Massenkonstanz getrocknet und anschließend
2. bei 550 °C im Muffelofen geglüht.

Die Ermittlung der Verhältnisgrößen zur Berechnung des Glühverlustes gemäß Gl. 5-55 erfolgt bei dem Glühversuch durch dreifache Wägung und anschließende Differenzbildungen:

1. leerer Probenbehälter $\Rightarrow m_B$
2. Behälter mit trockener, ungeglühter Probe $\Rightarrow (m_d + m_B)$
3. Behälter mit geglühter Probe $\Rightarrow (m_{gl} + m_B)$
4. $m_d = (m_d + m_B) - m_B$

5. $\Delta m_{gl} = (m_d + m_B) - (m_{gl} + m_B) = m_d - m_{gl}$

Der Versuch ist mit drei Proben durchzuführen. Der Glühverlust des jeweils untersuchten Bodens ergibt sich dann als Mittelwert von drei Einzelergebnissen.

Als Anhaltswerte für die Zuordnung von Glühverlust $V_{gl}$ und Bodenart können nach [250] die folgenden Zahlenwerte verwendet werden:
- $V_{gl}$ von 0 % bis 10 % $\Rightarrow$ humus- oder faulschlammhaltiger Boden,
- $V_{gl}$ von 10 % bis > 20 % $\Rightarrow$ organische Schluff- und Tonböden,
- $V_{gl}$ < 100 % $\Rightarrow$ Torf.

**Tabelle 5-12** Mindest-Probemenge bei Glühverlustbestimmung (nach DIN 18128, Tabelle 1)

| Bodenart | Mindest-Probemenge in g |
|---|---|
| organische Böden feinkörnige Böden | 15 |
| Sande | 30 |
| kiesiger Sand | 200 |
| Kies | 1000 |

Weitere Abschätzungen des Humusgehalts von Böden liefern deren Farbe und der Riechversuch (siehe z. B. [41] und DIN EN ISO 14688-1 [119]). Zusammenhänge von Farbe und Humusgehalt zeigt Tabelle 5-13.

**Tabelle 5-13** Humusgehalte bei Böden (nach [41], Tabelle 4)

| Benennung | Sand und Kies | | Ton und Schluff | |
|---|---|---|---|---|
| | Humusgehalt in Massenanteil-% | Farbe | Humusgehalt in Massenanteil-% | Farbe |
| schwach humos | 1 bis 3 | grau | 2 bis 5 | Mineralfarbe |
| humos | über 3 bis 5 | dunkelgrau | über 5 bis 10 | dunkelgrau |
| stark humos | über 5 | schwarz | über 10 | schwarz |

### 5.6.4 Bodenklassifikation nach DIN 18196

Die in Abschnitt 5.2.7 behandelte Bewertung von Böden bezüglich ihrer bautechnischen Eigenschaften und ihrer bautechnischen Eignung gemäß DIN 18196 [83] betrifft auch organische Böden und Böden mit organischen Bestandteilen (siehe Tabelle 5-9).

Nach DIN 18196 unterscheiden sich diese Böden vor allem hinsichtlich ihrer Brenn- bzw. Schwelbarkeit an der Luft (Tabelle 5-14). Während organische Böden (Torf in trockenem Zustand) brennen bzw. schwelen können, gilt dies nicht für organogene Böden (unter Mitwirkung von Organismen gebildet) bzw. Böden mit organischen Anteilen.

**Tabelle 5-14** Von der Brenn- bzw. Schwelfähigkeit abhängige Einstufung von Böden nach DIN 18196, 4.2.4

| Benennung | Kurzzeichen | Eigenschaft |
|---|---|---|

| organisch | H oder F | kann in getrocknetem Zustand an der Luft brennen oder schwelen |
|---|---|---|
| organogen mit organischen Anteilen | O | brennt oder schwelt nicht in getrocknetem Zustand an der Luft |

Die Unterscheidung der verschiedenen organischen Böden basiert auf der Art ihrer Entstehung und, bei Torfen, auf dem Zersetzungsgrad der organischen Bestandteile. Die Gliederung nach der Entstehung kann Tabelle 5-15 entnommen werden. Hinsichtlich des von Torf erreichten Grades der Zersetzung (vgl. Ausquetschversuch, Abschnitt 1.6.6) wird unterschieden zwischen

– nicht bis mäßig zersetzt (Kurzzeichen N) und
– zersetzt (Kurzzeichen Z).

Zum Zersetzungsgrad bzw. zur Zersetzungsstufe siehe auch die vom Normenausschuss Wasserwesen erarbeitete DIN 19862-12 [91].

**Tabelle 5-15** Einteilung organischer Böden nach der Entstehung gemäß DIN 18196

| Boden | Hauptgruppen-Kurzzeichen | Entstehung |
|---|---|---|
| Torf (Humus) | H | an Ort und Stelle aufgewachsen |
| Faulschlamm, Mudde, Gyttja, Dy und Sapropel | F | unter Wasser abgesetzte (sedimentäre) Schlamme |

Zur weiteren Unterteilung organogener Böden bzw. von Böden mit organischen Anteilen dient u. a. die Art der organischen Bestandteile (Beimengungen pflanzlicher und nicht pflanzlicher Art).

Organische und organogene Böden sowie Böden mit organischen Beimengungen sind nach DIN 18196 als „Auffüllung" zu klassifizieren, wenn sie zu Schüttungen gehören, die unter menschlicher Einwirkung entstanden sind.

## 5.7 Kalkgehalt

Der Kalkgehalt von Böden beeinflusst bodenmechanische Eigenschaften wie die Trockenfestigkeit bindiger und gemischtkörniger Böden und dient als Unterscheidungskriterium für Böden wie z. B. bei Geschiebemergel und Geschiebelehm. Im Norddeutschen Raum ist sein Einfluss auf die mechanischen Eigenschaften des Bodens allerdings nur unwesentlich.

### 5.7.1 DIN-Normen

Ausführungen zur Bestimmung des Kalkgehalts von Böden finden sich z. B. in
– DIN 18129 [74] und DIN EN ISO 14688-1 [119].

Diese betreffen u. a. einfache Versuche zur qualitativen Bestimmung (DIN EN ISO 14688-1, 5.10) wie auch das im Labor einzusetzende $CO_2$-Gasometer aus Bild 5-16 (zwei Anwendungsbeispiele hierzu in DIN 18129).

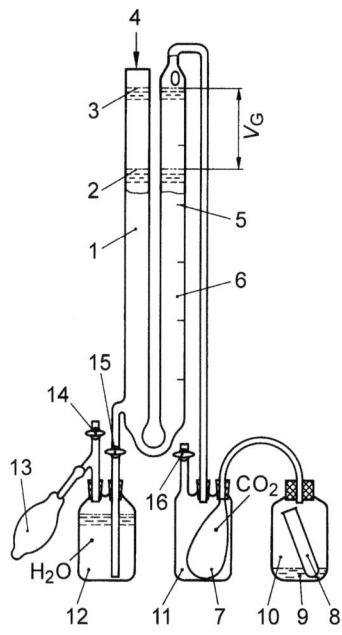

| | |
|---|---|
| 1 | offener Zylinder |
| 2 | Wasserspiegel bei Versuchsende |
| 3 | Wasserspiegel bei Versuchsbeginn |
| 4 | atmosphärischer Druck |
| 5 | Messskala |
| 6 | Messzylinder |
| 7 | Gummiblase |
| 8 | Reagenzglas mit Salzsäure |
| 9 | Bodenprobe |
| 10 | Gasentwicklungsgefäß |
| 11 | Aufnahmegefäß |
| 12 | Vorratsflasche |
| 13 | Pumpe (Gummiball) |
| 14 | Absperrhahn |
| 15 | Absperrhahn |
| 16 | Absperrhahn |

**Bild 5-16** Schema eines Gasometers (nach DIN 18129)

### 5.7.2 Qualitative Bestimmung des Kalkgehalts

Eine auch im Feld (auf der Baustelle) durchführbare Methode zur Kalkgehaltsbestimmung ist das Betropfen einer Probe mit verdünnter Salzsäure HCl (Verhältnis von Wasser zu Salzsäure 3:1). In Abhängigkeit von der Intensität der zu beobachtenden Reaktion ergeben sich als Anhaltswerte für den Kalkgehalt (vgl. [180]):

| | | |
|---|---|---|
| kein | Aufbrausen: | $< 1\%$, |
| schwaches | Aufbrausen: | 1 % bis 2 %, |
| deutliches | Aufbrausen: | 2 % bis 4 %, |
| starkes | Aufbrausen: | $> 5\%$. |

Wegen der geringen Genauigkeit dieses Verfahrens werden in DIN EN ISO 14688-1, 5.10 mit den Versuchsergebnissen deutlich unschärfere Angaben verbunden. Danach sind Böden

| | | |
|---|---|---|
| kalkfrei, | wenn | kein Aufbrausen, |
| kalkhaltig, | wenn | schwaches bis deutliches, aber nicht anhaltendes Aufbrausen, |
| stark kalkhaltig, | wenn | starkes, lang andauerndes Aufbrausen |

zu beobachten ist (bei nassen und feuchten tonigen Böden tritt das Aufbrausen meist etwas verzögert auf).

### 5.7.3 Bestimmung des Kalkgehalts nach DIN 18129

Nach DIN 18129 wird der Kalkgehalt definiert durch die Beziehung

$$V_{Ca} = \frac{m_{Ca}}{m_d} \qquad \text{Gl. 5-56}$$

und damit durch das Verhältnis der Karbonatmasse $m_{Ca}$ der Bodenprobe (im Boden überwiegend als Kalzit oder als Dolomit oder als Mischung beider Mineralien vorzufinden) zur Masse $m_d$ der trockenen Bodenprobe.

Mit der Versuchseinrichtung aus Bild 5-16 wird im Gasentwicklungsgerät eine chemische Reaktion des in der trockenen, pulverisierten Bodenprobe (erforderliche Trockenmasse gemäß DIN 18129, Tabelle 1: 0,3 bis 5 g) enthaltenen Kalzits ($CaCO_3$) mit der Salzsäure (HCl) herbeigeführt (siehe hierzu DIN 18129). Gemäß

$$CaCO_3 + 2\,HCl = CaCl_2 + H_2O + CO_2 \qquad \text{Gl. 5-57}$$

bilden sich dabei Kalziumchlorid ($CaCl_2$), Wasser ($H_2O$) und gasförmig frei werdendes Kohlendioxid ($CO_2$).

Der Versuch liefert zunächst ein an der Messskala des Gasometers abzulesendes Gasvolumen $V_G$ (in cm³) des Kohlendioxids, das sich während der Reaktionszeit entwickelt hat. Da die Größe $V_G$ dieses Gasvolumens von der Versuchstemperatur $T$ (in °C) und dem beim Versuch herrschenden absoluten Luftdruck $p_{abs}$ (in kPa, 1 kPa = 1 kN/m² = 10⁻³ N/mm²) abhängt, wird sie mittels

$$V_0 = \frac{268{,}4 \cdot p_{abs} \cdot V_G}{100 \cdot (273 + T)} \qquad \text{Gl. 5-58}$$

auf das Volumen $V_0$ des Normzustands ($p_n = 100$ kPa und $T = 0$ °C) umgerechnet. Die gesuchte Masse des in der Probe enthaltenen Karbonats berechnet sich damit zu

$$m_{Ca} = 2{,}274 \cdot V_0 \cdot \rho_a \qquad \text{Gl. 5-59}$$

In Gl. 5-59 ist die Dichte des $CO_2$-Gases im Normzustand mit $\rho_a = 0{,}001\,977$ g/cm³ einzusetzen.

Bezüglich weiterer Einzelheiten, wie z. B. der näherungsweisen Bestimmung des Kalzit- und Dolomitanteils des untersuchten Bodens, sei auf DIN 18129 verwiesen.

## 5.8 Zustandsgrenzen (Konsistenzgrenzen)

Zustandsgrenzen werden bei bindigen Böden definiert. Sie liefern Aufschluss über deren bautechnische und bodenphysikalische Eigenschaften. Die Konsistenzgrenzen sind ein Maß für die Bildsamkeit (Plastizität) des Bodens und für seine Empfindlichkeit gegenüber Änderungen des Wassergehalts (mit geringer werdendem Wassergehalt nimmt die Verformbarkeit der Böden ab und ihre Festigkeit zu). Sie werden deshalb zur Klassifizierung der bindigen Böden und zu deren Beurteilung für bautechnische Zwecke verwendet (vgl. DIN 18196 [83]).

### 5.8.1 DIN-Normen

Empfehlungen bezüglich der qualitativen Bestimmung von Konsistenzgrenzen sowie der Versuchsausführung und der Versuchsgeräte zur Bestimmung der Fließ-, der Ausroll- und der Schrumpfgrenze bindiger Böden sind zu finden in

– DIN 18122-1 [65], DIN 18122-2 [66], DIN EN ISO 14688-1 [119] und DIN ISO/TS 17892-12 [141] (Vornorm).

In den beiden erstgenannten Normen sind auch Anwendungsbeispiele enthalten.

Auf Konsistenzen bindiger Böden wird auch in

— DIN 1054 [20], DIN 18196 [83], DIN 1055-2 [25], DIN EN 1997-2 [103] und DIN EN ISO 14688-2 [120]

eingegangen (vgl. z. B. auch Tabelle 5-35).

### 5.8.2 Qualitative Bestimmung der Konsistenzgrenzen

Mit dem im Feld (auf der Baustelle) wie auch im Labor durchführbaren Versuch gemäß DIN EN ISO 14688-1, 5.14 ergeben sich in etwas ungenauer Form die in Abschnitt 1.6.4 beschriebenen Zustandsformen

— breiig, weich, steif, halbfest und fest.

### 5.8.3 Definitionen

*Fließgrenze* $w_L$ Wassergehalt am Übergang vom flüssigen zum bildsamen Zustand (wird empirisch festgelegt).

*Ausrollgrenze* $w_P$ Wassergehalt am Übergang vom bildsamen zum halbfesten Zustand (wird empirisch festgelegt).

*Plastizitätszahl* $I_P$ gibt die Differenz von der Fließgrenze und der Ausrollgrenze an

$$I_P = w_L - w_P \qquad \text{Gl. 5-60}$$

Böden, deren Plastizitätszahl Null ist oder für die sich die Ausrollgrenze nicht bestimmen lässt, werden „nichtplastisch" genannt (vgl. DIN ISO/TS 17892-12, 3.3).

*Konsistenzzahl* $I_C$ ergibt sich mit dem Wassergehalt $w$ des Bodens zu

$$I_C = \frac{w_L - w}{w_L - w_P} = \frac{w_L - w}{I_P} \qquad \text{Gl. 5-61}$$

$I_C$ ist ein Maß für die Konsistenz eines Bodens im gestörten Zustand.

*Liquiditätszahl* (*Liquiditätsindex*) $I_L$

$$I_L = \frac{w - w_P}{w_L - w_P} = \frac{w - w_P}{I_P} = 1 - I_C \qquad \text{Gl. 5-62}$$

$I_L$ ist ein Maß für die Konsistenz eines Bodens im gestörten Zustand.

*Aktivitätszahl* $I_A$ ergibt sich mit der Trockenmasse $m_T$ der Körner $\leq 0{,}002$ mm (Ton) und der Trockenmasse $m_d$ der Körner $\leq 0{,}4$ mm in der Bodenprobe zu

$$I_A = \frac{I_P}{m_T / m_d} \qquad \text{Gl. 5-63}$$

## 5.8.4 Bestimmung der Fließgrenze

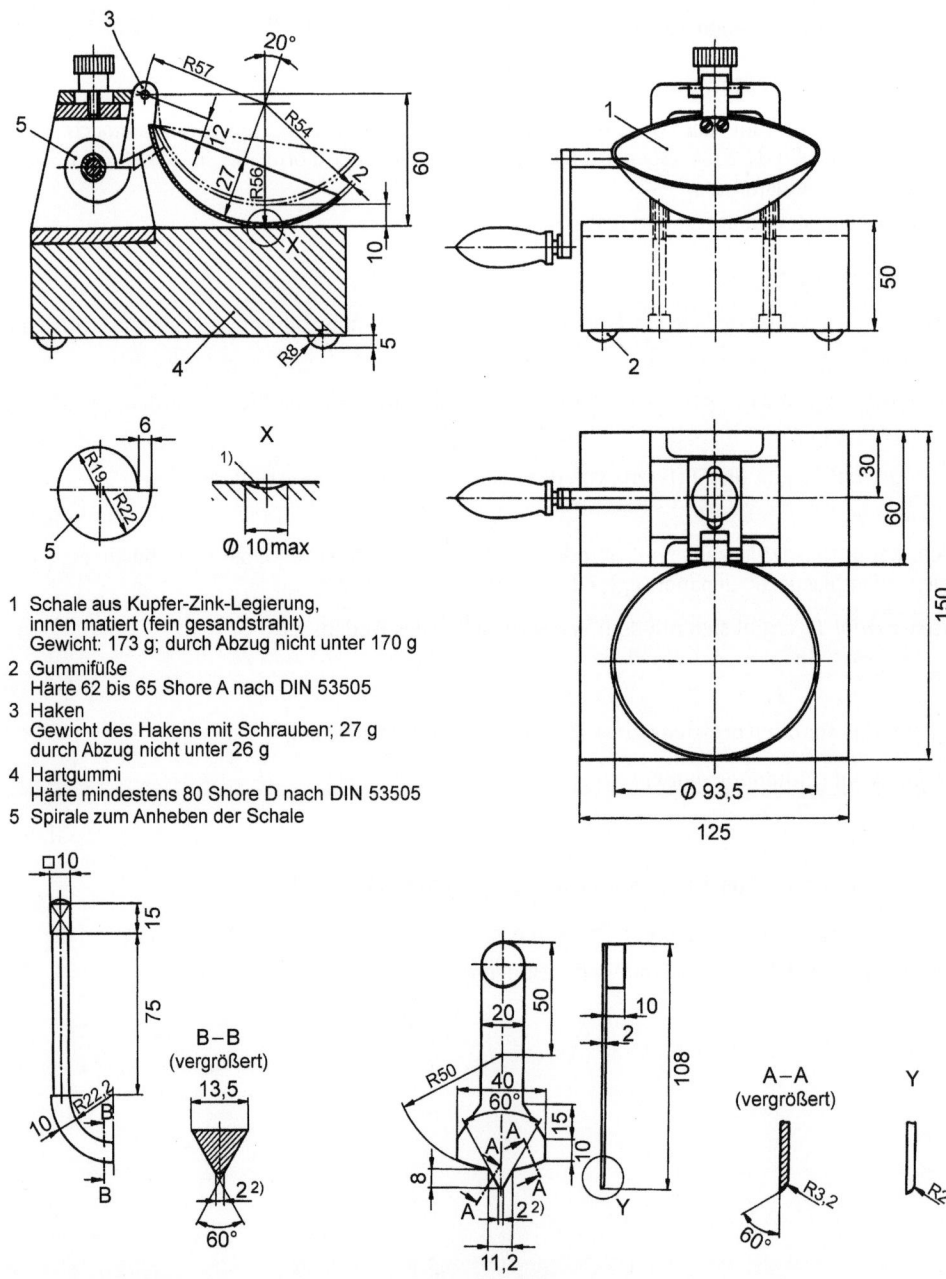

**Bild 5-17** Fließgrenzengerät nach *A. Casagrande*, Maße in mm (nach DIN 18122-1, Bild 1)
1) Einzelheit X Abnutzungskalotte im Hartgummi
2) Maß darf durch Abnutzung 2,3 mm nicht überschreiten

Die Fließgrenze als Übergang vom flüssigen zum bildsamen Zustand ist keine physikalisch eindeutige Grenze. Nach DIN 18122-1 wird sie unter Verwendung des Fließgrenzengeräts nach *A. Casagrande* (Bild 5-17) ermittelt und definiert. Auf die Ermittlung der Fließgrenze mit dem Fallkegelverfahren gemäß DIN ISO/TS 17892-12 wird hier nicht eingegangen, da diese Norm derzeit noch den Status einer Vornorm hat.

Im Zuge der Versuchsdurchführung zur Ermittlung der Fließgrenze wird
– eine feuchte Probemenge von 200 bis 300 g (Körner $> d = 0,4$ mm sind zu entfernen) in destilliertem Wasser gut durchgeweicht (kann mehrere Tage dauern) und zu einer gleichmäßigen Paste durchgearbeitet,
– ein Teil der Probe gemäß Bild 5-18 in die Schale des Fließgrenzengeräts gefüllt (Bild 5-18),
– mit dem Furchenzieher (Bild 5-17) eine bis auf den Schalenboden reichende Furche nach Angabe aus DIN 18122-1 gezogen (bei Schluff ggf. mit Furchendrücker (Bild 5-17) nacharbeiten),
– die Schale sofort in das Schlaggerät eingehängt und so oft auf den Hartgummiblock fallen gelassen, bis sich die Furche am Boden der Schale auf eine Länge von 10 mm geschlossen hat (Anzahl der hierzu erforderlichen „Schläge" protokollieren),
– der Wassergehalt an mindestens 5 cm³ Probenmaterial aus der Schalenmitte bestimmt.

Der Versuch ist bei der Mehrpunktmethode mit unterschiedlichen Wassergehalten mindestens viermal durchzuführen; Versuche mit Schlagzahlen $< 15$ bzw. $> 40$ bleiben unberücksichtigt.

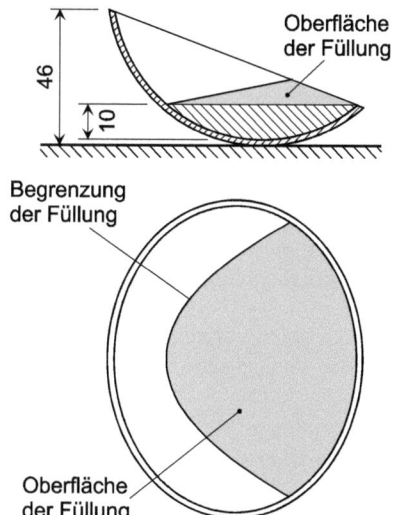

**Bild 5-18** Darstellung der Füllung in der Schale des Fließgrenzengeräts (nach DIN 18122-1, Bild 3)

Als Fließgrenze wird nach DIN 18122-1, 8.1.1.5 der Wassergehalt $w_L$ bezeichnet, bei dem sich die Probenfurche nach 25 Schlägen auf einer Länge von 10 mm schließt. Da die Herstellung einer Probe mit diesem zunächst unbekannten Wassergehalt zu aufwändig wäre, wird dieser Wassergehalt bei der Mehrpunktmethode unter Benutzung des halblogarithmischen Diagramms (logarithmische Teilung bei der Schlagzahl, lineare Teilung beim Wassergehalt) aus Bild 5-19 gewonnen.

Die Darstellung gilt für die Fließgrenzenbestimmung aus vier Einzelversuchen. Es ist zu erkennen, dass die eingetragenen Wassergehaltswerte der vier Versuche annähernd auf der in das Diagramm eingezeichneten Bestimmungsgeraden liegen. Deren Schnitt mit der zur Schlagzahl 25 gehörenden Ordinate liefert den zu bestimmenden Wassergehalt $w_L$ an der Fließgrenze.

Bezüglich des „Einpunktverfahrens" zur näherungsweisen Bestimmung der Fließgrenze sei auf DIN 18122-1, 8.1.2 hingewiesen.

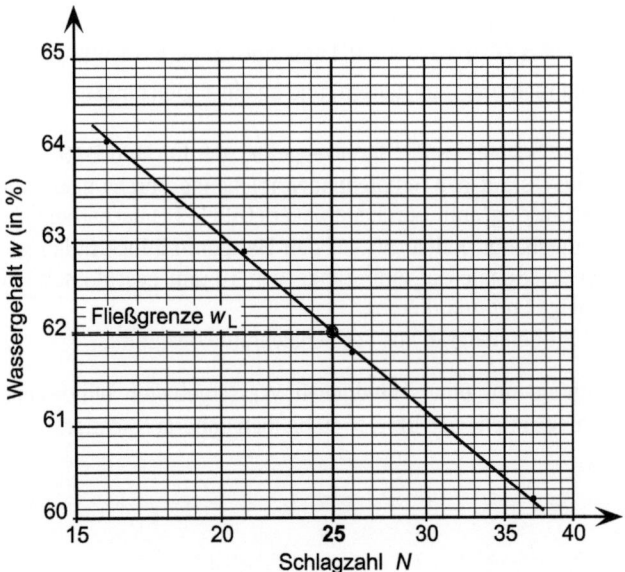

**Bild 5-19**  Bestimmung der Fließgrenze aus vier Einzelversuchen nach der Mehrpunktmethode (nach DIN 18122-1)

### 5.8.5 Bestimmung der Ausrollgrenze

Die Ausrollgrenze $w_P$ ist der Wassergehalt am Übergang von der plastischen (bildsamen) zur halbfesten Zustandsform bindiger Böden. Sie ist ein Richtmaß für die Bearbeitbarkeit des Bodens.

Die Bestimmung der Ausrollgrenze erfolgt nach DIN 18122-1, 8.2 unter Verwendung von in der Regel mehr als drei Teilproben der aufbereiteten Bodenmasse. Die Versuchsdurchführung erfolgt in den Schritten

1. Teilprobe kneten – auf wasseraufsaugender, nicht fasernder Unterlage in 3 mm dicke Walze ausrollen – kneten – ausrollen usw., bis die Walze bei 3 mm zu bröckeln beginnt (Ausrollgrenze ist erreicht)
2. danach sofort den Wassergehalt der Probe gemäß DIN EN ISO 17892-1, 5.2 und 6 bestimmen (mit einer Probenmasse von $\approx 5$ g).

Der endgültige Wassergehalt $w_P$ des untersuchten Bodens ergibt sich aus der Mittelwertbildung der Wassergehalte von mindestens 3 Proben, deren Wassergehalte um nicht mehr als

$\Delta w = 0,02 = 2\,\%$

voneinander abweichen.

## 5.8.6 Bestimmung der Schrumpfgrenze

Als Schrumpfgrenze $w_s$ wird der Wassergehalt des Bodens am Übergang von der halbfesten zur festen Zustandsform bezeichnet. Diese Grenze ist dadurch gekennzeichnet, dass die nahezu geradlinig verlaufende Volumenverminderung bindiger Böden infolge von Austrocknung praktisch abgeschlossen ist (Bild 5-20).

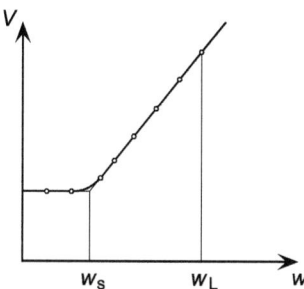

**Bild 5-20**  Beziehung von Wassergehalt $w$ zu Volumen $V$ eines bindigen Bodens

Zur Ermittlung dieser Grenze nach DIN 18122-2 ist
- durch Vermischung von ≈ 200 g feuchtem Bodenmaterial (Körner > $d$ = 0,4 mm sind zu entfernen) und Wasser eine Probe mit einem Wassergehalt von $w \approx 1{,}1 \cdot w_L$ herzustellen,
- die Innenwand einer ringförmigen Form (Innendurchmesser ≈ 70 mm, Höhe ≈ 14 mm) sowie die Oberfläche einer Glasplatte z. B. mit Vaseline einzufetten und beides zusammen zu wiegen (Ergebnis: $m_B$),
- Probenmaterial luftporenfrei in den auf der Glasplatte liegenden Ring zu streichen und an der Stirnfläche abzugleichen,
- die Probe bei Zimmertemperatur bis zum Farbumschlag zum Hellen (tritt bei vielen Böden beim Erreichen der Schrumpfgrenze auf) zu trocknen,
- die Probe danach im Trockenofen bei 105 °C bis zur Massenkonstanz zu trocknen und nach Abkühlung mit Ring + Glasplatte zu wiegen (Ergebnis: $m_d + m_B$),
- das Volumen $V_d$ des trockenen Probekörpers durch Tauchwägung oder Ausmessen der Probe gemäß DIN 18125-1 [69] zu ermitteln (diese DIN wurde inzwischen zurückgezogen und durch DIN EN ISO 17892-2 ersetzt).

Weiteres siehe DIN 18122-2.

Die Versuchsauswertung liefert u. a. die sich durch Differenzbildung $((m_d + m_B) - m_B)$ der Wiegeergebnisse ergebende Trockenmasse $m_d$.

Unter der Voraussetzung, dass bei Erreichung der Schrumpfgrenze alle Bodenporen gerade noch mit Wasser gefüllt sind und das Volumen $V_{ps}$ einnehmen, summiert sich das in dieser Phase von der Bodenprobe eingenommene Volumen aus $V_{ps}$ und dem Kornvolumen $V_k$. Mit der Dichte $\rho_w$ von Wasser gilt für den gesuchten Wassergehalt an der Schrumpfgrenze

$$w_s = \frac{V_{ps} \cdot \rho_w}{m_d} = \frac{(V_d - V_k) \cdot \rho_w}{m_d} \qquad \text{Gl. 5-64}$$

Wird in Gl. 5-64 die vorher zu ermittelnde Korndichte $\rho_s = m_d/V_k$ der Bodenprobe eingesetzt, ergibt sich die Bestimmungsgleichung für $w_s$ aus DIN 18122-2

$$w_s = \left(\frac{V_d}{m_d} - \frac{1}{\rho_s}\right) \cdot \rho_w \qquad \text{Gl. 5-65}$$

### 5.8.7 Bodenklassifikation nach DIN 18196

Von der schon in Abschnitt 5.2.7 behandelten Bewertung von Böden hinsichtlich ihrer bautechnischen Eigenschaften und ihrer bautechnischen Eignung gemäß DIN 18196 werden auch Böden mit plastischen Eigenschaften erfasst (vgl. Tabelle 5-9).

Die Klassifikation der feinkörnigen Böden (Massenanteil des Feinkorns ≥ 40 %, siehe Tabelle 5-5) mit den Hauptanteilen Ton und Schluff wird anhand des Wassergehalts $w_L$ an der Fließgrenze und der Plastizitätszahl $I_P$ vorgenommen. Die Unterscheidung der Tone (T) und Schluffe (U) erfolgt mit den Einstufungen nach Tabelle 5-16 sowie unter Hinzuziehung von $I_P$ und dem Plastizitätsdiagramm aus Bild 5-21. Gemischtkörnige Böden (Feinkornanteil 5 bis 40 %, siehe Tabelle 5-5) sind in analoger Form zu klassifizieren.

**Tabelle 5-16** Vom Wassergehalt $w_L$ an der Fließgrenze abhängige Einstufung von Tonen und Schluffen (nach DIN 18196, Tabelle 4)

| Benennung | Kurzzeichen | Wassergehalt $w_L$ |
|---|---|---|
| leicht plastisch | L | < 35 % |
| mittelplastisch | M | 35 % bis 50 % |
| ausgeprägt plastisch | A | > 50 % |

Von hoher Bedeutsamkeit ist die Größe der Plastizitätszahl, da sie die Wassergehaltsänderung erfasst, die erforderlich ist, um einen feinkörnigen Boden von der bildsamen Zustandsform in die flüssige Zustandsform zu überführen. Für Böden mit kleinen Plastizitätszahlen (z. B. Kreide) bedeutet das, dass schon geringe Erhöhungen ihres Wassergehalts zu deutlichen Verminderungen ihrer Scherfestigkeit führen. Entsprechend unempfindlich reagieren Böden mit großen Plastizitätszahlen. In [204] wird am Beispiel der „Wissower Klinken" auf der Insel Rügen auf die Ausbildung von Schwächezonen in anstehendem Kalk eingegangen. Ihre Entstehung ist auf die erhebliche Reduzierung der Scherfestigkeit im Bereich von Klüften und Spalten zurückzuführen. Diese wiederum lässt sich erklären mit der Zirkulation von Niederschlags- und Schmelzwasser in einem engständigen Kluftsystem, verbunden mit kleinen Plastizitätszahlen des Kalks. Die Ausbildung dieser Schwächezonen im Steilküstenbereich, die auf einer Wassergehaltserhöhung des Kalks in diesen Zonen basiert, hat im Jahre 2005 letztendlich zu einem Böschungsbruch mit einem geschätzten Abbruchvolumen von mindestens 40 000 m³ geführt.

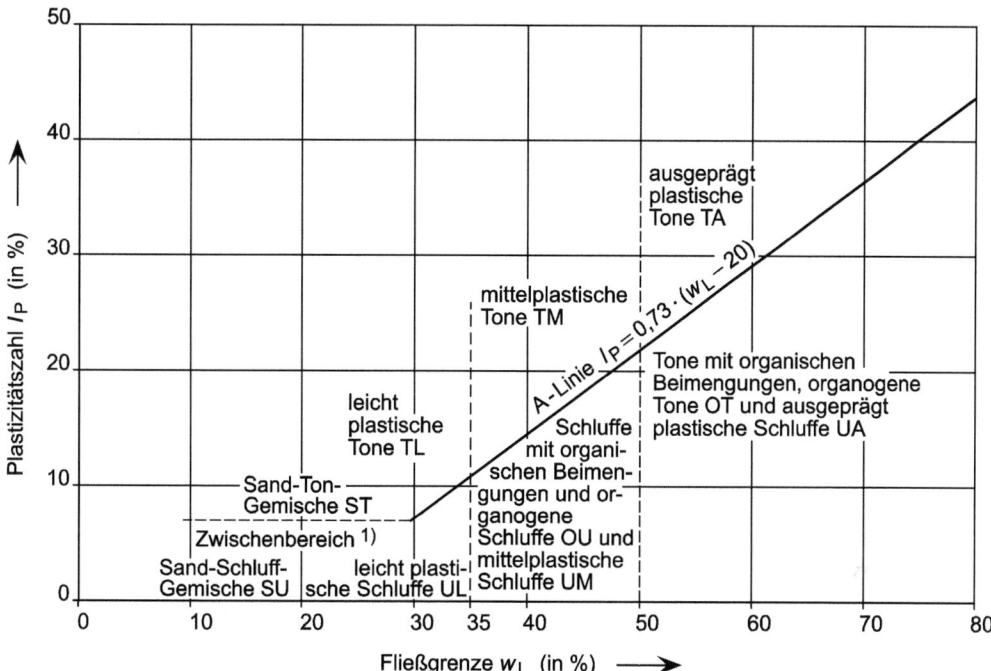

[1]) Die Plastizitätszahl von Böden mit niedriger Fließgrenze ist versuchsmäßig nur ungenau zu ermitteln. In den Zwischenbereich fallende Böden müssen daher mit anderen Verfahren, z. B. nach DIN EN ISO 14688-1, 5.6 bis 5.9, dem Ton- und Schluffbereich zugeordnet werden.

**Bild 5-21** Plastizitätsdiagramm mit Bodengruppen (nach DIN 18196, Bild 1)

**Anwendungsbeispiel**

Um wieviel % darf sich der Wassergehalt $w = 23,2\%$ eines Bodens (ist gemäß Abschnitt 5.8.8 von fester Konsistenz) maximal erhöhen, wenn zu dem Boden der zur Ausrollgrenze gehörende Wassergehalt $w_P = 21,3\%$ und die Plastizitätszahl $I_P = 9,4\%$ gehören und der Boden einen flüssigen Zustand nicht annehmen darf?

**Lösung**

Durch einfache Umstellung der Beziehung (Gl. 5-60)

$$I_P = w_L - w_P = w_L - 21,3\% = 9,4\%$$

ergibt sich die Größe des Wassergehalts an der Fließgrenze (Wassergehalt am Übergang vom flüssigen zum bildsamen Zustand) zu

$$w_L = I_P + w_P = 9,4 + 21,3 = 30,7\%$$

und damit die gesuchte maximale Erhöhung des Wassergehalts $w$ des Bodens

$$\Delta w = w_L - w = 30,7 - 23,2 = 7,5\%$$

die noch zulässig ist, wenn der Boden keinen flüssigen Zustand annehmen darf.

## 5.8.8 Plastische Bereiche und ansetzbarer Sohlwiderstand nach DIN 1054

Für baupraktische Zwecke wird der Bereich zwischen dem Wassergehalt $w_L$ an der Fließgrenze und dem Wassergehalt $w_P$ an der Ausrollgrenze in DIN 18122-1 gemäß Tabelle 5-17 unterteilt.

**Tabelle 5-17** Zustandsformen des plastischen Bereichs zwischen der Fließ- und der Ausrollgrenze (nach DIN 18122-1, Tabelle 1)

| Zustandsform des plastischen Bereichs | Liquiditätszahl $I_L$ | Konsistenzzahl $I_C$ |
|---|---|---|
| flüssig | $> 1{,}0$ | $< 0$ |
| breiig | $\leq 1{,}0^{1)}$ bis $> 0{,}50$ | $\geq 0^{1)}$ bis $< 0{,}50$ |
| weich | $\leq 0{,}50$ bis $> 0{,}25$ | $\geq 0{,}50$ bis $< 0{,}75$ |
| steif | $\leq 0{,}25$ bis $\geq 0^{2)}$ | $\geq 0{,}75$ bis $\leq 1{,}0^{2)}$ |
| halbfest | $< 0$ | $> 1{,}0$ bis $w_s$ |

[1] Fließgrenze  [2] Ausrollgrenze

**Hinweis:** in DIN EN ISO 14688-2, 5.4 werden statt der Zustandsformen „flüssig" und „breiig" die Formen „breiig" und „sehr weich" verwendet, deren Wertebereiche bei breiiger Konsistenz durch $I_C < 0{,}25$ bzw. $I_L > 0{,}75$ und bei sehr weicher Konsistenz durch $0{,}25 \leq I_C < 0{,}50$ bzw. $0{,}5 < I_L \leq 0{,}75$ angegeben werden.

Werden die Definitionen für $w_L$ und $w_P$ aus DIN 18122-1 und für $w_s$ aus DIN 18122-2 mit den Begriffen aus Tabelle 5-17 kombiniert und in einem $w$-$I_C$-$I_L$-Diagramm grafisch dargestellt, ergibt sich das in Bild 5-22 gezeigte Ergebnis.

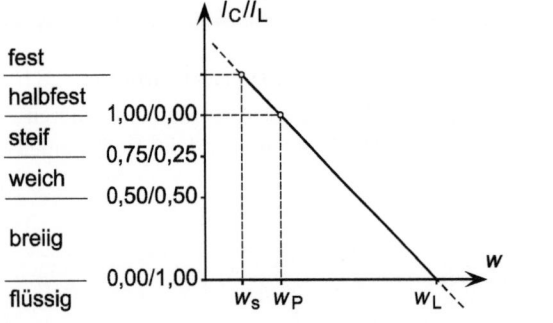

**Bild 5-22** Zusammenhang zwischen Wassergehalt $w$, Konsistenzzahl $I_C$ bzw. Liquiditätszahl $I_L$ und den Zustandsformen nach DIN 18122-1 und DIN 18122-2

Mit den Zustandsformen gemäß Tabelle 5-17 bzw. Bild 5-22 werden in DIN 1054, A 6.10 für bindige Böden Bemessungswerte $\sigma_{R,d}$ des Sohlwiderstands angegeben, wie sie für definierte Regelfälle angesetzt werden dürfen (vgl. Tabelle 8-3 und Tabelle 8-4).

Da mit dem Nachweis der Zulässigkeit von Bodenpressungen nach DIN 1054 letztendlich Setzungs- und Grundbruchnachweise für Regelfälle geführt werden (vgl. Abschnitt 8.3.2), sind die ansetzbaren Sohlwiderstände $\sigma_{R,d}$ bindiger Böden auch ein von der Konsistenz abhängendes Maß für die Scherfestigkeit der Böden. Probleme hinsichtlich eindeutiger Zusammenhänge zwischen der an aufbereiteten Proben ermittelten Konsistenzzahl und der im ungestörten Baugrund aktivierbaren undränierten Scherfestigkeit behandeln *Schuppener/Kiekbusch* in [246].

**Anwendungsbeispiel**

In welchem Wertebereich muss der Wassergehalt $w$ eines bindigen Bodens liegen, wenn der Boden als „weich" einzustufen ist und sein Wassergehalt an der Fließgrenze mit $w_L = 0{,}48$ und an der Ausrollgrenze mit $w_P = 0{,}22$ ermittelt wurde. Anzugeben ist auch, welcher Gruppe der Boden zuzuordnen ist.

**Lösung**

Mit den beiden Grenzwerten des Wassergehalts ergibt sich die Plastizitätszahl (Gl. 5-60)

$$I_P = w_L - w_P = 100 \cdot (0{,}48 - 0{,}22) = 26\,\%$$

mit der sich, in Verbindung mit dem Wassergehalt an der Fließgrenze von $w_L = 48\,\%$, aus Bild 5-21 die Zuordnung des Bodens zur Gruppe der mittelplastischen Tone (TM) ergibt.

Mit der Bedingung

$$0{,}5 \leq I_C < 0{,}75$$

aus Tabelle 5-17 für weichen Boden und der Auflösung der Gl. 5-61 nach dem Wassergehalt

$$w = w_L - I_C \cdot I_P$$

ergeben sich die beiden Wassergehalte

$$\min w = w_L - \max I_C \cdot I_P = 48 - 0{,}75 \cdot 26 = 28{,}5\,\%$$

und

$$\max w = w_L - \min I_C \cdot I_P = 48 - 0{,}50 \cdot 26 = 35{,}0\,\%$$

und damit der gesuchte Wertebereich des Wassergehalts des mittelplastischen Tons (TM) bei weicher Konsistenz

$$28{,}5\,\% < w \leq 35{,}0\,\%$$

## 5.9 Proctordichte (Proctorversuch)

Der Proctorversuch dient zur Abschätzung der auf der Baustelle erreichbaren Dichte des Bodens. Mit dem Versuch wird die Trockendichte eines Bodens in Abhängigkeit von dem Wassergehalt festgestellt, bei dem das Bodenmaterial unter festgelegten Bedingungen verdichtet wird. Der Versuch liefert eine Bezugsgröße für die Beurteilung der vorhandenen bzw. der bei Verdichtungsarbeiten erreichten Dichte von Bodenmaterial und für die Angabe von Anforderungen an Verdichtungsmaßnahmen. Sein Ergebnis lässt auch erkennen, bei welchem Wassergehalt ein Boden sich günstig verdichten lässt, wenn eine bestimmte Trockendichte erreicht werden soll.

### 5.9.1 DIN-Norm

Hinweise zu den einzusetzenden Geräten und zur Durchführung und Auswertung der Versuche beim Proctorversuch sind in
– DIN 18127 [72]

zusammengestellt. Die Ausführungen werden durch Anwendungsbeispiele mit unterschiedlichen Bodenarten ergänzt.

## 5.9.2 Definitionen

*Proctordichte* $\rho_{Pr}$ größte mit dem Proctorversuch gemäß DIN 18127, 8.3 erreichbare Trockendichte bei einer volumenbezogenen Verdichtungsarbeit von $W \approx 0{,}6 \, \text{MNm/m}^3$.

*Modifizierte Proctordichte* $\text{mod}\,\rho_{Pr}$ größte mit dem Proctorversuch gemäß DIN 18127, 8.4 erreichbare Trockendichte bei einer volumenbezogenen Verdichtungsarbeit von $W \approx 2{,}7 \, \text{MNm/m}^3$.

*Optimaler Wassergehalt* $w_{Pr}$ bzw. $\text{mod}\,w_{Pr}$ Wassergehalt, bei dem die Proctordichte bzw. die modifizierte Proctordichte erreicht wird.

*Verdichtungsgrad* aus Trockendichte $\rho_d$ nach DIN 18125-2 [70] und Proctordichte $\rho_{Pr}$ des Bodens sich ergebendes Verhältnis

$$D_{Pr} = \frac{\rho_d}{\rho_{Pr}} \qquad \text{Gl. 5-66}$$

### 5.9.3 Geräte für den Proctorversuch

Zur Durchführung des Proctorversuchs sind Versuchszylinder mit zugehörigen Aufsatzringen zur Aufnahme des Probenmaterials sowie Geräte zu dessen Verdichtung erforderlich.

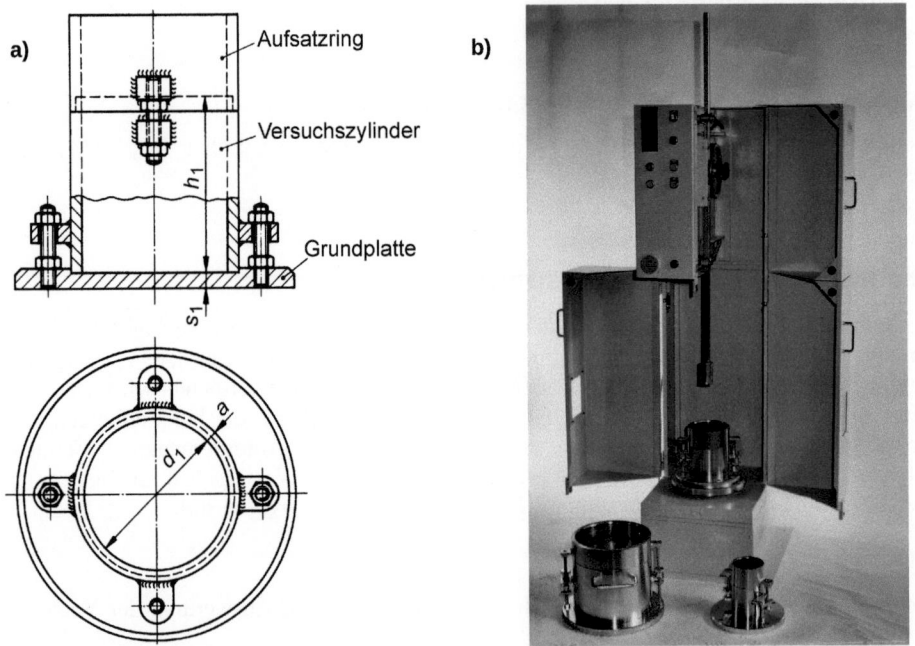

**Bild 5-23** Geräte für den Proctorversuch
  a) Versuchszylinder mit Aufsatzring und Grundplatte (nach DIN 18127, Bild 1)
  b) offener automatischer Proctorverdichter mit Zubehör der Fa. *FröWag* [F 4]

In DIN 18127, 5.1 werden Versuchszylinder mit Innendurchmessern $d_1$ von 100, 150 und 250 mm und den zugehörigen Zylinderhöhen $h_1$ von 120, 125 und 200 mm vorgeschrieben, mit denen Böden verschiedener Korndurchmesser untersucht werden können (Tabelle 5-18). In Bild 5-23 a ist ein solcher Versuchszylinder nebst Grundplatte und Aufsatzring gezeigt.

Zur Verdichtung des Probenmaterials lässt DIN 18127, 5.2 sowohl handbetätigte als auch motorbetriebene Geräte zu. Einen solchen motorbetriebenen Proctorverdichter zeigt Bild 5-23 b. Das Gerät arbeitet weitgehend automatisch, d. h., es verdichtet den Boden im Versuchszylinder gemäß den Bedingungen von DIN 18127 mit der vorher am Gerät eingestellten erforderlichen Schlagzahl.

### 5.9.4 Durchführung und Auswertung des Proctorversuchs

Nach DIN 18127, 8.3 besteht der Proctorversuch aus mindestens fünf Einzelversuchen, für die pro Einzelversuch Probemengen gemäß Tabelle 5-18 zur Verfügung zu stellen sind. Da sich alle Einzelversuche durch den Wassergehalt ihrer Bodenproben voneinander unterscheiden, ist dieser für jeden Einzelversuch mittels

$$w = \frac{m_w}{m_d} = \frac{m - m_d}{m_d}$$ Gl. 5-67

zu bestimmen. Dabei ist $m$ die gesamte Masse der feuchten Bodenprobe und $m_d$ die gesamte Masse der trockenen Bodenprobe. Bezüglich verschiedener Methoden und weiterer Einzelheiten zur Wassergehaltsbestimmung sei auf DIN 18127, 8.2 verwiesen (Bestimmung vor oder nach der Versuchsdurchführung bzw. mit gesamter Einzelversuchsmasse oder mit Teilmasse).

**Tabelle 5-18** Probemenge für den Einzelversuch und zulässiges Größtkorn (nach DIN 18127, Tabelle 6)

| Versuchszylinder $d_1$ in mm | Probemenge mindestens in kg | Zulässiges Größtkorn in mm |
|---|---|---|
| 100 | 3 | 20,0 |
| 150 | 6 | 31,5 |
| 250 | 30 | 63,0 |

**Hinweis:** entsprechend dem zulässigen Größtkorn ist der kleinstmögliche Versuchszylinder zu verwenden.

Im Rahmen des jeweiligen Einzelversuchs wird
1. der Boden in 3 Schichten gleicher Dicke (3 oder 5 Schichten bei modifizierter Proctordichte) in den durch den Aufsatzring erhöhten Versuchszylinder gefüllt und die Oberfläche jeder Schicht mit einem Holzstempel leicht angedrückt.
2. jede Schicht mit dem für den jeweiligen Versuchszylinder nach DIN 18127, 5.2 vorgeschriebenen Verdichtungsgerät und der vorgeschriebenen Schlagzahl verdichtet (Anordnung der Schläge im Versuchszylinder gemäß Bild 5-24).
3. der Aufsatzring abgenommen und die Oberfläche der Probe mit dem Stahllineal auf die Höhe des Zylinderrandes eben abgeglichen.
4. der Versuchszylinder mit dem Inhalt gewogen.

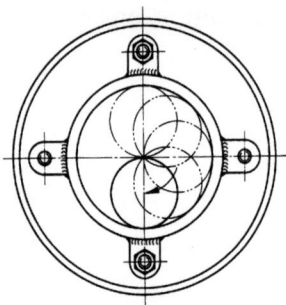

**Bild 5-24** Schema der Schlaganordnung im Versuchszylinder (aus DIN 18127, Bild 4)

Nach Abschluss jedes Einzelversuchs ist, mit der Masse $m$ des Bodens im Versuchszylinder und dem Volumen $V$ des Versuchszylinders, die Dichte $\rho$ der Probe (in g/cm³) mit Gl. 5-43 zu ermitteln. Mit dieser Dichte und dem Wassergehalt $w$ der Probe berechnet sich die Trockendichte der Probe (in g/cm³) zu

$$\rho_d = \frac{\rho}{1+w} = \frac{m_d}{V} \qquad \text{Gl. 5-68}$$

Sind alle Einzelversuche abgeschlossen und ausgewertet, liegt für jeden der Versuche ein berechnetes Wertepaar $(w, \rho_d)$ vor. Wenn

1. alle Wertepaare als Messpunkte in ein $\rho_d$-$w$-Diagramm eingetragen werden und
2. in Anpassung an die Messpunkte eine Ausgleichskurve (Proctorkurve) mit möglichst großem Krümmungskreis in ihrem Scheitel in das $\rho_d$-$w$-Diagramm eingezeichnet wird,

ergibt sich ein charakteristischer Funktionszusammenhang zwischen den Trockendichten und den zugehörigen Wassergehalten des untersuchten Bodens im verdichteten Zustand. Der Wassergehalt und die Trockendichte, die zum Scheitelpunkt der Proctorkurve (Bild 5-26) gehören, sind der optimale Wassergehalt $w_{Pr}$ und die Proctordichte $\rho_{Pr}$ bzw. die modifizierte Proctordichte mod $\rho_{Pr}$.

Für die computerunterstützte Auswertung und Ergebnisdarstellung von Proctorversuchen stehen verschiedene EDV-Programme zur Verfügung. Bild 5-25 und Bild 5-26 zeigen Ausschnitte aus den Ergebnissen eines Versuchs mit Ton, bei dem ein Versuchszylinder mit dem Innendurchmesser $d_1 = 100$ mm und der Höhe $h_1 = 120$ mm verwendet wurde. Das in drei Schichten eingebrachte Bodenmaterial wurde mit 25 Schlägen pro Schicht verdichtet, wobei die Masse des Fallgewichts 2,5 kg betrug. Die Datenaufbereitung erfolgte mit dem Programm „Compact" [F 1]. Die Gestaltung von Bild 5-26 wurde mit dem Programm „CorelDRAW" [F 2] modifiziert.

Die in Bild 5-26 für die Korndichte $\rho_s = 2{,}71$ g/cm³ des Probenmaterials dargestellte Sättigungskurve erfasst den Zustand von 100 % Sättigung (Sättigungszahl $S_r = 1$). Sie verbindet Wertepaare $(w_r, \rho_d)$, deren Wassergehalt $w_r$ zu gesättigtem Boden gehört und deren Trockendichte mit der Korndichte $\rho_s$ des Probenmaterials und der Dichte $\rho_w$ des Wassers mittels der Beziehung

$$\rho_d = \frac{\rho_s}{1 + \dfrac{w_r \cdot \rho_s}{\rho_w}} \qquad \text{Gl. 5-69}$$

berechnet werden kann. Gl. 5-69 ergibt sich aus

$$\rho_d = \frac{\rho_s}{1 + \frac{w \cdot \rho_s}{\rho_w \cdot S_r}} \qquad \text{Gl. 5-70}$$

wenn die Sättigungszahl mit $S_r = 1$ eingesetzt wird.

Der zu einem $\rho_d$-Wert ($\rho_d \leq \rho_{Pr}$) gehörende waagerechte Abstand der Sättigungskurve ($w = w_r$) von der Proctorkurve ($w = w_{proctor}$) ist ein Maß für den Luftgehalt der entsprechenden Probe. Der Anteil der luftgefüllten Poren am Gesamtvolumen der Probe wird durch

$$n_a = 1 - \rho_d \cdot \left( \frac{1}{\rho_s} + \frac{w_{proctor}}{\rho_w} \right) \qquad \text{Gl. 5-71}$$

ermittelt. Durch Auflösung nach $\rho_d$ ergibt sich aus Gl. 5-71 der Ausdruck

$$\rho_d = \frac{(1 - n_a) \cdot \rho_s \cdot \rho_w}{\rho_w + w_{proctor} \cdot \rho_s} \qquad \text{Gl. 5-72}$$

| Proben-Nr. | 1 | 2 | 3 | 4 | 5 |
|---|---|---|---|---|---|
| Bestimmung des Wassergehalts | | | | | |
| feuchte Probe + Behälter [g] | 5956,00 | 6052,00 | 6131,00 | 6232,00 | 6357,00 |
| trockene Probe + Behälter [g] | 5223,00 | 5223,00 | 5223,00 | 5223,00 | 5223,00 |
| Behälter [g] | 1587,00 | 1587,00 | 1587,00 | 1587,00 | 1587,00 |
| Porenwasser [g] | 733,00 | 829,00 | 908,00 | 1009,00 | 1134,00 |
| trockene Probe [g] | 3636,00 | 3636,00 | 3636,00 | 3636,00 | 3636,00 |
| Wassergehalt [%] | 20,16 | 22,80 | 24,97 | 27,75 | 31,19 |
| Bestimmung der Feuchtdichte | | | | | |
| feuchte Probe + Zylinder [g] | 7501,00 | 7595,00 | 7666,00 | 7692,00 | 7664,00 |
| Zylinder [g] | 5905,00 | 5905,00 | 5905,00 | 5905,00 | 5905,00 |
| feuchte Probe [g] | 1596,00 | 1690,00 | 1761,00 | 1787,00 | 1759,00 |
| Volumen Zylinder [cm³] | 942,00 | 942,00 | 942,00 | 942,00 | 942,00 |
| Feuchtdichte [g/cm³] | 1,694 | 1,794 | 1,869 | 1,897 | 1,867 |
| Bestimmung der Trockendichte $\rho_d$ | | | | | |
| Trockendichte $\rho_d$ [g/cm³] | 1,410 | 1,461 | 1,496 | 1,485 | 1,423 |

**Bild 5-25** Teil des Versuchsprotokolls eines Proctorversuchs mit Ton (Versuchsauswertung mit dem Programm „Compact" [F 1], modifizierte Darstellung)

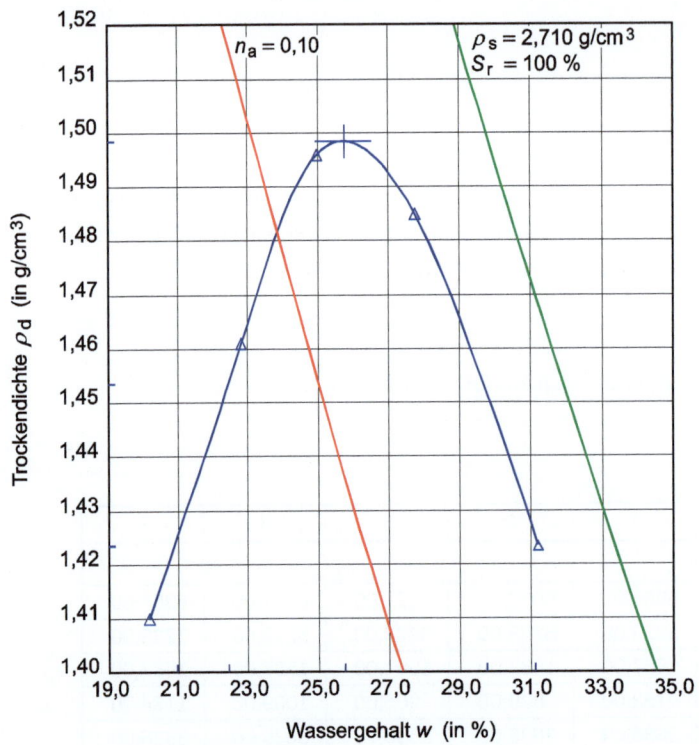

100 % der Proctordichte $\rho_{Pr} = 1{,}498$ g/cm³
optimaler Wassergehalt $w_{Pr} = 25{,}7$ %

**Bild 5-26** Proctorkurve eines Versuchs mit Ton (zu Versuchsprotokoll aus Bild 5-25) mit Sättigungslinie und Kurve gleicher Porenluftanteile $n_a = 0{,}12$ (erstellt mit dem Programm „Compact" [F 1] und modifiziert mit dem Programm „CorelDRAW" [F 2])

In welch starkem Maße die Proctorkurven von der Art des untersuchten Bodenmaterials abhängen, geht aus Bild 5-27 hervor. Das Bild zeigt die Proctorkurve des Tons aus Bild 5-26 sowie die Ergebnisse von Proctorversuchen mit schluffigem Kies, kiesigem Schluff und einem Kies-Sand-Schluff-Ton-Gemisch. Gut zu erkennen ist, dass sich nicht nur die Werte der Proctordichten $\rho_{Pr}$, sondern auch die der optimalen Wassergehalte $w_{Pr}$ stark unterscheiden können.

Proctorkurven von nichtbindigen Böden mit großer Gleichkörnigkeit sind durch schwache Krümmungen charakterisiert, d. h., die Abhängigkeit der Proctordichten vom Wassergehalt ist bei diesen Böden gering.

Nach [171], Kapitel 1.3 sind bei gleichkörnigen Böden und ausgeprägt plastischen Tonen Proctordichten von ungefähr $\rho_{Pr} = 1{,}5$ t/m³ zu erwarten. Bei gut abgestuften Kies-Sand-Schluff-Gemischen liegt dieser Wert in der Größenordnung von $\rho_{Pr} = 2{,}3$ t/m³. Die Größen der erreichbaren modifizierten Proctordichten mod $\rho_{Pr}$ liegen zwischen $1{,}04 \cdot \rho_{Pr}$ und $1{,}15 \cdot \rho_{Pr}$.

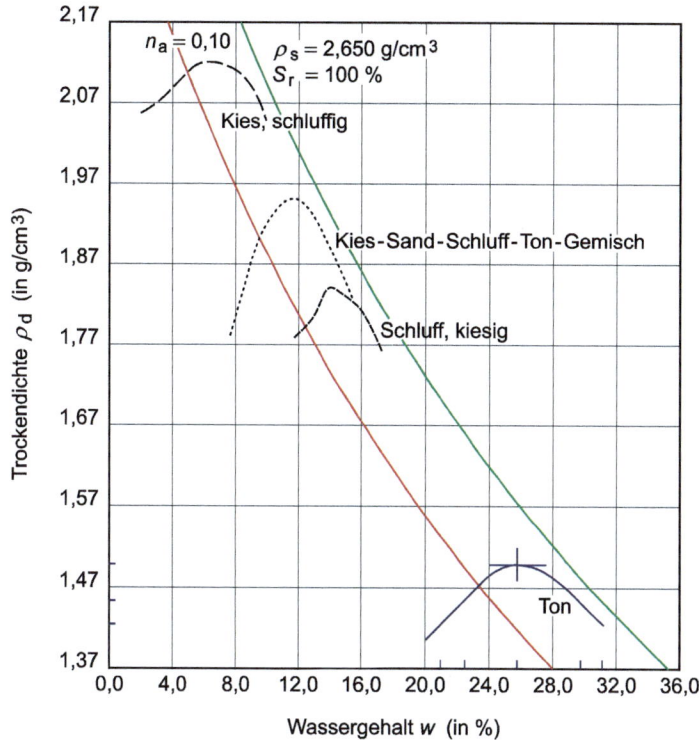

**Bild 5-27** Ergebnisse von Proctorversuchen mit verschiedenen Bodenarten (erstellt mit dem Programm „Compact" [F 1] und modifiziert mit dem Programm „CorelDRAW" [F 2])

### Anwendungsbeispiel

Welche Güteklasse müssen Bodenproben gemäß DIN EN ISO 22475-1 [128] bzw. DIN EN 1997-2 [103] mindestens haben, wenn mit ihnen der Verdichtungsgrad bestimmt werden soll? Die Anforderung an die Güteklasse ist anhand entsprechender Formeln zu begründen!

### Lösung

Aus der Definition des Verdichtungsgrades (Gl. 5-66) verbunden mit Gl. 5-32

$$D_{Pr} = \frac{\rho_d}{\rho_{Pr}} = \frac{\rho}{(1+w) \cdot \rho_{Pr}}$$

geht hervor, dass die Güteklasse der Bodenprobe die Bestimmung der Bodendichte $\rho$ des Bodens und dessen Wassergehalts $w$ ermöglichen muss. Gemäß der Tabelle 3.1 von DIN EN 1997-2 [103] (Tabelle 4-3) wird dies ab der Güteklasse 2 gewährleistet.

### 5.9.5 Anforderungen aus Regelwerken an den Verdichtungsgrad $D_{Pr}$

Geforderte Mindestwerte für den mittleren Verdichtungsgrad $D_{Pr}$ finden sich z. B. in DIN 1054 [20], Tabelle A 6.3 (entspricht Tabelle 5-19) für die Anwendung der nach ihr geltenden Sohlwiderstände $\sigma_{R,d}$ bei Fundamenten auf nichtbindigem Boden (vgl. Tabelle 8-1). Diese zulässigen Größen dürfen in definierten Regelfällen u. a. nur dann angesetzt werden, wenn eine der Voraussetzungen von Tabelle 5-19 bezüglich Lagerungsdichte $D$, Verdichtungsgrad $D_{pr}$ oder Drucksondenspitzenwiderstand $q_c$ erfüllt ist (vgl. DIN 1054 [20], A 6.10.2.1 A (1)). Im Anhang der EAB [145] wird diese Tabelle übrigens zur Angabe von Kriterien für mitteldichte Lagerungen (vgl. auch Abschnitt 5.10.2) herangezogen.

**Tabelle 5-19** Voraussetzungen für die Anwendung der Bemessungswerte für die Sohlwiderstände $\sigma_{R,d}$ nach den Tabellen A 6.1 und A 6.2 von DIN 1054 [20] bei nichtbindigem Boden (zur Lagerungsdichte $D$ siehe Abschnitt 5.10)

| Bodengruppe nach DIN 18196 | Ungleichförmigkeitszahl nach DIN 18196 $C_U$ | Mittlere Lagerungsdichte nach DIN 18126 $D$ | Mittlerer Verdichtungsgrad nach DIN 18127 $D_{Pr}$ | Mittlerer Spitzenwiderstand der Drucksonde $q_c$ in MN/m² |
|---|---|---|---|---|
| SE, GE, SU, GU, ST, GT | $\leq 3$ | $\geq 0{,}30$ | $\geq 95\%$ | $\geq 7{,}5$ |
| SE, SW, SI, GE, GW, GT, SU, GU | $> 3$ | $\geq 0{,}45$ | $\geq 98\%$ | $\geq 7{,}5$ |

Ein weiteres Beispiel sind die Anforderungen von ZTV E-StB 09, 4.3.2 [270] bezüglich des zu realisierenden Verdichtungsgrades $D_{Pr}$ im Straßenbau. Die für grobkörnige sowie gemischt- und feinkörnige Böden geltenden Anforderungen sind in Tabelle 5-20 zusammengestellt (weitere Anforderungen siehe Tabelle 4-14 und Tabelle 4-15 in Abschnitt 4.4.5).

**Tabelle 5-20** Anforderungen an das 10%-Mindestquantil[1] für den Verdichtungsgrad $D_{Pr}$ bzw. an das 10%-Höchstquantil[2] für den Luftporenanteil $n_a$ für Böden gemäß DIN 18196 [83] (nach ZTV E-StB 09, 4.3.2 [270])

| | Bereich | Bodengruppen | $D_{Pr}$ in % | $n_a$ in Vol.-% |
|---|---|---|---|---|
| 1 | Planum bis 1,0 m Tiefe bei Dämmen und bis 0,5 m Tiefe bei Einschnitten | GW, GI, GE SW, SI, SE GU, GT, SU, ST | 100 | – |
| 2 | 1,0 m unter Planum bis Dammsohle | GW, GI, GE SW, SI, SE GU, GT, SU, ST | 98 | – |
| 3 | Planum bis Dammsohle und bis 0,5 m Tiefe bei Einschnitten | GU*, GT*, SU*, ST* U, T, OU[3], OT[3] | 97 | 12[4] |

Anmerkungen zu Tabelle 5-20:

[1] die Anforderungen an das 10%-Mindestquantil für den Verdichtungsgrad $D_{Pr}$ bedeuten z. B., dass höchstens 10% aller im Prüflos ermittelten $D_{Pr}$-Werte die Größe $D_{Pr} = 98\%$ unterschreiten dürfen bzw., dass mindestens 90% aller im Prüflos ermittelten Verdichtungsgrade den Wert $D_{Pr} = 98\%$ überschreiten müssen (siehe hierzu auch [19]).

[2] die Anforderungen an das 10%-Höchstquantil für den Luftporenanteil $n_a$ bedeuten z. B., dass höchstens 10% aller im Prüflos ermittelten $n_a$-Werte die Größe $n_a = 12\%$ überschreiten dürfen bzw., dass mindestens 90% aller im Prüflos ermittelten Luftporenanteile den Wert $n_a = 12\%$ unterschreiten müssen.

[3] Für Böden der Gruppen OU und OT gelten die Anforderungen nur dann, wenn ihre Eignung und ihre Einbaubedingungen gesondert untersucht und im Einvernehmen mit dem Auftraggeber festgelegt wurden.

4) Wenn die Böden nicht verfestigt oder qualifiziert verbessert werden (siehe hierzu ZTV E-StB 09, Abschnitt 12), empfiehlt sich beim Einbau wasserempfindlicher gemischt- und feinkörniger Böden eine Anforderung an das 10 %-Höchstquantil für den Luftporenanteil von $n_a = 8$ Vol.-%, beim Einbau veränderlicher fester Gesteine eine Anforderung von $n_a = 8$ Vol.-%. Diese Anforderungen sind in der Leistungsbeschreibung festzulegen.

Die Anforderungen von Tabelle 5-20 für die grobkörnigen Böden gelten auch für Korngemische aus gebrochenem Gestein mit jeweils entsprechender Kornzusammensetzung. Die Anforderungen der Tabelle gelten auch für Böden und Baustoffe mit $\leq 35$ M.-% an Körnern 63 mm $< d < 200$ mm.

### Anwendungsbeispiel

Zur Überdeckung einer Tiefgaragendecke sind 235 m³ Quarzsand mit einem Verdichtungsgrad von $D_{Pr} = 97\%$ einzubauen.

Welche Größe darf der mittlere Wassergehalt $w$ des Sandes maximal annehmen (Angabe in %), wenn die Eigenlast des einzubauenden Sandes den Wert von 4 850 kN nicht überschreiten darf und die mittlere Proctordichte des Sandes $\rho_{Pr} = 1{,}85$ g/cm³ beträgt? Wie groß ist der zu diesen Werten gehörende mittlere Luftporenanteil $n_a$?

### Lösung

Mit dem Verdichtungsgrad $D_{Pr} = 97\% = 0{,}97$ und der Proctordichte des Sandes ergibt sich dessen Trockendichte im eingebauten Zustand zu (Gl. 5-66)

$$\rho_d = \rho_{Pr} \cdot D_{Pr} = 1{,}85 \cdot 0{,}97 = 1{,}795 \text{ g/cm}^3 = 1{,}795 \text{ t/m}^3$$

Da die maximal zulässige Eigenlast der einzubauenden 235 m³ feuchten Quarzsandes einer maximal zulässigen mittleren Dichte von (4 850 kN ≙ 485 t)

$$\max \text{zul } \rho = \frac{485}{235} = 2{,}0638 \text{ t/m}^3$$

entspricht, ergibt sich als maximal zulässiger mittlerer Wassergehalt (Gl. 5-16)

$$\max \text{zul } w = \frac{\max \text{zul } \rho}{\rho_d} - 1 = \frac{2{,}0638}{1{,}795} - 1 = 0{,}150 = 15{,}0\%$$

Mit $\rho_d$ und der für Quarzsand geltenden Korndichte

$$\rho_s = 2{,}65 \text{ t/m}^3$$

ergibt sich als mittlerer Porenanteil des eingebauten Sandes (Gl. 5-14)

$$n = 1 - \frac{\rho_d}{\rho_s} = 1 - \frac{1{,}795}{2{,}65} = 0{,}323$$

mit der Dichte des Wassers

$$\rho_w = 1{,}0 \text{ t/m}^3$$

als maximal zulässiger mittlerer Anteil der wassergefüllten Poren des eingebauten Sandes (Gl. 5-14)

$$\max \text{zul } n_w = \max \text{zul } w \cdot \frac{\rho_d}{\rho_w} = 0{,}15 \cdot \frac{1{,}795}{1{,}0} = 0{,}269$$

und damit als mindestens erforderlicher mittlerer Luftporenanteil (Gl. 5-5)

$$\text{erf } n_a = n - \max \text{zul } n_w = 0{,}323 - 0{,}269 = 0{,}0535$$

## 5.10 Dichte nichtbindiger Böden (lockerste u. dichteste Lagerung)

Die Dichten trockener nichtbindiger Böden bei ihrer lockersten und dichtesten Lagerung können durch Versuche nur näherungsweise bestimmt werden, da sich diese Extremalwerte der möglichen Bodendichten dabei gewöhnlich nicht ganz erreichen lassen. Dennoch ist es sinnvoll, mit genormten Versuchen entsprechende Werte zu ermitteln, da diese u. a. die Berechnung der Lagerungsdichten von nichtbindigen Böden in situ erlauben, wenn deren Porenanteile oder deren Trockendichten bekannt sind. Solche Größen dienen z. B. zur Beurteilung der Verdichtungsfähigkeit und Belastbarkeit der untersuchten Böden sowie als Bezugsgröße für einige ihrer Bodenkenngrößen. So erhöhen sich mit zunehmender Lagerungsdichte z. B. die Wichte und der die Scherfestigkeit bestimmende Reibungswinkel (vgl. z. B. Tabellen von DIN 1055-2 [25]). Weiterhin ist die Gültigkeit ansetzbarer Sohlwiderstände $\sigma_{R,d}$ bei nichtbindigen Böden gemäß DIN 1054 [20], A 6.10.2.1 A (1) von deren mittlerer Lagerungsdichte $D$, Verdichtungsgrad $D_{pr}$ oder Drucksondenspitzenwiderstand $q_c$ abhängig (vgl. Tabelle 5-19).

### 5.10.1 Regelwerke

Zur Ermittlung der Dichte bei lockerster und dichtester Lagerung enthält
– DIN 18126 [71]

Empfehlungen bezüglich der einzusetzenden Geräte und der Durchführung und Auswertung der Versuche. In Normen wie z. B.

– DIN 1054 [20], DIN 1055-2 [25] und DIN EN 1997-1 [100]

werden zu den so ermittelten Werten weitere Beziehungen angegeben.

Ausführungen bzw. Bezugnahmen zu dieser Thematik sind auch in den EAB [145] sowie den EAU 2012 [149] zu finden.

### 5.10.2 Definitionen und Einstufungen von Lagerungsdichten

*Dichte bei dichtester Lagerung* $\max \rho_d$ (in g/cm$^3$) mit den entsprechenden Versuchen von DIN 18126 erzielte Trockendichte des Bodens (Einrütteln des Probenmaterials im Versuchszylinder mit dem Rütteltisch oder der Schlaggabel).

*Dichte bei lockerster Lagerung* $\min \rho_d$ (in g/cm$^3$) mit den entsprechenden Versuchen von DIN 18126 erzielte Trockendichte des Bodens (Einfüllen des Probenmaterials in den Versuchszylinder mittels Trichter bzw. Kelle oder Handschaufel).

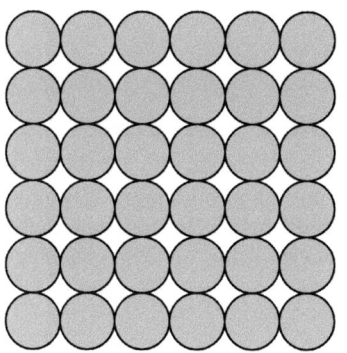 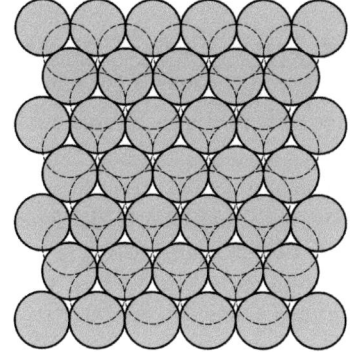

**Bild 5-28** Schema der lockersten (links) und dichtesten Lagerung (rechts) gedrungener Körner wie z. B. die von Sand

Wurden für eine Bodenprobe $\min \rho_d$ und $\max \rho_d$ gemäß DIN 18126 ermittelt und sind darüber hinaus das Gesamtvolumen $V$, das Festmassenvolumen $V_k$, das Porenvolumen $V_p$ bei dichtester ($\min V_p$) und lockerster ($\max V_p$) Lagerung sowie die Korndichte $\rho_s$ (in g/cm³) des Probenmaterials bekannt, können die nachfolgenden Größen definiert und zahlenmäßig ermittelt werden.

*Porenanteil bei lockerster Lagerung*

$$\max n = \frac{\max V_p}{V} = 1 - \frac{\min \rho_d}{\rho_s} \qquad \text{Gl. 5-73}$$

*Porenanteil bei dichtester Lagerung*

$$\min n = \frac{\min V_p}{V} = 1 - \frac{\max \rho_d}{\rho_s} \qquad \text{Gl. 5-74}$$

*Porenzahl bei lockerster Lagerung*

$$\max e = \frac{\max V_p}{V_k} = \frac{\rho_s}{\min \rho_d} - 1 \qquad \text{Gl. 5-75}$$

*Porenzahl bei dichtester Lagerung*

$$\min e = \frac{\min V_p}{V_k} = \frac{\rho_s}{\max \rho_d} - 1 \qquad \text{Gl. 5-76}$$

Die Kenntnis dieser Größen und der nach DIN 18125-2 [70] oder DIN EN ISO 17892-2 [123] ermittelten Trockendichte $\rho_d$ des im Feld anstehenden Bodens liefert schließlich dessen

*Lagerungsdichte*

$$D = \frac{\max n - n}{\max n - \min n} = \frac{\rho_d - \min \rho_d}{\max \rho_d - \min \rho_d} \quad \text{mit} \quad n = 1 - \frac{\rho_d}{\rho_s} \qquad \text{Gl. 5-77}$$

*Bezogene Lagerungsdichte*

$$I_D = \frac{\max e - e}{\max e - \min e} = \frac{\max \rho_d \cdot (\rho_d - \min \rho_d)}{\rho_d \cdot (\max \rho_d - \min \rho_d)} \quad \text{mit} \quad e = \frac{\rho_s}{\rho_d} - 1 \qquad \text{Gl. 5-78}$$

*Verdichtungsfähigkeit*

$$I_f = \frac{\max e - \min e}{\min e} = \frac{\rho_s \cdot (\max \rho_d - \min \rho_d)}{\min \rho_d \cdot (\rho_s - \max \rho_d)} = \frac{\max n}{\min n} \cdot \left(\frac{1 - \min n}{1 - \max n}\right) - 1 \qquad \text{Gl. 5-79}$$

**Hinweise:** 1. Die Zahlenwerte für $I_D$ und $D$ sind nur bei den Grenzwerten 0 und 1 identisch.

2. Kleine $I_f$-Werte sind mit kleinen Differenzen zwischen max $n$ und min $n$ verbunden. In solchen Fällen führen Verdichtungsmaßnahmen nur zu geringfügigen Veränderungen des Porenanteils $n$ bzw. der Porenzahl $e$ des verdichteten Bodens (typisch für enggestufte Böden). Im Grenzfall $I_f = 0$ besitzt der Boden keine Verdichtungsfähigkeit und es gilt max $n$ = min $n$ bzw. max $e$ = min $e$ (Verdichtungsmaßnahmen haben keine Wirkung auf die Größe von $n$ bzw. $e$).

In Tabelle 5-21 sind die Bezeichnungen aus DIN EN ISO 14688-2 für Wertebereiche der bezogenen Lagerungsdichte $I_D$ zusammengestellt.

**Tabelle 5-21** Bezeichnungen für Wertebereiche der bezogenen Lagerungsdichte $I_D$ (nach DIN EN ISO 14688-2, Tabelle 4)

| Bezeichnung | Bezogene Lagerungsdichte $I_D$ in % |
|---|---|
| sehr locker | 0 bis 15 |
| locker | 15 bis 35 |
| mitteldicht | 35 bis 65 |
| dicht | 65 bis 85 |
| sehr dicht | 85 bis 100 |

Tabelle 5-22 enthält Bezeichnungen (locker, mitteldicht und dicht), die als Anhaltswerte für die Unterscheidung von Böden verwendet werden können und im Schrifttum sowie auch in Normen (z. B. in DIN 4085 [48]) zu finden sind. Die Unterscheidung der Böden basiert auf ihrer Lagerungsdichte $D$ bzw. dem Spitzenwiderstand $q_c$ bei Sondierungen mit Drucksonden. Nach [24] sind nichtbindige Böden mit Sicherheit locker gelagert, wenn ein Stahlstab von $\approx$ 20 mm Durchmesser ohne Anstrengung 0,5 m tief eingedrückt werden kann.

**Tabelle 5-22** Bezeichnungen für die Lagerungsdichte gleichkörniger Fein- und Mittelsande in Abhängigkeit von dem in mindestens 5 m Tiefe ermittelten Spitzenwiderstand $q_c$ einer Drucksonde bzw. der Größe $D$ der Lagerungsdichte (nach EAU 1996 [148])

| Spitzenwiderstand $q_c$ in MN/m² | Lagerungsdichte | |
|---|---|---|
| | Bezeichnung | Wertebereich |
| $6 > q_c$ | locker | $0,3 > D$ |
| $6 \leq q_c \leq 11$ | mitteldicht | $0,3 \leq D \leq 0,7$ |
| $q_c > 11$ | dicht | $D > 0,7$ |

Zu Tabelle 5-22 und auch zu Tabelle 4-7 analoge Angaben enthält Tabelle 5-23. Sie sind nach den EAB zur Einstufung der Wichte und Scherfestigkeit nichtbindiger Böden zu verwenden.

**Tabelle 5-23** Einstufungen der Lagerungsdichte nichtbindiger Böden (nach EAB, Tabelle 1.1)

| Benennung der Lagerung | Lagerungsdichten $D$ für die Ungleichförmigkeitszahlen | | Spitzenwiderstand $q_c$ von Drucksonden in MN/m² |
|---|---|---|---|
| | $C_U \leq 3$ | $C_U > 3$ | |
| sehr locker | $D < 0{,}15$ | $D < 0{,}20$ | $q_c < 5{,}0$ |
| locker | $0{,}15 \leq D < 0{,}30$ | $0{,}20 \leq D < 0{,}45$ | $5{,}0 \leq q_c < 7{,}5$ |
| mitteldicht | $0{,}30 \leq D < 0{,}50$ | $0{,}45 \leq D < 0{,}65$ | $7{,}5 \leq q_c < 15{,}0$ |
| dicht | $0{,}50 \leq D < 0{,}75$ | $0{,}65 \leq D < 0{,}90$ | $15{,}0 \leq q_c < 25{,}0$ |
| sehr dicht | $D \geq 0{,}75$ | $D \geq 0{,}90$ | $q_c \geq 25{,}0$ |

Detailliertere Kriterien für die mitteldichte und dichte Lagerung von Böden gemäß den EAB können Tabelle 5-24 entnommen werden (siehe auch Abschnitt 5.9.5).

**Tabelle 5-24** Kriterien für mitteldichte und dichte Lagerung (nach EAB, Tabellen 1.2 und 1.3)

| Benennung der Lagerung | Bodengruppen nach DIN 18196 | Ungleichförmig-keitszahl nach DIN 18196 | Lagerungs-dichte nach DIN 18126 | Verdichtungs-grad nach DIN 18127 | Spitzenwiderstand der Drucksonde |
|---|---|---|---|---|---|
| mitteldicht | SE, SU / GE, GU, GT | $C_U \leq 3$ | $D \geq 0{,}30$ | $D_{Pr} \geq 95\%$ | $q_c \geq 7{,}5$ MN/m² |
| | SE, SW, SI, SU / GE, GW, GT, GU | $C_U > 3$ | $D \geq 0{,}45$ | $D_{Pr} \geq 98\%$ | |
| dicht | SE, SU / GE, GU, GT | $C_U \leq 3$ | $D \geq 0{,}50$ | $D_{Pr} \geq 98\%$ | $q_c \geq 15{,}0$ MN/m² |
| | SE, SW, SI, SU / GE, GW, GT, GU | $C_U > 3$ | $D \geq 0{,}65$ | $D_{Pr} \geq 100\%$ | |

Hinsichtlich der Nutzung von Hafenflächen sind in Tabelle 5-25 Mindestwerte für Lagerungsdichten $D$ angegeben, wie sie gemäß den EAU 2012, E 175 im Bereich aufgespülter nichtbindiger Böden zu fordern sind. Korrelationsbeziehungen zwischen Lagerungsdichte $D$, Spitzenwiderstand $q_c$ der Drucksonde CPT 15 und Schlagzahlen $N_{10}$ der Rammsonden DPL, DPL-5 und DPH, die als Erfahrungswerte für aufgespülte ungleichförmige Fein- und gleichförmige Mittelsande gelten, sind in EAU 2012, E 175 zu finden (siehe Tabelle 4-8).

**Tabelle 5-25** Von der Nutzung von Hafenflächen abhängige erforderliche Lagerungsdichten $D$ für aufgespülte nichtbindige Böden (nach EAU 2012, Tabelle E 175-1)

| Nutzungsart | Lagerungsdichte $D$ | |
|---|---|---|
| | Feinsand $d_{50} < 0{,}15$ mm | Mittelsand $d_{50} = 0{,}25$ bis $0{,}5$ mm |
| Lagerflächen | 0,35 – 0,45 | 0,20 – 0,35 |
| Verkehrsflächen | 0,45 – 0,55 | 0,25 – 0,45 |
| Bauwerksflächen | 0,55 – 0,75 | 0,45 – 0,65 |

### 5.10.3 Dichte bei dichtester Lagerung (Rütteltischversuch)

Mit dem Rütteltischversuch können nach [172], Kapitel 1.3 Böden mit Schluffanteilen bis zu 12 % untersucht werden. Für die Untersuchung schlufffreier Sande ist auch der Schlaggabelversuch geeignet. Beide Versuche werden im Einzelnen in DIN 18126 beschrieben.

Beim Rütteltischversuch (Bild 5-29) wird das im Trockenofen bei 105 °C getrocknete Probenmaterial im Versuchszylinder durch vertikale Schwingbewegungen der Tischplatte (Frequenz: 50 Hz, Schwingweiten $A$: 1,4 bis 1,7 mm) verdichtet. Nach 5 Minuten Rüttelzeit ist der Tisch schnell (in max. 1,5 Sekunden) zum Stillstand zu bringen (Vermeidung von Auflockerungseffekten).

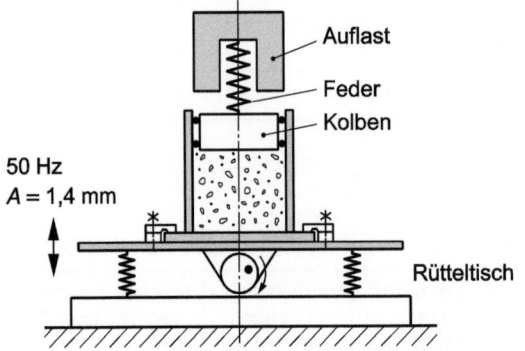

**Bild 5-29** Rütteltisch zur Ermittlung der dichtesten Lagerung (nach [172], Kapitel 1.3)

Der Versuch ist mit jeweils neuem Probenmaterial mindestens dreimal durchzuführen (zu Versuchszylindergrößen und Probenmassen siehe Tabelle 5-26). Seine Auswertung erfolgt nach DIN 18126 unter Verwendung der nach DIN 18124 [68] ermittelten Korndichte $\rho_s$. Dabei ergeben sich die Versuchsergebnisse $\max \rho_d$, $\min n$ und $\min e$ als arithmetisches Mittel der entsprechenden Teilversuchsergebnisse. Ein entsprechendes Anwendungsbeispiel zeigt DIN 18126.

Einzelheiten zu den beim Versuch einzusetzenden Geräten lassen sich DIN 18126 entnehmen.

**Tabelle 5-26** Zulässiges Größtkorn und erforderliche Probenmasse für den Rütteltischversuch (für 2 Wiederholungen) in Abhängigkeit vom Versuchszylinder (nach DIN 18126)

| Durchmesser des Versuchszylinders in mm | Zulässiges Größtkorn zul. max. $d$ in mm | Erforderliche Trockenmasse der Probe in kg |
|---|---|---|
| 100 | 10 (bei $C_U \geq 3$) | 6*) |
|  | 5 (bei $C_U < 3$) |  |
| 150 | 31,5 | 18 |
| 250 | 63 (bei $C_U > 6$) | 90 |

*) Bei Untersuchung von Böden mit überwiegendem Massenanteil an Korngrößen < 0,063 mm darf die Probe wiederholt eingerüttelt werden. Dann genügt eine Probenmasse von etwa 2 kg.

### 5.10.4 Dichte bei lockerster Lagerung (Einfüllung mit Trichter)

Beim Einsatz der in Bild 5-30 gezeigten Versuchseinrichtung wird der auf die Grundplatte des Versuchszylinders aufgesetzte Trichter mit der Bodenprobe gefüllt und dann mit der Seilwinde langsam zentrisch hochgezogen, bis der Versuchszylinder gefüllt ist. Nach dem Abgleichen des Bodens auf die Zylinderoberkante wird die Trockenmasse durch Wägung bestimmt.

Die beschriebene Vorgehensweise ist geeignet für die Untersuchung von Sanden und Feinkiesen. Bei grobkörnigerem Probenmaterial können als Einfüllgeräte auch Kelle oder Handschaufel benutzt werden (Näheres siehe DIN 18126, 7.4.4).

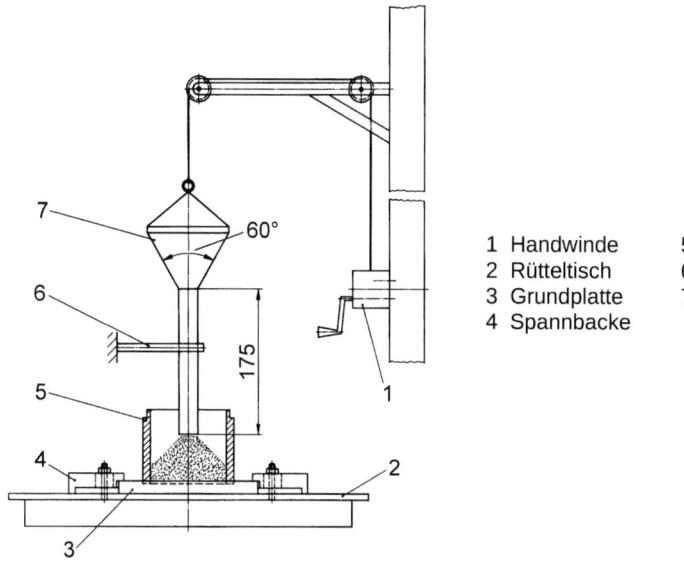

1 Handwinde   5 Versuchszylinder
2 Rütteltisch  6 Halterung
3 Grundplatte  7 Trichter
4 Spannbacke

**Bild 5-30**  Trichter mit Vorrichtung zu seinem zentrischen Hochziehen (nach DIN 18126, Bild 5)

Der Versuch ist mit jeder der drei Teilproben, an denen die dichteste Lagerung bestimmt wurde, zweimal durchzuführen. Seine Auswertung erfolgt nach DIN 18126 unter Verwendung der nach DIN 18124 [68] ermittelten Korndichte $\rho_s$. Die sich dabei ergebenden Versuchsergebnisse min $\rho_d$, max $n$ und max $e$ sind das arithmetische Mittel der entsprechenden Teilversuchsergebnisse. Ein entsprechendes Anwendungsbeispiel beinhaltet DIN 18126.

Sind die Trockendichte $\rho_d$ (bzw. der Porenanteil $n$ und/oder die Porenzahl $e$) eines untersuchten Bodens für seine natürliche Lagerung bekannt und liegen die Ergebnisse der Versuche zur Dichteermittlung bei dichtester und lockerster Lagerung des Bodens vor, können seine Lagerungsdichte $D$, seine bezogene Lagerungsdichte $I_D$ und seine Verdichtungsfähigkeit $I_f$ mit Hilfe der Gleichungen Gl. 5-77 bis Gl. 5-79 berechnet werden.

### Anwendungsbeispiel

Aus einer Sandschicht wurde mit dem Ausstechzylinder eine Probe entnommen, für die als

Masse des feuchten Sandes im Zylinder   $m = 1\,606$ g,

Volumen des Ausstechzylinders   $V = 872$ cm³

ermittelt wurden.

Die Auswertung der Siebanalyse ergab, dass es sich bei dem Sand um einen eng gestuften Sand (SE) mit $C_U > 3$ handelt. Weitere Versuche ergaben die Größen

| Korndichte | $\rho_s$ | $= 2{,}650 \text{ g/cm}^3$ |
| Dichte bei lockerster Lagerung | $\min \rho_d$ | $= 1{,}540 \text{ g/cm}^3$ |
| Dichte bei dichtester Lagerung | $\max \rho_d$ | $= 1{,}932 \text{ g/cm}^3$ |
| Wassergehalt | $w$ | $= 0{,}062$ |

Anhand der vorliegenden Untersuchungsergebnisse ist zu klären,
- ob die Lagerungsdichte $D$ dieser Probe den Ansatz von Sohlwiderständen $\sigma_{R,d}$ gemäß DIN 1054, A 6.10.2.1 gestattet (vgl. hierzu Tabelle 5-19),
- wie groß seine Sättigungszahl $S_r$ ist,
- wieviel Wasser er bei dieser Lagerungsdichte pro m³ maximal noch aufnehmen kann (Angabe in m³).

**Lösung**

Mit der Dichte des Sandes (Gl. 5-16)

$$\rho = \frac{m}{V} = \frac{1\,606}{872} = 1{,}842 \text{ g/cm}^3$$

ergibt sich dessen Trockendichte (Gl. 5-32)

$$\rho_d = \frac{\rho}{1+w} = \frac{1{,}842}{1+0{,}062} = 1{,}734 \text{ g/cm}^3$$

Mit ihr berechnet sich die Lagerungsdichte des Sandes zu (Gl. 5-77)

$$D = \frac{\rho_d - \min \rho_d}{\max \rho_d - \min \rho_d} = \frac{1{,}734 - 1{,}54}{1{,}932 - 1{,}54} = \frac{0{,}194}{0{,}392} = 0{,}495$$

und damit zu einer Größe, die über dem Wert der erforderlichen mittleren Lagerungsdichte von $D \geq 0{,}45$ liegt (Tabelle 5-19). Der Ansatz von Sohlwiderständen $\sigma_{R,d}$ gemäß DIN 1054, A 6.10.2.1 ist damit gestattet.

Mit den vorgegebenen und den inzwischen ermittelten Größen sowie mit der Wasserwichte $\rho_w = 1{,}0 \text{ g/cm}^3$ ergibt sich die gesuchte Sättigungszahl zu (Gl. 5-9 und Gl. 5-35)

$$S_r = \frac{V_w}{V_p} = \frac{w \cdot \rho_d \cdot \rho_s}{\rho_w \cdot (\rho_s - \rho_d)} = \frac{0{,}062 \cdot 1{,}734 \cdot 2{,}65}{1{,}0 \cdot (2{,}65 - 1{,}734)} = 0{,}311$$

Der Porenanteil (Gl. 5-1 und Gl. 5-15)

$$n = \frac{V_p}{V} = 1 - \frac{\rho_d}{\rho_s} = 1 - \frac{1{,}734}{2{,}65} = 0{,}346$$

des Sandes führt zu dem Porenvolumen pro m³ Sandboden

$$V_p = n \cdot V = 0{,}346 \cdot 1{,}0 = 0{,}346 \text{ m}^3$$

und mit der Sättigungszahl $S_r$ zu der maximal noch aufnehmbaren Wassermenge pro m³ des Sandes

$$V_{\text{Wasser}} = V_p - V_w = V_p \cdot (1{,}0 - S_r) = 0{,}346 \cdot (1{,}0 - 0{,}311) = 0{,}238 \text{ m}^3$$

## 5.11 Wasserdurchlässigkeit

### 5.11.1 Allgemeines

Die Wasserdurchlässigkeit dient im Grund- und Erdbau u. a. als Grundlage für die Berechnung von Grundwasserströmungen und zur Beurteilung der Durchlässigkeit von künstlich hergestellten Dichtungs- und Filterschichten. Sie ist z. B. erforderlich bei

- dem Entwurf von Wasserhaltungen für Bauwerke, die in das Grundwasser reichen,
- der Beurteilung von Filtermaterial für Dränagen,
- der Kontrolle des erreichten Verdichtungsgrades von Deponieabdichtungen,
- der Abdichtung der Sohlen und Böschungen von Kanälen.

Die zahlenmäßige Einstufung der Wasserdurchlässigkeit von laminar durchströmten Böden (Lockergesteinen) erfolgt anhand des Durchlässigkeitsbeiwerts, der eine wesentliche mechanische Bodeneigenschaft darstellt. Im Labor gewonnene Zahlenwerte für den Durchlässigkeitsbeiwert sind auf die Bodengegebenheiten in der Natur nur dann übertragbar, wenn die untersuchten Bodenproben u. a.

- für die in situ vorhandene Bodenschicht repräsentativ sind,
- durch die Probenentnahme in ihrem Gefüge nicht verändert (z. B. aufgelockert) wurden.

Da diese Forderungen nie vollständig eingehalten werden, können sie als Kriterien zur Beurteilung der Aussagekraft der Versuche herangezogen werden.

### 5.11.2 DIN-Normen

Empfehlungen hinsichtlich der Laborversuche zur Wasserdurchlässigkeitsermittlung sind in
- DIN 18130-1 [75] und DIN ISO/TS 17892-11 [140] (Vornorm)

zu finden. Hierzu gehören u. a. die Auswahl geeigneter Versuchsanordnungen, die Versuchsdurchführung und -auswertung sowie Anwendungsbeispiele (in DIN 18130-1).

Ausführungen zu entsprechenden Feldversuchen sind z. B. in DIN 18130-2 [76] zu finden (vgl. auch Abschnitt 2.10).

### 5.11.3 Definitionen

*Durchfluss* $Q$ (in m³/s) auf Zeiteinheit bezogenes Wasservolumen $V_w$, das während der Versuchszeit $t$ aus der Querschnittsfläche $A$ (Feststoffe + Poren) eines Probekörpers austritt (Bild 5-31)

$$Q = \frac{V_w}{t} \qquad \text{Gl. 5-80}$$

*Filtergeschwindigkeit* $v$ (in m/s) Durchfluss $Q$ pro Einheit der Querschnittsfläche $A$ (senkrecht zur Fließrichtung angeordnet) bzw. Wasservolumen $V_w$ bezogen auf die Querschnittsfläche $A$ und die Versuchszeit $t$

$$v = \frac{Q}{A} = \frac{V_w}{A \cdot t} \qquad \text{Gl. 5-81}$$

Anmerkung: $v <$ tatsächliche Fließgeschwindigkeit $v_R$ des Wassers in den Porenkanälen des Bodens. Nach [186] gilt mit der Porenzahl $n$

$$v \approx n \cdot v_R \quad \text{bzw.} \quad v_R \approx \frac{v}{n} \qquad \text{Gl. 5-82}$$

*Hydraulischer Höhenunterschied h* (in m) Differenz von zwei Standrohrspiegelhöhen in zwei Querschnitten des Probekörpers (Bild 5-31).

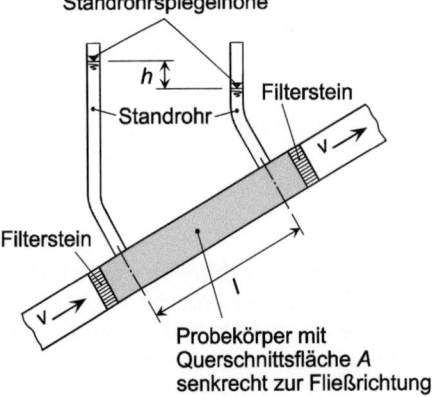

**Bild 5-31** Strömungsvorgang in einer Bodenprobe (nach DIN 18130-1, Bild 1)

*Durchströmte Länge l* (in m) Abstand der Ansatzpunkte der Standrohre in Fließrichtung des Wassers bzw. Länge der dazwischen liegenden durchströmten Bodenprobe (Bild 5-31).

*Hydraulisches Gefälle i* Quotient aus hydraulischem Höhenunterschied $h$ und durchströmter Länge $l$

$$i = \frac{h}{l} \qquad \text{Gl. 5-83}$$

*Durchlässigkeitsbeiwerte $k_r$ und $k$* (in m/s) Verhältnis von Filtergeschwindigkeit zu hydraulischem Gefälle wassergesättigter ($k_r$) bzw. teilweise wassergesättigter ($k$) Böden, in denen der Fließvorgang nach dem Gesetz von *Darcy* (Fließgesetz für gleichmäßige, lineare Durchströmung) erfolgt

$$k_r = \frac{v}{i} \quad \text{(gesättigter Boden)}$$

$$k = \frac{v}{i} \quad \text{(teilgesättigter Boden)} \qquad \text{Gl. 5-84}$$

Anmerkung: Es gilt stets $k_r > k$.

In Tabelle 5-27 sind Erfahrungswerte für Durchlässigkeitsbeiwerte $k$ von verschiedenen Böden angegeben.

**Tabelle 5-27** Erfahrungswerte für den Durchlässigkeitsbeiwert $k$ (nach *von Soos* [171], Kapitel 1.4)

| Bodenart | Durchlässigkeitsbeiwert $k$ in m/s |
|---|---|
| sandiger Kies | $2 \cdot 10^{-2}$ bis $1 \cdot 10^{-4}$ |
| Sand | $1 \cdot 10^{-3}$ bis $1 \cdot 10^{-5}$ |
| Schluff-Sand-Gemische | $5 \cdot 10^{-5}$ bis $1 \cdot 10^{-7}$ |
| Schluff | $5 \cdot 10^{-6}$ bis $1 \cdot 10^{-8}$ |
| Ton | $2 \cdot 10^{-8}$ bis $1 \cdot 10^{-12}$ |

*Durchlässigkeitsbereiche* Wertebereiche von Durchlässigkeitsbeiwerten, die in DIN 18130-1 für bautechnische Zwecke gemäß Tabelle 5-28 definiert sind.

**Tabelle 5-28** Vom Durchlässigkeitsbeiwert abhängige Durchlässigkeitsbereiche (nach DIN 18130-1, Tabelle 1)

| Durchlässigkeitsbeiwert $k_r$ in m/s | Durchlässigkeitsbereich |
|---|---|
| $< 10^{-8}$ | sehr schwach durchlässig |
| $10^{-8}$ bis $10^{-6}$ | schwach durchlässig |
| $> 10^{-6}$ bis $10^{-4}$ | durchlässig |
| $> 10^{-4}$ bis $10^{-2}$ | stark durchlässig |
| $> 10^{-2}$ | sehr stark durchlässig |

### 5.11.4 Beziehungen der Filtergeschwindigkeit zum hydraulischen Gefälle

Zwischen der Filtergeschwindigkeit $v$ und dem hydraulischen Gefälle $i$ besteht nur dann ein linearer Zusammenhang, wenn der Boden laminar durchströmt wird und sich die Querschnittsfläche der durchflossenen Porenkanäle nicht ändert (Bild 5-32 a). Werden diese Voraussetzungen verletzt, ergeben sich nichtlineare Beziehungen zwischen $v$ und $i$. Zwei entsprechende Beispiele sind in Bild 5-32 b und in Bild 5-32 c gezeigt. Die bei turbulenten Strömungen auftretenden Verwirbelungen des strömenden Wassers reduzieren dessen Durchflussgeschwindigkeit. Da sich diese Verluste mit wachsendem hydraulischen Gefälle vergrößern, nimmt die Filtergeschwindigkeit gemäß Bild 5-32 b, nach zunächst linearem Anstieg, unterlinear zu (postlinearer Bereich). Der umgekehrte Effekt stellt sich bei bindigen Sedimenten und kleinem hydraulischen Gefälle ein. Hierzu gibt es eine Reihe von Untersuchungen mit zum Teil sehr unterschiedlichen Ergebnissen (vgl. [242]). Eines dieser Ergebnisse entspricht Bild 5-32 c, dessen überlinearer Verlauf auf die Wirkung diffuser Wasserhüllen zurückgeführt wird, welche die Querschnitte von durchflossenen Porenkanälen feinkörniger Böden einengen. Mit zunehmendem hydraulischen Gefälle wachsen Fließgeschwindigkeit und Strömungskräfte, was zum „Herausreißen" der Wassermoleküle aus der diffusen Hülle und damit zu einer Vergrößerung des Durchflussquerschnitts führt. Das Ergebnis ist ein sich entsprechend vergrößernder Durchfluss $Q$ (bei gleich bleibender Querschnittsfläche des Filters) und ein überlineares Anwachsen der Filtergeschwindigkeit $v$ (prälinearer Bereich). Werden, bei Vergrößerung des hydraulischen Gefälles $i$, keine weiteren Wassermoleküle aus den diffusen Hüllen herausgerissen, stellt sich ein linearer Funktionsverlauf ein (Bild 5-32 c).

Da es in der Regel das Ziel von Wasserdurchlässigkeitsversuchen ist, den Durchlässigkeitsbeiwert zu ermitteln, der zu laminarer Durchströmung und konstant bleibender Querschnittsfläche der durchflossenen Porenkanäle gehört, sind bei der Versuchsplanung und -durchführung die oben dargestellten Effekte in entsprechender Weise zu berücksichtigen. Hierzu gehört im Übrigen auch die Beachtung der in Gl. 5-84 angegebenen Beziehung zwischen $k_r$ und $k$. Um eine Sättigung zu erreichen, muss diese bei nichtbindigem Bodenmaterial durch einen Versuchsvorlauf (Aufbringung eines höheren Druckgefälles zur Ausspülung der Lufteinschlüsse) herbeigeführt werden. Bei bindigem Bodenmaterial ist der Versuch mit einer Backpressure-Anlage zu fahren (ermöglicht die Aufsättigung der Probe durch Aufbringung eines hohen beidseitigen Drucks).

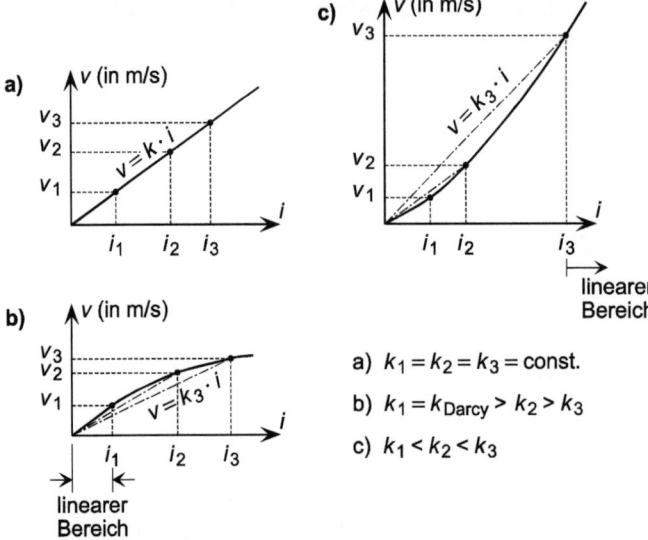

**Bild 5-32** Zusammenhang zwischen Filtergeschwindigkeit $v$ und hydraulischem Gefälle $i$ (nach DIN 18130-1, Bild 2)
a) lineare Strömung (Gesetz von *Darcy*)
b) turbulente Strömung in grobkörnigen Böden (postlinearer Bereich)
c) Strömung in feinkörnigen Böden, die durch diffuse Wasserhüllen eingeengt ist (prälinearer Bereich)

### 5.11.5 Temperatureinfluss

Die Zähigkeit von Flüssigkeiten beeinflusst deren Fließgeschwindigkeit; bei sonst gleichen Verhältnissen nimmt die Fließgeschwindigkeit mit zunehmender Zähigkeit ab bzw. mit abnehmender Zähigkeit zu. Dies gilt auch für Wasser, dessen Zähigkeit in nennenswertem Maße mit steigender Temperatur ab- bzw. mit fallender Temperatur zunimmt. Da damit entsprechende Erhöhungen bzw. Verminderungen der Fließgeschwindigkeiten des Wassers und der zugehörigen Filtergeschwindigkeiten des Bodens verbunden sind, ist bei Versuchen zur Ermittlung der Wasserdurchlässigkeit für eine annähernd konstante Temperatur zu sorgen.

In Hinblick auf die durchschnittliche Grundwassertemperatur von $\approx 10\,°C$ werden die bei der Versuchstemperatur $T$ (in °C) ermittelten Durchlässigkeitsbeiwerte $k_T$ auf die Vergleichstemperatur 10 °C mit Hilfe von

$$k_{10} = \alpha \cdot k_T = \frac{1{,}359}{1 + 0{,}0337 \cdot T + 0{,}00022 \cdot T^2} \cdot k_T \qquad \text{Gl. 5-85}$$

umgerechnet. Zur einfacheren Handhabung werden in DIN 18130-1 für den Korrekturbeiwert $\alpha$ die Zahlenwerte von Tabelle 5-29 angeboten, mit denen eine schnelle Umrechnung erfolgen kann. $\alpha$-Werte zu dazwischen liegenden Versuchstemperaturen dürfen durch lineare Interpolation berechnet und verwendet werden.

Ist $k_{10}$ bekannt, können durch entsprechende Umstellung von Gl. 5-85 zu beliebigen anderen Temperaturen gehörende Durchlässigkeitsbeiwerte berechnet werden.

**Tabelle 5-29** Korrekturbeiwert $\alpha$ zur Berücksichtigung der Zähigkeit von Wasser (nach DIN 18130-1, Tabelle 2)

| Temperatur $T$ (in °C) | 5 | 10 | 15 | 20 | 25 |
|---|---|---|---|---|---|
| $\alpha$ | 1,158 | 1,000 | 0,874 | 0,771 | 0,686 |

**Anwendungsbeispiel**

Welchen Fließweg (in m) legt gleichmäßig linear strömendes Grundwasser mit der Temperatur 10 °C innerhalb eines Jahres (365 Tage) bei konstantem hydraulischen Gefälle in einer Bodenschicht zurück, die einen bei 22 °C ermittelten Wasserdurchlässigkeitsbeiwert von $k_T = 10^{-4}$ m/s und einen hydraulischen Höhenunterschied von $h = 2$ m pro 100 m durchströmter Bodenschicht aufweist?

**Lösung**

Die Anwendung von Gl. 5-85 auf den vorliegenden Fall führt zu dem Wasserdurchlässigkeitsbeiwert

$$k_{10} = \frac{1,359}{1+0,0337 \cdot T + 0,00022 \cdot T^2} \cdot k_T$$

$$= \frac{1,359}{1+0,0337 \cdot 22 + 0,00022 \cdot 22^2} \cdot 10^{-4} = 0,735 \cdot 10^{-4} \text{ °C}$$

des Grundwassers.

Mit der hierzu gehörenden Filtergeschwindigkeit des Grundwassers (Gl. 5-83 und Gl. 5-84)

$$v = k_{10} \cdot i = k_{10} \cdot \frac{h}{l} = 0,735 \cdot 10^{-4} \cdot \frac{2}{100} = 1,47 \cdot 10^{-6} \text{ m/s}$$

ergibt sich pro Jahr der

$$Fließweg = v \cdot t = 1,47 \cdot 10^{-6} \cdot 60 \cdot 60 \cdot 24 \cdot 365 = 46,36 \text{ m}$$

### 5.11.6 Versuch im Versuchszylinder mit Standrohren

Die Versuchsanordnung aus Bild 5-33 gehört zu den Versuchen, bei denen das erzeugte hydraulische Gefälle während des gesamten Versuchs konstant bleibt. Der Versuch eignet sich für grobkörnige Böden wie
– Sande und Kiese,
– Kies-Sand-Gemische.

Er gehört nach DIN 18130-1 üblicherweise zur Versuchsklasse 3 (Nachweise der stationären Strömung und der Wassersättigung werden nicht geführt, und entsprechend findet auch keine Kontrolle der Wassersättigung statt). Wird allerdings stationäre Strömung nachgewiesen, darf der Versuch der Versuchsklasse 2 zugeordnet werden.

Um zu verhindern, dass sich Inhomogenitäten der Bodenprobe auf das Versuchsergebnis auswirken können, ist der Versuch mit einer Bodenprobe durchzuführen, die bezüglich ihrer Abmessungsverhältnisse

$$\frac{\text{Größtkorn}}{\text{Probendurchmesser}} \quad \text{bzw.} \quad \frac{\text{Größtkorn}}{\text{Probenhöhe}}$$

die Werte

< 0,2 (bei ungleichförmigen Böden),

< 0,1 (bei gleichförmigen Böden)

aufweist und in den Versuchszylinder so einzubauen ist, dass sich ein möglichst homogener Probekörper ergibt und keine Entmischung auftreten kann.

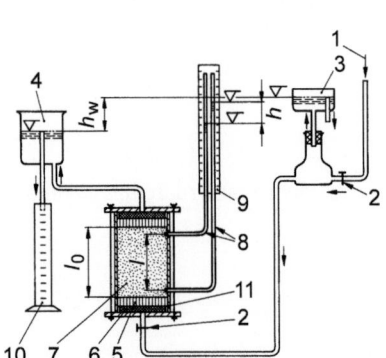

1 Zuführung von entlüftetem Wasser
2 Schlauchklemme oder Kugelventil
3 Überlauf O (Oberwasser)
4 Überlauf U (Unterwasser)
5 Filter
6 Lochplatte mit Drahtgewebe
7 Probekörper
8 Standrohre (Piezometer)
9 Messstab
10 Messzylinder
11 Versuchszylinder
$h$ Differenz der Standrohrspiegelhöhen
$h_w$ Höhendifferenz zwischen Oberwasser- und Unterwasserspiegel
$l$ durchströmte Länge
$l_0$ Höhe des Probekörpers

**Bild 5-33** Durchlässigkeitsversuch im Versuchszylinder mit Standrohren und konstantem hydraulischen Gefälle (nach DIN 18130-1, Bild 6)

Die Versuchsanordnung bewirkt, dass das vorher entlüftete Wasser die Bodenprobe während des Versuchs von unten nach oben durchströmt. Mit den eigentlichen Messungen (Ablesungen der Standrohrspiegelhöhen) sollte erst begonnen werden, wenn die unvermeidbaren Lufteinschlüsse in der Bodenprobe von dem durchströmenden Wasser „ausgespült" bzw. „ausgepresst" sind.

Der Durchlässigkeitsbeiwert (in m/s) wird bei diesem Versuch mit den gemessenen Größen

$Q$ Durchfluss (in m³/s),
$h$ Differenz der Standrohrspiegelhöhen (in m)

und der Gleichung

$$k = \frac{Q \cdot l}{A \cdot h} = \frac{Q}{A \cdot i}$$ 
Gl. 5-86

bestimmt. Die Größen $l$ und $A$ sind die in der Dimension m einzusetzende durchströmte Länge (Abstand der Ansatzpunkte der beiden Standrohre, Bild 5-33) und die Querschnittsfläche (in m²) der Bodenprobe (Feststoffe + Poren).

Bei lockeren und grobkörnigen Böden ist der Versuch mit einer sehr kleinen Wasserspiegeldifferenz zu beginnen und mit größerer Wasserspiegeldifferenz zu wiederholen.

Ein Anwendungsbeispiel für die Ermittlung der Durchlässigkeit eines grobkörnigen Bodens im Versuchszylinder mit Standrohren und konstantem hydraulischen Gefälle ist in DIN 18130-1 aufgeführt.

## 5.11.7 Untersuchung in der Triaxialzelle (isotrope statische Belastung)

Untersuchungen in Triaxialzellen eignen sich für alle die Bodenarten, für deren Durchlässigkeitsbeiwert $k < 10^{-5}$ m/s gilt. Bei der Versuchsdurchführung wird das hydraulische Gefälle konstant gehalten. Der Probekörper kann sowohl einer isotropen statischen Belastung (Bild 5-34, allseitiger Zellendruck $\sigma_3$) als auch einer anisotropen statischen Belastung (außer dem Zellendruck $\sigma_3$ wirkt noch eine mittels eines Stempels aufgebrachte vertikale Belastung auf den Probekörper) und zusätzlichem Sättigungsdruck unterliegen. Bezüglich der zweiten Versuchsversion sei auf DIN 18130-1, 7.3.3 hingewiesen.

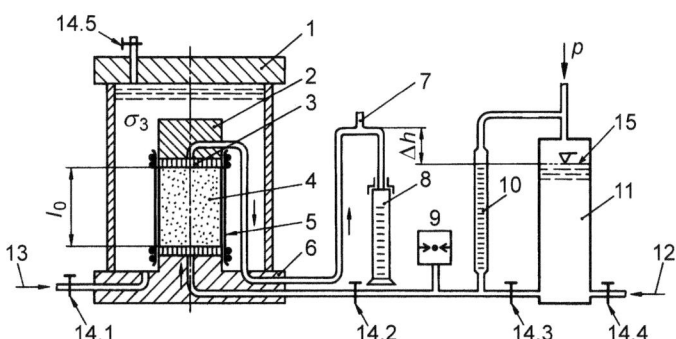

1 Kopfplatte
2 Probenkopfstück mit spiralförmiger Rille über dem Filterstein
3 Filterstein mit $k_{Filter} \geq 10 \cdot k_{Probe}$
4 Probekörper
5 Gummihülle mit O-Ringen
6 Bodenplatte
7 Glasrohr mit Belüftungsöffnung, Durchmesser < 1 mm
8 Messzylinder zur Bestimmung der abfließenden Wassermenge mit Verdunstungsschutzkappe
9 Überdruckmessgerät
10 Bürette zur Bestimmung der zufließenden Wassermenge
11 Druckbehälter mit entlüftetem Wasser
12 Zuführung von entlüftetem Wasser
13 Zuführung des Zellenwassers und Einleitung des Zellendrucks $\sigma_3$
14 .1 bis .5 Ventile
15 Trennschicht zwischen Luft und Wasser, z. B. gefärbtes Parafinöl
$l_0$ Höhe des Probekörpers (gleich Länge der Sickerstrecke)
$p$ Druck zur Erzeugung des hydraulischen Gefälles

**Bild 5-34** Anordnung für den Durchlässigkeitsversuch in der Triaxialzelle mit isotroper statischer Belastung (nach DIN 18130-1, Bild 8)

Die Abmessungen der für den Versuch mit isotroper statischer Belastung zu verwendenden Probe sind abhängig von dem größten Korndurchmesser max $d_{Korn}$ des einzubauenden Bodenmaterials. Für die Probe gilt bezüglich ihrer Querschnittsfläche $A \geq 10$ cm$^2$, bezüglich ihres Durchmessers $d \geq 5 \cdot \max d_{Korn}$ und bezüglich ihrer Höhe $l_0 \geq 5 \cdot \max d_{Korn}$. Bei dem Versuch wird zunächst um die in die Druckzelle eingebaute Probe ein Zellwasserdruck $\sigma_3$ aufgebaut, der während des ganzen Versuchs konstant zu halten ist. Danach wird von einem Druckerzeuger entlüftetes Wasser mit konstantem Druck an den Probekörper abgegeben, der dadurch von unten nach oben durchströmt wird. Die Menge des dabei dem Probekörper zugeführten Wassers kann mit einer Bürette (Pos. 10

in Bild 5-34) und die Menge des aus dem Probekörper abfließenden Wassers mit einem Messzylinder (Pos. 8 in Bild 5-34) gemessen werden. Die eigentliche Messung beginnt erst dann, wenn davon ausgegangen werden darf, dass alle Lufteinschlüsse aus der Bodenprobe ausgespült bzw. ausgepresst worden sind (pro Zeiteinheit zu- und abfließende Wassermenge sind gleich). Der Durchlässigkeitsbeiwert lässt sich dann aus den Werten von Durchfluss und hydraulischem Gefälle sowie der Querschnittsfläche $A$ des Probekörpers gemäß Gl. 5-86 berechnen. Das hydraulische Gefälle kann im vorliegenden Fall mit Hilfe der Gleichung

$$i = \frac{h}{l_0}$$   Gl. 5-87

ermittelt werden. Die darin verwendeten Größen sind die Höhe des Probekörpers $l_0$, vgl. Bild 5-34, und der hydraulische Höhenunterschied $h$, der sich mit der Wichte $\gamma_w$ des Wassers aus

$$h = \frac{p}{\gamma_w} - \Delta h$$   Gl. 5-88

ergibt. Bezüglich der Größen $p$ und $\Delta h$ sei wieder auf Bild 5-34 verwiesen.

Der beschriebene Versuch gehört gemäß DIN 18130-1, Tabelle 4 zur Versuchsklasse 2. Der Nachweis und die Kontrolle der Wassersättigung gemäß DIN 18137-2 [81] sind bei dieser Klasse nicht erforderlich.

Bezüglich weiterer Versuche zur Ermittlung der Wasserdurchlässigkeit sowie zu Details der Versuchsdurchführung und -auswertung sei auf DIN 18130-1 verwiesen.

**Anwendungsbeispiel**

Es ist anzugeben, welche

– grobkörnigen Böden gemäß DIN 18196 [83] als Baustoff für Dränagen sehr gut geeignet sind,
– Untersuchung zur Ermittlung von deren Wasserdurchlässigkeitsbeiwerten gemäß DIN 18130-1 besonders zu empfehlen ist.

**Lösung**

Nach DIN 18196 [83], Tabelle 4 (entspricht Tabelle 5-9) sind eng gestufte Kiese (GE) als Baustoff für Dränagen sehr gut geeignet.

Zur Ermittlung der Wasserdurchlässigkeitsbeiwerte dieser Böden ist gemäß DIN 18130-1 die Untersuchung im Versuchszylinder mit Standrohren und konstantem hydraulischen Gefälle besonders zu empfehlen.

## 5.12 Einaxiale Zusammendrückbarkeit

### 5.12.1 Allgemeines

Wird Bodenmaterial durch Druck belastet, verringert es sein Volumen. Diese Zusammendrückung beruht praktisch vollständig auf der Verringerung seines Porenraums infolge der Umlagerung des Korngefüges; die Zusammendrückung der Feststoffe ist demgegenüber vernachlässigbar.

Bodenmaterial, das im Moment der Lastaufbringung wassergesättigt ist und unter der Last seitlich nicht ausweichen kann, zeigt ein zeitabhängiges Last-Verformungs-Verhalten, dessen Charakteristik mit Hilfe des einfachen Federtopfmodells aus Bild 5-35 beschrieben werden kann. Mit dem

Wasser im Topf wird das Porenwasser und mit den Federn das Korngerüst nachgebildet. Die Größe der Bohrung im Kolben ist ein Maß für die Wasserdurchlässigkeit des Bodens; eine große Bohrung entspricht einer großen Wasserdurchlässigkeit.

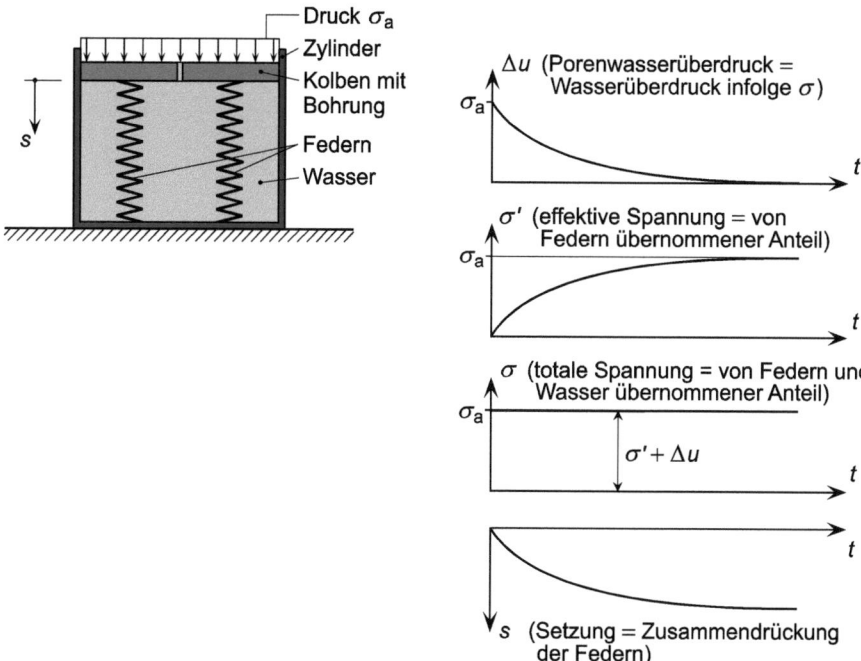

**Bild 5-35**  Federtopfmodell zur Simulation des Last-Verformungs-Verhaltens wassergesättigter Böden

Unter der Annahme, dass das Wasser inkompressibel ist, übernimmt das Porenwasser (Wasser im Topf) zum Zeitpunkt $t = 0$ die Belastung $\sigma_a$ vollständig. Dabei stellt sich ein Porenwasserüberdruck $\Delta u$ (Wasserüberdruck im Topf) ein, der sich mit zunehmender Zeit abbaut, da sich das Wasser der Belastung entzieht, indem es durch die Porenkanäle (Kolbenbohrung) entweicht. Die damit verbundene Belastungsumlagerung vom Porenwasser auf das Korngerüst des Bodens (Topffedern) führt zur Entspannung des Porenwassers und damit zu einer sich verlangsamenden Entwässerung. Für diese „Konsolidationsvorgänge" sind die nichtlinearen Zeitverläufe in Bild 5-35 typisch. Die Zeitspanne, in der die Lastumlagerung erfolgt, wird „Konsolidationszeit" genannt.

Die Simulation des Porenwasserüberdrucks über die Tiefe des Bodens ist mit dem Bodenersatzmodell aus Bild 5-35 nicht möglich, da es nur einen Wasserüberdruck zulässt, der im gesamten Topf gleich groß ist. Dies gilt nicht für das Ersatzmodell aus Bild 5-36; an ihm lassen sich die im Laufe der Konsolidationszeit verändernden Druckverhältnisse in unterschiedlichen Schichttiefen des Bodens erklären. Das Bild zeigt, dass der Porenwasserüberdruck am Anfang und am Ende der Konsolidationszeit in allen Schichttiefen die jeweils gleiche Größe aufweist. Während der Übergangsphase von der Druckhöhe des Porenwasserüberdrucks $h_w = \sigma/\gamma_w$ auf die Größe $h_w = 0$ ergibt sich allerdings ein über die Schichttiefe nichtlinearer Verlauf. Wesentlich beeinflusst werden die Porenwasserüberdruckverhältnisse auch durch die Entwässerungsmöglichkeiten; die in Bild 5-36 dargestellte Version gilt für die Entwässerung zur Schichtoberfläche.

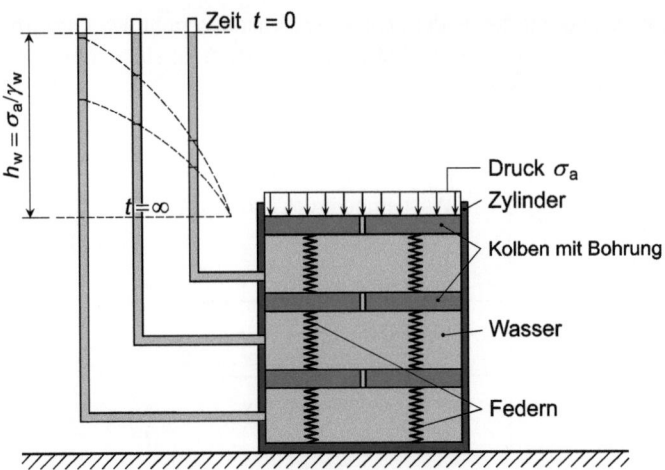

**Bild 5-36** Federtopfmodell für eine Schicht wassergesättigten Bodens mit Entwässerung zur Schichtoberfläche (nach *Schultze/Muhs* [244])

### 5.12.2 DIN-Normen

Empfehlungen für Laborversuche zur Erfassung der einaxialen Zusammendrückbarkeit sind in
– DIN 4020 [38], DIN 18135 [78], DIN EN 1997-2 [103] und E DIN ISO/TS 17892-5 [126]
zu finden. Hierzu gehören die Versuchseinrichtung und -durchführung sowie ein Anwendungsbeispiel (in DIN 18135).

### 5.12.3 Begriffe (nach DIN 18135)

*Eindimensionaler Kompressionsversuch* (*Oedometerversuch*)   Versuch zur Ermittlung von Verformungen bei Belastung und Entlastung einer zylindrischen Probe in Richtung ihrer Achse (radiale Verformungen werden durch einen Ring verhindert).

*Primärkonsolidation* (auch *Konsolidation*) Verringerung des Porenvolumens infolge Erhöhung der effektiven Spannungen (die damit einhergehende Porenwasserströmung wird dabei durch Widerstände im Korngerüst zeitlich verzögert).

*Sekundärkonsolidation* (auch *Kriechen*) Veränderung des Volumens bei gleichbleibender effektiver Spannung (Hinweis: die Sekundärkonsolidation wird im Versuch nach der Primärkonsolidation beobachtet).

*Zusammendrückung s* durch die axiale Belastung seit Beginn des Versuchs hervorgerufene Änderung der Probenhöhe ($h_0$ = Anfangsprobenhöhe, $h$ = Probenhöhe zum Zeitpunkt der Messung)

$$s = h_0 - h \qquad \text{Gl. 5-89}$$

*Bezogene Zusammendrückung s'* auf die Anfangshöhe $h_0$ bezogene Zusammendrückung $s$ der Probe (Hinweis: in DIN 18136 [79] und in DIN 18137-2 [81] wird statt $s'$ die Bezeichnung $\varepsilon$ verwendet; vgl. Abschnitt 5.14.2)

$$s' = \frac{s}{h_0} \qquad \text{Gl. 5-90}$$

*Axiale Dehnung ε* auf die momentane Höhe *h* bezogene Änderung (Reduzierung) d*h* der Probenhöhe

$$\varepsilon = -\frac{dh}{h}$$   Gl. 5-91

**Hinweis:** mit Gl. 5-91 werden Stauchungen als positiv definiert.

*Schwellen* durch Abnahme der effektiven Spannung verursachte Zunahme der Probenhöhe.

*Quellen* Zunahme der Probenhöhe durch Wasseraufnahme in die Mineralstruktur der Probe (Hinweise: 1. Ursache können Wassereinlagerungen in die Tonminerale (Ton-Quellen) oder chemische Vorgänge (z. B. Anhydritquellen) sein, 2. Schwellen und Quellen sind nicht getrennt messbar, wenn eine Entlastung der Probe unmittelbar vor dem Beginn des Quellvorgangs stattgefunden hat).

*Axialspannung σ* auf den Probenquerschnitt *A* bezogene mittige und axial wirkende Druckkraft *F*

$$\sigma = \frac{F}{A}$$   Gl. 5-92

*Effektive Axialspannung σ'* um den Porenwasserdruck *u* verminderte Axialspannung *σ*

$$\sigma' = \sigma - u$$   Gl. 5-93

### 5.12.4 Kompressionsversuch (Oedometerversuch)

Das einaxiale Last-Verformungs-Verhalten von Böden wird im Labor mit Hilfe von Kompressionsgeräten untersucht (Verformungen quer zur Lastrichtung werden durch einen Ring praktisch verhindert). Eins dieser Geräte (mit fest stehendem Ring) ist in Bild 5-37 schematisch dargestellt. Die Ergebnisse solcher Untersuchungen dienen im Grund- und Erdbau zur Beurteilung des Setzungsverhaltens von Böden.

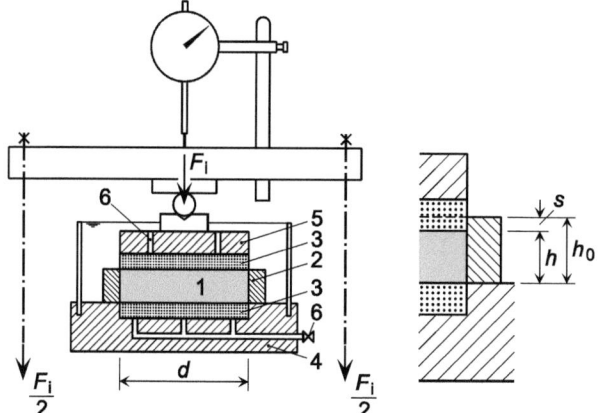

1 scheibenförmige Bodenprobe
2 Probeneinspannring
3 Filterplatten
4 starre Grundplatte
5 starre Druckplatte
6 Be- und Entwässerung
*d* Probendurchmesser
$F_i$ axiale Druckkraft der Laststufe *i*
$h_0$ Anfangsprobenhöhe
*s* erreichte Zusammendrückung der Probe im Moment der Ablesung

**Bild 5-37** Schema eines Kompressionsgeräts mit starrer Druckplatte, zentrischer Lasteintragung und fest stehendem Ring (nach [227])

Die Kompressionsversuche werden an Probekörpern durchgeführt, die sehr klein sind im Vergleich zu den Abmessungen der tatsächlich vorhandenen Baugrundschichten bzw. den Bereichen der Baugrundschichten, die sich an der Entstehung der Setzungen nennenswert beteiligen. Die

Versuchsergebnisse sind u. a. dann auf die mechanischen Eigenschaften des Baugrunds vor Ort übertragbar, wenn die Bodenproben (zu fordern sind Proben der Güteklasse 1, vgl. Tabelle 4-3)
- für die untersuchte Bodenschicht repräsentativ sind,
- durch die Probenentnahme bezüglich ihres Korngefüges nicht verändert wurden,
- im Labor den gleichen Belastungen und Verformungen ausgesetzt werden, wie sie in der repräsentierten Bodenschicht vorliegen,
- bei Wassersättigung im Versuch den Entwässerungsbedingungen unterliegen, wie sie in situ vorliegen.

Diese Forderungen lassen sich als Kriterien zur Beurteilung der Aussagekraft der Versuche verwenden, da sie von den realen Bedingungen immer mehr oder weniger stark abweichen.

Beim Kompressionsversuch wird Probenmaterial in die Kompressionszelle so eingebaut, dass es oben und unten durch Filterplatten (u. U. befeuchtet, vgl. [244]) begrenzt wird, um so den Abbau von gegebenenfalls auftretenden Porenwasserüberdrücken während der Versuchsdurchführung zu ermöglichen (der Durchlässigkeitsbeiwert der Filterplatte muss nach DIN 18135 immer ≈ 10- bis 100-mal größer sein als der des untersuchten Bodenmaterials). Unebenheiten in der Ober- und Unterfläche der Probe und ihr nicht vollkommen sattes Anliegen an den Probeneinspannring wirken sich auf die Versuchsergebnisse störend aus. Um diese Wirkung zu minimieren, ist das Verhältnis Probendurchmesser zu Probenhöhe von $d/h_0 \approx 5$ zu wählen (vgl. hierzu [244]); nach DIN 18135, 5.2.2 muss für dieses Verhältnis bei Kompressionsgeräten mit feststehendem Ring $d/h_0 \geq 3$ und bei Geräten mit schwebendem Ring $d/h_0 \geq 2{,}5$ gelten (üblich sind Verhältnisse zwischen 3 und 5). Darüber hinaus ist vor der eigentlichen Versuchsdurchführung eine Anpressbelastung der Probe von $\approx 2$ kN/m² aufzubringen, die nicht länger als 15 Sekunden wirksam sein sollte (DIN 18135, 8.3).

Bezüglich der Probenbelastung ist DIN 18135, 8.4 zu beachten. Danach ist
- die Belastung der Probe stufenweise zu steigern oder zu reduzieren,
- die Be- bzw. Entlastung der Probe mit gleichbleibendem Be- bzw. Entlastungsfaktor durchzuführen (bei Lasterhöhung von Stufe zu Stufe höchstens Verdoppelung der Last und bei Entlastung von Stufe zu Stufe Reduzierung auf höchstens ¼ der jeweiligen Vorlast),
- bei jeder Laststufe zumindest das Abklingen der Primärkonsolidation (Volumenänderung infolge der Erhöhung der effektiven Spannung) abzuwarten,
- bei nicht erfolgender kontinuierlicher Überwachung der Zusammendrückung in den einzelnen Laststufen die Be- bzw. Entlastungsdauer gleich groß zu wählen (übliche Dauer: 24 Stunden pro Laststufe, die auch bei ausgeprägt plastischen Tonen mit Probenhöhen $h_0 \leq 20$ mm ausreicht),
- eine Entlastung der Probe frühestens nach der Konsolidation bei der zweifachen Vertikalspannung vorzunehmen, die durch die Baumaßnahme und das Bodengewicht vorgegeben ist,
- bei einer anschließenden Wiederbelastung mindestens die vorausgegangene Höchstlast der Probe zu erreichen.

Um den Zeitpunkt des Abklingens der Primärkonsolidation erfassen zu können, ist der zeitliche Verlauf der Zusammendrückung zu beobachten, die Setzung über der Wurzel der Zeit aufzutragen und das Ende der Primärkonsolidation ($t_{100}$) gemäß DIN 18135, Bild 2 b zu bestimmen. Zur Ermittlung der Vorkonsolidationsspannung des Probenmaterials siehe DIN 18135, 8.4.

Die aufgebrachte Belastung ruft einen einaxialen Deformationszustand hervor, da die Versuchseinrichtung eine Deformation in Querrichtung praktisch verhindert (exakt: behindert). Gemessen wird die mit der Ausgangsprobenhöhe $h_0$ und der zeitabhängigen Höhe $h(t)$ der verformten Probe ermittelbare Zusammendrückung

$$s(t) = h_0 - h(t) \qquad \text{Gl. 5-94}$$

der Probe. Bezogen auf $h_0$ ergibt sich daraus die „bezogene Zusammendrückung" (Stauchung)

$$s'(t) = \frac{s(t)}{h_0} \qquad \text{Gl. 5-95}$$

Ihre Auftragung liefert eine Zeit-Zusammendrückungs-Kurve (auch Zeit-Setzungs-Kurve genannt), die bei mehreren Laststufen girlandenförmig verläuft (Bild 5-38 a). Werden die bezogenen Endzusammendrückungsgrößen $s'_1$, $s'_2$, usw. der einzelnen Lastschritte den zugehörigen Belastungsgrößen $\sigma'_1$, $\sigma'_2$ usw. zugeordnet, führt das zu der entsprechenden Druck-Zusammendrückungs-Kurve des Versuchs (Bild 5-38 b). Die Druck-Zusammendrückungs-Kurve wird auch als Druck-Setzungs-Kurve bezeichnet.

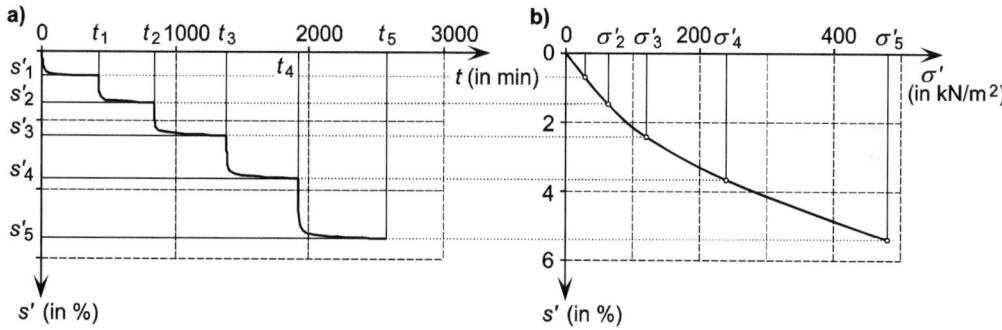

**Bild 5-38** Aufzeichnung und Auswertung eines Kompressionsversuchs mit steifplastischem Geschiebemergel (Versuch mit fünf Laststufen)
a) Zeit-Zusammendrückungs-Kurve
b) Druck-Zusammendrückungs-Kurve

Mit dem Zuwachs der effektiven Spannungen

$$\Delta \sigma'_i = \sigma'_i - \sigma'_{i-1} \qquad \text{Gl. 5-96}$$

und der Zusammendrückung

$$\Delta s_i = h_{i-1} - h_i \qquad \text{Gl. 5-97}$$

der Probe infolge dieses Spannungszuwachses in der $i$-ten Laststufe ergibt sich die entsprechende bezogene Zusammendrückung der Probe in dieser Laststufe zu

$$\Delta s'_i = \frac{\Delta s_i}{h_0} \qquad \text{Gl. 5-98}$$

Mit der Höhe $h_j$ der verformten Probe nach der $j$-ten Laststufe ergibt sich die gesamte Zusammendrückung am Ende der $j$-ten Laststufe

$$s_j = h_0 - h_j \qquad \text{Gl. 5-99}$$

und damit der Wert für die bezogene Zusammendrückung am Ende der $j$-ten Laststufe

$$s'_j(\sigma'_j) = \sum_{i=1}^{j} \Delta s'_i = \sum_{i=1}^{j} \frac{\Delta s_i}{h_0} = \frac{s_j}{h_0} \qquad \text{Gl. 5-100}$$

Wird die zeitabhängige Zusammendrückung in einem Lastschritt nicht gemäß Bild 5-38 a mit linearer Zeitachse sondern mit einer Zeitachse im logarithmischen Maßstab dargestellt, kann sich bei feinkörnigem Boden ein Verlauf der Zeit-Zusammendrückungs-Kurve gemäß Bild 5-39 ergeben. Voraussetzung hierfür ist das Aufrechterhalten der Laststufe bis zu dem Zeitpunkt, zu dem die Kurve erkennbar in eine Gerade übergegangen ist. Nach DIN 18135, 8.7 kann dieser Zeitpunkt bei ausgeprägt plastischen Tonen erst nach mehreren Tagen erreicht sein. Bild 5-39 zeigt insbesondere die Festlegung der Grenze zwischen Primär- und Sekundärzusammendrückung gemäß DIN 18135.

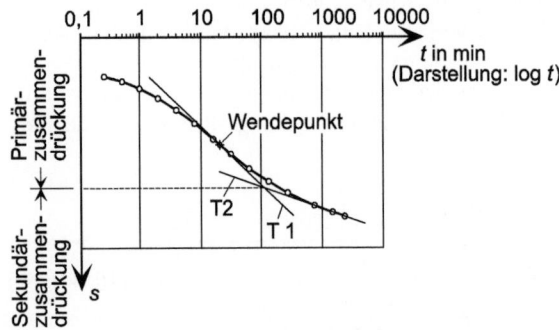

**Bild 5-39**  Primär- und Sekundärzusammendrückung in einer Laststufe (nach DIN 18135)
T1 = Wendepunkttangente
T2 = Tangente an den linearen bzw. linearisierten Abschnitt der Sekundärkonsolidation

In DIN 18135 wird die Zusammendrückung einer Probe nicht nur in Bezug auf die Änderung der Anfangsprobenhöhe $h_0$, sondern auch auf die Änderung der Porenzahl $e$ und des Porenanteils $n$ dargestellt (Bild 5-40). Bei einer Belastung der Probe in mehreren Stufen wird sich infolge der Laststeigerung in einer solchen Stufe die bis dahin erreichte Probenhöhe $h$ bzw. Setzung $s$ um das Maß $\Delta s$ weiter reduzieren bzw. erhöhen (Bild 5-40 a)). Da davon ausgegangen werden kann, dass die Volumenänderung der Festmasse (Kornmasse) infolge der aufgebrachten Belastung vernachlässigbar ist, geht die Setzung ausschließlich mit der Reduzierung des Porenvolumens einher, was mit einer entsprechenden Verringerung der Porenzahl $e$ um das Maß $\Delta e$ bzw. des Porenanteils $n$ um das Maß $\Delta n$ verbunden ist (Bild 5-40 a) und b)).

Aus Bild 5-40 ergeben sich die Verhältnisse

$$\frac{h_0}{h_s} = \frac{1+e_0}{1} = \frac{1}{1-n_0} \qquad \text{Gl. 5-101}$$

die zu den Beziehungen

$$h_s = \frac{h_0}{1+e_0} = h_0 \cdot (1-n_0) \qquad \text{Gl. 5-102}$$

und damit zu

$$e = e_0 - \frac{s \cdot (1+e_0)}{h_0} \qquad \text{Gl. 5-103}$$

und

$$n = \frac{n_0 \cdot h_0 - s}{h_0 - s}$$  Gl. 5-104

führen.

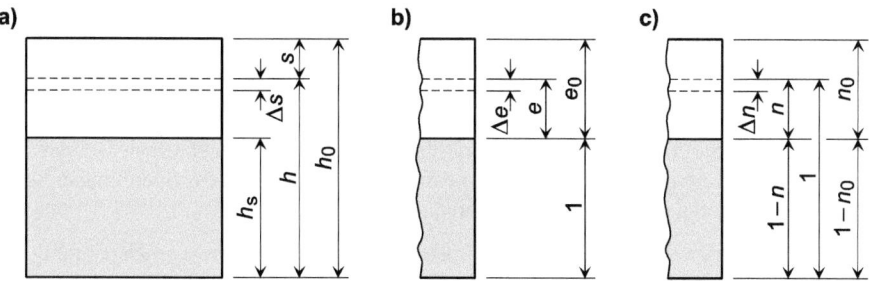

**Bild 5-40** Darstellungsweisen der Zusammendrückung (nach DIN 18135, Bild 1) als Änderung der Pobenhöhe $h$ (a)), der Porenzahl $e$ (b)) und des Porenanteils $n$ (c)); die Höhe $h_s$ entspricht der Größe $V_k$ des Festmassenvolumens in Bild 5-1

Bezüglich der Bestimmung von $n$ und $e$ wird in DIN 18135 auf DIN 18125-1 [69] hingewiesen (vom DIN wurde diese Norm inzwischen zurückgezogen und durch DIN EN ISO 17892-2 [123] ersetzt). Sowohl DIN 18125-1 [69] als auch DIN EN ISO 17892-2 [123] gelten für die Ermittlung der Dichte $\rho$ und der Trockendichte $\rho_d$ des Bodens im Labor (siehe auch Abschnitt 5.4), nicht aber für die Ermittlung seiner Korndichte $\rho_s$, die nach DIN 18124 [68] zu ermitteln ist (siehe auch Abschnitt 5.5). Erst mit der Trockendichte und der Korndichte lassen sich $n$ und $e$ mittels

$$n = 1 - \frac{\rho_d}{\rho_s} \quad \text{und} \quad e = \frac{\rho_s}{\rho_d} - 1$$  Gl. 5-105

berechnen. Mit der zur Anfangsprobenhöhe $h_0$ gehörenden Trockendichte $\rho_{d0}$ und der Korndichte $\rho_s$ ergeben sich

$$n_0 = 1 - \frac{\rho_{d0}}{\rho_s} \quad \text{und} \quad e_0 = \frac{\rho_s}{\rho_{d0}} - 1$$  Gl. 5-106

Mit diesen Größen und der Anfangshöhe $h_0$ lassen sich die zur jeweils erreichten Zusammendrückung $s$ gehörenden Werte für die Porenzahl $e$ und den Porenanteil $n$ berechnen.

Für die axiale Dehnung $\varepsilon$ aus Gl. 5-91, bei der die Änderung (Reduzierung) der Probenhöhe auf die momentane Höhe $h$ bezogen ist, gilt gemäß Bild 5-40 a auch

$$d\varepsilon = \frac{ds}{h_0 - s} = \frac{\frac{ds}{h_0}}{1 - \frac{s}{h_0}} = \frac{ds'}{1 - s'}$$  Gl. 5-107

und bei Zusammendrückungen $\Delta s$

$$\Delta \varepsilon = \frac{\Delta s'}{1 - s'}$$  Gl. 5-108

**Hinweis:** mit Gl. 5-107 und Gl. 5-108 werden Stauchungen als positiv definiert, da d$s$ bzw. $\Delta s$ die Zusammendrückung vergrößern.

Bei Bezug der Dehnung $\varepsilon$ auf die Verringerung der Porenzahl $e$ ergeben sich gemäß Bild 5-40 b

$$d\varepsilon = -\frac{de}{e+1} \quad \text{bzw.} \quad \Delta\varepsilon = -\frac{\Delta e}{e+1} \qquad \text{Gl. 5-109}$$

**Hinweis:** da Stauchungen positiv zu definieren sind und $de$ bzw. $\Delta e$ die Porenzahl $e$ verringern, müssen in Gl. 5-109 zusätzlich negative Vorzeichen verwendet werden.

### 5.12.5 Steifemodul

Der Steifemodul $E_s$ von Böden ist ein Maß für ihre einaxiale Zusammendrückbarkeit. Zahlenmäßig große Steifemodule gehören zu Böden mit geringer Zusammendrückbarkeit. Entsprechend gehören zahlenmäßig kleine Steifemodule zu Böden mit großer Zusammendrückbarkeit. Bei der Definition von Steifemodulen ist zwischen dem Sekantenmodul (gehört zu einem Spannungsbereich $\Delta\sigma'$) und dem Tangentenmodul (gehört zu einer Spannung $\sigma'$) zu unterscheiden.

Wird ein Probekörper mit der Höhe $h_0$ durch das Aufbringen der effektiven Normalspannung $\sigma'_1$ um das Maß $s_1$ zusammengedrückt, ergibt sich mit der Stauchung bzw. der auf $h_0$ bezogenen Zusammendrückung

$$\varepsilon_1 = \frac{s_1}{h_0} = s'_1 \qquad \text{Gl. 5-110}$$

als zugehöriger Steifemodul (Sekantenmodul) gemäß Bild 5-41

$$E_{s1} = E_s(\sigma'_1) = \frac{\sigma'_1}{\varepsilon_1} = \frac{\sigma'_1}{s'_1} = \tan\beta_{s1} \qquad \text{Gl. 5-111}$$

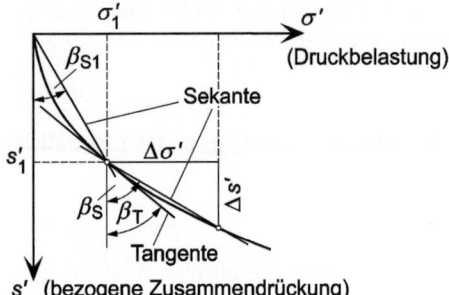

**Bild 5-41** Druck-Zusammendrückungs-Kurve mit Sekanten und Tangente

Wird die effektive Normalspannung $\sigma'_1$ um $\Delta\sigma'$ erhöht, führt dies zu einer weiteren Zusammendrückung $\Delta s$ (Bild 5-41). Vor Eintritt der zu $\Delta s$ gehörenden Stauchung $\Delta\varepsilon$ besitzt die Probe allerdings nicht mehr die Anfangshöhe $h_0$, sondern die durch die Wirkung von $\sigma'_1$ reduzierte Höhe $h_0 - s_1$. In Analogie zu Gl. 5-108 gilt damit

$$\Delta\varepsilon = \frac{\Delta s}{h_0 - s_1} = \frac{\frac{\Delta s}{h_0}}{1 - \frac{s_1}{h_0}} = \frac{\Delta s'}{1 - s'_1} \qquad \text{Gl. 5-112}$$

und für den zu $\Delta\sigma'$ gehörenden Sekantenmodul

$$E_s = E_s(\Delta\sigma') = \frac{\Delta\sigma'}{\Delta\varepsilon} = \frac{\Delta\sigma' \cdot (h_0 - s_1)}{\Delta s} \qquad \text{Gl. 5-113}$$

## 5.12 Einaxiale Zusammendrückbarkeit

der auch mit Hilfe von

$$E_s = E_s(\Delta\sigma') = \frac{\Delta\sigma'}{\Delta\varepsilon} = \frac{\Delta\sigma' \cdot (1-s'_1)}{\Delta s'} = \frac{\Delta\sigma'}{\Delta s'} \cdot (1-s'_1) = (1-s'_1) \cdot \tan\beta_S \qquad \text{Gl. 5-114}$$

ermittelt werden kann.

Auch zur Definition des Tangentenmoduls wird Bild 5-41 herangezogen. Die Erhöhung der effektiven Normalspannung $\sigma'_1$ um $d\sigma'$ führt zu einer weiteren Zusammendrückung $ds$. Diese tritt, analog zum Fall der Spannungserhöhung um $\Delta\sigma'$, an einer Probe mit der Höhe $h_0 - s_1$ ein. Als Stauchung ergibt sich dann (siehe auch Gl. 5-107 und Gl. 5-112)

$$d\varepsilon = \frac{ds}{h_0 - s_1} = \frac{\frac{ds}{h_0}}{1 - \frac{s_1}{h_0}} = \frac{ds'}{1-s'_1} \qquad \text{Gl. 5-115}$$

und als Tangentenmodul der Ausdruck

$$E_s = E_s(\sigma'_1) = \frac{d\sigma'}{d\varepsilon} = \frac{d\sigma' \cdot (h_0 - s_1)}{ds} \qquad \text{Gl. 5-116}$$

bzw. der Ausdruck

$$E_s = E_s(\sigma'_1) = \frac{d\sigma'}{d\varepsilon} = \frac{d\sigma' \cdot (1-s'_1)}{ds'} = \frac{\Delta\sigma'}{ds'} \cdot (1-s'_1) = (1-s'_1) \cdot \tan\beta_T \qquad \text{Gl. 5-117}$$

Nach [176], Kapitel 1.3 darf in Fällen kleiner $s'_1$-Werte der Faktor $(1 - s'_1)$ in Gl. 5-114 und Gl. 5-117 unberücksichtigt bleiben. Generell gilt aber, dass dies zu größeren Werten der Steifemodule führt, was gleichzeitig dazu führt, dass der Boden als steifer einzustufen ist. Werden etwa die Ergebnisse des in DIN 18135, 10 angegebenen Anwendungsbeispiels herangezogen, dann ergibt sich bei einer Anfangshöhe $h_0 = 19{,}91$ mm der Probe und deren maximaler Zusammendrückung von 2,167 mm ein zu dieser Zusammendrückung gehörender Tangentenmodul $E_s$, der gegenüber dem ohne den Faktor ermittelten Tangentenmodul um 10,9 % kleiner ist.

Wird statt der Druck-Zusammendrückungs-Kurve aus Bild 5-41 die Druck-Porenzahl-Kurve aus Bild 5-42 verwendet, ergeben sich, wegen der zu berücksichtigenden Beziehung (Bild 5-40 bzw. Bild 5-42)

$$\varepsilon = \frac{\Delta s}{h} = \frac{-\Delta e}{e+1} \quad \text{bzw.} \quad \varepsilon = \frac{\Delta s}{h_0 - s_1} = \frac{\Delta s'}{1-s'_1} = \frac{-\Delta e}{e_1+1} \qquad \text{Gl. 5-118}$$

**Hinweis:** da Stauchungen positiv zu definieren sind und $\Delta e$ die Porenzahl $e$ verringert (negative Größe), müssen für $\Delta e$ zusätzlich negative Vorzeichen verwendet werden.

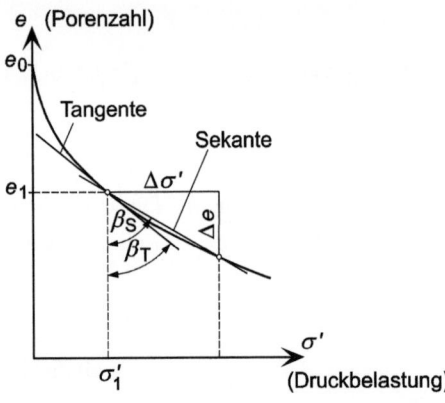

**Bild 5-42** Druck-Porenzahl-Kurve mit Sekante und Tangente

Für den Steifemodul als Sekantenmodul ergibt sich somit

$$E_s = E_s(\Delta\sigma') = \frac{\Delta\sigma'}{-\Delta e} \cdot (1+e_1) = -\tan\beta_S \cdot (1+e_1) \qquad \text{Gl. 5-119}$$

und als Tangentenmodul

$$E_s = E_s(\sigma') = \frac{d\sigma'}{-de} \cdot (1+e_1) = -\tan\beta_T \cdot (1+e_1) \qquad \text{Gl. 5-120}$$

Gl. 5-113 und Gl. 5-114 bzw. Gl. 5-116 und Gl. 5-117 stellen gleichwertige Beziehungen für die Berechnung von Steifemodulen als Sekanten- bzw. Tangentenmodul gemäß Gl. 5-119 bzw. Gl. 5-120 dar. Für die Bestimmung von Sekantenmodulen der $i$-ten Laststufe können somit auch

$$E_s = E_s(\Delta\sigma'_i) = \frac{\Delta\sigma'_i}{\Delta s'_i} \cdot (1-s'_{i-1}) \qquad \text{Gl. 5-121}$$

oder

$$E_s = E_s(\Delta\sigma'_i) = -\frac{\Delta\sigma'_i}{\Delta e_i} \cdot (1-e_{i-1}) \qquad \text{Gl. 5-122}$$

verwendet werden.

Neben dem Steifemodul werden in DIN 18135 noch weitere Kenngrößen definiert, wie z. B der Verdichtungsbeiwert (DIN 18135, 3.1.19)

$$a_v = \frac{-de}{d\sigma'} \approx \frac{-\Delta e}{\Delta\sigma'} \qquad \text{Gl. 5-123}$$

(erfasst die Neigung der Tangente an die Druck-Porenzahl-Linie; Bild 5-42), der mit dem Steifemodul in der Beziehung (beachte Gl. 5-120)

$$a_v = \frac{1+e_1}{E_s} \qquad \text{Gl. 5-124}$$

steht, sowie die Verdichtungszahl (DIN 18135, 3.1.20)

$$m_v = \frac{1}{E_s} = \frac{-de}{d\sigma'} \cdot \frac{1}{1+e_1} = \frac{a_v}{1+e_1} \qquad \text{Gl. 5-125}$$

## 5.12 Einaxiale Zusammendrückbarkeit

**Tabelle 5-30** Erfahrungswerte für charakteristische Bodenkenngrößen (nach [149])

| Bodenart | Bodengruppe nach DIN 18196 | Sondierspitzenwiderstand $q_c$ MN/m² | Konsistenz (Ausgangszustand) | Wichte $\gamma_k$ kN/m³ | Wichte $\gamma'_k$ kN/m³ | Steifemodul $E_s = v_e \cdot \sigma_{at} \cdot (\sigma/\sigma_{at})^{w_e}$ $v_e$ | $w_e$ | $(\sigma/\sigma_{at})^{w_e}$ | Scherparameter des Bodens dräniert $\varphi'_k$ Grad | Scherparameter dräniert $c'_k$ kN/m² | Scherparameter undräniert $c_{u,k}$ kN/m² |
|---|---|---|---|---|---|---|---|---|---|---|---|
| Kies | GE | < 7,5 <br> 7,5–15,0 <br> > 15,0 | | 16,0 <br> 17,0 <br> 18,0 | 8,5 <br> 9,5 <br> 10,5 | 400 <br> 900 | 0,60 <br> 0,40 | | 30,0–32,5 <br> 32,5–37,5 <br> 35,0–40,0 | | |
| | GW, WI $6 \leq C_u \leq 15$ | < 7,5 <br> 7,5–15,0 <br> > 15,0 | | 16,5 <br> 18,0 <br> 19,5 | 9,0 <br> 10,5 <br> 12,0 | 400 <br> 1 100 | 0,70 <br> 0,50 | | 30,0–32,5 <br> 32,5–37,5 <br> 35,0–40,0 | | |
| | GW, GI $C_u > 15$ | < 7,5 <br> 7,5–15,0 <br> > 15,0 | | 17,0 <br> 19,0 <br> 21,0 | 9,5 <br> 11,5 <br> 13,5 | 400 <br> 1 200 | 0,70 <br> 0,50 | | 30,0–32,5 <br> 32,5–37,5 <br> 35,0–40,0 | | |
| Sand (Grobsand) | SE | < 7,5 <br> 7,5–15,0 <br> > 15,0 | | 16,0 <br> 17,0 <br> 18,0 | 8,5 <br> 9,5 <br> 10,5 | 250 <br> 475 <br> 700 | 0,75 <br> 0,60 <br> 0,55 | | 30,0–32,5 <br> 32,5–37,5 <br> 35,0–40,0 | | |
| Sand (Feinsand) | SE | < 7,5 <br> 7,5–15,0 <br> > 15,0 | | 16,0 <br> 17,0 <br> 18,0 | 8,5 <br> 9,5 <br> 10,5 | 150 <br> 225 <br> 300 | 0,75 <br> 0,65 <br> 0,60 | | 30,0–32,5 <br> 32,5–37,5 <br> 35,0–40,0 | | |
| Sand | SW, SI $6 \leq C_u \leq 15$ | < 7,5 <br> 7,5–15,0 <br> > 15,0 | | 16,5 <br> 18,0 <br> 19,5 | 9,0 <br> 10,5 <br> 12,0 | 200 <br> 400 <br> 600 | 0,70 <br> 0,60 <br> 0,55 | | 30,0–32,5 <br> 32,5–37,5 <br> 35,0–40,0 | | |
| | SW, SI $C_u > 15$ | < 7,5 <br> 7,5–15,0 <br> > 15,0 | | 17,0 <br> 19,0 <br> 21,0 | 9,5 <br> 11,5 <br> 13,5 | 200 <br> 400 <br> 600 | 0,70 <br> 0,60 <br> 0,55 | | 30,0–32,5 <br> 32,5–37,5 <br> 35,0–40,0 | | |
| bindige Böden | UL | | weich <br> steif <br> halbfest | 17,5 <br> 18,5 <br> 19,5 | 9,0 <br> 10,0 <br> 11,0 | 40 <br> 110 | 0,80 <br> 0,60 | | 27,5–32,5 | 0 <br> 2 – 5 <br> 5 – 10 | 5 – 60 <br> 20 – 150 <br> 50 – 300 |
| | UM | | weich <br> steif <br> halbfest | 16,5 <br> 18,0 <br> 19,5 | 8,5 <br> 9,5 <br> 10,5 | 30 <br> 70 | 0,90 <br> 0,70 | | 25,0–30,0 | 0 <br> 5 – 10 <br> 10 – 15 | 5 – 60 <br> 20 – 150 <br> 50 – 300 |
| | TL | | weich <br> steif <br> halbfest | 19,0 <br> 20,0 <br> 21,0 | 9,0 <br> 10,0 <br> 11,0 | 20 <br> 50 | 1,00 <br> 0,90 | | 25,0–30,0 | 0 <br> 5 – 10 <br> 10 – 15 | 5 – 60 <br> 20 – 150 <br> 50 – 300 |
| | TM | | weich <br> steif <br> halbfest | 18,5 <br> 19,5 <br> 20,5 | 8,5 <br> 9,5 <br> 10,5 | 10 <br> 30 | 1,00 <br> 0,95 | | 22,5–27,5 | 5 – 10 <br> 10 – 15 <br> 15 – 20 | 5 – 60 <br> 20 – 150 <br> 50 – 300 |
| | TA | | weich <br> steif <br> halbfest | 17,5 <br> 18,5 <br> 19,5 | 7,5 <br> 8,5 <br> 9,5 | 6 <br> 20 | 1,00 <br> 1,00 | | 20,0–25,0 | 5 – 15 <br> 10 – 20 <br> 15 – 25 | 5 – 60 <br> 20 – 150 <br> 50 – 300 |

Hinweise zu der Tabelle siehe nächste Seite

**Hinweise zum Steifemodul $E_s$:**

1) Die Angaben für den Steifemodul gelten für Erstbelastungen des Bodens.
2) Die Größen $v_e$ (Steifebeiwert) und $w_e$ sind empirisch gefundene Parameter, $\sigma_{at}$ ist der mit 100 kN/m² anzusetzende Atmosphärendruck.
3) Bei Wiederbelastung sind die $v_e$-Größen bis zum 10-fachen höher und $w_e$ geht gegen 1.

**Erläuterungen zu den in Tabelle 5-30 verwendeten Bezeichnungen:**

Als Größen der Spalte „Bodengruppe nach DIN 18196"

    G = Kies    S = Sand    U = Schluff    T = Ton

für die Korngrößenverteilung

    E = eng gestuft    W = weit gestuft    I = intermittierend gestuft

    $C_U$ = Ungleichförmigkeitszahl

und für die plastischen Eigenschaften

    L = leicht plastisch    M = mittelplastisch    A = ausgeprägt plastisch

---

In Tabelle 5-30 sind Erfahrungswerte charakteristischer Kennwerte für nichtbindige und bindige Böden zusammengestellt (beachte hierzu auch die Ausführungen aus Abschnitt 5.15.1 und Tabellen aus Abschnitt 5.15.2). Neben Wichten, Scherparametern und Durchlässigkeitsbeiwerten sind auch empirisch gewonnene Parameter zur Ermittlung des mittleren Steifemoduls $E_s$ angegeben.

Die Größen $v_e$ (Steifebeiwert) und $w_e$ in der Spalte „Steifemodul" von Tabelle 5-30 sind empirisch ermittelte Parameter für die Gleichung des mittleren Steifemoduls nach *Ohde* [226]

$$E_s = v_e \cdot \sigma_{at} \cdot \left(\frac{\sigma}{\sigma_{at}}\right)^{w_e} \qquad \text{Gl. 5-126}$$

der zu einer Erstbelastung gehört. Die zusätzlich in der Gleichung verwendeten Größen sind die Belastung $\sigma$ (in kN/m²) und der Atmosphärendruck $\sigma_{at}$ (= 100 kN/m²). Handelt es sich nicht um Erst-, sondern um Wiederbelastungen, sind die $v_e$-Größen bis zum 10-fachen höher anzusetzen, die Werte von $w_e$ gehen gleichzeitig gegen 1.

### 5.12.6 Modellgesetz für Setzungszeiten

Mit der folgenden Modellformel kann die zur Erreichung des Konsolidationszustands erforderliche Zeit $t_1$ (Konsolidationszusammendrückungszeit oder auch Konsolidationssetzungszeit) des Versuchs auf die zu erwartende Konsolidationssetzungszeit $t_2$ der im Baugrund tatsächlich vorhandenen Bodenschicht übertragen werden.

$$\frac{t_1}{t_2} = \frac{h_1^2}{h_2^2} \quad\Rightarrow\quad t_2 = t_1 \cdot \frac{h_2^2}{h_1^2} \qquad \text{Gl. 5-127}$$

Die in Gl. 5-127 verwendeten $h$-Größen sind

- $h_1$ Anfangsdicke der beim Versuch verwendeten Bodenprobe,
- $h_2$ Anfangsdicke der im Baugrund vorhandenen Schicht bei Entwässerung nach oben *und* unten,
  Zweifaches der Anfangsdicke der im Baugrund vorhandenen Schicht bei Entwässerung nach oben *oder* unten.

**Anwendungsbeispiel**

Für eine Baugrundschicht mit der Anfangsdicke 2,75 m ist die Konsolidationszeit unter der Voraussetzung zu ermitteln, dass ihr Probenmaterial entnommen wurde, welches mit einer Anfangsdicke $h_1 = h_0 = 1,9$ cm in ein Oedometer eingebaut wurde und zu seiner Konsolidation 4,5 Stunden benötigte. Die Konsolidationszeit der Baugrundschicht ist sowohl für den Fall der Entwässerung nach oben *und* unten als auch für den Fall der Entwässerung nach oben *oder* unten zu ermitteln.

**Lösung**

Für den Fall der Entwässerung nach oben *und* unten ist als Anfangsdicke der Bodenschicht die Größe 275 cm anzusetzen. Als Konsolidationssetzungszeit der Bodenschicht ergibt sich damit nach Gl. 5-127

$$t_2 = 4,5 \cdot \frac{275^2}{1,9^2} \approx 94\,270 \text{ h} \approx 129 \text{ Monate} \approx 11 \text{ Jahre}$$

Im Fall der Entwässerung nach oben *oder* unten ist als Anfangsdicke der Bodenschicht die Größe $2 \cdot 275$ cm $= 550$ cm anzusetzen. Die Konsolidationssetzungszeit der Bodenschicht berechnet sich dann nach Gl. 5-127 zu

$$t_2 = 4,5 \cdot \frac{(2 \cdot 275)^2}{1,9^2} \approx 377\,080 \text{ h} \approx 515 \text{ Monate} \approx 43 \text{ Jahre}$$

### 5.12.7 Kompressionsbeiwert

In Abschnitt 5.12.4 wurde gezeigt, dass Ergebnisse von Kompressionsversuchen z. B. in Abhängigkeit der Zusammendrückungen, der bezogenen Zusammendrückungen oder der Porenzahlen der untersuchten Bodenprobe dargestellt werden können. Ein entsprechendes Beispiel zeigt Bild 5-43. In halblogarithmischer Darstellung gibt es die Druck-Porenzahl-Linie des Anwendungsbeispiels aus DIN 18135 wieder.

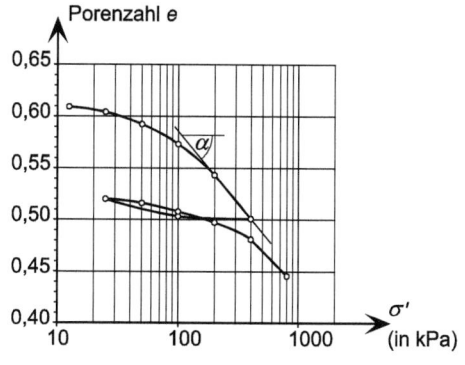

**Bild 5-43** Druck-Porenzahl-Linie in halblogarithmischer Darstellung (nach DIN 18135, Bild 9)

Mit dem im Bild 5-43 eingetragenen Neigungswinkel $\alpha$ des geradlinigen Teils der Kompressionslinie bei Erstbelastung berechnet sich der Kompressionsbeiwert

$$C_c = \tan \alpha = \log \frac{h_1^2}{h_2^2} \quad \Rightarrow \quad t_2 = t_1 \cdot \frac{h_2^2}{h_1^2} \qquad \text{Gl. 5-128}$$

mit der Porenzahl als Ordinate und dem Logarithmus der Spannung als Abszisse (siehe hierzu auch [172], Kapitel 1.3).

In DIN 4019 [32], 10.3.2 wird darauf hingewiesen, dass Setzungsberechnungen auch unter Verwendung des Kompressionsbeiwertes durchgeführt werden dürfen.

## 5.13 Scherfestigkeit

### 5.13.1 Allgemeines

Die Scherfestigkeit von Böden wird bestimmt durch
1. den von der Größe der Normalspannungen an den Kontaktpunkten der einzelnen Mineralkörner abhängigen Reibungsanteil,
2. den von der Größe der Normalspannungen unabhängigen Kohäsionsanteil, hervorgerufen durch die Wirkung des hygroskopischen Wassers.

Die Bestimmung der Scherfestigkeit hat im Erd- und Grundbau große Bedeutung, da ihre Ergebnisse u. a. in Berechnungen eingehen, mit denen z. B. die Standsicherheit von Böschungen und Geländesprüngen geprüft bzw. nachgewiesen wird. Auf der Basis solcher Berechnungen sollen mögliche Rutschungen oder Brüche frühzeitig erkannt und durch geeignete bauliche Maßnahmen verhindert werden. Bild 5-44 zeigt mögliche Versagensmechanismen, bei denen in ebenen oder gekrümmten „Gleitflächen" („Gleitfugen" oder auch „Scherfugen") die Scherfestigkeit des Bodens überschritten wird.

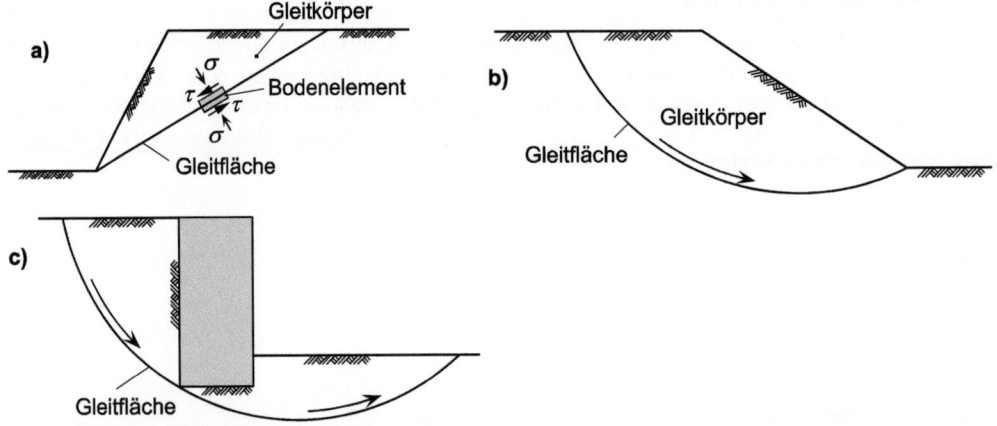

**Bild 5-44** Mögliche Versagensmechanismen bei Überschreitung der Scherfestigkeit des Bodens
a) Böschung mit Gleitkörper und ebener Gleitfläche
b) Böschungsbruch (gekrümmte Gleitfläche)
c) Geländebruch (gekrümmte Gleitfläche)

Aus den Darstellungen in Bild 5-44 geht hervor, dass die Scherfestigkeit des Bodens in der Regel in großflächigen Bereichen überschritten wird. Da eine entsprechende Nachbildung der in situ gegebenen Situation im Labor nicht möglich ist, werden dort Versuche an einzelnen Probekörpern durchgeführt (Elementversuche), die der jeweiligen Baugrundschicht entnommen wurden. Die Versuchsergebnisse werden auf die reale Baugrundsituation übertragen, wobei eine solche Übertragung nur zulässig ist, wenn die Bodenproben

- repräsentativ sind für die in situ vorhandene Bodenschicht,
- durch die Probenentnahme in ihren mechanischen Eigenschaften nicht verändert wurden,
- im Laborversuch den gleichen Belastungen und Verformungen ausgesetzt werden, wie sie in der repräsentierten Bodenschicht vorliegen,
- bei Wassersättigung den gleichen Entwässerungsbedingungen unterliegen, wie sie in der repräsentierten Bodenschicht gegeben sind.

Das Maß der Abweichungen dieser Forderungen von der Wirklichkeit muss bei der Beurteilung der Aussagekraft der Versuche berücksichtigt werden.

### 5.13.2 DIN-Normen

Empfehlungen zur Bestimmung der Scherfestigkeit bezüglich der grundsätzlichen Versuchsbedingungen und des Triaxialversuchs können
- DIN 18137-1 [80], DIN 18137-2 [81] und DIN 18137-3 [82]

entnommen werden.

In DIN 18137-2 und DIN 18137-3 sind auch Anwendungsbeispiele enthalten.

### 5.13.3 Begriffe nach DIN 18137-1

In DIN 8137-1 ist eine Vielzahl von Begriffen zusammengestellt, die bei der Bestimmung der Scherfestigkeit von Bedeutung sind. Im Folgenden sind einige dieser Begriffe aufgeführt.

*Porenwasserdruck u* (in kN/m²) Druck des freien Porenwassers (kann mit Piezometer gemessen werden).

*Totale Normalspannung* $\sigma$ (in kN/m²) vom Porenwasser und dem Korngerüst aufgenommene Normalspannung (siehe auch Abschnitt 5.12.1).

*Effektive* (*wirksame*) *Normalspannung* $\sigma'$ (in kN/m²) allein vom Korngerüst getragene Normalspannung (siehe auch Abschnitt 5.12.1) mit

$$\sigma' = \sigma - u \qquad \text{Gl. 5-129}$$

In nicht wassergesättigten Böden sind $\sigma'$ und $\sigma$ identisch.

*Effektive Schubspannung* $\tau$ (in kN/m²) allein vom Korngerüst getragene Schubspannung. In wassergesättigten Böden ist sie identisch mit der totalen Schubspannung $\tau$, da Wasser keine Schubspannungen aufnehmen kann.

*Schubwiderstand* (*Scherwiderstand*) Schubspannung als Reaktion des Bodens auf Randspannungen und Randverschiebungen, die dem Probekörper beim Scherversuch eingeprägt werden.

*Mittlerer Druck* zu unterscheiden sind der *totale mittlere Druck*

$$p = \frac{\sigma_1 + \sigma_2 + \sigma_3}{3} \qquad \text{Gl. 5-130}$$

(mit den totalen Hauptspannungen $\sigma_1$, $\sigma_2$ und $\sigma_3$) und der *effektive mittlere Druck*

$$p' = \frac{\sigma'_1 + \sigma'_2 + \sigma'_3}{3} \qquad \text{Gl. 5-131}$$

(mit den effektiven Hauptspannungen $\sigma'_1$, $\sigma'_2$ und $\sigma'_3$).

*Grenzbedingung* diejenige Gleichung der Spannungskomponenten, durch welche die von einem Bodenkörper aufnehmbaren Spannungen begrenzt werden.

Die Grenzbedingung eines wassergesättigten bindigen Bodens kann sowohl durch die totalen (totale Grenzbedingung) als auch durch die effektiven Spannungen (effektive Grenzbedingung) ausgedrückt werden.

*Grenzzustand* Zustand der Spannungen und Dehnungsänderungen des Bodens, in welchem die Spannungen die Grenzbedingung erfüllen.

Ein Grenzzustand ist im Versuch dadurch ausgezeichnet, dass bei fortgesetzter Gestaltsänderung und
- verhinderter Volumenänderung (undränierter Versuch an wassergesättigter Probe) der Schubwiderstand und die totalen Normalspannungen konstant oder extrem werden,
- unbehinderter Volumenänderung (dränierter Versuch) der Schubwiderstand und die effektiven Normalspannungen konstant oder extrem werden.

*Plastisches Versagen* Anwachsen (unbegrenztes) der Verformungen in einem Grenzzustand.

*Zonenbruch* plastisches Versagen unter kontinuierlicher Verformung einer räumlichen Zone.

*Scherfuge* dünner, flächenhafter Bereich, in welchem Scherverformungen beim plastischen Versagen konzentriert stattfinden.

*Kritischer Grenzzustand* (*kritischer Zustand*) Grenzzustand mit volumenkonstanter Formänderung und gleichbleibender effektiver Spannung; zu diesem Zustand gehört die kritische Porenzahl $e_k$ (Bild 5-45 und Bild 5-49).

*Scherfestigkeit* $\tau_f$ (in kN/m$^2$) in einer Scherfuge im Grenzzustand auftretende Schubspannung.

*Restscherfestigkeit* (*Gleitfestigkeit*) $\tau_R$ (in kN/m$^2$) minimaler Scherwiderstand eines Bodens mit

$$\tau_R \leq \tau_k \qquad \text{Gl. 5-132}$$

der unter konstanter effektiver Spannung $\sigma'$ nach sehr großen Scherverschiebungen (bezogen auf die Scherfugendicke) in einer Scherfuge erreicht wird (Sonderfall eines kritischen Grenzzustands, siehe auch Bild 5-49; im Versuch darf die Restscherfestigkeit auch durch mehrfache Umkehrung der Scherbewegung oder durch Abscheren vorgeschnittener Probekörper ermittelt werden).

*Scherversuch* Versuch zur Bestimmung der Scherfestigkeit bzw. des Grenzzustands eines Probekörpers durch kontrollierte Einwirkung von Spannungen und/oder Verschiebungen.

*Spannungspfad* Aufeinanderfolge von effektiven bzw. totalen Spannungszuständen, die bei einem Scherversuch durchlaufen werden.

*Reibungswinkel* $\varphi$ bzw. *effektiver Reibungswinkel* $\varphi'$ (in °) Neigungswinkel einer als Gerade dargestellten Grenzbedingung in einem ($\tau$, $\sigma$)- bzw. einem ($\tau$, $\sigma'$)-Diagramm (bei gleichen Maßstäben für die Abszisse $\sigma$ bzw. $\sigma'$ und die Ordinate $\tau$; siehe z. B. Bild 5-45). Es gilt

$$\phi = \phi' \quad \text{bei} \quad u = 0 \qquad \text{Gl. 5-133}$$

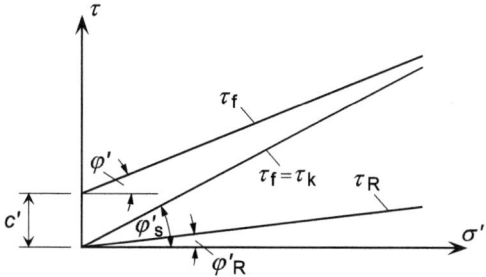

$\tau_f$   größte Scherfestigkeit
$\tau_k$   kritische Scherfestigkeit
$\tau_R$   Restscherfestigkeit
$c'$   effektive Kohäsion
$\varphi'$   effektiver Reibungswinkel
$\varphi'_s$   Winkel der Gesamtfestigkeit
$\varphi'_R$   Restreibungswinkel

**Bild 5-45** ($\tau$, $\sigma'$)-Diagramm der Scherfestigkeit einer Scherfuge in einem bindigen Boden (nach DIN 18137-1, Bild 3)

*Kohäsion c bzw. effektive Kohäsion c'* (in kN/m²) Ordinatenabschnitt auf der $\tau$-Achse der als Gerade dargestellten Grenzbedingung in einem ($\tau$, $\sigma$)- bzw. einem ($\tau$, $\sigma'$)-Diagramm. (Hinweis: die Kohäsion hängt ab von der Porenzahl und damit von der Konsolidation, den hydraulischen Bedingungen und der Art des Grenzzustands und von der Definition der dargestellten Grenzbedingung; ein Teil des Ordinatenabschnitts kann durch Verkittung, Gefügefestigkeit und Kapillarspannungen verursacht werden).

*Kapillarkohäsion $c_c$* (in kN/m²) Kohäsion infolge von Kapillarspannungen bei nicht wassergesättigtem (feuchtem) Boden (vgl. hierzu Abschnitt 2.5).

*Grenzbedingung nach Coulomb* in der Regel für Scherfugen geltende lineare Beziehung

$$\tau_f = c' + \sigma' \cdot \tan \varphi' \qquad \text{Gl. 5-134}$$

mit der effektiven Normalspannung $\sigma'$ auf die Scherfuge und der Schubspannung $\tau_f$ in der Scherfuge im Grenzzustand.

*Grenzbedingung nach Mohr-Coulomb* in der Regel für Zonenbrüche geltende gerade Umhüllende der *Mohr*'schen $\sigma_1$, $\sigma_3$- bzw. $\sigma'_1$, $\sigma'_3$-Spannungskreise im Grenzzustand (in Bild 5-56 b ist die Umhüllende identisch mit der Schergeraden). Die Gleichung der Grenzbedingung lautet für die effektiven Spannungen

$$\frac{\sigma_1 - \sigma_3}{\sigma'_1 + \sigma'_3} = \frac{2 \cdot c' \cdot \cos \varphi'}{\sigma'_1 + \sigma'_3} + \sin \varphi' \qquad \text{Gl. 5-135}$$

und für die totalen Spannungen

$$\frac{\sigma_1 - \sigma_3}{\sigma_1 + \sigma_3} = \frac{2 \cdot c_u \cdot \cos \varphi_u}{\sigma_1 + \sigma_3} + \sin \varphi_u \qquad \text{Gl. 5-136}$$

*Konsolidation (Konsolidierung)* Änderung von Porenzahl $e$ (Porenanteil $n$) eines Bodens infolge einer Änderung der effektiven Spannungen. Die Zunahme von $e$ infolge einer Verminderung der effektiven Spannungen wird auch *Schwellung* genannt. Böden konsolidieren nach einer Erhöhung bzw. schwellen nach einer Verminderung der totalen Spannungen.

*Konsolidationsspannung* effektiver Spannungszustand ($\sigma'_1$, $\sigma'_2$, $\sigma'_3$), unter der die Konsolidation abgeschlossen ist.

*Isotrope Konsolidation* Konsolidation unter allseitig gleicher effektiver Druckspannung $\sigma'_1 = \sigma'_2 = \sigma'_3$.

*Anisotrope Konsolidation* Konsolidation unter einem räumlichen effektiven Spannungszustand $\sigma'_1 \neq \sigma'_2$, $\sigma'_2 \neq \sigma'_3$ und/oder $\sigma'_3 \neq \sigma'_1$.

*Eindimensionale Konsolidation* Konsolidation unter einer gleichmäßig verteilten effektiven Spannung $\sigma'_1$ in einer Achsenrichtung bei Verhinderung der Querdehnung und seitlichen Entwässerung.

*Normalkonsolidiert* Konsolidation für effektiven anisotropen Spannungszustand (isotroper Spannungszustand $\sigma'_1 = \sigma'_2 = \sigma'_3$ ist Sonderfall) mit der effektiven *Vergleichsspannung*

$$\sigma'_V = \frac{\sigma'_1 + \sigma'_2 + \sigma'_3}{3}$$ Gl. 5-137

wenn der Boden niemals zuvor einem effektiven Spannungszustand mit der Vergleichsspannung max $\sigma'_V > \sigma'_V$ ausgesetzt war.

*Überkonsolidiert (überverdichtet)* Konsolidation für effektiven anisotropen Spannungszustand (isotroper Spannungszustand $\sigma'_1 = \sigma'_2 = \sigma'_3$ ist Sonderfall) mit der effektiven Vergleichsspannung $\sigma'_V$ (Gl. 5-137), wenn der Boden zuvor einem effektiven Spannungszustand mit der Vergleichsspannung max $\sigma'_V > \sigma'_V$ ausgesetzt war.

*Eindimensional normalkonsolidiert* Konsolidation für die effektive Spannung $\sigma'_1 = \sigma'_c$, wenn der Boden niemals zuvor einer größeren effektiven Spannung in dieser Richtung ausgesetzt war, die zu einer eindimensionalen Konsolidation geführt hat.

*Eindimensional überkonsolidiert* Konsolidation für die effektive Spannung $\sigma'_1 = \sigma'$, wenn der Boden zuvor einer effektiven Spannung max $\sigma'_1 > \sigma'$ in dieser Richtung ausgesetzt war.

*Rekonsolidation* Konsolidation beim Triaxialversuch unter einer Vergleichsspannung $\sigma'_V$, die vor der Probenentnahme im Baugrund geherrscht hat (die Rekonsolidation soll Probenstörungen ausgleichen).

*Effektive Scherparameter* $c'$ und $\varphi'$ überkonsolidierter, dränierter, wassergesättigter bindiger Böden sind durch Gl. 5-134 bzw. Gl. 5-133 definierte Größen der geraden Umhüllenden der effektiven Grenzspannungszustände größter Scherfestigkeit von Probekörpern, die unter der gleich großen Spannung max $\sigma'$ bzw. max $\sigma'_1$, max $\sigma'_2$, max $\sigma'_3$ und der zugehörigen Vergleichsspannung max $\sigma'_V$ konsolidiert wurden und anschließend unter verschieden großen Spannungen $\sigma' <$ max $\sigma'$ bzw. unter $\sigma'_1, \sigma'_2, \sigma'_3$ mit der Vergleichsspannung $\sigma'_V <$ max $\sigma'_V$ geschwollen sind.

*Kohäsionskonstanten* $\lambda_{cs}$ und $\lambda_c$ Konstanten, mit denen sich die lineare Abhängigkeit der effektiven Kohäsion $c'$ wassergesättigter bindiger Böden von der Konsolidationsspannung max $\sigma'$ bzw. max $\sigma'_V$ bei Scherfugen (vgl. Bild 5-50) und Zonenbrüchen erfassen lässt durch die Gleichungen

$c' = \lambda_{cs} \cdot$ max $\sigma'$ (Scherfugen)
$c' = \lambda_c \cdot$ max $\sigma'_V$ (Zonenbrüche)

Gl. 5-138

*Totale Scherparameter* $c_u$ (Kohäsion) und $\varphi_u$ (Reibungswinkel) undränierter bindiger Böden sind durch die totale Grenzbedingung nach *Mohr-Coulomb* (Gl. 5-136) für Probekörper definiert, die vor dem Versuch einen gleichen Wassergehalt und eine gleiche Porenzahl besitzen und deren Wassergehalt sich bis zum Erreichen des Grenzzustands nicht ändert.

## 5.13.4 Rahmenscherversuch

Mit Rahmenschergeräten (quadratischer oder kreisförmiger Grundriss) werden „direkte Scherversuche" nach DIN 18137-3 durchgeführt, bei denen
- die Scherkraft $T$ unmittelbar aufgebracht (bewirkt eine Gegeneinanderverschiebung der beiden Scherrahmenteile) und
- die Entstehung einer Scherfuge erzwungen wird.

Dies gilt im Grundsatz auch für die Kreisringschergeräte, die besonders geeignet sind für die Ermittlung von Restscherfestigkeiten (siehe hierzu DIN 18137-3 und [185]).

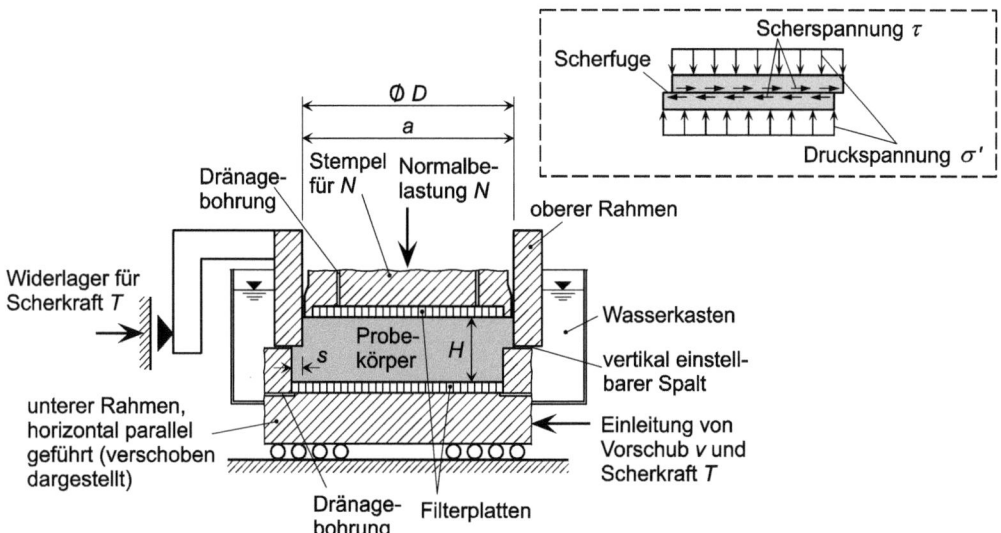

**Bild 5-46** Längsschnitt durch ein Rahmenschergerät mit verschieblichem unterem Rahmen und ohne Parallelführung des oberen Rahmens und des Normalbelastungsstempels nach DIN 18137-3 (Schema)

Die in Rahmenschergeräte (vgl. das Beispiel eines Gerätes ohne Parallelführung des oberen Rahmens und des Normalbelastungsstempels aus Bild 5-46) eingebauten quader- oder zylinderförmigen Bodenproben werden dabei unter senkrecht zur Scherfuge wirkenden Normalbelastungen $N$ abgeschert, wobei die Gerätekonfiguration die Querdehnung parallel zur Scherfugenebene verhindert. Am Beginn eines Scherversuchs entspricht dies dem Verformungszustand eines homogenen und isotropen Halbraums unter einer unbegrenzten Oberflächenlast konstanter Größe (Bild 5-47).

Die Scherparameter werden in der Regel durch Versuche an mindestens drei gleichartigen Probekörpern unter mindestens drei verschiedenen Normalspannungen ermittelt. Beim Abscheren der Bodenprobe werden dabei Scherspannungen

$$\tau = \frac{T}{A_0} \qquad \text{Gl. 5-139}$$

aktiviert. $T$ und $A_0$ stehen für die aufgebrachte Scherkraft und die Anfangsscherfläche (Querschnittsfläche des Scherrahmens) der Bodenprobe. Die Größe dieser Spannungen ist u. a. von der Größe der aufgebrachten Normalbelastung $N$ und des eingeprägten Scherwegs $s$ abhängig.

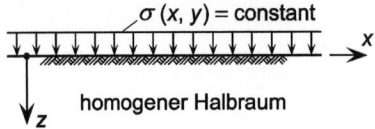

homogener Halbraum

Zugehöriger Spannungs- (**S**) und Verformungstensor (**D**)

$$S = \begin{pmatrix} \sigma_x & 0 & 0 \\ 0 & \sigma_y & 0 \\ 0 & 0 & \sigma_z \end{pmatrix} \quad D = \begin{pmatrix} 0 & 0 & 0 \\ 0 & 0 & 0 \\ 0 & 0 & \varepsilon_z \end{pmatrix}$$

**Bild 5-47** Halbraumzustand, der dem Anfangszustand von Rahmenscherversuchen entspricht

Bezüglich der Vorschubgeschwindigkeit wird in DIN 18137-3, 7.3.2 festgelegt, dass diese bei nichtbindigen Proben 0,5 mm/Min. nicht überschreiten darf. Zu ihrer Abschätzung bei bindigem Boden dient Tabelle 5-31.

**Tabelle 5-31** Von der Plastizitätszahl abhängige Vorschubgeschwindigkeit nach DIN 18137-3

| Plastizitätszahl $I_P$ in % | max. Vorschubgeschwindigkeit in m/Min. |
|---|---|
| < 25 | 0,040 |
| 25 bis 40 | 0,008 |
| > 40 | 0,002 |

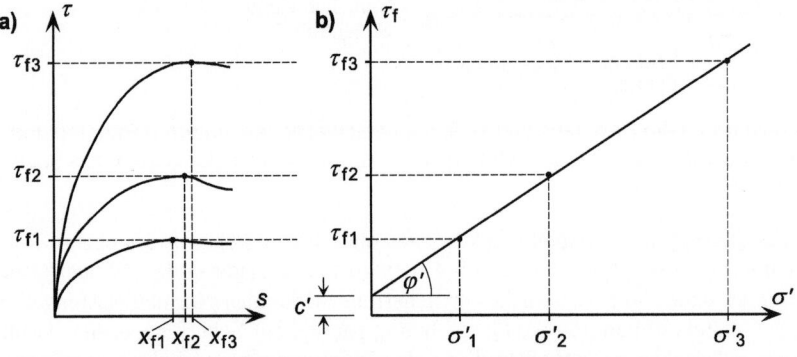

**Bild 5-48** Ergebnisse von Rahmenscherversuchen mit stark schluffigem, schwach tonigem Sand
 a) zu den konstanten effektiven Normalspannungen $\sigma'_1$, $\sigma'_2$ und $\sigma'_3$ gehörende und vom eingeprägten Scherweg s abhängige Schubspannungsverläufe mit den Scherfestigkeiten $\tau_{f1}$, $\tau_{f2}$ und $\tau_{f3}$
 b) ($\tau_f$, $\sigma'$)-Diagramm mit der Schergeraden (Grenzbedingung nach *Coulomb*) und den effektiven Scherparametern $c'$ und $\varphi'$

Bild 5-48 zeigt die Ergebnisse von drei Scherversuchen an konsolidierten Proben aus stark schluffigem, schwach tonigem Sand. Die Proben wurden zunächst unter drei unterschiedlichen Normalbelastungen $N$ konsolidiert und danach abgeschert. Die dabei wirkenden konstanten effektiven Normalspannungen ergeben sich mit den Normalbelastungen $N$ und der Anfangsscherfläche $A_0$ der Bodenproben zu $\sigma'_1 = 50$ kN/m², $\sigma'_2 = 100$ kN/m² und $\sigma'_3 = 200$ kN/m². Aus der Abbildung geht hervor, dass die drei ($\tau_f$, $\sigma'$)-Punkte nicht auf einer Geraden liegen, was auf die bei der Durchführung und Auswertung der Versuche unvermeidbar auftretenden Fehler zurückzuführen ist. Zur Reduzierung dieser Fehlerwirkung wird deshalb ein Versuch mehr durchgeführt, als es zur mathematischen Bestimmung der Schergeraden erforderlich ist (zwei Versuche, da kohäsiver Boden). Die aus den drei Versuchsergebnissen gewonnene Schergerade (Grenzbedingung nach *Coulomb* gemäß Gl. 5-134) ergibt sich dann als Ausgleichsgerade.

Dass der Verlauf der Schubspannungen auch von der Dichte des in das Schergerät eingebauten Bodens abhängt, zeigt Bild 5-49. Bei überkritisch dichtem Sand wachsen die Schubspannungen mit zunehmendem Scherweg bis zu dem Maximalwert $\tau_f$ (Scherfestigkeit) an. Danach entfestigt sich der Boden, die Scherspannungen streben gegen die kritische Scherfestigkeit $\tau_k$. Mit diesem Verlauf geht eine anfängliche Verdichtung des Bodens (Verringerung der Porenzahl $e$) einher, die aber nach kurzem Scherweg ihr Maximum erreicht hat. Danach erhöht sich die Porenzahl $e$ wieder (Dilatanz, Volumenvergrößerung durch Bodenauflockerung) und konvergiert gegen die kritische Porenzahl $e_k$ (Formänderung bei Volumenkonstanz). Im Gegensatz zum überkritisch dichten Sand weist unterkritisch dichter Sand einen Schubspannungsverlauf auf, der stetig anwachsend gegen die kritische Scherfestigkeit $\tau_k$ konvergiert. Dies gilt analog auch für die zugehörige Porenzahl, deren sich stetig verringernde Werte (zunehmende Verdichtung des Bodenmaterials der Probe) gegen den kritischen Wert $e_k$ konvergieren.

Handelt es sich bei den untersuchten Böden um dränierte, wassergesättigte bindige Böden (Porenwasserüberdruck $\Delta u = 0$), die im Grenzzustand den Wassergehalt $w_f$ aufweisen, wirkt sich die Konsolidationsgeschichte auf die zugehörigen Scherparameter gemäß Bild 5-50 aus. Während in Bild 5-50 a die Beziehung zwischen dem Wassergehalt $w_f$ und der effektiven Normalspannung $\sigma'$ in der Scherfuge dargestellt ist, zeigt Bild 5-50 b die Abhängigkeit der Scherfestigkeit $\tau_f$ von $\sigma'$ und $w_f$.

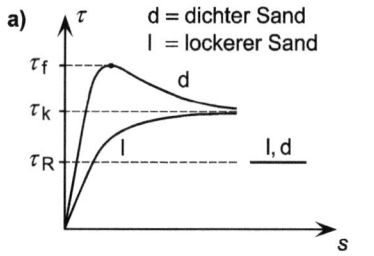
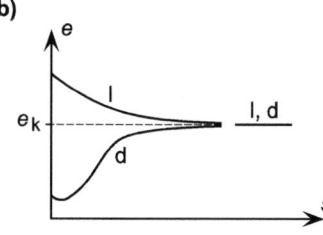

**Bild 5-49**  Ergebnisse von Rahmenscherversuchen mit überkritisch dichtem (d) und unterkritisch dichtem (l) Sand unter einer konstanten effektiven Normalspannung $\sigma'$
a) vom eingeprägten Scherweg $s$ abhängige Schubspannungsverläufe mit der größten Scherfestigkeit $\tau_f$, der kritischen Scherfestigkeit $\tau_k$ und der Restscherfestigkeit $\tau_R < \tau_k$
b) vom eingeprägten Scherweg $s$ abhängige Porenzahlverläufe mit der kritischen Porenzahl $e_k$

Aus Bild 5-50 a geht hervor, dass sich, abhängig von der Konsolidationsgeschichte, für eine Normalspannung $\sigma'_1$ unterschiedlich große Werte für den Wassergehalt $w_f$ bzw. für einen Wassergehalt $w_{f1}$ unterschiedlich große Werte für die Normalspannung $\sigma'$ einstellen können. Bild 5-50 b macht deutlich, dass, abhängig von der Phase der Konsolidationsgeschichte, unterschiedliche

Scherparameter zur Erfassung der $\sigma'$-$\tau_f$-Beziehung verwendet werden können. So wird z. B. die Phase der Normalkonsolidation (Erstkonsolidation) mit dem Winkel $\varphi'_s$ der Gesamtscherfestigkeit und der Gleichung

$$\tau_f = \sigma' \cdot \tan \phi'_s \qquad \text{Gl. 5-140}$$

erfasst. Für die Phase der dränierten Wiederbelastung (Probe ist jetzt überkonsolidiert) gilt wiederum Gl. 5-134 (Grenzbedingung nach *Coulomb*) mit den effektiven Scherparametern $c'$ und $\varphi'$. Die effektiven Scherparameter $c'_w$ und $\varphi'_w$ dienen zur Festlegung einer Schergeraden, die effektive Grenzspannungszustände größter Scherfestigkeit von Probekörpern verbindet, deren Wassergehalte $w_f$ gleich groß sind. Die Gerade erfasst dabei Zustände, die zu unterschiedlichen Konsolidationsphasen gehören.

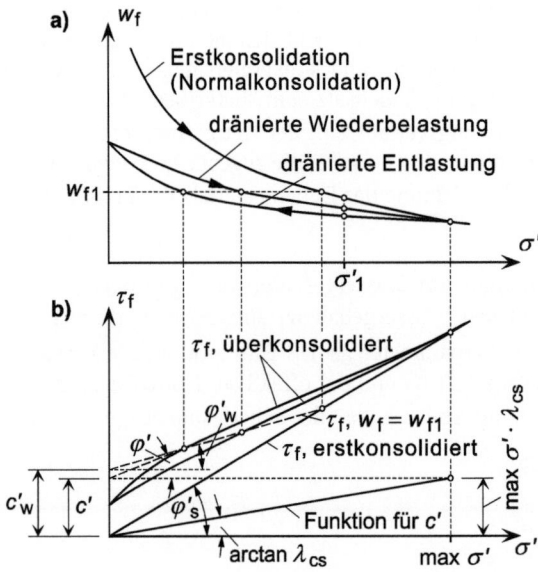

**Bild 5-50** Zusammenhänge zwischen Scherfestigkeit $\tau_f$, effektiver Normalspannung $\sigma'$ und Wassergehalt $w_f$ im Grenzzustand für Scherfugen in wassergesättigten bindigen Böden (nach DIN 18137-1)
a) $w_f$-Abhängigkeit von $\sigma'$ bei verschiedenen Konsolidationsgeschichten
b) $\tau_f$-Abhängigkeit von $\sigma'$ und $w_f$; Scherparameter $\varphi'$, $c'$, $\varphi'_s$ und $\lambda_{cs}$ sowie $\varphi'_w$, $c'_w$

Die Kohäsionskonstante $\lambda_{cs}$ beschreibt die Zunahme der effektiven Kohäsion $c'$ mit der Konsolidationsspannung max $\sigma'$ gemäß Gl. 5-138. Aus der Gleichsetzung der zu max $\sigma'$ gehörenden Scherfestigkeiten nach Gl. 5-134 und Gl. 5-140 resultiert, unter Benutzung von Gl. 5-138, die Parameterbeziehung

$$\lambda_{cs} = \tan \phi'_s - \tan \phi' \qquad \text{Gl. 5-141}$$

### 5.13.5 Triaxialversuch nach DIN 18137-2

Mit dem Triaxialgerät durchgeführte „indirekte Scherversuche" zur Bestimmung der Scherfestigkeit von Böden zeichnen sich u. a. durch die Möglichkeit zur Simulation dreidimensionaler Baugrundgegebenheiten aus. Im Gegensatz zum Rahmenscherversuch lassen sich mit dem Triaxialversuch auch Fälle eindeutig untersuchen, bei denen Böden sehr schnell mit voller Last beansprucht werden (Beispiele: Schüttung auf weichem, wassergesättigtem Boden oder Absetzen einer eingeschwommenen Brücke).

Bei dem Versuch werden kreiszylindrische Probekörper in Geräte eingebaut, wie sie in Bild 5-51 und in Bild 5-52 gezeigt sind. Nach dem Probeneinbau werden die zylinderförmigen Druckzellen mit Flüssigkeit gefüllt und Drücke in der Flüssigkeit (Zelldrücke) aufgebaut. Die Abscherung der Bodenproben erfolgt bei unterschiedlichen Zelldrücken $\sigma_3$ (erzeugen im Mantelbereich des Probekörpers radialsymmetrische Normalspannungen) und zusätzlich aufgebrachten axialen Belastungen, die, zusammen mit den $\sigma_3$-Drücken, die axialen Normalspannungen $\sigma_1$ ergeben.

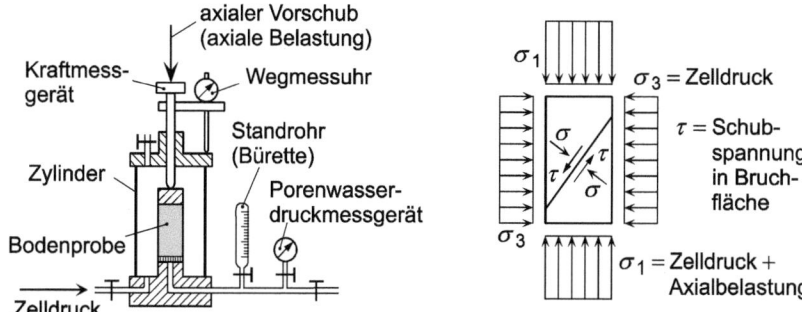

**Bild 5-51** Prinzipskizze eines Triaxialgeräts und der auf die Bodenprobe wirkenden Spannungen

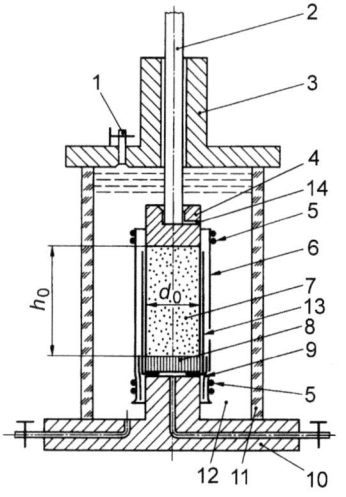

1 Entlüftung
2 Druckstempel
3 Kopfplatte
4 Druckkappe
5 Gummiringe
6 Gummihülle
7 Probekörper
8 Filterstein
9 Gummimanschette
10 Fußplatte mit Sockel
11 Zylinder
12 Zellenflüssigkeit
13 Filterpapierstreifen
14 Bohrung für Druckausgleich

**Bild 5-52** Schema der Druckzelle mit Druckkappe und Sockel für schlanke Probekörper mit $h_0/d_0 = 2$ bis $2{,}5$ (nach DIN 18137-2, Bild 3)

Die Parameter der Scherfestigkeit sind durch Versuche zu ermitteln, die an mindestens drei gleichartigen Probekörpern durchgeführt werden. Die Reduzierung auf Versuche an zwei gleichartigen Probekörpern ist nur bei der Untersuchung von kohäsionslosem Boden gestattet, für den eine Schergerade zu erwarten ist, die durch den Koordinatennullpunkt des Diagramms der Schub- und Normalspannungen geht (vgl. Bild 5-56a).

Die zu untersuchenden Bodenproben können in

- schlanker ($h_0/d_0 = 2{,}0$ bis $2{,}5$) oder
- gedrungener ($h_0/d_0 \geq 0{,}8$)

Form eingebaut werden (Bild 5-52) und

- wassergesättigt,
- nicht wassergesättigt oder
- trocken

sein, wobei die Probendurchmesser, in Abhängigkeit von der Korngröße des Bodenmaterials, so groß sein sollten, dass sich Querschnittsflächen beim Versuchsbeginn von

- $A_0 \geq 10{,}0$ cm² bei feinkörnigen Böden und
- $A_0 \geq 78{,}5$ cm² bei grobkörnigen Böden

ergeben.

Die Abscherung der einzelnen Probekörper erfolgt beim Triaxialversuch durch axiale Stauchung mit konstanter Geschwindigkeit und bei konstantem Zellendruck, bis der sich frei ausbildende Bruch (Zonenbruch oder Scherfuge) des Probekörpers herbeigeführt ist.

Das Triaxialgerät bietet eine Reihe von Möglichkeiten, die Versuchsbedingungen den tatsächlichen Baugrundgegebenheiten anzupassen. Die mit dem Gerät durchführbaren Versuche werden im Folgenden beschrieben.

*Konsolidierter, dränierter Versuch* (*D-Versuch*) vor dem Abscheren wird die Bodenprobe konsolidiert, danach kann das Probenmaterial Porenwasser unbehindert aufnehmen bzw. abgeben. Die Belastungsänderungen bzw. Verformungen werden so langsam ausgeführt, dass der Porenwasserdruck im gesamten Probenmaterial praktisch konstant und gleich dem Sättigungsdruck bleibt (zur Bestimmung der max. zulässigen Vorschubgeschwindigkeit siehe DIN 18137-2, 7.4.2.1).

Der Versuch ergibt die effektiven Spannungen in einem Grenzzustand mit unbehinderter Volumenänderung.

*Konsolidierter, undränierter Versuch* (*CU-Versuch*) vor dem Abscheren wird die Bodenprobe konsolidiert und danach die Aufnahme und Abgabe von Porenwasser der Probe verhindert (dabei ist der auftretende Porenwasserdruck ständig zu messen). Belastungsänderungen bzw. Verformungen werden so langsam ausgeführt, dass sich der Porenwasserdruck im gesamten Probenmaterial gleichmäßig verteilen kann.

Der Versuch an einem wassergesättigten Probekörper ergibt die totalen und effektiven Spannungen in einem Grenzzustand mit verhinderter Volumenänderung.

*Konsolidierter, dränierter Versuch mit konstant gehaltenem Volumen* (*CCV-Versuch*) das Volumen der konsolidierten (entsprechend dem CU-Versuch) und dränierten Probekörper wird beim Abscheren konstant gehalten. Volumenänderungen werden durch die laufende Regelung von mindestens einer totalen Hauptspannung bei konstantem Porenwasserdruck (Sättigungsdruck) verhindert.

Der Versuch ergibt die effektiven Spannungen in einem Grenzzustand mit verhinderter Volumenänderung.

*Unkonsolidierter, undränierter Versuch* (*UU-Versuch*) bei geschlossenem Porenwassersystem wird der bindige Probekörper zuerst durch einen Anfangszelldruck $\sigma_3$ belastet und anschließend durch Steigerung der axialen Normalspannung $\sigma_1$ abgeschert. Der Porenwasserdruck wird dabei nicht gemessen.

Der Versuch liefert die totalen Spannungen in einem Grenzzustand mit einem konstanten Wassergehalt des Probekörpers, der dem Wassergehalt des Baugrunds gleich sein sollte.

### 5.13.6 Auswertung des Triaxialversuchs

Zur Bestimmung von Scher- und Normalspannungen in einer um einen Winkel $\alpha$ gegen die Horizontale geneigten, gedachten Schnittfläche der Bodenprobe kann der *Mohr*'sche Spannungskreis verwendet werden (Bild 5-53).

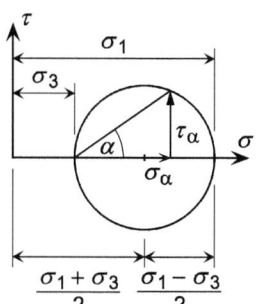
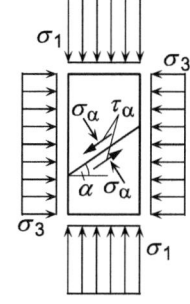

**Bild 5-53** Ermittlung der Normalspannungen $\sigma$ und der Schubspannungen $\tau$ in einer um $\alpha$ geneigten Probenfläche mit Hilfe des Spannungskreises von *Mohr*

Zu der grafischen Ermittlung der senkrecht auf die Schnittfläche wirkenden Normalspannung (totale Spannung $\sigma\alpha$ oder effektive Spannung $\sigma'\alpha$) und der in der Schnittfläche wirkenden Schubspannung $\tau\alpha$ gehören im Fall totaler Spannungen die Gleichungen

$$\sigma_\alpha = \frac{\sigma_1 + \sigma_3}{2} + \frac{\sigma_1 - \sigma_3}{2} \cdot \cos(2 \cdot \alpha)$$

$$\tau_\alpha = \frac{\sigma_1 - \sigma_3}{2} \cdot \sin(2 \cdot \alpha)$$

Gl. 5-142

wobei der Neigungswinkel $\alpha$ der Schnittflächen im Bereich $0° < \alpha < 90°$ liegen muss. Für den Sonderfall der Schnittflächenneigung $\alpha = 45°$ vereinfachen sich diese Gleichungen zu

$$\sigma_\alpha = \frac{\sigma_1 + \sigma_3}{2}$$

$$\tau_\alpha = \frac{\sigma_1 - \sigma_3}{2}$$

Gl. 5-143

Beide Gleichungspaare gelten in analoger Form auch für effektive Normalspannungen, wobei die mit dem Porenwasserdruck $u$ verbundenen Beziehungen

$$\sigma'_\alpha = \sigma_\alpha - u \qquad \sigma'_1 = \sigma_1 - u \qquad \sigma'_3 = \sigma_3 - u \qquad \tau'_\alpha = \tau_\alpha$$

Gl. 5-144

zu beachten sind (vgl. Gl. 6-39 und Definition der effektiven Schubspannung auf Seite 10).

In Bild 5-54 sind die über dem Neigungswinkel $\alpha$ der Schnittfläche sich ergebenden Funktionsverläufe von $\sigma\alpha$ und $\tau\alpha$ dargestellt.

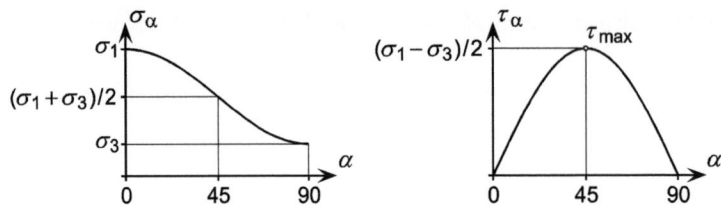

**Bild 5-54** Funktionsverläufe der Normalspannungen $\sigma\alpha$ und Schubspannungen $\tau\alpha$ auf eine unter dem Winkel $\alpha$ geneigte Schnittfläche

Die Anwendung der *Mohr*'schen Spannungskreisbetrachtung auf die Durchführung von Triaxialversuchen mit konstant gehaltenem Zelldruck $\sigma_3$ führt zur Darstellung von Bild 5-55. Darin wird die Steigerung von $\sigma_1$ bis zum Bruch der Probe durch eine Schar von Spannungskreisen mit wachsenden Durchmessern erfasst. Die Vergrößerung der Kreisdurchmesser ist beendet, wenn der dann größte Spannungskreis die Grenzbedingung von *Mohr-Coulomb* erfüllt. In diesem Falle gilt, dass das Wertepaar ($\sigma$, $\tau_f$) der in der Bruchfuge wirkenden Normal- und Schubspannungen sowohl zu dem *Mohr*'schen Spannungskreis als auch zur Geraden der Grenzbedingung von *Mohr-Coulomb* gehören muss. Erfüllt wird diese Bedingung durch die zu dem Berührungspunkt der Tangente an den Spannungskreis gehörende Normal- und Schubspannung. Der zu diesem Punkt gehörende Winkel $\alpha = \vartheta$ (Bild 5-53 und Bild 5-56) ist der Neigungswinkel (Bruchwinkel) der Scherfläche gegen die Horizontale.

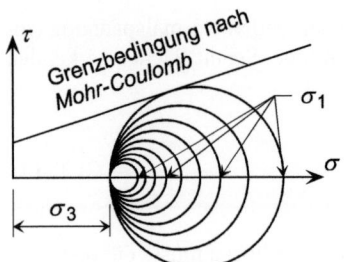

**Bild 5-55** *Mohr*'sche Spannungskreise des Triaxialversuchs bei konstant gehaltenem Zelldruck $\sigma_3$ und der Steigerung von $\sigma_1$ bis zum Probenbruch

Da die Grenzbedingung von *Mohr-Coulomb* sich als gerade Umhüllende der mit den Versuchen gewonnenen *Mohr*'schen $\sigma_1$, $\sigma_3$- bzw. $\sigma'_1$, $\sigma'_3$-Spannungen (Spannungskreise) im Grenzzustand ergibt und bei der Durchführung und Auswertung der Versuche immer unvermeidliche Fehler auftreten, muss deren Wirkung ausgeglichen werden. Dies erfolgt dadurch, dass mindestens ein Versuch mehr durchgeführt wird, als es zur mathematischen Konstruktion der Schergeraden erforderlich ist (zwei Versuche bzw. Spannungskreise bei kohäsivem und ein Versuch bei kohäsionslosem Boden). Somit stellt dann die bei der Versuchsauswertung gewonnene Schergerade eine Ausgleichsgerade dar. In Bild 5-57 sind als Beispiel die *Mohr*'schen Spannungskreise und die Schergerade eines tonigen, feinsandigen Schluffs von halbfester bis fester Konsistenz (Beckenschluff) gezeigt, wie sie im Rahmen eines Laborversuchs (CU-Versuch) gewonnen wurden.

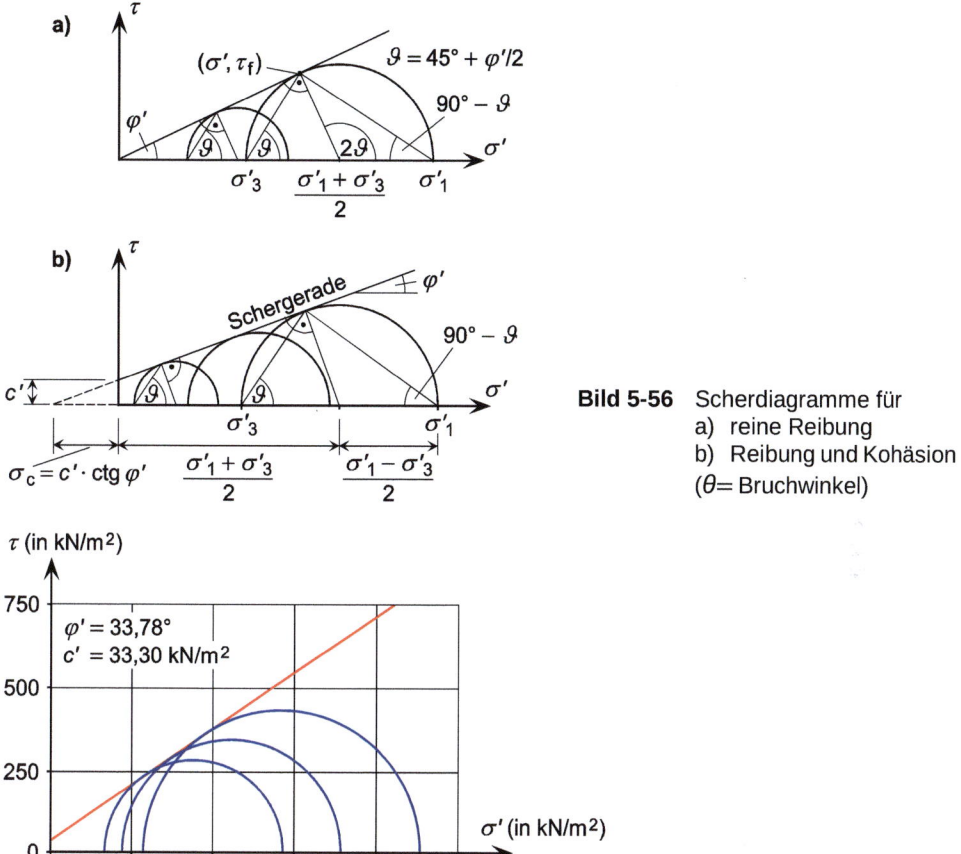

**Bild 5-56** Scherdiagramme für
a) reine Reibung
b) Reibung und Kohäsion
($\theta$ = Bruchwinkel)

**Bild 5-57** *Mohr*'sche Spannungskreise, Schergerade und Scherparameter als Ergebnis eines CU-Versuchs mit einem Beckenschluff (Korrelationskoeffizient $r = 1{,}00$)

Neben der Versuchsauswertung anhand von *Mohr*'schen Spannungskreisen werden in DIN 18137-2 noch weitere Möglichkeiten angegeben. Zwei Beispiele hierfür sind in Bild 5-58 und in Bild 5-59 zu sehen. Die Darstellungen zeigen die Ergebnisse eines im Labor durchgeführten konsolidierten, dränierten Versuchs (D-Versuch) mit halbfestem, stark schluffigem, feinsandigem Ton in zwei Auswertungsversionen. In Bild 5-58 werden die Versuchsergebnisse als $(\sigma_1 - \sigma_3)/2$-$\varepsilon_1$-Diagramm und in Bild 5-59 als $(\sigma_1 - \sigma_3)/2$-$(\sigma'_1 - \sigma'_3)/2$-Diagramm dargestellt.

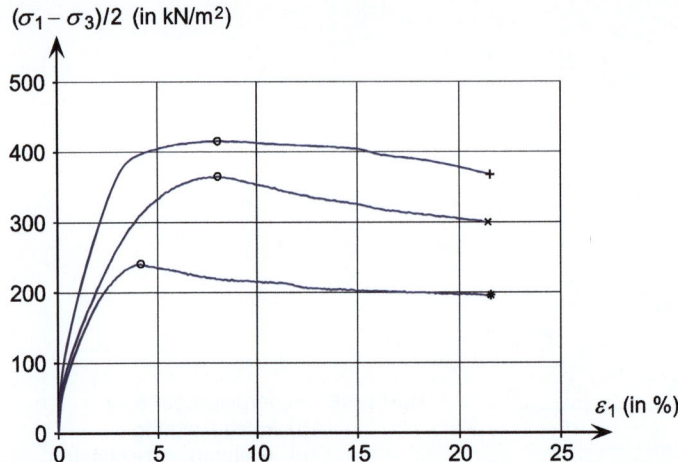

**Bild 5-58** $(\sigma_1 - \sigma_3)/2$-$\varepsilon_1$-Diagramm, das sich bei einem konsolidierten, dränierten Versuch (D-Versuch) mit halbfestem, stark schluffigem, feinsandigem Ton ergab

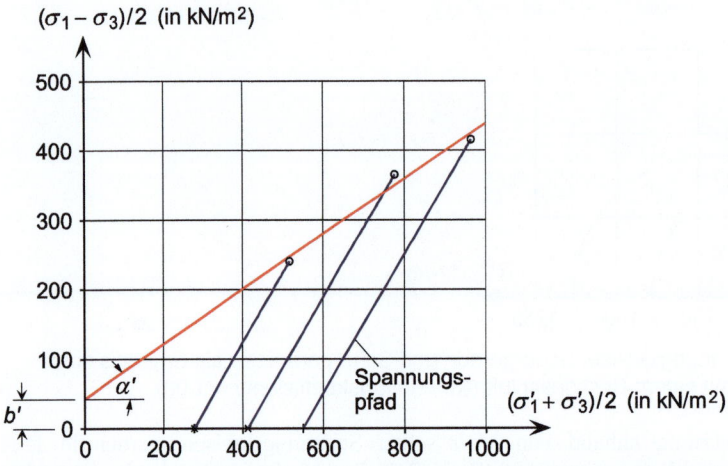

**Bild 5-59** $(\sigma_1 - \sigma_3)/2$-$(\sigma'_1 + \sigma'_3)/2$-Diagramm, das sich bei einem konsolidierten, dränierten Versuch (D-Versuch) mit halbfestem, stark schluffigem, feinsandigem Ton ergab
$\alpha' = 21{,}63°$, $b' = 42{,}25$ kN/m², Korrelationskoeffizient $r = 1{,}00$

Die drei Proben des D-Versuchs zu den beiden Bildern wurden vor dem Abschervorgang unter effektiven Konsolidationsspannungen $\sigma'_c$ von 275 kN/m², 412,5 kN/m² und 550 kN/m² konsolidiert. Aus Bild 5-58 geht hervor, bei welchem $\varepsilon_1$-Wert die jeweils maximale Größe der Hauptspannungsdifferenz $\sigma_1 - \sigma_3$ auftritt. Bild 5-59 zeigt die Spannungspfade für die drei Probekörper und eine ausgleichende Gerade durch die Maximalwerte der drei Spannungspfade. Mit dem Neigungswinkel $\alpha'$ der Geraden und der Ordinatengröße $b'$ ihres Schnittpunkts mit der $(\sigma_1 - \sigma_3)/2$-Achse können unter Nutzung der Beziehungen

$$\sin\phi' = \tan\alpha' \quad \Rightarrow \quad \phi' = \arcsin(\tan\alpha')$$

$$c' = \frac{b'}{\cos\phi'}$$

Gl. 5-145

die effektiven Scherparameter $\varphi'$ und $c'$ ermittelt werden.

Weitere Darstellungen von Versuchsergebnissen sind z. B. in DIN 18137-2 zu finden. Erfahrungswerte für die Beziehungen zwischen der charakteristischen Scherfestigkeit $c_{u,k}$ bindiger Böden und deren Zustandsform (Konsistenz) werden in DIN 1055-2 [25] angegeben (Tabelle 5-35).

### Anwendungsbeispiel

Die in Bild 5-60 gezeigten *Mohr'*schen Halbkreise gehören zu den Ergebnissen von zwei unkonsolidierten, undränierten Versuchen (UU-Versuch) mit teilgesättigtem bindigen Boden.

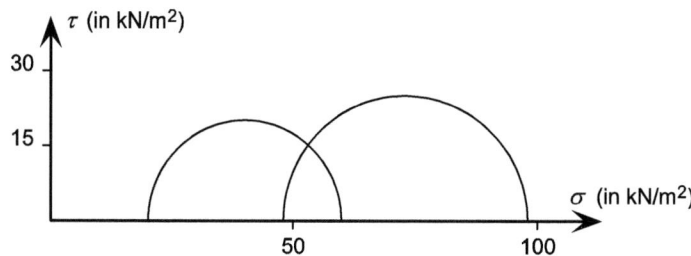

**Bild 5-60**  Zu zwei UU-Versuchen gehörende *Mohr'*sche Halbkreise

Unter der Voraussetzung, dass die Bruchbedingung von *Mohr-Coulomb* gilt, sind auf grafischem Wege zu ermitteln:
a) die Größe $c_u$ der Kohäsion (in kN/m²),
b) die Größe $\varphi_u$ des Reibungswinkels (in °),
c) die Größen der Normalspannungen $\sigma$ und Schubspannungen $\tau$ in den Versagensfugen der zwei Proben (in kN/m²),
d) die Neigungswinkel $\vartheta$ der beiden Versagensflächen gegenüber der Horizontalen (in °).

### Lösung

Mit der Bruchbedingung von *Mohr-Coulomb* (Bild 5-56 b) ergibt sich die in Bild 5-61 gezeigte Spannungssituation.

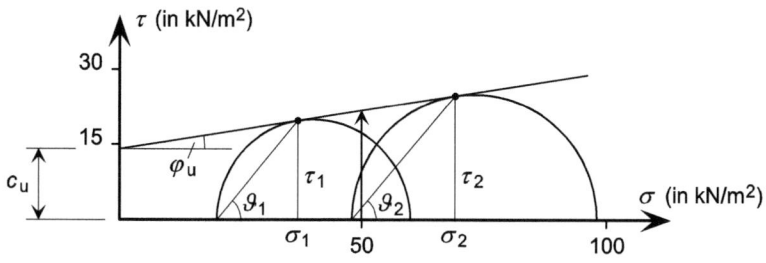

**Bild 5-61**  *Mohr'*sche Halbkreise mit der Schergeraden nach *Mohr-Coulomb*

Durch Ablesung ergeben sich aus Bild 5-61 die
a) Größe der Kohäsion $c_u \approx 14{,}1$ kN/m²
b) Größe des Reibungswinkels $\varphi_u \approx 8{,}5°$
c) Größen der Normal- und Schubspannungen in den Versagensfugen der zwei Proben

$\sigma_1 \approx 36{,}3$ kN/m²   und   $\tau_1 \approx 19{,}8$ kN/m²

$\sigma_2 \approx 68{,}7$ kN/m²   und   $\tau_2 \approx 24{,}7$ kN/m²

d) Neigungswinkel der beiden Versagensflächen gegenüber der Horizontalen
$\vartheta_1 = \vartheta_2 \approx 49{,}5°$

## 5.14 Einaxiale Druckfestigkeit

Die Ermittlung einaxialer Druckfestigkeiten wird vorwiegend im Erd- und Grundbau angewendet. Einaxiale Druckversuche werden mit zylindrischen oder gleich schlanken prismatischen Probekörpern bei unbehinderter Seitendehnung und konstanter Stauchungsgeschwindigkeit durchgeführt. Die Probekörperhöhe beträgt das 2- bis 2,5-fache des Durchmessers bzw. der Kantenlänge des Probekörpers; Kantenlängen bzw. Durchmesser sollten mindestens die Größe 36 mm aufweisen, entsprechende Richtwerte sind 36 mm, 50 mm, 70 mm, 100 mm und 150 mm. Die Ergebnisse dienen zur Abschätzung der Last-Verformungs-Beziehungen von Lockergesteinen oder auch von Fels.

### 5.14.1 DIN-Norm

Zur Bestimmung der einaxialen Druckfestigkeit sind in
– DIN 18136 [79]

Empfehlungen enthalten. Diese betreffen u. a. die für die Versuche einzusetzenden Geräte sowie die Versuchsdurchführung und -auswertung. Als Anwendungsbeispiel dient ein Versuch mit Ton.

### 5.14.2 Definitionen

*Stauchung* $\varepsilon$ (in %) Quotient aus der Änderung $\Delta h$ der Höhe und der Anfangshöhe $h_a$ des Probekörpers (Hinweis: in DIN 18135 [78] wird statt $\varepsilon$ die Bezeichnung $s'$ verwendet; vgl. Abschnitt 5.12.3)

$$\varepsilon = \frac{\Delta h}{h_a} \qquad \text{Gl. 5-146}$$

*Maßgeblicher Querschnitt* $A$ (in mm²) Verhältnis vom Probenanfangsvolumen $V_a$ (in mm³) und der sich bei der jeweiligen axialen Prüfkraft $F$ (in N) ergebenden Probenhöhe $h$ (in mm)

$$A = \frac{V_a}{h} \qquad \text{Gl. 5-147}$$

Für die Versuchsauswertung wird die Gleichung

$$A = \frac{V_a}{h} = \frac{A_a}{1-\varepsilon} \qquad \text{Gl. 5-148}$$

verwendet, in der $A_a$ den Probekörperquerschnitt bei Versuchsbeginn darstellt.

*Einaxiale Druckspannung* σ (in N/mm² bzw. MN/m²) Verhältnis aus axialer Prüfkraft $F$ und dem zuzuordnenden maßgeblichen Querschnitt

$$\sigma = \frac{F}{A}$$
Gl. 5-149

Höchstwert der einaxialen Druckspannung mit

$$q_u = \max \sigma$$
Gl. 5-150

bzw. die bei der Stauchung $\varepsilon = 20\,\%$ vorhandene einaxiale Druckspannung für den Fall, dass sich bis zum Erreichen dieser Stauchung kein Druckspannungshöchstwert ergeben hat

$$q_u = \sigma_{0,2}$$
Gl. 5-151

### 5.14.3 Druck-Stauchungs-Diagramm

Der einaxiale Druckversuch wird gemäß DIN 18136 an Probekörpern durchgeführt, die entweder aus Proben der Güteklasse 1 oder 2 gemäß DIN EN ISO 22475-1 [128] bzw. DIN EN 1997-2 [103] oder aus aufbereitetem Material stammen. Der jeweilige Probekörper wird dabei in einer Werkstoffprüfmaschine axial mit einer Verformungsgeschwindigkeit gestaucht, die in der Regel 1 % der Anfangshöhe $h_a$ des Probekörpers pro Minute beträgt. Da das Probenmaterial über die Druckplatten der Prüfmaschine nicht entwässern kann, entspricht der Versuch in etwa einem UU-Versuch ohne Zelldruck.

Während der Versuchsdurchführung werden die Prüfkraft $F$ und die Änderung $\Delta h$ der Probenkörperhöhe gemessen. Mit ihnen und der Anfangshöhe $h_a$ ergibt sich die Stauchung $\varepsilon$ gemäß Gl. 5-146 und die zu $F$ gehörende Höhe $h = h_a - \Delta h$, aus der sich mit Hilfe von Gl. 5-148 der maßgebliche Querschnitt $A$ und mit Gl. 5-149 die einaxiale Druckspannung $\sigma$ berechnen lassen. Die zu der einaxialen Druckfestigkeit $q_u$ gehörende Stauchung $\varepsilon_u$ ist die „Bruchstauchung" (Bild 5-62).

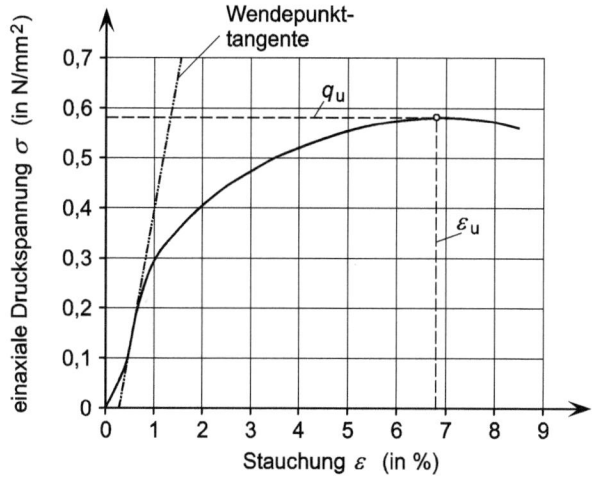

**Bild 5-62** Druck-Stauchungs-Diagramm eines Tons (nach DIN 18136, Bild 1)

Mit den zu den verschiedenen $F$-Werten gehörenden Größen $\sigma$ und $\varepsilon$ lässt sich ein Druck-Stauchungs-Diagramm darstellen, wie es für einen untersuchten Ton mit dem Wassergehalt $w = 22,3\%$ in Bild 5-62 gezeigt ist.

Da das Versuchsergebnis stark vom Wassergehalt $w$ beeinflusst wird, ist auf ein zügiges Herstellen des Probekörpers und sein danach unverzüglich erfolgendes Abdrücken zu achten. Am Ende des Versuchs ist der Wassergehalt an einem möglichst großen Stück des Probekörpers zu ermitteln.

Anhand der Versuchsergebnisse können Tangentenmodule

$$E = \frac{d\sigma}{d\varepsilon} \qquad \text{Gl. 5-152}$$

definiert werden (vgl. Abschnitt 5.12.5 und [172], Kapitel 1.3), wie z. B. der zur maximalen Tangentenneigung der Druck-Stauchungs-Linie gehörende Modul

$$E_u = \max \frac{d\sigma}{d\varepsilon} \qquad \text{Gl. 5-153}$$

der als „Modul des einaxialen Druckversuchs" bezeichnet wird. Ermittelbar sind auch andere Module wie etwa Sekantenmodule

$$E = \frac{\Delta\sigma}{\Delta\varepsilon} \qquad \text{Gl. 5-154}$$

Die aus dem Druck-Stauchungs-Diagramm ablesbare einaxiale Druckfestigkeit $q_u$ wird von *Fecker* [152] als Anhaltspunkt zur Unterscheidung zwischen Lockergesteinen (Boden) und Festgesteinen (Fels) herangezogen (Tabelle 5-32).

**Tabelle 5-32**  Grenzen zwischen Locker- und Festgestein (nach *Fecker* [152])

| Materialtyp | Boden | Schwach verfestigtes Gestein | Festgestein |
|---|---|---|---|
| einaxiale Druckfestigkeit $q_u$ | < 1 MN/m² | 1 MN/m² bis 10 MN/m² | > 10 MN/m² |

Auf mittlere charakteristische Werte $q_{u,k}$ wird auch in DIN 1054 Bezug genommen. Sie werden in den Tabellen A 6.6 bis A 6.8 von DIN 1054, A 6.10.3.1 (entsprechen Tabelle 8-4) als Voraussetzung für die Benutzung der dort angegebenen ansetzbaren Sohlwiderstände $\sigma_{R,d}$ verwendet. Siehe hierzu auch Abschnitt 8.3.2 sowie DIN 1054, A 6.10.3.1 A (4).

## 5.15 Charakteristische Werte von Bodenkenngrößen

### 5.15.1 Forderungen von DIN EN 1997-1 und DIN 1054

Die für Berechnungen gemäß DIN EN 1997-1 [100], DIN EN 1997-1/NA [102] und DIN 1054 [20] benötigten charakteristischen Werte von Bodenkenngrößen werden nach DIN EN 1997-1, 2.4.5.2 auf der Basis von Baugrundaufschlüssen sowie Labor- und Feldversuchen gewonnen. Ergänzt durch vergleichbare Erfahrungen (von früheren Projekten) sind die Werte zahlenmäßig als vorsichtige Schätzung der Kenngrößen festzulegen, die im Grenzzustand wirken (vgl. Bild 7-1). Mit ihnen durchgeführte Berechnungen müssen zu Ergebnissen führen, die auf der sicheren Seite liegen.

Zu beachten ist, dass der für das Verhalten des Bauwerks maßgebende Baugrundbereich in nahezu allen Fällen wesentlich größer ist als ein Versuchskörper bzw. der durch einen Feldversuch erfasste Bodenbereich. Dies führt dazu, dass sich die jeweilige Kenngröße in der Regel durch Mittlung von entsprechenden Zahlenwerten ergibt, die über eine große Fläche oder ein großes Volumen des Baugrunds gewonnen wurden. Der charakteristische Wert ist dann als vorsichtiger Schätzwert dieses Mittelwertes festzulegen. In Fällen, in denen für die Kenngrößenermittlung statistische Verfahren benutzt werden, sollte der charakteristische Wert so abgeleitet werden, dass für den zu betrachtenden Grenzzustand die rechnerische Wahrscheinlichkeit für einen ungünstigeren Wert nicht größer ist als 5 %.

Bei jedem Berechnungsnachweis muss die jeweils ungünstigste Kombination von voneinander unabhängigen Kenngrößen angewendet werden. Dazu sind obere und untere charakteristische Werte der entsprechenden Bodenkenngrößen festzulegen, aus denen dann Kombinationen von oberen und unteren Werten zusammenzustellen sind. Anzusetzen sind die Kombinationen, die sich für die mit ihnen durchgeführten Berechnungen als die ungünstigsten erweisen.

Hinsichtlich der Bodenkenngrößen für die Wichte und die Scherfestigkeit von Böden wird in DIN 1054, 3.3.3 A (4) und 3.3.6 A (11) darauf hingewiesen, dass diesbezügliche Erfahrungswerte aus DIN 1055-2 [25] zur Bearbeitung einfacher Aufgabenstellungen (z. B. die Ermittlung von Einwirkungen infolge von Eigenlasten des Bodens oder von Erddruck) verwendet werden dürfen.

Nach [21], 5.3.1 (5) ist es zulässig, Bodenkenngrößen von früheren Bodenuntersuchungen zu übernehmen, wenn aus örtlicher Erfahrung ausreichend bekannt ist, dass die jeweils vorliegenden Untergrundverhältnisse gleichartig sind (siehe auch DIN EN 1997-1, 2.4.3 (5) und DIN 1054, 2.8 A (3b)).

Insbesondere für den Fall der Übernahme von Kenngrößen aus früheren Baugrunduntersuchungen und bei der Festlegung der Bodenbereiche, für die Variationskoeffizienten ermittelt werden sollen, verlangt *Gudehus* in seinem Beitrag in [236] die unbedingte Hinzuziehung eines Sachverständigen für Geotechnik (siehe auch Abschnitt 3.3).

Zur Problematik der Ermittlung von charakteristischen Werten sei auch auf den Beitrag von *Baudin* in [171], Kapitel 1.2 hingewiesen.

### 5.15.2 Werte gemäß DIN 1055-2

In DIN 1055-2 [25] werden für nichtbindige und bindige Böden Erfahrungswerte für Wichten und Scherfestigkeiten angegeben, die, gemäß Abschnitt 1 dieser Norm, zur Ermittlung von Einwirkungen auf Tragwerke infolge der Eigenlast des Bodens oder von Erddruck verwendet werden dürfen, sofern diese baulichen Anlagen

– in die Geotechnische Kategorie 1 einzustufen sind,
– Gründungstiefen $\leq 3$ m unter Geländeoberfläche aufweisen,
– in keinem Geschoss mit Personenaufenthalt eine Fußbodenoberkante haben, die im Mittel > 7 m über der Geländeoberfläche liegt.

Dies gilt auch für vergleichbare andere bauliche Anlagen mit einer Gründungstiefe von $\leq 3$ m unter Geländeoberfläche sowie für deren Baugruben. Bezüglich weiterer Bedingungen siehe DIN 1055-2, 1 [25].

Erfahrungswerte für Wichte und Scherfestigkeit nichtbindiger Böden können Tabelle 5-33 und Tabelle 5-34 entnommen werden (siehe auch DIN 1054, 3.3.3 A (4) und 3.3.6 A (11)). Nach DIN 1055-2, 3.1 gilt, dass diese Werte

– als charakteristische Werte verwendet werden dürfen, wenn sich die Böden in Hinblick auf Korngrößenverteilung, Ungleichförmigkeitszahl und Lagerungsdichte einstufen lassen,
– sowohl für gewachsene als auch für geschüttete und gegebenenfalls verdichtete Böden gelten.

Nicht zulässig ist die Verwendung der Tabellenwerte
– bei Böden mit porösem Korn (z. B. Bimskies und Tuffsand),
– wenn bei wassergesättigten Feinsandböden ein örtlicher Druckhöhenunterschied entsteht und der Boden dadurch Fließeigenschaften annimmt (siehe auch DIN 1054, 2.4.5.2 A (2) und [21], 5.3.2 (7)),
– wenn sich der Boden nicht ausreichend duktil verhält (siehe auch [21], 5.3.2 (8)),
– wenn in Ausnahmefällen, insbesondere bei Zwängung, die Einwirkungen auf das Tragwerk unter Berücksichtigung des oberen charakteristischen Wertes der Scherfestigkeit angesetzt werden müssen.

**Tabelle 5-33** Erfahrungswerte der Wichte nichtbindiger Böden (nach DIN 1055-2, Tabelle 1 [25])

| Bodenart | Kurzzeichen nach DIN 18196 | Lagerungs- dichte | Wichte | | |
|---|---|---|---|---|---|
| | | | erdfeucht $\gamma_k$ in kN/m$^3$ | gesättigt $\gamma_{r,k}$ in kN/m$^3$ | unter Auftrieb $\gamma'_k$ in kN/m$^3$ |
| Kies, Sand eng gestuft | GE, SE mit $C_U < 6$ | locker | 16,0 | 18,5 | 8,5 |
| | | mitteldicht | 17,0 | 19,5 | 9,5 |
| | | dicht | 18,0 | 20,5 | 10,5 |
| Kies, Sand weit oder intermittie- rend gestuft | GW, GI, SW, SI mit $6 \leq C_U \leq 15$ | locker | 16,5 | 19,0 | 9,0 |
| | | mitteldicht | 18,0 | 20,5 | 10,5 |
| | | dicht | 19,5 | 22,0 | 12,0 |
| Kies, Kiessand, Sand weit oder intermittie- rend gestuft | GW, GI, SW, SI mit $C_U > 15$ | locker | 17,0 | 19,5 | 9,5 |
| | | mitteldicht | 19,0 | 21,5 | 11,5 |
| | | dicht | 21,0 | 22,5 | 13,5 |

Die Lagerungsdichte kann in Abhängigkeit gesetzt werden vom nach DIN EN ISO 22476-1 [129] oder DIN EN ISO 22476-12 [136] ermittelten Spitzenwiderstand $q_c$ von Drucksonden oder vom nach DIN 4094-2 [52] oder DIN EN ISO 22476-3 [131] und DIN EN ISO 22476-2 [130] ermittelten Eindringwiderstand von Rammsonden (siehe auch DIN EN 1997-2, Anhang G.1). Näherungsweise dürfen in Anlehnung an die Tabellen A.7 und A.8 von [21] die Zuordnungen von Lagerungsdichte und Spitzenwiderstand $q_c$ (MN/m$^2$)

– lockere Lagerung    $5,0 \leq q_c < 7,5$,
– mitteldichte Lagerung    $7,5 \leq q_c < 15,0$,
– dichte Lagerung    $15,0 \leq q_c < 25,0$

verwendet werden. Bezüglich weiterer Möglichkeiten zur Bestimmung der Lagerungsdichte siehe DIN 1055-2, 3.1.

**Tabelle 5-34** Erfahrungswerte für die Scherfestigkeit (Reibungswinkel) nichtbindiger Böden (nach DIN 1055-2, Tabelle 2 [25])

| Bodenart | Kurzzeichen nach DIN 18196 | Lagerungsdichte | Reibungswinkel $\varphi_k$ in ° |
|---|---|---|---|
| Kies, Sand eng, weit oder intermittierend gestuft | GE, GW, GI SE, SW, SI | locker mitteldicht dicht | 30,0 32,5 35,0 |

Anmerkungen zur Lagerungsdichte wie in Tabelle 5-33.

Bei der Verwendung der Tabellenwerte für nichtbindige Böden ist darauf zu achten, dass
– die in Tabelle 5-33 angegebenen Erfahrungswerte der charakteristischen Wichten $\gamma_k$, $\gamma_{r,k}$ und $\gamma'_k$ Mittelwerte mit Abweichungen von
  • $\Delta \gamma_k = \pm 1{,}0$ kN/m³ bei erdfeuchtem bzw. über dem Grundwasserspiegel liegendem Boden,
  • $\Delta \gamma_{r,k} = \Delta \gamma'_k = \pm 0{,}5$ kN/m³ bei wassergesättigtem bzw. unter Auftrieb stehendem Boden
  darstellen, was dazu führt, dass sich obere und untere Wichte-Werte aus den Tabellenwerten zuzüglich bzw. abzüglich der angegebenen möglichen Abweichungen ergeben,
– die in Tabelle 5-34 angegebenen Erfahrungswerte der Scherparameter $\varphi'_k$ (Reibungswinkel) für runde und abgerundete Kornformen gelten und um 2,5° erhöht werden dürfen, wenn die Körner überwiegend von kantiger Form sind.

Weitere Hinweise zu den Erfahrungswerten nichtbindiger Böden sind DIN 1055-2, 3 [25] zu entnehmen.

Für bindige Böden geltende Erfahrungswerte für Wichte und Scherfestigkeit sind in Tabelle 5-35 angegeben. Nach DIN 1055-2, 4.1 und 4.2 gilt, dass diese Werte
– als charakteristische Werte verwendet werden dürfen, wenn die Böden sich in Hinblick auf ihre Plastizität in die Bodengruppen nach DIN 18196 [83] einstufen lassen und nach ihrer Zustandsform (Konsistenz) unterschieden werden können,
– für gewachsene Böden gelten (für geschüttete Böden gelten sie, wenn für diese ein Verdichtungsgrad von $D_{Pr} \geq 0{,}97$ nachgewiesen werden kann).

Bei Böden mit besonders großer Ungleichförmigkeit (z. B. Geschiebemergel und Geschiebelehm), deren Korngrößen von Kies oder Sand bis zu Schluff oder Ton reichen, sind die Tabellenwerte für die Wichten, nach der Einordnung der Böden entsprechend ihrer Plastizität und ihrer Zustandsform, um 1,0 kN/m³ zu erhöhen.

Nicht zulässig ist die Verwendung der Werte aus Tabelle 5-35 (vgl. DIN 1055-2, 4.1 und 4.3)
– bei gemischtkörnigen Böden mit einem großen Anteil an Korn > 0,4 mm, bei denen die Feinkornart die zuverlässige Bestimmung der Plastizität bzw. der Zustandsform verhindert (z. B. sandiger Geschiebemergel),
– wenn sich der Boden nicht ausreichend duktil verhält (siehe auch [21], 5.3.2 (8)),
– wenn in Ausnahmefällen, insbesondere bei Zwängungen, die Einwirkungen auf das Tragwerk unter Berücksichtigung des oberen charakteristischen Wertes der Scherfestigkeit angesetzt werden müssen.

Nicht zulässig ist die Verwendung der Scherfestigkeitswerte der Tabelle 5-35
– wenn das Verhalten der gesamten Bodenmasse durch Haarrisse, Harnische, Klüfte oder Einlagerungen schwach bindiger bzw. nichtbindiger Böden beeinträchtigt werden kann,

- bei Böden, in denen möglicherweise durch Verwerfungen oder geneigte Schichtfugen bestimmte Gleitflächen vorgegeben sind, die zu Rutschungen führen können (z. B. bei Opalinuston, Knollenmergel und Tarras),
- wenn bei feinkörnigen Böden wegen unvermeidlich großer Scherwege die Restscherfestigkeit maßgebend werden kann (z. B. bei Kaolinton und bei Böden mit maßgeblichem Anteil an quellfähigen Tonmineralien wie bei Montmorillonit).

Die Verwendung der Kohäsionsparameter $c'$ für konsolidierten bzw. dränierten Boden und $c_u$ für undränierten Boden ist nur zulässig, wenn der Boden eine mindestens weiche Konsistenz besitzt und außerdem verhindert wird, dass sich diese Zustandsform ungünstig ändert (siehe auch [21], 5.3.2 (2)).

Bei der Verwendung der Tabellenwerte für nichtbindige Böden ist darauf zu achten, dass
- die in Tabelle 5-33 angegebenen Erfahrungswerte der charakteristischen Wichten $\gamma_k$, $\gamma_{r,k}$ und $\gamma'_k$ Mittelwerte mit Abweichungen von
  - $\Delta \gamma_k = \pm 1{,}0$ kN/m$^3$ bei erdfeuchtem bzw. über dem Grundwasserspiegel liegendem Boden,
  - $\Delta \gamma_{r,k} = \Delta \gamma'_k = \pm 0{,}5$ kN/m$^3$ bei wassergesättigtem bzw. unter Auftrieb stehendem Boden
  
  darstellen, was dazu führt, dass sich obere und untere Wichte-Werte aus den Tabellenwerten zuzüglich bzw. abzüglich der angegebenen möglichen Abweichungen ergeben,
- die in Tabelle 5-34 angegebenen Erfahrungswerte der Scherparameter $\varphi'_k$ (Reibungswinkel) für runde und abgerundete Kornformen gelten und um 2,5° erhöht werden dürfen, wenn die Körner überwiegend von kantiger Form sind.

Weitere Hinweise zu den Erfahrungswerten nichtbindiger Böden sind DIN 1055-2, 3 [25] zu entnehmen.

**Tabelle 5-35** Erfahrungswerte der Wichte und der Scherfestigkeit bindiger Böden (nach DIN 1055-2, Tabellen 3 und 4 [25])

| Bodenart | Kurzzeichen nach DIN 18196 | Zustandsform | Wichte erdfeucht $\gamma_k$ in kN/m³ | Wichte gesättigt $\gamma_{r,k}$ in kN/m³ | Wichte unter Auftrieb $\gamma'_k$ in kN/m³ | Reibung $\varphi'_k$ in ° | Kohäsion $c'_k$ in kN/m³ | $c_{u,k}$ in kN/m³ |
|---|---|---|---|---|---|---|---|---|
| **Schluffböden** | | | | | | | | |
| leicht plastische Schluffe ($w_L < 35\%$) | UL | weich | 17,5 | 19,0 | 9,0 | 27,5 | 0 | 0 |
| | | steif | 18,5 | 20,0 | 10,0 | | 2 | 15 |
| | | halbfest | 19,5 | 21,0 | 11,0 | | 5 | 40 |
| mittelplastische Schluffe ($35\% \leq w_L \leq 50\%$) | UM | weich | 16,5 | 18,5 | 8,5 | 22,5 | 0 | 5 |
| | | steif | 18,0 | 19,5 | 9,5 | | 5 | 25 |
| | | halbfest | 19,5 | 20,5 | 10,5 | | 10 | 60 |
| **Tonböden** | | | | | | | | |
| leicht plastische Tone ($w_L < 35\%$) | TL | weich | 19,0 | 19,0 | 9,0 | 22,5 | 0 | 0 |
| | | steif | 20,0 | 20,0 | 10,0 | | 5 | 15 |
| | | halbfest | 21,0 | 21,0 | 11,0 | | 10 | 40 |
| mittelplastische Tone ($50\% \geq w_L \geq 35\%$) | TM | weich | 18,5 | 18,5 | 8,5 | 17,5 | 5 | 5 |
| | | steif | 19,5 | 19,5 | 9,5 | | 10 | 25 |
| | | halbfest | 20,5 | 20,5 | 10,5 | | 15 | 60 |
| ausgeprägt plastische Tone ($w_L > 50\%$) | TA | weich | 17,5 | 17,5 | 7,5 | 15,0 | 5 | 15 |
| | | steif | 18,5 | 18,5 | 8,5 | | 10 | 35 |
| | | halbfest | 19,5 | 19,5 | 9,5 | | 15 | 75 |

Die Einstufung der Böden hinsichtlich ihrer Plastizität entweder mit der nach DIN 18122-1 [65] bestimmten Fließ- und Ausrollgrenze oder mit Handversuchen gemäß DIN EN ISO 14688-1 [119] (Näheres siehe DIN 1055-2, 4.1) vorgenommen werden.

Die Einstufung der Böden bezüglich ihrer Zustandsform (Konsistenz) darf entweder mit der nach DIN 18122-1 [65] bestimmten Fließ- und Ausrollgrenze sowie dem Wassergehalt nach DIN 18121-1 [63] und DIN 18121-2 [64] oder mit Handversuchen gemäß DIN EN ISO 14688-1, 5.14 [119] (Näheres siehe DIN 1055-2, 4.1) vorgenommen werden.

# 6 Spannungen und Verzerrungen

Wie insbesondere aus den Abschnitten 5.12 und 5.13 hervorgeht, verursachen Belastungen im Baugrund Spannungen und Verzerrungen. Die Beziehung zwischen beiden Größen wird „Stoffgesetz" genannt.

## 6.1 Darstellungen

### 6.1.1 Koordinatensysteme

Spannungen werden in der Geotechnik vorwiegend in kartesischen Koordinaten, bei radialsymmetrischen Problemstellungen aber auch in Zylinderkoordinaten dargestellt bzw. angegeben.

Die im Baugrund auftretenden Spannungen haben dann positive Vorzeichen, wenn ihr Richtungssinn mit dem der Spannungen in den Positivbildern (alle eingezeichneten Spannungsgrößen haben positive Vorzeichen) von Bild 6-1 übereinstimmt. Dieser positive Richtungssinn stimmt mit der Vorzeichenregelung von [26] überein. Bezogen auf die in der Bodenmechanik meist benutzten Vorzeichenregeln (Druck ist positiv usw.), handelt es sich bei den Darstellungen um Negativbilder.

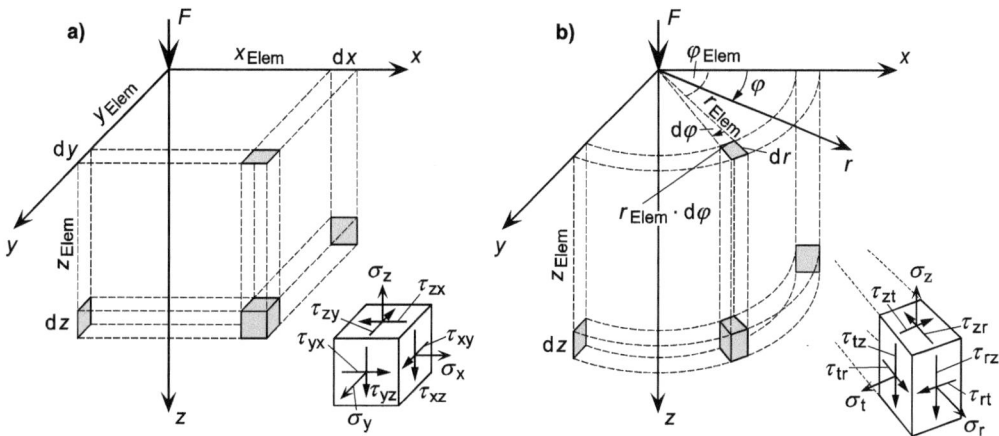

**Bild 6-1** Spannungen im Baugrund (Positivbilder gemäß [26])
a) kartesische Koordinaten, b) Zylinderkoordinaten

Für die Beziehungen zwischen den kartesischen Koordinaten und Zylinderkoordinaten gelten die aus der Mathematik bekannten Transformationsgleichungen. Mit den Koordinaten eines beliebigen Punkts (Bild 6-2 stellt das Positivbild für den Punkt P dar; alle Koordinatenwerte haben positive Vorzeichen) erfolgt die Transformation von den Zylinderkoordinaten $r$, $\varphi$ und $z$ in die kartesischen Koordinaten $x$, $y$ und $z$ mit Hilfe von

$$\begin{aligned} x &= r \cdot \cos\phi \\ y &= r \cdot \sin\phi \\ z &= z \end{aligned} \qquad \text{Gl. 6-1}$$

Zur Transformation von kartesischen Koordinaten in Zylinderkoordinaten dienen die Beziehungen

$$r = \sqrt{x^2 + y^2}$$

$$\phi = \arctan\frac{y}{x} = \arcsin\frac{y}{r} \qquad \text{Gl. 6-2}$$

$$z = z$$

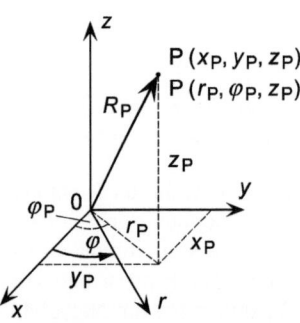

**Bild 6-2** Kartesische Koordinaten und Zylinderkoordinaten von Punkt P

Die Normal- und Schubspannungen rufen an den Bodenelementen Verzerrungen hervor, wie sie in Bild 6-3 für zwei ebene Fälle dargestellt sind. Während die Normalspannungen $\sigma$ das Volumen der Bodenelemente in der Regel verändern (Ausnahme: inkompressibles Material), bewirken die Schubspannungen $\tau$ eine volumenneutrale Formänderung der Bodenelemente. Mit den Bezeichnungen aus Bild 6-3 ergeben sich für die durch die Normalspannung $\sigma_z$ bewirkten Dehnungen $\varepsilon_x$ (Querdehnung, in der Literatur auch als „Querkontraktion" bezeichnet) und $\varepsilon_z$ (Längsdehnung) die Beziehungen

$$\varepsilon_x = -\frac{\Delta x_l + \Delta x_r}{x_E}$$

$$\varepsilon_z = +\frac{\Delta z_o + \Delta z_u}{z_E} \qquad \text{Gl. 6-3}$$

Das negative Vorzeichen der Dehnung $\varepsilon_x$ ergibt sich durch die Querschnittsverkürzung, analog dazu gehört zur Dehnung $\varepsilon_z$ ein positives Vorzeichen. Entsprechende Betrachtungen können auch für die Dehnung $\varepsilon_y$ durchgeführt werden.

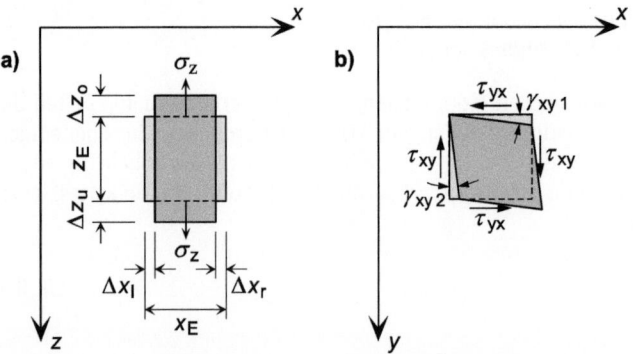

**Bild 6-3** Verzerrungen (in kartesischen Koordinaten)
a) Dehnungen, b) Winkelverzerrungen

Mit der Längs- und Querdehnung gemäß Bild 6-3 und Gl. 6-3 kann die Gleichung der Querdehnzahl (in der Literatur auch als „Querkontraktionszahl" bezeichnet) angegeben werden durch (siehe auch Tabelle 6-4)

$$v = \frac{-\varepsilon_x}{\varepsilon_z} \quad \text{mit} \quad 0 \leq v \leq 0{,}5 \qquad \text{Gl. 6-4}$$

Der vollständige Winkel der „Gleitung" (Winkelverzerrung), der sich infolge der Schubspannungen $\tau_{xy}$ und $\tau_{yx}$ einstellt (Bild 6-3), beträgt

$$\gamma_{xy} = \gamma_{xy1} + \gamma_{xy2} = 2 \cdot \varepsilon_{xy} \qquad \text{Gl. 6-5}$$

Analoge Darstellungen gelten auch für die $x, y$-Ebene und die $y, z$-Ebene.

In der Literatur wird manchmal statt der Querdehnzahl $v$ die *Poisson*-Zahl $m$ verwendet. Für beide gilt

$$m = \frac{1}{v} \qquad \text{Gl. 6-6}$$

### 6.1.2 Spannungs- und Deformationszustände

Die Spannungs- und Verformungszustände werden häufig in Tensorform angegeben. Die folgenden Darstellungen gelten für kartesische $x, y, z$-Koordinaten und beschränken sich auf die Angabe der Tensorkoordinaten in Matrizenform (siehe z. B. *Gummert/Reckling* [183]).

Die vollständige dreidimensionale Koordinatenmatrix **S** des Spannungstensors und die entsprechende Koordinatenmatrix **D** des geometrisch linearisierten Deformationstensors (infinitesimaler Verzerrungstensor) haben die Form (vgl. *Gummert/Reckling* [183])

$$S = \begin{pmatrix} \sigma_x & \tau_{xy} & \tau_{xz} \\ \tau_{yx} & \sigma_y & \tau_{yz} \\ \tau_{zx} & \tau_{zy} & \sigma_z \end{pmatrix} \quad D = \begin{pmatrix} \varepsilon_x & \varepsilon_{xy} & \varepsilon_{xz} \\ \varepsilon_{yx} & \varepsilon_y & \varepsilon_{yz} \\ \varepsilon_{zx} & \varepsilon_{zy} & \varepsilon_z \end{pmatrix} = \frac{1}{2} \cdot \begin{pmatrix} 2\cdot\varepsilon_x & \gamma_{xy} & \gamma_{xz} \\ \gamma_{yx} & 2\cdot\varepsilon_y & \gamma_{yz} \\ \gamma_{zx} & \gamma_{zy} & 2\cdot\varepsilon_z \end{pmatrix} \qquad \text{Gl. 6-7}$$

Zu geometrisch linearen Problemstellungen sowie homogenem, isotropem und sich linear verhaltendem elastischem Material (*Hooke*'sches Material) gehören symmetrische Spannungs- und Deformationstensoren, d. h., es gelten

$$\tau_{xy} = \tau_{yx}, \ \tau_{xz} = \tau_{zx}, \ \tau_{yz} = \tau_{zy} \quad \text{und}$$
$$\varepsilon_{xy} = \varepsilon_{yx}, \ \varepsilon_{xz} = \varepsilon_{zx}, \ \varepsilon_{yz} = \varepsilon_{zy} \quad \text{bzw.} \quad \gamma_{xy} = \gamma_{yx}, \ \gamma_{xz} = \gamma_{zx}, \ \gamma_{yz} = \gamma_{zy} \qquad \text{Gl. 6-8}$$

Jeder der Tensoren aus Gl. 6-7 besitzt in diesen Fällen jeweils sechs unterschiedliche Größen, die häufig auch in Vektorform dargestellt werden. Gebräuchliche Besetzungen dieser Spannungs- und Verzerrungsvektoren sind z. B.

$$\sigma = \begin{Bmatrix} \sigma_x \\ \sigma_y \\ \sigma_z \\ \tau_{xy} \\ \tau_{xz} \\ \tau_{yz} \end{Bmatrix} \qquad \sigma = \begin{Bmatrix} \sigma_x \\ \tau_{xy} \\ \tau_{xz} \\ \sigma_y \\ \tau_{yz} \\ \sigma_z \end{Bmatrix} \qquad \varepsilon = \begin{Bmatrix} \varepsilon_x \\ \varepsilon_y \\ \varepsilon_z \\ \gamma_{xy} \\ \gamma_{xz} \\ \gamma_{yz} \end{Bmatrix} \qquad \varepsilon = \begin{Bmatrix} \varepsilon_x \\ \varepsilon_y \\ \varepsilon_z \\ \varepsilon_{xy} \\ \varepsilon_{xz} \\ \varepsilon_{yz} \end{Bmatrix}$$ Gl. 6-9

### 6.1.3 Spannungstransformation in kartesischen Koordinatensystemen

Wird ein Spannungszustand sowohl in dem kartesischen $x, y, z$-Koordinatensystem als auch in dem kartesischen $u, v, z$-Koordinatensystem in Form von

$$\sigma_1^t = \{\sigma_x, \sigma_y, \sigma_z, \tau_{xy}, \tau_{xz}, \tau_{yz}\} \quad \text{und} \quad \sigma_2^t = \{\sigma_u, \sigma_v, \sigma_z, \tau_{uv}, \tau_{uz}, \tau_{vz}\}$$ Gl. 6-10

angegeben (Vektordarstellung in transponierter Form), und kann das $x, y, z$-System durch eine Drehung $\varphi$ um die $z$-Achse in das $u, v, z$-System überführt werden (Bild 6-4), gilt mit der zu dieser Drehung gehörenden Transformationsmatrix

$$\mathbf{T} = \begin{bmatrix} \cos^2\phi & \sin^2\phi & 0 & 2\cdot\sin\phi\cdot\cos\phi & 0 & 0 \\ \sin^2\phi & \cos^2\phi & 0 & -2\cdot\sin\phi\cdot\cos\phi & 0 & 0 \\ 0 & 0 & 1 & 0 & 0 & 0 \\ -\sin\phi\cdot\cos\phi & \sin\phi\cdot\cos\phi & 0 & \cos^2\phi-\sin^2\phi & 0 & 0 \\ 0 & 0 & 0 & 0 & \cos\phi & -\sin\phi \\ 0 & 0 & 0 & 0 & \sin\phi & \cos\phi \end{bmatrix}$$ Gl. 6-11

als Beziehung zwischen den beiden Vektoren

$$\sigma_2 = \begin{Bmatrix} \sigma_u \\ \sigma_v \\ \sigma_z \\ \tau_{uv} \\ \tau_{uz} \\ \tau_{vz} \end{Bmatrix} = \mathbf{T}\cdot\sigma_1 = \mathbf{T}\cdot\begin{Bmatrix} \sigma_x \\ \sigma_y \\ \sigma_z \\ \tau_{xy} \\ \tau_{xz} \\ \tau_{yz} \end{Bmatrix}$$ Gl. 6-12

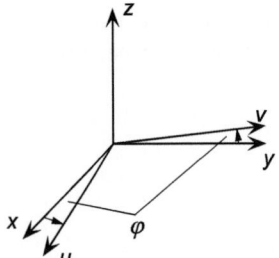

**Bild 6-4** Zuordnung von zwei kartesischen Koordinatensystemen

Zum besseren Verständnis wird im Folgenden auf die Projektionen der in der $x, z$-Ebene wirkenden Spannungen $\sigma_y$ und $\tau_{yx}$ und der in der $y, z$-Ebene wirkenden Spannungen $\sigma_x$ und $\tau_{xy}$ auf die $v, z$-Ebene eingegangen.

Für die Herleitung wird angenommen, dass die Spannungen $\sigma_y$ und $\tau_{yx}$ auf einer Fläche der Größe $dz \cdot dv \cdot \sin\varphi$, die Spannungen $\sigma_x$ und $\tau_{xy}$ auf einer Fläche der Größe $dz \cdot dv \cdot \cos\varphi$ und die Spannungen $\sigma_u$ und $\tau_{uv}$ auf einer Fläche der Größe $dz \cdot dv$ wirken und dass diese Flächen gemäß Bild 6-5 angeordnet sind. In diesem Fall führt die in Bild 6-5 dargestellte vektorielle Zerlegung von $\sigma_x$, $\tau_{xy}$, $\sigma_y$ und $\tau_{yx}$ und die danach folgende Transformation der dabei gewonnenen Spannungskomponenten auf die Normalspannung $\sigma_u$ zu der statisch äquivalenten Beziehung

$$\sigma_u \cdot dv \cdot dz = \sigma_x \cdot \cos\phi \cdot dv \cdot \cos\phi \cdot dz + \sigma_y \cdot \sin\phi \cdot dv \cdot \sin\phi \cdot dz +$$
$$\tau_{xy} \cdot \sin\phi \cdot dv \cdot \cos\phi \cdot dz + \tau_{yx} \cdot \cos\phi \cdot dv \cdot \sin\phi \cdot dz$$

Gl. 6-13

die den Ausdruck

$$\sigma_u = \sigma_x \cdot \cos^2\phi + \sigma_y \cdot \sin^2\phi + \tau_{xy} \cdot \sin\phi \cdot \cos\phi + \tau_{yx} \cdot \sin\phi \cdot \cos\phi$$

Gl. 6-14

liefert, aus dem sich die entsprechenden Elemente der Transformationsmatrix **T** der Gl. 6-11 ablesen lassen.

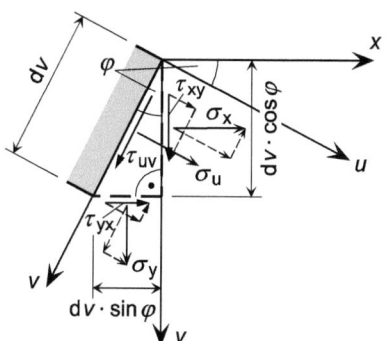

**Bild 6-5** Spannungen in zwei kartesischen Koordinatensystemen

In Analogie hierzu ergibt sich für die Schubspannung $\tau_{uv}$ die Beziehung

$$\tau_{uv} \cdot dv \cdot dz = \sigma_y \cdot \cos\phi \cdot dv \cdot \sin\phi \cdot dz - \sigma_x \cdot \sin\phi \cdot dv \cdot \cos\phi \cdot dz +$$
$$\tau_{xy} \cdot \cos\phi \cdot dv \cdot \cos\phi \cdot dz - \tau_{yx} \cdot \sin\phi \cdot dv \cdot \sin\phi \cdot dz$$

Gl. 6-15

und mit $\tau_{yx} = \tau_{xy}$ der Ausdruck

$$\tau_{uv} = -\sigma_x \cdot \sin\phi \cdot \cos\phi + \sigma_y \cdot \cos\phi \cdot \sin\phi + \tau_{xy} \cdot (\cos^2\phi - \sin^2\phi)$$

Gl. 6-16

## 6.2 Sonderfälle

In Abhängigkeit von der Lage des Koordinatensystems sind Sonderfälle zu unterscheiden, die bei der mathematischen Beschreibung der jeweiligen Problemstellung zu erheblichen Vereinfachungen führen können. Im Folgenden wird auf einige dieser Spezialfälle eingegangen.

## 6.2.1 Hauptspannungen

Für alle im Baugrund auftretenden Spannungszustände gibt es stets ein kartesisches Koordinatensystem, zu dem ein Bodenelement gemäß Bild 6-1 a gehört, das keine Schubspannungen, sondern nur Normalspannungen aufweist. Dies gilt auch für den ebenen Spannungszustand von Bild 6-6.

Mit den Bezeichnungen aus Bild 6-6 lassen sich die Normalspannung $\sigma$ und die Schubspannung $\tau$ mit Hilfe von

$$\sigma = \frac{\sigma_x + \sigma_z}{2} + \frac{\sigma_x - \sigma_z}{2} \cdot \cos 2\alpha + \tau_{xz} \cdot \sin 2\alpha$$

$$\tau = \frac{\sigma_x - \sigma_z}{2} \cdot \sin 2\alpha - \tau_{xz} \cdot \cos 2\alpha$$

Gl. 6-17

berechnen. Diese Gleichungen basieren auf den Gleichgewichtsbedingungen für die Kräfte in Richtung von $\sigma$ und $\tau$ sowie der Gleichsetzung der zugeordneten Schubspannungen $\tau_{xz} = \tau_{zx}$.

Ausgehend von der Gleichung für $\tau$ aus Gl. 6-17, kann durch Nullsetzung von $\tau$ die Gleichung

$$\alpha_H = \frac{1}{2} \cdot \arctan \frac{2 \cdot \tau_{xz}}{\sigma_x - \sigma_z}$$

Gl. 6-18

hergeleitet werden, mit der sich der Winkel $\alpha_H$ für eine der beiden Hauptspannungsebenen ermitteln lässt. Die zweite Hauptspannungsebene schließt mit der ersten den Winkel 90° ein; ihr Neigungswinkel im $x$, $z$-Koordinatensystem kann in Analogie zu Gl. 6-17 und Gl. 6-18 bestimmt werden.

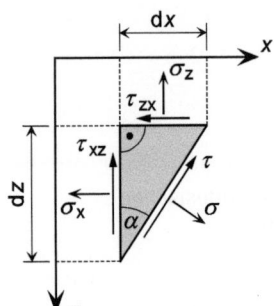

**Bild 6-6** Spannungszustand in der kartesischen $x$, $z$-Ebene

Die in den beiden Hauptspannungsebenen allein wirkenden Normalspannungen $\sigma_1$ und $\sigma_3$ haben die Größe

$$\sigma_{1,3} = \frac{\sigma_x + \sigma_z}{2} \pm \sqrt{\left(\frac{\sigma_x - \sigma_z}{2}\right)^2 + \tau_{xz}^2}$$

Gl. 6-19

Da beim Hauptspannungszustand alle Schubspannungen entfallen, besitzt die Koordinatenmatrix des Hauptspannungstensors im dreidimensionalen Fall ($\tau_{xy} = \tau_{xz} = \tau_{yx} = \tau_{yz} = \tau_{zx} = \tau_{zy} = 0$) die Diagonalform

$$S_H = \begin{pmatrix} \sigma_1 & 0 & 0 \\ 0 & \sigma_2 & 0 \\ 0 & 0 & \sigma_3 \end{pmatrix}$$

Gl. 6-20

**Anwendungsbeispiel**

Gegeben sind im $x, y, z$-Koordinatensystem die im Punkt „A" wirkenden Spannungen
$$\sigma_{x(A)} = 45 \text{ kN/m}^2 \quad \sigma_{z(A)} = 65 \text{ kN/m}^2 \quad \tau_{xz(A)} = \tau_{zx(A)} = 20 \text{ kN/m}^2$$
eines ebenen Spannungszustands.

Zu ermitteln sind die zu diesem Spannungszustand gehörenden Hauptspannungen $\sigma_{1(A)}$ und $\sigma_{3(A)}$ sowie der Winkel $\alpha_{H(A)}$ (in °), um den eine der Hauptspannungsebenen gegenüber der $y, z$-Ebene gedreht ist.

**Lösung**

Mit Hilfe von Gl. 6-19 berechnen sich die gesuchten Hauptspannungen zu

$$\sigma_{1,3(A)} = \frac{\sigma_{x(A)} + \sigma_{z(A)}}{2} \pm \sqrt{\left(\frac{\sigma_{x(A)} - \sigma_{z(A)}}{2}\right)^2 + \tau_{xz(A)}^2} = \frac{45+65}{2} \pm \sqrt{\left(\frac{45-65}{2}\right)^2 + 20^2}$$

$$= 55{,}0 \pm 22{,}36 \text{ kN/m}^2$$

bzw.

$$\sigma_{1(A)} = 55{,}0 + 22{,}36 = 77{,}36 \text{ kN/m}^2$$
$$\sigma_{3(A)} = 55{,}0 - 22{,}36 = 32{,}64 \text{ kN/m}^2$$

Mit Gl. 6-18 ergibt sich der gesuchte Winkel

$$\alpha_{H(A)} = \frac{1}{2} \cdot \arctan \frac{2 \cdot \tau_{xz(A)}}{\sigma_{x(A)} - \sigma_{z(A)}} = \frac{1}{2} \cdot \arctan \frac{2 \cdot 20}{45-65} = \frac{1}{2} \cdot (-63{,}43) = -31{,}72°$$

um den eine der Hauptspannungsebenen gegenüber der $y, z$-Ebene gedreht ist.

### 6.2.2 Ebene Spannungs- und Deformationszustände

Zu den Spezialfällen zählen auch der „ebene Spannungszustand" und der im Grundbau besonders wichtige „ebene Deformationszustand". Bei ihnen treten die Spannungen bzw. Verzerrungen nur in einer Ebene auf. Ist dies z. B. die $x, z$-Ebene, gelten für den ebenen Spannungszustand $\sigma_y = 0 = \tau_{xy} = \tau_{yx} = \tau_{yz} = \tau_{zy}$ und für den ebenen Deformationszustand $\varepsilon_y = 0 = \varepsilon_{xy} = \varepsilon_{yz}$. Die Koordinatenmatrix des entsprechenden Spannungstensors besitzt die Form

$$\mathbf{S} = \begin{pmatrix} \sigma_x & 0 & \tau_{xz} \\ 0 & 0 & 0 \\ \tau_{zx} & 0 & \sigma_z \end{pmatrix} \qquad \text{Gl. 6-21}$$

und die des entsprechenden Deformationstensors die Form

$$\mathbf{D} = \begin{pmatrix} \varepsilon_x & 0 & \varepsilon_{xz} \\ 0 & 0 & 0 \\ \varepsilon_{zx} & 0 & \varepsilon_z \end{pmatrix} \qquad \text{Gl. 6-22}$$

## 6.2.3 Symmetrie- und Antimetrieebenen

Besitzen Baukonstruktion und Baugrund Symmetrieeigenschaften bezüglich ihrer geometrischen Abmessungen und der zum Einsatz kommenden Materialien sowie deren Eigenschaften, lassen sie sich in der Regel mit vereinfachten mathematischen Simulationsmodellen berechnen. Den Spannungs- und Verformungszuständen in den Symmetrieebenen des jeweiligen Systems kommt dabei besondere Bedeutung zu. Ob für die Berechnung von einer Symmetrie- oder einer Antimetrieebene auszugehen ist, hängt von den nachstehenden Verformungsbedingungen ab.

Fallen die Symmetrieebene für die Geometrie und die Materialeigenschaften des Systems mit der $y,z$-Ebene eines kartesischen Koordinatensystems zusammen, gibt es für jeden beliebigen Systempunkt $P_1$ mit den Koordinaten $\{x_1, y_1, z_1\}$ einen Systempunkt $P_2$ mit den Koordinaten $\{-x_1, y_1, z_1\}$. Die Verschiebungen der beiden Systempunkte sind durch die Verschiebungsvektoren $\mathbf{w}_1 = \{w_{x1}, w_{y1}, w_{z1}, \varphi_{x1}, \varphi_{y1}, \varphi_{z1}\}$ und $\mathbf{w}_2 = \{w_{x2}, w_{y2}, w_{z2}, \varphi_{x2}, \varphi_{y2}, \varphi_{z2}\}$ beschrieben.

Für die Berechnung wird die $y,z$-Ebene zur Symmetrie- oder zur Antimetrieebene, wenn die Bedingungen der Tabelle 6-1 zutreffen.

**Tabelle 6-1** Verformungsbedingungen für die Symmetrie- und die Antimetrieebene ($y,z$-Ebene)

| Verformungsbedingungen | |
|---|---|
| Symmetrieebene | Antimetrieebene |
| $w_{x1} = -w_{x2}$ | $w_{x1} = w_{x2}$ |
| $w_{y1} = w_{y2}$ | $w_{y1} = -w_{y2}$ |
| $w_{z1} = w_{z2}$ | $w_{z1} = -w_{z2}$ |
| $\varphi_{x1} = \varphi_{x2}$ | $\varphi_{x1} = -\varphi_{x2}$ |
| $\varphi_{y1} = -\varphi_{y2}$ | $\varphi_{y1} = \varphi_{y2}$ |
| $\varphi_{z1} = -\varphi_{z2}$ | $\varphi_{z1} = \varphi_{z2}$ |

Für die Verschiebungen und Verdrehungen von in der Symmetrie- bzw. Antimetrieebene liegenden Punkten gelten dann die Bedingungen aus Tabelle 6-2.

Für die in der Symmetrie- und Antimetrieebene auftretenden dreidimensionalen Spannungs- und Deformationszustände gelten die Darstellungen der Tabelle 6-3.

**Tabelle 6-2** Verformungsbedingungen in der Symmetrie- und der Antimetrieebene ($y,z$-Ebene)

|  | Verformungsbedingungen | |
|---|---|---|
| Symmetrieebene | Antimetrieebene | |
| $w_x = 0$ | $w_x = $ beliebig | |
| $w_y = $ beliebig | $w_y = 0$ | |
| $w_z = $ beliebig | $w_z = 0$ | |
| $\varphi_x = $ beliebig | $\varphi_x = 0$ | |
| $\varphi_y = 0$ | $\varphi_y = $ beliebig | |
| $\varphi_z = 0$ | $\varphi_z = $ beliebig | |

**Tabelle 6-3** Koordinatenmatrizen der Spannungs- und Deformationstensoren in der Symmetrie- und der Antimetrieebene ($y$, $z$-Ebene)

| | Symmetrieebene | Antimetrieebene |
|---|---|---|
| Spannungen | $\mathbf{S}_{sym} = \begin{pmatrix} \sigma_x & 0 & 0 \\ 0 & \sigma_y & \tau_{yz} \\ 0 & \tau_{zy} & \sigma_z \end{pmatrix}$ | $\mathbf{S}_{anti} = \begin{pmatrix} 0 & \tau_{xy} & \tau_{xz} \\ \tau_{yx} & 0 & \tau_{yz} \\ \tau_{zx} & \tau_{zy} & 0 \end{pmatrix}$ |
| Verzerrungen | $\mathbf{D}_{sym} = \begin{pmatrix} \varepsilon_x & 0 & 0 \\ 0 & \varepsilon_y & \varepsilon_{yz} \\ 0 & \varepsilon_{zy} & \varepsilon_z \end{pmatrix}$ | $\mathbf{D}_{anti} = \begin{pmatrix} 0 & \varepsilon_{xy} & \varepsilon_{xz} \\ \varepsilon_{yx} & 0 & \varepsilon_{yz} \\ \varepsilon_{zx} & \varepsilon_{zy} & 0 \end{pmatrix}$ |

## 6.3 Spannungs-Verzerrungs-Beziehungen

### 6.3.1 Stoffgesetze bei *Hooke*'schem Material

Liegen geometrisch lineare Problemstellungen sowie homogenes, isotropes und sich linear verhaltendes elastisches Material (*Hooke*'sches Material) vor, gelten die Beziehungen aus Gl. 6-8. Das bedeutet, dass sich die Spannungs- und Verzerrungszustände im allgemeinen räumlichen Fall mit Hilfe der entsprechenden Spannungs- und Verzerrungsvektoren aus Gl. 6-9 angeben lassen. Die Beziehung zwischen den jeweils sechs Spannungs- und Deformationsgrößen kann dann durch das Stoffgesetz (auch „Spannungs-Verzerrungs-Relation" genannt)

$$\begin{Bmatrix} \sigma_x \\ \sigma_y \\ \sigma_z \\ \tau_{xy} \\ \tau_{xz} \\ \tau_{yz} \end{Bmatrix} = \frac{E}{(1+\nu)\cdot(1-2\cdot\nu)} \cdot \begin{bmatrix} 1-\nu & \nu & \nu & 0 & 0 & 0 \\ \nu & 1-\nu & \nu & 0 & 0 & 0 \\ \nu & \nu & 1-\nu & 0 & 0 & 0 \\ 0 & 0 & 0 & \frac{1-2\cdot\nu}{2} & 0 & 0 \\ 0 & 0 & 0 & 0 & \frac{1-2\cdot\nu}{2} & 0 \\ 0 & 0 & 0 & 0 & 0 & \frac{1-2\cdot\nu}{2} \end{bmatrix} \cdot \begin{Bmatrix} \varepsilon_x \\ \varepsilon_y \\ \varepsilon_z \\ \gamma_{xy} \\ \gamma_{xz} \\ \gamma_{yz} \end{Bmatrix} \quad \text{Gl. 6-23}$$

$$\boldsymbol{\sigma} = \boldsymbol{\Theta} \cdot \boldsymbol{\varepsilon}$$

angegeben werden (vgl. z. B. [233] und [235]). Die in Gl. 6-23 verwendeten Größen $E$ und $\nu$ sind der Elastizitätsmodul und die im Wertebereich $0 \leq \nu \leq 0{,}5$ liegende Querdehnzahl (Tabelle 6-4).

**Tabelle 6-4** Anhaltswerte für die Querdehnzahl ν des Baugrunds (nach [143], Abschnitt 5.2.1)

| Material | Querdehnzahl ν |
|---|---|
| querdehnungsfrei | 0 |
| Fels | 0,1 bis 0,3 |
| Sand | 0,2 bis 0,35 |
| Ton | 0,3 bis 0,5 |
| volumenbeständig | 0,5 |

Durch Linksmultiplikation der Gl. 6-23 mit der zu $\Theta$ inverssen Matrix

$$\Phi = \Theta^{-1} \qquad \text{Gl. 6-24}$$

ergibt sich die Verzerrungs-Spannungs-Relation

$$\varepsilon = \begin{Bmatrix} \varepsilon_x \\ \varepsilon_y \\ \varepsilon_z \\ \gamma_{xy} \\ \gamma_{xz} \\ \gamma_{yz} \end{Bmatrix} = \Phi \cdot \sigma = \frac{1}{E} \cdot \begin{bmatrix} 1 & -\nu & -\nu & 0 & 0 & 0 \\ -\nu & 1 & -\nu & 0 & 0 & 0 \\ -\nu & -\nu & 1 & 0 & 0 & 0 \\ 0 & 0 & 0 & 2\cdot(1+\nu) & 0 & 0 \\ 0 & 0 & 0 & 0 & 2\cdot(1+\nu) & 0 \\ 0 & 0 & 0 & 0 & 0 & 2\cdot(1+\nu) \end{bmatrix} \cdot \begin{Bmatrix} \sigma_x \\ \sigma_y \\ \sigma_z \\ \tau_{xy} \\ \tau_{xz} \\ \tau_{yz} \end{Bmatrix} \qquad \text{Gl. 6-25}$$

Liegt ein ebener Deformationszustand mit

$$\varepsilon_y = \gamma_{xy} = \gamma_{yz} = 0 \qquad \text{Gl. 6-26}$$

vor, vereinfacht sich Gl. 6-23 in der Form

$$\begin{Bmatrix} \sigma_x \\ \sigma_y \\ \sigma_z \\ \tau_{xz} \end{Bmatrix} = \frac{E}{(1+\nu)\cdot(1-2\cdot\nu)} \cdot \begin{bmatrix} 1-\nu & \nu & 0 \\ \nu & \nu & 0 \\ \nu & 1-\nu & 0 \\ 0 & 0 & \frac{1-2\cdot\nu}{2} \end{bmatrix} \cdot \begin{Bmatrix} \varepsilon_x \\ \varepsilon_z \\ \gamma_{xz} \end{Bmatrix} \qquad \text{Gl. 6-27}$$

bzw. zu

$$\begin{Bmatrix} \sigma_x \\ \sigma_z \\ \tau_{xz} \end{Bmatrix} = \frac{E}{(1+\nu)\cdot(1-2\cdot\nu)} \cdot \begin{bmatrix} 1 & -\nu & 0 \\ -\nu & 1 & 0 \\ 0 & 0 & 2\cdot(1+\nu) \end{bmatrix} \cdot \begin{Bmatrix} \varepsilon_x \\ \varepsilon_z \\ \gamma_{xz} \end{Bmatrix} \quad \text{und} \qquad \text{Gl. 6-28}$$

$$\sigma_y = \frac{\nu \cdot E}{(1+\nu)\cdot(1-2\cdot\nu)} \cdot (\varepsilon_x + \varepsilon_z)$$

Die Schubspannungen $\tau_{xy}$ und $\tau_{yz}$ haben in diesem Fall die Größe Null.

Beim Vorliegen eines ebenen Spannungszustands mit

$$\sigma_y = \tau_{xy} = \tau_{yz} = 0 \qquad \text{Gl. 6-29}$$

vereinfacht sich Gl. 6-25 zu

$$\begin{Bmatrix} \varepsilon_x \\ \varepsilon_y \\ \varepsilon_z \\ \gamma_{xz} \end{Bmatrix} = \frac{1}{E} \cdot \begin{bmatrix} 1 & -v & 0 \\ -v & -v & 0 \\ -v & 1 & 0 \\ 0 & 0 & 2\cdot(1+v) \end{bmatrix} \cdot \begin{Bmatrix} \sigma_x \\ \sigma_z \\ \tau_{xz} \end{Bmatrix} \qquad \text{Gl. 6-30}$$

bzw. zu

$$\begin{Bmatrix} \varepsilon_x \\ \varepsilon_z \\ \gamma_{xz} \end{Bmatrix} = \frac{1}{E} \cdot \begin{bmatrix} 1 & -v & 0 \\ -v & 1 & 0 \\ 0 & 0 & 2\cdot(1+v) \end{bmatrix} \cdot \begin{Bmatrix} \sigma_x \\ \sigma_z \\ \tau_{xz} \end{Bmatrix} \quad \text{und} \quad \varepsilon_y = \frac{-v}{E} \cdot (\sigma_x + \sigma_z) \qquad \text{Gl. 6-31}$$

Die Deformationen $\gamma_{xy}$ und $\gamma_{yz}$ (Winkelverzerrungen) haben in diesem Fall die Größe Null.

### 6.3.2 Steifemodul, Elastizitätsmodul und Schubmodul

Der in der Geotechnik normalerweise verwendete Steifemodul $E_s$ wird mittels des Kompressionsversuchs mit praktisch verhinderter Seitendehnung bestimmt (vgl. Abschnitt 5.12.4). Er unterscheidet sich somit von dem Elastizitätsmodul $E$, bei dessen Ermittlung sich die Seitendehnung unbehindert einstellen kann. In beiden Fällen werden in den Probekörpern Hauptspannungszustände erzeugt.

Liegt *Hooke'*sches Material vor, ergeben sich für den Hauptspannungszustand (vgl. Gl. 6-20) die Dehnungs-Spannungs-Beziehungen

$$\varepsilon_x = \frac{\sigma_x - v \cdot (\sigma_y + \sigma_z)}{E}$$

$$\varepsilon_y = \frac{\sigma_y - v \cdot (\sigma_x + \sigma_z)}{E} \qquad \text{Gl. 6-32}$$

$$\varepsilon_z = \frac{\sigma_z - v \cdot (\sigma_x + \sigma_y)}{E}$$

wenn Gl. 6-25 verwendet wird.

Werden die Randbedingungen des Kompressionsversuchs $\varepsilon_x = \varepsilon_y = 0$ in Gl. 6-32 eingesetzt, ergibt sich nach einigen Umrechnungen die Gleichung für die Beziehung zwischen dem Elastizitätsmodul $E$ und dem Steifemodul $E_s$

$$E_s = \frac{\sigma_z}{\varepsilon_z} = \frac{E \cdot (1-v)}{(1+v) \cdot (1-2 \cdot v)} = \frac{E \cdot (1-v)}{1 - v - 2 \cdot v^2} \quad \text{bzw.} \quad E = \frac{1 - v - 2 \cdot v^2}{1-v} \cdot E_s \qquad \text{Gl. 6-33}$$

Mit dem Schubmodul

$$G = \frac{E}{2 \cdot (1+v)} \qquad \text{Gl. 6-34}$$

steht der Steifemodul $E_s$ in der Beziehung

$$E_s = \frac{2 \cdot G \cdot (1-v)}{1 - 2 \cdot v} \quad \text{bzw.} \quad G = \frac{E_s \cdot (1 - 2 \cdot v)}{2 \cdot (1-v)} = \frac{E_s \cdot (1 - v - 2 \cdot v^2)}{2 \cdot (1 - v^2)} \qquad \text{Gl. 6-35}$$

### 6.3.3 Bilinear-elastische und nichtlineare Stoffgesetze

In Fällen, in denen bei der Ermittlung des Setzungsverhaltens zwischen Erstbelastung und Wiederbelastung unterschieden werden muss, kann es sinnvoll sein, das Materialverhalten mit einem bilinear-elastischen Stoffgesetz zu beschreiben. Für den Boden sind dann die Kenngrößen $E_s$ bzw. $E$, $\nu$ (Querdehnzahl, vgl. auch Tabelle 6-4) und $\sigma_v$ (Vorbelastungsspannung) für die Erstbelastung und $E_{ws}$ bzw. $E_w$, $\nu$ und $\sigma_w$ für die Wiederbelastung anzugeben. Ist der Boden geschichtet, sind diese Kenngrößen für jede Schicht anzugeben. Weiteres zu diesem Thema ist z. B. in [143], Abschnitt 5.2 zu finden.

In einigen Fällen kann es erforderlich werden, statt eines linear-elastischen oder eines bilinear-elastischen Stoffgesetzes ein nichtlineares Stoffgesetz (vgl. hierzu z. B. *Gudehus* [171], Kapitel 1.5) zu verwenden.

## 6.4 Rechnerische Druckspannungen im Baugrund

### 6.4.1 Eigenlast aus trockenem oder erdfeuchtem Boden

Von trockenem oder erdfeuchtem Boden wird in der Tiefe $z$ die Eigenlast des darüber anstehenden Bodenmaterials vollständig über das Korngerüst abgetragen. Für Berechnungen wird die zwischen den einzelnen Körnern des Bodens tatsächlich auftretende Verteilung der vertikalen Spannungen in eine konstante „rechnerische" Spannung umgeformt, die im Weiteren mit $\sigma_z(z)$ bezeichnet wird (Bild 6-7). Die auch „Verschmierung" genannte Spannungsumformung erfolgt unter Beachtung des Kräftegleichgewichts in vertikaler Richtung.

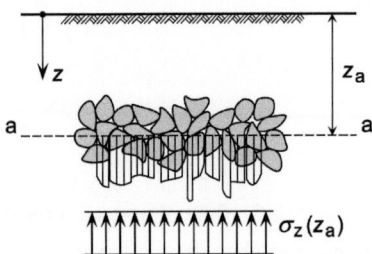

**Bild 6-7** Tatsächlich auftretende und rechnerische („verschmierte") Vertikalspannungen $\sigma_z$ in der Tiefe $z_a$ bei trockenem oder erdfeuchtem Boden

Bei waagerecht geschichtetem Boden lässt sich die Größe der rechnerischen $\sigma_z$-Spannungen analog zu dem für die dritte Schicht (Bild 6-8) geltenden Fall der Gleichung

$$\sigma_z = \gamma_1 \cdot z_1 + \gamma_2 \cdot z_2 + \gamma_3 \cdot z_3 = \sum_{i=1}^{3} \gamma_i \cdot z_i \qquad \text{Gl. 6-36}$$

berechnen. Die Wichten des Bodenmaterials in den drei Schichten sind $\gamma_1$, $\gamma_2$ und $\gamma_3$ (Bild 6-8).

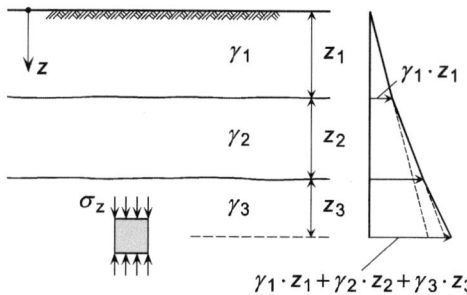

**Bild 6-8** Verlauf der $\sigma_z$-Spannungen aus der Bodeneigenlast von waagerecht geschichtetem Boden ($\gamma_1 < \gamma_2 < \gamma_3$)

### 6.4.2 Totale und effektive Druckspannungen

Werden Druckspannungen des Baugrunds in einer Tiefe z berechnet, die im Grundwasserbereich liegt, ist zwischen „totalen" und „effektiven" Druckspannungen zu unterscheiden. Bei beiden Spannungsarten handelt es sich um rechnerische (verschmierte) Spannungen gemäß Abschnitt 6.4.1, die unter Beachtung des Gleichgewichts der Vertikalkräfte zu ermitteln sind.

In der Schnittebene, die im Grundwasser liegt (Bild 6-9), sind hinsichtlich der tatsächlich auftretenden Druckspannungen die im Korngerüst wirkenden (vgl. Bild 6-7) und die im Wasser wirkenden Spannungen zu unterscheiden. Die Umformung (Verschmierung) beider Anteile liefert die „totalen" Druckspannungen $\sigma_z$ des Baugrunds. Für den in Bild 6-9 gezeigten Fall berechnet sich deren Größe zu

$$\sigma_z = \gamma \cdot z_1 + \gamma_r \cdot z_2 \qquad \text{Gl. 6-37}$$

Dabei sind $\gamma$ die Wichte des erdfeuchten und $\gamma_r$ die Wichte des wassergesättigten Bodens.

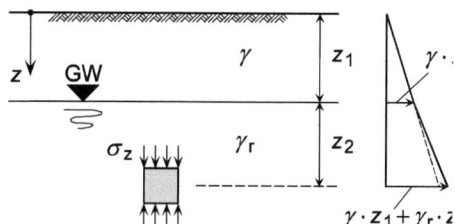

**Bild 6-9** Verlauf der totalen Druckspannungen $\sigma_z$ im Grundwasserbereich

Werden bei der Umformung die tatsächlich wirkenden Druckspannungen im Korngerüst, nicht aber die im Grundwasser auftretenden berücksichtigt, führt dies zu den „effektiven" Druckspannungen $\sigma'_z$ des Baugrunds. Bedeutung gewinnen diese Spannungen u. a. bei Setzungsberechnungen, da sie, und nicht die totalen Druckspannungen, für die Zusammendrückung des Korngerüstes „verantwortlich" sind.

Zur Verdeutlichung sei die Kraftübertragungsfläche aus Bild 6-10 betrachtet. Bei nichtbindigem Boden ergibt sich mit der Summe $A_K$ der in A liegenden Kontaktflächen und dem Porenwasserdruck u die Gesamtkraft

$$F = F' + F_u = F' + u \cdot (A - A_K) \qquad \text{Gl. 6-38}$$

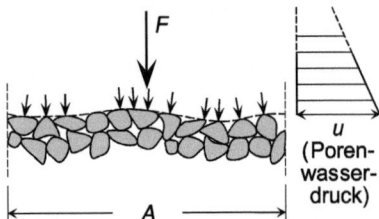

Bild 6-10  Schnittkräfte in Korngerüst mit Porenwasserdruck (nach [180])

Für sehr kleine $A_K$-Werte liefert die Division von Gl. 6-38 durch A die Beziehungen

$$\frac{F}{A} = \sigma_z = \frac{F'}{A} + \frac{u \cdot A}{A} - \frac{u \cdot A_K}{A} = \sigma'_z + u - (\approx 0) \quad \Rightarrow \quad \sigma'_z = \sigma_z - u \qquad \text{Gl. 6-39}$$

Mit der Wichte $\gamma_w$ des Grundwassers und der Wichte $\gamma'$ des Bodens unter Auftrieb ergibt sich, analog zu Gl. 6-37, die Gleichung der effektiven Spannungen

$$\sigma'_z = \gamma \cdot z_1 + \gamma_r \cdot z_2 - \gamma_w \cdot z_2 = \gamma \cdot z_1 + (\gamma_r - \gamma_w) \cdot z_2 = \gamma \cdot z_1 + \gamma' \cdot z_2 \qquad \text{Gl. 6-40}$$

Diese in der Tiefe z konstante Spannung ergibt sich durch „Verschmieren" der zwischen den einzelnen Bodenkörnern übertragenen Kräfte.

Bei trockenem und erdfeuchtem Boden sind die effektiven Spannungen identisch mit den totalen Spannungen (Bild 6-11).

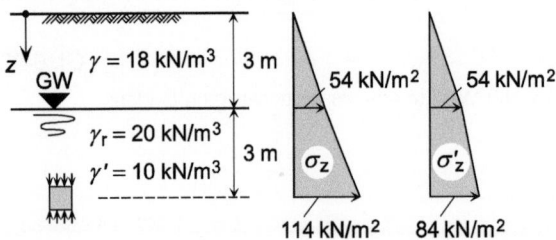

**Bild 6-11**  Totale und effektive Spannungen $\sigma_z$ und $\sigma'_z$ oberhalb und unterhalb des Grundwasserspiegels

**Anwendungsbeispiel**

Zu betrachten ist der im Grundwasserbereich liegende und mit sandigem Kies (G, s) überdeckte Tunnel aus Bild 6-12.

Es ist zu erklären, ob die vertikale Belastung zur Bemessung der Tunneldecke am Punkt „A" durch $\sigma_z$ oder $\sigma'_z$ bestimmt wird.

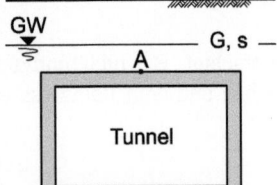

**Bild 6-12**  Tunnel im Grundwasserbereich

**Lösung**

Da die Schnittlasten der Tunneldecke nicht nur durch die von den Körnern des sandigen Kieses sondern auch durch die vom Grundwasser übertragenen Beanspruchungen hervorgerufen werden, ist die für die Bemessung anzusetzende Belastung im Punkt „A" von der totalen Spannung $\sigma_z$ und nicht von der effektiven Spannung $\sigma'_z$ abhängig.

## 6.5 Vereinfachungen zur Lastausbreitung

Die räumliche Ausdehnung des Baugrunds sowie die Nichtlinearität des Materialverhaltens von Erdstoffen hat dazu geführt, dass diese komplexen Gegebenheiten im Rahmen grober Näherungen häufig durch Modelle beschrieben bzw. erfasst werden, die auf stark vereinfachenden Annahmen beruhen.

In Bild 6-13 ist als Beispiel ein „Walzenmodell" gezeigt, mit dem die Ausbreitung und Verteilung der Linienlast $f$ über die Tiefe $z$ des Baugrunds näherungsweise beschrieben wird. Die Abbildung gilt für den ebenen Deformationsfall ($\varepsilon_y = 0$). Entsprechende Modelle für den allgemeinen dreidimensionalen Fall basieren auf Kugel-Haufwerken.

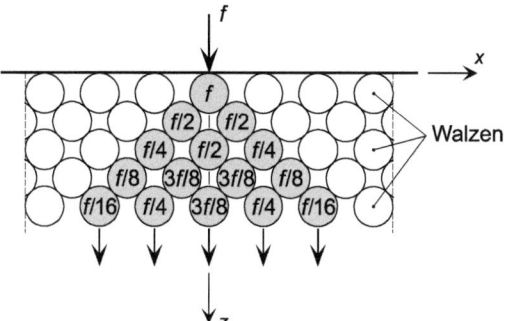

**Bild 6-13** „Walzenmodell" für ebenen Deformationszustand

Für den Fall der Linienlast $f$, die den Baugrund über ein Streifenfundament der Breite $b$ belastet, treffen *Kögler/Scheidig* [202] vereinfachende Annahmen bezüglich der Spannungsverteilung über die Tiefe $z$ (Bild 6-14).

Charakteristisch für die vereinfachten Modelle ist u. a. die geradlinige Lastausbreitung (in Bild 6-14 z. B. unter dem Winkel von 45°). Dass diese allenfalls für einen kleinen Bereich unterhalb des Fundaments gilt, geht aus Bild 6-15 hervor. Es zeigt Ergebnisse von Versuchen in Freiberg, bei denen mittels Messdosen die Verteilung der vertikalen Normalspannungen in Sandschüttungen unter einem starren Kreisfundament ermittelt wurde. Die Ergebnisse sind vor allem durch das starke „Verflachen" der Spannungsverteilungen mit zunehmender Tiefe gekennzeichnet.

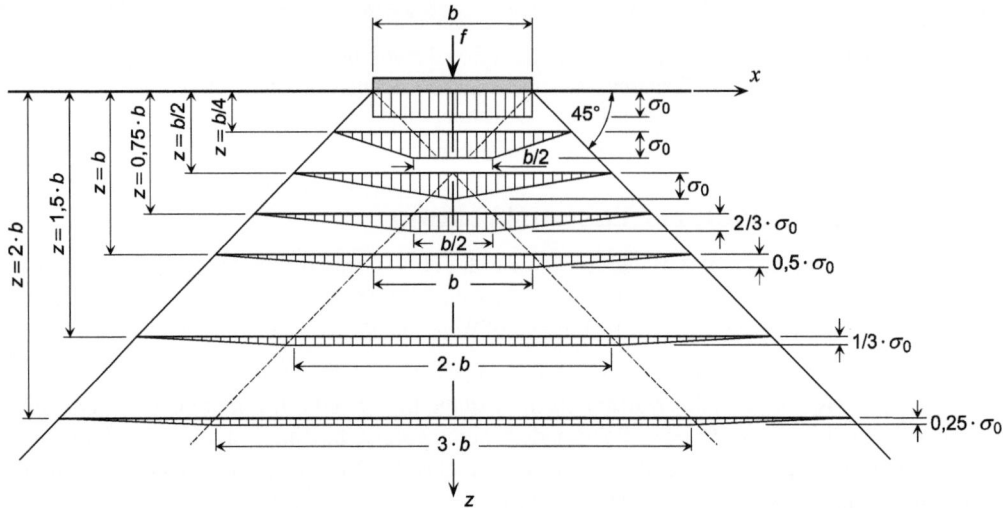

**Bild 6-14** Annahmen zur Spannungsverteilung über die Tiefe z des Baugrunds für dessen Belastung durch eine Streifenlast f (nach [202])

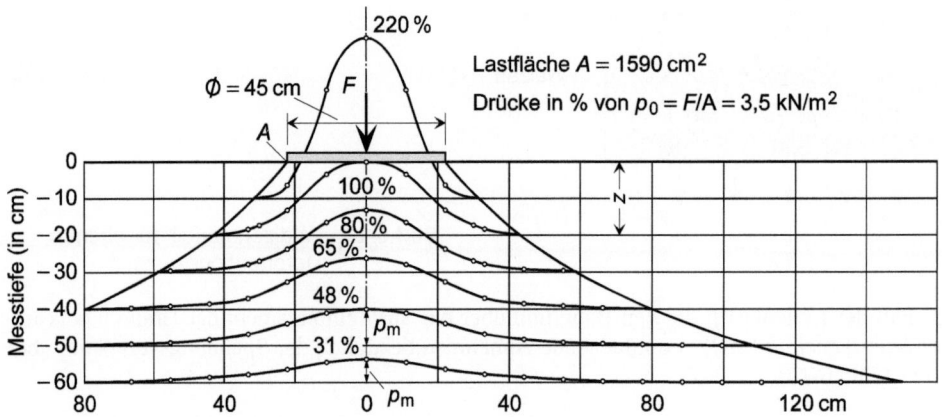

**Bild 6-15** Gemessene Druckausbreitung und Druckverteilung in verschiedenen Tiefen einer Sandschüttung unter einem starren Kreisfundament (nach [202])

## 6.6 Halbraum unter vertikaler Punktlast $F$

Für die Berechnung der Spannungen und Deformationen des durch eine vertikale Punktlast belasteten Baugrunds wurden verschiedene Berechnungsverfahren entwickelt, bei denen der Baugrund durch einen Halbraum beschrieben wird. Diese Verfahren behandeln somit den Fall eines Raums, der hinsichtlich seiner Tiefe ($z$-Richtung) und seiner seitlichen Ausdehnung ($x$- und $y$-Richtung) unbegrenzt ist und durch die Einzellast $F$ auf seiner Oberfläche (Halbraumoberfläche) belastet wird (Bild 6-16).

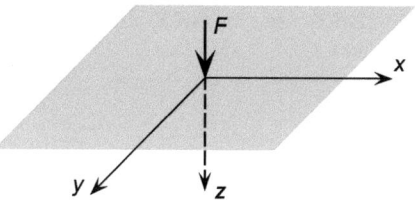

**Bild 6-16** Halbraum mit vertikaler Einzellast F

Im Folgenden wird auf die Problemlösungen von *Boussinesq* und *Fröhlich* eingegangen, die für viele weitergehende Problemlösungen der Bodenmechanik die Ausgangsgleichungen darstellen.

### 6.6.1 Spannungen und Deformationen nach *Boussinesq*

Von *Boussinesq* wurden die Spannungen und Deformationen eines Halbraums berechnet, von dem angenommen wird, dass er
- gewichtslos,
- homogen,
- linear elastisch,
- isotrop (gleiche Eigenschaften in alle Richtungen)

ist. Die von *Boussinesq* angegebenen Gleichungen für die Spannungen und Deformationen des Halbraums beinhalten die Querdehnzahl $v$ als freien Parameter. Mit den geometrischen Beziehungen

$$r = \sqrt{x^2 + y^2}$$
$$R = \sqrt{x^2 + y^2 + z^2} = \sqrt{r^2 + z^2}$$

Gl. 6-41

ergeben sich für die entsprechenden Normalspannungen im kartesischen $x, y, z$-Koordinatensystem gemäß Bild 6-1a bzw. Bild 6-16 die Gleichungen (siehe [259])

$$\sigma_x = \frac{3 \cdot F}{2 \cdot \pi \cdot R^2} \cdot \left\{ \frac{x^2 \cdot z}{R^3} - \frac{1-2\cdot v}{3} \cdot \left[ \frac{(x^2 - y^2) \cdot R}{r^2 \cdot (R+z)} + \frac{y^2 \cdot z}{R \cdot r^2} \right] \right\}$$

$$\sigma_y = \frac{3 \cdot F}{2 \cdot \pi \cdot R^2} \cdot \left\{ \frac{y^2 \cdot z}{R^3} - \frac{1-2\cdot v}{3} \cdot \left[ \frac{(x^2 - y^2) \cdot R}{r^2 \cdot (R+z)} + \frac{x^2 \cdot z}{R \cdot r^2} \right] \right\}$$

$$\sigma_z = \frac{3 \cdot F}{2 \cdot \pi \cdot R^2} \cdot \frac{z^3}{R^3}$$

Gl. 6-42

Die zugehörigen Schubspannungen lassen sich berechnen mit Hilfe von (siehe auch [203])

$$\tau_{xy} = \frac{3 \cdot F}{2 \cdot \pi \cdot R^2} \cdot \left[ \frac{x \cdot y \cdot z}{R^3} - \frac{1-2\cdot v}{3} \cdot \frac{x \cdot y \cdot (2 \cdot R + z)}{R \cdot (R+z)^2} \right]$$

$$\tau_{xz} = \frac{3 \cdot F}{2 \cdot \pi \cdot R^2} \cdot \frac{x \cdot z^2}{R^3} \qquad \tau_{yz} = \frac{3 \cdot F}{2 \cdot \pi \cdot R^2} \cdot \frac{y \cdot z^2}{R^3}$$

Gl. 6-43

Darüber hinaus gilt für sie

$$\tau_{xy} = \tau_{yx} \qquad \tau_{xz} = \tau_{zx} \qquad \tau_{yz} = \tau_{zy}$$

Gl. 6-44

Wird statt des kartesischen $x, y, z$-Koordinatensystems ein zylindrisches $r, \varphi, z$-Koordinatensystem verwendet (vgl. Bild 6-1 b), ergeben sich als Normalspannungen

$$\sigma_r = \frac{F}{2 \cdot \pi \cdot R^2} \cdot \left[ \frac{3 \cdot r^2 \cdot z}{R^3} - (1 - 2 \cdot v) \cdot \frac{R \cdot (1 - 2 \cdot v)}{R + z} \right]$$

$$\sigma_t = \frac{F}{2 \cdot \pi \cdot R^2} \cdot \left[ (1 - 2 \cdot v) \cdot \left( \frac{R}{R + z} - \frac{z}{R} \right) \right] \qquad \text{Gl. 6-45}$$

$$\sigma_z = \frac{F}{2 \cdot \pi \cdot R^2} \cdot \frac{3 \cdot z^3}{R^3}$$

und, unter Beachtung der Radialsymmetrie des Spannungszustands, als Schubspannungen (vgl. Bild 6-1 b)

$$\tau_{rz} = \frac{F}{2 \cdot \pi \cdot R^2} \cdot \frac{3 \cdot r \cdot z^2}{R^3} \qquad \tau_{tr} = \tau_{tz} = 0 \qquad \text{Gl. 6-46}$$

In Analogie zu Gl. 6-44 gilt auch hier für die Schubspannungen

$$\tau_{rt} = \tau_{tr} \qquad \tau_{rz} = \tau_{zr} \qquad \tau_{tz} = \tau_{zt} \qquad \text{Gl. 6-47}$$

Der Sonderfall $v = 0{,}5$ (inkompressibles Material bzw. Volumenbeständigkeit), bei dem alle Normalspannungen nur als Druckspannungen auftreten, ist für die Bodenmechanik von besonderer Bedeutung, da Bodenmaterial keine (nichtbindige Böden) oder nur sehr geringe Zugspannungen (bindige Böden) aufnehmen kann. Bei einem kartesischen $x, y, z$-Koordinatensystem gemäß Bild 6-1 a bzw. Bild 6-16 lassen sich die Normal- und Schubspannungsgrößen mit

$$\sigma_x = \frac{F}{2 \cdot \pi} \cdot \frac{3 \cdot x^2 \cdot z}{R^5} \qquad \sigma_y = \frac{F}{2 \cdot \pi} \cdot \frac{3 \cdot y^2 \cdot z}{R^5} \qquad \sigma_z = \frac{F}{2 \cdot \pi} \cdot \frac{3 \cdot z^3}{R^5}$$

$$\tau_{xy} = \frac{F}{2 \cdot \pi} \cdot \frac{3 \cdot x \cdot y \cdot z}{R^5} \qquad \tau_{xz} = \frac{F}{2 \cdot \pi} \cdot \frac{3 \cdot x \cdot z^2}{R^5} \qquad \tau_{yz} = \frac{F}{2 \cdot \pi} \cdot \frac{3 \cdot y \cdot z^2}{R^5} \qquad \text{Gl. 6-48}$$

berechnen. Dabei gilt für die Schubspannungen auch wieder Gl. 6-44.

Für die zugehörigen Verschiebungen $u$ (radiale Richtung) und $w$ (axiale Richtung) der radialsymmetrischen Problemstellung gelten nach *Boussinesq* im allgemeinen Fall die Gleichungen

$$u(r, z) = \frac{F}{4 \cdot \pi \cdot G \cdot R} \cdot \left[ \frac{r \cdot z}{R^2} - (1 - 2 \cdot v) \cdot \frac{r}{R + z} \right]$$

$$w(r, z) = \frac{F}{4 \cdot \pi \cdot G \cdot R} \cdot \left[ \frac{z^2}{R^2} + 2 \cdot (1 - v) \right] \qquad \text{Gl. 6-49}$$

und im Sonderfall $v = 0{,}5$ (inkompressibles Material) die Gleichungen

$$u(r, z) = \frac{F}{4 \cdot \pi \cdot G \cdot R} \cdot \frac{r \cdot z}{R^2}$$

$$w(r, z) = \frac{F}{4 \cdot \pi \cdot G \cdot R} \cdot \frac{R^2 + z^2}{R^2} \qquad \text{Gl. 6-50}$$

Die in den Ausdrücken von Gl. 6-49 und Gl. 6-50 verwendete Größe $G$ ist der Schubmodul gemäß Gl. 6-34.

Eine schnelle und einfache Möglichkeit zur Ermittlung der zu der Last $F$ gehörenden Normalspannung $\sigma_z$ (und damit auch zu deren Verteilung) bietet das Nomogramm von Bild 6-17. Die Berechnung der Spannung erfolgt mit

$$\sigma_z = i_F \cdot \frac{F}{z^2} \qquad \text{Gl. 6-51}$$

Der darin verwendete Beiwert $i_F$ (auch „Verteilungsbeiwert" genannt) ist nur abhängig von dem Verhältnis der Tiefenlage $z$ zum Abstand $r$ (Bild 6-17) des Spannungspunkts. Mit einem entsprechenden Zahlenwert dieses Verhältnisses ($r/z$) lässt sich der Beiwert aus dem Nomogramm ablesen und die zugehörige Spannung mit Gl. 6-51 berechnen.

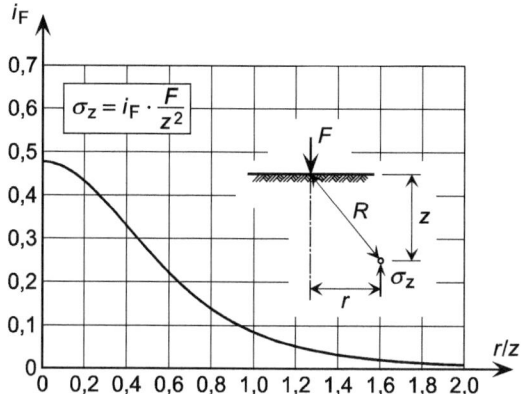

**Bild 6-17** Beiwerte $i_F$ für die vertikalen Normalspannungen $\sigma_z$ von Punkten des durch eine Punktlast $F$ belasteten Halbraums (nach *Boussinesq*)

### 6.6.2 Spannungen nach *Fröhlich*

Die Halbraumlösungen von *Boussinesq* basieren u. a. auf dem linear-elastischen Halbraummaterial und damit auf einem Stoffgesetz, mit dessen Hilfe Beziehungen zwischen den Spannungen und den Deformationen des Halbraums ermittelt werden können.

Im Gegensatz dazu verzichtet *Fröhlich* in [162] auf die Definition eines Stoffgesetzes. Da seine Problembehandlung ausschließlich auf
– Gleichgewichtsbedingungen an einer gewichtslosen Halbkugelschale (Bild 6-18)
beruht, können mit dieser Vorgehensweise auch keine Verschiebungen berechnet werden.

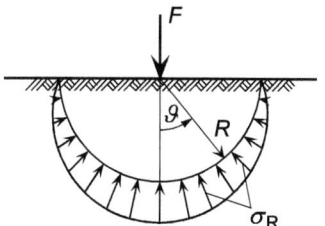

**Bild 6-18** Halbkugelschale mit Verteilung der $\sigma_R$-Spannungen nach *Fröhlich*

Der Ermittlung der Spannungen $\sigma_R$ liegt die Annahme zugrunde, dass (Bild 6-18)
- ihre Ausbreitung, vom Lastangriffspunkt ausgehend, geradlinig erfolgt,
- sie sich über die Halbkugel gemäß dem Ansatz

$$\sigma_R(R,\vartheta) = \frac{C}{R^2} \cdot \cos^{\nu_K -2}\vartheta \qquad (\nu_K = 3,4,5,...) \qquad \text{Gl. 6-52}$$

verteilen.

In Gl. 6-52 stellt $C$ eine freie Konstante und $\nu_K$ den „Konzentrationsfaktor" (nach *Fröhlich* auch „Ordnungszahl") dar. Die Wahl unterschiedlicher Zahlenwerte für den Konzentrationsfaktor $\nu_K$ erlaubt die Erfassung der Besonderheiten des jeweils vorliegenden Bodens (siehe weiter unten).

Mit der Bedingung, dass alle an der Halbkugel wirkenden Kräfte im Gleichgewicht stehen müssen, ergibt sich die Gleichung

$$\sigma_R(R,\vartheta) = \frac{\nu_K \cdot F}{2 \cdot \pi \cdot R^2} \cdot \cos^{\nu_K -2}\vartheta \qquad (\nu_K = 3,4,5,...) \qquad \text{Gl. 6-53}$$

Die Transformation in das kartesische $x, y, z$-Koordinatensystem liefert die Spannungsgrößen

$$\sigma_x = \frac{\nu_K \cdot F}{2 \cdot \pi \cdot z^2} \cdot \cos^{\nu_K}\vartheta \cdot \sin^2\vartheta \cdot \cos^2\phi = \frac{\nu_K \cdot F}{2 \cdot \pi \cdot R^2} \cdot \left(\frac{z}{R}\right)^{\nu_K} \cdot \frac{x^2}{z^2}$$

$$\sigma_y = \frac{\nu_K \cdot F}{2 \cdot \pi \cdot z^2} \cdot \cos^{\nu_K}\vartheta \cdot \sin^2\vartheta \cdot \sin^2\phi = \frac{\nu_K \cdot F}{2 \cdot \pi \cdot R^2} \cdot \left(\frac{z}{R}\right)^{\nu_K} \cdot \frac{y^2}{z^2}$$

$$\sigma_z = \frac{\nu_K \cdot F}{2 \cdot \pi \cdot z^2} \cdot \cos^{\nu_K}\vartheta \cdot \cos^2\vartheta = \frac{\nu_K \cdot F}{2 \cdot \pi \cdot R^2} \cdot \left(\frac{z}{R}\right)^{\nu_K}$$

$$\tau_{xy} = \frac{\nu_K \cdot F}{2 \cdot \pi \cdot z^2} \cdot \cos^{\nu_K}\vartheta \cdot \sin^2\vartheta \cdot \cos\phi \cdot \sin\phi = \frac{\nu_K \cdot F}{2 \cdot \pi \cdot R^2} \cdot \left(\frac{z}{R}\right)^{\nu_K} \cdot \frac{x \cdot y}{z^2}$$

$$\tau_{xz} = \frac{\nu_K \cdot F}{2 \cdot \pi \cdot z^2} \cdot \cos^{\nu_K}\vartheta \cdot \sin\vartheta \cdot \cos\vartheta \cdot \cos\phi = \frac{\nu_K \cdot F}{2 \cdot \pi \cdot R^2} \cdot \left(\frac{z}{R}\right)^{\nu_K} \cdot \frac{x}{z}$$

$$\tau_{yz} = \frac{\nu_K \cdot F}{2 \cdot \pi \cdot z^2} \cdot \cos^{\nu_K}\vartheta \cdot \sin\vartheta \cdot \cos\vartheta \cdot \sin\phi = \frac{\nu_K \cdot F}{2 \cdot \pi \cdot R^2} \cdot \left(\frac{z}{R}\right)^{\nu_K} \cdot \frac{y}{z}$$

Gl. 6-54

wobei für die Schubspannungen wieder Gl. 6-44 gilt.

Der Vergleich der Spannungsausdrücke aus Gl. 6-54 mit denen aus Gl. 6-48 zeigt, dass die Lösungen von *Boussinesq* für inkompressibles Material ($\nu = 0,5$) mit denen von *Fröhlich* dann übereinstimmen, wenn der Konzentrationsfaktor zu $\nu_K = 3$ gesetzt wird.

Bezüglich der Wahl von Zahlenwerten für den Konzentrationsfaktor $\nu_K$ haben Vergleiche mit Spannungsmessungen ergeben, dass folgende $\nu_K$-Werte sinnvoll sind:
- stark bindige Böden $\nu_K \approx 3$,
- nichtbindige Böden $\nu_K \approx 5$ bis 7.

Der Einfluss des gewählten $v_K$-Werts auf die Verteilung der $\sigma_z$-Spannungen in der Tiefe $z$ ist in Bild 6-19 dargestellt. Es zeigt, dass sich mit abnehmendem Zahlenwert des Konzentrationsfaktors die Spannungsverteilung verflacht. Unter Wahrung des Gleichgewichts der Vertikalkräfte findet eine Umverteilung der Spannungen von innen nach außen statt.

Veränderungen der $\sigma_z$-Spannungen bei unterschiedlichen Konzentrationsfaktoren $v_K$ können auch anhand der $\sigma_z$-Isobaren (Linien gleich großer $\sigma_z$-Spannungen) aufgezeigt werden. Während die Isobaren von Bild 6-20 für den sich nicht verändernden $v_K$-Wert ($v_K = 3$) gleiche Formen aufweisen, „dehnen" sie sich, bei unverändertem $\sigma_z$, mit größer werdendem $v_K$-Wert in die Tiefe (Bild 6-21).

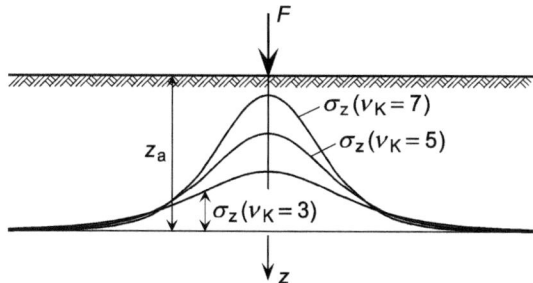

**Bild 6-19** Verteilung der zur Einzellast $F$ gehörenden $\sigma_z$-Spannungen in der Tiefe $z_a$ für unterschiedliche Werte des Konzentrationsfaktors $v_K$

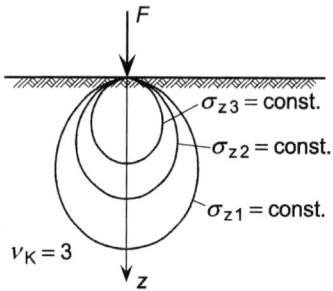

**Bild 6-20** $\sigma_z$-Isobaren
($\sigma_{z3} = 2 \cdot \sigma_{z2} = 4 \cdot \sigma_{z1}$)

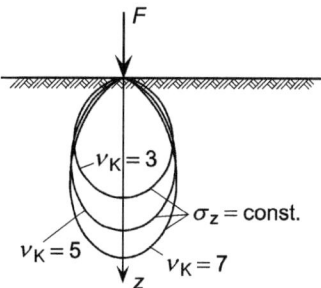

**Bild 6-21** $\sigma_z$-Isobaren ($v_K = 3$, 5 und 7)

## 6.7 Halbraum unter horizontaler Punktlast $F$

Im Folgenden werden Formeln zur Berechnung von Spannungen und Deformationen angegeben, wie sie durch eine horizontale Punktlast hervorgerufen werden, die dem als linear elastisch und isotropen Halbraum modellierten Baugrund auf seiner Oberfläche (Halbraumoberfläche) gemäß Bild 6-22 eingeprägt wird.

Eingegangen wird auf Gleichungen zur Lösung des Problems, die für viele weitergehende Problemlösungen der Bodenmechanik die Ausgangsgleichungen darstellen.

Nach *Poulos* [171], Kapitel 1.6 wurde die Halbraumbelastung schon im Jahr 1882 von *Cerruti* behandelt. Im Folgenden werden Formeln angegeben, die für einen beliebigen Punkt des Halbraums gelten, dessen Lage in Koordinaten des kartesischen $x, y, z$-Koordinatensystems aus Bild 6-22 erfasst wird. Mit diesen Formeln lassen sich die Spannungen in diesem Punkt und dessen translatorische Verschiebungen ermitteln.

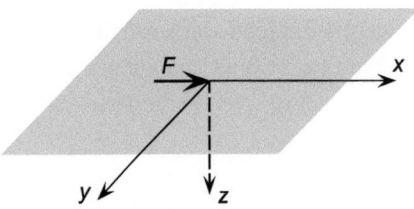

**Bild 6-22**  Halbraum mit horizontaler Einzellast *F*

Mit der Querdehnzahl $v$ und dem Abstand des Punktes vom Koordinatenursprung

$$R = \sqrt{x^2 + y^2 + z^2}$$

Gl. 6-55

gibt *Poulos* in [171], Kapitel 1.6 für die Normalspannungen die Gleichungen

$$\sigma_x = \frac{F \cdot x}{2 \cdot \pi \cdot R^3} \cdot \left[ \frac{3 \cdot x^2}{R^2} + \frac{1 - 2 \cdot v}{(R+z)^2} \cdot \left( y^2 - R^2 + \frac{2 \cdot R \cdot y^2}{R+z} \right) \right]$$

$$\sigma_y = \frac{F \cdot x}{2 \cdot \pi \cdot R^3} \cdot \left[ \frac{3 \cdot y^2}{R^2} + \frac{1 - 2 \cdot v}{(R+z)^2} \cdot \left( x^2 - 3 \cdot R^2 + \frac{2 \cdot R \cdot x^2}{R+z} \right) \right]$$

Gl. 6-56

$$\sigma_z = \frac{F \cdot x}{2 \cdot \pi \cdot R^3} \cdot \frac{3 \cdot z^2}{R^2}$$

für die Schubspannungen die Gleichungen

$$\tau_{xy} = \frac{F \cdot y}{2 \cdot \pi \cdot R^3} \cdot \left[ \frac{3 \cdot x^2}{R^2} + \frac{1 - 2 \cdot v}{(R+z)^2} \cdot \left( x^2 - R^2 + \frac{2 \cdot R \cdot x^2}{R+z} \right) \right]$$

$$\tau_{xz} = \frac{F \cdot x}{2 \cdot \pi \cdot R^3} \cdot \frac{3 \cdot x \cdot z}{R^2}$$

Gl. 6-57

$$\tau_{yz} = \frac{F \cdot x}{2 \cdot \pi \cdot R^3} \cdot \frac{3 \cdot y \cdot z}{R^2}$$

und für die translatorischen Verschiebungen die Gleichungen

$$u_x = \frac{F}{4 \cdot \pi \cdot G \cdot R} \cdot \left[ 1 + \frac{x^2}{R^2} + (1 - 2 \cdot v) \cdot \frac{R^2 + R \cdot z - x^2}{(R+z)^2} \right]$$

$$u_y = \frac{F}{4 \cdot \pi \cdot G \cdot R} \cdot \left[ \frac{x \cdot y}{R^2} - (1 - 2 \cdot v) \cdot \frac{x \cdot y}{(R+z)^2} \right]$$

Gl. 6-58

$$w_z = \frac{F}{4 \cdot \pi \cdot G \cdot R} \cdot \left[ \frac{x \cdot z}{R^2} + (1 - 2 \cdot v) \cdot \frac{x}{R+z} \right]$$

an.

## 6.8 Halbraumspannungen infolge vertikaler Linienlast *f*

Wenn
- die Spannungen im Halbraum unter einer Punktlast *F* bekannt sind und
- die Halbraumbedingungen von *Boussinesq* bzw. die Gleichgewichtsbedingungen von *Fröhlich* gelten,

können die zu einer vertikal einwirkenden Linienlast *f* (gleichmäßig verteilte Last auf unbegrenzt langer Linie) gehörenden Spannungen des Halbraums (Bild 6-23) durch Integration ermittelt werden. Ist *f* parallel zur *y*-Achse eines kartesischen Koordinatensystems angeordnet, wird über die zu dem Lastelement $df = f \cdot dy$ gehörenden Spannungen integriert. Zu dem sich aus der Integration ergebenden Halbraum-Spannungszustand gehört ein ebener Deformationszustand gemäß Abschnitt 6.2.2.

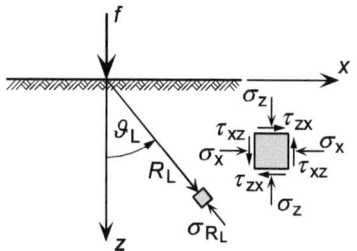

**Bild 6-23** Halbraum unter vertikaler Linienlast *f* und Spannungen des ebenen Falls

### 6.8.1 Spannungen nach *Boussinesq*

Werden die Spannungsausdrücke aus Gl. 6-42 und Gl. 6-43 über *y* integriert, führt das für diesen ebenen Deformationszustand zu den Normalspannungen von *Boussinesq*

$$\sigma_x = \frac{2}{\pi} \cdot \frac{f}{R_L} \cdot \cos\vartheta_L \cdot \sin^2\vartheta_L$$

$$\sigma_y = \frac{2}{\pi} \cdot \frac{f}{R_L} \cdot \nu \cdot \cos\vartheta_L \qquad \text{Gl. 6-59}$$

$$\sigma_z = \frac{2}{\pi} \cdot \frac{f}{R_L} \cdot \cos^3\vartheta_L$$

sowie zu den nur in der *x*, *z*-Ebene wirksamen Schubspannungen

$$\tau_{xz} = \tau_{zx} = \frac{2}{\pi} \cdot \frac{f}{R_L} \cdot \cos^2\vartheta_L \cdot \sin\vartheta_L \qquad \text{Gl. 6-60}$$

Analog zum Fall der Halbraumbelastung durch eine Punktlast (siehe Abschnitt 6.6.1) ist auch bei der vorliegenden Linienlast *f* die einfache Ermittlung der zugehörigen Normalspannung $\sigma_z$ mit Hilfe eines Nomogramms möglich (Bild 6-24). Zur Spannungsberechnung dient die Beziehung

$$\sigma_z = i_f \cdot \frac{f}{z} \qquad \text{Gl. 6-61}$$

Der Beiwert $i_f$ ist nur abhängig von dem Verhältnis der Tiefenlage *z* zum Abstand *x* des Spannungspunkts (Bild 6-24). Zu einem vorgegebenen Zahlenwert dieses Verhältnisses (*x*/*z*) ergeben sich der zugehörige Beiwert $i_f$ mit Hilfe des Nomogramms und mit Gl. 6-61 die zu diesem Verhältnis gehörende Spannung $\sigma_z$.

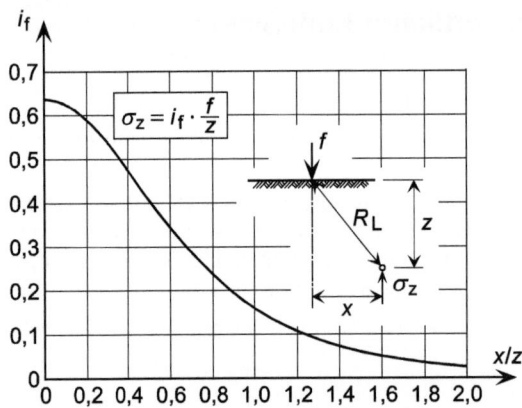

**Bild 6-24** Beiwerte $i_f$ für die vertikalen Normalspannungen $\sigma_z$ von Punkten des durch eine vertikale Linienlast $f$ belasteten Halbraums (nach *Boussinesq*)

### 6.8.2 Spannungen nach *Fröhlich*

Die Integration der Beziehungen aus Gl. 6-54 führt zu den in der $x, z$-Ebene wirkenden Spannungen von *Fröhlich*

$$\sigma_x = f_F \cdot \frac{f}{R_L} \cdot \cos^{\nu_K - 2}\vartheta_L \cdot \sin^2\vartheta_L$$

$$\sigma_z = f_F \cdot \frac{f}{R_L} \cdot \cos^{\nu_K}\vartheta_L \qquad \text{Gl. 6-62}$$

$$\tau_{xz} = \tau_{zx} = f_F \cdot \frac{f}{R_L} \cdot \cos^{\nu_K - 1}\vartheta_L \cdot \sin\vartheta_L$$

Die in Gl. 6-62 angegebenen Faktoren $f_F$ sind abhängig vom gewählten Konzentrationsfaktor $\nu_K$. Ihre Zahlenwerte sind in Tabelle 6-5 aufgeführt.

Analog zum Fall der Punktlast zeigt der Vergleich von Gl. 6-62 mit Gl. 6-59, dass die Lösungen von *Boussinesq* (für Querdehnzahl $\nu = 0{,}5$) dann mit denen von *Fröhlich* übereinstimmen, wenn $\nu_K = 3$ gilt.

**Tabelle 6-5** Von $\nu_K$ abhängige Faktoren $f_F$ für Spannungsgleichungen von *Fröhlich*

| $\nu_K$ | 1 | 2 | 3 | 4 | 5 | 6 |
|---|---|---|---|---|---|---|
| $f_F$ | $\dfrac{1}{\pi}$ | 0,5 | $\dfrac{2}{\pi}$ | 0,75 | $\dfrac{8}{3\cdot\pi}$ | $\dfrac{15}{16}$ |

## 6.9 Halbraumspannungen infolge horizontaler Linienlast $f$

Durch Integration der Spannungsgleichungen aus Abschnitt 6.7 für einen beliebigen Punkt eines Halbraums, der durch eine horizontal einwirkende Einzelkraft $F$ belastet ist, können auch die zu einer in $x$-Richtung einwirkenden Linienlast $f$ (gleichmäßig verteilte Last auf unbegrenzt langer Linie) gehörenden Spannungen des Halbraums (Bild 6-25) berechnet werden.

Erfolgt die Integration analog zu den Ausführungen in Abschnitt 6.8, ergeben sich nach *Poulos* [171], Kapitel 1.6 für die Normal- und Schubspannungen dieses ebenen Deformationsproblems

$$\sigma_x = \frac{2 \cdot f}{\pi \cdot R_L^4} \cdot x^3 \qquad \sigma_z = \frac{2 \cdot f}{\pi \cdot R_L^4} \cdot x \cdot z^2$$

$$\tau_{xz} = \tau_{zx} = \frac{2 \cdot f}{\pi \cdot R_L^4} \cdot x^2 \cdot z \qquad \tau_{xy} = \tau_{yx} = \tau_{yz} = \tau_{zy} = 0$$

Gl. 6-63

Wie schon bei der Halbraumbelastung durch eine vertikale Linienlast (siehe Abschnitt 6.8.1), ist auch bei der horizontalen Linienlast $f$ die einfache Ermittlung der zugehörigen Normalspannung $\sigma_z$ mit Hilfe eines Nomogramms möglich (Bild 6-25). Zur Spannungsberechnung dient die Beziehung

$$\sigma_z = j_f \cdot \frac{f}{z}$$

Gl. 6-64

Der Beiwert $j_f$ ist nur abhängig von dem Verhältnis der Tiefenlage $z$ zum Abstand $x$ des Spannungspunkts (Bild 6-25). Zu einem vorgegebenen Zahlenwert dieses Verhältnisses ($x/z$) ergibt sich der zugehörige Beiwert $j_f$ mit Hilfe des Nomogramms und mit Gl. 6-64 die zu diesem Verhältnis gehörende Spannung $\sigma_z$.

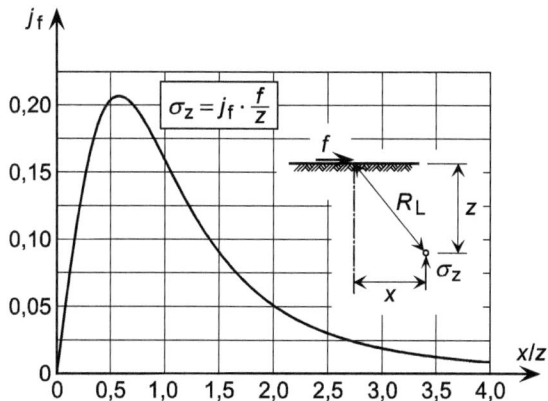

**Bild 6-25** Beiwerte $j_f$ für die vertikalen Normalspannungen $\sigma_z$ von Punkten des durch eine horizontale Linienlast $f$ belasteten Halbraums (nach *Cerruti*)

## 6.10 Halbraumspannungen infolge vertikaler Streifenlast q

Sind
- die Spannungen im Halbraum unter einer Linienlast $f$ bekannt und
- gelten die Halbraumbedingungen von *Boussinesq* bzw. die Gleichgewichtsbedingungen von *Fröhlich*,

lassen sich die zu einer Streifenlast $q$ (Last auf unbegrenzt langem Streifen) gehörenden Spannungen des Halbraums durch Integration ermitteln. Ist $q$ parallel zur $y$-Achse eines kartesischen Koordinatensystems angeordnet, wird über die zu der Linienlast $df = q \cdot dx$ (Bild 6-26) gehörenden Spannungen integriert. Die Grenzen für die Integrationsvariable $\alpha$ sind $\alpha_1$ und $\alpha_2$. Wie auch im

Fall der Linienlast (siehe Abschnitt 6.8) entspricht die Integration einer Überlagerung (Superposition) der Spannungen aus allen Linienlasten d$f$.

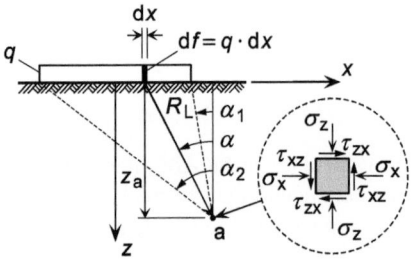

**Bild 6-26**  Halbraum unter vertikaler Streifenlast $q$ und Spannungen in der $x, z$-Ebene

Die durch die Streifenlast $q$ sowie die Linienlasten d$f$ hervorgerufenen Deformationszustände sind ebene Deformationszustände gemäß Abschnitt 6.2.2.

Für $v_K = 3$ liefert die Integration der Spannungsausdrücke von Gl. 6-59 und Gl. 6-60 die Beziehungen

$$\sigma_x = \frac{q}{\pi} \cdot [\hat{\alpha}_2 - \hat{\alpha}_1 - \sin(\alpha_2 - \alpha_1) \cdot \cos(\alpha_2 + \alpha_1)]$$

$$\sigma_y = \frac{q}{\pi} \cdot 2 \cdot v \cdot (\hat{\alpha}_2 - \hat{\alpha}_1)$$

$$\sigma_z = \frac{q}{\pi} \cdot [\hat{\alpha}_2 - \hat{\alpha}_1 + \sin(\alpha_2 - \alpha_1) \cdot \cos(\alpha_2 + \alpha_1)]$$

$$\tau_{xz} = \tau_{zx} = \frac{q}{\pi} \cdot \sin(\alpha_2 - \alpha_1) \cdot \cos(\alpha_2 + \alpha_1)$$

Gl. 6-65

in denen $\hat{\alpha}_1$ und $\hat{\alpha}_2$ die in Bogenmaß einzusetzenden Winkel $\alpha_1$ und $\alpha_2$ (Bild 6-26) sind.

## 6.11 Halbraumspannungen unter schlaffen Rechtecklasten

Für den Fall einer auf der Halbraumoberfläche rechteckförmig verteilten konstanten, vertikalen Flächenlast $\sigma_0$ (Bild 6-27) werden von *Schultze/Horn* ([170], Kapitel 1.7) u. a. Gleichungen von *Tölke* angegeben, mit denen sich die Normal- und Schubspannungen eines beliebigen Punkts $\{x, y, z\}$ des linear elastisch-isotropen Halbraums berechnen lassen.

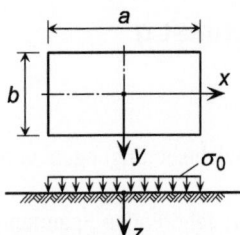

**Bild 6-27**  Rechteckförmige, konstante Flächenlast $\sigma_0$ auf der Halbraumoberfläche

Mit der Querdehnzahl $v$ haben die Gleichungen für die Normalspannungen die Form

$$\sigma_x = -\frac{\sigma_0}{2\cdot\pi}\cdot\sum_{i=1}^{4}(-1)^i\cdot\left\{\frac{(x+x_i)\cdot(y+y_i)\cdot z}{\left[(x+x_i)^2+z^2\right]\cdot R_i}-2\cdot v\cdot\arctan\left[\frac{(x+x_i)\cdot(y+y_i)}{z\cdot R_i}\right]\right.$$

$$\left.-(1-2\cdot v)\cdot\left[\arctan\left(\frac{y+y_i}{x+x_i}\right)-\arctan\left(\frac{(y+y_i)\cdot z}{(x+x_i)\cdot R_i}\right)\right]\right\}$$

$$\sigma_y = -\frac{\sigma_0}{2\cdot\pi}\cdot\sum_{i=1}^{4}(-1)^i\cdot\left\{\frac{(x+x_i)\cdot(y+y_i)\cdot z}{\left[(y+y_i)^2+z^2\right]\cdot R_i}-2\cdot v\cdot\arctan\left[\frac{(x+x_i)\cdot(y+y_i)}{z\cdot R_i}\right]\right.$$

$$\left.-(1-2\cdot v)\cdot\left[\arctan\left(\frac{x+x_i}{y+y_i}\right)-\arctan\left(\frac{(x+x_i)\cdot z}{(y+y_i)\cdot R_i}\right)\right]\right\}$$

Gl. 6-66

$$\sigma_z = +\frac{\sigma_0}{2\cdot\pi}\cdot\sum_{i=1}^{4}(-1)^i\cdot\left\{\left[\frac{1}{(x+x_i)^2+z^2}+\frac{1}{(y+y_i)^2+z^2}\right]\cdot\frac{(x+x_i)\cdot(y+y_i)\cdot z}{R_i}\right.$$

$$\left.+\arctan\left[\frac{(x+x_i)\cdot(y+y_i)}{z\cdot R_i}\right]\right\}$$

Für die Schubspannungen des ausgewählten Halbraumpunkts gelten die Gleichungen

$$\tau_{xy} = \tau_{yx} = +\frac{\sigma_0}{2\cdot\pi}\cdot\sum_{i=1}^{4}(-1)^i\cdot\left[\frac{z}{R_i}+(1-2\cdot v)\cdot\ln(z+R_i)\right]$$

$$\tau_{xz} = \tau_{zx} = -\frac{\sigma_0}{2\cdot\pi}\cdot\sum_{i=1}^{4}(-1)^i\cdot\frac{(y+y_i)\cdot z^2}{\left[(x+x_i)^2+z^2\right]\cdot R_i}$$

Gl. 6-67

$$\tau_{yz} = \tau_{zy} = -\frac{\sigma_0}{2\cdot\pi}\cdot\sum_{i=1}^{4}(-1)^i\cdot\frac{(x+x_i)\cdot z^2}{\left[(y+y_i)^2+z^2\right]\cdot R_i}$$

Die in Gl. 6-66 und Gl. 6-67 verwendeten Summationsgrößen $x_i$ und $y_i$ können Tabelle 6-6 entnommen werden. Sie stehen mit der ebenfalls verwendeten Größe $R_i$ in der Beziehung

$$R_i^2 = (x+x_i)^2 + (y+y_i)^2 + z^2$$

Gl. 6-68

**Tabelle 6-6** Summationsgrößen $x_i$ und $y_i$ für die Gleichungen von *Tölke*

| $i$ | 1 | 2 | 3 | 4 |
|---|---|---|---|---|
| $x_i$ | $-a/2$ | $-a/2$ | $+a/2$ | $+a/2$ |
| $y_i$ | $-b/2$ | $+b/2$ | $+b/2$ | $-b/2$ |

## 6.12 Spannungen $\sigma_z$ unter Eckpunkten schlaffer Rechtecklasten

Betrachtet wird der Fall einer konstanten rechteckförmigen Belastung $\sigma_0$ der Halbraumoberfläche, wie sie durch „schlaffe Lastbündel" erzeugt werden. Zu diesen gehören z. B. die Eigenlasten von in Lagen geschüttetem Boden oder praktisch schlaffer Fundamentplatten (Platten ohne Biegesteifigkeit $E\cdot I$ und Schubsteifigkeit $G\cdot F_Q$).

Für die Ermittlung der $\sigma_z$-Spannungen unter den Eckpunkten solcher Belastungen bietet *Steinbrenner* in [255] die Formel

$$\sigma_z = \frac{\sigma_0}{2 \cdot \pi} \cdot \left\{ \arctan\left[\frac{b}{z} \cdot \frac{a \cdot (a^2+b^2) - 2 \cdot a \cdot z \cdot (R-z)}{(a^2+b^2) \cdot (R-z) - z \cdot (R-z)^2}\right] + \frac{b \cdot z}{b^2 + z^2} \cdot \frac{a \cdot (R^2+z^2)}{(a^2+z^2) \cdot R} \right\} \qquad \text{Gl. 6-69}$$

an. In ihr steht $R$ für

$$R = \sqrt{a^2 + b^2 + z^2} \qquad \text{Gl. 6-70}$$

Gl. 6-69 beruht auf dem für Einzellasten $F$ geltenden Ausdruck für $\sigma_z$ der Gl. 6-59 von *Boussinesq*. *Steinbrenner* gewinnt die Gleichung durch Integration über die auf den differentiellen Teilflächen $dA$ der Grundfläche $A = a \times b$ (Bild 6-28) wirkenden Einzellasten $dF = dA \cdot \sigma_0$. Weil $\sigma_z$ aus Gl. 6-59 von der Querdehnzahl $\nu$ unabhängig ist, gilt auch Gl. 6-69 für den gesamten Bereich $0 \leq \nu \leq 0{,}5$.

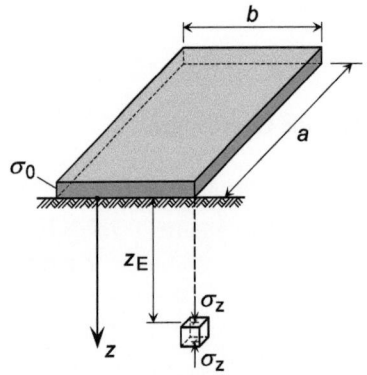

**Bild 6-28** Vertikalspannung $\sigma_z$ unter einem Eckpunkt einer konstanten rechteckförmigen Flächenbelastung $\sigma_0$ der Halbraumoberfläche

Da Gl. 6-69 auf der Überlagerung (Superposition) von Lastwirkungen basiert (superponiert werden die zu allen Einzellasten $dF$ gehörenden $\sigma_z$-Werte), können mit ihrer Hilfe auch kompliziertere Belastungsformen erfasst werden. Darüber hinaus lassen sich mit ihr die $\sigma_z$-Größen beliebiger Punkte des Halbraums ermitteln (Bild 6-29).

Die beiden Fälle aus Bild 6-29 zeigen die prinzipielle Vorgehensweise der Superposition. Berechnet werden die zu den Belastungen der rechteckförmigen Teilflächen gehörenden $\sigma_z$-Werte im Punkt S. Für jede der gewählten Teilflächen muss dabei die Forderung erfüllt sein, dass S unter einem ihrer Eckpunkte liegt. Die durch die tatsächlich vorhandene Belastung hervorgerufene $\sigma_z$-Spannung im Punkt S ergibt sich schließlich aus der algebraischen Addition der aus den Teilflächenbelastungen resultierenden Spannungsanteile.

$$\sigma_{z(S)} = \sum_{i=1}^{n} \sigma_{z(S)i} \qquad \text{Gl. 6-71}$$

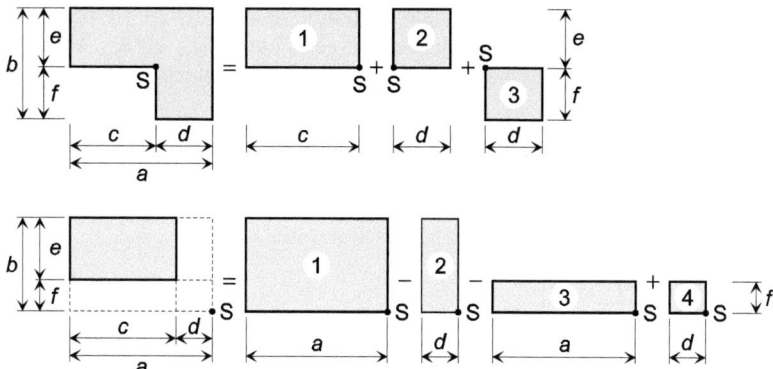

**Bild 6-29** Einteilung in mit $\sigma_0$ belastete Teilflächen zur Berechnung der $\sigma_z$-Spannungen des in der Tiefe $z$ liegenden Punkts S

Im ersten der beiden Beispiele aus Bild 6-29 handelt es sich um $n = 3$ Teilflächen mit der Größe $A_1 = c \times e$ der ersten, $A_2 = d \times e$ der zweiten und $A_3 = d \times f$ der dritten Teilfläche. Die von ihnen erzeugten $\sigma_z$-Spannungen im Punkt S sind $\sigma_{z(S)1}$, $\sigma_{z(S)2}$ und $\sigma_{z(S)3}$ und können mit Gl. 6-69 berechnet werden. Durch Summation gemäß Gl. 6-71 liefern sie die zur winkelförmigen eigentlichen Lastfläche gehörende Spannung $\sigma_{z(S)}$.

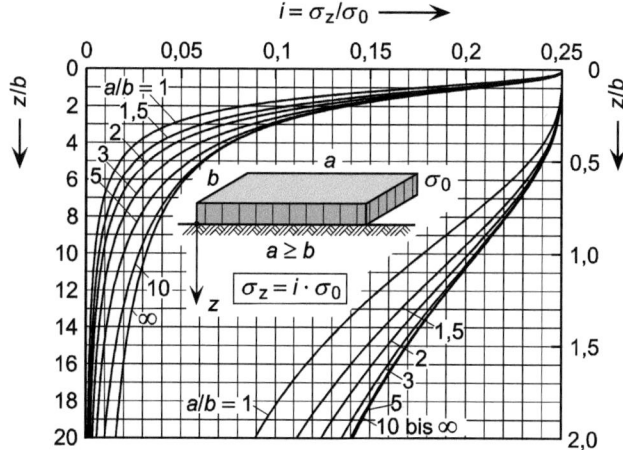

**Bild 6-30** Beiwerte $i$ für die vertikalen Normalspannungen unter den Eckpunkten schlaffer Rechtecklasten (nach *Steinbrenner*)

Zur schnellen und einfachen Spannungsermittlung wurde von *Steinbrenner* das in Bild 6-30 gezeigte Nomogramm bereitgestellt. Die von einer Rechtecklast hervorgerufene $\sigma_z$-Spannung unter einem ihrer Eckpunkte wird danach berechnet durch

$$\sigma_z = i \cdot \sigma_0 \qquad \text{Gl. 6-72}$$

Der darin verwendete Beiwert $i$ ist abhängig von dem Verhältnis der Rechteckseiten $a$ und $b$ (beachte: $a \geq b$) und dem der Tiefenlage $z$ des Spannungspunkts zur Rechteckseitenlänge $b$.

Zur Ermittlung von $i$ werden die Verhältnisse $a/b$ und $z/b$ bestimmt, danach die zu $a/b$ passende Lösungskurve mit der Ordinate $z/b$ zum Schnitt gebracht und der gesuchte $i$-Wert auf der Abszisse abgelesen. Passt der berechnete $a/b$-Wert zu keiner der Lösungskurven, sind entsprechende „Zwischenkurven" zu wählen.

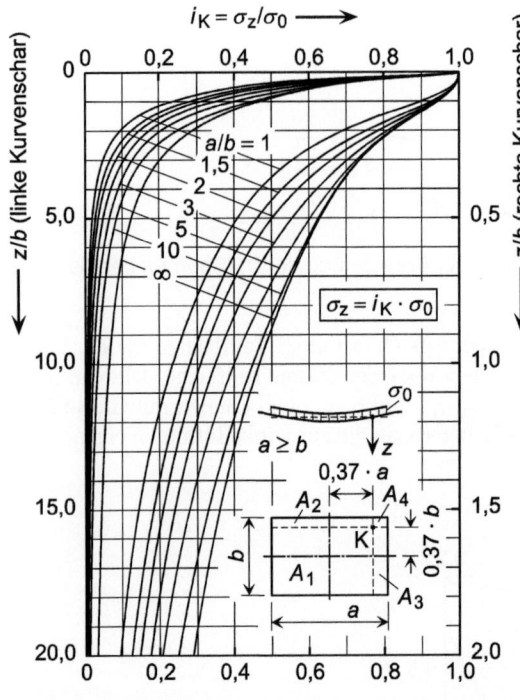

**Bild 6-31** Beiwerte $i_K$ für die Berechnung vertikaler Spannungen $\sigma_z$ unter den charakteristischen Punkten K von schlaffen Rechtecklasten $\sigma_0$ der Halbraumoberfläche (nach Kany [198])

Ein Sonderfall dieser Betrachtung betrifft den charakteristischen Punkt eines rechteckigen Fundaments mit den Abmessungen $a \times b$ ($a \geq b$). An diesem Punkt nehmen die Setzungen eines starren und eines schlaffen Fundaments mit gleichen Seitenabmessungen und gleich großen und zentrisch wirkenden Belastungsresultierenden gleich große Werte an (vgl. Abschnitt 9 und Bild 9-4). Die Vertikalspannungen in der Tiefe $z$ unter diesem Punkt lassen sich durch

$$\sigma_z = \sigma_0 \cdot i_K = \frac{\sigma_0}{2 \cdot \pi} \cdot \sum_{n=1}^{n=4} \left[ \arctan\left(\frac{a_n \cdot b_n}{z \cdot R_n}\right) + \frac{a_n \cdot b_n \cdot z}{R_n} \cdot \left(\frac{1}{a_n^2 + z^2} + \frac{1}{b_n^2 + z^2}\right)\right] \quad \text{Gl. 6-73}$$

berechnen. Die einzelnen Größen stehen für

$$R_n = \sqrt{a_n^2 + b_n^2 + z^2}$$

$$\begin{aligned} a_1 &= a_2 = 0{,}87 \cdot a & a_3 &= 0{,}87 \cdot b & a_4 &= 0{,}13 \cdot a \\ b_1 &= 0{,}87 \cdot b & b_2 &= b_4 = 0{,}13 \cdot b & b_3 &= 0{,}13 \cdot a \end{aligned} \quad \text{Gl. 6-74}$$

Die Größe $i_K$ kann mit Hilfe von

$$i_K = \sum_{n=1}^{n=4} i_n \quad \text{Gl. 6-75}$$

berechnet werden. Die vier $i_n$-Werte lassen sich unter Verwendung von z und den entsprechenden Abmessungen $a_n$ und $b_n$ der vier Teilflächen (Gl. 6-74) mit Hilfe des Nomogramms von Bild 6-30 ermitteln. Die direkte Ablesung der zur Tiefe z und den Rechteckabmessungen a und b gehörenden Größe bietet das Nomogramm von Bild 6-31. Bei seiner Verwendung ist zu beachten, dass die linke Skala (0 bis 20) der linken Kurvenschar und die rechte Skala (0 bis 2) der rechten Kurvenschar zuzuordnen ist.

### Anwendungsbeispiel

In einem Sandboden mit der charakteristischen Wichte $\gamma_{S,k} = 18{,}5$ kN/m³ wurde ein Wasserrohr verlegt (die Tiefe des Rohrscheitels unter Geländeoberkante beträgt 4,0 m).
Für eine Planung ist davon auszugehen, dass auf einem 2 m × 3 m großen Teilstück der Baugrundoberfläche eine gleichmäßig verteilte charakteristische vertikale schlaffe Flächenlast $\sigma_{0,k}$ einwirkt. Zu ermitteln ist die zulässige Größe dieser Last unter der Voraussetzung, dass im Punkt „A" der Scheitellinie des Rohres (Bild 6-32) der Wert 200 kN/m² für die gesamte charakteristische Vertikalspannung $\sigma_{z,k}$ nicht überschritten werden darf.

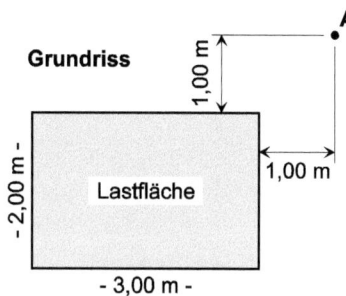

**Bild 6-32** Lageplan für schlaffe Flächenlast und Punkt A der Rohrscheitellinie

### Lösung

Mit der vertikal wirkenden charakteristischen Normalspannung im Punkt „A" infolge Bodenauflast

$$\sigma_{z,\text{Boden},k} = \gamma_{S,k} \cdot 4{,}0 = 18{,}5 \cdot 4{,}0 = 74{,}0 \text{ kN/m}^2$$

verbleibt als charakteristische $\sigma_z$-Spannung, die im Punkt „A" durch die charakteristische schlaffe Last $\sigma_0$ erzeugt werden darf,

$$\sigma_{z,\text{Last},k} = 200{,}0 - 74{,}0 = 126{,}0 \text{ kN/m}^2$$

Aus der Einteilung der Rechteckfläche in 4 Teilflächen (Bild 6-33) ergibt sich mit dem Nomogramm aus Bild 6-30 für

Rechteck 1 (1-6-8-A)
$$\frac{a_1}{b_1} = \frac{4{,}0}{3{,}0} = 1{,}33 \quad \text{und} \quad \frac{z}{b_1} = \frac{4{,}0}{3{,}0} = 1{,}33 \quad \Rightarrow \quad i_1 = 0{,}155$$

Rechteck 2 (1-3-5-A)
$$\frac{a_2}{b_2} = \frac{4{,}0}{1{,}0} = 4{,}0 \quad \text{und} \quad \frac{z}{b_2} = \frac{4{,}0}{1{,}0} = 4{,}0 \quad \Rightarrow \quad i_2 = 0{,}067$$

Rechteck 3 (2-7-8-A)

$$\frac{a_3}{b_3} = \frac{3{,}0}{1{,}0} = 3{,}0 \quad \text{und} \quad \frac{z}{b_3} = \frac{4{,}0}{1{,}0} = 4{,}0 \quad \Rightarrow \quad i_3 = 0{,}060$$

Rechteck 4 (2-4-5-A)
$$\frac{a_4}{b_4} = \frac{1{,}0}{1{,}0} = 1{,}0 \quad \text{und} \quad \frac{z}{b_4} = \frac{4{,}0}{1{,}0} = 4{,}0 \quad \Rightarrow \quad i_4 = 0{,}027$$

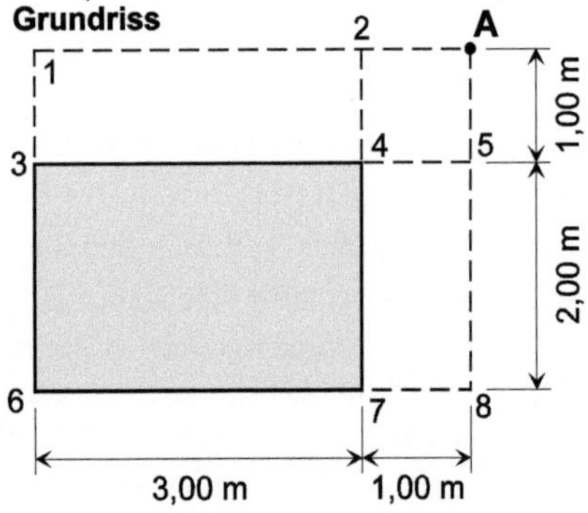

**Bild 6-33** Teilflächeneinteilung für die Superposition

Die zulässige charakteristische schlaffe Last $\sigma_{0,k}$ ergibt sich damit aus

$$\sigma_{z,\text{Last},k} = \sigma_{0,k} \cdot (i_1 - i_2 - i_3 + i_4) = \sigma_{0,k} \cdot (0{,}155 - 0{,}067 - 0{,}06 + 0{,}027) = \sigma_{0,k} \cdot 0{,}055$$

zu

$$\sigma_{0,k} = \frac{\sigma_{z,\text{Last},k}}{0{,}055} = \frac{126}{0{,}055} = 2\,291 \text{ kN/m}^2$$

## 6.13 Beiwerte für vertikale Normalspannungen des Halbraums

Beiwerte, die auf der Integration der Gleichungen von *Boussinesq*, *Fröhlich* oder anderen basieren, existieren, außer für die Fälle der Abschnitte 6.6, 6.8, 6.9 und 6.12, auch für unterschiedlich verteilte und gerichtete Lasten auf der Oberfläche und im Innern des Halbraums (schlaffe Lasten). Eine größere Anzahl solcher Lösungen ist z. B. in den EVB [151], bei *Schultze/Horn* [170], Kapitel 1.7, bei *Poulos* [171], Kapitel 1.6 und insbesondere in [259] zu finden. In Bild 6-34 bis Bild 6-36 sind einige dieser bisher nicht dargestellten Fälle gezeigt.

Zu schlaffen, kreisförmigen vertikalen Gleichlasten auf der Halbraumoberfläche gehörende Beiwerte $i_r$ lassen sich dem Nomogramm aus Bild 6-34 entnehmen. In Abhängigkeit von dem Tiefenverhältnis $z/r$ sind entsprechende $i_r$-Größen für die Ermittlung der $\sigma_z$-Spannungen in der Tiefe $z$ unter 10 verschiedenen Punkten (einschließlich dem kennzeichnenden Punkt K) ermittelbar. Die auf der Halbraumoberfläche angeordneten Punkte liegen inner- und außerhalb der Kreislast.

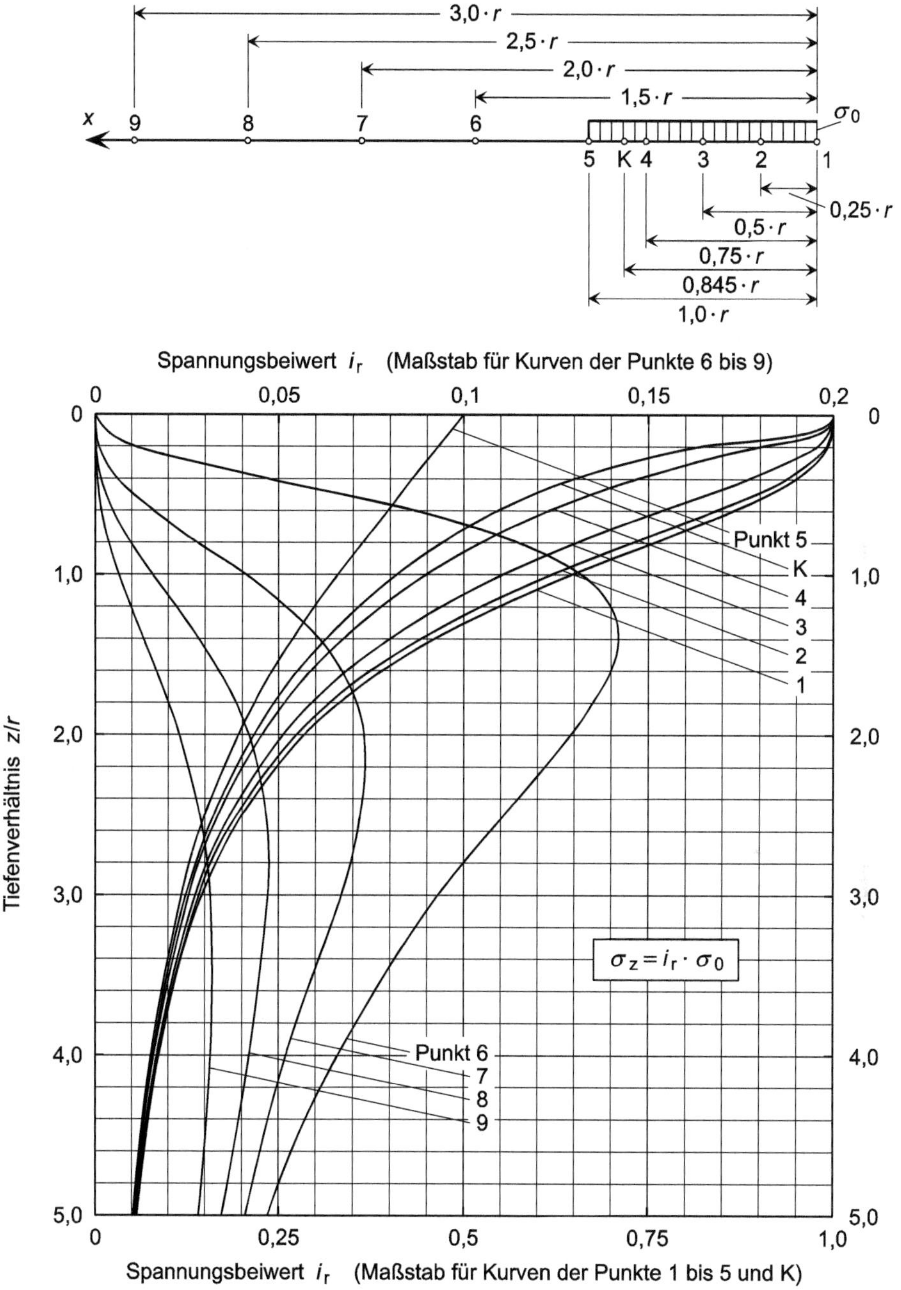

6.13 Beiwerte für vertikale Normalspannungen des Halbraums 247

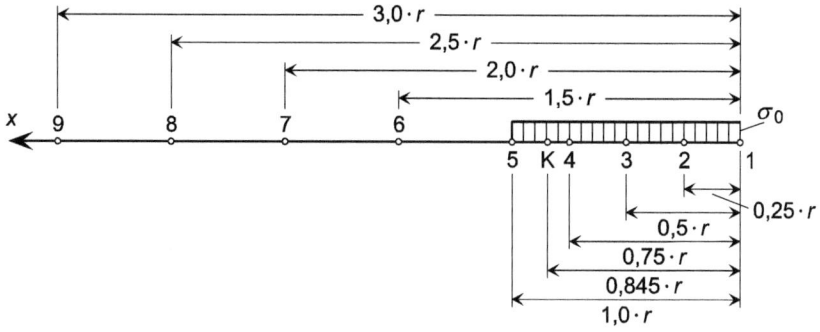

**Bild 6-34** Beiwerte $i_r$ für die vertikalen Normalspannungen $\sigma_z$ unter den Punkten 1 bis 9 und K (kennzeichnender Punkt) innerhalb und außerhalb von schlaffen, kreisförmigen Gleichlasten $\sigma_0$ (nach [166] und [259])

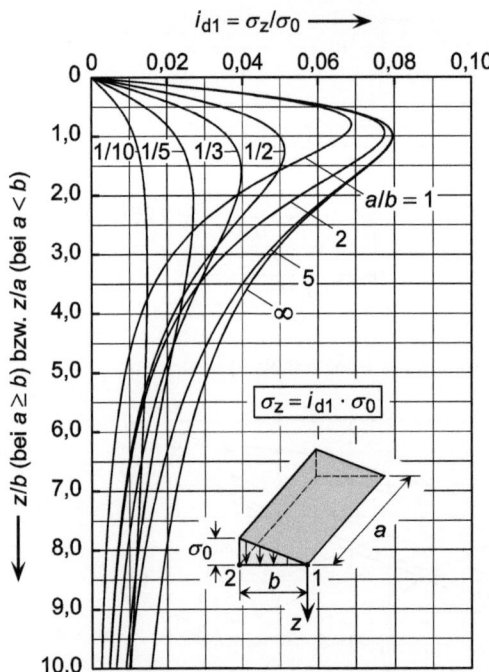

**Bild 6-35** Beiwerte $i_{d1}$ zur Ermittlung der vertikalen Spannungen $\sigma_z$ unter dem Eckpunkt 1 von lotrechten dreiecksförmig verteilten schlaffen Rechtecklasten $\sigma_0$ der Halbraumoberfläche (nach *Jelinek* [193])

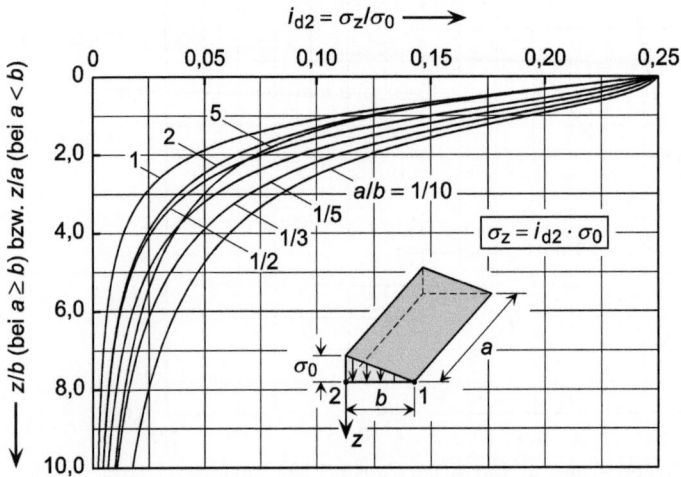

**Bild 6-36** Beiwerte $i_{d2}$ zur Ermittlung der vertikalen Spannungen $\sigma_z$ unter dem Eckpunkt 2 von lotrechten dreiecksförmig verteilten schlaffen Rechtecklasten $\sigma_0$ der Halbraumoberfläche (nach *Jelinek* [193])

Die $\sigma_z$-Spannung eines Halbraumpunkts infolge der Gleichlast $\sigma_0$, die auf der Kreisfläche mit dem Radius $r$ einwirkt, berechnet sich mit

$$\sigma_z = i_r \cdot \sigma_0 \qquad \text{Gl. 6-76}$$

wenn der in der Tiefe $z$ liegende Halbraumpunkt unter einem der 10 Punkte angeordnet ist. Für das Verhältnis $x/r = 0$ (unter dem Lastflächenmittelpunkt liegende Halbraumpunkte) gilt darüber hinaus

$$\sigma_z = \sigma_0 \cdot \left\{ 1 - \left[ \frac{1}{1+(r/z)^2} \right]^{3/2} \right\} \qquad \text{Gl. 6-77}$$

Für die Ermittlung der $\sigma_z$-Spannungen unter den Eckpunkten von dreiecksförmigen Belastungen, die gemäß Bild 6-35 und Bild 6-36 verteilt sind, bietet *Jelinek* in [193] für die Spannung unter dem Eckpunkt 1 die zum Bild 6-35 gehörende Formel

$$\sigma_z = i_{d1} \cdot \sigma_0 = \frac{\sigma_0}{2 \cdot \pi} \cdot \left[ \frac{a \cdot b \cdot z}{R \cdot (b^2 + z^2)} + \frac{a \cdot z}{b \cdot R} \cdot \frac{R - \sqrt{a^2 + z^2}}{\sqrt{a^2 + z^2}} \right] \qquad \text{Gl. 6-78}$$

und für die Spannung unter dem Eckpunkt 2 die zum Bild 6-36 gehörende Formel

$$\sigma_z = i_{d2} \cdot \sigma_0 = \frac{\sigma_0}{2 \cdot \pi} \cdot \left[ \arctan\left( \frac{a \cdot b}{z \cdot R} \right) + \frac{a \cdot z}{a^2 + z^2} \cdot \frac{R - \sqrt{a^2 + z^2}}{b} \right] \qquad \text{Gl. 6-79}$$

an. Die in den beiden Gleichungen verwendete Größe $R$ steht für

$$R = \sqrt{a^2 + b^2 + z^2} \qquad \text{Gl. 6-80}$$

## 6.14 Spannungen $\sigma_z$ infolge beliebiger Lasten

Für den Fall beliebig beranderter schlaffer Vertikalbelastungen der Halbraumoberfläche bietet *Newmark* ein Verfahren an, mit dem die $\sigma_z$-Spannungen des Halbraums näherungsweise berechnet werden können.

Dieses Verfahren basiert auf der Gleichung

$$\sigma_z = \sigma_0 \cdot \left\{ 1 - \left[ 1 + \left( \frac{R}{z} \right)^2 \right]^{-v_K/2} \right\} \qquad \text{Gl. 6-81}$$

für die $\sigma_z$-Spannungen unter dem Mittelpunkt einer schlaffen Kreislast $\sigma_0$ (Bild 6-37). Durch Umstellung und Einsetzung des Konzentrationsfaktors $v_K = 3$ ergibt sich aus Gl. 6-81 das für diesen Faktor geltende Verhältnis von Lastkreisradius $R$ zur Tiefe $z$

$$\frac{R}{z} = \left[ \left( 1 - \frac{\sigma_z}{\sigma_0} \right)^{-2/3} - 1 \right]^{1/2} \qquad \text{Gl. 6-82}$$

Zahlenwerte dieses Verhältnisses sind in Tabelle 6-7 für ausgewählte $\sigma_z/\sigma_0$-Größen aufgeführt. Beim Vergleich der Zahlenwerte dieser Tabelle zeigt sich z. B., dass sich eine Erhöhung der $\sigma_z$-Spannung in der Tiefe $z$ unter der Mitte der Kreislast von $0{,}2 \cdot \sigma_0$ auf $0{,}3 \cdot \sigma_0$ ergibt, wenn der Radius der mit $\sigma_0$ belegten Lastfläche von $0{,}4 \cdot z$ auf $0{,}518 \cdot z$ vergrößert wird.

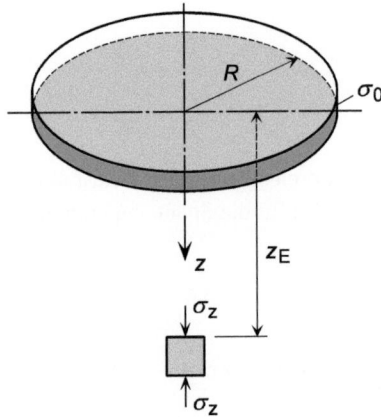

**Bild 6-37** Vertikalspannung $\sigma_z$ unter dem Mittelpunkt einer konstanten kreisförmigen Flächenbelastung $\sigma_0$ der Halbraumoberfläche

**Tabelle 6-7** $R/z$-Größen für vorgegebene Verhältnisse von $\sigma_z/\sigma_0$

| $\sigma_z/\sigma_0$ | 0 | 0,1 | 0,2 | 0,3 | 0,4 | 0,5 | 0,6 | 0,7 | 0,8 | 0,9 |
|---|---|---|---|---|---|---|---|---|---|---|
| $R/z$ | 0 | 0,270 | 0,400 | 0,518 | 0,637 | 0,776 | 0,918 | 1,110 | 1,387 | 1,908 |

Werden die kreisförmigen Lastflächen mit den Radien $R_1 = 0{,}27 \cdot z$, $R_2 = 0{,}4 \cdot z$, $R_3 = 0{,}518 \cdot z$ usw. (Tabelle 6-7) bei gleicher Mittelpunktlage in eine Zeichnung eingetragen, führt das zu der in Bild 6-38 gezeigten Situation. In diesem Falle wird z. B. durch die gleichmäßige Belastung $\sigma_0$ im Kreis 1 (Radius $R_1$) die $\sigma_z$-Spannung $0{,}1 \cdot \sigma_0$ in der Tiefe $z$ unter der Mitte der Kreislast hervorgerufen. Wegen der Radialsymmetrie leistet dabei die Belastung in jedem der 20 gleich großen Sektoren des Kreises 1 den Beitrag $0{,}1/20 \cdot \sigma_0 = 0{,}005 \cdot \sigma_0$ zur Spannung $\sigma_z$.

Wird die Last durch Hinzufügung (Superposition) einer kreisringförmigen Lastfläche so ergänzt, dass als neue Lastfläche der Kreis 2 (Radius $R_2$) entsteht, erhöht sich dadurch die $\sigma_z$-Spannung unter der Kreislastmitte um $0{,}1 \cdot \sigma_0$ auf $0{,}2 \cdot \sigma_0$. Wegen der Radialsymmetrie leistet dabei jede der 20 Teilflächen des Kreisringes den Beitrag $0{,}1/20 \cdot \sigma_0 = 0{,}005 \cdot \sigma_0$. Mit der Fortsetzung dieser Betrachtung kann gezeigt werden, dass die gleichmäßige Belastung $\sigma_0$ in jeder der $9 \cdot 20 = 180$ Teilflächen der in Bild 6-38 dargestellten Einflusskarte den Beitrag $0{,}005 \cdot \sigma_0$ zu der Spannung $\sigma_z$ in der Tiefe $z$ unter der Kreismitte liefert.

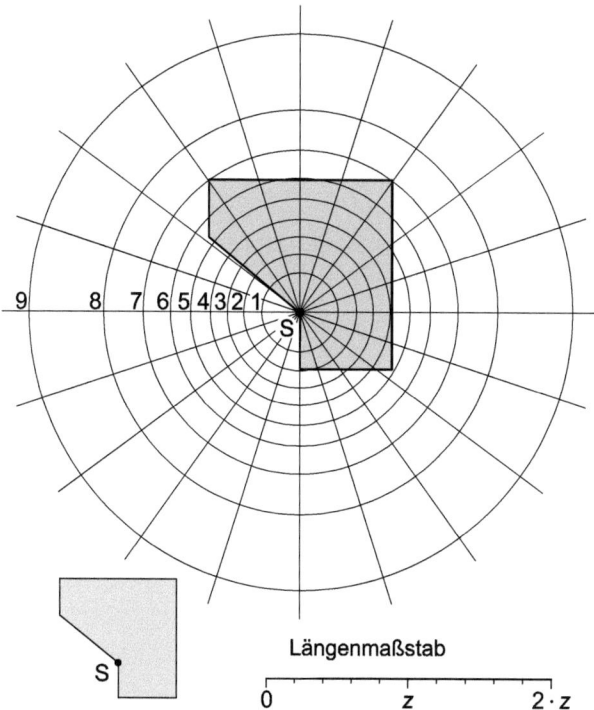

**Bild 6-38** Für $v_K = 3$ geltende Einflusskarte nach *Newmark* zur Ermittlung der $\sigma_z$-Spannungen in der Tiefe $z$ unter dem Punkt S

Besitzt die gleichmäßige Belastung in einer der Teilflächen nicht die Größe $\sigma_0$, sondern den Wert $\sigma_{gl}$, beträgt ihr Beitrag zur $\sigma_z$-Spannung $0{,}005 \cdot \sigma_{gl}$. Auf dieser Basis können auch Belastungen erfasst werden, die nicht über die gesamte Lastfläche konstant verlaufen. Solche Lasten werden durch „treppenartige" Belastungen nachgebildet, die nur im Bereich der einzelnen Teilflächen konstante Größen aufweisen.

Die Verwendung der Einflusskarte nach *Newmark* verdeutlicht das Beispiel einer geradlinig begrenzten Lastfläche in Bild 6-38. Da die Spannung $\sigma_z$ unter ihrem Punkt S zu ermitteln ist, wird, unter Beachtung des von der Tiefe $z$ des Spannungspunkts abhängigen Längenmaßstabes, die Lastfläche so in die Einflusskarte eingezeichnet, dass der Punkt S mit dem Mittelpunkt der Einflusskartenkreise zusammenfällt. Ist die Lastfläche durchgehend mit $\sigma_0$ belegt, ergibt sich die gesuchte Spannung $\sigma_z$ aus

$$\sigma_z = n \cdot 0{,}005 \cdot \sigma_0 \qquad \text{Gl. 6-83}$$

wobei $n$ die durch Auszählung ermittelte Zahl der Einflusskartenteilflächen ist, die mit $\sigma_0$ belegt sind (für das Beispiel von Bild 6-38 ergeben sich $n \approx 62$ und $\sigma_z \approx 0{,}31 \cdot \sigma_0$).

Die Einflusskarte aus Bild 6-38 lässt sich durch Einteilung in mehr oder weniger Sektoren und durch Verwendung von enger oder weiter gestuften Kreisradien verfeinern oder vergröbern. Die Kartenauswertung erfolgt jeweils für eine bestimmte Untersuchungstiefe $z$, für die der eingetragene Längenmaßstab und damit die Einzeichnung der Fundamentfläche festzulegen ist. Bei Veränderung der Untersuchungstiefe $z$ ist demzufolge der Längenmaßstab in entsprechender Weise neu festzulegen und die Fundamentfläche in diesem Maßstab erneut einzuzeichnen.

# 7 Berechnungsgrundlagen der aktuellen Normen

## 7.1 Allgemeines

Die aktuelle Fassung von DIN EN 1997-1 [100] aus dem Jahre 2014 basiert auf dem Konzept der Teilsicherheiten und wird ergänzt durch DIN 1054 [20] sowie den Nationalen Anhang DIN EN 1997-1/NA [102]. Die Normen DIN 1054, DIN EN 1997-1/NA und DIN EN 1997-1 [101] aus dem Jahre 2009 sind im Normen-Handbuch „Geotechnische Bemessung, Band 1: Allgemeine Regeln" [223] zusammengeführt, um ihre Verwendung für den Nutzer (Bauherren, Planer, Unternehmer und Verwaltungen) anwenderfreundlicher zu gestalten; Analoges gilt für die Normen DIN EN 1997-2 [103], DIN 4020 [38] und DIN EN 1997-2/NA [104], die das Normen-Handbuch „Geotechnische Bemessung, Band 2: Erkundung und Untersuchung" [225] beinhaltet.

Wegen der inzwischen vorliegenden Ergänzungen von DIN 1054 (DIN 1054/A1 [22] und DIN 1054/A2 [23]) erschien im Dezember 2015 eine Neuauflage von Band 1 [224]. Ausdrücklich darauf hinzuweisen ist allerdings, dass die Überarbeitung der seit März 2014 vorliegenden DIN EN 1997-1 in dieser Neuauflage nicht berücksichtigt wurde.

Die oben angegebenen drei Normen des Bandes 1 regeln den Entwurf, die Berechnung und Bemessung in der Geotechnik sowie die geotechnischen Einwirkungen bei Gebäuden und Ingenieurbauwerken. Während die in DIN EN 1997-1 zu findenden Regeln europaweit gelten, beinhalten DIN EN 1997-1/NA und DIN 1054 nur für Deutschland geltende Bestimmungen. Der Nationale Anhang enthält Verfahren, Werte und Empfehlungen mit Hinweisen, die gemäß DIN EN 1997-1 der nationalen Festlegung vorzubehalten sind (Näheres z. B. in den Vorworten von DIN EN 1997-1). Da DIN 1054 ausschließlich ergänzende Regelungen zu DIN EN 1997-1 beinhaltet, ist sie nur in Verbindung mit DIN EN 1997-1 und DIN EN 1997-1/NA anwendbar.

Bei den einzelnen Regelungen in DIN EN 1997-1 ist zwischen „Grundsätzen" und „Anwendungsregeln" zu unterscheiden. Die Grundsätze betreffen
- allgemeine Feststellungen und Begriffsbestimmungen, zu denen es keine Alternative gibt,
- Anforderungen und Berechnungsmodelle, von denen ohne ausdrückliche Zustimmung nicht abgewichen werden darf.

Grundsätze sind daran zu erkennen, dass ihnen der Buchstabe P vorgestellt ist.

Bezüglich der Anwendungsregeln gilt, dass sie
- Beispiele anerkannter Regeln sind, die den Grundsätzen entsprechen,
- durch alternative Regeln ersetzt werden dürfen, wenn diese
  - den einschlägigen Grundsätzen entsprechen,
  - in Bezug auf Sicherheit, Gebrauchstauglichkeit und Dauerhaftigkeit Ergebnisse erwarten lassen, die mindestens den Ergebnissen gleichwertig sind, die bei Anwendung der Eurocode-Regeln zu erwarten sind.

Die in DIN 1054 zu findenden nationalen Ergänzungen zu DIN EN 1997-1 sind Anwendungsregeln. Ein Beispiel hierfür ist die Einteilung der Bemessungssituationen.

Der Vergleich der oben aufgeführten Normen des Normen-Handbuchs, Band 1 mit DIN 1054: 2005-01 [21] zeigt eine Vielzahl von Änderungen, die insbesondere auch die auf Berechnungen basierenden geotechnischen Bemessungen betreffen (DIN EN 1997-1, 2.4 und DIN 1054, 2.4). Hierfür werden u. a. Angaben zu
- Einwirkungen und ihren Kombinationen,
- Beanspruchungen,

- geotechnischen Kenngrößen,
- Widerständen,
- Grenzzuständen,
- Bemessungssituationen

benötigt, auf die in den nachstehenden Abschnitten näher eingegangen wird.

Zuvor sei aber noch darauf hingewiesen, dass das Deutsche Institut für Normung e. V. (DIN) über das Internet u. a. Antworten auf Auslegungs-Anfragen zu DIN-Normen des Bauwesens zusammengestellt hat, mit deren Hilfe sich das Verständnis aktueller Normen vertiefen lässt. Der entsprechende Zugang ist kostenlos und erfolgt über http://www.din.de (Homepage des DIN), verbunden mit den aufeinanderfolgenden Mouseclicks auf den Button „Normen erarbeiten", den Button „Normenausschüsse", den Button „NA 005 Normenausschuss Bauwesen (NABau)", den Button „Aktuelles", den Button „Auslegungen zu DIN-Normen" und schließlich den Button „Antworten zu Auslegungs-Anfragen". Am Ende der so aufgerufenen Seite finden sich eine Reihe von Normen, zu denen entsprechende Informationen vorliegen. Mit einem Mouseclick auf z. B. „Auslegungen zu DIN 1054" öffnet sich eine weitere Seite, an deren Ende über „Auslegungen zu DIN 1054" ein entsprechendes pdf-File geöffnet und auch heruntergeladen werden kann. Es enthält neben Antworten zu Auslegungs-Anfragen auch Berichtigungen.

## 7.2 Einwirkungen, geotechnische Kenngrößen, Widerstände

### 7.2.1 Begriffe

Nach DIN EN 1997-1, 1.5.2 und DIN EN 1990 [96], 1.5.1 ist ein

- Bauwerk (Tragwerk) die planmäßige Anordnung miteinander verbundener Bauteile (einschließlich während der Bauausführung vorgenommener Auffüllungen) zum Zweck der Lastabtragung und zur Erzielung ausreichender Steifigkeit,
- Bauteil ein physisch unterscheidbarer Teil eines Tragwerks (z. B. Stütze, Träger, Deckenplatte, Gründungspfahl usw.).

Bei der Führung der in DIN EN 1997-1 geforderten Sicherheitsnachweise muss u. a. die Größe der Einwirkungen und Beanspruchungen, der geotechnischen Kenngrößen und der Widerstände bekannt sein.

Die nachstehenden Bezeichnungen sind DIN EN 1990, 1.5.3 [96] und DIN EN 1997-1 entnommen.

*Einwirkung* ($F$) Sammelbegriff für

- eine Gruppe von Kräften (Lasten), wie z. B. Eigenlasten sowie Wind-, Schnee- und Verkehrslasten, die auf ein Tragwerk einwirken (direkte Einwirkung),
- eine Gruppe aufgezwungener Verformungen oder Beschleunigungen (physikalisch oder chemisch verursacht), wie sie durch Temperaturänderungen, Feuchtigkeitsänderungen, Quellen oder Schrumpfen des Bodens, ungleiche Setzungen, Erdbeben usw. hervorgerufen werden können (indirekte Einwirkung).

*geotechnische Einwirkung* eine von dem Baugrund, einer Auffüllung, einem Gewässer oder Grundwasser ausgehende Einwirkung auf das Bauwerk (DIN EN 1997-1, 1.5.2.1).

*Kombination von Einwirkungen* erfasst alle gleichzeitig auftretenden Einwirkungen bezüglich ihrer Bemessungswerte, wie sie für den Nachweis der Tragwerkszuverlässigkeit für einen Grenzzustand benötigt werden.

*Auswirkung von Einwirkungen* (E) durch Einwirkungen hervorgerufene
- Beanspruchungen von Bauteilen, wie z. B. Schnittkräfte, Momente, Spannungen und Dehnungen oder
- Reaktionen des Gesamtbauwerks, wie z. B. Durchbiegungen und Verdrehungen.

Zu den weiteren Begriffen in Verbindung mit der „Einwirkung" gehören nach DIN EN 1990, 1.5.3 [96] u. a.
- *ständige Einwirkung (G)*,
- *veränderliche Einwirkung (Q)*,
- *statische Einwirkung*,
- *dynamische Einwirkung*,
- *quasi-statische Einwirkung*,
- *charakteristischer Wert einer Einwirkung* ($F_k$),
- *Bemessungswert einer Einwirkung* ($F_d$),
- *repräsentativer Wert einer Einwirkung* ($F_{rep}$).

Nach DIN EN 1997-1, 2.4.3 (1)P ergibt sich die Definition

*Geotechnische Kenngrößen* als quantifizierte Eigenschaften von Boden- und Felsformationen.

In DIN EN 1997-1, 1.5.2.7 findet sich die Definition für

*Widerstand* als mechanische Eigenschaft eines Bauteils oder Bauteil-Querschnitts, Einwirkungen ohne Versagen zu widerstehen (z. B. Widerstand des Baugrunds, Scherfestigkeiten, Steifigkeiten oder auch Biege-, Eindring-, Erd-, Herauszieh-, Knick-, Scher-, Seiten-, Sohl- und Zugwiderstand).

## 7.2.2 Einwirkungen

Einwirkungen können bezüglich ihrer anzusetzenden zahlenmäßigen Größen den verschiedenen Teilen von DIN EN 1991 entnommen werden. Die auszuwählenden Werte der geotechnischen Einwirkungen sind ggf. Schätzwerte, die sich im Zuge der Berechnung noch ändern können.

Für geotechnische Bemessungen sollten u. a. nach Abschnitt 2.4.2 von DIN EN 1997-1 und DIN 1054 als Einwirkungen berücksichtigt werden
- geotechnische Einwirkungen wie
  - Eigenlasten von Boden, Fels und Wasser,
  - Spannungen im Untergrund,
  - Erddrücke,
  - Wasserdrücke aus offenen Gewässern (einschließlich der Wellendrücke) und aus Grundwasser,
  - Strömungsdrücke,
  - Eislasten,
  - durch die Vegetation, das Klima oder Feuchtigkeitsänderungen hervorgerufenes Schwellen oder Schrumpfen von Bodenmaterial,
  - Bewegungen infolge kriechender, rutschender oder sich setzender Bodenmassen,
  - Baugrundverformungen infolge Herstellung und Nutzung des Bauwerks sowie infolge von Belastungen benachbarten Bodens,
  - weiträumige Baugrundbewegungen (z. B. infolge untertägiger Massenentnahme beim Berg- oder Tunnelbau,
  - Temperatureinwirkungen (einschließlich der Frostwirkung),
  - Auflasten (z. B. Auffüllungen),

- Entlastungen (z. B. durch Bodenaushub),
- Bodenbewegungen infolge von Entfestigung, Suffosion (Abtransport feiner Bodenteilchen durch strömendes Wasser, hierfür besonders anfällig sind weitgestufte Böden), Zerfall, Eigendichtung und chemische Lösungsvorgänge,
- Bewegungen und Beschleunigungen durch Erdbeben, Explosionen, Schwingungen und dynamische Belastungen,
- Vorspannung von Bodenankern oder Steifen,
- auf Pfähle wirkende Seitendrücke,
- abwärts gerichteter Zwang (z. B. negative Mantelreibung),
- Verkehrslasten,

− Einwirkungen aus Bauwerken (Gründungslasten), wie z. B.
  - ruhende und eingeprägte Bauwerkslasten aus einem aufliegenden Tragwerk, die sich aus dessen statischer Berechnung ergeben (Eigenlasten, Verkehrslasten, Wind, Schnee usw.),
  - Pollerzugkräfte,
  die im Regelfall in Höhe der Oberkante der Gründungskonstruktion anzugeben sind.

Bezüglich weiterer Angaben zu den geotechnischen Einwirkungen und den Einwirkungen aus Bauwerken ist auf DIN 1054, A 2.4.2.2 und A 2.4.2.3 hinzuweisen.

### 7.2.3 Geotechnische Kenngrößen

Nach DIN EN 1997-1, 2.4.3 werden für rechnerische geotechnische Nachweise geotechnische Kenngrößen zahlenmäßig benötigt, mit deren Hilfe die Eigenschaften der Boden- und Felsbereiche erfasst werden können, die für die Berechnungen bedeutsam sind. Die Ermittlung der Zahlenwerte kann z. B. durch Versuche auf direktem Wege oder über Korrelationen erfolgen. Der letztendlich zu wählende charakteristische Wert soll eine vorsichtige Schätzung des im Grenzzustand wirkenden Wertes darstellen. Bei der Festlegung des jeweiligen Werts sind auch vergleichbare Erfahrungen zu berücksichtigen.

### 7.2.4 Widerstände

Widerstände von Boden und Fels sind Schnittgrößen bzw. Spannungen, die im oder am Tragwerk oder auch im Baugrund wirken können und sich infolge der Festigkeit bzw. der Steifigkeit der Baustoffe oder des Baugrunds ergeben. Gemäß DIN 1054, Tabelle A 2.3 (identisch mit Tabelle 7-2) können sie auftreten als
− Scherfestigkeiten,
− Sohlwiderstände (Grundbruch- bzw. Gleitwiderstand),
− Erdwiderstände (Relativbewegung zwischen Konstruktion und Boden beachten),
− Eindring- und Herauszieh-Widerstände von Pfählen, Zuggliedern oder Ankerkörpern.

## 7.3 Charakteristische und repräsentative Werte

### 7.3.1 Charakteristische Werte

Für die Bemessung geotechnischer Bauwerke sind in einem ersten Schritt charakteristische Werte (Kennzeichnung mit dem Index „k") festzulegen. Sie betreffen
− Einwirkungen $F_k$ und Beanspruchungen $E_k$,
− geotechnische Kenngrößen $M_k$,
− Widerstände $R_k$,

– geometrische Vorgaben (nach DIN EN 1997-1, 2.4.4 sind das die Höhenlage und Neigung des Geländes, Wasserspiegelhöhen, Schichtgrenzen, Aushubtiefen und die Abmessungen des Gründungsbauwerks).

Die Werte charakteristischer Einwirkungen sind nach DIN EN 1997-1, 2.4.5.1 gemäß DIN EN 1990 [96] und den verschiedenen Teilen von DIN EN 1991 festzulegen.

Handelt es sich um charakteristische Werte von geotechnischen Kenngrößen, sind bei deren Wahl u. a. (vgl. die Abschnitte 2.4.5.2 von DIN EN 1997-1 und DIN 1054)
– geologische und zusätzliche Informationen (wie z. B. Projekterfahrungen),
– Streuungen von Messgrößen,
– der Umfang der Feld- und Laboruntersuchungen sowie die Art und Anzahl der Bodenproben,
– die Ausdehnung des Baugrundbereichs, der das Verhalten des geotechnischen Bauwerks maßgeblich beeinflusst,
– die Möglichkeit, dass das geotechnische Bauwerk Lasten aus weicheren in festere Baugrundbereiche umlagert

zu beachten. Darüber hinaus sind die charakteristischen Werte anhand der Ergebnisse und abgeleiteter Werte aus Labor- und Feldversuchen zu wählen, wobei auch vergleichbare Erfahrungen zu berücksichtigen sind. Als charakteristischer Wert einer geotechnischen Kenngröße ist eine vorsichtig geschätzte Größe des Werts zu vereinbaren, der im Grenzzustand wirkt. Handelt es sich bei der geotechnischen Kenngröße um die Scherfestigkeit, darf diese als vorsichtig geschätzter Mittelwert festgelegt werden, wenn sich der Boden ausreichend duktil verhält. Dies ist dann der Fall, wenn sich ein Verlust der Tragfähigkeit durch große Verformungen ankündigt. Nicht duktil verhalten sich z. B. wassergesättigte Böden mit sehr großen Porenzahlen $n$, die schon bei einer geringen Störung flüssig werden können (insbesondere zum Setzungsfließen neigende Sande oder Quicktone). Bei der Festlegung der charakteristischen Scherparameter ist zu beachten, dass die Werte der Kohäsion $c'$ stärker streuen als die Werte des Reibungswinkels $\varphi'$.

Nach [21], 5.3.1 (1) sind charakteristische Bodenkenngrößen grundsätzlich so festzulegen, dass die Ergebnisse der damit durchgeführten Berechnungen auf der sicheren Seite liegen.

Für charakteristische Werte geometrischer Vorgaben gilt nach DIN EN 1997-1, 2.4.5.3, dass die Werte von Geländehöhen und Spiegelhöhen des Grundwassers oder offener Gewässer Messwerte, Nennwerte oder geschätzte obere oder untere Höhenangaben sein müssen und dass die zu Geländehöhen und Abmessungen der geotechnischen Bauwerke oder Bauwerksteile gehörenden Werte in der Regel Nennwerte sein sollten. Unter Nennwert ist nach DIN EN 1990, 1.5.2.22 [96] ein Wert zu verstehen, der nicht auf statistischer Grundlage, sondern z. B. auf der Basis von Erfahrungen oder physikalischen Bedingungen ausgewiesen ist.

### 7.3.2 Repräsentative Werte

Repräsentative Werte sind in den Normen DIN 1054, DIN EN 1990 [96] und DIN EN 1997-1 mit Einwirkungen verbunden. Zu ihrer Kennzeichnung wird der Index „rep" verwendet.

Nach DIN EN 1997-1, 2.4.6.1 berechnet sich der repräsentative Wert einer Einwirkung mit dem charakteristischen Wert $F_k$ der Einwirkung und dem Kombinationsbeiwert $\psi$ zu

$$F_{rep} = \psi \cdot F_k \qquad \text{mit} \quad \psi \leq 1 \qquad \qquad \text{Gl. 7-1}$$

Handelt es sich bei $F_k$ um eine ständige Einwirkung oder um die Leiteinwirkung (nach DIN EN 1990, 1.6 [96]: maßgebende veränderliche Einwirkung) der veränderlichen Einwirkungen (dominierende Einwirkung), gilt nach DIN 1054, 2.4.6.1

$$F_{rep} = F_k \qquad \text{Gl. 7-2}$$

In Fällen, in denen mehrere veränderliche und voneinander unabhängige charakteristische Einwirkungen $Q_{k,i}$ gleichzeitig auftreten können, sind diese in einer „Kombination" zusammenzufassen. Dies setzt allerdings Tragwerke voraus, die linear-elastisch berechnet werden können, da nur dann das Superpositionsprinzip gültig ist. Nachdem eine dieser Einwirkungen als Leiteinwirkung $Q_{k,1}$ festgelegt ist, ergibt sich der repräsentative Wert dieser Kombination mit $Q_{k,1}$ sowie den übrigen veränderlichen Einwirkungen $Q_{k,i}$ und den ihnen zuzuordnenden Kombinationswerten $\psi_{0,i}$ aus

$$Q_{rep} "="\ Q_{k,1} "+" \sum_{i>1} \psi_{0,i} \cdot Q_{k,i} \qquad \text{Gl. 7-3}$$

Die Zeichenkombination "=" hat darin die Bedeutung „ergibt sich aus" und die Kombination "+" die Bedeutung „in Verbindung mit". Bezüglich der Größe der zu wählenden Kombinationsbeiwerte ist auf DIN EN 1990 [96] sowie auf die für Hochbauten geltende Tabelle A 1.1 in DIN EN 1990/NA [97] hinzuweisen. In der Geotechnik ist nach DIN 1054, A 2.4.6.1.1 A (3) der Wert $\psi_0 = 0,8$ zu verwenden.

## 7.4 Grenzzustände

Mit Grenzzuständen wird mögliches Versagen des Bauwerks oder des Baugrunds oder auch gleichzeitiges Versagen von Bauwerk und Baugrund oder auch der Verlust der Gebrauchstauglichkeit des Bauwerks oder von Bauwerksteilen erfasst. Zu entsprechenden Nachweisen gehörende Anforderungen hinsichtlich der Festigkeit, Standsicherheit und Gebrauchstauglichkeit von Bauwerken sind in DIN EN 1997-1 und DIN 1054 zu finden. Für rechnerische Nachweise benötigte Teilsicherheitsbeiwerte, die zu

– Einwirkungen und Beanspruchungen,
– geotechnischen Kenngrößen,
– Widerständen

gehören, lassen sich der jeweiligen Tabelle in DIN 1054 entnehmen (siehe Abschnitt 7.5).

Bei den Grenzzuständen ist zwischen dem Grenzzustand der

– Gebrauchstauglichkeit SLS (**S**erviceability **l**imit **s**tate) und
– Tragfähigkeit ULS (**U**ltimate **l**imit **s**tate)

zu unterscheiden. Der Grenzzustand SLS erfasst den Zustand von Bauwerken oder Bauteilen, in dem deren Nutzung nicht mehr zulässig ist, obwohl ihre Tragfähigkeit noch nicht verloren ging (die zu erwartenden Verschiebungen und Verformungen sind mit dem Zweck des Bauwerks oder Bauteils nicht mehr vereinbar). Bei entsprechenden Nachweisen werden ausschließlich zu Einwirkungen und Beanspruchungen gehörende Teilsicherheitsbeiwerte benötigt, die zum Grenzzustand SLS gehören (vgl. Tabelle 7-1). Der bei Tragfähigkeitsnachweisen (Festigkeit und Standsicherheit) zu beachtende Grenzzustand ULS gliedert sich hingegen in die Grenzzustände

– HYD (**hyd**raulic failure, Grenzzustand des Versagens durch hydraulischen Grundbruch), er betrifft das Versagen infolge Strömungsgradienten im Boden (Beispiele: hydraulischer Grundbruch, innere Erosion und Piping) und ist, bezüglich der Teilsicherheitsbeiwerte, mit Einwirkungen, Beanspruchungen und geotechnischen Kenngrößen verbunden (vgl. Abschnitt 7.5),
– UPL (**up**lift, Grenzzustand des Verlustes der Lagesicherheit des Bauwerks oder Baugrunds infolge von Aufschwimmen), er betrifft den Gleichgewichtsverlust von Bauwerk oder Baugrund

infolge Aufschwimmens durch Wasserdruck (Auftrieb) oder anderer vertikaler Einwirkungen und ist, bezüglich der Teilsicherheitsbeiwerte, mit Einwirkungen, Beanspruchungen und geotechnischen Kenngrößen verbunden (vgl. Abschnitt 7.5),
- EQU (**equ**ilibrium, Grenzzustand des Verlustes der Lagesicherheit), er betrifft den Gleichgewichtsverlust des als starrer Körper angesehenen Tragwerks oder des Baugrunds (für den Widerstand sind dabei die Festigkeit der Baustoffe und des Baugrunds ohne Bedeutung) und ist, bezüglich der Teilsicherheitsbeiwerte, mit Einwirkungen und Beanspruchungen verbunden (vgl. Abschnitt 7.5),
- STR (**str**ucture failure, Grenzzustand des Versagens von Bauwerken und Bauteilen), er betrifft das innere Versagen oder sehr große Verformungen des Bauwerks oder seiner Bauteile, einschließlich der Fundamente, Pfähle, Kellerwände usw. (für den Widerstand ist dabei die Festigkeit der Baustoffe und des Baugrunds entscheidend) und ist, bezüglich der Teilsicherheitsbeiwerte, mit Einwirkungen, Beanspruchungen und Widerständen verbunden (vgl. Abschnitt 7.5),
- GEO (**geo**technic failure, Grenzzustand des Versagens von Baugrund), er betrifft das innere Versagen oder sehr große Verformungen des Baugrunds (für den Widerstand ist dabei die Festigkeit der Locker- und Festgesteine entscheidend) und ist, bezüglich der Teilsicherheitsbeiwerte, mit Einwirkungen, Beanspruchungen, geotechnischen Kenngrößen und Widerständen verbunden (vgl. Abschnitt 7.5),
- GEO-2 (Grenzzustand des Versagens von Baugrund, bei dem das Nachweisverfahren 2 anzuwenden ist), er betrifft das innere Versagen oder sehr große Verformungen des Baugrunds (für den Widerstand ist dabei die Festigkeit der Locker- und Festgesteine entscheidend),
- GEO-3 (Grenzzustand des Versagens von Baugrund durch den Verlust der Gesamtstandsicherheit, bei dem das Nachweisverfahren 3 anzuwenden ist), er betrifft das innere Versagen oder sehr große Verformungen des Baugrunds (für den Widerstand ist dabei die Festigkeit der Locker- und Festgesteine entscheidend).

Bezüglich des zum Grenzzustand GEO-2 gehörenden Nachweisverfahrens 2 bzw. des zum Grenzzustand GEO-3 gehörenden Nachweisverfahrens 3 sei auf DIN EN 1997-1, 2.4.7.3.4.3 bzw. 2.4.7.3.4.4 sowie die zugehörigen Anmerkungen von DIN 1054 hingewiesen.

Zur Erleichterung des Verständnisses der neuen Grenzzustandsdefinitionen wird nachstehend noch ein Vergleich mit Grenzzuständen gemäß DIN 1054:2005-01 vorgenommen (vgl. hierzu *Schuppener* (Beitrag in [245], Tabelle B 2.2). Dem bisherigen Grenzzustand
- GZ 1A (Grenzzustand des Verlustes der Lagesicherheit) entsprechen die „neuen" Grenzzustände EQU, UPL und HYD ohne Einschränkung,
- GZ 1B (Grenzzustand des Versagens von Bauwerken und Bauteilen) entspricht der Grenzzustand STR ohne Einschränkung als „innere" Tragfähigkeit (Materialfestigkeit); hinzu kommt der Grenzzustand GEO-2 in Zusammenhang mit der „äußeren" Bemessung von Gründungselementen (z. B. „äußere" Pfahltragfähigkeit),
- GZ 1C (Grenzzustand des Verlustes der Gesamtstandsicherheit) entspricht der Grenzzustand GEO-3 in Zusammenhang mit der Inanspruchnahme der Scherfestigkeit beim Nachweis der Sicherheit gegen Böschungsbruch und Geländebruch.

## 7.5 Bemessungssituationen und Teilsicherheitsbeiwerte

### 7.5.1 Allgemeines

Zur Gewährleistung ausreichender Sicherheiten bei Berechnungen zum Nachweis der Tragfähigkeit bzw. der Gebrauchstauglichkeit dient das Konzept der Teilsicherheiten. Mit ihm verbunden sind Bemessungswerte für Einwirkungen und Beanspruchungen sowie für geotechnische Kenngrößen und Widerstände (vgl. Abschnitt 7.6), die im Rahmen der Berechnungen benötigt werden und deren Größe u. a. mit Hilfe von Teilsicherheitsbeiwerten (vgl. Abschnitt 7.5.3) zu bestimmen ist. Aus den Tabellen des Abschnitts 7.5.3 geht hervor, dass die Zahlenwerte der Teilsicherheitsbeiwerte insbesondere von der jeweils anzunehmenden Bemessungssituation (BS) abhängig sind.

### 7.5.2 Bemessungssituationen

Gemäß DIN EN 1997-1/NA, NCI Zu 2.2 (1)P sind grundsätzlich vier Bemessungssituationen zu unterscheiden, die im Folgenden erläutert werden (vgl. DIN 1054, 2.2 A (4)):
– BS-P ständige Situationen (**P**ersistent situations), die den üblichen Nutzungsbedingungen des Tragwerks entsprechen. Zu berücksichtigen sind ständige Einwirkungen und veränderliche Einwirkungen, die während der Funktionszeit des Bauwerks regelmäßig auftreten.
– BS-T vorübergehende Situationen (**T**ransient situations), die sich auf zeitlich begrenzte Zustände beziehen, wie etwa
  • Bauzustände bei der Bauwerksherstellung,
  • Bauzustände an einem bestehenden Bauwerk (z. B. bei Instandsetzungsmaßnahmen oder infolge von Aufgrabungs- oder Unterfangungsarbeiten),
  • Baumaßnahmen für vorübergehende Zwecke (z. B. Baugrubenböschungen und Baugrubenkonstruktionen, soweit für Steifen, Anker und Mikropfähle nichts anderes festgelegt ist),
  • Zustände mit planmäßig einmaligen Einwirkungen oder Gegebenheiten.
  Außer den vorübergehenden Einwirkungen erfasst die Bemessungssituation BS-T auch die ständigen Einwirkungen der Situation BS-P.
– BS-A außergewöhnliche Situationen (**A**ccidental situations), die sich auf außergewöhnliche Gegebenheiten des Tragwerks oder seiner Umgebung beziehen. Hierzu gehören z. B.
  • Feuer oder Brand,
  • Explosion,
  • Anprall,
  • extremes Hochwasser,
  • Ankerausfall.
  Neben jeweils einer außergewöhnlichen Einwirkung sind bei dieser Bemessungssituation aber auch ständige und regelmäßig auftretende veränderliche Einwirkungen gemäß den Bemessungssituationen BS-P und BS-T zu berücksichtigen.
  Als außergewöhnlich sind auch Situationen zu betrachten, bei denen gleichzeitig mehrere voneinander unabhängige seltene Einwirkungen zu berücksichtigen sind, wie etwa eine
  • ungewöhnlich große Einwirkung,
  • planmäßige einmalige Einwirkung.
– BS-E für Erdbebeneinwirkungen geltende Bemessungssituationen (**E**arthquake situations).

Bei den Bemessungssituationen BS-A oder BS-E lässt sich nicht ausschließen, dass das jeweilige Bauwerk nach Eintritt einer solchen Situation den Anforderungen an die Gebrauchstauglichkeit nicht mehr genügt und außerdem in entsprechender Weise geschädigt ist. Zur Vermeidung solcher

Schäden sind Maßnahmen zu empfehlen, mit denen die Gebrauchstauglichkeit nachgewiesen werden kann.

Bei Baumaßnahmen, die Baugrubenkonstruktionen betreffen, darf in besonderen Situationen gemäß EAB, EB 24, Absatz 4 [145] die Bemessungssituation BS-T mit abgeminderten Teilsicherheitsbeiwerten unter der Bezeichnung BS-T/A eingefügt werden (vgl. hierzu DIN 1054, 2.2 A (6) und EAB, EB 79 [145]). Bei den veränderlichen Einwirkungen, die dabei neben den Lasten des Regelfalls zusätzlich zu berücksichtigen sind, handelt es sich um
– Fliehkräfte, Bremskräfte und Seitenstoß (z. B. bei Baugruben neben oder unter Eisen- oder Straßenbahnen),
– selten auftretende Lasten und unwahrscheinliche oder selten auftretende Kombinationen von Lastgrößen und Lastangriffspunkten,
– Wasserdruck infolge von Wasserständen, die über den vereinbarten Bemessungswasserstand hinausgehen können (z. B. Wasserstände, bei deren Eintreten die Baugrube überflutet wird oder geflutet werden muss),
– Temperaturwirkungen auf Steifen (z. B. bei Stahlsteifen aus I-Profilen ohne Knickhaltung oder bei schmalen Baugruben in frostgefährdetem Boden).

In EAB, EB 24 [145] finden sich auch Beispiele für ständige, regelmäßig auftretende veränderliche Einwirkungen sowie für Lasten, die ggf. neben den Lasten des Regelfalls zu berücksichtigen sind.

Zum schnelleren Verständnis der neuen Bemessungssituationen sei auf ihre Beziehung mit den Lastfällen aus DIN 1054:2005-01 hingewiesen (vgl. hierzu EA-Pfähle, 1.2.2 [147]). Dem bisherigen Lastfall
– LF 1 entspricht die Bemessungssituation BS-P,
– LF 2 entspricht die Bemessungssituation BS-T,
– LF 3 entspricht die Bemessungssituation BS-A.

Zu diesen drei Fällen kommt noch die „neue" Bemessungssituation BS-E hinzu.

### 7.5.3 Teilsicherheitsbeiwerte

In den nachstehenden Tabellen werden Teilsicherheitsbeiwerte angegeben, die bei der Berechnung der Bemessungswerte von
– Einwirkungen und Beanspruchungen (Tabelle 7-1),
– Widerständen (Tabelle 7-2),
– geotechnischen Kenngrößen (Tabelle 7-3)

zu verwenden sind und deren zahlenmäßige Größen abhängen von der jeweils anzusetzenden Bemessungssituation (BS-P oder BS-T oder BS-A) bzw. von dem jeweils zu betrachtenden Grenzzustand (HYD oder UPL oder EQU oder STR und GEO-2 oder GEO-3 oder SLS).

Es sei hier noch darauf hingewiesen, dass die Einführung des Teilsicherheitskonzepts einen über mehrere Jahrzehnte gehenden Prozess darstellte, in dessen Verlauf sich die Ansätze der Herangehensweise erheblich veränderten. Hierzu gehört u. a., dass dieses neue Sicherheitskonzept an dem alten „globalen" Sicherheitskonzept „geeicht" wurde (vgl. hierzu z. B. *Weißenbach* [266]). Bezüglich der Festlegung der Zahlenwerte für die verschiedenen Teilsicherheitsbeiwerte führte das zu der Forderung, dass die sich im Rahmen des Teilsicherheitskonzepts ergebenden Sicherheiten des Bauwerks bzw. Bauteils möglichst weitgehend den Sicherheiten entsprechen sollten, die sich bei der Anwendung von „Globalsicherheitsbeiwerten" („altes" Sicherheitskonzept) ergeben.

**Tabelle 7-1** Für Einwirkungen und Beanspruchungen geltende Teilsicherheitsbeiwerte $\gamma_F$ (Einwirkung $F$ im Einzelfall) bzw. $\gamma_E$ (Beanspruchung $E$ im Einzelfall); nach Tabelle A 2.1 von DIN 1054 und DIN 1054/A2 [23]

| Einwirkung bzw. Beanspruchung | Formelzeichen | Bemessungssituation BS-P | BS-T | BS-A |
|---|---|---|---|---|
| **HYD und UPL: Grenzzustand des Versagens durch hydraulischen Grundbruch und Aufschwimmen** | | | | |
| destabilisierende ständige Einwirkungen [a] | $\gamma_{G,dst}$ | 1,05 | 1,05 | 1,00 |
| stabilisierende ständige Einwirkungen | $\gamma_{G,stb}$ | 0,95 | 0,95 | 0,95 |
| destabilisierende veränderliche Einwirkungen | $\gamma_{Q,dst}$ | 1,50 | 1,30 | 1,00 |
| stabilisierende veränderliche Einwirkungen | $\gamma_{Q,stb}$ | 0 | 0 | 0 |
| Strömungskraft bei günstigem Untergrund | $\gamma_H$ | 1,45 | 1,45 | 1,25 |
| Strömungskraft bei ungünstigem Untergrund | $\gamma_H$ | 1,90 | 1,90 | 1,45 |
| **EQU: Grenzzustand des Verlusts der Lagesicherheit** | | | | |
| ungünstige ständige Einwirkungen | $\gamma_{G,dst}$ | 1,10 | 1,05 | 1,00 |
| günstige ständige Einwirkungen | $\gamma_{G,stb}$ | 0,90 | 0,90 | 0,95 |
| ungünstige veränderliche Einwirkungen | $\gamma_Q$ | 1,50 | 1,25 | 1,00 |
| **STR und GEO-2: Grenzzustand des Versagens von Bauwerken, Bauteilen und Baugrund** | | | | |
| Beanspruchungen aus ständigen Einwirkungen allgemein [a] | $\gamma_G$ | 1,35 | 1,20 | 1,10 |
| Beanspruchungen aus günstigen ständigen Einwirkungen [b] | $\gamma_{G,inf}$ | 1,00 | 1,00 | 1,00 |
| Beanspruchungen aus ständigen Einwirkungen aus Erdruhedruck | $\gamma_{G,E0}$ | 1,20 | 1,10 | 1,00 |
| Beanspruchungen aus ungünstigen veränderlichen Einwirkungen | $\gamma_Q$ | 1,50 | 1,30 | 1,10 |
| Beanspruchungen aus günstigen veränderlichen Einwirkungen | $\gamma_Q$ | 0 | 0 | 0 |
| **GEO-3: Grenzzustand des Versagens durch Verlust der Gesamtstandsicherheit** | | | | |
| ständige Einwirkungen [a] | $\gamma_G$ | 1,00 | 1,00 | 1,00 |
| ungünstige veränderliche Einwirkungen | $\gamma_Q$ | 1,30 | 1,20 | 1,00 |
| **SLS: Grenzzustand der Gebrauchstauglichkeit** | | | | |
| ständige Einwirkungen bzw. Beanspruchungen | $\gamma_G$ | 1,00 | | |
| veränderliche Einwirkungen bzw. Beanspruchungen | $\gamma_Q$ | 1,00 | | |

[a] einschließlich ständigem und veränderlichem Wasserdruck.
[b] nur im Sonderfall nach DIN 1054, 7.6.3.1 A (2).

**Anmerkungen zu Tabelle 7-1:**
1) Zur Beibehaltung des bisherigen Sicherheitsniveaus sind, in Abweichung von DIN EN 1990 [96], die Teilsicherheitsbeiwerte $\gamma_G$ und $\gamma_Q$ für Beanspruchungen aus ständigen und ungünstigen veränderlichen Einwirkungen für die Bemessungssituation BS-A von $\gamma_G = \gamma_Q = 1{,}00$ auf $\gamma_G = \gamma_Q = 1{,}10$ angehoben worden.

2) Die Teilsicherheitsbeiwerte $\gamma_{G,E0}$ sind gegenüber den Teilsicherheitsbeiwerten $\gamma_G$ herabgesetzt worden, weil der Erdruhedruck bereits bei geringen Entspannungsbewegungen auf einen geringeren Erddruck, im Grenzfall auf den wesentlich kleineren aktiven Erddruck absinkt.

3) In der Bemessungssituation BS-E werden nach DIN EN 1990 [96] keine Teilsicherheitsbeiwerte angesetzt.

**Tabelle 7-2** Teilsicherheitsbeiwerte $\gamma_R$ (Widerstand $R$ im Einzelfall) für Widerstände (nach DIN 1054, Tabelle A 2.3)

| Widerstand | Formelzeichen | Bemessungssituation | | |
|---|---|---|---|---|
| | | BS-P | BS-T | BS-A |
| **STR und GEO-2: Grenzzustand des Versagens von Bauwerken, Bauteilen und Baugrund** | | | | |
| Bodenwiderstände | | | | |
|   Erdwiderstand und Grundbruchwiderstand | $\gamma_{R,e}, \gamma_{R,v}$ | 1,40 | 1,30 | 1,20 |
|   Gleitwiderstand | $\gamma_{R,h}$ | 1,10 | 1,10 | 1,10 |
| Pfahlwiderstände aus statischen und dynamischen Pfahlprobebelastungen | | | | |
|   Fußwiderstand | $\gamma_b$ | 1,10 | 1,10 | 1,10 |
|   Mantelwiderstand (Druck) | $\gamma_s$ | 1,10 | 1,10 | 1,10 |
|   Gesamtwiderstand (Druck) | $\gamma_t$ | 1,10 | 1,10 | 1,10 |
|   Mantelwiderstand (Zug) | $\gamma_{s,t}$ | 1,15 | 1,15 | 1,15 |
| Pfahlwiderstände auf der Grundlage von Erfahrungswerten | | | | |
|   Druckpfähle | $\gamma_b, \gamma_s, \gamma_t$ | 1,40 | 1,40 | 1,40 |
|   Zugpfähle (nur in Ausnahmefällen) | $\gamma_{s,t}$ | 1,50 | 1,50 | 1,50 |
| Herauszieh-Widerstände | | | | |
|   Boden- bzw. Felsnägel | $\gamma_a$ | 1,40 | 1,30 | 1,20 |
|   Verpresskörper von Verpressankern | $\gamma_a$ | 1,10 | 1,10 | 1,10 |
|   flexible Bewehrungselemente | $\gamma_a$ | 1,40 | 1,30 | 1,20 |
| **GEO-3: Grenzzustand des Versagens durch Verlust der Gesamtstandsicherheit** | | | | |
| Scherfestigkeit siehe Tabelle 7-3 | | | | |
| Herauszieh-Widerstände siehe STR und GEO-2 | | | | |

**Anmerkungen zu Tabelle 7-2:**

1) Der Teilsicherheitsbeiwert für den Materialwiderstand des Stahlzugglieds aus Spannstahl und Betonstahl ist in DIN EN 1992-1-1/NA [99], Tabelle 2.1DE für die Bemessungssituationen BS-P und BS-T sowie die Grenzzustände GEO-2 und GEO-3 mit $\gamma_M = 1,15$ angegeben; für die Bemessungssituation BS-A gilt $\gamma_M = 1,0$.

2) Der Teilsicherheitsbeiwert für den Materialwiderstand von flexiblen Bewehrungselementen ist für die Grenzzustände GEO-2 und GEO-3 in EBGEO [150] angegeben.

3) In der Bemessungssituation BS-E werden nach DIN EN 1990 [96] keine Teilsicherheitsbeiwerte angesetzt.

**Tabelle 7-3** Teilsicherheitsbeiwerte $\gamma_M$ (Materialeigenschaft $M$ im Einzelfall) für geotechnische Kenngrößen; nach Tabelle A 2.2 von DIN 1054

| Bodenkenngrößen | Formel-zeichen | Bemessungssituation BS-P | BS-T | BS-A |
|---|---|---|---|---|
| HYD und UPL: Grenzzustand des Versagens durch hydraulischen Grundbruch und Aufschwimmen | | | | |
| Reibungsbeiwert tan $\varphi'$ des dränierten Bodens und Reibungsbeiwert tan $\varphi_u$ des undränierten Bodens | $\gamma_{\varphi'}$, $\gamma_{\varphi u}$ | 1,00 | 1,00 | 1,00 |
| Kohäsion $c'$ des dränierten Bodens und Scherfestigkeit $c_u$ des undränierten Bodens | $\gamma_{c'}$, $\gamma_{cu}$ | 1,00 | 1,00 | 1,00 |
| GEO-2: Grenzzustand des Versagens von Bauwerken, Bauteilen und Baugrund | | | | |
| Reibungsbeiwert tan $\varphi'$ des dränierten Bodens und Reibungsbeiwert tan $\varphi_u$ des undränierten Bodens | $\gamma_{\varphi'}$, $\gamma_{\varphi u}$ | 1,00 | 1,00 | 1,00 |
| Kohäsion $c'$ des dränierten Bodens und Scherfestigkeit $c_u$ des undränierten Bodens | $\gamma_{c'}$, $\gamma_{cu}$ | 1,00 | 1,00 | 1,00 |
| GEO-3: Grenzzustand des Versagens durch Verlust der Gesamtstandsicherheit | | | | |
| Reibungsbeiwert tan $\varphi'$ des dränierten Bodens und Reibungsbeiwert tan $\varphi_u$ des undränierten Bodens | $\gamma_{\varphi'}$, $\gamma_{\varphi u}$ | 1,25 | 1,15 | 1,10 |
| Kohäsion $c'$ des dränierten Bodens und Scherfestigkeit $c_u$ des undränierten Bodens | $\gamma_{c'}$, $\gamma_{cu}$ | 1,25 | 1,15 | 1,10 |

**Anmerkung zu Tabelle 7-3:** In der Bemessungssituation BS-E werden nach DIN EN 1990 [96] keine Teilsicherheitsbeiwerte angesetzt.

## 7.6 Bemessungswerte

### 7.6.1 Allgemeines

Bemessungswerte, die für die Bemessung geotechnischer Bauwerke erforderlich sind, basieren auf entsprechenden charakteristischen Werten (Bild 7-1) und sind als

– Einwirkungen $F_k$ und Beanspruchungen $E_k$,
– geotechnische Kenngrößen $M_k$,
– Widerstände $R_k$

zu ermitteln. Bezüglich der charakteristischen Werte und insbesondere der zu geotechnischen Kenngrößen gehörenden Werte sei auf Abschnitt 7.3.1 verwiesen.

Bemessungswerte sind mit dem Index „d" zu kennzeichnen.

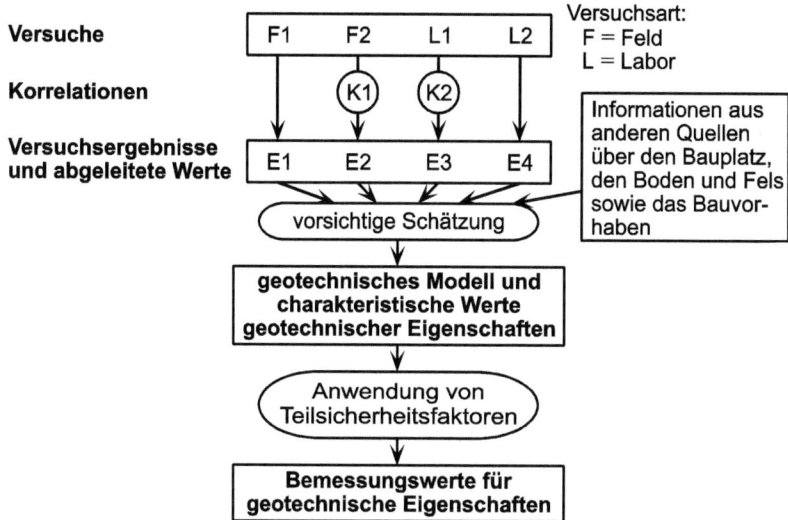

**Bild 7-1** Flussdiagramm für die Ermittlung von Bemessungswerten geotechnischer Eigenschaften (nach DIN EN 1997-2 [103])

### 7.6.2 Bemessungswerte von Einwirkungen

Gemäß DIN EN 1997-1, 2.4.6.1 ist der Bemessungswert $F_d$ einer Einwirkung nach DIN EN 1990 [96] zu bestimmen. Der Wert ist entweder direkt festzulegen oder aus repräsentativen Werten mittels

$$F_d = \gamma_F \cdot F_{rep} = \gamma_F \cdot \psi \cdot F_k \qquad \text{Gl. 7-4}$$

zu bestimmen (mit Teilsicherheitsbeiwerten $\gamma_F$ aus Tabelle 7-1). Handelt es sich um eine ständige Einwirkung oder um eine Leiteinwirkung, gilt (vgl. DIN 1054, 2.4.6.1.1)

$$F_d = \gamma_F \cdot F_k \qquad \text{Gl. 7-5}$$

Bezüglich der Ermittlung des repräsentativen Werts einer Kombination von mehreren veränderlichen und voneinander unabhängigen charakteristischen Einwirkungen sei auf Abschnitt 7.3.2 hingewiesen. In Fällen der direkten Festlegung von Bemessungswerten von geotechnischen Einwirkungen dienen Teilsicherheitsbeiwerte $\gamma_F$ als Orientierungsgrößen für das anzustrebende Sicherheitsniveau.

Bemessungswerte von Einwirkungen, die im Rahmen eines Nachweises der Sicherheit gegen Aufschwimmen (Grenzzustand UPL) oder gegen hydraulischen Grundbruch (Grenzzustand HYD) benötigt werden, berechnen sich nach DIN 1054, 2.4.6.1.1 für die Bemessungssituationen BS-P, BS-T und BS-A mit Hilfe von Teilsicherheitsbeiwerten $\gamma_F$ der Tabelle 7-1 zu

$$F_d = F_k \cdot \gamma_F \quad \text{bzw.} \quad F_d = \sum_{i \geq 1} F_{k,i} \cdot \gamma_{F,i} \qquad \text{Gl. 7-6}$$

Kombinationsbeiwerte sind dabei nicht zu berücksichtigen.

### 7.6.3 Bemessungswerte von geotechnischen Kenngrößen

Gemäß DIN EN 1997-1, 2.4.6.2 sind Bemessungswerte $X_d$ von geotechnischen Kenngrößen entweder direkt festzulegen oder mit Hilfe von charakteristischen Werten $X_k$ und Teilsicherheitsbeiwerten $\gamma_M$ aus Tabelle 7-3 (siehe hierzu DIN EN 1997-1/NA, NPD Zu 2.4.6.1 (4)P) sowie der Gleichung

$$X_d = \frac{X_k}{\gamma_M} \qquad \text{Gl. 7-7}$$

zu berechnen. Werden Bemessungswerte direkt festgelegt, sind die Teilsicherheitsbeiwerte $\gamma_M$ als Orientierungsgrößen für das anzustrebende Sicherheitsniveau zu verstehen.

Bemessungswerte von Scherfestigkeiten, die bei Gesamtstandsicherheitsnachweisen (Grenzzustand GEO-3) verwendet werden, sind nach DIN 1054, 2.4.6.2 A (4) mit den Gleichungen

$$\tan \phi'_d = \frac{\tan \phi'_k}{\gamma_{\phi'}} \qquad \text{bzw.} \qquad \tan \phi_{u;d} = \frac{\tan \phi_{u,k}}{\gamma_{\phi u}}$$

und $\qquad\qquad\qquad\qquad\qquad\qquad\qquad\qquad\qquad\qquad\qquad\qquad\qquad$ Gl. 7-8

$$c'_d = \frac{c'_k}{\gamma_{c'}} \qquad \text{bzw.} \qquad c_{u;d} = \frac{c_{u,k}}{\gamma_{cu}}$$

zu berechnen. Darin stehen die charakteristischen Größen in den Zählern der Brüche für den Reibungsbeiwert $\tan\varphi'$ und die Kohäsion $c'$ des dränierten Bodens sowie den Reibungsbeiwert $\tan\varphi_u$ und die Kohäsion $c_u$ des undränierten Bodens. Diese Größen sind verknüpft mit den entsprechenden Teilsicherheitsbeiwerten aus Tabelle 7-3.

### 7.6.4 Bemessungswerte von Bauwerkseigenschaften

Nach DIN EN 1997-1, 2.4.6.4 sind ggf. erforderliche Bemessungswerte für Festigkeitseigenschaften von Baustoffen und für Bauteilwiderstände nach den Normen DIN EN 1992 bis DIN EN 1996 sowie DIN EN 1999 zu ermitteln.

## 7.7 Rechnerische Nachweisführung der Tragsicherheit

Gemäß DIN EN 1997-1, 2.4.1 müssen bei rechnerischen Nachweisen der Tragsicherheit die grundsätzlichen Anforderungen und speziellen Regeln von DIN EN 1990 [96] berücksichtigt werden. Die Nachweisführung kann mit Hilfe von
- analytischen Verfahren,
- halbempirischen Verfahren (berücksichtigte empirische Beziehungen müssen für die vorherrschenden Baugrundverhältnisse gelten),
- numerischen Verfahren (Beispiele: Finite-Elemente-Methode (FEM), Steifemodulverfahren, Bettungsmodulverfahren)

erfolgen.

Nach DIN EN 1997-1, 2.4.7.1 ist im Allgemeinen nachzuweisen, dass ausreichende Sicherheit gegeben ist gegen
- den Verlust der Lagesicherheit des als starrer Körper angesehenen Bauwerks oder des Baugrunds (Grenzzustand EQU),
- inneres Versagen oder gegen sehr große Verformung des Bauwerks oder seiner Bauteile, einschließlich der Fundamente, Pfähle, Kellerwände usw. (Grenzzustand STR),

- das Versagen oder gegen sehr große Verformungen des Baugrunds (Grenzzustand GEO),
- den Verlust der Lagesicherheit des Bauwerks oder des Baugrunds infolge Aufschwimmen (Auftrieb) oder anderer vertikaler Einwirkungen (Grenzzustand UPL),
- hydraulischen Grundbruch, innere Erosion und Piping im Boden (Grenzzustand HYD).

### 7.7.1 Verlust der Lagesicherheit (EQU)

Der rechnerische Nachweis, dass das Gleichgewicht des als starrer Körper angesehenen Tragwerks bzw. des Baugrunds eingehalten werden kann, lässt sich mit der Einhaltung der Ungleichung

$$E_{dst,d} \leq E_{stb,d} + T_d \quad \text{bzw.} \quad \mu = \frac{E_{dst,d}}{E_{stb,d} + T_d} \leq 1 \qquad \text{Gl. 7-9}$$

führen. Die in den Beziehungen verwendeten vier Größen sind:

$E_{dst,d}$ Bemessungswert der Resultierenden der destabilisierenden Beanspruchungen,
$E_{stb,d}$ Bemessungswert der Resultierenden der stabilisierenden Beanspruchungen,
$T_d$ Bemessungswert der Resultierenden des gesamten mobilisierbaren Scherwiderstands in einer Fuge zwischen Baugrund und Bauwerk oder des gesamten Scherwiderstands, der sich an einem Bodenblock mobilisieren lässt, welcher z. B. eine Zugpfahlgruppe enthält,
$\mu$ Ausnutzungsgrad.

Nach DIN EN 1997-1, 2.4.7.2 betrifft der Grenzzustand EQU vorwiegend die innere Bemessung des Tragwerks. In der Geotechnik erfolgen somit Nachweise in diesem Grenzzustand eher selten (Beispiel: starre Gründung auf Fels), da mit EQU weder die Gesamtstandsicherheit noch die Sicherheit gegen Aufschwimmen erfasst wird.

### 7.7.2 Versagen im Tragwerk und im Baugrund (STR und GEO)

Die Sicherheit gegen das Auftreten von Brüchen oder sehr großen Verformungen in einem Tragwerk, einem Tragwerksteil oder im Baugrund lässt sich mit den Bemessungswerten der Beanspruchungen $E_d$ und der Widerstände $R_d$ sowie mit der Erfüllung der Ungleichung

$$E_d \leq R_d \quad \text{bzw.} \quad \mu = \frac{E_d}{R_d} \leq 1 \qquad \text{Gl. 7-10}$$

nachweisen (vgl. DIN EN 1997-1, 2.4.7.3). In der zweiten der beiden Ungleichungen ist $\mu$ der Ausnutzungsgrad. Die Bemessungswerte sind stets in den maßgebenden Schnitten durch das Bauwerk und den Baugrund sowie in den Berührungsflächen zwischen Bauwerk und Baugrund zu ermitteln.

Im allgemeinen Fall sind die Bemessungswerte der Beanspruchungen für die Bemessungssituationen BS-P und BS-T mit Hilfe von

$$E_d = E\left(\sum_{j\geq 1}\gamma_{G,j}\cdot G_{k,j}\,"+"\,\gamma_P\cdot P_k\,"+"\,\gamma_{Q,1}\cdot Q_{k,1}\,"+"\,\sum_{i\geq 2}\gamma_{Q,i}\cdot \psi_{0,i}\cdot Q_{k,i}\right) \qquad \text{Gl. 7-11}$$

für die Bemessungssituation BS-A mit Hilfe von

$$E_d = E\left(\begin{array}{l}\sum_{j\geq 1}\gamma_{G,j}\cdot G_{k,j}\,"+"\,\gamma_P\cdot P_k\,"+"\,A_d\,"+"\,\gamma_{Q,1}\cdot(\psi_1\text{ oder }\psi_2)\cdot Q_{k,1}\,"+"\\ \sum_{i>1}\gamma_{Q,i}\cdot\psi_{2,i}\cdot Q_{k,i}\end{array}\right) \qquad \text{Gl. 7-12}$$

und für die Bemessungssituation BS-E mit Hilfe von

$$E_d = E\left(\sum_{j\geq 1} G_{k,j} "+" P_k "+" A_{Ed} "+" \sum_{j>1} \psi_{2,j} \cdot Q_{k,j}\right)$$  Gl. 7-13

zu berechnen. In den drei Gleichungen hat die Zeichenkombination "+" die Bedeutung „in Verbindung mit". Die einzelnen Größen der Gleichungen sind:

$G_{k,j}$  j-te ständige charakteristische Einwirkung (j ≥ 1),
$\gamma_{G,j}$  Teilsicherheitsbeiwert $\gamma_G$ für $G_{k,j}$,
$P_k$  charakteristische Einwirkung aus Vorspannung,
$\gamma_P$  Teilsicherheitsbeiwert für $P_k$,
$Q_{k,1}$  Leiteinwirkung der veränderlichen charakteristischen Einwirkungen,
$\gamma_{Q,1}$  Teilsicherheitsbeiwert für $Q_{k,1}$,
$Q_{k,i}$  i-te begleitende veränderliche charakteristische Einwirkung (i ≥ 2),
$\gamma_{Q,i}$  Teilsicherheitsbeiwert für $Q_{k,i}$,
$\psi_{0,i}$  Kombinationswert $\psi_0$ für $Q_{k,i}$,
$A_d$  Bemessungswert einer außergewöhnlichen Einwirkung,
$\psi_1$  Kombinationswert zum Festlegen des häufigen Werts von $Q_{k,1}$,
$\psi_2$  Kombinationswert zum Festlegen des quasi-ständigen Werts von $Q_{k,1}$,
$\psi_{2,i}$  Kombinationswert $\psi_2$ zum Festlegen des quasi-ständigen Werts von $Q_{k,i}$,
$A_{Ed}$  Bemessungswert einer Erdbebeneinwirkung nach DIN EN 1990, Tabelle A.1.3 [96],
$Q_{k,j}$  j-te veränderliche charakteristische Einwirkung (j ≥ 1),
$\psi_{2,j}$  Kombinationswert $\psi_2$ zum Festlegen des quasi-ständigen Werts von $Q_{k,j}$.

Bezüglich des „häufigen Werts" und des „quasi-ständigen Werts" einer veränderlichen Einwirkung sei auf DIN 1990, 1.5.3.17 und 1.5.3.18 [96] hingewiesen. Im Hochbau ist der häufige Wert der Wert, der in ≥ 1 % des Bezugszeitraums überschritten wird; bei der Verkehrsbelastung von Straßenbrücken ist er der Wert mit einer Wiederkehrperiode von einer Woche. Beispiele für den quasi-ständigen Wert einer veränderlichen Einwirkung sind z. B. die Größe von Stapellasten unter Berücksichtigung eines mittleren Beschickungsgrads oder die Größe von Nutzlasten auf einer Decke, die in ≥ 50 % des Bezugszeitraums überschritten wird, oder der Mittelwert von Wind- bzw. Verkehrslasten, der zu einem bestimmten Zeitintervall gehört.

Bei der Indizierung von Kombinationsbeiwerten gilt generell, dass der Index
  0  zu einem Kombinationsbeiwert veränderlicher Einwirkungen,
  1  zu einem Kombinationsbeiwert für häufige Werte veränderlicher Einwirkungen,
  2  zu einem Kombinationsbeiwert für quasi-ständige Werte veränderlicher Einwirkungen

gehört. Bezüglich der Größe der zu wählenden Kombinationsbeiwerte ist auf DIN EN 1990 [96] sowie auf die für Hochbauten geltende Tabelle A 1.1 in DIN EN 1990/NA [97] hinzuweisen. In der Geotechnik sind nach DIN 1054, 2.4.6.1.1 A (3) die Werte $\psi_0 = 0{,}8$, $\psi_1 = 0{,}7$ und $\psi_2 = 0{,}5$ zu verwenden.

Zur Ermittlung des Bemessungswerts der Widerstände $R_d$ aus Gl. 7-10 werden Teilsicherheitsbeiwerte benötigt, die bei der Berechnung von $R_d$ auf Baugrundeigenschaften ($X$) oder auf Widerstände ($R$) oder auch auf Baugrundeigenschaften und Widerstände angewendet werden können. Hinsichtlich weitergehender Ausführungen sei auf DIN EN 1997-1, 2.4.7.3.3 verwiesen.

### 7.7.3 Versagen durch Aufschwimmen (UPL)

Der Nachweis der Sicherheit gegen das Aufschwimmen von Bauwerken oder Bauwerksteilen wird nach DIN EN 1997-1, 2.4.7.4 mit Hilfe des Bemessungswerts der
- Kombination von destabilisierenden ständigen und veränderlichen vertikalen Einwirkungen $V_{dst,d}$,
- Summe der ständigen stabilisierenden vertikalen Einwirkungen $G_{stb,d}$ (z. B. Eigenlast von Tragwerk und Bodenschichten),
- Summe zusätzlicher ständiger Widerstände gegen Aufschwimmen $R_d$ (z. B. Wandreibungskräfte $T_d$ und Ankerkräfte $P_d$),
- Summe der destabilisierenden veränderlichen vertikalen Einwirkungen $Q_{dst,d}$

geführt. Mit der Gültigkeit der Ungleichung ($\mu$ = Ausnutzungsgrad)

$$V_{dst,d} \leq G_{stb,d} + R_d \quad \text{mit} \quad V_{dst,d} \leq G_{dst,d} + Q_{dst,d}$$

bzw.

$$\mu = \frac{V_{dst,d}}{G_{stb,d} + R_d} \leq 1 \qquad \text{Gl. 7-14}$$

gilt der Nachweis als erbracht. Da zusätzliche Widerstände gegen Aufschwimmen behandelt werden dürfen wie stabilisierende ständige vertikale Einwirkungen und die Bemessungswerte der Einwirkungen ohne Berücksichtigung von Kombinationsbeiwerten berechnet werden dürfen (vgl. Abschnitt 7.6.2), kann die Ermittlung aller Bemessungswerte der Gl. 7-14 ausschließlich mit Teilsicherheitsbeiwerten aus Tabelle 7-1 erfolgen.

### 7.7.4 Versagen durch hydraulischen Grundbruch (HYD)

Beim Nachweis der Sicherheit gegen das Versagen durch hydraulischen Grundbruch ist nach Abschnitt 2.4.7.5 von DIN EN 1997-1 und DIN 1054 zu zeigen, dass für jedes untersuchte Bodenprisma die Ungleichung

$$S_{dst,d} \leq G'_{stb,d} \quad \text{bzw.} \quad \mu = \frac{S_{dst,d}}{G'_{stb,d}} \leq 1 \qquad \text{Gl. 7-15}$$

gilt. Die darin verwendeten Größen sind:

$S_{dst,d}$  destabilisierende Strömungskraft in dem Bodenprisma,
$G'_{stb,d}$  stabilisierende Eigengewichtskraft des Bodenprismas unter Auftrieb,
$\mu$  Ausnutzungsgrad.

Die Ermittlung aller Bemessungswerte der Gl. 7-15 kann ausschließlich mit Teilsicherheitsbeiwerten aus Tabelle 7-1 erfolgen (vgl. auch Abschnitt 7.6.2).

## 7.8 Beobachtungsmethode

Ist das Verhalten des Baugrunds einer geplanten Baumaßnahme mit vorab durchgeführten Baugrunduntersuchungen und entsprechenden Berechnungen nicht hinreichend zuverlässig prognostizierbar, kann es sinnvoll sein, die „Beobachtungsmethode" anzuwenden. Diese Methode kombiniert übliche geotechnische Untersuchungen und Berechnungen (Prognosen) mit laufenden messtechnischen Kontrollen des Baugrunds und des Bauwerks während dessen Herstellung (ggf. auch in dessen Nutzungszeit). Auf dieser Basis lassen sich die Prognoseunsicherheiten durch fortlaufende Anpassungen des Entwurfs an die tatsächlichen Verhältnisse weitestgehend verringern.

Als Sicherheitsnachweis ist die Beobachtungsmethode ungeeignet, wenn davon ausgegangen werden muss, dass ein mögliches Versagen nicht frühzeitig zu erkennen ist bzw. dass es sich nicht rechtzeitig ankündigt.

Lassen sich aus den Messungen Gegebenheiten ableiten (z. B. geotechnische Kenngrößen und hydrogeologische Verhältnisse), die günstiger sind als erwartet, dürfen die Bemessung und der weitere Bauablauf mit Hilfe der Beobachtungsmethode optimiert werden.

Im Zuge der Anwendung der Beobachtungsmethode ist nach DIN EN 1997-1, 2.7 noch vor dem Beginn der Baumaßnahmen dafür zu sorgen, dass
– für das Verhalten des Bauwerks zulässige Grenzen festgelegt werden,
– die Schwankungsbreite des möglichen Bauwerksverhaltens bewertet wird und dass gezeigt wird, dass das tatsächlich eintretende Verhalten mit hinreichender Wahrscheinlichkeit innerhalb der festgelegten zulässigen Grenzen liegen wird,
– ein Konzept für die Messungen erstellt wird, mit dem sich feststellen lässt, ob die Schwankungen des Bauwerksverhaltens im Toleranzbereich bleiben bzw. diesen überschreiten,
– die Messungen ein mögliches Überschreiten des Toleranzbereichs so früh anzeigen, dass entsprechende Gegenmaßnahmen noch erfolgreich vorgenommen werden können,
– für diese Gegenmaßnahmen und ihre mögliche Anwendung eine Planung vorliegt, die zur Anwendung kommen kann, wenn der Toleranzbereich überschritten wurde,
– die Reaktionszeiten der Messgeber sowie die Zeitspannen für die Ergebnisaus- und -bewertung in Bezug auf die Geschwindigkeit möglicher Systemveränderungen ausreichend kurz sind.

Hinsichtlich der Umsetzung dieser Forderungen empfiehlt DIN 1054, 2.7 die Beteiligung von Bauherrschaft, geotechnische Beratung, Tragwerksplanung, Bauausführung und Bauaufsicht. Darüber hinaus verlangt die DIN, dass der Schwankungsbereich des Bauwerksverhaltens auf der Basis vorliegender Erkundungsergebnisse rechnerisch ermittelt wird und dass zum Nachweis der Gebrauchstauglichkeit eine rechnerische Prognose erstellt wird, die insbesondere dazu dient
– das Baugrund- und Bauwerksverhalten in den Hauptmerkmalen zu verstehen,
– zu prüfen, ob sich vorab festgelegte Anforderungen an die Gebrauchstauglichkeit in den maßgebenden Bauzuständen einhalten lassen,
– das Messprogramm sinnvoll planen zu können,
– die Wirkungsweise bautechnischer Maßnahmen beurteilen zu können, die für den Fall einer Überschreitung von Gebrauchstauglichkeitskriterien vorgesehen sind.

Nach DIN 1054, 2.7 kann die Anwendung der Beobachtungsmethode insbesondere bei Baumaßnahmen zweckmäßig sein, die in die Geotechnische Kategorie GK3 (Maßnahmen mit hohem Schwierigkeitsgrad) einzuordnen sind und

- mit ausgeprägten Wechselwirkungen zwischen Bauwerk und Baugrund verbunden sind (z. B. Gründungsplatten oder nachgiebig verankerte Stützkonstruktionen),
- durch erhebliche und veränderliche Wasserdruckeinwirkungen gekennzeichnet sind (z. B. Trogbauwerke oder Ufereinfassungen im Tidegebiet),
- durch eine komplexe Wechselwirkung zwischen Baugrund, Baugrubenkonstruktion und angrenzender Bebauung gekennzeichnet sind,
- deren Standsicherheit durch Porenwasserdrücke vermindert werden kann,
- an Hängen zur Ausführung kommen.

# 8 Sohldruckverteilung

## 8.1 Allgemeines

Druckspannungen in der Kontaktfläche von Bauwerk und Baugrund („Sohlfuge" oder „Sohlfläche") sind als Belastungen des Baugrunds und des Bauwerks wirksam. Ihre Verteilung im Sohlflächenbereich beeinflusst u. a. die Größe und den Verlauf der
- Baugrundspannungen und -deformationen (besonders im „Nahbereich" der Sohlfuge),
- Setzungen des Bauwerks (vgl. Kapitel 9),
- Schnittlasten der Gründungskonstruktion und damit deren Bemessung.

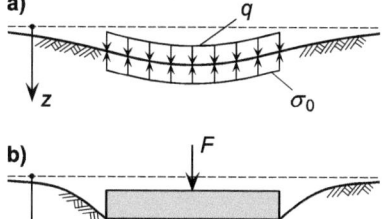

Bild 8-1  Sohldruckspannungen $\sigma_0$
a) unter schlaffem Fundament (schlaffem Lastbündel); $E \cdot I = G \cdot F_Q = 0$
b) unter starrem Fundament; $E \cdot I = G \cdot F_Q = \infty$ (nach *Boussinesq*)

Ein Problem der Sohlspannungsverteilung zeigt Bild 8-1 für die Steifigkeitsgrenzfälle „schlaffes Lastbündel" und „starre Sohlplatte" (nach *Boussinesq*). Während die Normalspannungen $\sigma_0$ in der Sohlfuge des schlaffen Lastbündels sich immer als „Spiegelbild" der Belastung (z. B. der gleichmäßig verteilten Belastung $q$ aus Bild 8-1) ergeben, erweisen sie sich bei der starren Sohlplatte als von der Größe der Last $F$ (hier als Resultierende der auf den Baugrund einwirkenden Fundamentbelastung aufzufassen) und der Sohlflächengröße abhängig.

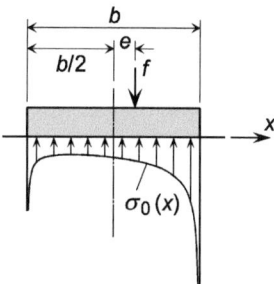

Bild 8-2  Verteilung der Sohldruckspannungen $\sigma_0$ unter einem ausmittig belasteten starren Streifenfundament

Dass die Spannungsverteilung unter starren Fundamenten auch von der Lage der Resultierenden abhängig ist, geht aus dem Beispiel eines starren Streifenfundaments (Bild 8-2) hervor. Der für den linear-elastisch isotropen Halbraum geltende $\sigma_0$-Verlauf wird durch Gl. 8-1 erfasst (siehe hierzu [15]) und zeigt eine deutliche Asymmetrie mit erhöhten Spannungswerten unter der resultierenden Belastung $f$.

$$\sigma_0(x) = \frac{2 \cdot f}{\pi} \cdot \frac{1 + 8 \cdot \frac{e}{b} \cdot \frac{x}{b}}{2 \cdot \sqrt{b^2 - 4 \cdot x^2}} \quad \text{für} \quad e \leq \frac{b}{4} \qquad \text{Gl. 8-1}$$

Aus Bild 8-1 geht der Einfluss der Steifigkeit der Gründungskonstruktion auf die Sohldruckverteilung hervor. Außer diesen Grenzfällen tritt auch der Fall der „biegeweichen" Flächengründung auf, dessen Sohlspannungsverteilung an den Beispielen aus Bild 8-3 erkennbar wird. Der Vergleich dieses Bildes mit Bild 8-1 zeigt, dass bei biegeweichen Gründungen die Verteilung der Bodenpressungen von der Steifigkeit der Gründungskonstruktion und der Verteilung der einwirkenden Belastungen abhängt (Verlagerung der Sohlspannungen hin zu den Lasteintragungsstellen).

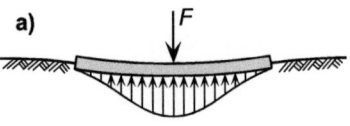

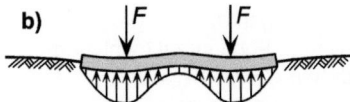

**Bild 8-3**  Verteilungen von Bodenpressungen unter biegeweichen Flächengründungen (nach [24])

Die in Bild 8-1 gezeigte Sohlspannungsverteilung nach *Boussinesq* ist vor allem durch die unendlich hohen Spannungen unter den Rändern des starren Fundaments charakterisiert. Im realen Baugrund treten statt dieser unrealistischen Spannungsspitzen reduzierte Größen auf, da Bodenmaterial in der Sohlfuge bei hohen Pressungen plastiziert und sich somit der Aufnahme weiterer Belastungen entzieht. Die Gleichgewichtsbedingung der Vertikallasten erzwingt dabei eine Umverteilung der am Rande „abgebauten" Sohlspannungen in den inneren Sohlflächenbereich (vgl. hierzu [31]). Dieser Abflachungseffekt ist in den Spannungsverläufen von Bild 8-4 zu sehen, deren $\sigma(F_g)$-Verlauf den erreichbaren Höchstwert der Sohldruckspannungen in der Fundamentmitte beinhaltet.

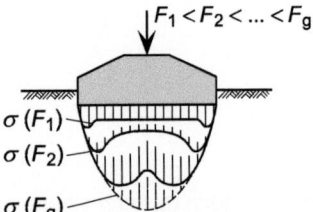

**Bild 8-4**  Schema der Entwicklung der Sohldruckspannungen bei wachsender Belastung eines Flächenfundaments (nach [24])

Neben dem Abbau der Spannungsspitzen zeigt Bild 8-4 außerdem eine Veränderung der Charakteristik der Sohlspannungsverläufe bei zunehmender Fundamentbelastung. Während bei niedriger Belastung die Maximalwerte der Spannungen in der Nähe der Fundamentränder auftreten, verschieben sich diese Größtwerte mit steigender Belastung zur Fundamentmitte hin.

## 8.2 Kennzeichnende Punkte und Linien

In Bild 8-5 sind die Sohldruckverteilungen dargestellt, wie sie unter einer kreisförmigen schlaffen Belastung und unter einem starren Fundament nach *Boussinesq* auftreten. Die Vertikallast $F$ entspricht dabei der Resultierenden der gleichmäßig verteilten schlaffen Last $q$.

Die Überlagerung der im Querschnitt gezeigten Verläufe verdeutlicht, dass die Sohlspannungen beider Fälle in zwei Punkten identisch sind. Ein solcher Punkt wird „kennzeichnender Punkt" oder auch „charakteristischer Punkt" genannt. Bei dem Kreisfundament aus Bild 8-5 liegen die beiden Punkte auf einer Kreislinie (Radius $r\sigma$), die als „kennzeichnende Linie" oder auch „charakteristische Linie" bezeichnet wird.

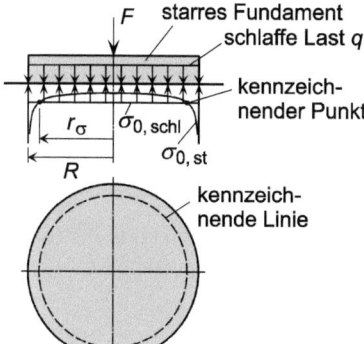

**Bild 8-5** Kennzeichnende Punkte auf der kennzeichnenden Linie der Sohldruckspannungen $\sigma_0$ unter einem Kreisfundament

Der zum Fall von Kreisfundamenten gehörende Radius $r\sigma$ ergibt sich aus der Gleichsetzung der zur schlaffen Belastung $q$ gehörenden Sohldruckspannung $\sigma_{0,\,schl} = q$ und der Sohldruckspannung

$$\sigma_{0st}(r) = \frac{q \cdot R}{2 \cdot \sqrt{R^2 - r^2}} \qquad \text{Gl. 8-2}$$

unter dem starren Fundament (vgl. hierzu [154]). Sein Wert beträgt

$$r_\sigma = R \cdot \sqrt{0{,}75} = 0{,}866 \cdot R \qquad \text{Gl. 8-3}$$

In analoger Weise lässt sich der Verlauf kennzeichnender Linien von anderen Fällen ermitteln. Für ein entsprechend belastetes unendlich langes Streifenfundament der Breite $b$ ergeben sich als kennzeichnende Linien z. B. zwei Parallelen, die zur Fundamentlängsachse jeweils den Abstand

$$a_\sigma = \frac{b}{2} \cdot \sqrt{1 - \frac{4}{\pi^2}} = 0{,}386 \cdot b \qquad \text{Gl. 8-4}$$

aufweisen (siehe auch [154]).

## 8.3 Bodenpressungen in der Sohlfuge nach DIN-Normen

### 8.3.1 Regelwerke

Die bisherigen Ausführungen zur Sohldruckverteilung haben gezeigt, dass diese durch unterschiedliche Parameter beeinflusst wird. Es liegt deshalb nahe, die Verteilung durch vereinfachende Annahmen zu erfassen. Entsprechende Angaben zur Verteilung von Bodenpressungen in der Sohlfuge finden sich in den Normen

- DIN 1054 [20] und DIN EN 1997-1 [100],

die auf dem Konzept der Teilsicherheiten beruhen sowie in den Normen

- DIN 4017 [27], DIN 4017 Beiblatt 1 [28], DIN 4018 [30], DIN 4018 Beiblatt 1 [31], DIN 4019 [32]

und in dem

- DIN-Fachbericht 130 [143].

### 8.3.2 Gleichmäßige Verteilung und ansetzbare Sohlwiderstände nach DIN 1054

Für einfache Fälle erlauben es die Bestimmungen von DIN 1054, A 6.10 bei Flach- und Flächengründungen, die Sicherheitsnachweise für die Grenzzustände

- GEO-2 (Grundbruch- und Gleitsicherheit) und
- SLS (Gebrauchstauglichkeit bezüglich der Setzungen)

zu ersetzen durch die Gegenüberstellung von dem Bemessungswert der einwirkenden Sohldruckbeanspruchung $\sigma_{E,d}$ (gemäß Bild 8-6 rechnerisch angesetzte Normalspannung in der Sohlfläche) und dem Erfahrungswert für den Bemessungswert des Sohlwiderstands $\sigma_{R,d}$ gemäß DIN 1054, A 6.10.2 (nichtbindige Böden) und A 6.10.3 (bindige Böden). Voraussetzungen hierfür ist es u. a., dass (vgl. DIN 1054, A 6.10.1 A (1))

- der Baugrund bis zur Tiefe der 2-fachen Fundamentbreite bzw. mindestens 2 m unter der Gründungssohle ausreichende Festigkeit aufweist (Näheres siehe DIN 1054, A 6.10.2.1 bzw. A 6.10.3.1),
- das Fundament eine waagerechte Sohle aufweist,
- Geländeoberfläche und Schichtgrenzen annähernd waagerecht verlaufen,
- die Neigung der resultierenden charakteristischen bzw. repräsentativen Beanspruchung (wahlweise auch der Bemessungsbeanspruchung) in der Sohlfläche der Bedingung $\tan \delta = H/V \leq 0{,}2$ genügt ($H$ und $V$ sind die horizontale und vertikale Komponente der Beanspruchungsresultierenden),
- eine stützende Wirkung des Bodens vor dem Fundament nur in Rechnung gestellt wird, wenn der Verbleib des Bodens sichergestellt ist (z. B. durch konstruktive Maßnahmen),
- das Fundament nicht regelmäßig oder überwiegend dynamisch beansprucht wird; in bindigen Schichten entsteht kein nennenswerter Porenwasserüberdruck,
- die Bedingungen bezüglich der zulässigen Ausmittigkeit der charakteristischen bzw. repräsentativen Resultierenden der Sohldruckbeanspruchungen gemäß DIN 1054, A 6.6.5 im Grenzzustand der Gebrauchstauglichkeit eingehalten werden (Fundamentverdrehung und Begrenzung einer klaffenden Fuge),
- der Nachweis gegen Kippen (Grenzzustand EQU) gemäß DIN 1054, A 6.5.4 erbracht wurde.

Gemäß DIN 1054, A 6.10.1 A (2) besteht eine ausreichende Sicherheit gegen Grundbruch und bauwerksunverträgliche Setzungen, wenn die Bedingung

$$\sigma_{E,d} \leq \sigma_{R,d} \qquad \text{Gl. 8-5}$$

erfüllt ist. Der zur Vertikalbeanspruchung in der Sohlfuge gehörende Bemessungswert der Druckspannung $\sigma_{E,d}$ entspricht bei rechteckigen Fundamenten einem der in Bild 8-6 dargestellten Fälle. Bei gleicher vertikaler Beanspruchung $V_d$ und gleichen Fundamentabmessungen $b_x$ und $b_y$ vergrößert sich $\sigma_{E,d}$ mit zunehmender Größe der Exzentrizitäten $e_x$ und $e_y$.

Der anzusetzende Bemessungswert $\sigma_{E,d}$ gehört zu der ungünstigsten Einwirkungskombination und ergibt sich aus

- den charakteristischen bzw. repräsentativen Vertikalbeanspruchungen $N_{G,k}$ und $N_{Q,k}$ bzw. $N_{Q,rep}$ multipliziert mit den Teilsicherheitsbeiwerten $\gamma_G$ und $\gamma_Q$ des Grenzzustands GEO-2 (siehe Tabelle 7-1), wenn die Schnittgrößen mit charakteristischen bzw. repräsentativen Werten der Einwirkungen ermittelt wurden,
- dem Bemessungswert der Vertikalbeanspruchung $V_d = N_d$, wenn die Schnittgrößen mit Bemessungswerten der Einwirkungen ermittelt wurden (beachte: da die Ermittlung der Ausmittigkeit mit Bemessungswerten auf der sicheren Seite liegt, kann dies zu unwirtschaftlicheren Fundamentabmessungen führen).

Die Größe des ansetzbaren Sohlwiderstands $\sigma_{R,d}$ lässt sich aus den Tabellen A 6.1 bis A 6.8 von DIN 1054, A 6.10 entnehmen (Tabelle 8-1 bis Tabelle 8-4). Die einzelnen Tabellen gelten für unterschiedliche Böden. Für nichtbindige Böden sind die Werte der Tabelle 8-1 zu verwenden, wobei Zwischenwerte linear interpoliert werden dürfen. Für alle $\sigma_{R,d}$-Werte der Tabelle gilt, dass mit ihrer Einhaltung gemäß Gl. 8-5 eine ausreichende Grundbruchsicherheit verbunden ist. Für den rechten Tabellenteil (Setzungsbegrenzung) gilt darüber hinaus, dass für Fundamente mit $b > 1{,}00$ m bzw. $b' > 1{,}00$ m die Setzungsbegrenzung ausschlaggebend ist.

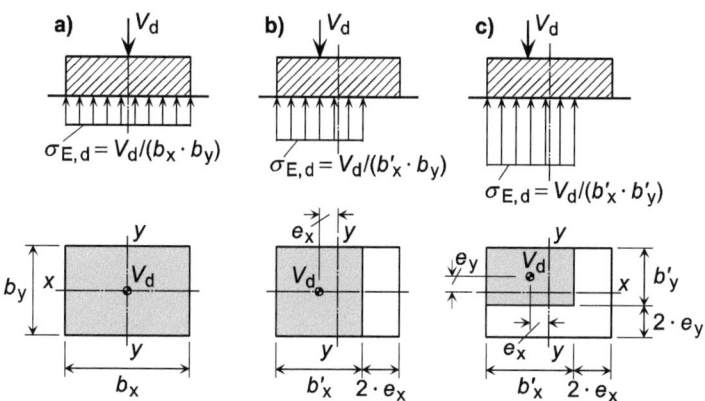

**Bild 8-6** Nach DIN 1054, A 6.10.1 rechnerisch anzusetzende Sohldrücke $\sigma_{E,d}$ infolge des Bemessungswerts $V_d$ der vertikalen Beanspruchung
a) zentrische Belastung
b) einfach exzentrische Belastung
c) zweifach exzentrische Belastung
**Hinweis:** die kleinere Seitenlänge ist immer mit $b_y$ bzw. $b'_y$ zu bezeichnen

Wird die Bedingung aus Gl. 8-5 eingehalten, sind für alleinstehende Fundamente im Falle des linken Teils der Tabelle 8-1, bei Fundamentbreiten bis 1,50 m, Setzungen bis $\approx 2$ cm zu erwarten; bei breiteren Fundamenten erhöhen sich diese Setzungen ungefähr proportional zur Fundamentbreite. Für den rechten Tabellenteil (Setzungsbegrenzung) gilt, dass bei Fundamentbreiten bis 1,50 m mit Setzungen bis $\approx 1$ cm zu rechnen ist und bei breiteren Fundamenten Setzungsmaße von $\approx 2$ cm nicht überschritten werden. Weitere Ausführungen zu den Setzungen alleinstehender Fundamente sind in Abschnitt 9.18 zu finden.

Bei Fundamenten, die durch Tabelle 8-1 nicht erfasst werden, sind die Sicherheiten in den Grenzzuständen GEO-2 und SLS nachzuweisen.

Für auf nichtbindigem Boden gegründete Fundamente dürfen die nach der Tabelle 8-1 ermittelten $\sigma_{R,d}$-Werte ggf. erhöht werden, wenn die Fundamente mindestens 50 cm breit und mindestens 50 cm tief eingebunden sind. Erhöhungen um 20 % sind bei Kreisfundamenten oder Rechteckfundamenten mit Seitenverhältnissen von $b_x/b_y < 2$ bzw. $b'_x/b'_y < 2$ erlaubt (für Werte aus DIN 1054, Tabelle A 6.1 gilt das nur für Einbindetiefen von $> 0{,}6 \cdot b_y$ bzw. $> 0{,}6 \cdot b'_y$). Erhöhungen um 50 % sind zulässig, wenn bis zur Tiefe von mindestens 2 m bzw. der zweifachen Fundamentbreite (es gilt der größere Wert) Boden mit hoher Festigkeit ansteht. Diese Bedingung ist erfüllt, wenn mindestens eine der Bedingungen aus Tabelle 8-2 eingehalten ist.

**Tabelle 8-1** Ansetzbare Sohlwiderstandsbemessungswerte $\sigma_{R,d}$ bei auf nichtbindigen Böden gegründeten Streifenfundamenten auf der Grundlage einer ausreichenden Grundbruchsicherheit mit den Voraussetzungen nach Tabelle 5-19 (nach DIN 1054, Tabellen A 6.1 und A 6.2)

| Kleinste Einbindetiefe des Fundaments in m | Ansetzbarer Sohlwiderstand $\sigma_{R,d}$ in kN/m² $b$ bzw. $b'$ (in m) | | | | | | Ansetzbarer Sohlwiderstand $\sigma_{R,d}$ in kN/m² (zusätzliche Setzungsbegrenzung) $b$ bzw. $b'$ (in m) | | | | | |
|---|---|---|---|---|---|---|---|---|---|---|---|---|
| | 0,50 | 1,00 | 1,50 | 2,00 | 2,50 | 3,00 | 0,50 | 1,00 | 1,50 | 2,00 | 2,50 | 3,00 |
| 0,50 | 280 | 420 | 560 | 700 | 700 | 700 | 280 | 420 | 460 | 390 | 350 | 310 |
| 1,00 | 380 | 520 | 660 | 800 | 800 | 800 | 380 | 520 | 500 | 430 | 380 | 340 |
| 1,50 | 480 | 620 | 760 | 900 | 900 | 900 | 480 | 620 | 550 | 480 | 410 | 360 |
| 2,00 | 560 | 700 | 840 | 980 | 980 | 980 | 560 | 700 | 590 | 500 | 430 | 390 |
| bei Bauwerken mit Einbindetiefen $0{,}30\,\text{m} \leq d \leq 0{,}50\,\text{m}$ und mit Fundamentbreiten $b$ bzw. $b' \geq 0{,}30\,\text{m}$ | 210 | | | | | | 210 | | | | | |

**Hinweise:** Zwischenwerte dürfen linear interpoliert werden.
Berechnet sich bei einer ausmittigen Belastung die kleinere reduzierte Seitenlänge zu $b' < 0{,}50$ m, dürfen die Tabellenwerte hierfür geradlinig extrapoliert werden.

**Tabelle 8-2** Voraussetzungen für die Erhöhung der Bemessungswerte von Sohlwiderständen $\sigma_{R,d}$ nach den Tabellen A 6.1 und A 6.2 von DIN 1054 [20] bei nichtbindigem Boden (zur Lagerungsdichte $D$ siehe Abschnitt 5.10)

| Bodengruppe nach DIN 18196 | Ungleichförmigkeitszahl nach DIN 18196 $C_U$ | Mittlere Lagerungsdichte nach DIN 18126 $D$ | Mittlerer Verdichtungsgrad nach DIN 18127 $D_{Pr}$ | Mittlerer Spitzenwiderstand der Drucksonde $q_c$ in MN/m² |
|---|---|---|---|---|
| SE, GE, SU, GU, ST, GT | $\leq 3$ | $\geq 0{,}50$ | $\geq 98\,\%$ | $\geq 15$ |
| SE, SW, SI, GE, GW, GT, SU, GU | $> 3$ | $\geq 0{,}65$ | $\geq 100\,\%$ | $\geq 15$ |

Eine Verringerung von $\sigma_{R,d}$-Werten wird bei zu geringen Abständen des Grundwasserspiegels zur Gründungssohle des Fundaments erforderlich (Näheres siehe DIN 1054, A 6.10.2.3). Für den linken Teil der Tabelle 8-1 gilt, dass bei einem in Höhe der Gründungssohle liegenden Grundwasserspiegel der ansetzbare Sohlwiderstand um 40 % zu reduzieren ist. Zu über der Gründungsohle liegendem Grundwasserspiegel siehe DIN 1054, A 6.10.2.3 A (3). Bezüglich der ggf. erforderlichen Reduzierung der $\sigma_{zul}$-Werte des rechten Teils der Tabelle 8-1 ist DIN 1054, 7.7.2.3 (4) zu beachten.

Wirkt außer der resultierenden senkrechten charakteristischen Sohldruckbeanspruchung $V_k$ auch eine waagerechte Komponente $H_k$ auf das Fundament ein, sind die erhöhten bzw. verminderten $\sigma_{R,d}$-Werte (siehe die obigen Ausführungen) des linken Teils der Tabelle 8-1 mit dem Faktor

$$1 - \frac{H_k}{V_k} \qquad \text{Gl. 8-6}$$

abzumindern, wenn $H_k$ parallel zur langen Fundamentseite wirkt und für das Seitenverhältnis der Fundamente $b_x/b_y \geq 2$ bzw. $b'_x/b'_y \geq 2$ gilt. In allen anderen Fällen ist der Faktor

$$\left(1 - \frac{H_k}{V_k}\right)^2 \qquad \text{Gl. 8-7}$$

zu verwenden. Die $\sigma_{R,d}$-Werte des rechten Teils von Tabelle 8-1 (Setzungsbegrenzung) dürfen unverändert verwendet werden, wenn der jeweilige Wert nicht größer ist als der entsprechende, mit den Abminderungsfaktoren reduzierte Wert des linken Tabellenteils (zu verwenden ist der kleinere Wert).

**Tabelle 8-3** Ansetzbare Sohlwiderstandsbemessungswerte $\sigma_{R,d}$ für Streifenfundamente auf reinem Schluff (UL nach DIN 18196) mit Breiten $b$ bzw. $b'$ von 0,5 bis 2 m bei steifer bis halbfester Konsistenz oder einer mittleren einaxialen Druckfestigkeit $q_{u,k} > 120$ kN/m² (nach DIN 1054, Tabelle A 6.5)

| Kleinste Einbindetiefe des Fundaments in m | Ansetzbarer Sohlwiderstand $\sigma_{R,d}$ in kN/m² |
|---|---|
| 0,50 | 180 |
| 1,00 | 250 |
| 1,50 | 310 |
| 2,00 | 350 |

Für die in Tabelle 8-3 und Tabelle 8-4 aufgeführten $\sigma_{R,d}$-Werte gilt gemäß DIN 1054, A 6.10.3.1, dass
- sie für die Bemessungssituation BS-P ermittelt wurden und ihre Anwendung für die Bemessungssituation BS-T somit auf der sicheren Seite liegt,
- sie nicht angewendet werden dürfen, wenn Bodenarten vorliegen, bei denen ein plötzliches Zusammenbrechen des Korngerüstes nicht auszuschließen ist (z. B. Lössboden),
- ihre Anwendung auf mittig belastete Fundamente zu Setzungen führt, deren Größenordnung zwischen 2 und 4 cm liegt,
- ihre Anwendung die Bestimmung der Konsistenz (Zustandsform) mittels Hand- oder Laborversuchen (vgl. Abschnitte 1.6.4 und 5.8) oder der einaxialen Druckfestigkeit (vgl. Abschnitt 5.14) verlangt.

Wurde die charakteristische Scherfestigkeit $c_{u,k}$ des undränierten Bodens durch Versuche ermittelt, darf die charakteristische einaxiale Druckfestigkeit mit $\varphi_u = 0°$ und dem Näherungsansatz

$$q_{u,k} = 2 \cdot c_{u,k}$$  Gl. 8-8

berechnet werden.

Für Fundamente, die auf bindigem Boden gegründet werden, dürfen die ansetzbaren $\sigma_{R,d}$-Werte von Tabelle 8-3 und Tabelle 8-4 um 20 % erhöht werden, wenn es sich um Rechteckfundamente mit Seitenverhältnissen von $b_x/b_y < 2$ bzw. $b'_x/b'_y < 2$ oder um Kreisfundamente handelt. Bei Fundamenten mit Breiten zwischen 2,00 und 5,00 m sind die Tabellenwerte für jeden lfdm, um den die Fundamentbreite über 2,00 m hinausgeht, um jeweils 10 % abzumindern. Für Fundamentbreiten von mehr als 5,00 m müssen die Sicherheiten in den Grenzzuständen GEO-2 und SLS nachgewiesen werden.

**Tabelle 8-4** Ansetzbare Sohlwiderstandsbemessungswerte $\sigma_{R,d}$ für auf bindigen Böden gegründeten Streifenfundamenten der Breiten $b$ bzw. $b'$ von 0,5 bis 2 m (nach DIN 1054, Tabellen A 6.6 und A 6.7)

| Kleinste Einbindetiefe des Fundaments in m | Ansetzbarer Sohlwiderstand $\sigma_{R,d}$ in kN/m² bei gemischtkörnigen Böden mit der mittleren Konsistenz | | | Kleinste Einbindetiefe des Fundaments in m | Ansetzbarer Sohlwiderstand $\sigma_{R,d}$ in kN/m² bei tonig-schluffigen Böden mit der mittleren Konsistenz | | |
|---|---|---|---|---|---|---|---|
| | steif | halbfest | fest | | steif | halbfest | fest |
| 0,50 | 210 | 310 | 460 | 0,50 | 170 | 240 | 390 |
| 1,00 | 250 | 390 | 530 | 1,00 | 200 | 290 | 450 |
| 1,50 | 310 | 460 | 620 | 1,50 | 220 | 350 | 500 |
| 2,00 | 350 | 520 | 700 | 2,00 | 250 | 390 | 560 |
| mittlere einaxiale Druckfestigkeit $q_{u,k}$ in kN/m² | 120 bis 300 | 300 bis 700 | > 700 | mittlere einaxiale Druckfestigkeit $q_{u,k}$ in kN/m² | 120 bis 300 | 300 bis 700 | > 700 |
| Böden der Gruppen SU*, ST, ST*, GU*, GT* nach DIN 18196; z. B. Geschiebemergel. | | | | Böden der Gruppen UM, TL, TM nach DIN 18196. | | | |

| Kleinste Einbindetiefe des Fundaments in m | Ansetzbarer Sohlwiderstand $\sigma_{R,d}$ in kN/m² bei Ton-Böden mit der mittleren Konsistenz | | |
|---|---|---|---|
| | steif | halbfest | fest |
| 0,50 | 130 | 200 | 280 |
| 1,00 | 150 | 250 | 340 |
| 1,50 | 180 | 290 | 380 |
| 2,00 | 210 | 320 | 420 |
| mittlere einaxiale Druckfestigkeit $q_{u,k}$ in kN/m² | 120 bis 300 | 300 bis 700 | > 700 |
| Böden der Gruppe TA nach DIN 18196. | | | |

### 8.3.3 Geradlinige Verteilung

Nach den Bestimmungen von DIN 1054 und DIN EN 1997-1 ist anzunehmen, dass der einwirkende charakteristische Sohldruck bei Flachgründungen wie Einzel- und Streifenfundamenten
a) gleichmäßig verteilt ist, wenn der Nachweis gemäß Gl. 8-5 für einfache Fälle gemäß DIN 1054, A 6.10 (siehe hierzu Abschnitt 8.3.2) bzw. der Grundbruchnachweis (siehe hierzu Abschnitt 11.7 sowie DIN 1054, 6.5.2.2 und DIN 4017, 7.2.7) zu führen ist,
b) geradlinig verteilt ist, wenn der Nachweis des Grenzzustands der Gebrauchstauglichkeit (SLS) (vgl. z. B. Fundamentverdrehung und Begrenzung einer klaffenden Fuge gemäß DIN EN 1997-1, 6.6.2 (15) und DIN 1054, A 6.6.5) bzw. ein Setzungsnachweis zu führen ist (siehe DIN 1054, 6.6.2 A (3) und DIN 4019, 6).

Nach DIN EN 1997-1, 6.8 (2) darf eine lineare Sohldruckverteilung auch für die Bemessung starrer Fundamente angenommen werden (gilt in der Regel für Einzel- und Streifenfundamente). Diese Verteilung führt bei kleinen Lasten zu Fundamentbemessungen, die auf der unsicheren Seite liegen. Mögliche Verteilungsverläufe bei Rechteckfundamenten sind in Bild 8-7 dargestellt.

Für die Bemessung biegeweicher Gründungen (Platten und Trägerroste) ist nach DIN 1054, 6.8 A (3) die Wechselwirkung von Gründungskonstruktion und Baugrund zu berücksichtigen. In der Norm wird diesbezüglich auf den DIN-Fachbericht 130 verwiesen, in dem eine größere Zahl von Berechnungsmodellen behandelt wird, die für diese Zwecke herangezogen werden können.

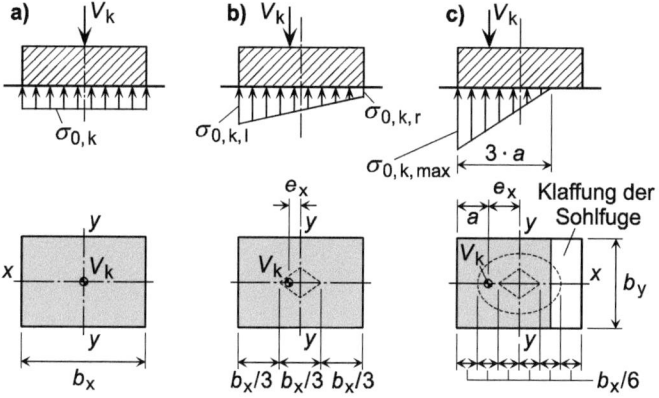

**Bild 8-7** Beispiele für geradlinige Sohlspannungsverläufe unter Rechteckfundamenten und ihre Beeinflussung durch Exzentrizitäten der charakteristischen Resultierenden $V_k$ gemäß DIN 1054, 7
a) mittige Belastung
b) außermittige Belastung mit Kraftschluss über die gesamte Sohlfläche
c) außermittige Belastung mit klaffender Sohlfuge

Die zu Rechteckfundamenten gehörenden $\sigma_{0,k}$-Spannungen für einfach außermittige charakteristische Belastungen $V_k$ mit der Exzentrizität $e_x$ können mit den folgenden Gleichungen ermittelt werden.

Exzentrizität $e_x = 0$

$$\sigma_{0,k} = \frac{V_k}{A} = \frac{V_k}{b_x \cdot b_y} \qquad \text{Gl. 8-9}$$

Exzentrizität $e_x \leq b_x/6$

$$\sigma_{0,k,\,l\,\text{bzw.}\,0,k,r} = \frac{V_k}{A} \pm \frac{M_k}{W} = \frac{V_k}{b_x \cdot b_y} \pm \frac{6 \cdot V_k \cdot e_x}{b_x^2 \cdot b_y} \qquad \text{Gl. 8-10}$$

Exzentrizität $e_x > b_x/6$

$$\sigma_{0,k,\max} = \frac{4 \cdot V_k}{(3 \cdot b_x - 6 \cdot e_x) \cdot b_y} = \frac{2 \cdot V_k}{3 \cdot a \cdot b_y} \qquad \text{Gl. 8-11}$$

Da der Boden keine Zugspannungen aufnehmen kann, treten bei größeren Exzentrizitäten der charakteristischen Belastung $V_k$ Klaffungen der Sohlfuge auf (Sohlflächenbereiche ohne Spannungsübertragung). In Bild 8-7c ist dies für den Fall der einfachen Ausmittigkeit gezeigt.

Für den allgemeinen Fall der resultierenden vertikalen charakteristischen Belastung $V_k$ eines rechteckigen Fundaments mit Vollquerschnitt gilt, dass keine Klaffung auftritt, wenn $V_k$ nicht außerhalb der als „Kern" oder auch „1. Kernweite" bezeichneten Zone der Sohlfläche (Bild 8-8) liegt. Solche Belastungszustände genügen den drei Bedingungen

$$|e_x| + |e_y| \cdot \frac{b_x}{b_y} \leq \frac{b_x}{6} \quad \text{bzw.} \quad |e_x| \cdot \frac{b_y}{b_x} + |e_y| \leq \frac{b_y}{6} \quad \text{bzw.} \quad \frac{|e_x|}{b_x} + \frac{|e_y|}{b_y} \leq \frac{1}{6} \qquad \text{Gl. 8-12}$$

aus denen sich durch entsprechende Umstellung

$$|e_x| \leq \frac{b_x}{6} - |e_y| \cdot \frac{b_x}{b_y} \quad \text{bzw.} \quad |e_y| \leq \frac{b_y}{6} - |e_x| \cdot \frac{b_y}{b_x} \qquad \text{Gl. 8-13}$$

ergibt. Die Druckspannungsgrößen an den Eck- oder Randpunkten der Sohlfuge können dann mit

$$\sigma_{0,k} = \frac{V_k}{A} \pm \frac{M_{x,k}}{W_x} \pm \frac{M_{y,k}}{W_y} = \frac{V_k}{b_x \cdot b_y} \pm \frac{6 \cdot V_k \cdot e_y}{b_x \cdot b_y^2} \pm \frac{6 \cdot V_k \cdot e_x}{b_x^2 \cdot b_y} \qquad \text{Gl. 8-14}$$

berechnet werden.

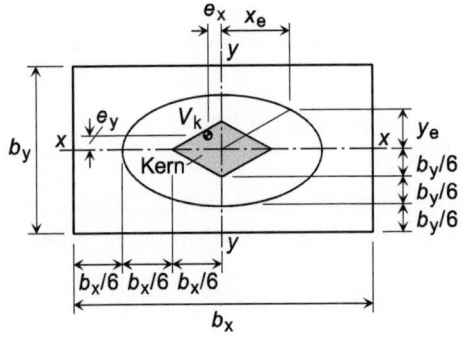

**Bild 8-8** Grundriss eines rechteckigen Fundaments; Bezeichnungen bei zweiachsiger Ausmittigkeit (nach DIN 1054, Bild A 6.2)

## 8.3 Bodenpressungen in der Sohlfuge nach DIN-Normen

Liegt die charakteristische Kraft $V_k$ zwar außerhalb des Kerns, aber nicht außerhalb des auch als „2. Kernweite" bezeichneten Bereichs, klafft die Sohlfuge bis höchstens zu ihrem Schwerpunkt. Nach *Smoltczyk/Netzel/Kany* [175], Kapitel 3.1 kann die Begrenzungslinie dieses Bereichs näherungsweise durch die elliptische Funktion

$$\left(\frac{x_e}{b_x}\right)^2 + \left(\frac{y_e}{b_y}\right)^2 = \frac{1}{9} \qquad \text{Gl. 8-15}$$

erfasst werden (vgl. *Graßhoff/Kany* [174], Kapitel 3.2). Für die zulässigen Größen von $e_x$ und $e_y$ ergeben sich damit die Beziehungen

$$|e_x| \leq b_x \cdot \sqrt{\frac{1}{9} - \frac{e_y^2}{b_y^2}} \qquad \text{bzw.} \qquad |e_y| \leq b_y \cdot \sqrt{\frac{1}{9} - \frac{e_x^2}{b_x^2}} \qquad \text{Gl. 8-16}$$

**Anwendungsbeispiel**

Zu betrachten ist das in Bild 8-9 dargestellte, $d = 0,6$ m tief eingebundene Streifenfundament aus Stahlbeton mit der Höhe $h = 0,6$ m, der Breite $b = 1,30$ m und der charakteristischen Wichte $\gamma_{b,k} = 25$ kN/m³. Das Fundament ist auf halbfestem Baugrund der Bodengruppe ST gemäß DIN 8196 [83] gegründet und wird durch die veränderliche vertikale charakteristische Linienlast $f_k = 190$ kN/lfdm belastet, deren Exzentrizität $e_f = 0,18$ m beträgt.

Es ist zu prüfen,
- ob der Bemessungswert der rechnerisch vorhandenen Sohldruckbeanspruchung $\sigma_{E,d}$ den nach DIN 1054 ansetzbaren Bemessungswert des Sohlwiderstands $\sigma_{R,d}$ für den Fall der Bemessungssituation BS-P nicht überschreitet und
- ob ein Klaffen der Sohlfuge infolge der charakteristischen Einwirkungen auftritt.

Außerdem sind die charakteristischen Werte und Bemessungswerte der Normalspannungen in der Sohlfuge unter der Voraussetzung eines linearen Sohldruckverlaufs zu berechnen.

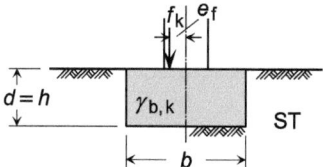

**Bild 8-9** Streifenfundament im Querschnitt

**Lösung**

Mit der Größe der charakteristischen Fundamenteigenlast pro lfdm

$$g_{\text{Fun,k}} = b \cdot h \cdot 1,0 \cdot \gamma_{b,k} = 1,3 \cdot 0,6 \cdot 1,0 \cdot 25 = 19,5 \text{ kN/lfdm}$$

und den zur Bemessungssituation BS-P gehörenden Teilsicherheitsbeiwerten im Grenzzustand GEO-2

$$\gamma_G = 1,35$$
$$\gamma_Q = 1,50$$

$$g_{\text{Fun,k}} = b \cdot h \cdot 1,0 \cdot \gamma_{b,k} = 1,3 \cdot 0,6 \cdot 1,0 \cdot 25 = 19,5 \text{ kN/lfdm}$$

ergeben sich die Bemessungsgrößen der Einwirkungen

$$g_{\text{Fun,d}} = 19{,}5 \cdot 1{,}35 = 26{,}33 \text{ kN/lfdm}$$

und

$$f_d = f_k \cdot \gamma_Q = 190{,}0 \cdot 1{,}5 = 285{,}0 \text{ kN/lfdm}$$

Mit dem Bemessungswert der Resultierenden der Einwirkungen

$$F_d = g_{\text{Fun,d}} + f_d = 26{,}33 + 285 = 311{,}33 \text{ kN/lfdm}$$

und dessen Exzentrizität (Momentenäquivalent um den rechten unteren Fundamenteckpunkt)

$$e_{\text{Rd}} = \frac{g_{\text{Fun,d}} \cdot \frac{b}{2} + f_d \cdot \left(\frac{b}{2} + 0{,}18\right)}{F_d} - \frac{b}{2} = \frac{26{,}33 \cdot \frac{1{,}3}{2} + 285 \cdot \left(\frac{1{,}3}{2} + 0{,}18\right)}{311{,}33} - \frac{1{,}3}{2} = 0{,}1648 \text{ m}$$

ergibt sich als rechnerisch vorhandene Sohldruckbeanspruchung gemäß Bild 8-6.b

$$\sigma_{\text{E,d}} = \frac{F_d}{b - 2 \cdot e_{\text{Rd}}} = \frac{311{,}33}{1{,}3 - 2 \cdot 0{,}1648} = 320{,}81 \text{ kN/m}^2$$

Ihr Vergleich mit dem Bemessungswert des Sohlwiderstands, der sich unter Verwendung der Tabelle 8-4 (linke obere Tabelle, da Bodengruppe ST) zu

$$\sigma_{\text{R,d}} = 310 + \frac{390 - 310}{0{,}5} \cdot 0{,}1 = 326 \text{ kN/m}^2$$

berechnet, führt zu (Gl. 8-5)

$$\sigma_{\text{E,d}} = 320{,}81 \text{ kN/m}^2 < \sigma_{\text{R,d}} = 326 \text{ kN/m}^2$$

Für das Fundament ist damit eine ausreichende Sicherheit gegen Grundbruch gegeben, darüber hinaus ist mit Setzungen $\leq 4$ cm zu rechnen (vgl. Abschnitt 8.3.2).

Mit der Resultierenden der charakteristischen Einwirkungen

$$F_k = g_{\text{Fun,k}} + f_k = 19{,}5 + 190{,}0 = 209{,}5 \text{ kN/lfdm}$$

und deren Exzentrizität (Momentenäquivalent um den rechten unteren Fundamenteckpunkt)

$$e_{\text{Rk}} = \frac{g_{\text{Fun,k}} \cdot \frac{b}{2} + f_k \cdot \left(\frac{b}{2} + 0{,}18\right)}{F_k} - \frac{b}{2} = \frac{19{,}5 \cdot \frac{1{,}3}{2} + 190 \cdot \left(\frac{1{,}3}{2} + 0{,}18\right)}{209{,}5} - \frac{1{,}3}{2} = 0{,}1632 \text{ m}$$

ergibt sich in Anlehnung an Gl. 8-12 der Ausdruck

$$e_{\text{Rk}} = 0{,}1632 \text{ m} < \frac{b}{6} = \frac{1{,}3}{6} = 0{,}217 \text{ m}$$

mit dem gezeigt ist, dass ein Klaffen der Sohlfuge unter den charakteristischen Einwirkungen nicht auftritt.

Als Randwerte der charakteristischen Normalspannungen in der Sohlfuge ergeben sich gemäß Gl. 8-14 die Größen (Berechnung für ein 1 m langes Teilstück des Fundaments)

$$\sigma_{0,l,k} = \frac{F_k}{b} + \frac{F_k \cdot e_{\text{Rk}} \cdot 6}{b^2} = \frac{209{,}5}{1{,}3} + \frac{209{,}5 \cdot 0{,}1632 \cdot 6}{1{,}3^2} = 161{,}15 + 121{,}39 = 282{,}54 \text{ kN/m}^2$$

$$\sigma_{0,r,k} = \frac{F_k}{b} - \frac{F_k \cdot e_{\text{Rk}} \cdot 6}{b^2} = \frac{209{,}5}{1{,}3} - \frac{209{,}5 \cdot 0{,}1632 \cdot 6}{1{,}3^2} = 161{,}15 - 121{,}39 = 39{,}56 \text{ kN/m}^2$$

Die entsprechenden Bemessungswerte berechnen sich zu

$$\sigma_{0,1,d} = \frac{F_d}{b} + \frac{F_d \cdot e_{Rd} \cdot 6}{b^2} = \frac{311{,}33}{1{,}3} + \frac{311{,}33 \cdot 0{,}1648 \cdot 6}{1{,}3^2} = 239{,}48 + 182{,}16 = 421{,}64 \text{ kN/m}^2$$

$$\sigma_{0,r,d} = \frac{F_d}{b} - \frac{F_d \cdot e_{Rd} \cdot 6}{b^2} = \frac{311{,}33}{1{,}3} - \frac{311{,}33 \cdot 0{,}1648 \cdot 6}{1{,}3^2} = 239{,}48 - 182{,}16 = 57{,}32 \text{ kN/m}^2$$

Der jeweils vollständige Sohlpressungsverlauf ergibt sich in Analogie zu Bild 8-7 durch die geradlinige Verbindung der jeweiligen beiden Randspannungswerte.

Für den Fall zweiseitiger Außermittigkeit der charakteristischen Belastung $V_k$ und klaffender Sohlfuge ($V_k$ liegt außerhalb des Kerns) können die maximalen Größen (Eckspannungen $\sigma_{0,k(E)}$) der geradlinig verlaufenden Sohldruckverläufe mit Hilfe des Diagramms von *Hülsdünker* [188] ermittelt werden (Bild 8-10).

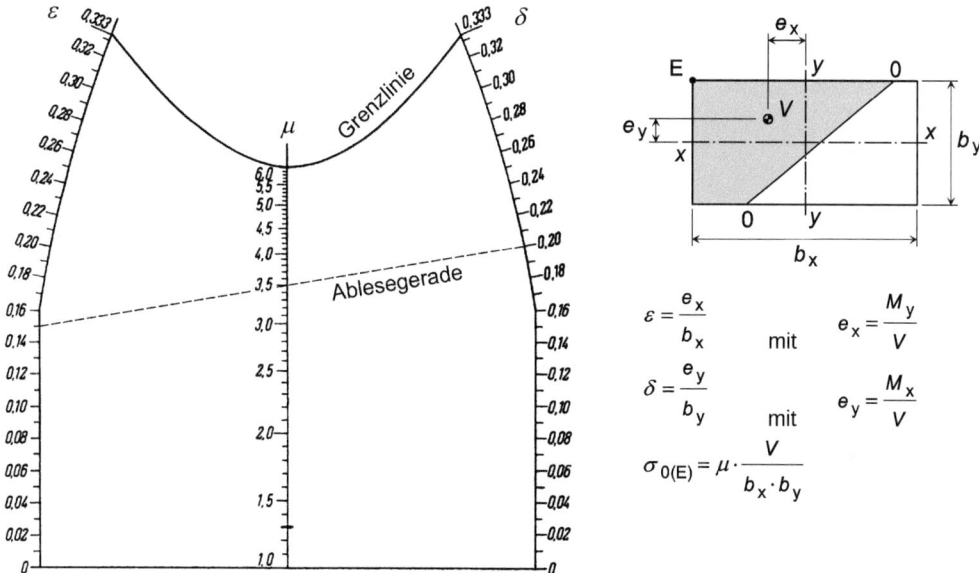

**Bild 8-10** Größte Sohldruckspannung $\sigma_{0(E)}$ unter Rechteckfundamenten bei Belastung mit Momenten in beiden Achsrichtungen (nach *Hülsdünker* [188])

**Hinweis:** Die Ablesegerade darf die Grenzlinie nicht schneiden, wenn mindestens die halbe Grundfläche an der Druckaufnahme teilhaben soll (wird in DIN 1054, A 6.6.5 A (2) für den Nachweis der Gebrauchstauglichkeit verlangt).

**Anwendungsbeispiel**

Zum Verständnis der Anwendung des Nomogramms von *Hülsdünker* (Bild 8-10) ist für ein Fundament mit der

Fundamentfläche $\quad A = b_x \cdot b_y = 2{,}0 \cdot 3{,}0 = 6{,}0 \text{ m}^2$

und der charakteristischen Belastung $\quad V_k = 700 \text{ kN}$
$\qquad\qquad\qquad\qquad\qquad\qquad\qquad M_{x,k} = 420 \text{ kN} \cdot \text{m}$
$\qquad\qquad\qquad\qquad\qquad\qquad\qquad M_{y,k} = 210 \text{ kN} \cdot \text{m}$

die charakteristische Sohldruckspannung $\sigma_{0,k(E)}$ unter dem Eckpunkt E (Bild 8-10) zu ermitteln.

**Lösung**

Mit den Exzentrizitäten

$$e_x = \frac{M_{y,k}}{V_k} = \frac{210}{700} = 0{,}3 \text{ m} \quad \text{und} \quad e_y = \frac{M_{x,k}}{V_k} = \frac{420}{700} = 0{,}6 \text{ m}$$

berechnen sich die Größen

$$\delta = \frac{e_y}{b_y} = \frac{0{,}6}{3{,}0} = 0{,}2 \quad \text{und} \quad \varepsilon = \frac{e_x}{b_x} = \frac{0{,}3}{2{,}0} = 0{,}15$$

mit denen aus dem Nomogramm von Bild 8-10

$\mu = 3{,}5$

abgelesen werden kann.

Als größte Sohldruckspannung ergibt sich dann

$$\sigma_{0,k\,(E)} = \mu \cdot \frac{V_k}{A} = 3{,}5 \cdot \frac{700}{6{,}0} = 408{,}3 \text{ kN/m}^2$$

**Hinweis:** Weitere Lösungsvorschläge für dieses Problem sind z. B. in [2] zu finden.

Zu einer geradlinigen Verteilung der Sohlspannungen gehörende mögliche Verteilungsverläufe bei Kreisfundamenten zeigt Bild 8-11.

Die zu Kreisfundamenten gehörenden $\sigma_{0,k}$-Spannungen für einfach außermittige charakteristische Belastungen $V_k$ mit der Exzentrizität $e_x$ können mit den folgenden Gleichungen ermittelt werden.

Exzentrizität $e_x = 0$

$$\sigma_{0,k} = \frac{V_k}{A} = \frac{V_k}{\pi \cdot r^2} \qquad\qquad\qquad\qquad\qquad\qquad \text{Gl. 8-17}$$

Exzentrizität $e_x \leq r/4$

$$\sigma_{0,k,1\,\text{bzw.}\,0,k,r} = \frac{V_k}{A} \pm \frac{M_k}{W} = \frac{V_k}{\pi \cdot r^2} \pm \frac{4 \cdot V_k \cdot e_x}{\pi \cdot r^3} \qquad\qquad \text{Gl. 8-18}$$

Bei Exzentrizitäten von $e_x > r/4$ können keine Gleichungen zur direkten Ermittlung der maximalen Sohldruckspannung $\sigma_{0,k,\text{max}}$ sowie der Maße $a_s$ bzw. $a_k$ aus Bild 8-11 c angegeben werden. In solchen Fällen ist ein nichtlineares Gleichungssystem zu lösen, das z. B. aus der Gleichung für die charakteristische Resultierende des Spannungskörpers (Form eines Zylinderhufs)

$$R_k = \frac{\sigma_{0,k,max}}{r \cdot a_s} \cdot \left[ \left( \frac{2}{3} \cdot r^2 + \frac{1}{3} \cdot a_s^2 \right) \cdot \sqrt{r^2 - a_s^2} + r^2 \cdot a_s \cdot \left( \frac{\pi}{2} + \arcsin \frac{a_s}{r} \right) \right] \qquad \text{Gl. 8-19}$$

und der Gleichung für das statische Moment des Spannungskörpers um den einer Kreissehne entsprechenden Spannungskörperrand

$$S = \frac{\sigma_{0,k,max}}{r + a_s} \cdot \left[ \left( \frac{13}{12} \cdot r^2 + \frac{a_s^2}{6} \right) \cdot a_s \cdot \sqrt{r^2 - a_s^2} + \left( \frac{r^2}{4} + a_s^2 \right) \cdot \left( \frac{\pi}{2} \cdot r^2 + r^2 \cdot \arcsin \frac{a_s}{r} \right) \right] \qquad \text{Gl. 8-20}$$

besteht (vgl. z. B. [167]). Dieses Gleichungssystem lässt sich unter Beachtung der Beziehungen

$$\begin{aligned} S &= R_k \cdot (e_x + a_s) \\ R_k &= V_k \end{aligned} \qquad \text{Gl. 8-21}$$

mit Hilfe handelsüblicher Mathematik-Programme lösen, wie z. B. dem Programm „Mathcad" [F 6]. In dem nachstehenden Anwendungsbeispiel werden die Zahlenergebnisse eines Anwendungsfalls zusammengestellt.

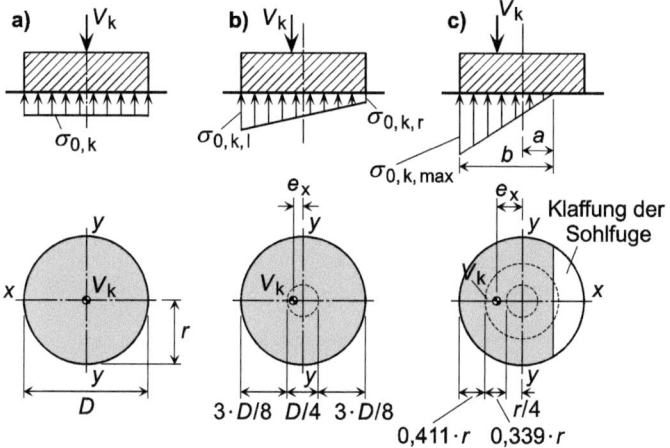

**Bild 8-11** Beispiele für geradlinige Sohlspannungsverläufe unter Kreisfundamenten und ihre Beeinflussung durch Exzentrizitäten der charakteristischen Resultierenden $V_k$ gemäß DIN 1054, 7
a) mittige Belastung
b) außermittige Belastung mit Kraftschluss über die gesamte Sohlfläche
c) außermittige Belastung mit klaffender Sohlfuge

## Anwendungsbeispiel

Zu betrachten ist ein gemäß Bild 8-11 c belastetes Kreisfundament mit dem Radius $r = 1{,}20$ m.

Für den Fall der charakteristischen Vertikallast $V_k = 700$ kN, die mit einer Exzentrizität von $e_x = 0{,}4$ m auf das Fundament einwirkt, sind die Größen $\sigma_{0,k,max}$, $b$ und $a$ (Bild 8-11 c) zu ermitteln.

## Lösung

Mit den Gleichungen und unter Verwendung einer mit dem Programm „Mathcad" [F 6] geschriebenen Berechnungsroutine ergeben sich die gesuchten Größen

$\sigma_{0,k,max} = 366{,}6$ kN/m$^2$

$b \qquad = 0{,}855$ m

$a \qquad = 0{,}345$ m

Da der Boden nur Druckspannungen aufnehmen kann, kann es bei größeren Exzentrizitäten der charakteristischen Belastung $V_k$ zu Klaffungen der Sohlfuge kommen (Sohlflächenbereiche ohne Spannungsübertragung). In Bild 8-11 c ist dies für den Fall der einfachen Ausmittigkeit gezeigt.

Für den allgemeinen Fall der resultierenden vertikalen charakteristischen Belastung $V_k$ eines kreisförmigen Fundaments mit Vollquerschnitt gilt, dass keine Klaffung auftritt, wenn $V_k$ nicht außerhalb der als „Kern" oder auch „1. Kernweite" bezeichneten Zone der Sohlfläche (Bild 8-12) liegt. Solche Belastungszustände genügen den beiden Bedingungen

$$\left(\frac{e_x}{D}\right)^2 + \left(\frac{e_y}{D}\right)^2 \leq \frac{0{,}25^2}{4} \qquad \text{bzw.} \qquad \left(\frac{e_x}{r}\right)^2 + \left(\frac{e_y}{r}\right)^2 \leq 0{,}25^2 \qquad \text{Gl. 8-22}$$

aus denen sich, durch entsprechende Umstellung, für die zulässigen Größen von $e_x$ und $e_y$ die Beziehungen

$$|e_x| \leq \frac{1}{2} \cdot \sqrt{0{,}0625 \cdot D^2 - 4 \cdot e_y^2} \qquad \text{bzw.} \qquad |e_y| \leq \frac{1}{2} \cdot \sqrt{0{,}0625 \cdot D^2 - 4 \cdot e_x^2}$$

und
$$\qquad\qquad\qquad\qquad\qquad\qquad\qquad\qquad\qquad\qquad\qquad\qquad\qquad\qquad\text{Gl. 8-23}$$

$$|e_x| \leq \sqrt{0{,}0625 \cdot r^2 - e_y^2} \qquad \text{bzw.} \qquad |e_y| \leq \sqrt{0{,}0625 \cdot r^2 - e_x^2}$$

ergeben.

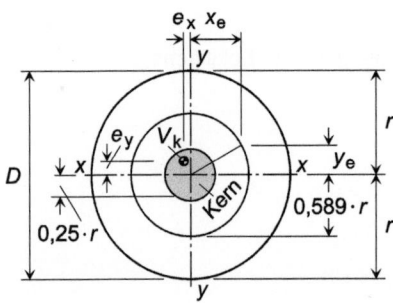

**Bild 8-12** Grundriss eines kreisförmigen Fundaments; Bezeichnungen bei zweiachsiger Ausmittigkeit (gemäß DIN 1054)

Liegt die charakteristische Kraft $V_k$ zwar außerhalb des Kerns, aber nicht außerhalb des auch als „2. Kernweite" bezeichneten Bereichs, klafft die Sohlfuge bis höchstens zu ihrem Schwerpunkt. Die Begrenzungslinie dieses Bereichs wird durch die Kreisfunktion

$$\left(\frac{x_e}{D}\right)^2 + \left(\frac{y_e}{D}\right)^2 = \frac{0{,}589^2}{4} \quad \text{bzw.} \quad \left(\frac{x_e}{r}\right)^2 + \left(\frac{y_e}{r}\right)^2 = 0{,}589^2 \qquad \text{Gl. 8-24}$$

erfasst. Für die zulässigen Größen von $e_x$ und $e_y$ ergeben sich damit die Beziehungen

$$|e_x| \leq \frac{1}{2} \cdot \sqrt{(0{,}589 \cdot D)^2 - 4 \cdot e_y^2} \quad \text{bzw.} \quad |e_y| \leq \frac{1}{2} \cdot \sqrt{(0{,}589 \cdot D)^2 - 4 \cdot e_x^2}$$

und  Gl. 8-25

$$|e_x| \leq \sqrt{(0{,}589 \cdot r)^2 - e_y^2} \quad \text{bzw.} \quad |e_y| \leq \sqrt{(0{,}589 \cdot r)^2 - e_x^2}$$

## 8.4 Sohldruckverteilung unter Flächengründungen

Zur Sohldruckverteilung unter Flächengründungen sind in
- DIN 4018 [30], DIN 4018 Beiblatt 1 [31] und im
- DIN-Fachbericht 130

u. a. Berechnungsverfahren, Erläuterungen und Berechnungsbeispiele zu finden.

Die empfohlenen Verfahren zur Berechnung der Sohldrücke werden in zwei Gruppen aufgeteilt:

1. vorgegebene Sohldruckverteilungen (siehe DIN 4018, 6.2) mit
   - geradlinig begrenzten Bodenpressungen (s. a. Abschnitt 8.3.3), die anzusetzen sind bei
     • leichten Bauwerken mit
     • hinreichend gleichmäßiger Lastverteilung,
   - Sohldruckverteilungen nach *Boussinesq*, die anzusetzen sind bei
     • sehr biegesteifen Bauwerken,
     • dem Vorliegen einer unmittelbar unter der Gründungssohle anstehenden tief reichenden Schicht mit annähernd konstantem Steifemodul $E_s$ und
     • einer Schichtdicke $d > b$ ($b$ = Fundamentbreite),
   - belastungsgleichen Verteilungen der Sohlnormalspannungen, die anzusetzen sind bei
     • sehr biegeweichen Gründungskonstruktionen, die dem Grenzfall des schlaffen Lastbündels nahe kommen,
     • einer Schichtdicke $d > b$ ($b$ = Fundamentbreite),

2. verformungsabhängige Sohldruckverteilungen (siehe DIN 4018, 6.3) für Fälle, die durch unter 1 genannte Verfahren nur unzureichend erfassbar sind. Hierzu gehören das
   - Bettungsmodulverfahren (basiert auf Federmodell) mit
     • dem Ansatz des Sohldrucks proportional zur zugehörigen Gründungseinsenkung,
   - Steifemodulverfahren (basiert auf Halbraummodell) mit
     • der Übereinstimmung von Durchbiegungsfläche des Gründungskörpers und Setzungsmuldenform des Baugrunds.

Bezüglich der geradlinig begrenzten Sohldruckverteilungen sei auf die Ausführungen von Abschnitt 8.3.3 und auf *Graßhoff/Kany* [174], Kapitel 3.2 verwiesen. Zu Sohldruckverteilungen unter starren Fundamenten nach *Boussinesq* sind Lösungen für die Fälle des Streifenfundaments in Abschnitt 8.1 und des Kreisfundaments in Abschnitt 8.2 angegeben. Für zentrisch belastete starre Rechteckplatten kann, mit den Bezeichnungen aus Bild 8-13, die Näherungsformel von *Bachelier*

$$\sigma_0(x,y) = \frac{4 \cdot \sigma_{0m}}{\pi^2 \cdot \sqrt{\left(1 - \frac{4 \cdot x^2}{b^2}\right) \cdot \left(1 - \frac{4 \cdot y^2}{a^2}\right)}} \quad \text{mit} \quad \sigma_{0m} = \frac{V}{a \cdot b} \qquad \text{Gl. 8-26}$$

verwendet werden.

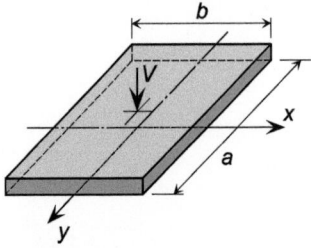

**Bild 8-13** Starre Rechteckplatte auf elastisch-isotropem Halbraum mit zentrischer Belastung $V$

Hinsichtlich der Verfahren zur Ermittlung verformungsabhängiger Sohldruckverteilungen ist ergänzend auf die Methode der Finiten Elemente (FEM) hinzuweisen, die mittlerweile auch in der Geotechnik in vielfältiger Form angewendet wird und bei der Baugrund und Bauwerk bezüglich ihrer Geometrie und ihres Materialverhaltens durch zusammengefügte Elemente endlicher Abmessungen modelliert werden (siehe hierzu z. B. [230] und [231] sowie Kapitel 15). Weitere Ausführungen zu verformungsabhängigen Sohldruckverteilungen sind u. a. in DIN 4018 Beiblatt 1 und in [174], Kapitel 3.2 zu finden.

# 9 Setzungen

## 9.1 Allgemeines

Als Setzungen werden Verschiebungen der Oberfläche des Baugrunds in Richtung der Schwerkraft bezeichnet. Hervorgerufen werden sie durch Änderungen des Spannungszustands im Baugrund und den damit verbundenen Änderungen des Deformationszustands des Bodens (Umlagerung des Bodengefüges, vgl. Abschnitt 5.12). Ursachen dieser Änderungen können z. B. Bauwerkslasten und/oder Grundwasserstandsschwankungen sein.

In Bild 9-1 sind zwei charakteristische Setzungsformen dargestellt, wie sie sich unter Fundamenten mit angenommenen Extremalsteifigkeiten (Größe der Biege- ($E \cdot I$) und Schubsteifigkeiten ($G \cdot F_Q$) beträgt 0 bzw. ∞) ergeben.

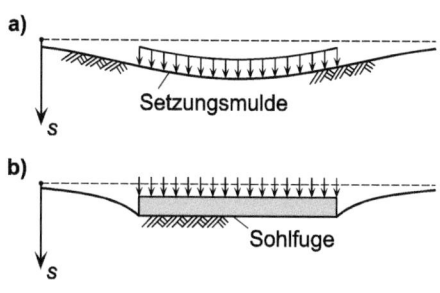

Bild 9-1 Setzungsformen bei Belastungen durch Fundamente mit Extremalsteifigkeiten
a) schlaffe Fundamente ($E \cdot I = G \cdot F_Q = 0$)
b) starre Fundamente ($E \cdot I = G \cdot F_Q = \infty$)

Die Größe und Form der Setzungen werden u. a. beeinflusst durch die Parameter
- Steifemodul $E_s$ des Baugrunds bzw. der einzelnen Bodenschichten,
- Lage und Mächtigkeit der Bodenschichten mit besonders geringem bzw. besonders großem Steifemodul $E_s$,
- Größe und Verteilung der Beanspruchung in der Sohlfuge,
- Form und Größe der Sohlfläche,
- Biegesteifigkeit der Gründungskonstruktion.

## 9.2 Regelwerke

Zu Setzungsberechnungen und Setzungsbeobachtungen bei lotrechter, mittiger Belastung sowie bei schräg und bei außermittig wirkender Belastung sind Bestimmungen, Erläuterungen und Berechnungsbeispiele in den Normen
- DIN 4019 [32], DIN 4107-2 [57], DIN 4107-3 [58] und DIN EN ISO 18674-1 [127]

zusammengestellt. Bezüglich der bei Tragfähigkeits- und Gebrauchstauglichkeitsnachweisen zu berücksichtigenden Setzungsgrößen sei auf
- DIN 1054 [20]

hingewiesen. Detailliertere Ausführungen zu Setzungen sind auch in den
- EVB [151]

zu finden.

Hinsichtlich der in DIN 4019 vorgeschlagenen Verfahren zur Setzungsberechnung wird unterschieden zwischen der Setzungsermittlung
- mittels geschlossener Lösungen auf der Basis von Setzungsgleichungen (auch „direkte Setzungsberechnung" genannt),
- mit Hilfe der lotrechten Normalspannungen im Boden (auch „indirekte Setzungsberechnung" genannt).

## 9.3 Begriffe

Belastungen bzw. Beanspruchungen des Bodens führen zu (vgl. DIN 4019, 3)

*Verformungen* (Gestalts- und Volumenänderungen des Bodens),

*Verschiebungen* (Lageänderungen von Bodenpunkten in beliebige Richtungen) und

*Setzungen* (aus einer Verformung des Bodens infolge von Spannungs- und Zeitänderungen sich ergebende Verschiebungen in Richtung der Schwerkraft).

*Hebungen* (aus einer Verformung des Bodens infolge von Spannungs- und Zeitänderungen sich ergebende Verschiebungen entgegen der Richtung der Schwerkraft).

Wird auf einen nicht vorbelasteten Boden eine Belastung plötzlich aufgebracht und konstant aufrechterhalten, führt dies zu einer zeitabhängigen Setzungsentwicklung, wie sie in Bild 9-2 gezeigt ist. Einstellen können sich dabei

*gleichmäßige Setzungen* (alle Punkte der belasteten Baugrundoberfläche setzen sich gleich stark)

wie auch

*ungleichmäßige Setzungen* (die einzelnen Punkte der belasteten Baugrundoberfläche setzen sich unterschiedlich stark.

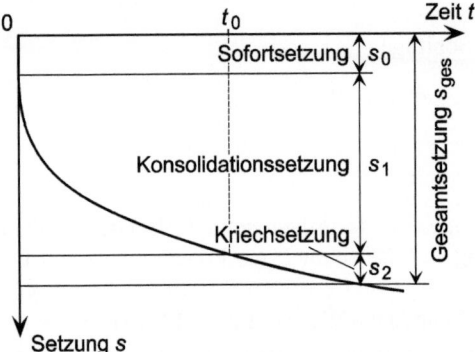

**Bild 9-2** Setzungsanteile bei konstanter, plötzlich auf nicht vorbelasteten Boden aufgebrachter Last (nach DIN 4019)

In beiden Fällen treten dabei die nachstehenden Größen und Beziehungen auf.

*Gesamtsetzung*

$$s_{ges} = s_0 + s_1 + s_2 \qquad \text{Gl. 9-1}$$

Summe der Setzungsanteile Sofortsetzung $s_0$, Konsolidationssetzung $s_1$ und Kriechsetzung $s_2$.

*Sofortsetzung*

$$s_0 = s_{01} + s_{02} \qquad \text{Gl. 9-2}$$

zeitunabhängige Setzung infolge der volumentreuen Anfangsschubverformung $s_{01}$ und der Sofortverdichtung $s_{02}$ unmittelbar nach der Lastaufbringung.

*Setzung infolge einer Anfangsschubverformung* $s_{01}$ die bei wassergesättigten bindigen Böden gesondert ermittelte Setzung infolge einer sich zu Beginn einer Belastung einstellenden Schubverformung (volumentreue Gestaltsänderung).

*Setzung infolge von Sofortverdichtung* $s_{02}$ der bei nicht wassergesättigten Böden unmittelbar nach Lastaufbringung (Zunahme der effektiven Spannungen) auftretende Setzungsanteil.

*Konsolidationssetzung* $s_1$ infolge der Auspressung von Porenwasser und Porenluft nach Lastaufbringung (Zunahme der effektiven Spannungen) zeitlich verzögert auftretender Anteil der Setzung.

*Kriechsetzung* $s_2$ über lange Zeit sich aufbauender Setzungsanteil bindiger Böden infolge plastischen Fließens des Korngerüstes bei sich nicht verändernden effektiven Spannungen.

Setzungsberechnungen setzen die Kenntnis von Spannungszuständen im Boden voraus. Zu unterscheiden sind der

*Ausgangsspannungszustand*, der unmittelbar vor Aufbringung der die Setzungen hervorrufenden Belastungen bzw. Beanspruchungen im Baugrund wirksam ist,

*Zusatzspannungszustand*, der durch die aufgebrachten Belastungen bzw. Beanspruchungen im Baugrund hervorgerufen wird (der dann herrschende Spannungszustand ergibt sich durch die Superposition von Ausgangs- und Zusatzspannungen).

Neben den Setzungen gibt es noch andere lotrechte Verschiebungen der Baugrundoberfläche. Hierzu gehören:

*Sackung* Verschiebung in Richtung der Schwerkraft infolge einer Umlagerung und Verdichtung des Korngerüstes nichtbindiger Böden, die auf dem Verlust der Bindekräfte beruht (Beispiele: Durchnässung feuchter Sande, die zum Verlust der Kapillarkohäsion führt; dynamische Belastung aus Maschinen oder Verkehr mit einhergehender kurzzeitiger Reduzierung der Kontaktkräfte zwischen den Bodenkörnern nichtbindiger Böden).

*Senkung* Verschiebung in Richtung der Schwerkraft infolge Materialentzug (Beispiel: eingestürzte, im Untertagebau entstandene, nicht verfüllte Hohlräume).

*Erdfall* (auch *Tagesbruch* oder *Doline*) Durchbruch von eingestürzten oder ausgespülten tiefer liegenden Hohlräumen bis an die Erdoberfläche.

*Hebung* infolge Spannungsänderungen eintretende lotrechte Verschiebung entgegen der Richtung der Schwerkraft (z. B. durch entlastenden Baugrubenaushub hervorgerufen).

*Schrumpfen* Verringerung des Bodenvolumens infolge von Austrocknung.

*Schwellen* Vergrößerung des Bodenvolumens infolge der Abnahme effektiver Spannungen im Korngerüst.

*Quellen* Vergrößerung des Bodenvolumens infolge einer Fremdstoffaufnahme in die Mineralstruktur (z. B. Aufnahme von Wasser).

## 9.4 Kennzeichnende Punkte und Linien

In Bild 9-3 sind die Setzungen dargestellt, wie sie sich im Prinzip unter einem zentrisch belasteten starren Fundament und unter einer gleichmäßig verteilten schlaffen Belastung $q$ einstellen. Die Belastung $F$ des starren Fundaments entspricht dabei der Resultierenden der schlaffen Last $q$.

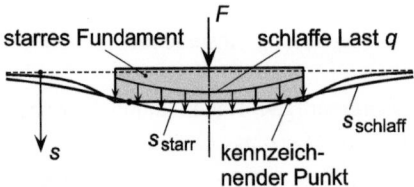

**Bild 9-3**  Prinzipskizze für die Lage kennzeichnender Punkte von Setzungen

Die überlagernde Darstellung der Setzungsverläufe lässt erkennen, dass die Setzungen beider Fälle in zwei Punkten identisch sind. Ein solcher Punkt wird „kennzeichnender Punkt" oder auch „charakteristischer Punkt" genannt. Bei einem Kreisfundament mit dem Radius $R$ liegen die kennzeichnenden Punkte auf einer Kreislinie, die als „kennzeichnende Linie" oder auch „charakteristische Linie" bezeichnet wird und den Radius

$$r_s = 0{,}845 \cdot R \qquad \text{Gl. 9-3}$$

besitzt.

Für den Fall des entsprechend belasteten unendlich langen Streifenfundaments der Breite $b$ ergeben sich als kennzeichnende Linien zwei Parallelen, die zur Fundamentlängsachse jeweils den Abstand

$$a_s = 0{,}370 \cdot b \qquad \text{Gl. 9-4}$$

aufweisen.

Für Rechteckfundamente lässt sich die Lage des häufig in Nomogrammen benutzten kennzeichnenden Punkts Bild 9-4 entnehmen.

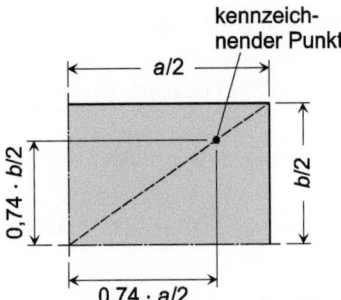

**Bild 9-4**  Lage des kennzeichnenden Punkts in einem Rechteckfundamentviertel

## 9.5 Elastisch-isotroper Halbraum mit Einzellast

Betrachtet wird ein linear-elastischer, isotroper Halbraum, der durch die Einzellast $F$ belastet und verformt wird. Die zu dieser Verformung gehörende vertikale Verschiebung $w_A$ eines in diesem Halbraum liegenden Punkts A zeigt Bild 9-5. Für beliebige Punktlagen kann die Verschiebung mit der von *Boussinesq* angegebenen Gleichung (vgl. Gl. 6-49)

$$w = \frac{F}{4 \cdot \pi \cdot G \cdot R} \cdot \left(2 - 2 \cdot v + \frac{z^2}{R^2}\right) \qquad \text{Gl. 9-5}$$

ermittelt werden. Der dabei verwendete Schubmodul $G$ lässt sich mit Hilfe von Gl. 6-34 berechnen.

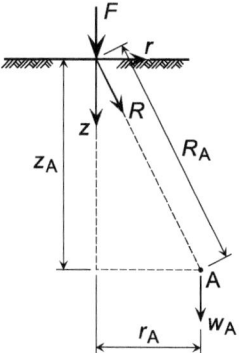

**Bild 9-5** Halbraumpunkt A mit Verschiebung $w_A$ infolge der Einzellast $F$

Hinsichtlich der Vertikalverschiebung (Setzung) der Oberfläche des Halbraums, die durch die Einzellast $F$ hervorgerufen wird, ergibt sich nach *Boussinesq* die in Bild 9-6 qualitativ gezeigte Form. Ihr radialsymmetrischer Verlauf ist eine Funktion vom Radius $r$ (Bild 9-6) und kann, mit dem Elastizitätsmodul $E$, durch die Beziehungen

$$s(r) = \frac{F \cdot (1-v^2)}{\pi \cdot E \cdot r} = \frac{F}{2 \cdot \pi \cdot G \cdot r} \cdot (1-v) \qquad \text{Gl. 9-6}$$

beschrieben werden. Diese ergeben sich unter Berücksichtigung von Gl. 6-34 und Gl. 9-5 sowie von $z = 0$ und $R = r$.

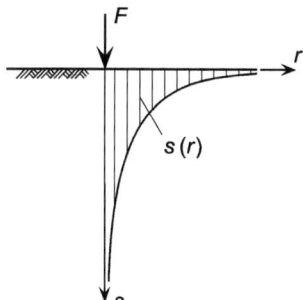

**Bild 9-6** Vertikalverschiebung $s(r)$ der Halbraumoberfläche infolge der Einzellast $F$

Für den Sonderfall $v = 0{,}5$ (inkompressibles Material) vereinfacht sich Gl. 9-6 zu

$$s(r) = \frac{3 \cdot F}{4 \cdot \pi \cdot E \cdot r} = \frac{F}{4 \cdot \pi \cdot G \cdot r} \qquad \text{Gl. 9-7}$$

Die Lösungen von Gl. 9-6 bzw. Gl. 9-7 dienen als Basis für die Setzungsberechnung von verschiedenen Belastungsformen des Halbraums mit Hilfe geschlossener Formeln.

## 9.6 Elastisch-isotroper Halbraum mit konstanter Rechtecklast $\sigma_0$

Für den Fall schlaffer Lasten $\sigma_0$ auf einer $a \times b$ großen Rechteckfläche der Halbraumoberfläche wird von *Steinbrenner* in [255] die Gleichung

$$s_{\text{Halbraum}} = \frac{\sigma_0 \cdot (1-v^2)}{\pi \cdot E} \cdot \left( a \cdot \ln \frac{b + \sqrt{a^2 + b^2}}{a} + b \cdot \ln \frac{a + \sqrt{a^2 + b^2}}{b} \right) \quad \text{Gl. 9-8}$$

angegeben, mit der die Setzungen unter den Eckpunkten der Rechteckfläche berechnet werden können. Zu ihrer Herleitung wird von der *Boussinesq*'schen Gleichung für die vertikale Verschiebung $w_A$ (Gl. 9-5) eines im Halbraum liegenden Punkts A (Bild 9-5) ausgegangen. Die Integration gemäß der Ausführungen in Abschnitt 6.12 führt zur Vertikalverschiebung von Halbraumpunkten, die in beliebigen Tiefen unter einem Eckpunkt der Rechtecklast liegen können. Gl. 9-8 ergibt sich als Verschiebungsdifferenz des an der Halbraumoberfläche liegenden Eckpunkts der Rechteckfläche und eines zweiten, in der Tiefe $z = \infty$ darunter liegenden Punkts.

Liegt der zweite Halbraumpunkt in der endlichen Tiefe $z = t$, ergibt sich mit

$$R = \sqrt{a^2 + b^2 + t^2} \quad \text{Gl. 9-9}$$

als Verschiebungsdifferenz der Ausdruck

$$s = \frac{\sigma_0 \cdot (1-v^2)}{\pi \cdot E} \cdot \left[ a \cdot \ln \frac{\left( b + \sqrt{a^2 + b^2} \right) \cdot \sqrt{a^2 + t^2}}{a \cdot (b+R)} + b \cdot \ln \frac{\left( a + \sqrt{a^2 + b^2} \right) \cdot \sqrt{b^2 + t^2}}{b \cdot (a+R)} \right]$$

$$+ \frac{\sigma_0 \cdot (1 - v - 2 \cdot v^2)}{2 \cdot \pi \cdot E} \cdot t \cdot \arctan\left( \frac{a \cdot b}{t \cdot R} \right) \quad \text{Gl. 9-10}$$

Die Setzung nach Gl. 9-10 kann als Eckpunktsetzung aufgefasst werden, die sich bei schlaffer Rechtecklast auf einer zusammendrückbaren Schicht der Dicke $t$ ergibt. Voraussetzung hierfür ist, dass der Baugrund in einer Tiefe $z > t$ als nicht mehr deformierbar betrachtet werden kann und dass die der Gl. 9-10 zugrunde liegende Spannungsverteilung durch die unterschiedlichen Materialgesetze oberhalb und unterhalb der Tiefe $z = t$ nicht beeinflusst wird.

In Analogie zu den Vorgehensweisen in Abschnitt 6.12 können mit Gl. 9-10 auch Setzungen von inner- oder außerhalb der Lastfläche liegenden Punkten berechnet werden; ein Beispiel hierfür ist z. B. der charakteristische Punkt (siehe Abschnitt 9.4). Für praktische Anwendungen liefert die Annahme $v = 0$ in Verbindung mit der Verwendung des Moduls $E^*$ (siehe Abschnitt 9.10) für innerhalb der Lastfläche liegende Punkte ausreichend genaue Setzungswerte (vgl. DIN 4019, Anhang B).

## 9.7 Grenztiefe für Setzungsberechnungen

Die Gl. 9-8 liefert für baupraktische Belange unrealistische Setzungsgrößen, da u. a.
- der reale Baugrund nicht ein unendlich tiefer Halbraum ist,
- der Elastizitätsmodul durch die mit der Tiefe zunehmende Vorbelastung des Baugrunds infolge seiner Eigenlast stark verändert wird,
- die durch die Bauwerkslast hervorgerufenen vertikalen Baugrundspannungen $\sigma_z$ über die Tiefe $z$ einen asymptotisch gegen Null gehenden Verlauf aufweisen (Bild 9-7),

## 9.7 Grenztiefe für Setzungsberechnungen

– das Bodenmaterial einen „Strukturwiderstand" $\sigma_{st}$ besitzt, der von $\sigma_z$ überschritten werden muss, wenn die Widerstände in den Kontaktstellen der Bodenteilchen überwunden werden sollen, um so Verformungen des Bodens (Umlagerungen des Korngerüsts) herbeizuführen (siehe hierzu [1]).

Aus den genannten Gründen entstehen die tatsächlich auftretenden Setzungen durch die Zusammendrückungen eines Bereichs mit begrenzter Tiefe. Die von der Sohlfläche des Gründungskörpers aus gemessene Tiefe dieses Bereichs wird in der Literatur als „Grenztiefe" $t_s$ und in DIN 4019 auch als „Setzungseinflusstiefe" $t_s$ bezeichnet. Der Baugrund unterhalb dieser Tiefe hat somit keinen Einfluss mehr auf die Größe der Setzung.

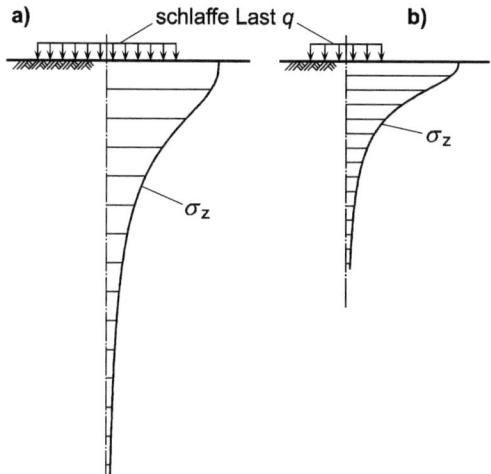

**Bild 9-7** $\sigma_z$-Spannungsverläufe unter den Mitten $a \times b$ großer schlaffer Rechtecklasten $q$ ($a_a = 2 \cdot a_b$ und $b_a = 2 \cdot b_b$)

Die Größe der Grenztiefe ist nach *Altes* [1] abhängig von Bodeneigenschaften wie
– Strukturwiderstand,
– hydraulisches Gefälle, mit dem Porenwasser gerade noch nicht ausgedrückt werden kann („hydraulischer Anfangsgradient"),
– Überverdichtungsgrad,
– Zusammendrückbarkeit
und von Belastungsparametern wie
– Sohlnormalspannung,
– Größe und Form der Belastungsfläche (Bild 9-7),
– Gründungstiefe.

Da in der Literatur verschiedene Möglichkeiten der Grenztiefenfestlegung angegeben werden (vgl. hierzu [1]), wird im Folgenden auf den Vorschlag aus DIN 4019, 9 eingegangen.

Nach DIN 4019, 9 wird die Grenz- bzw. Setzungseinflusstiefe $t_s$ dort erreicht, wo für die aus $\sigma_1$ sich ergebende Vertikalspannung im Baugrund

$$\sigma_{z;\sigma_1}(t_s) = 0{,}2 \cdot \sigma_{\ddot{u}} = 0{,}2 \cdot \gamma \cdot (d + t_s) \qquad \text{Gl. 9-11}$$

gilt (Bild 9-8), was bei Gründungskörpern mit rechteckförmiger Grundfläche $a \times b$ ($b < a$) gewöhnlich in Tiefen unterhalb der Gründungssohle von $b$ bis $2 \cdot b$ der Fall ist. Zur Größe der Setzungen trägt somit der Teil des Baugrunds nichts mehr bei, in dem die „neuen", durch die Bauwerkslast hervorgerufenen Baugrundspannungen $\sigma_z; \sigma_1$ kleiner sind als das 0,2-fache des ursprünglich vorhandenen vertikalen Überlagerungsdrucks $\sigma_{\ddot{u}}$ aus der Bodeneigenlast.

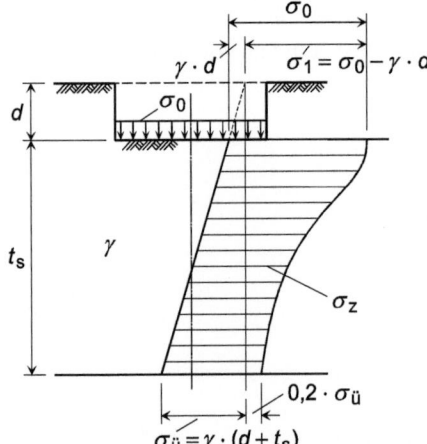

**Bild 9-8** Verlauf von Normalspannungen $\sigma_z$ im Grenztiefenbereich (Aushub in normalkonsolidiertem Boden)

Die auf den kennzeichnenden Punkt (siehe Abschnitt 9.4) bezogenen Betrachtungen von DIN 4019 gelten für
- den elastisch-isotropen Halbraum mit
- konstantem Steifemodul und
- einer mittleren Sohlspannung $\sigma_0$, die wesentlich größer ist als die Überlagerungsspannung (Ausgangsspannung) $\sigma_{\ddot{u}} = \gamma \cdot d$.

Die angegebenen Formeln gelten für homogenen Boden, in dem bis zur Grenztiefe $t_s$ kein Grundwasser ansteht. Wird diese Voraussetzung nicht eingehalten, muss bei der Berechnung von $\sigma_0$ und $\sigma_{\ddot{u}}$ die Wichte der im Grundwasser liegenden Bodenbereiche mit $\gamma'$ (Wichte unter Auftrieb) angesetzt werden. In entsprechender Weise muss bei in das Grundwasser eintauchenden Gründungskörpern der auf sie wirkende Auftrieb bei der Ermittlung von $\sigma_1$ berücksichtigt werden (vgl. z. B. Berechnungsbeispiel 1 in [34]).

Gemäß DIN 4019, 9 darf für Setzungsberechnungen die Setzungseinflusstiefe $t_s$ als konstante Größe angesehen werden, die für die gesamte Lastfläche gilt. Bei Lastflächen mit konstanter Flächenbelastung kann $t_s$ für den kennzeichnenden Punkt dieser Fläche ermittelt werden. Im Fall einer ungleichmäßig belasteten Fläche ist es zulässig, die Grenztiefe mit einer gleichmäßig verteilten Ersatzbelastung zu bestimmen.

Wird die Bauwerkslast über eine Gruppe von Fundamenten auf den Baugrund abgetragen, sind die Spannungsanteile aller Fundamente für die Grenztiefenermittlung zu superponieren. Vereinfachend darf die Fundamentgruppe auch durch ein idealisiertes Einzelfundament ersetzt werden.

Die dargestellte 20 %-Regel ist nach DIN 4019, 9 außer Acht zu lassen, wenn unterhalb der Spannungseinflusstiefe noch stark zusammendrückbare Schichten vorhanden sind. In solchen Fällen ist der Einfluss dieser Schichten auf die Setzungen zu untersuchen.

Weitere Ausführungen zur Grenztiefenermittlung (inkl. Beispielrechnungen) sind in [13] und [143] zu finden. Bezüglich zusätzlicher Bemerkungen zur Grenztiefe und einschlägiger Berechnungsbeispiele sei auf [34] und [36] verwiesen (die Grenztiefe wird dort statt mit $t_s$ mit $d_s$ bezeichnet).

## 9.8 Halbraum mit konstanter Kreislast $\sigma_0$

Analog zur Vorgehensweise von *Steinbrenner* in Abschnitt 9.6 wird von *Fischer* in [154] der Fall der schlaffen Last $\sigma_0$ behandelt, die auf einem kreisförmigen Teil (Radius $R$) der Halbraumoberfläche wirkt.

Aus den Verschiebungen des auf der Halbraumoberfläche liegenden Kreismittelpunkts und eines in der Tiefe $z = t$ darunter liegenden Punkts ergibt sich nach [154] die Differenz

$$s_{\text{Mitte}} = \frac{2 \cdot \sigma_0}{E} \cdot \left[ (1 - v^2) \cdot \left( R + t - \sqrt{t^2 + R^2} \right) - \frac{t \cdot (1 + v)}{2} \cdot \left( 1 - \frac{t}{\sqrt{t^2 + R^2}} \right) \right] \qquad \text{Gl. 9-12}$$

In der Gleichung stehen $E$ und $v$ für den Elastizitätsmodul und die Querdehnzahl des Halbraums.

## 9.9 Grundlagen für Setzungsberechnungen nach DIN 4019

Für Setzungsberechnungen zu mittigen, lotrechten Belastungen sind in DIN 4019 u. a. Angaben zu erforderlichen Unterlagen, Sohlspannungen, Baugrundspannungen und zur Grenztiefe (siehe hierzu Abschnitt 9.7) zu finden.

### 9.9.1 Erforderliche Berechnungsunterlagen

Nach DIN 4019, 5 sowie [33] und [34] gehören zu den für eine Setzungsberechnung erforderlichen Unterlagen u. a.
– allgemeine Bauwerksangaben wie
  • Höhenlage der Gründung,
  • Abmessungen von Bauwerk und Gründungskonstruktion,
  • konstruktive Durchbildung von Bauwerk und Gründungskonstruktion,
  • Angaben zur Belastung der Gründungskörper bezüglich der Größe und des zeitlichen Verlaufs, getrennt nach ständigen und kurzfristigen Lasten,
  • die Lage der untersuchten Gründung zu benachbarten Gründungskörpern,
  • Geometrie und Belastung der benachbarten Gründungskörper,
  • Geländehöhen,
– Angaben zum Baugrund in Form
  • eines geometrischen Baugrund- und Grundwassermodells,
  • von Schichtenverzeichnissen,
  • von Bohrproben,
  • von Sondierungsergebnissen und Ergebnissen von Setzungsbeobachtungen an entstehenden und fertigen Bauwerken,
– Berechnungskennwerte der einzelnen Bodenschichten wie
  • Bodenwichte und

- aus Labor- und Feldversuchen sowie durch Setzungsbeobachtungen an vergleichbaren Baugrundverhältnissen gewonnene Kenngrößen für die Zusammendrückbarkeit des Bodens.

Für die Setzungsberechnung erforderliche charakteristische Werte sind auf der sicheren Seite vom Mittelwert zu wählende geotechnische Größen,
- deren Treffsicherheit bezüglich der Erfassung des wirklichen Bodenverhaltens die Zuverlässigkeit der Setzungsberechnungsergebnisse entscheidend beeinflusst und
- die aus den ermittelten Kenngrößen für die Zusammendrückbarkeit des Bodens sachkundig auszuwählen sind.

### 9.9.2 Sohl- und Baugrundspannungen

Hinsichtlich der die Setzungen verursachenden Spannungen in der Sohlfuge und im Baugrund gilt nach DIN 4019, 6 für die Setzungsberechnung, dass
- die Sohlspannungen infolge der Lasten und abzüglich des zugehörigen Sohlwasserdrucks linear unter dem Gründungskörper verteilt angesetzt werden dürfen (der Ansatz von Zugspannungen ist nicht zulässig),
- die effektiven Spannungen im Boden (wirken auf das Korngerüst) durch
  - die Bodeneigenlast (Überlagerungsspannungen vor Aushub der Baugrube unter Berücksichtigung des mittleren Grundwasserstands),
  - den Baugrubenaushub (reduziert im Regelfall die durch die Bauwerkslast hervorgerufene Sohlnormalspannung $\sigma_0$ um das Produkt $\gamma \cdot d$ aus Aushubtiefe $d$ und mittlerer Bodendichte $\gamma$ im Aushubbereich) und
  - die Bauwerkslasten (ggf. einschließlich der Spannungen aus Belastungen des Baugrunds neben dem Bauwerk und der Spannungen infolge von Grundwasserstandsänderungen)
  verursacht werden.

Für die Ermittlung der Spannungsausbreitung im Boden darf ein homogener isotroper elastischer Halbraum angenommen werden.

## 9.10 Zusammendrückungsmodul (Rechenmodul) $E^*$

### 9.10.1 Module des linear-elastischen Halbraums

Übliche Setzungsberechnungen basieren auf einem belasteten linear-elastischen Halbraum, dessen Verformungsverhalten durch die Materialkenngrößen
- Elastizitätsmodul $E$ bzw.
- Schubmodul $G$ bzw.
- Steifemodul $E_s$ und
- Querdehnzahl $v$

bestimmt wird, die gemäß Abschnitt 6.3.2 mathematisch in Form von

$$E = \frac{1-v-2 \cdot v^2}{1-v} \cdot E_s = 2 \cdot G \cdot (1+v) \qquad \text{Gl. 9-13}$$

bzw.

$$E_s = \frac{E \cdot (1-v)}{1-v-2 \cdot v^2} = \frac{2 \cdot G \cdot (1-v^2)}{1-v-2 \cdot v^2} \qquad \text{Gl. 9-14}$$

bzw.

$$G = \frac{E}{2\cdot(1+v)} = \frac{E_s \cdot (1-2\cdot v)}{2\cdot(1-v)} = \frac{E_s \cdot (1-v-2\cdot v^2)}{2\cdot(1-v^2)}$$   Gl. 9-15

miteinander in Beziehung stehen.

Grundsätzlich können diese Module aus Versuchs- und Beobachtungsergebnissen und aus empirischen Beziehungen ermittelt werden. Alle so gewonnenen Zahlenwerte sind Anhaltswerte, welche gemäß DIN 4019, 8 als Grundlage für die Wahl eines Moduls $E^*$ dienen, der letztendlich als „Rechenmodul" in die Berechnungen eingesetzt werden kann. Die Einführung dieses Wertes soll zu einer einheitlichen Modulbezeichnung in den Gleichungen führen.

In DIN 4019, 8.2 wird nach der Elastizitätstheorie ein Zusammenhang des Zusammendrückungsmoduls (Rechenmoduls) $E^*$ zu dem Elastizitätsmodul $E$ und zu dem Steifemodul $E_s$ hergestellt. Danach gelten

$$E^* = \frac{E}{1-v^2}$$   Gl. 9-16

und

$$E^* = \frac{1-v-2\cdot v^2}{1-v+2\cdot v^2} \cdot E_s$$   Gl. 9-17

Bezüglich des Steifemoduls ist auf Abschnitt 5.12.5 hinzuweisen. Nach DIN 4019, 3.21 sind Steifemodule $E_s$ nach DIN 1835 [78] aus den Ergebnissen von Kompressionsversuchen zu ermitteln und entsprechen deshalb Sekantenmodulen gemäß Gl. 5-114 bzw. Tangentenmodulen gemäß Gl. 5-117.

Es sei noch erwähnt, dass nach [176], Kapitel 1.3 in Fällen kleiner $s'_1$-Werte der Faktor $(1 - s'_1)$ in Gl. 5-114 und Gl. 5-117 unberücksichtigt bleiben darf. Generell aber gilt, dass dies zu größeren Werten der Steifemodule und damit zu einem als steifer einzustufenden Boden führt. Dieser Sachverhalt gilt auch für die Auswertung von Versuchen, bei denen die Zusammendrückung $s_1$ bzw. die bezogene Zusammendrückung $s'_1$ zu der Belastung $\sigma_ü$ gehört, die sich in situ aus der Normalspannung durch das sie überlagernde Bodenmaterial ergibt. Diese Zusammendrückung stellt sich beim Belasten des entspannten Probenmaterials zwar erneut ein, ist in situ aber schon abgeklungen. Die zu erwartende Setzung des zu errichtenden Bauwerks ergibt sich somit ausschließlich infolge der Normalspannungen, die durch das Bauwerk selbst hervorgerufen werden. Die Vernachlässigung des Faktors $(1 - s'_1)$ in Gl. 5-114 und Gl. 5-117 ist demzufolge insbesondere bei Proben zulässig, die zu Schichten in geringer Bodentiefe gehören bzw. bei denen die Belastung $\sigma_ü$ klein ist.

### 9.10.2 Ermittlung von $E^*$ aus Labor- und Feldversuchen

Werden durch Laborversuche gewonnene Kennwerte für die Festlegung von $E^*$ herangezogen, sind diese gemäß DIN 4019, 8.4 ggf. zu modifizieren, wenn dies der Vergleich mit Erfahrungswerten nahelegt. Als Näherung darf

$$E^* \approx E_s$$   Gl. 9-18

gesetzt werden.

Auf Erfahrungen beruht z. B. der für lotrechte und mittige Belastungen geltende Ansatz

$$E^* = \frac{E_s}{\kappa}$$ 
Gl. 9-19

aus [33], bei dem $\kappa$ ein mittlerer und von der Bodenart abhängiger Korrekturbeiwert ist, für den die Werte aus Tabelle 9-1 zu verwenden sind (in [33] wird $E^*$ mit $E_m$ bezeichnet).

**Tabelle 9-1** Mittlere Korrekturbeiwerte $\kappa$ nach [33]

| Bodenart | $\kappa$ |
|---|---|
| Sand und Schluff | $\approx 2/3$ |
| einfach verdichteter und leicht überverdichteter Ton | $\approx 1$ |
| stark überverdichteter Ton | $\approx 0{,}5$ bis $1$ |

Werden die Laborversuche mit nichtbindigen Bodenproben durchgeführt, muss davon ausgegangen werden, dass wegen der meist unzureichenden Probengüte eine zuverlässige Ermittlung der Bodensteifigkeit nur in Ausnahmefällen möglich ist. Dies gilt in dieser Form zwar nicht für bindige Böden, doch auch bei ihnen gilt, dass die Aussagekraft des Laborergebnisses sowohl von der Probengüte als auch von der Probenbehandlung und der Versuchsdurchführung im Labor abhängt.

Der Rechenmodul $E^*$ darf auch mittels Feldversuchen bestimmt werden. Entsprechend dem Vorgehen bei den Laborversuchsergebnissen sind die Feldversuchsergebnisse anhand von Erfahrungswerten zu beurteilen und ggf. zu modifizieren.

In DIN 4019, 8.5 wird ausdrücklich darauf hingewiesen, dass Plattendruckversuche in der Regel nicht für die Bestimmung von $E^*$ geeignet sind.

Setzungsermittlungen mit Hilfe geschlossener mathematischer Formeln können u. a. für schlaffe und starre rechteck- und kreisförmige Fundamente durchgeführt werden (vgl. Abschnitt 9.11). Zu weiteren Fällen siehe z. B. [34].

### 9.10.3 Ermittlung von $E^*$ aus Setzungsbeobachtungen

Aus den Ergebnissen von Setzungsbeobachtungen werden Module $E_m$ durch Rückrechnung gewonnen. Für die Rückrechnung muss gelten, dass die Beobachtungen an vergleichbaren
– Bauwerken und/oder Gründungskörpern,
– Baugrundverhältnissen
durchgeführt wurden und dass das der Rückrechnung zugrunde gelegte mechanische Modell identisch ist mit dem der Setzungsberechnung.

Ausgehend von dem so gewonnenen $E_m$-Wert ist der Rechenmodul $E^*$ in nachvollziehbarer Weise festzulegen.

### 9.10.4 Wahl von $E^*$ für Setzungsberechnungen

Bei Setzungsberechnungen sind für den jeweils zu berücksichtigenden Boden- und Spannungsbereich vorsichtige Schätzwerte des Mittelwerts oder Grenzwerte der für die Berechnung maßgebenden Kennwerte zu wählen. Bei großer Schwankungsbreite bzw. geringer Datenbasis sollte für jede

Kenngröße ein oberer und ein unterer Wert verwendet werden, um so die Schwankungsbreite der Verformungen abschätzen zu können.

## 9.11 Setzungsgleichungen nach DIN 4019

### 9.11.1 Allgemeines

Die in DIN 4019 angegebenen Berechnungsverfahren beruhen zwar auf der Annahme eines elastischen, isotropen und homogenen Halbraums, dürfen aber dennoch auch auf geschichtete Böden angewendet werden.

Die im Folgenden aufgeführten Verfahren beruhen auf Formeln, mit denen sich Setzungen in Form geschlossener Lösungen auf der Oberfläche des Halbraums oder der einer Schicht mit endlicher Dicke ermitteln lassen. Mit diesen Formeln lassen sich sowohl Setzungen in der Sohlfläche als auch außerhalb der Sohlfläche berechnen.

Nach der Norm sind Setzungen infolge lotrechter, gleichförmig verteilter Belastungen mit der Sohlpressung $\sigma_0$ (bei einfach verdichtetem Boden um Aushubentlastung verringern, vgl. [34]) mittels der Formel

$$s = \frac{\sigma_0 \cdot b \cdot f}{E^*} \qquad \text{Gl. 9-20}$$

zu berechnen. Darin sind $b$ eine charakteristische Bezugslänge der Sohlfläche (z. B. Rechtecksseitenlänge), $f$ ein Setzungsbeiwert (abhängig von Form und Abmessung der Gründungsfläche, der Mächtigkeit der zusammendrückbaren Schicht und der Querdehnzahl $\nu$) und $E^*$ (siehe Abschnitt 9.10) ein mittlerer Zusammendrückungsmodul, der für den gesamten zusammengedrückten Bereich gilt. Gl. 9-20 ist für homogene Böden, die Gleichung

$$s = \sigma_0 \cdot b \cdot \left( \frac{f_1}{E^*_1} + \sum_{i=2}^{n} \frac{f_i - f_{i-1}}{E^*_i} \right) \qquad \text{Gl. 9-21}$$

für geschichtete Böden zu verwenden. Neben den schon definierten Größen stehen in Gl. 9-21 $n$ für die Anzahl der zu erfassenden Schichten, $i$ für die jeweilige Schichtennummer (zu beginnen ist mit der obersten Schicht), $f_i$ den bis zur Tiefe der Unterkante der $i$-ten Schicht geltende Setzungsbeiwert und $E^*_i$ den für die $i$-te Schicht anzusetzende Zusammendrückungsmodul.

Gl. 9-20 und ggf. Gl. 9-21 gilt in ihrer Allgemeinheit für sehr verschiedene Lastkonfigurationen und Punkte in der Sohlfläche. Sie kann verwendet werden zur

1. Bestimmung des mittleren Zusammendrückungsmoduls $E_m$ bei der Auswertung von Setzungsbeobachtungen gemäß Abschnitt 9.10.3 (Berechnungsbeispiel in [34]),
2. Setzungsberechnung, wenn $E^*$ vorgegeben ist (bei Setzungsbeobachtungen an anderen Bauwerken ermittelte $E_m$- bzw. $E^*$-Werte dürfen nur dann verwendet werden, wenn deren Gründungsflächen gleiche Größenordnungen besitzen und jeweils die gleiche Querdehnzahl zugrunde gelegt werden kann),
3. Setzungsberechnung einheitlicher und geschichteter Böden, wenn die Module $E^*$ für die einzelnen Schichten anderweitig (z. B. aus Tabellen, Sondierungen oder Erfahrungen) bekannt sind (Berechnungsbeispiel siehe [34]).

### 9.11.2 Setzung der Eckpunkte schlaffer, konstanter Rechtecklasten

Betrachtet wird eine $a \times b$ große rechteckige Fläche auf einem linear-elastisch isotropen Halbraum mit der Querdehnzahl $v = 0$ und dem Zusammendrückungsmodul (Rechenmodul) $E^*$, der

- auf dem aus Setzungsbeobachtungen gewonnenen Zusammendrückungsmodul $E_m$ (siehe Abschnitt 9.10.3) des Halbraums oder
- anderweitigen Ermittlungen (siehe z. B. Abschnitt 9.10.2)

beruht. Wird auf dieser Fläche die konstante Last $\sigma_0$ aufgebracht, stellt sich infolge der Zusammendrückung einer oberen Halbraumschicht der Dicke $z$ eine Setzung ein, deren Eckpunktwerte $s$ durch die auf Gl. 9-10 basierende Beziehung (siehe hierzu [151] und [196])

$$s = \frac{\sigma_0 \cdot b \cdot f_1}{E^*} = \frac{\sigma_0}{2 \cdot \pi \cdot E^*} \cdot \left[ z \cdot \arctan \frac{a \cdot b}{z \cdot R} + a \cdot \ln\left(\frac{R-b}{R+b} \cdot \frac{r+b}{r-b}\right) + b \cdot \ln\left(\frac{R-a}{R+a} \cdot \frac{r+a}{r-a}\right) \right] \quad \text{Gl. 9-22}$$

ermittelt werden können. Die in Gl. 9-22 benutzten Größen $R$ und $r$ stehen für

$$R = \sqrt{a^2 + b^2 + z^2} \quad \text{und} \quad r = \sqrt{a^2 + b^2} \quad \text{Gl. 9-23}$$

und der Beiwert $f_1$ für

$$f_1 = \frac{1}{2 \cdot \pi \cdot b} \cdot \left[ z \cdot \arctan \frac{a \cdot b}{z \cdot R} + a \cdot \ln\left(\frac{R-b}{R+b} \cdot \frac{r+b}{r-b}\right) + b \cdot \ln\left(\frac{R-a}{R+a} \cdot \frac{r+a}{r-a}\right) \right] \quad \text{Gl. 9-24}$$

Die Größe des Beiwerts $f_1$ in Gl. 9-24 ist von den Abmessungsverhältnissen $a/b$ und $z/b$ abhängig. Einige Funktionsverläufe von $f_1$ zeigt Bild 9-9. Im Fall eines auf einfach verdichtetem Boden gegründeten Fundaments mit der Einbindetiefe $d$ ist die durch das Bauwerk hervorgerufene konstante Last $\sigma_0$ um die Aushubentlastung zu verringern. Die Größe dieser Entlastung liefert das Produkt aus der Aushubtiefe $d$ und der in ihrem Bereich anzusetzenden mittleren Bodendichte $\gamma$.

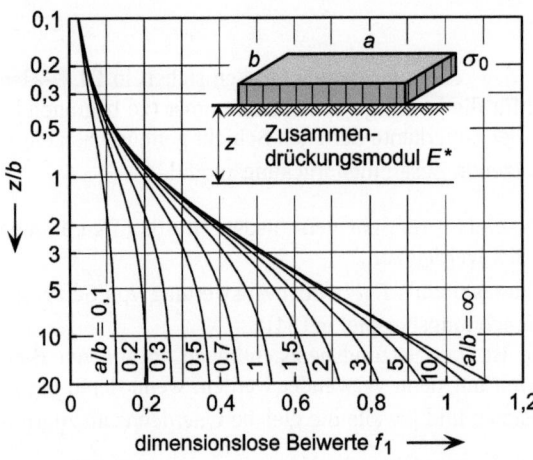

**Bild 9-9** Beiwerte $f_1$ für die Berechnung der Setzungen von Eckpunkten schlaffer rechteckförmiger Gleichlasten $\sigma_0$ auf einer nachgiebigen Schicht der Dicke $z$ und der Querdehnzahl $v = 0$ (nach Kany [196])

Für Querdehnzahlen $v \neq 0$ lassen sich Eckpunktsetzungen unter gleichförmigen Rechtecklasten nach DIN 4019, Anhang B auch mit dem Beiwert

$$f_R = \frac{1-v^2}{b \cdot \pi} \cdot \left[ a \cdot \ln \frac{(b+r) \cdot \sqrt{a^2+z^2}}{a \cdot (b+R)} + b \cdot \ln \frac{(a+r) \cdot \sqrt{b^2+z^2}}{b \cdot (a+R)} \right]$$
$$+ \frac{1-v-2 \cdot v^2}{2 \cdot b \cdot \pi} \cdot z \cdot \arctan \frac{a \cdot b}{z \cdot R}$$
Gl. 9-25

und Gl. 9-20 ermitteln (vgl. hierzu Gl. 9-10).

Da schlaffe Gründungskörper Setzungsmulden (vgl. Bild 9-1) hervorrufen, kann die Ermittlung der Setzung von Punkten innerhalb der Lastfläche bedeutsam sein. Die Größe solcher Setzungen lässt sich generell durch die Superposition von Setzungswerten gewinnen, die mit Hilfe von Gl. 9-22 und den Setzungsbeiwerten aus Bild 9-9 bzw. mit Gl. 9-20 und Gl. 9-25 ermittelt wurden. Für den Punkt S in Bild 9-10 etwa ergibt sich dessen Setzung $s_S$ aus der Summe der Teilsetzungen $s_{S1}$, $s_{S2}$, $s_{S3}$ und $s_{S4}$, die sich einstellen, wenn nur jeweils die Teilfläche 1, 2, 3 oder 4 mit $\sigma_0$ belastet ist.

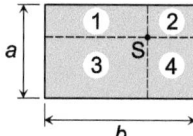

**Bild 9-10**  Setzungspunkt S innerhalb einer rechteckigen Lastfläche

In Analogie zu Abschnitt 6.12 sind diese Betrachtungen auch erweiterbar auf außerhalb der Lastfläche liegende Setzungspunkte sowie auf andere als nur rechteckige Lastflächen.

Nach DIN 4019, Anhang B lassen sich Setzungen von Punkten innerhalb der Lastfläche mit ausreichender Genauigkeit berechnen, wenn die entsprechenden Eckpunktsetzungen mit der Annahme $v = 0$ und unter Verwendung des Moduls $E^*$ ermittelt wurden. Dies gestattet sowohl die Verwendung von Gl. 9-22 und den Setzungsbeiwerten aus Bild 9-9 als auch die Berechnung mit Gl. 9-20 und Gl. 9-25. Für außerhalb der Lastfläche liegende Punkte sollten die Eckpunktsetzungen jedoch mit Gl. 9-20 und Gl. 9-25 ermittelt werden.

### 9.11.3 Setzung starrer Rechteckfundamente bei zentrischer Belastung

Starre Fundamente der Abmessungen $a \times b$ weisen bei homogenem Baugrund und zentrischer Belastung eine über die Sohlfläche konstante Setzung auf (vgl. Bild 9-1). Für den kennzeichnenden Punkt K ist ihre Größe $s_K$ identisch mit der Setzung unter einer schlaffen Gleichlast mit der gleichen Belastungsresultierenden. Dies führt dazu, dass die Setzungsgrößenermittlung z. B. auf der Basis der Formeln und Setzungsbeiwerte aus Abschnitt 9.11.2 erfolgen kann. Die damit verbundene Ermittlung und Summierung von vier Teilsetzungen lassen sich dann z. B. mit der Gleichung

$$s_K = \frac{\sigma_0 \cdot b \cdot f_K}{E^*}$$
Gl. 9-26

zusammenfassen. Als Setzungsbeiwert $f_K$ für die Querdehnzahl $v = 0$ dient dabei

$$f_K = \frac{1}{2\cdot\pi\cdot b}\cdot\sum_{n=1}^{4}\left[\begin{array}{c} z\cdot\arctan\dfrac{a_n\cdot b_n}{z\cdot R_n}+a_n\cdot\ln\left(\dfrac{R_n-b_n}{R_n+b_n}\cdot\dfrac{r_n+b_n}{r_n-b_n}\right) \\ +b_n\cdot\ln\left(\dfrac{R_n-a_n}{R_n+a_n}\cdot\dfrac{r_n+a_n}{r_n-a_n}\right) \end{array}\right] \quad\text{Gl. 9-27}$$

mit den einzelnen Größen in dem Summenausdruck

$$R_n = \sqrt{a_n^2 + b_n^2 + z^2} \qquad r_n = \sqrt{a_n^2 + b_n^2}$$
$$a_1 = a_2 = 0{,}87\cdot a \qquad a_3 = 0{,}87\cdot b \qquad a_4 = 0{,}13\cdot a \qquad\text{Gl. 9-28}$$
$$b_1 = 0{,}87\cdot b \qquad b_2 = b_4 = 0{,}13\cdot b \qquad b_3 = 0{,}13\cdot a$$

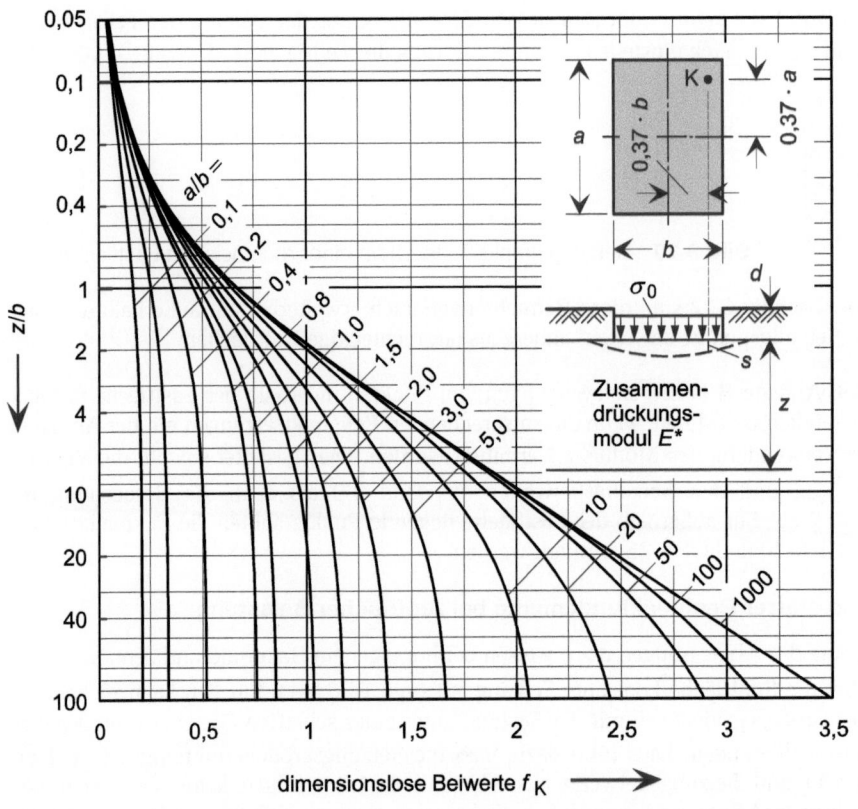

**Bild 9-11** Beiwerte $f_K$ für die Setzung der kennzeichnenden Punkte zentrisch belasteter starrer Rechteckfundamente (mittlere Sohlpressung $\sigma_0$) auf einer nachgiebigen Schicht der Dicke $z$ und der Querdehnzahl $v = 0$ nach *Kany* (nach EVB)

Funktionsverläufe der Setzungsbeiwerte $f_K$ sind in Bild 9-11 dargestellt. Bei einem auf einfach verdichtetem Boden gegründeten Fundament mit der Einbindetiefe $d$ ist die durch das Bauwerk hervorgerufene konstante Last $\sigma_0$ um die Aushubentlastung zu verringern. Die Entlastung ergibt sich aus dem Produkt der Aushubtiefe $d$ und der in ihrem Bereich anzusetzenden mittleren Bodendichte $\gamma$.

Für Böden mit Querkontraktionszahlen $v \neq 0$ ist statt dem Beiwert $f_K$ aus Gl. 9-27 der Beiwert

$$f_K = \frac{1+v}{b \cdot \pi} \cdot \sum_{n=1}^{4} \left\{ \begin{array}{l} (1-v) \cdot \left[ a \cdot \ln \frac{(b+r) \cdot \sqrt{a^2+z^2}}{a \cdot (b+R)} + b \cdot \ln \frac{(a+r) \cdot \sqrt{b^2+z^2}}{b \cdot (a+R)} \right] \\ + \frac{1-2 \cdot v}{2} \cdot z \cdot \arctan \frac{a \cdot b}{z \cdot R} \end{array} \right\}$$  Gl. 9-29

zu verwenden.

**Anwendungsbeispiel**

Zu betrachten ist das in Bild 9-12 gezeigte Gebäude, dessen Sohlplatte als starr angesehen werden darf. Die in der Sohlfuge wirkenden Druckspannungen sind mit $\sigma_0 = 350 \text{ kN/m}^2$ anzusetzen. Da es sich bei dem Baugrund um einfach verdichteten Boden handelt, ist der Baugrubenaushub bei der Ermittlung der wirksamen Sohlnormalspannung zu berücksichtigen!

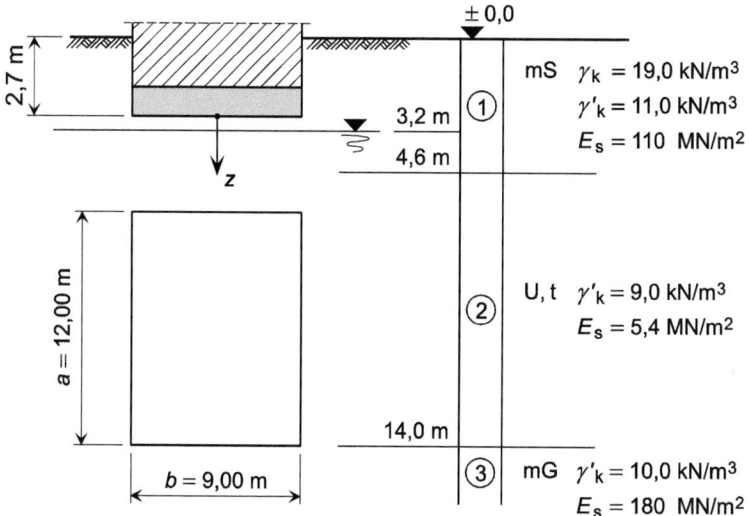

**Bild 9-12** Baugrundgegebenheiten eines zu gründenden Gebäudes mit starrer Sohlplatte

Unter der Annahme, dass für den Baugrund die Querdehnzahl $v = 0$ gilt, sind mit Hilfe geschlossener Formeln zu berechnen:
1. die Setzung der Sohlplatte infolge der Zusammendrückung der Schicht mit tonigem Schluff,
2. die Setzungsbeiträge der Mittelsand- und Mittelkiesschicht, einschließlich des Vergleichs der entsprechenden Werte mit dem unter 1. berechneten Wert.

## Lösung

### 1 Sohlplattensetzung infolge der Zusammendrückung der tonigen Schluffschicht

#### 1.1 Wirksame Sohlnormalspannung $\sigma_1$ und Grenztiefe $t_s$

Als wirksame Sohlnormalspannung $\sigma_1$ ergibt sich im vorliegenden Fall

| | |
|---|---|
| Sohlnormalspannung des Gebäudes $\sigma_0 =$ | 350,0 kN/m² |
| Entlastung durch Baugrubenaushub $\sigma_v = \gamma_1 \cdot d = 19,0 \cdot 2,7 =$ | − 51,3 kN/m² |
| zusätzliche Belastung $\sigma_1$ durch das Bauwerk | 298,7 kN/m² |

Für die tabellarische Ermittlung der Grenztiefe (Tabelle 9-2) wird angenommen, dass bei der Setzungsberechnung die Zusammendrückung aller Schichten berücksichtigt wird. In der Literatur existieren für die Setzungsberechnung mittels geschlossener Formeln zwar verschiedene Lösungen für konstante Spannungsverteilungen, aber keine für die unter starren Fundamenten üblicherweise auftretenden Sohlspannungsverteilungen. Da im charakteristischen Punkt die hier gesuchte Setzung eines starren Fundaments (über die Sohlfläche konstant) der Setzung eines schlaffen und gleichmäßig belasteten Fundaments entspricht, werden im Folgenden Hilfsmittel verwendet, mit denen sich die Setzung eines schlaffen Fundaments unter dem charakteristischen Punkt ermitteln lässt.

Spannungen $\sigma_z$ infolge der Bauwerkslast werden mittels Gl. 6-73 und Gl. 6-75 unter dem charakteristischen Punkt berechnet. Als effektive Überlagerungsspannungen (lotrechte Normalspannungen aus Bodeneigenlasten) in den unterschiedlichen Tiefenpunkten $k$ unter dem charakteristischen Punkt ergeben sich die Größen

$$\sigma_{\ddot{u}j} = \sigma_v + \sum_{k=1}^{j} \Delta d_k \cdot \gamma_k$$

**Tabelle 9-2** Ermittlung der Grenztiefe für die Setzungsberechnung

| Punkt $k$ | Ordinate | Tiefe $z$ unter Fund. | Schichtdicke $\Delta d$ | Effektive Bodenspannungen ohne Bauwerk | | | Effektive Bodenspannung $\sigma_z$ unter dem Bauwerk | | |
|---|---|---|---|---|---|---|---|---|---|
| | | | | $\Delta\sigma_{\ddot{u}}$ | $\sigma_{\ddot{u}}$ | $0{,}2 \cdot \sigma_{\ddot{u}}$ | $z/b$ | $i_K$ | $i_K \cdot \sigma_1$ |
| | in m | in m | in m | in kN/m² | in kN/m² | in kN/m² | | | in kN/m² |
| 0 | 2,70 | 0,00 | 2,70 | 51,30 | 51,30 | 10,26 | 0,000 | 1,000 | 298,7 |
| 1 | 3,20 | 0,50 | 0,50 | 9,50 | 60,80 | 12,16 | 0,056 | 0,981 | 293,0 |
| 2 | 4,60 | 1,90 | 1,40 | 15,40 | 76,20 | 15,24 | 0,211 | 0,722 | 215,7 |
| 3 | 9,30 | 6,60 | 4,70 | 42,30 | 118,50 | 23,70 | 0,733 | 0,345 | 103,1 |
| 4 | 14,00 | 11,30 | 4,70 | 42,30 | 160,80 | 32,16 | 1,260 | 0,212 | 63,3 |
| 5 | 18,60 | 15,90 | 4,60 | 46,00 | 206,80 | 41,36 | 1,770 | 0,139 | 41,5 |

Nach Tabelle 9-2 ergibt sich in der Tiefe $z = 11{,}3$ m unter der Fundamentsohle eine effektive $\sigma_z$-Spannung infolge Bauwerkslast, die ca. dem 0,4-fachen Wert der effektiven Bodenspannung $\sigma_{\ddot{u}}$ entspricht. Die Tiefe, in der für die wirksame Bodenspannung $i \cdot \sigma_1 = 0{,}2 \cdot \sigma_{\ddot{u}}$ gilt, beträgt $\approx 15{,}9$ m und kann, gemäß DIN 4019, 9, als Grenztiefe (bzw. Setzungseinflusstiefe) $t_s$ bezeichnet werden.

## 1.2 Setzung der starren Sohlplatte

Gemäß dem ersten Teil der Aufgabenstellung ist nur die Setzung infolge der Zusammendrückung der Schicht mit tonigem Schluff zu berechnen (die Zusammendrückung aller anderen Schichten wird als vernachlässigbar klein eingestuft, d. h., sie werden als nicht zusammendrückbare Schichten behandelt). Daher wird als Grenztiefe nicht die in Tabelle 9-2 mit $t_s \approx 15{,}9$ m ermittelte und im Bereich des Mittelkieses (mG) liegende Grenze gewählt, sondern die in der Tiefe von 11,3 m unter der Fundamentsohle liegende untere Grenze der stark zusammendrückbaren Schicht (tonige Schluffschicht).

Für die folgenden Berechnungen wird für die tonige Schluffschicht als mittlerer Zusammendrückungsmodul (Rechenmodul)

$$E^* = \frac{E_s}{\kappa} = \frac{3}{2} \cdot 5\,400 = 8\,100 \text{ kN/m}^2$$

verwendet. Darin sind $E_s$ der Steifemodul der tonigen Schluffschicht gemäß Bild 9-12 und $\kappa$ der auf Erfahrungen beruhende Korrekturbeiwert aus Tabelle 9-1 (für Sand und Schluff).

Für die Setzungsberechnung wird das Diagramm nach *Kany* (Bild 9-11) zur Ermittlung der Setzungsbeiwerte $f_K$ für den kennzeichnenden Punkt unter der Rechtecklast $\sigma_1$ herangezogen. Die entsprechende Lösungskurve gehört zu

$$\frac{a}{b} = \frac{12{,}00}{9{,}00} = 1{,}33$$

Wird angenommen, dass sich der Baugrund über die Gesamtschichtdicke von 11,3 m unter der Fundamentsohle wie toniger Schluff (U, t) verhält, ergibt sich mit dem Wert

$$\frac{z}{b} = \frac{14{,}00 - 2{,}70}{9{,}00} = \frac{11{,}30}{9{,}00} = 1{,}26$$

und dem Diagramm von Bild 9-11 (die wirksame Sohlnormalspannung $\sigma_1$ wird dort mit $\sigma_0$ bezeichnet) die Setzung

$$s_{U1} = \frac{\sigma_1 \cdot b \cdot f_K}{E^*} = \frac{299{,}5 \cdot 9{,}00 \cdot 0{,}584}{8\,100} = 0{,}194 \text{ m}$$

Sie beinhaltet anteilig auch die zur Schichtdicke von 4,60 m – 2,70 m = 1,90 m unter der Fundamentsohle gehörende Setzung, die aber voraussetzungsgemäß die Größe Null hat (als nicht zusammendrückbar betrachteter Mittelsand) und deshalb von $s_1$ wieder abgezogen werden muss. Ihre Größe ergibt sich mit dem Wert $z/b = 1{,}90/9{,}00 = 0{,}211$ und dem Diagramm von Bild 9-11 zu

$$s_{U2} = \frac{\sigma_1 \cdot b \cdot f_K}{E^*} = \frac{299{,}5 \cdot 9{,}00 \cdot 0{,}189}{8\,100} = 0{,}063 \text{ m}$$

Die Setzung der tatsächlich vorhandenen tonigen Schluffschicht berechnet sich somit zu

$$s_U = s_{U1} - s_{U2} = 0{,}194 - 0{,}063 = 0{,}131 \text{ m} = 13{,}1 \text{ cm}$$

## 2 Sohlplattensetzung infolge der Zusammendrückung von Mittelsand- und Mittelkiesschicht sowie Vergleich der Setzungsbeiträge

### 2.1 Setzung der starren Sohlplatte infolge der Zusammendrückung der Mittelsandschicht

Analog zu 1.2 wird für die Mittelsandschicht als mittlerer Zusammendrückungsmodul (Rechenmodul) die Größe

$$E^* = \frac{E_s}{\kappa} = \frac{3}{2} \cdot 110\,000 = 165\,000 \text{ kN/m}^2$$

verwendet. Darin sind $E_s$ der Steifemodul der Mittelsandschicht gemäß Bild 9-12 und $\kappa$ der auf Erfahrungen beruhende Korrekturbeiwert aus Tabelle 9-1 (für Sand und Schluff).

Für die Schichtdicke von $4{,}60 \text{ m} - 2{,}70 \text{ m} = 1{,}90 \text{ m}$ unter der Fundamentsohle ergibt sich mit dem Wert $z/b = 1{,}90/9{,}00 = 0{,}211$ und dem Diagramm von Bild 9-11 die Setzung

$$s_S = \frac{\sigma_1 \cdot b \cdot f_K}{E^*} = \frac{299{,}5 \cdot 9{,}00 \cdot 0{,}189}{165\,000} = 0{,}0031 \text{ m} = 3{,}1 \text{ mm}$$

### 2.2 Setzung der starren Sohlplatte infolge der Zusammendrückung der Mittelkiesschicht

Als mittlerer Zusammendrückungsmodul für die Mittelkiesschicht wird (zu $E_s$ siehe Bild 9-12)

$$E^* = E_s = 180\,000 \text{ kN/m}^2$$

verwendet.

Mit der Annahme, dass unter der Fundamentsohle eine 15,90 m mächtige Schicht aus Mittelkies ansteht, ergibt sich mit dem Wert $z/b = 15{,}90/9{,}00 = 1{,}93$ und dem Diagramm von Bild 9-11 ($a/b = 1{,}33$) die Setzung

$$s_{G1} = \frac{\sigma_1 \cdot b \cdot f_K}{E^*} = \frac{299{,}5 \cdot 9{,}00 \cdot 0{,}672}{180\,000} = 0{,}0101 \text{ m} = 10{,}1 \text{ mm}$$

Da $s_{G1}$ anteilig auch die Setzung beinhaltet, die zu Boden gehört, der mit einer Schichtdicke von $14{,}00 \text{ m} - 2{,}70 \text{ m} = 11{,}30 \text{ m}$ unter der Fundamentsohle ansteht und bei dem es sich nicht um Mittelkies handelt, muss dieser Setzungsanteil von $s_{G1}$ wieder abgezogen werden. Mit dem Wert $z/b = 11{,}30/9{,}00 = 1{,}26$ und dem Diagramm von Bild 9-11 ergibt sich seine Größe zu

$$s_{G2} = \frac{\sigma_1 \cdot b \cdot f_K}{E^*} = \frac{299{,}5 \cdot 9{,}00 \cdot 0{,}584}{180\,000} = 0{,}0087 \text{ m} = 8{,}7 \text{ mm}$$

Damit ergibt sich die zur tatsächlich vorhandenen, 1,90 m mächtigen Mittelkiesschicht gehörende Setzung zu

$$s_G = s_{G1} - s_{G2} = 10{,}1 - 8{,}7 = 1{,}4 \text{ mm}$$

### 2.4 Vergleich der Setzungsbeiträge aus Sand und Kies mit dem Beitrag des tonigen Schluffs

Der Setzungsbeitrag von Mittelsand- und Mittelkiesschicht ist mit

$$s_{S+G} = s_S + s_G = 0{,}31 + 0{,}14 = 0{,}45 \text{ cm}$$

deutlich kleiner als der zur tonigen Schluffschicht gehörende Wert von $s_U = 13{,}1$ cm. Bezogen auf diesen Wert beträgt die Setzung aus der Mittelsand- und der Mittelkiesschicht nur 3,4 %.

### 9.11.4 Setzungen unter konstanter kreisförmiger Last

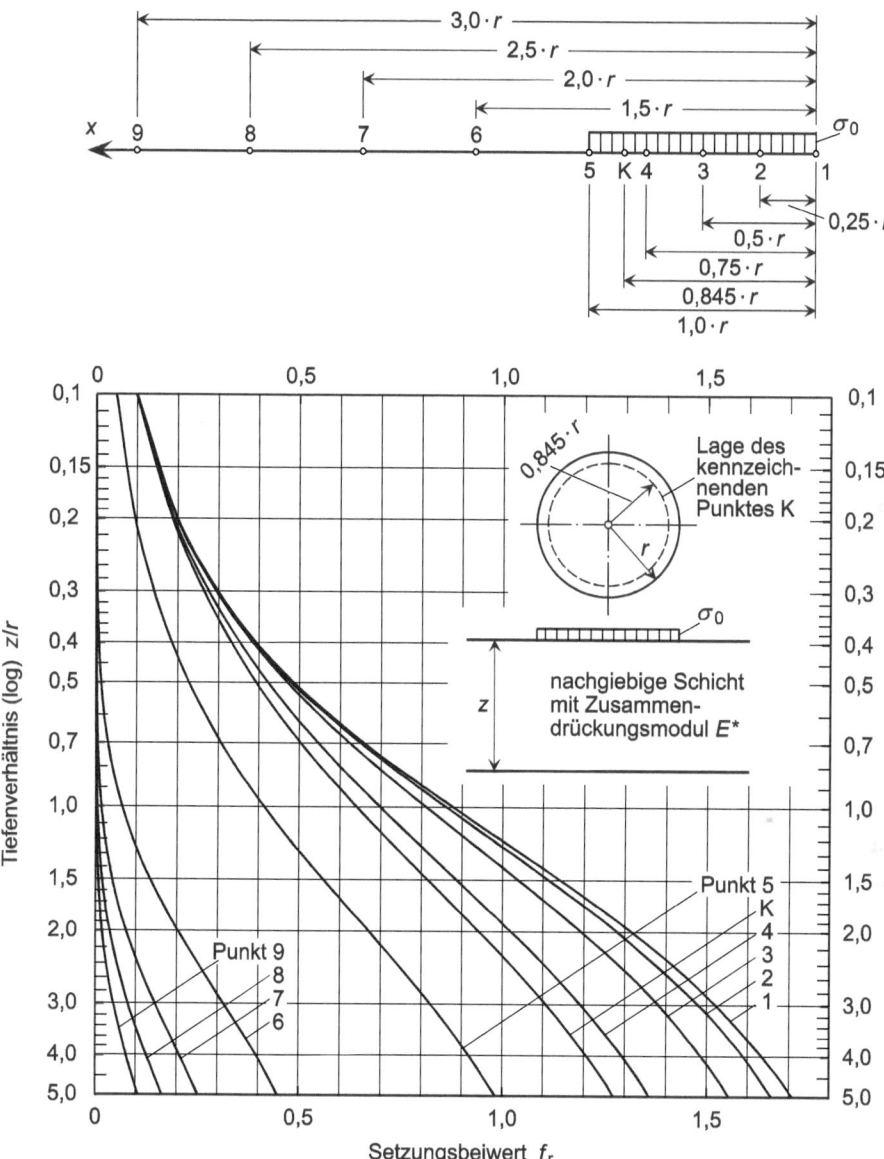

**Bild 9-13** Setzungsbeiwerte $f_r$ für die Setzungspunkte 1 bis 9 und K (kennzeichnender Punkt) innerhalb und außerhalb von schlaffen, kreisförmigen und gleichmäßig verteilten Lasten $\sigma_0$ auf einer nachgiebigen Schicht der Dicke $z$ mit dem Zusammendrückungsmodul $E^*$ gemäß *Leonhardt* [207] (nach EVB)

Zu betrachten sind kreisförmige Gleichlasten $\sigma_0$, die eine unter der Belastung anstehende homogene Bodenschicht der Dicke $z$ zusammendrücken. Ist der Zusammendrückungsmodul (Rechenmodul) dieser Schicht durch $E^*$ gegeben, kann die Setzungsgröße für verschiedene Punkte (Kreislinien, da radialsymmetrisches System) mit Hilfe von

$$s = \frac{\sigma_0 \cdot r \cdot f_r}{E^*} \qquad \text{Gl. 9-30}$$

ermittelt werden. $r$ steht in dieser Gleichung für den Radius der Kreislast und $f_r$ für Setzungsbeiwerte ausgewählter Setzungspunkte (Setzungskreise), die von dem Verhältnis $z/r$ abhängig sind. Die Funktionsverläufe für zehn verschiedene Setzungspunkte (Kreismittelpunkt, kennzeichnender Punkt usw.) können Bild 9-13 entnommen werden.

Ist ein Fundament auf einfach verdichtetem Boden gegründet und um das Maß $d$ in den Baugrund eingebunden, ist die durch das Bauwerk hervorgerufene konstante Last $\sigma_0$ um die Aushubentlastung zu verringern, deren Größe sich aus dem Produkt von Aushubtiefe $d$ und der in ihrem Bereich anzusetzenden mittleren Bodendichte $\gamma$ ergibt.

Da der Fall des kennzeichnenden Punkts K ($x_K = 0{,}845 \cdot r$) in den zehn Fällen von Bild 9-13 enthalten ist, können mit Gl. 9-30 und den Setzungsbeiwerten $f_r$ aus Bild 9-13 auch die Setzungen von starren kreisförmigen Gründungskonstruktionen erfasst werden, da deren Setzungsgröße der des charakteristischen Punkts K entspricht.

## 9.12 Gleichungen für Verdrehungen nach DIN 4019

### 9.12.1 Allgemeines

DIN 4019 behandelt u. a. auch den Fall rechteckiger (im Sonderfall quadratischer) starrer Gründungskörper auf dem linear-elastisch isotropen Halbraum, die durch exzentrisch angreifende Vertikallastresultierende $F$ so belastet sind, dass keine Klaffung der Sohlfuge auftritt. Für die Ermittlung der Gesamtsetzung ihrer Eck- oder Randpunkte ist die Gleichung

$$s = s_m \pm s_x \pm s_y \qquad \text{Gl. 9-31}$$

zu verwenden.

Der zur zentrisch anzusetzenden Lastresultierenden $F$ gehörende Setzungsanteil $s_m$ (Bild 9-14) berechnet sich mit der mittleren Normalspannung

$$\sigma_0 = \frac{F}{A_S} \qquad \text{Gl. 9-32}$$

unter dem Gründungskörper (Sohlfläche $A_S$), dem mittleren Zusammendrückungsmodul (Rechenmodul) $E^*$ des Baugrunds (siehe Abschnitt 9.10), der für den gesamten zusammengedrückten Bereich gilt, sowie dem Setzungsbeiwert $f$ nach DIN 4019, 10.2.2 gemäß dem schon aus Gl. 9-20 bekannten Ausdruck

$$s_m = \frac{\sigma_0 \cdot b \cdot f}{E^*} \qquad \text{Gl. 9-33}$$

Mit den Bezeichnungen aus Bild 9-14 erfassen die beiden übrigen Setzungsanteile den Einfluss des Moments $M_y = F \cdot e_x$ um die $y$-Achse (Drehung der Gründungsfläche um den Winkel $\alpha_y$) durch

$$s_x = \tan \alpha_y \cdot \frac{a}{2} = \frac{M_y \cdot f_x}{b^3 \cdot E^*} \cdot \frac{a}{2} \qquad a \geq b \qquad \text{Gl. 9-34}$$

und den Einfluss des Moments $M_x = F \cdot e_y$ um die x-Achse (Drehung der Gründungsfläche um den Winkel $\alpha_x$) durch

$$s_y = \tan\alpha_x \cdot \frac{b}{2} = \frac{M_x \cdot f_y}{b^3 \cdot E^*} \cdot \frac{b}{2}$$  Gl. 9-35

Die in Gl. 9-34 und Gl. 9-35 verwendeten Größen $f_x$ und $f_y$ sind aus Tafeln entnehmbare Verdrehungsbeiwerte für elliptische oder rechteckige Gründungsflächen.

**Hinweis:** In der Literatur und auch in DIN EN 1997-1 bzw. DIN 1054 wird oftmals statt des Begriffs „Verdrehung" der Begriff „Verkantung" verwendet.

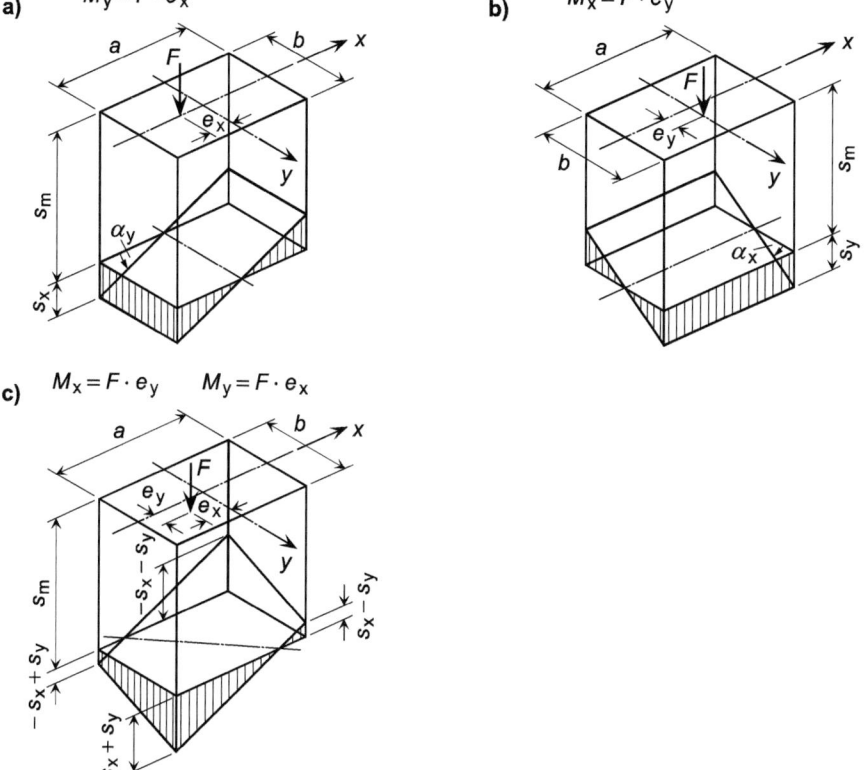

**Bild 9-14** Setzungen und Verdrehungen eines rechteckigen starren Gründungskörpers (nach [35]) bei einer
a) in Richtung der längeren Seite ausmittigen lotrechten Lastresultierenden
b) in Richtung der kürzeren Seite ausmittigen lotrechten Lastresultierenden
c) in beiden Richtungen ausmittigen lotrechten Lastresultierenden

Die in DIN 4019 angegebenen Berechnungsverfahren beruhen zwar auf der Annahme eines elastischen, isotropen und homogenen Halbraums, dürfen aber dennoch auch auf geschichtete Böden angewendet werden. In solchen Fällen sind die Größen $\tan\alpha_y$ und $\tan\alpha_x$ aus Gl. 9-34 und Gl. 9-35 durch

$$\tan\alpha_y = \frac{M_y}{b^3} \cdot \left( \frac{f_{x,i}}{E^*_1} + \sum_{i=2}^{n} \frac{f_{x,i} - f_{x,i-1}}{E^*_i} \right) \qquad a \geq b \qquad \text{Gl. 9-36}$$

und

$$\tan\alpha_x = \frac{M_x}{b^3} \cdot \left( \frac{f_{y,i}}{E^*_1} + \sum_{i=2}^{n} \frac{f_{y,i} - f_{y,i-1}}{E^*_i} \right) \qquad \text{Gl. 9-37}$$

zu ersetzen. Analog zu Abschnitt 9.11.1 stehen in den beiden Gleichungen $n$ für die Anzahl der zu erfassenden Schichten, $i$ für die jeweilige Schichtennummer (zu beginnen ist mit der obersten Schicht), $f_{x,i}$ bzw. $f_{y,i}$ für den bis zur Tiefe der Unterkante der $i$-ten Schicht geltende Setzungsbeiwert und $E^*_i$ für den für die $i$-te Schicht anzusetzenden Zusammendrückungsmodul.

Die im Folgenden aufgeführten Verfahren beruhen auf Formeln, mit denen sich Setzungen bzw. Verdrehungen in Form geschlossener Lösungen auf der Oberfläche des Halbraums oder der einer Schicht mit endlicher Dicke ermitteln lassen.

### 9.12.2 Setzungen bzw. Verdrehungen rechteckiger Fundamente

Tabellen bzw. Nomogramme für die Ermittlung von Verdrehungsbeiwerten wurden z. B. von *Kany* in [197] hergeleitet bzw. in [198] für den Fall der Querdehnzahl $v = 0$ bereitgestellt. So wird z. B. der Setzungsanteil $s_x$ nach [197] mit Hilfe von

$$s_x = \frac{2 \cdot M_y \cdot f_{sx}}{a^2 \cdot E^*} = \frac{2 \cdot F \cdot e_x \cdot f_{sx}}{a^2 \cdot E^*} \qquad \text{Gl. 9-38}$$

berechnet (von *Kany* wird in [197] statt der Bezeichnung $f_{sx}$ die Bezeichnung $f_{s.A}$ verwendet). Da diese Größe mit dem Setzungsanteil $s_x$ aus Gl. 9-34 identisch ist (Bild 9-14 a), die Identität auch für die Größen $M_y$ sowie $a$ und $E^*$ gilt, liefern die beiden Gleichungen die Beziehung

$$f_x = \frac{4 \cdot b^3}{a^3} \cdot f_{sx} \qquad \text{Gl. 9-39}$$

für die in ihnen verwendeten Setzungsbeiwerte. Funktionsverläufe des Setzungsbeiwerts $f_{sx}$ zur Berechnung der Verkantung $\pm s_x$ sind in Bild 9-15 dargestellt.

Unter Bezugnahme von Gl. 9-34 ergibt sich für den Tangens des Verdrehungswinkels $\alpha_y$

$$\tan\alpha_y = \frac{2 \cdot s_x}{a} = \frac{4 \cdot M_y \cdot f_{sx}}{a^3 \cdot E^*} = \frac{4 \cdot F \cdot e_x \cdot f_{sx}}{a^3 \cdot E^*} \qquad \text{Gl. 9-40}$$

und damit für den Verdrehungswinkel selbst

$$\alpha_y = \arctan\left( \frac{4 \cdot F \cdot e_x \cdot f_{sx}}{a^3 \cdot E^*} \right) \qquad \text{Gl. 9-41}$$

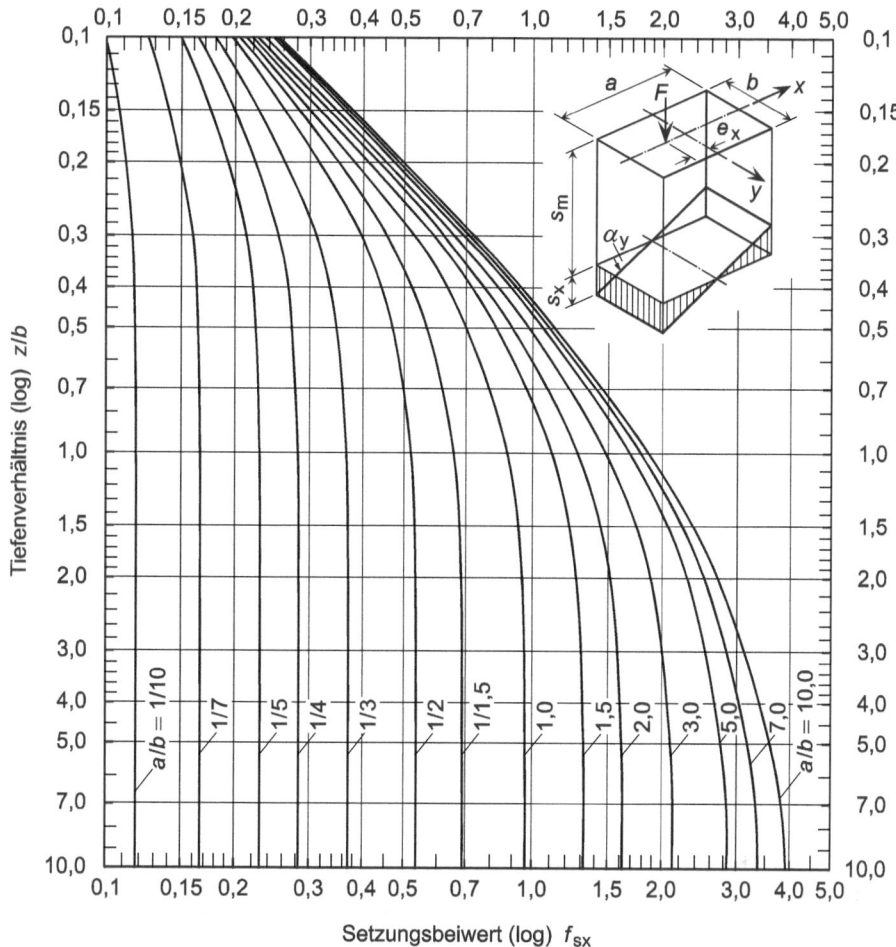

**Bild 9-15** Für Querdehnzahl $\nu = 0$ geltende Funktionsverläufe des Setzungsbeiwerts $f_{sx}$ zur Berechnung der Verkantung $\pm s_x$ bei in x-Richtung ausmittiger Belastung starrer rechteckiger Fundamente (nach *Kany* [198])

Analoge Beziehungen gelten auch für den Setzungsanteil $s_y$, der nach [197] mit Hilfe von

$$s_y = \frac{2 \cdot M_x \cdot f_{sy}}{a \cdot b \cdot E^*} = \frac{2 \cdot F \cdot e_y \cdot f_{sy}}{a \cdot b \cdot E^*} \qquad \text{Gl. 9-42}$$

berechnet wird (*Kany* verwendet in [197] statt der Bezeichnung $f_{sy}$ die Bezeichnung $f_{s.B}$). Da diese Größe mit dem Setzungsanteil $s_y$ aus Gl. 9-35 identisch ist (Bild 9-14 b), die Identität auch für die Größen $M_x$ sowie $a$, $b$ und $E^*$ gilt, liefern die beiden Gleichungen die Beziehung

$$f_y = \frac{4 \cdot b}{a} \cdot f_{sy} \qquad \text{Gl. 9-43}$$

für die in ihnen verwendeten Setzungsbeiwerte. Funktionsverläufe des Setzungsbeiwerts $f_{sy}$ zur Berechnung der Verkantung $\pm s_y$ sind in Bild 9-16 dargestellt.

Unter Beachtung von Gl. 9-35 ergibt sich für den Tangens des Verdrehungswinkels $\alpha_x$

$$\tan \alpha_x = \frac{2 \cdot s_y}{b} = \frac{4 \cdot M_x \cdot f_{sy}}{b^3 \cdot E^*} = \frac{4 \cdot F \cdot e_y \cdot f_{sy}}{b^3 \cdot E^*} \qquad \text{Gl. 9-44}$$

und damit für den Verdrehungswinkel selbst

$$\alpha_x = \arctan \left( \frac{4 \cdot F \cdot e_y \cdot f_{sy}}{b^3 \cdot E^*} \right) \qquad \text{Gl. 9-45}$$

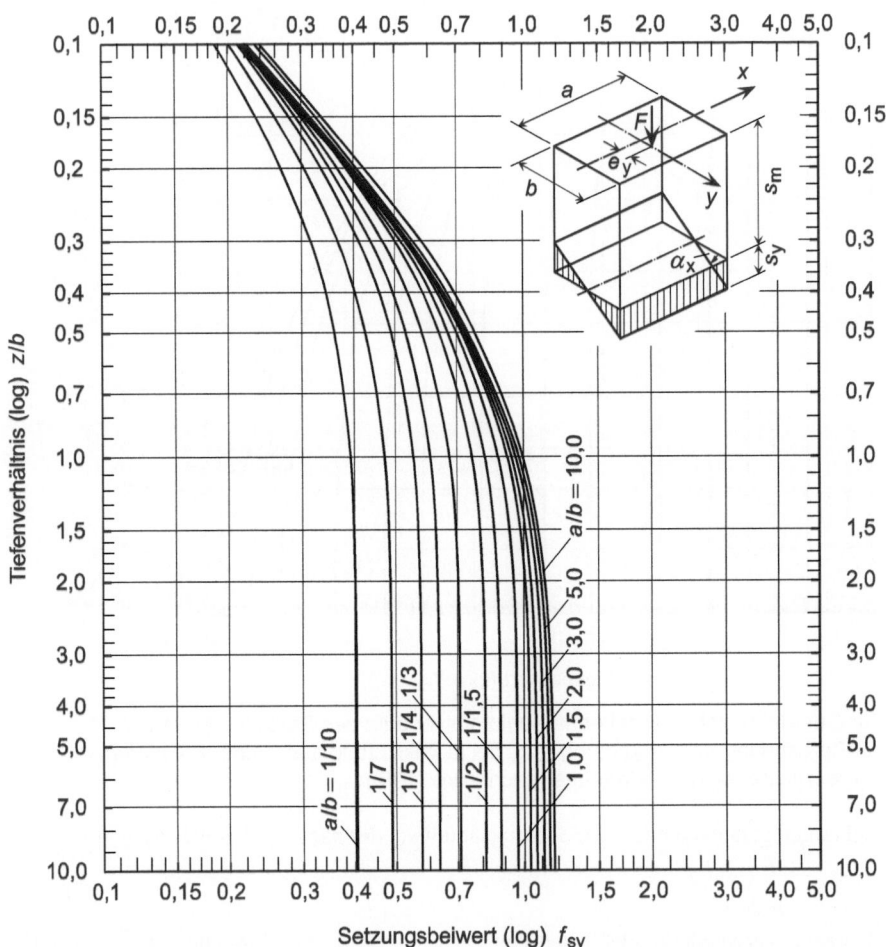

**Bild 9-16** Für Querdehnzahl $v = 0$ geltende Funktionsverläufe des Setzungsbeiwerts $f_{sy}$ zur Berechnung der Verkantung $\pm s_y$ bei in y-Richtung ausmittiger Belastung starrer rechteckiger Fundamente (nach *Kany* [198])

## 9.12.3 Verdrehung starrer Streifenfundamente

Die Verdrehung starrer Streifenfundamente auf einem linear-elastisch isotropen Halbraum wird u. a. in [35] behandelt. Für Schichtdicken $t_s \geq 2 \cdot b$ (Bild 9-17) wird für den Fall der Querdehnzahl $v = 0{,}5$ und der Belastungsexzentrizität $e \leq b/4$ die Gleichung zur Ermittlung der Drehung $\alpha$

$$\tan \alpha = \frac{m_x}{b^2 \cdot E^*} \cdot f_b = \frac{m_x}{b^2 \cdot E^*} \cdot \frac{12}{\pi} \qquad \text{Gl. 9-46}$$

angegeben.

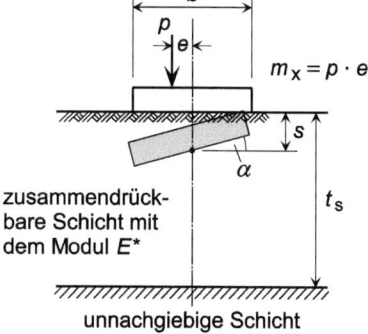

Bild 9-17  Setzung $s$ und Verdrehung um den Winkel $\alpha$ eines starren Streifenfundaments

Gl. 9-46 stellt einen Sonderfall der von *Matl* in [208] vorgestellten Lösung dar, die für beliebige Werte der Querdehnzahl $v$ gilt und sowohl die Setzung $s$ als auch die Verdrehung $\alpha$ betrifft. Für die Ermittlung des Verdrehungswinkels $\alpha$ ist nach *Matl* statt des in Gl. 9-46 angegebenen Verdrehungsbeiwerts $f_b$ die Größe

$$f_\alpha = \frac{16 \cdot (1-v^2)}{\pi} \cdot \sqrt{1-\tan^2\beta} \cdot \left[1 - \frac{1}{2 \cdot (1-v)} \cdot \sin^2\beta\right] \qquad \text{Gl. 9-47}$$

zu verwenden. Darin steht $\beta$ für

$$\beta = \frac{1}{2} \cdot \arctan \frac{b}{t_s} \qquad \text{Gl. 9-48}$$

Bild 9-18 zeigt mit Hilfe von Gl. 9-47 und Gl. 9-48 ermittelte Funktionsverläufe des Setzungsbeiwerts $f\alpha$, wie sie zur Berechnung des Drehungswinkels $\alpha$ mit Hilfe von

$$\alpha = \arctan \left( \frac{m_x}{b^2 \cdot E^*} \cdot f_\alpha \right) \qquad \text{Gl. 9-49}$$

genutzt werden können.

Weitere geschlossene mathematische Lösungen von Setzungsfällen unter lotrechten ausmittigen Belastungen sind z. B. in [154], [193] und [241] zu finden (vgl. auch [36]).

Für die Ermittlung der Setzungen und Verdrehungen durch horizontale Lasten werden u. a. in [195], [247], [248] und [249] geschlossene Formeln bereitgestellt.

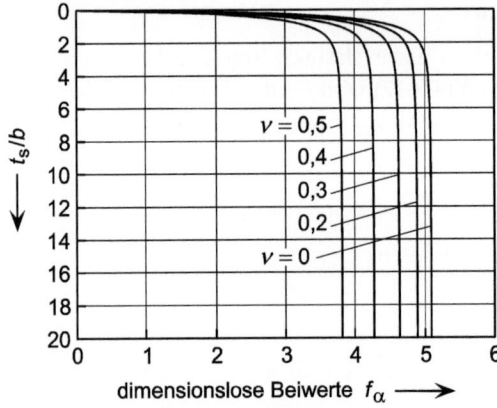

**Bild 9-18** Für Querdehnzahlen $v = 0$ bis $v = 0{,}5$ geltende Funktionsverläufe des Setzungsbeiwerts $f\alpha$ zur Berechnung der Drehung $\alpha$ ausmittig belasteter starrer Streifenfundamente (nach *Matl* [208])

## 9.13 Indirekte Setzungsberechnung nach DIN 4019

Die „Indirekte Setzungsberechnung" basiert auf den explizit zu ermittelnden vertikalen Spannungen in den einzelnen Schichten des zu erfassenden Baugrundbereichs sowie den dort jeweils geltenden Zusammendrückungsmodulen $E^*$ und führt letztendlich zur Integration der zu den jeweiligen Spannungen und Modulen gehörenden Dehnungen in vertikaler Richtung. Die Anwendung dieser Berechnungsmethode bei mittiger Last ist u. a. sinnvoll bei

– geschichtetem Baugrund,
– nicht konstantem Modul $E^*$ über die Baugrundtiefe.

**Hinweis:** In der Praxis wird als Modul oftmals der Steifemodul $E_s$ verwendet. Streng gilt dies allerdings nur für den Fall gleichförmig verteilter lotrechter Lasten, die auf der gesamten Halbraumoberfläche einwirken.

### 9.13.1 Ablauf der Setzungsermittlung

Zur Ermittlung der Setzungen sind im Labor zunächst Kompressionsversuche mit dem vor Ort entnommenen Probenmaterial der verschiedenen Bodenschichten durchzuführen. Sie liefern die Druck-Zusammendrückungs-Kurven (Bild 9-19) für die einzelnen Bodenschichten und die zu den jeweiligen Spannungszuständen gehörenden Steifemodule $E_s$.

Die Gleichung für den Steifemodul $E_{s,i}$ der $i$-ten Schicht aus Bild 9-19 ergibt sich aus Gl. 5-114, wenn $s'_{ü,i} = 0$ (in Gl. 5-114: $s'_1 = 0$) gesetzt wird. Zu dem Umstand, dass die Setzung $s_{ü,i}$ in aller Regel als abgeklungen betrachtet werden kann, siehe auch die Ausführungen in Abschnitt 9.10.

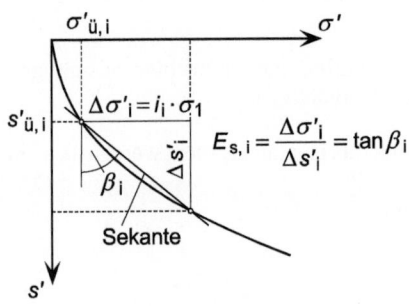

**Bild 9-19** Druck-Zusammendrückungs-Kurve mit Sekantenmodul $E_{s,i}$ der $i$-ten Schicht (definiert ohne Berücksichtigung von $s'_{ü,i}$)

Für die Berechnung der gesuchten Setzung wird
1. der zusammendrückbare Boden im Grenztiefenbereich in eine hinreichend große Anzahl von $i = 1, ..., n$ Schichten bzw. Teilschichten der Anfangshöhen $h_i$ unterteilt (Teilschichten ergeben sich durch die zusätzliche Unterteilung von Bodenschichten, z. B. einer Sandschicht mit über die Schichtmächtigkeit veränderlicher Lagerungsdichte).
2. für jede der $n$ Schichten bzw. Teilschichten in ihrer Mitte
   - die effektive vertikale Überlagerungsspannung $\sigma'_{ü, i}$ vor dem Beginn der Baumaßnahme,
   - die effektive Vertikalspannungserhöhung $\Delta\sigma'_i$ infolge der Baumaßnahme (gemäß Bild 9-20; der Beiwert $i_i$ dient zur Ermittlung der zur einwirkenden Bauwerkslast $\sigma_1$ gehörenden $\sigma'_i$-Spannung, vgl. z. B. Abschnitt 6.13)
   ermittelt.
3. aus dem jeweiligen Steifemodul $E_{s, i}$ (zu $\sigma'_{ü, i}$ und $\Delta\sigma'_i$ gehörender Sekantenmodul der im Labor gewonnenen Druck-Zusammendrückungs-Kurve der $i$-ten Schicht bzw. Teilschicht; Bild 9-19) der Zusammendrückungsmodul (Rechenmodul) $E^*_i$ abgeleitet (siehe Abschnitt 9.10).
4. die Zusammendrückung jeder der $n$ Schichten bzw. Teilschichten mit

$$\Delta s_i = \frac{\Delta\sigma'_i}{E^*_i} \cdot h_i \qquad \text{Gl. 9-50}$$

   berechnet.
5. die gesuchte Setzung durch Addition der Zusammendrückungen aller Schichten bzw. Teilschichten durch

$$s_i = \sum_{i=1}^{n} \Delta s_i = \sum_{i=1}^{n} \frac{\Delta\sigma'_i}{E^*_i} \cdot h_i \qquad \text{Gl. 9-51}$$

   bestimmt.

### 9.13.2 Anwendungsbeispiel mit schlaffer, konstanter Rechtecklast (nach [33])

Das in Bild 9-20 gezeigte Beispiel einer Setzungsberechnung stellt einen Sonderfall mit einer einheitlichen Schicht dar, deren Druck-Zusammendrückungskurve in den Darstellungen d und e zu sehen ist.

In einem solchen Fall geht Gl. 9-51 in den Ausdruck von $s$ aus Bild 9-20a über, wenn $h_i$ zu $dz$ gesetzt wird (Summation wird zur Integration) und ein für die gesamte Schichtdicke einheitlicher Steifemodul $E_s$ gewählt werden kann. Wegen der sehr großen Schichtdicke und der sich über sie sehr stark verändernden Werte von $\sigma_ü$ und $\Delta\sigma_i = i_i \cdot \sigma_1$ (auf die Verwendung der effektiven Größen $\sigma'_ü$ und $\Delta\sigma'_i$ wird hier verzichtet, da kein Grundwasser vorhanden ist) wird als Steifemodul nicht der Sekantenmodul in Schichtmitte, sondern der an der Schichtoberkante gewählt. Die Zweckmäßigkeit dieses Ansatzes wird klar, wenn berücksichtigt wird, dass bei zunehmend tiefer liegenden Schichten sich die $\sigma_ü$-Größen zwar erhöhen (vergrößernde Wirkung), dieser Effekt aber mit sich reduzierenden Werten für $\Delta\sigma_i$ einhergeht (verkleinernde Wirkung). Die gesuchte Setzung im kennzeichnenden Punkt ergibt sich schließlich als der durch $E_s$ dividierte Inhalt $A$ der Spannungsfläche.

Der „Ersatz" von $h_i$ durch $dz$ führt auch dazu, dass die Summation von Gl. 9-51 in die Integration des Ausdrucks für $s$ in Bild 9-20 b übergeht. Die gesuchte Setzung im kennzeichnenden Punkt ergibt sich in diesem Fall als Inhalt $A_1$ der spezifischen Setzungsfläche.

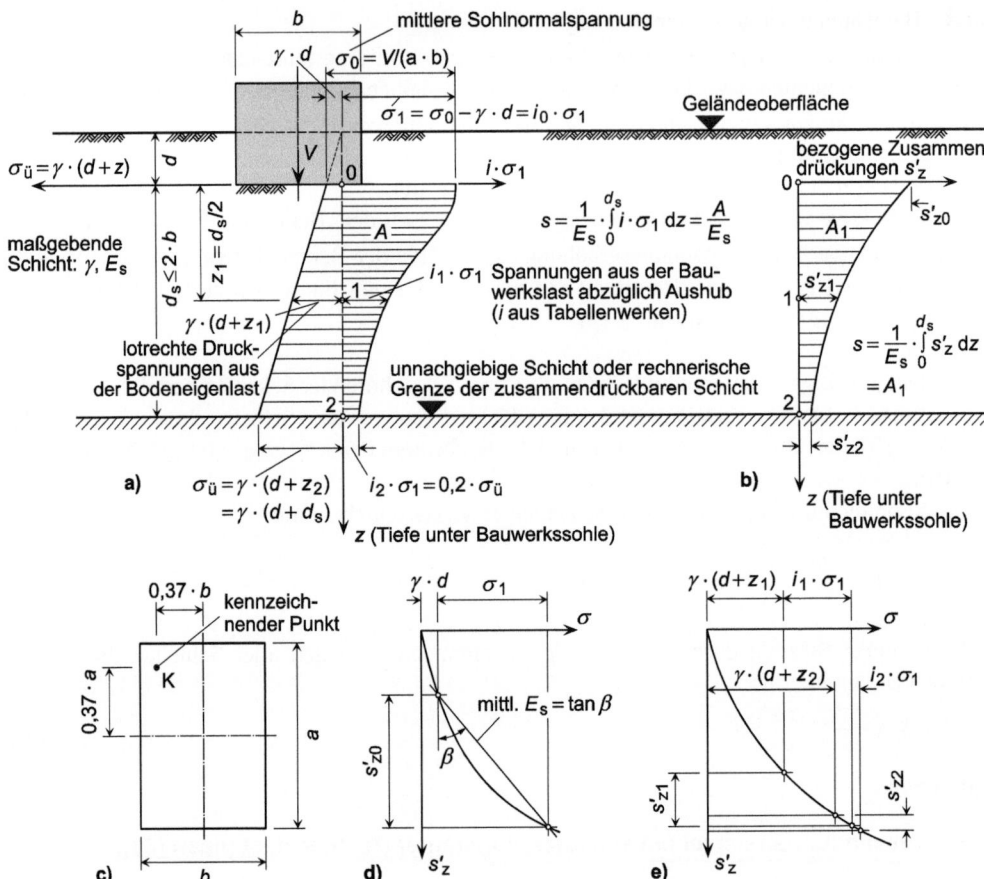

**Bild 9-20** Indirekte Setzungsberechnung für eine einheitliche Schicht (nach [33])
    a) Druckverteilung im Baugrund aus der Bodeneigenlast und der Bauwerkslast
    b) Verteilung der spezifischen Setzungen aus a) und e)
    c) Lage des kennzeichnenden Punkts
    d) Druck-Zusammendrückungskurve mit Bestimmung des mittleren Steifemoduls
    e) Druck-Zusammendrückungskurve mit Ermittlung der spezifischen Setzungen für Punkte 1 und 2

Es ist noch darauf hinzuweisen, dass die mit der Gleichung für $s$ in Bild 9-20 b berechneten Setzungen ggf. noch zu modifizieren sind, wenn Erfahrungen dies nahelegen (vgl. Abschnitt 9.10.2). So könnte z. B. der berechnete Wert $s$ noch mit $\kappa$ multipliziert werden, wenn Erfahrungen dies als sinnvoll erscheinen lassen. Außerdem sei erwähnt, dass die Integrationsergebnisse $A$ bzw. $A_1$ in sehr einfacher Weise mit Hilfe der Fassformel von *Kepler* gewonnen werden können. Letzteres führt dazu, dass die Ermittlung des Spannungs- bzw. spezifischen Setzungsverlaufs auf die Berechnung entsprechender Stützstellenwerte an den Schichträndern und in der Schichtmitte reduziert werden kann.

Weitere Anwendungsbeispiele sind z. B. in [34] zu finden.

### 9.13.3 Setzungen und Verdrehungen infolge lotrechter Baugrundspannungen

Die Spannungen im Baugrund, die der Setzungsermittlung zugrunde liegen, sind auf der Basis geradlinig begrenzter Sohldruckverteilungen zu ermitteln. Dabei ist es zweckmäßig, die vorhandene Sohlnormalspannung in Rechtecke und rechtwinklige Dreiecke aufzuteilen. Das Bild 9-21 zeigt eine solche Aufteilung für das Beispiel eines Fundaments auf einer $a \times b$ großen Rechteckfläche unter einer einachsig ausmittigen Belastung $V$.

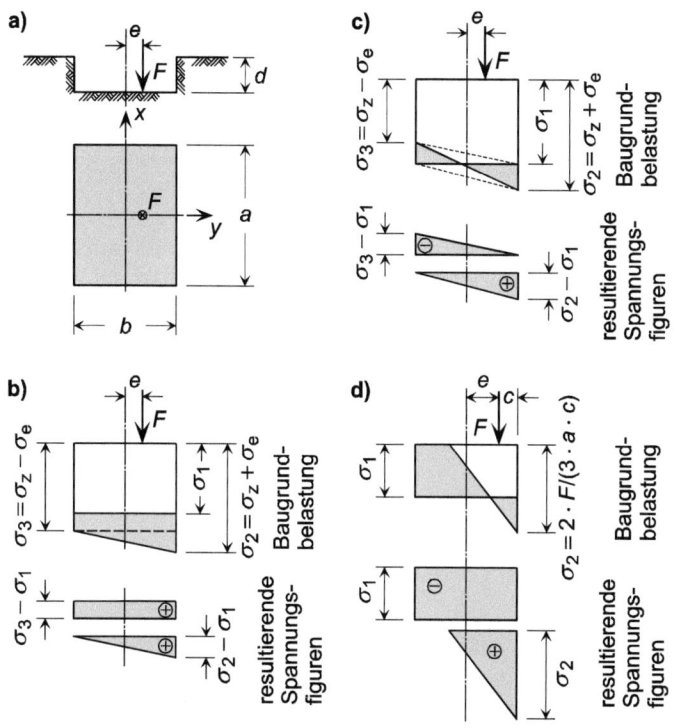

**Bild 9-21** Aufteilung der Baugrundbelastung in Rechtecke und rechtwinklige Dreiecke bei Berücksichtigung der Vorbelastung $y \cdot d$ aus der Aushubeigenlast bei rechteckiger Sohlfläche und einachsiger Exzentrizität (nach [35]). $\sigma_z = F/(a \cdot b)$, $\sigma_e = 6 \cdot F \cdot e/(a \cdot b^2)$
a) Systembezeichnungen
b) $e \leq b/6$ (geschlossene Fuge), Sohlflächenbelastung durchweg größer als Aushubentlastung
c) $e \leq b/6$ (geschlossene Fuge), Sohlflächenbelastung nicht überall größer als Aushubentlastung
d) $b/3 \geq e > b/6$ (klaffende Fuge)

Die vertikalen Normalspannungen im Baugrund infolge der rechteckigen lotrechten Sohldruckfiguren (mittige Belastung) sind gemäß Abschnitt 9.13.1 zu ermitteln. Bezüglich ihrer Berechnung bei lotrechten Dreieckslasten sei z. B. auf [193] verwiesen. Literaturhinweise hinsichtlich der durch horizontale Belastungen verursachten lotrechten Baugrundspannungen sind in [36], Tabelle 1 zu finden.

Sind alle lotrechten Spannungen im Baugrund bekannt, können die Setzungen gemäß den Ausführungen von Abschnitt 9.13.1 berechnet werden.

Zur Berechnung der Verdrehung starrer Gründungskörper genügt es in der Regel, die Randpunktsetzungen zu ermitteln und diese durch Ebenen auszugleichen. Bei einachsiger Ausmittigkeit in $x$-Richtung sind z. B. die Setzungen der zwei auf der $x$-Achse liegenden Randpunkte zu berechnen. Bei zweiachsiger Ausmittigkeit von Rechteckfundamenten ist die Ermittlung der Setzungen für die vier Eckpunkte und der Ausgleich durch eine Ebene sinnvoll.

## 9.14 Setzungen infolge horizontaler Belastungskomponenten

Setzungen infolge horizontaler Belastungskomponenten dürfen gemäß DIN 4019, 11 vernachlässigt werden, da sie insbesondere zu Verdrehungen der Gründungskörper führen, die im Vergleich zu den Gründungskörperverdrehungen infolge vertikaler exzentrisch wirkender Lastkomponenten klein sind.

Für die folgenden Ausführungen wird unterstellt, dass die Setzungsberechnungen für horizontale Lasten mit Grenztiefen durchgeführt werden, deren Größen gemäß Abschnitt 9.7 bzw. DIN 4019, 9 ermittelt wurden. Die für die Berechnung erforderliche gleichmäßig verteilte Spannung $\sigma_0$ berechnet sich mit der Vertikalkomponente $V$ der Belastungsresultierenden und der Sohlfläche $A_S$ des Gründungskörpers zu

$$\sigma_0 = \frac{V}{A_S}$$ Gl. 9-52

### 9.14.1 Ansatz waagerechter Lasten und Sohlspannungen

Die für die Setzungsberechnungen maßgebenden waagerechten Lastresultierenden, die in der Sohle wirksam sind, dürfen nicht größer angesetzt werden als das Produkt

$$H = V \cdot \tan \delta_s$$ Gl. 9-53

aus lotrechter Lastresultierender $V$ und Reibungswinkel $\delta_S$ in der Gründungssohle ($H$ ist die in der Sohlfuge maximal aufnehmbare Horizontalkraft bei vorhandener Vertikalkraft $V$). Da diese waagerechten Lasten in der Regel nur sehr kleine Setzungen hervorrufen, kann dieser Anteil meist vernachlässigt werden. Nachvollziehbar ist das z. B. bei Verwendung des Nomogramms von *Siemer* [248] aus Bild 9-22, mit dem Verkantungen von im Grundriss rechteckigen schlaffen Fundamenten infolge gleichmäßig über die Fundamentsohlfläche verteilter Schubspannungen $\tau$ ermittelt werden können (vgl. Anwendungsbeispiel im Abschnitt 9.14.2). Die dem Diagramm zugrunde liegenden Spannungen wurden nach der Theorie von *Fröhlich* [162] (vgl. auch Abschnitte 6.6.2 und 6.8.2) mit dem Konzentrationsfaktor $v_K = 3$ ermittelt. Lösungen mit diesem Konzentrationsfaktor stimmen mit denen von *Boussinesq* überein, wenn für diese die Querdehnzahl $v = 0{,}5$ angesetzt wurde. Mit den so ermittelten Spannungen berechnet *Siemer* in [248] die Setzungen mit der Querdehnzahl $v = 0$ (verhinderte Querdehnung).

Die in der Sohlfuge anzusetzenden Schubspannungen aus den waagerechten Lasten sind näherungsweise im gleichen Verhältnis über die Sohlfläche zu verteilen wie die nicht abgeminderten lotrechten Sohlspannungen. Bei der Ermittlung der lotrechten Spannungen (Sohldrücke) sind die nachstehenden Gesichtspunkte zu berücksichtigen.

Hinsichtlich der Sohldruckverteilung wird zwischen der Setzungsberechnung mit Hilfe geschlossener Formeln und der Berechnung mit Hilfe der lotrechten Spannungen im Baugrund unterschieden. Während beim ersten Verfahren (geschlossene Formeln) eine Sohlspannungsverteilung angenommen wird, wie sie bei starren Gründungskörpern auf dem elastisch-isotropen Halbraum entsteht, dürfen bei der Berechnung mit Hilfe der lotrechten Spannungen im Baugrund die Sohlspannungen geradlinig begrenzt werden (Spannungstrapez oder -dreieck).

Besteht der Baugrund aus einfach verdichtetem Boden, sind die aus der Bauwerkslast sich ergebenden Sohlnormalspannungen ggf. um den Lastanteil $\gamma \cdot d$ des Baugrubenaushubs zu reduzieren ($\gamma$ = Bodenwichte, $d$ = Aushubtiefe). Wie oben schon erwähnt, gilt dies nicht für die in der Sohlfuge ggf. anzusetzenden Schubspannungen aus den waagerechten Lasten, die näherungsweise im gleichen Verhältnis über die Sohlfläche zu verteilen sind wie die nicht abgeminderten lotrechten Sohlspannungen.

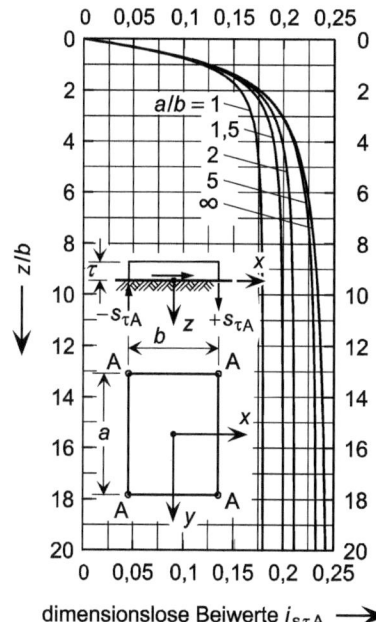

$$s_{\tau A} = \frac{\tau_k \cdot b}{E_{s,k}} \cdot i_{s\tau A}$$

**Bild 9-22** Beiwerte $i_{s\tau A}$ für die Berechnung der Setzungen $s\tau_A$ von Eckpunkten schlaffer Rechteckfundamente (infolge konstanter Sohlschubspannungen $\tau$) auf einer nachgiebigen Schicht der Dicke $z$ und der Querdehnzahl $\nu = 0$ nach *Siemer* [248]

### 9.14.2 Anwendungsbeispiel

Mit dem nachstehenden Anwendungsbeispiel wird die Vorgehensweise zur Ermittlung des Verdrehungswinkels eines Rechteckfundaments unter waagerechter Last gezeigt.

**Anwendungsbeispiel**

Für ein im Grundriss 3 m × 2 m großes starres Rechteckfundament ist, unter Verwendung des Nomogramms aus Bild 9-22, der Verdrehungswinkel zu berechnen (in °), der sich infolge der über die Fundamentsohlfläche konstant verteilten charakteristischen Schubspannungen der Größe $\tau_k = 20$ kN/m² ergibt.

Für die Berechnung ist anzunehmen, dass die Schubspannungen auf eine homogene Tonschicht mit dem Zusammendrückungsmodul (Rechenmodul) $E^* = 19$ MN/m² $= 19\,000$ kN/m² abgetragen werden und dass die zu berücksichtigende Grenztiefe (gemessen von Unterkante Fundament) $t_s = 5{,}4$ m beträgt.

**Lösung**

Mit den Verhältnissen

$$\frac{z}{b} = \frac{t_s}{b} = \frac{5{,}4}{3} = 2{,}7 \text{ cm} \quad \text{und} \quad \frac{a}{b} = \frac{3{,}0}{2{,}0} = 1{,}5$$

lässt sich aus dem Nomogramm von Bild 9-22 die Größe

$i_{s\tau A} = 0{,}18$

ablesen. Mit ihr und den in der Aufgabenstellung angegebenen Werten für die charakteristische Schubspannung $\tau_k$ sowie den Zusammendrückungsmodul $E^*$ ergibt sich als Betrag der vertikalen Fundamenteckpunktverschiebungen

$$s_{\tau A} = \frac{\tau_{k,k} \cdot b}{E^*} \cdot i_{s\tau A} = \frac{20 \cdot 2}{19\,000} \cdot 0{,}18 = 0{,}000379 \text{ m} = 0{,}379 \text{ mm}$$

Der zu diesen Verschiebungsgrößen gehörende Verdrehungswinkel hat die Größe

$$\alpha = \arctan \frac{2 \cdot s_{\tau A}}{b} = \frac{2 \cdot 0{,}000379}{2{,}0} = 0{,}0217°$$

## 9.15 Setzungen infolge von Grundwasserabsenkung

Da die Absenkung von Grundwasser den auftriebsfreien Bereich des Baugrunds vergrößert, erhöhen sich die setzungsverursachenden effektiven Spannungen $\sigma'_z$ im Korngefüge unterhalb des ursprünglichen Grundwasserspiegels (Bild 9-23).

Die Ermittlung der Setzungen infolge einer Grundwasserabsenkung kann mit den üblichen Berechnungsmethoden erfolgen, wenn der besondere Spannungsverlauf und die in der Regel großflächige Wirkung der effektiven Spannungen $\sigma'_z$ berücksichtigt werden.

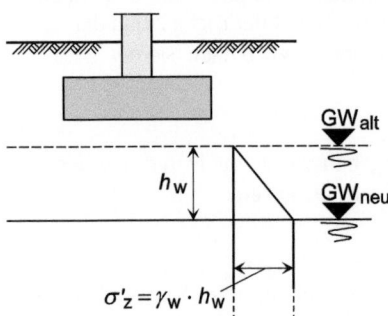

**Bild 9-23** Erhöhung der effektiven Spannungen $\sigma'_z$ infolge Grundwasserabsenkung

## 9.15 Setzungen infolge von Grundwasserabsenkung

Besteht der Baugrund unterhalb des ursprünglichen Grundwasserspiegels aus homogenem Boden, kann die Setzung mit Hilfe des in Bild 9-24 gezeigten Nomogramms von *Christow* ermittelt werden.

Zur Verwendung des Nomogramms sei auf das nachfolgende Anwendungsbeispiel hingewiesen, in dem der in Bild 9-24 verwendete Steifemodul $E_s$, gemäß den Ausführungen in Abschnitt 9.10.2, durch $E^*$ ersetzt wird.

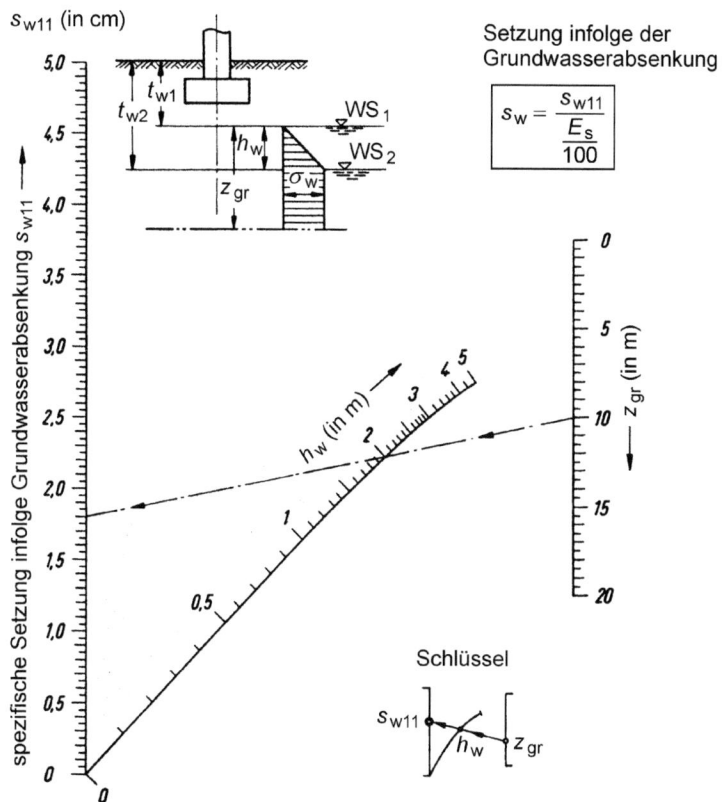

**Bild 9-24** Nomogramm zur Ermittlung der spezifischen Setzungen infolge von Grundwasserabsenkungen; Steifemodul $E_s$ ist in kp/cm² einzusetzen (nach *Christow* [18])

### Anwendungsbeispiel

Zum Verständnis der Anwendung des Nomogramms von *Christow* (Bild 9-24) ist für die vorgegebenen Größen

Grenztiefe  $z_{gr} = 10,0$ m,

Absenktiefe  $h_w = 2,0$ m,

mittlerer Zusammendrückungsmodul im Bereich der Grenztiefe ist $E^* = 50$ MN/m²

die infolge der Grundwasserabsenkung zu erwartende Setzung zu ermitteln.

**Lösung**

Aus dem Nomogramm von Bild 9-24 ergibt sich mit den angegebenen Werten der Grenztiefe und der Absenktiefe gemäß dem eingetragenen Schlüssel die Größe

$$s_{w11} = 1{,}8 \text{ cm}$$

Mit Hilfe der nicht dimensionsreinen Setzungsgleichung berechnet sich dann die gesuchte Setzung zu

$$s_w = 10 \cdot \frac{s_{w11} \text{ (in cm)}}{E^* \text{ (in MN/m}^2\text{)}} = 10 \cdot \frac{1{,}8}{50} = 0{,}36 \text{ cm}$$

**Hinweis:** Da von *Christow* [18] für den Steifemodul $E_s$ die Dimension kp/cm² verwendet wurde, heute aber die Dimension MN/m² üblich ist, muss die Gleichung für $s_w$ aus Bild 9-24 durch die hier verwendete Gleichung ersetzt werden.

## 9.16 Berechnung des Zeitverlaufs von Setzungen

Den zeitlichen Verlauf von Setzungen zeigt Bild 9-2 im Prinzip. Aus dem Bild lässt sich entnehmen, dass von den drei Setzungsarten „Sofortsetzung", „Konsolidationssetzung" und „Kriechsetzung" (Abschnitt 9.3) nur die Konsolidationssetzung und die Kriechsetzung von der Zeit abhängen. Darüber hinaus zeigt das Bild, dass die Kriechsetzung als Setzung betrachtet werden kann, die nach dem Abschluss der Konsolidationssetzung (zum Zeitpunkt $t_0$) beginnt.

In DIN 4019, 12.1 wird ausdrücklich darauf hingewiesen, dass bei grobkörnigen Böden und Bauwerken mit üblichen Anforderungen an die Setzungsbeschränkung die Konsolidationssetzung $s_1$ einerseits in voller Größe angesetzt und die Kriechsetzung $s_2$ andererseits vernachlässigt werden darf.

### 9.16.1 Konsolidationssetzung

Nach DIN 4019, 12.1 darf die aus Sofort- und Konsolidationssetzung sich ergebende Setzung

$$s = s_0 + s_1 \qquad \text{Gl. 9-54}$$

vereinfachend nach der eindimensionalen Konsolidierungstheorie erfasst werden. Die Sofortsetzung $s_0$ ist dabei nicht gesondert zu berücksichtigen (zur Abschätzung von $s_0$ sei auf die Norm verwiesen).

Soll der Zeitverlauf der Setzung einer einseitig dränierten Schicht der Dicke $d$ ermittelt werden, ergibt sich mit dem Konsolidationsbeiwert

$$c_v = \frac{k \cdot E_s}{\gamma_w} \qquad \text{Gl. 9-55}$$

($k$ = Wasserdurchlässigkeitsbeiwert des Bodens, $E_s$ = Steifemodul des Bodens, $\gamma_w$ = Wichte des Grundwassers) die Zeit bis zum näherungsweisen Abklingen der Konsolidationssetzungen zu

$$t_0 = \frac{d^2}{c_v} \qquad \text{Gl. 9-56}$$

Für den Zeitbereich $0 \leq t \leq t_0$ (Bild 9-2) erfolgt dann die Erfassung des Setzungsverlaufs unter Verwendung des Zeitverhältnisses

$$\tau = \frac{t}{t_0} \qquad \text{Gl. 9-57}$$

mit den beiden Gleichungen

$$\frac{s(\tau)}{s} = \left(\frac{4 \cdot \tau}{\pi}\right)^{0,5} \quad \text{für } \tau \leq 0,2 \qquad \text{Gl. 9-58}$$

und

$$\frac{s(\tau)}{s} = 1 - 0,5 \cdot e^{0,5 - 8 \cdot \tau/\pi} \quad \text{für } 0,2 < \tau \leq 1 \qquad \text{Gl. 9-59}$$

Handelt es sich bei der sich setzenden Schicht nicht um eine einseitige, sondern um eine beidseitig dränierte Schicht der Dicke $h$, ist in Gl. 9-56 für $d$ die Größe

$$d = \frac{h}{2} \qquad \text{Gl. 9-60}$$

einzusetzen.

### 9.16.2 Kriechsetzung

Wie oben schon erwähnt, darf die Kriechsetzung als Setzung betrachtet werden, die zum Zeitpunkt $t_0$ (nach dem Abschluss der Konsolidationssetzung bzw. bei $\tau = 1$) beginnt.

Nach DIN 4019, 12.3 dürfen die Größe und der Verlauf von Kriechsetzungen $s_2$, die sich bei unveränderter Belastung in einer kriechfähigen Schicht der Dicke $h$ einstellen, mit Hilfe von

$$s_2(\tau) = \varepsilon_2(\tau) \cdot h \quad \text{für } \tau \geq 1 \qquad \text{Gl. 9-61}$$

abgeschätzt werden.

Für die in Gl. 9-61 verwendete Größe $\varepsilon_2(\tau)$ gilt

$$\varepsilon_2(\tau) = \frac{C_\alpha}{1 + e_0} \cdot \log \tau \quad \text{für } \tau > 1 \qquad \text{Gl. 9-62}$$

Die in den beiden Gleichungen verwendeten Größen sind im Einzelnen:
- $\tau$    Zeitverhältnis gemäß Gl. 9-57
- $h$    Dicke der kriechfähigen Schicht
- $C\alpha$  Kriechbeiwert (Ermittlung nach DIN 18135 [78])
- $e_0$   Porenzahl des Bodens nach Abschluss der Konsolidation.

## 9.17 Setzungsproblematik bei Hochbauten

Gebäudeschäden, die auf Setzungen zurückzuführen sind, können sehr unterschiedliche Erscheinungsformen und Ursachen haben. Im Folgenden soll deshalb anhand von Beispielen auf einige grundsätzliche Problemstellungen eingegangen werden.

### 9.17.1 Gegenseitige Beeinflussung

Bild 9-25 zeigt das prinzipielle Problem langer Gebäude anhand einer sehr vereinfacht angenommenen Lastausbreitung für die Teilbereiche des Gebäudes. Die Überlagerung der durch die Teillasten hervorgerufenen vertikalen Baugrundspannungen führt zu einer Spannungskonzentration in der Gebäudemitte und damit zu einer Setzungsmulde infolge der unterschiedlich starken Stauchung der zusammendrückbaren Schicht.

Die ungleichmäßigen Setzungen im Bereich der Setzungsmulde führen zu Gebäudedeformationen, die ggf. so groß werden können, dass z. B. Schäden in Form von Rissen auftreten.

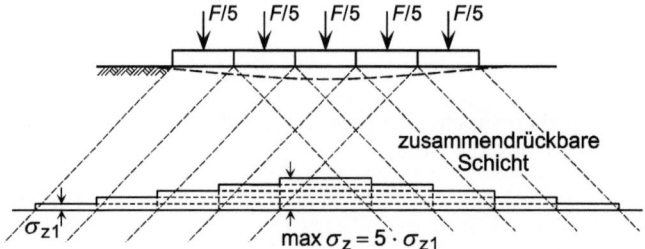

**Bild 9-25** Durchbiegung langer Gebäude infolge der Spannungskonzentration in Gebäudemitte durch Überlagerung von Teillastwirkungen

In Bild 9-26 wird die gegenseitige Beeinflussung gleichzeitig hergestellter benachbarter Gebäude verdeutlicht. Die vereinfachte Lastausbreitung zeigt, dass die Gebäudelasten im Bereich der weichen Schicht unter den sich gegenüberliegenden Gebäudekanten höhere Druckspannungen hervorrufen als in dem Schichtbereich unter den Außenkanten der Gebäude. Dies führt dazu, dass sich unter den Innenkanten größere Setzungen ergeben als unter den Außenkanten ($s_i > s_a$) und sich somit die Nachbargebäude gegeneinander neigen.

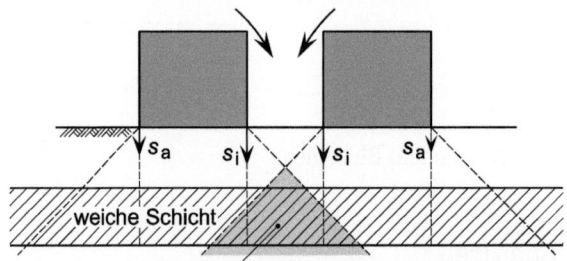

**Bild 9-26** Gegeneinanderneigung benachbarter Gebäude infolge Druckspannungsüberlagerungen in der setzungsempfindlichen Schicht

Der Einfluss benachbarter Fundamente ist nach *Schultze/Horn* [170], Kapitel 1.8 in einer Entfernung $> d_s$ (Tiefe der zusammendrückbaren Schicht bzw. Grenztiefe) nur noch gering. Eine überschlägige Berechnung der Setzung $s$ in einem untersuchten Punkt kann, unter der Annahme einer vorhandenen unendlich tiefen zusammendrückbaren Schicht, mittels

$$s = \frac{F_v}{r \cdot \pi \cdot E_m} \qquad \text{Gl. 9-63}$$

erfolgen. In dieser Gleichung erfasst $F_v$ die Resultierende der Vertikallast des Nachbarfundaments und $r$ den waagerechten Abstand zwischen dem untersuchten Punkt und dem Nachbarfundament.

Bild 9-27 zeigt den Fall eines neuen kleinen Anbaus an ein schon bestehendes großes Gebäude. Die dargestellten Gebäudeproportionen sollen verdeutlichen, dass durch den Altbau hohe Belastungen und damit hohe Beanspruchungen $\sigma_{z,\,alt}$ in den Baugrund eingetragen wurden, die den Baugrund erheblich verdichtet und entsprechend große Setzungen hervorgerufen haben. Gemessen an den durch das alte Bauwerk hervorgerufenen Baugrundbeanspruchungen sind die durch das neue kleine Bauwerk erzeugten $\sigma_{z,\,neu}$-Spannungen wesentlich geringer und wirken darüber hinaus zum Teil auf erheblich vorverdichteten Boden ein. Dies führt zu ungleich großen Setzungen des Anbaus, die an dessen freiem Ende größer sind. Damit ergibt sich ein Abneigen des Neubaus gegenüber dem Altbau, verbunden mit einem keilförmigen Riss an der Anschlussfuge von Alt- und Neubau.

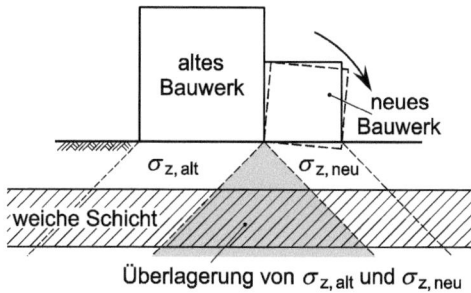

**Bild 9-27** Keilförmiger Riss in der Anschlussfuge benachbarter Gebäude infolge Druckspannungsüberlagerungen in der setzungsempfindlichen Schicht

In Bild 9-28 ist der Fall eines neuen Gebäudes dargestellt, das unmittelbar neben einem schon bestehenden Bauwerk errichtet wird. Die Bauwerksabmessungen des Bildes stehen für hohe Belastungen und damit hohe Baugrundbeanspruchungen $\sigma_{z,\,neu}$ infolge der Errichtung des Neubaus und, daran gemessen, geringe Beanspruchungen $\sigma_{z,\,alt}$ des Baugrunds, die durch den Altbau erzeugt wurden und zu entsprechend kleinen Setzungen geführt haben. Die vereinfachte Lastausbreitung lässt erkennen, dass die durch den Neubau hervorgerufenen Druckspannungen $\sigma_{z,\,neu}$ auch im Baugrund unterhalb der schon existierenden alten Bausubstanz wirksam werden und sich dort mit den schon durch das bestehende Bauwerk erzeugten Druckspannungen $\sigma_{z,\,alt}$ überlagern. Diese Erhöhung führt zu einer weiteren Verdichtung der setzungsempfindlichen Schicht und damit zu Setzungsvergrößerungen in diesem Bereich. Aus denen ergeben sich wiederum eine Schiefstellung des alten Gebäudes und ggf. Risse über dem Bereich der vergrößerten Setzungen.

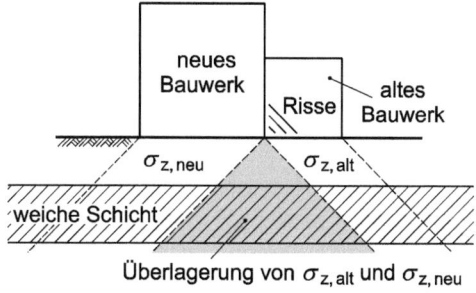

**Bild 9-28** Gegeneinanderneigung benachbarter Gebäude infolge Druckspannungsüberlagerungen in der setzungsempfindlichen Schicht

## 9.17.2 Mulden- und Sattellage

Bildet sich unter einem Bauwerk eine Setzungsmulde in Verbindung mit einer „inneren Freilage" (Muldenlage), verliert der Muldenbereich seine Funktion als Lastabtragungsbereich. Damit verbunden sind sich ausbildende Auflagerbereiche des Bauwerks, die sich mit größer werdender Mulde nach außen verlagern. In dem Bauwerk entstehen dann Biegemomente und Querkräfte sowie dazu gehörende Spannungszustände, zu deren schadensfreier Aufnahme insbesondere Mauerwerk nur in sehr geringem Maße fähig ist. Die Folge sind mögliche Rissbildungen im Bauwerk, deren Charakter und Verlauf grundsätzlich und vereinfacht in Bild 9-29 a für den Fall des Balkens auf zwei Stützen dargestellt sind. Bild 9-29 b zeigt für den Bereich des Ausschnitts A für Mauerwerk typische mögliche Rissbildungen, deren obere Rissenden immer in Richtung des sich absenkenden Bauteilbereichs weisen.

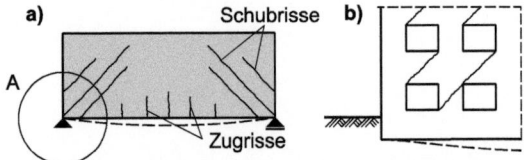

**Bild 9-29** Mögliche Rissbildungen bei Muldenlage
  a) Rissbildung bei Balken auf zwei Stützen
  b) Rissbildungen in Mauerwerk im Bereich von Ausschnitt A

## 9.17.3 Setzungen bei inhomogenem Baugrund

Bild 9-30 zeigt Beispiele für Unregelmäßigkeiten bezüglich der Zusammendrückbarkeit des Baugrunds und damit verbundene mögliche Bauwerksschäden (Risse) infolge der stark unterschiedlichen Setzungen im Gründungsbereich.

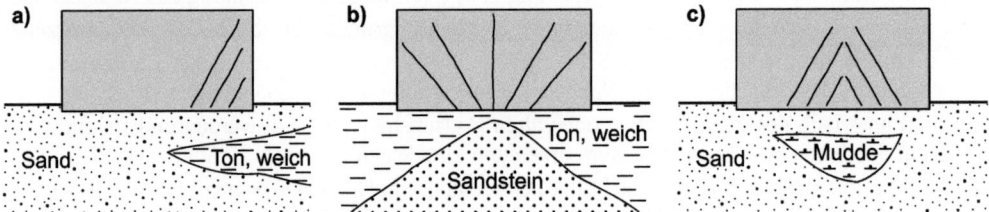

**Bild 9-30** Mögliche Rissbildungen in Gebäuden bei Unregelmäßigkeiten im Baugrund

Da in allen drei Fällen der unterschiedlich mächtige weiche Ton bzw. Faulschlamm besonders stark zusammengedrückt wird, ergeben sich sehr ungleichmäßige Setzungen. Sie können zu Abrissen (Beispiel a) oder zu Schäden infolge von Sattellagerung (Beispiel b) bzw. Setzungsmuldenbildung mit starker Krümmung (Beispiel c) führen.

## 9.18 Beanspruchungsveränderungen infolge von Setzungen

Grundsätzlich gilt, dass Setzungen der Gründungskörper statisch bestimmter Baukonstruktionen ausschließlich Starrkörperbewegungen dieser Bauwerke oder ihrer Bauwerksteile hervorrufen und damit ggf. die Gebrauchstauglichkeit der Konstruktionen beeinträchtigen. Verformungen und damit Beanspruchungsveränderungen der Bauteile sind mit den Setzungen nicht verbunden.

Handelt es sich nicht um statisch bestimmte, sondern um statisch unbestimmte Bauwerke, beeinflussen Setzungen von deren Gründungskörpern meistens sowohl die Gebrauchstauglichkeit als auch die Standsicherheit dieser Konstruktionen, da diese Setzungen in der Regel auch Verformungen und damit verbundene Beanspruchungsveränderungen der Bauteile hervorrufen (Bild 9-31). Hiervon auszunehmen sind Fälle, in denen Setzungen der Gründungskörper ausschließlich Starrkörperbewegungen der Konstruktion hervorrufen (ein einfaches Beispiel hierfür ist der mehrfeldrige Durchlaufträger mit gleich großen und gleichgerichteten Setzungen aller Lager).

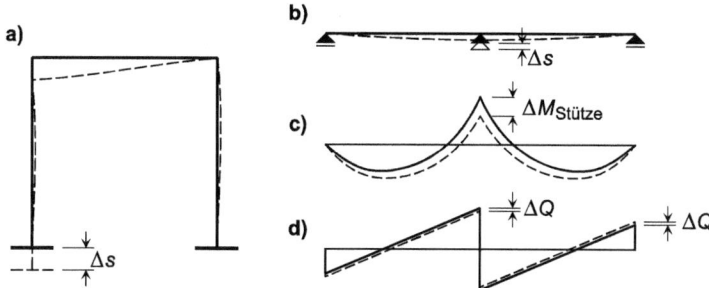

**Bild 9-31** Durch Setzungen hervorgerufene Verformungen und Schnittlasten statisch unbestimmter Bauwerke
    a) Verformung eines beidseitig eingespannten Rahmens (dreifach statisch unbestimmt) infolge der Setzung des linken Lagers
    b) Verformung eines Zweifeldträgers (einfach statisch unbestimmt) infolge der Setzung des Mittellagers
    c) Veränderung des Momentenverlaufs des Trägers unter Eigenlast infolge der Setzung des Mittellagers
    d) Veränderung des Querkraftverlaufs des Trägers unter Eigenlast infolge der Setzung des Mittellagers

## 9.19 Zulässige Setzungsgrößen

Die zulässige Größe von sich einstellenden Setzungen kann durch sehr unterschiedliche Kriterien beeinflusst werden. Hierzu gehören u. a.
- ihre Gleichmäßigkeit (gleichmäßig, ungleichmäßig),
- die Form bei Ungleichmäßigkeit (Verkantung, Mulden- oder Sattellagerung),
- Gebrauchstauglichkeit des Bauwerks (Lagerhalle für Schüttgüter, Labor mit Präzisionsgeräten),
- Schadensfreiheit (Rissefreiheit) des Bauwerks,
- Standsicherheit des Bauwerks (z. B. bei turmartigen Bauwerken),
- das verwendete Baumaterial (Beton, Mauerwerk usw.),
- Konstruktionsformen (Rahmen, Scheiben, Einzelfundamente, Plattengründung usw.),
- der vorhandene Baugrund (Ton, Sand usw.).

Zur Verdeutlichung sei die gleichmäßige Setzung eines Gebäudes betrachtet. Sie gilt in der Regel zwar als unproblematisch, doch ist bei ihrer Beurteilung nicht nur ihre Wirkung auf das Bauwerk selbst zu beachten, sondern auch auf ggf. vorhandene Anschlussleitungen (Wasserver- und -entsorgung, Telekommunikation usw.).

In DIN 1054, A 6.10 werden ansetzbare Bemessungswerte des Sohlwiderstands $\sigma_{R,d}$ für mit Streifen- oder Einzelfundamenten gegründeten Bauwerken angegeben (vgl. Abschnitt 8.3.2). Werden diese Werte in einfachen Fällen nicht durch einwirkende Sohldruckbeanspruchungen $\sigma_{E,d}$ überschritten, kann in Regelfällen auf die Berechnung der Grundbruchsicherheit und der Setzungen verzichtet werden. Bei nichtbindigem Baugrund können sich alleinstehende Fundamente bei Sohlwiderständen der Größe $\sigma_{R,d}$ nach DIN 1054, Tabelle A 6.1 (setzungsunempfindliche Bauwerke, entspricht dem linken Teil der Tabelle 8-1) unterschiedlich stark setzen. Bei mittiger Belastung und Fundamentbreiten bis 1,5 m sind Setzungen von $\approx 2$ cm zu erwarten, bei breiteren Fundamenten erhöhen sich diese Setzungen ungefähr proportional zur Fundamentbreite (vgl. DIN 1054, A 6.10.2.1 A (3)). Werden die zulässigen Sohlwiderstände nach DIN 1054, Tabelle A 6.2 angesetzt (setzungsempfindliche Bauwerke, entspricht dem rechten Teil der Tabelle 8-1), ist bei mittiger Belastung mit Setzungen zu rechnen, die bei Fundamentbreiten bis 1,5 m das Maß von $\approx 1$ cm und bei breiteren Fundamenten das Maß von $\approx 2$ cm nicht übersteigen (vgl. DIN 1054, A 6.10.2.1 A (3)). Sind die alleinstehenden Fundamente auf bindigen Böden gegründet, können die Setzungen mittig belasteter Fundamente gemäß DIN 1054, A 6.10.3.1 A (3) Größenordnungen von 2 bis 4 cm erreichen, wenn als zulässige Sohlwiderstände $\sigma_{R,d}$ die der Tabellen A 6.5 bis A 6.8 von DIN 1054 (entsprechen Tabelle 8-3 und Tabelle 8-4) verwendet werden.

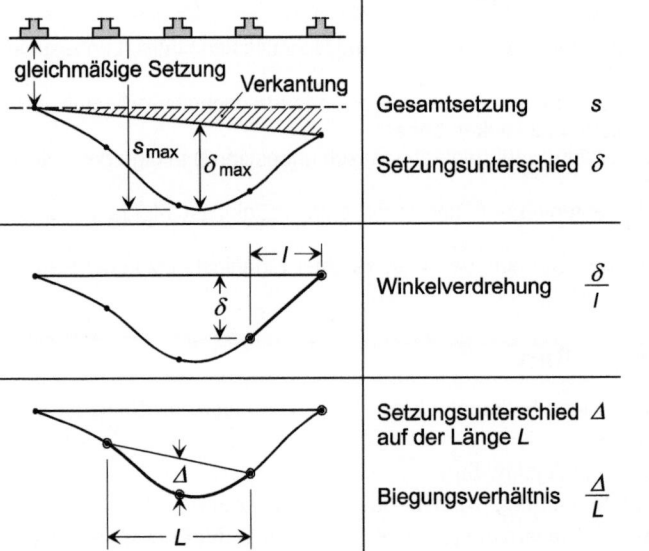

**Bild 9-32** Setzungsanteile nach *Sommer* [253]

Sind Setzungen z. B. in Hinblick auf die Schadensfreiheit der Bauwerke zu begrenzen, sind hierfür vor allem die Setzungsunterschiede maßgebend. Diese sind ein Teil der Gesamtsetzung, die sich gemäß Bild 9-32 gliedert in
– die für alle Bauwerksteile gleiche (gleichmäßige) Setzung,
– die geradlinig verlaufende Verkantung und
– die gekrümmte Setzungsmulde bzw. sattelförmige Setzung (Setzungsunterschied).

Die Darstellung zeigt auch, dass der Setzungsunterschied durch die Winkelverdrehung oder das Biegungsverhältnis erfasst werden kann.

Für die Angabe zulässiger Winkelverdrehungen bei Hochbauten kann die Zusammenstellung aus Bild 9-33 verwendet werden. Die Zahlenwerte gelten allerdings nur, wenn die Setzung Muldenform besitzt, da in Fällen von Sattellagerung Risse schon bei halb so großen Winkeldrehungen auftreten (vgl. z. B. *Schultze/Horn* [170], Kapitel 1.8). Nach *Franke* [161] sollten die Angaben der Abbildung nur bei Gründungen auf Einzelfundamenten Anwendung finden.

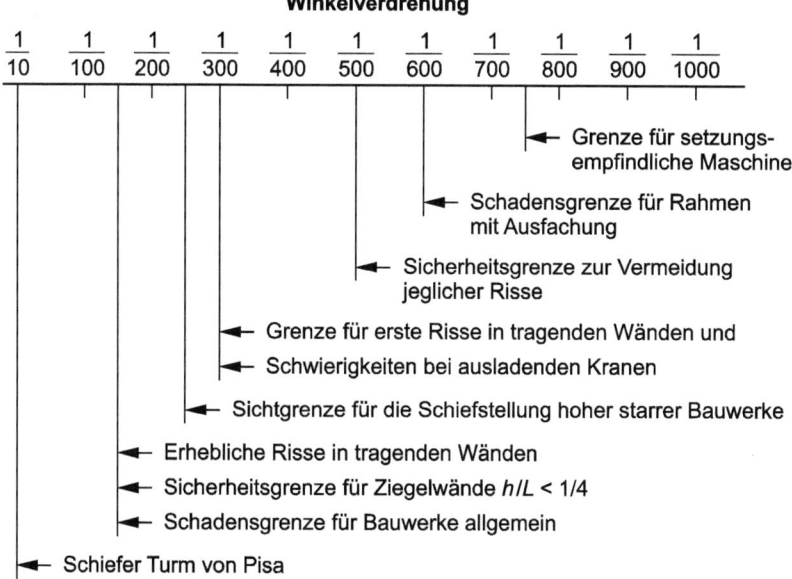

**Bild 9-33** Schadenskriterien für Winkelverdrehungen nach *Bjerrum* (nach *Schultze/Horn* [170], Kapitel 1.8)

Wird die Winkelverdrehung 1/500 als Schadensgrenze definiert und in Beziehung gesetzt zu der Grenze für erste Risse in tragenden Wänden (Winkelverdrehung 1/300), ergibt sich eine Sicherheit gegen Risse von $\approx 1{,}5$.

Für die Beurteilung von Plattengründungen und sattelförmigen Setzungsverläufen bei Einzelfundamentgründungen schlägt *Franke* in [161] das Verfahren von *Burland* u. a. vor, über das *Sommer* in [253] berichtet und durch Ergebnisse eigener Messungen an Hochhäusern ergänzt. Dieses Verfahren beruht auf statistisch ausgewerteten Beobachtungsergebnissen und theoretischen Betrachtungen am *Timoshenko*-Balken. Die Beurteilung der Setzungen von Hochbauten geht von dem Biegeverhältnis aus.

Als Tragwerkskonstruktionen werden Stahlbetonscheiben, Mauerwerk und Rahmentragwerke untersucht (Bild 9-34). Ihr Verhalten wird beeinflusst durch die Bauwerksabmessungen $L$ und $H$, die Lage der neutralen Faser, die horizontale ($E$) und vertikale ($G$) Steifigkeit und die kritische Zugdehnung $\varepsilon$ (Bild 9-35). Bei Mauerwerk und Sattellagerung ergibt sich, wegen der geringen Zugfestigkeit des Mauerwerks gegenüber der Fundamentsteifigkeit, die in Bild 9-36 gezeigte Lage der neutralen Faser in Höhe des Fundaments.

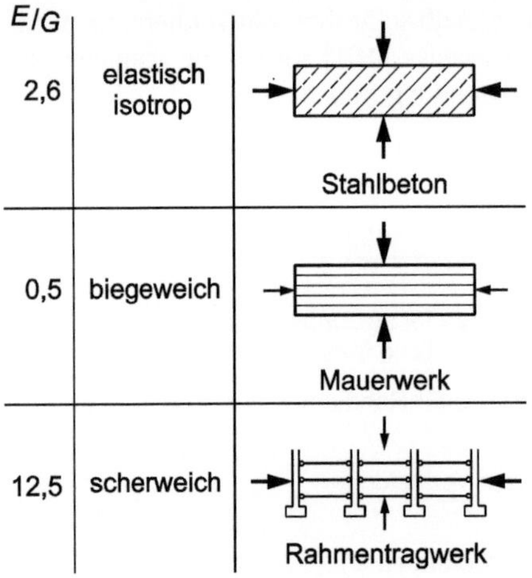

| E/G | | | |
|---|---|---|---|
| 2,6 | elastisch isotrop | | Stahlbeton |
| 0,5 | biegeweich | | Mauerwerk |
| 12,5 | scherweich | | Rahmentragwerk |

**Bild 9-34** Von *Burland* u. a. untersuchte Tragwerkskonstruktionen (nach *Sommer* [253])
Verhältnis E/G nach Bild 9-35

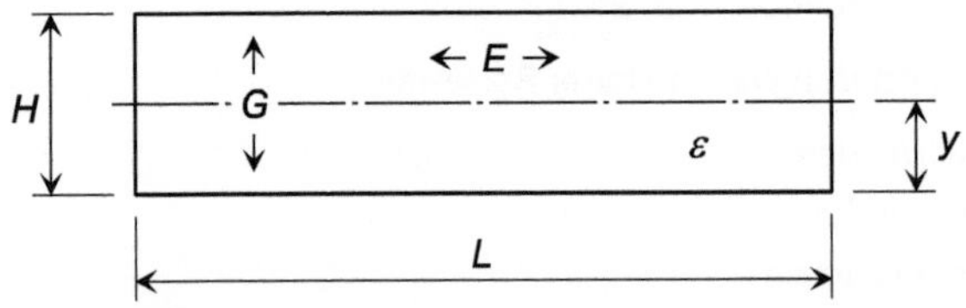

| Länge | L |
|---|---|
| Höhe | H |
| Lage der neutralen Faser | y |
| horizontale Steifigkeit | E |
| vertikale Steifigkeit | G |

Stoffkennwert $\varepsilon = \dfrac{0{,}075\ \%\ (\text{Mauerwerk})}{0{,}03 - 0{,}05\ \%\ (\text{Stahlbeton})}$

**Bild 9-35** Einflussgrößen, Bauwerksabmessungen, Lage der neutralen Faser, horizontale und vertikale Steifigkeit und kritische Zugdehnung $\varepsilon$

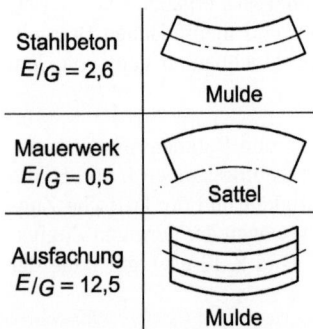

Stahlbeton
E/G = 2,6 — Mulde

Mauerwerk
E/G = 0,5 — Sattel

Ausfachung
E/G = 12,5 — Mulde

**Bild 9-36** Lage der neutralen Faser (nach *Sommer* [253])
Verhältnis E/G nach Bild 9-35

Mit den aufgeführten Kriterien werden Schadensgrenzen definiert, die Bild 9-37 entnommen werden können. Im links vom jeweiligen „Kurvenknick" liegenden Bereich ist die Rissbildung auf die Scherung und im rechts davon liegenden Bereich auf die Biegung zurückzuführen. Die gestrichelt eingetragenen Grenzlinien gehören zur Winkelverdrehung 1/300. Der Kurvenvergleich zeigt deutlich die zum Teil entschieden zu günstigen Werte der Winkelverdrehung gegenüber den Werten von *Burland*.

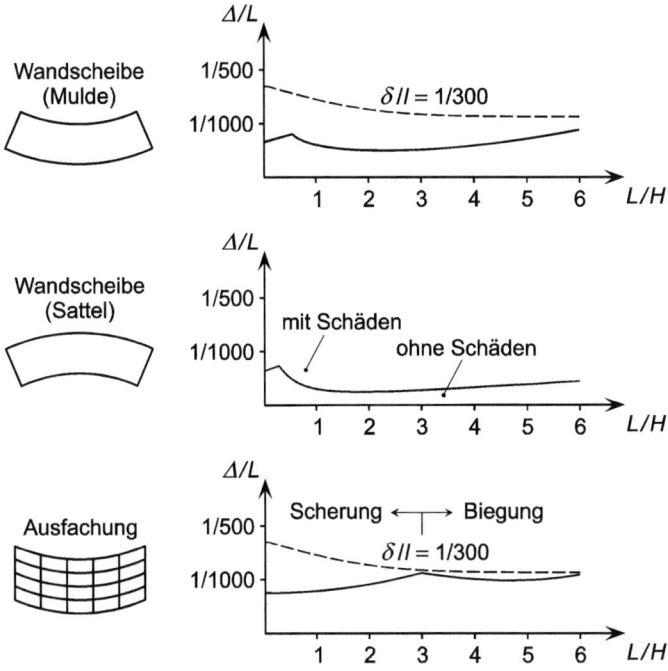

**Bild 9-37** Schadensgrenzen nach *Burland* u. a. (nach *Sommer* [253]); Verhältnis *E*/*G* nach Bild 9-35

In Ergänzung zu den bisherigen Angaben sei noch auf die Empfehlungen von DIN EN 1997-1, Anhang H eingegangen, die gemäß DIN EN 1997-1/NA, NDP Zu Anhang H keine normativen Vorgaben sind, sondern gleichberechtigt zu anderen Literaturangaben angewendet werden können. Bild 9-38 gibt die Definitionen von Fundamentbewegungen gemäß DIN EN 1997-1 wieder.

Die im Anhang H von DIN EN 1997-1 zu findenden Zahlenwerte für einzuhaltende Fundamentbewegungsgrößen betreffen Winkeländerungen und Gesamtsetzungen, die auf gewöhnliche Gebäude (mit nicht stark ungleichmäßiger Belastung) angewendet werden können.

Hinsichtlich normaler Bauwerke mit Einzelfundamenten sind nach DIN EN 1997-1, Anhang H (4) Gesamtsetzungen bis zu 50 mm oft hinnehmbar. Darüber hinaus können auch größere gleichmäßige Setzungen zulässig sein, sofern die Setzungsunterschiede innerhalb der Toleranzwerte bleiben und die Setzung nicht zu Schwierigkeiten mit Leitungsanschlüssen führt oder eine Verkantung verursacht usw.

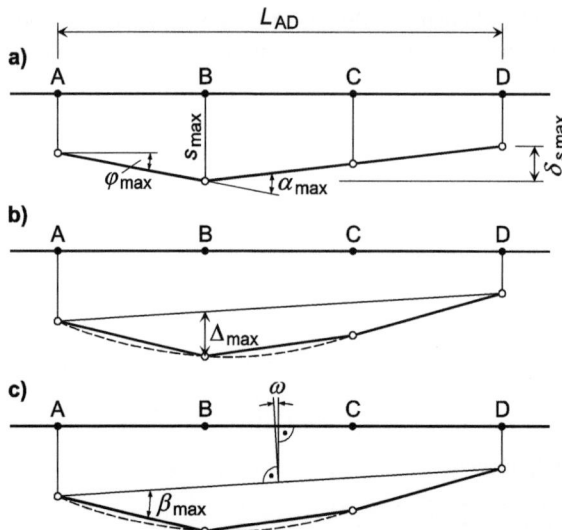

**Bild 9-38** Definitionen von Fundamentbewegungen (nach DIN EN 1997-1, Bild H.1)
a) Setzung $s$, Setzungsunterschied $\delta_s$, Drehung $\varphi$ und Biegung $\alpha$
b) Biegestich $\Delta$ bzw. $\Delta/L_{AD}$
c) Verkantung $\omega$ und Winkeländerung $\beta$

Bezüglich der Winkeländerungen von offenen Rahmenkonstruktionen, ausgekleideten Rahmen und tragenden oder durchlaufenden Mauerwänden wird in DIN EN 1997-1, Anhang H (2) zur Verhütung des Verlustes der Gebrauchstauglichkeit der Bereich zwischen $\approx$ 1/2 000 und $\approx$ 1/300 angegeben. Die zum Grenzzustand der Tragfähigkeit führende Verdrehung liegt wahrscheinlich bei $\approx$ 1/150. Die angegebenen Zahlenwerte gelten für den Fall der Sackung (entspricht den Fundamentbewegungen in Bild 9-38). Bei Sattellagerungen (Kantensetzungen größer als Mittensetzungen) sollten diese Werte halbiert werden.

Abschließend sei noch auf die zum Teil erheblichen Unterschiede hingewiesen, die sich im internationalen Schrifttum für zulässige Setzungen finden lassen (siehe hierzu *Schultze/Horn* [170], Kapitel 1.8).

Die obigen Ausführungen zeigen, dass eine pauschal auf alle Bauwerke anwendbare Begrenzung der zu erwartenden Setzungen nicht angegeben werden kann. Den an der Planung eines Bauwerks Beteiligten bleibt es deshalb nicht erspart, entsprechende Festlegungen für den Einzelfall zu treffen, wobei selbstverständlich die persönlich gewonnenen und die in der Literatur dokumentierten Erfahrungen zu berücksichtigen sind.

# 10 Erddruck

## 10.1 Allgemeines

Als „Erddruck" werden Spannungen bezeichnet, die in Kontaktflächen von Baukörpern und Baugrund auftreten, soweit diese nicht mindestens ungefähr waagerecht angeordnet sind (in solchen Fällen werden die Spannungen nicht Erddruck, sondern „Sohldruck" genannt).

Grundsätzlich sind zu unterscheiden:
- aktiver (angreifender) Erddruck,
- passiver Erddruck (Erdwiderstand),
- Erdruhedruck.

Bei der Ermittlung des jeweiligen Erddrucks ist von einem undränierten oder einem dränierten Boden auszugehen; ggf. ist auch eine teilweise Konsolidation in Betracht zu ziehen. Sind während der Nutzungszeit des berechneten Bauwerks Veränderungen zu erwarten, müssen diese in entsprechender Weise berücksichtigt werden.

## 10.2 Regelwerke

Für die Berechnung des Erddrucks sind auf dem Konzept der Teilsicherheit basierende Grundlagen und Erläuterungen zusammengestellt in
- DIN 1054 [20], DIN 4085 [48], DIN 4085 Beiblatt 1 [49], DIN EN 1997-1 [100] und DIN EN 1997-1/NA [102].

Auf die Ermittlung von Erddrücken auf Verbaukonstruktionen von Baugruben wird in den
- EAB [145]

in vielfältiger Weise eingegangen. Auch die
- EAU 2012 [149]

enthalten Ausführungen zu unterschiedlichen Aspekten des aktiven und passiven Erddrucks.

## 10.3 Angaben nach DIN 4085

### 10.3.1 Begriffe

Flächen, auf die Erddruck wirkt, werden in DIN 4085, 3.1 als *Bauwerkswände* bezeichnet.

*Erddruck e* Druck von angrenzendem Boden auf eine Bauwerkswand.

*Erddruckkraft E* Resultierende des Erddrucks.

*Erdruhedruck $e_0$* Erddruck im gewachsenen, ungestörten Boden (vgl. Bild 10-9).

*Aktiver Erddruck $e_a$* kleinstmöglicher Erddruck auf eine Bauwerkswand (vgl. Bild 10-9), der durch Bodeneigenlast, Auflasten und sonstige Einwirkungen hervorgerufen wird, wenn im Boden Entspannungen bis zur vollständigen Mobilisierung seiner Scherfestigkeit auftreten (Bild 10-1). Die Entspannungen können durch Wandbewegungen oder auch durch anderweitig verursachte Bewegungen im Boden entstehen.

*Passiver Erddruck (Erdwiderstand) $e_p$* größtmöglicher Erddruck auf eine Bauwerkswand (vgl. Bild 10-9), der durch Bodeneigenlast, Auflasten und sonstige Einwirkungen hervorgerufen wird, wenn im Boden Pressungen bis zur vollständigen Mobilisierung seiner Scherfestigkeit auftreten

(Bild 10-1 und Bild 10-2). Die Pressungen können durch Wandbewegungen oder auch durch anderweitig verursachte Bewegungen im Boden (z. B. durch untertägigen Bergbau) entstehen.

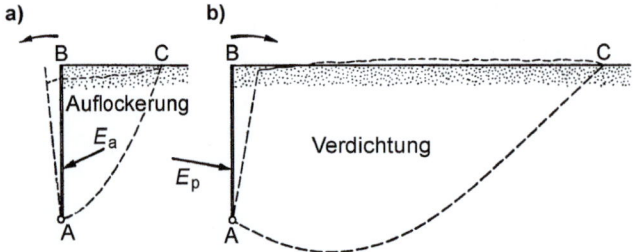

**Bild 10-1** Beispiele für die Ausbildung von aktivem (Erddruckkraft $E_a$) und passivem (Erddruckkraft $E_p$) Erddruck (nach [200])
a) die Stützwand kippt nach außen, der Boden lockert sich auf, und auf die Wand wirkt aktiver Erddruck ein
b) die Stützwand wird gegen den Boden gedrückt; dieser wird verdichtet und übt passiven Erddruck aus

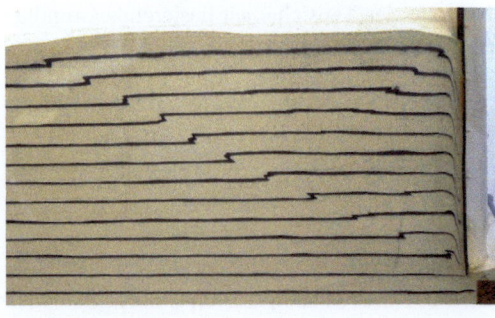

**Bild 10-2** Gleitkörperausbildung bei passivem Erddruck (Bildausschnitt eines Modellversuchs im Labor)

*Erhöhter aktiver Erddruck $e'_a$* Erddruck infolge von Bodeneigenlast, Auflasten und sonstigen Einwirkungen, der kleiner ist als der Erdruhedruck und größer als der aktive Erddruck. Er entsteht, wenn die Entspannungen im Boden nicht ausreichen, um aktiven Erddruck zu erzeugen.

*Verminderter passiver Erddruck $e'_p$* Erddruck infolge von Bodeneigenlast, Auflasten und sonstigen Einwirkungen, der größer ist als der Erdruhedruck und kleiner als der passive Erddruck. Er entsteht, wenn die aufeinander zu gerichteten Bewegungen von Boden und Wand nicht ausreichen, um passiven Erddruck zu erzeugen.

*Verdichtungserddruck $e_v$* zum aktiven Erddruck bzw. zum Erdruhedruck aus Bodeneigenlast hinzukommender Erddruck, wenn Hinterfüllboden lagenweise eingebracht und verdichtet wird.

*Silodruck $e_s$* Erddruck, der sich einstellt, wenn der Bodenkörper hinter einer Wand geometrisch so begrenzt ist, dass der Erddruck auf die Wand kleiner ist als bei einem unbegrenzten Erdkörper (z. B. bei aktivem Erddruck, wenn sich die unter dem Winkel $\vartheta_{ag}$ geneigte ebene Gleitfläche nicht vollständig ausbilden kann).

*Mindesterddruck* mit $\varphi = 40°$ und $c = 0$ sich ergebender Erddruck, der bei der Bemessung eines Stützbauwerks mindestens anzusetzen ist.

*Wandreibungswinkel* der zwischen Wand und Boden maximal mobilisierbare Reibungswinkel (vgl. Tabelle 10-1).

*Neigungswinkel des Erddrucks* $\delta$ Winkel zwischen Erddruckrichtung und Wandnormaler (Tabelle 10-2, Bild 10-3), der betragsmäßig nicht größer sein kann als der Wandreibungswinkel.

**Tabelle 10-1** Wandreibungswinkel (nach DIN 4085, Anhang A

| Beschaffenheit der Wandfläche | Wandreibungswinkel |
|---|---|
| verzahnt<br>Beispiel: der Wandbeton wird so eingebracht, dass eine Verzahnung mit dem angrenzenden Boden entsteht (wie z. B. bei Pfahlwänden) | $\phi'_k$ |
| rau<br>Beispiel: unbehandelte Stahl-, Beton- oder Holzoberflächen | $\frac{2}{3} \cdot \phi'_k$ |
| weniger rau<br>Beispiel: Wandabdeckungen aus witterungsfesten, plastisch nicht verformbaren Kunststoffplatten | $\frac{1}{2} \cdot \phi'_k$ |
| glatt<br>Beispiel: stark schmierige Hinterfüllung oder Dichtungsschicht, die keine Schubkräfte übertragen kann | 0° |
| $\varphi'_k$ = charakteristischer Wert des Reibungswinkels des dränierten Bodens | |

**Tabelle 10-2** Neigungswinkel $\delta$ des Erddrucks *) (gemäß DIN 4085, Anhang B)

| Spannungszustand im Boden | Neigungswinkel $\delta$ des Erddrucks |
|---|---|
| aktiver Zustand | je nach Art der Wandbewegung $-2/3 \cdot \varphi \leq \delta_a \leq 2/3 \cdot \varphi$ |
| Ruhedruckzustand | Bei von der Wand aus ansteigender Geländeoberfläche ($\beta > 0°$) ist der Erdruhedruck entsprechend $\delta_0 \leq (\beta - \alpha)$ und bei von der Wand aus abfallender Geländeoberfläche ($\beta < 0°$) entsprechend $\delta_0 = -\alpha$ anzusetzen. |
| teilweise mobilisierter passiver Zustand | Im Gebrauchszustand kann nur ein Teil des passiven Erddrucks als Reaktion des Baugrunds mobilisiert werden. Seine Richtung hängt weitgehend vom jeweiligen Beanspruchungszustand ab (vgl. nachstehende Beispiele). Die Möglichkeit des Gleichgewichts mit dem jeweils angenommenen Winkel $\delta_p$ ist in jedem Fall rechnerisch nachzuweisen. |

*) Die angegebenen Werte gelten nur unter der Voraussetzung, dass die Beschaffenheit der Wand die Übertragung von Reibungskräften zulässt und die Wand nachweislich in der Lage ist, wandparallele Kräfte abzutragen.

**Hinweis:** Der Neigungswinkel δ des Erddrucks hängt ab von
1. dem Spannungszustand im Boden,
2. den Relativbewegungen zwischen Boden und Bauwerk,
3. der Scherfestigkeit in der Kontaktfläche (Wandreibungswinkel, Tabelle 10-1),
4. der Fähigkeit der Wand, wandparallele Kräfte abzutragen.

Für die zu 1. und 2. gehörenden Einflussgrößen sind durch Erfahrungen gestützte plausible Annahmen zu treffen (z. B. gemäß Tabelle 10-2). Die unter 3. und 4. aufgeführten Einflüsse führen zu oberen Begrenzungen, wobei der kleinere Wert maßgebend ist.

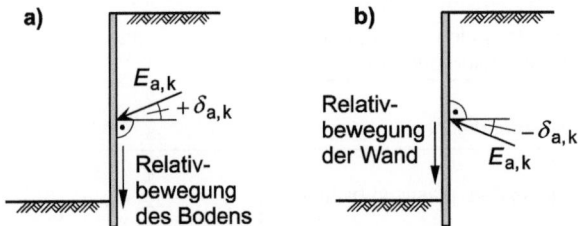

**Bild 10-3** Vorzeichendefinitionen für Erddruckneigungswinkel $\delta_{a,k}$ beim aktiven Erddruck (nach EAB, Bild EB 89-1)
a) positiver Erddruckneigungswinkel, b) negativer Erddruckneigungswinkel

### 10.3.2 Erforderliche Unterlagen

Für die Berechnung von Erddrücken sind nach DIN 4085, 5 Kenntnisse erforderlich über
– Art, Abmessungen und Herstellung des Bauwerks,
– Geländeverlauf,
– Baugrundverhältnisse,
– Kenngrößen des anstehenden Bodens und/oder des Hinterfüllmaterials sowie die Art des Einbaus,
– Art und Beschaffenheit der Bauwerkswand, die an den Boden angrenzt,
– Art, Größe und Lage von Oberflächenlasten, von Fundamentlasten benachbarter Bauwerke sowie von auf das Bauwerk einwirkenden nutzungsbedingten Lasten wie etwa Kranlasten, Eisdruck und Pollerzug,
– Wasserstände und Strömungsverhältnisse im Umfeld des Bauwerks,
– dynamische Einflüsse aus Maschinen usw. und, sofern ein Erdbebeneinfluss zu berücksichtigen ist, Angaben über den Rechenwert der Horizontalbeschleunigung nach DIN 4149 [62].

### 10.3.3 Allgemeines zur Erddruckermittlung

Für die Erddruckermittlung sind nach DIN 4085, 6.1, in Abhängigkeit von dem Zustand des Bodens, als Scherparameter die Größen $\varphi'$ und $c'$ (dränierter Boden) bzw. $\varphi_u$ und $c_u$ (undränierter Boden) zu verwenden; ggf. sind auch Zwischenzustände in Betracht zu ziehen (teilweise Konsolidation). Sind während der Nutzungszeit des zu berechnenden Bauwerks Veränderungen zu erwarten, sind diese in entsprechender Weise zu berücksichtigen. Stehen weiche bindige Böden an und wird bei der Erddruckberechnung ein undränierter Zustand angenommen, darf an der Wand statt der Wandreibung eine Adhäsion

$$a \leq \frac{c_u}{2} \qquad \text{Gl. 10-1}$$

angesetzt werden, wenn deren Wirksamkeit nachgewiesen werden kann.

Für die Berechnung von aktivem Erddruck darf in der Regel von ebenen Gleitflächen ausgegangen werden. Der Berechnung passiven Erddrucks sind im Allgemeinen gekrümmte oder aus ebenen Abschnitten zusammengesetzte Gleitflächen zugrunde zu legen. Unter Beachtung der Art der Wandbewegung ist jeweils die Gleitfläche maßgebend, zu der die größte aktive bzw. die kleinste passive Erddruckkraft gehört. Ausdrücklich wird darauf hingewiesen, dass außer den in der Norm angegebenen Verfahren auch andere angewendet werden dürfen, wenn diese ähnlich zuverlässige Ergebnisse liefern (z. B. das Verfahren von *Caquot/Kérisel*).

Für die Berechnung der über die Tiefe z (Bild 10-4) sich einstellenden horizontalen Komponente (Index h) des Erddrucks infolge der Eigenlast des Bodens (Index g) wird in DIN 4085, 6.1 die Gleichung

$$e_{xgh}(z) = \gamma \cdot z \cdot K_{xgh} \qquad \text{Gl. 10-2}$$

angegeben. In ihr steht der Index x stellvertretend für den aktiven (Index a) oder den passiven (Index p) Bruchzustand oder für den Erdruhedruck (Index 0). Die Größen $\gamma$ und $K_{xgh}$ erfassen die Wichte des Bodens und den jeweiligen Erddruckbeiwert.

Ist der anstehende Boden homogen, die Erddruckverteilung dreiecksförmig und hat die Wand die Höhe h, berechnet sich die zu dem jeweiligen Erddruck gehörende horizontale Komponente der Erddruckkraft $E_{xg}$ mit dem Wandneigungswinkel $\alpha$, dem Geländeneigungswinkel $\beta$ und dem Neigungswinkel des Erddrucks $\delta$ (Bild 10-4) zu

$$E_{xgh} = \frac{e_{xgh}(z=h)}{2} \cdot h = \frac{1}{2} \cdot \gamma \cdot h^2 \cdot K_{xgh} = E_{xg} \cdot \cos(\alpha + \delta) \qquad \text{Gl. 10-3}$$

Die zugehörige vertikale Komponente hat dann die Größe (als auf die Wand einwirkende Kraft zeigt sie bei positivem Vorzeichen nach unten)

$$E_{xgv} = E_{xgh} \cdot \tan(\alpha + \delta) = \frac{1}{2} \cdot \gamma \cdot h^2 \cdot K_{xgh} \cdot \tan(\alpha + \delta) \qquad \text{Gl. 10-4}$$

und die Erddruckkraft selbst die Größe

$$E_{xg} = \frac{1}{2} \cdot \gamma \cdot h^2 \cdot K_{xg} = \frac{E_{xgh}}{\cos(\alpha + \delta)} = \frac{1}{2 \cdot \cos(\alpha + \delta)} \cdot \gamma \cdot h^2 \cdot K_{xgh} \qquad \text{Gl. 10-5}$$

Für die Erddruckbeiwerte ergibt sich daraus die Beziehung

$$K_{xg} = \frac{K_{xgh}}{\cos(\alpha + \delta)} \qquad \text{bzw.} \qquad K_{xgh} = K_{xg} \cdot \cos(\alpha + \delta) \qquad \text{Gl. 10-6}$$

Sind, insbesondere bei Dauerbauwerken, während der Nutzungszeit des Bauwerks Veränderungen zu erwarten, die sich auf den jeweiligen Erddruck ungünstig auswirken, sind diese Veränderungen bei den Erddruckansätzen in entsprechender Weise zu berücksichtigen.

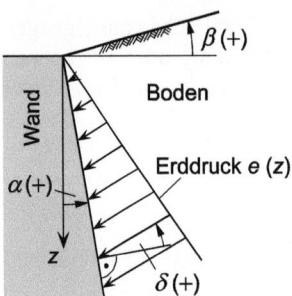

**Bild 10-4** Vorzeichenregeln für den Wandneigungswinkel $\alpha$, den Geländeneigungswinkel $\beta$ und den Neigungswinkel $\delta$ des Erddrucks (nach DIN 4085)

## 10.4 Erdruhedruck

Voraussetzung für die Existenz von Erdruhedruck ist ein Zustand des Bodens, in dem keine Veränderungen des konsolidierten Bodengefüges stattfinden (Ruhezustand).

### 10.4.1 Unbelastetes horizontales Gelände

Wird horizontales Gelände, das nur durch die Bodeneigenlast belastet ist (Wichte des Bodens = $\gamma$), durch den linear-elastisch isotropen Halbraum idealisiert, sind die vertikalen und horizontalen Normalspannungen Hauptspannungen. Auf eine vertikal ausgerichtete Ebene in solchem Gelände wirken deshalb als Erdruhedruck keine Schubspannungen, sondern nur Hauptspannungen $\sigma_x$.

Nach der linearen Elastizitätstheorie besteht in der Tiefe $d$ zwischen den Hauptspannungen $\sigma_x$ (horizontal) und $\sigma_z$ (vertikal) die Beziehung

$$\sigma_x(d) = \frac{\nu}{1-\nu} \cdot \sigma_z(d) = K_0 \cdot \sigma_z(d) = K_0 \cdot \gamma \cdot d \qquad \text{Gl. 10-7}$$

Versuche zur Bestimmung des Erdruhedruckbeiwerts $K_0$ haben gezeigt, dass für die effektiven Spannungen in normalkonsolidiertem Lockergestein vor allem die Gleichung

$$\sigma'_x = \sigma'_z \cdot K_0 = \sigma'_z \cdot (1 - \sin \phi') \qquad \text{Gl. 10-8}$$

zu sehr brauchbaren Ergebnissen führt (siehe z. B. *Franke* [157], *Gudehus* [181] und *Kézdi* [200]).

Der Erdruhedruckbeiwert nach Gl. 10-8 hängt nicht von der Kohäsion, sondern nur vom effektiven Reibungswinkel $\varphi'$ ab. Der Erdruhedruck $\sigma'_x$ ist in homogenem Boden ($\gamma$ und $\varphi'$ konstant) somit dreiecksförmig und in horizontal geschichtetem Boden ($\gamma$ und $\varphi'$ schichtweise konstant) über die einzelnen Schichten linear verteilt (Bild 10-5).

Mit Gl. 10-8 ermittelte Erddrücke lassen sich u. a. bei unbewegten Wänden (z. B. Schlitzwände) ansetzen. Wird die Wand in normalkonsolidierten bindigen Boden eingebaut, verspannt dieser zunächst, kann sich aber ggf. (abhängig von der Viskosität des Bodenmaterials) wieder bis zum Ruhedruck entspannen.

Die Angabe des Erdruhedrucks bei Böden im unterkonsolidierten Zustand (weiche Ablagerungen mit annähernd konstantem $c_u$-Wert) ist nur in grober Form möglich. Nach *Gudehus* [181] hat sich, bei Verwendung der totalen Spannungen $\sigma_x$ und $\sigma_z$, das Verhältnis

$$\frac{\sigma_x}{\sigma_z} \approx 0{,}85 \text{ bis } 0{,}95 \qquad \text{Gl. 10-9}$$

bewährt (von *Franke* [157] wird als ungünstigster Wert die Größe 1,0 angegeben).

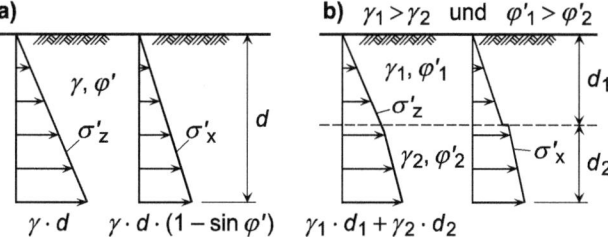

**Bild 10-5** Verlauf des Erdruhedrucks $\sigma'_x$ in normalkonsolidiertem Boden
a) Boden ohne Schichtung
b) Boden mit horizontaler Schichtung

In überkonsolidierten (vorbelasteten) Böden können erheblich größere Erdruhedrücke auftreten als in normalkonsolidierten, wobei ihre Größe durch den passiven Erddruck begrenzt ist. Der Grund hierfür liegt in der horizontalen „Vorspannung", die vor allem in Fällen geologischer Vorbelastung (z. B. Gletscher der Eiszeit) großflächig entstanden ist, sodass von einer vollständigen Entspannung nicht ausgegangen werden darf.

Nach *Gudehus* [181] lassen sich die Ergebnisse durchgeführter Kompressionsversuche mit Seitendruckmessung nach teilweiser Entlastung für Böden mit der Formel

$$\frac{\sigma'_x}{\sigma'_z} = K_0 \cdot \left(\frac{\sigma'_v}{\sigma'_z}\right)^m = (1 - \sin\phi') \cdot \left(\frac{\sigma'_v}{\sigma'_z}\right)^m \qquad \text{Gl. 10-10}$$

erfassen. Darin verwendet werden die größte ehemalige effektive Vertikalspannung $\sigma'_v$ des Bodens sowie die aktuell auf ihn wirkende Spannung $\sigma'_z$. Der Exponent $m$ liegt für Sand zwischen 0,4 (lockere Lagerung) und 0,7 (dichte Lagerung) und für Ton zwischen 0,4 (leicht plastisch) und 0,5 (ausgeprägt plastisch).

Zur Frage, ob die Erddruckbelastung einer in überkonsolidiertem Baugrund hergestellten Wand mit Hilfe der Gl. 10-9 oder der Gl. 10-10 zu berechnen ist, gibt es derzeit unterschiedliche Auffassungen. Während nach *Gudehus* [181] nicht auszuschließen ist, dass sich der erhöhte Seitendruck nach der Störung des Spannungszustands durch den Wandeinbau wieder aufbaut, darf der Erdruhedruck nach *Franke* [157] wie für den Erstbelastungszustand berechnet werden.

### 10.4.2 Unbelastetes geneigtes Gelände

Für Gelände, das unter dem Winkel $\beta \leq \varphi$ geneigt ist (Bild 10-6) und nur durch die Bodeneigenlast beansprucht wird, liegen nach *Gudehus* [181] nur wenige Messergebnisse vor. Zu den entsprechenden Untersuchungen gehört die Arbeit von *Franke* [160], in der für Neigungswinkel $0° < \beta < \varphi$ die Gleichung

$$K'_{0h} = f(\phi, \beta) = 1 - \sin\phi + (\cos\phi - 1 + \sin\phi) \cdot \frac{\beta}{\phi} \qquad \text{Gl. 10-11}$$

angegeben wird, die durch Versuche mit kohäsionslosen Böden (Sanden) gewonnen wurde. Sie erlaubt die Berechnung der horizontalen Komponente des Erdruhedrucks auf eine lotrechte Ebene in der Tiefe $z = d$ mittels der Beziehung

$$\sigma_x(d) = K'_{0h} \cdot \gamma \cdot d \qquad \text{Gl. 10-12}$$

und ist die lineare Interpolation zwischen dem Erdruhedruckbeiwert $1 - \sin \varphi$ für ebenes Gelände (siehe Gl. 10-8) und dem für $\beta = \varphi$ geltenden Wert $\cos \varphi$. Die zugehörige vertikale Komponente des Erdruhedrucks kann mit Hilfe von

$$\tau_{xz}(d) = \sigma_x \cdot \tan \beta = K'_{0h} \cdot \gamma \cdot d \cdot \tan \beta = K'_{0v} \cdot \gamma \cdot d \qquad \text{Gl. 10-13}$$

berechnet werden.

Eine weitere Gleichung für $K'_{0h}$ wird z. B. von *Franke* [157] angegeben. Sie hat die Form

$$K'_{0h} = (1 - \sin \phi) \cdot \left[ 1 - \sin \phi + \frac{\sin^2 \phi + (1 - 2 \cdot \sin \phi) \cdot \sin^2 \beta}{\sin \phi - \sin^2 \beta} \right] \qquad \text{Gl. 10-14}$$

und gilt für den Bereich $-\varphi \leq \beta \leq \varphi$. Die vertikale Erdruhedruckkomponente lässt sich auch hier mit dem Beiwert

$$K'_{0v} = K'_{0h} \cdot \tan \beta \qquad \text{Gl. 10-15}$$

berechnen. Die Herleitung von Gl. 10-14 erfolgt auf der Grundlage theoretischer Betrachtungen. In diese Gruppe gehören z. B. auch die Untersuchungen von *Patzschke* [228] und *Günther* [178], [179].

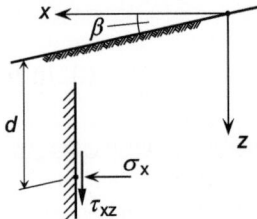

**Bild 10-6**  Spannungen in der Tiefe $d$ auf eine lotrechte Ebene bei geneigter Geländeoberfläche

### 10.4.3 Erdruhedruck nach DIN 4085

In bautechnischen Berechnungen ist Erdruhedruck gemäß DIN 4085, 8.2.4 bei Bauwerken bzw. Bauteilen als Belastung ausnahmsweise anzusetzen, wenn

– diese so in den Baugrund eingebracht werden, dass dessen in situ-Spannungszustand nicht nennenswert beeinflusst wird,
– sie mit benachbarten oder stützenden Bauteilen oder auch mit dem Baugrund so starr verbunden sind, dass eine Bewegung in Erddruckrichtung nicht auftreten kann (nach [50], 5.3.1 ist Erdruhedruck auch bei sehr kleinen Bewegungen anzusetzen, und zwar bei Verdrehungen der Bauwerkswand bis zu einem Tangenswert von 0,000 05 und bei entsprechenden horizontalen Verschiebungswegen von 0,05 ‰ der Wandhöhe; gemäß DIN EN 1997-1, 9.5.2 (2) ist in der Regel in normalkonsolidiertem Boden und bei Stützwandbewegungen $< 5 \cdot 10^{-4} \cdot h$ von einem Erdruhedruckzustand auszugehen).

Der Ansatz des Erdruhedrucks setzt eine Unnachgiebigkeit der Stützkonstruktion voraus, wie sie z. B. gegeben sein kann bei

- auf Festgestein gegründeten massiven Stützmauern, die sich wie ebene Systeme verhalten,
- auf Lockergestein gegründeten Stützwänden mit räumlichem Systemverhalten, wie etwa Brückenwiderlager mit biegesteif angeschlossenen Parallel-Flügelmauern.

Die in der Norm angegebenen Formeln für die Erdruhedrücke und die Erdruhedruckkräfte basieren auf der Annahme der Erstbelastung des Bodens, in dem der Erdruhedruck auftritt. Das bedeutet, dass bei bindigem Boden $\varphi$ den Reibungswinkel der Gesamtscherfestigkeit darstellt und die Kohäsion den Wert $c = 0$ besitzt. Darüber hinaus ist bei Gelände, das unter dem Winkel $\beta > 0°$ geneigt ist, für den Neigungswinkel des Erdruhedrucks $\delta_0$ die Beziehung $\delta_0 \leq \beta$ einzuhalten; bei $\beta \leq 0°$ ist immer $\delta_0 = 0°$ zu setzen.

Ist der anstehende Boden überkonsolidiert, können sich Erdruhedruckwerte einstellen, die größer sind als die mit den nachstehenden Formeln ermittelten Größen. Nach der Empfehlung EB 18 der EAB ist eine solche Vergrößerung allerdings nur in Ausnahmefällen zu berücksichtigen. Für solche Fälle wird empfohlen, mit den Vertikalspannungen $\sigma_{v\ddot{u}}$ (Spannung bei früherer Auflast) und $\sigma_v$ (derzeitige Spannung) den Faktor

$$f_{\ddot{u}} = \sqrt{\frac{\sigma_{v\ddot{u}}}{\sigma_v}} \qquad \text{Gl. 10-16}$$

zu ermitteln und mit diesem die im Folgenden behandelten Erddruckbeiwerte zu multiplizieren.

Bei homogenem Boden darf die Horizontalkomponente (Index h) des Erdruhedrucks infolge von Bodeneigenlast (Index g) mit

$$e_{0gh}(z) = z \cdot \gamma \cdot K_{0gh} \qquad \text{Gl. 10-17}$$

angesetzt werden (vgl. das für $\alpha = \beta = \delta_0 = 0°$ geltende Bild 10-7). Bei einer Wand der Höhe $h$ hat dann die zu dem dreiecksförmig verteilten Erddruck gehörende Horizontalkomponente der Erdruhedruckkraft ($E_0$) pro lfdm die Größe

$$E_{0gh}(h) = \frac{e_{0gh}(z=h) \cdot h}{2} = \frac{1}{2} \cdot \gamma \cdot h^2 \cdot K_{0gh} \qquad \text{Gl. 10-18}$$

Die entsprechende vertikale Komponente berechnet sich zu (Vorzeichen von $\alpha$ und $\delta_0$ beachten, eine auf die Wand gerichtete positive Komponente zeigt nach unten)

$$E_{0gv}(h) = E_{0gh}(h) \cdot \tan(\alpha + \delta_0) \qquad \text{Gl. 10-19}$$

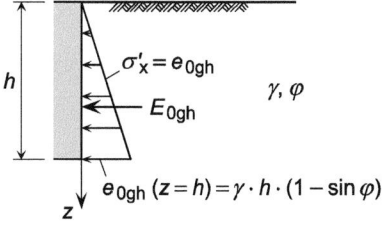

**Bild 10-7** Erdruhedruck $e_{0gh}$ und Erdruhedruckkraft $E_{0gh}$ bei horizontalem Gelände ($\beta = 0°$) ohne Auflast, lotrechter Wandrückseite ($\alpha = 0°$) und dem Neigungswinkel des Erdruhedrucks $\delta_0 = 0°$

Der in Gl. 10-17 und Gl. 10-18 verwendete Erdruhedruckbeiwert lässt sich im allgemeinen Fall (mit dem Wandneigungswinkel $\alpha \neq 0°$, dem Geländeneigungswinkel $\beta \neq 0°$ und dem Erddruckneigungswinkel $\delta_0 \neq 0°$) mittels

$$K_{0gh} = K_1 \cdot f \cdot \frac{1 + \tan\alpha_1 \cdot \tan\beta}{1 + \tan\alpha_1 \cdot \tan\delta_0} \qquad \text{Gl. 10-20}$$

berechnen, wobei die Größen $K_1$, $\alpha_1$ und $f$ durch

$$K_1 = \frac{\sin\phi - \sin^2\phi}{\sin\phi - \sin^2\beta} \cdot \cos^2\beta$$

$$\tan\alpha_1 = \sqrt{\frac{1}{\frac{1}{K_1} + \tan^2\beta}} \qquad \text{Gl. 10-21}$$

und

$$f = 1 - |\tan\alpha \cdot \tan\beta| \qquad \text{Gl. 10-22}$$

definiert sind. Für den Erddruckneigungswinkel sind im Falle $\beta > 0°$ Werte von

$$\delta_0 \leq \beta - \alpha \qquad \text{Gl. 10-23}$$

einzuhalten, im Falle von $\beta < 0°$ ist immer

$$\delta_0 = -\alpha \qquad \text{Gl. 10-24}$$

zu setzen (vgl. Tabelle 10-2).

Für Sonderfälle mit ebenem Gelände ($\beta = 0°$) sowie mit ebenem Gelände und senkrechter Wandrückseite ($\alpha = \beta = 0°$) gelten

$$K_1 = 1 - \sin\phi \qquad \tan\alpha_1 = \sqrt{1 - \sin\phi} \qquad f = 1$$

$$K_{0gh} = \frac{1 - \sin\phi}{1 + \sqrt{1 - \sin\phi} \cdot \tan\delta_0} \qquad \text{Gl. 10-25}$$

In Fällen mit $\alpha = \beta = \delta_0 = 0°$ vereinfacht sich der Ausdruck für den Erdruhedruckbeiwert zu (wie beim Beispiel von Bild 10-7)

$$K_{0gh} = K_{0g} = 1 - \sin\phi \qquad \text{Gl. 10-26}$$

Bei Konstruktionen mit senkrechter Wandrückseite ($\alpha = 0°$) und ansteigendem Gelände ($\beta > 0°$) ergeben sich im Sonderfall $\delta_0 = \beta = \varphi$ die Beiwerte

$$K_{0g} = \cos\phi \qquad \text{bzw.} \qquad K_{0gh} = \cos^2\phi \qquad \text{Gl. 10-27}$$

Bezüglich weiterer Ausführungen zu Erdruhedruckbeiwerten siehe auch DIN EN 1997-1, 9.5.2, EAB, EB 18 und *Weißenbach* [264].

Wird der Baugrund nicht nur durch seine Eigenlast, sondern auch durch eine gleichmäßig verteilte vertikale Flächenlast $p_v$ beansprucht, die auf einem quasi unendlich breiten Streifen ($b \geq h \cdot \cot\varphi$) eingeprägt ist, vergrößert sich die Horizontalkomponente des Erdruhedrucks um

$$e_{0ph} = p_v \cdot K_{0ph} \qquad \text{mit} \qquad K_{0ph} = \frac{\cos\alpha \cdot \cos\beta}{\cos(\alpha - \beta)} \cdot K_{0gh} \qquad \text{Gl. 10-28}$$

Da dieser Druck bei homogenem Boden gleichmäßig über die Wandhöhe verteilt ist, ergibt sich als horizontale Komponente der Erdruhedruckkraft pro lfdm einer Wand der Höhe h

$$E_{0ph} = p_v \cdot h \cdot K_{0ph}$$
Gl. 10-29

In Fällen, in denen auch Punkt-, Linien- und Streifenlasten auf die Geländeoberfläche einwirken, kann der entsprechende Zuwachs der Erdruhedruckkraft nach der Theorie der Spannungsverteilung im elastischen Halbraum ermittelt werden (vgl. auch Abschnitte 6.6.2, 6.8.2, 6.10 und 6.14). In Fällen, in denen der Steifemodul des Bodens mit der Tiefe zunimmt, ist der Konzentrationsfaktor $v = 4$, bei vorbelasteten Böden der Faktor $v = 3$ zu verwenden. Näherungsweise darf der Zuwachs auch durch proportionale Umrechnung der zum entsprechenden aktiven Zustand gehörenden Erddruckkräfte $E_{aVh}$ bzw. $E_{aHh}$ (siehe hierzu Abschnitte 10.9.5 und 10.9.6 bzw. DIN 4085, 6.3.1.6 und 6.3.1.7) in Form von

$$E_{0Vh} = E_{aVh} \cdot \frac{K_{0gh}}{K_{agh}} \quad \text{bzw.} \quad E_{0Hh} = H$$
Gl. 10-30

ermittelt werden (zu H siehe Abschnitt 10.9.6). Die jeweiligen Verteilungen des aktiven Erddrucks sind auch für den Erdruhedruck beizubehalten (vgl. hierzu Abschnitt 10.9.4 und insbesondere Tabelle 10-7).

## 10.5 Wirkungen der Stützwandbewegung

Kann die durch den Erddruck belastete Wand als starre Konstruktion betrachtet werden, sind ihre Bewegungsmöglichkeiten durch die ersten drei Grundformen aus Bild 10-8 beschreibbar, durch die passiver oder aktiver Erddruck hervorgerufen wird. Bewegungen ausgeführter starrer Wände sind in der Regel Kombinationen dieser Grundbewegungen. Bei verformbaren Stützwandkonstruktionen ist außerdem die in Bild 10-8 d gezeigte Grundform zu berücksichtigen.

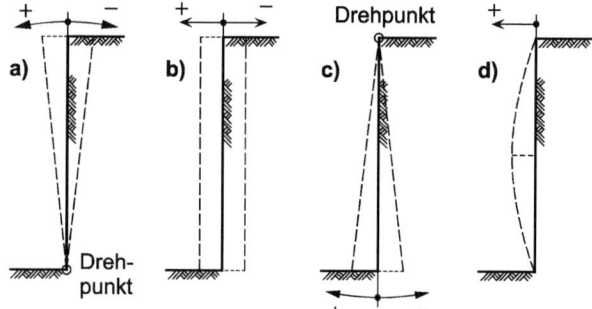

**Bild 10-8** Grundformen der Wandbewegung mit positivem Dreh- bzw. Verschiebungssinn (+) für aktiven Erddruck und mit negativem Dreh- bzw. Verschiebungssinn (−) für passiven Erddruck (nach DIN 4085, Anhang B)
a) Drehung um Fußpunkt der Wand
b) Parallelbewegung (Drehpunkt liegt im Unendlichen)
c) Drehung um Kopfpunkt der Wand
d) Durchbiegung

## 10.5.1 Erddruckkräfte

Die Richtung (Vorzeichen) der Wandbewegung bestimmt neben dem Bodenverhalten (Auflockerung oder Verdichtung) vor allem die Größe des Erddrucks. In Bild 10-9 ist dieser Zusammenhang für die Größe der Erddruckkraft $E$ dargestellt. Die Abbildung zeigt, dass die Extremalwerte $E_a$ der aktiven und $E_p$ der passiven Erddruckkraft erst bei hinreichend großen Wandbewegungen erreicht werden, wobei die erforderliche Wandbewegung zur Aktivierung von $E_a$ wesentlich kleiner ist als die zur Aktivierung von $E_p$.

Der Kurvenverlauf und die Größe der erforderlichen Bewegungen werden bei bindigen Böden von der Konsistenz und bei nichtbindigen Böden von der Lagerungsdichte beeinflusst. Bild 10-10 zeigt diese Abhängigkeit im Bereich positiver Wandbewegungen (Auflockerung) für verschieden gelagerte nichtbindige Böden. Das Bild verdeutlicht auch die unterschiedliche Größe der Wandbewegungen max $s_a$, die erforderlich sind, um die Reduzierung der jeweiligen Erddruckkraft von $E_{0g}$ auf $E_{ag}$ zu erreichen.

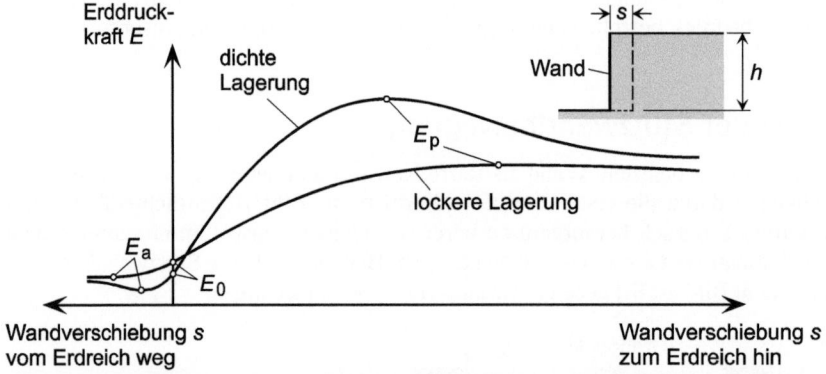

**Bild 10-9** Zusammenhang von Erddruckkraft $E$ und Wandverschiebung $s$, mit aktiver ($E_a$) und passiver ($E_p$) Erddruckkraft sowie Erdruhedruckkraft $E_0$ (gemäß DIN 4085, Bild 1)

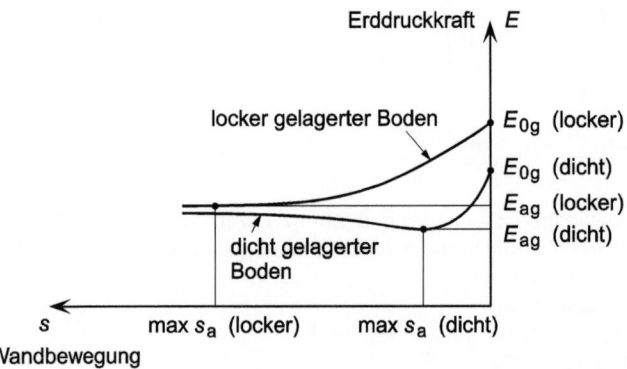

**Bild 10-10** Erddruckkräfte für verschieden gelagerte nichtbindige Böden bei positiver Wandbewegung (nach [51], Bild 8)

## 10.5.2 Bruchfiguren

Die in Bild 10-1 gezeigte Auflockerung bzw. Verdichtung des hinter der Wand anstehenden Bodens setzt voraus, dass dessen Gefüge durch Überwindung seiner Scherfestigkeit verändert wird. Die Form dieses plastischen Versagens (Bruchverhaltens) ist abhängig von der Art der Wandbewegung und weist in der Regel entweder die Form eines Linienbruchs oder die eines Zonenbruchs auf. Neben diesen Grundfällen sind auch Kombinationen aus Linien- und Zonenbruch möglich.

Nach [51], Abschnitt 3.9 gilt als grober Anhalt, dass
– bei einem unter der Wand liegenden Drehpunkt ein Flächenbruch auftritt,
– ein Linienbruch dann entsteht, wenn der Drehpunkt über der Wandmitte liegt,
– zu einem auf der unteren Wandhälfte liegenden Drehpunkt ein kombinierter Bruch gehört.

In Bild 10-11 sind die Bruchfiguren für zwei Fälle positiver Wandbewegungen (Wand bewegt sich vom Erdreich weg) dargestellt. Die tatsächlich gekrümmt verlaufenden Gleitflächen werden dabei vereinfachend durch Geraden bzw. Spirale oder Kreis beschrieben.

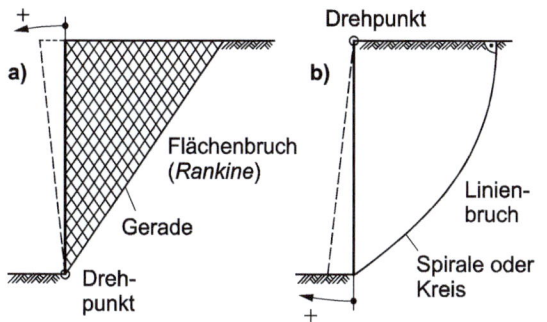

**Bild 10-11** Bruchfiguren bei verschiedenen positiven Bewegungen der Wand (nach [51], Bild 3)
a) Drehung um Fußpunkt
b) Drehung um Kopfpunkt

Bild 10-12 zeigt zwei Beispiele von Gleitkörpern bei aktivem Erddruck und unterschiedlichen Wandbewegungen (Fußpunktdrehung und Parallelverschiebung), die sich bei einem Laborversuch ausgebildet haben.

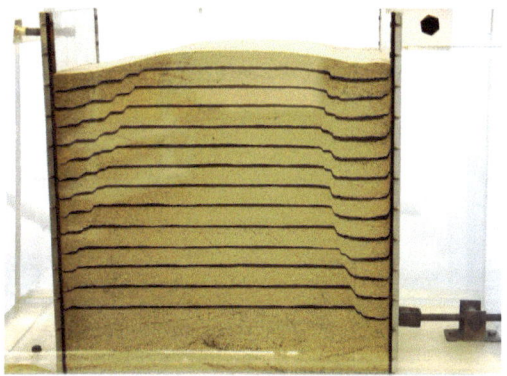

**Bild 10-12** Gleitkörperausbildung bei aktivem Erddruck (Modellversuch im Labor)
links: Fußpunktdrehung
rechts: Parallelverschiebung

## 10.6 Zonenbruch nach *Rankine*

Bei Zonenbrüchen nach der Theorie von *Rankine* ist die Spannungsverteilung des nur durch Bodeneigenlast beanspruchten Halbraums unter den Voraussetzungen zu ermitteln, dass der Boden
- aus einem kohäsionslosen, homogenen und isotropen Material besteht, das
- sich entsprechend der Fließbedingung nach *Mohr-Coulomb* des ebenen Falls

$$\frac{\sigma_z + \sigma_x}{2} \cdot \sin\phi = \pm \sqrt{\frac{(\sigma_z - \sigma_x)^2}{2} + \tau_{xz}^2} \qquad \text{Gl. 10-31}$$

im gesamten Halbraum in einem Bruchzustand befindet. Von dem Zustand wird angenommen, dass er durch gleichmäßige Auflockerung oder Verdichtung hervorgerufen wird (Bild 10-13).

Die Übertragung von Gl. 10-31 in die Hauptspannungen $\sigma_1$ und $\sigma_3$ führt zu der Fließbedingungsdarstellung

$$\sigma_1 - \sigma_3 = (\sigma_1 + \sigma_3) \cdot \sin\phi \qquad \text{Gl. 10-32}$$

Eine besonders einfache Lösung der Problemstellung gehört zum Halbraum mit horizontaler Oberfläche (Böschungswinkel $\beta = 0°$). Die lotrechte Spannung $\sigma_z$ ist dann eine Hauptspannung mit

$$\sigma_z(z) = \gamma \cdot z = \sigma_{1 \text{ oder } 3} \qquad \text{Gl. 10-33}$$

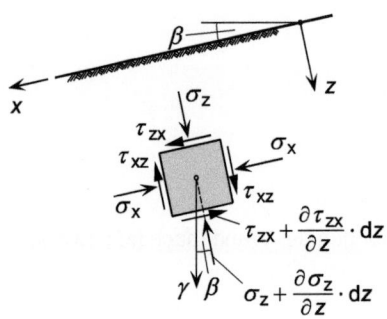

**Bild 10-13** Spannungszustand und Elementeigenlast $\gamma$ in der $x, z$-Ebene des Halbraums mit unter $\beta$ geneigter unbelasteter Oberfläche

Aus Bild 10-14 geht hervor, dass $\sigma_z$ im aktiven Fall des aufgelockerten Bodens die größere ($\sigma_z = \sigma_1$) und im passiven Fall des verdichteten Bodens die kleinere ($\sigma_z = \sigma_3$) der beiden Hauptspannungen $\sigma_1$ und $\sigma_3$ repräsentiert.

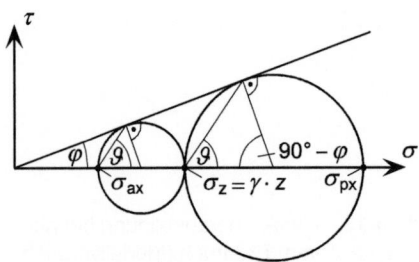

**Bild 10-14** *Mohr*'sche Spannungskreise für den aktiven (linker Kreis) und den passiven (rechter Kreis) Bruchzustand im Halbraum mit horizontaler Oberfläche

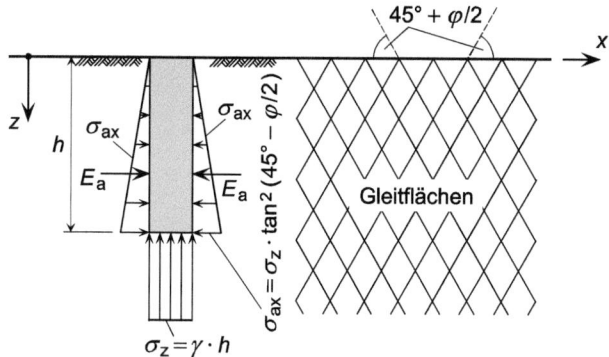

**Bild 10-15** Spannungen, Erddruckkräfte $E_a$ und Gleitrichtungen bei horizontalem Gelände ($\beta = 0°$) im aktiven Fall (Auflockerung des Bodenmaterials) nach der Rankine-Theorie

Aus Bild 10-14 kann auch der Neigungswinkel $\vartheta = 45° + \varphi/2$ der Gleitflächen gegenüber der kleineren der beiden Hauptspannungen ($\sigma_3$) entnommen werden. Im aktiven Fall bedeutet dies, dass dieser Winkel von den Gleitflächen und der Halbraumoberfläche eingeschlossen wird (Bild 10-15). Im passiven Fall aus Bild 10-16 wird $\vartheta$ von den Gleitflächen und lotrechten Ebenen eingeschlossen (gegen die Halbraumoberfläche sind die Gleitflächen um den Winkel $45° - \varphi/2$ geneigt).

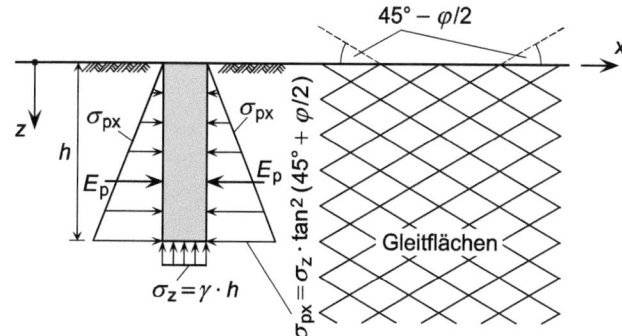

**Bild 10-16** Spannungen, Erddruckkräfte $E_p$ und Gleitrichtungen bei horizontalem Gelände ($\beta = 0°$) im passiven Fall (Verdichtung des Bodenmaterials) nach der Rankine-Theorie

Unter Berücksichtigung der trigonometrischen Beziehungen

$$\frac{1-\sin\phi}{1+\sin\phi} = \frac{1-\cos\left(\frac{\pi}{4}-\phi\right)}{1+\cos\left(\frac{\pi}{4}-\phi\right)} = \tan^2\left(\frac{\pi}{4}-\frac{\phi}{2}\right) \qquad \text{Gl. 10-34}$$

ergibt sich aus Gl. 10-32 im aktiven Zustand der horizontale Erddruck

$$\sigma_{ax} = \sigma_3 = \sigma_z \cdot \frac{1-\sin\phi}{1+\sin\phi} = \gamma \cdot h \cdot \tan^2\left(\frac{\pi}{4}-\frac{\phi}{2}\right) \qquad \text{Gl. 10-35}$$

mit der zugehörigen Erddruckkraft pro lfdm (Bild 10-15)

$$E_a = \gamma \cdot \frac{h^2}{2} \cdot \tan^2\left(\frac{\pi}{4} - \frac{\phi}{2}\right) \qquad \text{Gl. 10-36}$$

Im passiven Zustand kann die Größe des horizontalen Erddrucks mit

$$\sigma_{px} = \sigma_1 = \sigma_z \cdot \frac{1 + \sin\phi}{1 - \sin\phi} = \gamma \cdot h \cdot \tan^2\left(\frac{\pi}{4} + \frac{\phi}{2}\right) \qquad \text{Gl. 10-37}$$

und die Größe der entsprechenden Erddruckkraft pro lfdm mit

$$E_p = \gamma \cdot \frac{h^2}{2} \cdot \tan^2\left(\frac{\pi}{4} + \frac{\phi}{2}\right) \qquad \text{Gl. 10-38}$$

berechnet werden (Bild 10-16).

Ist das Gelände unter dem Winkel $0° < \beta \leq \varphi$ geneigt, ergeben sich nach der *Rankine*-Theorie Gleitflächen und Hauptspannungsrichtungen, deren Neigungswinkel gegenüber der Horizontalen für den aktiven Fall in Bild 10-17 dargestellt sind. Zahlenmäßig können der Gleitflächenneigungswinkel $\varepsilon_a$ mit Hilfe von

$$\varepsilon_a = \frac{1}{2} \cdot \left(\beta + \phi + \arccos\frac{\sin\beta}{\sin\phi}\right) \qquad \text{Gl. 10-39}$$

und der Neigungswinkel $\psi_a$ der Hauptspannung $\sigma_1$ (größere der beiden Hauptspannungen) mit

$$\psi_a = \varepsilon_a + \frac{\pi}{4} - \frac{\varphi}{2} \qquad \text{Gl. 10-40}$$

berechnet werden.

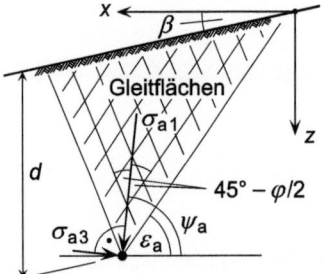

**Bild 10-17** Neigung der Gleitrichtungen und Hauptspannungen $\sigma_{a1}$ und $\sigma_{a3}$ bei geneigtem Gelände (Winkel $\beta$) im aktiven Fall nach der *Rankine*-Theorie

Da alle Gleitflächen mit der Richtung der Hauptspannung $\sigma_1$ den Winkel $45° - \varphi/2$ einschließen und die Hauptspannungen $\sigma_{a1}$ und $\sigma_{a3}$ normal zueinander stehen, sind mit $\psi_a$ alle Gleitflächen und alle Hauptspannungen bezüglich ihrer Neigung festgelegt (zur grafischen Lösung vgl. z. B. [260]).

Für den passiven Zustand lassen sich die entsprechenden Winkel durch

$$\varepsilon_p = \frac{1}{2} \cdot \left(\beta + \phi - \arccos\frac{\sin\beta}{\sin\phi}\right) \qquad \text{Gl. 10-41}$$

und

$$\psi_p = \varepsilon_p + \frac{\pi}{4} - \frac{\varphi}{2} \qquad \text{Gl. 10-42}$$

berechnen.

Zur Ermittlung der Hauptspannungen des aktiven Falls in der Tiefe $d$ (Bild 10-17) dienen die Gleichungen

$$\sigma_{a1} = f(d) = d \cdot \gamma \cdot \frac{1+\sin\phi}{1+\sin\left(\arccos\frac{\cos\phi}{\cos\beta}\right)}$$

$$\sigma_{a3} = f(d) = d \cdot \gamma \cdot \frac{1-\sin\phi}{1+\sin\left(\arccos\frac{\cos\phi}{\cos\beta}\right)} \qquad \text{Gl. 10-43}$$

und zur Berechnung im passiven Fall die Beziehungen

$$\sigma_{p1} = f(d) = d \cdot \gamma \cdot \frac{1+\sin\phi}{1+\sin\left(-\arccos\frac{\cos\phi}{\cos\beta}\right)}$$

$$\sigma_{p3} = f(d) = d \cdot \gamma \cdot \frac{1-\sin\phi}{1+\sin\left(-\arccos\frac{\cos\phi}{\cos\beta}\right)} \qquad \text{Gl. 10-44}$$

Die Normalspannung $\sigma\alpha$ und die Schubspannung $\tau\alpha$, die bei einer Bodenschichtdicke $d$ auf eine unter dem Winkel $\alpha$ (Vorzeichen beachten) geneigte gedachte Wand wirken (Bild 10-18), können nach *Gudehus* [170], Kapitel 1.10 mit den Mittelwerten der Hauptspannungen

$$\sigma_{am,mp}(d) = \frac{\sigma_{a1,p1}+\sigma_{a3,p3}}{2} = \frac{d \cdot \gamma}{1+\sin\left(\pm\arccos\frac{\cos\phi}{\cos\beta}\right)} \qquad \text{Gl. 10-45}$$

$$\sigma_{a\alpha,p\alpha}(d) = \sigma_{am,pm}(d) \cdot \left[1+\sin\phi \cdot \cos(2 \cdot \psi_{a,p} - 2 \cdot \alpha)\right] \qquad \text{Gl. 10-46}$$

und

$$\tau_{a\alpha,p\alpha}(d) = \sigma_{am,pm}(d) \cdot \sin\phi \cdot \sin(2 \cdot \psi_{a,p} - 2 \cdot \alpha) \qquad \text{Gl. 10-47}$$

berechnet werden.

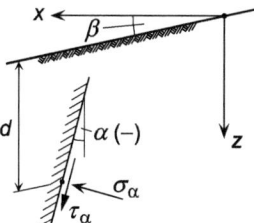

**Bild 10-18** Bezeichnungen für Spannungsberechnung in der Tiefe $d$ bei geneigter Oberfläche

Die obigen Gleichungen zeigen, dass die auf ebene Flächen wirkenden Spannungen linear mit der Tiefe zunehmen. Bei einem prismatischen Element mit lotrechten Seitenwänden ergibt sich bei unbelasteter Geländeoberfläche über die Dicke $d$ eine Spannungssituation, wie sie in Bild 10-19 gezeigt ist.

Die größte horizontale Erddruckkomponente $e_h$, die auf die Seitenwände des prismatischen Körpers wirkt, tritt in der Tiefe $d$ am unteren Rand des Körpers auf. Ihre Größe im aktiven bzw. im passiven Fall berechnet sich mit Gl. 10-45 zu

$$e_{ah,\,hp} = \sigma_{am,\,pm} \cdot \left[1 + \sin\phi \cdot \cos(2 \cdot \psi_{a,p})\right] \qquad \text{Gl. 10-48}$$

Die zugehörige vertikale Erddruckkomponente beträgt

$$e_{av,pv} = \sigma_{am,pm} \cdot \sin\phi \cdot \sin(2 \cdot \psi_{a,p}) \qquad \text{Gl. 10-49}$$

Für den Erddruck und die Erddruckkräfte gilt, dass die auf die eine Seitenfläche wirkenden Größen den Größen, die auf die andere Seitenfläche wirken, gleich groß und entgegengesetzt gerichtet sind, da sie in einem Halbraum unabhängig sein müssen von der Lage der Schnittebene.

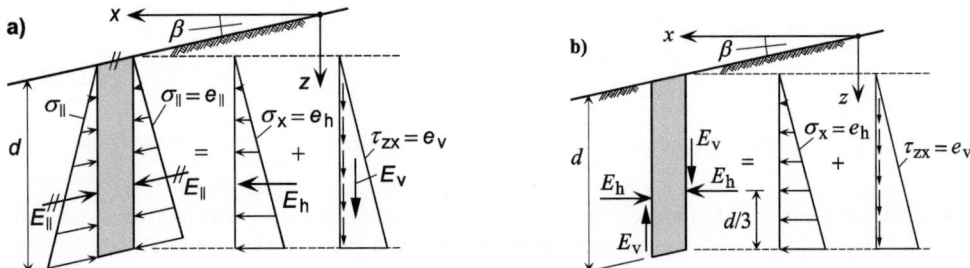

**Bild 10-19** Erddruckkräfte und Erddruckverteilung auf die lotrechten Seitenwände eines prismatischen Körpers bei unbelastetem geneigten Gelände nach der *Rankine*-Theorie; in b) werden statt der Erddruckkraft $E_\parallel$ deren Komponenten $E_h$ und $E_v$ verwendet

Die Erddruckkräfte $E_h$ und $E_v$ sind Resultierende der über die Tiefe $d$ verteilten horizontalen und vertikalen Erddruckkomponenten $e_h$ und $e_v$. Werden sie z. B. pro lfdm Seitenfläche berechnet, stellen sie das Volumen von Spannungskörpern mit der Dicke 1 m dar, deren Querschnittsform ein Dreieck ist (Bild 10-19). Im Fall einer unbelasteten Oberfläche ergibt sich somit für die horizontale Erddruckkraftkomponente pro lfdm

$$E_{ah,\,ph}(d) = \frac{1}{2} \cdot d \cdot 1 \cdot e_{ah,\,ph}(d) = \frac{d \cdot 1}{2} \cdot \frac{d \cdot \gamma \cdot \left[1 + \sin\phi \cdot \cos(2 \cdot \psi_{a,p})\right]}{1 + \sin\left(-\arccos\dfrac{\cos\phi}{\cos\beta}\right)} \qquad \text{Gl. 10-50}$$

und für die vertikale Komponente der Erddruckkraft

$$E_{av,\,pv}(d) = \frac{1}{2} \cdot d \cdot 1 \cdot e_{av,\,pv}(d) = \frac{d \cdot 1}{2} \cdot \frac{d \cdot \gamma \cdot \sin\phi \cdot \sin(2 \cdot \psi_{a,p})}{1 + \sin\left(-\arccos\dfrac{\cos\phi}{\cos\beta}\right)} \qquad \text{Gl. 10-51}$$

## 10.7 Linienbruch nach *Coulomb*

Das Verfahren von *Coulomb* zur Ermittlung des Erddrucks bei eingetretenem Linienbruch zählt zu den „kinematischen Methoden" (Bruchmechanismen mit Scherversagen in diskreten Gleitflächen, auf denen sich vereinfachte monolithische Bruchkörper verschieben können; für die Gleitflächenlage ist durch Variation der jeweils ungünstigste Fall zu finden). Bei dieser besonders einfachen Vorgehensweise wird vorausgesetzt, dass
- der Boden sich in einem ebenen Verformungszustand befindet,
- der Boden kohäsionslos ist,
- die Rückseite der Stützwand lotrecht ist,
- die Erdoberfläche hinter der Stützmauer waagerecht verläuft,
- zwischen rückseitiger Mauerfläche und Boden keine Reibung auftritt,
- sich infolge der Wandbewegung eine ebene Gleitfläche bildet, auf der der Boden als keilförmiger Monolith rutscht,
- sich unter dem Winkel $\vartheta$ die Gleitfuge einstellt, zu der die extremale Erddruckkraft $E$ gehört,
- in der Gleitfuge die größtmögliche trockene Reibung nach der Grenzbedingung von *Coulomb* wirkt ($\tau = \sigma \cdot \tan\varphi$),
- das Momentengleichgewicht ($\Sigma M = 0$) der am Monolithen angreifenden Kräfte nur im Sonderfall nach *Rankine* (linear zunehmender Erddruck, siehe Bild 10-15 und Bild 10-16) erfüllt wird.

Bild 10-20 zeigt mit der unter dem Winkel $\vartheta$ geneigten Gleitfuge des monolithischen Bodenkeils, der Eigenlast $G$ und der von der Wand auf den Boden ausgeübten Erddruckkraft $E$ die Grundelemente für die Erddruckermittlung nach *Coulomb*.

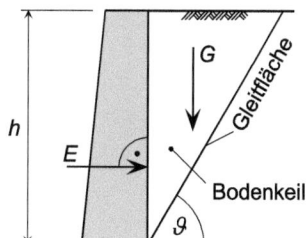

**Bild 10-20** Modell zur Erddruckermittlung nach *Coulomb*

### 10.7.1 Aktiver Erddruck

Die aktive Erddruckkraft $E_a$ gehört zu einer vom Erdreich weg gerichteten Wandbewegung. Der Bodenkeil rutscht in diesem Fall auf der unter dem Winkel $\vartheta_a$ geneigten Gleitfläche nach unten, wobei die resultierende Reibkraft $T = N \cdot \tan\varphi$ aktiviert wird.

Bild 10-21 zeigt die Kräfte, die in diesem Fall auf den Bodenkeil wirken und sich, wegen des erforderlichen Gleichgewichts der horizontalen und vertikalen Kräfte, zu einem Krafteck schließen müssen.

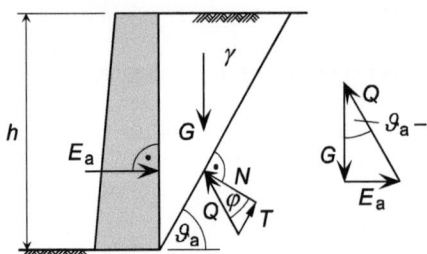

**Bild 10-21** Bestimmung der aktiven Erddruckkraft $E_a$ nach *Coulomb*

Da ein ebener Deformationszustand vorausgesetzt wird, kann die Eigenlast $G$ für eine aus dem System Wand und Erdreich herausgeschnittene „Systemscheibe" der Dicke 1 (Dimension gleich der für die Wandhöhe $h$ wählen) berechnet werden. Sie beträgt

$$G = 1 \cdot \frac{h^2}{2} \cdot \gamma \cdot \cot \vartheta_a = \frac{h^2 \cdot \gamma}{2 \cdot \tan \vartheta_a} \qquad \text{Gl. 10-52}$$

Mit dem Krafteck aus Bild 10-21 ergibt sich für die beiden übrigen Kräfte

$$E_a = G \cdot \tan(\vartheta_a - \phi) = \frac{h^2 \cdot \gamma \cdot \tan(\vartheta_a - \phi)}{2 \cdot \tan \vartheta_a} = \frac{h^2 \cdot \gamma \cdot Z(\vartheta_a)}{2 \cdot N(\vartheta_a)} \qquad \text{Gl. 10-53}$$

$$Q = \frac{G}{\cos(\vartheta_a - \phi)} = \frac{h^2 \cdot \gamma \cdot \cot \vartheta_a}{2 \cdot \cos(\vartheta_a - \phi)}$$

Der bisher noch unbekannte Neigungswinkel $\vartheta_a$ der Gleitfläche ergibt sich aus der Forderung, dass zu ihm die größte aktive Erddruckkraft $E_a$ gehören muss ($E_a = \max E_a$). Für den vorliegenden Fall bedeutet dies die Lösung der Extremalwertaufgabe (siehe hierzu Gl. 10-53)

$$\frac{\partial E_a}{\partial \vartheta_a} = \frac{h^2 \cdot \gamma}{2} \cdot \frac{Z'(\vartheta_a) \cdot N(\vartheta_a) - Z(\vartheta_a) \cdot N'(\vartheta_a)}{N^2(\vartheta_a)} = 0 \qquad \text{Gl. 10-54}$$

und damit der Bestimmungsgleichung

$$Z'(\vartheta_a) \cdot N(\vartheta_a) = Z(\vartheta_a) \cdot N'(\vartheta_a) = \frac{\tan \vartheta_a}{\cos^2(\vartheta_a - \phi)} = \frac{\tan(\vartheta_a - \phi)}{\cos^2 \vartheta_a} \qquad \text{Gl. 10-55}$$

Neben der trivialen Lösung ($\varphi = 0°$) liefert Gl. 10-55 den gesuchten Gleitflächenwinkel

$$\vartheta_a = \frac{\pi}{4} + \frac{\varphi}{2} \qquad \text{Gl. 10-56}$$

und die dazugehörende maximale aktive Erddruckkraft pro lfdm Wand

$$E_a = G \cdot \tan(\vartheta_a - \phi) = \frac{h^2 \cdot \gamma}{2} \cdot \tan^2\left(\frac{\pi}{4} - \frac{\phi}{2}\right) \qquad \text{Gl. 10-57}$$

### 10.7.2 Passiver Erddruck

Die passive Erddruckkraft $E_p$ gehört zu einer zum Erdreich hin gerichteten Wandbewegung. Der Bodenkeil wird in diesem Fall auf der unter dem Winkel $\vartheta_p$ geneigten Gleitfläche nach oben geschoben, wobei die resultierende Reibkraft $T = N \cdot \tan \varphi$ aktiviert wird.

Bild 10-22 zeigt die Kräfte, die in diesem Fall auf den Bodenkeil wirken und sich, wegen des erforderlichen Gleichgewichts der horizontalen und vertikalen Kräfte, zu einem Krafteck schließen müssen.

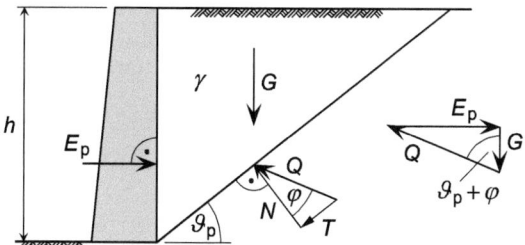

**Bild 10-22** Bestimmung der passiven Erddruckkraft $E_p$ nach *Coulomb*

Zur Ermittlung des unbekannten Neigungswinkels $\vartheta_p$ der Gleitfläche dient die Forderung, dass zu ihm die kleinste passive Erddruckkraft $E_p$ gehören muss ($E_p = \min E_p$). Die hierzu gehörende Extremalwertaufgabe ist analog zu der aus Abschnitt 10.7.1 zu formulieren. Ihre Lösung ergibt den Gleitflächenwinkel

$$\vartheta_p = \frac{\pi}{4} - \frac{\varphi}{2} \qquad \text{Gl. 10-58}$$

und die dazugehörende minimale passive Erddruckkraft der „Systemscheibe" (s. Abschnitt 10.7.1)

$$E_p = G \cdot \tan(\vartheta_p + \phi) = \frac{h^2 \cdot \gamma}{2} \cdot \tan^2\left(\frac{\pi}{4} + \frac{\phi}{2}\right) \qquad \text{Gl. 10-59}$$

## 10.8 Verallgemeinerung der Erddrucktheorie von *Coulomb*

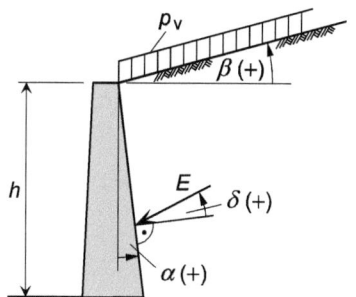

**Bild 10-23** Systemverallgemeinerungen von *Müller-Breslau*

Basierend auf dem Ansatz von *Coulomb*, erlaubt die Lösung von *Müller-Breslau* [219] als Verallgemeinerung (Bild 10-23), dass

– die Geländeoberfläche geneigt sein kann ($\beta \neq 0°$),
– eine gleichmäßig verteilte Flächenlast $p_v$ auf der Geländeoberfläche vorhanden sein kann,
– die Wand geneigt sein kann ($\alpha \neq 0°$),
– zwischen dem Erdkeil und der Rückseite der Wand Schubspannungen übertragen werden können, sodass der resultierende Erddruck mit der Wandnormalen den aus Erfahrung bekannten Erddruckneigungswinkel $\delta$ einschließt (siehe hierzu Tabelle 10-1, Tabelle 10-2 und Bild 10-3).

Auf Erfahrungen beruhende Wandreibungswinkel $\delta$ werden z. B. in DIN 4085 angegeben (siehe Tabelle 10-1).

### 10.8.1 Aktiver Erddruck nach *Müller-Breslau*

In Analogie zu den Ausführungen aus Abschnitt 10.7.1 ergeben sich am abrutschenden Bodenkeil Kräfte, die sich aus Gleichgewichtsgründen zu einem Krafteck schließen müssen (Bild 10-24). Aus diesem Krafteck ergibt sich für die aktive Erddruckkraft pro lfdm Wand

$$E_a = G \cdot \frac{\sin(\vartheta_a - \varphi)}{\sin(\vartheta_a - \varphi + \psi)}$$
Gl. 10-60

Die maximale aktive Erddruckkraft ergibt sich nach Lösung der zu Gl. 10-60 gehörenden Extremalwertaufgabe $\partial E_a / \partial \vartheta_a = 0$ durch

$$E_a = \frac{\gamma \cdot h^2}{2} \cdot K_a$$
Gl. 10-61

mit dem Erddruckbeiwert

$$K_a = \frac{1}{\cos(\delta_a + \alpha)} \cdot \frac{\cos^2(\phi - \alpha)}{\cos^2\alpha \cdot \left[1 + \sqrt{\frac{\sin(\phi + \delta_a) \cdot \sin(\phi - \beta)}{\cos(\delta_a + \alpha) \cdot \cos(\alpha - \beta)}}\right]^2} = \frac{1}{\cos(\delta_a + \alpha)} \cdot K_{ah}$$
Gl. 10-62

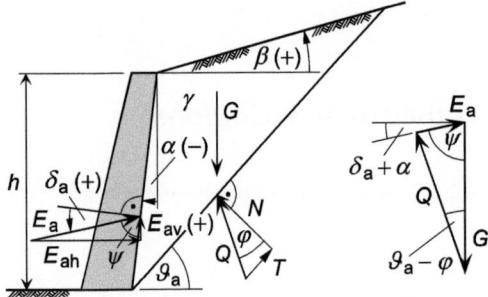

**Bild 10-24** Kräfte beim aktiven Erddruck nach *Müller-Breslau*

Für den Fall einer auf die Grundrissfläche bezogenen vorhandenen Flächenlast $p_v$ ändert sich der Gleitfugenwinkel $\vartheta_a$ nicht. Statt Gl. 10-61 ist dann

$$E_a = \gamma' \cdot \frac{h^2}{2} \cdot K_a = \left[\gamma + \frac{2 \cdot p_v}{h} \cdot \frac{\cos\alpha \cdot \cos\beta}{\cos(\alpha - \beta)}\right] \cdot \frac{h^2}{2} \cdot K_a$$
Gl. 10-63

zu verwenden. Im Sonderfall horizontalen Geländes (Oberflächenneigungswinkel $\beta = 0°$) gilt

$$E_a = \gamma' \cdot \frac{h^2}{2} \cdot K_a = \left(\gamma + \frac{2 \cdot p_v}{h}\right) \cdot \frac{h^2}{2} \cdot K_a$$
Gl. 10-64

Die horizontale und vertikale Komponente von $E_a$ werden berechnet durch (Vorzeichen von $\alpha$ und $\delta_a$ beachten, eine auf die Wand einwirkende positive Komponente $E_{av}$ zeigt nach unten)

$$E_{ah} = E_a \cdot \cos(\delta_a + \alpha) = \frac{\gamma \cdot h^2}{2} \cdot K_{ah} \quad \text{oder} \quad E_{ah} = \frac{\gamma' \cdot h^2}{2} \cdot K_{ah} \quad \text{Gl. 10-65}$$

$$E_{av} = E_a \cdot \sin(\delta_a + \alpha) = E_{ah} \cdot \tan(\delta_a + \alpha)$$

### 10.8.2 Passiver Erddruck nach *Müller-Breslau*

Die zum Erdreich hin gerichtete Wandbewegung erzeugt am nach oben geschobenen Bodenkeil Kräfte, die sich aus Gleichgewichtsgründen zu einem Krafteck schließen müssen (Bild 10-25). Für den passiven Erddruck kann aus dem Krafteck die pro lfdm Wand geltende Beziehung

$$E_p = \frac{G \cdot \sin(\vartheta_p + \phi)}{\cos(\vartheta_p + \phi - \alpha - \delta_p)} \quad \text{Gl. 10-66}$$

abgelesen werden (Vorzeichen von α, β und $\delta_p$ beachten). Aus Gl. 10-66 ergibt sich nach Lösung der zugehörigen Extremwertaufgabe ($\partial E_p / \partial \vartheta_p = 0$) die minimale passive Erddruckkraft

$$E_p = \frac{\gamma \cdot h^2}{2} \cdot K_p \quad \text{Gl. 10-67}$$

mit dem Erddruckbeiwert (Vorzeichen von α und $\delta_p$ beachten)

$$K_p = \frac{1}{\cos(\delta_p + \alpha)} \cdot \frac{\cos^2(\phi + \alpha)}{\cos^2\alpha \cdot \left[1 - \sqrt{\frac{\sin(\phi - \delta_p) \cdot \sin(\phi + \beta)}{\cos(\delta + \alpha) \cdot \cos(\alpha - \beta)}}\right]^2} = \frac{1}{\cos(\delta_p + \alpha)} \cdot K_{ph} \quad \text{Gl. 10-68}$$

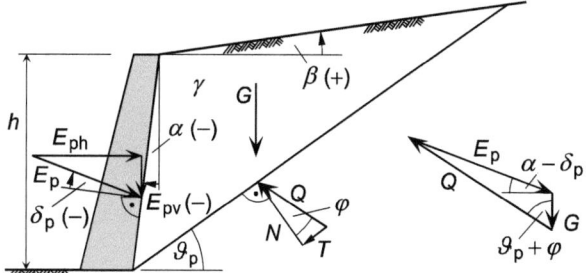

**Bild 10-25** Kräfte beim passiven Erddruck nach *Müller-Breslau*

Für den Fall einer vorhandenen Flächenlast $p_v$ ändert sich der Gleitfugenwinkel $\vartheta_p$ nicht. Die Berechnung der passiven Erddruckkraft erfolgt dann nicht mit Gl. 10-67, sondern mittels

$$E_p = \gamma' \cdot \frac{h^2}{2} \cdot K_p = \left[\gamma + \frac{2 \cdot p_v}{h} \cdot \frac{\cos\alpha \cdot \cos\beta}{\cos(\alpha - \beta)}\right] \cdot \frac{h^2}{2} \cdot K_p \quad \text{Gl. 10-69}$$

Für horizontales Gelände (Neigungswinkel der Oberfläche β = 0°) vereinfacht sich der Ausdruck zu

$$E_p = \gamma' \cdot \frac{h^2}{2} \cdot K_p = \left(\gamma + \frac{2 \cdot p_v}{h}\right) \cdot \frac{h^2}{2} \cdot K_p \quad \text{Gl. 10-70}$$

Die horizontale und vertikale Komponente von $E_p$ werden berechnet durch (Vorzeichen von $\alpha$ und $\delta_p$ beachten, eine auf die Wand einwirkende positive Vertikalkraft $E_{pv}$ zeigt nach unten)

$$E_{ph} = E_p \cdot \cos(\alpha + \delta_p) = \frac{\gamma \cdot h^2}{2} \cdot K_{ph} \quad \text{oder} \quad E_{ph} = \frac{\gamma' \cdot h^2}{2} \cdot K_{ph}$$
$$E_{pv} = E_p \cdot \sin(\alpha + \delta_p) = E_{ph} \cdot \tan(\alpha + \delta_p)$$
Gl. 10-71

### 10.8.3 Aktiver Erddruck bei Böden mit Kohäsion

Weist das Erdreich hinter der Wand Kohäsion auf, stellt sich beim aktiven Erddruck ein Neigungswinkel $\vartheta_a$ der Gleitfläche ein, dessen Größe bei beliebigen Wand- und Oberflächenneigungen auch von der Kohäsion abhängig ist (siehe hierzu *Groß* [168]). Diese Abhängigkeit gilt nicht für den Fall der Winkelbeziehung $\delta_a = -\beta$, was bei horizontalem Gelände und senkrechter Wand zu der in Bild 10-26 gezeigten Situation führt.

Für den Fall aus Bild 10-26 ergibt sich als Neigungswinkel $\vartheta_a$ der Gleitfläche die vom Fall kohäsionslosen Bodens bekannte Größe

$$\vartheta_a = \frac{\pi}{4} + \frac{\varphi}{2}$$
Gl. 10-72

Mit dieser Größe und der durch die Kohäsion in der Gleitfläche (Länge $= h/\sin\vartheta_a$) bewirkten Kraft

$$C = c \cdot l = \frac{c \cdot h}{\sin\vartheta_a}$$
Gl. 10-73

ergibt sich die gegenüber Gl. 10-57 reduzierte Erddruckkraft $E_a$ pro lfdm Wand anhand von Bild 10-26 zu

$$E_a = \gamma \cdot \frac{h^2}{2} \cdot \tan^2\left(\frac{\pi}{4} - \frac{\phi}{2}\right) - 2 \cdot c \cdot h \cdot \tan\left(\frac{\pi}{4} - \frac{\phi}{2}\right)$$
Gl. 10-74

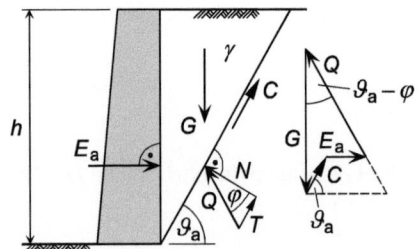

**Bild 10-26** Aktive Erddruckkraft $E_a$ für den Fall $\alpha = \beta = \delta_a = 0°$

### 10.8.4 Passiver Erddruck bei Böden mit Kohäsion

Steht kohäsives Bodenmaterial hinter der Wand an, stellt sich beim passiven Erddruck ein Gleitflächenneigungswinkel $\vartheta_p$ ein, dessen Größe bei beliebigen Wand- und Oberflächenneigungen von der Kohäsion abhängt (siehe hierzu *Groß* [168]).

Für den in Bild 10-27 gezeigten Sonderfall gilt, wie im Falle des aktiven Erddrucks, dass die Größe von $\vartheta_p$ durch die Kohäsion nicht beeinflusst wird. Sie besitzt deshalb den Wert

$$\vartheta_p = \frac{\pi}{4} - \frac{\varphi}{2}$$  Gl. 10-75

Mit dieser Größe und der durch die Kohäsion in der Gleitfläche (Länge $h/\sin\vartheta_p$) bewirkten Kraft

$$C = c \cdot l = \frac{c \cdot h}{\sin\vartheta_p}$$  Gl. 10-76

ergibt sich die gegenüber Gl. 10-59 vergrößerte Erddruckkraft $E_p$ pro lfdm Wand anhand von Bild 10-27 zu

$$E_p = \gamma \cdot \frac{h^2}{2} \cdot \tan^2\left(\frac{\pi}{4} + \frac{\phi}{2}\right) + 2 \cdot c \cdot h \cdot \tan\left(\frac{\pi}{4} + \frac{\phi}{2}\right)$$  Gl. 10-77

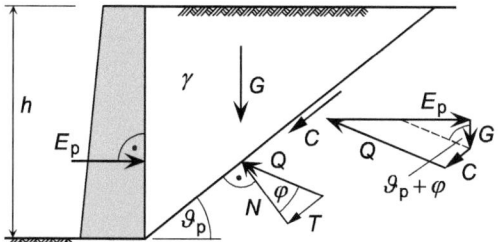

**Bild 10-27**  Passive Erddruckkraft $E_p$ für den Fall $\alpha = \beta = \delta_a = 0°$

## 10.9 Aktiver Erddruck gemäß DIN 4085

Soll sich z. B. bei locker gelagerten nichtbindigen Böden hinter einer Bauwerkswand aktiver Erddruck (vgl. auch Abschnitt 10.9.2) einstellen, muss nach DIN 4085, Anhang B bzw. nach Tabelle 10-3 der Tangens des Drehwinkels (bezogene Wandbewegung)
– bei einer Fußpunktdrehung der Wand den Wert 0,004 bis 0,005 und
– bei einer Kopfpunktdrehung der Wand den Wert 0,008 bis 0,01

erreicht haben. Weitere Fälle können Tabelle 10-3 entnommen werden; aus ihr geht auch hervor, dass die erforderlichen Bewegungen kleiner werden, wenn die Böden dichter gelagert sind (siehe Bild 10-10).

Dass bei Dauerbauwerken das Entstehen von aktivem Erddruck auch von der Nachgiebigkeit der Stützkonstruktion abhängt, macht Tabelle 10-4 deutlich. Danach tritt aktiver Erddruck (vgl. auch Abschnitt 10.9.2) nur bei nachgiebigen Stützkonstruktionen auf; der Einsatz von wenig nachgiebigen bis unnachgiebigen Stützkonstruktionen führt zu Erddruckansätzen mit erhöhten aktiven Erddrücken bis hin zum Erdruhedruck. Über den Erdruhedruck hinausgehende Erddrücke (z. B. bei gegen den anstehenden Boden gerichteten Bewegungen des Bauwerks infolge Wärmeausdehnungen) werden durch Tabelle 10-4 nicht erfasst.

**Tabelle 10-3** Für $\alpha=\beta=0°$ geltende Anhaltswerte für die zur Erzeugung des aktiven Erddrucks erforderlichen Wandbewegungen $s_a$ sowie die vereinfachte Verteilung des Erddrucks $e_{agh}$ aus Bodeneigenlast für verschiedene Wandbewegungsarten und nichtbindigen Boden (nach DIN 4085, Tabelle B.1)

| Art der Wandbewegung | Erddruckkraft $E_{agh}$ | | vereinfachte Erddruckverteilung |
|---|---|---|---|
| | bezogene Wandbewegung $s_a/h$ | | |
| | lockere Lagerung | dichte Lagerung | |
| a) Drehung um den Wandfuß | 0,004 bis 0,005 | 0,001 bis 0,002 | $E_{agh}^a$, $h/3$; $e_{agh}^a$ |
| b) parallele Bewegung | 0,002 bis 0,003 | 0,0005 bis 0,001 | $0{,}5 \cdot h$; $E_{agh}^b \approx E_{agh}^a$; $0{,}4 \cdot h$; $e_{agh}^b \approx (2/3) \cdot e_{agh}^a$ |
| c) Drehung um den Wandkopf | 0,008 bis 0,01 | 0,002 bis 0,005 | $E_{agh}^c \approx E_{agh}^a$; $h/2$; $e_{agh}^c \approx 0{,}5 \cdot e_{agh}^a$ |
| d) Durchbiegung | 0,004 bis 0,005 | 0,001 bis 0,002 | $E_{agh}^d \approx E_{agh}^a$; $h/2$; $e_{agh}^d \approx 0{,}5 \cdot e_{agh}^a$ |

Analog zu den in Tabelle 10-4 aufgeführten Erddruckansätzen für Dauerbauwerke, werden in Tabelle 10-5 Erddruckansätze für temporäre Stützkonstruktionen angegeben. Danach tritt aktiver Erddruck (vgl. auch Abschnitt 10.9.2) nur bei nicht gestützten oder nachgiebig gestützten und nicht bzw. nur gering vorgespannten Stützkonstruktionen auf; eine Umlagerung des Erddrucks tritt bei wenig nachgiebig gestützten Konstruktionen ein. Für alle weiter aufgeführten Fälle der Tabelle 10-5 ist erhöhter aktiver Erddruck anzusetzen, der bei unnachgiebiger Stützung (die auf die Stützkraft beim nächsten Aushubzustand bezogene Vorspannung beträgt mindestens 100 %) bis zum Erdruhedruck ansteigen kann.

**Tabelle 10-4** Erddruckansätze in Abhängigkeit von der Nachgiebigkeit der Stützkonstruktion bei Dauerbauwerken (nach DIN 4085, Tabelle A.2)

| Zeile | Nachgiebigkeit der Stützkonstruktion | Konstruktion (Beispiele) | Erddruckansatz |
|---|---|---|---|
| 1 | nachgiebig | Stützwände, die während ihrer gesamten Nutzungszeit geringe Verformungen in Richtung der Erddruckbelastung ausführen können und dürfen (z. B. Uferwände, auf Lockergestein gegründete Gewichtsmauern). | aktiver Erddruck |
| 2 | wenig nachgiebig | Stützwände nach Zeile 1, bei denen während ihrer Nutzungszeit Verformungen in Richtung der Erddruckbelastung unerwünscht sind und die gegen den ungestörten Boden hergestellt worden sind. | erhöhter aktiver Erddruck $E'_{ah} = \frac{3}{4} \cdot E_{ah} + \frac{1}{4} \cdot E_{0h}$ |
| 3 | annähernd unnachgiebig | Stützwände, die aufgrund ihrer Konstruktion unter der Erddruckbelastung anfänglich geringfügig nachgeben, sich dann aber nicht mehr verformen können oder dürfen (z. B. Kellerwände und Stützwände, die in Bauwerke einbezogen sind und von diesen zusätzlich gestützt werden, Bemessung stehender Schenkel von Winkelstützwänden). | erhöhter aktiver Erddruck im Normalfall: $E'_{ah} = \frac{1}{2} \cdot E_{ah} + \frac{1}{2} \cdot E_{0h}$ in Ausnahmefällen: $E'_{ah} = \frac{1}{4} \cdot E_{ah} + \frac{3}{4} \cdot E_{0h}$ |
| 4 | unnachgiebig | Stützwände, die aufgrund ihrer Konstruktion weitgehend unnachgiebig sind (z. B. auf Festgestein gegründete Stützmauern als ebene Systeme und auf Lockergestein gegründete Stützwände als räumliche Systeme wie Brückenwiderlager mit biegesteif angeschlossenen Parallel-Flügelmauern). | erhöhter aktiver Erddruck $E'_{ah} = \frac{1}{4} \cdot E_{ah} + \frac{3}{4} \cdot E_{0h}$ in Ausnahmefällen bis Erdruhedruck |

Gemäß EAB, EB 22, Absatz 10 ist es bei annähernd unnachgiebig gestützten Baugrubenwänden im Allgemeinen nicht erforderlich, Steifen oder Anker in jedem Bauzustand auf die neue rechnerische charakteristische Last vorzuspannen. Vielmehr genügt es, auch bei den Vorbauzuständen von vornherein die Steifen oder Anker für die im Vollaushubzustand auftretenden charakteristischen Stützkräfte vorzuspannen. Für empfindliche Bauwerke wird allerdings empfohlen, die Bewegungen von Bauwerk und Baugrubenwand sowie die Beanspruchungen der Steifen oder Anker durch Messungen zu kontrollieren und ggf. erforderliche Nachspannmaßnahmen danach einzurichten.

Es bleibt noch der Hinweis auf die „Beispiele zur Ermittlung von Erddrücken" in DIN EN 1997-1, Anhang C, die nach DIN EN 1997-1/NA in Ergänzung zu DIN 4085 und EAB angewendet werden dürfen.

**Tabelle 10-5** Erddruckansätze in Abhängigkeit von der Nachgiebigkeit der Stützung bei Baugrubenwänden oder anderen kurzzeitig eingesetzten Stützkonstruktionen (nach DIN 4085, Tabelle A.3; siehe auch EAB, EB 67)

| Nachgiebigkeit der Stützung (Stützkonstruktion) | Konstruktion (Beispiele) | Vorspannung auf die Stützkraft beim nächsten Aushubzustand bezogen | Erddruckansatz |
|---|---|---|---|
| nicht gestützt oder nachgiebig gestützt | Wand ohne obere Stützung (Steifen, Anker) oder mit nachgiebiger Stützung (z. B. Anker, die nicht oder nur gering vorgespannt sind). | – | nicht umgelagerter aktiver Erddruck |
| wenig nachgiebig gestützt | Steifen kraftschlüssig verkeilt<br>– bei Spundwänden<br>– bei Trägerbohlwänden<br>Verpressanker | ≤ 30 %<br>≤ 60 %<br>80 % ... 100 % | umgelagerter aktiver Erddruck |
| annähernd unnachgiebig gestützt | Steifen<br>– bei mehrfach ausgesteiften Spundwänden, ausgesteiften Ortbetonwänden<br>– bei mehrfach ausgesteiften Trägerbohlwänden<br>Verpressanker | 30 %<br><br>60 %<br>100 % | erhöhter aktiver Erddruck in einfachen Fällen:<br>$E'_{ah} = \frac{3}{4} \cdot E_{ah} + \frac{1}{4} \cdot E_{0h}$<br>im Normalfall:<br>$E'_{ah} = \frac{1}{2} \cdot E_{ah} + \frac{1}{2} \cdot E_{0h}$<br>in Ausnahmefällen:<br>$E'_{ah} = \frac{1}{4} \cdot E_{ah} + \frac{3}{4} \cdot E_{0h}$ |
| unnachgiebig | Wände, die für einen abgeminderten oder für den vollen Erdruhedruck bemessen wurden und deren Stützungen entsprechend vorgespannt sind.<br>Wenn Anker zusätzlich in einer unnachgiebigen Felsschicht verankert sind oder wesentlich länger sind, als rechnerisch erforderlich.<br>Steifen<br>Anker | <br><br><br><br><br><br><br><br>100 %<br>100 % | erhöhter aktiver Erddruck<br>$E'_{ah} = \frac{1}{4} \cdot E_{ah} + \frac{3}{4} \cdot E_{0h}$<br>in Ausnahmefällen bis Erdruhedruck |

### 10.9.1 Voraussetzungen der Berechnungsformeln

Zur Ermittlung der Grenzwerte für die aktiven Erddruckkräfte werden in DIN 4085, 6.3 Formeln bereitgestellt, die auf den Theorien von *Coulomb* und *Müller-Breslau* beruhen. Für sie wird vorausgesetzt, dass

– die Wandrückseite (Kontaktfläche zum Baugrund) eben ist,
– der hinter der Wand anstehende Baugrund homogen ist und nur durch seine Eigenlast belastet wird,
– die Geländeoberfläche eben ist,
– die sich einstellende Gleitfläche (auch Gleitfuge) eben ist,
– diejenige Gleitfläche maßgebend ist, für die die Gesamterddruckkraft am größten ist,

- die Richtung des Erddrucks durch den Neigungswinkel $\delta_a$ der Gleitfläche (Bild 10-28) vorgegeben wird,
- sich die Wand um ihren Fußpunkt dreht.

Die Erddruckkraftberechnung auf der Basis der vorausgesetzten ebenen Gleitflächen ist nach DIN 4085 für aktiven Erddruck nur für begrenzte Wertebereiche des Wandneigungswinkels $\alpha$ zulässig. Mit dem Grenzwinkel ($\varphi$ = Reibungswinkel des Bodens, $\vartheta_{ag}$ = Gleitflächenwinkel aus Eigenlast des Bodens)

$\alpha_{max} = \vartheta_{ag} - \varphi$ mit $\vartheta_{ag}$ für $\alpha = 0$ und $\delta_a = \beta$ \hfill Gl. 10-78

ergeben sich die Gültigkeitsbereiche zu

Neigungswinkel des Erddrucks $\delta_a \geq 0°$

$-20° \leq \alpha < -10°$ für $0° \leq \beta \leq \varphi$ und

$-10° \leq \alpha \leq \alpha_{max}$ für $-\varphi \leq \beta \leq \varphi$ \hfill Gl. 10-79

Neigungswinkel des Erddrucks $\delta_a < 0°$

$-20° \leq \alpha \leq \alpha_{max}$ für $-\varphi \leq \beta \leq {}^2/_3 \cdot \varphi$

Der Winkel $\alpha_{max}$ ist der Winkel zwischen der Gegengleitfläche A'B und der Vertikalen (Bild 10-29). Das Vorzeichen des in Gl. 10-79 zu berücksichtigenden Erddruckneigungswinkels $\delta_a$ ist von der Relativbewegung zwischen Wand und Boden abhängig. In der Regel bewegt sich der Boden stärker nach unten als die Wand (Neigungswinkel $\delta_a \geq 0°$). Werden Stützkonstruktionen z. B. durch große Vertikalkräfte belastet, können sie sich so stark setzen, dass ein negativer Neigungswinkel des Erddrucks anzusetzen ist.

Können die Bedingungen aus Gl. 10-79 nicht erfüllt werden, ist mit gekrümmten oder gebrochenen Gleitflächen zu rechnen (siehe hierzu auch [158] und [265]).

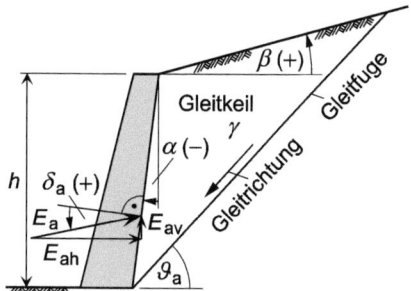

**Bild 10-28** Modell zur Ermittlung der aktiven Erddruckkraft $E_a$

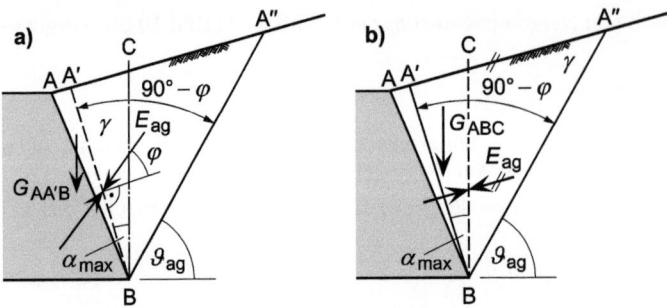

**Bild 10-29** Zu $\alpha > \alpha_{max}$ gehörende Gleitflächenwinkel beim aktiven Bruchzustand, mit den Gleitflächen A″B und den Gegengleitflächen A′B (nach DIN 4085, Bild 3)
a) Ansatz der Erddruckkraft in der Gleitfläche A′B
b) Ansatz der Erddruckkraft oberflächenparallel im Vertikalschnitt B-C (*Rankine*'scher Zustand), wenn sich die Gleitfläche A′B vollständig ausbilden kann. Andernfalls ist der Ansatz der Erddruckkraft in der vertikalen Schnittebene nur eine Näherung

### 10.9.2 Formeln für Erddrücke und Erddruckkräfte aus Bodeneigenlast

Für die näherungsweise Berechnung der auf die Wandlänge bezogenen Erddruckkräfte $E$ (Angabe z. B. in kN pro lfdm Wand) werden in DIN 4085, 6.3.1.2 Formeln bereitgestellt, deren Indizes nachstehende Bedeutung haben:

- a  aktiver Zustand,
- g  verursacht durch Bodeneigenlast,
- h  Horizontalkomponente,
- v  Vertikalkomponente.

Betrachtet wird eine Wand mit

– der lotrechten Höhe $h$ (Angabe in m),
– dem Wandneigungswinkel $\alpha$ (Angabe in °) und
– dem Neigungswinkel des aktiven Erddrucks $\delta_a$ (Angabe in °),

hinter der Bodenmaterial mit

– dem Geländeoberflächenneigungswinkel $\beta$ (Angabe in °),
– der Wichte $\gamma$ des Bodens (Angabe in kN/m³) und
– dem Reibungswinkel $\varphi$ des Bodens (Angabe in °)

ansteht. Für diesen Fall lautet die Gleichung zur Ermittlung der über die Tiefe $z$ dreiecksförmig verteilten horizontalen Komponenten des aktiven Erddrucks infolge der Bodeneigenlastwirkung

$$e_{agh}(z) = \gamma \cdot z \cdot K_{agh} \qquad \text{Gl. 10-80}$$

Die zugehörige vertikale Komponente lässt sich mit

$$e_{agv}(z) = e_{agh}(z) \cdot \tan(\alpha + \delta_a) = \gamma \cdot z \cdot K_{agh} \cdot \tan(\alpha + \delta_a) \qquad \text{Gl. 10-81}$$

und der entsprechende Erddruck mit

$$e_{ag}(z) = \frac{e_{agh}(z)}{\cos(\alpha + \delta_a)} = \frac{e_{agv}(z)}{\sin(\alpha + \delta_a)} = \frac{\gamma \cdot z}{\cos(\alpha + \delta_a)} \cdot K_{agh} \qquad \text{Gl. 10-82}$$

berechnen (Vorzeichen von $\alpha$ und $\delta_a$ beachten, eine auf die Wand einwirkende positive Vertikalkomponente $e_{agv}$ ist nach unten gerichtet). Die Gleichungen für die horizontalen und vertikalen Komponenten der aktiven Erddruckkraft pro lfdm Wand infolge der Bodeneigenlastwirkung (beachte: eine auf die Wand einwirkende positive Vertikalkomponente $E_{agv}$ ist nach unten gerichtet) haben die Form

$$E_{agh} = \frac{1}{2} \cdot h \cdot e_{agh}(z=h) = \frac{h^2}{2} \cdot \gamma \cdot K_{agh}$$

$$E_{agv} = E_{agh} \cdot \tan(\alpha + \delta_a) = \frac{h^2}{2} \cdot \gamma \cdot K_{agh} \cdot \tan(\alpha + \delta_a)$$

Gl. 10-83

Der in Gl. 10-80 bis Gl. 10-83 verwendete Erddruckbeiwert kann mittels

$$K_{agh} = \frac{\cos^2(\phi - \alpha)}{\cos^2\alpha \cdot \left[1 + \sqrt{\frac{\sin(\phi + \delta_a) \cdot \sin(\phi - \beta)}{\cos(\alpha - \beta) \cdot \cos(\alpha + \delta_a)}}\right]^2} = K_{ag} \cdot \cos(\alpha + \delta_a)$$

Gl. 10-84

berechnet werden (Vorzeichen von $\alpha$, $\beta$ und $\delta_a$ gemäß Bild 10-28 beachten). Einige dieser Beiwerte sind für diskrete Werte des Reibungswinkels $\varphi$, des Wandneigungswinkels $\alpha$, des Geländeneigungswinkels $\beta$ und des Neigungswinkels des Erddrucks $\delta_a$ in Tabelle 10-6 zusammengestellt. Eine Auswahl von Verläufen der von $\varphi$ und $\delta_a$ abhängigen Funktion $K_{agh}$ ($\alpha = \beta = 0°$ gesetzt) zeigt Bild 10-30.

Die Tabellenwerte lassen erkennen, dass die $K_{agh}$-Werte bei zunehmender Größe der Geländeneigungswinkel $\beta$ größer werden. Die Größe der $K_{agh}$-Werte verringert sich hingegen bei zunehmender Größe der Reibungswinkel $\varphi$ und der Neigungswinkel $\delta_a$ der Erddrücke bzw. bei abnehmender Größe der Wandneigungswinkel $\alpha$ (Bild 10-30).

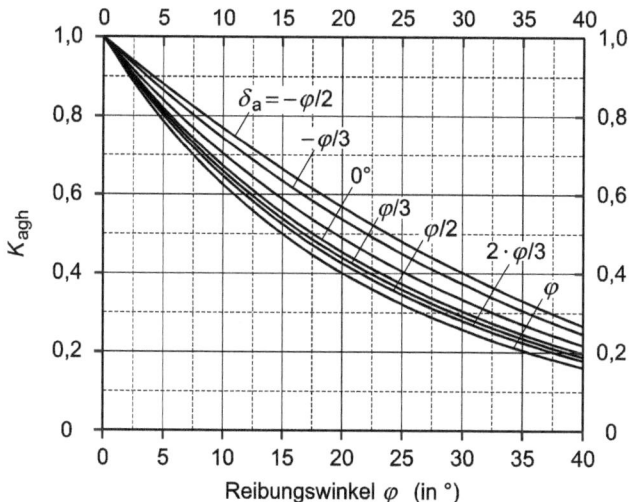

**Bild 10-30** Erddruckbeiwerte $K_{agh}$ (aktiver Erddruck) für ebene Gleitflächen und für $\alpha = \beta = 0°$ (nach DIN 4085, Bild B.1)

**Tabelle 10-6** Erddruckbeiwerte $K_{agh}$ für ebene Gleitflächen und diskrete Werte des Reibungswinkels $\varphi$, des Neigungswinkels $\delta_a$ der Erddrücke sowie des Wand- und des Geländeneigungswinkels $\alpha$ und $\beta$

| $\varphi$ (in °) | $\alpha$ (in °) | $K_{agh}$ | | | | | | | |
|---|---|---|---|---|---|---|---|---|---|
| | | $\delta_a = 0°$ | | $\delta_a = \frac{1}{2} \cdot \varphi$ | | $\delta_a = \frac{2}{3} \cdot \varphi$ | | $\delta_a = \varphi$ | |
| | | $\beta = 0°$ | $\beta = 10°$ | $\beta = 0°$ | $\beta = 10°$ | $\beta = 0°$ | $\beta = 10°$ | $\beta = 0°$ | $\beta = 10°$ |
| 12,5 | 0 | 0,6441 | 0,7907 | 0,5961 | 0,7603 | 0,5827 | 0,7515 | 0,4478 | 0,5531 |
| | -10 | 0,5915 | 0,7260 | 0,5490 | 0,6988 | 0,5375 | 0,6911 | 0,4022 | 0,4925 |
| 15,0 | 0 | 0,5888 | 0,7038 | 0,5387 | 0,6646 | 0,5249 | 0,6535 | 0,5000 | 0,6330 |
| | -10 | 0,5311 | 0,6336 | 0,4881 | 0,5996 | 0,4764 | 0,5901 | 0,4558 | 0,5730 |
| 17,5 | 0 | 0,5376 | 0,6320 | 0,4869 | 0,5882 | 0,4729 | 0,5758 | 0,4478 | 0,5531 |
| | -10 | 0,4761 | 0,5578 | 0,4338 | 0,5210 | 0,4224 | 0,5108 | 0,4022 | 0,4925 |
| 20,0 | 0 | 0,4903 | 0,5692 | 0,4400 | 0,5231 | 0,4261 | 0,5102 | 0,4011 | 0,4865 |
| | -10 | 0,4260 | 0,4923 | 0,3853 | 0,4548 | 0,3744 | 0,4445 | 0,3549 | 0,4260 |
| 22,5 | 0 | 0,4465 | 0,5129 | 0,3974 | 0,4664 | 0,3839 | 0,4533 | 0,3593 | 0,4292 |
| | -10 | 0,3804 | 0,4345 | 0,3419 | 0,3978 | 0,3316 | 0,3878 | 0,3131 | 0,3697 |
| 25,0 | 0 | 0,4059 | 0,4621 | 0,3587 | 0,4162 | 0,3457 | 0,4033 | 0,3218 | 0,3794 |
| | -10 | 0,3387 | 0,3831 | 0,3029 | 0,3482 | 0,2933 | 0,3386 | 0,2760 | 0,3213 |
| 27,5 | 0 | 0,3682 | 0,4159 | 0,3234 | 0,3715 | 0,3109 | 0,3590 | 0,2879 | 0,3357 |
| | -10 | 0,3008 | 0,3372 | 0,2678 | 0,3045 | 0,2590 | 0,2956 | 0,2429 | 0,2793 |
| 30,0 | 0 | 0,3333 | 0,3737 | 0,2911 | 0,3315 | 0,2794 | 0,3195 | 0,2574 | 0,2969 |
| | -10 | 0,2662 | 0,2959 | 0,2363 | 0,2660 | 0,2282 | 0,2578 | 0,2134 | 0,2426 |
| 32,5 | 0 | 0,3010 | 0,3351 | 0,2617 | 0,2954 | 0,2506 | 0,2841 | 0,2297 | 0,2625 |
| | -10 | 0,2346 | 0,2589 | 0,2078 | 0,2318 | 0,2005 | 0,2243 | 0,1869 | 0,2104 |
| 35,0 | 0 | 0,2710 | 0,2998 | 0,2347 | 0,2629 | 0,2244 | 0,2523 | 0,2046 | 0,2317 |
| | -10 | 0,2059 | 0,2256 | 0,1821 | 0,2014 | 0,1755 | 0,1947 | 0,1632 | 0,1820 |
| 37,5 | 0 | 0,2432 | 0,2674 | 0,2100 | 0,2335 | 0,2005 | 0,2237 | 0,1818 | 0,2042 |
| | -10 | 0,1797 | 0,1956 | 0,1589 | 0,1743 | 0,1531 | 0,1684 | 0,1420 | 0,1570 |
| 40,0 | 0 | 0,2174 | 0,2377 | 0,1874 | 0,2069 | 0,1786 | 0,1978 | 0,1610 | 0,1795 |
| | -10 | 0,1560 | 0,1687 | 0,1379 | 0,1502 | 0,1328 | 0,1450 | 0,1229 | 0,1348 |

Die zu der horizontalen und vertikalen Komponente gehörende resultierende aktive Erddruckkraft ergibt sich aus (Vorzeichen von $\alpha$ und $\delta_a$ beachten, Bild 10-28)

$$E_{ag} = \frac{E_{agh}}{\cos(\alpha + \delta_a)} = \frac{E_{agv}}{\sin(\alpha + \delta_a)} = \frac{h^2 \cdot \gamma}{2} \cdot K_{ag} = \frac{h^2 \cdot \gamma}{2} \cdot \frac{K_{agh}}{\cos(\alpha + \delta_a)} \qquad \text{Gl. 10-85}$$

Zur Berechnung des Neigungswinkels der Gleitfläche, die sich beim aktiven Erddruck aus Bodeneigenlast einstellt (siehe hierzu auch [14]), dient die Gleichung (Vorzeichen von $\alpha$, $\beta$ und $\delta_a$ gemäß Bild 10-28 beachten)

$$\vartheta_{ag} = \phi + \text{arccot}\left[\tan(\phi-\alpha) + \frac{1}{\cos(\phi-\alpha)} \cdot \sqrt{\frac{\sin(\phi+\delta_a)\cdot\cos(\alpha-\beta)}{\sin(\phi-\beta)\cdot\cos(\alpha+\delta_a)}}\right]$$

$$= \phi + 90° - \arctan\left[\tan(\phi-\alpha) + \frac{1}{\cos(\phi-\alpha)} \cdot \sqrt{\frac{\sin(\phi+\delta_a)\cdot\cos(\alpha-\beta)}{\sin(\phi-\beta)\cdot\cos(\alpha+\delta_a)}}\right] \qquad \text{Gl. 10-86}$$

$$= \phi + \arctan\left[\frac{\cos(\phi-\alpha)}{\sin(\phi-\alpha) + \sqrt{\frac{\sin(\phi+\delta_a)\cdot\cos(\alpha-\beta)}{\sin(\phi-\beta)\cdot\cos(\alpha+\delta_a)}}}\right]$$

Für Sonderfälle mit $\alpha = \beta = \delta_a = 0°$ vereinfachen sich die Ausdrücke für $K_{agh}$ und $\vartheta_{ag}$ zu

$$K_{agh} = \frac{1-\sin\phi}{1+\sin\phi} = \tan^2\left(45° - \frac{\phi}{2}\right) \quad \text{und} \quad \vartheta_{ag} = 45° + \frac{\phi}{2} \qquad \text{Gl. 10-87}$$

### 10.9.3 Verteilung des Erddrucks aus Bodeneigenlast

Während die Größe der Resultierenden $E_a$ des aktiven Erddrucks (Erddruckkraft) u.a. von der Wandneigung $\alpha$, der Neigung $\beta$ der Geländeoberfläche, dem Reibungswinkel $\varphi$ und dem Neigungswinkel des Erddrucks $\delta_a$ abhängt, ist ihre Lage und damit die Verteilung des Erddrucks abhängig von der Art der Bewegung der ebenen Wand. So stellt sich z.B. die dreiecksförmige Verteilung nach *Rankine* beim aktiven Erddruck (Bild 10-31) nur bei Fußpunktdrehungen der Wand ein; für alle übrigen Wandbewegungen ergeben sich aus der Bodeneigenlast Erddruckverteilungen, die von der dreiecksförmigen Verteilung abweichen (vgl. Tabelle 10-3).

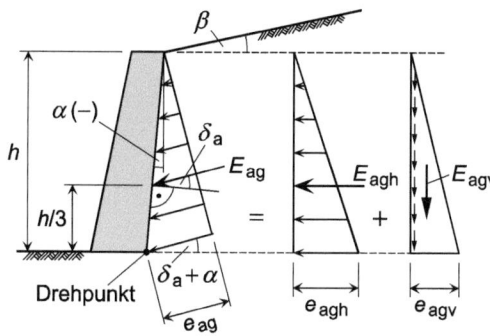

**Bild 10-31** Aktiver Erddruck $e_{ag}$ und Erddruckkraft $E_{ag}$ aus Bodeneigenlast bei Fußpunktdrehung und Zerlegung in ihre Vertikal- und Horizontalkomponenten

Die in Bild 10-32 gezeigten Erddruckverteilungen lassen erkennen, dass die nach DIN 4085 rechnerisch anzusetzenden Verteilungen mehr oder weniger grobe Vereinfachungen der wirklich zu erwartenden Verteilungen darstellen. Die in den Abbildungen verwendete Erddruckgröße $e_{agh}$ ist der Maximalwert der horizontalen Erddruckkomponente bei dreiecksförmiger Verteilung, die zur Fußpunktdrehung der Wand gehört. Ihre Größe ist auf die Vertikalebene bezogen und ergibt sich aus

$$e_{agh} = h\cdot\gamma\cdot K_{agh} = \frac{2}{h}\cdot E_{agh} \qquad \text{Gl. 10-88}$$

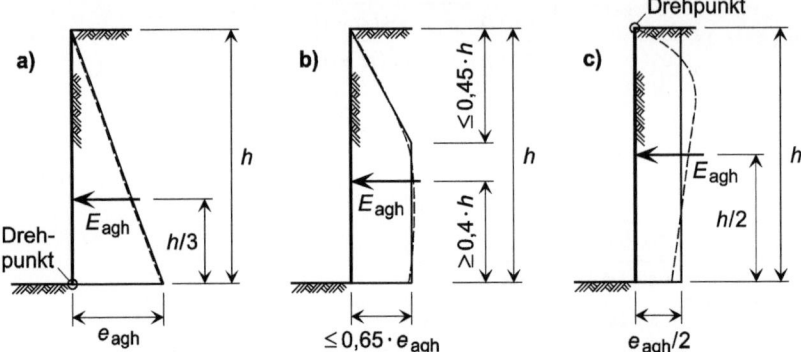

**Bild 10-32** Aktive Erddrücke aus Bodeneigenlast bei verschiedenen, zum Erdreich gerichteten Wandbewegungen nach [51], Bild 8; vgl. auch mit Tabelle 10-3
(——— rechnerische; ------- tatsächliche Druckverteilung)
a) Drehung um Fußpunkt, b) parallele Bewegung, c) Drehung um Kopfpunkt

Zwischen dem Erddruck $e_{ag}$ und seinen horizontalen und vertikalen Komponenten $e_{agh}$ und $e_{agv}$ gelten, unter Beachtung der Vorzeichen von $\alpha$ und $\delta_a$, die Beziehungen (Bild 10-33)

$$e_{ag} = h \cdot \gamma \cdot K_{ag} = \frac{e_{agh}}{\cos(\alpha+\delta_a)} = h \cdot \gamma \cdot \frac{K_{agh}}{\cos(\alpha+\delta_a)} = \frac{e_{agv}}{\sin(\alpha+\delta_a)} \qquad \text{Gl. 10-89}$$

bzw. (eine auf die Wand einwirkende positive Vertikalkomponente $e_{agv}$ ist nach unten gerichtet)

$$e_{agh} = e_{ag} \cdot \cos(\alpha+\delta_a)$$
$$e_{agv} = e_{ag} \cdot \sin(\alpha+\delta_a) = e_{agh} \cdot \tan(\alpha+\delta_a) \qquad \text{Gl. 10-90}$$

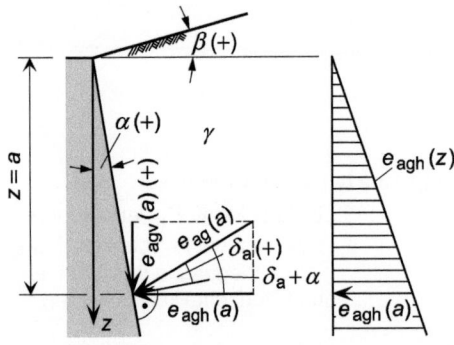

**Bild 10-33** Bezeichnungen für die Berechnung des aktiven Erddrucks (nach DIN 4085, Bild 4)

Für Stützkonstruktionen mit nicht ebenen Wandflächen oder für gestütztes Erdreich mit nicht ebener Geländeoberfläche oder für oberflächenparallel geschichteten Boden werden in DIN 4085, 6.3.1.2 Näherungen zur Erddruckberechnung angegeben, die für Fußpunktdrehungen der Wände gelten. Sollten andere Wandbewegungsarten (z. B. Kopfpunktdrehung) vorliegen, darf der jeweilige Erddruck gemäß Tabelle 10-3 umgelagert werden; eine Umlagerung bei weichen bindigen oder locker gelagerten nichtbindigen Böden ist allerdings dann nicht zulässig, wenn sie zu einer günstigeren Bemessung führen würde.

Beispiele für die näherungsweise Bestimmung des Erddrucks sind in Bild 10-34 für Stützkonstruktionen mit gebrochenen Wandflächen und in Bild 10-35 für Wände mit Rücksprüngen (z. B. Winkelstützwände) dargestellt. Bild 10-35 lässt erkennen, dass der Erddruck entweder auf der Fläche ABCD oder als Näherung gemäß Bild 10-29 b im Schnitt DE angesetzt werden darf.

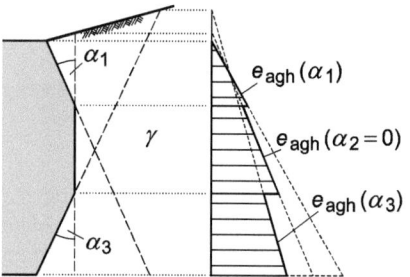

**Bild 10-34** Näherungsweise Ermittlung des aktiven Erddrucks bei gebrochener Wandfläche und Fußpunktdrehung (nach DIN 4085)

Für die Bemessung von Winkelstützwänden ist der Erddruck infolge der Bodeneigenlast direkt an der Wand im Bereich AF und bei homogenem Boden dreiecksförmig verteilt anzusetzen. Hinsichtlich der Wahl des Erddruckansatzes ist Tabelle 10-4 zu beachten.

Für den Fall einer nicht ebenen Geländeoberfläche gibt Bild 10-36 eine Näherung der Erddruckermittlung an. Wie schon bei den Fällen mit nicht ebenen Wandflächen wird auch hier der Erddruck bereichsweise berechnet, wobei der einzelne Bereich wie im Fall einer ebenen Wandfläche behandelt wird.

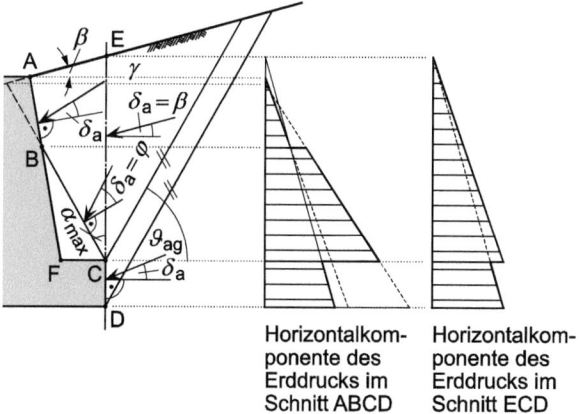

**Bild 10-35** Näherungsweise Ermittlung des aktiven Erddrucks bei einem Rücksprung in der Wand und Fußpunktdrehung (nach DIN 4085)
Bezüglich der Erddruckneigungswinkel gilt $\delta_a$ (EC) $< \delta_a$ (CD)

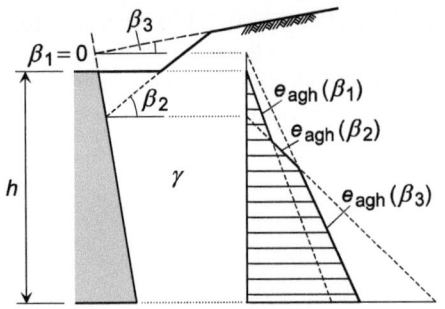

**Bild 10-36** Näherungsweise Ermittlung des aktiven Erddrucks bei nicht ebener Geländeoberfläche und Fußpunktdrehung (nach DIN 4085)

In Fällen, in denen hinter der Wand oberflächenparallel geschichteter Boden ansteht, kann die Erddruckverteilung näherungsweise Schicht für Schicht gemäß Bild 10-37 ermittelt werden. Die am unteren Rand (oberer Index u) und am oberen Rand (oberer Index o) der einzelnen Schichten auftretenden Erddrücke begrenzen den linearen Erddruckverlauf in der jeweiligen Schicht und berechnen sich mit Gl. 10-91, aus der entnommen werden kann, dass die Größe der Differenz der Erddrücke zwischen unterem und oberem Rand benachbarter Schichten (sprunghafter Wechsel an den Schichtgrenzen) von der Differenz der zu den Schichten gehörenden Erddruckbeiwerte abhängt und dass die überlagernden Schichten jeweils als Auflast der überlagerten Schicht angesetzt werden.

$$e^u_{aghA} = \gamma_A \cdot d_A \cdot K_{aghA}$$
$$e^o_{aghB} = \gamma_A \cdot d_A \cdot K_{aghB}$$
$$e^u_{aghB} = (\gamma_A \cdot d_A + \gamma_B \cdot d_B) \cdot K_{aghB} \qquad \text{Gl. 10-91}$$
$$e^o_{aghC} = (\gamma_A \cdot d_A + \gamma_B \cdot d_B) \cdot K_{aghC}$$
$$e^u_{aghC} = (\gamma_A \cdot d_A + \gamma_B \cdot d_B + \gamma_C \cdot d_C) \cdot K_{aghC}$$

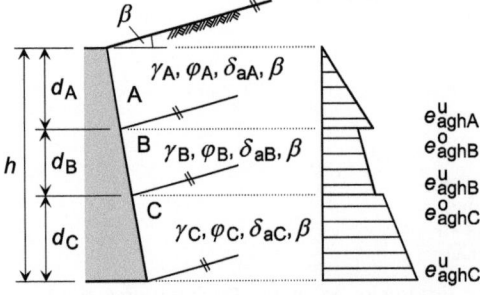

**Bild 10-37** Näherungsweise Ermittlung des aktiven Erddrucks bei oberflächenparallel geschichtetem Boden und einer Fußpunktdrehung (nach DIN 4085)

Ist die Geländeoberfläche unter $\beta$ geneigt, der Boden aber mit anderer Neigung geschichtet, darf nach DIN 4085, 6.3.1.2 als Näherung wieder die Vorgehensweise gemäß Bild 10-37 angewendet werden. Die Erddruckbeiwerte der unteren Schichten sind in solchen Fällen ebenfalls mit dem Oberflächenneigungswinkel $\beta$ zu berechnen.

### 10.9.4 Gleichmäßig verteilte vertikale Last auf ebener Geländeoberfläche

Eine auf die Grundrissfläche bezogene gleichmäßig verteilte Belastung $p_V$, die auf die hinter der Bauwerkswand anstehende ebene Geländeoberfläche einwirkt, mobilisiert in homogenem Boden einen Erddruck (Index p), der näherungsweise durch eine gleichförmige Verteilung erfasst werden kann (Bild 10-38). Mit dem Erddruckbeiwert

$$K_{ap} = K_{ag} \cdot \frac{\cos\alpha \cdot \cos\beta}{\cos(\alpha - \beta)} \qquad \text{Gl. 10-92}$$

lautet die Gleichung zur Berechnung der entsprechenden Erddruckkraft pro lfdm Wand infolge der Belastung $p_v$

$$E_{ap} = h \cdot e_{ap} = h \cdot p_v \cdot K_{ap} \qquad \text{Gl. 10-93}$$

Zur Ermittlung der horizontalen und vertikalen Komponenten der Erddruckkräfte des aktiven und passiven Erddrucks dienen der Erddruckbeiwert

$$K_{aph} = K_{agh} \cdot \frac{\cos\alpha \cdot \cos\beta}{\cos(\alpha - \beta)} \qquad \text{Gl. 10-94}$$

sowie die beiden Gleichungen (Vorzeichen von α, β und $δ_a$ beachten, auf die Wand einwirkende positive Vertikalkomponente $E_{apv}$ ist nach unten gerichtet)

$$E_{aph} = p_v \cdot h \cdot K_{aph} = p_v \cdot h \cdot K_{agh} \cdot \frac{\cos\alpha \cdot \cos\beta}{\cos(\alpha - \beta)} \qquad \text{Gl. 10-95}$$

und

$$\begin{aligned} E_{apv} &= E_{aph} \cdot \tan(\delta_a + \alpha) = p_v \cdot h \cdot K_{aph} \cdot \tan(\delta_a + \alpha) \\ &= p_v \cdot h \cdot K_{agh} \cdot \frac{\cos\alpha \cdot \cos\beta \cdot \tan(\delta_a + \alpha)}{\cos(\alpha - \beta)} \end{aligned} \qquad \text{Gl. 10-96}$$

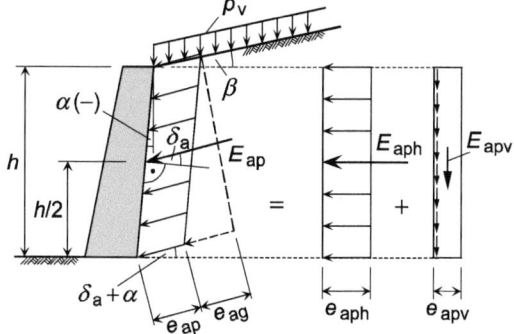

**Bild 10-38** Durch gleichmäßig verteilte Auflast $p_v$ hervorgerufener aktiver Erddruck $e_{ap}$ mit Erddruckkraft $E_{ap}$ und ihre Zerlegung in die Vertikal- und Horizontalkomponenten (--- gleichzeitig wirkender aktiver Erddruck aus Bodeneigenlast bei Drehung um Fußpunkt)

Die horizontalen und vertikalen Komponenten des durch die Auflast $p_v$ hervorgerufenen Erddrucks haben, bezogen auf die Vertikalebene, die Größen (Vorzeichen von α und $δ_a$ beachten, eine auf die Wand einwirkende positive Vertikalkomponente $e_{apv}$ ist nach unten gerichtet)

$$e_{aph} = \frac{1}{h} \cdot E_{aph} = p_v \cdot K_{agh} \cdot \frac{\cos\alpha \cdot \cos\beta}{\cos(\alpha - \beta)} \qquad \text{Gl. 10-97}$$

und

$$e_{apv} = \frac{1}{h} \cdot E_{apv} = p_v \cdot K_{agh} \cdot \frac{\cos\alpha \cdot \cos\beta \cdot \tan(\delta_a + \alpha)}{\cos(\alpha - \beta)}$$  Gl. 10-98

Die obigen Gleichungen gelten sowohl für die Fälle von Flächenlasten $p_v$, die sich hinter der Wand unbegrenzt ausdehnen, als auch für Belastungen, die von der Wand bis zum Austritt der unter dem Winkel $\vartheta_{ag}$ geneigten Gleitfläche reichen (vgl. auch Tabelle 10-7).

Ergänzend ist darauf hinzuweisen, dass nach DIN 1054, 9.5.1 A (10) der aktive Erddruck auf Wände infolge veränderlicher Auflasten $p_v \leq 10$ kN/m² der Geländeoberfläche als ständige Einwirkung zu behandeln ist. Als veränderliche Einwirkung ist somit nur der Erddruck infolge des über 10 kN/m² hinausgehenden Anteils von $p_v$ zu betrachten.

### Anwendungsbeispiel

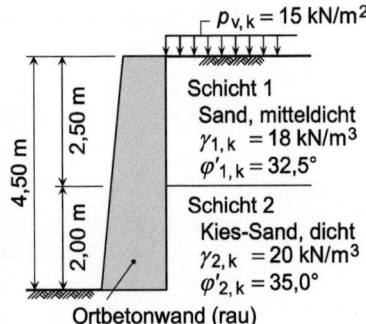

**Bild 10-39** System und Materialkenngrößen für die Erddruckberechnung

Für die Bemessung der in Bild 10-39 gezeigten Ortbetonwand mit lotrechter Wandfläche ($\alpha = 0°$) und horizontaler Geländeoberfläche ($\beta = 0°$) sowie der nicht ständig vorhandenen charakteristischen Last $p_{v,k}$ sind die aktiven Erddrücke und die zugehörigen Erddruckkräfte zu ermitteln. Für die Berechnung ist anzunehmen, dass die Wand eine Fußpunktdrehung ausführt.

### Lösung

**1. Erddruckneigungswinkel**

$$\delta = \delta_a = \frac{2}{3} \cdot \text{cal}\,\varphi'_k$$

**2. Erddruckbeiwerte**

Mit $\alpha = 0°$, $\beta = 0°$ und $\delta_a = 2/3 \cdot \varphi'_k$ ergeben sich aus Tabelle 10-6 die Werte

$K_{agh,1} = 0{,}2506$  (Schicht 1)

$K_{agh,2} = 0{,}2244$  (Schicht 2)

**3. Charakteristische Erddruckkräfte auf die Wand (Gl. 10-83, Gl. 10-95 und Gl. 10-96)**

Schicht 1

horizontale Erddruckkraftkomponente infolge der charakteristischen Bodeneigenlast

$$E_{agh,1,k} = 0{,}5 \cdot \gamma_{1,k} \cdot h_1^2 \cdot K_{agh,1} = 0{,}5 \cdot 18 \cdot 2{,}5^2 \cdot 0{,}2506 = 14{,}10 \text{ kN/lfdm}$$

Kraftangriff von $E_{agh,1,k}$ über der Sohlfuge

$$h_{Eg1} = 2{,}00 + \frac{2{,}50}{3} = 2{,}833 \text{ m}$$

horizontale Erddruckkraftkomponente infolge der charakteristischen Verkehrslast $p_{vk}$

$$E_{aph,1,k} = p_v \cdot h_1 \cdot K_{agh,1} = 15 \cdot 2{,}5 \cdot 0{,}2506 = 9{,}40 \text{ kN/lfdm}$$

Kraftangriff von $E_{aph,1,k}$ über der Sohlfuge

$$h_{Ep1} = 2{,}00 + \frac{2{,}50}{2} = 3{,}25 \text{ m}$$

horizontale Erddruckkraftkomponente aus charakteristischer Bodeneigenlast und Verkehrslast

$$E_{ah,1,k} = E_{agh,1,k} + E_{aph,1,k} = 14{,}10 + 9{,}40 = 23{,}50 \text{ kN/lfdm}$$

Kraftangriff von $E_{ah,1,k}$ über der Sohlfuge

$$h_{E1} = \frac{E_{agh,1,k} \cdot h_{Eg1} + E_{aph,1,k} \cdot h_{Ep1}}{E_{ah,1,k}} = \frac{14{,}10 \cdot 2{,}833 + 9{,}40 \cdot 3{,}25}{23{,}50} = 3{,}00 \text{ m}$$

vertikale Erddruckkraftkomponente infolge der charakteristischen Bodeneigenlast

$$E_{agv,1,k} = E_{agh,1,k} \cdot \tan \delta_{a,1} = 14{,}10 \cdot \tan\left(\frac{2}{3} \cdot 32{,}5°\right) = 5{,}602 \text{ kN/lfdm}$$

vertikale Erddruckkraftkomponente infolge der charakteristischen Verkehrslast $p_{v,k}$

$$E_{apv,1,k} = E_{aph,1,k} \cdot \tan \delta_{a,1} = 9{,}40 \cdot \tan\left(\frac{2}{3} \cdot 32{,}5°\right) = 3{,}734 \text{ kN/lfdm}$$

vertikale Erddruckkraftkomponente aus charakteristischer Bodeneigenlast und Verkehrslast

$$E_{av,1,k} = E_{agv,1,k} + E_{apv,1,k} = 5{,}602 + 3{,}734 = 9{,}336 \text{ kN/lfdm}$$

Schicht 2

Belastung durch die charakteristische Eigenlast der überlagernden Bodenschicht

$$q_{g,k} = \gamma_{1,k} \cdot h_1 = 18{,}0 \cdot 2{,}5 = 45{,}0 \text{ kN/m}^2$$

Belastung durch die charakteristische Verkehrslast $p_{v,k}$

$$q_{p,k} = p_{v,k} = 15{,}0 \text{ kN/m}^2$$

horizontale Erddruckkraftkomponente infolge der charakteristischen Belastung $q_{g,k}$

$$E_{agh,2,k} = E_{a\gamma h,2,k} + E_{aqgh,2,k} = 0{,}5 \cdot \gamma_{2,k} \cdot h_2^2 \cdot K_{agh,2} + q_{g,k} \cdot h_2 \cdot K_{agh,2}$$
$$= 0{,}5 \cdot 20 \cdot 2{,}0^2 \cdot 0{,}2244 + 45 \cdot 2{,}0 \cdot 0{,}2244 = 8{,}976 + 20{,}196 = 29{,}172 \text{ kN/lfdm}$$

Kraftangriff von $E_{agh,2,k}$ über der Sohlfuge

$$h_{Eg2} = \frac{E_{agh,2,k} \cdot e_{E\gamma 2} + E_{aqgh,2,k} \cdot e_{Eqg2}}{E_{ah,2,k}} = \frac{8{,}976 \cdot \frac{2{,}0}{3} + 20{,}196 \cdot \frac{2{,}0}{2}}{29{,}172} = 0{,}897 \text{ m}$$

horizontale Erddruckkraftkomponente infolge der charakteristischen Belastung $q_{p,k}$

$$E_{aph,2,k} = q_{p,k} \cdot h_2 \cdot K_{agh,2} = 15 \cdot 2{,}0 \cdot 0{,}2244 = 6{,}732 \text{ kN/lfdm}$$

Kraftangriff von $E_{aph,2,k}$ über der Sohlfuge

$$h_{Ep2} = \frac{2{,}0}{2} = 1{,}00 \text{ m}$$

horizontale Erddruckkraftkomponente aus den charakteristischen Belastungen $q_{g,k}$ und $q_{p,k}$

$$E_{ah,2,k} = E_{agh,2,k} + E_{aph,2,k} = 29{,}172 + 6{,}732 = 35{,}904 \text{ kN/lfdm}$$

Kraftangriff von $E_{ah,2,k}$ über der Sohlfuge

$$h_{E2} = \frac{E_{agh,2,k} \cdot h_{Eg2} + E_{aph,2,k} \cdot h_{Ep2}}{E_{ah,2,k}} = \frac{29{,}172 \cdot 0{,}897 + 6{,}732 \cdot 1{,}00}{35{,}904} = 0{,}92 \text{ m}$$

vertikale Erddruckkraftkomponente infolge der charakteristischen Belastung $q_{g,k}$

$$E_{agv,2,k} = E_{agh,2,k} \cdot \tan \delta_{a,2} = 29{,}172 \cdot \tan\left(\frac{2}{3} \cdot 35°\right) = 12{,}584 \text{ kN/lfdm}$$

vertikale Erddruckkraftkomponente infolge der charakteristischen Belastung $q_{g,k}$

$$E_{apv,2,k} = E_{aph,2,k} \cdot \tan \delta_{a,2} = 6{,}732 \cdot \tan\left(\frac{2}{3} \cdot 35°\right) = 2{,}904 \text{ kN/lfdm}$$

vertikale Erddruckkraftkomponente aus den charakteristischen Belastungen $q_{g,k}$ und $q_{p,k}$

$$E_{av,2,k} = E_{agv,2,k} + E_{aqv,2,k} = 12{,}584 + 2{,}904 = 15{,}488 \text{ kN/lfdm}$$

**4. Charakteristische Erddruckgrößen (Gl. 10-88, Gl. 10-90, Gl. 10-91, Gl. 10-97 und Gl. 10-98)**

Schicht 1 (oben und unten)
 horizontale Erddruckkomponenten

$$e_{aph,1,k}^{o} = \frac{E_{aph,1,k}}{h_1} = \frac{9{,}40}{2{,}5} = 3{,}76 \text{ kN/m}^2$$

$$e_{ah,1,k}^{o} = e_{aph,1,k}^{o} = 3{,}76 \text{ kN/m}^2$$

$$e_{agh,1,k}^{u} = 2 \cdot \frac{E_{agh,1,k}}{h_1} = 2 \cdot \frac{14{,}10}{2{,}5} = 11{,}28 \text{ kN/m}^2$$

$$e_{aph,1,k}^{u} = \frac{E_{aph,1,k}}{h_1} = \frac{9{,}40}{2{,}5} = 3{,}76 \text{ kN/m}^2$$

$$e_{ah,1,k}^{u} = e_{agh,1,k}^{u} + e_{aph,1,k}^{u} = 11{,}28 + 3{,}76 = 15{,}04 \text{ kN/m}^2$$

vertikale Erddruckkomponenten

$$e^{o}_{apv,1,k} = \frac{E_{apv,1,k}}{h_1} = \frac{3{,}734}{2{,}5} = 1{,}494 \text{ kN/m}^2$$

$$e^{o}_{av,1,k} = e^{o}_{apv,1,k} = 1{,}494 \text{ kN/m}^2$$

$$e^{u}_{agv,1,k} = 2 \cdot \frac{E_{agv,1,k}}{h_1} = 2 \cdot \frac{5{,}602}{2{,}50} = 4{,}482 \text{ kN/m}^2$$

$$e^{u}_{apv,1,k} = \frac{E_{apv,1,k}}{h_1} = \frac{3{,}734}{2{,}50} = 1{,}494 \text{ kN/m}^2$$

$$e^{u}_{av,1,k} = e^{u}_{agv,1,k} + e^{u}_{apv,1,k} = 4{,}482 + 1{,}494 = 5{,}976 \text{ kN/m}^2$$

Schicht 2 (oben und untegn)

horizontale Erddruckkomponenten

$$e^{o}_{agh,2,k} = \frac{E_{aqgh,2,k}}{h_2} = \frac{20{,}196}{2{,}0} = 10{,}098 \text{ kN/m}^2$$

$$e^{o}_{aph,2,k} = \frac{E_{aph,2,k}}{h_2} = \frac{6{,}732}{2{,}0} = 3{,}366 \text{ kN/m}^2$$

$$e^{o}_{ah,2,k} = e^{o}_{agh,2,k} + e^{o}_{aph,2,k} = 10{,}098 + 3{,}366 = 13{,}464 \text{ kN/m}^2$$

$$e^{u}_{agh,2,k} = 2 \cdot \frac{E_{a\gamma h,2,k}}{h_2} + \frac{E_{aqgh,2,k}}{h_2} = 2 \cdot \frac{8{,}976}{2{,}0} + \frac{20{,}196}{2{,}0} = 8{,}976 + 10{,}098 = 19{,}074 \text{ kN/m}^2$$

$$e^{u}_{aph,2,k} = \frac{E_{aph,2,k}}{h_2} = \frac{6{,}732}{2{,}0} = 3{,}366 \text{ kN/m}^2$$

$$e^{u}_{ah,2,k} = e^{u}_{agh,2,k} + e^{u}_{aph,2,k} = 19{,}074 + 3{,}366 = 22{,}44 \text{ kN/m}^2$$

vertikale Erddruckkomponenten

$$e^{o}_{agv,2,k} = e^{o}_{agh,2,k} \cdot \tan\delta_{a,2} = 10{,}098 \cdot \tan\left(\frac{2}{3} \cdot 35°\right) = 4{,}356 \text{ kN/m}^2$$

$$e^{o}_{apv,2,k} = e^{o}_{aph,2,k} \cdot \tan\delta_{a,2} = 3{,}366 \cdot \tan\left(\frac{2}{3} \cdot 35°\right) = 1{,}452 \text{ kN/m}^2$$

$$e^{o}_{av,2,k} = e^{o}_{agv,2,k} + e^{o}_{apv,2,k} = 4{,}356 + 1{,}452 = 5{,}808 \text{ kN/m}^2$$

$$e^{u}_{agv,2,k} = e^{u}_{agh,2,k} \cdot \tan\delta_{a,2} = 19{,}074 \cdot \tan\left(\frac{2}{3} \cdot 35°\right) = 8{,}228 \text{ kN/m}^2$$

$$e^{u}_{apv,2,k} = e^{u}_{aph,2,k} \cdot \tan\delta_{a,2} = 3{,}366 \cdot \tan\left(\frac{2}{3} \cdot 35°\right) = 1{,}452 \text{ kN/m}^2$$

$$e^{u}_{av,2,k} = e^{u}_{agv,2,k} + e^{u}_{apv,2,k} = 8{,}228 + 1{,}452 = 9{,}68 \text{ kN/m}^2$$

## 5. Darstellung der Rechenergebnisse

Alle berechneten Erddruckgrößen sind in Bild 10-40 dargestellt.

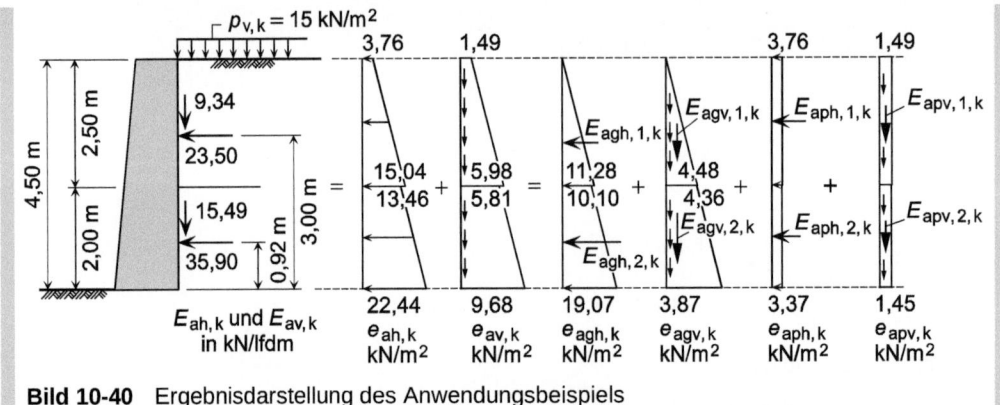

**Bild 10-40** Ergebnisdarstellung des Anwendungsbeispiels

### 10.9.5 Vertikale Linien- und Streifenlasten auf ebener Geländeoberfläche

Parallel zur Wand verlaufende Linienlasten $V$ und Streifenlasten $p'_v$ auf der Geländeoberfläche erzeugen bereichsweise Erhöhungen der durch die Bodeneigenlast hervorgerufenen Erddrücke. Ihre näherungsweise Erfassung ist u. a. von der Lastgröße abhängig, da große Lasten „eigene" Gleitflächen, so genannte „Zwangsgleitflächen", erzwingen können (vgl. [14] und *Weißenbach* [264]). In DIN 4085 werden deshalb Formeln angegeben, die diesen Sachverhalt berücksichtigen. So wird bei Lasten, die auf dem Gleitkeil angreifen und nicht größer sind als 1/10 der Gleitkeileigenlast angenommen, dass sie die Neigung der Erddruckgleitfläche aus der Eigenlast des Bodens nicht wesentlich verändern. Somit gilt

$$\vartheta_a \approx \vartheta_{ag} \qquad \text{Gl. 10-99}$$

Erfasst $V$ eine vertikale Linienlast oder die Resultierende einer vertikalen Streifenlast $p'_v$ der Breite $b$ in Form von

$$V = p'_v \cdot b \qquad \text{Gl. 10-100}$$

darf die Horizontalkomponente der durch $V$ zusätzlich hervorgerufenen Erddruckkraft mit

$$E_{aVh} = V \cdot \frac{\sin(\vartheta_{ag} - \phi) \cdot \cos(\alpha + \delta_a)}{\cos(\vartheta_{ag} - \alpha - \delta_a - \phi)} \qquad \text{Gl. 10-101}$$

berechnet werden. Ihre Verteilung an der Wand darf gemäß Tabelle 10-7 vorgenommen werden, wobei besonders die Fußnote der Tabelle zu beachten ist.

In DIN 4085, 6.3.1.6 wird auch auf die näherungsweise Ermittlung des zusätzlichen Erddrucks infolge einer kurzen Streifenlast eingegangen, die wie eine Punktlast behandelt werden darf. Danach wird diese „Punktlast" durch eine Streifenlast ersetzt, die sich gemäß Bild 10-41 gleichmäßig über die rechnerische Wandlänge

$$l_r = l + 2 \cdot a_v \qquad \text{Gl. 10-102}$$

verteilt. Diese ist wiederum in die als auf dieser Länge wirkende Linienlast $V$ umzurechnen (Angabe pro lfdm). Die Horizontalkomponente der von $V$ hervorgerufenen Erddruckkraft ist gleichmäßig über $l_r$ verteilt anzunehmen. Innerhalb der Länge $l_r$ ergibt sich ihre Größe pro lfdm Wand mit Hilfe von Gl. 10-101. Hinsichtlich der Verteilung dieses Erddrucks über die Wandhöhe ist wieder auf Tabelle 10-7 zu verweisen.

## 10.9 Aktiver Erddruck gemäß DIN 4085

**Tabelle 10-7** Größe der Erddruckkraft aus Streifen- oder Linienlasten $E_{aVh}$ bzw. $E_{aph}$ und die Verteilung des Erddrucks (nach DIN 4085, Tabelle B.2)

| Zeile | Art der Auflast | Größe der Erddruckkraft $E_{aVh}$ bzw. $E_{aph}$ | Vereinfachte Erddruckverteilung bei Drehung der Wand um ihren Fuß [a] |
|---|---|---|---|
| 1 | (Abbildung: Wand mit gleichmäßiger Auflast $p'_v$, Höhe $h$, Winkel $\vartheta_{ag}$, $\varphi$) | $E_{aph} = h \cdot e_{aph}$<br>$e_{aph} = p'_v \cdot K_{aph}$ | (Rechteckige Verteilung über $h$ mit $e_{aph}$) |
| 2 | (Drei Abbildungen: Streifenlast $p'_v$ der Breite $b$ in verschiedenen Abständen, Höhe $h$, Teilhöhe $h_f$, Winkel $\vartheta_a$, $\vartheta_{ag}$, $\varphi$) | Bei einer Streifenlast ist $V = p'_v \cdot b$<br>für $\vartheta_a \approx \vartheta_{ag}$ gilt:<br>$\vartheta_a$ nach Gl. 10-86<br>$E_{aVh}$ nach Gl. 10-101<br>für $\vartheta_a \neq \vartheta_{ag}$ gilt:<br>$\vartheta_a$ nach DIN 4085, 6.3.1.8<br>$E_{aVh} = E_{aV} \cdot \cos(\alpha + \vartheta_a)$<br>$E_{aV}$ nach DIN 4085, Gleichung (31) | $e_{aph} = p'_v \cdot K_{aph}$<br>$e^u_{aph} = \dfrac{2 \cdot E_{aVh}}{h_f} - e_{aph}$<br>a) $e^u_{aph} > 0$:<br>$e^o_{aph} = e_{aph}$<br>b) $e^u_{aph} > e_{aph}$:<br>$h_f = \dfrac{E_{aVh}}{e_{aph}}$<br>$e^o_{aph} = e^u_{aph} = e_{aph}$<br>c) $e^u_{aph} \leq 0$:<br>$e^o_{aph} = \dfrac{2 \cdot E_{aVh}}{h_f}$<br>$e^u_{aph} = 0$ | (Drei Verteilungsdiagramme für Fälle a, b, c mit $e^o_{aph}$, $e_{aph}$, $h_f$) |
| 3 | (Abbildung: Linienlast $V$, Höhe $h$, Teilhöhe $h_f$, Winkel $\vartheta_a$, $\varphi$) | | (Dreieckige Verteilung mit $e_{aph}$ über $h_f$) |

[a] Bei Wandbewegungen b), c) und d) nach Tabelle 10-3 (parallele Bewegung, Drehung um Wandfuß und Durchbiegung der Wand) ist die Erddruckkraft $E_{aVh}$ innerhalb des Wandbereichs $h_f$ als Näherung gleichmäßig verteilt anzusetzen.

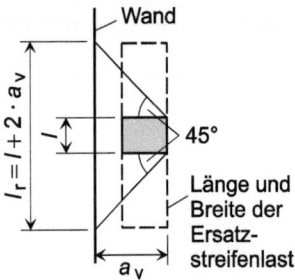

**Bild 10-41** Horizontale Verteilung des Erddrucks infolge einer kurzen Streifenlast, die wie eine Punktlast behandelt werden kann (nach DIN 4085)

Hinsichtlich weiterer Details zur Erddruckermittlung infolge kurzer Streifenlasten sei auf die entsprechenden Ausführungen in [264] hingewiesen.

Bezüglich der rechnerischen Behandlung von Oberflächenlasten, deren Größe die Neigung der Erddruckgleitfläche aus Bodeneigenlast wesentlich verändert, sei auf DIN 4085, 6.3.1.8 verwiesen. Dort finden sich auch Lösungen zur Erfassung von Erddruckkräften bei kohäsiven Böden.

Weitere Möglichkeiten zur Erfassung von Erddrücken sind z. B. bei *Weißenbach* [264] und in den EAB zu finden.

In Ergänzung zu DIN 4085 ist auch auf die Ausführungen der EAB bezüglich der Erddruckkräfte und der Erddruckverteilungen auf Baugrubenwände infolge von Nutzlasten (EB 6, EB 7 und EB 71) oder auch benachbarten Bauwerken (EB 21, EB 28 und EB 29) hinzuweisen.

### 10.9.6 Horizontale Linien- oder schmale Streifenlasten

Wenn an der Geländeoberfläche einwirkende horizontale Linien- oder Streifenlasten die Lage der Erddruckgleitfläche aus Eigenlast des Bodens nicht wesentlich verändern und außerdem im Bereich des Gleitkeils angreifen, kann die Horizontalkomponente der zusätzlichen Erddruckkraft mit

$$E_{aHh} = H \cdot \frac{\cos(\vartheta_{ag} - \phi) \cdot \cos(\alpha + \delta_a)}{\cos(\alpha + \delta_a + \phi - \vartheta_{ag})} \qquad \text{Gl. 10-103}$$

berechnet werden. Können sich die entsprechenden Wände in ihrem Kopf bewegen, darf die Erddruckverteilung über die Wandhöhe sinngemäß nach Tabelle 10-7 erfolgen. Wirkt statt der Linienlast $H$ eine entsprechende Streifenlast $p'_h$ über die Breite $b$ ein, ergibt sich $H$ in Form von

$$H = p'_h \cdot b \qquad \text{Gl. 10-104}$$

Bei Wänden, die im Kopfbereich gehalten sind, ist der Erddruck an der Wand gemäß Bild 10-42 zu verteilen. Für die Größe der Erddruckkraft gilt in solchen Fällen

$$E_{aHh} = H = p'_h \cdot b \qquad \text{Gl. 10-105}$$

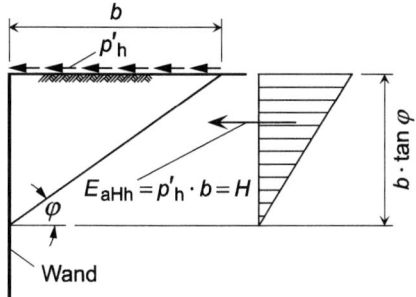

**Bild 10-42** Erddruck infolge horizontaler Oberflächenlast, bei Unverschieblichkeit der Wand in ihrem Kopfbereich (nach DIN 4085)

## 10.9.7 Erddruckanteil aus Kohäsion

Die Berechnung des Erddruckanteils aus Kohäsion basiert auf den Gleichungen aus dem Beitrag „Grundbaumechanik" von *Ohde* in [189]. Darin wird davon ausgegangen, dass sich eine ebene Gleitfläche einstellt, die mit der Horizontalen den Neigungswinkel

$$\vartheta_a = 45° + \frac{1}{2} \cdot (\phi + \delta_a - \alpha + \beta)$$ Gl. 10-106

einschließt. Weiterhin wird unterstellt, dass
- die Kohäsion in der gesamten Gleitfläche die gleiche Größe $c$ aufweist,
- der Einfluss der Kohäsion getrennt von dem Erddruck infolge der Bodeneigenlast berechnet werden kann (siehe hierzu Abschnitt 10.8.3).

Ausgehend von der Größe der horizontalen Komponente des Erddrucks infolge Kohäsion

$$e_{ach} = -c \cdot K_{ach}$$ Gl. 10-107

(der aktive Erddruck wird durch $e_{ach}$ verringert) und dem Erddruckbeiwert

$$K_{ach} = \frac{2 \cdot \cos\phi \cdot \cos(\alpha - \beta) \cdot \cos(\alpha + \delta_a)}{[1 + \sin(\phi + \alpha + \delta_a - \beta)] \cdot \cos\alpha}$$
$$= \frac{2 \cdot \cos\phi \cdot \cos\beta \cdot (1 + \tan\alpha \cdot \tan\beta) \cdot \cos(\alpha + \delta_a)}{1 + \sin(\phi + \alpha + \delta_a - \beta)}$$ Gl. 10-108

ergibt sich für eine Wand der Höhe $h$ pro lfdm die Horizontalkomponente des Erddruckkraftanteils infolge von Kohäsion zu

$$E_{ach} = -h \cdot c \cdot K_{ach}$$ Gl. 10-109

(aktive Erddruckkraft $E_{ach}$ ist Zugkraft!).

Aus Tabelle 10-8 können Erddruckbeiwerte $K_{ach}$ entnommen werden, die für diskrete Werte des Reibungswinkels $\varphi$, des Wandneigungswinkels $\alpha$, des Geländeneigungswinkels $\beta$ und des Neigungswinkels des Erddrucks $\delta_a$ gelten. Eine Auswahl von Verläufen der von $\varphi$ und $\delta_a$ abhängigen Funktion $K_{agh}$ ist in Bild 10-43 dargestellt ($\alpha = \beta = 0°$ gesetzt).

**Tabelle 10-8** Erddruckbeiwerte $K_{ach}$ für ebene Gleitflächen und diskrete Werte des Reibungswinkels $\varphi$, des Neigungswinkels $\delta_a$ der Erddrücke sowie des Wand- und des Geländeneigungswinkels $\alpha$ und $\beta$

| $\varphi$ (in °) | $\alpha$ (in °) | $K_{ach}$ | | | | | | | |
|---|---|---|---|---|---|---|---|---|---|
| | | $\delta_a = 0°$ | | $\delta_a = \frac{1}{2} \cdot \varphi$ | | $\delta_a = \frac{2}{3} \cdot \varphi$ | | $\delta_a = \varphi$ | |
| | | $\beta = 0°$ | $\beta = 10°$ | $\beta = 0°$ | $\beta = 10°$ | $\beta = 0°$ | $\beta = 10°$ | $\beta = 0°$ | $\beta = 10°$ |
| 15,0 | 0 | 1,535 | 1,750 | 1,385 | 1,551 | 1,337 | 1,488 | 1,244 | 1,369 |
| | −10 | 1,750 | 1,989 | 1,587 | 1,765 | 1,535 | 1,696 | 1,434 | 1,565 |
| 17,5 | 0 | 1,466 | 1,662 | 1,307 | 1,451 | 1,256 | 1,385 | 1,156 | 1,259 |
| | −10 | 1,662 | 1,874 | 1,490 | 1,641 | 1,435 | 1,569 | 1,329 | 1,433 |
| 20,0 | 0 | 1,400 | 1,577 | 1,234 | 1,358 | 1,180 | 1,290 | 1,075 | 1,159 |
| | −10 | 1,577 | 1,766 | 1,400 | 1,528 | 1,344 | 1,455 | 1,234 | 1,316 |
| 22,5 | 0 | 1,336 | 1,496 | 1,165 | 1,272 | 1,109 | 1,202 | 1,000 | 1,068 |
| | −10 | 1,496 | 1,664 | 1,317 | 1,424 | 1,259 | 1,350 | 1,146 | 1,210 |
| 25,0 | 0 | 1,274 | 1,418 | 1,100 | 1,192 | 1,043 | 1,121 | 0,930 | 0,985 |
| | −10 | 1,418 | 1,567 | 1,239 | 1,328 | 1,181 | 1,255 | 1,066 | 1,114 |
| 27,5 | 0 | 1,214 | 1,343 | 1,038 | 1,117 | 0,981 | 1,046 | 0,865 | 0,908 |
| | −10 | 1,343 | 1,475 | 1,166 | 1,240 | 1,107 | 1,167 | 0,991 | 1,026 |
| 30,0 | 0 | 1,155 | 1,271 | 0,980 | 1,047 | 0,922 | 0,976 | 0,804 | 0,837 |
| | −10 | 1,271 | 1,387 | 1,097 | 1,157 | 1,038 | 1,085 | 0,922 | 0,945 |
| 32,5 | 0 | 1,097 | 1,201 | 0,924 | 0,981 | 0,866 | 0,910 | 0,746 | 0,770 |
| | −10 | 1,201 | 1,303 | 1,031 | 1,080 | 0,974 | 1,009 | 0,857 | 0,871 |
| 35,0 | 0 | 1,041 | 1,134 | 0,871 | 0,918 | 0,813 | 0,848 | 0,692 | 0,708 |
| | −10 | 1,134 | 1,223 | 0,969 | 1,008 | 0,913 | 0,939 | 0,796 | 0,802 |
| 37,5 | 0 | 0,986 | 1,069 | 0,820 | 0,859 | 0,762 | 0,790 | 0,640 | 0,650 |
| | −10 | 1,069 | 1,146 | 0,911 | 0,940 | 0,855 | 0,873 | 0,738 | 0,738 |
| 40,0 | 0 | 0,933 | 1,006 | 0,772 | 0,803 | 0,714 | 0,735 | 0,591 | 0,596 |
| | −10 | 1,006 | 1,073 | 0,854 | 0,876 | 0,800 | 0,811 | 0,684 | 0,679 |

Die Tabellenwerte lassen erkennen, dass die $K_{ach}$-Werte bei zunehmender Größe des Geländeneigungswinkels $\beta$ bzw. bei abnehmender Größe des Wandneigungswinkels $\alpha$ größer werden. Die $K_{ach}$-Werte verringern sich hingegen bei zunehmender Größe des Reibungswinkels $\varphi$ und des Neigungswinkels $\delta_a$ der Erddrücke (Bild 10-43).

Wird die Scherfestigkeit an undränierten Bodenproben bestimmt, sind die Kohäsion $c = c_u$ und der Reibungswinkel $\varphi = \varphi_u = 0°$ zu verwenden. In solchen Fällen hat der Erddruckbeiwert bei senkrechter Wand ($\alpha = 0°$) und horizontalem Gelände ($\beta = 0°$) die Größe (Bild 10-43)

$$K_{ach} = 2 \qquad \text{Gl. 10-110}$$

Mit Gl. 10-109 ergibt sich für die gesamte Erddruckkraft pro lfdm Wand

$$E_{ac} = \frac{E_{ach}}{\cos(\alpha + \delta_a)} = -h \cdot c \cdot K_{ac} = -h \cdot c \cdot \frac{K_{ach}}{\cos(\alpha + \delta_a)} \qquad \text{Gl. 10-111}$$

und für ihre vertikale Komponente (Vorzeichen von $\alpha$, $\delta_a$ und $E_{ach}$ beachten, eine auf die Wand einwirkende positive Komponente $E_{acv}$ ist nach unten gerichtet)

$$E_{acv} = E_{ach} \cdot \tan(\alpha + \delta_a)$$
Gl. 10-112

Der durch die Kohäsion bewirkte Erddruck ist bei homogenem Boden über die Wandhöhe gleichmäßig verteilt. Seine auf die Vertikalebene bezogene horizontale Komponente steht mit der horizontalen Erddruckkraft in der Beziehung

$$e_{ach} = \frac{1}{h} \cdot E_{ach}$$
Gl. 10-113

Ein Beispiel für aktiven Erddruck ist in Bild 10-44 gezeigt.

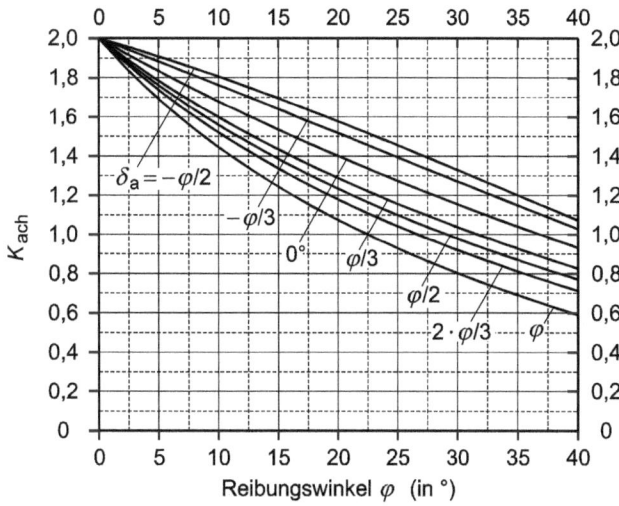

**Bild 10-43** Erddruckbeiwerte $K_{ach}$ (aktiver Erddruck) für ebene Gleitflächen und für $\alpha = \beta = 0°$ (nach DIN 4085, Anhang B)

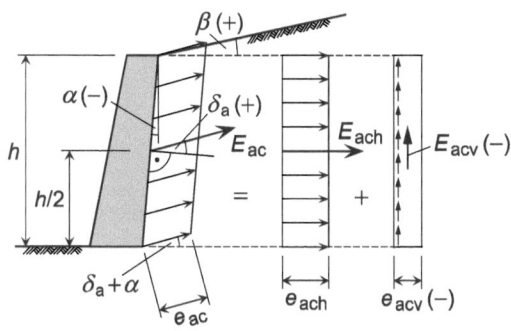

**Bild 10-44** Aktiver Erddruck $e_{ac}$ und Erddruckkraft $E_{ac}$ aus Kohäsion und ihre Zerlegung in die Vertikal- und Horizontalkomponenten

### 10.9.8 Mindesterddruck

Nimmt der Erddruck im oberen Bereich der Wand aufgrund des Kohäsionseinflusses sehr kleine oder sogar negative Werte an, wird nach DIN 4085, 6.3.1.4 in der Regel der Mindesterddruck maßgebend, der bei der Berechnung von Stützkonstruktionen nicht unterschritten werden darf. Dieser anzusetzende Erddruck ergibt sich gemäß DIN 4085, 6.3.1.5 bei der Annahme einer Scherfestigkeit für $\varphi = 40°$ und $c = 0$ und infolge der Eigenlast des Bodens bei Beibehaltung der geometrischen Größen und des Verhältnisses $\delta_a/\varphi$.

Der Beiwert für die Ermittlung des Mindesterddrucks berechnet sich mit

$$K^*_{agh} = K_{agh}(\phi = 40°) \qquad \text{Gl. 10-114}$$

In Fällen, in denen

$$\gamma \cdot z \cdot K_{agh} - c \cdot K_{ach} < \gamma \cdot z \cdot K^*_{agh} \qquad \text{Gl. 10-115}$$

gilt, ist der Mindesterddruck entsprechend Bild 10-45 bis zur Tiefe

$$z^* = \frac{c \cdot K_{ach}}{\gamma \cdot (K_{agh} - K^*_{agh})} \qquad \text{Gl. 10-116}$$

anzusetzen. Darüber hinaus darf auch die Erddruckkraft einer kohäsiven Schicht infolge Eigenlast und Kohäsion des Bodens mit der Erddruckkraft verglichen werden, die sich mit $K^*_{agh}$ ergibt; die größere der beiden ist anzusetzen. Auch bei tiefer liegenden Schichten ist zu prüfen, ob der Mindesterddruck maßgebend ist.

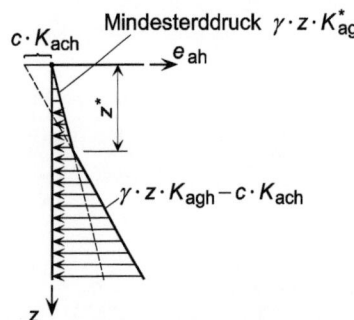

**Bild 10-45** Maßgebender Erddruck bei Wanddrehung um Fußpunkt, aktiver Erddruck aus Bodeneigenlast und Mindesterddruck (nach DIN 4085)

Mit dem Bereich des Bodens, in dem Kohäsion angesetzt werden sollte, beschäftigen sich u. a. *Gudehus* in [170], Kapitel 1.10, *Weißenbach* in [264] und *Kézdi* in [200]. Bezüglich der Überlagerung der Erddrücke aus Bodeneigenlast und Kohäsion siehe z. B. EAB, EB 4 [145].

## 10.10 Passiver Erddruck gemäß DIN 4085

Für die näherungsweise Ermittlung des passiven Erddrucks (größtmöglicher Erdwiderstand, siehe auch Bild 10-9) werden in der Regel gekrümmte oder entsprechende, aus ebenen Gleitflächenabschnitten zusammengesetzte Gleitflächen angenommen (Bild 10-46). Nur für den Sonderfall, in dem $\alpha = \beta = \delta_p = 0°$ gilt (vgl. hierzu Bild 10-25), werden den Berechnungen in DIN 4085, 6.5.1 ebene Gleitflächen mit den Neigungswinkeln

$$\vartheta_p = 45° - \frac{\phi}{2} \qquad \text{Gl. 10-117}$$

zugrunde gelegt. Maßgebend ist jeweils die Gleitfläche, für die sich die kleinste passive Erddruckkraft ergibt.

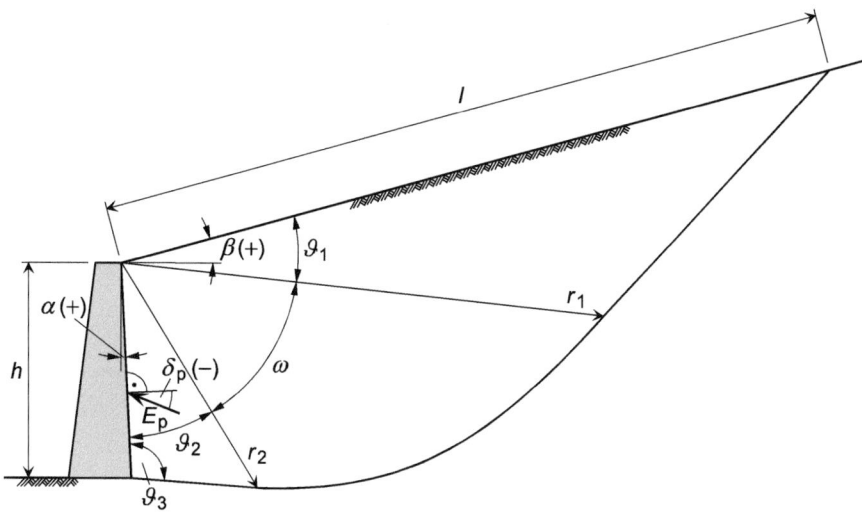

**Bild 10-46** Gleitflächenausbildung bei passivem Erddruck (nach DIN 4085, Anhang B und *Sokolovskii* [252])

Hinsichtlich der Wandbewegungen, die zur Erzeugung passiven Erddrucks erforderlich sind, und hinsichtlich der Erddruckverteilungen wird in DIN 4085 ausdrücklich auf ergänzende Literatur wie [5], [6], [187], [234], [252], [264], [265], [267], [268] und [269] hingewiesen, aus der sich im Einzelfall genauere Angaben entnehmen lassen. Weiterhin ist bezüglich des passiven Erddrucks auch DIN 1054, A 9.5.6 zu beachten.

Die Größen der Winkel $\vartheta_1$, $\vartheta_2$, $\vartheta_3$ und $\omega$ sowie der Längen $l$, $r_1$ und $r_2$ aus Bild 10-46 können unter Verwendung der Eingangsgrößen für die Wandhöhe $h$, den Wandneigungswinkel $\alpha$, den Geländeneigungswinkel $\beta$ und den Erddruckneigungswinkel $\delta_p$ sowie der beiden Hilfsgrößen

$$\varepsilon_1 = \arcsin\frac{\sin\beta}{\sin\phi} \quad \text{und} \quad \varepsilon_2 = \arcsin\frac{-\sin\delta_p}{\sin\phi} \qquad \text{Gl. 10-118}$$

berechnet werden mit

$$\vartheta_1 = \frac{\pi}{4} - \frac{\phi}{2} - \frac{\varepsilon_1 - \beta}{2} \qquad \vartheta_2 = \frac{\pi}{4} + \frac{\phi}{2} - \frac{\varepsilon_2 - \delta_p}{2} \qquad \vartheta_3 = \frac{\pi}{4} + \frac{\phi}{2} + \frac{\varepsilon_2 - \delta_p}{2} \qquad \text{Gl. 10-119}$$

$$\omega = \frac{\pi}{2} - \alpha + \beta - \vartheta_1 - \vartheta_2$$

und

$$r_2 = \frac{h}{\cos\alpha} \cdot \frac{\sin\vartheta_3}{\sin(\vartheta_2 + \vartheta_3)} \qquad r_1 = r_2 \cdot e^{\omega \cdot \tan\phi} \qquad l = r_1 \cdot \frac{\cos\phi}{\cos(\phi + \vartheta_1)} \qquad \text{Gl. 10-120}$$

Für Gleitflächen gemäß Bild 10-46 gilt, dass sie in der Nähe der Wand auch unterhalb der Sohlfläche der Bauwerkswand verlaufen können. Dies ist für den Ansatz der maßgebenden Bodenkenngrößen zu beachten, wenn unter dem Wandfuß weichere Schichten anstehen und sich damit der Scherwiderstand des Bodens bereichsweise mit der Tiefe verringert. In solchen Fällen sind die Erddrücke ggf. auf der Basis anderer Bruchmechanismen zu ermitteln (vgl. hierzu [201]).

Wird eine Wand z. B. in locker gelagertem nichtbindigen Boden mit der Lagerungsdichte $D = 0{,}3$ hergestellt und soll sich hinter ihr ein passiver Erddruck einstellen, muss nach DIN 4085 die bezogene Wandbewegung ($s_p/h$) bei

– paralleler Bewegung der Wand oder einer Drehung um den Wandfußpunkt den Wert von 0,096
– Drehung der Wand um ihren Kopfpunkt den Wert von 0,075

erreicht haben (vgl. Tabelle 10-9). Bezogen auf die erforderliche Wandbewegung zur Erzeugung aktiven Erddrucks bei lockerer Lagerung entspricht dies dem (vgl. Tabelle 10-3)

– 19,2- bis 24-fachen bei Drehung um den Wandfuß,
– 32- bis 48-fachen bei Parallelbewegung der Wand,
– 7,5- bis 9,4-fachen bei Drehung um den Wandkopf.

Ergänzend ist noch auf die „Beispiele zur Ermittlung von Erddrücken" in DIN EN 1997-1, Anhang C hinzuweisen, die gemäß DIN EN 1997-1/NA als Ergänzung zu DIN 4085 und EAB angewendet werden dürfen.

**Tabelle 10-9** Anhaltswerte (gelten für $\alpha = \beta = 0°$) für die zur Erzeugung der passiven Erddruckkraft (Erdwiderstand) erforderlichen Wandbewegungen $s_p$ und die vereinfachte Verteilung des Erddrucks $e_{pgh}$ aus Bodeneigenlast für verschiedene Wandbewegungsarten und nichtbindigen Boden (nach DIN 4085, Anhang B)

| Art der Wandbewegung | Bezogene Wandbewegungen $s_p/h$ (in Abhängigkeit von der Lagerungsdichte $D$, für $D > 0{,}3$) | Erddruckkraft $E_{pgh}$ (vereinfachte Verteilung des passiven Erddrucks und Näherung für die Größe der Erddruckkraft [a]) |
|---|---|---|
| a) Drehung um den Wandfußpunkt | $\dfrac{s_p}{h} = -0{,}08 \cdot D + 0{,}12$<br><br>Die Gleichung liefert Mittelwerte und gilt näherungsweise, wenn im negativen Bereich für $\delta_p$ dem Betrage nach $\delta_p \leq \varphi/2$ ist. Die zu berücksichtigende Streuung beträgt bis zu $\pm 20\%$.<br><br>Innerhalb des Streubereichs nehmen die Werte mit der Wandhöhe etwas zu.<br><br>Wenn im negativen Bereich für $\delta_p$ dem Betrage nach $\delta_p > \varphi/2$ ist, können betragsmäßig größere Werte für $s_p/h$ auftreten. | $\dfrac{1}{2} \cdot E^b_{pgh} \leq E^a_{pgh} \leq \dfrac{2}{3} \cdot E^b_{pgh}$<br><br>$\gamma \cdot z \cdot K^a_{pgh}$<br><br>$E^a_{pgv} = E^a_{pgh} \cdot \tan \delta^a_{p,\text{mittel}}$<br><br>$\delta^a_{p,\text{mittel}} = \dfrac{3}{4} \cdot \delta^a_{p,\text{min}}$ |
| b) Parallelbewegung | | $E^b_{pgh} = \dfrac{1}{2} \cdot \gamma \cdot h^2 \cdot K^b_{pgh}$<br><br>$\delta^b_{p,\text{mittel}} = \delta^b_{p,\text{min}}$ |

Fortsetzung von Tabelle 10-9 auf nächster Seite

| | | |
|---|---|---|
| c) Drehung um den Wandkopfpunkt 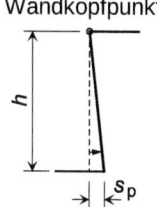 | $\dfrac{s_p}{h} = -0{,}05 \cdot D + 0{,}09$<br>Die Gleichung liefert Mittelwerte.<br>Die Streuung beträgt bei dieser Wandbewegungsart etwa ± 20 %.<br>Innerhalb des Streubereichs nehmen die Werte mit der Wandhöhe etwas zu. | $E_{pgh}^{c} \approx \dfrac{2}{3} \cdot E_{pgh}^{b}$ 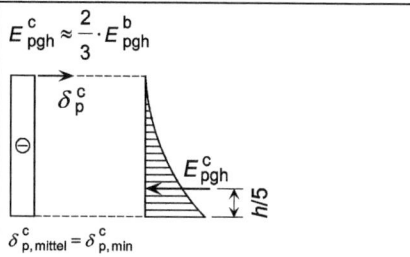  $\delta_{p,\,mittel}^{c} = \delta_{p,\,min}^{c}$ |

a  Entsprechend der Vorzeichenregel nach Bild 10-4 ist $\delta_{p,\,min}$ betragsmäßig der größte negative Neigungswinkel des Erddrucks an der jeweils betrachteten Wand.

**Hinweise** (aus DIN 4085, Anhang B zu Tabelle 10-9):
Bei Wandbewegungen, die sich aus einer Kombination von Fußpunktdrehung und Parallelverschiebung ergeben und bei denen die Fußpunktverschiebung so groß ist, dass sie bei reiner Parallelverschiebung passiven Erddruck erzeugen würde, dürfen Größe und Verteilung des Erddrucks wie bei reiner Parallelverschiebung angenommen werden.
Kombiniert sich die Wandbewegung aus Kopfpunktdrehung und Parallelverschiebung, und ist die Kopfpunktverschiebung so groß, dass sie bei reiner Parallelverschiebung passiven Erddruck erzeugen würde, dürfen Größe und Verteilung des Erddrucks wie bei reiner Parallelverschiebung angenommen werden.
Treten in beiden Fällen geringere Wandverschiebungen auf, darf näherungsweise interpoliert werden.

### 10.10.1 Formeln für Erddrücke und Erddruckkräfte infolge Bodeneigenlast

Für die näherungsweise Berechnung der auf die Wandlänge bezogenen Erddruckkräfte $E$ (Angabe z. B. in kN pro lfdm Wand) werden in DIN 4085, 6.5.1 Formeln bereitgestellt, deren Indizes nachstehende Bedeutung haben:

p  passiver Zustand,
g  verursacht durch Bodeneigenlast,
c  verursacht durch Kohäsion,
h  Horizontalkomponente,
v  Vertikalkomponente.

Betrachtet wird eine Wand mit
– dem Wandneigungswinkel $\alpha$ (Angabe in °),
– der lotrechten Höhe $h$ (Angabe in m) und
– dem Neigungswinkel des passiven Erddrucks $\delta_p$ (Angabe in °),
hinter der Bodenmaterial mit
– der Wichte $\gamma$ des Bodens (Angabe in kN/m³),
– dem Reibungswinkel $\varphi$ des Bodens (Angabe in °) und
– dem Neigungswinkel $\beta$ der Geländeoberfläche (Angabe in °)
ansteht.

Für diesen Fall lautet, bei Parallelbewegung der Wand,
– die Gleichung zur Ermittlung der horizontalen Komponente des dreiecksförmig verteilten passiven Erddrucks (vgl. Tabelle 10-9) infolge der Bodeneigenlastwirkung

$$e_{pgh}(z) = z \cdot \gamma \cdot K_{pgh} \qquad \text{Gl. 10-121}$$

- die Gleichung der entsprechenden vertikalen Erddruckkomponente (Vorzeichen von $\alpha$ und $\delta_p$ beachten, auf die Wand einwirkende positive Komponente ist nach unten gerichtet)

$$e_{pgv}(z) = e_{pgh}(z) \cdot \tan(\alpha + \delta_p) = z \cdot \gamma \cdot K_{pgh} \cdot \tan(\alpha + \delta_p) \qquad \text{Gl. 10-122}$$

- die Gleichung des zu der horizontalen und vertikalen Komponente gehörenden resultierenden Erddrucks

$$e_{pg}(z) = \frac{e_{pgh}(z)}{\cos(\alpha + \delta_p)} = \frac{e_{pgv}(z) \cdot \tan(\alpha + \delta_p)}{\cos(\alpha + \delta_p)} = \frac{z \cdot \gamma \cdot K_{pgh}}{\cos(\alpha + \delta_p)} \qquad \text{Gl. 10-123}$$

- die Gleichung der zugehörigen und für die Wandhöhe $h$ geltenden horizontalen Erddruckkraftkomponente pro lfdm Wand (der obere Index b verweist auf die parallele Wandbewegungsart b der Tabelle 10-9, bei der sich der passive Erddruck im Fall homogenen Bodens etwa dreiecksförmig über die Wandhöhe $h$ verteilt, vgl. auch Bild 10-47)

$$E_{pgh}^b = \frac{e_{pgh}(h) \cdot h}{2} = \frac{\gamma \cdot h^2 \cdot K_{pgh}^b}{2} \qquad \text{Gl. 10-124}$$

- die Gleichung der entsprechenden vertikalen Erddruckkraftkomponente pro lfdm Wand (Vorzeichen von $\alpha$ und $\delta_p$ beachten, auf die Wand einwirkende positive Komponente weist nach unten)

$$E_{pgv}^b = E_{pgh}^b \cdot \tan(\alpha + \delta_p) = \frac{\gamma \cdot h^2 \cdot K_{pgh}^b}{2} \cdot \tan(\alpha + \delta_p) \qquad \text{Gl. 10-125}$$

- und die Gleichung der zu der horizontalen und vertikalen Komponente gehörenden resultierenden Erddruckkraft pro lfdm Wand

$$E_{pg}^b = \frac{E_{pgh}^b}{\cos(\alpha + \delta_p)} = \frac{E_{pgv}^b \cdot \tan(\alpha + \delta_p)}{\cos(\alpha + \delta_p)} = \frac{\gamma \cdot h^2}{2} \cdot K_{pg}^b = \frac{\gamma \cdot h^2}{2} \cdot \frac{K_{pgh}^b}{\cos(\alpha + \delta_p)} \qquad \text{Gl. 10-126}$$

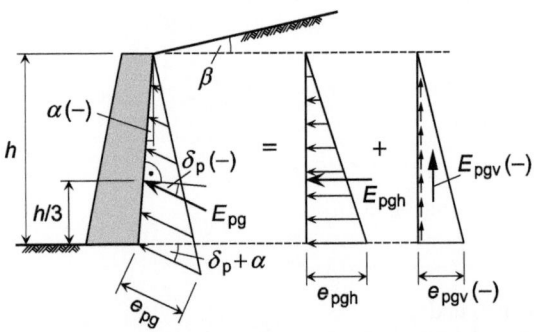

**Bild 10-47** Passiver Erddruck $e_{pg}$ und Erddruckkraft $E_{pg}$ aus Bodeneigenlast bei Parallelverschiebung und ihre Zerlegung in Vertikal- und Horizontalkomponenten

Im Sonderfall einer ebenen Gleitfläche ($\alpha = \beta = \delta_p = 0°$) kann der in Gl. 10-121 bis Gl. 10-126 verwendete Erddruckbeiwert zur Erfassung der Wirkung der Bodeneigenlast mittels

$$K_{pgh} = \frac{1 + \sin\phi}{1 - \sin\phi} = \tan^2\left(45° + \frac{\phi}{2}\right) \qquad \text{Gl. 10-127}$$

berechnet werden (Bild 10-48). In diesem Fall schließt die Gleitfläche mit der Horizontalen den Winkel (Neigungswinkel der Gleitfläche)

$$\vartheta_p = 45° - \frac{\phi}{2}$$ Gl. 10-128

ein.

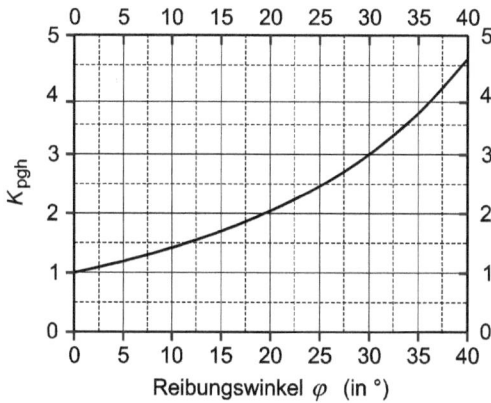

**Bild 10-48** Erddruckbeiwerte $K_{pgh}$ (passiver Erddruck) für ebene Gleitflächen und für $\alpha = \beta = \delta_p = 0°$

Da die Berechnung des passiven Erddrucks mit ebenen Gleitflächen bei Abweichungen von diesem Sonderfall zu große Werte liefert, müssen im Regelfall Erddruckbeiwerte verwendet werden, die zu gekrümmten oder aus ebenen Abschnitten zusammengesetzten Gleitflächen gehören. Für Gleitflächenformen, wie der in Bild 10-46 dargestellten, sowie für parallele Wandbewegungen sind die Erddruckbeiwerte nach DIN 4085, Anhang C mit Hilfe von

$$K_{pg} = K_{pg,0} \cdot i_{pg} \cdot g_{pg} \cdot t_{pg} \qquad \phi > 0$$
$$K_{pg} = 1 \qquad \phi = 0$$ Gl. 10-129

zu berechnen. Die für $\varphi > 0°$ zu verwendenden Größen sind der zu $\alpha = \beta = \delta_p = 0°$ gehörende Beiwert

$$K_{pg,0} = \frac{1+\sin\phi}{1-\sin\phi} = \tan^2\left(45° + \frac{\phi}{2}\right)$$ Gl. 10-130

der Erddruckneigungsbeiwert

$$i_{pg} = (1 - 0{,}53 \cdot \delta_p)^{0{,}26+5{,}96 \cdot \phi} \qquad \delta_p \leq 0$$
$$i_{pg} = (1 + 0{,}41 \cdot \delta_p)^{-7{,}13} \qquad \delta_p > 0$$ Gl. 10-131

dessen Größe von der des Erddruckneigungswinkels $\delta_p$ abhängig ist, der von der Größe des Geländeneigungswinkels $\beta$ abhängige Geländeneigungsbeiwert

$$g_{pg} = (1 + 0{,}73 \cdot \beta)^{2{,}89} \qquad \beta \leq 0$$
$$g_{pg} = (1 + 0{,}35 \cdot \beta)^{0{,}42+8{,}15 \cdot \phi} \qquad \beta > 0$$ Gl. 10-132

und der Wandneigungsbeiwert

$$t_{pg} = (1 + 0{,}72 \cdot \alpha \cdot \tan \phi)^{-3{,}51+1{,}03 \cdot \phi} \qquad \alpha \leq 0$$
$$t_{pg} = (1 - 0{,}0012 \cdot \alpha \cdot \tan \phi)^{2910-1958 \cdot \phi} \qquad \alpha > 0$$

Gl. 10-133

dessen Größe durch die des Wandneigungswinkels $\alpha$ beeinflusst wird.

Mit dem Beiwert $K_{pg}$, dem Wandneigungswinkel $\alpha$ und dem Erddruckneigungswinkel $\delta_p$ berechnet sich der zur horizontalen Erddruckkomponente gehörende Erddruckbeiwert mit Hilfe von (Vorzeichen von $\alpha$ und $\delta_p$ beachten)

$$K_{pgh} = K_{pg} \cdot \cos(\alpha + \delta_p) \qquad \phi > 0$$
$$K_{pgh} = 1 \cdot \cos(\alpha + \delta_p) \qquad \phi = 0$$

Gl. 10-134

Tabelle 10-10 enthält diskrete $K_{pgh}$-Werte für verschiedene Größen des Reibungswinkels $\varphi$ des Bodens, des Neigungswinkels $\delta_p$ des Erddrucks sowie des Wand- und des Geländeneigungswinkels $\alpha$ und $\beta$. Bild 10-49 zeigt $K_{pgh}$-Verläufe für Wände mit senkrechter Rückwand ($\alpha = 0°$) und horizontalem Gelände ($\beta = 0°$). Gut zu erkennen ist die Zunahme der Größe der $K_{pgh}$-Werte mit wachsendem Reibungswinkel $\varphi$ und abnehmendem Neigungswinkel $\delta_p$ des Erddrucks.

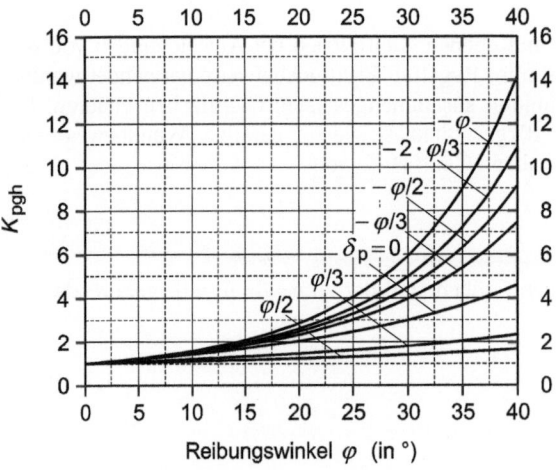

**Bild 10-49** Erddruckbeiwerte $K_{pgh}$ (passiver Erddruck) für $\alpha = \beta = 0°$ und für zusammengesetzte Gleitflächen nach *Sokolovskii* [252] und *Pregl* [234] (nach DIN 4085, Anhang B)

**Tabelle 10-10** Erddruckbeiwerte $K_{pgh}$ für zusammengesetzte Gleitflächen nach *Sokolovskii* [252] und *Pregl* [234] und diskrete Werte des Reibungswinkels $\varphi$, des Neigungswinkels $\delta_p$ der Erddrücke sowie des Wand- und des Geländeneigungswinkels $\alpha$ und $\beta$

| $\varphi$ (in °) | $\alpha$ (in °) | $\delta_p = 0°$ | | $\delta_p = -½ \cdot \varphi$ | | $\delta_p = -^2/_3 \cdot \varphi$ | | $\delta_p = -\varphi$ | |
|---|---|---|---|---|---|---|---|---|---|
| | | $\beta= 0°$ | $\beta= 10°$ | $\beta= 0°$ | $\beta= 10°$ | $\beta= 0°$ | $\beta= 10°$ | $\beta= 0°$ | $\beta= 10°$ |
| 0,0 | 0 | 1,000 | – | 1,000 | – | 1,000 | – | 1,000 | – |
| | -10 | 1,000 | | 1,000 | | 1,000 | | 1,000 | |
| 2,5 | 0 | 1,091 | – | 1,098 | – | 1,100 | – | 1,103 | – |
| | -10 | 1,095 | | 1,097 | | 1,098 | | 1,099 | |
| 5,0 | 0 | 1,191 | – | 1,211 | – | 1,217 | – | 1,229 | – |
| | -10 | 1,218 | | 1,229 | | 1,232 | | 1,238 | |
| 7,5 | 0 | 1,300 | – | 1,344 | – | 1,358 | – | 1,382 | – |
| | -10 | 1,355 | | 1,384 | | 1,393 | | 1,407 | |
| 10,0 | 0 | 1,420 | 1,584 | 1,501 | 1,674 | 1,525 | 1,701 | 1,569 | 1,750 |
| | -10 | 1,507 | 1,681 | 1,568 | 1,749 | 1,585 | 1,768 | 1,613 | 1,800 |
| 12,5 | 0 | 1,553 | 1,769 | 1,685 | 1,919 | 1,725 | 1,965 | 1,798 | 2,048 |
| | -10 | 1,678 | 1,911 | 1,785 | 2,034 | 1,816 | 2,068 | 1,867 | 2,127 |
| 15,0 | 0 | 1,698 | 1,976 | 1,903 | 2,214 | 1,965 | 2,286 | 2,078 | 2,418 |
| | -10 | 1,869 | 2,175 | 2,045 | 2,379 | 2,095 | 2,437 | 2,179 | 2,535 |
| 17,5 | 0 | 1,860 | 2,210 | 2,162 | 2,568 | 2,255 | 2,679 | 2.424 | 2,880 |
| | -10 | 2,084 | 2,477 | 2,357 | 2,800 | 2,434 | 2,893 | 2,565 | 3,048 |
| 20,0 | 0 | 2,040 | 2,475 | 2,471 | 2,998 | 2,606 | 3,162 | 2,852 | 3,461 |
| | -10 | 2,328 | 2,825 | 2,732 | 3,316 | 2,850 | 3,458 | 3,046 | 3,696 |
| 22,5 | 0 | 2,240 | 2,776 | 2,842 | 3,522 | 3,033 | 3,760 | 3,384 | 4,194 |
| | -10 | 2,604 | 3,228 | 3,188 | 3,952 | 3,600 | 4,165 | 3,647 | 4,520 |
| 25,0 | 0 | 2,464 | 3,119 | 3,290 | 4,164 | 3,557 | 4,503 | 4,049 | 5,126 |
| | -10 | 2,919 | 3,695 | 3,745 | 4,741 | 3,992 | 5,053 | 4,403 | 5,573 |
| 27,5 | 0 | 2,716 | 3,511 | 3,833 | 4,955 | 4,203 | 5,434 | 4,886 | 6,317 |
| | -10 | 3,280 | 4,240 | 4,429 | 5,726 | 4,779 | 6,179 | 5,359 | 6,929 |
| 30,0 | 0 | 3,000 | 3,961 | 4,496 | 5,937 | 5,004 | 6,607 | 5,946 | 7,851 |
| | -10 | 3,695 | 4,879 | 5,276 | 6,967 | 5,768 | 7,616 | 6,579 | 8,686 |
| 32,5 | 0 | 3,323 | 4,480 | 5,311 | 7,162 | 6,004 | 8,097 | 7,296 | 9,839 |
| | -10 | 4,177 | 5,632 | 6,333 | 8,541 | 7,020 | 9,466 | 8,142 | 10,98 |
| 35,0 | 0 | 3,690 | 5,082 | 6,319 | 8,703 | 7,262 | 10,00 | 9,027 | 12,43 |
| | -10 | 4,738 | 6,526 | 7,663 | 10,55 | 8,616 | 11,87 | 10,16 | 13,99 |
| 37,5 | 0 | 4,112 | 5,784 | 7,575 | 10,66 | 8,856 | 12,46 | 11,26 | 15,84 |
| | -10 | 5,399 | 7,594 | 9,350 | 13,15 | 10,67 | 15,01 | 12,79 | 17,98 |
| 40,0 | 0 | 4,599 | 6,607 | 9,153 | 13,15 | 10,89 | 15,65 | 14,17 | 20,36 |
| | -10 | 6,181 | 8,880 | 11,51 | 16,54 | 13,34 | 19,17 | 16,23 | 23,31 |

Macht die Wand statt der den Gleichungen Gl. 10-121 bis Gl. 10-126 zugrunde liegenden Parallelverschiebung eine Drehung um ihren Fußpunkt mit (Wandbewegungsart a in Tabelle 10-9), gilt bei $\alpha = \beta = 0°$ für die Horizontalkomponente der Erddruckkraft pro lfdm Wand näherungsweise

$$\frac{1}{2} \cdot E_{pgh}^b = \frac{\gamma \cdot h^2}{4} \cdot K_{pgh}^b \leq E_{pgh}^a \leq \frac{2}{3} \cdot E_{pgh}^b = \frac{\gamma \cdot h^2}{3} \cdot K_{pgh}^b \qquad \text{Gl. 10-135}$$

Die Beziehung

$$E_{pgh}^{a} > \frac{1}{2} \cdot E_{pgh}^{b}$$  Gl. 10-136

setzt voraus, dass bei negativen Erddruckneigungswinkeln $\delta_p$ die Größe des mittleren Erddruckneigungswinkels

$$\delta_{p,\text{mittel}}^{a} = \frac{3}{4} \cdot \delta_{p,\text{min}}^{a}$$  Gl. 10-137

betragsmäßig größer ist als der entsprechende Wert der Wandbewegung b in Tabelle 10-9

$$|\delta_{p,\text{mittel}}^{a}| > |\delta_{p,\text{mittel}}^{b}|$$  Gl. 10-138

Ist die horizontale Erddruckkraftkomponente bekannt, lässt sich die entsprechende vertikale Komponente pro lfdm Wand mit (Vorzeichen von $\alpha$ und $\delta_p$ beachten, eine auf die Wand einwirkende positive Komponente weist nach unten)

$$E_{pgv}^{a} = \frac{2}{3} \cdot E_{pgh}^{b} \cdot \tan(\alpha + \delta_{p,\text{mittel}}^{a}) = \frac{\gamma \cdot h^2 \cdot K_{pgh}}{3} \cdot \tan(\alpha + \delta_{p,\text{mittel}}^{a})$$  Gl. 10-139

und die zu der horizontalen und vertikalen Komponente gehörende resultierende Erddruckkraft pro lfdm Wand mit

$$E_{pg}^{a} = \frac{2}{3} \cdot \frac{E_{pgh}^{b}}{\cos(\alpha + \delta_{p,\text{mittel}}^{a})} = \frac{\gamma \cdot h^2}{3} \cdot K_{pg} = \frac{\gamma \cdot h^2}{3} \cdot \frac{K_{pgh}}{\cos(\alpha + \delta_{p,\text{mittel}}^{a})}$$  Gl. 10-140

berechnen. Die Verteilungsform des zugehörigen Erddrucks entspricht in diesem Fall näherungsweise einem Dreieck (vgl. Tabelle 10-9).

Dreht die Wand nicht um den Fuß-, sondern um den Kopfpunkt (Wandbewegungsart c in Tabelle 10-9), ist für den Fall $\alpha = \beta = 0°$ die Horizontalkomponente der Erddruckkraft pro lfdm Wand näherungsweise mit

$$E_{pgh}^{c} = \frac{2}{3} \cdot E_{pgh}^{b} = \frac{2}{3} \cdot \frac{\gamma \cdot h^2}{2} \cdot K_{pgh}$$  Gl. 10-141

zu berechnen. Die Verteilung des zugehörigen Erddrucks wird in diesem Fall näherungsweise durch eine quadratische Parabel erfasst (vgl. Tabelle 10-9).

Die Ermittlung der zugehörigen vertikalen Erddruckkraftkomponente und der zu den Komponenten gehörenden resultierenden Erddruckkraft pro lfdm Wand kann in Analogie zu Gl. 10-139 und zu Gl. 10-140 erfolgen.

### 10.10.2 Vertikale Flächenlasten auf ebener Geländeoberfläche

Liegt eine auf die Grundrissfläche bezogene gleichmäßig verteilte vertikale Belastung $p_v$ vor, die auf die als eben vorausgesetzte Geländeoberfläche hinter der Bauwerkswand einwirkt, wird, analog zum aktiven Erddruckfall, in homogenem Boden eine Erddruckkraft mobilisiert. Die horizontale Komponente dieser Kraft pro lfdm Wand lässt sich mit

$$E_{pph} = p_v \cdot h \cdot K_{pph}$$  Gl. 10-142

## 10.10 Passiver Erddruck gemäß DIN 4085

ihre vertikale Komponente pro lfdm Wand mit (Vorzeichen von $\alpha$ und $\delta_p$ beachten, eine auf die Wand einwirkende positive Komponente weist nach unten)

$$E_{ppv} = E_{pph} \cdot \tan(\delta_p + \alpha) = p_v \cdot h \cdot K_{pph} \cdot \tan(\delta_p + \alpha) \qquad \text{Gl. 10-143}$$

und sie selbst pro lfdm Wand mit

$$E_{pp} = \frac{E_{pph}}{\cos(\alpha + \delta_p)} = \frac{E_{ppv} \cdot \tan(\alpha + \delta_p)}{\cos(\alpha + \delta_p)} = p_v \cdot h \cdot K_{pp} = p_v \cdot h \cdot \frac{K_{pph}}{\cos(\alpha + \delta_p)} \qquad \text{Gl. 10-144}$$

näherungsweise berechnen. Die zugehörigen horizontalen und vertikalen Komponenten des durch die Auflast $p_v$ hervorgerufenen Erddrucks haben, bezogen auf die Vertikalebene, die Größen

$$e_{pph} = \frac{1}{h} \cdot E_{pph} = p_v \cdot K_{pph} \qquad \text{Gl. 10-145}$$

und (Vorzeichen von $\alpha$ und $\delta_p$ beachten, eine auf die Wand einwirkende positive Komponente ist nach unten gerichtet)

$$e_{ppv} = \frac{1}{h} \cdot E_{ppv} = p_v \cdot K_{pph} \cdot \tan(\delta_p + \alpha) \qquad \text{Gl. 10-146}$$

Die Größe des resultierenden Erddrucks selbst ergibt sich zu

$$e_{pp} = \frac{1}{h} \cdot E_{pp} = \frac{1}{h} \cdot \frac{E_{pph}}{\cos(\alpha + \delta_p)} = \frac{1}{h} \cdot \frac{E_{ppv} \cdot \tan(\alpha + \delta_p)}{\cos(\alpha + \delta_p)} = p_v \cdot \frac{K_{pph}}{\cos(\alpha + \delta_p)} \qquad \text{Gl. 10-147}$$

Liegen im jeweiligen Fall eine dem Bild 10-46 entsprechende Gleitflächenform sowie eine parallele Wandbewegung vor, sind die Erddruckbeiwerte nach DIN 4085, Anhang C mit Hilfe von

$$\begin{aligned} K_{pp} &= K_{pp,0} \cdot i_{pp} \cdot g_{pp} \cdot t_{pp} & \phi > 0 \\ K_{pp} &= 1 & \phi = 0 \end{aligned} \qquad \text{Gl. 10-148}$$

zu berechnen. Die für $\varphi > 0°$ zu verwendenden Größen sind der zu $\alpha = \beta = \delta_p = 0°$ gehörende Beiwert

$$K_{pp,0} = \frac{1 + \sin\phi}{1 - \sin\phi} = \tan^2\left(45° + \frac{\phi}{2}\right) \qquad \text{Gl. 10-149}$$

der Erddruckneigungsbeiwert

$$\begin{aligned} i_{pp} &= (1 - 0{,}33 \cdot \delta_p)^{0{,}08 + 2{,}37 \cdot \phi} & \delta_p \leq 0° \\ i_{pp} &= (1 - 0{,}72 \cdot \delta_p)^{2{,}81} & \delta_p > 0° \end{aligned} \qquad \text{Gl. 10-150}$$

dessen Größe von der des Erddruckneigungswinkels $\delta_p$ abhängig ist, und der von der Größe des Geländeneigungswinkels $\beta$ abhängige Geländeneigungsbeiwert

$$\begin{aligned} g_{pp} &= (1 + 1{,}16 \cdot \beta)^{1{,}57} & \beta \leq 0° \\ g_{pp} &= (1 + 3{,}84 \cdot \beta)^{0{,}98 \cdot \phi} & \beta > 0° \end{aligned} \qquad \text{Gl. 10-151}$$

sowie der Wandneigungsbeiwert

$$t_{pp} = \frac{e^{-2 \cdot \alpha \cdot \tan\varphi}}{\cos\alpha}$$
Gl. 10-152

dessen Größe durch die des Wandneigungswinkels $\alpha$ beeinflusst wird.

**Tabelle 10-11** Erddruckbeiwerte $K_{pph}$ für zusammengesetzte Gleitflächen nach *Sokolovskii* [252] und *Pregl* [234] und diskrete Werte des Reibungswinkels $\varphi$, des Neigungswinkels $\delta_p$ der Erddrücke sowie des Wand- und des Geländeneigungswinkels $\alpha$ und $\beta$

| $\varphi$ (in °) | $\alpha$ (in °) | $\delta_p=0°$ | | $\delta_p=-\frac{1}{2}\cdot\varphi$ | | $\delta_p=-\frac{2}{3}\cdot\varphi$ | | $\delta_p=-\varphi$ | |
|---|---|---|---|---|---|---|---|---|---|
| | | $\beta=0°$ | $\beta=10°$ | $\beta=0°$ | $\beta=10°$ | $\beta=0°$ | $\beta=10°$ | $\beta=0°$ | $\beta=10°$ |
| 0,0 | 0 | 1,000 | – | 1,000 | – | 1,000 | – | 1,000 | – |
| | −10 | 1,000 | | 1,000 | | 1,000 | | 1,000 | |
| 2,5 | 0 | 1,091 | – | 1,097 | – | 1,098 | – | 1,102 | – |
| | −10 | 1,108 | | 1,109 | | 1,110 | | 1,110 | |
| 5,0 | 0 | 1,191 | – | 1,209 | – | 1,215 | – | 1,224 | – |
| | −10 | 1,228 | | 1,237 | | 1,239 | | 1,243 | |
| 7,5 | 0 | 1,300 | – | 1,340 | – | 1,352 | – | 1,372 | – |
| | −10 | 1,361 | | 1,387 | | 1,394 | | 1,404 | |
| 10,0 | 0 | 1,420 | 1,551 | 1,494 | 1,631 | 1,515 | 1,653 | 1,551 | 1,693 |
| | −10 | 1,510 | 1,649 | 1,564 | 1,707 | 1,578 | 1,722 | 1,598 | 1,744 |
| 12,5 | 0 | 1,553 | 1,732 | 1,673 | 1,867 | 1,707 | 1,905 | 1,765 | 1,969 |
| | −10 | 1,677 | 1,872 | 1,773 | 1,979 | 1,797 | 2,005 | 1,832 | 2,045 |
| 15,0 | 0 | 1,698 | 1,937 | 1,884 | 2,149 | 1,936 | 2,208 | 2,022 | 2,307 |
| | −10 | 1,865 | 2,127 | 2,021 | 2,305 | 2,060 | 2,349 | 2,116 | 2,413 |
| 17,5 | 0 | 1,860 | 2,169 | 2,133 | 2,487 | 2,209 | 2,575 | 2,333 | 2,720 |
| | −10 | 2,076 | 2,421 | 2,317 | 2,701 | 2,376 | 2,770 | 2,460 | 2,868 |
| 20,0 | 0 | 2,040 | 2,431 | 2,427 | 2,893 | 2,535 | 3,021 | 2,709 | 3,229 |
| | −10 | 2,316 | 2,760 | 2,671 | 3,183 | 2,758 | 3,287 | 2,879 | 3,431 |
| 22,5 | 0 | 2,240 | 2,729 | 2,777 | 3,384 | 2,926 | 3,565 | 3,164 | 3,855 |
| | −10 | 2,588 | 3,153 | 3,097 | 3,773 | 3,222 | 3,925 | 3,390 | 4,129 |
| 25,0 | 0 | 2,464 | 3,068 | 3,195 | 3,979 | 3,398 | 4,232 | 3,718 | 4,630 |
| | −10 | 2,900 | 3,611 | 3,613 | 4,499 | 3,788 | 4,717 | 4,016 | 5,001 |
| 27,5 | 0 | 2,716 | 3,457 | 3,696 | 4,705 | 3,970 | 5,053 | 4,394 | 5,593 |
| | −10 | 3,257 | 4,146 | 4,241 | 5,399 | 4,483 | 5,706 | 4,786 | 6,092 |
| 30,0 | 0 | 3,000 | 3,903 | 4,300 | 5,595 | 4,665 | 6,070 | 5,222 | 6,794 |
| | −10 | 3,670 | 4,775 | 5,012 | 6,520 | 5,341 | 6,949 | 5,738 | 7,465 |
| 32,5 | 0 | 3,323 | 4,419 | 5,032 | 6,692 | 5,517 | 7,337 | 6,241 | 8,300 |
| | −10 | 4,150 | 5,519 | 5,962 | 7,929 | 6,408 | 8,522 | 6,919 | 9,202 |
| 35,0 | 0 | 3,690 | 5,017 | 5,925 | 8,054 | 6,564 | 8,924 | 7,499 | 10,19 |
| | −10 | 4,712 | 6,406 | 7,144 | 9,712 | 7,744 | 10,53 | 8,393 | 11,41 |
| 37,5 | 0 | 4,112 | 5,714 | 7,020 | 9,755 | 7,862 | 10,92 | 9,060 | 12,59 |
| | −10 | 5,375 | 7,469 | 8,627 | 11,99 | 9,431 | 13,11 | 10,24 | 14,23 |
| 40,0 | 0 | 4,599 | 6,532 | 8,374 | 11,89 | 9,479 | 13,46 | 11,01 | 15,63 |
| | −10 | 6,164 | 8,755 | 10,50 | 14,92 | 11,58 | 16,45 | 12,57 | 17,85 |

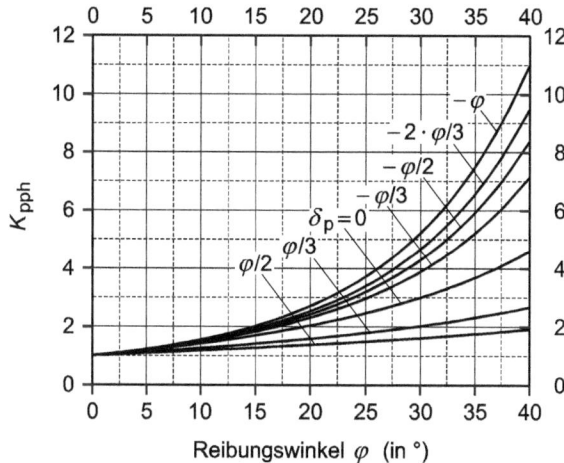

**Bild 10-50** Erddruckbeiwerte $K_{pph}$ (passiver Erddruck) für $\alpha = \beta = 0°$ und für zusammengesetzte Gleitflächen nach *Sokolovskii* [252] und *Pregl* [234] (nach DIN 4085, Anhang B)

Mit dem Beiwert $K_{pp}$, dem Wandneigungswinkel $\alpha$ und dem Erddruckneigungswinkel $\delta_p$ berechnet sich der zur horizontalen Erddruckkomponente gehörende Erddruckbeiwert mit Hilfe von (Vorzeichen von $\alpha$ und $\delta_p$ beachten)

$$K_{pph} = K_{pp} \cdot \cos(\alpha + \delta_p) \qquad \phi > 0°$$
$$K_{pph} = 1 \cdot \cos(\alpha + \delta_p) \qquad \phi = 0°$$

Gl. 10-153

Tabelle 10-11 enthält diskrete $K_{pph}$-Werte für verschiedene Größen des Reibungswinkels $\varphi$ des Bodens, des Neigungswinkels $\delta_p$ des Erddrucks sowie des Wand- und des Geländeneigungswinkels $\alpha$ und $\beta$. Bild 10-50 zeigt $K_{pph}$-Verläufe für Wände mit senkrechter Rückwand ($\alpha = 0°$) und horizontalem Gelände ($\beta = 0°$). Gut zu erkennen ist die Zunahme der Größe der $K_{pph}$-Werte mit wachsendem Reibungswinkel $\varphi$ und abnehmendem Neigungswinkel $\delta_p$ des Erddrucks.

Für den Sonderfall ebener Gleitflächen und $\alpha = \beta = \delta_p = 0°$ gilt mit $K_{pgh}$ aus Gl. 10-127 (Bild 10-48 gilt auch für $K_{pph}$)

$$K_{pph} = K_{pgh} = \frac{1+\sin\phi}{1-\sin\phi} = \tan^2\left(45° + \frac{\phi}{2}\right)$$

Gl. 10-154

### 10.10.3 Erddruckanteil aus Kohäsion

Bei Bauwerkswänden in kohäsiven Böden wird der auf sie einwirkende passive Erddruck durch die Wirkung der Kohäsion $c$ vergrößert. Für eine Wand der Höhe $h$ ergibt sich pro lfdm Wand die Horizontalkomponente des Erddruckkraftanteils infolge von Kohäsion zu

$$E_{pch} = c \cdot h \cdot K_{pch}$$

Gl. 10-155

wobei der Erddruckbeiwert $K_{pch}$ im Sonderfall $\alpha = \beta = \delta_p = 0°$ durch

$$K_{pch} = 2 \cdot \sqrt{K_{pgh}} = 2 \cdot \sqrt{\frac{1+\sin\phi}{1-\sin\phi}} = 2 \cdot \tan\left(45° + \frac{\phi}{2}\right) = \frac{2 \cdot \cos\phi}{1-\sin\phi} \qquad \text{Gl. 10-156}$$

berechnet werden kann.

Ist von der in Bild 10-46 dargestellten Gleitflächenform auszugehen, genügen die $K_{pch}$-Größen, in Fällen von $\alpha = \beta = 0°$ (senkrechte Wandflächen und horizontales Gelände), den in Bild 10-51 dargestellten Funktionsverläufen. Für allgemeinere Fälle sind die Erddruckbeiwerte nach DIN 4085, Anhang C mit

$$K_{pc} = K_{pc,0} \cdot i_{pc} \cdot g_{pc} \cdot t_{pc} \qquad \phi > 0$$
$$K_{pc} = \frac{2 \cdot (1+\beta) \cdot (1-\alpha)}{\cos\alpha} \qquad \phi = 0 \qquad \text{Gl. 10-157}$$

zu berechnen. Die dabei für $\varphi > 0$ zu verwendenden Größen sind der zu $\alpha = \beta = \delta_p = 0$ gehörende Beiwert

$$K_{pc,0} = \left(\frac{1+\sin\phi}{1-\sin\phi} - 1\right) \cdot \cot\phi \qquad \text{Gl. 10-158}$$

der Erddruckneigungsbeiwert

$$i_{pc} = (1 - 1{,}33 \cdot \delta_p)^{0{,}08+2{,}37 \cdot \phi} \qquad \delta_p \leq 0$$
$$i_{pc} = (1 + 4{,}46 \cdot \delta_p \cdot \tan\phi)^{-1{,}14+0{,}57 \cdot \phi} \qquad \delta_p > 0 \qquad \text{Gl. 10-159}$$

dessen Größe von der des Erddruckneigungswinkels $\delta_p$ abhängig ist und der von der Größe des Geländeneigungswinkels $\beta$ abhängige Geländeneigungsbeiwert

$$g_{pc} = (1 + 0{,}001 \cdot \beta \cdot \tan\phi)^{205{,}4+2232 \cdot \phi} \qquad \beta \leq 0$$
$$g_{pc} = e^{2 \cdot \beta \cdot \tan\phi} \qquad \beta > 0 \qquad \text{Gl. 10-160}$$

dessen Größe durch die des Wandneigungswinkels $\alpha$ beeinflusst wird.

Mit den Größen des Beiwerts $K_{pc}$, des Wandneigungswinkels $\alpha$ und des Erddruckneigungswinkels $\delta_p$ berechnet sich der in Gl. 10-155 verwendete Erddruckbeiwert mit (Vorzeichen von $\alpha$, $\beta$ und $\delta_p$ beachten)

$$K_{pch} = K_{pc} \cdot \cos(\alpha + \delta_p) \qquad \phi > 0$$
$$K_{pch} = \frac{2 \cdot (1+\beta) \cdot (1-\alpha)}{\cos\alpha} \cdot \cos(\alpha + \delta_p) \qquad \phi = 0 \qquad \text{Gl. 10-161}$$

Diskrete $K_{pch}$-Werte für verschiedene Größen des Reibungswinkels $\varphi$ des Bodens, des Neigungswinkels $\delta_p$ des Erddrucks sowie des Wand- und des Geländeneigungswinkels $\alpha$ und $\beta$ enthält Tabelle 10-12. Bild 10-51 zeigt $K_{pch}$-Verläufe für Wände mit senkrechter Rückwand ($\alpha = 0°$) und horizontalem Gelände ($\beta = 0°$). Wie bei den $K_{pgh}$- und den $K_{pph}$-Verläufen zeigt sich auch hier eine deutliche Zunahme der $K_{pch}$-Werte mit wachsendem Reibungswinkel $\varphi$ und abnehmendem Neigungswinkel $\delta_p$.

**Tabelle 10-12** Erddruckbeiwerte $K_{pch}$ für zusammengesetzte Gleitflächen nach *Sokolovskii* [252] und *Pregl* [234] und diskrete Werte des Reibungswinkels $\varphi$, des Neigungswinkels $\delta_p$ der Erddrücke sowie des Wand- und des Geländeneigungswinkels $\alpha$ und $\beta$

| $\varphi$ (in °) | $\alpha$ (in °) | $\delta_p=0°$ $\beta=0°$ | $\beta=10°$ | $\delta_p=-½·\varphi$ $\beta=0°$ | $\beta=10°$ | $\delta_p=-2/3·\varphi$ $\beta=0°$ | $\beta=10°$ | $\delta_p=-\varphi$ $\beta=0°$ | $\beta=10°$ |
|---|---|---|---|---|---|---|---|---|---|
| 0,0 | 0 | 2,000 | – | 2,000 | – | 2,000 | – | 2,000 | – |
|  | –10 | 2,000 | – | 2,000 | – | 2,000 | – | 2,000 | – |
| 2,5 | 0 | 2,089 | – | 2,100 | – | 2,103 | – | 2,109 | – |
|  | –10 | 2,121 | – | 2,124 | – | 2,124 | – | 2,125 | – |
| 5,0 | 0 | 2,183 | – | 2,216 | – | 2,226 | – | 2,244 | – |
|  | –10 | 2,250 | – | 2,267 | – | 2,712 | – | 2,278 | – |
| 7,5 | 0 | 2,281 | – | 2,351 | – | 2,371 | – | 2,407 | – |
|  | –10 | 2,388 | – | 2,433 | – | 2,445 | – | 2,462 | – |
| 10,0 | 0 | 2,384 | 2,659 | 2,507 | 2,796 | 2,542 | 2,835 | 2,602 | 2,902 |
|  | –10 | 2,535 | 2,827 | 2,625 | 2,928 | 2,647 | 2,953 | 2,681 | 2,991 |
| 12,5 | 0 | 2,492 | 2,839 | 2,686 | 3,060 | 2,740 | 3,122 | 2,833 | 3,227 |
|  | –10 | 2,692 | 3,067 | 2,846 | 3,242 | 2,884 | 3,286 | 2,941 | 3,350 |
| 15,0 | 0 | 2,607 | 3,033 | 2,892 | 3,364 | 2,971 | 3,457 | 3,104 | 3,611 |
|  | –10 | 2,862 | 3,330 | 3,101 | 3,609 | 3,161 | 3,678 | 3,247 | 3,778 |
| 17,5 | 0 | 2,728 | 3,241 | 3,128 | 3,717 | 3,239 | 3,849 | 3,422 | 4,066 |
|  | –10 | 3,045 | 3,618 | 3,397 | 4,037 | 3,484 | 4,140 | 3,607 | 4,287 |
| 20,0 | 0 | 2,856 | 3,466 | 3,399 | 4,126 | 3,550 | 4,308 | 3,794 | 4,604 |
|  | –10 | 3,243 | 3,936 | 3,740 | 4,539 | 3,862 | 4,687 | 4,031 | 4,892 |
| 22,5 | 0 | 2,993 | 3,710 | 3,712 | 4,600 | 3,910 | 4,847 | 4,229 | 5,241 |
|  | –10 | 3,459 | 4,287 | 4,139 | 5,130 | 4,305 | 5,336 | 4,530 | 5,614 |
| 25,0 | 0 | 3,139 | 3,974 | 4,071 | 5,153 | 4,330 | 5,481 | 4,737 | 5,997 |
|  | –10 | 3,694 | 4,677 | 4,603 | 5,827 | 4,826 | 6,109 | 5,117 | 6,477 |
| 27,5 | 0 | 3,296 | 4,261 | 4,486 | 5,799 | 4,818 | 6,228 | 5,333 | 6,894 |
|  | –10 | 3,953 | 5,110 | 5,147 | 6,655 | 5,440 | 7,033 | 5,808 | 7,509 |
| 30,0 | 0 | 3,464 | 4,574 | 4,965 | 6,556 | 5,387 | 7,113 | 6,030 | 7,962 |
|  | –10 | 4,238 | 5,595 | 5,787 | 7,641 | 6,167 | 8,143 | 6,625 | 8,748 |
| 32,5 | 0 | 3,646 | 4,916 | 5,521 | 7,446 | 6,053 | 8,163 | 6,847 | 9,234 |
|  | –10 | 4,553 | 6,140 | 6,542 | 8,822 | 7,031 | 9,481 | 7,592 | 10,24 |
| 35,0 | 0 | 3,842 | 5,291 | 6,168 | 8,495 | 6,834 | 9,413 | 7,807 | 10,75 |
|  | –10 | 4,906 | 6,757 | 7,438 | 10,24 | 8,063 | 11,10 | 8,738 | 12,03 |
| 37,5 | 0 | 4,056 | 5,705 | 6,924 | 9,739 | 7,754 | 10,91 | 8,936 | 12,57 |
|  | –10 | 5,301 | 7,457 | 8,509 | 11,97 | 9,302 | 13,08 | 10,10 | 14,21 |
| 40,0 | 0 | 4,289 | 6,162 | 7,809 | 11,22 | 8,841 | 12,70 | 10,26 | 14,75 |
|  | –10 | 5,749 | 8,258 | 9,795 | 14,07 | 10,80 | 15,51 | 11,72 | 16,84 |

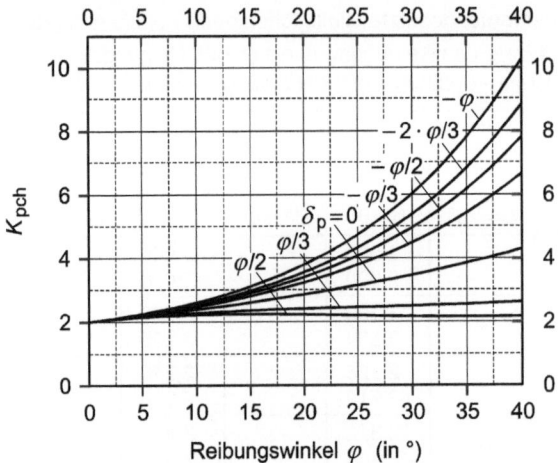

**Bild 10-51** Erddruckbeiwerte $K_{pch}$ (passiver Erddruck) für $\alpha = \beta = 0°$ und für zusammengesetzte Gleitflächen nach *Sokolovskii* [252] und *Pregl* [234] (nach DIN 4085, Anhang B)

Mit Gl. 10-155 ergibt sich als Erddruckkraft pro lfdm Wand (Vorzeichen von $\alpha$ und $\delta_p$ beachten)

$$E_{pc} = \frac{E_{pch}}{\cos(\alpha + \delta_p)} = h \cdot c \cdot K_{pc} = h \cdot c \cdot \frac{K_{pch}}{\cos(\alpha + \delta_p)} \qquad \text{Gl. 10-162}$$

und als ihre vertikale Komponente (Vorzeichen von $\alpha$ und $\delta_p$ beachten, eine auf die Wand einwirkende positive Komponente weist nach unten)

$$E_{pcv} = E_{pch} \cdot \tan(\delta_p + \alpha) \qquad \text{Gl. 10-163}$$

Der durch die Kohäsion bewirkte Erddruck ist bei homogenem Boden über die Wandhöhe gleichmäßig verteilt. Seine auf die Vertikalebene bezogene horizontale Komponente steht mit der horizontalen Erddruckkraftkomponente in der Beziehung

$$e_{pch} = \frac{1}{h} \cdot E_{pch} = c \cdot K_{pch} \qquad \text{Gl. 10-164}$$

Für die zugehörige Vertikalkomponente gilt (Vorzeichen von $\alpha$ und $\delta_p$ beachten, eine auf die Wand einwirkende positive Komponente weist nach unten)

$$e_{pcv} = \frac{1}{h} \cdot E_{pcv} = \frac{1}{h} \cdot E_{pch} \cdot \tan(\delta_p + \alpha) = c \cdot K_{pch} \cdot \tan(\delta_p + \alpha) \qquad \text{Gl. 10-165}$$

und für den resultierenden Erddruck selbst

$$e_{pc} = \frac{1}{h} \cdot E_{pc} = \frac{1}{h} \cdot \frac{E_{pch}}{\cos(\alpha + \delta_p)} = \frac{1}{h} \cdot \frac{E_{pcv} \cdot \tan(\alpha + \delta_p)}{\cos(\alpha + \delta_p)} = c \cdot K_{pc} = c \cdot \frac{K_{pch}}{\cos(\alpha + \delta_p)} \qquad \text{Gl. 10-166}$$

### 10.10.4 Mobilisierbare Erddruckkraft

Gemäß DIN 4085, Anhang B darf die stützende Wirkung der ansetzbaren passiven Erddruckkraft bei einer tatsächlichen Wandverschiebung $s$ (ist mit $s_p$ aus Tabelle 10-9 zu vergleichen) mittels der Gleichung

$$E'_{pgh} = (E_{pgh} - E_{0gh}) \cdot \left[1 - \left(1 - \frac{s}{s_p}\right)^b\right]^c + E_{0gh} \qquad \text{Gl. 10-167}$$

abgeschätzt werden. Zu den in der Gleichung verwendeten Größen gehören:

$E_{pgh}$  passive Erddruckkraft aus Bodeneigenlast (Erdwiderstand),
$E_{0gh}$  Resultierende des Erdruhedrucks,
$s_p$  erforderliche Verschiebung zur Erzeugung von $E_{pgh}$ gemäß Tabelle 10-9,
$b$ und $c$ Exponenten gemäß Tabelle 10-13.

Die Größe der Erddruckkraft $E'_{pgh}$ liegt somit zwischen der des Erdruhedrucks und der des passiven Erddrucks.

Weitere Vorgehensweisen zur Erfassung des Erdwiderstands (passiver Erddruck) sind z. B. für nichtbindige Böden in [7] und für bindige Böden in [148] zu finden.

**Tabelle 10-13**  Exponenten für Gl. 10-167 (nach DIN 4085, Tabelle B.5)

| Art der Wandbewegung | Exponenten der Mobilisierungsfunktion ||
|---|---|---|
| | b | c |
| Fußpunktdrehung | 1,07 | |
| Parallelverschiebung | 1,45 | 0,7 |
| Kopfpunktdrehung | 1,72 | |

## 10.11 Grafische Bestimmung des Erddrucks nach *Culmann*

Steht hinter der Stützkonstruktion Gelände an, dessen Oberfläche uneben ist und das ggf. durch ungleichmäßig verlaufende Auflasten belastet wird, ist es nach wie vor sinnvoll, grafische Methoden einzusetzen, mit deren Hilfe sich die Neigung der ebenen Gleitfläche und die zugehörige Erddruckkraft rasch ermitteln lassen.

Von den in früheren Zeiten verwendeten unterschiedlichen grafischen Verfahren zur Erddruckermittlung wird heute vor allem das Verfahren von *Culmann* angewendet, mit dem die Erddruckkraft und der Gleitflächenwinkel bestimmt werden können.

Bei aktivem Erddruck und ebener Gleitfläche basiert die Vorgehensweise auf dem Krafteck von Bild 10-24, wobei der hinter der Wand anstehende Boden in einzelne, etwa gleich große Keile eingeteilt wird (Bild 10-52). Danach sind die Gewichtskräfte dieser Keile einschließlich der zugehörigen Oberflächenlasten (in Bild 10-52 ist dies die dem dritten Keil zuzuordnende Linienlast $V$) zu bestimmen, was zu den Größen $G_1, G_2, G_3 + V, ..., G_i$ führt.

Ausgehend von der Annahme, dass es sich bei der Trennfläche von zwei Erdkeilen um die maßgebliche Gleitfuge handelt, kann zu jeder der Ebenen (in der Darstellung sind es Linien) ein Krafteck gezeichnet werden, aus dem die zugehörigen Größen der aktiven Erddruckkraft, der resultierenden Kraft $Q$ in der Gleitfläche und des Neigungswinkels der Gleitfläche ablesbar sind. Werden die Endpunkte der Kraftgrößen $Q_1, Q_2, ..., Q_i$ durch eine Kurve verbunden, ergibt sich die gesuchte maximale aktive Erddruckkraft $E_a$ als die zum Scheitelpunkt dieser Kurve gehörende Erddruckkraft.

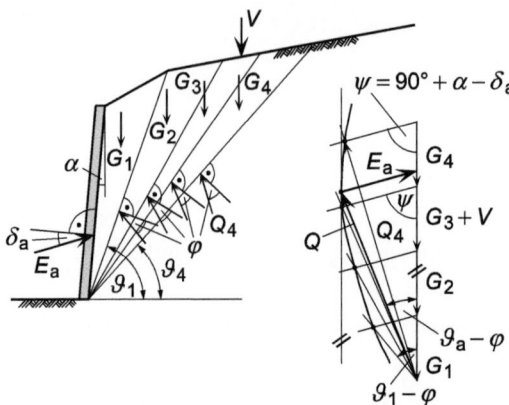

**Bild 10-52** Grafische Bestimmung der aktiven Erddruckkraft $E_a$ und des Gleitflächenwinkels $\vartheta_a$ mit Hilfe von Kraftecken

Neben der maximalen Erddruckkraft $E_a$ ist auch der Winkel $(\vartheta_a - \varphi)$ ablesbar. Aus ihm ergibt sich, mit dem bekannten Reibungswinkel $\varphi$, der Neigungswinkel $\vartheta_a$ der maßgeblichen Gleitfuge.

Die eigentliche Erddruckermittlung nach *Culmann* (Bild 10-53) ergibt sich, wenn das Krafteck mit den Kräften $E$, $G$ ($= G_1 + G_2 + G_3 + V + ... + G_i$) und $Q$ im Uhrzeigersinn um den Winkel $(90° - \varphi)$ gedreht und mit seiner Spitze „A" in den Fußpunkt der Wand verschoben wird. $G$ fällt dann mit der Böschungslinie zusammen, die mit der Horizontalen den Winkel $\varphi$ einschließt und die Neigung der Kraft $Q$ ist $\vartheta_a$, d. h., die Wirkungslinie von $Q$ liegt in der Gleitfläche. Da diese spezielle Lage von $G$ und $Q$ für alle angenommenen Gleitfugen gilt, können die gesuchten Erddruckgrößen wie folgt ermittelt werden.

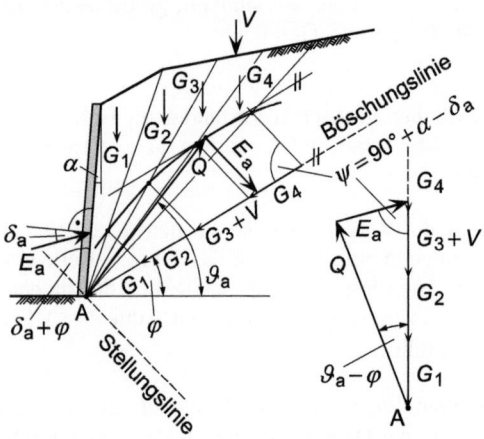

**Bild 10-53** Grafische Bestimmung der aktiven Erddruckkraft $E_a$, der zugehörigen Gleitflächenresultierenden $Q$ und des Gleitflächenwinkels $\vartheta_a$ nach *Culmann*

Begonnen wird mit der Auftragung von Geraden, die von den einzelnen Endpunkten der auf der Böschungslinie liegenden Kräfte $G_1, G_2, ..., G_i$ ausgehen und mit der Böschungslinie den bekannten Winkel $\psi$ einschließen. Ihre Schnitte mit den entsprechenden Trennungslinien der jeweiligen Erdkeile stellen die Endpunkte der Kraftvektoren $Q_1, Q_2, ..., Q_i$ dar, die vom Punkt A ausgehen und sich mit den jeweils zugehörigen Teilgrößen von $E$ und $G$ zu den geneigten Kraftecken schließen. Werden diese Kraftvektorendpunkte durch eine Kurve verbunden, ergibt sich die gesuchte maximale aktive Erddruckkraft $E_a$ als die zum Scheitelpunkt der Kurve gehörende Erddruckkraft. Der Neigungswinkel $\vartheta_a$ der maßgeblichen Gleitfuge ist aus der grafischen Lösung direkt ablesbar.

Von *Minnich* und *Stöhr* ist analog zum Verfahren von *Culmann* ein analytisches Rechenverfahren entwickelt worden, das von den Autoren als „$G_0$-Methode" bezeichnet wird (siehe [211] bis [216]). Dieses Verfahren ist anwendbar für aktiven und passiven Erddruck mit und ohne Kohäsion, wobei Linienlasten und unterschiedliche Bodenschichtungen erfasst werden können.

## 10.12 Sonderfälle gemäß DIN 4085

In DIN 4085 werden als Sonderfälle des Erddrucks
- der Verdichtungserddruck,
- der Silodruck,
- der Erddruck bei dynamischen Anregungen des Bodens und
- der Erddruck bei vertikaler Durchströmung des Bodens

behandelt. Auf diese Fälle wird im Folgenden eingegangen.

### 10.12.1 Verdichtungserddruck

Wird Bodenmaterial lagenweise eingebaut und intensiv verdichtet, stellt sich ein Erddruck ein, dessen Größe über die des Erddrucks infolge der Bodeneigenlast hinausgeht. Diese Zunahme des Erddrucks darf nach DIN 4085, 6.6.1 näherungsweise gemäß Bild 10-54 angesetzt werden (vgl. hierzu auch [254]).

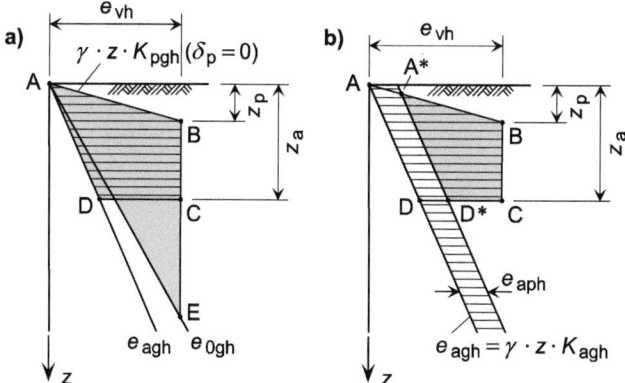

**Bild 10-54** Ansatz des Verdichtungserddrucks (nach DIN 4085)
  a) im aktiven Zustand (ABCD) und im Ruhedruckzustand (ABE)
  b) im aktiven Zustand (A*BCD*) und bei nach der Verdichtung aufgebrachter Oberflächenlast $p$

In der Darstellung ist der sich durch die Verdichtung zusätzlich ergebende Erddruck durch Schattierung hervorgehoben. Aus Bild 10-54 a geht hervor, dass der Verdichtungserddruck im aktiven Zustand durch die Fläche ABCD und im Ruhedruckzustand durch die Fläche ABE erfasst wird. Bild 10-54 b zeigt die verbleibende Größe des Verdichtungserddrucks (Fläche A*BCD*) für den aktiven Zustand und den Fall einer Last $p$, die auf den verdichteten Boden nachträglich aufgebracht wird.

Die Größe von $z_p$ aus Bild 10-54 ist nach DIN 4085 mit

$$z_p = \frac{e_{vh}}{\gamma \cdot K_{pgh}(\delta_p = 0)} \qquad \text{Gl. 10-168}$$

zu berechnen (beachte Tabelle 10-14).

**Tabelle 10-14** Angaben zum Ansatz des Verdichtungserddrucks nach Bild 10-54 (nach DIN 4085)

| Nachgiebigkeit der Wand | Breite $B$ des zu verfüllenden Raums ||
|---|---|---|
| | $B \leq 1{,}00$ m | $B \leq 2{,}50$ m |
| nachgiebig | $e_{vh} = 25$ kN/m² $z_a = 2{,}00$ m ||
| unnachgiebig | $e_{vh} = 40$ kN/m² | $e_{vh} = 25$ kN/m² |
| | für Zwischenwerte von B darf geradlinig interpoliert werden. ||

### 10.12.2 Silodruck

Ist z. B. der Hinterfüllbereich von Stützbauwerken begrenzt, tritt ggf. Silodruck auf (Bild 10-55). Dies gilt z. B. bei dicht vor steilen Felsböschungen hergestellten Stützkonstruktionen und bei gestaffelten oder nebeneinander angeordneten Stützbauwerken. Wegen der geringen Abstände der benachbarten Wände kann sich der Erddruck im aktiven Zustand ab der Tiefe von $\approx z > b \cdot \tan\vartheta_{ag}$ nicht mehr so ausbilden, wie das bei einem seitlich unbegrenzten Hinterfüllbereich möglich ist. Die Hinterfüllung übt dann einen mit der Tiefe $z$ zunehmend degressiven Erddruck auf die Stützkonstruktion aus, der einem Grenzwert zustrebt und kleiner ist als der Erddruck nach *Coulomb*. Die Horizontalkomponente dieses Silodrucks ergibt sich zu (die in der eckigen Klammer stehende Größe $e_n$ ist die Basis der natürlichen Logarithmen und nicht etwa ein Erddruck)

$$e_{Sh} = \frac{\gamma \cdot b}{2 \cdot \tan\delta} \cdot \left[1 - e_n^{(-2 \cdot K_{Sh} \cdot \frac{z}{b} \cdot \tan\delta)}\right] \qquad \text{Gl. 10-169}$$

mit den an der Wand geltenden Beziehungen

$$K_{Sh} = \frac{e_{Sh}}{\sigma_z} \quad \text{und} \quad \sigma_z < \gamma \cdot z \qquad \text{Gl. 10-170}$$

Sind die Wände unnachgiebig und ist davon auszugehen, dass sich der Boden im Ruhezustand befindet, ist

$$K_{Sh} = K_{0gh} \qquad \text{Gl. 10-171}$$

zu setzen. Kann angenommen werden, dass zwischen den Wänden der aktive Zustand herrscht, ist mit

$$K_{Sh} = K_{agh} \qquad \text{Gl. 10-172}$$

zu rechnen. Wegen der Setzungen des Bodens zwischen den Wänden und der Reibung an den Wänden gilt für den Neigungswinkel des Silodrucks $\delta > 0°$.

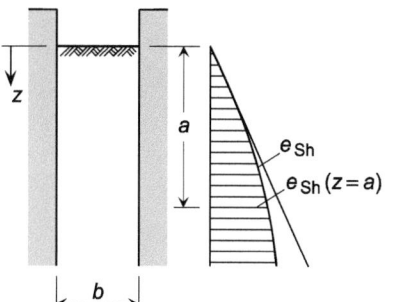

**Bild 10-55** Silodruck im verfüllten Zwischenraum der Breite *b* von zwei parallelen Wänden (nach DIN 4085)

### 10.12.3 Erddruck bei dynamischen Anregungen des Bodens

Auf Grundbauwerke einwirkender Erddruck kann auch auf dynamischen Einflüssen basieren. Zu solchen dynamischen Einwirkungen gehören u. a. Erdbeben oder Verkehrslasten. Die Größe des dynamischen Erddrucks wird dabei zusätzlich beeinflusst durch Eigenschaften des Hinterfüllmaterials (z. B. Verflüssigungsneigung und dynamische Verdichtbarkeit) sowie von dem Typ des eingesetzten Stützbauwerks selbst.

Nach DIN 4085 darf die gesamte horizontale dynamische Erddruckkraft näherungsweise quasistatisch ermittelt werden. Die zur Verfügung gestellte Gleichung (g ist die Erdbescheunigung)

$$E_{a,dyn,h} = \frac{E_{agh}}{\tan(\vartheta_{ag} - \phi)} \cdot \frac{a}{g} \qquad \text{Gl. 10-173}$$

basiert auf ebenen Gleitflächen, verlangt die Annahme eines Wertes *a* für die Horizontalbeschleunigung und verwendet als maßgebenden Gleitflächenwinkel $\vartheta_{ag}$ den Winkel, der sich nur unter Berücksichtigung der statischen Eigenlast des Bodens und durch Variation des Gleitflächenwinkels ergibt.

### 10.12.4 Erddruck bei vertikaler Durchströmung des Bodens

Bei überwiegend vertikal durchströmtem Boden darf die Wirkung der Strömungskräfte auf den Erddruck näherungsweise durch eine Änderung der Wichte des Bodens um $\Delta\gamma$ berücksichtigt werden.

Bei nach unten gerichteter Strömung ist die Wichte des Bodens mit den Größen aus Bild 10-56 um

$$\Delta\gamma_\downarrow = \frac{0{,}7 \cdot h}{h_1 + \sqrt{h_1 \cdot t}} \cdot \gamma_w \qquad \text{Gl. 10-174}$$

zu erhöhen. Eine Verminderung um

$$\Delta\gamma_\uparrow = \frac{0{,}7 \cdot h}{t + \sqrt{h_1 \cdot t}} \cdot \gamma_w \qquad \text{Gl. 10-175}$$

ist bei nach oben gerichteter Strömung anzusetzen (Bild 10-56). Die in den beiden Gleichungen verwendete Größe $\gamma_w$ ist die Wichte des Wassers.

Weitergehende Berechnungsansätze zum Erddruck unter Berücksichtigung der Strömungskräfte bei überwiegend vertikaler Durchströmung des Bodens finden sich in den EAB und den EAU 2012.

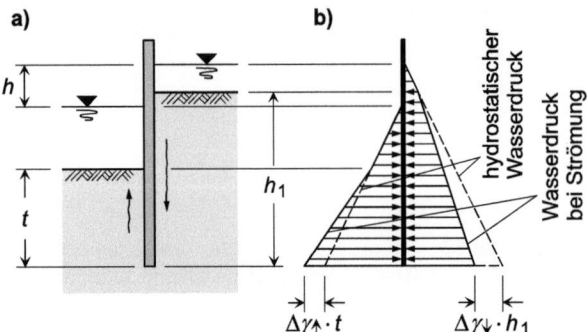

**Bild 10-56** Beispiel für eine überwiegend vertikale Durchströmung des Bodens in der Umgebung einer Stützkonstruktion (nach DIN 4085)
a) Stützsystem und Bezeichnungen
b) Wasserdruck

## 10.13 Zwischenwerte des Erddrucks

Erddrücke, die nicht dem aktivem Erddruck, dem Erdruhedruck oder dem passiven Erddruck entsprechen, sind nach DIN 4085, 7.1 als Zwischenwerte einzustufen (vgl. hierzu Tabelle 10-4 und Tabelle 10-5). Sie treten auf, wenn die für die genannten speziellen Erddrücke zu fordernden Bedingungen nicht eingehalten sind, oder wenn sich diese Bedingungen ändern.

Nach DIN 4085, 7.1 sind Zwischenwerte des Erddrucks näherungsweise durch Interpolation zwischen den Fällen aktiver Erddruck – Erdruhedruck bzw. Erdruhedruck – passiver Erddruck zu berechnen (siehe hierzu z. B. [7] und [8]).

### 10.13.1 Erddruck zwischen aktivem Erddruck und Erdruhedruck

Ist einerseits mit einem Erddruck zu rechnen, der größer ist als der aktive Erddruck, und liegen andererseits die zum Erdruhedruck gehörenden Bedingungen nicht vor, darf die Erddruckkraft $E'_a$ ($E_a \leq E'_a \leq E_0$) mit

$$E'_a = E_a \cdot \mu + E_0 \cdot (1-\mu) \qquad \text{Gl. 10-176}$$

berechnet werden. Für die jeweils zu wählende Größe von $\mu$ muss, abhängig von den jeweiligen Gegebenheiten, $0 \leq \mu \leq 1$ gelten. Für die Neigungsbeiwerte des Erddrucks, die der Berechnung von $E_a$ und $E_0$ zugrunde gelegt werden, gilt in der Regel $\delta_a \neq \delta_0$.

### 10.13.2 Erddruck zwischen Erdruhedruck und passivem Erddruck

Der Erddruck, dessen Größe zwischen der des Erdruhedrucks und der des passiven Erddrucks (Erdwiderstand) liegt, lässt sich durch eine Interpolation zwischen dem Erdruhedruck und dem passiven Erddruck ermitteln. Die Interpolation basiert auf zwei Bewegungen zwischen Wand und Boden. Die eine ist die tatsächlich auftretende Wandbewegung und die andere die zur Erzeugung des Erdwiderstands erforderliche. Bezüglich näherer Einzelheiten der Interpolation siehe Abschnitt 10.10.4.

# 11 Grundbruch

## 11.1 Allgemeines

Werden flach gegründete Fundamente wachsenden Vertikallasten $N$ unterworfen, können sich Lastsetzungsverläufe ergeben, wie sie in Bild 11-2 dargestellt sind. Die dabei erreichten Grenzlasten sind mit einem Versagenszustand des Baugrunds verbunden, der als „Grundbruch" bezeichnet wird (Bild 11-1).

Bild 11-1  Im Labor herbeigeführter Grundbruch (Bildausschnitt eines Modellversuchs)

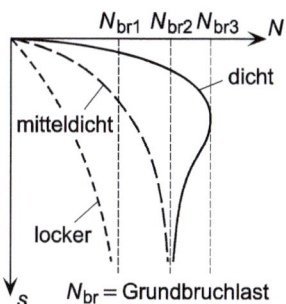

Bild 11-2  Lastsetzungsverläufe von Fundamenten unter vertikalen Lasten $N$

In diesem Zustand wird der Scherwiderstand des Bodens in mehr oder weniger ausgeprägten Gleitzonen überwunden, die sich in dem durch das Fundament belasteten Baugrund ausgebildet haben (Bild 11-1 und Bild 11-3). Das aus Fundament und Bodenkörper bestehende System befindet sich dann in einem instabilen Gleichgewicht, wobei der Boden schollenförmig zur Seite hin herausgeschoben wird.

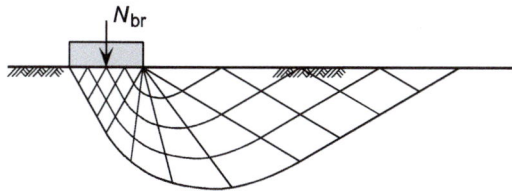

Bild 11-3  Gleitflächen beim Grundbruch

## 11.2 DIN-Normen

Für die Berechnung des Grundbruchs von lotrecht und mittig sowie schräg und außermittig belasteten Flachgründungen sind Grundlagen, Erläuterungen und Beispiele in
– DIN 1054 [20], DIN 4017 [27], DIN 4017 Beiblatt 1 [28], DIN 4123 [59], DIN EN 1997-1 [100] und DIN EN 1997-1/NA [102]

zusammengestellt.

## 11.3 Begriffe

*Grundbruch* infolge der Gründungskörperbelastung eintretendes Versagen des Baugrunds durch Überwindung der Scherfestigkeit des Bodens.

*Grundbruchwiderstand* Widerstand des Bodens beim Eintreten des Grundbruchs.

*Grundbruchlast* Beanspruchung senkrecht zur Fundamentsohlfläche, die beim Eintritt des Grundbruchs vom Gründungskörper auf den Baugrund übertragen wird.

*Sohldruckresultierende* aus allen Einwirkungen sich ergebende Kraft in der Sohlfuge.

## 11.4 Einflussgrößen und Modelle des Versagenszustands

Die Größe des Grundbruchwiderstands bzw. der Grundbruchlast wird u. a. beeinflusst durch Parameter wie
- Scherfestigkeit $\tau$ des Bodens (bestimmt durch Kohäsion $c$ und Reibungswinkel $\varphi$),
- Gründungstiefe $d$,
- Fundamentbreite $b$.

Zur theoretischen Beschreibung des Versagenszustands wird davon ausgegangen, dass
- sich der gesamte mit dem Fundament bewegende Boden im plastischen Zustand befindet, d. h., in jedem Punkt dieser Zone ist die Fließbedingung erfüllt (Zonenbruch),
- der sich mit dem Fundament bewegende Bodenbereich ein Monolith ist oder auch durch mehrere monolithische Elemente modelliert wird (Beispiel: Kinematische-Element-Methode (KEM) von *Gußmann* u. a. [171], Kapitel 1.10 und [184]), d. h., die Fließbedingung ist nur in der Gleitebene erfüllt.

## 11.5 Theorie von *Prandtl*

Von *Prandtl* wurde in [232] eine Theorie entwickelt, die auch in DIN 4017 noch in Teilen berücksichtigt wird.

### 11.5.1 Voraussetzungen

Die nach der Theorie von *Prandtl* ermittelbaren Grundbruchspannungen $\sigma_{0f}$ gelten unter den Voraussetzungen, dass gemäß Bild 11-4
- der Grundbruch unter einer konstanten, vertikalen Streifenlast auftritt (ebener Deformationszustand),
- in der Fundamentsohle keine Schub-, sondern nur die konstante Normalspannung $\sigma_{0f}$ wirkt, die somit eine Hauptspannung ist,
- eine durch die Gründungssohle gehende Ersatzoberfläche des Halbraums so angenommen werden kann, dass
  - der Bruch nur bis in deren Höhe geht und
  - der darüber liegende Boden der Wichte $\gamma_1$ als seitliche schlaffe Auflast und Hauptspannung der Größe $\sigma_s = \gamma_1 \cdot d$ anzusehen ist,
- die Eigenlast des homogenen und isotropen Bodens unterhalb der Gründungssohle vernachlässigt werden kann,
- der plastische Körper durch eine Gleitfläche gegen den übrigen Halbraum abgegrenzt wird.

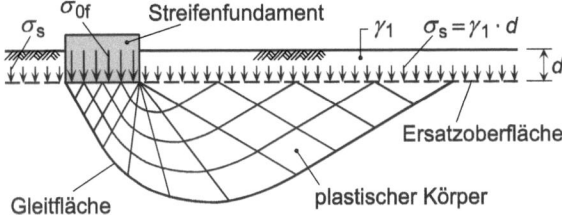

**Bild 11-4** Durch Streifenfundamentlast $\sigma_{0f}$ und Bodenauflast $\sigma_s$ belasteter plastischer Körper

Der plastische Körper gliedert sich in die drei Teilzonen (Bild 11-5)
- aktive *Rankine*-Zone (mit der vertikal gerichteten großen Hauptspannung $\sigma_{0f}$),
- passive *Rankine*-Zone (mit der vertikal gerichteten kleinen Hauptspannung $\sigma_s$),
- Übergangszone, die die aktive *Rankine*-Zone mit der passiven *Rankine*-Zone verbindet.

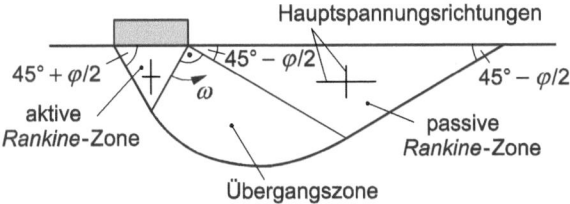

**Bild 11-5** Zonen des plastizierten Erdkörpers

### 11.5.2 Spannungs- und Winkelbeziehungen in den *Rankine*-Zonen

Für die in der aktiven und der passiven *Rankine*-Zone des plastizierten Erdkörpers herrschenden Spannungen wird angenommen, dass sie, mit den Hauptspannungen $\sigma_1 > \sigma_3$ (Bild 11-6), die Fließbedingung von *Mohr*

$$\sigma_1 - \sigma_3 = 2 \cdot c \cdot \cos\varphi + (\sigma_1 + \sigma_3) \cdot \sin\varphi \qquad \text{Gl. 11-1}$$

erfüllen.

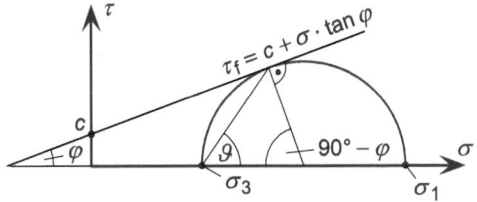

**Bild 11-6** *Mohr*'scher Spannungskreis bei bindigem Boden

Mit der großen Hauptnormalspannung $\sigma_1 = \sigma_{0f}$ der aktiven *Rankine*-Zone (Bild 11-5) ergibt sich aus Gl. 11-1 die für diese Zone geltende Beziehung

$$\sigma_3 = \frac{\sigma_{0f} \cdot (1 - \sin\varphi) - 2 \cdot c \cdot \cos\varphi}{1 + \sin\varphi} \qquad \text{Gl. 11-2}$$

Das Einsetzen der kleinen Hauptnormalspannung $\sigma_3 = \sigma_s$ der passiven *Rankine*-Zone (Bild 11-5) in Gl. 11-1 liefert die für diese Zone geltensde Beziehung

$$\sigma_1 = \frac{\sigma_s \cdot (1+\sin\varphi) + 2 \cdot c \cdot \cos\varphi}{1-\sin\varphi} \qquad \text{Gl. 11-3}$$

Der Neigungswinkel der Gleitflächen gegen die Wirkungsrichtung der kleinen Hauptspannungen ergibt sich zu

$$\vartheta = \frac{180° - (90° - \varphi)}{2} = 45° + \frac{\varphi}{2} \qquad \text{Gl. 11-4}$$

(vgl. auch Abschnitt 10.6). Für die vertikal bzw. horizontal gerichteten Hauptspannungen der *Rankine*-Zonen in Bild 11-5 bedeutet dies, dass $\vartheta$ in der aktiven Zone der Winkel der Gleitflächenneigung gegen die Horizontale und in der passiven Zone der Winkel der Gleitflächenneigung gegen die Vertikale ist.

### 11.5.3 Bedingungen in der Übergangszone, *Prandtl*-Zone

Die mit Gl. 11-4 berechenbaren Neigungen der konjugierten Gleitflächen führen bei der mit $\sigma_{0f}$ belasteten aktiven *Rankine*-Zone zu einer keilförmigen Form, deren Abmessungen bekannt sind bzw. sich leicht ermitteln lassen. Im Falle der passiven *Rankine*-Zone liegt nur eine Grenzlinie, nicht aber die Größe der Zone fest.

Bezüglich des Spannungszustands in der Übergangszone (*Prandtl*-Zone) von aktiver zu passiver *Rankine*-Zone ist zu fordern, dass

– er die Gleichgewichtsbedingungen befriedigt und von der Tiefe unterhalb der Gründungssohle nicht beeinflusst wird,
– er die Fließbedingung von *Mohr* aus Gl. 11-1 erfüllt,
– der Übergang seiner Hauptspannungen in die Hauptspannungen der *Rankine*-Zonen hinsichtlich Größe und Richtung stetig verläuft.

Da die großen Hauptspannungen der aktiven und der passiven *Rankine*-Zone unterschiedliche Richtungen und Größen haben, muss in der *Prandtl*-Zone das Hauptspannungskreuz, bei gleichzeitiger Änderung der Hauptspannungsgrößen, so gedreht werden, dass an den Übergängen zu den *Rankine*-Zonen seine Ausrichtungen mit denen der *Rankine*-Zonen übereinstimmen.

Für die Gleitflächen der *Prandtl*-Zone bedeuten diese Bedingungen, dass

– die konjugierten Gleitflächenscharen sich unter den Winkeln $90° \pm \varphi$ schneiden müssen (Bild 11-7),
– eine Schar der konjugierten Gleitflächen an die Begrenzungsflächen der aktiven und der passiven *Rankine*-Zone stetig differenzierbar anschließen muss.

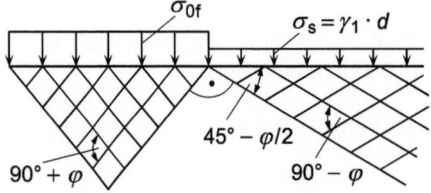

**Bild 11-7** Konjugierte Gleitflächen in aktiver (links) und in passiver *Rankine*-Zone (rechts)

### 11.5.4 Grundbruchformel nach *Prandtl*, Lösung für die Übergangszone

Zur Erfüllung der in Abschnitt 11.5.3 genannten Bedingungen führt *Prandtl* in Zylinderkoordinaten die *Airy*'sche Spannungsfunktion

$$F = \frac{r^2}{2} \cdot f(\psi) \qquad \text{Gl. 11-5}$$

ein. Die Radiuskoordinate ist $r$, und die an der Grenzlinie zur passiven *Rankine*-Zone beginnende Winkelkoordinate wird mit $\psi$ bezeichnet (Bild 11-8). Der Ursprung des Koordinatensystems liegt im Eckpunkt A des Streifenfundaments.

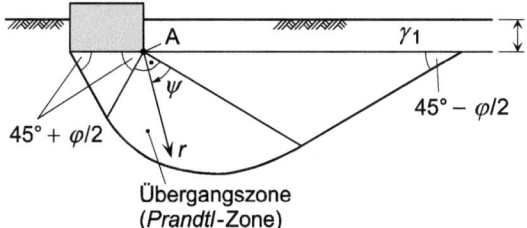

**Bild 11-8** Koordinaten $\psi$ und $r$ für die Spannungsfunktion in der *Prandtl*-Zone

Mit den sich aus Gl. 11-5 ergebenden Normal- und Schubspannungen im Zylinderkoordinatensystem (vgl. Bild 6-1)

$$\sigma_r = \frac{1}{r^2} \cdot \frac{\partial^2 F}{\partial \psi^2} + \frac{1}{r} \cdot \frac{\partial F}{\partial r} \qquad \sigma_t = \frac{\partial^2 F}{\partial r^2} \qquad \tau = -\frac{\partial}{\partial r} \cdot \left( \frac{1}{r} \cdot \frac{\partial r}{\partial \psi} \right) \qquad \text{Gl. 11-6}$$

ergibt sich eine Differentialgleichung für $f(\psi)$, deren Lösung (vgl. hierzu [232]), unter Berücksichtigung der in Abschnitt 11.5.3 aufgeführten Bedingungen, zu der Gleichung für die Sohlnormalspannung in der Gründungsfuge beim Grundbruch

$$\sigma_{0f} = \sigma_s \cdot \frac{1+\sin\phi}{1-\sin\phi} \cdot e^{\pi \cdot \tan\phi} + c \cdot \left( \frac{1+\sin\phi}{1-\sin\phi} \cdot e^{\pi \cdot \tan\phi} - 1 \right) \cdot \cot\phi \qquad \text{Gl. 11-7}$$

führt.

Mit den Größen ($N_d$ und $N_c$ werden „Tragfähigkeitsbeiwerte" genannt)

$$\sigma_s = \gamma_1 \cdot d \qquad N_d = \frac{1+\sin\phi}{1-\sin\phi} \cdot e^{\pi \cdot \tan\phi} \qquad N_c = \left( \frac{1+\sin\phi}{1-\sin\phi} \cdot e^{\pi \cdot \tan\phi} - 1 \right) \cdot \cot\phi \qquad \text{Gl. 11-8}$$

ergibt sich die Grundbruchgleichung von *Prandtl*

$$\sigma_{0f} = \gamma_1 \cdot d \cdot N_d + c \cdot N_c \qquad \text{Gl. 11-9}$$

Bild 11-9 zeigt die beiden konjugierten Gleitflächenscharen der *Prandtl*-Zone. Die eine Schar wird durch logarithmische Spiralen und die andere durch Geraden beschrieben, die von dem im Eckpunkt des Fundaments liegenden Pol der Spirale strahlenförmig ausgehen. Die beiden Gleitflächenscharen schließen Winkel der Größe $90° \pm \varphi$ ein.

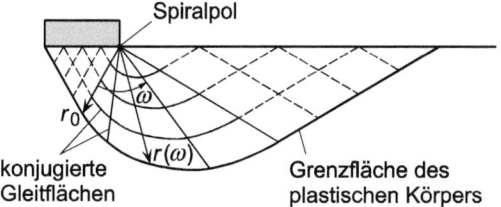

**Bild 11-9** Verläufe der konjugierten Gleitflächen in der *Prandtl*-Zone

Bezüglich der mathematischen Erfassung der Spiralform diene das Beispiel der zu $r_0$ (Bild 11-9) gehörenden Spirale. Sie genügt der Gleichung

$$r = r(\omega) = r_0 \cdot e^{\text{arc } \omega \cdot \tan\phi} \qquad \text{Gl. 11-10}$$

wobei $\omega$ den Winkel zwischen der Grenzlinie zur aktiven *Rankine*-Zone und der entsprechenden Zylinderkoordinate $r$ erfasst (Bild 11-9).

## 11.6 Verfahren von *Buisman*

Zu den Voraussetzungen des Verfahrens von *Buisman* gehört u. a., dass
- der Gleitkörper dem von *Prandtl* entspricht,
- die Eigenlast (Wichte $\gamma_2$) des Bodens unterhalb der Gründungssohle berücksichtigt wird.

Um den Einfluss der Breite $b$ des Streifenfundaments auf die Größe der Grundbruchlast zu erfassen, wird eine Bedingung eingeführt, in die sowohl die Fundamentbreite $b$ als auch die Wichte $\gamma_2$ eingehen. Diese Bedingung betrifft das Momentengleichgewicht an der *Prandtl*-Zone, für deren Spiralpol (Punkt A in Bild 11-10 a) die Gleichgewichtsbedingung lautet

$$\Sigma M_A = 0 \quad \Rightarrow \quad \frac{\sigma_{0f} \cdot b^2}{2} + M_1 - M_2 - M_3 = 0 \qquad \text{Gl. 11-11}$$

In ihr sind:

$M_1$ Moment aus $Q_1$ infolge der Eigenlast $G_1$ der aktiven *Rankine*-Zone,

$M_2$ Moment aus der Eigenlast $G_2$ der *Prandtl*-Zone (die Resultierende $Q_2$ der Gleitflächenspannungen, die gegen die Gleitflächennormale um den Winkel $\varphi$ geneigt ist, erbringt keinen Momentenanteil um den Punkt A, da dieser identisch ist mit dem Pol der logarithmischen Spirale),

$M_3$ Moment aus $Q_3$ infolge der Eigenlast $G_3$ der passiven *Rankine*-Zone und infolge von $\sigma_s$.

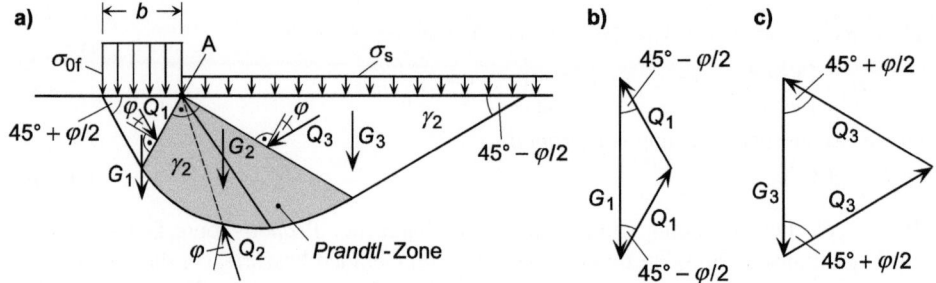

**Bild 11-10** Plastischer Körper und Kraftecke beim Verfahren nach *Buisman* bei nichtbindigem Boden
 a) Durch Streifenfundamentlast $\sigma_{0f}$ und Bodenauflast $\sigma_s$ belasteter plastischer Körper
 b) Krafteck zum Gleichgewicht bei Eigenlast der aktiven *Rankine*-Zone
 c) Krafteck zum Gleichgewicht bei Eigenlast der passiven *Rankine*-Zone

Die Auflösung von Gl. 11-11 nach $\sigma_{0f}$ und die Gleichsetzung gemäß

$$\sigma_{0f} = 2 \cdot \frac{M_2 + M_3 - M_1}{b^2} = \gamma_2 \cdot b \cdot N_b \qquad \text{Gl. 11-12}$$

liefert einen Ausdruck, mit dem die Formel von *Prandtl* (Gl. 11-9) ergänzt wird, sodass die Grundbruchgleichung die Form

$$\sigma_{0f} = \gamma_1 \cdot d \cdot N_d + c \cdot N_c + \gamma_2 \cdot b \cdot N_b \qquad \text{Gl. 11-13}$$

annimmt. Gl. 11-13 stellt eine Näherung dar, da bei diesem Verfahren auf die Suche nach der ungünstigsten Gleitfuge verzichtet wird und stattdessen vereinfachend ein Rückgriff auf die Gleitlinie von *Prandtl* erfolgt. Darüber hinaus wird der Breitenterm einer Formel superponiert, die nur zum Teil auf den gleichen Grundlagen basiert.

## 11.7 Grundbruchsicherheit nach DIN 1054 und DIN 4017

### 11.7.1 Allgemeines

Die Ausführungen von DIN 4017 betreffen die Berechnung des Grundbruchwiderstands von Flachgründungen. Die dadurch erfassten Fundamente sind Streifenfundamente und gedrungene Fundamente, die als starr angenommen werden können. Diese Fundamente mit der Breite $b$ und der Einbindetiefe $d$ können lotrecht oder auch schräg, mittig oder auch außermittig belastet sein (Bild 11-11 und Bild 11-12).

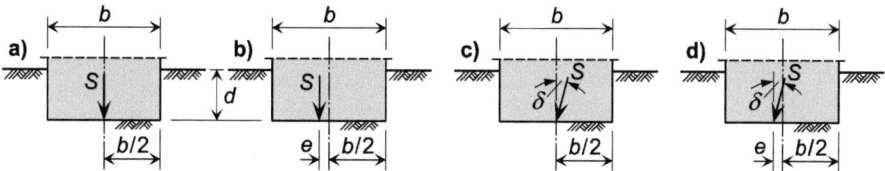

**Bild 11-11**  Mögliche Lagen der Resultierenden $S$ aller in den Sohlfugen von Streifenfundamenten wirkenden Beanspruchungen
a) lotrecht und mittig
b) lotrecht und außermittig
c) schräg und mittig
d) schräg und außermittig

Gemäß DIN 4017, 1 liegen der Norm Einbindetiefe-Breite-Verhältnisse von

$$\frac{d}{b} \leq 2 \qquad \text{Gl. 11-14}$$

zugrunde. Für solche Verhältnisse kann die Geländeoberfläche
– waagerecht oder auch
– geneigt (die lange Fundamentseite muss dann etwa parallel zu den Höhenlinien des Geländes verlaufen und die horizontale Komponente $T$ der Resultierenden der Einwirkungen etwa parallel zur kurzen Seite des Fundaments gerichtet sein)

sein. Bei Verhältnissen $(d/b) > 2$ liegen die berechneten Grundbruchwiderstände auf der sicheren Seite, wenn mit $(d/b) = 2$ gerechnet wird.

Bezüglich der Eigenschaften des im Grundbruchbereich anstehenden Bodens gelten die Berechnungen des Grundbruchwiderstands für

- nichtbindige Böden (Böden ohne plastische Eigenschaften) mit Lagerungsdichten
  - $D > 0{,}2$ (bei Ungleichförmigkeitszahlen $C_U \leq 3$) und
  - $D > 0{,}3$ (bei Ungleichförmigkeitszahlen $C_U > 3$)
  
  (entspricht nach EAB, Tabelle 1.1 mindestens einer lockeren Lagerung),
- bindige Böden (Böden mit plastischen Eigenschaften) mit Konsistenzzahlen $I_C > 0{,}5$ (mindestens weiche Konsistenz).

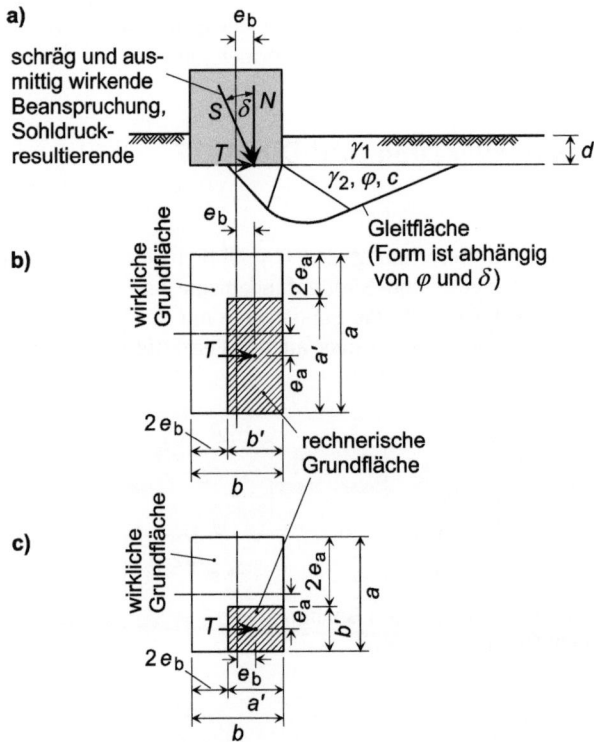

**Bild 11-12** Grundbruch unter einem in Richtung der kurzen Seite $b$ schräg und über beide Achsen ausmittig belasteten Fundament bei einheitlicher Schichtung im Bereich des Gleitkörpers ($b'$ ist immer die kürzere Seitenlänge); nach DIN 4017
a) Querschnitt, b) Grundriss, $T$ parallel zu $b'$, c) Grundriss, $T$ parallel zu $a'$

Die Berechnungsverfahren von DIN 4017 basieren auf der Annahme, dass die Scherparameter in jeder der durch den Bruch betroffenen Bodenschichten richtungsunabhängig sind.

Ist der durch den Bruch betroffene Boden geschichtet, darf er nach DIN 4017, 6.2 wie homogener Baugrund behandelt werden, wenn die Werte der Reibungswinkel der einzelnen Schichten um $\leq 5°$ vom gemeinsamen arithmetischen Mittelwert abweichen (zur Mittelwertbildung der Bodenkenngrößen sind die einzelnen Schichtparameter entsprechend ihrem Einfluss auf den Grundbruchwiderstand gewichtet zu erfassen). Bei Nichterfüllung dieser Forderung sind z. B. die ungünstigsten Gleitflächen gemäß DIN 4084 [45] mit Hilfe von starren Bruchkörpern auf geraden Gleitlinien zu suchen. Überlagert eine festere Schicht eine weiche Schicht, ist nach DIN 4017, Anhang B zu prüfen, ob der Grundbruchwiderstand auch nach der Durchstanzbedingung zu ermitteln ist.

In Fällen, in denen zur Ermittlung des Grundbruchwiderstands die Berechnungsverfahren aus DIN 4017, 7.2 nicht angewendet werden können, sind nach DIN 4017, 7.3 besondere Verfahren einzusetzen. Hierzu gehören Verfahren der Plastizitätstheorie wie auch Verfahren von DIN 4084 [45] (siehe vorigen Absatz). Möglich sind auch Modellversuche oder Probebelastungen.

### 11.7.2 Anwendungserfordernisse

Die Führung von Nachweisen der Grundbruchsicherheit ist nur dann erforderlich, wenn
– sie in DIN 1054 verlangt wird oder
– die zulässigen Sohldrücke in einfachen Fällen nach DIN 1054 überschritten werden.

Besonders bedeutsam ist die Grundbruchberechnung bei
– Gründungskörpern mit geringer Gründungstiefe oder -breite,
– Böden mit geringem Scherwiderstand.

Zur Durchführung einer Grundbruchberechnung sind als Unterlagen erforderlich:
– Angaben zur allgemeinen Durchbildung des Bauwerks,
– Abmessungen und Tiefe des Gründungskörpers,
– Baugrundaufschlüsse gemäß der einschlägigen DIN-Normen,
– charakteristische Kenngrößen des Baugrunds, vor allem der Scherparameter (bei bindigen Böden für den nicht konsolidierten Anfangs- und den konsolidierten Endzustand) und der Wichten der einzelnen Schichten im Bereich der Gleitfläche und der Bodenauflast.

### 11.7.3 Kenngrößen des Baugrunds

Gemäß Abschnitt 11.7.2 müssen für den rechnerischen Nachweis der Grundbruchsicherheit die charakteristischen Scherparameter und Bodenwichten der einzelnen Schichten im Bereich der Gleitfläche und die charakteristischen Bodenwichten der einzelnen Schichten im Bereich der Bodenauflast bekannt sein.

Bei den charakteristischen Scherparametern ist grundsätzlich zwischen denen des dränierten Zustands ($\varphi'_k$, $c'_k$) und denen des undränierten Zustands ($\varphi_{u,k}$, $c_{u,k}$) zu unterscheiden. Während bei nichtbindigen Böden immer mit $\varphi'_k = \varphi_k$ und $c'_k = 0$ zu rechnen ist, muss bei bindigem Boden ggf. geprüft werden, ob $\varphi_{u,k}$ und $c_{u,k}$ (Anfangsstandsicherheit) oder $\varphi'_k$ und $c'_k$ (Endstandsicherheit) zu der geringeren Grundbruchsicherheit führt.

Als Bodenwichten müssen bei homogenen Baugrundgegebenheiten gemäß Bild 11-12 die charakteristische Wichte $\gamma_{1,k}$ im Bereich der Bodenauflast und die charakteristische Wichte $\gamma_{2,k}$ im Bereich der Gleitfläche bekannt sein. Ist der Boden im Bereich der Bodenauflast geschichtet, ist $\gamma_{1,k}$ der gewichtete Mittelwert der Wichten der Bodenschichten dieses Bereichs. Ist der Baugrund innerhalb des Gleitflächenbereichs geschichtet, darf nach DIN 4017, 6.2 der Grundbruchnachweis wie bei homogenem Baugrund geführt werden, wenn die Reibungswinkelwerte der einzelnen Schichten um $\leq 5\%$ vom gemeinsamen arithmetischen Mittelwert abweichen. Andernfalls sind die ungünstigsten Gleitflächen z. B. nach dem Verfahren mit starren Bruchkörpern auf geraden Gleitlinien gemäß DIN 4084 [45] zu ermitteln.

Darf der geschichtete Baugrund im Gleitflächenbereich wie homogener Boden behandelt werden, sind die einzelnen Schichtparameter gewichtet zu mitteln. Diese Mittlung ist so vorzunehmen, dass sich
- die Bodenwichte durch Wichtung der Anteile der Teilflächen der Einzelschichten an der Querschnittsfläche des gesamten Grundbruchkörpers,
- der Reibungswinkel und die Kohäsion durch Wichtung der zu den Einzelschichten gehörenden Gleitlinienabschnitte an der Gesamtlänge der Gleitlinie

ergeben. Zur iterativen Berechnung der Abmessungen des Gleitkörpers sei auf Abschnitt 11.7.13 verwiesen.

### 11.7.4 Nachweis der Grundbruchsicherheit gemäß DIN 1054 und DIN EN 1997-1

Ausreichende Grundbruchsicherheit besteht nach Abschnitt 6.5.2 von DIN 1054 und DIN EN 1997-1 unter der Voraussetzung, dass für den Grenzzustand GEO-2 (Grenzzustand des Versagens von Bauwerken, Bauteilen und Baugrund) die Bedingung

$$N_d \leq R_{n,d} \qquad \text{Gl. 11-15}$$

erfüllt ist. Bezüglich der Bemessungswerte $N_d$ der Einwirkungen und $R_{n,d}$ der Widerstände sei auf die Abschnitte 11.7.2, 11.7.5 und 11.7.6 verwiesen. Der Nachweis für ausreichende Grundbruchsicherheit lässt sich statt mit Gl. 11-15 auch mit dem entsprechenden Ausnutzungsgrad $\mu$ in Form von

$$\mu = \frac{N_d}{R_{n,d}} \leq 1 \qquad \text{Gl. 11-16}$$

führen.

Für den Nachweis der Grundbruchsicherheit sind die maßgebenden (das ungünstigste Verhältnis gemäß Gl. 11-15 bzw. Gl. 11-16 erzeugenden) Kombinationen von ständigen und ungünstigen veränderlichen Einwirkungen zu berücksichtigen, insbesondere die Kombination der
- größten Normalkraft $N_{k,max}$ und der zugehörigen größten Tangentialkraft $T_{k,max}$,
- kleinsten Normalkraft $N_{k,min}$ und der zugehörigen größten Tangentialkraft $T_{k,max}$.

Erfasst der Grundbruchsicherheitsnachweis die schnelle Belastung gesättigter bindiger Böden, ist er mit dem Scherparameter $c_{u,k}$ des undränierten Zustands zu führen ($\varphi_{u,k} = 0°$).

### 11.7.5 Einwirkungen

Die bei Grundbruchberechnungen zu berücksichtigenden Einwirkungen sind (siehe Bild 11-13 und Bild 11-14)
- oberhalb der Oberkante des Gründungskörpers eingeprägte Lasten (z. B. der Winddruck in Bild 11-14),
- die Eigenlast des Gründungskörpers (in Bild 11-13 die Summe der Eigenlast $G_1$ des Grundkörpers und der dazugehörigen Lasten $G_2$ aus der Erd- und $G_W$ aus der Wasserauflast),
- die Belastung aus dem Sohlwasserdruck (nicht immer identisch mit dem Auftrieb, wie z. B. aus Bild 11-13 ersichtlich),
- Lasten aus Erddruck (Bild 11-14) und seitlichem Wasserdruck,
- sonstige Horizontallasten am Gründungskörper; vor allem die zur Sohlfläche parallel wirkende Bodenreaktionskomponente $B_k$ an der Stirnseite des Fundaments (darf nach DIN 1054, 6.5.5.2

A (10) höchstens so groß sein wie die charakteristische Beanspruchung $T_k$ in der Sohlfläche bzw. höchstens mit der Größe

$$B_k = 0{,}5 \cdot E_{p,k} \qquad \text{Gl. 11-17}$$

angesetzt werden; $E_{p,k}$ ist dabei der mit dem Erddruckneigungswinkel $\delta = 0°$ zu ermittelnde charakteristische Erdwiderstand),
- ggf. zusätzliche Massenkräfte wie z. B. Strömungskräfte und dynamische Lasten, die eine starke Verringerung des Grundbruchwiderstands bewirken können (die Bestimmungen von DIN 4017 sind auf Fälle mit solchen Kräften nicht anwendbar).

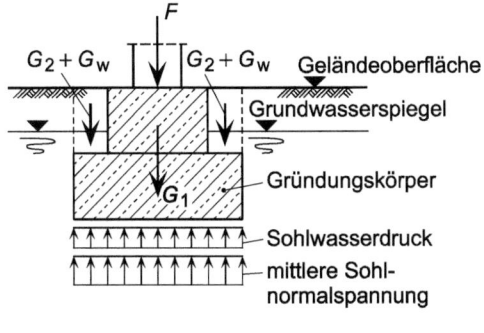

**Bild 11-13** Einwirkungen für eine Grundbruchberechnung (nach [29])

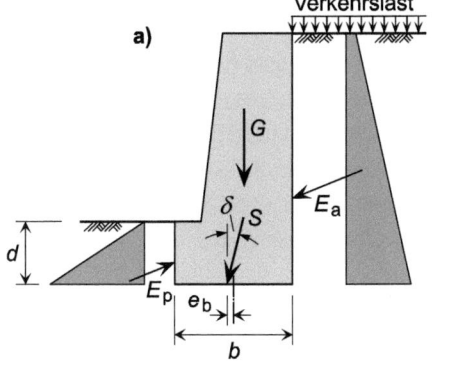 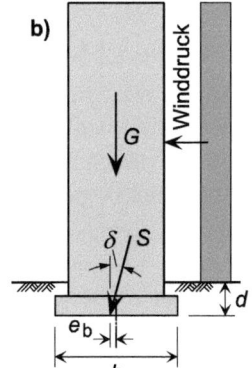

**Bild 11-14** Beispiele für schräg und außermittig belastete Flachgründungen
  a) durch Eigenlast $G$ sowie durch aktive ($E_a$) und passive ($E_p$) Erddruckkraft belastete Stützmauer
  b) durch Eigenlast $G$ und Winddruck belastetes Hochhaus

Sind alle charakteristischen Beanspruchungen rechtwinklig zur Sohlfläche des Gründungskörpers bekannt und in den ständigen Anteil $N_{G,k}$ sowie den ungünstigen veränderlichen Anteil $N_{Q,k}$ aufgeteilt, kann der zugehörige Bemessungswert für den Grenzzustand GEO-2 mit den entsprechenden Teilsicherheitsbeiwerten aus Tabelle 11-1 durch

$$N_d = N_{G,k} \cdot \gamma_G + N_{Q,k} \cdot \gamma_Q \qquad \text{Gl. 11-18}$$

berechnet werden.

**Tabelle 11-1** Teilsicherheitsbeiwerte von DIN 1054 für die Grundbruchsicherheit, gemäß Tabelle 7-1 und Tabelle 7-2 (GEO-2: Grenzzustand des Versagens von Bauwerken, Bauteilen und Baugrund)

| Teilsicherheitsbeiwert | Bemessungssituation | | |
|---|---|---|---|
| | BS-P | BS-T | BS-A |
| $\gamma_G$ | 1,35 | 1,20 | 1,10 |
| $\gamma_Q$ | 1,50 | 1,30 | 1,10 |
| $\gamma_{R,e}, \gamma_{R,v}$ | 1,40 | 1,30 | 1,20 |

### 11.7.6 Grundbruchwiderstände

Für die rechnerische Erfassung normal zur Sohlfläche wirkender charakteristischer Grundbruchwiderstände von Rechteck- und Quadratfundamenten ist gemäß DIN 4017, 7.2 die Gleichung

$$R_{n,k} = a' \cdot b' \cdot (\underbrace{\gamma_{2,k} \cdot b' \cdot N_b}_{\text{Gründungsbreite}} + \underbrace{\gamma_{1,k} \cdot d \cdot N_d}_{\text{Gründungstiefe}} + \underbrace{c_k \cdot N_c}_{\text{Kohäsion}}) \qquad \text{Gl. 11-19}$$

mit den Tragfähigkeitsbeiwerten

$$N_b = N_{b0} \cdot \nu_b \cdot i_b \cdot \lambda_b \cdot \xi_b$$
$$N_d = N_{d0} \cdot \nu_d \cdot i_d \cdot \lambda_d \cdot \xi_d \qquad \text{Gl. 11-20}$$
$$N_c = N_{c0} \cdot \nu_c \cdot i_c \cdot \lambda_c \cdot \xi_c$$

zu verwenden. Die in Gl. 11-19 und in Gl. 11-20 verwendeten Größen sind (vgl. Bild 11-12):

- $a'$    rechnerische Länge (in m) der Gründungsfläche des ausmittig belasteten Gründungskörpers (bei fehlender Ausmittigkeit gilt $a' = a$, bei Streifenfundamenten gilt $a = 1$ lfdm),
- $b'$    rechnerische Breite (in m) der Gründungsfläche des ausmittig belasteten Gründungskörpers (bei fehlender Ausmittigkeit gilt $b' = b$ und immer $b' \leq a'$ bzw. $b \leq a$),
- $d$    kleinste Gründungstiefe (in m) unter Gelände bzw. unter Oberkante Kellersohle,
- $c_k$    charakteristischer Wert der Kohäsion des Bodens (in kN/m²), der, abhängig von den jeweiligen baulichen Gegebenheiten, mit $c'_k$ oder $c_{u,k}$ zu vereinbaren ist,
- $\gamma_{1,k}$    charakteristische Wichte des Bodens (gewichteter Mittelwert) oberhalb der Gründungssohle (in kN/m³),
- $\gamma_{2,k}$    charakteristische Wichte des Bodens unterhalb der Gründungssohle (in kN/m³),
- $N_{b0}$    Grundwert des Tragfähigkeitsbeiwerts für den Einfluss der Gründungsbreite $b$,
- $N_{d0}$    Grundwert des Tragfähigkeitsbeiwerts für den Einfluss der seitlichen charakteristischen Auflast $\gamma_{1,k} \cdot d$,
- $N_{c0}$    Grundwert des Tragfähigkeitsbeiwerts für den Einfluss der charakteristischen Kohäsion $c_k$,
- $\nu_b$    Formbeiwert für den Einfluss der Gründungsbreite $b$,
- $\nu_d$    Formbeiwert für den Einfluss der Tiefe $d$,
- $\nu_c$    Formbeiwert für den Einfluss der charakteristischen Kohäsion $c_k$,
- $i_b$    Lastneigungsbeiwert für den Einfluss der Gründungsbreite $b$,
- $i_d$    Lastneigungsbeiwert für den Einfluss der Tiefe $d$,
- $i_c$    Lastneigungsbeiwert für den Einfluss der charakteristischen Kohäsion $c_k$,
- $\lambda_b$    Geländeneigungsbeiwert für den Einfluss der Gründungsbreite $b$,

$\lambda_d$   Geländeneigungsbeiwert für den Einfluss der Tiefe $d$,
$\lambda_c$   Geländeneigungsbeiwert für den Einfluss der charakteristischen Kohäsion $c_k$,
$\xi_b$   Sohlneigungsbeiwert für den Einfluss der Gründungsbreite $b$,
$\xi_d$   Sohlneigungsbeiwert für den Einfluss der Tiefe $d$,
$\xi_c$   Sohlneigungsbeiwert für den Einfluss der charakteristischen Kohäsion $c_k$.

Die Lastneigungsbeiwerte nehmen für den Lastneigungswinkel $\delta = 0°$ jeweils die Größe 1 an. Entsprechendes gilt für die Geländeneigungsbeiwerte beim Geländeneigungswinkel $\beta = 0°$ und für die Sohlneigungsbeiwerte beim Sohlneigungswinkel $\alpha = 0°$.

Alle zur Ermittlung von $R_{n,k}$ benötigten Winkel sind in Altgrad einzusetzen.

Ist der charakteristische Grundbruchwiderstand $R_{n,k}$ bekannt, ergibt sich der zugehörige Bemessungswert mit dem Teilsicherheitsbeiwert $\gamma_{Gr}$ aus Tabelle 11-1 zu

$$R_{n,d} = \frac{R_{n,k}}{\gamma_{Gr}} \qquad \text{Gl. 11-21}$$

### 11.7.7 Grundwerte der Tragfähigkeitsbeiwerte und Formbeiwerte

Zur Erfassung des Einflusses von seitlicher Auflast (Index d), Gründungsbreite (Index b) und charakteristischer Kohäsion (Index c) werden in Gl. 11-19 bzw. in Gl. 11-20 die Grundwerte der Tragfähigkeitsbeiwerte

$$N_{d0} = e^{\pi \cdot \tan\phi_k} \cdot \tan^2\left(45° + \frac{\phi_k}{2}\right) \quad \text{(nach \textit{Prandtl})}$$

$$N_{b0} = (N_{d0} - 1) \cdot \tan\phi_k \qquad \text{Gl. 11-22}$$

$$N_{c0} = \frac{N_{d0} - 1}{\tan\phi_k}$$

verwendet. In Bild 11-15 ist ihr von $\varphi_k$ abhängiger Verlauf gezeigt (bei Böden im dränierten Zustand ist $\varphi_k$ mit $\varphi'_k$ und bei Böden im undränierten Zustand mit $\varphi_{u,k}$ zu vereinbaren), Tabelle 11-2 gibt für diskrete $\varphi_k$-Größen entsprechende Zahlenwerte an.

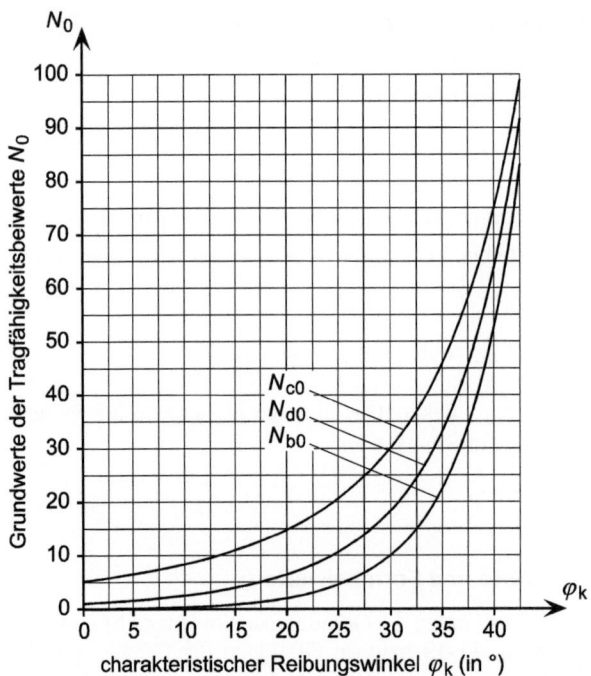

**Bild 11-15** Grundwerte der Tragfähigkeitsbeiwerte $N_{c0}$, $N_{d0}$ und $N_{b0}$ in Abhängigkeit vom charakteristischen Reibungswinkel $\varphi_k$ (nach DIN 4017)

**Tabelle 11-2** Grundwerte der Tragfähigkeitsbeiwerte $N_{c0}$, $N_{d0}$ und $N_{b0}$ in Abhängigkeit vom charakteristischen Reibungswinkel $\varphi_k$ (nach DIN 4017)

| $\varphi_k$ (in °) | $N_{c0}$ | $N_{d0}$ | $N_{b0}$ |
|---|---|---|---|
| 0    | 5,14  | 1,00  | 0    |
| 5    | 6,49  | 1,57  | 0,05 |
| 10   | 8,34  | 2,47  | 0,26 |
| 15   | 10,98 | 3,94  | 0,79 |
| 20   | 14,83 | 6,40  | 1,97 |
| 22,5 | 17,45 | 8,23  | 3,00 |
| 25   | 20,72 | 10,66 | 4,51 |
| 27,5 | 24,85 | 13,94 | 6,73 |
| 30   | 30,14 | 18,40 | 10,05 |
| 32,5 | 37,02 | 24,58 | 15,03 |
| 35   | 46,12 | 33,30 | 22,61 |
| 37,5 | 58,40 | 45,81 | 34,38 |
| 40   | 75,31 | 64,20 | 53,03 |
| 42,5 | 99,20 | 91,90 | 83,29 |

Zur Erfassung des Einflusses der Grundrissform der Fundamente auf die Grundbruchwiderstände werden in Tabelle 11-3 Formbeiwerte bzw. entsprechende Formeln für gängige Fundamentgrundrisse bereitgestellt.

## 11.7 Grundbruchsicherheit nach DIN 1054 und DIN 4017

**Tabelle 11-3** Formbeiwerte gängiger Fundamentgrundrisse (nach DIN 4017, Tabelle 2)

| Grundrissform | $v_b$ | $v_d$ | $v_c\ (\varphi_k \neq 0°)$ | $v_c\ (\varphi_k = 0°)$ |
|---|---|---|---|---|
| Streifen | 1,0 | 1,0 | 1,0 | 1,0 |
| Rechteck | $1 - 0{,}3 \cdot \dfrac{b'}{a'}$ | $1 + \dfrac{b'}{a'} \cdot \sin\phi_k$ | $\dfrac{v_d \cdot N_{d0} - 1}{N_{d0} - 1}$ | $1 + 0{,}2 \cdot \dfrac{b'}{a'}$ |
| Quadrat/Kreis | 0,7 | $1 + \sin\varphi_k$ | $\dfrac{v_d \cdot N_{d0} - 1}{N_{d0} - 1}$ | 1,2 |

### Anwendungsbeispiel

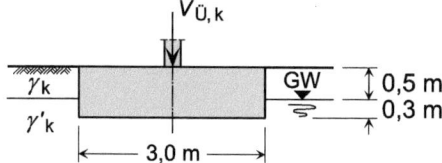

**Bild 11-16** Querschnitt eines im Grundriss quadratischen Fundaments, das in das Grundwasser eintaucht

Für das Fundament aus Bild 11-16, das
- 80 cm tief und in überkonsolidiertem Geschiebemergel eingebunden ist,
- beim niedrigsten Wasserstand 30 cm in das Grundwasser eintaucht,
- in der Bemessungssituation BS-P durch den charakteristischen Wert der Beanspruchung $V_{Ü,k}$ aus dem konstruktiven Überbau belastet ist und
- die charakteristische Wichte $\gamma_{b,k} = 24$ kN/m³ besitzt,

ist die zulässige Größe von $V_{Ü,d}$ für den Fall zu ermitteln, dass die Grundbruchsicherheit im Grenzzustand GEO-2 einzuhalten ist. Die für die Berechnung anzusetzenden charakteristischen Bodenkenngrößen sind:

| | |
|---|---|
| Wichte über dem Grundwasserspiegel | $\gamma_k = 22$ kN/m³ |
| Wichte unter dem Grundwasserspiegel | $\gamma'_k = 12$ kN/m³ |
| effektiver Reibungswinkel unter dem Grundwasserspiegel | $\varphi'_k = 30°$ |
| effektive Kohäsion unter dem Grundwasserspiegel | $c'_k = 25$ kN/m² |

### Lösung

**1. Grundwerte der Tragfähigkeitsbeiwerte und Formbeiwerte**

Aus Tabelle 11-2 bzw. Bild 11-15 ergeben sich mit $\varphi = \varphi'_k = 30°$ die Grundwerte der Tragfähigkeitsbeiwerte

$N_{b0} = 10{,}05$

$N_{d0} = 18{,}40$

$N_{c0} = 30{,}14$

und aus Tabelle 11-3 sowie den Abmessungen des quadratischen Fundaments die Formbeiwerte

$$v_d = 1,0 + \sin\phi'_k = 1,0 + \sin 30° = 1,5$$
$$v_b = 0,7$$
$$v_c = \frac{v_d \cdot N_{d0} - 1,0}{N_{d0} - 1,0} = \frac{1,5 \cdot 18 - 1,0}{18 - 1,0} = 1,53$$

## 2. Charakteristischer Grundbruchwiderstand und zugehöriger Bemessungswert

Mit der charakteristischen Wichte (gewichteter Mittelwert)
$$\gamma_{1,k} = \frac{0,5 \cdot \gamma_k + 0,3 \cdot \gamma'_k}{0,5 + 0,3} = \frac{0,5 \cdot 22,0 + 0,3 \cdot 12,0}{0,5 + 0,3} = \frac{14,6}{0,8} = 18,25 \text{ kN/m}^2$$

sowie $c_k = c'_k = 25$ kN/m² und den Größen aus Gl. 11-20

$$N_b = N_{b0} \cdot v_b \cdot i_b \cdot \lambda_b \cdot \xi_b = 10,05 \cdot 0,7 \cdot 1,0 \cdot 1,0 \cdot 1,0 = 7,04$$
$$N_d = N_{d0} \cdot v_d \cdot i_d \cdot \lambda_d \cdot \xi_d = 18,40 \cdot 1,5 \cdot 1,0 \cdot 1,0 \cdot 1,0 = 27,60$$
$$N_c = N_{c0} \cdot v_c \cdot i_c \cdot \lambda_c \cdot \xi_c = 30,14 \cdot 1,53 \cdot 1,0 \cdot 1,0 \cdot 1,0 = 46,11$$

berechnet sich der charakteristische Grundbruchwiderstand gemäß Gl. 11-19 zu
$$R_{n,k} = a' \cdot b' \cdot (\gamma_{2,k} \cdot b' \cdot N_b + \gamma_{1,k} \cdot d \cdot N_d + c_k \cdot N_c)$$
$$= a \cdot b \cdot (\gamma_{2,k} \cdot b \cdot N_b + \gamma_{1,k} \cdot d \cdot N_d + c_k \cdot N_c)$$
$$= 3,0 \cdot 3,0 \cdot (12 \cdot 3,0 \cdot 7,04 + 18,25 \cdot 0,8 \cdot 27,60 + 25,0 \cdot 46,11) = 16\,282 \text{ kN}$$

Mit ihm und dem zur Bemessungssituation BS-P gehörenden und aus Tabelle 11-1 entnehmbaren Teilsicherheitsbeiwert $\gamma_{R,v} = 1,40$ ergibt sich als Bemessungswert des Grundbruchwiderstands (Gl. 11-21)

$$R_{n,d} = \frac{R_{n,k}}{\gamma_{R,v}} = \frac{16\,282}{1,40} = 11629,8 \text{ kN}$$

## 3. Zulässiger Bemessungswert der Beanspruchung aus dem konstruktiven Überbau

Für den zulässigen Bemessungswert der Beanspruchungen rechtwinklig zur Sohlfläche des Fundaments (Gl. 11-15) gilt bei der vorgegebenen Aufgabenstellung
$$N_d = R_{n,d} = 11\,629,8 \text{ kN}$$

Er setzt sich zusammen aus dem Bemessungswert der Beanspruchung $V_{Ü,d}$ aus dem konstruktiven Überbau, dem Bemessungswert der als ständige Einwirkung (Teilsicherheitsbeiwert $\gamma_G = 1,35$ aus Tabelle 11-1) zu behandelnden Auftriebskraft (siehe DIN 1054, 9.3.2.3)

$$A_d = A_k \cdot \gamma_G = 3,0 \cdot 3,0 \cdot 0,3 \cdot \gamma_w \cdot \gamma_G = 2,7 \cdot 10,0 \cdot 1,35 = 36,5 \text{ kN}$$

und dem Bemessungswert der Fundamenteigenlast
$$V_{F,d} = V_{F,k} \cdot \gamma_G = 3,0 \cdot 3,0 \cdot 0,8 \cdot \gamma_{b,k} \cdot \gamma_G = 7,2 \cdot 24,0 \cdot 1,35 = 233,3 \text{ kN}$$

Die zulässige Größe des Bemessungswerts der Beanspruchung aus dem konstruktiven Überbau in der Bemessungssituation BS-P beträgt damit

$$V_{Ü,d} = N_d + A_d - V_{F,d} = 11\,629,8 + 36,5 - 233,3 = 11\,433 \text{ kN}$$

## 11.7.8 Lastneigungsbeiwerte

Mit den Lastneigungsbeiwerten $i_b$, $i_d$ und $i_c$ wird der Einfluss

- des Neigungswinkels $\delta$ (Lastneigungswinkel) der schräg zur Lotrechten auf die Sohlfläche wirkenden resultierenden Beanspruchung $S$ ($\tan\delta = T/N$, Bild 11-17),
- der Richtung der parallel zur Sohlfläche wirkenden Komponente $T$ der resultierenden Beanspruchung (Bild 11-18)

berücksichtigt. Bezüglich der Positivdefinition von $\delta$ sei auf Bild 11-17 hingewiesen. Danach ist $\delta$ positiv, wenn sich der entstehende Gleitkörper in Richtung von $T$ verschiebt (Bild 11-17, links) und negativ, wenn er sich, z. B. infolge unterschiedlicher Einbindetiefen, in die entgegengesetzte Richtung verschiebt (Bild 11-17, rechts). Hinsichtlich der Winkelgröße wird vorausgesetzt, dass $|\delta| < \varphi$ gilt. Ist unklar, welcher der Grundbruchkörper den ungünstigeren Fall darstellt, sind beide zu untersuchen (vgl. DIN 4017, 7.2.4).

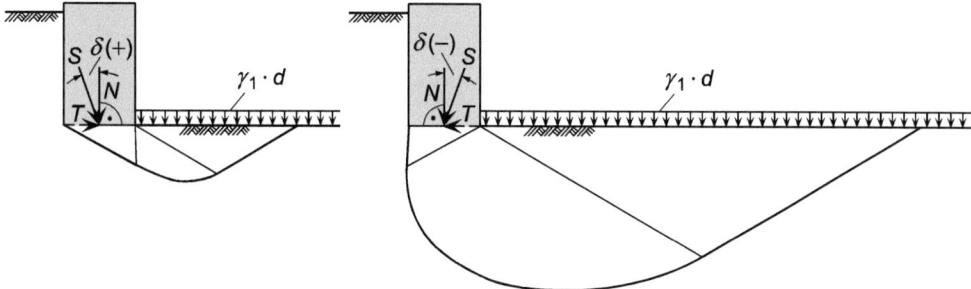

**Bild 11-17**  Vorzeichenregel für den Lastneigungswinkel $\delta$ (nach DIN 4017, Bild 6)

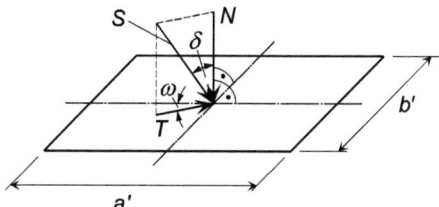

**Bild 11-18**  Definition des Winkels $\omega$ bei schräg angreifender resultierender Last $S$ (gemäß DIN 4017, Bild 7)

Nach DIN 4017, 7.2.4 sind bei der Ermittlung der Lastneigungsbeiwerte zwei Fälle zu unterscheiden (in den nachstehenden Formeln auftretende Winkel sind in der Dimension ° einzusetzen).

Fall 1: $\varphi_k > 0$ und $c_k \geq 0$

In diesem Fall sind zur Ermittlung des Grundbruchwiderstands alle Neigungsbeiwerte erforderlich. Für positive Lastneigungswinkel $\delta > 0°$ gilt

$$i_b = (1-\tan\delta)^{m+1}$$
$$i_d = (1-\tan\delta)^{m}$$
$$i_c = \frac{i_d \cdot N_{d0} - 1}{N_{d0} - 1}$$

Gl. 11-23

und für negative Lastneigungswinkel $\delta < 0°$

$$i_b = \cos\delta \cdot (1 - 0{,}04 \cdot \delta)^{0{,}64+0{,}028\cdot\phi_k}$$

$$i_d = \cos\delta \cdot (1 - 0{,}0244 \cdot \delta)^{0{,}03+0{,}04\cdot\phi_k}$$

$$i_c = \frac{i_d \cdot N_{d0} - 1}{N_{d0} - 1}$$

Gl. 11-24

Die in Gl. 11-23 verwendete Größe $m$ berechnet sich aus

$$m = m_a \cdot \cos^2\omega + m_b \cdot \sin^2\omega$$

Gl. 11-25

und

$$m_a = \frac{2 + \dfrac{a'}{b'}}{1 + \dfrac{a'}{b'}} \quad \text{und} \quad m_b = \frac{2 + \dfrac{b'}{a'}}{1 + \dfrac{b'}{a'}}$$

Gl. 11-26

Für die Sonderfälle der parallel zu einer der beiden Grundrissseiten wirkenden Beanspruchung $T$ gilt:

$m = m_a$    für $T$ parallel zur längeren Seite $a'$

$m = m_b$    für $T$ parallel zur kürzeren Seite $b'$

Gl. 11-27

Fall 2: $\varphi_k = 0$ und $c_k > 0$

Da in diesem Fall, wegen $\tan\varphi_k = 0$, $N_{b0} = 0$ (siehe Gl. 11-22) und damit $N_b = 0$ (siehe Gl. 11-20) gilt, wird der Grundbruchwiderstand $R_{n,k}$ durch die Gründungsbreite nicht beeinflusst. Zur Bestimmung der beiden verbleibenden Beiwerte für Gründungstiefe und Kohäsion gelten

$$i_d = 1$$

$$i_c = 0{,}5 + 0{,}5 \cdot \sqrt{1 - \frac{T}{a' \cdot b' \cdot c}}$$

Gl. 11-28

**Anwendungsbeispiel**

Zu betrachten ist das in Bild 11-19 gezeigte rechteckige und 1,50 m tief eingebundene Fundament mit den Seitenabmessungen $a \times b = 2{,}50 \text{ m} \times 2{,}00 \text{ m}$, das in der Bemessungssituation BS-P als charakteristische Beanspruchung in der Sohlfläche die Vertikalkraft
$N_k = N_{k,G} + N_{k,Q} = 1020 + 850 =$ 1870 kN sowie die Horizontalkraft $T_k = T_{k,Q} = 290$ kN aufweist. Die Exzentrizitäten der Beanspruchung haben die Größen $e_a = 0{,}32$ m und $e_b = 0{,}21$ m.

Es ist zu prüfen, ob für dieses Fundament die Sicherheit gegen Grundbruch gemäß DIN 4017 eingehalten ist.

Die Materialkenngrößen der beiden Bodenschichten (gG und mS) sind Bild 11-19 zu entnehmen.

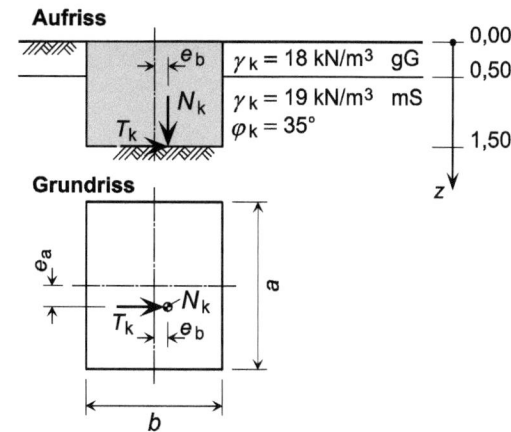

Bild 11-19  Rechteckiges Fundament im Auf- und Grundriss

**Lösung**

**1. Bemessungswert der Beanspruchung in der Sohlfuge**

Die oben angegebenen charakteristischen Beanspruchungen und die zum Grenzzustand GEO-2 sowie der Bemessungssituation BS-P gehörenden Teilsicherheitsbeiwerte $\gamma_G = 1{,}35$ und $\gamma_Q = 1{,}50$ (Tabelle 7-1 bzw. Tabelle 11-1) für ständige bzw. ungünstige veränderliche Einwirkungen führen zu dem Bemessungswert der Beanspruchung in der Sohlfuge

$$N_d = N_{G,k} \cdot \gamma_G + N_{Q,k} \cdot \gamma_Q = 1020 \cdot 1{,}35 + 850 \cdot 1{,}50 = 2652 \text{ kN}$$

**2. Charakteristischer Wert des Grundbruchwiderstands**

Da im vorliegenden Fall weder geneigtes Gelände noch eine geneigte Sohlfuge vorliegen, haben alle Gelände- und Sohlneigungsbeiwerte die Größe 1. Die Gleichung für den charakteristischen Grundbruchwiderstand gemäß DIN 4017 lautet deshalb (Gl. 11-19 und Gl. 11-20)

$$R_{n,k} = a' \cdot b' \cdot (\gamma_{2,k} \cdot b' \cdot N_{b0} \cdot \nu_b \cdot i_b + \gamma_{1,k} \cdot d \cdot N_{d0} \cdot \nu_b \cdot i_b + c_k \cdot N_{c0} \cdot \nu_c \cdot i_c)$$

Wegen der fehlenden Kohäsion im unterhalb der Gründungssohle liegenden Gleitflächenbereich entfällt auch der Term zur Erfassung der Kohäsion, und die Gleichung vereinfacht sich weiter zu

$$R_{n,k} = a' \cdot b' \cdot (\gamma_{2,k} \cdot b' \cdot N_{b0} \cdot \nu_b \cdot i_b + \gamma_{1,k} \cdot d \cdot N_{d0} \cdot \nu_b \cdot i_b)$$

Für den vorliegenden Fall eines außermittig belasteten Gründungskörpers sind als rechnerische Grundflächenabmessungen (siehe Bild 11-20)

$a' = a - 2 \cdot e_a = 2{,}50 - 2 \cdot 0{,}32 = 1{,}86$ m

$b' = b - 2 \cdot e_b = 2{,}00 - 2 \cdot 0{,}21 = 1{,}58$ m

und als Wichte oberhalb der Gründungssohle (Mittelwert)

$$\gamma_1 = \frac{\gamma_{Kies} \cdot d_{Kies} + \gamma_{Sand} \cdot d_{Sand}}{d}$$

$$= \frac{18{,}0 \cdot 0{,}50 + 19{,}0 \cdot 1{,}00}{1{,}50} = 18{,}67 \text{ kN/m}^3$$

einzusetzen.

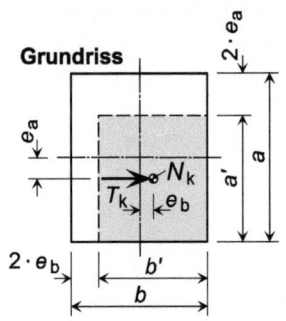

Bild 11-20 Wirkliche und rechnerische Grundfläche des Fundaments

Mit den zum charakteristischen Reibungswinkel $\varphi_k$ gehörenden Grundwerten der Tragfähigkeitsbeiwerte (Tabelle 11-2)

$N_{d0} = 33{,}30$

$N_{b0} = 22{,}61$

den zu den Abmessungen $a'$ und $b'$ gehörenden Formbeiwerten aus Tabelle 11-3

$$\nu_b = 1 - 0{,}3 \cdot \frac{b'}{a'} = 1 - 0{,}3 \cdot \frac{1{,}58}{1{,}86} = 0{,}745$$

$$\nu_d = 1 + \frac{b'}{a'} \cdot \sin\phi_k = 1 + \frac{1{,}58}{1{,}86} \cdot \sin 35° = 1{,}487$$

sowie den sich mit (Gl. 11-26 und Gl. 11-27; $T_k$ wirkt parallel zu $b'$)

$$m = m_b = \frac{2 + \frac{b'}{a'}}{1 + \frac{b'}{a'}} = \frac{2 + \frac{1{,}58}{1{,}86}}{1 + \frac{1{,}58}{1{,}86}} = 1{,}541 \quad \text{und} \quad \tan\delta = \frac{T_k}{N_k} = \frac{290}{1870} = 0{,}1551$$

ergebenden Lastneigungsbeiwerten (Gl. 11-23)

$i_b = (1 - \tan\delta)^{m+1} = (1 - 0{,}1551)^{1{,}541+1} = 0{,}6517$

$i_d = (1 - \tan\delta)^m = (1 - 0{,}1551)^{1{,}541} = 0{,}7713$

ergibt sich als charakteristischer Grundbruchwiderstand

$R_{n,k} = 1{,}86 \cdot 1{,}58 \cdot (19 \cdot 1{,}58 \cdot 22{,}61 \cdot 0{,}745 \cdot 0{,}6517 + 18{,}67 \cdot 1{,}5 \cdot 33{,}3 \cdot 1{,}487 \cdot 0{,}7713)$

$= 4112$ kN

### 3. Bemessungswert des Grundbruchwiderstands

Der charakteristische Grundbruchwiderstand führt mit dem zum Grenzzustand GEO-2 und der Bemessungssituation BS-P gehörenden Teilsicherheitsbeiwert $\gamma_{R,v} = 1{,}40$ (Tabelle 7-2 bzw. Tabelle 11-1) zu dem zugehörigen Bemessungswert

$$R_{n,d} = \frac{R_{n,k}}{\gamma_{R,v}} = \frac{4112}{1{,}40} = 2937 \text{ kN}$$

## 4. Nachweis der Grundbruchsicherheit des Fundaments

Da im vorliegenden Fall gemäß Abschnitt 6.5.2 von DIN 1054 und DIN EN 1997-1 die Beziehung (Gl. 11-15)

$$N_d = 2\,652 \text{ kN} < R_{n,d} = 2\,937 \text{ kN}$$

gilt, ist die Sicherheit gegen Grundbruch mit dem Ausnutzungsgrad (Gl. 11-16)

$$\mu = \frac{N_d}{R_{n,d}} = \frac{2\,652}{2\,937} = 0{,}903$$

nachgewiesen.

### 11.7.9 Geländeneigungsbeiwerte

Mit den Geländeneigungsbeiwerten $\lambda_b$, $\lambda_d$ und $\lambda_c$ wird der Einfluss des Geländeneigungswinkels $\beta$ (Bild 11-21) auf den Grundbruchwiderstand erfasst. Für ihre Berechnung wird gemäß DIN 4017, 7.2.5 vorausgesetzt, dass $\beta < \varphi_k$ gilt und dass die Längsachse des jeweiligen Gründungskörpers etwa parallel zur Böschungskante verläuft.

In Fällen, in denen $\beta > \varphi_k$ und $c_k >> 0$ gelten, ist, gemäß DIN 4017, 7.2.5, eine Geländebruchuntersuchung nach DIN 4084 [45] durchzuführen.

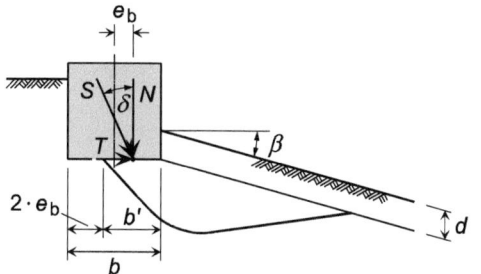

**Bild 11-21** Größen beim Grundbruch unter einem schräg und ausmittig belasteten Streifenfundament in geneigtem Gelände (nach DIN 4017, Bild 3)

Für die Ermittlung der Beiwerte ist zu unterscheiden zwischen den folgenden beiden Fällen (in den nachstehenden Formeln auftretende Winkel sind in der Dimension ° einzusetzen).

Fall 1: $\varphi_k > 0$ und $c_k \geq 0$

Für die Berechnung der Beiwerte sind in diesem Fall als Gleichungen zu verwenden

$$\lambda_b = (1 - 0{,}5 \cdot \tan\beta)^6$$
$$\lambda_d = (1 - \tan\beta)^{1{,}9}$$
$$\lambda_c = \frac{N_{d0} \cdot e^{-0{,}0349 \cdot \beta \cdot \tan\varphi'_k} - 1}{N_{d0} - 1}$$

Gl. 11-29

Fall 2: $\varphi_k = 0$ und $c_k > 0$

Da in diesem Fall, wegen $\tan \varphi_k = 0$, $N_{b0} = 0$ (siehe Gl. 11-22) und damit $N_b = 0$ (siehe Gl. 11-20) gilt, wird der Grundbruchwiderstand $R_{n,k}$ durch die Gründungsbreite nicht beeinflusst. Zur Bestimmung der beiden verbleibenden Beiwerte für Gründungstiefe und Kohäsion gelten

$$\lambda_d = 1$$
$$\lambda_c = 1 - 0{,}4 \cdot \tan \beta$$
Gl. 11-30

Es ist darauf hinzuweisen, dass die vorstehenden Geländeneigungsbeiwerte nicht in DIN EN 1997-1 aufgenommen wurden, da dieser Fall dort als ein Sonderfall des Böschungsbruchs behandelt wird (siehe hierzu auch [240]).

### 11.7.10 Sohlneigungsbeiwerte

Die Erfassung des Einflusses der unter dem Winkel $\alpha$ (Bild 11-22) geneigten Sohlfläche erfolgt mit Hilfe der Sohlneigungsbeiwerte. Für ihre Ermittlung sind, wie schon bei den Last- und Geländeneigungsbeiwerten, zwei Fälle zu unterscheiden (in den nachstehenden Formeln auftretende Winkel sind in der Dimension ° einzusetzen).

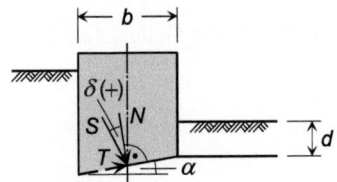

**Bild 11-22** Größen für die Berücksichtigung geneigter Sohlflächen (gemäß DIN 4017, Bild 4)

Fall 1: $\varphi_k > 0$ und $c_k \geq 0$

Die Beiwerte dieses Falls berechnen sich mit

$$\xi_b = \xi_d = \xi_c = e^{-0{,}045 \cdot \alpha \cdot \tan \varphi'_k}$$
Gl. 11-31

Fall 2: $\varphi_k = 0$ und $c_k > 0$

Da in diesem Fall, wegen $\tan \varphi_k = 0$, $N_{b0} = 0$ (siehe Gl. 11-22) und damit $N_b = 0$ (siehe Gl. 11-20) gilt, wird der Grundbruchwiderstand $R_{n,k}$ durch die Gründungsbreite nicht beeinflusst. Zur Bestimmung der beiden verbleibenden Beiwerte für Gründungstiefe und Kohäsion gelten

$$\xi_d = 1$$
$$\xi_c = 1 - 0{,}0068 \cdot \alpha$$
Gl. 11-32

Der Sohlneigungswinkel $\alpha$ ist positiv, wenn die Horizontalkomponente $S_h$ der Sohldruckresultierenden in Richtung der passiven *Rankine*-Zone zeigt (in Bild 11-23 ist dies der Fall). Bei Verschiebungen des Grundbruchkörpers in die entgegengesetzte Richtung ist $\alpha$ negativ (Bild 11-24). Bestehen Zweifel bezüglich der Vorzeichenzuweisung, sind beide Gleitkörper zu untersuchen, die sich mit den unterschiedlichen Vorzeichen von $\alpha$ ergeben.

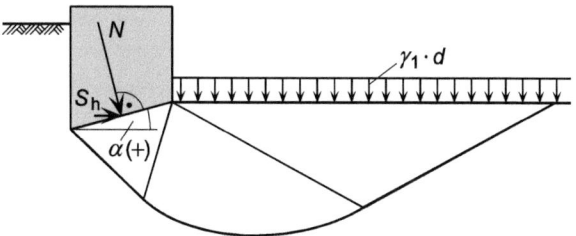

**Bild 11-23**  Sohlneigungswinkel $\alpha$ mit positivem Vorzeichen (gemäß DIN 4017, Bild 6)

Aus den gleichen Gründen wie bei den Geländeneigungsbeiwerten wurde auch bei den Sohlneigungsbeiwerten auf eine Aufnahme in den Eurocode 7 verzichtet (vgl. [240]).

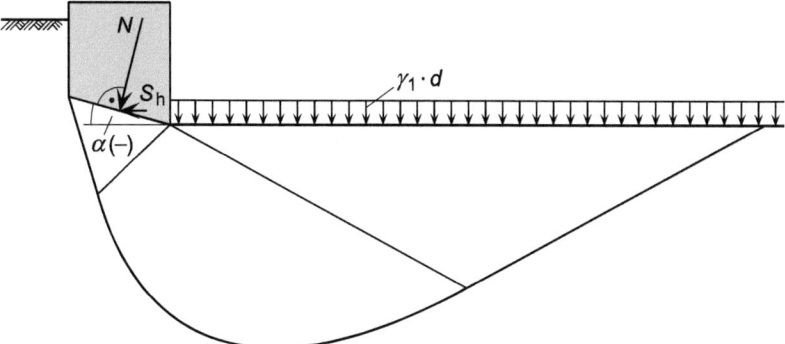

**Bild 11-24**  Sohlneigungswinkel $\alpha$ mit negativem Vorzeichen (gemäß DIN 4017, Bild 6)

### 11.7.11 Berücksichtigung von Bermenbreiten

Zur Berücksichtigung der Gegebenheiten einer Berme mit der Breite $s$ ist, unter Beachtung von Bild 11-25, der Nachweis der Sicherheit gegen Grundbruch mit zwei verschiedenen charakteristischen Grundbruchwiderständen $R_{n,k}$ gemäß Gl. 11-19 zu führen.

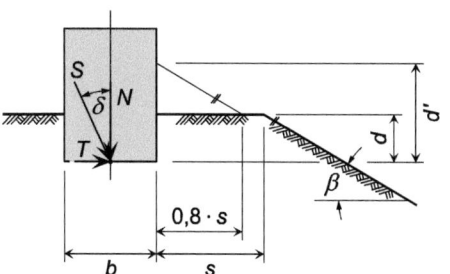

**Bild 11-25**  Größen für die Berücksichtigung einer Bermenbreite (nach DIN 4017, Bild 9)

Im ersten Fall erfolgt die Ermittlung von $R_{n,k}$ statt mit der Einbindetiefe $d$ mit der Ersatzeinbindetiefe

$$d' = d + 0{,}8 \cdot s \cdot \tan\beta \qquad \text{Gl. 11-33}$$

und den zu $\beta$ gehörenden Geländeneigungsbeiwerten gemäß Abschnitt 11.7.9. Im zweiten Fall ist $R_{n,k}$ mit der Einbindetiefe $d$ und dem Winkel $\beta = 0°$ zu berechnen. Für den Nachweis der Grundbruchsicherheit gemäß Abschnitt 11.7.4 ist der kleinere der beiden $R_{n,k}$-Werte zu verwenden.

### 11.7.12 Durchstanzen

Wenn der Baugrund aus einer festeren Schicht (Deckschicht) mit der Dicke $d_1$ und einem Reibungswinkel $\varphi_k > 25°$ besteht, die unterlagert wird von weichem oder breiigem, wassergesättigtem, bindigem Boden, muss der Grundbruchwiderstand auch nach dem Durchstanznachweis ermittelt werden, sofern die Dicke $d_1$ geringer ist als das Zweifache der Fundamentbreite $b$ (Bild 11-26).

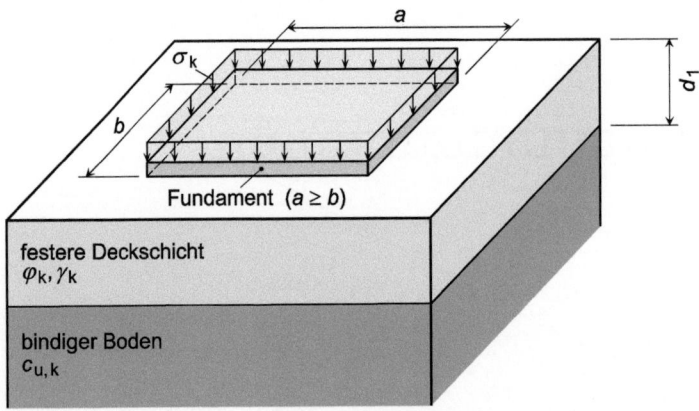

**Bild 11-26** Fundament auf geschichtetem Untergrund; Durchstanzen (nach DIN 4017, Bild B.1)

Der zum Durchstanzen gehörende charakteristische Widerstand kann gemäß DIN 4017, Anhang B durch

$$R_{n,k} = a \cdot b \cdot \frac{2 \cdot \left(1 + \frac{b}{a}\right) \cdot N_c \cdot c_{u,k} + \left(3 + 2 \cdot \frac{b}{a}\right) \cdot A^* \cdot \lambda \cdot \gamma_k \cdot d_1}{\left(3 + 2 \cdot \frac{b}{a}\right) \cdot e^{-B^* \cdot \lambda} - 1} \qquad \text{Gl. 11-34}$$

berechnet werden. Zu den in dieser Gleichung verwendeten Größen gehören

$$N_c = (2 + \pi) \cdot \left(1 + 0{,}2 \cdot \frac{b}{a}\right) \qquad \text{und} \qquad \lambda = \frac{d_1}{a} + \frac{d_1}{b} \qquad \text{Gl. 11-35}$$

sowie $A^*$ und $B^*$. Bei der Ermittlung der beiden letzten Größen ist zwischen Fällen mit biegesteifen Fundamenten und Fällen mit schlaffen Lasteintragungen zu unterscheiden. Für biegesteife Fundamente gilt

$$\begin{aligned} A^* &= 1{,}11 \cdot 10^{-6} \cdot \phi_k^3 - 2{,}01 \cdot 10^{-4} \cdot \phi_k^2 + 9{,}17 \cdot 10^{-3} \cdot \phi_k \\ B^* &= 1{,}66 \cdot 10^{-6} \cdot \phi_k^3 - 3{,}02 \cdot 10^{-4} \cdot \phi_k^2 + 1{,}38 \cdot 10^{-2} \cdot \phi_k \end{aligned} \qquad \text{Gl. 11-36}$$

und für schlaffe Lastbündel

$$A^* = 2{,}61 \cdot 10^{-7} \cdot \phi_k^3 - 5{,}31 \cdot 10^{-5} \cdot \phi_k^2 + 2{,}66 \cdot 10^{-3} \cdot \phi_k$$
$$B^* = 3{,}92 \cdot 10^{-7} \cdot \phi_k^3 - 7{,}97 \cdot 10^{-5} \cdot \phi_k^2 + 3{,}98 \cdot 10^{-3} \cdot \phi_k$$
Gl. 11-37

Der charakteristische Reibungswinkel $\varphi_k$ der Deckschicht ist dabei in der Dimension ° zu verwenden.

### 11.7.13 Abmessungen von Gleitkörpern unter Streifenfundamenten

Näherungsformeln zur Konstruktion des unterhalb eines Streifenfundaments anzunehmenden Gleitkörperquerschnitts sind im Anhang A von DIN 4017 zu finden. Im allgemeinen Fall (Bild 11-27) gelten die nachstehenden Näherungsbeziehungen, in denen alle Winkel in der Dimension ° einzusetzen sind.

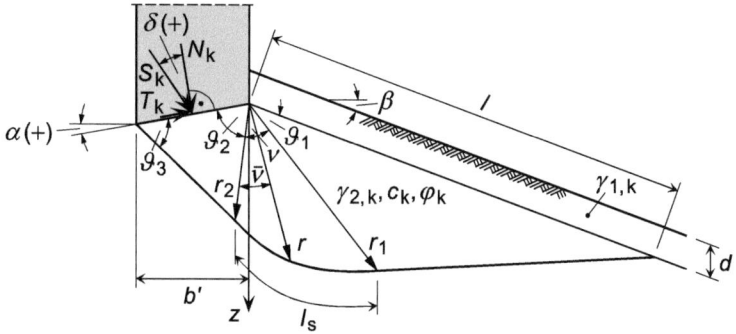

**Bild 11-27** Gleitflächenbild mit Winkel- und Längengrößen unter einem Streifenfundament (gemäß DIN 4017, Bild A.1)

Mit den bekannten Winkeln $\beta$, $\delta$ und $\varphi_k$ lassen sich die Hilfsgrößen

$$\varepsilon_1 = \arcsin\frac{-\sin\beta}{\sin\phi_k} \quad \text{und} \quad \varepsilon_2 = \arcsin\frac{-\sin\delta}{\sin\phi_k}$$
Gl. 11-38

berechnen. Mit ihnen und mit dem auch bekannten Sohlneigungswinkel $\alpha$ ergeben sich die in Bild 11-27 eingetragenen Winkel

$$\vartheta_1 = 45° - \frac{\phi_k}{2} - \frac{\varepsilon_1 + \beta}{2}$$
Gl. 11-39

der passiven *Rankine*-Zone,

$$\vartheta_2 = 45° + \frac{\phi_k}{2} - \frac{\varepsilon_2 - \delta}{2} \quad \text{und} \quad \vartheta_3 = 45° + \frac{\phi_k}{2} + \frac{\varepsilon_2 - \delta}{2}$$
Gl. 11-40

der aktiven *Rankine*-Zone und

$$v = 180° - \alpha - \beta - \vartheta_1 - \vartheta_2$$
Gl. 11-41

der *Prandtl*-Zone. Als in Bild 11-27 ebenfalls eingetragene Längen ergeben sich mit der Breite $b'$ der rechnerischen Grundfläche des belasteten Gründungskörpers

$$r_2 = \frac{b' \cdot \sin\vartheta_3}{\cos\alpha \cdot \sin(\vartheta_2 + \vartheta_3)} \quad \text{und} \quad r_1 = r_2 \cdot e^{(\pi/180°) \cdot v \cdot \tan\phi_k}$$
Gl. 11-42

als Radien in der *Prandtl*-Zone und

$$l = r_1 \cdot \frac{\cos\phi_k}{\cos(\vartheta_1+\phi_k)} \qquad \text{Gl. 11-43}$$

als Länge der passiven *Rankine*-Zone. Für Winkel $0° < \bar{v} < v$ kann der Radius $r$ der *Prandtl*-Zone mittels

$$r = r_2 \cdot e^{(\pi/180°) \cdot \bar{v} \cdot \tan\phi_k} \qquad \text{Gl. 11-44}$$

berechnet werden.

Aus den obigen Gleichungen ergeben sich für den Fall $\alpha = \beta = \delta = 0°$ die Beziehungen

$$\vartheta_1 = 45° - \frac{\phi_k}{2} \qquad \vartheta_2 = \vartheta_3 = 45° + \frac{\phi_k}{2} \qquad v = 90°$$

$$r_2 = \frac{b'}{2 \cdot \cos\left(45° + \frac{\phi_k}{2}\right)} \qquad \text{Gl. 11-45}$$

und für den Fall $\varphi_k = \beta = 0°$ die Beziehungen

$$\vartheta_1 = \vartheta_2 = \vartheta_3 = 45° \qquad v = 90°$$
$$r_1 = r_2 = b' \cdot \sin 45° \qquad \text{Gl. 11-46}$$

sowie (Bild 11-27)

$$l_s = \frac{r_1 - r_2}{\sin\phi_k} \qquad \text{Gl. 11-47}$$

Gemäß DIN 4017, Anhang A ist darauf hinzuweisen, dass die Gleichungen Gl. 11-38 bis Gl. 11-47 einerseits nur für $\gamma_{2,k} = c'_k = 0$ gelten, andererseits aber näherungsweise auch für $\gamma_{2,k} > 0$ und $c'_k > 0$ angewendet werden dürfen.

Hilfswerte zur Berechnung der Größen $l$, $d_A$ und $l_A$ bei Streifenfundamenten mit $\alpha = \beta = \delta = 0°$ (Bild 11-27) sind für verschieden große Reibungswinkel $\varphi_k$ in Tabelle 11-4 zusammengestellt (der Punkt A in Bild 11-28 markiert den am tiefsten liegenden Punkt der jeweiligen Gleitfläche).

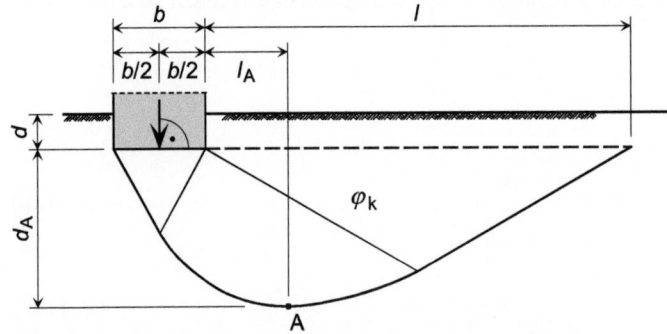

**Bild 11-28** Querschnitt eines Gleitkörpers beim Grundbruch unter einem Streifenfundament mit $\alpha = \beta = \delta = 0°$

**Tabelle 11-4** Faktoren von $b$ zur Berechnung der Abmessungen $l$, $d_A$ und $l_A$ von Gleitkörperquerschnitten unter Streifenfundamenten gemäß Bild 11-28 bei verschieden großen Reibungswinkeln $\varphi_k$ in homogenem, gewichtslosem Boden ($l = F_l \cdot b$, $d_A = F_{dA} \cdot b$ und $l_A = F_{lA} \cdot b$)

| $\varphi_k$ (in °) | 0,0 | 5,0 | 10,0 | 15,0 | 20,0 | 22,5 | 25,0 | 27,5 | 30,0 | 32,5 | 35,0 | 37,5 | 40,0 | 42,5 | 45,0 |
|---|---|---|---|---|---|---|---|---|---|---|---|---|---|---|---|
| $F_l$ | 1,00 | 1,25 | 1,57 | 1,99 | 2,53 | 2,87 | 3,27 | 3,73 | 4,29 | 4,96 | 5,77 | 6,77 | 8,01 | 9,59 | 11,6 |
| $F_{dA}$ | 0,71 | 0,79 | 0,89 | 1,01 | 1,16 | 1,25 | 1,35 | 1,46 | 1,59 | 1,73 | 1,90 | 2,11 | 2,35 | 2,64 | 3,0 |
| $F_{lA}$ | 0,00 | 0,07 | 0,16 | 0,27 | 0,42 | 0,52 | 0,63 | 0,76 | 0,92 | 1,11 | 1,34 | 1,61 | 1,97 | 2,41 | 3,0 |

# 12 Gleiten und Kippen

## 12.1 Gleiten

### 12.1.1 Allgemeines

Im Allgemeinen sind Bauwerke nicht nur vertikalen, sondern auch horizontalen Belastungen $H$ (aus Wind, Erddruck usw.) unterworfen. Die Abtragung dieser Lasten in den Baugrund erfolgt bei Flach- und Flächengründungen über Gleitwiderstände $R$ in den Sohlfugen der Bauwerksfundamente und unter Umständen über Erdwiderstände $R_p$, die sich vor den Fundamenten aufbauen (Bild 12-1). Ist die waagerechte Komponente $H$ der in der Sohlfläche eines Fundaments abzutragenden resultierenden Kraft betragsmäßig größer als die Summe aus aktivierbarer Scher- und Erdwiderstandskraft, tritt Gleiten des Fundaments und damit des Bauwerks bzw. Bauwerkteils auf.

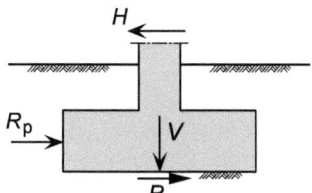

**Bild 12-1** Gleiten von Fundamenten

Das Gleiten von Bauwerken ist nicht nur auf die Überschreitung der Scherfestigkeit in der Sohlfuge (Grenzschicht B-C in Bild 12-2 a) beschränkt. Gleiten liegt auch dann vor, wenn die durch zu geringe Scherfestigkeit gekennzeichnete kritische Fuge unterhalb der Fundamentsohle liegt (z. B. Schicht D-E in Bild 12-2 b). Der durch die Bruchfläche C-E-D-A charakterisierte Versagenszustand stellt einen Übergang zu einer Sonderform des Grundbruchs (Kapitel 11) dar.

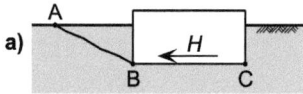

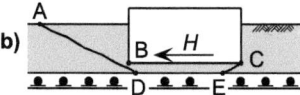

**Bild 12-2** Beispiele zur Definition des Gleitens; die Fuge B-C kann auch geneigt sein (nach [24])

Generell ist davon auszugehen, dass ein reiner Gleitvorgang in der Regel nur dann auftritt, wenn der Fundamentkörper eine geringe Einbindetiefe in den Baugrund und eine glatte Sohlfuge aufweist.

### 12.1.2 DIN-Normen

Bedingungen, die beim Nachweis der Gleitsicherheit von flach gegründeten Fundamenten zu beachten sind, können
– DIN 1054 [20], DIN EN 1997-1 [100] und DIN EN 1997-1/NA [102]
entnommen werden.

### 12.1.3 Gleitsicherheit von Flach- und Flächengründungen nach DIN 1054

Zu den Tragfähigkeitsnachweisen von Bauwerken gehört auch der Gleitsicherheitsnachweis für deren Fundamente, sofern es sich bei ihnen um Flachgründungen handelt. Nach DIN 1054, 6.5.3 A (15) ist der Nachweis bei Einzel- und Streifenfundamenten unter Bauteilen und bei flach gegründeten Stützkonstruktionen für jedes einzelne Fundament getrennt zu führen. Die Nachweisführung für das Gesamtbauwerk ist zulässig bei Flächengründungen, Trägerrostfundamenten sowie bei zu Fundamentgruppen verbundenen Einzel- und Streifenfundamenten, die als einheitliche Gründungskörper wirken. Bezüglich weiterer zu berücksichtigender Aspekte bei der Führung des Gleitsicherheitsnachweises ist auf Abschnitt 6.5.3 von DIN EN 1997-1 und DIN 1054 zu verweisen.

Nach Abschnitt 6.5.3 von DIN 1054 und DIN EN 1997-1 ist eine ausreichende Sicherheit gegen Gleiten gegeben, wenn der Bemessungswert $H_d$ als Resultierende der Einwirkungen parallel zur Sohlfläche bzw. einer anderen zu untersuchenden Gleitfläche der Bedingung

$$H_d \leq R_d + R_{p,d} \quad \text{bzw.} \quad \mu = \frac{H_d}{R_d + R_{p,d}} \leq 1 \qquad \text{Gl. 12-1}$$

genügt. Die in Gl. 12-1 zusätzlich enthaltenen Größen sind der Bemessungswert $R_d$ des Gleitwiderstands und der Bemessungswert $R_{p,d}$ des Erdwiderstands, der parallel zur untersuchten Gleitfläche wirkt (im Regelfall der Fundamentsohlfläche), an der Stirnseite des Fundaments anzusetzen ist und nur unter bestimmten Umständen herangezogen werden kann (so muss er z. B. für die gesamte Einwirkungsdauer der Horizontalkraft $H$ dauerhaft wirksam sein und es ist sicherzustellen, dass die zur Aktivierung von $R_p$ erforderlichen Verschiebungen weder die Standsicherheit noch die Gebrauchstauglichkeit des Bauwerks unzulässig beeinträchtigen). Die ebenfalls verwendete Größe $\mu$ ist der Ausnutzungsgrad. Für Bauzustände oder spätere, zeitlich begrenzte Maßnahmen, bei denen der Erdwiderstand $R_p$ vorübergehend entfällt, darf mit den verbleibenden Größen der Nachweis gemäß Gl. 12-1 für die Bemessungssituation BS-T geführt werden (vgl. DIN 1054, 2.2 A (4) b).

Die Größe des Bemessungswerts $H_d$ berechnet sich aus dem ständigen Anteil $H_{G,k}$ und dem veränderlichen Anteil $H_{Q,k}$ der charakteristischen Beanspruchung mittels

$$H_d = H_{G,k} \cdot \gamma_G + H_{Q,k} \cdot \gamma_Q \qquad \text{Gl. 12-2}$$

$\gamma_G$ bzw. $\gamma_Q$ erfassen in der Gleichung die zum Grenzzustand des Versagens von Bauwerken, Bauteilen und Baugrund (GEO-2) gehörenden Teilsicherheitsbeiwerte für die ständigen bzw. die ungünstigen veränderlichen Einwirkungen (Tabelle 7-1 bzw. Tabelle 12-1). Weist die Beanspruchung Komponenten in $x$- und $y$-Richtung auf, gilt

$$H_d = \sqrt{H_{d,x}^2 + H_{d,y}^2} \qquad \text{Gl. 12-3}$$

wobei $H_{d,x}$ und $H_{d,y}$ analog zu Gl. 12-2 zu ermitteln sind.

**Tabelle 12-1** Teilsicherheitsbeiwerte aus DIN 1054 für die Gleitsicherheit, gemäß Tabelle 7-1 und Tabelle 7-2 (GEO-2: Grenzzustand des Versagens von Bauwerken, Bauteilen und Baugrund)

| Teilsicherheitsbe-iwert | Bemessungssituation | | |
|---|---|---|---|
| | BS-P | BS-T | BS-A |
| $\gamma_G$ | 1,35 | 1,20 | 1,10 |
| $\gamma_Q$ | 1,50 | 1,30 | 1,10 |
| $\gamma_{R,h}$ | 1,10 | 1,10 | 1,10 |
| $\gamma_{R,e}$ | 1,40 | 1,30 | 1,20 |

Der Bemessungswert des Gleitwiderstands berechnet sich mit dem in der Sohlfläche mobilisierbaren charakteristischen Gleitwiderstand $R_k$ und dem Teilsicherheitsbeiwert $\gamma_{R,h}$ des Gleitwiderstands im Grenzzustand GEO-2 (Tabelle 12-1) zu

$$R_d = \frac{R_k}{\gamma_{R,h}} \qquad \text{Gl. 12-4}$$

Für die Ermittlung von $R_k$ nach DIN 1054, 6.5.3 A (8), A (11) und A (14) sind drei Fälle zu unterscheiden. Danach ergibt sich dieser charakteristische Widerstand

– bei rascher Beanspruchung eines wassergesättigten Bodens (unkonsolidierter Zustand, Anfangszustand) aus

$$R_k = A \cdot c_{u,k} \qquad \text{Gl. 12-5}$$

– bei vollständiger Konsolidierung des Bodens (Endzustand) aus

$$R_k = V'_k \cdot \tan \delta_k \qquad \text{Gl. 12-6}$$

– bei vollständiger Konsolidierung des Bodens (Endzustand), wenn die Bruchfläche durch den Boden verläuft (z. B. bei Anordnung eines Fundamentsporns oder einer schräg angeordneten Sohlfläche, Bild 12-3), aus

$$R_k = V'_k \cdot \tan \varphi'_k + A \cdot c'_k \qquad \text{Gl. 12-7}$$

In Gl. 12-5 bis Gl. 12-7 verwendete Größen sind:

$A$ für die Kraftübertragung maßgebende Sohlfläche,

$c_{u,k}$ der charakteristische Wert der Scherfestigkeit des undränierten Bodens,

$V'_k$ die rechtwinklig zur Sohlfläche bzw. Gleitfläche gerichtete Komponente der charakteristischen Beanspruchung in der Sohl- bzw. Versagensfläche, berechnet aus der ungünstigsten Kombination senkrechter und waagerechter Einwirkungen (in der Gleitfläche wirkender Porenwasserdruck vermindert die anzusetzende Größe von $V'_k$),

$\delta_k$ der charakteristische Wert des Sohlreibungswinkels,

$\varphi'_k$ der charakteristische Wert des Reibungswinkels des Bodens in der durch den Boden verlaufenden Versagensfläche,

$c'_k$ der charakteristische Wert der Kohäsion des Bodens in der durch den Boden verlaufenden Versagensfläche.

Wird der Sohlreibungswinkel nicht gesondert ermittelt, darf er gemäß DIN 1054, 6.5.3 A (10) bei Ortbetonfundamenten und bei im Mörtelbett verlegten vorgefertigten Fundamenten mit $\delta_k = \varphi'_k$

angesetzt werden, jedoch den Wert $\delta_k = 35°$ nicht überschreiten. Bei vorgefertigten glatten Fundamenten, die nicht im Mörtelbett verlegt werden, ist er mit der Größe $\delta_k = 2/3 \cdot \varphi'_k$ zu verwenden.

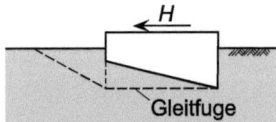

**Bild 12-3** Mögliche Gleitfugenlage bei Fundament mit schräg angeordneter Sohlfuge

Der größte zulässige Bemessungswert des ansetzbaren Erdwiderstands berechnet sich mit der an der Stirnseite des Fundaments verfügbaren und parallel zur Sohlfläche bzw. zur zu untersuchenden Gleitfläche wirkenden charakteristischen Erdwiderstandskomponente $R_{p,k}$ und dem Teilsicherheitsbeiwert $\gamma_{R,e}$ des Erdwiderstands im Grenzzustand GEO-2 (Tabelle 12-1) zu

$$R_{p,d} = \frac{R_{p,k}}{\gamma_{R,e}}$$  Gl. 12-8

$R_{p,k}$ gehört dabei zu einem Erdwiderstand, der mit dem Erddruckneigungswinkel $\delta = 0°$ zu berechnen ist (vgl. DIN 1054, 6.5.3 A (16)).

Um $E_{p,d}$ zur Verminderung der Gleitgefahr ansetzen zu können, muss sichergestellt sein, dass (vgl. auch Abschnitt 12.1.4)

– für die gesamte Einwirkungsdauer der horizontalen Beanspruchung $T$ weder eine vorübergehende noch eine dauerhafte Abminderung oder gar Aufhebung (z. B. durch die Herstellung von Gräben für Leitungen) des Erdwiderstands eintreten kann,

– die zur Aktivierung des Erdwiderstands erforderlichen Verschiebungen die Tragfähigkeit und die Gebrauchstauglichkeit des Bauwerks nicht unzulässig beeinträchtigen.

**Anwendungsbeispiel**

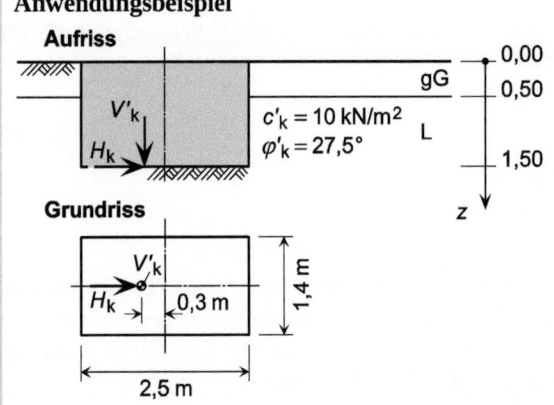

**Bild 12-4** Beanspruchung in der Sohlfuge eines rechteckigen Einzelfundaments aus Ortbeton

Für das in Bild 12-4 gezeigte Einzelfundament aus Ortbeton ist dessen Gleitsicherheit, ohne Ansatz des Erdwiderstands an seiner Stirnseite, nach DIN 1054 für die Bemessungssituation BS-P im Grenzzustand GEO-2 nachzuweisen. Für den Nachweis sind die in Bild 12-4 angegebenen Materialkennwerte des nicht gesättigten Verwitterungslehms (L) sowie die charakteristischen Beanspruchungen in der Sohlfläche $V'_k = 220$ kN (aus ständigen Einwirkungen) und $H_k = 38$ kN (aus Wind; ungünstige veränderliche Einwirkungen) zu verwenden.

**Lösung**

**1. Charakteristischer Wert und Bemessungswert des Gleitwiderstands**

Für den unter der Sohlfläche anstehenden Lehm ergibt sich, mit dem für Ortbetonfundamente geltenden Wert $\delta_k = \varphi'_k = 27{,}5° < 35°$, als charakteristischer Wert des Gleitwiderstands

$$R_k = V'_k \cdot \tan \delta_k = 220 \cdot \tan 27{,}5° = 114{,}5 \text{ kN}$$

Dieser Wert führt, mit dem zur Bemessungssituation BS-P gehörenden Teilsicherheitsbeiwert $\gamma_{R,h} = 1{,}10$ für den Gleitwiderstand im Grenzzustand GEO-2 (Tabelle 12-1), zum Bemessungswert des Gleitwiderstands

$$R_d = \frac{R_k}{\gamma_{R,h}} = \frac{114{,}5}{1{,}1} = 104{,}1 \text{ kN}$$

**2. Bemessungswert der Beanspruchung**

Der Bemessungswert der Beanspruchung berechnet sich mit der ungünstigsten veränderlichen charakteristischen Einwirkung $H_k = H_{Q,k} = 38$ kN aus Wind und dem bei der Bemessungssituation BS-P anzusetzenden Teilsicherheitsbeiwert $\gamma_Q = 1{,}50$ im Grenzzustand GEO-2 (Tabelle 12-1) zu

$$H_d = H_{Q,k} \cdot \gamma_Q = 38 \cdot 1{,}50 = 57{,}0 \text{ kN}$$

**3. Nachweis der Gleitsicherheit und Ausnutzungsgrad**

Da im vorliegenden Fall (Erdwiderstand an der Stirnfläche des Fundaments wird nicht angesetzt) gemäß DIN 1054, 6.5.3 die Beziehung (Gl. 12-1)

$$H_d = 57{,}0 \text{ kN} < R_d + R_{p,d} = 104{,}1 + 0{,}0 = 104{,}1 \text{ kN}$$

gilt, ist die Sicherheit gegen Gleiten mit dem Ausnutzungsgrad

$$\mu = \frac{H_d}{R_d} = \frac{57{,}0}{104{,}1} = 0{,}55 < 1$$

nachgewiesen.

**Hinweis:** Im vorliegenden Fall ist mit dem geführten Gleitsicherheitsnachweis gleichzeitig auch der Nachweis der Gebrauchstauglichkeit bezüglich der horizontalen Fundamentbelastung gemäß Abschnitt 12.1.4 erbracht, da bei der Nachweisführung auf den Ansatz des Erdwiderstands $R_{p,d}$ vollständig verzichtet wurde.

### 12.1.4 Gebrauchstauglichkeit nach DIN 1054

Bei horizontal belasteten Flach- und Flächengründungen ist, außer dem Nachweis der Gleitsicherheit nach DIN 1054, 6.5.3, auch der Nachweis der Gebrauchstauglichkeit nach DIN 1054, A 6.6.6 zu führen. Letzterer verlangt, dass in den Sohlflächen der Fundamente keine unzuträglichen Verschiebungen auftreten.

Dieser Nachweis gilt als erbracht, wenn für den Gleitsicherheitsnachweis gemäß Gl. 12-1

- der Ansatz des Erdwiderstands $R_{p,d}$ nicht erforderlich ist oder
- bei mindestens mitteldicht gelagertem nichtbindigen bzw. mindestens steifem bindigen Boden das Gleichgewicht der charakteristischen Kräfte parallel zur Sohlfläche mit
  - $\leq 2/3$ des charakteristischen Gleitwiderstands $R_k$,
  - $\leq 1/3$ des charakteristischen Erdwiderstands $R_{p,k}$ vor der Stirnseite des Fundamentkörpers

hergestellt werden kann.

Für alle Lastfälle, bei denen die genannten Bedingungen nicht eingehalten werden und somit
- der Erdwiderstand $R_{p,k}$ höher als oben angegeben anzusetzen ist oder
- der Boden den oben genannten Anforderungen nicht entspricht (mindestens mitteldichte Lagerung von nichtbindigem Boden bzw. mindestens steifer bindiger Boden),

muss der Nachweis geführt werden. Es ist somit explizit zu zeigen, dass in den Sohlflächen der Fundamente keine unzuträglichen Verschiebungen auftreten (Standsicherheit und Gebrauchstauglichkeit des Bauwerks werden nicht unzulässig beeinträchtigt).

### 12.1.5 Maßnahmen bei nicht erfüllter Gleitsicherheit

Ist die Gleitsicherheit nicht erfüllt, können als Maßnahmen u. a. erwogen werden:
- Vergrößerung der Vertikalkräfte (bei einer Stützmauer z. B. durch ihre Verbreiterung oder durch Anordnung einer Kragplatte auf der Mauerrückseite, Bild 12-5),
- Verringerung der Horizontalkräfte (bei einer Stützmauer z. B. durch Anordnung einer Kragplatte auf der Mauerrückseite, Bild 12-5),
- Verbesserung der Baugrundeigenschaften, insbesondere die Erhöhung des Winkels der inneren Reibung, durch Maßnahmen wie Bodenaustausch, Verdichten usw.,
- geneigte Anordnung der Gründungsfuge (Bild 12-3),
- Vergrößerung des Erdwiderstands durch tiefere Gründung (in Sonderfällen).

Es ist darauf hinzuweisen, dass die in Bild 12-5 dargestellte Maßnahme aus wirtschaftlichen Gründen heute kaum mehr realisiert wird (zu hohe Kosten für die zusätzlich erforderliche Schalung und Bewehrung).

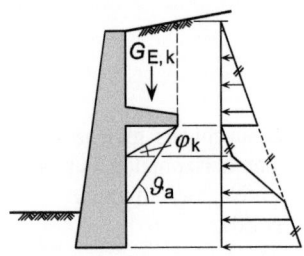

**Bild 12-5** Reduzierung des horizontalen Erddrucks und Erhöhung der Vertikallast durch bergseitige Konsole

## 12.2 Kippen

### 12.2.1 Allgemeines

Wie das Gleiten gehört auch das Kippen von Gründungskörpern zu den Stabilitätsproblemen, bei denen infolge des Deformationsverhaltens des Baugrunds unkontrolliert große Verschiebungen bzw. Drehungen des Bauwerks auftreten können.

Die Frage, ob ein Bauwerk kippt, lässt sich über das Verhältnis von Stand- zu Kippmoment nur dann eindeutig beantworten, wenn die sich gegeneinander drehenden Körper starr sind. Dies gilt in der Regel mit guter Näherung bei auf Fels gegründeten Bauwerken bzw. bei entsprechenden Nachweisen in Arbeitsfugen. Bei Gründungen auf Lockergestein hingegen stellt sich das Kippversagen infolge fortschreitender Plastizierung des Bodens unter dem am stärksten beanspruchten Sohlflächenbereich ein. Da sich in solchen Fällen die Druckspannungen bei zunehmender Sohlflächendrehung und damit wachsender Sohlfugenklaffung auf einen immer kleiner werdenden Randbereich der Gründungsfläche konzentrieren, geht der Kippvorgang mit einem fortschreitenden Grundbruch (vgl. Kapitel 11) einher.

Da die Kippsicherheit von Systemen wie die aus Bild 12-6 durch Unwägbarkeiten bei der Ermittlung der angreifenden Kräfte stark beeinflusst werden kann, empfiehlt sich eine entsprechende Beurteilung anhand von Zusatzkräften $\Delta V$ oder $\Delta H$, die zum Umkippen führen würden.

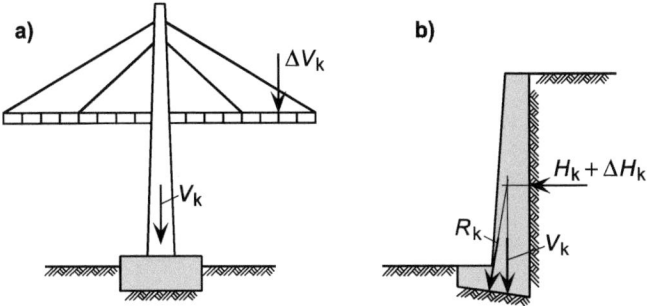

**Bild 12-6**   Beispiele für kippempfindliche Flächengründungen (nach [24])

Dass die Kippsicherheit von Fundament und Bauwerk nicht identisch sein muss, lässt sich leicht am Beispiel eines auf Einzelfundamenten gegründeten Turmbauwerks erkennen; während das linke der beiden Fundamente in Bild 12-7 noch in seiner gesamten Sohlfläche Druckspannungen aufweist, klafft das rechte Fundament schon in seiner gesamten Sohlfläche (Druckspannungen treten dort nicht mehr auf).

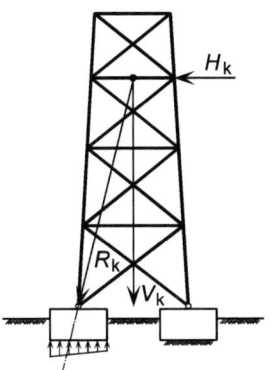

**Bild 12-7**   Kippempfindliches Bauwerk auf kippsicherer Flächengründung (nach [24])

## 12.2.2 DIN-Normen

Bedingungen, die beim Kippsicherheitsnachweis von Fundamenten beachtet werden müssen, sind in den Normen
- DIN 1054 [20], DIN 4017 [27], DIN EN 1997-1 [100] und DIN EN 1997-1/NA [102]

zu finden.

## 12.2.3 Kippsicherheit von Flach- und Flächengründungen nach DIN 1054

Obwohl bei Flach- und Flächengründungen auf bindigen und nichtbindigen Böden die Lage der Kippkante unbekannt ist (vgl. Abschnitt 12.2.1), muss nach DIN 1054, 6.5.4 A (3) für diese Böden im Grenzzustand des Verlusts der Lagesicherheit (EQU) ein Kippnachweis um eine fiktive Kippkante geführt werden. Dabei sind die durch die Bemessungsgrößen der Einwirkungen hervorgerufenen stabilisierenden und destabilisierenden Momente um die fiktive Kippkante miteinander zu vergleichen.

Zusätzlich zu diesem Kippnachweis sind die Nachweise der Gebrauchstauglichkeit gemäß DIN 1054, A 6.6.5 zu erbringen (siehe Abschnitt 12.2.4).

Die Vorgehensweise beim Kippnachweis wird am nachstehenden einfachen Beispiel verdeutlicht.

### Anwendungsbeispiel

Zu behandeln ist die auf nichtbindigem Boden gegründete Schwergewichtsmauer aus Bild 12-8. Für sie ist gemäß DIN 1054, 6.5.4 A (3) der Sicherheitsnachweis gegen Kippen (Grenzzustand EQU) für die Bemessungssituation BS-P zu führen. Die dabei zu verwendende fiktive Kippkante ist in Bild 12-8 mit A markiert. Die für den Nachweis zu berücksichtigenden charakteristischen Einwirkungen sind die ständig vorhandenen Kräfte

$G_k$ = 138,00 kN/lfdm   (Eigenlast der Mauer)

$E_{agh,k}$ = 36,09 kN/lfdm   (horizontale Erddruckkraft)

$E_{agv,k}$ = 14,34 kN/lfdm   (vertikale Erddruckkraft)

sowie die Erddruckkräfte aus einer Verkehrslast

$E_{aph,k}$ = 5,01 kN/lfdm   (horizontale Erddruckkraft)

$E_{apv,k}$ = 1,99 kN/lfdm   (vertikale Erddruckkraft)

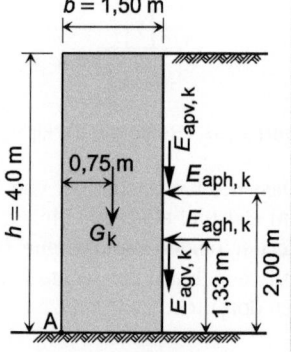

**Bild 12-8** Schwergewichtsmauer (Querschnitt)

### Lösung

#### 1. Bemessungswerte der Einwirkungen

Mit den zum Grenzzustand EQU und zur Bemessungssituation BS-P gehörenden Teilsicherheitsbeiwerten der Tabelle 7-1

$\gamma_{G,stb}$ = 0,90

$\gamma_{G,dst}$ = 1,10

$\gamma_Q$ = 1,50

berechnen sich die Bemessungswerte der Einwirkungen zu

$G_d = G_k \cdot \gamma_{G,\,stb} = 138{,}00 \cdot 0{,}90 = 124{,}20$ kN/lfdm

$E_{agh,d} = E_{agh,k} \cdot \gamma_{G,\,dst} = 36{,}09 \cdot 1{,}10 = 39{,}70$ kN/lfdm

$E_{agv,d} = E_{agv,k} \cdot \gamma_{G,\,dst} = 14{,}34 \cdot 1{,}10 = 15{,}77$ kN/lfdm

$E_{aph,d} = E_{aph,k} \cdot \gamma_Q = 5{,}01 \cdot 1{,}50 = 7{,}52$ kN/lfdm

$E_{apv,d} = E_{apv,k} \cdot \gamma_Q = 1{,}99 \cdot 1{,}50 = 2{,}99$ kN/lfdm

**Hinweis:** Da es sich bei den Erddruckkräften $E_{agh,k}$ und $E_{agv,k}$ bzw. $E_{aph,k}$ und $E_{apv,k}$ nur um Komponenten der ungünstigen veränderlichen Kraft $E_{ag,k}$ bzw. $E_{ap,k}$ handelt, sind sie mit dem jeweils gleichen Teilsicherheitsbeiwert $\gamma_{G,\,dst}$ bzw. $\gamma_Q$ zu multiplizieren. Davon unberührt bleibt die unterschiedliche Drehrichtung der beiden jeweiligen Kraftkomponenten um die fiktive Kippachse.

### 2. Momente um A

Mit den Bemessungswerten der Einwirkungen ergeben sich um den Punkt A aus Bild 12-8 die Bemessungsgrößen des Kippmoments

$M_{K,d} = E_{agh,d} \cdot 1{,}67 + E_{aph,d} \cdot 2{,}00 = 39{,}70 \cdot 1{,}67 + 7{,}52 \cdot 2{,}00 = 81{,}34$ kN·m/lfdm

und des Rückstellmoments

$M_{R,d} = G_d \cdot 0{,}75 + (E_{agv,d} + E_{apv,d}) \cdot 1{,}50 = 124{,}20 \cdot 0{,}75 + (15{,}77 + 2{,}99) \cdot 1{,}50$
$= 121{,}29$ kN·m/lfdm

### 3. Kippnachweis

Der Vergleich bzw. das Verhältnis der Bemessungsmomente um die fiktive Kippachse (Punkt A in Bild 12-8) führen zu

$M_{R,d} = 121{,}29$ kN·m/lfdm $> M_{K,d} = 81{,}34$ kN·m/lfdm

und dem Ausnutzungsgrad

$$\mu = \frac{M_{K,d}}{M_{R,d}} = \frac{81{,}34 \text{ kN·m/lfdm}}{121{,}29 \text{ kN·m/lfdm}} = 0{,}67 < 1$$

Damit ist gezeigt, dass die Schwergewichtsmauer eine hinreichende Kippsicherheit besitzt.

Das Beispiel lässt erkennen, dass sich die Breite des Fundaments noch verringern ließe, da die Kippsicherheit erst bei einem Ausnutzungsgrad von $\mu > 1$ verloren geht.

### 12.2.4 Gebrauchstauglichkeit nach DIN 1054

Bei Flach- und Flächengründungen auf nichtbindigen und bindigen Böden dürfen nach DIN 1054, A 6.6.5 A (2) in deren Sohlfugen keine Klaffungen durch ständige charakteristische Einwirkungen hervorgerufen werden. Diese Bedingung ist erfüllt, wenn die Sohldruckresultierende der charakteristischen Einwirkungen nicht außerhalb der 1. Kernweite (auch „Kern" genannt) angreift (vgl. Bild 8-8 und Bild 8-12). Zur Erfüllung dieser Forderung muss bei einem Fundament mit der Grundrissform eines

– rechteckigen Vollquerschnitts nachgewiesen werden, dass die Resultierende der Einwirkungen die Sohlfläche des Gründungskörpers nicht außerhalb der durch die Raute (1. Kernweite) begrenzten Fläche schneidet (vgl. Bild 8-8 sowie Gl. 8-12 und Gl. 8-13)

$$\frac{|e_x|}{b_x} + \frac{|e_y|}{b_y} \leq \frac{1}{6} \qquad \text{Gl. 12-9}$$

– kreisförmigen Vollquerschnitts mit dem Radius $r$ gezeigt werden, dass der Angriffspunkt der Sohldruckresultierenden nicht außerhalb eines Kreises mit dem Radius (1. Kernweite) liegt; bei Verwendung kartesischer Koordinaten gilt (vgl. Bild 8-12 und Gl. 8-22)

$$\left(\frac{e_x}{D}\right)^2 + \left(\frac{e_y}{D}\right)^2 \leq \frac{0{,}25^2}{4} \qquad \text{bzw.} \qquad \left(\frac{e_x}{r}\right)^2 + \left(\frac{e_y}{r}\right)^2 \leq 0{,}25^2 \qquad \text{Gl. 12-10}$$

Werden Gründungskörper außer durch ständige zusätzlich durch veränderliche Einwirkungen belastet, ist gemäß DIN 1054, A 6.6.5 A (3) für die ungünstigste Kombination der charakteristischen bzw. repräsentativen Einwirkungen nachzuweisen, dass die Sohlfläche des Fundaments noch bis zu ihrem Schwerpunkt durch Druck belastet wird. Damit ist das Klaffen der Sohlfuge höchstens bis zum Schwerpunkt der Sohlfläche zugelassen. Zur Erfüllung dieser Forderung muss bei einem Fundament mit der Grundrissform eines

– rechteckigen Vollquerschnitts näherungsweise nachgewiesen werden, dass die Resultierende der Einwirkungen die Sohlfläche des Gründungskörpers nicht außerhalb der durch die Ellipse (2. Kernweite)

$$\left(\frac{x_e}{b_x}\right)^2 + \left(\frac{y_e}{b_y}\right)^2 = \frac{1}{9} \qquad \text{Gl. 12-11}$$

begrenzten Fläche schneidet (vgl. Bild 8-8),

– kreisförmigen Vollquerschnitts mit dem Radius $r$ gezeigt werden, dass der Angriffspunkt der Sohldruckresultierenden nicht außerhalb eines Kreises mit dem Radius (2. Kernweite)

$$r_e = 0{,}59 \cdot r \qquad \text{Gl. 12-12}$$

liegt (genauer: $r_e = 0{,}589 \cdot r$); bei Verwendung kartesischer Koordinaten gilt (Bild 8-12)

$$\left(\frac{x_e}{D}\right)^2 + \left(\frac{y_e}{D}\right)^2 = \frac{0{,}59^2}{4} \qquad \text{bzw.} \qquad \left(\frac{x_e}{r}\right)^2 + \left(\frac{y_e}{r}\right)^2 = 0{,}59^2 \qquad \text{Gl. 12-13}$$

Der Nachweis, dass die Sohldruckresultierende nicht außerhalb der 2. Kernweite angreift, lässt sich durch Einhaltung der Ungleichung

$$\left(\frac{e_x}{b_x}\right)^2 + \left(\frac{e_y}{b_y}\right)^2 \leq \frac{1}{9} \qquad \text{Gl. 12-14}$$

bzw.

$$\left(\frac{e_x}{D}\right)^2 + \left(\frac{e_y}{D}\right)^2 \leq \frac{0{,}59^2}{4} \qquad \text{bzw.} \qquad \left(\frac{e_x}{r}\right)^2 + \left(\frac{e_y}{r}\right)^2 \leq 0{,}59^2 \qquad \text{Gl. 12-15}$$

führen.

Werden die genannten Exzentrizitäts-Bedingungen eingehalten, darf angenommen werden, dass sich für Bauwerke keine unzuträglichen Verdrehungen ergeben, wenn sie auf Einzel- und/oder Streifenfundamenten gegründet sind, die ihre Lasten auf mindestens mitteldicht gelagerten nichtbindigen bzw. steifen bindigen Boden abtragen.

Muss damit gerechnet werden, dass ungleichmäßige Setzungen der Gründung oder von Gründungsteilen zu Schäden am Bauwerk selbst oder an dessen Umgebung führen, sind gemäß DIN 1054, A 6.6.5 A (5) die Verdrehungen in Anlehnung an DIN EN 1997-1, 6.6.2 zu ermitteln.

**Anwendungsbeispiel**

Für ein quadratisches Fundament der Seitenlänge $a = 2,0$ m, das auf dicht gelagertem nichtbindigen Baugrund herzustellen ist, wurden in der Bemessungssituation BS-P die Exzentrizitäten der charakteristischen Sohldruckresultierenden für den Fall der ständigen Einwirkungen sowie den Fall der ständigen und veränderlichen Einwirkungen berechnet. Im ersten Fall ergaben sich die Exzentrizitäten $e_{x1} = 0,2$ m und $e_{y1} = 0,1$ m und im zweiten Fall $e_{x2} = 0,5$ m und $e_{y2} = 0,1$ m.

Für dieses Fundament ist im Grenzzustand der Gebrauchstauglichkeit SLS der Nachweis einer ausreichenden Begrenzung der klaffenden Fuge gemäß DIN 1054, 6.6.5 zu führen und der Ausnutzungsgrad bezüglich der linearen Vergrößerung der Exzentrizitäten zu ermitteln.

**Lösung**

Nach DIN 1054, A 6.6.5 A (2) ist die hinreichende Begrenzung der Fugenklaffung des Fundaments unter ständigen Einwirkungen (1. Fall) nachgewiesen, wenn die Sohldruckresultierende nicht außerhalb der 1. Kernweite liegt. Im vorliegenden Fall ist diese Bedingung erfüllt, da sich mit den Exzentrizitäten

$e_{x1} = 0,2$ m    und    $e_{y1} = 0,1$ m

und Gl. 12-9

$$\frac{|e_{x1}|}{a} + \frac{|e_{y1}|}{a} = \frac{0,2}{2,0} + \frac{0,1}{2,0} = 0,15 < \frac{1}{6} = 0,167$$

ergibt. Auf der Basis linearer Vergrößerung der Exzentrizitäten ergibt sich als zugehöriger Ausnutzungsgrad

$$\mu = 6 \cdot \left(\frac{|e_{x1}|}{b_x} + \frac{|e_{y1}|}{b_y}\right) = 6 \cdot \left(\frac{|e_{x1}|}{a} + \frac{|e_{y1}|}{a}\right) = 6 \cdot \left(\frac{0,2}{2,0} + \frac{0,1}{2,0}\right) = 0,90 < 1$$

Im 2. Fall (ständige + veränderliche Einwirkungen) ist für das Fundament die Begrenzung der Fugenklaffung bis höchstens zum Schwerpunkt der Sohlfläche nachzuweisen (DIN 1054, A 6.6.5 A (3)). Mit den Exzentrizitäten

$e_{x2} = 0,5$ m    und    $e_{y2} = 0,1$ m

und Gl. 12-14 ergibt sich

$$\left(\frac{e_{x2}}{a}\right)^2 + \left(\frac{e_{y2}}{a}\right)^2 = \left(\frac{0,5}{2,0}\right)^2 + \left(\frac{0,1}{2,0}\right)^2 = 0,065 \leq \frac{1}{9} = 0,111$$

und damit die Einhaltung der zulässigen Exzentrizität. Unter der Voraussetzung der linearen Vergrößerung der Exzentrizitäten berechnet sich der zugehörige Ausnutzungsgrad hinsichtlich der zulässigen Ausmittigkeit der charakteristischen Resultierenden mit Hilfe der Gleichung (Resultierende liegt bei $\mu=1$ auf dem Rand der 2. Kernweite)

$$\left(\frac{e_{x2}}{\mu \cdot b_x}\right)^2 + \left(\frac{e_{y2}}{\mu \cdot b_y}\right)^2 = \left(\frac{e_{x2}}{\mu \cdot a}\right)^2 + \left(\frac{e_{y2}}{\mu \cdot a}\right)^2 = \left(\frac{0,5}{\mu \cdot 2,0}\right)^2 + \left(\frac{0,1}{\mu \cdot 2,0}\right)^2 = \frac{1}{9}$$

zu

$$\mu = 3 \cdot \sqrt{\frac{e_x^2}{b_x^2} + \frac{e_y^2}{b_y^2}} = \frac{3}{a} \cdot \sqrt{e_x^2 + e_y^2} = \frac{3}{2,0} \cdot \sqrt{0,5^2 + 0,1^2} = 0,765$$

Da es sich bei dem Baugrund um dicht gelagerten nichtbindigen Boden handelt (verlangt wird eine mindestens mitteldichte Lagerung) und darüber hinaus die Exzentrizitäts-Bedingungen aus DIN 1054, 6.6.5 eingehalten werden, darf angenommen werden, dass sich für das Fundament keine unzuträglichen Verdrehungen ergeben.

### 12.2.5 Ungleichmäßige Setzungen bei hohen Bauwerken

Die ohne Berücksichtigung von Setzungen ermittelte Kippsicherheit von Bauwerken mit hoch liegendem Schwerpunkt bzw. hoch liegendem Angriffspunkt der lotrechten Lastresultierenden vermindert sich, wenn ungleichmäßige Setzungen auftreten und diese beim Nachweis der Kippsicherheit zusätzlich berücksichtigt werden. Der Grund hierfür liegt in der horizontalen Verschiebung des Bauwerksschwerpunkts bzw. der horizontalen Verschiebung des Angriffspunkts der lotrechten Lastresultierenden und dem sich damit ergebenden Moment aus Last und Auslenkung bzw. der sich damit ergebenden Vergrößerung der Exzentrizität der maßgebenden Sohldruckresultierenden.

In den genannten Fällen war früher neben dem Grundbruchsicherheitsnachweis auch der Nachweis der Sicherheit gegen Instabilität gemäß [35] zu führen (vgl. auch [217], Abschnitt 12.3.2). Da dieses Problem in der derzeit geltenden DIN 4019 [32] nicht mehr behandelt wird, sei hier auf [176], Kapitel 3.1 hingewiesen. Die dort zu findenden Ausführungen zur „Stabilitätskontrolle bei turmartigen Bauwerken" bieten die Möglichkeit, das Problem auf der Basis der Theorie 2. Ordnung iterativ zu bearbeiten.

# 13 Geländebruch

## 13.1 Allgemeines

Übergänge zwischen Geländeoberflächen mit unterschiedlichen Höhenlagen können z. B. als
- Böschungen (Bild 13-1 a) oder
- durch Stützbauwerke gesicherte Geländesprünge (Bild 13-1 b)

ausgeführt werden.

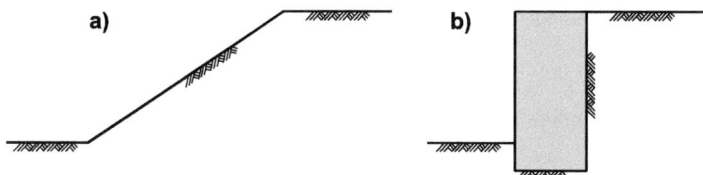

**Bild 13-1**  Beispiele zur konstruktiven Gestaltung von Übergängen zwischen verschieden hohen
Geländeoberflächen
a) Böschung
b) Geländesprung, durch Schwergewichtsmauer als Stützkonstruktion gesichert

Hinsichtlich der Standsicherheit solcher Konstruktionen muss u. a. mit hinreichender Sicherheit gewährleistet sein, dass kein Böschungs- bzw. kein Geländebruch eintritt (Bild 13-2).

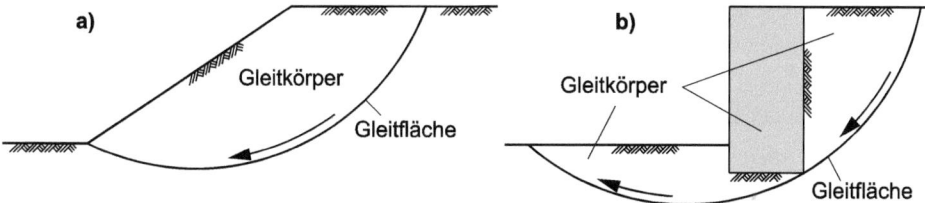

**Bild 13-2**  Beispiele für ebene Bruchformen nach DIN 4084 [45]
a) Böschungsbruch
b) Geländebruch (Gleitkörper = mit Stützkonstruktion abrutschender Erdkörper)

## 13.2 DIN-Normen

Für die Berechnung der Standsicherheit von Böschungen, Hängen, Dämmen und Geländesprüngen werden in
- DIN 1054 [20], DIN 4084 [45], DIN 4084 Beiblatt 1 [46], DIN EN 1997-1 [100] und DIN EN 1997-1/NA [102]

u. a. Berechnungsgrundlagen und Berechnungsverfahren angegeben, die den ebenen Fall beim Abrutschen auf angenommenen Gleitflächen betreffen (die Verfahren gelten auch für Fälle, in denen sich die Erdkörper ohne Bildung von Gleitflächen allein durch Scherzonen verformen).

## 13.3 Begriffe nach DIN 4084

*Geländesprung* natürlich oder künstlich entstandene Stufe im Gelände, mit oder ohne Stützbauwerk.

*Böschung* Erdkörper mit einer durch Abtrag oder Auffüllen künstlich hergestellten geneigten Geländeoberfläche.

*Hang* Erdkörper mit einer natürlich entstandenen geneigten Geländeoberfläche.

*Stützkonstruktion* Konstruktion zur Sicherung eines Geländesprungs, einer Böschung oder eines Hangs.

*Geländebruch* das Abrutschen eines Erdkörpers an einer Böschung, einem Hang oder an einem Geländesprung (ggf. einschließlich des Stützbauwerks und eines Teils des das Bauwerk umgebenden Erdreichs) infolge Ausschöpfens des Scherwiderstands des Bodens und des Widerstands evtl. vorhandener Bauteile. Der rutschende Erdkörper kann sich dabei selbst verformen oder als annähernd starrer Körper abrutschen.

*Böschungsbruch* Bezeichnung eines Geländebruchs, wenn der Erdkörper an einer Böschung abrutscht.

*Hangrutschung* Bezeichnung eines Geländebruchs, wenn der Erdkörper an einem Hang abrutscht.

*Bruchmechanismus* bewegliches System aus Scherzonen und Gleitkörpern bei einem Gelände- oder Böschungsbruch oder bei einer Hangrutschung.

*Gleitkörper* auf einer Gleitfläche rutschender Erdkörper mit oder ohne Stützkonstruktion.

*Scherzone* Bereich, in dem beim Gelände- oder Böschungsbruch Scherverformungen im Grenzzustand des Bodens stattfinden.

*Scherfuge* dünne flächenhafte Scherzone.

*Gleitfläche* (auch *Gleitfuge*) vereinfachend als Fläche angenommene Scherzone oder Scherfuge im Boden.

*Gleitlinie* Schnittfuge der Gleitfläche mit der betrachteten Schnittebene.

*Rechnerisches Grenzgleichgewicht* Gleichgewicht zwischen den Bemessungswerten der Einwirkungen und den mit dem Ausnutzungsgrad $\mu$ multiplizierten Bemessungswiderständen.

*Ausnutzungsgrad $\mu$ des Bemessungswiderstands* Verhältnis des für das Gleichgewicht erforderlichen Widerstands zum Bemessungswert des Widerstands.

*Selbstspannendes Zugglied* Zugglied, das durch eine angenommene Bewegung des untersuchten Bruchmechanismus gedehnt wird.

## 13.4 Erforderliche Unterlagen für Berechnungen gemäß DIN 4084

Für Geländebruchberechnungen nach DIN 4084 sind Unterlagen bereitzustellen mit

1. Angaben über die
   – Abmessungen, die konstruktive Ausbildung und die Baustoffe der Stützkonstruktion bzw. der Böschung,
   – Wasserstände und die Strömungsverhältnisse in der Bauwerksumgebung,
   – anzusetzenden charakteristischen Einwirkungen,
   – Horizontalbeschleunigung infolge Erdbeben.
2. Baugrundaufschlüssen nach den einschlägigen DIN-Normen im Bereich der möglichen Bruchmechanismen und Angaben über bereits existierende Gleitflächen.
3. bodenmechanischen Kenngrößen der im Bereich der möglichen Bruchmechanismen anstehenden Bodenschichten

- Wichten γ und Scherparameter $\varphi'$ und $c'$ des konsolidierten Zustands (für Endstandsicherheit) bzw. Scherparameter $\varphi_u$ und $c_u$ des nicht konsolidierten Zustands (für Anfangsstandsicherheit),
- Porenwasserüberdruck bei konsolidierenden bindigen Böden,
- bei bindigen Böden ggf. die Restscherfestigkeit (Scherfestigkeit nach sehr großer Verschiebung, siehe DIN 18137-1 [80]).

## 13.5 Sonderfall der ebenen Gleitfläche

Ebene Gleitflächen treten in der Natur nur in Sonderfällen auf, wie z. B. bei der geologischen Situation von Bild 13-3 a.

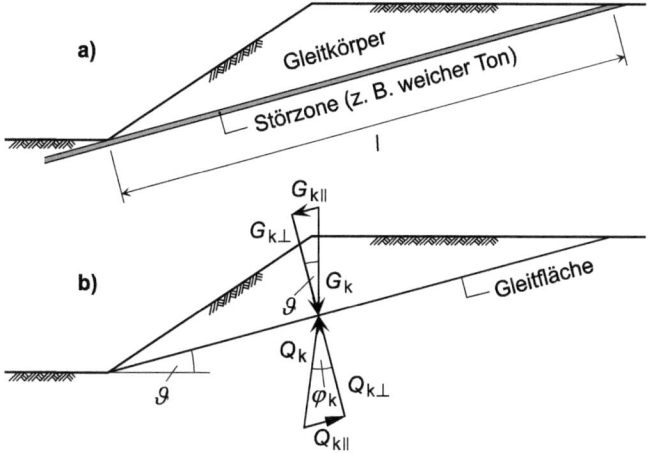

**Bild 13-3** Beispiel für ebene Gleitfläche (Länge $l$)
  a) Lage einer Störzone
  b) resultierende Kräfte in der Gleitfläche bei kohäsionslosem Bodenmaterial

In solchen Fällen ergeben sich in der oberen Grenzschicht der Störzone Spannungen, deren resultierende Größen in Bild 13-3 b dargestellt sind. Die charakteristische Eigenlast $G_k$ (Angabe pro lfdm Gleitkörper) des oberhalb der Störzone liegenden Erdkeils (Einwirkung) bewirkt in der Grenzschicht charakteristische Normal- und Schubspannungen, deren Resultierende normal ($\perp$) und parallel ($\parallel$) zur Grenzschicht angeordnet sind. Die Größen dieser Resultierenden sind

$$G_{k\perp} = G_k \cdot \cos \vartheta$$
$$G_{k\parallel} = G_k \cdot \sin \vartheta$$

Gl. 13-1

und stellen charakteristische Beanspruchungen normal und parallel zur Gleitfläche dar.

Bewirkt die Beanspruchung infolge der Eigenlast ein Schubversagen in der Grenzschicht (Grenzschicht der Störzone wird zur Gleitfläche), würden, bei kohäsionslosem Bodenmaterial, als normal zur Gleitfläche gerichtete charakteristische Reaktionskraft pro lfdm Gleitkörper

$$Q_{k\perp} = G_{k\perp}$$

Gl. 13-2

und als parallel zur Gleitfläche gerichtete maximal mobilisierbare charakteristische Reaktionskraft pro lfdm Gleitkörper

$$Q_{k\parallel} = Q_{k\perp} \cdot \tan\phi_k = G_{k\perp} \cdot \tan\phi_k = G_k \cdot \cos\vartheta \cdot \tan\phi_k \qquad \text{Gl. 13-3}$$

in der Grenzschicht aktiviert. Parallel zur Gleitfläche wirkt pro lfdm des Gleitkörpers die Größe $Q_{k\parallel}$ der Beanspruchung $G_{k\parallel}$ als Widerstand entgegen.

Die Gleichungen Gl. 13-1 bis Gl. 13-3 erlauben es, mit dem Verhältnis der Kräfte parallel zur Gleitfuge und ohne Berücksichtigung von Teilsicherheitsbeiwerten, einen Sicherheitsgrad gegen das Abgleiten in Form eines Ausnutzungsgrades

$$\mu = \frac{\text{vorh. treibende Kraft}}{\text{max. haltende Kraft}} = \frac{G_{k\parallel}}{Q_{k\parallel}} = \frac{G_k \cdot \sin\vartheta}{G_k \cdot \cos\vartheta \cdot \tan\phi_k} = \frac{\tan\vartheta}{\tan\phi_k} \qquad \mu \leq 1 \qquad \text{Gl. 13-4}$$

zu definieren. Gl. 13-4 macht deutlich, dass ein Abrutschen des Erdkörpers erst dann eintritt, wenn die vorhandene treibende Kraft die Größe der maximalen haltenden Kraft annimmt ($\vartheta = \varphi_k$ bzw. $\mu = 1$) und dass das Abrutschen verhindert wird, solange die vorhandene treibende Kraft kleiner ist als die maximale haltende Kraft ($\vartheta < \varphi_k$ bzw. $\mu < 1$).

Würde die Sicherheit gegen Geländebruch gemäß DIN 1054 nachgewiesen, müssten zusätzlich die zum Grenzzustand des Versagens durch Verlust der Gesamtstandsicherheit GEO-3 gehörenden Teilsicherheitsbeiwerte $\gamma_G$ der Einwirkung (siehe Tabelle 7-1) und $\gamma\varphi$ des Widerstands (siehe Tabelle 7-2; je nach Problemstellung kann es um $\gamma\varphi'$ oder $\gamma\varphi_u$ gehen) berücksichtigt werden. Mit ihnen lassen sich die Bemessungswerte der Einwirkung und des Widerstands parallel zur Gleitfläche

$$E_d = \gamma_G \cdot E_k = \gamma_G \cdot G_{k\parallel} = \gamma_G \cdot G_k \cdot \sin\vartheta$$

$$R_d = \frac{R_k}{\gamma_\phi} = \frac{Q_{k\parallel}}{\gamma_\phi} = \frac{G_k \cdot \cos\vartheta \cdot \tan\phi_k}{\gamma_\phi} \qquad \text{Gl. 13-5}$$

ermitteln (Angabe pro lfdm Gleitkörper). Der Ausnutzungsgrad dieses Falls kann dann mit

$$\mu = \frac{E_d}{R_d} = \frac{E_k \cdot \gamma_G \cdot \gamma_\phi}{R_k} = \frac{\gamma_G \cdot \gamma_\phi \cdot G_k \cdot \sin\vartheta}{G_k \cdot \cos\vartheta \cdot \tan\phi_k} = \frac{\gamma_G \cdot \gamma_\phi \cdot \tan\vartheta}{\tan\phi_k} \qquad \mu \leq 1 \qquad \text{Gl. 13-6}$$

berechnet werden.

Weist das Bodenmaterial über die Länge $l$ der Gleitfuge Kohäsion mit der charakteristischen konstanten Größe $c'_k$ (dränierter Boden) bzw. $c_{u,k}$ (undränierter Boden) auf, gilt für den parallel zur Grenzfläche wirkenden charakteristischen Widerstand $R_k = Q_{k\parallel}$ (charakteristische Scherspannungsresultierende pro lfdm Gleitkörper)

$$R_k = c_k \cdot l + Q_{k\perp} \cdot \tan\phi_k = c_k \cdot l + G_{k\perp} \cdot \tan\phi_k = c_k \cdot l + G_k \cdot \cos\vartheta \cdot \tan\phi_k \qquad \text{Gl. 13-7}$$

In der Gleichung ist $G_k$ die charakteristische Eigenlast pro lfdm Gleitkörper; für $c_k$ und $\varphi_k$ sind im dränierten Zustand die Größen $c'_k$ und $\varphi'_k$ und im undränierten Zustand die Größen $c_{u,k}$ und $\varphi_{u,k}$ einzusetzen. Der Ausnutzungsgrad ist für dränierten Boden (Endstandsicherheit) definiert durch

$$\mu = \frac{\text{vorh. treibende Kraft}}{\text{max. haltende Kraft}} = \frac{E_d}{R_d} = \frac{\gamma_G \cdot G_k \cdot \sin\vartheta}{\dfrac{c'_k \cdot l}{\gamma_c} + \dfrac{G_k \cdot \cos\vartheta \cdot \tan\phi'_k}{\gamma_\phi}} \qquad \mu \leq 1 \qquad \text{Gl. 13-8}$$

Für undränierten Boden (Anfangsstandsicherheit) sind die Teilsicherheitsbeiwerte $\gamma_c$ und $\gamma\varphi$ durch $\gamma_{cu}$ und $\gamma\varphi_u$ zu ersetzen, in entsprechender Weise gilt das auch für den Ersatz der Materialparameter $c'_k$ und $\varphi'_k$ durch $c_{u,k}$ und $\varphi_{u,k}$.

Wird die ebene Gleitfläche als Grenzfall einer zylindrischen Gleitfläche verstanden, deren Radius $r \to \infty$ beträgt, lässt sich die Definition des Ausnutzungsgrades bzw. der Sicherheit aus Gl. 13-4 bzw. Gl. 13-8 durch

$$\mu = \frac{\text{vorh. treibende Kraft} \cdot r_\infty}{\text{max. haltende Kraft} \cdot r_\infty} = \frac{\text{Moment der vorh. treibenden Kraft}}{\text{Moment der max. haltenden Kraft}} \qquad \mu \leq 1 \qquad \text{Gl. 13-9}$$

verallgemeinern.

## 13.6 Lamellenverfahren (schwedische Methode)

Dieses sehr einfache Verfahren kann sowohl bei homogenem als auch bei geschichtetem Baugrund angewendet werden. Bei ihm wird als Versagensmechanismus eine starre Bruchscholle angenommen, die auf einer kreiszylindrischen Gleitfläche abrutscht. Der Bruchkörper wird in $n$ möglichst gleich breite vertikale Lamellen zerlegt (Bild 13-4 a). Bei geschichtetem Boden ist die Zerlegung so vorzunehmen, dass jedes zu einer Lamelle gehörende Teilstück der Gleitfuge in nur einer Bodenschicht liegt und somit konstante Größen für die charakteristischen Werte des effektiven Reibungswinkels $\varphi'_k$ und der effektiven Kohäsion $c'_k$ aufweist.

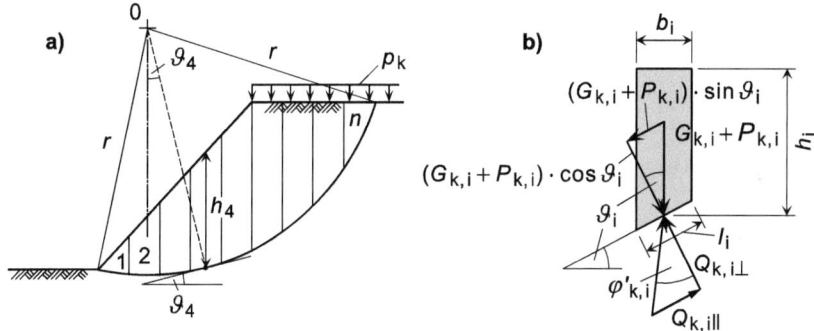

**Bild 13-4** Bruchmechanismus bei der schwedischen Methode
a) in $n$ Lamellen aufgeteilter starrer Bruchkörper mit kreiszylindrischer Gleitfläche
b) $i$-te Lamelle mit resultierenden charakteristischen Kräften bei kohäsionslosem Bodenmaterial in der Gleitfuge (Gleitfugenlänge $l_i$)

Um im Bereich der einzelnen Lamellen die gekrümmte Gleitfuge näherungsweise durch ihre Tangente ersetzen zu können, ist die Anzahl der Lamellen so groß zu wählen, dass hinreichend geringe Lamellenbreiten entstehen. Für diesen Fall wird bei der schwedischen Methode die in Bild 13-4 b gezeigte Kräftesituation in dem Gleitfugenteilstück der $i$-ten Lamelle angesetzt. Resultierende Kräfte der zwischen den einzelnen Lamellen wirkenden Spannungen (z. B. aus Erddruck) und horizontale Oberflächenbelastungen bleiben bezüglich der Ermittlung der Normalspannungen in der Gleitfläche unberücksichtigt.

Für die $i$-te Lamelle liefert die Gleichgewichtsforderung normal zur Gleitfuge die Gleichung

$$Q_{k,i\perp} = (G_{k,i} + P_i) \cdot \cos\vartheta_i \qquad \text{Gl. 13-10}$$

für die Normalkomponente der Reaktionskraft. In der auf den lfdm Böschung zu beziehenden Gleichung ist $G_{k,i}$ die sich aus der Lamellenhöhe $h_i$ und der Wichte $\gamma_i$ ergebende charakteristische Eigenlast der Lamelle und $P_i$ die Resultierende der vertikalen Lamellenbelastung.

Beginnt das System auf Schub zu versagen (Bruchscholle rutscht auf der Gleitfläche ab), gilt, bei kohäsionslosem Gleitfugenmaterial, die Beziehung

$$\tan\phi'_{k,i} = \frac{Q_{k,i\|}}{Q_{k,i\perp}} \qquad \text{Gl. 13-11}$$

Mit Gl. 13-10 ergibt sich aus ihr die maximale Resultierende der im Gleitflächenanteil der $i$-ten Lamelle aktivierten charakteristischen Schubspannungen („rückhaltende Kraft")

$$Q_{k,i\|} = (G_{k,i} + P_{k,i}) \cdot \cos\vartheta_i \cdot \tan\phi'_{k,i} \qquad \text{Gl. 13-12}$$

die der parallel zur Gleitfläche wirkenden charakteristischen Beanspruchung $(G_{k,i} + P_{k,i}) \cdot \sin\vartheta_i$ („antreibende Kraft") als Widerstand entgegen wirkt.

Weist das Bodenmaterial über die Länge $l_i$ des Gleitfugenteils der Lamelle Kohäsion mit der konstanten charakteristischen Größe $c'_{k,i}$ auf, ist, mit der charakteristischen Eigenlast $G_{k,i}$ und dem charakteristischen Lastanteil $P_{k,i}$ pro lfdm Lamelle, der charakteristische Widerstand (rückhaltende Kraft) aus Gl. 13-12 durch

$$\begin{aligned} Q_{k,i\|} &= c'_{k,i} \cdot l_i + (G_{k,i} + P_{k,i}) \cdot \cos\vartheta_i \cdot \tan\phi'_{k,i} \\ &= c'_{k,i} \cdot \frac{b_i}{\cos\vartheta_i} + (G_{k,i} + P_{k,i}) \cdot \cos\vartheta_i \cdot \tan\phi'_{k,i} \end{aligned} \qquad \text{Gl. 13-13}$$

zu ersetzen (zu $b_i$ vgl. Bild 13-4b).

Werden um den Mittelpunkt „0" des Gleitkreises (Bild 13-4 a) die Summe der Momente aus den charakteristischen Beanspruchungen (antreibende Kräfte)

$$(G_{k,i} + P_{k,i})_\| = (G_{k,i} + P_{k,i}) \cdot \sin\vartheta_i \qquad \text{Gl. 13-14}$$

und die Summe der Momente aus den charakteristischen Widerständen $Q_{k,i\|}$ (rückhaltende Kräfte) gebildet (die normal zur Gleitfläche gerichteten Komponenten der antreibenden und rückhaltenden Kräfte liefern keine Beiträge, da ihre Wirkungslinien durch den Mittelpunkt des Gleitkreises gehen), lässt sich über deren Verhältnis, in Analogie zu Gl. 13-4, ein Grad der Sicherheit gegen den Böschungsbruch in Form des Ausnutzungsgrades

$$\begin{aligned} \mu &= \frac{\sum_{i=1}^{n} \text{vorh. antreibende Momente}}{\sum_{i=1}^{n} \text{max. rückhaltende Momente}} = \frac{\sum_{i=1}^{n}(G_{k,i}+P_{k,i})_\| \cdot r}{\sum_{i=1}^{n} Q_{k,i\|} \cdot r} \\ &= \frac{\sum_{i=1}^{n}(G_{k,i}+P_{k,i})_\|}{\sum_{i=1}^{n} Q_{k,i\|}} = \frac{\sum_{i=1}^{n} \text{vorh. antreibende Kräfte}}{\sum_{i=1}^{n} \text{max. rückhaltende Kräfte}} \qquad \mu \leq 1 \end{aligned} \qquad \text{Gl. 13-15}$$

definieren.

Für erdfeuchte nichtbindige Böden hat Gl. 13-15 die Form

$$\mu = \frac{\sum_{i=1}^{n}(G_{k,i}+P_{k,i})\cdot \sin\vartheta_i}{\sum_{i=1}^{n}(G_{k,i}+P_{k,i})\cdot \cos\vartheta_i \cdot \tan\phi'_{k,i}} \qquad \mu \leq 1 \qquad \text{Gl. 13-16}$$

Handelt es sich bei den Böden in den Gleitfugenabschnitten der Lamellen z. B. um kohäsive Materialien im dränierten Zustand (Kohäsionsgrößen $c'_{k,i}$), die keine Porenwasserdrücke mehr aufweisen, ist Gl. 13-16 durch die ebenfalls pro lfdm Böschung geltende Gleichung

$$\mu = \frac{\sum_{i=1}^{n}(G_{k,i}+P_{k,i})\cdot \sin\vartheta_i}{\sum_{i=1}^{n}\left[(G_{k,i}+P_{k,i})\cdot \cos\vartheta_i \cdot \tan\phi'_{k,i} + c'_{k,i}\cdot \frac{b_i}{\cos\vartheta_i}\right]} \qquad \mu \leq 1 \qquad \text{Gl. 13-17}$$

zu ersetzen.

Sind die kohäsiven Böden in den Gleitfugenabschnitten zusätzlich Porenwasserdrücken ($u_{k,i}$ = charakteristischer Porenwasserdruck aus anstehendem Grundwasser, $\Delta u_{k,i}$ = charakteristischer Porenwasserüberdruck infolge von Konsolidation des Bodens) ausgesetzt, lautet die Gleichung für den Ausnutzungsgrad (pro lfdm Böschung)

$$\mu = \frac{\sum_{i=1}^{n}(G_{k,i}+P_{k,i})\cdot \sin\vartheta_i}{\sum_{i=1}^{n}\left\{c'_{k,i}\cdot \frac{b_i}{\cos\vartheta_i} + \left[(G_{k,i}+P_{k,i})\cdot \cos\vartheta_i - (u_{k,i}+\Delta u_{k,i})\cdot \frac{b_i}{\cos\vartheta_i}\right]\cdot \tan\phi'_{k,i}\right\}} \qquad \mu \leq 1 \qquad \text{Gl. 13-18}$$

Bei der schwedischen Methode sind mehrere Gleitflächen versuchsweise durch den Boden zu legen. Für jede dieser Gleitflächen ist der Ausnutzungsgrad $\mu$ zu ermitteln. Maßgebend ist schließlich die Gleitfuge, zu der der größte Ausnutzungsgrad und damit die kleinste Sicherheit gehört.

## 13.7 Berechnungen nach Normen

### 13.7.1 Anwendungsbereich

Die nach Normen durchzuführenden Berechnungen zum Ausschluss von Böschungs- oder Geländebrüchen erfassen gemäß DIN 1054, A 11.1.1 A (3) den Nachweis der Gesamtstandsicherheit (Grenzzustand GEO-3) von
- Böschungen, Hängen und Dämmen, die nicht oder nur durch eine Oberflächenabdeckung gesichert sind,
- nicht verankerten Stützbauwerken (z. B. Gewichtsstützwände (Schwergewichtsmauern), Winkelstützwände, Raumgitterkonstruktionen, Stützkonstruktionen aus Gabionen),
- nicht gestützten und im Boden eingespannten Wänden (z. B. Spundwände, Bohrpfahlwände, Schlitzwände, Trägerbohlwände),
- einfach oder mehrfach durch Zugelemente (z. B. Anker und Zugpfähle) verankerten Stützwänden, die durch ihre Fußeinbindung waagerechte und senkrechte Kräfte in den Baugrund übertragen können (z. B. Spundwände, Bohrpfahlwände, Schlitzwände, Trägerbohlwände),

– konstruktiven Böschungs- und Hangsicherungen (z. B. Bodenvernagelung, Hangverdübelung, Felsverankerung, Bewehrte-Erde-Bauwerke, geotextilbewehrte Konstruktionen und geotextilbewehrte Böschungen), deren Außenhaut außer ihrem Eigengewicht keine weiteren waagerechten oder senkrechten Auflagerlasten in den Baugrund abtragen kann.

Nach DIN 1054, 9.7.2 A (3) ist der Nachweis der Gesamtstandsicherheit bei Gewichtsstützwänden und verankerten Stützwänden insbesondere dann zu erbringen, wenn besondere Gegebenheiten das Auftreten eines Geländebruchs fördern, wie z. B.
– eine Rückseite der Wand, die stark zum Erdreich hin geneigt ist,
– Gelände, das hinter der Wand ansteigt und/oder vor der Wand abfällt,
– unterhalb des Wandfußes anstehender Boden mit geringer Tragfähigkeit,
– besonders große Lasten, die im Bereich steiler möglicher Gleitflächen wirken.

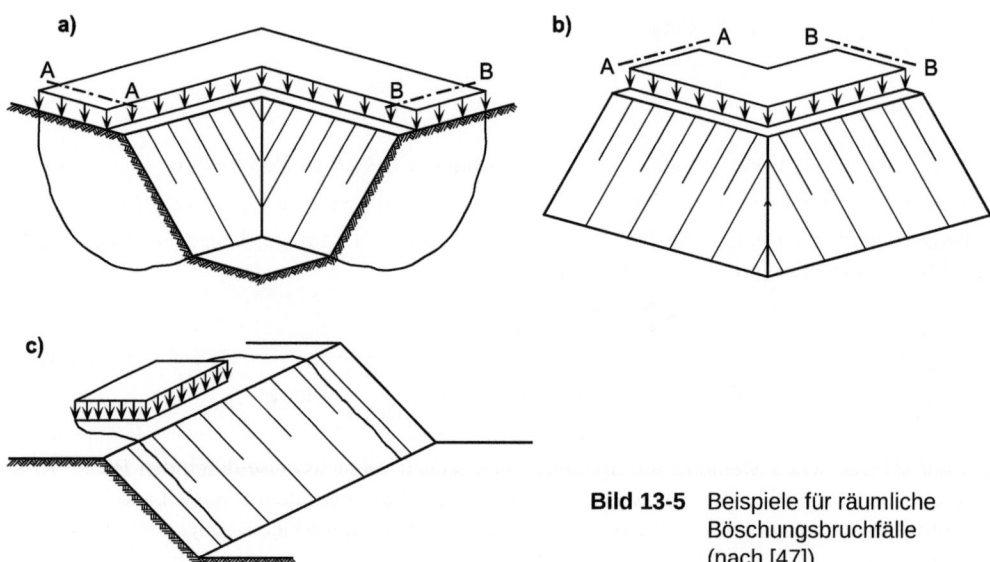

**Bild 13-5** Beispiele für räumliche Böschungsbruchfälle (nach [47])

Von DIN 4084 nicht erfasst werden z. B. räumliche Böschungsbruchfälle, wie sie etwa Bild 13-5 zeigt. Wird ihre Standsicherheit dennoch mit Hilfe der ebenen Betrachtungsweise behandelt, liegt nach [47] das entsprechende Ergebnis für den Fall aus Bild 13-5 c auf der sicheren Seite. Wird bei Eckböschungen gemäß Bild 13-5 a und Bild 13-5 b der ebene Nachweis für die Schnittebenen A–A und B–B geführt, liegt das Ergebnis für den Fall der einspringenden Ecke (Bild 13-5 a) wiederum auf der sicheren Seite, während es für den Fall der ausspringenden Ecke (Bild 13-5 b) wahrscheinlich etwas auf der unsicheren Seite liegt.

### 13.7.2 Grenzzustand, Einwirkungen und Widerstände

Für alle Nachweise der Sicherheit gegen Geländebruch ist der Grenzzustand des Versagens durch Verlust der Gesamtstandsicherheit (GEO-3) gemäß DIN 1054 zu betrachten.

Bei den anzusetzenden Einwirkungen handelt es sich nach DIN 4084, 6 vor allem um
– die ständig wirksame Eigenlast des Gleitkörpers und der Stützkonstruktion,
– veränderliche Lasten in oder auf dem Gleitkörper, sofern sie ungünstig wirken (die Bruchgefahr erhöhen),

- Kräfte vorgespannter Zugglieder – sofern sie nicht Widerstände gemäß DIN 4084, 7.2.3.4 bzw. 7.2.3.5 sind –, die entgegen der Bewegungsrichtung wirken ($\psi_A < 90°$; vgl. Bild 13-6) und damit die Bruchgefahr mindern; als Kräfte sind die Festlegekräfte $F_{A0}$ anzusetzen,
- Porenwasserdrucklasten auf die Gleitflächen und Wasserdrücke auf die sonstigen Begrenzungsflächen der Gleitkörper (Bild 13-7),
- in den Massenschwerpunkten der Gleitkörper angreifende Erdbebenkräfte

sowie um sonstige Einwirkungen.

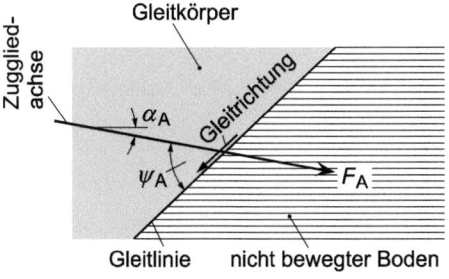

**Bild 13-6**  Winkel $\psi_A$ zwischen Zugglied und Gleitrichtung des Bruchmechanismus im Schnittpunkt von äußerer Gleitlinie und Zugglied (DIN 4084, Bild 2)

Ansetzbare charakteristische Widerstände gemäß DIN 4084, 7 sind
- die Scherparameter $\varphi_k$ und ggf. $c_k$ des Bodens (bei bindigen Böden sind entweder die zur Anfangsstandsicherheit gehörenden Parameter $c_{u,k}$ und $\varphi_{u,k}$ oder die Parameter $c'_k$ und $\varphi'_k$ des dränierten Bodens (Endstandsicherheit) zugrunde zu legen),
- Kräfte in Zuggliedern, Dübeln, Pfählen und Steifen, wobei für jeden Bruchmechanismus zu prüfen ist, ob die in diesen Bauteilen wirkenden Kräfte günstig oder ungünstig gerichtet sind (ein Zugglied z. B. wirkt in ungünstiger Richtung, wenn für den Winkel $\psi_A$ zwischen der Zuggliedachse und der Gleitrichtung des Bruchmechanismus im Schnittpunkt von äußerer Gleitlinie und Zugglied $\psi_A > 90°$ gilt; Bild 13-6 und Bild 13-8); bei Zuggliedern ist zu unterscheiden zwischen vorgespannten und nicht vorgespannten Zuggliedern (Zugglieder mit Vorspannung sind z. B. vorgespannte Verpressanker, Zugglieder ohne Vorspannung z. B. Zugpfähle) bzw. selbstspannenden und nicht selbstspannenden Zuggliedern (Zuordnung hängt von den Bodengegebenheiten und der Größe des Winkels $\psi_A$ ab),
- Scherwiderstände bei Stützkonstruktionen und Bauteilen, die, wie im Beispiel aus Bild 13-8, durch die Gleitfläche geschnitten werden (für den endgültigen Sicherheitsnachweis anzusetzen ist der Bemessungswert des Scherwiderstands $R_{S,d}$ der jeweiligen Stützkonstruktion bzw. des jeweiligen Bauteils, der an der Gleitlinie und entgegen der Bewegungsrichtung des Gleitkörpers übertragbar ist, d. h. von der Stützkonstruktion bzw. dem Bauteil entweder als Schnittkraft aufgenommen oder von diesen auf den Boden ober- bzw. unterhalb der Gleitlinie als Kraft abgetragen werden kann; maßgebend ist der kleinere Wert).

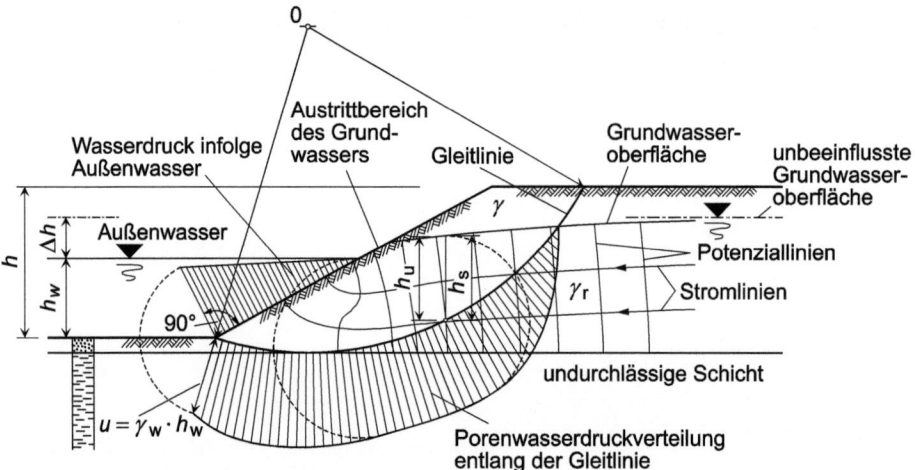

**Bild 13-7** Strömungsnetz, Wasserdruck und Porenwasserdruck bei einer Böschung (nach DIN 4084, Bild 1 a))

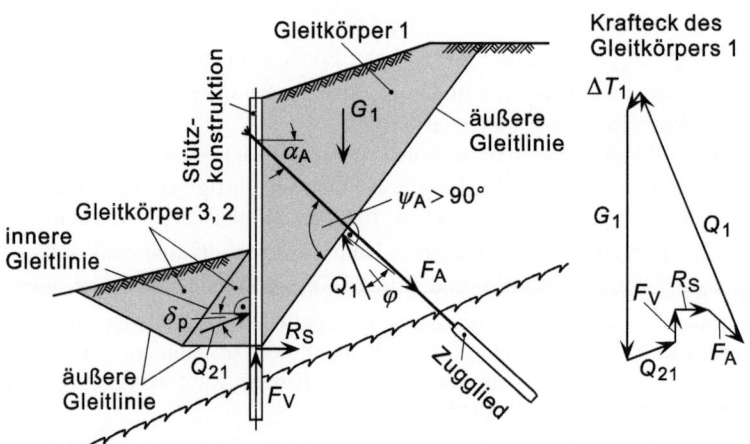

**Bild 13-8** Beispiel für den Ansatz einer Zugkraft bei ungünstig wirkendem Zugglied (gemäß DIN 4084)

### 13.7.3 Grenzzustandsbedingung

Nach DIN 4084, 9.1 besteht ausreichende Sicherheit gegen das Versagen in Form eines Geländebruchs, eines Böschungsbruchs oder einer Hangrutschung, wenn mit den resultierenden Bemessungswerten der Einwirkungen bzw. Beanspruchungen ($E_d$ bei Kraft- und $E_{M,d}$ bei Momentenwirkung) und der Widerstände ($R_d$ bei Kraft- und $R_{M,d}$ bei Momentenwirkung) die Bedingung für den Grenzzustand der Tragfähigkeit

$$E_d \leq R_d \quad \text{bzw.} \quad E_{M,d} \leq R_{M,d} \quad \text{Gl. 13-19}$$

oder

$$\frac{E_d}{R_d} = \mu \leq 1 \qquad \text{bzw.} \qquad \frac{E_{M,d}}{R_{M,d}} = \mu \leq 1 \qquad \qquad \text{Gl. 13-20}$$

erfüllt ist ($\mu$= Ausnutzungsgrad).

Zu untersuchen sind in der Regel mehrere infrage kommende Bruchmechanismen. Für den Nachweis letztendlich ausschlaggebend ist dann der Mechanismus, zu dem der größte Wert des Ausnutzungsgrades gehört.

### 13.7.4 Arten der Bruchmechanismen und besondere Bedingungen

Für die Nachweise der Sicherheit müssen in einem ersten Schritt alle die Bruchmechanismen in Betracht gezogen werden, die im jeweiligen Fall infrage kommen können. Die letztendlich als wesentlich erkannten Bruchmechanismen müssen rechnerisch behandelt werden. Nach DIN 4084, 8.2 ist zu unterscheiden zwischen

a) einem Gleitkörper mit
   – gerader Gleitlinie (Bild 13-13),
   – kreisförmiger Gleitlinie (z. B. Bild 13-11),
   – beliebiger einsinnig gekrümmter Gleitlinie,

b) zusammengesetzten Bruchmechanismen mit mehreren Gleitkörpern und geraden Gleitlinien (z. B. Bild 13-10); Bruchmechanismen mit beliebig einsinnig gekrümmten Gleitlinien werden in DIN 4084 nicht behandelt.

In Bruchmechanismen auftretende Scherzonen sind bei Berechnungen nach DIN 4084 durch starre Gleitkörper und Gleitlinien zu ersetzen. Werden Sicherheitsnachweise sowohl mit Scherparametern des dränierten Bodens als auch mit Parametern des undränierten Bodens geführt, können unterschiedliche Bruchmechanismen maßgebend sein.

Bekannte potenzielle Gleitflächen (z. B. Schichtgrenzen zwischen Locker- und Festgestein) sind bei den Sicherheitsnachweisen zu berücksichtigen.

Bei Böschungen mit Grundwasseraustritten ist der Grenzzustand auch mit böschungsparallelen Gleitlinien in den Austrittsbereichen zu untersuchen.

Zu den besonderen Bedingungen gehört (DIN 4084, 8.4.1), dass bei Böschungen, die in kohäsiven Böden hergestellt wurden und längere Standzeiten aufweisen, Zugrisse mit einer Tiefe von

$$h_c^* = \frac{2 \cdot c'}{\gamma \cdot \tan\left(45° - \frac{\phi'}{2}\right)} \qquad \qquad \text{Gl. 13-21}$$

zu berücksichtigen sind. Können sich diese Risse mit Wasser füllen, sind entsprechende Wasserdrücke anzusetzen (Bild 13-9). Die Rissentstehung lässt sich auf Zugspannungen zurückführen, die sich infolge der geneigten Oberfläche und der Inanspruchnahme der Kohäsion ergeben und die der Boden auf Dauer nicht aufnehmen kann.

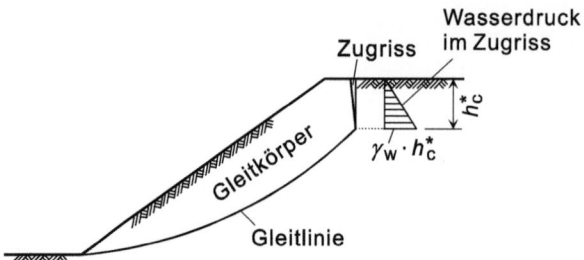

**Bild 13-9** Beispiel für eine Böschung mit Zugriss in kohäsivem Boden (gemäß DIN 4084)

Hinweise zur Wahl des Bruchmechanismus für den jeweiligen Anwendungsfall sind in DIN 4084, 8.3 zu finden.

### 13.7.5 Bruchmechanismen mit einem Gleitkörper oder zusammengesetzt

Bei
- Böschungen, die in homogenen oder annähernd homogenen Böden hergestellt wurden und bei denen keine konstruktiven Elemente mitwirken,
- Geländesprüngen mit mächtigem, weichem Untergrund

genügt es in der Regel, Gleitkörper mit kreisförmigen Gleitlinien anzunehmen. Handelt es sich um Böschungen, die in nichtbindigen Böden mit ebener Oberfläche hergestellt wurden, sind auch böschungsparallele gerade Gleitlinien zu untersuchen.

Bei Böschungen verläuft die Gleitfläche des jeweils untersuchten Gleitkörpers nur dann durch den Fußpunkt der Böschung, wenn es sich um eine unbelastete Böschung handelt, die in dräniertem Boden (auch unterhalb des Böschungsfußpunktes) hergestellt wurde. In allen anderen Fällen sind tief liegende Gleitkreise zu untersuchen, deren Austrittspunkte vor dem Böschungsfuß liegen.

In den Fällen von Böschungen in homogenen nichtbindigen Böden ohne Wasserdruck oder vollständig unter Wasser und ohne sonstige Einwirkungen stellt die Böschungsoberfläche die ungünstigste Gleitfläche dar.

Für Geländesprünge mit Stützbauwerken und für Böschungen, bei denen auch konstruktive Elemente mitwirken, sind nach DIN 4084, 8.3 gerade Gleitlinien und zusammengesetzte Bruchmechanismen mit geraden Gleitlinien geeignet. Die Mechanismen sollten auf der aktiven Seite in der Regel mindestens zwei Gleitkörper besitzen (Bild 13-10).

Bei verankerten Böschungen oder Geländesprüngen sind Untersuchungen an Bruchmechanismen durchzuführen, deren Gleitlinien zum einen die Zugglieder schneiden (auch innerhalb der Verpressstrecken) und zum anderen die Zugglieder vollständig einschließen; auf diesem Wege werden gleichzeitig die erforderlichen Zuggliedlängen nachgewiesen. Von dieser Forderung auszunehmen sind Anker, die so lang sind, dass die Lage der Krafteinleitungsstrecke keinen Einfluss auf die Ausbildung des Bruchkörpers hat.

Alle in DIN 4084 genannten Mechanismen beruhen auf der kinematischen Methode (vgl. hierzu *Gußmann* u. a. [171], Kapitel 1.10 und [184]).

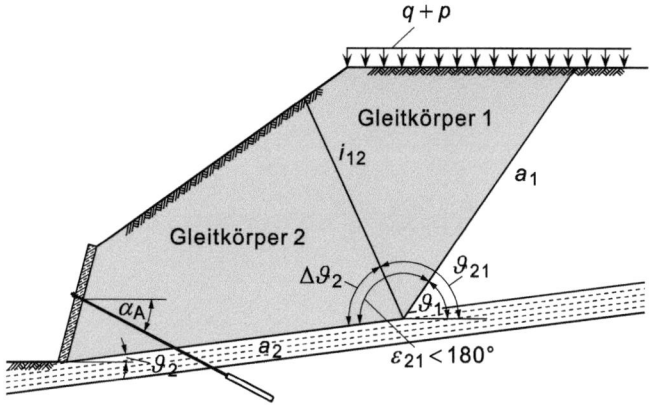

**Bild 13-10** Beispiel für zusammengesetzten Bruchmechanismus mit zwei Gleitkörpern, geraden Gleitlinien und geologisch bedingter Gleitebene (gemäß DIN 4084, Bild 10 a))

### 13.7.6 Lamellenverfahren mit kreisförmig gekrümmten Gleitlinien

Die Anwendung des von *Bishop* eingeführten Verfahrens (siehe z. B. [11]) ist vor allem bei geschichtetem Baugrund zu empfehlen, dessen Schichtgrenzlinien die Gleitfläche schneiden.

Der Gleitkörper (betrachtet wird der lfdm) wird bei überwiegend senkrechten Lasten in lotrechte Lamellen unterteilt, deren Breiten der Schichtung des Bodens und der Geländeform angepasst werden sollten (Bild 13-11).

Die Summen der zu allen $n$ Lamellen gehörenden Bemessungsmomente der Einwirkungen $E_{M,d}$ und Widerstände $R_{M,d}$ ergeben sich mit Hilfe der pro lfdm Gleitkörper anzusetzenden Beziehungen

$$E_{M,d} = r \cdot \sum_{i=1}^{n} [(G_{d,i} + P_{v,d,i}) \cdot \sin \vartheta_i] + \sum M_{S,d} \qquad \text{Gl. 13-22}$$

und

$$R_{M,d} = r \cdot \sum_{i=1}^{n} \frac{(G_{k,i} + P_{v,k,i} - u_{k,i} \cdot b_i) \cdot \tan \varphi_{d,i} + c_{d,i} \cdot b_i}{\cos \vartheta_i + \mu \cdot \tan \varphi_{d,i} \cdot \sin \vartheta_i} \qquad \text{Gl. 13-23}$$

$M_{S,d}$ steht darin für einwirkende Bemessungsmomente, die nicht in den Einwirkungen der Lamellen um den Mittelpunkt des Gleitkreises enthalten sind, welche sich aus den Bemessungswerten der totalen Lamelleneigenlasten $G_{d,i}$ und der auf die Lamellen einwirkenden Lasten $P_{v,d,i}$ ergeben.

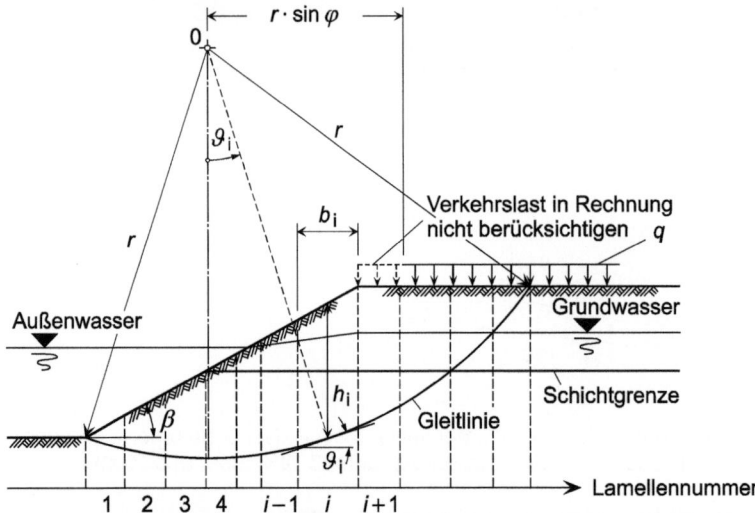

**Bild 13-11** Kreisförmige Gleitlinie und Lamelleneinteilung (Lamellenbreite der Schichtung und Geometrie angepasst) bei einer Böschung (gemäß DIN 4084, Bild 4)

Für die in Gl. 13-22 bzw. Gl. 13-23 verwendeten Bemessungswerte gilt im Einzelnen

$$G_{d,i} = G_{k,i} \cdot \gamma_G$$
$$P_{v,d,i} = P_{v,G,k,i} \cdot \gamma_G + P_{v,Q,k,i} \cdot \gamma_Q$$
$$M_{S,d} = M_{S,G,k} \cdot \gamma_G + M_{S,Q,k} \cdot \gamma_Q$$

Gl. 13-24

bzw.

$$\tan\phi_{d,i} = \frac{\tan\phi'_{k,i}}{\gamma_\phi} \quad \text{und} \quad c_{d,i} = \frac{c'_{k,i}}{\gamma_c}$$

oder

Gl. 13-25

$$\tan\phi_{d,i} = \frac{\tan\phi_{u,k,i}}{\gamma_{\phi u}} \quad \text{und} \quad c_{d,i} = \frac{c_{u,k,i}}{\gamma_{cu}}$$

Die in Gl. 13-24 und Gl. 13-25 verwendeten Größen sind die

– zum Grenzzustand GEO-3 (Grenzzustand des Versagens durch Verlust der Gesamtstandsicherheit) gehörenden Teilsicherheitsbeiwerte $\gamma_G$ (ständige Einwirkungen) und $\gamma_Q$ (ungünstige veränderliche Einwirkungen) der Einwirkungen (siehe Tabelle 7-1) sowie die zum dränierten Boden (charakteristische Scherparameter $c'_k$ und $\varphi'_k$) gehörenden Teilsicherheitsbeiwerte $\gamma\varphi'$ und $\gamma_{c'}$ bzw. die zum undränierten Boden (charakteristische Scherparameter $c_{u,k}$ und $\varphi_{u,k}$) gehörenden Werte $\gamma\varphi_u$ und $\gamma_{cu}$ (siehe Tabelle 7-3),

– auf die Lamellen einwirkenden charakteristischen ständigen und ungünstigen veränderlichen Lasten $P_{v,G,k,i}$ und $P_{v,Q,k,i}$,

– charakteristischen ständigen und ungünstigen veränderlichen Momente $M_{S,G,k}$ und $M_{S,Q,k}$, die nicht in den Einwirkungen der Lamellen um den Mittelpunkt des Gleitkreises enthalten sind, welche sich aus den charakteristischen totalen Lamelleneigenlasten $G_{i,k}$ und den auf die Lamellen einwirkenden charakteristischen Lasten $P_{v,k,i}$ ergeben.

Der iterativ zu führende Standsicherheitsnachweis beginnt mit einem angenommenen Wert für $\mu$, mit dem $R_{M,d}$ nach Gl. 13-23 ermittelt wird. In Verbindung mit $E_{M,d}$ aus Gl. 13-22 liefert Gl. 13-20 einen verbesserten Ausnutzungsgrad $\mu$, mit dem $R_{M,d}$ erneut berechnet wird. Die Iteration wird so lange fortgesetzt, bis zwei aufeinander folgende Werte von $\mu$ auf 3 % übereinstimmen.

Sollen kreisförmige Gleitlinien beim Vorhandensein konstruktiver Elemente (vorgespannte Zugglieder, Zugglieder, Steifen, Pfähle) angenommen werden, können die zusätzlichen Einwirkungen und Widerstände berücksichtigt werden durch die zum lfdm Gleitkörper gehörenden Beziehungen

$$E_{M,d} = r \cdot \sum_{i=1}^{n} [(G_{d,i} + P_{v,d,i}) \cdot \sin \vartheta_i - F_{A0,d,i} \cdot \cos(\vartheta_i + \varepsilon_{A0,i})] + \sum M_{S,d} \qquad \text{Gl. 13-26}$$

und

$$R_{M,d} = r \cdot \sum_{i=1}^{n} \frac{Z_{d,i}}{\cos \vartheta_i + \mu \cdot \tan \phi_{d,i} \cdot \sin \vartheta_i} + r \cdot \sum_{i=1}^{n} F_{A,d,i} \cdot \cos(\vartheta_i + \varepsilon_{A,i}) + \sum M_{R,d} \qquad \text{Gl. 13-27}$$

mit

$$Z_{d,i} = (G_{k,i} + P_{v,k,i} + \mu \cdot F_{A,k,i} \cdot \sin \varepsilon_{A,i} + F_{A0,k,i} \cdot \sin \varepsilon_{A,i} - u_{k,i} \cdot b_i) \cdot \tan \phi_{d,i}$$
$$+ c_{d,i} \cdot b_i + R_{S,d,i} \cdot \cos \vartheta_i \qquad \text{Gl. 13-28}$$

Die Kräfte
- $F_{A0,d,i}$ in Gl. 13-26 bzw. $F_{A,d,i}$ in Gl. 13-27 sind die Bemessungswerte der Festlegekräfte der vorgespannten Zugglieder bzw. der Längskräfte in den nicht vorgespannten konstruktiven Elementen (pro lfdm Gleitkörper),
- $F_{A0,k,i}$ bzw. $F_{A,k,i}$ in Gl. 13-28 sind die charakteristischen Werte der Festlegekräfte der vorgespannten Zugglieder bzw. der Längskräfte in den nicht vorgespannten konstruktiven Elementen (pro lfdm Gleitkörper),
- $R_{S,d,i}$ in Gl. 13-28 sind die parallel zur Gleitlinie wirkenden Bemessungswerte der Scherwiderstände der Konstruktionsteile, die durch die Gleitlinie geschnitten werden (pro lfdm Gleitkörper).

### 13.7.7 Lamellenfreie Verfahren mit kreisförmigen und geraden Gleitlinien

Ist der Nachweis der Sicherheit gegen Böschungsbruch bei Vorliegen von nur einer Bodenschicht und angenommener kreisförmiger Gleitlinie nach DIN 4084 zu führen, sind die auf den Gleitkörper einwirkenden Größen (einschließlich ggf. einwirkender Wasserdruckkräfte) zu einer Resultierenden $F_k$ zusammenzufassen. Bezüglich der Wirkungslinie von $F_k$ sind deren Abstand $e$ zum Kreismittelpunkt und der Winkel $\omega$ zwischen ihr und der Winkelhalbierenden des Gleitkreises zu ermitteln (Bild 13-12). Die nachstehenden Gleichungen gelten für den lfdm des Gleitkörpers.

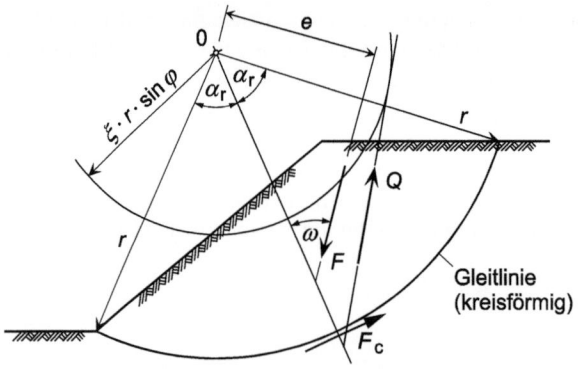

**Bild 13-12** Böschung mit kreisförmiger Gleitlinie beim lamellenfreien Verfahren (gemäß DIN 4084, Bild 5)

Mit diesen Größen ergibt sich als Bemessungswert des einwirkenden Moments ($\gamma_G$ und $\gamma_Q$ sind die Tabelle 7-1 entnehmbaren Teilsicherheitsbeiwerte für ständige und ungünstig veränderliche Einwirkungen)

$$E_{M,d} = F_d \cdot e = F_{G,k} \cdot \gamma_G \cdot e_G + F_{Q,k} \cdot \gamma_Q \cdot e_Q \qquad \text{Gl. 13-29}$$

Die Kohäsionskräfte

$$F_{c,k} = 2 \cdot c_k \cdot r \cdot \sin\alpha_r$$
$$F_{c,d} = 2 \cdot c_d \cdot r \cdot \sin\alpha_r \qquad \text{Gl. 13-30}$$

die für $c_d$ anzusetzenden Bemessungswerte der Kohäsion ($\gamma_{c'}$ bzw. $\gamma_{cu}$ sind die Teilsicherheitsbeiwerte für dränierten bzw. undränierten Boden, siehe Tabelle 7-3)

$$c'_d = c'_k \cdot \gamma_{c'}$$
$$c_{u,d} = c_{u,k} \cdot \gamma_{cu} \qquad \text{Gl. 13-31}$$

sowie die Größen ($\xi$ gilt für eine sichelförmige Normalspannungsverteilung in der Gleitlinie)

$$Q_k = \sqrt{F_k^2 - 2 \cdot F_k \cdot F_{c,k} \cdot \sin\omega + F_{c,k}^2}$$
$$\xi = 0{,}5 \cdot \left(1 + \frac{\text{arc}\,\alpha_r}{\sin\alpha_r}\right) \qquad \text{Gl. 13-32}$$

führen zu dem Bemessungswert des widerstehenden Moments, der sich aus einem Reibungs- und einem Kohäsionsanteil zusammensetzt

$$R_{M,d} = Q_k \cdot \xi \cdot r \cdot \sin\phi_d + F_{c,d} \cdot r \cdot \frac{\text{arc}\,\alpha_r}{\sin\alpha_r} \qquad \text{Gl. 13-33}$$

Der in Gl. 13-33 verwendete Bemessungswert $\varphi_d$ des Reibungswinkels berechnet sich mit

$$\phi_d = \text{arc}\,\frac{\tan\phi'_k}{\gamma_\phi} \qquad \text{(dränierter Boden)}$$
$$\phi_d = \text{arc}\,\frac{\tan\phi_{u,k}}{\gamma_{\phi u}} \qquad \text{(undränierter Boden)} \qquad \text{Gl. 13-34}$$

wobei $\gamma_{\varphi'}$ und $\gamma_{\varphi u}$ die entsprechenden Teilsicherheitsbeiwerte aus Tabelle 7-3 sind.

Wird für den Gleitkörper eine gerade Gleitlinie angenommen (vgl. Bild 13-13), ergibt sich, bei $n$ eingebauten vorgespannten Ankern und $m$ Zuggliedern, parallel zur Gleitlinie als Bemessungswert der Einwirkung

$$E_d = G_d \cdot \sin\vartheta + P_d \cdot \cos(\varepsilon - \vartheta) - \sum_{i=1}^{n} F_{A0,d,i} \cdot \cos(\vartheta + \varepsilon_{A0,i})  \qquad \text{Gl. 13-35}$$

und als zugehöriger Bemessungswert des Widerstands ($U_k$ ist die in der Gleitlinie des Gleitkörpers wirkende charakteristische resultierende Porenwasserdruckkraft pro lfdm Gleitkörper)

$$R_d = \left[ G_k \cdot \cos\vartheta + \sum_{j=1}^{m} F_{A,k,j} \cdot \sin(\varepsilon_{A,j} + \vartheta) + \sum_{i=1}^{n} F_{A0,k,i} \cdot \sin(\varepsilon_{A0,i} + \vartheta) \right] \cdot \tan\phi_d$$
$$+ [P_k \cdot \sin(\varepsilon - \vartheta) - U_k] \cdot \tan\phi_d + c_d \cdot l_c + \sum_{j=1}^{m} F_{A,d,j} \cdot \cos(\varepsilon_{A,j} + \vartheta) \qquad \text{Gl. 13-36}$$

Bezüglich der verwendeten Kraftgrößen $F_{A0,d,i}$, $F_{A,d,j}$, $F_{A0,k,i}$ und $F_{A,k,j}$ sei auf die Ausführungen unter Gl. 13-28 hingewiesen.

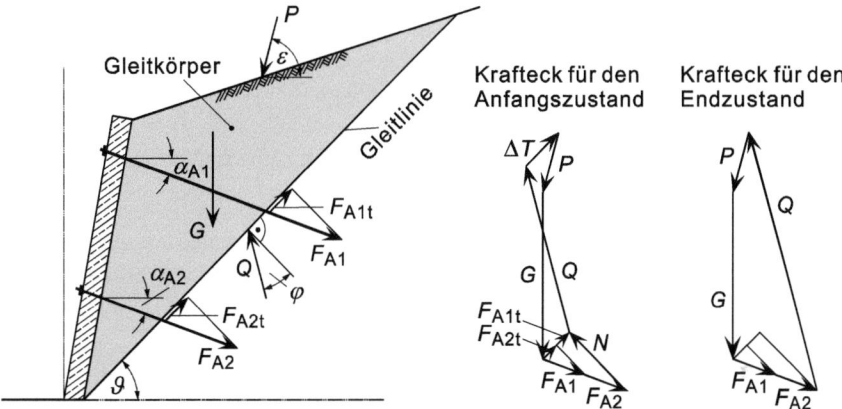

**Bild 13-13** Beispiel für einen Gleitkörper mit einer geraden Gleitlinie bei einer verankerten Wand ohne Einbindung in den Untergrund (gemäß DIN 4084)

Da sich die zu den Normalkomponenten der Ankerkräfte gehörenden Reibungswiderstände erst im Zuge der Konsolidierung aufbauen, ergibt sich hier beim Krafteck des Anfangszustands eine erforderliche haltende Zusatzkraft $\Delta T$ und damit eine nicht ausreichende Sicherheit ($N$ = Normalkraft in der Gleitfläche infolge aller Ankerkräfte). Beim Krafteck für den Endzustand ergibt sich Gleichgewicht zwischen den angesetzten Werten der Einwirkungen und der Widerstände.

### 13.7.8 Zusammengesetzte Bruchmechanismen mit geraden Gleitlinien

Aus mehreren Gleitkörpern bestehende zusammengesetzte Bruchmechanismen mit geraden Gleitlinien können für die Untersuchung von Gelände- und Böschungsbrüchen verwendet werden. Für alle Gleitkörper wird angenommen, dass sie in sich starr sind. Jeder Gleitkörper gleitet auf einer äußeren Gleitfläche (Gleitfläche zwischen Gleitkörper und unbewegt bleibendem Untergrund) und, relativ zu den angrenzenden Gleitkörpern, auf einer bzw. zwei inneren Gleitlinien. Für die zwei Gleitlinien gilt u. a., dass der Schnittpunkt von zwei äußeren Gleitlinien auch durch eine innere Gleitlinie geschnitten wird (vgl. Bild 13-10). Zur Findung des ungünstigsten Bruchmechanismus (besitzt von allen untersuchten Mechanismen den höchsten Ausnutzungsgrad $\mu$) ist die geometrische Lage der äußeren und inneren Gleitlinien zu variieren (Variation der Neigungswinkel); dies gilt nicht für Gleitlinien, deren Lage durch geologische Verhältnisse vorgegeben oder aus Messungen bekannt ist. Bei der Variation ist u. a. darauf zu achten, dass die Winkel $\varepsilon_{ji}$ zwischen zwei sich schneidenden äußeren Gleitlinien (Bild 13-10) kleiner sein müssen als 180°.

Zur Gestaltung eines Bruchmechanismus sind in der Regel nicht mehr als vier Gleitkörper erforderlich. Um auszuschließen, dass sich zwischen den Gleitkörpern senkrecht zu den Gleitlinien rechnerisch Zugkräfte oder unendlich große Druckkräfte ergeben, muss für die Winkel zwischen den äußeren und inneren Gleitlinien die Bedingung

$$\Delta \vartheta_j > \arc(\mu \cdot \tan \phi_{i,d}) + \arc(\mu \cdot \tan \phi_{ij,d}) \quad \text{mit} \quad j = i+1 \quad \text{Gl. 13-37}$$

erfüllt sein (vgl. hierzu Bild 13-10). Bei bindigen Böden reicht aber die Forderung von Gl. 13-37 zur Vermeidung von Zugkräften ggf. nicht aus. Stehen solche Böden an, sind deshalb die zum rechnerischen Grenzgleichgewicht gehörenden Normalkräfte in den inneren Gleitlinien darauf zu prüfen, ob sich dennoch rechnerische Zugkräfte ergeben. Ist dies der Fall, sind Bruchmechanismen zu wählen, deren Gleitlinien nicht in den betreffenden kohäsiven Schichten verlaufen.

Die mit zusammengesetzten Bruchmechanismen nachgewiesene Sicherheit gegen Geländebruch reicht aus, wenn mit den Bemessungswerten der Einwirkungen und Widerstände für jeden Bruchmechanismus Gleichgewicht unter der Voraussetzung hergestellt werden kann, dass eine in antreibender Richtung wirkende gedachte Zusatzkraft $\Delta T_i > 0$ hinzugefügt wird. Aus numerischen Gründen sollte diese Zusatzkraft am jeweils größten der zum Bruchmechanismus gehörenden Gleitkörper angebracht werden (in Bild 13-14 ist dies der Gleitkörper 2).

Um über das Ausreichen der Sicherheit hinaus die zu untersuchenden Bruchmechanismen bewertend zu vergleichen und so den ungünstigsten Mechanismus zu finden, sind die Ausnutzungsgrade $\mu$ der Bemessungswiderstände zu berechnen. Außer bei rein kohäsiven Böden erfolgt diese Berechnung iterativ.

Für jeden zu untersuchenden Bruchmechanismus werden bei der Iteration im ersten Schritt alle Bemessungswiderstände mit einem Schätzwert für $\mu$ multipliziert. Danach wird geprüft, ob sich mit diesen reduzierten Widerständen und allen übrigen auf die Gleitkörper einwirkenden Bemessungskräften ein rechnerisches Gleichgewicht ergibt (Kräftegleichgewicht in horizontaler und vertikaler Richtung, kein Momentengleichgewicht). Für die Berechnung sind auch die widerstehenden Scher- und Axialkräfte der durch die Gleitlinien geschnittenen Bauteile und die Normalkräfte in den Gleitlinien heranzuziehen. Um am Anfang des Iterationsprozesses das rechnerische Gleichgewicht zu „erzwingen", wird zusätzlich zu allen sonstigen Kräften eine gedachte Zusatzkraft $\Delta T_i$ angenommen, die am größten Gleitkörper parallel zu dessen äußerer Gleitlinie wirkt (Bild 13-14 d)). Ergibt der Gleichgewichtsnachweis $\Delta T_i > 0$ (treibende Kraft), ist $\mu$ im nächsten Schritt zu vermindern, ergibt er $\Delta T_i < 0$ (haltende Kraft), ist $\mu$ im nächsten Schritt zu erhöhen. Ergibt der Gleichgewichtsnachweis als Zusatzkraft $\Delta T = 0$, herrscht rechnerisches Grenzgleichgewicht, und der angenommene Wert für $\mu$ ist der tatsächliche Ausnutzungsgrad des Bemessungswiderstands für den untersuchten Bruchmechanismus. Nach DIN 4084, 9.4.4 darf die Iteration abgebrochen werden, wenn mit dem gesamten für $\mu = 1$ geltenden rechnerischen Bemessungswiderstand $R_{d,i}$ des Bodens in der äußeren Gleitlinie des Gleitkörpers $i$ das Verhältnis

$$|\Delta T_i / R_{d,i}| \leq 0{,}03 \quad \text{Gl. 13-38}$$

erreicht ist.

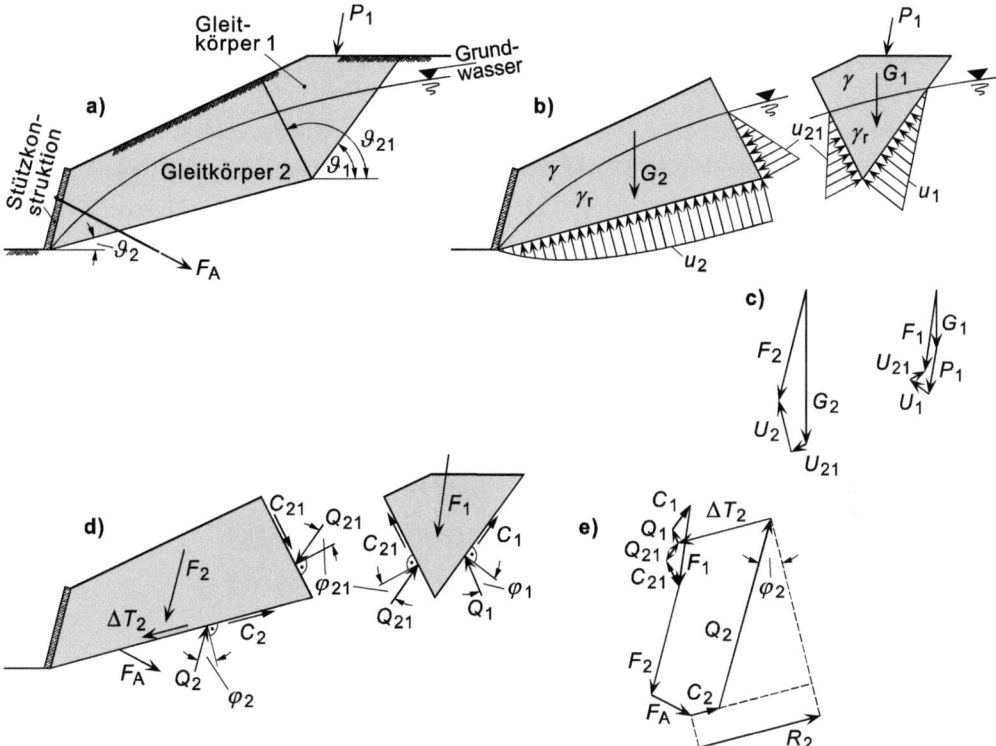

**Bild 13-14** Beispiel für einen zusammengesetzten Bruchmechanismus mit zwei Gleitkörpern (gemäß DIN 4084, Bild 13)
a) Bruchmechanismus
b) Ansatz der auf die Gleitkörper einwirkenden Größen (Eigenlasten $G_i$ der Gleitkörper, Porenwasserdrücke $u_i$, Nutzlast $P_1$)
c) Kraftecke zur Ermittlung der Bemessungswerte der Resultierenden $F_1$ und $F_2$ der einwirkenden Kräfte aus b); $U_i$ = Resultierende der Porenwasserdruckverteilung $u_i$
d) Resultierende der Lasten und Kräfte nach c), widerstehende Kräfte, Kräfte aus geschnittenen Zuggliedern und Zusatzkraft $\Delta T_2$ am Gleitkörper 2
e) Krafteck für das Gesamtsystem (zur Herstellung des Gleichgewichts ist eine treibende Zusatzkraft $\Delta T_2 > 0$ erforderlich, daher ist $\mu$ im nächsten Iterationsschritt zu reduzieren)

## 13.7.9 Anwendungsbeispiele (mit Programm berechnet)

Die obigen Ausführungen lassen erkennen, dass die Auffindung des maximalen Ausnutzungsgrades mit vielfach wiederholten Berechnungen einhergeht. Aufgaben dieser Art werden heute mit Hilfe entsprechender EDV-Programme bearbeitet, die von verschiedenen Herstellern angeboten werden. Die folgenden Beispiele zeigen Ergebnisdarstellungen des Programms „Stability" [F 1], die hinsichtlich der Grafik mit Hilfe des Programms „CorelDRAW" [F 2] modifiziert wurden.

Das erste Beispiel (Bild 13-15) zeigt die Anwendung des Verfahrens von *Bishop* (Lamellenverfahren mit kreisförmig gekrümmten Gleitlinien, vgl. Abschnitt 13.7.6) zur Untersuchung der Böschungsbruchsicherheit von einem Deich. Der Deich besteht, wie der Baugrund, aus nichtbindigem Boden mit den charakteristischen Kenngrößen Reibungswinkel $\varphi'_k = 32{,}5°$ und Wichte $\gamma_k = 19{,}0$ kN/m³. Als dichtende Abdeckung dient bindiger Boden mit den charakteristischen Schergrößen Reibungswinkel $\varphi'_k = 20{,}0°$ und $c'_k = 20{,}0$ kN/m² sowie der charakteristischen Dichte $\gamma_k = 20{,}0$ kN/m³. Im Bereich der Deichkrone wirkt als ständige vertikale charakteristische Last $p_{s,k} = 15{,}0$ kN/m². Die Untersuchung des Deichs erfolgte in der Bemessungssituation BS-P mit den zum Grenzzustand GEO-3 (Grenzzustand des Versagens durch Verlust der Gesamtstandsicherheit) gehörenden Teilsicherheitsbeiwerten $\gamma_G = 1{,}00$ für die ständigen Einwirkungen aus Eigenlast infolge $\gamma_k$ und $\gamma_Q = 1{,}30$ für die veränderliche Last $p_{s,k}$ (vgl. Tabelle 7-1) sowie mit den Teilsicherheitsbeiwerten $\gamma_{\varphi'} = \gamma_{c'} = 1{,}25$ für die Widerstände aus der Scherfestigkeit (vgl. Tabelle 7-2).

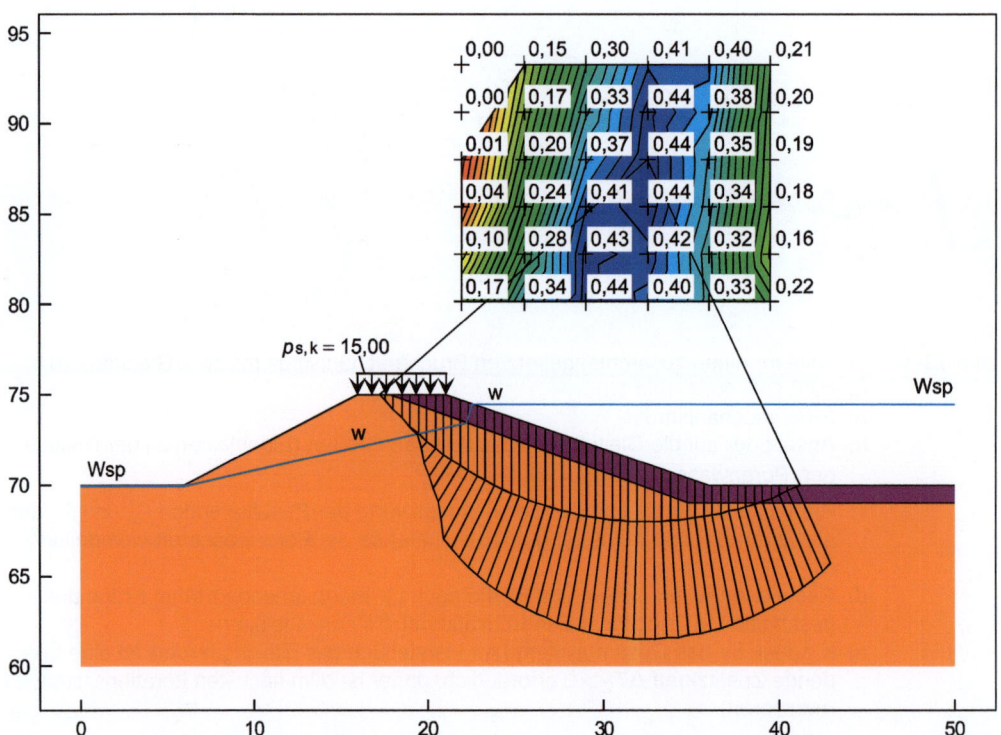

**Bild 13-15** Beispiel für die Anwendung des Verfahrens von *Bishop* (Lamellenverfahren mit kreisförmig gekrümmten Gleitlinien) zur Untersuchung der Böschungsbruchsicherheit von einem Deich (die Berechnung wurde mit dem Programm „Stability" [F 1] durchgeführt, als maximaler Ausnutzungsgrad ergab sich der Wert $\mu = 0{,}46$)

Im zweiten Beispiel geht es um die Führung des Geländebruchsicherheitsnachweises für eine Winkelstützmauer (Bild 13-16). Der Nachweis erfolgt mit einem zusammengesetzten Bruchmechanismus mit geraden Gleitlinien, der aus vier Teilkörpern aufgebaut ist. Der Baugrund besteht aus vier verschiedenen Bodenschichten (TL, SW, UL und GS), deren Kenngrößen der Legende von Bild 13-16 entnommen werden können. Eine fünfte „Schicht" musste für den Bereich der Stützmauer definiert werden, um diesem Bereich die Wichte von Stahlbeton zuordnen zu können, da das Programm zwar die Modellierung der Mauer als „Bauteil" zulässt, diesem aber keine Wichte zugeordnet werden kann. Auf einen Teilbereich der bergseitigen Geländeoberfläche wirkt die ständige vertikale charakteristische Last $p_{s,k} = 60,0$ kN/m². Der Standsicherheitsnachweis erfolgte für die Bemessungssituation BS-P mit den zum Grenzzustand GEO-3 (Grenzzustand des Versagens durch Verlust der Gesamtstandsicherheit) gehörenden Teilsicherheitsbeiwerten $\gamma_G = 1,00$ für die ständigen Einwirkungen aus Eigenlast infolge $\gamma_k$ und $\gamma_Q = 1,30$ für die veränderliche Last $p_{s,k}$ (vgl. Tabelle 7-1) sowie mit den Teilsicherheitsbeiwerten $\gamma_{\varphi'} = \gamma_{c'} = 1,25$ für die Widerstände aus der Scherfestigkeit (vgl. Tabelle 7-2).

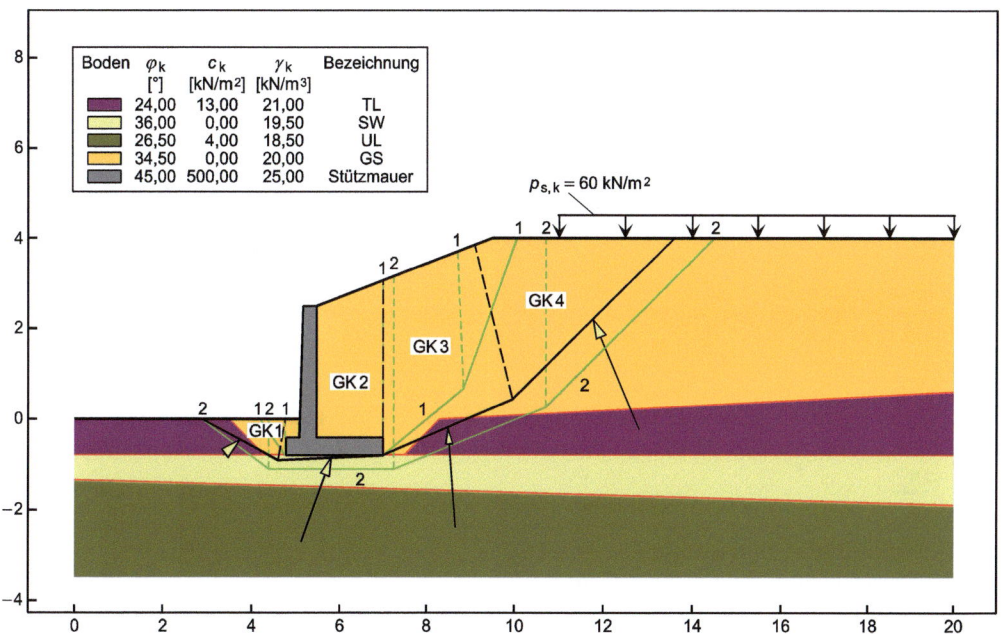

**Bild 13-16** Beispiel für die Anwendung eines zusammengesetzten Bruchmechanismus zur Untersuchung der Geländebruchsicherheit von einer Winkelstützmauer (die Berechnung wurde mit dem Programm „Stability" [F 1] durchgeführt, als maximaler Ausnutzungsgrad ergab sich der Wert $\mu = 0{,}75$)

Für die Berechnung wurden zuerst zwei aus jeweils vier Teilkörpern bestehende Gleitkörper (in Bild 13-16 mit „1" und „2" gekennzeichnet) festgelegt. Zur Auffindung des ungünstigsten Gleitkörpers wurden danach, durch lineare Interpolation zwischen den Punkten dieser Körper, insgesamt 1 395 398 weitere Gleitkörper definiert. Von allen Gleitkörpern wurden insgesamt 131 438 berechnet, 22 468 iterierten nicht und bei 1 241 494 war der Passivbereich zu steil. Der ungünstigste der berechneten Gleitkörper ist in Bild 13-16 dargestellt. Er besteht aus den vier Teilkörpern GK 1, GK 2, GK 3 und GK 4 und weist den größten nachgewiesenen Ausnutzungsgrad $\mu = 0{,}75$ auf.

Bezüglich weiterer Berechnungsbeispiele sei auf DIN 4084 Beiblatt 1 hingewiesen.

### 13.7.10 Gebrauchstauglichkeit nach DIN 1054 und DIN 4084

Ausführungen zur Begrenzung der Verformungen von Böschungen und Geländesprüngen sind in DIN 1054, 11.6 und in DIN 4084, 11 zu finden.

Nach diesen Normen gilt z. B., dass die Sicherheit gegen den Grenzzustand der Gebrauchstauglichkeit (SLS) bei

– mindestens mitteldicht gelagerten nichtbindigen und bei mindestens steifen bindigen Böden und nach DIN 1054, 11.6 A (4) für die Bemessungssituation BS-P gegeben ist, wenn die Sicherheit gegen den Grenzzustand des Versagens durch Verlust der Gesamtstandsicherheit (GEO-3) nachgewiesen wird,
– mitteldicht bis dicht gelagerten nichtbindigen und bei steifen bis halbfesten bindigen Böden und nach DIN 4084, 11 in der Regel gegeben ist für
  • Geländesprünge und Böschungen ohne Bebauung, deren Tragfähigkeit in der Bemessungssituation BS-P nachgewiesen wird,
  • Stützkonstruktionen, deren Tragfähigkeit in der Bemessungssituation BS-T nachgewiesen wird.

Handelt es sich um Böschungen in weichen bindigen Böden, ist im Regelfall die Eingrenzung der Verformungen ausschlaggebend für die Bemessung. DIN 4084 verlangt in solchen Fällen, dass die Einhaltung der Verformungsgrenzen durch die Sicherheit im Grenzzustand GEO-3 nachgewiesen wird. Bei Böden, die im undränierten Triaxialversuch nach DIN 18137-2 Scherdehnungen > 20 % aufweisen, ist diese Sicherheit in der Regel für einen Ausnutzungsgrad von 0,67 nachzuweisen. Bei Böden, die im undränierten Triaxialversuch Scherdehnungen zwischen 10 und 20 % aufweisen, darf der Wert des beim Nachweis anzusetzenden Ausnutzungsgrades durch lineare Interpolation zwischen 1,0 und 0,67 ermittelt werden.

Sind Geländesprünge neben Gebäuden oder Verkehrsflächen angeordnet, die erhöhten Gebrauchstauglichkeitsanforderungen genügen müssen, wird in DIN 1054, 11.6 A (5) vorgeschlagen, entweder

– mit Anpassungsfaktoren $\eta < 1$ die Bodenwiderstände für den Sicherheitsnachweis im Grenzzustand GEO-3 zu vermindern oder
– die Beobachtungsmethode anzuwenden.

In Fällen von Stützkonstruktionen mit nicht vorgespannten Zuggliedern verlangt DIN 1054, 11.6 A (7), dass im Rahmen des Gebrauchstauglichkeitsnachweises die Verträglichkeit der Verformungen des gesamten Systems mit den Dehnungen der Zugglieder geprüft wird. In DIN 4084 wird, insbesondere bei Bewehrungslagen aus Geokunststoffen, der Nachweis verlangt, dass die zulässigen Verformungen des Geländesprungs dazu ausreichen, die Zugglieder bis zu den für den Gebrauchszustand notwendigen Kräften zu dehnen.

# 14 Aufschwimmen

Bei Gründungskörpern, die in ruhendem Grundwasser stehen, wird die auf den Baugrund übertragene vertikale charakteristische Gründungslast $G_k$ nicht nur vom Korngerüst, sondern auch durch den charakteristischen Auftrieb $A_k$ aufgenommen. Gegenüber dem Fall des nur erdfeuchten Bodens bewirkt der Auftrieb dabei eine Verringerung der effektiven Spannungen zwischen dem Gründungskörper und dem Baugrund, die im Grenzfall bis zum Aufschwimmen des Gründungskörpers (Abheben des Fundaments vom Baugrund) führen kann (Bild 14-1). Die Größe der wirksam werdenden charakteristischen Auftriebskraft $A_k$ ergibt sich mit der Wichte $\gamma_w$ und dem Volumen $V_w$ des durch den Gründungskörper verdrängten Grundwassers zu

$$A_k = \gamma_w \cdot V_w \qquad \text{Gl. 14-1}$$

Da der Auftrieb die Bodenpressungen verkleinert, ist immer zu prüfen, ob er u. U. wegfallen kann und damit höhere Bodenpressungen und entsprechende effektive Spannungen auftreten können.

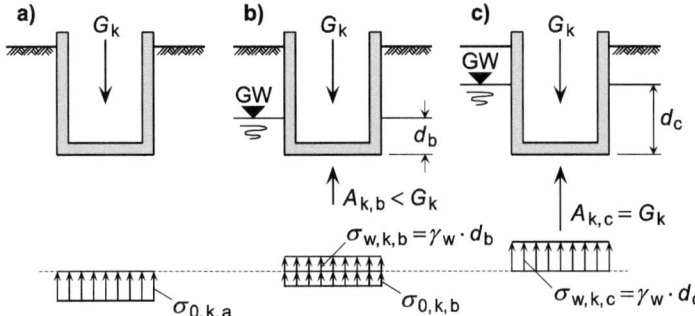

**Bild 14-1** Belastung der Bodenplatte eines Gründungskörpers durch die charakteristischen Größen des Sohlwasserdrucks $\sigma_{w,k}$ und der Bodenpressung $\sigma_{0,k}$
a) kein Grundwasser vorhanden, $\sigma_{0,k}$ aus unverminderter charakteristischer Gründungslast $G_k$
b) $\sigma_{w,k}$ und $\sigma_{0,k}$ (aus um den Auftrieb $A_{k,b}$ verminderter Gründungslast $G_k$)
c) Schwimmzustand, nur Sohlwasserdruck und keine Bodenpressung

Beim Nachweis der Sicherheit des Bauwerks gegen Aufschwimmen sind die zu den günstigen ständigen Einwirkungen (keine Verkehrslasten!) gehörenden Wichten nur mit ihren unteren charakteristischen Werten anzusetzen. Sofern diese nicht mittels Probekörper nachgewiesen werden, dürfen sie gemäß EAB, EB 62, Absatz 7 [145] und DIN 1054, 10.1.1 A (7) [20] angenommen werden mit

- $\gamma_{b,k} \leq 23{,}0 \text{ kN/m}^3$ bei unbewehrtem Beton,
- $\gamma_{b,k} \leq 24{,}0 \text{ kN/m}^3$ bei bewehrtem Beton

(ggf. sind aus Eignungsprüfungen stammende Wichten zu berücksichtigen; das aus Stahllisten entnommene Gewicht der Bewehrungseinlagen ist zu addieren).

Generell gilt, dass die Bemessungswerte von Eigenlasten, Bodenpressungen und Wasserdruck im Gleichgewicht stehen müssen und die Schnittkräfte aus diesen Belastungen nachzuweisen sind. Stark unterschiedliche Verteilungen von Eigenlasten und Sohldruck können bei Fundamenten zu einem Kippmoment führen, dessen Einfluss in den entsprechenden Grundbruch-, Gleit- und Kippnachweisen zu berücksichtigen ist.

Die Sicherheiten gegen Aufschwimmen, die ohne Berücksichtigung der seitlichen Bodenreaktion maßgebend sind, decken Ungenauigkeiten beim Ansatz der Eigenlasten ab.

## 14.1 Maßnahmen bei zu geringer Sicherheit gegen Aufschwimmen

Ist die charakteristische Eigenlast $G_k$ der Baukonstruktion gegenüber dem charakteristischen Auftrieb $A_k$ so gering, dass sich die effektiven Sohlspannungen auf ein nicht mehr zulässiges Maß reduzieren (Verlust ausreichender Sicherheit gegen Aufschwimmen), kann die Wirkung dieser fehlenden Eigenlast außer durch den Ansatz von charakteristischen Scherkräften $T_k$ zwischen Bauwerk und Boden ggf. durch konstruktive Maßnahmen ausgeglichen werden. So können Bauwerke wie z. B. Trockendocks, Schleusen und Klärbecken durch Zugpfähle oder Daueranker mit dem unter der Gründungssohle anstehenden Baugrund so verbunden werden, dass dessen charakteristische Eigenlast $G_{E,k}$ (Auftrieb beachten!) in die Berechnung einbezogen werden kann (Bild 14-2).

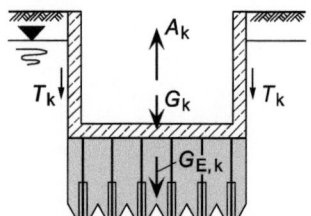

**Bild 14-2** Verankerung von Auftriebskräften

Beim Einbau der Daueranker oder der Zugpfähle muss der Korrosion durch Berücksichtigung einer Abrostrate bei den Zugpfählen oder durch Korrosionsschutzschichten bei den Ankern Rechnung getragen werden.

Eine weitere Möglichkeit zur Erhöhung des Gewichts und damit der Auftriebssicherheit des Bauwerks besteht z. B. in der Anordnung von Spornen, die durch ihre seitliche Auskragung ein Auflager für weiteres Bodenmaterial schaffen. In solchen Fällen muss sichergestellt sein, dass dieser Boden während der gesamten Nutzungszeit des Bauwerks an Ort und Stelle bleibt (eine auch nur zeitweilige Abtragung des Bodens ist nicht zulässig). Ein Beispiel hierzu zeigt Bild 14-3, in dem mit den charakteristischen Wichten $\gamma_k$ und $\gamma'_k$ die Wichte des Hinterfüllbodens oberhalb und unterhalb des Grundwasserspiegels erfasst wird.

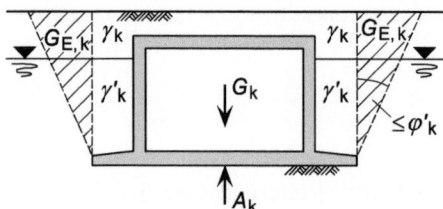

**Bild 14-3** Erhöhung der Auftriebssicherheit durch seitliche Sporne bei Tunnelquerschnitt (nach *Wagner* in [4])
    $G_k$    ständige charakteristische Eigenlast aus Bauwerk und Boden über Gründungssohle
    $G_{E,k}$  durch Reibung aktivierte charakteristische Erdlast
    $\gamma_k$    charakteristische Wichte des feuchten Bodens
    $\gamma'_k$   charakteristische Wichte des Bodens unter Auftrieb

Außer mit den beschriebenen Möglichkeiten der Verankerung des Tragwerks und der Erhöhung seines Gewichts kann die Sicherheit gegen das Versagen durch Aufschwimmen auch durch Wasserhaltungsmaßnahmen (Dränage) erhöht werden. Auf dieser Basis lässt sich der Wasserdruck unter dem Tragwerk und damit der auf das Bauwerk wirkende Auftrieb verringern. Mit einer solchen Maßnahme ist aber auch die Forderung zu verbinden, dass die Dränage dauerhaft funktioniert. Der mögliche vollständige oder zeitweilige Ausfall des Dränagesystems (z. B. der Pumpen) ist in geeigneter Weise zu verhindern.

## 14.2 Regelwerke

Die beim Auftrieb zu berücksichtigenden Gesichtspunkte wie z. B. Sicherheiten und der Ansatz von Scherkräften am Fundamentumfang sind z. B. in
- DIN 1054 [20], DIN EN 1997-1 [100] und DIN EN 1997-1/NA [102]

sowie in den
- EAB [145]

zu finden.

## 14.3 Grenzzustand des Aufschwimmens nach DIN 1054

### 14.3.1 Allgemeines

Nach DIN 1054, A 1.6 gehört der Nachweis der Sicherheit gegen Aufschwimmen zum Grenzzustand UPL (Grenzzustand des Versagens durch Aufschwimmen), bei dem nicht immer Widerstände zu berücksichtigen sind. Bei der Nachweisführung werden im Regelfall nach DIN EN 1997-1, 2.4.7.4 die Bemessungswerte der günstigen (stabilisierenden; Index stb) und ungünstigen (destabilisierenden; Index dst) Einwirkungen in Form von

$$G_{dst,d} + Q_{dst,d} = V_{dst,d} \leq G_{stb,d} \qquad \text{Gl. 14-2}$$

miteinander verglichen. Statt mit Hilfe von Gl. 14-2 kann der Nachweis auch mit dem Ausnutzungsgrad $\mu$ in Form von

$$\mu = \frac{V_{dst,d}}{G_{stb,d}} \leq 1 \qquad \text{Gl. 14-3}$$

geführt werden.

Sind außer den Einwirkungen zusätzlich Widerstände $R_d$ gegen das Aufschwimmen zu berücksichtigen (z. B. die Scherkräfte, die zwischen Bauwerk und Boden angesetzt werden (vgl. den Beitrag von *Schuppener* in [236])), sind für den Nachweis statt Gl. 14-2 und Gl. 14-3 die Ungleichungen

$$G_{dst,d} + Q_{dst,d} = V_{dst,d} \leq G_{stb,d} + R_d \qquad \text{bzw.} \qquad \mu = \frac{V_{dst,d}}{G_{stb,d} + R_d} \leq 1 \qquad \text{Gl. 14-4}$$

zu verwenden.

### 14.3.2 Nichtverankerte Konstruktionen

Für den Sicherheitsnachweis im Grenzzustand UPL nichtverankerter Konstruktionen (sind nach DIN 1054, A 10.1.2 in die Geotechnische Kategorie GK 1 einzustufen) wird zuerst eine Konstruktion betrachtet, bei der nur Einwirkungen zu berücksichtigen sind. Handelt es sich bei diesen um die charakteristischen Werte

- $A_k$ der destabilisierenden hydrostatischen Auftriebskraft (wirkt an der Unterfläche des Gründungskörpers bzw. des gesamten Bauwerks bzw. der zu betrachtenden Bodenschicht bzw. der Baugrubenkonstruktion ein),
- $G_{dst,k}$ einer möglichen weiteren destabilisierenden und lotrecht aufwärts gerichteten Kraft,
- $Q_{dst,k}$ einer möglichen ungünstig veränderlichen und lotrecht aufwärts gerichteten Kraft,
- $G_{stb,k}$ der kleinsten stabilisierenden Eigenlast,

ist eine ausreichende Sicherheit gegen Aufschwimmen der Konstruktion gegeben, wenn sich mit den Teilsicherheitsbeiwerten aus Tabelle 14-1 die Ungleichung

$$(A_k + G_{dst,k}) \cdot \gamma_{G,dst} + Q_{dst,k} \cdot \gamma_{Q,dst} \leq G_{stb,k} \cdot \gamma_{G,stb} \qquad \text{Gl. 14-5}$$

bzw. der Ausnutzungsgrad

$$\mu = \frac{(A_k + G_{dst,k}) \cdot \gamma_{G,dst} + Q_{dst,k} \cdot \gamma_{Q,dst}}{G_{stb,k} \cdot \gamma_{G,stb}} = \frac{A_d + Q_{dst,d}}{G_{stb,d}} \leq 1 \qquad \text{Gl. 14-6}$$

ergibt.

**Tabelle 14-1** Teilsicherheitsbeiwerte der Einwirkungen und geotechnischen Kenngrößen für die Sicherheit gegen Aufschwimmen nach DIN 1054 (UPL: Grenzzustand des Versagens durch Aufschwimmen)

| Teilsicherheitsbeiwert | Bemessungssituation | | |
|---|---|---|---|
| | BS-P | BS-T | BS-A |
| $\gamma_{G,stb}$ | 0,95 | 0,95 | 0,95 |
| $\gamma_{G,dst}$ | 1,05 | 1,05 | 1,00 |
| $\gamma_{Q,stb}$ | 0 | 0 | 0 |
| $\gamma_{Q,dst}$ | 1,50 | 1,30 | 1,00 |
| $\gamma_{\varphi'}, \gamma_{\varphi_u}$ | 1,00 | 1,00 | 1,00 |
| $\gamma_{c'}, \gamma_{cu}$ | 1,00 | 1,00 | 1,00 |

Werden zu den in Gl. 14-5 bzw. Gl. 14-6 berücksichtigten Größen zusätzlich stabilisierende charakteristische Scherkräfte $T_k$ erfasst (Bild 14-5), die der hydraulischen Auftriebskraft entgegengerichtet sind, muss gemäß DIN 1054, 11.3.2, A 10.2.2, für den Grenzzustand UPL die Bedingung

$$(A_k + G_{dst,k}) \cdot \gamma_{G,dst} + Q_{dst,k} \cdot \gamma_{Q,dst} \leq G_{stb,k} \cdot \gamma_{G,stb} + T_k \cdot \gamma_{G,stb} \qquad \text{Gl. 14-7}$$

bzw. der Ausnutzungsgrad

$$\mu = \frac{(A_k + G_{dst,k}) \cdot \gamma_{G,dst} + Q_{dst,k} \cdot \gamma_{Q,dst}}{G_{stb,k} \cdot \gamma_{G,stb} + T_k \cdot \gamma_{G,stb}} = \frac{A_d + Q_{dst,d}}{G_{stb,d} + T_d} \leq 1 \qquad \text{Gl. 14-8}$$

gelten.

Wird die zusätzliche charakteristische Einwirkung $T_k$ als Reibungskraft unmittelbar an der Bauwerkswand wirksam, ist sie gemäß DIN 1054, A 10.2.2 mit

$$T_k = \eta_z \cdot E_{ah,k} \cdot \tan \delta_a \qquad \text{Gl. 14-9}$$

zu berechnen. Ist die Kraft in einer gedachten, vom Ende eines waagerechten Sporns ausgehenden senkrechten Bodenfuge anzusetzen (Bild 14-3), muss sie mit

$T_k = \eta_z \cdot E_{ah,k} \cdot \tan \varphi'_k$  Gl. 14-10

ermittelt werden. Die in den beiden Gleichungen verwendeten Größen sind die charakteristische horizontale aktive Erddruckkraft $E_{ah,k}$, der Erddruckneigungswinkel $\delta_a$, der charakteristische effektive Reibungswinkel $\varphi'_k$ (Reibungswinkel des dränierten Bodens) sowie der Anpassungsfaktor $\eta$. Letzterer ist in den Bemessungssituationen BS-P und BS-T mit $\eta_z = 0{,}80$ und in der Bemessungssituation BS-A mit $\eta_z = 0{,}90$ anzusetzen. Sollte auch Kohäsion berücksichtigt werden (nach DIN 1054, A 10.2.2 nur in begründeten Fällen), ist der Anpassungsfaktor auch auf die Kohäsionskraft anzuwenden.

Um bei Dauerbauwerken zu verhindern, dass die Sicherheit gegen Aufschwimmen maßgeblich von den Scherkräften abhängt, muss zusätzlich nachgewiesen werden, dass die Nachweisbedingung aus Gl. 14-7 bzw. Gl. 14-8 auch ohne Ansatz der Scherkräfte mit den zur Bemessungssituation BS-A gehörenden Teilsicherheitsbeiwerten erfüllt ist.

### 14.3.3 Verankerte Konstruktionen

Werden zum Erreichen der rechnerischen Sicherheit gegen Aufschwimmen des Bauwerks Zugelemente eingesetzt, die das Bauwerk nach unten verankern (Geotechnische Kategorie GK 3), sind immer die zwei möglichen Versagensmechanismen des
– Herausziehens der Zugelemente aus dem Boden,
– Abhebens des die Zugelemente enthaltenden Bodenblocks
zu untersuchen.

Beim erstgenannten Fall ist bei dem Sicherheitsnachweis die Summe der Tragfähigkeit aller einzelnen Zugelemente zu berücksichtigen. Im zweiten Fall wird die Tragfähigkeit der Zugelemente in ihrer Gruppenwirkung angesetzt. Für den entsprechenden Versagensmechanismus wird im ersten Fall angenommen, dass die einzelnen Zugelemente aus dem sich nicht bewegenden Baugrund herausgezogen werden oder dass sie abreißen. Im zweiten Fall wird unterstellt, dass die Zugelemente mit dem sie umgebenden Baugrund einen Block bilden (Voraussetzung hierfür ist ein enger Zugelementabstand), der mit dem Bauwerk als Ganzes aufschwimmt (vgl. Bild 14-2).

Bei der Nachweisführung für die einzelnen Zugelemente ist, gemäß DIN 1054, 7.6.3.1 A (3), zu zeigen, dass für den Grenzzustand GEO-2 (Grenzzustand des Versagens von Bauwerken, Bauteilen und Baugrund) eine ausreichende Sicherheit gegen Herausziehen gegeben ist. Hierzu wird der Bemessungswert der Zugbeanspruchung aller Elemente

$F_{Z,d} = (A_k + F_{Z,G,k}) \cdot \gamma_G + F_{Z,Q,k} \cdot \gamma_Q - F_{D,G,k} \cdot \gamma_{G,\inf}$  Gl. 14-11

benötigt. Die in der Gleichung verwendeten Größen erfassen die charakteristischen Werte der Zugbeanspruchung $A_k$ infolge der ständig einwirkenden hydrostatischen Auftriebskraft sowie weiterer vertikal nach oben gerichteter ständiger Einwirkungen $F_{Z,G,k}$ und $F_{Z,Q,k}$ infolge von möglichen ungünstigen veränderlichen Einwirkungen. Der charakteristische Wert $F_{D,G,k}$ ist eine gleichzeitig wirkende Druckbeanspruchung infolge von ständigen Einwirkungen. $\gamma_G$, $\gamma_Q$ und $\gamma_{G,\inf}$ sind Teilsicherheitsbeiwerte für Einwirkungen im Grenzzustand GEO-2 (vgl. Tabelle 7-1). Der Teilsicherheitsbeiwert $\gamma_{G,\inf}$ ist mit 1,00 anzusetzen, da die charakteristische Druckbeanspruchung die ungünstigste charakteristische Zugbeanspruchung der Bauelemente nur verringert.

Handelt es sich bei den Zugelementen um Pfähle (z. B. eingerüttelte Stahlpfähle, verpresste Stahlpfähle, Verbundpfähle), ist die Sicherheit gegen das Herausziehen im Grenzzustand GEO-2 nachgewiesen, wenn die Bedingung

$$F_{Z,d} = F_{t,d} \leq R_{t,d} \quad \text{bzw.} \quad \mu = \frac{F_{Z,d}}{R_{t,d}} = \frac{F_{t,d}}{R_{t,d}} \leq 1 \qquad \text{Gl. 14-12}$$

erfüllt ist; handelt es sich um Verpressanker, muss

$$F_{Z,d} = P_d \leq R_d \quad \text{bzw.} \quad \mu = \frac{F_{Z,d}}{R_d} = \frac{P_d}{R_d} \leq 1 \qquad \text{Gl. 14-13}$$

gelten. In Gl. 14-12 sind $F_{t,d}$ und $R_{t,d}$ die Bemessungswerte der Pfahlbeanspruchung und des Pfahlwiderstands (siehe hierzu auch DIN 1054, 6.3 und Abschnitt 5.8 in [218]). $P_d$ und $R_d$ in Gl. 14-13 sind die Bemessungswerte der Beanspruchung und des Widerstands der Verpressanker. Letzterer ergibt sich als der kleinere Wert von $R_{a,d}$ (Herauszieh-Widerstand der Verpresskörper im Grenzzustand GEO-2) und $R_{i,d}$ (Widerstandskraft der Stahlzugglieder); zu den Verpressankerwiderständen siehe auch DIN 1054, 8.5 und Abschnitt 7.6 in [218]. Zu Einzelheiten des Sicherheitsnachweises sei auf das Anwendungsbeispiel der mit Pfählen verankerten Baugrubenkonstruktion in Abschnitt 14.3.4 hingewiesen.

Außer dem Nachweis gegen das Herausziehen der Zugglieder ist auch der Nachweis gegen ihr Materialversagen zu führen. Auf die Angabe entsprechender Gleichungen wird hier verzichtet.

Wird beim Sicherheitsnachweis die Tragfähigkeit der Zugelemente in ihrer Gruppenwirkung angesetzt, ist zu zeigen, dass für den Grenzzustand UPL eine ausreichende Sicherheit gegen Abheben des die Zugelemente enthaltenden Bodenblocks besteht. Hierzu ist nachzuweisen, dass die Bedingung

$$(A_k + G_{dst,k}) \cdot \gamma_{G,dst} + Q_{dst,k} \cdot \gamma_{Q,dst} \leq G_{stb,k} \cdot \gamma_{G,stb} + G_{E,k} \cdot \gamma_{G,stb} \qquad \text{Gl. 14-14}$$

erfüllt ist bzw. für den Ausnutzungsgrad

$$\mu = \frac{(A_k + G_{dst,k}) \cdot \gamma_{G,dst} + Q_{dst,k} \cdot \gamma_{Q,dst}}{G_{stb,k} \cdot \gamma_{G,stb} + G_{E,k} \cdot \gamma_{G,stb}} \leq 1 \qquad \text{Gl. 14-15}$$

gilt. Die in den beiden Gleichungen verwendeten Größen $A_k$, $G_{dst,k}$, $Q_{dst,k}$, $G_{stb,k}$, $G_{E,k}$, $\gamma_{G,dst}$, $\gamma_{Q,dst}$ und $\gamma_{G,stb}$ entsprechen denen aus Gl. 14-5 und Gl. 14-6. Mit der Größe $G_{E,k}$ wird die charakteristische Gewichtskraft des an die Zugelemente angehängten Bodens erfasst (vgl. Bild 14-2). Bei $n_Z$ Zugelementen, die in einem gleichmäßigen Raster angeordnet sind, darf diese Kraft, gemäß DIN 1054, 7.6.3.1 A (4b), für Elemente, die sowohl im inneren Bereich der Elementgruppe als auch an deren Rand angeordnet sind, mit Hilfe von

$$G_{E,k} = n_Z \cdot \left[ l_a \cdot l_b \cdot \left( L - \frac{1}{3} \cdot \sqrt{l_a^2 + l_b^2} \cdot \cot\phi \right) \right] \cdot \eta_Z \cdot \gamma \qquad \text{Gl. 14-16}$$

berechnet werden. Die dabei verwendeten Größen stehen (Bild 14-4) für die Länge $L$ der Zugelemente, das größere ($l_a$) und das kleinere ($l_b$) Rastermaß, die Wichte $\gamma$ des angehängten Bodens (Auftrieb beachten) und den Anpassungsfaktor, der mit $\eta_Z = 0{,}80$ zu vereinbaren ist. Unter Umständen ist $\gamma$ ganz oder teilweise der Wichte $\gamma'$ des unter Auftrieb stehenden Bodens gleichzusetzen.

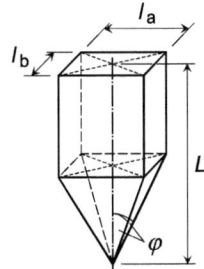

**Bild 14-4** Geometrie des an ein einzelnes Zugelement angehängten Bodens (nach DIN 1054, Bild A 7.2)

Nach DIN 1054, 11.4.1 (4) darf bei verankerten Konstruktionen die Mitwirkung von Scherkräften $T_k$ gemäß Abschnitt 14.3.2 berücksichtigt werden (Bild 14-5). Dies gilt sowohl für den Nachweis gegen das Herausziehen der Zugelemente (Gl. 14-11 bis Gl. 14-13) als auch für den Nachweis der Sicherheit gegen das Abheben des die Zugelemente enthaltenden Bodenblocks (Gl. 14-14 bis Gl. 14-16).

Beim Nachweis der Sicherheit gegen das Herausziehen der Zugelemente im Grenzzustand GEO-2 ist dann der Bemessungswert der Zugbeanspruchung aller Elemente statt mit Gl. 14-11 mit Hilfe von

$$F_{Z,d} = (A_k + F_{Z,G,k}) \cdot \gamma_G + F_{Z,Q,k} \cdot \gamma_Q - (F_{D,G,k} + T_k) \cdot \gamma_{G,inf} \qquad \text{Gl. 14-17}$$

zu berechnen. Die Scherkräfte $T_{S,k}$ (Bild 14-5) werden dabei wie günstig wirkende ständige Druckbeanspruchungen angesetzt.

Im Fall des Sicherheitsnachweises gegen Abheben des Bodenblocks im Grenzzustand UPL ist Gl. 14-14 bzw. Gl. 14-15 durch

$$(A_k + G_{dst,k}) \cdot \gamma_{G,dst} + Q_{dst,k} \cdot \gamma_{Q,dst} \leq G_{stb,k} \cdot \gamma_{G,stb} + (G_{E,k} + T_k) \cdot \gamma_{G,stb} \qquad \text{Gl. 14-18}$$

bzw.

$$\mu = \frac{(A_k + G_{dst,k}) \cdot \gamma_{G,dst} + Q_{dst,k} \cdot \gamma_{Q,dst}}{G_{stb,k} \cdot \gamma_{G,stb} + (G_{E,k} + T_k) \cdot \gamma_{G,stb}} \leq 1 \qquad \text{Gl. 14-19}$$

zu ersetzen. Die Scherkräfte $T_k$ werden hier wie günstig wirkende ständige Einwirkungen behandelt (Bild 14-5).

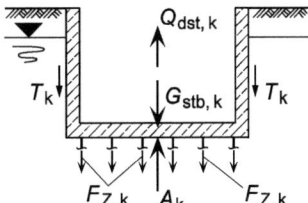

**Bild 14-5** Charakteristische Einwirkungen und Widerstände bei verankerter Konstruktion

### 14.3.4 Nachweis der Sicherheit gegen Aufschwimmen nach EAB

In EAB, EB 62 werden Sicherheitsnachweise gegen Aufschwimmen im Fall von Baugruben behandelt, die in das Grundwasser reichen (Bild 14-6). Die Nachweise sind zu führen, wenn die Baugrubenwände und eine Schicht, die den Zutritt des Grundwassers in die Baugrube stark behindert, zusammen einen geschlossenen trogartigen Baukörper bilden. Solche Gegebenheiten liegen z. B. vor, wenn

- die Baugrubenwände in eine annähernd wasserundurchlässige Schicht einbinden, die in Höhe der Baugrubensohle ansteht und unterlagert wird von wasserdurchlässigem Boden (Bild 14-6 a),
- gemäß Bild 14-6 b in größerer Tiefe unter der Baugrubensohle eine ausreichend dicke annähernd wasserundurchlässige Schicht ansteht, die von einer durchlässigen Bodenschicht unterlagert wird,
- in ausreichender Tiefe unter der Baugrubensohle eine annähernd wasserundurchlässige und ausreichend dicke Dichtungsschicht hergestellt wurde (z. B. durch Injektionen, mit Hilfe des Düsenstrahlverfahrens oder durch Vereisung, Bild 14-6 c),
- die Baugrube durch eine verankerte Unterwasserbetonsohle abgeschlossen wird (Bild 14-6 d).

Zu bemerken ist, dass eine Schicht dann als annähernd wasserundurchlässig zu behandeln ist, wenn ihr Durchlässigkeitsbeiwert um mindestens zwei Zehnerpotenzen kleiner ist als der des sie umgebenden Bodens.

Die in Bild 14-6 verwendeten charakteristischen Größen stehen für:

$u_{S,k}$ charakteristischer hydrostatischer Wasserdruck auf die Sohle,

$u_{W,k}$ charakteristischer hydrostatischer Wasserdruck auf die Unterfläche der senkrechten Wand,

$G_{B,k}$ nach unten gerichtete ständige Einwirkung aus der Eigenlast des überlagernden Bodens einschließlich der Dichtungsschicht,

$G_{W,k}$ nach unten gerichtete ständige Einwirkung aus der Eigenlast der Baugrubenwand einschließlich der Aussteifung,

$T_k$ abwärts gerichtete Vertikalkomponente des auf die Baugrubenwände einwirkenden ständigen Erddrucks als ständige Einwirkung,

$G_{E,k}$ nach unten gerichtete ständige Einwirkung aus der Eigenlast des Bodenkörpers, der von den Zugpfählen bzw. Verpressankern erfasst wird (Bild 14-6 d).

Diese Größen beinhaltet die Ungleichung (EAB, EB 62, Abschnitt 2)

$$V_{dst,k} \cdot \gamma_{G,dst} \leq (G_{B,k} + G_{W,k} + T_k) \cdot \gamma_{G,stb} \qquad \text{Gl. 14-20}$$

mit der im Grenzzustand UPL die ausreichende Sicherheit gegen Aufschwimmen sichergestellt wird, wenn die Sohle nicht mit Pfählen oder Ankern gehalten wird (Bild 14-6 a, b und c). Mit $V_{dst,k}$ wird dabei die an der Unterfläche der annähernd wasserundurchlässigen Bodenschicht oder der Dichtungsschicht angreifende lotrechte Komponente der charakteristischen hydrostatischen Wasserdrücke $u_{S,k}$ und $u_{W,k}$ auf die Sohle und die Wand erfasst.

Der Vergleich von Gl. 14-20 mit Gl. 14-5 lässt erkennen, dass für die in diesen beiden Ungleichungen verwendeten Größen $V_{dst,k}$, $A_k$, $G_{B,k}$, $G_{W,k}$ und $G_{stb,k}$

$$V_{dst,k} = A_k \qquad \text{und} \qquad G_{B,k} + G_{W,k} = G_{stb,k} \qquad \text{Gl. 14-21}$$

gilt.

14.3 Grenzzustand des Aufschwimmens nach DIN 1054

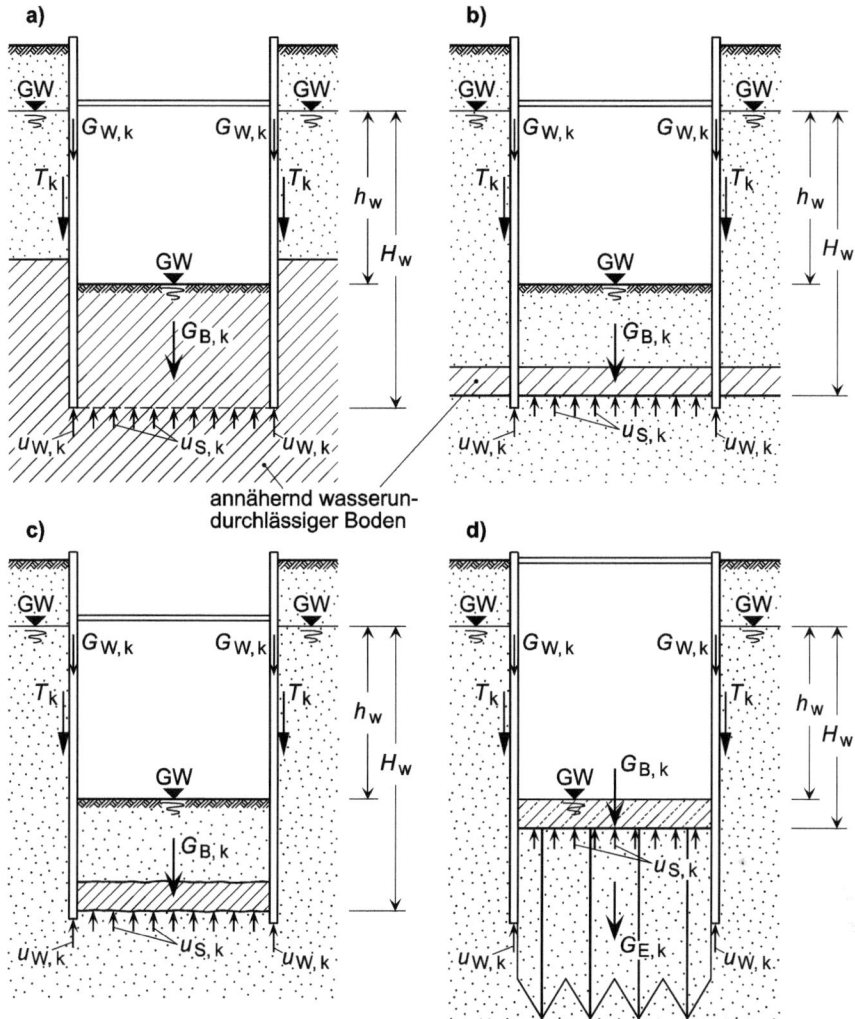

**Bild 14-6** Ansatz der Kräfte beim Nachweis der Sicherheit gegen Aufschwimmen (nach EAB, Bild EB 62-1)
a) Sohldichtung mit annähernd wasserundurchlässiger dicker Bodenschicht
b) Sohldichtung mit annähernd wasserundurchlässiger tief liegender Bodenschicht
c) künstliche tief liegende Sohldichtung
d) Sohldichtung mit einer verankerten Unterwasserbetonsohle

Liegen Gegebenheiten wie im Fall von Bild 14-7 vor, bei denen die Sohle nicht rückverankert ist, der Baugrubenverbau aber durch Anker gestützt wird, sind die Größen $A_k$ und $G_{k,\text{stb}}$ mit Hilfe von

$$A_k = u \cdot A_{\text{Sohle}} = \Delta h \cdot \gamma_w \cdot A_{\text{Sohle}} \qquad \text{Gl. 14-22}$$

der nach unten gerichteten ständigen Einwirkung aus der Eigenlast des überlagernden Bodens einschließlich der Dichtungsschicht

$$G_{B,k} = h_1 \cdot \gamma_{\text{Boden},k} + h_2 \cdot \gamma'_{\text{Boden},k} + h_3 \cdot \gamma'_{\text{Sohle},k} \qquad \text{Gl. 14-23}$$

der nach unten gerichteten ständigen Einwirkung $G_{W,k}$ aus der Eigenlast der Baugrubenwand (einschließlich ggf. vorhandener Aussteifungen) und

$$G_{k,\text{stb}} = G_{B,k} + G_{W,k} \qquad \text{Gl. 14-24}$$

zu berechnen ($A_{\text{Sohle}}$ ist die Größe der Unterfläche der Dichtungsschicht; mit $\gamma_{\text{Boden},k}$ bzw. $\gamma'_{\text{Boden},k}$ wird die Wichte des erdfeuchten bzw. unter Auftrieb stehenden Bodens und mit $\gamma'_{\text{Sohle},k}$ die Wichte der unter Auftrieb stehenden Dichtungssohle erfasst).

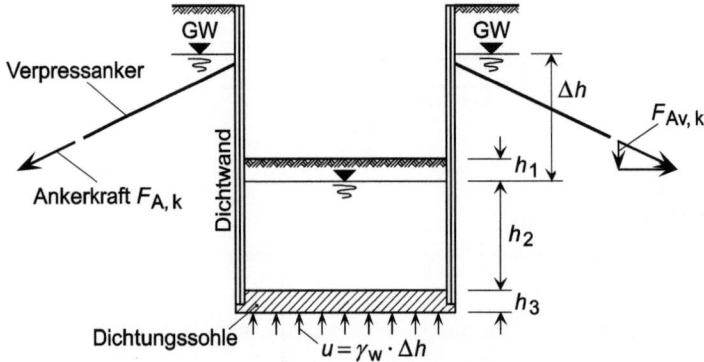

**Bild 14-7** Baugrube mit verankerten Verbauwänden und tief liegender Dichtungssohle

Die Sicherheit gegen Aufschwimmen im Grenzzustand UPL ist nachgewiesen, wenn die Bedingung

$$A_k \cdot \gamma_{G,\text{dst}} \leq G_{\text{stb},k} \cdot \gamma_{G,\text{stb}} + (T_k + F_{Av,k}) \cdot \gamma_{G,\text{stb}} \qquad \text{Gl. 14-25}$$

erfüllt ist bzw. für den Ausnutzungsgrad

$$\mu = \frac{A_k \cdot \gamma_{G,\text{dst}}}{G_{\text{stb},k} \cdot \gamma_{G,\text{stb}} + (T_k + F_{Av,k}) \cdot \gamma_{G,\text{stb}}} \leq 1 \qquad \text{Gl. 14-26}$$

gilt. Zu den schon erläuterten charakteristischen Kräften kommt hier noch die nach unten gerichtete charakteristische resultierende Vertikalkomponente $F_{Av,k}$ der Ankerkräfte hinzu (Bild 14-7), mit denen die Baugrubenverbauwände ständig gehalten werden. Darauf hinzuweisen ist, dass in den EAB für die Vertikalkomponente der Ankerkräfte statt der Bezeichnung $F_{Av,k}$ die Bezeichnung $P_{v,k}$ verwendet wird.

Hinsichtlich der Teilsicherheitsbeiwerte ist auf EAB, EB 79 hinzuweisen. Danach gehören Baugrubenkonstruktionen zur Bemessungssituation
- BS-T, wenn Lasten des Regelfalls (siehe EAB, EB 24, Absatz 3),
- BS-A, wenn Lasten des Ausnahmefalls (siehe EAB, EB 24, Absatz 5),
- BS-T/A, wenn Lasten des Sonderfalls (siehe EAB, EB 24, Absatz 4)

vorliegen. Bezüglich der Bemessungssituation BS-T/A (siehe auch DIN 1054, 2.2 A (6)) sind neben den Lasten des Regelfalls Einwirkungen zu berücksichtigen, wie
- Fliehkräfte, Bremskräfte und Seitenstöße (hervorgerufen durch z. B. neben oder über der Baugrube geführte Eisen- oder Straßenbahnen),

- selten auftretende Lasten und unwahrscheinliche oder selten auftretende Kombinationen von Lastgrößen und Lastangriffspunkten,
- Wasserdrücke bei Wasserständen, die über den vereinbarten Bemessungswasserstand hinausgehen (z. B. Wasserstände, die zu einer erforderlich werdenden Flutung der Baugrube gehören),
- Temperatureinwirkungen auf Steifen (z. B. bei Stahlsteifen ohne Knickhaltung oder bei schmalen Baugruben in frostgefährdetem Baugrund).

Zu der Bemessungssituation BS-T/A gehörende Teilsicherheitsbeiwerte können den Tabellen 6.1, 6.2 und 6.3 der EAB entnommen werden.

Zu Einschränkungen bezüglich des Ansatzes der abwärts gerichteten Kräfte sei auf EAB, EB 62, Absätze 5 bis 8 hingewiesen.

Werden Sohlen zusätzlich mit Zugpfählen oder Verpressankern rückverankert, gelten beim Nachweis der Sicherheit gegen Aufschwimmen im Grundsatz wieder die Ausführungen aus Abschnitt 14.3.3.

Im Fall des Sicherheitsnachweises gegen Abheben des Bodenblocks im Grenzzustand UPS muss

$$A_k \cdot \gamma_{G,dst} \leq G_{stb,k} \cdot \gamma_{G,stb} + (G_{E,k} + T_k + F_{Av,k}) \cdot \gamma_{G,stb} \qquad \text{Gl. 14-27}$$

bzw.

$$\mu = \frac{A_k \cdot \gamma_{G,dst}}{G_{stb,k} \cdot \gamma_{G,stb} + (G_{E,k} + T_k + F_{Av,k}) \cdot \gamma_{G,stb}} \leq 1 \qquad \text{Gl. 14-28}$$

gelten. Der Nachweis der Sicherheit gegen das Herausziehen der Zugelemente im Grenzzustand GEO-2 (vgl. Abschnitt 14.3.3) ist mit Hilfe des Bemessungswerts der Zugbeanspruchung aller Elemente

$$\begin{aligned}F_{Z,d} &= A_k \cdot \gamma_G - (F_{D,G,k} + T_k + F_{Av,k}) \cdot \gamma_{G,inf} \\ &= A_k \cdot \gamma_G - (G_{B,k} + G_{W,k} + T_k + F_{Av,k}) \cdot \gamma_{G,inf}\end{aligned} \qquad \text{Gl. 14-29}$$

zu führen. Gemäß der Gleichung ergibt sich die Druckbeanspruchung $F_{D,G,k}$ infolge von ständigen Einwirkungen bei Baugruben z. B. (vgl. Bild 14-6 und Bild 14-7) aus den unteren charakteristischen Werten der Eigenlast einer Beton- oder Düsenstrahlsohle nebst überlagerndem Boden, der Eigenlast des Baugrubenverbaus, der Vertikalkomponente der auf die Baugrubenwand einwirkenden Erddruckkraft und der Vertikalkomponente der den Baugrubenverbau stützenden Anker.

### Anwendungsbeispiel

Für die in Bild 14-8 gezeigte Unterwasserbetonsohle mit der charakteristischen Wichte $\gamma_{Beton,k} = 24,0$ kN/m³ ist die Sicherheit gegen Aufschwimmen nachzuweisen. Dabei ist zu prüfen, ob die Scherkraft $T_k$ und ggf. auch die Widerstandskräfte $R_{t,k}$ der Zugpfähle zum Nachweis herangezogen werden müssen.

Die Baugrube ist in einem Sand mit den charakteristischen Werten

$\varphi'_k = 32,5°$ (effektiver Reibungswinkel, dränierter Boden)

$\gamma_{r,k} = 20,0$ kN/m³ (Wichte des gesättigten Bodens)

$\gamma'_k = 10,0$ kN/m³ (Wichte des Bodens unter Auftrieb)

herzustellen.

Die charakteristische Eigenlast der Spundwandkonstruktion ist mit $g_{\text{Spundw},k} = 1{,}55\,\text{kN/m}^2$ anzusetzen. Als ggf. erforderliche Zugpfähle sind Pfähle mit dem Durchmesser $D = 0{,}4\,\text{m}$ zu verwenden und gemäß Bild 14-8 anzuordnen. Für die charakteristische Pfahlmantelreibung ist der Erfahrungswert $q_{s,k} = 35\,\text{kN/m}^2$ anzunehmen.

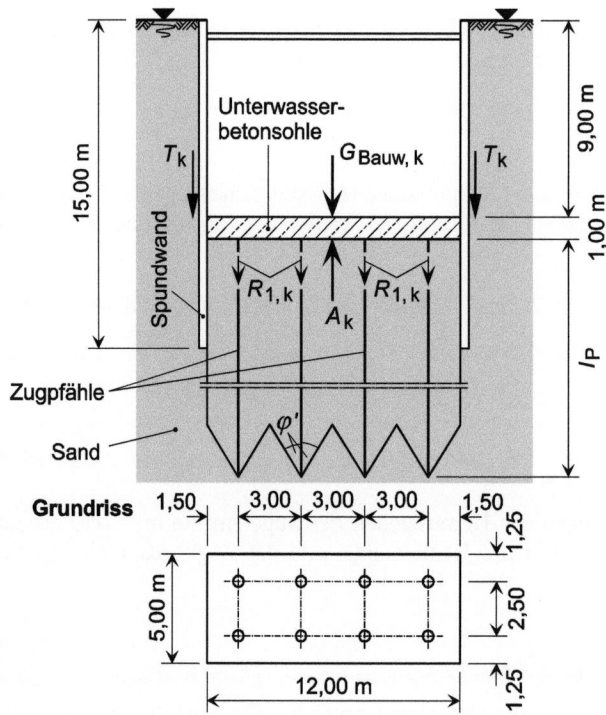

**Bild 14-8** Längsschnitt und Grundriss einer Baugrube mit ausgesteiftem Spundbohlenverbau und rückverankerter Unterwasserbetonsohle

### Lösung

#### 1. Charakteristische Einwirkungen

Mit der Grundrissfläche der Unterwasserbetonsohle

$$A_{\text{Sohle}} = l_{\text{Sohle}} \cdot b_{\text{Sohle}} = 12{,}00 \cdot 5{,}00 = 60{,}00\,\text{m}^2$$

und der Umfangslänge der Spundwand

$$l_{\text{Spundw}} = 2 \cdot l_{\text{Sohle}} + 2 \cdot b_{\text{Sohle}} = 2 \cdot 12{,}00 + 2 \cdot 5{,}00 = 34{,}00\,\text{m}$$

ergeben sich die charakteristische Eigenlast der Sohle

$$G_{\text{Sohle},k} = A_{\text{Sohle}} \cdot d_{\text{Sohle}} \cdot \gamma_{\text{Beton},k} = 60{,}00 \cdot 1{,}00 \cdot 24{,}00 = 1\,440{,}0\,\text{kN}$$

und die charakteristische Eigenlast der Spundwand

$$G_{\text{Spundw},k} = l_{\text{Spundw}} \cdot h_{\text{Spundw}} \cdot g_{\text{Spundw},k} = 34{,}00 \cdot 15{,}00 \cdot 1{,}55 = 790{,}5\,\text{kN}$$

die sich zu der charakteristischen Eigenlast des Gesamtbauwerks addieren

$G_{\text{Bauw, k}} = G_{\text{Sohle, k}} + G_{\text{Spundw, k}} = 1\,440{,}0 + 790{,}5 = 2\,230{,}5 \text{ kN}$

Als senkrecht nach oben gerichtete charakteristische Auftriebskraft wirkt

$A_k = A_{\text{Sohle}} \cdot h_w \cdot \gamma_w = 60{,}00 \cdot 10{,}00 \cdot 10 = 6\,000{,}0 \text{ kN}$

auf die Unterfläche der Unterwasserbetonsohle.

Bei der unmittelbar an der Bauwerkswand wirkenden charakteristischen Scherkraft $T_k$ handelt es sich um die Resultierende von Reibungskräften, die nach DIN 1054 mit (vgl. Gl. 14-9)

$T_k = \eta_z \cdot E_{\text{ah, k}} \cdot \tan \delta_a$

zu berechnen ist.

Mit dem zur Bemessungssituation BS-T gehörenden Anpassungsfaktor

$\eta_z = 0{,}8$

dem Neigungswinkel des aktiven Erddrucks gegenüber der horizontal gerichteten Wandnormalen

$\delta_a = \frac{2}{3} \cdot \phi'_k = \frac{2}{3} \cdot 32{,}5°$

dem zu diesen Werten und dem Geländeneigungswinkel $\beta = 0°$ sowie dem Wandneigungswinkel $\alpha = 0°$ gehörenden Erddruckbeiwert des aktiven Erddrucks (vgl. Tabelle 10-6)

$K_{\text{agh}} = 0{,}2506$

der Horizontalkomponente der aktiven Erddruckkraft pro lfdm Spundwand

$E_{\text{ah, m, k}} = \frac{1}{2} \cdot h_w^2 \cdot \gamma'_k \cdot K_{\text{agh}} = \frac{1}{2} \cdot 10{,}00^2 \cdot 10{,}00 \cdot 0{,}250\,6 = 125{,}3 \text{ kN/lfdm}$

und der zur gesamten Spundwandlänge gehörenden aktiven Erddruckkraft

$E_{\text{ah, k}} = E_{\text{ah, m, k}} \cdot l_{\text{Spundw}} = 125{,}3 \cdot 34{,}00 = 4\,260{,}2 \text{ kN}$

berechnet sich die Resultierende der unmittelbar an der Bauwerkswand wirkenden charakteristischen Scherkräfte zu

$T_k = \eta_z \cdot E_{\text{ah, k}} \cdot \tan \delta_a = 0{,}8 \cdot 4\,260{,}2 \cdot \tan\left(\frac{2}{3} \cdot 32{,}5°\right) = 1\,354{,}0 \text{ kN}$

### 2. Nachweis des unverankerten Bauwerks gegen Aufschwimmen

In einem ersten Schritt wird untersucht, ob allein durch die Eigenlast des Gesamtbauwerks (Unterwasserbetonsohle + Baugrubenverbau) eine ausreichende Sicherheit gegen Aufschwimmen im Grenzzustand UPL erreicht wird. Diese Sicherheit verlangt in diesem Fall die Einhaltung der Bedingung (vgl. Gl. 14-5)

$A_k \cdot \gamma_{\text{G, dst}} \leq G_{\text{Bauw, k}} \cdot \gamma_{\text{G, stb}}$

Wird berücksichtigt, dass für Baugruben die Bemessungssituation BS-T LF 2 gilt, ergeben sich die Teilsicherheitsbeiwerte zahlenmäßig zu (vgl. Tabelle 7-1)

$\gamma_{\text{G, dst}} = 1{,}05$

$\gamma_{\text{G, stb}} = 0{,}95$

Zusammen mit den beiden übrigen Zahlengrößen ergibt sich

$$6\,000 \cdot 1{,}05 = 6\,300 > 2\,230{,}5 \cdot 0{,}95 = 2\,119{,}0$$

bzw.

$$\mu = \frac{6\,000 \cdot 1{,}05}{2\,230{,}5 \cdot 0{,}95} = \frac{6\,300}{2\,119} = 2{,}97 > 1$$

womit gezeigt ist, dass die Sicherheit gegen Aufschwimmen der Unterwasserbetonsohle allein durch die Einwirkung der Eigenlast des Gesamtbauwerks nicht gewährleistet werden kann. Deshalb soll als Nächstes geprüft werden, ob die Einhaltung der Sicherheitsbedingung erreicht wird, wenn zusätzlich die abwärts gerichtete resultierende Vertikalkomponente $T_k$ des auf die Baugrubenwände einwirkenden ständigen Erddrucks berücksichtigt wird.

### 3. Nachweis des Bauwerks mit Scherkraft $T_k$ gegen Aufschwimmen

Um die Sicherheit gegen Aufschwimmen des Gesamtbauwerks bei Mitwirkung der Scherkraft $T_k$ nachzuweisen, muss gezeigt werden, dass die Bedingung (vgl. Gl. 14-7)

$$A_k \cdot \gamma_{G,\,dst} \leq (G_{Bauw,\,k} + T_k) \cdot \gamma_{G,\,stb}$$

eingehalten wird. Da das Einsetzen der entsprechenden Zahlenwerte zu

$$6\,000 \cdot 1{,}05 = 6\,300 > (2\,230{,}5 + 1\,354{,}0) \cdot 0{,}95 = 3\,226{,}1$$

bzw.

$$\mu = \frac{6\,000 \cdot 1{,}05}{(2\,230{,}5 + 1\,354{,}0) \cdot 0{,}95} = \frac{6\,300}{3\,226{,}1} = 1{,}95 > 1$$

führt, ist auch für diesen Fall keine ausreichende Sicherheit gegen Aufschwimmen gegeben. Im nächsten Schritt wird deshalb untersucht, wie Zugelemente zu bemessen sind, wenn durch ihre Hinzunahme die Sicherheit gegen Aufschwimmen gewährleistet werden soll.

### 4. Nachweis gegen Herausziehen der Einzelpfähle (GZ GEO-2)

Werden im vorliegenden Fall zur Sicherheit gegen Aufschwimmen der Baugrubensohle nebst Spundwand zusätzlich Zugpfähle eingesetzt, ergibt sich mit der charakteristischen Zugbeanspruchung aus dem ständig einwirkenden Auftrieb $A_k = 6\,000$ kN, dem charakteristischen Wert der ständigen Druckbeanspruchung aus der Eigenlast $G_{Bauw,\,k} = 2\,230{,}5$ kN, der Scherkraft $T_k = 1\,354{,}0$ kN sowie den Teilsicherheitsbeiwerten für die Bemessungssituation BS-T im Grenzzustand GEO-2 $\gamma_G = 1{,}20$ und $\gamma_{G,\,inf} = 1{,}00$ (vgl. Tabelle 7-1 und Abschnitt 14.3.3) als Bemessungswert der Zugbeanspruchung der Pfahlgründung

$$F_{t,\,d} = A_k \cdot \gamma_G - (G_{Bauw,\,k} + T_k) \cdot \gamma_{G,\,inf} = 6\,000 \cdot 1{,}2 - (2\,230{,}5 + 1\,354{,}0) \cdot 1{,}0 = 3\,615{,}5 \text{ kN}$$

Mit dem in der Aufgabenstellung angegebenen Erfahrungswert $q_{s,\,k} = 35$ kN/m² für die charakteristische Pfahlmantelreibung, dem dort ebenfalls angegebenen Pfahldurchmesser $D = 0{,}4$ m, dem zur Bemessungssituation BS-T gehörenden Teilsicherheitsbeiwert $\gamma_{s,\,t} = 1{,}5$ des Zugpfahlwiderstands (vgl. Tabelle 7-2), der Pfahlmantelfläche pro lfdm Pfahl

$$U_P = \pi \cdot D = \pi \cdot 0{,}4 = 1{,}257 \text{ m}^2/\text{lfdm}$$

und der Gesamtlänge $l_{P,ges}$ aller einzubauenden Pfähle berechnet sich der Bemessungswert des Widerstands der Pfahlgründung mit

$$R_d = \frac{q_{s,k} \cdot U_P \cdot l_{P,ges}}{\gamma_P} = \frac{35{,}00 \cdot 1{,}257}{1{,}5} \cdot l_{P,ges} = 29{,}33 \cdot l_{P,ges}$$

Da im Grenzzustand GEO-2 die Bedingung

$$F_{t,d} = 3\,615{,}5 < R_{t,d} = 29{,}33 \cdot l_{P,ges}$$

gegen das Herausziehen der Pfähle gilt, ergibt sich als Mindestwert für die Gesamtlänge

$$l_{P,ges} = \frac{3\,615{,}5}{29{,}33} = 123{,}27 \text{ m}$$

die sich, gemäß Bild 14-8, aus den Längen $l_P$ der acht anzuordnenden Pfähle addiert. Wegen

$$l_{P,erf} = \frac{123{,}27}{8} = 15{,}41 \text{ m}$$

wird als Pfahllänge $l_P = 15{,}45$ m gewählt.

**5. Nachweis der Gruppenwirkung der Pfähle**

Mit der Gruppenwirkung der Pfähle wird der Sicherheitsnachweis gegen Aufschwimmen der Unterwasserbetonsohle nebst Spundwand im Grenzzustand UPL geführt. Dabei ist zu zeigen, dass (vgl. Gl. 14-27)

$$A_k \cdot \gamma_{G,dst} \leq (G_{Bauw,k} + T_k + G_{E,k}) \cdot \gamma_{G,stb}$$

gilt. Der darin verwendete charakteristische Wert der Eigengewichtskraft des angehängten Bodens ist im vorliegenden Fall mit Hilfe von (vgl. Gl. 14-16 und Bild 14-4)

$$G_{E,k} = n_Z \cdot \left[ l_a \cdot l_b \cdot \left( l_P - \frac{1}{3} \cdot \sqrt{l_a^2 + l_b^2} \cdot \cot \phi'_k \right) \right] \cdot \eta_Z \cdot \gamma$$

zu berechnen. Mit den Rasterabständen (Bild 14-8)

$l_a = 3{,}00$ m

$l_b = 2{,}50$ m

und den übrigen Werten ergibt sich die Größe für die acht Zugpfähle zahlenmäßig zu

$$G_{E,k} = 8 \cdot \left[ 3{,}00 \cdot 2{,}50 \cdot \left( 15{,}45 - \frac{1}{3} \cdot \sqrt{3{,}00^2 + 2{,}50^2} \cdot \cot 32{,}5° \right) \right] \cdot 0{,}8 \cdot 10{,}0 = 6\,435 \text{ kN}$$

Mit dieser Größe ergibt sich als Nachweis gegen Abheben

$$6\,000{,}0 \cdot 1{,}05 = 6\,300 \leq (2\,230{,}5 + 1\,354{,}0 + 6\,435) \cdot 0{,}95 = 9\,518$$

bzw. als entsprechender Ausnutzungsgrad

$$\mu = \frac{6\,000{,}0 \cdot 1{,}05}{(2\,230{,}5 + 1\,354{,}0 + 6\,435) \cdot 0{,}95} = \frac{6\,300}{9\,518} = 0{,}661 \leq 1$$

Damit ist gezeigt, dass zur Sicherung der Unterwasserbetonsohle gegen Abheben außer der Eigenlast der Platte und der Spundwand sowie der Scherkraft $T$ auch eine Rückverankerung erforderlich ist. Der relativ geringe Ausnutzungsgrad macht aber auch deutlich, dass die gewählte Pfahlanordnung nicht die wirtschaftlich günstigste Lösung darstellt. Sinnvoll wäre eine entsprechende Optimierung mit dem Ziel, einen Ausnutzungsgrad von annähernd 1,0 zu erreichen.

**6. Bemessung der Sohlplatte und Nachweis der Pfähle gegen Materialversagen**

Es ist an dieser Stelle noch darauf hinzuweisen, dass außer den aufgeführten geotechnischen Nachweisen noch die Bemessung der Unterwasserbetonsohle, der Spundwand und des Anschlusses der Sohlplatte an die Spundwand durchzuführen ist. Darüber hinaus ist für die Pfähle der Nachweis gegen Materialversagen zu führen. Auf die Darstellung der entsprechenden Berechnungen wird hier verzichtet.

# 15 Methode der Finiten Elemente (FEM)

## 15.1 Allgemeines

Aus unterschiedlichen Gründen, wie z. B. ungünstige Baugrundverhältnisse, vorhandene Nachbarbebauung und komplexe Konstruktionen, kommt der Erfassung der Bewegungen und Beanspruchungen von Bauwerken bei ihrer Errichtung und/oder während ihrer Nutzungszeit sowie der Auswirkungen von Baumaßnahmen auf benachbarte Bausubstanz mehr und mehr Bedeutung zu.

Die Behandlung solcher Problemstellungen verlangt die möglichst wirklichkeitsnahe Erfassung des Last-Verformungs-Verhaltens von aus Bauwerk und Baugrund bestehenden Strukturen. Für die Bearbeitung solcher Aufgabenstellungen ist die Methode der Finiten Elemente (FEM) grundsätzlich geeignet. Sie bietet die Möglichkeit der näherungsweisen Erfassung des Strukturverhaltens anhand entsprechender mathematischer FE-Modelle, wobei die Güte der Näherung insbesondere von
- der Genauigkeit der Erfassung der tatsächlich vorhandenen geometrischen Abmessungen der Struktur (z. B. von Bodenschichten),
- der Realitätsnähe der verwendeten Stoffgesetze (Spannungs-Verzerrungs-Beziehungen) für die verschiedenen Strukturbereiche,
- der Anpassung des FE-Netzes an die Beanspruchungsgegebenheiten der Struktur,
- den durch den Elementkatalog des eingesetzten Programms gebotenen Möglichkeiten zur Modellgestaltung

abhängt.

Mit der FE-Methode werden Modelle untersucht, die mit einzelnen finiten Elementen aufgebaut werden. Auf dieser Basis lassen sich sehr unterschiedliche Strukturen untersuchen. So können z. B. reine Stabwerke ebenso behandelt werden wie Flächentragwerke oder dreidimensionale Kontinua und entsprechende Kombinationen. Die für solche Modelle erforderlichen finiten Elemente sind z. B. eindimensionale Stäbe, zweidimensionale ebene oder gekrümmte Flächenelemente oder auch dreidimensionale Raumelemente. Die Methode gestattet u. a. die Bearbeitung von statischen und dynamischen Aufgabenstellungen. Auch die Materialeigenschaften der Systeme und damit auch der einzelnen Elemente können sehr unterschiedlich sein. Beispiele hierfür sind linear-elastisches Last-Verformungs-Verhalten (*Hooke*'sches Material) sowie nichtlinear-elastisches oder elastisch-plastisches Materialverhalten.

Für alle Elementtypen gilt, dass sie an ihren Rändern sogenannte „Elementknoten" besitzen, über die sie mit anderen Elementen in definierter Weise verbunden werden können und sich so zum Gesamtsystem zusammenfügen. Solche Kontaktpunkte gehören gleichzeitig auch zum System und werden als „Systemknoten" bezeichnet.

Ein großer Vorteil der FE-Methode liegt in der Möglichkeit der Erkennung von Sensitivitäten der Rechenergebnisse auf Veränderungen einzelner Modellteile. Ein Beispiel hierfür ist die mögliche Variation von Schichtgrenzen, Stoffgesetzen und Bodenkennwerten im Baugrundbereich, die insbesondere dann zu empfehlen ist, wenn es bezüglich des Baugrundmodells nennenswerte Unschärfen gibt.

Grundsätzlich gilt, dass Baugrundgegebenheiten immer nur mehr oder weniger unscharf erfasst werden können (siehe z. B. Abschnitt 15.6). Um dennoch ein realitätsnahes Modell zu erhalten, wird in [146], Abschnitt 5.2 die Herstellung von Informationszusammenhängen gemäß dem *Burland*-Dreieck empfohlen (Bild 15-1).

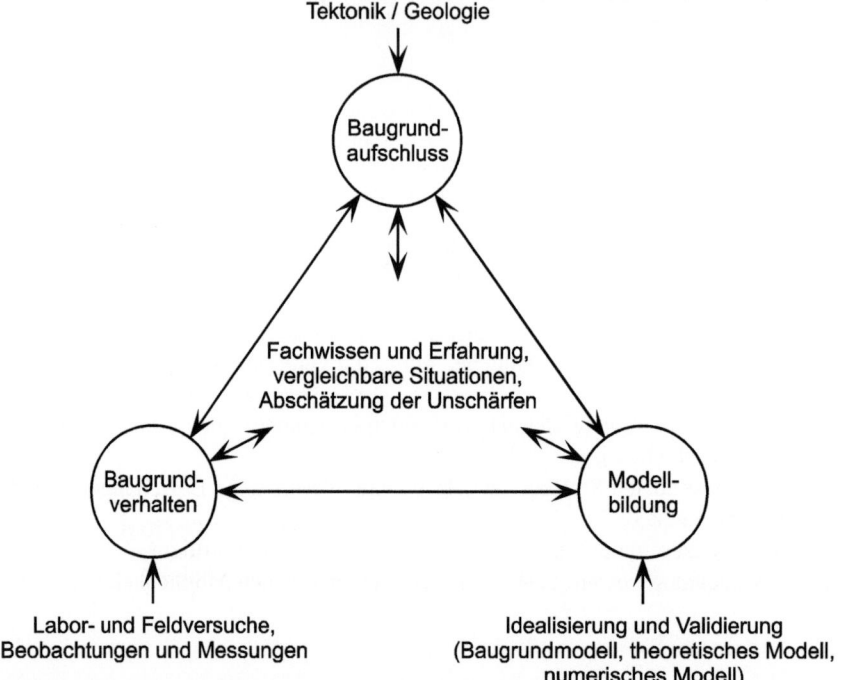

**Bild 15-1** *Burland*-Dreieck (nach [146], Abschnitt 5.2)

Unbedingt hinzuweisen ist auf den Umstand, dass die Entwicklung der FE-Programmsysteme u. a. zu einer immer größeren „Benutzerfreundlichkeit" geführt hat (Beispiele: Vereinfachung und Beschleunigung der Modellerstellung mittels automatischer Netzgenerierung, Verbesserung der Eingabedatenkontrolle und der Ergebnisdarstellung). Dies sollte nicht zu der Schlussfolgerung führen, dass auf die gründliche Einarbeitung in die Grundlagen der FE-Methode (Wahl wirklichkeitsnaher Elementtypen, Erstellung sinnvoller FE-Netze, Verwendung geeigneter Stoffgesetze, Lösung nichtlinearer Problemstellungen usw.) verzichtet werden kann. Die gute Beherrschung der Programmoberfläche kann die theoretischen Kenntnisse nicht ersetzen, die zur Erstellung realitätsnaher Modelle erforderlich sind. Nach [146], Abschnitt 5.1 ist die Beherrschung der theoretischen Grundlagen durch den bearbeitenden Ingenieur unerlässlich und die Gefahr der Erzeugung mangelhafter oder gar unbrauchbarer Berechnungsergebnisse sowie falscher Interpretationen und Schlussfolgerungen nicht zu unterschätzen.

## 15.2 Weggrößenverfahren

Die Grundlage von FEM-Programmen ist das „Weggrößenverfahren" (auch als „Deformationsmethode" oder „Formänderungsmethode" bezeichnet), das im Folgenden in groben Zügen für sich linear-elastisch verhaltende Stabwerke und anhand des sehr einfachen ebenen Modells aus Bild 15-2 erläutert wird. Dass sich das Verfahren in gut programmierbaren Algorithmen formulieren lässt, wird in den folgenden Abschnitten anhand einiger Vektoren und Matrizen gezeigt.

Zur Beschreibung des Last-Verformungs-Verhaltens zu untersuchender Strukturen wird bei dem Weggrößenverfahren eine mathematische Beziehung zwischen den Bewegungen von „Systemknoten" und dort wirkenden Kräften und Momenten hergestellt, die im statischen Fall die Form

$$\mathbf{K} \cdot \mathbf{u} = \mathbf{f}$$ Gl. 15-1

aufweist. **K** steht darin für die Steifigkeitsmatrix, **u** für den Verschiebungsvektor (Vektor der Bewegungen der Systemknoten; Translationen und Rotationen) und **f** für den Belastungsvektor (Vektor der Einwirkungen; an den Systemknoten einwirkende Kräfte und Momente). Gl. 15-1 gilt im Grundsatz sowohl für das Gesamtmodell als auch für jedes der einzelnen Elemente, aus denen das FE-Modell aufgebaut ist.

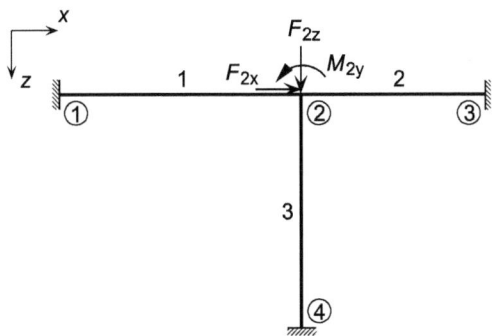

**Bild 15-2** Ebenes Stabwerksmodell zur Erläuterung des Weggrößenverfahrens (drei Biegestabelemente und vier Systemknoten)

### 15.2.1 Vektoren des Gesamtmodells

Im Folgenden werden einige Zusammenhänge des Weggrößenverfahrens anhand des ebenen Stabwerks aus Bild 15-2 erläutert, das drei Elemente enthält.

Der Verschiebungsvektor des Gesamtmodells beinhaltet im Grundsatz alle möglichen Bewegungen der Systemknoten des Modells. Da das vorgegebene Modell vier Systemknoten enthält und für jeden Knoten drei Bewegungsmöglichkeiten gegeben sind (Translationen in $x$- und $z$-Richtung, Rotation um die $y$-Achse), besitzt der Verschiebungsvektor des Gesamtmodells im Allgemeinen $4 \cdot 3 = 12$ Elemente, die sich z. B. in der Form (transponierte Schreibweise)

$$\mathbf{u}^t = (v_{1x}, v_{1z}, \phi_{1y}, ..., v_{4x}, v_{4z}, \phi_{4y})$$ Gl. 15-2

zusammenstellen lassen (die Anordnung der Elemente darf auch in einer anderen Reihenfolge erfolgen). Unter Berücksichtigung der Randbedingungen des Systems (im vorliegenden Fall sind die Systemknoten 1, 3 und 4 als unbewegliche Lager vereinbart) ergibt sich für den Vektor

$$\mathbf{u}^t = (0, 0, 0, v_{2x}, v_{2z}, \phi_{2y}, 0, 0, 0, 0, 0, 0)$$ Gl. 15-3

weshalb er in einem entsprechenden Rechenprogramm letztendlich nur mit den Elementen $\neq 0$ als

$$\mathbf{u}^t = (v_{2x}, v_{2z}, \phi_{2y})$$ Gl. 15-4

verwendet werden kann.

In Analogie zu dem Verschiebungsvektor gilt auch für den Belastungsvektor, dass er im allgemeinen Fall $4 \cdot 3 = 12$ Elemente enthält, nämlich die möglichen Belastungen der Systemknoten 1 bis 4

$$\mathbf{f}^t = (F_{1x}, F_{2z}, M_{1y}, ... F_{4x}, F_{4z}, M_{4y})$$ Gl. 15-5

Wird berücksichtigt, dass mögliche Belastungen der Systemknoten 1, 3 und 4 wegen deren Unbeweglichkeit (unbewegliche Lager) zu keinen Deformationen und damit zu keinen Beanspruchungen des Systems führen, gilt auch hier

$$\mathbf{f}^t = (0, 0, 0, F_{2x}, F_{2z}, M_{2y}, 0, 0, 0, 0, 0, 0)$$  Gl. 15-6

und letztendlich (nur die Elemente ≠ 0 werden berücksichtigt)

$$\mathbf{f}^t = (F_{2x}, F_{2z}, M_{2y})$$  Gl. 15-7

### 15.2.2 Einheitsknotenbewegungen am Gesamtsystem

Beim Weggrößenverfahren werden dimensionslose „Einheitsknotenbewegungszustände" für das Gesamtsystem definiert, die in Bild 15-3 für das Beispiel des ebenen Stabwerkmodells aus Bild 15-2 dargestellt sind (einschließlich der zugehörigen Systemverformungen).

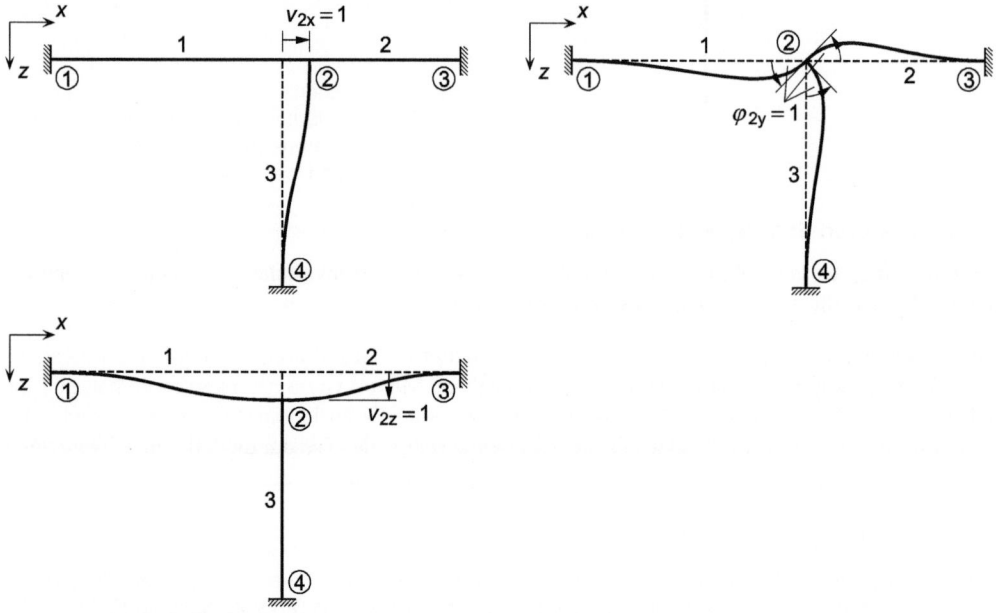

**Bild 15-3**  Einheitsbewegungen $v_{2x} = 1$, $v_{2z} = 1$ und $\varphi_{2y} = 1$ des Systemknotens 2 mit zugehörenden Verformungszuständen des Gesamtsystems

An den Verformungszuständen des Gesamtsystems lässt sich eine der grundlegenden Forderungen des Weggrößenverfahrens erkennen:

Bei Einprägung einer Systemknotenbewegung müssen alle an diesen Systemknoten angeschlossenen Elemente diese Bewegung mitmachen.

Es ist hier darauf hinzuweisen, dass jede Einheitsknotenbewegung grundsätzlich unter der Voraussetzung einzuprägen ist, dass alle anderen Systemknotenbewegungen unterdrückt werden. Diese „Nullsetzung" erfolgt unabhängig von den Randbedingungen.

Ein entsprechendes Beispiel kann Bild 15-4 entnommen werden.

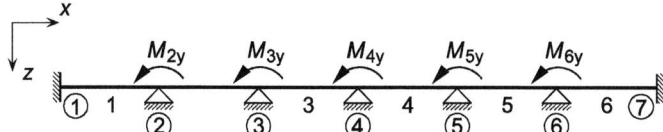

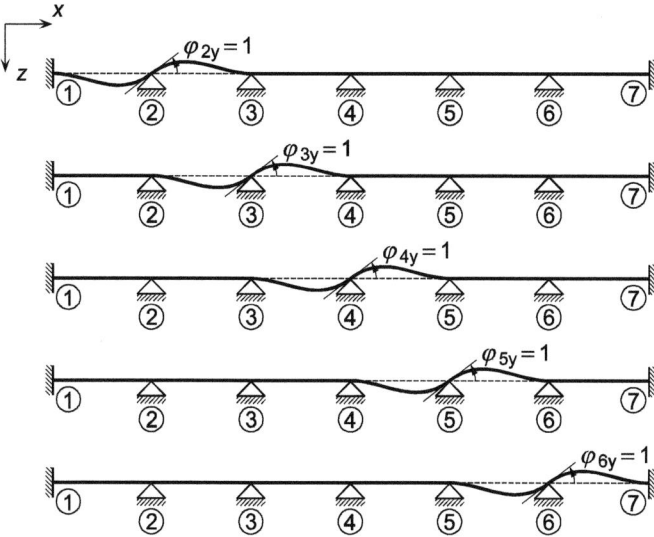

**Bild 15-4** 6-feldriger Biegebalken mit Momentenbelastung
oben: System
unten: Verformungszustände, die zu den eingeprägten Einheitsdrehungen an den Systemknoten ($\varphi_{iy} = 1$  $i = 1, ..., 6$) gehören (verformt werden nur die an dem jeweils gedrehten Systemknoten angeschlossenen Balkenfelder)

### 15.2.3 Biegestabelement

Im Folgenden wird ein einzelnes Biegebalkenelement betrachtet, das im allgemeinen Fall in der $(x^*, z^*)$-Ebene liegt (Bild 15-5).

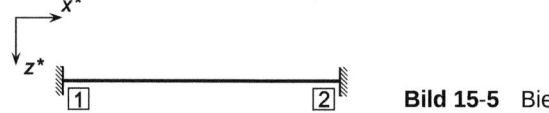

**Bild 15-5**  Biegebalkenelement in der $(x^*, z^*)$-Ebene

Analog zu den Einheitsbewegungen der Systemknoten lassen sich auch an den Knoten des Elements Einheitsbewegungen einprägen (vgl. Bild 15-6).

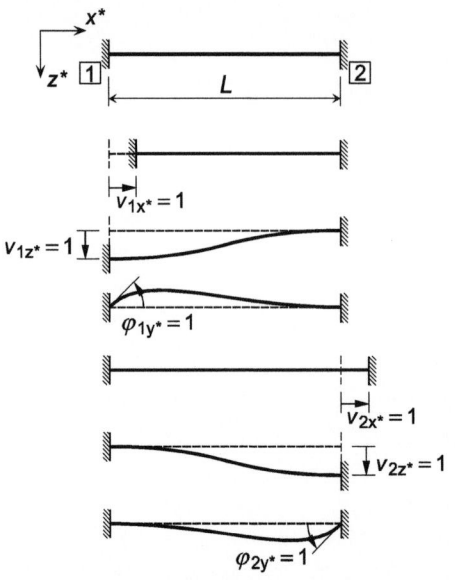

**Bild 15-6**  Einheitsbewegungen $v_{x^*} = 1$, $v_{z^*} = 1$ und $\varphi_{y^*} = 1$ der Elementknoten 1 und 2 mit zugehörenden Verformungszuständen des Biegebalkenelements

Einheitsbewegungen gemäß Bild 15-6 können jedem der drei Elemente des FE-Modells aus Bild 15-2 eingeprägt werden. Zu jedem dieser Zustände gehört ein Schnittlastenzustand mit diskreten Werten an den Knoten 1 und 2 des jeweiligen Elements. Handelt es sich um Elemente mit über ihre Länge konstanten Querschnittswerten, lassen sich diese Werte mit Hilfe entsprechender Formeln ermitteln, die der einschlägigen Literatur entnommen werden können (z. B. [243]). Somit lassen sich durch gewichtete Kombinationen der zu diesen Bewegungen gehörenden Verformungszustände zu allen möglichen Systemknotenbewegungen gehörende Elementverformungen samt zugehörenden Schnittlastenverläufen angeben.

Da im Allgemeinen jeder Elementknoten eines in der $x^*$-$z^*$-Ebene liegenden Biegebalkenelements drei Bewegungsfreiheitsgrade hat, lassen sich die tatsächlich auftretenden Elementknotenbewegungen in dem Vektor

$$\mathbf{u}_1^t = (v_{1x'}, v_{1z'}, \phi_{1y'}, v_{2x'}, v_{2z'}, \phi_{2y'})$$  Gl. 15-8

zusammenfassen.

Werden die zu den Bewegungen dieses Vektors gehörenden Schnittlasten (Schnittkräfte und -momente) an den Elementknoten 1 und 2 durch den Vektor

$$\mathbf{f}_E^t = (F_{1,1x^*}, F_{1,1z^*}, M_{1,1y^*}, F_{1,2x^*}, F_{1,2z^*}, M_{1,2y^*})$$  Gl. 15-9

erfasst, kann auf der Elementebene die zu Gl. 15-1 analoge Beziehung

$$\mathbf{K}_E \cdot \mathbf{u}_E = \mathbf{f}_E$$  Gl. 15-10

angegeben werden. Die darin enthaltene Matrix $\mathbf{K}_E$ ist die Elemen Muster-Liste Steifigkeitsmatrix, die sich in der Form

$$\mathbf{K}_E = \begin{bmatrix} k_{1x*1x*} & k_{1x*1z*} & k_{1x*1y*} & k_{1x*2x*} & k_{1x*2z*} & k_{1x*2y*} \\ k_{1z*1x*} & k_{1z*1z*} & k_{1z*1y*} & k_{1z*2x*} & k_{1z*2z*} & k_{1z*2y*} \\ k_{1y*1x*} & k_{1y*1z*} & k_{1y*1y*} & k_{1y*2x*} & k_{1y*2z*} & k_{1y*2y*} \\ k_{2x*1x*} & k_{2x*1z*} & k_{2x*1y*} & k_{2x*2x*} & k_{2x*2z*} & k_{2x*2y*} \\ k_{2z*1x*} & k_{2z*1z*} & k_{2z*1y*} & k_{2z*2x*} & k_{2z*2z*} & k_{2z*2y*} \\ k_{2y*1x*} & k_{2y*1z*} & k_{2y*1y*} & k_{2y*2x*} & k_{2y*2z*} & k_{2y*2y*} \end{bmatrix} \qquad \text{Gl. 15-11}$$

darstellen lässt. Die statische Bedeutung der einzelnen Matrixelemente sei an fünf Beispielen dargestellt:

$k_{1x*1x*}$ auf den Knoten 1 des Elements in $x^*$-Richtung wirkende Schnittkraft (Normalkraft) infolge der eingeprägten Verschiebung $v_{1x*} = 1$,

$k_{1x*1z*}$ auf den Knoten 1 des Elements in $x^*$-Richtung wirkende Schnittkraft (Normalkraft) infolge der eingeprägten Verschiebung $v_{1z*} = 1$,

$k_{1x*1y*}$ am Knoten 1 des Elements in $x^*$-Richtung wirkende Schnittkraft (Normalkraft) infolge der eingeprägten Verdrehung $\varphi_{1y*} = 1$,

$k_{2y*1z*}$ am Knoten 2 des Elements um die $y^*$-Achse wirkendes Schnittmoment (Biegemoment) infolge der eingeprägten Verschiebung $v_{1z*} = 1$,

$k_{2z*1y*}$ am Knoten 2 des Elements in $z$-Richtung wirkende Schnittkraft (Querkraft) infolge der eingeprägten Verdrehung $\varphi_{1y*} = 1$.

Mit diesen Erklärungen lässt sich aus Bild 15-6 unmittelbar erkennen, dass

$$k_{1x*1z*} = k_{1x*1y*} = k_{1x*2z*} = k_{1x*2y*} = k_{1z*2x*} = k_{1y*2x*} = k_{2x*2z*} = k_{2x*2y*} = 0 \qquad \text{Gl. 15-12}$$

gelten muss. Wird weiterhin unterstellt, dass sich die Elemente linear-elastisch verhalten, gilt nach dem Satz von *Maxwell* und *Betti*

$$k_{ij} = k_{ji} \qquad \text{Gl. 15-13}$$

Damit lässt sich die Matrix aus Gl. 15-11 auch in der Form

$$\mathbf{K}_E = \begin{bmatrix} k_{1x*1x*} & 0 & 0 & k_{1x*2x*} & 0 & 0 \\ 0 & k_{1z*1z*} & k_{1z*1y*} & 0 & k_{1z*2z*} & k_{1z*2y*} \\ 0 & k_{1y*1z*} & k_{1y*1y*} & 0 & k_{1y*2z*} & k_{1y*2y*} \\ k_{2x*1x*} & 0 & 0 & k_{2x*2x*} & 0 & 0 \\ 0 & k_{2z*1z*} & k_{2z*1y*} & 0 & k_{2z*2z*} & k_{2z*2y*} \\ 0 & k_{2y*1z*} & k_{2y*1y*} & 0 & k_{2y*2z*} & k_{2y*2y*} \end{bmatrix} \qquad \text{Gl. 15-14}$$

bzw. der Form

$$\mathbf{K}_E = \begin{bmatrix} \dfrac{-E \cdot A}{L} & 0 & 0 & \dfrac{E \cdot A}{L} & 0 & 0 \\ & \dfrac{-12 \cdot E \cdot I}{L^3} & \dfrac{6 \cdot E \cdot I}{L^2} & 0 & \dfrac{12 \cdot E \cdot I}{L^3} & \dfrac{6 \cdot E \cdot I}{L^2} \\ & & \dfrac{-4 \cdot E \cdot I}{L} & 0 & \dfrac{6 \cdot E \cdot I}{L^2} & \dfrac{2 \cdot E \cdot I}{L} \\ & & & \dfrac{-E \cdot A}{L} & 0 & 0 \\ & \text{sym.} & & & \dfrac{-12 \cdot E \cdot I}{L^3} & \dfrac{6 \cdot E \cdot I}{L^2} \\ & & & & & \dfrac{-4 \cdot E \cdot I}{L} \end{bmatrix}$$

Gl. 15-15

darstellen. In der symmetrischen Matrix aus Gl. 15-15 („Spiegelung" der Nebendiagonalglieder um die Diagonale der Matrix) steht $E$ für den Elastizitätsmodul, $A$ für die Querschnittsfläche, $I$ für das Trägheitsmoment und $L$ für die Länge des Biegebalkenelements.

Unter der Annahme, dass es sich bei der Element-Steifigkeitsmatrix um die Matrix des 1. Elements des Systems aus Bild 15-2 handelt und unter Berücksichtigung der Randbedingungen $v_{1x*} = v_{1z*} = \varphi_{1y*} = 0$ dieses Elements lässt sich, unter Berücksichtigung der Regeln des Matrizenkalküls, Gl. 15-10 auch in der Form

$$\begin{bmatrix} k_{1,1x*2x*} & 0 & k_{1,1x*2y*} \\ 0 & k_{1,1z*2z*} & k_{1,1z*2y*} \\ 0 & k_{1,1y*2z*} & k_{1,1y*2y*} \\ k_{1,2x*2x*} & 0 & k_{1,2x2y} \\ 0 & k_{1,2z*2z*} & k_{1,2z*2y*} \\ 0 & k_{1,2y*2z*} & k_{1,2y*2y*} \end{bmatrix} \cdot \begin{Bmatrix} v_{2x*} \\ v_{2z*} \\ \phi_{2y*} \end{Bmatrix} = \begin{Bmatrix} F_{1,1x*} \\ F_{1,1z*} \\ M_{1,1y*} \\ F_{1,2x*} \\ F_{1,2z*} \\ M_{1,2y*} \end{Bmatrix}$$

Gl. 15-16

darstellen. Für das Beispiel des auf den Elementknoten 2 des 1. Elements (identisch mit dem Systemknoten 2) wirkenden Schnittmoments ergibt sich somit

$$M_{1,2y*} = k_{1,2y*2z*} \cdot v_{2z*} + k_{1,2y*2y*} \cdot \phi_{2y*}$$

Gl. 15-17

Analoge Betrachtungen und Ausdrücke gelten auch für das 2. und 3. finite Element des Modells.

Für das kartesische $x^*$-$y^*$-$z^*$-Koordinatensystem eines einzelnen Elements gilt, dass es nur in Ausnahmefällen mit dem kartesischen $x$-$y$-$z$-Koordinatensystem des Gesamtmodells identisch ist. In allen anderen Fällen sind Transformationsbeziehungen erforderlich, mit denen die Koordinaten des einen Systems in die des anderen umgerechnet werden können. Dabei zu betrachten sind der Fall, bei dem die Koordinatensysteme in Richtung einer oder mehrerer Achsen zueinander parallel verschoben sind (Bild 15-7) und der Fall, bei dem sich die Koordinatensysteme durch Drehungen um eine oder mehrere Achsen voneinander unterscheiden (Bild 15-8).

15.2 Weggrößenverfahren    491

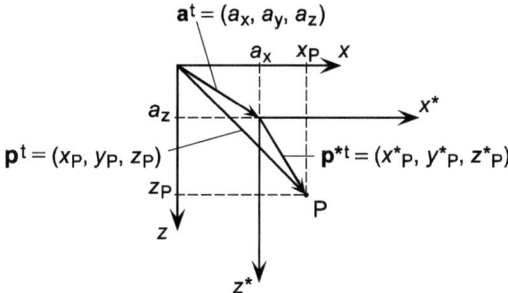

**Bild 15-7** Zueinander parallel verschobene kartesische Koordinatensysteme x-y-z und x*-y*-z* mit den Ortsvektoren a, p und p* zur Erfassung der Transformationsbeziehungen für die unterschiedlichen Koordinaten

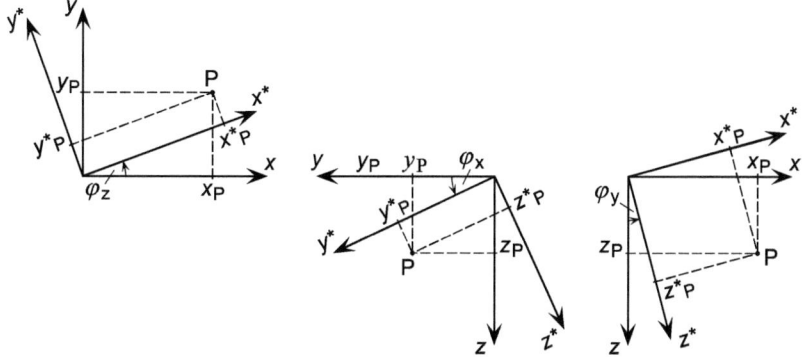

**Bild 15-8** Drehungen $\varphi_z$, $\varphi_x$ und $\varphi_y$ des x*-y*-z*-Koordinatensystems gegenüber dem x-y-z-Koordinatensystem

Für den ersten Fall ergeben sich mit den im Bild 15-7 eingetragenen Ortsvektoren für den Abstand der Ursprünge der beiden Koordinatensysteme

$$\mathbf{a}^t = (a_x, a_y, a_z) \qquad \text{Gl. 15-18}$$

Die Koordinaten eines beliebigen Punktes P lassen sich in den beiden Systemen durch die Vektoren

$$\mathbf{p}^t = (x_P, y_P, z_P)$$

und

$$\mathbf{p}^{*t} = (x^*_P, y^*_P, z^*_P) \qquad \text{Gl. 15-19}$$

erfassen.

Die Transformationsbeziehungen dieses Falls haben die Form

$$\mathbf{p} = \begin{Bmatrix} x_P \\ y_P \\ z_P \end{Bmatrix} = \begin{Bmatrix} x^*_P \\ y^*_P \\ z^*_P \end{Bmatrix} + \begin{Bmatrix} a_x \\ a_y \\ a_z \end{Bmatrix} = \mathbf{p}^* + \mathbf{a} = \begin{Bmatrix} x^*_P + a_x \\ y^*_P + a_y \\ z^*_P + a_z \end{Bmatrix} \qquad \text{Gl. 15-20}$$

bzw.

$$\mathbf{p}^* = \begin{Bmatrix} x^*_P \\ y^*_P \\ z^*_P \end{Bmatrix} = \begin{Bmatrix} x_P \\ y_P \\ z_P \end{Bmatrix} - \begin{Bmatrix} a_x \\ a_y \\ a_y \end{Bmatrix} = \mathbf{p} - \mathbf{a} = \begin{Bmatrix} x_P - a_x \\ y_P - a_y \\ z_P - a_y \end{Bmatrix}$$ Gl. 15-21

Für den Fall der in Bild 15-8 dargestellten Drehungen $\varphi_x$, $\varphi_y$ und $\varphi_z$ um die $x$-, $y$- und $z$-Achse gelten für die Koordinaten

$\mathbf{p}^t = (x_P, y_P, z_P)$

und Gl. 15-22

$\mathbf{p}^{*t} = (x^*_P, y^*_P, z^*_P)$

eines beliebigen Punkts P als Transformationsbeziehungen für den Fall $\varphi_z$

$$\mathbf{p} = \begin{Bmatrix} x_P \\ y_P \\ z_P \end{Bmatrix} = \mathbf{T}_{\phi z} \cdot \mathbf{p}^* = \begin{bmatrix} \cos\phi_z & -\sin\phi_z & 0 \\ \sin\phi_z & \cos\phi_z & 0 \\ 0 & 0 & 1 \end{bmatrix} \cdot \begin{Bmatrix} x^*_P \\ y^*_P \\ z^*_P \end{Bmatrix}$$ Gl. 15-23

bzw.

$$\mathbf{p}^* = \begin{Bmatrix} x^*_P \\ y^*_P \\ z^*_P \end{Bmatrix} = \mathbf{T}_{\phi z}^{-1} \cdot \mathbf{p} = \begin{bmatrix} \cos\phi_z & \sin\phi_z & 0 \\ -\sin\phi_z & \cos\phi_z & 0 \\ 0 & 0 & 1 \end{bmatrix} \cdot \begin{Bmatrix} x_P \\ y_P \\ z_P \end{Bmatrix}$$ Gl. 15-24

und für den Fall $\varphi_x$

$$\mathbf{p} = \begin{Bmatrix} x_P \\ y_P \\ z_P \end{Bmatrix} = \mathbf{T}_{\phi x} \cdot \mathbf{p}^* = \begin{bmatrix} 1 & 0 & 0 \\ 0 & \cos\phi_x & -\sin\phi_x \\ 0 & \sin\phi_x & \cos\phi_x \end{bmatrix} \cdot \begin{Bmatrix} x^*_P \\ y^*_P \\ z^*_P \end{Bmatrix}$$ Gl. 15-25

bzw.

$$\mathbf{p}^* = \begin{Bmatrix} x^*_P \\ y^*_P \\ z^*_P \end{Bmatrix} = \mathbf{T}_{\phi x}^{-1} \cdot \mathbf{p} = \begin{bmatrix} 1 & 0 & 0 \\ 0 & \cos\phi_x & \sin\phi_x \\ 0 & -\sin\phi_x & \cos\phi_x \end{bmatrix} \cdot \begin{Bmatrix} x_P \\ y_P \\ z_P \end{Bmatrix}$$ Gl. 15-26

und für den Fall $\varphi_y$

$$\mathbf{p} = \begin{Bmatrix} x_P \\ y_P \\ z_P \end{Bmatrix} = \mathbf{T}_{\phi y} \cdot \mathbf{p}^* = \begin{bmatrix} \cos\phi_y & 0 & \sin\phi_y \\ 0 & 1 & 0 \\ -\sin\phi_y & 0 & \cos\phi_y \end{bmatrix} \cdot \begin{Bmatrix} x^*_P \\ y^*_P \\ z^*_P \end{Bmatrix}$$ Gl. 15-27

bzw.

$$\mathbf{p}^* = \begin{Bmatrix} x^*_P \\ y^*_P \\ z^*_P \end{Bmatrix} = \mathbf{T}_{\phi y}^{-1} \cdot \mathbf{p} = \begin{bmatrix} \cos\phi_y & 0 & -\sin\phi_y \\ 0 & 1 & 0 \\ \sin\phi_y & 0 & \cos\phi_x \end{bmatrix} \cdot \begin{Bmatrix} x_P \\ y_P \\ z_P \end{Bmatrix}$$ Gl. 15-28

Für die Kombination einer Parallelverschiebung und einer Drehung sind zwei Fälle zu unterscheiden. Im ersten Fall erfolgt zuerst mittels Gl. 15-21 die zur Parallelverschiebung gehörende Transformation in das $x^*$-$y^*$-$z^*$-Koordinatensystem. Wird danach z. B. eine Drehung $\varphi$ um die $z^*$-Achse dieses Koordinatensystems durchgeführt, ergibt sich

$$\mathbf{p}^{**} = \begin{Bmatrix} x^{**}{}_P \\ y^{**}{}_P \\ z^{**}{}_P \end{Bmatrix} = \mathbf{T}_{\phi z^*}^{-1} \cdot \mathbf{p}^* = \begin{bmatrix} \cos\phi_{z^*} & \sin\phi_{z^*} & 0 \\ -\sin\phi_{z^*} & \cos\phi_{z^*} & 0 \\ 0 & 0 & 1 \end{bmatrix} \cdot \begin{Bmatrix} x^*{}_P \\ y^*{}_P \\ z^*{}_P \end{Bmatrix} \qquad \text{Gl. 15-29}$$

Beide Transformationen lassen sich in der Form

$$\mathbf{p}^{**} = \mathbf{T}_{\phi z^*}^{-1} \cdot (\mathbf{p} - \mathbf{a}) \qquad \text{Gl. 15-30}$$

zusammenfassen. Für die zugehörigen Rücktransformationen gelten dann

$$\mathbf{p}^* = \begin{Bmatrix} x^*{}_P \\ y^*{}_P \\ z^*{}_P \end{Bmatrix} = \mathbf{T}_{\phi z^*} \cdot \mathbf{p}^{**} = \begin{bmatrix} \cos\phi_{z^*} & -\sin\phi_{z^*} & 0 \\ \sin\phi_{z^*} & \cos\phi_{z^*} & 0 \\ 0 & 0 & 1 \end{bmatrix} \cdot \begin{Bmatrix} x^{**}{}_P \\ y^{**}{}_P \\ z^{**}{}_P \end{Bmatrix} \qquad \text{Gl. 15-31}$$

und Gl. 15-20 bzw.

$$\mathbf{p} = (\mathbf{T}_{\phi z^*} \cdot \mathbf{p}^{**}) + \mathbf{a} \qquad \text{Gl. 15-32}$$

Im zweiten Kombinationsfall wird beispielsweise zuerst eine Drehung $\varphi$ um die $z$-Achse des $x$-$y$-$z$-Koordinatensystems durchgeführt, zu der die Transformation aus Gl. 15-24 in das $x^*$-$y^*$-$z^*$-Koordinatensystem gehört. Erfolgt in diesem Koordinatensystem anschließend eine Parallelverschiebung, führt das mit dem Ortsvektor $\mathbf{a}$ zu

$$\mathbf{p}^{**} = \mathbf{p}^* - \mathbf{a} \qquad \text{Gl. 15-33}$$

Die Zusammenfassung dieser beiden Transformationen lässt sich in der Form

$$\mathbf{p}^{**} = (\mathbf{T}_{\phi z}^{-1} \cdot \mathbf{p}) - \mathbf{a} \qquad \text{Gl. 15-34}$$

darstellen. Die entsprechenden Rücktransformationen lassen sich dann mit den Gleichungen

$$\mathbf{p}^* = \mathbf{p}^{**} + \mathbf{a} \qquad \text{Gl. 15-35}$$

und Gl. 15-23 bzw.

$$\mathbf{p} = \mathbf{T}_{\phi z} \cdot (\mathbf{p}^{**} + \mathbf{a}) \qquad \text{Gl. 15-36}$$

durchführen.

Wird der Fall von zwei hintereinander erfolgenden Drehungen betrachtet, bei denen z. B. zuerst eine Drehung um die $z$-Achse des $x$-$y$-$z$-Koordinatensystems und damit in das $x^*$-$y^*$-$z^*$-Koordinatensystem, und danach eine Drehung um die $y^*$-Achse des $x^*$-$y^*$-$z^*$-Koordinatensystems erfolgt, ergeben sich die zugehörigen Transformationsbeziehungen aus Gl. 15-24 und aus

$$\mathbf{p^{**}} = \begin{Bmatrix} x^{**}_P \\ y^{**}_P \\ z^{**}_P \end{Bmatrix} = \mathbf{T}^{-1}_{\phi y^*} \cdot \mathbf{p} = \begin{bmatrix} \cos\phi_{y^*} & 0 & -\sin\phi_{y^*} \\ 0 & 1 & 0 \\ \sin\phi_{y^*} & 0 & \cos\phi_{x^*} \end{bmatrix} \cdot \begin{Bmatrix} x^*_P \\ y^*_P \\ z^*_P \end{Bmatrix}$$ Gl. 15-37

Beide Transformationen lassen sich in der Form

$$\mathbf{p^{**}} = \mathbf{T}^{-1}_{\phi z} \cdot (\mathbf{T}^{-1}_{\phi y^*} \cdot \mathbf{p})$$ Gl. 15-38

zusammenfassen. Die entsprechenden Rücktransformationen sind durch

$$\mathbf{p^*} = \begin{Bmatrix} x^*_P \\ y^*_P \\ z^*_P \end{Bmatrix} = \mathbf{T}_{\phi y^*} \cdot \mathbf{p^{**}} = \begin{bmatrix} \cos\phi_{y^*} & 0 & \sin\phi_{y^*} \\ 0 & 1 & 0 \\ -\sin\phi_{y^*} & 0 & \cos\phi_{x^*} \end{bmatrix} \cdot \begin{Bmatrix} x^{**}_P \\ y^{**}_P \\ z^{**}_P \end{Bmatrix}$$ Gl. 15-39

und

$$\mathbf{p} = \mathbf{T}_{\phi z} \cdot (\mathbf{T}_{\phi y^*} \cdot \mathbf{p^*})$$ Gl. 15-40

gegeben.

**Anwendungsbeispiel**

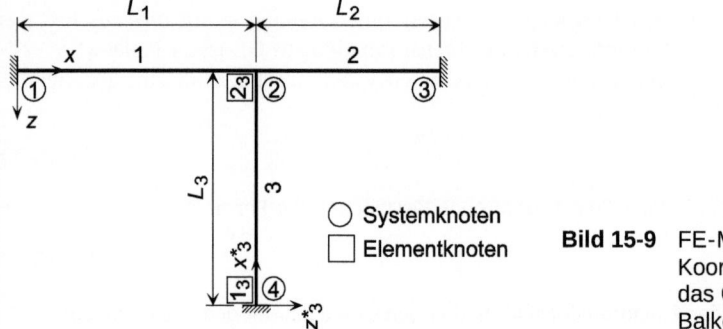

**Bild 15-9** FE-Modell mit der Lage der Koordinatenursprünge für das Gesamtsystem und das Balkenelement 3

Für die Elementknoten 1 und 2 des 3. Balkenelements sind die Koordinaten aus seinem $x^*$-$z^*$-Koordinatensystem in die des $x$-$z$-Koordinatensystem des Gesamtsystems (globales Koordinatensystem) zu transformieren.

**Lösung**

Wird davon ausgegangen, dass die Elementknoten 1 und 2 des 3. Balkenelements den Systemknoten 4 und 2 zugeordnet sind, ergeben sich in globalen Koordinaten ($x$-$y$-$z$-Koordinaten) die Ortsvektoren der beiden Elementknoten und des Ursprungs des $x^*$-$y^*$-$z^*$-Systems

$\mathbf{p}^t_1 = (L_1, 0, L_3)$ und $\mathbf{p}^t_2 = (L_1, 0, 0)$

sowie

$\mathbf{a}^t = (L_1, 0, L_3)$

Da die $x$-Koordinaten der beiden Elementknotenvektoren gleich groß sind, liegt das Balkenelement mit seiner $x^*$-Achse parallel zur $z$-Achse des Gesamtsystems und ist dieser entgegengesetzt gerichtet. Die x-Achse des globalen Koordinatensystems (x-y-z-Koordinatensystem) muss deshalb um den Winkel

$\phi_y = 90°$

gedreht werden, damit eine parallele und gleichgerichtete Lage zur x*-Achse des Elements erreicht wird (vgl. Bild 15-8). Für die Transformationsmatrix $T\varphi_y$ gilt dann

$$\mathbf{T}_{\phi y} = \begin{bmatrix} \cos\phi_y & 0 & \sin\phi_y \\ 0 & 1 & 0 \\ -\sin\phi_y & 0 & \cos\phi_y \end{bmatrix} = \begin{bmatrix} 0 & 0 & 1 \\ 0 & 1 & 0 \\ -1 & 0 & 0 \end{bmatrix}$$

und, mit den Ortsvektoren der beiden Elementknoten

$\mathbf{p^*}_1^t = (0,0,0)$ und $\mathbf{p^*}_2^t = (L_3, 0, 0)$

sowie gemäß Gl. 15-32, für die Transformationen der Elementkoordinaten der Elementknoten 1 und 2 in die leicht zu überprüfenden globalen Koordinaten

$$\mathbf{p}_1 = (\mathbf{T}_{\phi y} \cdot \mathbf{p^*}_1) + \mathbf{a} = \begin{bmatrix} 0 & 0 & 1 \\ 0 & 1 & 0 \\ -1 & 0 & 0 \end{bmatrix} \cdot \begin{Bmatrix} 0 \\ 0 \\ 0 \end{Bmatrix} + \begin{Bmatrix} L_1 \\ 0 \\ L_3 \end{Bmatrix} = \begin{Bmatrix} L_1 \\ 0 \\ L_3 \end{Bmatrix}$$

und

$$\mathbf{p}_2 = (\mathbf{T}_{\phi y} \cdot \mathbf{p^*}_2) + \mathbf{a} = \begin{bmatrix} 0 & 0 & 1 \\ 0 & 1 & 0 \\ -1 & 0 & 0 \end{bmatrix} \cdot \begin{Bmatrix} L_3 \\ 0 \\ 0 \end{Bmatrix} + \begin{Bmatrix} L_1 \\ 0 \\ L_3 \end{Bmatrix} = \begin{Bmatrix} L_1 \\ 0 \\ 0 \end{Bmatrix}$$

### 15.2.4 Steifigkeitsmatrix des Gesamtsystems

Als Steifigkeitsmatrix eines ebenen Stabwerks mit Biegestabelementen, 4 Systemknoten und drei Freiheitsgraden pro Knoten ergibt sich im allgemeinen Fall eine quadratische Matrix der Größe $12 \times 12$. Werden die Randbedingungen des Systems aus Bild 15-2 berücksichtigt, wird deutlich, dass nur drei Knotenbewegungen $\neq 0$ möglich sind (zwei Translationen und eine Rotation des Knotens 2). Dies führt, analog zu den Ausführungen in Abschnitt 15.2.3, zu einer auf $3 \times 3$ reduzierten Steifigkeitsmatrix des zu betrachtenden Gesamtsystems

$$\mathbf{K} = \begin{bmatrix} k_{xx} & k_{xz} & k_{xy} \\ k_{zx} & k_{zz} & k_{zy} \\ k_{yx} & k_{yz} & k_{yy} \end{bmatrix} \qquad \text{Gl. 15-41}$$

Die statische Bedeutung der Matrixelemente sei an vier Beispielen erläutert.

$k_{xx}$  Summe der Schnittkräfte $F_{i,2x}$, $i = 1$ bis 3 der drei am Systemknoten 2 angeschlossenen Elemente infolge der eingeprägten Systemknotenverschiebung $v_{2x} = 1$,

$k_{xz}$  Summe der Schnittkräfte $F_{i,2x}$, $i = 1$ bis 3 der drei am Systemknoten 2 angeschlossenen Elemente infolge der eingeprägten Systemknotenverschiebung $v_{2z} = 1$,

$k_{yy}$  Summe der Schnittmomente $M_{i,2x}$, $i = 1$ bis 3 der drei am Systemknoten 2 angeschlossenen Elemente infolge der eingeprägten Systemknotenverdrehung $\varphi_{2y} = 1$,

$k_{yz}$ Summe der Schnittmomente $M_{i,2x}$, $i = 1$ bis 3 der drei am Systemknoten 2 angeschlossenen Elemente infolge der eingeprägten Systemknotenverschiebung $v_{2z} = 1$.

Das Gleichungssystem des Gesamtsystems lautet somit

$$\begin{bmatrix} k_{xx} & k_{xz} & k_{xy} \\ k_{zx} & k_{zz} & k_{zy} \\ k_{yx} & k_{yz} & k_{yy} \end{bmatrix} \cdot \begin{Bmatrix} v_{2x} \\ v_{2z} \\ \phi_{2y} \end{Bmatrix} = \begin{Bmatrix} F_{2x} \\ F_{2z} \\ M_{2y} \end{Bmatrix} \qquad \text{Gl. 15-42}$$

Aus Gl. 15-42 des Gesamtsystems ergibt sich z. B. für das Moment $M_{2y}$

$$M_{2y} = k_{yx} \cdot v_{2x} + k_{yz} \cdot v_{2z} + k_{yy} \cdot \phi_{2y} \qquad \text{Gl. 15-43}$$

und aus Bild 15-10 des freigeschnittenen Systemknotens 2 infolge der Momentengleichgewichtsbedingung am Knoten

$$\sum M = 0 \quad \Rightarrow \quad M_{2y} = -(M_{1,2y} + M_{2,2y} + M_{3,2y}) \qquad \text{Gl. 15-44}$$

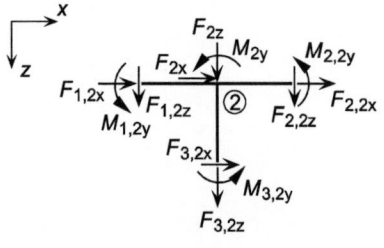

**Bild 15-10** Freigeschnittener Knoten 2 des Gesamtsystems mit eingeprägten Lasten und Schnittlasten an den Elementrändern (Positivbild, alle eingetragenen Kräfte und Momente haben positive Vorzeichen)

Mit Hilfe der Elementgleichungen ergeben sich die Beziehungen

$$M_{1,2y} = k_{1,2y*2x*} \cdot v_{1,2x*} + k_{1,2y*2z*} \cdot v_{1,2z*} + k_{1,2y*2y*} \cdot \phi_{1,2y*}$$
$$M_{2,2y} = k_{2,1y*1x*} \cdot v_{2,1x*} + k_{2,1y*1z*} \cdot v_{2,1z*} + k_{2,1y*1y*} \cdot \phi_{2,1y*} \qquad \text{Gl. 15-45}$$
$$M_{3,2y*} = k_{3,2y*2x*} \cdot v_{3,2x*} + k_{3,2y*2z*} \cdot v_{3,2z*} + k_{3,2y*2y*} \cdot \phi_{3,2y*}$$

Wurde die Lage des 3. finiten Elements so gewählt, dass dessen Elementknoten 1 und 2 mit den Systemknoten 4 und 2 übereinstimmen, sind das $x^*$-$z^*$-Koordinatensystem des 3. Elements und das $x$-$z$-Koordinatensystem des Gesamtsystems (globales Koordinatensystem) um den Winkel $\varphi = 90°$ gegeneinander verdreht (vgl. rechte Abbildung von Bild 15-8). Bei sinngemäßer Anwendung von Gl. 15-27 ergeben sich bei Berücksichtigung von $\cos \varphi = 0$ und $\sin \varphi = 1$

$$\begin{Bmatrix} F_{3,2x} \\ M_{3,2y} \\ F_{3,2z} \end{Bmatrix} = \begin{bmatrix} \cos\phi_y & 0 & \sin\phi_y \\ 0 & 1 & 0 \\ -\sin\phi_y & 0 & \cos\phi_y \end{bmatrix} \cdot \begin{Bmatrix} F_{3,2x*} \\ M_{3,2y*} \\ F_{3,2z*} \end{Bmatrix} = \begin{bmatrix} 0 & 0 & 1 \\ 0 & 1 & 0 \\ -1 & 0 & 0 \end{bmatrix} \cdot \begin{Bmatrix} F_{3,2x*} \\ M_{3,2y*} \\ F_{3,2z*} \end{Bmatrix} = \qquad \text{Gl. 15-46}$$

und

$$\begin{Bmatrix} v_{2x} \\ \phi_{2y} \\ v_{2z} \end{Bmatrix} = \begin{bmatrix} \cos\phi_y & 0 & \sin\phi_y \\ 0 & 1 & 0 \\ -\sin\phi_y & 0 & \cos\phi_y \end{bmatrix} \cdot \begin{Bmatrix} v_{3,2x*} \\ \phi_{3,2y*} \\ v_{3,2z*} \end{Bmatrix} = \begin{bmatrix} 0 & 0 & 1 \\ 0 & 1 & 0 \\ -1 & 0 & 0 \end{bmatrix} \cdot \begin{Bmatrix} v_{3,2x*} \\ \phi_{3,2y*} \\ v_{3,2z*} \end{Bmatrix} \qquad \text{Gl. 15-47}$$

Mit der Umordnungsmatrix

$$U = \begin{bmatrix} 1 & 0 & 0 \\ 0 & 0 & 1 \\ 0 & 1 & 0 \end{bmatrix}$$
Gl. 15-48

lässt sich Gl. 15-46 in die übliche Vektorbesetzung

$$U \cdot \begin{Bmatrix} F_{3,2x} \\ M_{3,2y} \\ F_{3,2z} \end{Bmatrix} = \begin{Bmatrix} F_{3,2x} \\ F_{3,2z} \\ M_{3,2y} \end{Bmatrix}$$

$$= \left( U \cdot \begin{bmatrix} 0 & 0 & 1 \\ 0 & 1 & 0 \\ -1 & 0 & 0 \end{bmatrix} \cdot U \right) \cdot \left( U \cdot \begin{Bmatrix} F_{3,2x^*} \\ F_{3,2z^*} \\ M_{3,2y^*} \end{Bmatrix} \right) = \begin{bmatrix} 0 & 1 & 0 \\ -1 & 0 & 0 \\ 0 & 0 & 1 \end{bmatrix} \cdot \begin{Bmatrix} F_{3,2x^*} \\ M_{3,2y^*} \\ F_{3,2z^*} \end{Bmatrix}$$
Gl. 15-49

und Gl. 15-47 in die übliche Vektorbesetzung

$$U \cdot \begin{Bmatrix} v_{2x} \\ \phi_{2y} \\ v_{2z} \end{Bmatrix} = \begin{Bmatrix} v_{2x} \\ v_{2z} \\ \phi_{2y} \end{Bmatrix} = \left( U \cdot \begin{bmatrix} 0 & 0 & 1 \\ 0 & 1 & 0 \\ -1 & 0 & 0 \end{bmatrix} \cdot U \right) \cdot \left( U \cdot \begin{Bmatrix} v_{3,2x^*} \\ \phi_{3,2y^*} \\ v_{3,2z^*} \end{Bmatrix} \right) = \begin{bmatrix} 0 & 1 & 0 \\ -1 & 0 & 0 \\ 0 & 0 & 1 \end{bmatrix} \cdot \begin{Bmatrix} v_{3,2x^*} \\ \phi_{3,2y^*} \\ v_{3,2z^*} \end{Bmatrix}$$
Gl. 15-50

übertragen.

Unter Beachtung von

$$v_{1,2x^*} = v_{2x} \quad v_{1,2z^*} = v_{2z} \quad \phi_{1,2y^*} = \phi_{2y}$$
$$v_{2,1x^*} = v_{2x} \quad v_{2,1z^*} = v_{2z} \quad \phi_{2,1y^*} = \phi_{2y}$$
Gl. 15-51

ergibt sich für die Momentensumme aus Gl. 15-44

$$M_{1,2y} + M_{2,2y} + M_{3,2y} = (k_{1,2y^*2x^*} + k_{2,1y^*1x^*} + k_{3,2y^*2z^*}) \cdot v_{2x} +$$
$$(k_{1,2y^*2z^*} + k_{2,1y^*1z^*} - k_{3,2y^*2x^*}) \cdot v_{2z} +$$
$$(k_{1,2y^*2y^*} + k_{2,1y^*1y^*} + k_{3,2y^*2y^*}) \cdot \phi_{2y}$$
$$= (0 + 0 + k_{3,2y^*2z^*}) \cdot v_{2x} +$$
$$(k_{1,2y^*2z^*} + k_{2,1y^*1z^*} - 0) \cdot v_{2z} +$$
$$(k_{1,2y^*2y^*} + k_{2,1y^*1y^*} + k_{3,2y^*2y^*}) \cdot \phi_{2y}$$
Gl. 15-52

Der Vergleich mit Gl. 15-43 und Gl. 15-44 führt dann zu

$$k_{yx} = -(k_{1,2y^*2x^*} + k_{2,1y^*1x^*} + k_{3,2y^*2z^*}) = -(0 + 0 + k_{3,2y2x})$$
$$k_{yz} = -(k_{1,2y^*2z^*} + k_{2,1y^*1z^*} - k_{3,2y^*2x^*}) = -(k_{1,2y^*2z^*} + k_{2,1y^*1z^*} - 0)$$
$$k_{yy} = -(k_{1,2y^*2y^*} + k_{2,1y^*1y^*} + k_{3,2y^*2y^*}) = -(k_{1,2y^*2y^*} + k_{2,1y^*1y^*} + k_{3,2y^*2y^*})$$
Gl. 15-53

Da in analoger Weise entsprechende Beziehungen auch für die übrigen Matrizenelemente angegeben werden können, wird deutlich, dass sich die Steifigkeitsmatrix des Gesamtsystems aus den Element-Steifigkeitsmatrizen aufbaut.

Generell ist darauf hinzuweisen, dass insbesondere FE-Modelle, die dreidimensionale Kontinua erfassen, oftmals viele Systemfreiheitsgrade besitzen (ggf. mehrere Tausend) und dass damit sehr große Systemsteifigkeitsmatrizen bzw. sehr große Gleichungssysteme verbunden sind. Dies kann zu erheblichen Rechenzeiten und mathematischen Genauigkeitsproblemen führen. FE-Programme besitzen deshalb spezielle Gleichungslöser, die für die Bearbeitung solch großer Gleichungssysteme besonders gut geeignet sind.

Programme dieser Art stehen für verschiedene Problemstellungen in Form von Programmbibliotheken zur Verfügung. Ein frühes Beispiel hierfür ist das zur Behandlung von Eigenwertproblemen konzipierte Programmpaket „EISPACK" (vgl. hierzu [164] und [165]), mit dessen Hilfe Eigenwerte und Eigenvektoren reeller und komplexer Matrizen berechnet werden können.

Dass zu größeren FE-Modellen gehörende Systemsteifigkeitsmatrizen ausgeprägte Bandstruktur besitzen, sei am Beispiel des 6-feldrigen Biegebalkens aus Bild 15-4 gezeigt. Zu dem System gehören im allgemeinen Fall der Systembelastungsvektor

$$\mathbf{f}_1^t = (M_{1y}, M_{2y}, M_{3y}, M_{4y}, M_{5y}, M_{6y}, M_{7y})$$
$$= (0, M_{2y}, M_{3y}, M_{4y}, M_{5y}, M_{6y}, 0)$$

Gl. 15-54

und der Verschiebungsvektor

$$\mathbf{u}^t = (\phi_{1y}, \phi_{2y}, \phi_{3y}, \phi_{4y}, \phi_{5y}, \phi_{6y}, \phi_{7y})$$
$$= (0, \phi_{2y}, \phi_{3y}, \phi_{4y}, \phi_{5y}, \phi_{6y}, 0)$$

Gl. 15-55

sowie die Steifigkeitsmatrix

$$\mathbf{K} = \begin{bmatrix} k_{11} & k_{12} & k_{13} & k_{14} & k_{15} & k_{16} & k_{17} \\ & k_{22} & k_{23} & k_{24} & k_{25} & k_{26} & k_{27} \\ & & k_{33} & k_{34} & k_{35} & k_{36} & k_{37} \\ & & & k_{44} & k_{45} & k_{46} & k_{47} \\ & & & & k_{55} & k_{56} & k_{57} \\ & \text{sym.} & & & & k_{66} & k_{67} \\ & & & & & & k_{77} \end{bmatrix}$$

Gl. 15-56

die sich wegen der Randbedingungen (siehe Belastungs- und Verschiebungsvektor) auf

$$\mathbf{K} = \begin{bmatrix} k_{22} & k_{23} & k_{24} & k_{25} & k_{26} \\ & k_{33} & k_{34} & k_{35} & k_{36} \\ & & k_{44} & k_{45} & k_{46} \\ & \text{sym.} & & k_{55} & k_{56} \\ & & & & k_{66} \end{bmatrix}$$

Gl. 15-57

reduzieren lässt.

Wird die statische Bedeutung der Elemente der Steifigkeitsmatrix berücksichtigt (z. B. ist $k_{22}$ bzw. $k_{23}$ die jeweilige Summe der Schnittmomente $M_{2,2y}$ bzw. $M_{2,3y}$ am Systemknoten 2 infolge der eingeprägten Einheitsverschiebungen $\varphi_{2,y} = 1$ bzw. $\varphi_{3y} = 1$; vgl. Bild 15-4) wird deutlich, dass

$$k_{24} = k_{25} = k_{26} = k_{25} = k_{26} = k_{35} = k_{36} = k_{46} = 0$$

Gl. 15-58

gelten muss. Die Steifigkeitsmatrix hat dann die Form

$$\mathbf{K} = \begin{bmatrix} k_{22} & k_{23} & 0 & 0 & 0 \\ & k_{33} & k_{34} & 0 & 0 \\ & & k_{44} & k_{45} & 0 \\ & \text{sym.} & & k_{55} & k_{56} \\ & & & & k_{66} \end{bmatrix}$$ 

Gl. 15-59

und zeigt damit die oben angesprochene Bandstruktur, die für größere FEM-Modelle typisch ist. Gleichzeitig wird deutlich, dass es zu keiner „Entkopplung" des Gleichungssystems kommt, d. h., dass alle Systemknotendrehungen „gekoppelt" sind (miteinander in Wechselwirkung stehen). Das Gleichungssystem des 6-feldrigen Balkens selbst nimmt somit die Form

$$\begin{bmatrix} k_{22} & k_{23} & 0 & 0 & 0 \\ & k_{33} & k_{34} & 0 & 0 \\ & & k_{44} & k_{45} & 0 \\ & \text{sym.} & & k_{55} & k_{56} \\ & & & & k_{66} \end{bmatrix} \cdot \begin{Bmatrix} \phi_{2y} \\ \phi_{3y} \\ \phi_{4y} \\ \phi_{5y} \\ \phi_{6y} \end{Bmatrix} = \begin{Bmatrix} M_{2y} \\ M_{3y} \\ M_{4y} \\ M_{5y} \\ M_{6y} \end{Bmatrix}$$

Gl. 15-60

an.

## 15.3 Stoffgesetze

Hinsichtlich der erfassbaren Materialeigenschaften bieten leistungsfähige FE-Programme eine größere Anzahl von Möglichkeiten. Beispiele hierfür sind linear-elastisches Last-Verformungs-Verhalten (*Hooke*'sches Material) sowie nichtlinear-elastisches oder elastisch-plastisches Materialverhalten (zu Stoffgesetzen für Locker- und Festgestein siehe auch [146], Abschnitte 1.2 und 1.3).

Liegt linear-elastisches Verhalten vor, wie etwa bei nicht über die Streckgrenze hinaus belasteten Stahlkonstruktionen, und handelt es sich bei dem System um das bisher betrachtete Stabwerk, lassen sich die Elementmatrizen mit Hilfe vertafelter Werte angeben. Die folgenden Zahlenwerte gelten für das Element 1 und basieren auf der Voraussetzung, dass das Element einheitliches Material und über seine Länge $L_1$ gleichbleibende Querschnitte aufweist.

Nach dem Satz von *Maxwell* und *Betti* ist die Steifigkeitsmatrix des Elements symmetrisch, was bedeutet, dass für die Nebendiagonalelemente der Matrix

$$k_{ij} = k_{ji}$$

Gl. 15-61

gilt (Beispiele: $k_{1,1z*1y*} = k_{1,1y*1z*}$ oder $k_{1,1z*2z*} = k_{1,2z*1z*}$).

Die Steifigkeitsmatrix des 1. Balkenelements (ebener Fall) hat die Form

$$\mathbf{K}_1 = \begin{bmatrix} \dfrac{-E_1 \cdot A_1}{L_1} & 0 & 0 & \dfrac{E_1 \cdot A_1}{L_1} & 0 & 0 \\ & \dfrac{-12 \cdot E_1 \cdot I_1}{L_1^3} & \dfrac{6 \cdot E_1 \cdot I_1}{L_1^2} & 0 & \dfrac{12 \cdot E_1 \cdot I_1}{L_1^3} & \dfrac{6 \cdot E_1 \cdot I_1}{L_1^2} \\ & & \dfrac{-4 \cdot E_1 \cdot I_1}{L_1} & 0 & \dfrac{6 \cdot E_1 \cdot I_1}{L_1^2} & \dfrac{2 \cdot E_1 \cdot I_1}{L_1} \\ & & & \dfrac{-E_1 \cdot A_1}{L_1} & 0 & 0 \\ & \text{sym.} & & & \dfrac{-12 \cdot E_1 \cdot I_1}{L_1^3} & \dfrac{6 \cdot E_1 \cdot I_1}{L_1^2} \\ & & & & & \dfrac{-4 \cdot E_1 \cdot I_1}{L_1} \end{bmatrix} \qquad \text{Gl. 15-62}$$

Die darin zu findenden Größen sind:
$E_1$ Elastizitätsmodul des Balkens,
$A_1$ Querschnittsfläche des Balkens,
$I_1$ Trägheitsmoment des Balkens,
$L_1$ Balkenlänge.

Geht es um die Last-Verformungs-Beziehung mehrdimensionaler Strukturen, werden in der Regel Beziehungen zwischen den Spannungen und den Verzerrungen der jeweiligen Struktur benötigt. Werden die Spannungen des dreidimensionalen Zustands in dem Vektor $\sigma$ und die Verzerrungen in dem Vektor $\varepsilon$ zusammengefasst (Darstellung in transponierter Form)

$$\boldsymbol{\sigma}^t = (\sigma_x, \sigma_y, \sigma_z, \tau_{xy}, \tau_{xz}, \tau_{yz})$$
$$\boldsymbol{\varepsilon}^t = (\varepsilon_x, \varepsilon_y, \varepsilon_z, \gamma_{xy}, \gamma_{xz}, \gamma_{yz}) \qquad \text{Gl. 15-63}$$

hat das Stoffgesetz die Form

$$\boldsymbol{\sigma} = \boldsymbol{\Theta} \cdot \boldsymbol{\varepsilon} \qquad \text{Gl. 15-64}$$

Liegt *Hooke*'sches Material vor, gilt die Besetzung der Matrix $\boldsymbol{\Theta}$

$$\boldsymbol{\Theta} = \dfrac{E}{(1+\nu)\cdot(1-2\cdot\nu)} \cdot \begin{bmatrix} 1-\nu & \nu & \nu & 0 & 0 & 0 \\ \nu & 1-\nu & \nu & 0 & 0 & 0 \\ \nu & \nu & 1-\nu & 0 & 0 & 0 \\ 0 & 0 & 0 & \dfrac{1-2\cdot\nu}{2} & 0 & 0 \\ 0 & 0 & 0 & 0 & \dfrac{1-2\cdot\nu}{2} & 0 \\ 0 & 0 & 0 & 0 & 0 & \dfrac{1-2\cdot\nu}{2} \end{bmatrix} \qquad \text{Gl. 15-65}$$

mit dem Elastizitätsmodul $E$ und der im Wertebereich $0 \leq \nu \leq 0{,}5$ liegenden Querdehnzahl (zu Zahlenwerten von $\nu$ siehe Tabelle 15-1).

**Tabelle 15-1** Anhaltswerte für die Querdehnzahl $\nu$ von Baugrund

| Material | Querdehnzahl $\nu$ |
|---|---|
| querdehnungsfrei | 0 |
| Fels | 0,1 bis 0,3 |
| Sand | 0,2 bis 0,35 |
| Ton | 0,3 bis 0,5 |
| volumenbeständig | 0,5 |

Geht es nicht um die Abhängigkeit der Spannungen von den Verzerrungen, sondern um die Abhängigkeit der Verzerrungen von den Spannungen, ist statt $\sigma = \Theta \cdot \varepsilon$ die Gleichung

$$\varepsilon = \Phi \cdot \sigma = \Theta^{-1} \cdot \sigma \qquad \text{Gl. 15-66}$$

zu verwenden. Die Matrix $\Phi$ ist darin die Inverse der Matrix $\Theta$ und hat die Form

$$\Phi = \frac{1}{E} \cdot \begin{bmatrix} 1 & -\nu & -\nu & 0 & 0 & 0 \\ -\nu & 1 & -\nu & 0 & 0 & 0 \\ -\nu & -\nu & 1 & 0 & 0 & 0 \\ 0 & 0 & 0 & 2\cdot(1+\nu) & 0 & 0 \\ 0 & 0 & 0 & 0 & 2\cdot(1+\nu) & 0 \\ 0 & 0 & 0 & 0 & 0 & 2\cdot(1+\nu) \end{bmatrix} \qquad \text{Gl. 15-67}$$

### 15.3.1 Ebener Deformationszustand

Im Fall eines ebenen Deformationszustands gelten, wie sonst auch, die Beziehungen von Gl. 15-64 und Gl. 15-66. Gehören zu einem solchen Zustand die Verzerrungen

$$\varepsilon_y = \gamma_{xy} = \gamma_{yz} = 0 \qquad \text{Gl. 15-68}$$

und die Schubspannungen

$$\tau_{xy} = \tau_{yz} = 0 \qquad \text{Gl. 15-69}$$

gilt für Gl. 15-64 in allgemeiner Form und für *Hooke*'sches Material die Gleichung

$$\sigma = \begin{Bmatrix} \sigma_x \\ \sigma_y \\ \sigma_z \\ 0 \\ \tau_{xz} \\ 0 \end{Bmatrix} = \Theta \cdot \varepsilon = \begin{bmatrix} \neq 0 & \neq 0 & \neq 0 & 0 & 0 & 0 \\ \neq 0 & \neq 0 & \neq 0 & 0 & 0 & 0 \\ \neq 0 & \neq 0 & \neq 0 & 0 & 0 & 0 \\ 0 & 0 & 0 & \neq 0 & 0 & 0 \\ 0 & 0 & 0 & 0 & \neq 0 & 0 \\ 0 & 0 & 0 & 0 & 0 & \neq 0 \end{bmatrix} \cdot \begin{Bmatrix} \varepsilon_x \\ 0 \\ \varepsilon_z \\ 0 \\ \gamma_{xz} \\ 0 \end{Bmatrix} \qquad \text{Gl. 15-70}$$

die sich, bei ausschließlicher Berücksichtigung der Elemente $\neq 0$ der Vektoren $\sigma$ und $\varepsilon$, mathematisch auch in der reduzierten Form

$$\begin{Bmatrix}\sigma_x \\ \sigma_y \\ \sigma_z \\ \tau_{xz}\end{Bmatrix} = \frac{E}{(1+\nu)\cdot(1-2\cdot\nu)}\cdot\begin{bmatrix}1-\nu & \nu & 0 \\ \nu & \nu & 0 \\ \nu & 1-\nu & 0 \\ 0 & 0 & \frac{1-2\cdot\nu}{2}\end{bmatrix}\cdot\begin{Bmatrix}\varepsilon_x \\ \varepsilon_z \\ \gamma_{xz}\end{Bmatrix} \qquad \text{Gl. 15-71}$$

darstellen lässt.

In Analogie kann die Gl. 15-66 in allgemeiner Form und bei *Hooke*'schem Material durch

$$\varepsilon = \begin{Bmatrix}\varepsilon_x \\ 0 \\ \varepsilon_z \\ 0 \\ \gamma_{xz} \\ 0\end{Bmatrix} = \Phi\cdot\sigma = \begin{bmatrix}\neq 0 & \neq 0 & \neq 0 & 0 & 0 & 0 \\ \neq 0 & \neq 0 & \neq 0 & 0 & 0 & 0 \\ \neq 0 & \neq 0 & \neq 0 & 0 & 0 & 0 \\ 0 & 0 & 0 & \neq 0 & 0 & 0 \\ 0 & 0 & 0 & 0 & \neq 0 & 0 \\ 0 & 0 & 0 & 0 & 0 & \neq 0\end{bmatrix}\cdot\begin{Bmatrix}\sigma_x \\ \sigma_y \\ \sigma_z \\ 0 \\ \tau_{xz} \\ 0\end{Bmatrix} \qquad \text{Gl. 15-72}$$

angegeben werden. Bei ausschließlicher Berücksichtigung der Elemente $\neq 0$ der Vektoren $\varepsilon$ und $\sigma$, lässt sich Gl. 15-72 mathematisch auch in der reduzierten Form

$$\varepsilon = \begin{Bmatrix}\varepsilon_x \\ \varepsilon_z \\ \gamma_{xz}\end{Bmatrix} = \Phi\cdot\sigma = \frac{1}{E}\cdot\begin{bmatrix}1 & -\nu & -\nu & 0 \\ -\nu & -\nu & 1 & 0 \\ 0 & 0 & 0 & 2\cdot(1+\nu)\end{bmatrix}\cdot\begin{Bmatrix}\sigma_x \\ \sigma_y \\ \sigma_z \\ \tau_{xz}\end{Bmatrix} \qquad \text{Gl. 15-73}$$

schreiben.

### 15.3.2 Ebener Spannungszustand

Liegt nicht ein ebener Verformungszustand, sondern ein ebener Spannungszustand mit den Spannungen

$$\sigma_y = \tau_{xy} = \tau_{yz} = 0 \qquad \text{Gl. 15-74}$$

und den Winkelverzerrungen

$$\gamma_{xy} = \gamma_{yz} = 0 \qquad \text{Gl. 15-75}$$

vor, lässt sich die Gl. 15-64 auch in der reduzierten Form

$$\sigma = \begin{Bmatrix}\sigma_x \\ \sigma_z \\ \tau_{xz}\end{Bmatrix} = \Theta\cdot\varepsilon = \frac{E}{(1+\nu)\cdot(1-2\cdot\nu)}\cdot\begin{bmatrix}1-\nu & \nu & \nu & 0 \\ \nu & \nu & 1-\nu & 0 \\ 0 & 0 & 0 & \frac{1-2\cdot\nu}{2}\end{bmatrix}\cdot\begin{Bmatrix}\varepsilon_x \\ \varepsilon_y \\ \varepsilon_z \\ \gamma_{xz}\end{Bmatrix} \qquad \text{Gl. 15-76}$$

und die Gl. 15-66 in der reduzierten Form

$$\varepsilon = \begin{Bmatrix} \varepsilon_x \\ \varepsilon_y \\ \varepsilon_z \\ \gamma_{xz} \end{Bmatrix} = \Theta \cdot \sigma = \frac{1}{E} \cdot \begin{bmatrix} 1 & -v & 0 \\ -v & -v & 0 \\ -v & 1 & 0 \\ 0 & 0 & 2\cdot(1+v) \end{bmatrix} \cdot \begin{Bmatrix} \sigma_x \\ \sigma_z \\ \tau_{xz} \end{Bmatrix} \qquad \text{Gl. 15-77}$$

angeben.

## 15.4 Scheibenelemente

Das einfachste ebene finite Scheibenelement ist das Dreieckselement mit $3 \cdot 2 = 6$ Freiheitsgraden (jeweils zwei Translationen der drei Knotenpunkte in der Scheibenebene). Bild 15-11 zeigt ein einfaches FE-Modell mit vier solcher Dreieckselemente und den zugehörigen Einheitsknotenbewegungen unter Berücksichtigung der Randbedingungen (Randeinspannung).

Die Verformungszustände des Gesamtsystems lassen eine der grundlegenden Forderungen der FE-Methode erkennen:

Zu einer Systemknotenbewegung gehörende Verformungen von benachbarten Rändern finiter Elemente müssen gleich groß sein (kein Überlappen und kein Klaffen).

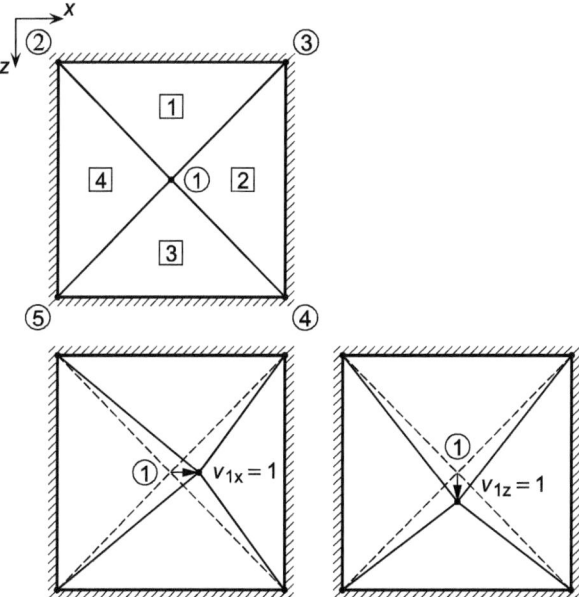

**Bild 15-11** FE-Modell eines an den Rändern eingespannten Scheibentragwerks und zugehörige Einheitsbewegungen des Systemknotens 1

### 15.4.1 Einheitsbewegungen der Elementknoten

Wie schon beim Balkenelement sind auch bei Scheibenelementen Verformungszustände zu betrachten, die zu Einheitsbewegungen der Elementknoten gehören. Bild 15-12 zeigt für das Element 1 des Modells aus Bild 15-11 die Einheitsknotenbewegungen mit den dazugehörenden Verformungszuständen.

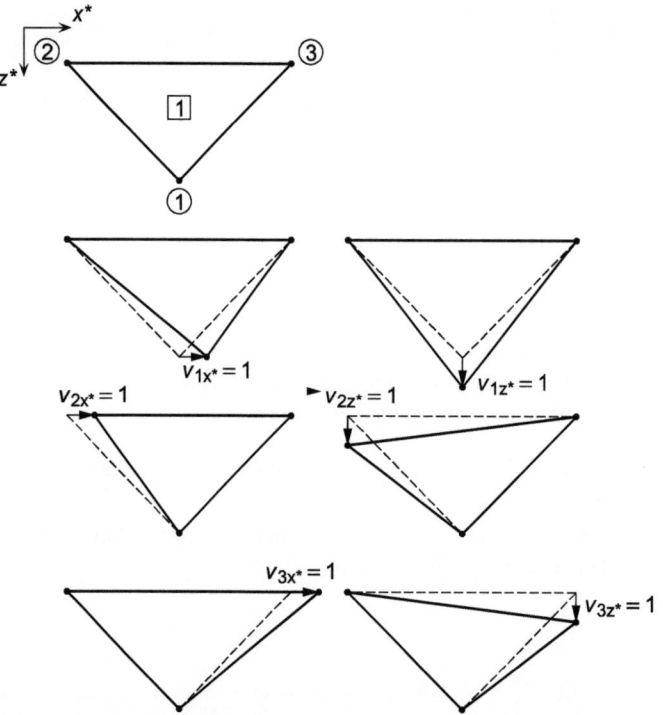

**Bild 15-12** Einheitsknotenbewegungen mit zugehörigen Verformungszuständen vom Element 1 des FE-Modells aus Bild 15-11

Es sei hier darauf hingewiesen, dass mit gewichteten Kombinationen der zu den Einheitsknotenzuständen gehörenden Verformungszustände sich die zu allen möglichen Systemknotenbewegungen gehörenden Elementverformungen erfassen lassen.

### 15.4.2 Ansatzfunktionen für Elementverschiebungen

Im Folgenden wird ein Dreieckselement gemäß Bild 15-13 betrachtet, das insgesamt $3 \cdot 2 = 6$ Freiheitsgrade (FG) besitzt.

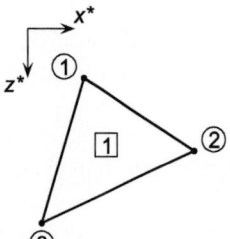

**Bild 15-13** In der $x^*$-$z^*$-Ebene liegendes dreieckförmiges Scheibenelement

Für ein solches Dreieckselement ergibt sich als zugehöriger Verschiebungsvektor (transponierte Schreibweise)

$$\mathbf{u}^t = (v_{1x*}, v_{1z*}, v_{2x*}, v_{2z*}, v_{3x*}, v_{3z*})$$ Gl. 15-78

mit dem sich die Verschiebungen $v_{x*}(x^*, z^*)$ und $v_{z*}(x^*, z^*)$ in der Elementebene zu

$$k_s = \frac{\sigma_0}{s^*} = \frac{\sigma_0}{0{,}00125} \quad \text{(in MN/m}^3\text{)}$$ Gl. 15-79

berechnen. Die Größe $A_{123}$ steht für die Fläche des finiten Dreieckselements und die Matrix $\mathbf{N}$ für

$$\mathbf{N} = \begin{bmatrix} N_{11} & 0 & N_{13} & 0 & N_{15} & 0 \\ 0 & N_{22} & 0 & N_{24} & 0 & N_{26} \end{bmatrix}$$ Gl. 15-80

bzw. für die Matrizenelemente ($x^*_{ij} = x^*_i - x^*_j$, $z^*_{ij} = z^*_i - z^*_j$)

$$N_{11} = N_{22} = z^*_{32} \cdot (x^* - x^*_2) - x^*_{32} \cdot (z^* - z^*_2)$$
$$N_{13} = N_{24} = x^*_{31} \cdot (z^* - z^*_3) - z^*_{31} \cdot (x^* - x^*_3)$$
$$N_{15} = N_{26} = z^*_{21} \cdot (x^* - x^*_1) - x^*_{21} \cdot (z^* - z^*_1)$$ Gl. 15-81

In Bild 15-14 ist der zu der Verschiebung $v_{1x*}$ des Elementknotens 1 gehörende Verschiebungszustand $v_{1x*}(x^*, z^*)$ des Elementes dargestellt. Gemäß Gl. 15-79, Gl. 15-80 und Gl. 15-81 kann dieser Verschiebungszustand mit

$$v_{x*}(x^*, z^*) = \frac{(x^* - x^*_2) \cdot (z^*_3 - z^*_2) - (x^*_3 - x^*_2) \cdot (z^* - z^*_2)}{2 \cdot A_{123}} \cdot v_{1x*}$$ Gl. 15-82

beschrieben werden.

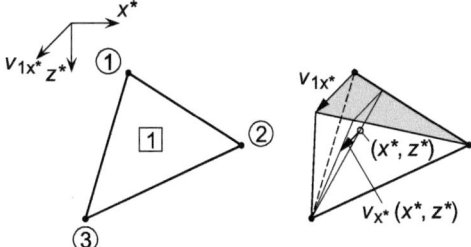

**Bild 15-14** Zur Knotenverschiebung $v_{1x*}$ gehörender Verschiebungszustand $v_{1x*}(x^*, z^*)$ eines dreieckförmigen Scheibenelements in der $x^*$-$z^*$-Ebene

Zur leicht nachvollziehbaren Herleitung von Gl. 15-82 kann die Gleichung der durch die Punkte $(x^*_1, z^*_1, v_{1x*})$, $(x^*_2, z^*_2, v_{2x*})$ und $(x^*_3, z^*_3, v_{3x*})$ aufgespannten Ebene (vgl. Bild 15-14) herangezogen werden. Sie ist gegeben durch die Determinante

$$D = \begin{vmatrix} (x^* - x^*_2) & (z^* - z^*_2) & (v_{x*} - v_{2x*}) \\ (x^*_3 - x^*_2) & (z^*_3 - z^*_2) & (v_{3x*} - v_{2x*}) \\ (x^*_1 - x^*_2) & (z^*_1 - z^*_2) & (v_{1x*} - v_{2x*}) \end{vmatrix} = 0$$ Gl. 15-83

bzw. durch

$$(x^*-x^*_2)\cdot(z^*_3-z^*_2)\cdot(v_{1x^*}-v_{2x^*})+(x^*_1-x^*_2)\cdot(z^*-z^*_2)\cdot(v_{3x^*}-v_{2x^*})$$
$$+(x^*_3-x^*_2)\cdot(z^*_1-z^*_2)\cdot(v_{x^*}-v_{2x^*})-(x^*_1-x^*_2)\cdot(z^*_3-z^*_2)\cdot(v_{x^*}-v_{2x^*})$$
$$-(x^*_3-x^*_2)\cdot(z^*-z^*_2)\cdot(v_{1x^*}-v_{2x^*})-(x^*-x^*_2)\cdot(z^*_1-z^*_2)\cdot(v_{3x^*}-v_{2x^*})=0$$

Gl. 15-84

Die Berücksichtigung von

$$v_{2x^*}=v_{3x^*}=0$$

Gl. 15-85

führt nach dem Einsetzen in Gl. 15-84 zu

$$v_{x^*}=\frac{(x^*-x^*_2)\cdot(z^*_3-z^*_2)-(x^*_3-x^*_2)\cdot(z^*-z^*_2)}{(x^*_1-x^*_2)\cdot(z^*_3-z^*_2)-(x^*_3-x^*_2)\cdot(z^*_1-z^*_2)}\cdot v_{1x^*}$$

Gl. 15-86

Wird in diese Gleichung der Flächeninhalt $A_{123}$ des Dreieckselements mit den Punkten 1, 2 und 3 eingesetzt, führt dies, unter Beachtung von $v_{x^*}=v_{x^*}(x^*,z^*)$, direkt zu Gl. 15-82.

Die Gleichungen der übrigen Verschiebungszustände lassen sich in analoger Weise herleiten.

### 15.4.3 Verzerrungs- und Spannungsvektor des Elements

Für die Beziehung zwischen dem Verzerrungs- und dem Verschiebungsvektor gilt

$$\begin{Bmatrix}\varepsilon_{x^*}\\\varepsilon_{z^*}\\\gamma_{x^*z^*}\end{Bmatrix}=\begin{Bmatrix}\dfrac{\partial v_{x^*}}{\partial x^*}\\[6pt]\dfrac{\partial v_{z^*}}{\partial z^*}\\[6pt]\dfrac{\partial v_{x^*}}{\partial z^*}+\dfrac{\partial v_{z^*}}{\partial x^*}\end{Bmatrix}$$

$$=\frac{1}{2\cdot A_{123}}\cdot\begin{bmatrix}z^*_{32} & 0 & -z^*_{31} & 0 & z^*_{21} & 0\\0 & -x^*_{32} & 0 & x^*_{31} & 0 & -x^*_{21}\\-x^*_{32} & z^*_{32} & x^*_{31} & -z^*_{31} & -x^*_{21} & z^*_{21}\end{bmatrix}\cdot\begin{Bmatrix}v_{1x^*}\\v_{1z^*}\\v_{2x^*}\\v_{2z^*}\\v_{3x^*}\\v_{3z^*}\end{Bmatrix}$$

Gl. 15-87

Wie zu erwarten, zeigt Gl. 15-87, dass zu linearen Verschiebungsansatzfunktionen konstante Verzerrungen über das gesamte Element gehören.

Für einen ebenen Verformungszustand und *Hooke*'sches Material lässt sich somit der Spannungsvektor mit Hilfe der Gleichung

$$\sigma=\begin{Bmatrix}\sigma_{x^*}\\\sigma_{z^*}\\\tau_{x^*z^*}\end{Bmatrix}=\frac{E}{(1+\nu)\cdot(1-2\cdot\nu)}\cdot\begin{bmatrix}1-\nu & \nu & 0\\\nu & 1-\nu & 0\\0 & 0 & \dfrac{1-2\cdot\nu}{2}\end{bmatrix}\cdot\begin{Bmatrix}\varepsilon_{x^*}\\\varepsilon_{z^*}\\\gamma_{x^*z^*}\end{Bmatrix}$$

Gl. 15-88

berechnen. Unter Verwendung von Gl. 15-87 ergibt sich dann nach leichter Umrechnung

$$\left\{\begin{array}{c}\sigma_{x*}\\ \sigma_{z*}\\ \tau_{x*z*}\end{array}\right\} = \frac{E}{2\cdot A_{123}\cdot(1+\nu)\cdot(1-2\cdot\nu)}\cdot \mathbf{H}\cdot \left\{\begin{array}{c}v_{1x*}\\ v_{1z*}\\ v_{2x*}\\ v_{2z*}\\ v_{3x*}\\ v_{3z*}\end{array}\right\}$$ Gl. 15-89

mit der Matrix

$$\mathbf{H} = \begin{bmatrix} z^*_{32}\cdot(1-\nu) & -x^*_{32}\cdot\nu & z^*_{31}\cdot(\nu-1) & x^*_{31}\cdot\nu & z^*_{21}\cdot(1-\nu) & -x^*_{21}\cdot\nu \\ z^*_{32}\cdot\nu & x^*_{32}\cdot(\nu-1) & -z^*_{31}\cdot\nu & x^*_{31}\cdot(1-\nu) & z^*_{21}\cdot\nu & x^*_{21}\cdot(\nu-1) \\ x^*_{32}\cdot\dfrac{2\cdot\nu-1}{2} & z^*_{32}\cdot\dfrac{1-2\cdot\nu}{2} & x^*_{31}\cdot\dfrac{1-2\cdot\nu}{2} & z^*_{31}\cdot\dfrac{2\cdot\nu-1}{2} & x^*_{21}\cdot\dfrac{2\cdot\nu-1}{2} & z^*_{21}\cdot\dfrac{1-2\cdot\nu}{2} \end{bmatrix}$$ Gl. 15-90

Damit ist zu erkennen, dass zu linearen Verschiebungsansatzfunktionen auch konstante Spannungen über das gesamte Element gehören.

Für die Normalspannung in $y^*$-Richtung gilt übrigens

$$\sigma_{y*} = (\sigma_{x*} + \sigma_{z*})\cdot \nu$$ Gl. 15-91

## 15.5 Symmetrische und antimetrische Systeme

Wenn geotechnische Konstruktionen sowohl in der Geometrie als auch im Materialverhalten symmetrische Gegebenheiten aufweisen, lässt sich das der Berechnung zugrunde zu legende mathematische Modell auf eine seiner beiden Symmetriehälften reduzieren. Damit verbunden ist
– nahezu die Halbierung der Anzahl der für die Modellbildung erforderlichen Elemente,
– die deutliche Reduzierung der Rechenzeit (insbesondere bei nichtlinearen Berechnungen),
– die Festlegung der Randbedingungen in der Symmetrieebene des Systems.

Grundsätzlich gilt das für alle Lastfälle, die, bezogen auf die Symmetrieebene, symmetrisch oder antimetrisch sind. Bei symmetrischen Lastfällen sind in der Symmetrieebene Randbedingungen erforderlich, die dem symmetrischen Systemverhalten entsprechen, und bei antimetrischen Lastfällen Randbedingungen, die dem antimetrischen Systemverhalten gemäß zu wählen sind (siehe Tabelle 6-2 und Bild 15-16).

Weist das zu berechnende System linear elastisches Materialverhalten auf und kann die Berechnung nach der Theorie I. Ordnung (geometrisch linear) erfolgen, lassen sich alle denkbaren Lastfälle in einen symmetrischen und einen antimetrischen Lastfallanteil aufspalten (Bild 15-15). Für solche Fälle sind dann Berechnungen an einem symmetrischen (mit symmetrischem Lastfallanteil) und an einem antimetrischen Teilsystem (mit antimetrischem Lastfallanteil) erforderlich. Der zur Gesamtlast gehörende Beanspruchungs- und Verformungszustand des Systems ergibt sich aus der Superposition der entsprechenden Berechnungsergebnisse, die sich für die beiden Teilsysteme ergeben haben.

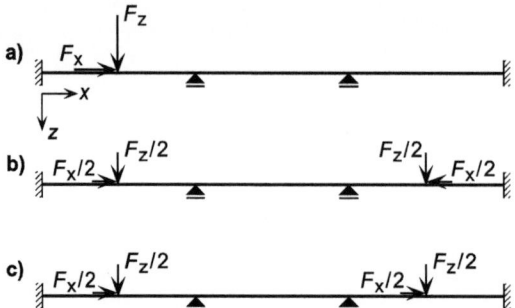

**Bild 15-15**  Aufteilung einer beliebigen Last (a)) in symmetrischen (b)) und antimetrischen (c)) Anteil am Beispiel eines ebenen Stabwerks (Dreifeldträger)

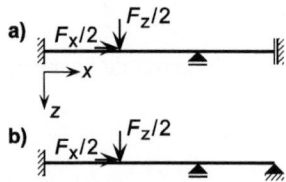

**Bild 15-16**  Zu Bild 15-15 gehörende Teilsysteme zur Berechnung der Beanspruchungen und Verformungen des Dreifeldträgers infolge des symmetrischen (a)) und des antimetrischen (b)) Lastanteils

In der Geotechnik sind oftmals dreidimensionale Systeme zu behandeln, die doppelsymmetrisch sind, also zwei Symmetrieebenen aufweisen. In solchen Fällen kann in Analogie zu den zweidimensionalen (ebenen) Fällen, die Berechnung an Viertelsystemen erfolgen (Bild 15-17).

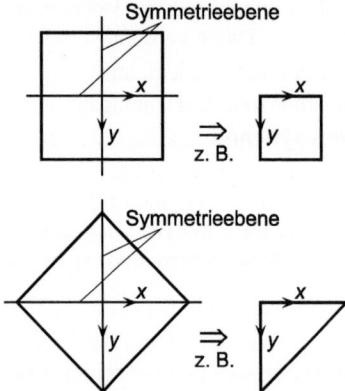

**Bild 15-17**  Beispiele für doppelsymmetrische Systeme mit möglichen zugehörigen Viertelsystemen

Bezüglich der Festlegung der Randbedingungen in der $x$-$z$- bzw. $y$-$z$-Ebene des jeweils gewählten Viertelsystems sind die Angaben der Tabelle 6-2 sinngemäß anzuwenden.

## 15.6 Anwendungsbeispiel

### 15.6.1 Aufgabenstellung und Modellierung

Im Folgenden wird das Beispiel eines Streifenfundaments behandelt, das auf homogenem nichtbindigen Boden gegründet ist (Bild 15-18). Die Modellierung und Berechnung des Systems erfolgte mit dem Programm „Plaxis 2D" [F 8].

Die in Bild 15-18 angegebenen Parameter des Fundaments und des Baugrunds sind:
- A  Fläche des pro lfdm auf Biegung beanspruchten Fundamentquerschnitts,
- I  Flächenträgheitsmoment des pro lfdm auf Biegung beanspruchten Fundamentquerschnitts,
- E  Elastizitätsmodul,
- $\gamma$  Wichte,
- $\nu$  Querkontraktionszahl.

Die Modelltiefe $t_s = 9$ m wurde mit Hilfe der Grenztiefenermittlung gemäß Gl. 9-11 berechnet.

Das für die Berechnung verwendete Stoffgesetz wurde als linear-elastisch angenommen. Die Modellierung des Bodens erfolgte auf der Basis eines ebenen Deformationszustands mit ebenen Dreieckselementen (15-Knoten-Elemente) und der „Modelldicke" von 1 m (1 lfdm des Fundaments).

Als Breite des FE-Modells wurde 15,0 m gewählt. Randbedingungen des Bodenmodells können beim Programm Plaxis 2D entweder als zwängungsfrei verschieblich oder unverschieblich vereinbart werden (zu Randbedingungen siehe auch [146], Abschnitt 1.1.2). Die für das Modell gewählten Randbedingungen sind z. B. in Bild 15-19 zu sehen. Am unteren Rand wurde eine Unverschieblichkeit in horizontaler und vertikaler Richtung angenommen, da unterstellt wurde, dass unterhalb der Tiefe $t_s = 9$ m (Grenztiefe) keine Umlagerungen des Korngefüges mehr stattfinden, weshalb sich der Baugrund in diesem Bereich auch nicht mehr verformt und damit auch keinen Beitrag zur Setzung liefert. Am linken und rechten Rand wurde nur in horizontaler Richtung eine Unverschieblichkeit gewählt. Die Generierung des ebenfalls in Bild 15-19 erkennbaren FE-Netzes erfolgt in Plaxis 2D weitgehend automatisch.

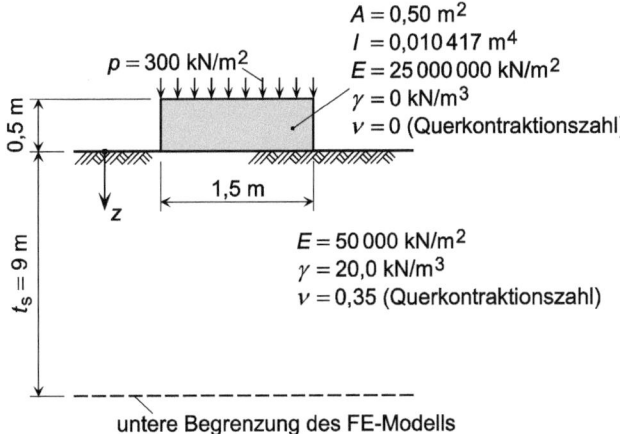

**Bild 15-18**  Streifenfundament auf homogenem nichtbindigen Baugrund

### 15.6.2 Berechnungsergebnisse am Gesamtmodell

Die folgenden Bilder stellen eine Auswahl der von Plaxis 2D bereitgestellten Ergebnisse dar. Bild 15-19 zeigt den durch die Fundamentbelastung $p = 300$ kN/m² hervorgerufenen Verformungszustand des Modells. Der größte Wert der berechneten Fundamentsetzung beträgt 1,240 cm (in Fundamentmitte).

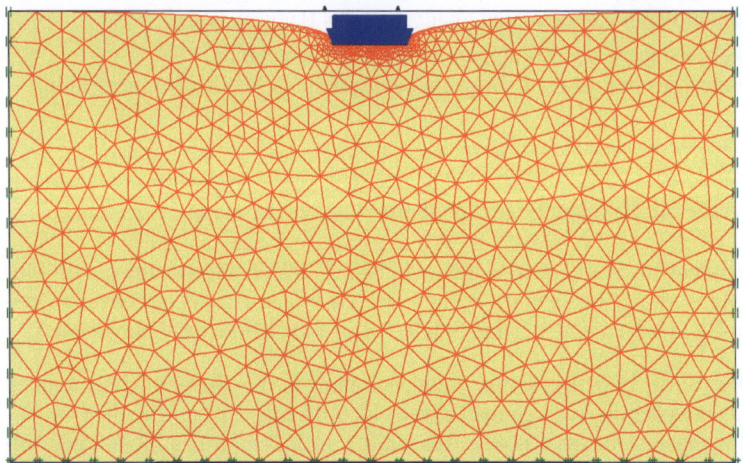

**Bild 15-19** Infolge der Fundamentbelastung $p$ deformiertes FE-Netz bei 50-facher Vergrößerung der vertikalen Verschiebungen (Modellbreite 15 m)

In Bild 15-20 sind die infolge $p = 300$ kN/m² sich ergebenden $\sigma_z$-Spannungen zu sehen (Angabe in kN/m²), welche an den Fundamenträndern die zu erwartenden Spannungsspitzen aufweisen und sich im Baugrundbereich zur Seite hin rasch abbauen.

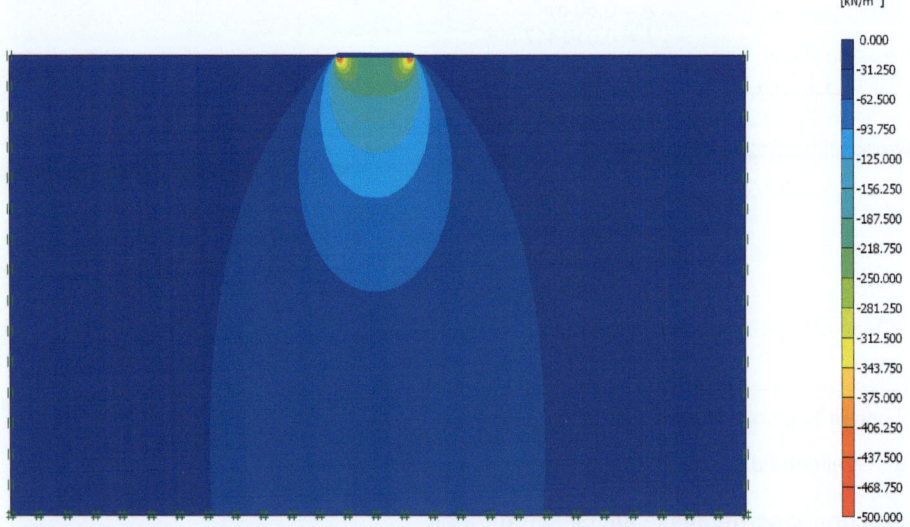

**Bild 15-20** $\sigma_z$-Spannungen infolge der Fundamentbelastung $p$ (in kN/m²; Modellbreite 15 m)

Da die Randbedingungen an den Seitenrändern des Modells nur bei sehr großer Fundamentbreite nach Plausibilitätsüberlegungen als beliebig vereinbar zu betrachten sind (Wirkung der Fundamentbelastung ist in großer Entfernung von der Lasteintragung praktisch abgeklungen), diese Entfernung aber zahlenmäßig nicht eindeutig angegeben werden kann, wurden zusätzlich zwei Modellvarianten mit Modellbreiten von 9 m (schmal) und 39 m (sehr breit) untersucht, deren Ergebnisse in den nachstehenden Bildern gezeigt sind.

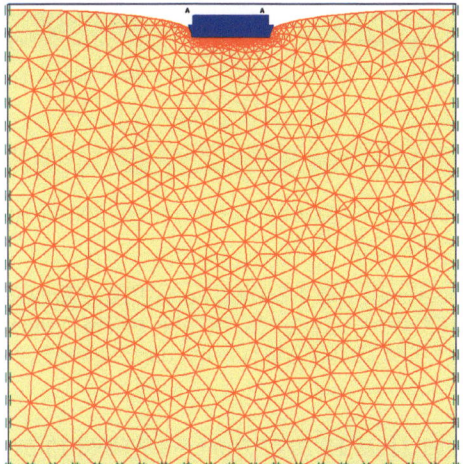

**Bild 15-21** Infolge der Fundamentbelastung $p$ deformiertes FE-Netz bei 50-facher Vergrößerung der vertikalen Verschiebungen (Modellbreite 9 m)

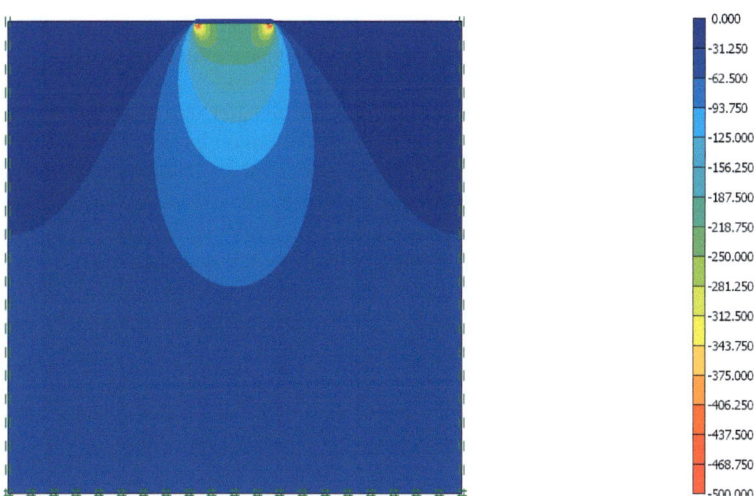

**Bild 15-22** $\sigma_z$-Spannungen infolge der Fundamentbelastung $p$ (in kN/m²; Modellbreite 9 m)

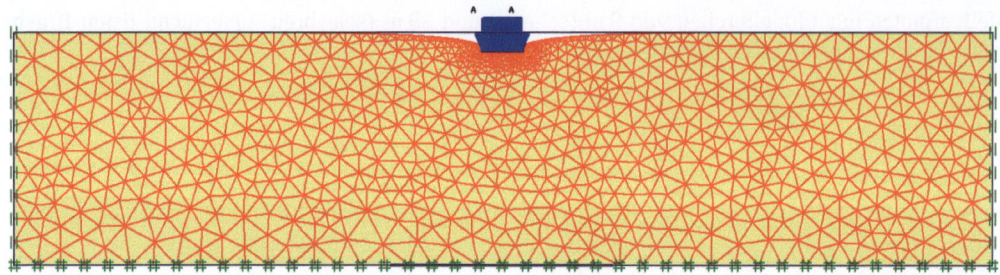

**Bild 15-23** Infolge der Fundamentbelastung $p$ deformiertes FE-Netz bei 50-facher Vergrößerung der vertikalen Verschiebungen (Modellbreite 39 m)

Neben dem größten Wert der berechneten Fundamentsetzung von 1,240 cm beim 15,0 m breiten Modell ergaben die Berechnungen entsprechende Größtwerte von 1,226 cm beim 9,0 m breiten und 1,284 cm beim 39,0 m breiten Modell. Bezogen auf die Größe 1,240 cm sind dies Abweichungen von + 3,5 % bzw. – 1,1 %.

Die Betrachtungen der $\sigma_z$-Spannungen des 15,0 m breiten (Bild 15-20), 9,0 m breiten (Bild 15-22) und 39,0 m breiten Modells (Bild 15-24) zeigen, dass die Spannungen bei dem 9 m-Modell durch die horizontale Fixierung der vertikalen Modellränder beeinflusst werden (die Randfixierungen erzeugen eine „Stützung" des Baugrunds). Dieser Effekt ist bei den beiden anderen Modellen nicht zu erkennen; hier wird der Spannungsverlauf durch die deutlich weiter außen angeordneten Ränder nicht „gestört". Insbesondere bei dem 39 m-Modell wird gleichzeitig aber auch erkennbar, dass in einem sehr großen Bereich des modellierten Baugrunds die Fundamentbelastung $p$ nur äußerst kleine $\sigma_z$-Spannungen hervorruft, was übrigens auch für die $\sigma_x$-Spannungen gilt (Bild 15-25).

Wird davon ausgegangen, dass eine Umlagerung des Korngefüges infolge der durch die Belastung $p$ hervorgerufenen Spannungen nur dann stattfindet, wenn diese Spannungen im Vergleich zu den zum Bodeneigenlastzustand gehörenden Spannungen genügend groß sind (z. B. mindestens 20 % dieser „Eigenlastspannungen"), zeigt sich ein Mangel des verwendeten linear-elastischen Stoffgesetzes. In dem Modell werden rechnerisch auch in den weit vom Fundament entfernten Bereichen Verformungen (wenn auch sehr kleine) generiert, die gar nicht entstehen können (keine Korngefügeumlagerung wegen zu geringer Spannungen infolge der Fundamentbelastung). Dieser Fehler, der für einen großen Teil des Modells gilt, führt in dem Beispiel schließlich zu einer Fundamentsetzung, die + 3,5 % größer ist als die des 15 m-Modells.

Als Fazit ist somit festzustellen, dass die gewählte Modellbreite bei dem 9 m-Modell etwas zu gering und die bei dem 39 m-Modell viel zu groß ist.

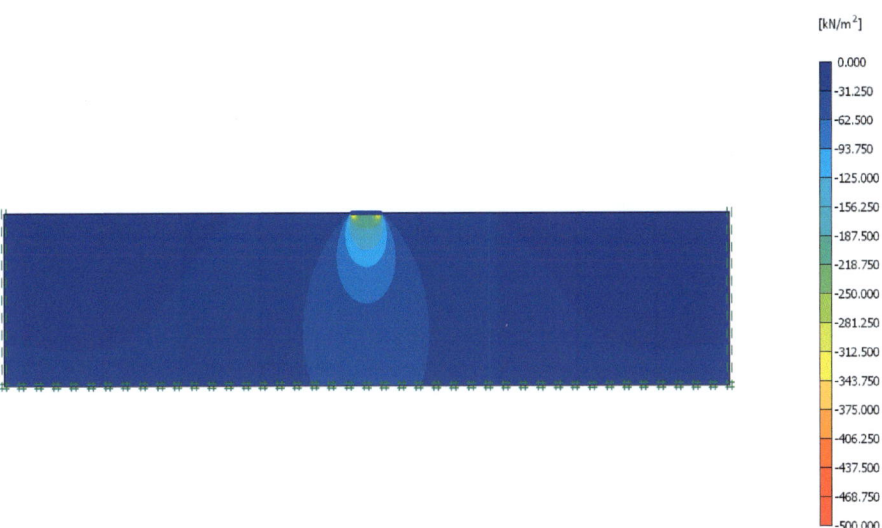

**Bild 15-24** $\sigma_z$-Spannungen infolge der Fundamentbelastung $p$ (in kN/m²; Modellbreite 39 m)

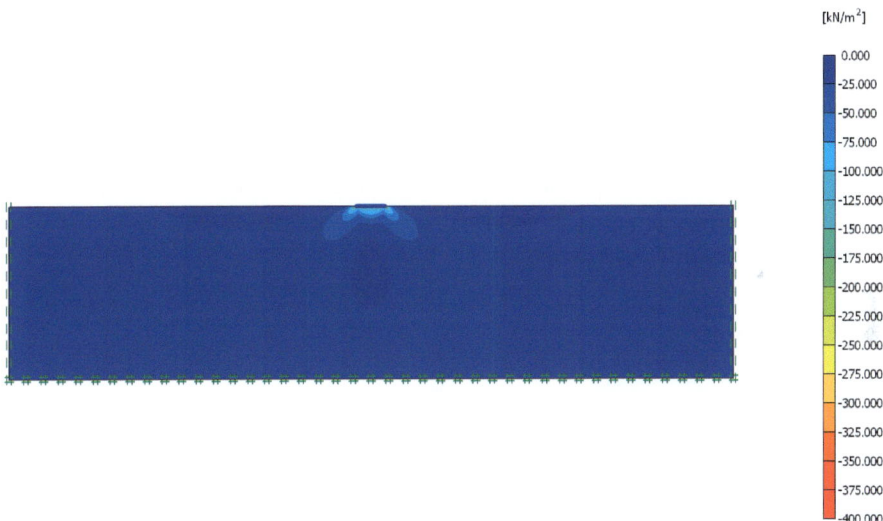

**Bild 15-25** $\sigma_x$-Spannungen infolge der Fundamentbelastung $p$ (in kN/m²; Modellbreite 39 m)

### 15.6.3 Berechnungsergebnisse am halben Modell

Gemäß den Ausführungen in Abschnitt 15.5 lassen sich die Berechnungen auch am halben Model durchführen, wenn in der Symmetrieebene ($y$-$z$-Ebene) des Gesamtmodels die zur symmetrischen Belastung gehörenden Randbedingungen gemäß Tabelle 6-2 vereinbart werden. Im vorliegenden Fall sind das die Zulassung freier Verschiebungen in vertikaler Richtung ($z$-Richtung) sowie die Unterdrückung von Verschiebungen in horizontaler Richtung ($x$-Richtung). Die mit diesem Modell gewonnenen Ergebnisse sind in Bild 15-26 und in Bild 15-27 zu sehen.

Bild 15-26 zeigt den durch die Fundamentbelastung $p = 300\,\text{kN/m}^2$ hervorgerufenen Verformungszustand des Modells. Der größte Wert der berechneten Fundamentsetzung beträgt 1,241 cm (in der Symmetrieachse bzw. in Fundamentmitte). Die geringfügige Abweichung zu dem am Gesamtmodell ermittelten Wert von 1,240 cm ist auf die nahezu vollständige automatische Netzgenerierung in Plaxis 2D zurückzuführen.

**Bild 15-26**  Infolge der Fundamentbelastung $p$ deformiertes FE-Netz bei 50-facher Vergrößerung der vertikalen Verschiebungen (Modellbreite 7,5 m)

Dem Bild 15-27 lassen sich die durch $p = 300\,\text{kN/m}^2$ hervorgerufenen und mit der Tiefe abnehmenden $\sigma_z$-Spannungen entnehmen (Angabe in kN/m²). Der Vergleich mit Bild 15-20 bestätigt die symmetrische Verteilung dieser Spannungen.

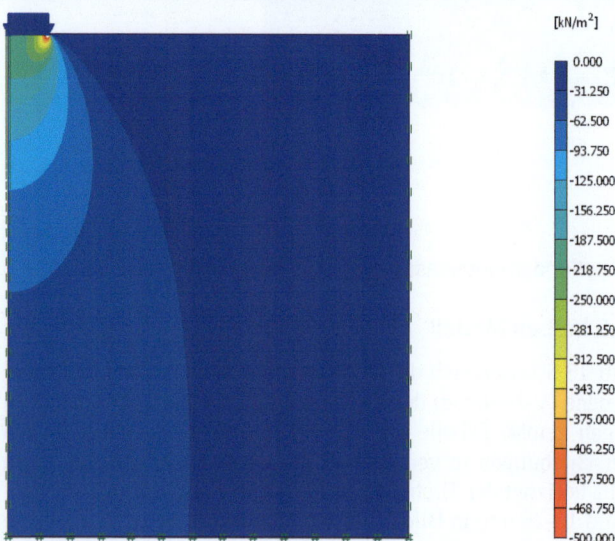

**Bild 15-27**  $\sigma_z$-Spannungen infolge der Fundamentbelastung $p$ (in kN/m²; Modellbreite 7,5 m)

## 15.6.4 Antimetrie und Superposition

Läge nicht eine Belastung des Fundaments gemäß Bild 15-18, sondern eine Belastung gemäß Bild 15-28 a) vor, könnte diese, wie in Bild 15-28 b) gezeigt, in einen symmetrischen und einen antimetrischen Anteil aufgeteilt werden. Die Berechnung der zum symmetrischen Belastungsanteil gehörenden Spannungen und Verformungen im Boden und insbesondere der Fundamentsetzung kann dann an einem symmetrischen und einem antimetrischen halben System erfolgen. Während die Berechnung des symmetrischen Teilsystems den Ausführungen in Abschnitt 15.6.3 entspricht, müssen die Randbedingungen des antimetrischen Systems gemäß den Ausführungen in Abschnitt 15.5 und Tabelle 6-2 festgelegt werden. Im vorliegenden Fall sind das die Zulassung freier Verschiebungen in vertikaler Richtung ($z$-Richtung) sowie die Unterdrückung von Verschiebungen in horizontaler Richtung ($x$-Richtung).

In Ergänzung zu der Aufgabenstellung aus Abschnitt 15.6.1 wurde noch der Fall einer antimetrischen Belastung untersucht, wie sie sich aus der Aufteilung einer gegenüber Bild 15-18 modifizierten Belastung ergibt (Bild 15-28 b)).

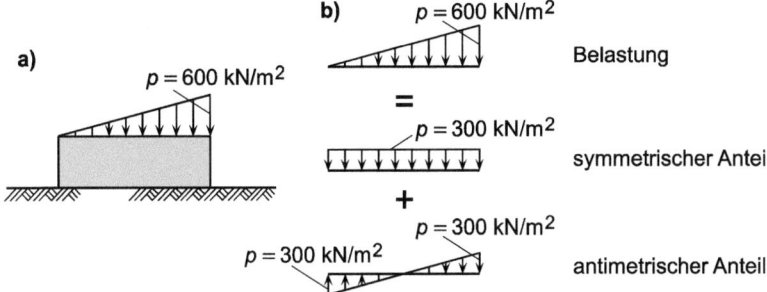

**Bild 15-28**   Modifizierung und Aufteilung der Belastung aus Bild 15-18
a) modifizierte Belastung
b) Aufteilung der Belastung in symmetrischen und antimetrischen Anteil

Die zum symmetrischen Teilmodell gehörenden Berechnungsergebnisse sind in Bild 15-26 und in Bild 15-27 zu sehen. Den durch die dreiecksförmige antimetrische Fundamentbelastung $p = 300$ kN/m² hervorgerufenen Verformungszustand des antimetrischen Teilmodells zeigt Bild 15-29 und die entsprechenden $\sigma_z$-Spannungen das Bild 15-30.

Aus Bild 15-29 geht hervor, dass sich der größte Wert der berechneten Fundamentsetzung am rechten Fundamentrand ergibt (sie beträgt 0,328 cm) und dass, wegen der antimetrischen Belastung und Verformung des Gesamtsystems, in Fundamentmitte keine Setzung auftritt.

Bezüglich der Fundamentbewegung ergibt sich somit infolge der symmetrischen Belastung eine Setzung in Fundamentmitte von 1,241 cm und infolge der antimetrischen Belastung eine Fundamentdrehung von

$$\arctan\left(\frac{0,328}{75,0}\right) = 0,25°$$

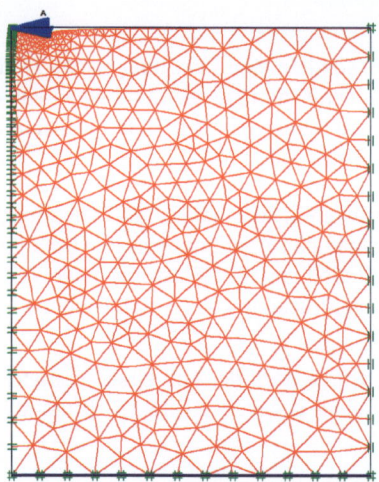

**Bild 15-29** Infolge der dreiecksförmigen antimetrischen Fundamentbelastung p deformiertes FE-Netz bei 50-facher Vergrößerung der vertikalen Verschiebungen (Modellbreite 7,5 m)

Dem Bild 15-30 lassen sich die durch die dreiecksförmige antimetrische Fundamentbelastung $p = 300$ kN/m² hervorgerufenen $\sigma_z$-Spannungen entnehmen (Angabe in kN/m²). Der Vergleich mit Bild 15-27 lässt deutlich die Unterschiede der Spannungsverteilung beim symmetrischen und antimetrischen Lastfall erkennen.

**Bild 15-30** $\sigma_z$-Spannungen infolge der dreiecksförmigen antimetrischen Fundamentbelastung p (in kN/m²; Modellbreite 7,5 m)

# 16 Europäische Normung in der Geotechnik

## 16.1 Allgemeines

Die Idee, die Normung für das Bauwesen europaweit zu vereinheitlichen, entwickelte sich in den 1970er Jahren; seit dieser Zeit wurde an einem einheitlichen Konzept dieser europäischen Normen (Eurocodes) gearbeitet. Nach nunmehr fast 40 Jahren wurden diese Eurocodes zum 1. Juli 2012 in nahezu allen deutschen Bundesländern (mit Ausnahme von Niedersachsen) verbindlich eingeführt (vgl. hierzu Abschnitt 16.6).

Damit wurden Europäische Normen
- in die Liste der Technischen Baubestimmungen der einzelnen Bundesländer aufgenommen und als verbindliche Mindestanforderungen definiert,
- ergänzt durch die zugehörigen nationalen Normen und Nationalen Anwendungsdokumente (NA), als eingeführte technische Regeln ausschließlich gültig, da eine parallele Gültigkeit der bisherigen und der neuen Normen nicht eingeräumt wurde (keine Übergangszeit).

## 16.2 Deutsche und europäische Normung

In Deutschland erfolgt die Normung im technisch-wissenschaftlichen Bereich über DIN-Normen. Zuständig für diese Normungsarbeit ist das DIN Deutsches Institut für Normung e. V. (im Folgenden kurz DIN genannt). Der Bereich des Bauwesens obliegt im DIN dem Normenausschuss Bauwesen (NABau).

Zu den ersten politischen Maßnahmen für die europäische Normenentwicklung gehörte der Beschluss der Europäischen Gemeinschaft (KEG) aus dem Jahre 1975, mit einem Aktionsprogramm für das Bauwesen
- technische Handelshindernisse zu beseitigen,
- technische Ausschreibungen zu harmonisieren.

Ein weiterer Meilenstein wurde 1989 gesetzt. Die Mitgliedsstaaten der EU (Europäische Union) und der EFTA (Europäische Freihandelsassoziation) sowie die Kommission, die bis dahin für die Entwicklung einer ersten Generation Europäischer Normen sorgte, beschlossen damals, dem CEN (Europäisches Komitee für Normung), dem als nationales deutsches Normungsinstitut das DIN angehört, die Ausarbeitung und Veröffentlichung der Eurocodes als Europäische Normen (EN) zu übertragen.

Das Ergebnis dieser Arbeit ist u. a. das den konstruktiven Ingenieurbau betreffende Eurocode-Programm. Es umfasst inzwischen
- EN 1990 Eurocode   Grundlagen der Tragwerksplanung,
- EN 1991 Eurocode 1 Einwirkung auf Tragwerke,
- EN 1992 Eurocode 2 Entwurf, Berechnung und Bemessung von Stahlbetonbauten,
- EN 1993 Eurocode 3 Entwurf, Berechnung und Bemessung von Stahlbauten,
- EN 1994 Eurocode 4 Entwurf, Berechnung und Bemessung von Stahl-Beton-Verbundbauten,
- EN 1995 Eurocode 5 Entwurf, Berechnung und Bemessung von Holzbauten,
- EN 1996 Eurocode 6 Entwurf, Berechnung und Bemessung von Mauerwerksbauten,
- EN 1997 Eurocode 7 Entwurf, Berechnung und Bemessung in der Geotechnik,
- EN 1998 Eurocode 8 Auslegung von Bauwerken gegen Erdbeben,
- EN 1999 Eurocode 9 Entwurf, Berechnung und Bemessung von Aluminiumkonstruktionen

*Geotechnik–Bodenmechanik*. 3. Auflage. Gerd Möller.
© 2016 Ernst & Sohn GmbH & Co. KG. Published 2016 by Ernst & Sohn GmbH & Co. KG.

und wird vom Technischen Komitee (TC) 250 koordiniert. Bis auf EN 1990 bestehen die aufgeführten Eurocodes aus mindestens zwei Teilen, ergänzt durch den jeweiligen Nationalen Anhang. Insgesamt bestehen die Codes aus 58 einzelnen Normen mit einem Umfang von mehr als 5 200 Seiten (ohne die Nationalen Anhänge).

Jeder Eurocode hat den Status einer nationalen Norm und ist von den nationalen Normungsinstituten (in Deutschland vom DIN) zu übernehmen. Den Codes entgegen stehende nationale Normen sind zurückzuziehen. Von dieser Pflicht sind die Normeninstitute von 28 Ländern betroffen, nämlich: Belgien, Dänemark, Deutschland, Estland, Finnland, Frankreich, Griechenland, Irland, Island, Italien, Lettland, Litauen, Luxemburg, Malta, Niederlande, Norwegen, Österreich, Polen, Portugal, Schweden, Schweiz, Slowakei, Slowenien, Spanien, Tschechische Republik, Ungarn, Vereinigtes Königreich und Zypern. Ergänzend ist darauf hinzuweisen, dass weiterhin nationale Normen zulässig sind, sofern sie europäische Normen ergänzen und diesen nicht widersprechen.

Ein wesentliches Merkmal der Eurocodes ist die Festlegung freier Parameter, die dazu führt, dass
- mit den Codes allein eine Bemessung von Baukonstruktionen nicht möglich ist,
- die freien Parameter auf nationaler Ebene festzulegen sind (auf der Basis ergänzender nationaler Normen und Nationaler Anhänge, wie z. B. DIN 1054 [20] und DIN EN 1997-1/NA [102]).

Für die in der Praxis tätigen Ingenieurinnen und Ingenieure führt dies dazu, dass sie beim Entwurf, der Berechnung und der Bemessung von Baukonstruktionen neben den Eurocodes eine Reihe weiterer Normen beachten müssen.

Wie oben schon angedeutet, hat sich der Seitenumfang der Normen enorm vergrößert. So umfasst z. B. DIN 1054:1976-11, einschließlich des zugehörigen Beiblatts, 30 Seiten. Die Norm DIN 1054:2010-12 [20] umfasst hingegen 105 Seiten, obwohl sie nur ergänzende Regelungen zu DIN EN 1997-1:2009-09 [101] enthält und daher nur in Verbindung mit DIN EN 1997-1 [101] und DIN EN 1997-1/NA [102] anwendbar ist. Für in der Praxis tätige Menschen bedeutet dies, dass sie mit mehreren Normen statt, wie früher, mit einer Norm arbeiten müssen und dass diese Normen ein Mehrfaches des bisherigen Seitenumfangs aufweisen. Aus diesen Gründen wurden inzwischen „Normen-Handbücher" herausgegeben, in denen jeweils mehrere Normen zusammengestellt sind. Damit soll den in der Praxis Tätigen ein anwenderfreundlicheres Arbeiten mit den Normen ermöglicht werden. In der Geotechnik sind dies die Handbücher 1 [223] bzw. [224] und 2 [225] (siehe auch Abschnitt 16.3).

Allen Eurocodes und allen ergänzenden nationalen Normen liegt als Sicherheitskonzept das der Teilsicherheiten zugrunde. Nach ihm sind aus charakteristischen Werten $F_k$ der Einwirkungen (z. B. Kräfte und Temperaturveränderungen), unter Verwendung entsprechender Teilsicherheitsbeiwerte $\gamma_F$, zugehörige Bemessungswerte der Einwirkungen mit

$$F_d = \gamma_F \cdot F_k \qquad \text{Gl. 16-1}$$

zu ermitteln. Analog hierzu können Bemessungswerte des Widerstands mit dem Verhältnis

$$R_d = \frac{R_k}{\gamma_R} \qquad \text{Gl. 16-2}$$

von charakteristischem Widerstand $R_k$ und Teilsicherheitsbeiwert $\gamma_R$ bestimmt werden. Für den einfachsten Fall mit nur einer Einwirkung und nur einem Widerstand ergibt sich für den Grenzzustand der Tragfähigkeit die Beziehung

$$F_d \leq R_d \quad \Rightarrow \quad F_k \leq \frac{R_k}{\gamma_F \cdot \gamma_R} \qquad \text{Gl. 16-3}$$

## 16.3 Eurocode 7

Für die Normen von Eurocode 7 ist das Technische Subkomitee CEN/TC 250/SC 7 „Entwurf, Berechnung und Bemessung in der Geotechnik" zuständig. Der Eurocode gliedert sich in die beiden Teile

- Entwurf, Berechnung und Bemessung in der Geotechnik – Teil 1: Allgemeine Regeln,
- Entwurf, Berechnung und Bemessung in der Geotechnik – Teil 2: Erkundung und Untersuchung des Baugrunds,

denen als Nationale Anhänge
- DIN EN 1997-1/NA [102] und
- DIN EN 1997-2/NA [104]

zugeordnet sind.

**Hinweise:** 1. Die aktuelle Version DIN EN 1997-1:2014-03 [100] vom Teil 1 des Eurocodes 7 ist weitestgehend mit der Version DIN EN 1997-1:2009-09 [101] identisch. Die vorgenommenen Änderungen betreffen die
   - Einarbeitung der Änderungen DIN EN 1997-1:2004/A1:2013 und
   - die Verbesserung der deutschen Übersetzung an mehreren Stellen.

2. Bezüglich der Aktualisierung von DIN 1054:2010-12 [20] ist nachdrücklich auf DIN 1054/A1 [22] und DIN 1054/A2 [23] zu verweisen.

Die Zusammenstellung dieser Normen mit entsprechenden nationalen Normen erfolgt in der Geotechnik über die beiden „Normen-Handbücher"
- Handbuch Eurocode 7 Geotechnische Bemessung, Band 1: Allgemeine Regeln [223] (beinhaltet DIN EN 1997-1 [101], DIN EN 1997-1/NA [102] und DIN 1054 [20]),
- Handbuch Eurocode 7 Geotechnische Bemessung, Band 2: Erkundung und Untersuchung [225] (beinhaltet DIN EN 1997-2 [103], DIN EN 1997-2/NA [104] und DIN 4020 [38]).

Im Dezember 2015 ist eine Neuauflage von Band 1 [224] erschienen. In sie wurden zwar die oben erwähnten Aktualisierungen von DIN 1054:2010-12 [20] aufgenommen, nicht aber die aktuelle Version von DIN EN 1997-1:2014-03 [100].

Es sei hier erwähnt, dass die mit den Handbüchern angestrebte anwenderfreundliche Form vgl. Abschnitt 16.2) insbesondere mit einem Problem verbunden ist. Im Band 1 (256 Seiten) sind eine Reihe von Ausführungen zu finden, die in Deutschland belanglos sind. So wird z. B. das in DIN EN 1997-1 [101] dargestellte Nachweisverfahren 1 vollständig in das Handbuch übernommen, obwohl es, gemäß DIN EN 1997-1/NA, NDP Zu 2.4.7.3.4.1 (1)P [102], in Deutschland nicht anzuwenden ist. Im Band 2 (215 Seiten) werden in den Anhängen B, D, E, F, H und K Verfahren dargestellt (anhand von Beispielen), die nach DIN EN 1997-2/NA [104] in Deutschland nicht gebräuchlich sind. Es stellt sich somit die Frage: Hätte das Weglassen solcher Passagen der Anwenderfreundlichkeit der Handbücher geschadet?

Mit DIN EN 1997-1 [101] bzw. [100] ist es nicht gelungen, eine im Wesentlichen einheitliche Norm vorzulegen, die europaweit gilt. Dies ist dem Umstand zuzuschreiben, dass die Norm einerseits zwar auf dem Konzept der Teilsicherheiten basiert, andererseits aber drei unterschiedliche Sicherheitsnachweisverfahren zulässt (vgl. auch [251]), zwischen denen im Zuge der Erstellung des Nationalen Anhangs (siehe nächsten Abschnitt) eines jeden Mitgliedslands gewählt werden kann. Für Deutschland gilt, dass die Nachweisverfahren 2 und 3 angewendet werden (siehe auch vorigen Absatz).

### 16.3.1 Nationaler Anhang (NA)

Ein wesentliches Element der Eurocodes bildet der jeweilige „Nationale Anhang" (NA), der eine Anwendung auf nationaler Ebene überhaupt erst ermöglicht, da die CEN-Mitglieder es sich vorbehalten haben, einzelne Sicherheitsaspekte in Abweichung vom Eurocode festzulegen. So liegt z. B. die Bestimmung des Sicherheitsniveaus für Ingenieur- und Hochbauwerke, einschließlich der Dauerhaftigkeits- und Wirtschaftlichkeitsaspekte, generell in der Zuständigkeit der Mitgliedsstaaten.

Grundsätzlich gilt aber für jeden Nationalen Anhang, dass er den Inhalt eines Eurocodes in keiner Weise ändern, sondern nur ergänzen darf. Diese Ergänzungen betreffen Informationen, mit denen die nationale Anwendung des zugehörigen Eurocodes geregelt wird. Für den Nationalen Anhang von DIN EN 1997-1 [101] bzw. [100] bedeutete das z. B., dass nur

- die Zahlenwerte für Teilsicherheitsbeiwerte (Regelung durch entsprechenden Hinweis auf DIN 1054 [20]),
- die Entscheidung bezüglich der in Deutschland anzuwendenden Nachweisverfahren, sofern der Eurocode mehrere Verfahren zur Wahl stellt (siehe hierzu den vorigen Abschnitt),
- ergänzende Regeln zu Sicherheitsnachweisen (Beispiel: beim Auftrieb bzw. beim hydraulischen Grundbruch durch entsprechende Hinweise auf DIN 1054 [20] geregelt),
- die Entscheidungen hinsichtlich der Anwendung informativer Anhänge von DIN EN 1997-1 [101] bzw. [100] (Beispiel: das Zulassen des Anhangs C als Ergänzung zu DIN 4085 [48] und den EAB [145])

an den Textstellen aufgenommen wurden, an denen dies durch DIN EN 1997-1 [101] bzw. [100] eingeräumt wird.

### 16.3.2 Deutsche Normen und Empfehlungen, die DIN EN 1997-1 ergänzen

Da die spezifisch deutschen Erfahrungen
- vor allem in DIN 1054 [20] enthalten sind, wurde diese Norm als nationale Ergänzung in die normativen Verweisungen von DIN EN 1997-1/NA [102] aufgenommen (Hinweis: DIN 1054 [20] wurde inzwischen durch die Änderungen DIN 1054/A1 [22] und DIN 1054/A2 [23] ergänzt).

Entsprechendes gilt für die deutschen Berechnungsnormen
- DIN 4017 [27]     (Grundbruchwiderstand von Flachgründungen),
- DIN 4019 [32]     (Setzungsberechnungen; mit der Bekanntgabe dieser Norm wurden DIN 4019-1 [33] und DIN 4019-2 [35] zurückgezogen),
- DIN 4019-1 Bbl 1 [34] (Setzungsberechnungen bei lotrechter, mittiger Belastung; Erläuterungen und Berechnungsbeispiele),
- DIN 4019-2 Bbl 1 [36] (Setzungsberechnungen bei schräg und bei außermittig wirkender Belastung; Erläuterungen und Berechnungsbeispiele),
- DIN 4084 [45]     (Gelände- und Böschungsbruchberechnungen),
- DIN 4085 [48]     (Berechnung des Erddrucks)

sowie für die EAB [145]. Hinzuzufügen ist, dass in DIN EN 1997-1/NA [102], NDP Zu Anhang C darauf hingewiesen wird, dass Anhang C von DIN EN 1997-1 [101] als Ergänzung zu DIN 4085 [48] und die EAB [145] angewendet werden dürfen.

Die Aufnahme der EAB [145] in die normativen Verweisungen von DIN EN 1997-1/NA [102] erscheint zunächst sinnvoll, da in DIN 1054 [20] oftmals auf die EAB [145] hingewiesen wird und nur mit DIN EN 1997-1 [100], DIN EN 1997-1/NA [102] und DIN 1054 [20] eine vollständige

Bemessung entsprechender Baukonstruktionen nicht möglich wäre. Da Gleiches aber auch für die EA-Pfähle [147], die EAU [149] und die EBGEO [150] gilt, bleibt unklar, warum diese nicht ebenfalls in die normativen Verweisungen von DIN EN 1997-1/NA [102] aufgenommen wurden. Unklar bleibt auch, warum dies in gleicher Weise auch für DIN 4018 [30] (Sohldruckverteilung unter Flächengründungen) gilt.

Unter Bezugnahme auf die Ausführungen unter 16.3 sei hier darauf hingewiesen, dass die genannten Empfehlungen durch die vielfältigen Verweisungen in DIN 1054 [20] zu „Nebennormen" wurden, die mit ihren ca. 1650 Seiten den zu kennenden Normenumfang noch erheblich vergrößern.

## 16.4 Europäische geotechnische Ausführungsnormen

Mit der Erarbeitung der Europäischen Normen (EN) auf dem Gebiet der Geotechnik, die in den Bereich der Ausführung gehören, befasst sich das 1991 eingerichtete Technische Komitee CEN/TC 288 „Ausführung von Arbeiten im Spezialtiefbau". Als aktuelle Arbeitsergebnisse liegen inzwischen vor

- DIN EN 1536 [93]      (Bohrpfähle),
- DIN EN 1537 [94]      (Verpressanker),
- DIN EN 1538 [95]      (Schlitzwände),
- DIN EN 12063 [106]    (Spundwandkonstruktionen),
- DIN EN 12699 [107]    (Verdrängungspfähle),
- DIN EN 12715 [108]    (Injektionen; beachte DIN SPEC 18187 [142]),
- DIN EN 12716 [109]    (Düsenstrahlverfahren),
- DIN EN 14199 [110]    (Mikropfähle),
- DIN EN 14475 [111]    (bewehrte Schüttkörper; beachte Berichtigung 1 [112]),
- DIN EN 14490 [113]    (Bodenvernagelung),
- DIN EN 14679 [114]    (tiefreichende Bodenstabilisierung; beachte Berichtigung 1 [115]),
- DIN EN 14731 [116]    (Baugrundverbesserung durch Tiefenrüttelverfahren),
- DIN EN 15237 [117]    (Vertikaldräns).

## 16.5 Weitere europäische geotechnische Normen

Neben den Technischen Komitees CEN/TC 250 (konstruktiver Ingenieurbau) und CEN/TC 288 (Ausführung von Arbeiten im Spezialtiefbau) besteht noch das Komitee CEN/TC 341 „Geotechnische Erkundung und Untersuchung", das im Jahre 2000 von Deutschland initiiert wurde (vgl. [245], A 3). Seine Arbeitsgebiete sind

- Benennung und Klassifizierung von Boden und Fels,
- Laborversuche an Böden,
- Bohrungen,
- Probenentnahmen und Grundwassermessungen,
- Versuche an geotechnischen Bauteilen,
- Versuche in Bohrungen,
- Flügel- und Spitzendrucksondierungen.

Zum inzwischen erarbeiteten Normenstand siehe die Homepage von CEN/TC 250. Die dort zu findenden Ausführungen sind ein „Zwischenbericht", aus dem hervorgeht, dass derzeit eine größere Zahl von DIN EN ISO-Normen (ISO: International Standard Organization) vorliegt, die den

Status nationaler Normen haben. Entsprechende entgegenstehende nationale Normen wurden zurückgezogen.

Aus der Rubrik „Arbeitsprogramm" der Homepage geht hervor, dass sich eine Reihe weiterer Normen in Vorbereitung bzw. im Status der Genehmigung befinden. Aus der Rubrik „Arbeitsprogramm" der Homepage geht hervor, dass sich eine Reihe weiterer Normen in Vorbereitung bzw. im Status der Genehmigung befinden.

## 16.6 Bauaufsichtliche Einführung

Nach § 3, Absatz 1 der Musterbauordnung (MBO) [221] sind bauliche Anlagen so anzuordnen, zu errichten, zu ändern und instand zu halten, dass die öffentliche Sicherheit oder Ordnung, insbesondere Leben, Gesundheit oder die natürlichen Lebensgrundlagen, nicht gefährdet werden. Im Rahmen dieser Maßnahmen sind gemäß § 3, Absatz 3 der MBO die technischen Regeln zu beachten, die von den obersten Baubehörden der einzelnen Bundesländer der Bundesrepublik Deutschland durch öffentliche Bekanntmachung als Technische Baubestimmungen eingeführt werden. Für praktisch tätige Ingenieurinnen und Ingenieure stellen die technischen Regeln verbindliche Mindestanforderungen dar, da von ihnen nur abgewichen werden kann, wenn mit anderen Lösungen in gleichem Maße die allgemeinen Anforderungen von § 3, Absatz 1 der MBO (siehe oben) erfüllt werden.

In jedem einzelnen Bundesland erfolgt die öffentliche Bekanntmachung der Technischen Baubestimmungen durch die oberste Baubehörde in Form der Veröffentlichung der „Liste der Technischen Baubestimmungen" im Amtsblatt des Bundeslandes (erst dann sind die Baubestimmungen rechtskräftig). Die Liste gliedert sich in

- Teil I: Technische Regeln für die Planung, Bemessung und Konstruktion baulicher Anlagen und ihrer Teile.
- Teil II: Anwendungsregeln für Bauprodukte und Bausätze nach europäischen technischen Zulassungen und harmonisierten Normen nach der Bauproduktenrichtlinie.
- Teil III: Anwendungsregelungen für Bauprodukte und Bausätze nach europäischen technischen Zulassungen und harmonisierten Normen.
- Anlagen.

Der Teil I umfasst Technische Regeln
- zu Lastannahmen und Grundlagen der Tragwerksplanung,
- zur Bemessung und zur Ausführung,
- zum Brandschutz,
- zum Wärme- und zum Schallschutz,
- zum Bautenschutz,
- zum Gesundheitsschutz,
- als Planungsgrundlagen.

Die Technischen Regeln zur Bemessung und zur Ausführung beinhalten dabei
- Grundbau,
- Mauerwerksbau,
- Beton-, Stahlbeton- und Spannbetonbau,
- Metallbau,
- Holzbau,
- Bauteile,
- Sonderkonstruktionen.

Die Einführung der Liste der Technischen Baubestimmungen erfolgte im Oktober 1997 und ging einher mit der Erstellung einer „Muster-Liste der Technischen Baubestimmungen", mit der das Ziel verfolgt wird, eine deutschlandweit weitestgehende Angleichung öffentlichen Baurechts in Form der Listen der einzelnen Bundesländern zu initiieren. Die Muster-Liste dient als zu empfehlender Orientierungsrahmen für die Auswahl der in die Liste des jeweiligen Bundeslandes aufzunehmenden Bestimmungen. Sie wird von der „Projektgruppe Technische Baubestimmungen" der „Bauministerkonferenz" (Zusammenschluss aller der für das Bau-, Wohnungs- und Siedlungswesen zuständigen Minister und Senatoren, vormals ARGEBAU) fortgeschrieben und kann auf der Homepage des „Deutsches Institut für Bautechnik" (https://www.dibt.de) unter der Rubrik „Technische Baubestimmungen" und der Unterrubrik „Teil I: Muster-Liste der Technischen Baubestimmungen" kostenlos eingesehen bzw. heruntergeladen werden. Dass die Muster-Liste von den einzelnen Bundesländern nicht zeitgleich in deren Liste übernommen wird, lässt sich aus dem zur Unterrubrik „Umsetzung der Muster-Liste in den Ländern" gehörenden File entnehmen.

In die Liste eingeführt werden nur die technischen Regeln, die zur Erfüllung der Grundsatzforderungen des Bauordnungsrechts unerlässlich sind. Die aktuelle Liste des jeweiligen Bundeslands kann auf der Internetseite der obersten Baubehörde eingesehen werden. Darüber hinaus besteht die Möglichkeit, die gesamten Technischen Baubestimmungen im MS-Word-Format herunterzuladen. Der Zugang kann auch über die Internetadresse http://www.is-argebau.de, verbunden mit dem Mouseclick auf den Button „Länder", hergestellt werden; über diesen Zugang sind auch die entsprechenden Informationen der übrigen Bundesländer erreichbar. Gleichzeitig kann über diese Internetadresse auch der aktuelle Stand der „Muster-Liste der Technischen Baubestimmungen" und der Musterbauordnung eingesehen und ggf. heruntergeladen werden. Zugänglich sind die Dokumente mit den aufeinanderfolgenden Mouseclicks auf den Button „Mustervorschriften/Mustererlasse" und den Button „Bauaufsicht/Bautechnik".

Es ist noch darauf hinzuweisen, dass über mehrere Jahre die bauaufsichtliche Einführung der DIN 4020 (Geotechnische Untersuchungen für bautechnische Zwecke) als „Produktnorm" angestrebt wurde (vgl. den Beitrag „Zur geplanten bauaufsichtlichen Einführung der DIN 4020" von *Klauke* in [236]). Bisher allerdings wurden weder DIN 4020 [38] noch DIN EN 1997-2, DIN EN 1997-2 [103] und DIN EN 1997-2/NA [104] in die Liste der Technischen Baubestimmungen aufgenommen. Als „Trost" ist zu bemerken, dass in den „Liste-Normen" DIN EN 1997-1 [101] und DIN 1054 [20] des Öfteren auf DIN 4020 [38] und DIN EN 1997-2 [103] Bezug genommen wird.

# Literaturverzeichnis

[1]  *Altes, J.*: Die Grenztiefe bei Setzungsberechnungen.
Bauingenieur 51 (1976), Heft 3, Seite 93–96.

[2]  *Anastasiadis, K.; Avramidis, I. E.*: Entwurf und Berechnung von Rechteckfundamenten unter biaxialer Biegung.
Bautechnik 63 (1986), Heft 11, Seite 380–392.

[3]  *Arnold, W.* (Hrsg.): Flachbohrtechnik.
Deutscher Verlag für Grundstoffindustrie, Leipzig 1993.

[4]  *Baldauf, H.; Timm, U.*: Betonkonstruktionen im Tiefbau.
Ernst & Sohn, Berlin 1988.

[5]  *Bartl, U.*: Zur Mobilisierung des passiven Erddrucks in kohäsionslosem Boden.
Institut für Geotechnik, Technische Universität Dresden, Mitteilungen Heft 12, Dresden 2004.

[6]  *Bartl, U.; Rößner, T.; Ferstl, F.*: Mobilisierung des passiven Erddrucks in einem kohäsiven Boden.
In: Ohde-Kolloquium 2001, Institut für Geotechnik, Technische Universität Dresden, Mitteilungen Heft 9, Dresden 2001.

[7]  *Besler, D.*: Verschiebungsgrößen bei der Mobilisierung des Erdwiderstandes von Sand.
Bautechnik 72 (1995), Heft 11, Seite 748–755.

[8]  *Besler, D.*: Wirklichkeitsnahe Erfassung der Fußauflagerung und des Verformungsverhaltens von gestützten Baugrubenwänden.
Schriftenreihe des Lehrstuhls Baugrund-Grundbau der Universität Dortmund, herausgegeben von Prof. Dr.-Ing. habil. A. Hettler, Heft 22, Dortmund 1998.

[9]  *Beyer, W.*: Zur Bestimmung der Wasserdurchlässigkeit von Kiesen und Sanden aus der Kornverteilungskurve.
Wasserwirtschaft und Wassertechnik 14 (1964), Heft 6, Seite 165–168.

[10]  *Biedermann, B.; Morschel, D.*: Ermittlung der Zusammendrückbarkeit aus Standardsondierungen für den Schluff.
Baumaschine und Bautechnik 32 (1985), Heft 2, Seite 47–50.

[11]  *Bishop, A.*: The use of the slip circle in the stability analysis of slopes.
Proceedings of the European Conference on the Stability of Earth Slopes held in Stockholm from 20th–25th September 1954.
In: Géotechnique Vol. V (1955), Number 1, Page 7–17.

[12]  *Böhme, M.*: Wasserwirtschaftliche Konsequenzen der Neubebauung des Potsdamer Platzes in Berlin.
gwF Wasser Abwasser 135 (1994), Nr. 10, Seite 565–572.

[13]  *Böttger, W.*: Praktische Ermittlung der Grenztiefe bei Setzungsberechnungen.
Bautechnik 56 (1979), Heft 5, Seite 153–158.

[14]  *Böttger, W.; Stöhr, G.*: Maßgebender Gleitflächenwinkel $\vartheta_a$ für den aktiven Erddruck gemäß DIN 4085-100.
Bautechnik 73 (1996), Heft 3, Seite 192–195.

[15]  *Borowicka, H.*: Über ausmittig belastete, starre Platten auf elastisch-isotropem Untergrund.
Ingenieur-Archiv 14 (1943), Heft 1, Seite 1–8.

[16]  Breitschaft, G.: Harmonisierung technischer Regeln des konstruktiven Ingenieurbaues als Beitrag zur Schaffung des Europäischen Binnenmarktes von 1992; Zielvorgaben, Organisation, Entwicklungsstand.
In: Beton-Kalender 1994 Teil 2, Seite 1–17.
Ernst & Sohn, Berlin 1994.

[17]  Busch, K.-F.; Luckner, Fl.: Geohydraulik.
2. Auflage, Ferdinand Enke Verlag, Stuttgart 1974.

[18]  Christow, C. K.: Anwendung der Methode „spezifische Setzung" zur Ermittlung der Setzungen infolge einer Grundwasserabsenkung.
Bautechnik 46 (1969), Heft 10, Seite 347–348.

[19]  Deutler, T.: Erläuterungen zu den Anforderungen der neuen ZTVE-StB 94 an den Verdichtungsgrad in Form einer 10 %-Mindestquantile.
Straße und Autobahn 46 (1995), Heft 4, Seite 210–218.

[20]  DIN 1054 (Dezember 2010): Baugrund – Sicherheitsnachweise im Erd- und Grundbau – Ergänzende Regelungen zu DIN EN 1997-1.

[21]  DIN 1054 (Januar 2005): Baugrund – Sicherheitsnachweise im Erd- und Grundbau.

[22]  DIN 1054/A1 (August 2012): Baugrund – Sicherheitsnachweise im Erd- und Grundbau – Ergänzende Regelungen zu DIN EN 1997-1:2010; Änderung A1:2012.

[23]  DIN 1054/A2 (November 2015): Baugrund – Sicherheitsnachweise im Erd- und Grundbau – Ergänzende Regelungen zu DIN EN 1997-1; Änderung 2.

[24]  DIN 1054 Beiblatt (November 1976): Baugrund; Zulässige Belastung des Baugrunds; Erläuterungen.

[25]  DIN 1055-2 (November 2010): Einwirkungen auf Tragwerke – Teil 2: Bodenkenngrößen.

[26]  DIN 1080-1 (Juni 1976): Begriffe, Formelzeichen und Einheiten im Bauingenieurwesen; Grundlagen.

[27]  DIN 4017 (März 2006): Baugrund – Berechnung des Grundbruchwiderstands von Flachgründungen.

[28]  DIN 4017 Beiblatt 1 (November 2006): Baugrund – Berechnung des Grundbruchwiderstands von Flachgründungen – Berechnungsbeispiele.

[29]  DIN 4017-1 Beiblatt 1 (August 1979): Baugrund; Grundbruchberechnungen von lotrecht mittig belasteten Flachgründungen; Erläuterungen und Berechnungsbeispiele.

[30]  DIN 4018 (September 1974): Baugrund; Berechnung der Sohldruckverteilung unter Flächengründungen.

[31]  DIN 4018 Beiblatt 1 (Mai 1981): Baugrund; Berechnung der Sohldruckverteilung unter Flächengründungen; Erläuterungen und Berechnungsbeispiele.

[32]  DIN 4019 (Mai 2015): Baugrund – Setzungsberechnungen.

[33]  DIN 4019-1 (April 1979): Baugrund; Setzungsberechnungen bei lotrechter, mittiger Belastung.

[34]  DIN 4019-1 Beiblatt 1 (April 1979): Baugrund; Setzungsberechnungen bei lotrechter, mittiger Belastung; Erläuterungen und Berechnungsbeispiele.

[35]  DIN 4019-2 (Februar 1981): Baugrund; Setzungsberechnungen bei schräg und bei außermittig wirkender Belastung.

[36]  DIN 4019-2 Beiblatt 1 (Februar 1981): Baugrund; Setzungsberechnungen bei schräg und bei außermittig wirkender Belastung; Erläuterungen und Berechnungsbeispiele.

[37]  DIN 4020 (September 2003): Geotechnische Untersuchungen für bautechnische Zwecke.

[38] DIN 4020 (Dezember 2010): Geotechnische Untersuchungen für bautechnische Zwecke – Ergänzende Regelungen zu DIN EN 1997-2.

[39] DIN 4020 Beiblatt 1 (Oktober 2003): Geotechnische Untersuchungen für bautechnische Zwecke; Anwendungshilfen, Erklärungen.

[40] DIN 4021 (Oktober 1990): Baugrund; Aufschluss durch Schürfe und Bohrungen sowie Entnahme von Proben.

[41] DIN 4022-1 (September 1987): Baugrund und Grundwasser; Benennen und Beschreiben von Boden und Fels; Schichtenverzeichnis für Bohrungen ohne durchgehende Gewinnung von gekernten Proben im Boden und im Fels.

[42] DIN 4023 (Februar 2006): Geotechnische Erkundung und Untersuchung – Zeichnerische Darstellung der Ergebnisse von Bohrungen und sonstigen direkten Aufschlüssen.

[43] DIN 4030-1 (Juni 2008): Beurteilung betonangreifender Wässer, Böden und Gase – Teil 1: Grundlagen und Grenzwerte.

[44] DIN 4030-2 (Juni 2008): Beurteilung betonangreifender Wässer, Böden und Gase – Teil 2: Entnahme und Analyse von Wasser- und Bodenproben.

[45] DIN 4084 (Januar 2009): Baugrund – Geländebruchberechnungen.

[46] DIN 4084 Beiblatt 1 (Juli 2012): Baugrund – Geländebruchberechnungen – Beiblatt 1: Berechnungsbeispiele.

[47] DIN 4084 Beiblatt 1 (Juli 1981): Baugrund; Gelände- und Böschungsbruchberechnungen; Erläuterungen.

[48] DIN 4085 (Mai 2011): Baugrund – Berechnung des Erddrucks.

[49] DIN 4085 Beiblatt 1 (Dezember 2011): Baugrund – Berechnung des Erddrucks – Beiblatt 1: Berechnungsbeispiele.

[50] DIN 4085 (Februar 1987): Baugrund; Berechnung des Erddrucks, Berechnungsgrundlagen.

[51] DIN 4085 Beiblatt 1 (Februar 1987): Baugrund; Berechnung des Erddrucks, Erläuterungen.

[52] DIN 4094-2 (Mai 2003): Baugrund – Felduntersuchungen – Teil 2: Bohrlochrammsondierung.

[53] DIN 4094-3 (Januar 2002): Baugrund – Felduntersuchungen – Teil 3: Rammsondierungen.

[54] DIN 4094-4 (Januar 2002): Baugrund – Felduntersuchungen – Teil 4: Flügelscherversuche.

[55] DIN 4094 (Dezember 1990): Baugrund; Erkundung durch Sondierungen.

[56] DIN 4094 Beiblatt 1 (Dezember 1990): Baugrund; Erkundung durch Sondierungen; Anwendungshilfen, Erklärungen.

[57] DIN 4107-2 (März 2011): Geotechnische Messungen – Teil 2: Extensometer- und Konvergenzmessungen.

[58] DIN 4107-3 (März 2011): Geotechnische Messungen – Teil 3: Inklinometer- und Deflektometermessungen.

[59] DIN 4123 (April 2013): Ausschachtungen, Gründungen und Unterfangungen im Bereich bestehender Gebäude.

[60] DIN 4123 (September 2000): Ausschachtungen, Gründungen und Unterfangungen im Bereich bestehender Gebäude.

[61] DIN 4124 (Januar 2012): Baugruben und Gräben – Böschungen, Verbau, Arbeitsraumbreiten.

[62]  DIN 4149 (April 2005): Bauten in deutschen Erdbebengebieten – Lastannahmen, Bemessung und Ausführung üblicher Hochbauten.

[63]  DIN 18121-1 (April 1998): Baugrund, Untersuchung von Bodenproben – Wassergehalt – Teil 1: Bestimmung durch Ofentrocknung.

[64]  DIN 18121-2 (Februar 2012): Baugrund, Untersuchung von Bodenproben – Wassergehalt – Teil 2: Bestimmung durch Schnellverfahren.

[65]  DIN 18122-1 (Juli 1997): Baugrund, Untersuchung von Bodenproben – Zustandsgrenzen (Konsistenzgrenzen) – Teil 1: Bestimmung der Fließ- und Ausrollgrenze.

[66]  DIN 18122-2 (September 2000): Baugrund, Untersuchung von Bodenproben – Zustandsgrenzen (Konsistenzgrenzen) – Teil 2: Bestimmung der Schrumpfgrenze.

[67]  DIN 18123 (April 2011): Baugrund, Untersuchung von Bodenproben – Bestimmung der Korngrößenverteilung.

[68]  DIN 18124 (April 2011): Baugrund, Untersuchung von Bodenproben – Bestimmung der Korndichte – Kapillarpyknometer, Weithalspyknometer, Gaspyknometer.

[69]  DIN 18125-1 (Juli 2010): Baugrund, Untersuchung von Bodenproben – Bestimmung der Dichte des Bodens – Teil 1: Laborversuche.

[70]  DIN 18125-2 (März 2011): Baugrund, Untersuchung von Bodenproben – Bestimmung der Dichte des Bodens – Teil 2: Feldversuche.

[71]  DIN 18126 (November 1996): Baugrund, Untersuchung von Bodenproben – Bestimmung der Dichte nichtbindiger Böden bei lockerster und dichtester Lagerung.

[72]  DIN 18127 (September 2012): Baugrund, Untersuchung von Bodenproben – Proctorversuch.

[73]  DIN 18128 (Dezember 2002): Baugrund, Untersuchung von Bodenproben – Bestimmung des Glühverlustes.

[74]  DIN 18129 (Juli 2011): Baugrund, Untersuchung von Bodenproben – Kalkgehaltsbestimmung.

[75]  DIN 18130-1 (Mai 1998): Baugrund, Untersuchung von Bodenproben – Bestimmung des Wasserdurchlässigkeitsbeiwerts – Teil 1: Laborversuche.

[76]  DIN 18130-2 (August 2015): Baugrund, Untersuchung von Bodenproben – Bestimmung des Wasserdurchlässigkeitsbeiwerts – Teil 2: Feldversuche.

[77]  DIN 18134 (April 2012): Baugrund – Versuche und Versuchsgeräte – Plattendruckversuch.

[78]  DIN 18135 (April 2012): Baugrund – Untersuchung von Bodenproben – Eindimensionaler Kompressionsversuch.

[79]  DIN 18136 (November 2003): Baugrund, Untersuchung von Bodenproben – Einaxialer Druckversuch.

[80]  DIN 18137-1 (Juli 2010): Baugrund, Untersuchung von Bodenproben – Bestimmung der Scherfestigkeit – Teil 1: Begriffe und grundsätzliche Versuchsbedingungen.

[81]  DIN 18137-2 (April 2011): Baugrund, Untersuchung von Bodenproben – Bestimmung der Scherfestigkeit – Teil 2: Triaxialversuch.

[82]  DIN 18137-3 (September 2002): Baugrund, Untersuchung von Bodenproben – Bestimmung der Scherfestigkeit – Teil 3: Direkter Scherversuch.

[83]  DIN 18196 (Mai 2011): Erd- und Grundbau – Bodenklassifikation für bautechnische Zwecke.

[84]  DIN 18300 (August 2015): VOB Vergabe- und Vertragsordnung für Bauleistungen – Teil C: Allgemeine Technische Vertragsbedingungen für Bauleistungen (ATV) – Erdarbeiten.

[85] DIN 18300 (September 2012): VOB Vergabe- und Vertragsordnung für Bauleistungen – Teil C: Allgemeine Technische Vertragsbedingungen für Bauleistungen (ATV) – Erdarbeiten.

[86] DIN 18301 (April 2010): VOB Vergabe- und Vertragsordnung für Bauleistungen – Teil C: Allgemeine Technische Vertragsbedingungen für Bauleistungen (ATV) – Bohrarbeiten.

[87] DIN 19682-1 (November 2007): Bodenbeschaffenheit – Felduntersuchungen – Teil 1: Bestimmung der Bodenfarbe.

[88] DIN 19682-2 (Juli 2014): Bodenbeschaffenheit – Felduntersuchungen – Teil 2: Bestimmung der Bodenart.

[89] DIN 19682-5 (November 2007): Bodenbeschaffenheit – Felduntersuchungen – Teil 5: Bestimmung des Feuchtezustands des Bodens.

[90] DIN 19682-8 (Juli 2012): Bodenbeschaffenheit – Felduntersuchungen – Teil 8: Bestimmung der Wasserdurchlässigkeit mit der Bohrlochmethode.

[91] DIN 19682-12 (November 2007): Bodenbeschaffenheit – Felduntersuchungen – Teil 12: Bestimmung des Zersetzungsgrades der Torfe.

[92] DIN 66137-2 (Dezember 2004): Bestimmung der Dichte fester Stoffe – Teil 2: Gaspyknometrie.

[93] DIN EN 1536 (Oktober 2015): Ausführung von Arbeiten im Spezialtiefbau – Bohrpfähle; Deutsche Fassung EN 1536:2010 + A1:21015.

[94] DIN EN 1537 (Juli 2014): Ausführung von Arbeiten im Spezialtiefbau – Verpreßanker; Deutsche Fassung EN 1537:2013.

[95] DIN EN 1538 (Oktober 2015): Ausführung von Arbeiten im Spezialtiefbau – Schlitzwände; Deutsche Fassung EN 1538:2010+A1:2015.

[96] DIN EN 1990 (Dezember 2010): Eurocode: Grundlagen der Tragwerksplanung; Deutsche Fassung EN 1990:2002 + A1:2005 + A1:2005/AC:2010.

[97] DIN EN 1990/NA (Dezember 2010): Nationaler Anhang – National festgelegte Parameter – Eurocode: Grundlagen der Tragwerksplanung.

[98] DIN EN 1992-1-1 (Januar 2011): Eurocode 2: Bemessung und Konstruktion von Stahlbeton- und Spannbetontragwerken – Teil 1-1: Allgemeine Bemessungsregeln und Regeln für den Hochbau; Deutsche Fassung EN 1992-1-1:2004 + AC:2010.

[99] DIN EN 1992-1-1/NA (Januar 2011): Nationaler Anhang – National festgelegte Parameter – Eurocode 2: Bemessung und Konstruktion von Stahlbeton- und Spannbetontragwerken – Teil 1-1: Allgemeine Bemessungsregeln und Regeln für den Hochbau.

[100] DIN EN 1997-1 (März 2014): Eurocode 7 – Entwurf, Berechnung und Bemessung in der Geotechnik – Teil 1: Allgemeine Regeln; Deutsche Fassung EN 1997-1:2004 + AC:2009 + A1:2013.

[101] DIN EN 1997-1 (September 2009): Eurocode 7: Entwurf, Berechnung und Bemessung in der Geotechnik – Teil 1: Allgemeine Regeln; Deutsche Fassung EN 1997-1:2004 + AC:2009.

[102] DIN EN 1997-1/NA (Dezember 2010): Nationaler Anhang – National festgelegte Parameter – Eurocode 7: Entwurf, Berechnung und Bemessung in der Geotechnik – Teil 1: Allgemeine Regeln.

[103] DIN EN 1997-2 (Oktober 2010): Eurocode 7: Entwurf, Berechnung und Bemessung in der Geotechnik – Teil 2: Erkundung und Untersuchung des Baugrunds; Deutsche Fassung EN 1997-2:2007 + AC:2010.

[104] DIN EN 1997-2/NA (Dezember 2010): Nationaler Anhang – National festgelegte Parameter – Eurocode 7: Entwurf, Berechnung und Bemessung in der Geotechnik – Teil 2: Erkundung und Untersuchung des Baugrunds.

[105] DIN EN 1998-5/NA (Juli 2011): Nationaler Anhang – National festgelegte Parameter – Eurocode 8: Auslegung von Bauwerken gegen Erdbeben – Teil 5: Gründungen, Stützbauwerke und geotechnische Aspekte.

[106] DIN EN 12063 (Mai 1999): Ausführung von besonderen geotechnischen Arbeiten (Spezialtiefbau) – Spundwandkonstruktionen; Deutsche Fassung EN 12063:1999.

[107] DIN EN 12699 (Juli 2015): Ausführung von Arbeiten im Spezialtiefbau – Verdrängungspfähle; Deutsche Fassung EN 12699:2015.

[108] DIN EN 12715 (Oktober 2000): Ausführung von besonderen geotechnischen Arbeiten (Spezialtiefbau) – Injektionen; Deutsche Fassung EN 12715:2000.

[109] DIN EN 12716 (Dezember 2001): Ausführung von besonderen geotechnischen Arbeiten (Spezialtiefbau) – Düsenstrahlverfahren (Hochdruckinjektion, Hochdruckbodenvermörtelung, Jetting); Deutsche Fassung EN 12716:2001.

[110] DIN EN 14199 (Juli 2015): Ausführung von Arbeiten im Spezialtiefbau – Mikropfähle; Deutsche Fassung EN 14199:2015.

[111] DIN EN 14475 (April 2006): Ausführung von besonderen geotechnischen Arbeiten (Spezialtiefbau) – Bewehrte Schüttkörper; Deutsche Fassung EN 14475:2006.

[112] DIN EN 14475 Berichtigung 1 (Dezember 2006): Ausführung von besonderen geotechnischen Arbeiten (Spezialtiefbau) – Bewehrte Schüttkörper; Deutsche Fassung EN 14475:2006, Berichtigungen zu DIN EN 14475:2006-04; Deutsche Fassung EN 14475:2006/AC:2006.

[113] DIN EN 14490 (November 2010): Ausführung von Arbeiten im Spezialtiefbau – Bodenvernagelung; Deutsche Fassung EN 14490:2010.

[114] DIN EN 14679 (Juli 2005): Ausführung von besonderen geotechnischen Arbeiten (Spezialtiefbau) – Tiefreichende Bodenstabilisierung; Deutsche Fassung EN 14679:2005.

[115] DIN EN 14679 Berichtigung 1 (September 2006): Ausführung von besonderen geotechnischen Arbeiten (Spezialtiefbau) – Tiefreichende Bodenstabilisierung; Deutsche Fassung EN 14679:2005, Berichtigungen zu DIN EN 14679:2005-07; Deutsche Fassung EN 14679:2005/AC:2006.

[116] DIN EN 14731 (Dezember 2005): Ausführung von besonderen geotechnischen Arbeiten (Spezialtiefbau) – Baugrundverbesserung durch Tiefenrüttelverfahren; Deutsche Fassung EN 14731:2005.

[117] DIN EN 15237 (Juni 2007): Ausführung von besonderen geotechnischen Arbeiten (Spezialtiefbau) – Vertikaldräns; Deutsche Fassung EN 15237:2007.

[118] DIN EN 16907-2, Entwurf (September 2015): Erdarbeiten – Teil 2: Materialklassifizierung; Deutsche und Englische Fassung prEN 16907-2:2015.

[119] DIN EN ISO 14688-1 (Dezember 2013): Geotechnische Erkundung und Untersuchung – Benennung, Beschreibung und Klassifizierung von Boden – Teil 1: Benennung und Beschreibung (ISO 14688-1:2002 + Amd 1:2013); Deutsche Fassung EN ISO 14688-1:2002 + A1:2013.

[120] DIN EN ISO 14688-2 (Dezember 2013): Geotechnische Erkundung und Untersuchung – Benennung, Beschreibung und Klassifizierung von Boden – Teil 2: Grundlagen für Bodenklassifizierungen (ISO 14688-2:2004 + Amd 1:2013); Deutsche Fassung EN ISO 14688-2:2004 + A1:2013.

[121] DIN EN ISO 14689-1 (Juni 2011): Geotechnische Erkundung und Untersuchung – Benennung, Beschreibung und Klassifizierung von Fels – Teil 1: Benennung und Beschreibung (ISO 14689-1:2003); Deutsche Fassung EN ISO 14689-1:2003.

[122] DIN EN ISO 17892-1 (März 2015): Geotechnische Erkundung und Untersuchung – Laborversuche an Bodenproben – Teil 1: Bestimmung des Wassergehalts (ISO 17892-1: 2014); Deutsche Fassung EN ISO 17892-1:2014.

[123] DIN EN ISO 17892-2, (März 2015): Geotechnische Erkundung und Untersuchung – Laborversuche an Bodenproben – Teil 2: Bestimmung der Dichte des Bodens (ISO 17892-2: 2014); Deutsche Fassung EN ISO 17892-2:2014.

[124] DIN EN ISO 17892-3, Entwurf (August 2014): Geotechnische Erkundung und Untersuchung – Laborversuche an Bodenproben – Teil 3: Bestimmung der Korndichte (ISO/DIS 17892-3: 2014); Deutsche Fassung prEN ISO 17892-3:2014.

[125] DIN EN ISO 17892-4, Entwurf (August 2014): Geotechnische Erkundung und Untersuchung – Laborversuche an Bodenproben – Teil 4: Bestimmung der Korngrößenverteilung (ISO/DIS 17892-4: 2014); Deutsche Fassung prEN ISO 17892-4:2014.

[126] DIN EN ISO 17892-5, Entwurf (Februar 2015): Geotechnische Erkundung und Untersuchung – Laborversuche an Bodenproben – Teil 6: Oedometerversuch mit stufenweiser Belastung (ISO/DIS 17892-5: 2014); Deutsche Fassung prEN ISO 17892-5:2014.

[127] DIN EN ISO 18674-1, (September 2015): Geotechnische Erkundung und Untersuchung – Geotechnische Messungen – Teil 1: Allgemeine Regeln (ISO 18674-1:2015); Deutsche Fassung EN ISO 18674-1:2015.

[128] DIN EN ISO 22475-1 (Januar 2007): Geotechnische Erkundung und Untersuchung – Probenentnahmeverfahren und Grundwassermessungen – Teil 1: Technische Grundlagen und Ausführungen (ISO 22475-1:2006); Deutsche Fassung EN ISO 22475-1:2006.

[129] DIN EN ISO 22476-1 (Januar 2013): Geotechnische Erkundung und Untersuchung – Felduntersuchungen – Teil 1: Drucksondierungen mit elektrischen Messwertaufnehmern und Messeinrichtungen für den Porenwasserdruck (ISO 22476-1:2012); Deutsche Fassung EN ISO 22476-1:2012.

[130] DIN EN ISO 22476-2 (März 2012): Geotechnische Erkundung und Untersuchung – Felduntersuchungen – Teil 2: Rammsondierungen (ISO 22476-2:2005 + Amd 1:2012); Deutsche Fassung EN ISO 22476-2:2005 + A1:2011.

[131] DIN EN ISO 22476-3 (März 2012): Geotechnische Erkundung und Untersuchung – Felduntersuchungen – Teil 3: Standard Penetration Test (ISO 22476-3:2005 + Amd 1:2011); Deutsche Fassung EN ISO 22476-3:2005 + A1:2011.

[132] DIN EN ISO 22476-4 (März 2013): Geotechnische Erkundung und Untersuchung – Felduntersuchungen – Teil 4: Pressiometerversuch nach Ménard (ISO 22476-4:2012); Deutsche Fassung EN ISO 22476-4:2012.

[133] DIN EN ISO 22476-5 (März 2013): Geotechnische Erkundung und Untersuchung – Felduntersuchungen – Teil 5: Versuch mit dem flexiblen Dilatometer (ISO 22476-5:2012); Deutsche Fassung EN ISO 22476-5:2012.

[134] DIN EN ISO 22476-7 (März 2013): Geotechnische Erkundung und Untersuchung – Felduntersuchungen – Teil 7: Seitendruckversuch (ISO 22476-7:2012); Deutsche Fassung EN ISO 22476-7:2012.

[135] DIN EN ISO 22476-9, Entwurf (April 2014): Geotechnische Erkundung und Untersuchung – Felduntersuchungen – Teil 9: Flügelscherversuch (ISO 22476-9:2014); Deutsche Fassung prEN ISO 22476-9:2014.

[136] DIN EN ISO 22476-12 (Oktober 2009): Geotechnische Erkundung und Untersuchung – Felduntersuchungen – Teil 12: Drucksondierungen mit mechanischen Messwertaufnehmern (ISO 22476-12:2009); Deutsche Fassung EN ISO 22476-12:2009.

[137] DIN EN ISO 22477-5, Entwurf (Dezember 2009): Geotechnische Erkundung und Untersuchung – Prüfung von geotechnischen Bauwerken und Bauwerksteilen – Teil 5: Ankerprüfungen (ISO/DIS 22475-5:2009); Deutsche Fassung prEN ISO 22477-5:2009.

[138] DIN ISO 3310-1 (September 2001): Analysensiebe – Technische Anforderungen und Prüfung – Teil 1: Analysensiebe mit Metalldrahtgewebe (ISO 3310-1:2000).

[139] DIN ISO 3310-2 (Juli 2015): Analysensiebe – Technische Anforderungen und Prüfung – Teil 2: Analysensiebe mit Lochblechen (ISO 3310-2:2013).

[140] DIN ISO/TS 17892-11, Vornorm (Januar 2005): Geotechnische Erkundung und Untersuchung – Laborversuche an Bodenproben – Teil 11: Bestimmung der Durchlässigkeit mit konstanter und fallender Druckhöhe (ISO/TS 17892-11:2004); Deutsche Fassung CEN ISO/TS 17892-11:2004.

[141] DIN ISO/TS 17892-12, Vornorm (Januar 2005): Geotechnische Erkundung und Untersuchung – Laborversuche an Bodenproben – Teil 12: Bestimmung der Zustandsgrenzen (ISO/TS 17892-12:2004); Deutsche Fassung CEN ISO/TS 17892-12:2004.

[142] DIN SPEC 18187 (August 2015): Ergänzende Festlegungen zu DIN EN 12715:2000-10, Ausführung von besonderen geotechnischen Arbeiten (Spezialtiefbau) – Injektionen.

[143] DIN-Fachbericht 130 (2003): Wechselwirkung Baugrund/Bauwerk bei Flachgründungen.

[144] DVWK-Schriften: Grundwassermessgeräte.
Herausgegeben von dem Deutschen Verband für Wasserwirtschaft und Kulturbau e. V.
Wirtschafts- und Verlagsgesellschaft Gas und Wasser mbH, Bonn 1994.

[145] Empfehlungen des Arbeitskreises „Baugruben" EAB.
Herausgegeben von der Deutschen Gesellschaft für Geotechnik e. V.
5. Auflage, Ernst & Sohn, Berlin 2012.

[146] Empfehlungen des Arbeitskreises „Numerik in der Geotechnik" EANG.
Herausgegeben von der Deutschen Gesellschaft für Geotechnik e. V.
Ernst & Sohn, Berlin 2014.

[147] Empfehlungen des Arbeitskreises „Pfähle": EA-Pfähle.
Herausgegeben von der Deutschen Gesellschaft für Geotechnik e. V.
Ernst & Sohn, Berlin 2012.

[148] Empfehlungen des Arbeitsausschusses „Ufereinfassungen": Häfen und Wasserstraßen; EAU 1996.
Herausgegeben vom Arbeitsausschuss „Ufereinfassungen" der Hafenbautechnischen Gesellschaft e. V. und der Deutschen Gesellschaft für Erd- und Grundbau e. V.
9. Auflage, Ernst & Sohn, Berlin 1997.

[149] Empfehlungen des Arbeitsausschusses „Ufereinfassungen": Häfen und Wasserstraßen; EAU 2012.
Herausgegeben vom Arbeitsausschuss „Ufereinfassungen" der Hafentechnischen Gesellschaft e. V. und der Deutschen Gesellschaft für Geotechnik e. V.
11. Auflage, Ernst & Sohn, Berlin 2012.

[150] Empfehlungen für den Entwurf und die Berechnung von Erdkörpern mit Bewehrungen aus Geokunststoffen – EBGEO.
Herausgegeben von der Deutschen Gesellschaft für Geotechnik e. V. (DGGT)
2. Auflage, Ernst & Sohn, Berlin 2010.

[151] Empfehlungen „Verformungen des Baugrunds bei baulichen Anlagen" – EVB.
Erarbeitet durch den Arbeitskreis "Berechnungsverfahren" der Deutschen Gesellschaft für Erd- und Grundbau e. V.
Ernst & Sohn, Berlin 1993.

[152] *Fecker, E.*: Geotechnische Meßgeräte und Feldversuche im Fels.
Ferdinand Enke Verlag, Stuttgart 1997.

[153] *Fecker, E.*; *Reik, G.*: Baugeologie.
Ferdinand Enke Verlag, Stuttgart 1996.

[154] *Fischer, K.*: Beispiele zur Bodenmechanik; Aufsätze mit Formeln, Tafeln und Schaubildern.
Verlag von Wilhelm Ernst & Sohn, Berlin 1965.

[155] *Floss, R.*: ZTVE-StB 94, Kommentar mit Kompendium Erd- und Felsbau.
Kirschbaum Verlag, Bonn 1997.

[156] *Förster, W.*: Mechanische Eigenschaften der Lockergesteine.
B. G. Teubner, Stuttgart 1996.

[157] *Franke, D.*: Über die Berechnung des Erdruhedruckes.
geotechnik 6 (1983), Heft 4, Seite 158–163.

[158] *Franke, D.*; *Böhme, K.*: Die Berechnung der Erddruckgrenzwerte, wenn die Coulombsche Theorie versagt.
Bauplanung-Bautechnik 41 (1987), Heft 4, Seite 168–172.

[159] *Franke, E.*: Ermittlung der Festigkeitseigenschaften von nicht-bindigem Baugrund durch Sondierungen.
Baumaschine und Bautechnik 20 (1973), Heft 11, Seite 417–426.

[160] *Franke, E.*: Ruhedruck in kohäsionslosen Böden.
Bautechnik 51 (1974), Heft 1, Seite 18–24.

[161] *Franke, E.*: Überlegungen zu Bewertungskriterien für zulässige Setzungsdifferenzen.
geotechnik 3 (1980), Heft 2, Seite 53–59.

[162] *Fröhlich, O. K.*: Druckverteilung im Baugrunde.
Verlag von Julius Springer, Wien 1934.

[163] GDA-Empfehlungen, Geotechnik der Deponien und Altlasten.
Erarbeitet durch den Arbeitskreis "Geotechnik der Deponien und Altlasten" der Deutschen Gesellschaft für Geotechnik e. V. (DGGT).
Ernst & Sohn, Berlin 1997.

[164] *Goos, G.*; *Hartmanis, J.* (Herausgeber): Lecture Notes in Computer Science.
2. Auflage, Band 6, Matrix Eigensystem Routines – EISPACK Guide
Springer-Verlag, Berlin 1976.

[165] *Goos, G.*; *Hartmanis, J.* (Herausgeber): Lecture Notes in Computer Science.
Band 51, Matrix Eigensystem Routines – EISPACK Guide Extension
Springer-Verlag, Berlin 1977.

[166] *Graßhoff, H.*; *Siedek, P.*; *Floss, R.*: Handbuch Erd- und Grundbau.
Teil 1: Boden und Fels, Gründungen, Stützbauwerke.
Werner-Verlag, Düsseldorf 1982.

[167] *Grobstich, P.*; *Strey, G.*: Mathematik für Bauingenieure.
B. G. Teubner, Stuttgart 2004.

[168] *Groß, H.*: Korrekte Berechnung des aktiven und passiven Erddrucks mit ebener Gleitfläche bei Böden mit Reibung, Kohäsion und Auflast.
geotechnik 4 (1981), Heft 2, Seite 66–69.

[169] Grundbau-Taschenbuch (Herausgeber und Schriftleiter: *H. Schröder*).
Band I, 2. Auflage, Verlag von Wilhelm Ernst & Sohn, Berlin 1966.

[170] Grundbau-Taschenbuch (Herausgeber und Schriftleiter: *Ulrich Smoltczyk*).
Teil 1, 5. Auflage, Ernst & Sohn, Berlin 1996.

[171] Grundbau-Taschenbuch (Herausgeber und Schriftleiter: *Ulrich Smoltczyk*).
Teil 1, 6. Auflage, Ernst & Sohn, Berlin 2001.

[172] Grundbau-Taschenbuch (Herausgeber und Schriftleiter: *Karl Josef Witt*).
Teil 1, 7. Auflage, Ernst & Sohn, Berlin 2008.

[173] Grundbau-Taschenbuch (Herausgeber und Schriftleiter: *Ulrich Smoltczyk*).
Teil 2, 6. Auflage, Ernst & Sohn, Berlin 2001.

[174] Grundbau-Taschenbuch (Herausgeber und Schriftleiter: *Ulrich Smoltczyk*).
Teil 3, 5. Auflage, Ernst & Sohn, Berlin 1997.

[175] Grundbau-Taschenbuch (Herausgeber und Schriftleiter: *Ulrich Smoltczyk*).
Teil 3, 6. Auflage, Ernst & Sohn, Berlin 2001.

[176] Grundbau-Taschenbuch (Herausgeber und Schriftleiter: *Karl Josef Witt*).
Teil 3, 7. Auflage, Ernst & Sohn, Berlin 2009.

[177] Grundwassermanagement Spreebogen: Beweissicherungsbericht II/97.
Beweissicherungsbericht 3, II. Quartal 1997, Arbeitsgemeinschaft Grundwassermanagement Spreebogen.

[178] *Günther, H.*: Betrachtungen zum Erdruhedruck.
Bauingenieur 63 (1988), Seite 205–210.

[179] *Günther, H.*: Erdruhedruck auf starre Wände.
Bauingenieur 63 (1988), Seite 421–427.

[180] *Gudehus, G.*: Bodenmechanik.
Ferdinand Enke Verlag, Stuttgart 1981.

[181] *Gudehus, G.*: Erddruckermittlung.
In: Grundbau-Taschenbuch, Band 1. 4. Auflage, Seite 289–414, Ernst & Sohn, Berlin 1990.

[182] *Gudehus, G.*: Prognosen bei Beobachtungsmethoden.
Bautechnik 81 (2004), Heft 1, Seite 1–8.

[183] *Gummert, P.; Reckling, K.-A.*: Mechanik.
3. Auflage, Vieweg, Braunschweig 1994.

[184] *Gußmann, P.; Schanz, T.; Smoltczyk, U.; Willand, E.*: Beiträge zur Anwendung der KEM.
Universität Stuttgart, Institut für Geotechnik Stuttgart (IGS), Mitteilung 32, Stuttgart 1990.

[185] *Head, K. H.*: Manual of Soil Laboratory Testing.
Volume 2: Permeability, Shear Strength an Compressibility Tests.
2. Auflage, John Wiley & Sons, Inc., New York 1994.

[186] *Herth, W.; Arndts, E.*: Theorie und Praxis der Grundwasserabsenkung.
3. Auflage, Ernst & Sohn, Berlin 1994.

[187] *Hettler, A.; Maier, T.*: Verschiebungen des Bodenauflagers bei Baugruben auf der Grundlage der Mobilisierungsfunktion von Besler.
Bautechnik 81 (2004), Heft 5, Seite 323–336.

[188] *Hülsdünker, A.*: Maximale Bodenpressung unter rechteckigen Fundamenten bei Belastung mit Momenten in beiden Achsrichtungen.
Bautechnik 41 (1964), Heft 8, Seite 269.

[189] Hütte III, Bautechnik.
28. Auflage, Verlag von Wilhelm Ernst & Sohn, Berlin 1956.

[190]  *Ihle, F.*: Untersuchungen zur Auswertung von Drucksondierungen.
geotechnik 18 (1995), Heft 2, Seite 65–73.

[191]  *Jäde, H.*: Musterbauordnung (MBO 2002).
Verlag C. H. Beck, München 2003.

[192]  *Jasmund, K.; Lagaly, G.* (Hrsg.): Tonminerale und Tone.
Steinkopf Verlag, Darmstadt 1993.

[193]  *Jelinek, R.*: Setzungsberechnung ausmittig belasteter Fundamente.
Bauplanung und Bautechnik 3 (1949) Heft 4, Seite 115–121.

[194]  *Juppe, B.*: Grundwasserstands-Messeinrichtungen als Teil eines effizienten Grundwassermonitorings.
Geowissenschaften 14 (1996), Heft 3-4, Seite 135–136.

[195]  *Kany, M.*: Baugrundverformungen infolge waagerechter Schubbelastung der Baugrundoberfläche.
Veröffentlichungen des Grundbauinstitutes der Bayerischen Landesgewerbeanstalt, Heft 6, Nürnberg 1964.

[196]  *Kany, M.*: Tabellen und Kurventafeln zur Berechnung der Spannungen und Setzungen unter den Eckpunkten gleichförmig belasteter, schlaffer Rechteckflächen.
Veröffentlichungen des Grundbauinstitutes der Landesgewerbeanstalt Bayern, Heft 17, Nürnberg 1972.

[197]  *Kany, M.*: Berechnung von Flächengründungen.
1. Band, 2. Auflage, Verlag von Wilhelm Ernst & Sohn, Berlin 1974.

[198]  *Kanny, M.*: Berechnung von Flächengründungen.
2. Band, 2. Auflage, Verlag von Wilhelm Ernst & Sohn, Berlin 1974.

[199]  *Kany, M.*: Baugrundaufschlüsse; Kommentar zu DIN 4021 bis 4023 und DIN 18196.
Beuth Verlag GmbH, Berlin 1997.

[200]  *Kézdi, Á.*: Erddrucktheorien.
Springer-Verlag, Berlin 1962.

[201]  *Klobe, B.; Bauer, J.*: Starrkörper-Bruchmechanismen mit konstruktiven Elementen – mechanische Grundlagen und Standsicherheitsnachweise.
geotechnik 26 (2003), Heft 1, Seite 18–26.

[202]  *Kögler, F.; Scheidig, A.*: Baugrund und Bauwerk.
5. Auflage, Verlag von Wilhelm Ernst & Sohn, Berlin 1948.

[203]  *Kolymbas, D.*: Geotechnik – Bodenmechanik und Grundbau.
Springer, Berlin 1998.

[204]  *Krienke, K.; Koepke, C.*: Die Abbrüche an den Rügener Steilküsten (Nordostdeutschland) im Winter des Jahres 2004/2005 – Geologie und Bodenmechanik.
Zeitschrift für geologische Wissenschaften 34 (2006), Heft 1-2, Seite 105–113.

[205]  *Kühn, G.*: Der maschinelle Tiefbau.
B. G. Teubner, Stuttgart 1992.

[206]  *Langguth, H.-R.; Voigt, R.*: Hydrogeologische Methoden.
Springer-Verlag, Berlin 1980.

[207]  *Leonhardt, G.*: Setzungen und Setzungseinflüsse kreisförmiger Lasten.
Bau und Bauindustrie 16 (1963), Heft 19, Seite 825–828.

[208]  *Matl, F.*: Zur Berechnung der Setzung und Schiefstellung des exzentrisch belasteten starren Plattenstreifens.

Österreichische Bauzeitschrift 9 (1954), Heft 4, Seite 65–70.

[209] *Matthes, O.; Relotius, P.*: Grundwassermanagement für die Baumaßnahmen am Potsdamer Platz.
Geowissenschaften 14 (1996), Heft 3-4, Seite 123–128.

[210] Merkblatt über geotechnische Untersuchungen und Berechnungen im Straßenbau.
Ausgabe 2004, Forschungsgesellschaft für Straßen- und Verkehrswesen e.V. Arbeitsgruppe Erd- und Grundbau, Köln.
FGSV Verlag GmbH, Köln 2004.

[211] *Minnich, H.; Stöhr, G.*: Analytische Lösung des zeichnerischen Culmann-Verfahrens zur Ermittlung des passiven Erddrucks.
Bautechnik 58 (1981), Heft 6, Seite 197–202.

[212] *Minnich, H.; Stöhr, G.*: Analytische Lösung des zeichnerischen Culmann-Verfahrens zur Ermittlung des aktiven Erddrucks nach der „$G_0$-Methode".
Bautechnik 58 (1981), Heft 8, Seite 261–270.

[213] *Minnich, H.; Stöhr, G.*: Analytische Lösung des zeichnerischen Culmann-Verfahrens zur Ermittlung des aktiven Erddrucks für Linienlasten nach der „$G_0$-Methode".
Bautechnik 59 (1982), Heft 1, Seite 8–12.

[214] *Minnich, H.; Stöhr, G.*: Analytische Lösung des sogenannten erweiterten Culmann-Verfahrens für Kohäsionsböden nach der „$G_0$-Methode".
Bautechnik 59 (1982), Heft 11, Seite 376–379.

[215] *Minnich, H.; Stöhr, G.*: Erddruck auf eine Stützwand mit Böschung und unterschiedlichen Bodenschichten.
Bautechnik 60 (1983), Heft 9, Seite 314–317.

[216] *Minnich, H.; Stöhr, G.*: Mathematische Grundlagen der $G_0$-Methode für den allgemeinsten Fall der Erddruckermittlung.
Bautechnik 61 (1984), Heft 10, Seite 358–361.

[217] *Möller, G.*: Geotechnik kompakt, Bodenmechanik.
Bauwerk Verlag, Berlin 2001.

[218] *Möller, G.*: Geotechnik, Grundbau.
2. Auflage, Ernst & Sohn, Berlin 2012.

[219] *Müller-Breslau, H.*: Erddruck auf Stützmauern.
Alfred Kröner Verlag, Stuttgart 1906.

[220] *Müller, H. S.; Reinhardt, H.-W.*: Beton.
In: Beton-Kalender 2009, 98. Jahrgang, Teil 1, Seite 1–149, Ernst & Sohn, Berlin 2009.

[221] Musterbauordnung (MBO 2008).
Herunterladbar von der Internetseite http://www.is-argebau.de/ der Bauministerkonferenz.

[222] *Nillert, P.; Hoffknecht, A; Schäfer, D.; Ziesche, M.*: Grundwassermonitoring und Modellprognosen.
Geowissenschaften 14 (1996), Heft 3-4, Seite 129–134.

[223] Normen-Handbuch Eurocodes, Handbuch Eurocode 7, Geotechnische Bemessung, Band 1: Allgemeine Regeln.
Beuth Verlag, Berlin 2011.

[224] Normen-Handbuch Eurocodes, Handbuch Eurocode 7, Geotechnische Bemessung, Band 1: Allgemeine Regeln.
Beuth Verlag, Berlin 2015.

[225] Normen-Handbuch Eurocodes, Handbuch Eurocode 7, Geotechnische Bemessung, Band 2: Erkundung und Untersuchung.
Beuth Verlag, Berlin 2011.

[226] *Ohde, J.*: Zur Theorie der Druckverteilung im Baugrund.
Bauingenieur 14 (1939), Seite 451–459.

[227] ÖNORM B 4420 (Jänner 1989): Erd- und Grundbau; Untersuchung von Bodenproben; Grundsätze für die Durchführung und Auswertung von Kompressionsversuchen.

[228] *Patzschke, F.*: Zur Berechnung des Erdruhedruckes.
Bauplanung-Bautechnik 36 (1982), Heft 3, Seite 133–135.

[229] *Plagemann, W.; Langner, W.*: Die Gründung von Bauwerken.
Teil 1, BSB B. G. Teubner Verlagsgesellschaft, Leipzig 1970.

[230] *Potts, D. M.; Zdravković, L.*: Finite element analysis in geotechnical engineering: theory.
Thomas Telford, London 1999.

[231] *Potts, D. M.; Zdravković, L.*: Finite element analysis in geotechnical engineering: application.
Thomas Telford, London 2001.

[232] *Prandtl, E.*: Über die Härte plastischer Körper.
In: Nachrichten von der Königlichen Gesellschaft der Wissenschaften zu Göttingen, Mathematisch-physikalische Klasse aus dem Jahre 1920, Seite 74–85, Weidmannsche Buchhandlung, Berlin 1920.

[233] *Pregl, O.*: Kontinuumsmechanik/Stoffgesetze.
Handbuch der Geotechnik, Band 4, Eigenverlag des Institutes für Geotechnik, Universität für Bodenkultur Wien, Wien 2000.

[234] *Pregl, O.*: Bemessung von Stützbauwerken.
Handbuch der Geotechnik, Band 16, Eigenverlag des Institutes für Geotechnik, Universität für Bodenkultur Wien, Wien 2002.

[235] *Przemieniecki, J. S.*: Theory of Matrix Structural Analysis.
McGraw-Hill Book Company, New York 1968.

[236] Referatesammlung – Bemessung und Erkundung in der Geotechnik, neue Entwicklungen im Zuge der Neuauflage der DIN 1054 und DIN 4020 sowie der europäischen Normung.
Gemeinschaftstagung der DGGT Deutsche Gesellschaft für Geotechnik e. V., der Bundesfachabteilungen Spezialtiefbau und Leitungsbau im Hauptverband der Deutschen Bauindustrie e. V. (HVBI), des Bundesverbands der Deutschen Bohrunternehmen in der Baugrund-, Grundwasser- und Lagerstättenerkundung e. V. (BDBohr) und des DIN Deutsches Institut für Normung e. V. am 4. und 5. Februar 2003 in Heidelberg.
DIN Deutsches Institut für Normung e. V., Berlin 2003.

[237] *Riedmüller, G.; Schubert, W.; Semprich, S.* (Hrsg.): Die Beobachtungsmethode in der Geotechnik, Konzeption und ausgewählte Beispiele.
Beiträge zum 14. Christian Veder Kolloquium; Gruppe Geotechnik Graz, Technische Universität Graz, Heft 4, Graz 1998.

[238] *Rieger, W.*: Ergänzende Auslegung der DIN 4124 für nicht verbaute Gräben bis 1,75 m Tiefe.
Tiefbau Berufsgenossenschaft 103 (1991), Heft 12, Seite 832–833.

[239] *Rizkallah, V.; Döbbelin, J. U.*: 15 Jahre Bauforschung im Spezialtiefbau in Hannover.
In: Beiträge zum 13. Christian Veder Kolloquium „Schadensfälle in der Geotechnik"; Technische Universität Graz, Institut für Bodenmechanik und Grundbau, Mitteilungsheft 16, herausgegeben von Prof. Dr. Semprich, Graz 1998.

[240] *Sadgorski, W.; Smoltczyk, U.*: Sicherheitsnachweise im Erd- und Grundbau; Kommentar u. a. zu DIN V ENV 1997-1: Eurocode.
Beuth Verlag GmbH, Berlin 1996.

[241] *Schaak, H.*: Setzung eines Gründungskörpers unter dreieckförmiger Belastung mit konstanter bzw. schichtweise konstanter Steifezahl $E_s$.
Bauingenieur 47 (1972), Heft 6, Seite 220–221.

[242] *Schildknecht, F.; Schneider, W.*: Über die Gültigkeit des Darcy-Gesetzes in bindigen Sedimenten bei kleinen hydraulischen Gradienten – Stand der wissenschaftlichen Diskussion.
In: Geologisches Jahrbuch, Reihe C, Heft 48, Seite 3–21, E. Schweizerbart'sche Verlagsbuchhandlung, Hannover 1987.

[243] *Schneider, K.-J.*: Bautabellen für Ingenieure.
18. Auflage, Werner Verlag, Köln 2008.

[244] *Schultze, E.; Muhs, H.*: Bodenuntersuchungen für Ingenieurbauten.
2. Auflage, Springer-Verlag, Berlin 1967.

[245] *Schuppener, B.* (Hrsg.): Kommentar zum Handbuch Eurocode 7 – Geotechnische Bemessungen: Allgemeine Regeln.
Ernst & Sohn, Berlin 2012.

[246] *Schuppener, B.; Kiekbusch, M.*: Plädoyer für die Abschaffung und den Ersatz der Konsistenzzahl.
geotechnik 11 (1988), Heft 4, Seite 186–192.

[247] *Siemer, H.*: Spannungen und Setzungen des Halbraums unter einfachen Flächenlasten und unter starren Grundkörpern aus waagerechter Beanspruchung.
Mitteilungen aus dem Institut für Verkehrswasserbau, Grundbau und Bodenmechanik (VGB) der Technischen Hochschule Aachen, herausgegeben von Professor Dr.-Ing. E. Schultze, Heft 41, Aachen 1967.

[248] *Siemer, H.*: Spannungen und Setzungen des Halbraums unter waagerechten Flächenlasten.
Bautechnik 47 (1970), Heft 5, Seite 163–172.

[249] *Siemer, H.*: Spannungen und Setzungen des Halbraums unter starren Gründungskörpern infolge waagerechter Beanspruchung.
Bautechnik 48 (1971), Heft 4, Seite 118–125.

[250] *Simmer, K.*: Grundbau.
Teil 1, 19. Auflage, B. G. Teubner, Stuttgart 1994.

[251] *Smoltczyk, U.; Schuppener, B.*: Standsicherheitsnachweise für Flachgründungen nach dem Eurocode 7 Teil 1.
Vorträge der Baugrundtagung 2000 in Hannover, Seite 149–157, Deutsche Gesellschaft für Geotechnik e. V., Essen.

[252] *Sokolovskii, V. V.*: Statics of Granular Media.
Pergamon Press, Oxford 1965.

[253] *Sommer, H.*: Neuere Erkenntnisse über zulässige Setzungsunterschiede von Bauwerken, Schadenskriterien.
Vorträge der Baugrundtagung 1978 in Berlin, Deutsche Gesellschaft für Erd- und Grundbau e. V., Essen 1978, Seite 695–724.

[254] *Spotka, H.*: Einfluß der Bodenverdichtung mittels Oberflächen-Rüttler auf den Erddruck einer Stützwand bei Sand.
Baugrundinstitut Stuttgart, Universität Stuttgart, Mitteilung 9, Stuttgart 1977.

[255] *Steinbrenner, W.*: Tafeln zur Setzungsberechnung.
Strasse, 1. Jahrgang, Seite 121 ff. Volk und Reich Verlag, Berlin 1934.

[256]  *Stenzel, G.; Melzer, K.-J.*: Bodenuntersuchungen durch Sondierungen nach DIN 4094.
Tiefbau Ingenieurbau Straßenbau 20 (1978), Heft 3, Seite 155–160.

[257]  *Teferra, A.*: Beziehungen zwischen Reibungswinkel, Lagerungsdichte und Sondierwiderständen nichtbindiger Böden mit verschiedener Kornverteilung.
Mitteilungen aus dem Institut für Verkehrswasserbau, Grundbau und Bodenmechanik der Technischen Hochschule Aachen, herausgegeben von Prof. Dr. E. Schultze, Heft 61, Aachen 1974.

[258]  *Teferra, A.*: Beitrag zur mittelbaren Bestimmung des Steifemoduls aus Sondierungen in nichtbindigen Böden.
Bautechnik 53 (1976), Heft 9, Seite 306–311.

[259]  *Teferra, A.; Schultze, E.*: Formeln, Tafeln und Tabellen aus dem Gebiet Grundbau und Bodenmechanik: Bodenspannungen.
A. A. Balkema, Rotterdam 1988.

[260]  *Terzaghi, K.; Jelinek, R.*: Theoretische Bodenmechanik.
Springer-Verlag, Berlin 1954.

[261]  *Terzaghi, K.; Peck, R. B.*: Die Bodenmechanik in der Baupraxis.
Springer-Verlag, Berlin 1961.

[262]  *Wagenbreth, O.; Steiner, R.*: Geologische Streifzüge – Landschaft und Erdgeschichte zwischen Kap Arkona und Fichtelberg.
2. Auflage, VEB, Deutscher Verlag für Grundstoffindustrie, Leipzig 1985.

[263]  *Weißenbach, A.*: Baugruben.
Teil I (Konstruktion und Ausführung), Ernst & Sohn, Berlin 1985.

[264]  *Weißenbach, A.*: Baugruben.
Teil II (Berechnungsgrundlagen), Ernst & Sohn, Berlin 1985.

[265]  *Weißenbach, A.*: Beitrag zur Ermittlung des Erdwiderstandes.
Bauingenieur 58 (1983), Seite 161–173.

[266]  *Weißenbach, A.*: Gedanken zur Einführung des Teilsicherheitskonzeptes im Grundbau.
Bautechnik 78 (2001), Seite 655–660.

[267]  *Winkler, A.*: Ermittlung des Erddrucks im Bruchzustand bei Drehung einer Wand um den Kopfpunkt.
Institut für Geotechnik, Technische Universität Dresden, Mitteilungen Heft 8, Dresden 2001.

[268]  *Winkler, A.*: Ermittlung des passiven Erddrucks mit Beiwerten.
Bautechnik 80 (2003), Heft 2, Seite 81–89.

[269]  *Wittlinger, M.*: Ebene Verformungsuntersuchungen zur Weckung des Erdwiderstandes bindiger Böden.
Universität Stuttgart, Institut für Geotechnik Stuttgart (IGS), Mitteilung 35, Stuttgart 1994.

[270]  Zusätzliche Technische Vertragsbedingungen und Richtlinien für Erdarbeiten im Straßenbau (ZTV E-StB 09).
Ausgabe 2009, Herausgeber: Bundesministerium für Verkehr, Bau und Stadtentwicklung, Forschungsgesellschaft für Straßen- und Verkehrswesen, Arbeitsgruppe Erd- und Grundbau, Köln.

# Firmenverzeichnis

[F 1]  Civilserve GmbH - EDV für das Bauwesen
       Am Hafen 22
       D-38112 Braunschweig
       Telefon:    +49 (0) 54 92/962 92-0
       Telefax:    +49 (0) 531/215 98 51
       Homepage:   http://www.ggu-software.com

[F 2]  Corel GmbH
       Erika-Mann-Straße 53 (Haus 7)
       D-80636 München
       Telefon:    +49 (0) 175/566 77 73
       Homepage:   http://www.corel.de

[F 3]  DMT-Potsdam Gesellschaft für Umwelt- und Geotechnik mbH
       Otto-Nagel-Straße 12
       14467 Potsdam
       Telefon:    +49 (0) 331/275 60-0
       Telefax:    +49 (0) 331/275 60-20
       Homepage:   http://www.dmt-potsdam.de

[F 4]  FröWag GmbH
       Wieslensdorfer Straße 25-29
       74182 Obersulm
       Telefon:    +49 (0) 71 30/402 395-0
       Telefax:    +49 (0) 71 30/402 395-5
       Homepage:   http://www.froewag.de

[F 5]  Grundbauingenieure Steinfeld und Partner GbR
       Erdbaulaboratorium Hamburg
       Reimersbrücke 5
       D-20457 Hamburg
       Telefon:    +49 (0) 40/389 139 0
       Telefax:    +49 (0) 40/380 917 0
       Homepage:   http://www.steinfeld-und-partner.de

[F 6]  MathSoft Engineering & Education Inc.
       101 Main Street, Cambridge, Massachusetts 02142-1521, USA
       Homepage:   http://www.mathsoft.com

[F 7]  Nordmeyer SMAG Drilling Technologies GmbH
       Werner-Nordmeyer-Str. 3
       D-31226 Peine
       Telefon:    +49 (0) 5171/542-0
       Telefax:    +49 (0) 5171/542-110
       Homepage:   http://www.nordmeyer.de

[F 8]  Plaxis bv
       P.O. Box 572, 2600 AN Delft, Niederlande
       Telefon:    +31 (0) 15/251 77 20
       Telefax:    +31 (0) 15/257 31 07
       Homepage:   http://www. plaxis.nl

[F 9]  SEBA Hydrometrie GmbH & Co. KG
Gewerbestraße 61 A
D-87600 Kaufbeuren
Telefon:     +49 (0) 8341/96 48-0
Telefax:     +49 (0) 8341/96 48-48
Homepage:   http://www.seba-hydrometrie.com

# Stichwortverzeichnis

## A

| | |
|---|---|
| Abdichtung von Proben | 80 |
| Ablagerung | 1 |
| Abscheren | 195 |
| Adsorptionswasser | 31 |
| aktiver Erddruck | 337 |
|    bei Böden mit Kohäsion | 360 |
|    erhöhter | 338 |
|    Mindesterddruck | 383 |
|    nach *Coulomb* | 355 |
|    nach DIN 4085 | 361 |
| Aktivitätszahl | 145 |
| Anfangszelldruck | 201 |
| Anhang, Nationaler (NA) | 520 |
| anisotrope Konsolidation | 194 |
| Antimetrieebene | 222 |
|    Deformationszustände | 222 |
|    Spannungszustände | 222 |
|    Verformungsbedingungen | 222 |
| Anwendungsbeispiel | |
|    Aufschlusstiefe | 69 |
|    Aufschwimmen, Sicherheit gegen | 477 |
|    Bodenerkennung mit Feldversuchen | 23 |
|    Bodenklassifizierung | 127 |
|    Diagramm von *Hülsdünker* | 286 |
|    Dichte | 133 |
|    Dreiecknetz zur Bodenklassifizierung | 14 |
|    Dreiphasensystem | 112 |
|    effektive und totale Spannungen | 228 |
|    Erddruck | 374 |
|    geotechnische Untersuchung | 44 |
|    Gleitsicherheit | 436 |
|    Grundbruch, exzentrische Beanspruchung | 423 |
|    Grundbruchsicherheit | 419 |
|    Hauptspannungen | 221 |
|    kapillare Steighöhe | 29 |
|    Kippen, Gebrauchstauglichkeit | 443 |
|    Kippsicherheit | 440 |
|    Konsistenzzahl | 153 |
|    Konsolidationssetzungszeit | 189 |
|    Koordinatentransformation | 494 |
|    Korndichte | 139 |
|    Lagerungsdichte | 167 |
|    Mohr-Coulomb | 205 |
|    Plastizitätszahl | 151 |
|    Proctordichte | 161 |
|    Setzungsberechnung | 307 |
|    Setzungsdiagramm von *Christow* | 325 |
|    Sohldruckverteilung | 283, 288 |
|    Sondierergebnisse | 96 |
|    *Steinbrenner* | 245 |
|    Verdichtungsgrad | 159 |
|    Verdrehung, waagerechte Lasten | 323 |
|    Wasserdurchlässigkeit | 173, 176 |
|    Wassergehalt | 130 |
| Aräometer | 116 |
|    -ablesungen | 116 |
|    -Methode | 116 |
| artesisch gespanntes Grundwasser | 27 |
| Auelehm | 15 |
| Auffüllung | 142 |
| Aufschluss | |
|    direkter | 43 |
|    Ergebnisdarstellung | 82 |
|    indirekter | 43, 44 |
| Aufschlusstiefe | 65 |
|    Anwendungsbeispiel | 69 |
|    Baugruben | 67 |
|    Dichtungswände | 68 |
|    Erdbauwerke | 66 |
|    Hoch- und Ingenieurbauten | 65 |
|    Linienbauwerke | 66 |
|    Mindestwerte | 65 |
|    Pfähle | 67 |
|    Tunnel und Kavernen | 68 |
| Aufschwimmen | |
|    Anwendungsbeispiel | 477 |
|    Baugruben | 474 |
|    DIN-Normen | 469 |
|    Einwirkungen | 469 |
|    Gründungskörper | 467 |
|    Maßnahmen zur Sicherheitserhöhung | 468 |
|    Pfähle | 472 |
|    Scherkräfte | 470 |
|    Teilsicherheitsbeiwerte | 470 |
|    Verpressanker | 472 |
|    Widerstände | 469 |
|    Zugelemente | 471, 472 |
| Auftrieb | |
|    DIN-Normen | 469 |
|    Gründungskörper | 467 |
| Ausgangsspannung | 293, 298 |
| Aushubentlastung | 303 |
| Ausnutzungsgrad | 446 |
|    Aufschwimmen | 469, 470, 472, 476 |
|    Böschungsbruch | 448, 449, 450, 451 |
|    Gleiten | 434 |
|    Grundbruch | 414 |
|    Sohlfugenklaffung | 444 |
| Ausquetschversuch | 22, 142 |
| Ausrollgrenze | 145 |
|    Bestimmung | 148 |
|    Definition | 148 |
|    DIN-Normen | 144 |
| Ausstechzylinder | 134 |
| Ausstechzylinder-Verfahren | 134 |
| Auswaschversuch | 20 |
| Auswerterechner | 36 |
| Auswirkung von Einwirkungen | 255 |
| Axialspannung | |

| | |
|---|---|
| effektive | 179 |
| Axialspannung | 179 |

## B

| | |
|---|---|
| Backpressure-Anlage | 171 |
| Ballon-Verfahren | 136 |
| Bänderton | 15 |
| Basalt | 1 |
| baubegleitende Untersuchung | |
|    Baugrund | 48 |
|    Baustoffgewinnung und -verarbeitung | 51 |
| Baubestimmungen, Technische | 522 |
| Baugrund | 4 |
|    baubegleitende Untersuchung | 48 |
|    Hauptuntersuchung | 47 |
|    Voruntersuchung | 46 |
| Baugrundrisiko | 63 |
| Bauordnungsrecht | 42 |
| Bauschäden, geotechnische Untersuchungen | 41 |
| Baustoff | 4 |
| Bauteil, DIN EN 1990 | 254 |
| Bauwerk, DIN EN 1997-1 | 254 |
| Bauwerkseigenschaft, Bemessungswert | 266 |
| Bauwerkswand, Erddruck | 337 |
| Beanspruchung | 253, 254, 255 |
|    Teilsicherheitsbeiwerte | 262 |
| Belastungsumlagerung | 177 |
| Belastungsvektor | 485 |
| Bemessungssituation | 254 |
|    BS-A | 260 |
|    BS-E | 260 |
|    BS-P | 260 |
|    BS-T | 260 |
| Bemessungswert | 264 |
|    Bauwerkseigenschaft | 266 |
|    Einwirkung | 265 |
|    geotechnische Kenngröße | 266 |
|    Grenzzustand GEO-3 | 266 |
|    Grenzzustand HYD | 265 |
|    Grenzzustand UPL | 265 |
| Bemessungswert der Beanspruchung | |
|    Gleiten | 434 |
| Benennung von Boden | |
|    Kurzformen nach DIN 4023 | 11 |
|    Kurzzeichen nach DIN EN ISO 14688-1 | 11 |
| Benetzungswinkel | 28 |
| Beobachtungsmethode | 106, 270 |
| Bettungsmodul | 101, 104 |
| *Beyer*, Wasserdurchlässigkeitsbeiwert nach | 120 |
| bezogene Lagerungsdichte | 93, 94, 163 |
|    Anhaltswerte | 164 |
| bezogene Zusammendrückung | 181 |
| bindiger Boden | 7, 22 |
|    Plastizität | 22 |
| *Bishop*, Verfahren von | 457 |
| Boden | 1 |
|    äolischer | 4 |
|    bestimmende Eigenschaften | 11 |
|    Bezeichnungen | 1 |
|    bindiger | 7, 22 |
|    -dichte | 129, 130 |
|    Dichte | 132 |
|    Dreiphasensystem | 109 |
|    Eigenschaften | 5 |
|    Einteilung nach Korngrößen | 10 |
|    Einteilungskriterien | 4 |
|    Entstehung | 4 |
|    Entstehung, Abtragung | 4 |
|    Entstehung, Erosion | 4 |
|    Entstehung, Verwitterung | 4 |
|    feinkörniger | 7 |
|    gesättigter | 109 |
|    gewachsener | 7 |
|    glazialer | 4 |
|    Grenzen | 208 |
|    grobkörniger | 7 |
|    Hauptbestandteile | 122 |
|    Hauptgruppen | 122 |
|    Kenngrößen | 196 |
|    Kennzeichnung | 17 |
|    Klassifikation nach DIN 18196 | 121 |
|    Klassifikation und Benennung | 4 |
|    kohäsiver | 7 |
|    Massenanteile | 123 |
|    nichtbindiger | 7 |
|    organische Bestandteile | 140 |
|    organischer | 15, 142 |
|    organogener | 15, 142 |
|    Plastizität | 22 |
|    rolliger | 7 |
|    schluffiger | 21 |
|    toniger | 21 |
|    wassergesättigter | 109 |
|    -wichte | 130 |
|    zusammengesetzter | 11 |
|    Zweiphasensystem | 109 |
| Bodenart | |
|    -anteile | 122 |
|    Erkennung | 20 |
|    Hauptanteil | 11 |
|    Nebenanteil | 12 |
|    reine | 10 |
| Bodenarten | |
|    fließende | 16 |
|    leicht lösbare | 16 |
|    mittelschwer lösbare | 16 |
|    schwer lösbare | 17 |
| Bodenbezeichnungen | 13 |
| Bodenkenngrößen | |
|    Erfahrungswerte, Tabelle | 187, 210, 211, 213 |
|    charakteristische Werte | 187, 210, 211, 213 |
| Bodenkenngrößen, charakteristische | 257 |
| Bodenklassifikation | |
|    bautechnische Eigenschaften | 123 |
|    bautechnische Eignung | 123 |
|    für bautechnische Zwecke | 123 |
| Bodenklassifikation nach DIN 18196 | 150 |
|    Einstufung von Ton und Schluff | 150 |
| Bodenklassifizierung | |

| | |
|---|---|
| Anwendungsbeispiel | 127 |
| Bodenpressungen | |
|   geradlinig verteilte | 281 |
|   unter Kreisfundamenten | 286 |
|   unter Rechteckfundamenten | 281 |
|   Verteilung in der Sohlfuge nach DIN 1054 | 276 |
| Bodenprobe | |
|   Entnahme | 78 |
| Bodenproben | |
|   Entnahme von Proben | 78, 79 |
|   Entnahmegeräte | 76 |
|   Güteklassen | 75 |
| Bodenverhalten, duktil | 257 |
| Bohrlochrammsondierung | 89 |
| Bohrung | |
|   Geräte und Verfahren | 72 |
|   Schlüssel- | 44 |
|   Verrohrung | 72 |
| Bohrverfahren | |
|   Einteilung nach Art des Lösens | 73 |
|   Einteilung nach DIN EN ISO 22475-1 | 73 |
| Böschung | 445, 446 |
| Böschungsbruch | 446 |
|   ebene Gleitflächen | 447 |
|   Lamellenverfahren | 449 |
|   räumliche Fälle | 453 |
|   schwedische Methode | 449 |
| *Boussinesq* | |
|   Halbraumdeformationen infolge Punktlast | 231 |
|   Halbraumspannungen infolge Linienlast | 237 |
|   Halbraumspannungen infolge Punktlast | 231 |
|   Halbraumverschiebung infolge Einzellast | 294 |
|   Setzung infolge Einzellast | 295 |
|   Sohldruckspannungsverteilung nach | 273 |
| Braunkohle | 1 |
| Bruchmechanismus | 446 |
| Bruchscholle, Lamellenverfahren | 449 |
| BS-A, Bemessungssituation | 260 |
| BS-E, Bemessungssituation | 260 |
| BS-P, Bemessungssituation | 260 |
| BS-T, Bemessungssituation | 260 |
| *Buisman*, Verfahren von | 410 |

## C

| | |
|---|---|
| *Casagrande*, Fließgrenzengerät nach | 147 |
| CEN | 517 |
| *Cerruti* | |
|   Halbraumdeformationen infolge Punktlast | 236 |
|   Halbraumspannungen infolge Linienlast | 239 |
|   Halbraumspannungen infolge Punktlast | 236 |
| charakteristische Bodenkenngrößen | 187, 210, 211, 213, 257 |
| charakteristische Linie | |
|   Setzung | 294 |
|   Sohldruck | 275 |
| charakteristischer Punkt | |
|   Setzung | 294 |
|   Sohldruck | 275 |
| *Christow*, Setzungsdiagramm von | 325 |

| | |
|---|---|
| Anwendungsbeispiel | 325 |
| *Coulomb* | |
|   Erddruckermittlung nach | 355 |
|   Grenzbedingung von | 193 |
|   passiver Erddruck nach | 356 |
| *Culmann*, Erddruckermittlung nach | 399, 400 |

## D

| | |
|---|---|
| *Darcy*, Gesetz von | 170 |
| Datenfernübertragung | 36 |
| Deformationsmethode | 484 |
| Deformationstensor | 217 |
| Deformationszustand, ebener | 221, 406 |
| Deformationszustände | |
|   Antimetrieebene | 222 |
|   Symmetrieebene | 222 |
| Dehnung | |
|   Längs- | 216 |
|   Quer- | 216 |
| Deutsches Institut für Normung (DIN) | 254, 517 |
| Diabas | 1 |
| Dichte | 132 |
|   Anwendungsbeispiel | 133 |
|   Ausstechzylinder-Verfahren | 134 |
|   Ballon-Verfahren | 136 |
|   Boden unter Auftrieb | 112 |
|   dichteste Lagerung | 162 |
|   DIN-Norm zu dichtester Lagerung | 162 |
|   DIN-Norm zu lockerster Lagerung | 162 |
|   Feldversuche nach DIN 18125-2 | 134 |
|   feuchter Boden | 111, 129, 132 |
|   gesättigter Boden | 111, 130 |
|   lockerste Lagerung | 162 |
|   nichtbindiger Boden | 162 |
|   Probenentnahme | 134 |
|   Sandersatz-Verfahren | 135 |
|   trockener Boden | 132 |
| diffuse Hülle | 31 |
| diffuse Schicht | 31 |
| diffuse Wasserhüllen | 171 |
| Dilatanz | 197 |
| DIN Deutsches Institut für Normung | 254, 517 |
| Diorit | 1 |
| Dipoleigenschaften | 31 |
| direkte Aufschlüsse | |
|   Mindestwerte für Aufschlusstiefen | 65 |
|   Regelwerke | 63 |
|   Richtwerte für Aufschlussabstände | 63 |
|   Untersuchungsverfahren | 61 |
|   Untersuchungszweck | 61 |
| direkter Scherversuch | 195 |
| Doline | 293 |
| Dolomitstein | 1 |
| Dreiecknetz zur Bodenklassifizierung | 14 |
|   Anwendungsbeispiel | 14 |
| Dreiphasensystem | 109 |
|   Anwendungsbeispiel | 112 |
| Druck, effektiver mittlerer | 191 |
| Druck, mittlerer | 191 |

| | |
|---|---|
| Druckfestigkeit, einaxiale | 206 |
| Druck-Setzungs-Kurve | 181 |
| Drucksonde | 35 |
| Drucksondierung | 86 |
|   Mantelreibung | 87, 89 |
|   Spitzenwiderstand | 87, 89 |
| Druckspannung | |
|   effektive | 227 |
|   einaxiale | 207 |
|   totale | 227 |
| Druck-Zusammendrückungs-Kurve | 181 |
| Drumlin | 5 |
| duktil, Bodenverhalten | 257 |
| Durchfluss | 169, 171 |
| Durchflussquerschnitt | 171 |
| Durchlässigkeitsbeiwert | 169, 170 |
|   Erfahrungswerte | 170 |
|   Vergleichstemperatur | 172 |
| Durchlässigkeitsbereiche | 171 |
| Durchlässigkeitsversuch | |
|   in Triaxialzelle | 175 |
|   mit konstantem hydraulischem Gefälle | 173 |
| durchströmte Länge | 170 |

## E

| | |
|---|---|
| $E^*$, Rechenmodul | 301 |
| ebener Deformationszustand | 406 |
| effektive | |
|   Druckspannung | 227 |
|   Grenzbedingung | 192 |
|   Kohäsion | 194 |
|   Normalspannung | 191, 193 |
|   Scherparameter | 194 |
|   Schubspannung | 191 |
|   Spannungen | 228 |
|   Vergleichsspannung | 194 |
| effektive Axialspannung | 179 |
| effektive Kohäsion | 193 |
| effektiver Reibungswinkel | 192 |
| Eigenschaften, Boden, bestimmende | 11 |
| Eigenschaften, bodenmechanische | 5 |
| einaxiale Druckfestigkeit | 206 |
|   DIN-Norm | 206 |
| eindimensionale Konsolidation | 194 |
| eindimensionale Konsolidationstheorie | 326 |
| eindimensionaler Kompressionsversuch | 178 |
| Einheitsknotenbewegungszustand | 486 |
| Einteilungskriterien für Böden | 4 |
| Einwirkung | 254 |
|   Auswirkung von | 255 |
|   Bemessungswert | 255, 265 |
|   charakteristische Werte | 256, 264 |
|   charakteristischer Wert | 255 |
|   DIN EN 1997-1 | 255 |
|   direkte | 254 |
|   dynamische | 255 |
|   geotechnische | 254, 255 |
|   indirekte | 254 |
|   Kombination | 254 |
|   Leit- | 258 |
|   quasi-statische | 255 |
|   repräsentativer Wert | 255 |
|   ständige | 255 |
|   statische | 255 |
|   veränderliche | 255 |
| Einwirkungen | |
|   Aufschwimmen | 469, 473 |
|   Gelände- und Böschungsbruch | 453 |
|   Grundbruch | 414 |
|   Kombination | 253 |
|   Teilsicherheitsbeiwerte | 262 |
| Eiszeit | |
|   Kaltzeit | 7 |
|   Landschaftsformung | 6 |
|   Zeitfolge in Norddeutschland | 7 |
| Elastizitätsmodul | 225 |
| Elektrolytgehalt | 31 |
| Elementknoten | 483 |
| Element-Steifigkeitsmatrix | 488 |
| Element-Steifigkeitsmatrix | 499 |
| Elster-Kaltzeit | 7 |
| Entnahmegerät | |
|   Großproben- | 79 |
|   Kolben- | 79 |
|   offenes | 79 |
|   Schlitz- | 79 |
| Entwurfsverfasser | 42 |
| EQU, Grenzzustand | 259 |
| Erddruck | 337 |
|   aktiver | 337 |
|   aktiver nach *Coulomb* | 355 |
|   -anteil aus Kohäsion | 381, 395 |
|   Anwendungsbeispiel | 374 |
|   Bauwerkswand | 337 |
|   Bewegungen von starrer Wand | 347 |
|   DIN-Normen | 337 |
|   erforderliche Unterlagen | 340 |
|   erhöhter aktiver | 338 |
|   Ermittlung nach *Culmann* | 399 |
|   gebrochene Wandfläche | 371 |
|   infolge gleichmäßig verteilter Flächenlast | 372, 392 |
|   infolge Linien- und Streifenlasten | 378 |
|   -kraft infolge Bodeneigenlast | 366, 387 |
|   Linienbruch | 349 |
|   Mindesterddruck | 338 |
|   Neigungswinkel | 339 |
|   passiver | 337 |
|   passiver infolge Bodeneigenlast | 387 |
|   passiver nach *Coulomb* | 356 |
|   passiver nach *Müller-Breslau* | 359 |
|   Silodruck | 338 |
|   Verdichtungs- | 338 |
|   verminderter passiver | 338 |
|   Verteilung bei Bodeneigenlast | 369 |
|   Wandreibungswinkel | 339 |
|   Wandreibungswinkel nach DIN 4085 | 339 |
|   Winkelstützmauerbemessung | 371 |
|   Zonenbruch | 349 |
| Erddruckbeiwert | |

| | |
|---|---|
| für Bodeneigenlast | 388 |
| für Kohäsion | 381 |
| Erddruckbeiwerte | |
| aktiver Erddruck | 358 |
| für Bodeneigenlast | 367 |
| für Bodeneigenlast, Tabelle | 368, 391, 394 |
| für Kohäsion | 395 |
| für Kohäsion, Tabelle | 382, 397 |
| passiver Erddruck | 359 |
| Ruhedruck | 342 |
| Erddruckkraft | 337 |
| infolge Bodeneigenlast | 366, 387 |
| mobilisierbare | 398 |
| passive infolge Bodeneigenlast | 388 |
| Erdfall | 293 |
| Erdkruste | 1 |
| Erdruhedruck | 337, 342 |
| nach DIN 4085 | 344 |
| unbelastetes geneigtes Gelände | 344 |
| unbelastetes horizontales Gelände | 342 |
| Erdwiderstand | 337 |
| Bemessungswert | 436 |
| mobilisierbarer | 398 |
| Ergussgestein | 1 |
| Erosion | 4 |
| Erstarrungskruste | 1 |

## F

| | |
|---|---|
| Fallkegelverfahren, Fließgrenze | 147 |
| Faulschlamm | 15 |
| Federtopfmodell | 176 |
| feinkörniger Boden | 7 |
| Feldversuche | 44, 57 |
| Anwendungsbeispiel | 23 |
| nach DIN 18125-2, Dichte | 134 |
| Fels | 1 |
| Grenzen | 208 |
| Fels, leicht lösbar | 17 |
| Fels, schwer lösbar | 17 |
| FEM | 483 |
| Belastungsvektor | 485 |
| ebener Deformationszustand | 501 |
| ebener Spannungszustand | 502 |
| Einheitsknotenbewegungszustand | 486 |
| Elementknotenbewegungen | 488 |
| Elementknotenschnittlasten | 488 |
| Element-Steifigkeitsmatrix | 488, 499 |
| Elementtypen | 483 |
| Gleichung des Gesamtsystems | 496 |
| Güte der Näherung | 483 |
| *Hooke*'sches Stoffgesetz | 500 |
| Knoten | 483 |
| Knotenverschiebungstransformation | 496 |
| Koordinatentransformation | 491, 493 |
| Last-Verformungs-Beziehung | 500 |
| Materialeigenschaften | 483 |
| Ortsvektor | 491, 494 |
| Punktkoordinatenvektor | 491 |
| Scheibenelement | 503 |
| Schnittlastentransformation | 496 |
| Spannungsvektor | 500 |
| Steifigkeitsmatrix Gesamtsystem | 495 |
| Steifigkeitsmatrixelement | 495 |
| Umordnungsmatrix | 496 |
| Verschiebungsvektor | 485 |
| Verzerrungsvektor | 500 |
| Weggrößenverfahren | 484 |
| Festgestein | 1 |
| Filter | |
| Aufbau | 120 |
| -festigkeit, mechanische | 121 |
| mehrstufiger | 120 |
| -regel von *Terzaghi* | 121 |
| Filtergeschwindigkeit | 169, 171 |
| Beziehung mit hydraulischem Gefälle | 171 |
| postlinearer Bereich | 171 |
| prälinearer Bereich | 171 |
| Temperatureinfluss | 172 |
| Fingerprobe | 20 |
| Fließbedingung | |
| nach *Mohr* | 407 |
| nach *Mohr-Coulomb* | 350 |
| fließende Bodenarten | 16 |
| Fließgeschwindigkeit | 171 |
| tatsächliche | 169 |
| Temperatureinfluss | 172 |
| Fließgrenze | 145 |
| Definition | 147 |
| DIN-Normen | 144 |
| Ermittlung mit Fallkegelverfahren | 147 |
| Mehrpunktmethode | 147 |
| Fließgrenzengerät nach *A. Casagrande* | 147 |
| Flügelscherfestigkeit | 100 |
| Flügelscherversuch | |
| Ergebnisdarstellung | 100 |
| Scherfestigkeit | 100 |
| Flügelscherversuche | 98 |
| Flügelsondierung | 98 |
| Scherwiderstand | 98 |
| Formänderung | |
| bei Volumenkonstanz | 197 |
| volumenneutral | 216 |
| Formänderungsmethode | 484 |
| Formbeiwerte | 417 |
| Frachtung | 4 |
| freies Grundwasser | 26 |
| *Fröhlich* | |
| Halbraumspannungen infolge Linienlast | 238 |
| Halbraumspannungen infolge Punktlast | 233 |
| Frostempfindlichkeit | 113 |

## G

| | |
|---|---|
| Gabbro | 1 |
| Ganglieniendiagramm | 36 |
| Gasometer | 144 |
| Gebirge | 1 |
| Gebrauchstauglichkeit | |
| Sohlfugenklaffung | 441 |

| | |
|---|---|
| Verschiebungen in der Sohlfuge | 437 |
| Geländebruch | 446 |
|    Ausnutzungsgrad | 446 |
|    Bruchmechanismus | 446 |
|    DIN-Normen | 445 |
|    Gleitfläche | 446 |
|    Gleitkörper | 446 |
|    Gleitlinie | 446 |
|    Grenzgleichgewicht | 446 |
|    Lamellenverfahren nach *Bishop* | 457 |
|    Scherfuge | 446 |
|    Scherzone | 446 |
|    Unterlagen für Berechnung | 446 |
|    Zugglied | 446 |
| Geländeneigungswinkel | 425 |
| Geländesprung | 445 |
| GEO, Grenzzustand | 259 |
| GEO-2, Grenzzustand | 259 |
| GEO-3, Grenzzustand | 259 |
| geometrische Vorgabe | 257 |
|    charakteristische Werte | 257 |
| geophysikalische Verfahren | 44 |
| Geotechnik | |
|    Wert von Kombinationsbeiwert $\psi_0$ | 258 |
|    Werte von Kombinationsbeiwerten | 268 |
| geotechnische Einwirkung | 254 |
| Geotechnische Kategorie | 51, 270 |
|    Kategorie GK 1 | 51, 57 |
|    Kategorie GK 2 | 52, 57 |
|    Kategorie GK 3 | 54, 58 |
| geotechnische Kenngröße | 254, 255, 256, 264 |
|    Bemessungswert | 266 |
|    Teilsicherheitsbeiwerte | 264 |
| geotechnische Untersuchung | 41 |
|    Anwendungsbeispiel | 44 |
|    Bauschäden | 41 |
|    bautechnische Vorgeschichte | 43 |
|    direkte Aufschlüsse | 43 |
|    geologische Vorgeschichte | 43 |
|    Luftaufnahme | 43 |
|    Ortsbegehung | 43 |
|    Planung | 42 |
| Geotechnischer Bericht | 58 |
|    Untersuchungsergebnis, Bewertung | 59 |
| Geotechnischer Entwurfsbericht | 58, 60 |
| Geotechnischer Untersuchungsbericht | 58 |
|    Untersuchungsergebnis, Darstellung | 59 |
| Gesamtsetzung | 292 |
|    starre Gründungskörper | 312 |
| gesättigter Boden | 109 |
| Geschiebelehm | 14 |
| Geschiebemergel | 14 |
| gespanntes Grundwasser | 26 |
| Gestein | 1 |
|    magmatisches | 1 |
|    metamorphes | 1 |
|    Sedimentgestein | 1 |
| gewachsener Boden | 7 |
| Gleiten | 433 |

| | |
|---|---|
|    Anwendungsbeispiel | 436 |
|    Bemessungswert der Beanspruchung | 434 |
|    Bemessungswert des Erdwiderstands | 436 |
|    Bemessungswert des Gleitwiderstands | 435 |
|    charakteristischer Gleitwiderstand | 435 |
|    DIN-Normen | 433 |
|    Ersatz für Sicherheitsnachweis | 276 |
|    Maßnahmen zur Sicherheitserhöhung | 438 |
|    Sicherheit gegen | 434 |
| Gleitfestigkeit | 192 |
| Gleitfläche | 446 |
|    ebene | 190, 364, 381 |
|    gebrochene | 365 |
|    gekrümmte | 190, 365 |
|    nach *Rankine* | 352 |
|    Neigungswinkel der | 360, 368, 381, 408 |
| Gleitfuge | 446 |
| Gleitkörper | 446 |
| Gleitlinie | 446 |
| Gleitung, Winkel der | 217 |
| Gleitwiderstand | |
|    Bemessungswert | 435 |
|    charakteristischer | 435 |
| Glimmerschiefer | 1 |
| globales Koordinatensystem | 494 |
| Glühverlust | 140 |
|    Anhaltswerte für Bodenart | 141 |
|    DIN-Norm | 140 |
|    Probemenge | 141 |
| Gneis | 1 |
| Granit | 1 |
| Granulit | 1 |
| Grenzbedingung | 192 |
|    nach *Coulomb* | 193 |
|    nach *Mohr-Coulomb* | 193, 202 |
|    totale | 192, 194 |
| Grenzgleichgewicht, rechnerisches | 446 |
| Grenztiefe | |
|    = Setzungseinflusstiefe | 297, 308 |
|    Einflussgrößen | 297 |
|    Ermittlung für Setzungsberechnung | 308 |
|    nach DIN 4019 | 297 |
|    Setzung | 297 |
|    Sondiertiefen | 91 |
| Grenzzustand | 192, 254 |
|    EQU, Lagesicherheit | 259 |
|    GEO Tragfähigkeit | 259 |
|    GEO-2, Tragfähigkeit | 259 |
|    GEO-3, Gesamtstandsicherheit | 259 |
|    HYD, hydraulischer Grundbruch | 258, 269 |
|    kritischer | 192 |
|    SLS, Gebrauchstauglichkeit | 258 |
|    STR, Tragfähigkeit | 259 |
|    ULS, Tragfähigkeit | 258 |
|    UPL, Aufschwimmen | 259, 269 |
| grobkörniger Boden | 7 |
| Großproben-Entnahmegerät | 79 |
| Grundbruch | 405, 406 |
|    Anwendungsbeispiel | 419, 423 |
|    Anwendungserfordernisse | 413 |

| | |
|---|---|
| Berücksichtigung der Bermenbreite | 427 |
| charakteristische Widerstände | 416 |
| DIN-Normen | 405 |
| Durchstanzen | 428 |
| Einwirkungen für Berechnung | 414 |
| Ersatz für Sicherheitsnachweis | 276 |
| Formbeiwerte | 417 |
| fortschreitender | 439 |
| Geländeneigungsbeiwerte | 425 |
| Gleichung von *Prandtl* | 409 |
| Grundwerte der Tragfähigkeitsbeiwerte | 417 |
| Kenngrößen des Baugrunds | 413 |
| Lastneigungsbeiwerte | 421 |
| *Prandtl*-Zone | 408 |
| *Rankine*-Zone | 407 |
| Sicherheitsnachweis | 414 |
| Sonderform | 433 |
| Tragfähigkeitsbeiwerte | 416 |
| Verfahren von *Buisman* | 410 |
| Widerstandsberechnung | 411 |
| Grundbruchlast | 406 |
| Grundbruchwiderstand | 406 |
| Gründungslast | 256 |
| Grundwasser | 26 |
| artesisch gespanntes | 27 |
| -druck | 27 |
| -druckfläche | 26 |
| freies | 26 |
| gespanntes | 26 |
| -gleichenplan | 36 |
| -gleichenplan, Isohypse | 36 |
| -hemmer | 27 |
| -körper | 26 |
| -leiter | 27 |
| -messstelle | 27, 35, 39 |
| -messung | 27 |
| -nichtleiter | 27 |
| -oberfläche | 26 |
| -oberfläche, freie | 26 |
| Piezometer | 27 |
| Porendruck | 27 |
| -probenentnahme | 32, 34 |
| Profildurchlässigkeit | 27 |
| -schwankungen | 27 |
| -sohle | 27 |
| -spiegel | 26 |
| -stockwerk | 27, 39 |
| Transmissibilität | 27 |
| Transmissivität | 27 |
| Grundwasserproben, Entnahme | 32, 34 |

## H

| | |
|---|---|
| Haftwasser | 25 |
| Halbraum | 230 |
| Halbraumspannungen | |
| infolge Linienlast | 237, 238 |
| infolge schlaffer Rechtecklast | 240 |
| Hang | 446 |
| Hanglehm | 15 |
| Hangrutschung | 446 |
| häufiger Wert | 268 |
| Hauptanteil | 11 |
| Bezeichnungen | 12 |
| Hauptspannung | |
| Ebene | 220 |
| Koordinatenmatrix | 220 |
| Richtungen nach *Rankine* | 352 |
| Zustand | 220 |
| Hauptspannungen | |
| Anwendungsbeispiel | 221 |
| Hauptuntersuchung | |
| Baugrund | 47 |
| Baustoffgewinnung und -verarbeitung | 50 |
| GK 1 | 57 |
| Hebung | 292, 293 |
| Höchstquantil | 160 |
| *Hooke*'sches Material | 217, 223, 225 |
| *Hülsdünker*, Diagramm von | 285 |
| Anwendungsbeispiel | 286 |
| Humusgehalte bei Böden | 141 |
| HYD, Grenzzustand | 258 |
| hydraulische Wirksamkeit | 121 |
| hydraulischer Grundbruch | |
| Grenzzustand HYD | 269 |
| hydraulischer Höhenunterschied | 170 |
| hydraulisches Gefälle | 170 |
| Beziehung mit Filtergeschwindigkeit | 171 |
| hygroskopisches Wasser | 31 |

## I

| | |
|---|---|
| in situ | 61 |
| indirekte Setzungsberechnung | 318 |
| indirekter Scherversuch | 198 |
| Indizierung, Kombinationsbeiwert | 268 |
| Inkrustation | 39 |
| Instabilität, Sicherheit gegen | 444 |
| ISO | 522 |
| Isobare | 235 |
| Isohypse | 36 |
| isotrope Konsolidation | 193 |

## J

| | |
|---|---|
| *Jamin*-Rohr | 28 |
| *Jelinek* | |
| Spannungen unter Eckpunkten | 249 |

## K

| | |
|---|---|
| Kabellichtlot | 35 |
| Kalkgehalt | 142, 144 |
| Bestimmung nach DIN 18129 | 144 |
| DIN-Normen | 143 |
| Gasometer | 144 |
| qualitative Bestimmung | 143 |
| Kalkgehalt von Fels | 20 |
| Kalkstein | 1 |
| Kaltzeit | 7 |
| Kame | 5 |

| | | | |
|---|---|---|---|
| kapillare Rückhaltehöhe | 28 | qualitative Bestimmung | 145 |
| kapillare Steighöhe | 28 | Schrumpfgrenze | 149 |
|   aktive | 28 | Konsistenzzahl | 145 |
|   Anwendungsbeispiel | 29 |   Anwendungsbeispiel | 153 |
|   passive | 28 | Konsolidation | 178, 193 |
| Kapillarkohäsion | 30, 193, 293 |   anisotrope | 194 |
| Kapillarkräfte | 30 |   eindimensionale | 194 |
| Kapillarpyknometer | 138 |   isotrope | 193 |
| Kapillarwasser | 28 | Konsolidationsbeiwert | 326 |
| Kapillarzone | | Konsolidationssetzung | 293 |
|   geschlossene | 29 |   Zeitverlauf | 326 |
|   offene | 29 | Konsolidationssetzungszeit | 188, 189 |
| KEM (Kinematische-Element-Methode) | 406 |   Anwendungsbeispiel | 189 |
| Kenngröße, geotechnische | 254, 255, 256, 264 | Konsolidationsspannung | 193 |
| kennzeichnende Linie | | Konsolidationstheorie, eindimensionale | 326 |
|   Setzung | 294 | Konsolidationszeit | 177 |
|   Sohldruck | 275 | Konsolidationszusammendrückungszeit | 188 |
| kennzeichnender Punkt | | konsolidierter Versuch | |
|   Lage bei Rechteckfundament | 294 |   dräniert | 200 |
|   Setzung | 294 |   undräniert | 200 |
|   Sohldruck | 275 | Konsolidierung | 193 |
| *Kepler*, Fassformel von | 320 | Konzentrationsfaktor | 234 |
| Kern | 282, 285, 288 |   Einfluss auf Spannungsverteilung | 235 |
| Kernweite, 1. | 282, 288, 441 | Koordinatenmatrix | 217 |
| Kernweite, 2. | 283, 289 |   Deformationstensor | 222 |
| kinematische Methode | 355 |   Hauptspannung | 220 |
| Kinematische-Element-Methode (KEM) | 406 |   Spannungstensor | 221 |
| Kippen | 438 | Koordinatensystem | |
|   Anwendungsbeispiel | 440, 443 |   globales | 494 |
|   DIN-Normen | 440 | Koordinatensysteme | 215 |
|   Sicherheit gegen | 439 | Koordinatentransformation | 215 |
| Kippmoment | 439 |   Anwendungsbeispiel | 494 |
| Klei | 15 | Korndichte | 110, 137, 138 |
| Kleindruckbohrung | 73 |   Anwendungsbeispiel | 139 |
| Kleinstbohrung | 74 |   Bestimmung mit Kapillarpyknometer | 138 |
| Knetversuch | 20 |   DIN-Norm | 137 |
| Knetversuch, Plastizität | 22 |   von Mineralien und Böden | 139 |
| Knotenverschiebungstransformation | 496 | Korndurchmesser | 113 |
| Kohäsion | 193 |   mittlerer | 119 |
|   effektive | 194 | Korngröße | 113 |
| Kohäsion, effektive | 193 | Korngrößen | |
| Kohäsionskonstanten | 194 |   reine Bodenarten | 10 |
| kohäsiver Boden | 7 |   Ton | 10 |
| Kolbenentnahmegerät | 79 | Korngrößenverteilung | 112 |
| Kombination von Einwirkungen | 254 | Körnungslinie | 115 |
| Kombination, Einwirkung | 253 |   charakteristische Größen | 119 |
| Kombinationsbeiwert | | Kornwichte | 110 |
|   Indizierung | 268 | Korrekturbeiwert | 302 |
|   Werte in der Geotechnik | 268 | Korrelationen | |
|   $\psi_0$, Wert in der Geotechnik | 258 |   effektiver Reibungswinkel/Bodenkennwerte | 96 |
| Kompressionsversuch | |   effektiver Reibungswinkel/Spitzenwiderstand | 95 |
|   Gerät | 179 |   Flügelscherfestigkeit/Spitzenwiderstand | 100 |
|   Probekörper | 179 |   Konsistenz/Scherfestigkeit | 100 |
| Kompressionsversuch, eindimensionaler | 178 |   Lagerungsdichte/Sondierwiderstand | 93, 94 |
| Konsistenzbestimmung | 22 |   Lagerungsdichte/Spitzenwiderstand | 93, 95 |
| Konsistenzgrenzen | 144 |   Schlagzahl/bezogene Lagerungsdichte | 94 |
|   Ausrollgrenze | 148 |   Schlagzahl/Grundwasserstand | 92 |
|   Fließgrenze | 147 |   Schlagzahl/Lagerungsdichte | 94 |
|   plastische Bereiche | 152 |   Sondierergebnisse/Bodenkenngröße | 91 |
| | |   Sondiergerät/Sondiergerät | 91 |

| | |
|---|---|
| Sondierwiderstand/Sondierwiderstand | 91, 92 |
| Spitzendruck/Reibungswinkel | 95 |
| Spitzendruckwiderstand/bezogene Lagerungsdichte | 94 |
| Spitzendruckwiderstand/Lagerungsdichte | 94 |
| Kreidestein | 1 |
| Kreisringschergerät | 195 |
| Kriechen | 178 |
| Kriechsetzung | 293 |
| kritischer Zustand | 192 |
| Krümmungszahl | 119 |

## L

| | |
|---|---|
| Laborversuche | 44 |
| Lagerstätte, primäre | 1 |
| Lagerstätte, sekundäre | 1 |
| Lagerungsdichte | 91, 163 |
|    Anhaltswerte | 164 |
|    Anwendungsbeispiel | 167 |
|    bezogene | 163 |
| Lamellenverfahren | 449 |
| Langzeitmessung | 39 |
| Last-Verformungs-Beziehung | 500 |
| Last-Verformungs-Verhalten | 176, 179 |
| Lehm | 15 |
| leicht lösbare Bodenarten | 16 |
| leicht lösbarer Fels | 17 |
| Leiteinwirkung | 258 |
| Letten | 15 |
| Linie | |
|    charakteristische | 275, 294 |
|    kennzeichnende | 275, 294 |
| Linienbruch | |
|    bei Erddruck | 349 |
|    nach *Coulomb* | 355 |
| Linienlast | 229 |
|    Halbraumspannungen | 237, 238 |
| Liquiditätsindex | 145 |
| Liquiditätszahl | 145 |
| Lockergestein | 1 |
| Löss | 15 |
| Luftaufnahme | 43 |

## M

| | |
|---|---|
| Magma | 1 |
| Marmor | 1 |
| Marsch | 15 |
| maßgeblicher Querschnitt | 206 |
| *Matl*, Verdrehungsberechnung nach | 317 |
| Matrix | |
|    Element-Steifigkeits- | 488 |
|    Gesamtsteifigkeitsmatrix | 495 |
|    Steifigkeits- | 485 |
|    Umordnungs- | 496 |
| *Maxwell* und *Betti* | 499 |
| mechanische Filterfestigkeit | 121 |
| Mehrpunktmethode | 147 |
| Mergelstein | 1 |
| messtechnische Verfahren | 44 |

| | |
|---|---|
| Metamorphose | 1 |
| Mindesterddruck | 338, 383 |
| Mindestquantil | 160 |
| Mineralkornhärte, Bestimmung | 21 |
| Mischboden | 8 |
| mittelschwer lösbare Bodenarten | 16 |
| mittlere Normalspannung | 101 |
| mobilisierbare passive Erddruckkraft | 398 |
| Modellversuche | 44 |
| MOHR-COULOMB | |
|    Anwendungsbeispiel | 205 |
| *Mohr'*scher Spannungskreis | 201 |
| Mudde | 15 |
| Muffelofen | 141 |
| *Müller-Breslau* | |
|    passiver Erddruck nach | 359 |
|    verallgemeinerte Erddrucktheorie | 357 |
| Musterbauordnung | 42, 522 |
| Mutterboden | 15 |

## N

| | |
|---|---|
| NA, Nationaler Anhang | 520 |
| NABau | 517 |
| Nationaler Anhang, NA | 520 |
| Nebenanteil | 11, 12, 83 |
|    Bezeichnungen | 13 |
|    schwach | 13 |
|    stark | 13 |
| Negativbild | 215 |
| Neigungswinkel des aktiven Erddrucks | 365 |
| Neigungswinkel des Erddrucks | 339 |
| Nennwert | 257 |
| *Newmark* | |
|    Einflusskarte nach | 251 |
|    Verfahren von | 249 |
| nichtbindiger Boden | 7 |
| Niederschlagswasser | 25 |
| normalkonsolidiert | 194 |
|    eindimensional | 194 |
| Normalspannung | |
|    effektive | 191, 193 |
|    totale | 191 |
|    wirksame | 191 |
| Normenausschuss Bauwesen | 517 |

## O

| | |
|---|---|
| Oberboden | 15, 16 |
| Oberflächenladung | 31 |
| Oberflächenstrukturen | 7 |
| Oberflächenwasser | 25 |
| Oedometerversuch | 178 |
| offenes Entnahmegerät | 79 |
| optimaler Wassergehalt | 156 |
| Ordnungszahl | 234 |
| organische Bestandteile | 140 |
| organischer Boden | 15 |
|    Benennung und Beschreibung | 16 |
|    Brennbarkeit | 142 |
|    Schwelbarkeit | 142 |

| | |
|---|---:|
| organogener Boden | 15 |
| Ortsbegehung | 43 |
| Ortsvektor | 491, 494 |

## P

| | |
|---|---:|
| Papiertrommel | 36 |
| passive Erddruckkraft | 388 |
| passiver Erddruck | 337, 387 |
| bei Böden mit Kohäsion | 360 |
| nach *Coulomb* | 356 |
| nach DIN 4085 | 386 |
| nach *Müller-Breslau* | 359 |
| verminderter | 338 |
| Piezometer | 27 |
| plastisches Versagen | 192 |
| Plastizität | |
| ausgeprägte | 22 |
| geringe | 22 |
| Knetversuch | 22 |
| Plastizitätsdiagramm | 150 |
| Plastizitätszahl | 145 |
| Anwendungsbeispiel | 151 |
| Plattendruckversuch | 100, 101 |
| Bettungsmodul | 101, 104 |
| DIN-Norm | 101 |
| Geräte | 101 |
| Verformungsmodul | 101, 102 |
| Plaxis 2D, FEM-Programm | 508, 509 |
| Plutonite | 1 |
| *Poisson*-Zahl | 217 |
| Poren | 109 |
| Porenanteil | 109, 129, 133, 137 |
| dichteste Lagerung | 163 |
| gesättigter Boden | 130 |
| lockerste Lagerung | 163 |
| Porendruck | 27 |
| Porenluftanteil | 109, 133 |
| Porenluftzahl | 110 |
| Porenraum | 109 |
| Verringerung | 176 |
| Porenwasseranteil | 110, 133 |
| Porenwasserdruck | 191 |
| Porenwasserüberdruck | 177 |
| Porenwasserzahl | 110 |
| Porenwinkelwasser | 30 |
| Porenzahl | 109, 129, 133 |
| dichteste Lagerung | 163 |
| gesättigter Boden | 130 |
| lockerste Lagerung | 163 |
| Porphyrit | 1 |
| Positivbild | 215 |
| postlinearer Bereich | 171 |
| prälinearer Bereich | 171 |
| *Prandtl* | |
| Grundbruchgleichung von | 409 |
| Theorie von | 406 |
| *Prandtl*-Zone | 408 |
| Gleitflächen | 408 |
| Primärkonsolidation | 178 |

| | |
|---|---:|
| Probe | |
| Abdichtung und Sicherung | 80 |
| Probebelastungen | 44 |
| Probekörper | |
| Kompressionsversuch | 179 |
| Triaxial-Versuch | 199, 200 |
| Probemenge | |
| Glühverlust | 141 |
| Proctorversuch | 155 |
| Siebanalyse | 114 |
| Wassergehaltsbestimmung | 131 |
| Probeschüttungen | 44 |
| Proctordichte | 154, 156 |
| Anwendungsbeispiel | 161 |
| modifizierte | 154, 156 |
| Proctorkurve | 156 |
| Abhängigkeit vom Bodenmaterial | 158 |
| Proctorversuch | 153 |
| DIN-Norm | 153 |
| Ergebnisdarstellung | 156 |
| Geräte | 154 |
| optimaler Wassergehalt | 154, 156 |
| Probemenge | 155 |
| Sättigungskurve | 156 |
| Versuchsdurchführung | 155 |
| Profildurchlässigkeit | 27 |
| Punkt | |
| charakteristischer | 275, 294 |
| kennzeichnender | 275, 294 |
| Punktkoordinatentransformation | 491, 493 |
| Punktkoordinatenvektor | 491 |

## Q

| | |
|---|---:|
| quasi-ständiger Wert | 268 |
| Quellen | 179, 293 |
| Querdehnung | 216 |
| Querdehnzahl | 217, 224, 226 |
| Anhaltswerte | 224 |
| Querkontraktion | 216 |
| Querkontraktionszahl | 217 |
| Querschnitt | |
| Durchfluss- | 171 |
| maßgeblicher | 206 |

## R

| | |
|---|---:|
| Rahmenschergerät | 195 |
| Rammsondierung | 84 |
| in Torf | 86 |
| *Rankine*, Erddrucktheorie von | 350 |
| *Rankine*-Zone | |
| aktive | 407 |
| passive | 407 |
| Rechenmodul $E^*$ | 301 |
| Reibeversuch | 20, 21 |
| Reibungswinkel | 91, 162, 192 |
| Reibungswinkel, effektiver | 192 |
| reine Bodenarten | 10 |
| Reinfiltrierung | 37 |
| Rekonsolidation | 194 |

| | |
|---|---|
| Restscherfestigkeit | 192, 447 |
| Riechversuch | 20, 141 |
| Risse, Sicherheit gegen | 333 |
| rolliger Boden | 7 |
| Rütteltischversuch | 166 |

## S

| | |
|---|---|
| Saale-Kaltzeit | 7 |
| Sachverständiger für Geotechnik | 34, 42, 43, 46, 52, 54, 209 |
| Sackung | 293 |
| Salzgestein | 1 |
| Sandersatz-Verfahren | 135 |
| Sandkornanteil | 21 |
| Sandstein | 1 |
| Sattellagerung | 333 |
| Sättigungskurve | 156 |
| Sättigungszahl | 110, 129, 133 |
| scheinbare Kohäsion | *siehe* Kapillarkohäsion |
| Scherfestigkeit | 112, 190, 192 |
| DIN-Normen | 191 |
| Versagensmechanismen | 190 |
| Scherfuge | 192, 195, 446 |
| Scherparameter | |
| effektive | 194 |
| totale | 194 |
| Scherversuch | 192 |
| direkter | 195 |
| Ergebnisse | 196 |
| indirekter | 198 |
| Scherwiderstand | 98, 191 |
| Scherzone | 446 |
| Schlagbohrung | 73, 74 |
| Schlaggabelversuch | 166 |
| Schlämmanalyse | |
| Aräometer-Methode | 116 |
| DIN-Norm | 113 |
| Kombination mit Siebanalyse | 118 |
| Korndurchmesser | 116 |
| Schlick | 15 |
| Schlitzentnahmegerät | 79 |
| Schneideversuch | 20, 21 |
| Schnittlastentransformation | 496 |
| Schrumpfen | 293 |
| Schrumpfgrenze | 137 |
| Bestimmung | 149 |
| Definition | 149 |
| DIN-Normen | 144 |
| Schubmodul | 225, 233, 295 |
| Schubspannung, effektive | 191 |
| Schubwiderstand | 191 |
| Schurf | 71 |
| Entnahme von Proben | 78 |
| Schüttelversuch | 20, 23 |
| Schüttungen | 142 |
| schwedische Methode | 449 |
| Schwellen | 179, 293 |
| Schwellung | 193 |
| schwer lösbare Bodenarten | 17 |

| | |
|---|---|
| schwer lösbarer Fels | 17 |
| Schwimmer | 35 |
| Sedimentation | 1 |
| Sedimentationsanalyse | 116 |
| Sekantenmodul | |
| Steifemodul | 184, 186 |
| Sekantenmodul, einaxialer Druckversuch | 208 |
| Sekundärkonsolidation | 178 |
| Senkung | 293 |
| Setzung | 291, 292 |
| Anfangsschubverformung | 293 |
| Ansatz waagerechter Lasten | 322 |
| Ausgangsspannung | 293, 298 |
| Beiwert für schlaffe Rechtecklasten | 304 |
| Beiwert für starres Rechteckfundament | 305, 306 |
| Beiwerte für Kreislasten | 312 |
| Beobachtungen | 303 |
| Berechnungsbeispiel | 319 |
| charakteristische Formen | 291 |
| erforderliche Berechnungsunterlagen | 299 |
| gegenseitige Beeinflussung | 328 |
| Gesamt- | 292 |
| Gesamt- starrer Gründungskörper | 312 |
| gleichmäßige | 292 |
| Grenztiefe | 297 |
| horizontale Lasten | 317 |
| indirekte Berechnung | 318 |
| infolge Einzellast | 295 |
| infolge Grundwasserabsenkung | 324 |
| infolge kreisförmiger Gleichlasten | 311 |
| infolge schlaffer Kreislast | 299 |
| infolge schlaffer Rechtecklast | 296, 304 |
| Konsolidations- | 293 |
| Konsolidationssetzungszeit | 188, 189 |
| Korrekturbeiwert | 302 |
| Kriech- | 293 |
| mittlerer Zusammendrückungsmodul | 303 |
| Nomogramm von *Christow* | 325 |
| Sofort- | 293 |
| Sofortverdichtung | 293 |
| Sohl- und Baugrundspannungen | 300 |
| spezifische | 181 |
| starres Rechteckfundament | 305 |
| Teilschichten | 319 |
| Überlagerungsdruck | 298 |
| Überlagerungsspannung | 298 |
| ungleichmäßige | 292 |
| Verläufe | 294 |
| zulässige Größen | 331 |
| zulässige Sohlwiderstände | 331 |
| Zusatzspannung | 293 |
| Setzungsberechnung | |
| Anwendungsbeispiel | 307 |
| Aushubentlastung | 301, 303 |
| DIN-Normen | 291 |
| direkte | 292 |
| geschlossene Lösungen | 292 |
| indirekte | 292 |
| Setzungsgleichungen | 292 |
| Setzungseinflusstiefe | 297 |

| | |
|---|---|
| nach DIN 4019 | 297 |
| Setzungsfließen | 257 |
| Sicherheit | |
|   gegen Instabilität | 444 |
|   gegen Risse | 333 |
| Sicherung von Proben | 80 |
| Sickerwasser | 26 |
| Siebanalyse | 113 |
|   DIN-Norm | 113 |
|   Kombination mit Schlämmanalyse | 118 |
|   Korndurchmesser | 113 |
|   Körnungslinie | 115 |
|   Probemenge | 114 |
|   Siebe | 114 |
| Siebe | 114 |
| Silodruck | 338 |
| SLS, Grenzzustand | 258 |
| Sofortsetzung | 293 |
| Sohldruck | 337 |
|   DIN-Normen | 289 |
|   Spannungsermittlung nach *Hülsdünker* | 286 |
|   Spannungsverteilung | 273 |
|   Verteilung unter Flächengründungen | 289 |
| Sohldruckbeanspruchung | |
|   gemäß DIN 1054 anzusetzen | 277 |
|   gemäß DIN 1054 vorhandene | 276 |
| Sohldruckresultierende | 406 |
| Sohldruckverteilung | |
|   Anwendungsbeispiel | 283, 288 |
|   DIN-Normen | 276 |
| Sohlfläche | 273 |
| Sohlfuge | 273 |
| Sohlwiderstand | |
|   Bemessungswert nach DIN 1054 | 276 |
|   Bemessungswert, bindiger Boden | 280 |
|   Bemessungswert, nichtbindiger Boden | 278 |
|   Bemessungswert, Verwendungsvoraussetzungen | 278 |
| Sohlwiderstand, Bemessungswerte | 152 |
| Soll | 5 |
| Sondenspitze | |
|   Durchmesser | 85 |
|   Form | 85 |
| Sondierbohrung | 73 |
| Sondierdiagramm | 91 |
| Sondierergebnis | 91 |
| Sondierergebnisse | |
|   Anwendungsbeispiel | 96 |
| Sondiergerät, Auswahlkriterien | 97 |
| Sondierung | 43, 83 |
|   Bohrlochramm- | 89 |
|   DIN-Normen | 84 |
|   Druck- | 86 |
|   Flügelsondierung | 98 |
|   Korrelationen | 91, 92, 94, 95 |
|   Ramm- | 84 |
|   Standard Penetration Test | 89 |
|   Widerstand | 83 |
| Sondierwiderstand | 83 |
| Spannung | |
|   effektive | 228 |

| | |
|---|---|
|   rechnerische | 226 |
|   totale | 228 |
|   Umformung | 226 |
|   Verschmierung | 226 |
| Spannungskreis nach *Mohr* | 201 |
| Spannungspfad | 192 |
| Spannungstensor | 217 |
| Spannungstransformation | 218 |
| Spannungsvektor | 217, 500 |
| Spannungs-Verzerrungs-Relation | 223 |
| Spannungszustand | |
|   anisotroper | 194 |
|   ebener | 220, 221 |
|   effektiver | 193 |
|   Haupt- | 225 |
| Spannungszustände | |
|   Antimetrieebene | 222 |
|   Symmetrieebene | 222 |
|   Entnahmegerät | 79 |
|   SPT-Entnahmegerät | 79 |
| Stabilitätsproblem | 438 |
| Standard Penetration Test | 89 |
| Standmoment | 439 |
| Stauchung | 181 |
| Stauchung, einaxialer Druckversuch | 206, 207 |
| Steifemodul | 91, 184, 225 |
|   nach DIN 4019 | 301 |
|   Sekantenmodul | 184, 186 |
|   Tangentenmodul | 186 |
| Steifigkeitsmatrix | 485, 495 |
|   Balkenelement | 499 |
|   Bedeutung | 495 |
|   Bedeutung der Elemente | 489 |
| Steifigkeitsmatrixelement | 495 |
| *Steinbrenner* | 242 |
|   Anwendungsbeispiel | 228, 245 |
|   Nomogramm von | 243 |
|   Setzung infolge schlaffer Rechtecklast | 296 |
|   Spannungen unter Eckpunkten | 242 |
| Steinkohle | 1 |
| Stoffgesetz | 215, 223 |
| *Stokes*, Gesetz von | 116 |
| STR, Grenzzustand | 259 |
| Streifenlast | 239 |
| Strömung, turbulente | 171 |
| Stützkonstruktion | 446 |
| Suffosion | 256 |
| Superposition | 240 |
| Symmetrie | 222 |
| Symmetrieebene | 222 |
|   Deformationszustände | 222 |
|   Spannungszustände | 222 |
|   Verformungsbedingungen | 222 |

## T

| | |
|---|---|
| Tagesbruch | 293 |
| Tangentenmodul | |
|   Steifemodul | 186 |
| Tangentenmodul, einaxialer Druckversuch | 208 |

| | |
|---|---:|
| Technische Baubestimmungen | 522 |
|    Liste | 517, 522 |
|       Muster-Liste | 523 |
| Teilschicht | 319 |
|    Zusammendrückung | 319 |
| Teilsicherheitsbeiwert | |
|    Widerstände | 263 |
| Teilsicherheitsbeiwerte | 518 |
|    DIN 1054 | 260 |
|    Einwirkungen und Beanspruchungen | 262 |
|    geotechnische Kenngrößen | 264 |
| Tensor | |
|    Deformations- | 217 |
|    Spannungs- | 217 |
| *Terzaghi*, Filterregel von | 121 |
| Tiefengestein | 1 |
| *Timoshenko*-Balken | 333 |
| Torf | 15, 142 |
|    Glühverlust | 141 |
|    Rammsondierung in | 86 |
|    Zersetzungsgrad | 22, 142 |
| totale | |
|    Druckspannung | 227 |
|    Grenzbedingung | 192, 194 |
|    Normalspannung | 191 |
|    Scherparameter | 194 |
|    Spannungen | 228 |
| Tragfähigkeitsbeiwerte | 416 |
|    Grundwerte der | 417 |
| Tragsicherheit | |
|    Grenzzustand UPL | 269 |
| Tragwerk, DIN EN 1990 | 254 |
| Transformation | |
|    Knotenverschiebungs- | 496 |
|    Punktkoordinaten- | 491, 493 |
|    Schnittlasten- | 496 |
|    Spannungs- | 218 |
| Transmissibilität | 27 |
| Transmissivität | 27 |
| Trennfläche | 1 |
| Triaxial-Versuch | 198 |
|    CCV-Versuch | 200 |
|    CU-Versuch | 200 |
|    D-Versuch | 200 |
|    Probekörper | 199, 200 |
|    UU-Versuch | 201 |
| Trockendichte | 111, 129 |
|    gesättigter Boden | 130 |
| Trockenfestigkeitsversuch | 20, 21 |
| Trockenschrank | 131 |
| Trockenwichte | 111, 129 |
|    gesättigter Boden | 130 |
| Trocknungsofen | 131, 141 |
| turbulente Strömung | 171 |

## U

| | |
|---|---:|
| überkonsolidiert | 194 |
|    eindimensional | 194 |
| Überlagerungsdruck | 298 |
| Überlagerungsspannung | 298 |
| überverdichtet | 194 |
| ULS, Grenzzustand | 258 |
| Umordnungsmatrix | 496 |
| Ungleichförmigkeitszahl | 119 |
| unkonsolidierter Versuch, undräniert | 201 |
| Untersuchung, geotechnische | 41 |
| Untersuchungsschacht | 71 |
| Untersuchungsstollen | 71 |
| Untersuchungstunnel | 71 |
| UPL, Grenzzustand | 259 |

## V

| | |
|---|---:|
| *van der Waals*'sche Kräfte | 31 |
| Vektor | |
|    Belastungs- | 485 |
|    Elementknotenbewegungen | 488 |
|    Elementknotenschnittlasten | 488 |
|    Orts- | 491, 494 |
|    Punktkoordinaten | 491 |
|    Spannungs- | 217, 500 |
|    Verschiebungs- | 222, 485 |
|    Verzerrungs- | 217, 500 |
| Verdichtungserddruck | 338 |
| Verdichtungsfähigkeit | 112, 164 |
| Verdichtungsgrad | 154 |
|    Anforderungen aus Vorschriften | 159 |
|    Anwendungsbeispiel | 159 |
| Verdrehung | 322 |
|    Anwendungsbeispiel | 323 |
|    Beiwerte | 313 |
|    horizontale Lasten | 317 |
|    starres Rechteckfundament | 323 |
|    starres Streifenfundament | 317 |
| Verformung | 292 |
| Verformungsbedingungen | |
|    Antimetrieebene | 222 |
|    Symmetrieebene | 222 |
| Verformungsmodul | 101, 102 |
| Vergleichsspannung, effektive | 194 |
| Vergleichstemperatur | 172 |
| Verkantung | |
|    waagerechte Lasten | 322 |
| Verockerung | 39 |
| Verrohrung | 72, 79 |
| Verschiebung | 292 |
| Verschiebungsvektor | 222, 485 |
|    Dreieckselement | 505, 506 |
|    Gesamtmodell | 485 |
| Verschiebungszustand | |
|    Dreieckselement | 505 |
| Versinterung | 39 |
| Verteilungsbeiwert | 233 |
| Verwirbelung | 171 |
| Verwitterung | 4 |
| Verwitterungslehm | 15 |
| Verzerrungsvektor | 217, 500 |
|    Dreieckselement | 506 |
| Vorgeschichte | |

| | |
|---|---|
| bautechnische | 43 |
| geologische | 43 |
| Voruntersuchung | 57 |
|   Baugrund | 46 |
|   Baustoffgewinnung und -verarbeitung | 50 |
|   GK 1 | 57 |
| vulkanisches Glas | 1 |
| Vulkanit | 1 |

## W

| | |
|---|---|
| Wallberg | 5 |
| Walzenmodell | 229 |
| Wandreibungswinkel | 339, 358 |
|   nach DIN 4085 | 339 |
| Wärmeschrank | 128, 131 |
| Wasser | |
|   Adsorptions- | 31 |
|   Grund- | 26 |
|   Haft- | 25 |
|   hygroskopisches | 31 |
|   Kapillar- | 25, 28 |
|   Niederschlags- | 25 |
|   Oberflächen- | 25 |
|   Porenwinkel- | 30 |
|   Sicker- | 26 |
|   unterirdisches | 26 |
| Wasserdichte | 110 |
| Wasserdurchlässigkeit | 113, 169 |
|   Anwendungsbeispiel | 173, 176 |
|   Auffüllversuch | 40 |
|   DIN-Norm | 169 |
|   Einschwingversuch | 40 |
| Wasserdurchlässigkeit von Böden | 39 |
| Wasserdurchlässigkeitsbeiwert | *siehe* |
|   Durchlässigkeitsbeiwert | |
|   nach *Beyer* | 120 |
| Wassergehalt | 110, 128, 133, 137, 155 |
|   Anwendungsbeispiel | 130 |
|   Bestimmung durch Ofentrocknung | 128, 131 |
|   Bestimmung durch Schnellverfahren | 128 |
|   DIN-Normen | 128 |
|   gesättigter Boden | 110 |
|   optimaler | 154 |
| wassergesättigter Boden | 109 |
| Wassermolekül | 31 |
| Wasserwichte | 110 |
| Weggrößenverfahren | 484 |
| Weichsel-Kaltzeit | 7 |
| Wert, häufiger | 268 |
| Wert, quasi-ständiger | 268 |
| Wichte | |
|   Boden unter Auftrieb | 112 |
|   feuchter Boden | 111, 132 |
|   gesättigter Boden | 111, 130 |
|   von Wasser | 28 |
| Widerstand | 254, 255, 256 |
|   charakteristische Werte | 257, 264 |
|   Teilsicherheitsbeiwerte | 263 |
| Widerstände | |
|   Aufschwimmen | 469 |
|   Gelände- und Böschungsbruch | 453 |
|   Gleiten | 433, 437 |
|   Gleiten, Bemessungswert | 435 |
|   Grundbruch | 416 |
| Winkel der Gleitung | 217 |
| Winkelverzerrung | 217 |
| wirksame Normalspannung | 191 |

## Z

| | |
|---|---|
| Zähigkeit von Wasser | 172 |
| Zeit-Setzungs-Kurve | 181 |
| Zeit-Zusammendrückungs-Kurve | 181 |
| Zelldruck | 199 |
|   Anfangs- | 201 |
| Zersetzungsgrad von Torf | 22, 142 |
| Zonenbruch | 192 |
|   bei Erddruck | 349 |
|   nach *Rankine* | 350 |
| Zugglied, selbstspannend | 446 |
| Zusammendrückbarkeit | 113 |
| Zusammendrückung | 178, 179 |
|   bezogene | 178, 181 |
|   Konsolidationszusammendrückungszeit | 188 |
| zusammengesetzter Boden | 11 |
|   Bezeichnungen | 12 |
|   Einteilung | 13 |
| Zusatzspannung | 293 |
| Zustandsform | 22 |
|   breiig | 22 |
|   fest | 22 |
|   halbfest | 22 |
|   steif | 22 |
|   weich | 22 |
| Zustandsgrenzen | 144 |
|   DIN-Normen | 144 |
| Zwangsgleitfläche | 378 |
| Zweiphasensystem | 109 |